Molekulare Genetik

Herausgegeben von Alfred Nordheim und Rolf Knippers

Mit Beiträgen von Alfred Nordheim, Rolf Knippers, Peter Dröge,
Gunter Meister, Elmar Schiebel, Martin Vingron, Jörn Walter

10., vollständig überarbeitete und erweiterte Auflage

620 Abbildungen

Georg Thieme Verlag
Stuttgart • New York

Impressum

Bibliografische Information der Deutschen Nationalbibliothek

Die Deutsche Nationalbibliothek verzeichnet diese Publikation in der Deutschen Nationalbibliografie; detaillierte bibliografische Daten sind im Internet über http://dnb.d-nb.de abrufbar.

Ihre Meinung ist uns wichtig! Bitte schreiben Sie uns unter

www.thieme.de/service/feedback.html

Legende zum Titelbild: Strukturmodell des RNA Polymerase II Elongationskomplexes während der Transkription eines Gens der Hefe *S. cerevisiae*. Die aus 12 Untereinheiten bestehende RNA Polymerase II ist grau dargestellt, der Elongationsfaktor Spt4/5 ist in gelb hervorgehoben. Das wachsende RNA Transkript (rot) wird am katalytischen Zentrum verlängert, unter Nutzung der Information des Matrizenstranges (dunkelblau) im entwundenen Bereich der DNA Doppelhelix. Das katalytische Magnesium Ion (violett) und die Brückenhelix (grün) sind hervorgehoben. Die wachsende RNA verlässt den Komplex durch den sogenannten 'Exit'-Kanal (nach: Cheung, A.C.M and P. Cramer, 2012, A movie of RNA polymerase II transcription, Cell 149, 1431-1437).

1. Auflage 1971
2. Auflage 1974
3. Auflage 1982
4. Auflage 1985
5. Auflage 1990
6. Auflage 1995
7. Auflage 1997
8. Auflage 2001
9. Auflage 2006
1. japanische Auflage 1976
1. spanische Auflage 1976
1. italienische Auflage 1998

© 2015, 1971 Georg Thieme Verlag KG
Rüdigerstr. 14
70469 Stuttgart
Deutschland
www.thieme.de

Printed in Germany

Zeichnungen: Ruth Hammelehle, Kirchheim/Teck; BITmap. Mannheim
Umschlaggestaltung: Thieme Verlagsgruppe
Umschlagfoto: A. Cheung, S. Sainsbury und P. Cramer (Max-Planck-Institut für Biophysikalische Chemie, Göttingen)
Satz: Druckhaus Götz GmbH, Ludwigsburg
Druck: Aprinta Druck GmbH, Wemding

ISBN 978-3-13-477010-0   1 2 3 4 5 6

Auch erhältlich als E-Book:
eISBN (PDF) 978-3-13-153200-8
eISBN (epub) 978-3-13-168330-4

Vorwort der Herausgeber

Das Wissenschaftsgebiet **Molekulare Genetik** gewinnt weiterhin ständig an Bedeutung. Mit zunehmender Genauigkeit und immer tiefer gehendem Verständnis der mechanistischen Details erforscht die Molekulare Genetik die Grundlagen allen Lebens auf der Erde.

Neue methodische Entwicklungen, vor allem die parallelisierte Nucleinsäure-Sequenzierung (*next generation sequencing, NGS*), und die verstärkte Einbeziehung neuer Wissenschaftsdisziplinen, speziell die Bioinformatik, haben in den vergangenen 10 Jahren die Molekulare Genetik revolutioniert. Dies wird besonders deutlich an den überraschenden Einblicken in die unerwartete funktionelle Vielfalt von RNA-Molekülen oder die verblüffende Komplexität epigenetischer Regulationsprozesse.

Die vorliegende 10. Auflage des Lehrbuches Molekulare Genetik trägt diesen neueren Entwicklungen Rechnung. Während alle bisherigen Auflagen dieses Lehrbuches seit dem Jahre 1971, d. h. über den Zeitraum von mehr als 40 Jahren, meist von einem Autor verfasst wurden, so wird die neue Version jetzt von einem Sieben-Autoren-Team vertreten. Wir haben uns gemeinsam der Aufgabe gewidmet, die Molekulare Genetik – unter Einbeziehung historischer Entwicklungen – in ihrem aktuellen Kenntnisstand zu präsentieren. Obwohl die aktuelle 10. Auflage weitgehend auf der vorangegangenen 9. Auflage aufbaut, wurden doch sehr wesentliche Veränderungen vorgenommen: Neue Kapitel wurden formuliert und alle früheren Texte und Abbildungen wurden umfassend bearbeitet, aktualisiert und in neue didaktische Zuordnungen gebracht. Trotz der hohen Komplexität der Materie haben wir uns – entsprechend der Tradition dieses Lehrbuches - um eine verständliche Darstellung bemüht. Wir vermitteln die Prinzipien molekulargenetischer Prozesse hauptsächlich an mikrobiellen und tierischen Systemen, inklusive des Menschen als besonderem und vielfach interessantem „Modellorganismus". Für genetische Systeme der Pflanzen, aber auch für Spezialbereiche wie Neuro- und Immungenetik von Mensch und Tier, verweisen wir auf einschlägige Lehrbücher.

Vermutlich hat sich das Spektrum interessierter Leser dieses Lehrbuches gegenüber früheren Auflagen erweitert. Denn molekulargenetisches Wissen ist unerlässlich für das Verständnis aller Lebensprozesse. Bereits in gymnasialen Leistungsfächern wird Molekulare Genetik vermittelt. Im Besonderen gewinnt die Molekulare Genetik auch weiterhin zunehmenden Einfluss in der Medizin. Zu einem großen Teil basiert das Verstehen von Krankheit bei Mensch und Tier, sowie die Entwicklung neuer molekülbezogener Therapien, auf Erkenntnissen der Molekulargenetik. Somit gilt eine fundierte Kenntnis der Molekularen Genetik als Schlüsselqualifikation zum erfolgreichen Studium der Fachrichtungen Biologie und Medizin, besonders auch spezieller Ausrichtungen wie Biochemie, Bioinformatik, Biophysik, Biotechnologie, Evolutionsbiologie, Molekularmedizin, Nano-Technologie und Pharmazie.

Im Namen des Autorenteams wünschen wir allen Lesern ein gewinnbringendes, kreatives und freudvolles Studium der molekularen Genetik. Wir erhoffen uns, dass dieser Text zu eigenständigem Nachdenken und selbstständiger forscherischer Tätigkeit ermuntert.

Als Herausgeber bedanken wir uns für die überaus wertvolle Unterstützung durch den Thieme Verlag, Stuttgart, speziell durch Frau Dr. K. Hauser, Frau Dr. B. Jarosch, Frau M. Mauch und Herrn M. Lehnert.

Wir bitten die Leser um Kommentare zu dieser 10. Auflage, vor allem um Hinweise auf potenzielle Fehler, sowie Anregungen zur Verbesserung von Text und Bild.

Alfred Nordheim, Tübingen, Dezember 2014
Rolf Knippers, Konstanz, Dezember 2014

Anschriften

Herausgeber

Prof. em. Dr. Rolf **Knippers**
Universität Konstanz
Fakultät für Biologie
Universitätsstraße 10
78457 Konstanz
Deutschland

Prof. Dr. Alfred **Nordheim**
Universität Tübingen
Fachbereich Biologie
Auf der Morgenstelle 15
72076 Tübingen
Deutschland

Autoren

Prof. Dr. Peter **Dröge**
Nanyang Technical University
60 Nanyang Drive, SBS-02n-49
Singapore 637 551
Singapore

Prof. em. Dr. Rolf **Knippers**
Universität Konstanz
Fakultät für Biologie
Universitätsstraße 10
78457 Konstanz
Deutschland

Prof. Dr. Gunter **Meister**
Universität Regensburg
Fakultät für Biologie und Vorklinische Medizin
Universitätsstraße 31
93053 Regensburg
Deutschland

Prof. Dr. Alfred **Nordheim**
Universität Tübingen
Fachbereich Biologie
Auf der Morgenstelle 15
72076 Tübingen
Deutschland

Prof. Dr. Elmar **Schiebel**
Universität Heidelberg
DKFZ - ZMBH Alliance
Im Neuenheimer Feld 282
69120 Heidelberg
Deutschland

Prof. Dr. Martin **Vingron**
Max-Planck-Institut für Molekulare Genetik
Abteilung Bioinformatik
Ihnestr. 63-73
14195 Berlin
Deutschland

Prof. Dr. Jörn **Walter**
Universität des Saarlandes
Fachrichtung Biowissenschaften
Campus Saarbrücken
66123 Saarbrücken
Deutschland

Autorenvorstellung

Prof. Dr. Peter Dröge

Peter Dröge studierte Biologie an der Universität Konstanz und promovierte dort 1986 am Lehrstuhl für Molekulare Genetik (Prof. Rolf Knippers) zum Dr. rer. nat. Es folgte ein dreijähriger Forschungsaufenthalt an der University of California (Berkeley, USA) in der Arbeitsgruppe von Nicholas R. Cozzarelli. Er war anschließend als Postdoc für ein Jahr am Institut für Molekularbiologie der Medizinischen Hochschule Hannover tätig, bevor er an der Universität Konstanz eigenständig forschte und dort 1995 im Fach Molekulare Genetik habilitierte. Als Heisenberg Stipendiat der DFG wechselte er 1996 an das Institut für Genetik in Köln. Er nahm im Jahre 2002 einen Ruf auf eine Professur an der Nanyang Technological University in Singapur an, wo er als Gründungsmitglied an der Gestaltung der Fakultät für Biologie beteiligt war. In seinen Forschungsschwerpunkten realisiert Peter Dröge Studien zur Topologie und Sekundärstruktur von DNA, Untersuchungen zu DNA Transaktionen in humanen embryonalen Stammzellen, sowie Arbeiten zur Stabilität und kontrollierten Veränderung eukaryotischer Genome.

Prof. em. Dr. Rolf Knippers

Rolf Knippers studierte Medizin, aber beschäftigte sich schon bald nach Beendigung des Studiums mit Molekularer Biologie. Er arbeitete in den Jahren 1966 bis 1969 am California Institute of Technology, Pasadena, USA, und von 1970 bis 1973 am Friedrich-Miescher-Laboratorium der Max-Planck-Gesellschaft in Tübingen. Von 1974 bis zu seiner Emeritierung im Jahre 2004 war er Professor für Molekulare Genetik an der Universität Konstanz. Rolf Knippers hat in zahlreichen nationalen und internationalen Wissenschaftsgremien und Beiräten mitgewirkt und wurde 1986 zum Mitglied der European Molecular Biology Organization (EMBO) gewählt. Er war in den Jahren 1998–2002 Präsident der Gesellschaft für Genetik (GfG) und wurde 2009 von der GfG zum Ehrenmitglied ernannt. Er erhielt 2005 die Mendel-Medaille der Deutschen Akademie der Naturforscher Leopoldina. Rolf Knippers begründete im Jahre 1971 dieses Lehrbuch für Molekulare Genetik in seiner 1. Auflage und verfasste seither alle weiteren Auflagen.

Prof. Dr. Gunter Meister

Gunter Meister studierte Biologie an der Universität Bayreuth und promovierte im Jahre 2002 zum Dr. rer. nat. in der Arbeitsgruppe on Prof. Utz Fischer am Max-Planck-Institut für Biochemie und der Ludwig Maximilians Universität München. Er war anschließend als Postdoc an der Rockefeller University (New York, USA) in der Arbeitsgruppe von Prof. Thomas Tuschl tätig. Von 2005–2010 war er selbständiger Nachwuchsgruppenleiter am Max-Planck-Institut für Biochemie in Martinsried. Er wurde im Jahre 2009 auf den Lehrstuhl für Biochemie der Universität Regensburg berufen an der er seitdem lehrt. 2008 wurde ihm der Forschungspreis der Peter und Traudl Engelhorn Stiftung und 2011 der Young Investigator Award der Schering Stiftung verliehen.

Prof. Dr. Alfred Nordheim

Alfred Nordheim studierte Biologie an der Freien Universität Berlin und dem University College of North Wales (Bangor, UK) und promovierte 1979 in Berlin zum Dr. rer. nat., unter Betreuung von Prof. Kenneth Timmis. Er war für vier Jahre als Postdoc am Massachusetts Institute of Technology (Cambridge, USA) tätig, in der Arbeitsgruppe von Alexander Rich. Als selbständiger Gruppenleiter forschte er dann am ZMBH der Universität Heidelberg (1984–1989) und nahm nachfolgend als Gründungsdirektor des Instituts für Molekularbiologie eine Professur an der Medizinischen Hochschule Hannover an (1989–1996). Seit 1996 leitet Alfred Nordheim den Lehrstuhl für Molekularbiologie am Interfakultären Institut für Zellbiologie der Eberhard Karls Universität Tübingen. Er ist universitärer Sprecher der Tübinger internationalen Graduiertenschule IMPRS „From Molecules to Organisms". Er war Präsident der Gesellschaft für Genetik (GfG) (2005–2009) und der International Genetics Federation (IGF; Melbourne, Australien) (2008–2013). Alfred Nordheim erhielt 1992 den Max-Planck-Forschungspreis zusammen mit Robert A. Weinberg und ist seit 1991 Mitglied der European Molecular Biology Organization (EMBO).

Prof. Dr. Elmar Schiebel

Elmar Schiebel studierte Biochemie in Tübingen und London und promovierte 1989 in Tübingen am Lehrstuhl für Mikrobiologie (Prof. Volkmar Braun). Anschließend erfolgte ein Postdoc-Aufenthalt an der University of California, Los Angeles im Labor von Prof. B. Wickner. Von 1991 bis 1997 war er selbständiger Nachwuchsgruppenleiter am Max-Planck-Institut für Biochemie in Martinsried. Er wechselte dann als Gruppenleiter und später „Senior"-Gruppenleiter an das Beatson Institute for Cancer Research in Glasgow, UK, und das Paterson Institute for Cancer Research in Manchester, UK. Seit 2005 ist Elmar Schiebel Professor für Molekulare Biologie am Zentrum für Molekulare Biologie der Universität Heidelberg (ZMBH). Er ist Leiter der „Hartmut Hoffmann-Berling International Graduate School of Molecular and Cellular Biology" (HBIGS) der Universität Heidelberg.

Prof. Dr. Martin Vingron

Martin Vingron studierte Mathematik in Wien und promovierte 1991 an der Universität Heidelberg und dem EMBL, unter der Betreuung von Prof. Willi Jäger und Dr. Patrick Argos. Es schlossen sich zwei Postdoc-Aufenthalte an, zuerst an der University of Southern California in Los Angeles (USA) und dann an der GMD – Forschungszentrum Informationstechnik – in Bonn. Von 1995 bis 2000 war er Leiter der Abteilung Theoretische Bioinformatik am Deutschen Krebsforschungszentrum (DKFZ) in Heidelberg, bevor er einem Ruf als Direktor an das Max-Planck-Institut für molekulare Genetik in Berlin folgte. Dort leitet er seither die Abteilung Bioinformatik. Martin Vingron erhielt 2004 den Max-Planck-Forschungspreis für Bioinformatik gemeinsam mit Gene Myers. Er ist Fellow der International Society for Computational Biology und ist Mitglied der Deutschen Akademie der Naturforscher Leopoldina, sowie der Academia Europaea.

Prof. Dr. Jörn Walter

Jörn Walter studierte Biologie an der TH Darmstadt und der Freien Universität Berlin und promovierte 1990 zum Dr. rer. nat., unter der Betreuung von Prof. Thomas Trautner (MPI Berlin). Er war zwei Jahre als Postdocdoral Fellow am BBSRC Cambridge (UK) tätig, in der Arbeitsgruppe von Wolf Reik. Er leitete danach eine selbständige Arbeitsgruppe am Max-Planck-Institut für molekulare Genetik, Berlin-Dahlem. Seit 2000 ist er Professor für Genetik an der Universität des Saarlandes. Er initiierte mehrere nationale und internationale Forschungsinitiativen im Bereich der Epigenetik. Seit 2012 koordiniert er das Deutsche Epigenom Programm DEEP und ist Mitglied der Leitungsgruppe in der Internationalen Humanen Epigenom Initiative (IHEC).

Inhaltsverzeichnis

Teil 3 Gene und Genprodukte

12 Struktur eukaryotischer Gene 285

Alfred Nordheim

13 Eukaryotische Transkription: Funktion und Regulation der RNA-Polymerasen .. 305

Alfred Nordheim

14 Signalgesteuerte Genregulation 336

Alfred Nordheim

Teil 4   Epigenetik

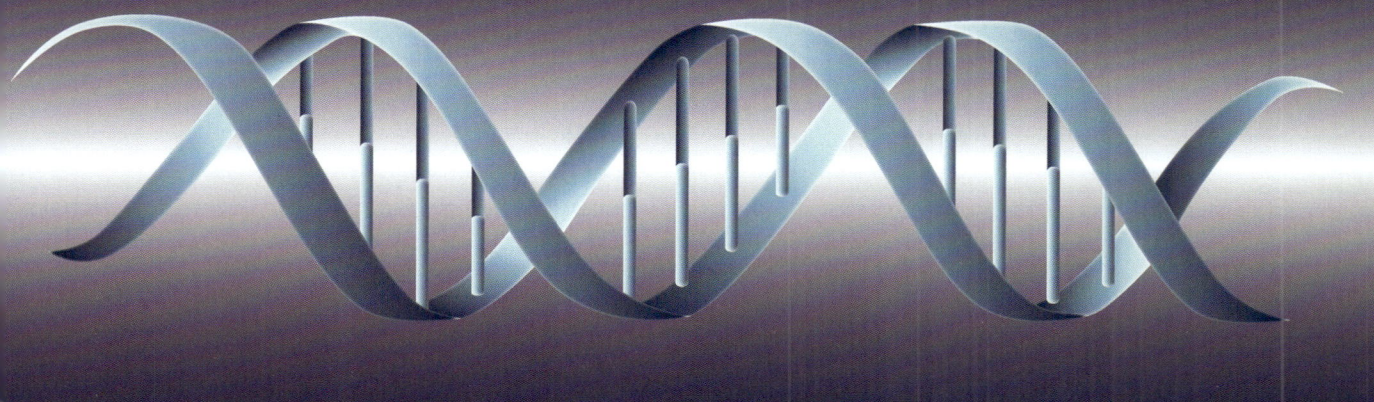
Design – Fotolia.com

Kapitel 1

Lebensformen: Zellen mit und ohne Kern

1 Lebensformen: Zellen mit und ohne Kern

Rolf Knippers

1.1 Einleitung

Seit einigen Jahrzehnten wird die Genetik geprägt durch Informationen über die molekulare Struktur des Erbguts (des Genoms) von immer mehr und immer komplexeren Organismen. Genauer gesagt, geht es um die Reihenfolgen („Sequenzen") der Bausteine („Basen oder Nucleotide") in den fadenförmigen DNA-Molekülen, die die Träger der Gene sind. Die DNA ist der universelle Träger der genetischen Information aller Organismen auf der Erde. Jeder Organismus besitzt ein Genom. Als **Genom** bezeichnet man die Gesamtheit der genetischen Information eines Organismus.

Wir werden später lernen, wie die Informationen in den Sequenzen der Nucleinsäurebasen aussehen, wie sie gedeutet werden und welche Methoden man dabei einsetzt.

An dieser Stelle ist das folgende Ergebnis wichtig: Ein Vergleich von DNA-Sequenzen zeigt, dass sich die Lebewesen auf der Erde in **drei große Reiche oder Domänen** ordnen lassen:

- Bakterien (Bacteria)
- Archaeen (Archaea)
- Eukaryoten (Eukarya)

Zu den Eukaryoten gehören alle Pflanzen und Tiere, dazu Hefen, Protozoen und andere einzellige Protisten.

Mithilfe computergestützter Analysen können die Vergleiche von Genomsequenzen unterschiedlicher Organismen in der Form eines Baumes dargestellt werden (▶ Abb. 1.1). Das Bild deutet die **Verwandtschaftsverhältnisse** an: Je ähnlicher die DNA-Sequenzen sind, desto enger müssen die untersuchten Organismen verwandt sein, und umgekehrt.

Die Darstellung der ▶ Abb. 1.1 ist eine Vereinfachung, die wir uns hier gestatten, um eine erste Ordnung in die Welt des Lebendigen zu bringen. In der Wirklichkeit der Evolution hat es einen Austausch von Genen zwischen den verschiedenen Zweigen des Stammbaums gegeben, vor allem zwischen den verschiedenen Zweigen des Bakterienastes, zudem zwischen Bakterienästen und Archaeenästen.

Die Erkenntnis, dass die lebende Welt aus drei Reichen oder Domänen besteht, hat sich erst seit den späten 1970er-Jahren in der Wissenschaft durchgesetzt. Vorher verließ man sich weitgehend auf eine einfache Betrachtung mit dem Mikroskop. Dies zeigt, dass Eukaryotenzellen größer sind als Bakterien und Archaeen (▶ Abb. 1.2) und vor allem dass sie ein vielgestaltiges Inneres haben mit einem auffälligen, meist kugelförmigen Gebilde, dem (Zell-)**Kern.**

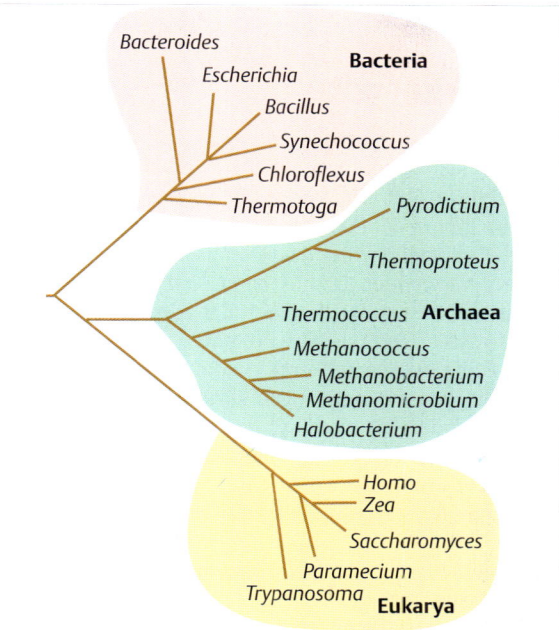

Abb. 1.1 Lebensformen. Die ursprünglichen Daten, die dieser Konstruktion der Verwandtschaftsverhältnisse zugrunde liegen, stammen aus den Vergleichen eines bestimmten und allgemein verbreiteten DNA-Abschnitts, nämlich eines Gens für ribosomale RNA [1]. Ribosomale RNA ist ein Bestandteil von Ribosomen (S. 80), den kompliziert zusammengesetzten molekularen Maschinen, die den Bau von Proteinen durchführen. Die Berücksichtigung nur eines einzigen Gens ist eine starke Einschränkung, doch Vergleiche der Sequenzen vieler Gene bei vielen Organismen, oder gar Vergleiche kompletter Genomsequenzen verschiedener Organismen, kommen zu ähnlichen Ergebnissen [2]. (nach Olsen GJ, Woese CR (1997) Archaeal genomics: an overview. Cell 89: 991–994)

Daher stammt ihre Bezeichnung. **Eukaryot** heißt: mit einem echten oder richtigen Kern ausgestattet (von *eu*, griech. echt; und *karyos*, griech. Kern). Bakterien und Archaeen besitzen keinen Kern. Deswegen fasst man sie unter der Bezeichnung **Prokaryoten** zusammen.

Betrachtungen mit dem Elektronenmikroskop oder Analysen mit den Methoden der Zell- und Molekularbiologie ergeben eine Vielzahl von Unterschieden zwischen Eukaryoten und Prokaryoten – und bei den Prokaryoten dann wieder zwischen Bakterien und Archaeen. Für die Zwecke dieses Buches ist von Interesse, dass sich die drei großen Reiche des irdischen Lebens in grundlegenden genetischen Strukturen und Funktionen unterscheiden.

1

Definition

Als **Genom** bezeichnet man die Gesamtheit der genetischen Information eines Organismus.

1.2 Eukaryoten

Wir betrachten die einfache Skizze (▶ Abb. 1.2) und daneben die elektronenmikroskopische Aufnahme einer Säugetierzelle (▶ Abb. 1.3). Wie gesagt, ist das auffälligste Gebilde im Innern der Zelle der **Kern**. In der englischen Wissenschaftssprache wird das lateinische Wort für Kern, *Nucleus*, verwendet. Daraus leitet sich das Adjektiv ab, das auch in diesem Buch oft benutzt wird: nucleäre DNA, nucleäre RNA, oder nucleäre Proteine.

Die Funktion des Zellkerns ist die **Aufbewahrung der DNA**. Mit diesem Satz bringen wir etwas zum Ausdruck, was alles andere als trivial ist, wie einem leicht klar wird, wenn man sich die Dimensionen vor Augen führt.

Kerne in den meisten menschlichen Zellen haben einen Durchmesser zwischen 5 und 20 Mikrometer (10^{-6} m; µm) (▶ Tab. 1.1). Sie umschließen DNA-Fäden mit einem Durchmesser von etwa 2 Nanometern (10^{-9} m; nm) und einer Gesamtlänge von 2 Metern. Um sich die Verhältnisse vorstellen zu können, multiplizieren wir die wirklichen Dimensionen mit dem Faktor von einer Million. Die DNA würde dann einer kräftigen Angelschnur mit einer Länge von 2000 km entsprechen. Die Schnur reichte also von

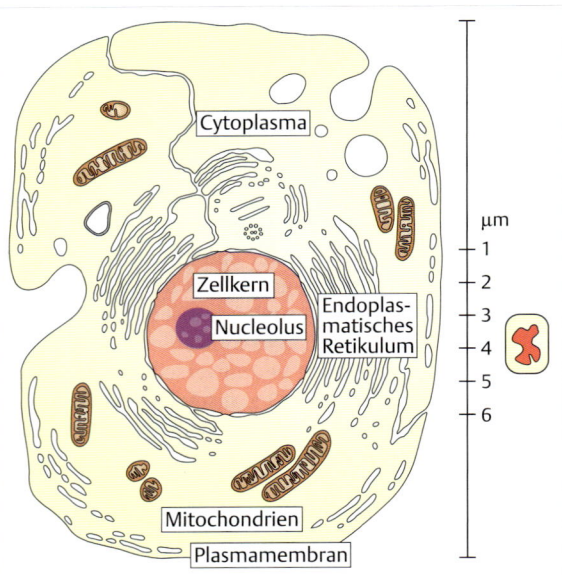

Abb. 1.2 Größenvergleiche. Das Schema einer tierischen Zelle mit dem Kern als dem prominenten Bestandteil und mit zahlreichen anderen Strukturen. Daneben ein Bakterium, etwa von der Art *Escherichia coli*, die in der molekularen Genetik eine wichtige Rolle spielt.

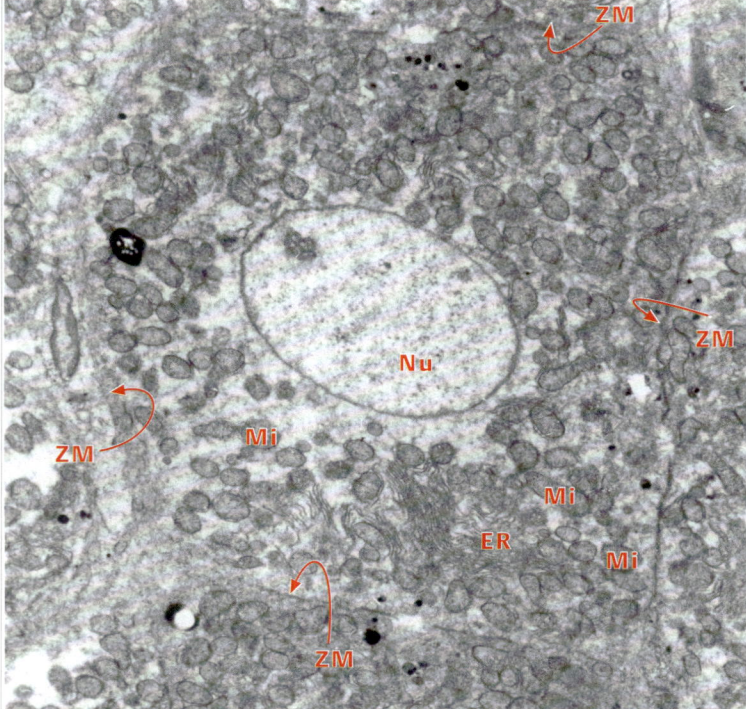

Abb. 1.3 Querschnitt durch eine tierische Zelle. Leberzelle der Ratte. Vergrößerung ca. 5 000 ×. Beachte die dichte Packung der mehr als 1000 Mitochondrien einer Leberzelle. Eine weitere Besonderheit von Leberzellen sind die schwarzen Partikel, von Fachleuten als *peribiliary dense bodies* bezeichnet. Sie befinden sich in der Nähe von Gallenkapillaren und stellen Lysosomen dar, gefüllt mit Abbauprodukten von Lipiden. Nu = Zellkern (Nucleus), ER = endoplasmatisches Retikulum, Mi = Mitochondrien; ZM = Zellmembran. (Aufnahme: H. Plattner, Konstanz)

Tab. 1.1 Größenordnungen/Zehnerpotenzen.

Bezeichnung	Umrechnung	Beispiele für eine Verwendung in genetischen Zusammenhängen
G = giga	10^9	Größe der menschlichen DNA: 3 Milliarden Basenpaare oder 3 Gb (Gigabasen)
M = mega	10^6	Größe der DNA mancher Bakterien: 4 Millionen Basenpaare oder 4 Mb (Megabasen)
k = kilo	10^3	Viele menschliche Gene sind größer als 100 000 Basenpaare oder 100 kb (Kilobasen)
m = milli	10^{-3}	Eine menschliche Eizelle hat einen Durchmesser von 0,15 mm (Millimeter)
μ = mikro	10^{-6}	Die Bakterienart *Escherichia coli* hat die Form eines stumpfen Stäbchens mit einer Länge von etwa 2 μm (Mikrometer)
n = nano	10^{-9}	Der Durchmesser einer DNA beträgt 2 nm (Nanometer). Viele Biologen, insbesondere Strukturforscher, benutzen die Maßeinheit Å (Ångström): 1 Å entspricht 0,1 nm. Sie sagen deswegen: Der Durchmesser einer DNA beträgt 20 Å.

Konstanz nach Rostock und zurück und müsste zu einer Kugel mit dem Durchmesser von 5 m geknäuelt, gefaltet oder gestaucht werden.

Ein großer Teil des Kap. 7 wird darstellen, wie die strukturelle Organisierung der DNA-Fäden in der Zelle realisiert ist. Dort werden wir auch lesen, dass der Zellkern von einer doppelten Lipidhülle umgeben ist, von denen die äußere in das komplexe cytoplasmatische Membransystem des endoplasmatischen Retikulums (ER) außerhalb des Kerns übergeht.

Der Raum der Zelle außerhalb des Kerns ist das **Cytoplasma.** Das Cytoplasma ist von einem komplexen, vernetzten Membransystem durchsetzt, dem **Endomembransystem**, zu dem u. a. das ER gehört. Weiterhin ist das Cytoplasma von netzwerkähnlichen Gerüststrukturen langkettiger Proteinmoleküle durchzogen, dem **Cytoskelett**. Eine Gruppe dieser Proteinmoleküle bestimmt als **Aktinmikrofilament** Form und Beweglichkeit der Zelle, andere Proteinmoleküle bilden das **Intermediärfilament** und verleihen der Zelle Stabilität.

Das Cytoplasma enthält mehrere Arten von kompliziert aufgebauten, membranumschlossenen Körperchen, den Organellen. Dazu gehören z. B. die Lysosomen und Peroxisomen. Das auffälligste der Organellen ist das **Mitochondrium**. Die meisten Eukaryotenzellen haben mehrere, bis über 1000 Mitochondrien, die zum Teil schlauchförmig verbunden sind. Ihre Aufgabe ist die Verwendung von Sauerstoff für die Produktion des universellen biologischen Energieträgers, **Adenosintriphosphat**, kurz **ATP**, aus Nährstoffen, die von außen in die Zelle transportiert werden. Für die Genetik ist wichtig: **Mitochondrien enthalten DNA** als Träger von Genen mit der Information zur Herstellung einiger mitochondrialer Proteine. Mitochondriale DNA macht meist weniger als 0,1 % der Gesamtmenge der DNA einer Zelle aus. Aber die mitochondriale DNA ist notwendig für das Leben der Zelle. Im Kap. 19 werden die Struktur und die Aufgaben der DNA in Mitochondrien ausführlich beschrieben.

Pflanzenzellen besitzen außer den Mitochondrien noch eine zweite Gruppe DNA-tragender Organellen, **Chloroplasten** (▶ Abb. 1.4). Das sind die Orte der Photosynthese, in denen das CO_2 der Luft fixiert wird und die Synthese von Kohlenhydraten erfolgt. Auch über die DNA von pflanzlichen Chloroplasten werden wir im Kap. 19 Genaueres erfahren.

Pflanzenzellen unterscheiden sich von Tierzellen noch durch mindestens zwei andere typische Merkmale (▶ Abb. 1.4):

- Anders als Tierzellen, die von einer Cytoplasmamembran in Form einer Lipiddoppelschicht mit vielen eingelagerten Proteinen umgeben sind, besitzen Pflanzenzellen zusätzlich eine starre **Zellwand** mit Cellulose als Grundgerüst, das der Cytoplasmamembran von außen aufliegt.

- Pflanzenzellen enthalten oft große, flüssigkeitsgefüllte **Vakuolen**, die den Zellkern gegen die starre Zellwand drängen und dabei dessen Form verändern können.

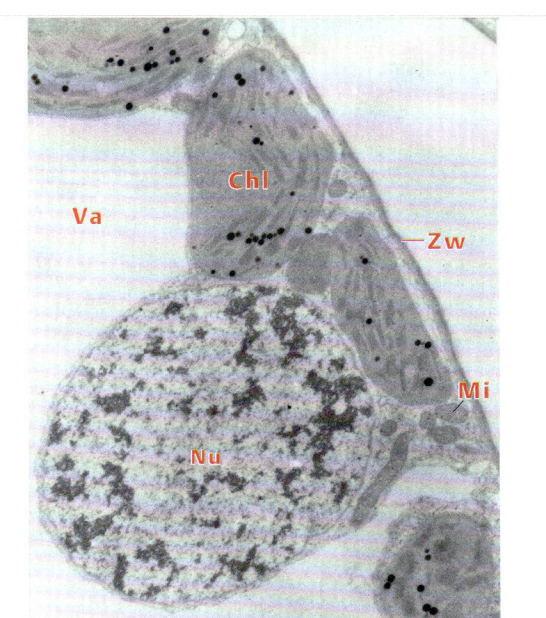

Abb. 1.4 Querschnitt durch eine Pflanzenzelle (Ausschnitt). Vergleiche die schematische Zeichnung einer Pflanzenzelle in der ▶ Abb. 19.12. Nu = Zellkern (Nucleus), Mi = Mitochondrien, Chl = Chloroplasten, Zw = Zellwand, Va = Vakuole. (Aufnahme: K. Mendgen, Konstanz)

1

1.3 Prokaryoten

Im Gegensatz zu den Eukaryoten besitzen Prokaryoten, also **Bakterien** und **Archaeen**, keine Organellen. Ihre DNA ist nicht von Membranen umgeben, sondern liegt als freies Knäuel im Zellinnern (▶ Abb. 1.5). Das Cytoplasma ist nicht durch ein Membransystem oder ein Cytoskelett organisiert. Es ist nach außen von einer Cytoplasmamembran begrenzt, in der u. a. auch energieliefernde Prozesse ablaufen, vergleichbar den Prozessen, die sich bei Eukaryoten in den Mitochondrien abspielen. Bei den meisten Bakterien liegt zusätzlich eine feste Zellwand außen auf der bakteriellen Cytoplasmamembran.

Im Laufe der Evolution hat sich eine bis heute noch nicht überschaubare Zahl an Bakterienarten entwickelt, die sich an viele, oft extreme ökologische Bedingungen angeglichen haben und deswegen ungewöhnliche Stoffwechselleistungen bringen müssen. Das zeigt sich nicht zuletzt daran, dass viele Bakterienarten mit oder ohne Sauerstoff und unter extrem heißen oder sauren Bedingungen leben und sich vermehren können.

In den Labors der Molekulargenetiker werden meist nur wenige Bakterienarten untersucht. Besonders populär ist die Bakterienart **Escherichia coli** (*E. coli*). Arbeiten über *E. coli* haben das Fundament der heutigen Molekularen Genetik gelegt. Deswegen wird dessen Genetik im Kap. 6 gesondert zur Sprache kommen.

In eng abgegrenzten biologischen Räumen (Biotopen) finden sich charakteristische Mischungen (Populationen) verschiedener Bakterienarten. Solche biotopspezifischen Populationen unterschiedlicher mikrobieller Organismen werden als **Mikrobiome** bezeichnet. Beispielhaft genannt seien die Mikrobiome des Erdbodens in der Umgebung pflanzlicher Wurzeln, das Mikrobiom des menschlichen Dickdarms oder das Mikrobiom eines Korallenriffs. Da die einzelnen Bakterienarten eines Mikrobioms oft nicht unter experimentellen Kulturbedingungen gezüchtet werden können, ermöglicht die effiziente Sequenzierung der DNA-Nucleotide der vollständigen Genome von Mikrobiomen eine molekulargenetische Beschreibung der Vielfalt mikrobieller Populationen.

Definition

Unter dem **Mikrobiom** versteht man die Mischpopulation vieler mikrobieller Arten, die gemeinsam ein spezifisches Biotop bevölkern.

Archaeen (oder Archaea, Einzahl: Archaeon, griech. der/das Alte) vereinigen Eigenschaften von Bakterien, insbesondere, was ihre Stoffwechselleistungen angeht, mit Eigenschaften von Eukaryoten, vor allem in der Art, wie ihre Gene aufgebaut sind, wie die Information der Gene genutzt wird und wie Gene von Generation zu Generation weitergegeben werden.

Eine Existenz in extremen Umwelten ist das besondere Merkmal der Archaeen. Dazu gehören

- die Methanobacteria, die CO_2 zu Methan reduzieren können,
- die Halobacteria, die sich in gesättigten Salzlösungen vermehren, und
- die Thermokokken mit Temperaturoptima von bis zu 100 °C oder darüber sowie Organismen mit Vorlieben für extrem alkalische oder extrem saure Umgebungen.

Mikrobiologen untersuchen diese Lebensformen mit viel Aufmerksamkeit. Ein Grund dafür ist ihre Bedeutung für die Biotechnologie. Zum Beispiel liefern thermophile Organismen nützliche temperaturresistente Enzyme und acidophile Organismen können bei der Extraktion wertvoller Metalle aus komplexen Mineralien hilfreich sein.

Ein zweiter Grund ist ihre Bedeutung für alle Überlegungen zur Entstehung des Lebens. Denn die „extremophilen" Prokaryoten vermehren sich unter Bedingungen, die vermutlich vor drei oder vier Milliarden Jahren auf der Erde geherrscht haben, also zu der Zeit, als sich erstes zelluläres Leben zu entwickeln begann.

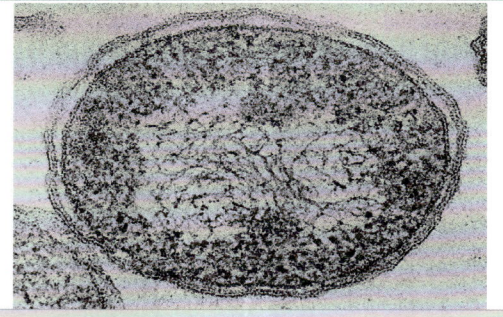

Abb. 1.5 Schnitt durch eine Bakterienzelle. Endvergrößerung ca. 200 000×. Beachte das zentral gelegene hantelförmige DNA-Knäuel (hell) und die drei Schichten der Zellhülle: erstens die als Doppellinie sichtbare äußere Membran, zusammengesetzt aus Lipopolysacchariden, Phospholipiden und porenbildenden Proteinen, die die Passage kleiner Moleküle wie Zucker und Aminosäuren erlauben, aber große Moleküle wie Proteine zurückhalten, zweitens die dicht darunter als Einzellinie erkennbare starre Peptidoglykanschicht und drittens die Cytoplasmamembran, eine Lipiddoppelschicht, in der viele verschiedene Proteinarten eingelagert sind, darunter solche, die den Transport von Nährstoffen und Salzen steuern. (Aufnahme: H. Frank, Tübingen, 1975)

Forscher haben mögliche und plausible Szenarien zur Entstehung und frühen Evolution des Lebens auf der Erde entworfen. Davon wird einiges an anderen Stellen des Buches anklingen, aber eine angemessene Beschreibung würde viele Seiten in Anspruch nehmen und den Rahmen dieses Buches überschreiten.

Merke

Alle Organismen auf der Erde enthalten DNA als universellen Träger der genetischen Information. Das ist ein starkes Argument dafür, dass die Evolution der belebten Natur von einer Urzelle mit DNA als genetischem Material ausging.

1.3.1 Literatur

▶ **Zitierte Literatur**

[1]   Olsen GJ, Woese CR (1997) Archaeal genomics: an overview. Cell 89: 991–994

[2]   Blair Hedges S (2002) The origin and evolution of model organisms. Nat Rev Genet 3: 838–849

▶ **Weiterführende Literatur**

[3]   Kutschera U (2008) Evolutionsbiologie. 3. Aufl. Uni-Taschenbuch, Stuttgart

[4]   Storch V, Welsch U, Wink M (2013) Evolutionsbiologie. 3. Aufl. Springer-Spektrum, Heidelberg

Kapitel 2

DNA: Träger der genetischen Information

2 DNA: Träger der genetischen Information

Rolf Knippers

2.1 Einleitung

Der Schweizer Forscher **Friedrich Miescher** (1844–1895) hat während seiner Tätigkeit am Physiologisch-Chemischen Institut der Universität Tübingen als Erster die Substanz „Nuclein" aus menschlichen Zellen isoliert und später in wissenschaftlichen Aufsätzen beschrieben (1871). Heute weiß man, dass „Nuclein" ein Gemisch der Nucleinsäuren DNA und RNA war. Miescher legte die Grundlage für die Arbeiten der Chemiker nach ihm, die im Laufe mehrerer Jahrzehnte schließlich die Struktur der DNA- und RNA-Bausteine aufklärten. Hier geht es erst einmal um DNA.

Oswald T. Avery (1877–1955) und seine Mitarbeiter an der Rockefeller-Universität (damals: Rockefeller Institute) in New York haben erstmals und eindeutig nachgewiesen, dass DNA der Träger von genetischer Information ist (1944). Ihr Nachweis bestand, vereinfacht zusammengefasst, in der Übertragung vererbbarer Eigenschaften, nämlich Zellwandformationen und Virulenz, von einem Pneumokokken-Stamm auf einen anderen. Die Forscher fanden, dass die Übertragung durch eine „transformierende Substanz" vermittelt wird und dass diese „Substanz" nichts anderes als DNA ist.

Anders als man heute im Rückblick vielleicht erwarten würde, hatte die wichtige Entdeckung von Avery zunächst kein besonders großes Echo in der wissenschaftlichen Welt gefunden und Lehrbücher behaupteten noch im Jahr 1950, dass „mit großer Sicherheit gesagt werden kann: Die Erbfaktoren sind große Eiweißmoleküle", so die Genetikerin Anna-Elise Stubbe in ihrem Buch „Das Rätsel der Vererbung". Wobei wir zur Erläuterung hinzufügen, dass „Erbfaktor" das alte Wort für Gen und „Eiweiß" eine auch heute noch gelegentlich verwendete, aber veraltete deutschsprachige Bezeichnung für Protein ist.

Die Situation änderte sich schnell, als **James D. Watson** und **Francis H. C. Crick** im Jahr 1953 – basierend auf Röntgenbeugungsanalysen von Rosalind Franklin – die Aufklärung der dreidimensionalen Doppelhelixstruktur der DNA veröffentlichten. Denn die Struktur zeigte unmittelbar auf, wie genetische Information gespeichert ist, wie sie von Generation zu Generation weitergegeben und auf welche Weise sie gelegentlich durch Mutationen verändert werden kann.

2.2 Bausteine: Nucleotide

Der Träger der Geninformation ist ein Makromolekül mit der Bezeichnung **Deoxyribonucleinsäure**, kurz: DNS oder – gebräuchlicher – **DNA** (nach der englischen Bezeichnung *deoxyribonucleic acid*).

Als Makromolekül ist die DNA aus Einzelbausteinen zusammengesetzt, den **Nucleotiden.** Das gilt auch für die zweite Art von Nucleinsäuren, nämlich für Ribonucleinsäure oder **RNA** (*ribonucleic acid*), über die ausführlicher im Kap. 3 berichtet wird. Auch RNA ist aus Nucleotiden aufgebaut, die allerdings in einigen Merkmalen von den Nucleotiden in der DNA abweichen.

Jedes Nucleotid hat drei Komponenten (▶ Abb. 2.1):
- eine Purin- oder eine Pyrimidinbase, die über eine N-glykosidische Bindung an das C 1′-Atom einer Zuckerkomponente gebunden ist; die DNA enthält zwei **Purinbasen,** Adenin und Guanin, und zwei **Pyrimidinbasen,** Cytosin und Thymin; in RNA kommt anstelle von Thymin die Pyrimidinbase Uracil vor;
- einen C_5-Zucker: Deoxyribose in der DNA, Ribose in der RNA;
- einen Phosphatrest, der mit dem C 5′-Atom des Zuckers über eine Esterbindung verknüpft ist.

> **Merke**
>
> **Komponenten der DNA:**
> - Pyrimidinbasen: Cytosin, Thymin; Purinbasen: Adenin, Guanin
> - Zucker: Deoxyribose
> - Phosphatrest
>
> **Komponenten der RNA:**
> - Pyrimidinbasen: Cytosin, Uracil; Purinbasen: Adenin, Guanin
> - Zucker: Ribose
> - Phosphatrest

Die DNA enthält zwei **Purinbasen,** Adenin und Guanin, und zwei **Pyrimidinbasen,** Cytosin und Thymin. In RNA kommt die Pyrimidinbase Uracil (S. 52) anstelle von Thymin vor. Einige Prozent der Cytosinbausteine in der DNA von Tieren und Pflanzen tragen eine Methylgruppe: 5-Methylcytosin. Ein Teil davon trägt eine Hydroxygruppe: 5-Hydroxymethylcytosin. Wir werden später sehen, dass die Methylierung und die Hydroxymethylierung der Cytosine wichtige genetische Konsequenzen haben (Kap. 12 und 20). Die „modifizierte" Base 5-Methylcytosin findet man auch in der DNA von Bakterien. Überdies kann in der Bakterien-DNA auch ein kleiner Anteil der Adeninreste methyliert sein: 6-Methylaminopurin.

Die Verbindungen von den Purin- oder Pyrimidinbasen mit dem Zucker nennt man Deoxynucleo**side** (in DNA) oder einfach Nucleo**side** (in RNA), die Verbindungen von Nucleosiden und Phosphatresten heißen Deoxynucleoti**de** (in DNA) oder einfach Nucleo**tide** (in RNA) (s. ▶ Abb. 2.1).

2

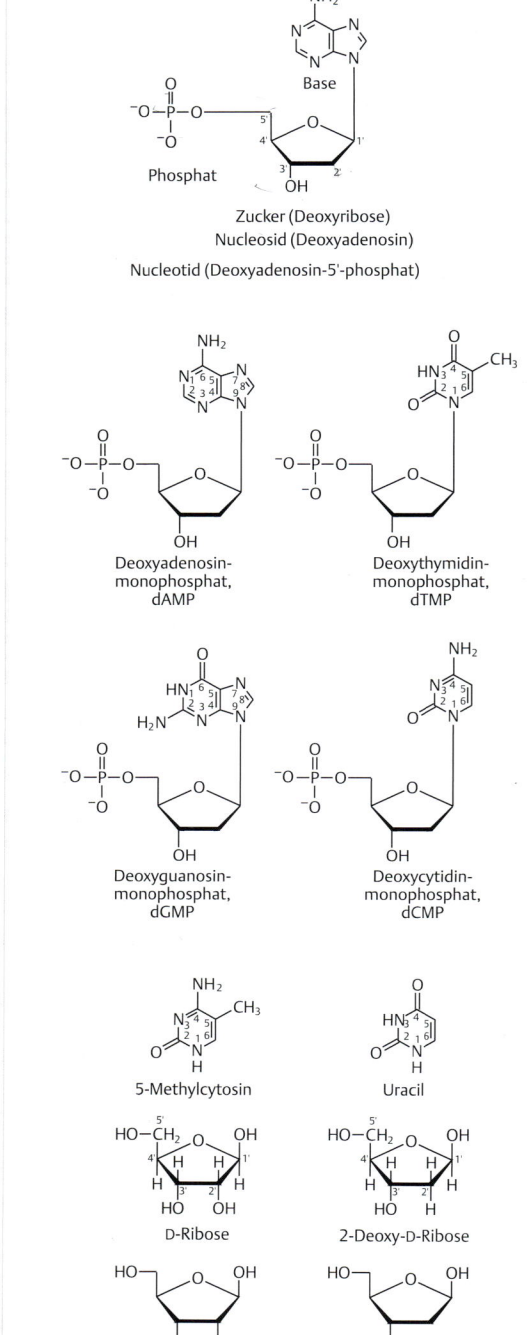

Abb. 2.1 Bausteine von Nucleinsäuren.

Merke

Deoxynucleosid/Nucleosid: Verbindung von Base und Zucker

Deoxynucleotid/Nucleotid: Verbindung von Nucleosid und Phosphatrest

In den natürlichen DNA- oder RNA-Molekülen sind viele Tausend Nucleotide miteinander zu langen unverzweigten Fäden verknüpft, und zwar durch Phosphatbrücken (oder Phosphodiesterbindungen) zwischen dem C 5'-Atom des einen und dem C 3'-Atom des benachbarten Nucleotids. So kommt es, dass die polymeren Nucleinsäuren eine Richtung mit einem freien (nicht mit einem Nachbarnucleotid verknüpften) 5'-Ende und einem freien 3'-Ende haben, wie aus der einfachen Skizze in ▶ Abb. 2.2 unmittelbar hervorgeht.

2.3 DNA-Doppelhelix

Die Arbeit von James Watson und Francis Crick (1953) über die DNA-Struktur ging hauptsächlich von zwei Befunden aus:

- Strukturanalysen hatten ergeben, dass DNA-Fasern Röntgenstrahlen in Form einer regelmäßigen Periodik beugen, was u. a. den Aufbau der DNA aus zwei Strängen vermuten ließ (Rosalind Franklin und Maurice Wilkins, 1953).
- Nucleotide in DNA-Präparaten aus verschiedenen Tier-, Pflanzen- und Bakterienarten kommen immer in gleichen Verhältnissen vor: Der Prozentanteil von Adenin entspricht dem von Thymin und der Anteil von Guanin entspricht dem von Cytosin, also vereinfacht: [A] = [T] und [G] = [C] (wobei sich die Mengen von A plus T einerseits und von G plus C andererseits je nach Art unterscheiden können; nach Erwin Chargaff, um 1950).

Diese Informationen und das geistige Rüstzeug, das der herausragende Chemiker Linus Pauling zuvor für die Aufklärung der α-Helixstruktur in Proteinen (S.61) geschaffen hatte (1951), ermöglichten Watson und Crick den Bau von Modellen, aus denen schließlich die Struktur der DNA-Doppelhelix hervorging.

Einen einfachen Überblick über den Bau der Doppelhelix gibt ▶ Abb. 2.3b, der die Doppelhelix als eine **rechtsläufige Spirale** aus zwei Bändern zeigt. Die beiden Bänder sind ähnlich wie die Wangen einer Wendeltreppe durch Stufen miteinander verbunden. Die Bänder stellen das Rückgrat der DNA-Ketten dar und entsprechen dem Zucker-Phosphat-Teil der Nucleotide. Die „Stufen" zeigen die Lage der basischen Purin- und Pyrimidinringe an. Sie sind nach innen gerichtet, und zwar so, dass **je ein Purinring mit je einem Pyrimidinring** ein **Basenpaar** bildet.

Über spezifische Wasserstoffbrücken kommen stets ein Adenin mit einem Thymin und ein Guanin mit einem Cy-

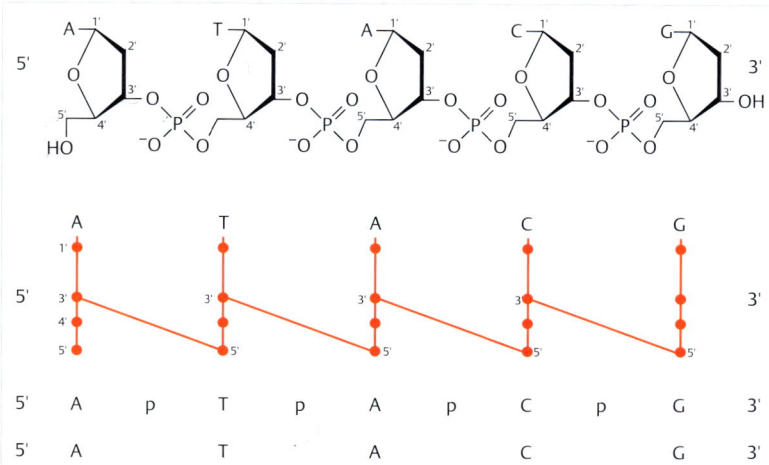

Abb. 2.2 Folgen von Nucleotiden. In der obersten Zeile sind Formelbilder von Deoxyribose und Phosphodiesterbindung gezeichnet, aber die Purin- und Pyrimidinbasen nur durch Anfangsbuchstaben symbolisiert. In der zweiten Zeile ist der Zucker als senkrechte Linie und die Phosphodiesterbindung ist als schräger Strich zwischen den senkrechten Linien dargestellt. Die beiden untersten Reihen vereinfachen die Darstellung noch einmal: Die Anfangsbuchstaben symbolisieren nun ganze Nucleoside oder Nucleotide. Die Darstellungen sind unmissverständlich, solange man sich an die Konvention hält und am linken Ende einer solchen Kette immer das 5′-Ende und rechts das freie 3′-Ende notiert. P = Phosphodiesterbindung.

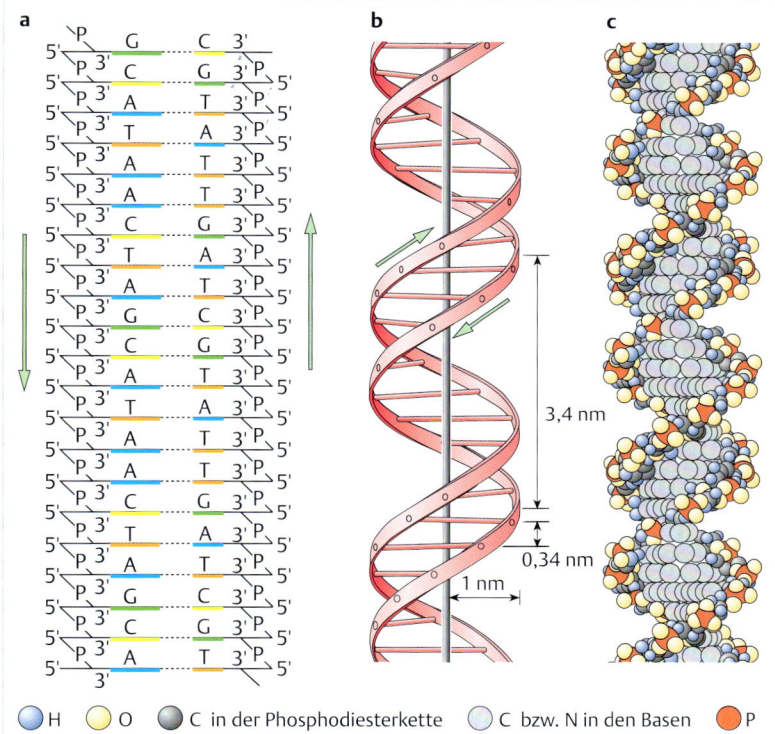

Abb. 2.3 Die DNA-Doppelhelix.

a Die beiden Stränge der DNA verlaufen „antiparallel": Ein „freies" nicht mit einem Nachbarnucleotid verknüpftes 5′-Ende befindet sich am linken Strang unten und am rechten Strang oben.

b Dimensionen der Doppelhelix: Eine vollständige Windung verläuft über 3,4 nm und enthält 10 bp. (nach Watson JD, Crick FHC (1953) A Structure for deoxyribose nucleic acid. Nature 171: 737–738)

c Kalottenmodell der DNA-Doppelhelix. In diesem Modell wurde für jedes Atom, das an der DNA-Struktur beteiligt ist, eine Kugelkalotte eingesetzt. Das Verhältnis von Form und Größe dieser Kalotten entspricht ungefähr den Dimensionen der verschiedenen Atome. (nach einer Publikation aus dem Labor von M. H. F. Wilkins: Feughelham M, Langridge R, Weeds WE et al (1955) Molecular structure of desoxyribonucleic acid and nucleoprotein. Nature 175: 834–839)

tosin in Kontakt (▶ Abb. 2.4). Man spricht von der Basenpaarungsregel oder **Komplementarität**.

Das hat zur Konsequenz, dass man aus der Nucleotidfolge des einen Stranges die Nucleotidfolge des anderen ohne Weiteres ableiten kann:

5′–A C C G T A G C–3′
3′–T G G C A T C G–5′

Parallel zu den Bändern der Wendeltreppe in ▶ Abb. 2.3 sind zwei gegenläufige Pfeile eingetragen. Die Pfeile deuten an, dass die Zucker-Phosphat-Bänder gegenläufig oder, wie man sagt, **antiparallel** angeordnet sind. Was darunter verstanden wird, geht besser aus der Strichskizze in ▶ Abb. 2.3a hervor: Ein DNA-Strang in der Doppelhelix läuft von unten nach oben in 5′-3′-Richtung, während sein komplementärer Partnerstrang in 3′-5′-Richtung läuft.

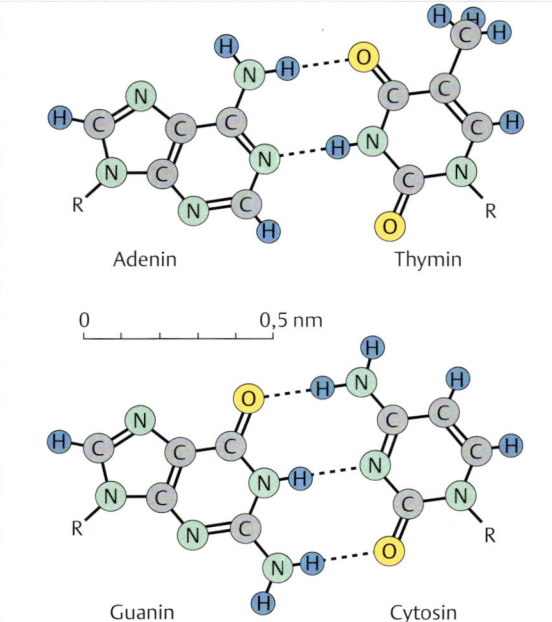

Adenin · Thymin

0 — 0,5 nm

Guanin · Cytosin

Abb. 2.4 Basenpaarungen. R gibt die Stelle an, wo die Basen mit der Deoxyribose verbunden sind.

Merke

Die beiden Stränge der DNA sind komplementär, was bedeutet, dass Adenin in dem einen Strang mit Thymin im anderen Strang in Wechselwirkung steht, ebenso wie Guanin mit Cytosin.

Die komplementären Einzelstränge der DNA-Doppelhelix haben eine gegenläufige, d. h. antiparallele 5'-3'-Orientierung.

Die Wasserstoffbrücken zwischen komplementären Basen tragen erheblich zur Stabilität der Doppelhelix bei. Einen weiteren Beitrag liefern die hydrophoben Bindungen zwischen den benachbarten, aufeinandergestapelten Basenpaaren (*base stacking*). Wie aus dem Kalottenmodell in ▶ Abb. 2.3c hervorgeht, liegen die Basen wie Bücher in einem Bücherstapel dicht aufeinander.

Die Abbildung der Doppelhelix zeigt weiter, dass die Zucker-Phosphat-Bänder wie Schläuche erscheinen, die zwei Furchen unterschiedlicher Weite begrenzen: eine **große Furche** und eine **kleine Furche**. Der Grund dafür ist, dass die glykosidischen Bindungen, also die Anheftungsstellen der Basen an die Deoxyriboserreste, nicht rechtwinklig (90°) an dem Zuckermolekül ansetzen (▶ Abb. 2.4).

2.4 DNA-Helices: Flexibilität

Die Doppelhelix in ▶ Abb. 2.3c ist das Standardbild oder so etwas wie eine Idealform. Tatsächlich haben viele Untersuchungen gezeigt, dass der allergrößte Teil der DNA in den lebenden Zellen eine Form einnimmt, die dem Standardbild mehr oder weniger genau entspricht. Die Röntgenstrukturforscher der 1950er-Jahre sprachen von der **B-Form der DNA**, und diese Bezeichnung hat sich bis heute gehalten. Die B-Form ist durch einige Merkmale charakterisiert, nämlich durch die Zahl der Basenpaare pro Helixwindung, durch die Abstände zwischen den Basenpaaren und durch den Winkel zwischen Helixachse und den Basenpaaren, wie in ▶ Abb. 2.3 angedeutet und in ▶ Tab. 2.1 zusammengefasst.

Freilich zeigen kristallografische Untersuchungen an DNA-Segmenten mit genau bekannten Folgen von Basenpaaren, dass sich innerhalb der Grenzen der B-Form-Geometrie verschiedene Strukturen ausbilden können, abhängig von der Art und der Reihenfolge der beteiligten Basenpaare. Eines der Kriterien für die genaue räumliche Lage benachbarter Basenpaare ist die Ausbildung optimaler hydrophober Bindungen, etwa durch Vermeidung des Zusammentreffens funktioneller Nucleotidseitengruppen. Eine Ursache für diese Flexibilität der Doppelhelix ist, dass die chemischen Bindungen im Fünferring der Deoxyribose und die Bindungen zwischen der Deoxyribose und den Phosphatresten beweglich sind (▶ Abb. 2.5), ebenso wie die glykosidischen Bindungen, um die sich die Purin- oder Pyrimidinringe wie starre Scheiben drehen können (▶ Abb. 2.6).

Schon in den frühen Zeiten der DNA-Forschung kannte man eine besonders drastische Änderung der DNA-Struktur: Übergang von der B-Form in die A-Form der DNA. Dies erfolgt bei Abnahme des Wassergehalts, wenn sich viele Strukturmerkmale der DNA ändern (▶ Tab. 2.1): In der **A-Form der DNA** stehen die Basenpaare nicht senkrecht zur Zentralachse, sondern sind in einem Winkel von etwas mehr als 70° gekippt und zur großen Furche hin verschoben. Dadurch kommt es zu einem offenen Raum im Innern des Moleküls und zur Ausbildung einer tiefen, aber engen großen Furche (▶ Abb. 2.7).

Tab. 2.1 Strukturmerkmale von rechtsläufigen DNA-Formen.

	A-Form	B-Form
Basenpaare/Helixwindung	ca. 11	10,4–10,5
Abstand der Basenpaare	0,26 (±0,04) nm	0,34 (±0,04) nm
Winkel zwischen zwei Basen	33,1°(±5,9)	35,9°(±4,3)
Winkel zwischen Helixachse und Basenpaaren	71–77°	ca. 90°
Konformation des Zuckers	C 3'-endo	C 2'-endo

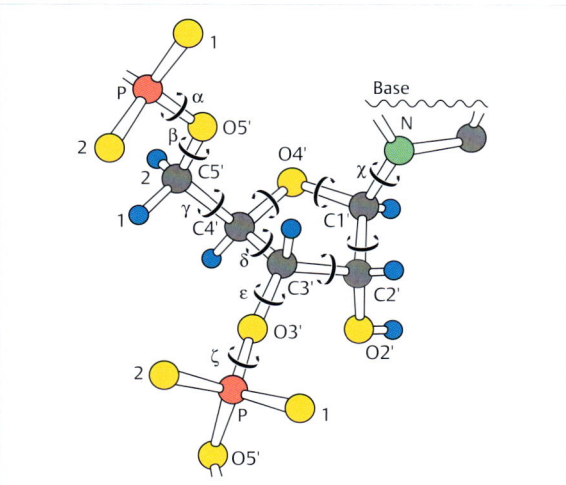

Abb. 2.5 Flexibilität der Bindungen in einem Ribonucleotid (Pfeile). Die Winkel zwischen benachbarten Atomen werden durch griechische Buchstaben gekennzeichnet. (nach Saenger W (1984) Principles of nucleic acid structure. Springer, Heidelberg)

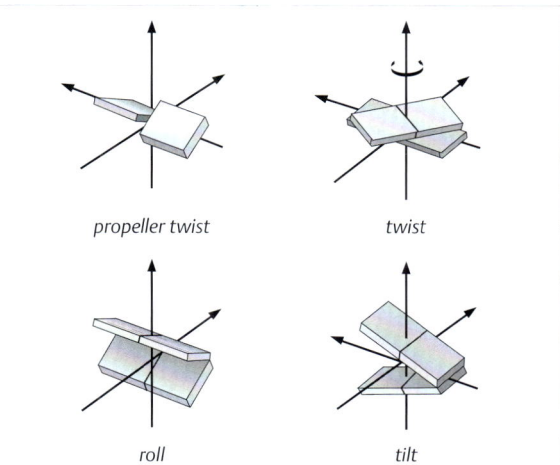

propeller twist *twist*

roll *tilt*

Abb. 2.6 Lage von Nucleotiden und Nucleotidpaaren relativ zur Helixachse (senkrechter Pfeil). (nach Wells R, Collier DA, Hanvey JC et al (1988) The chemistry and biology of unusual DNA structures adopted by oligopurine-oligopyrimidine sequences. FASEB J 2: 2939–2949)

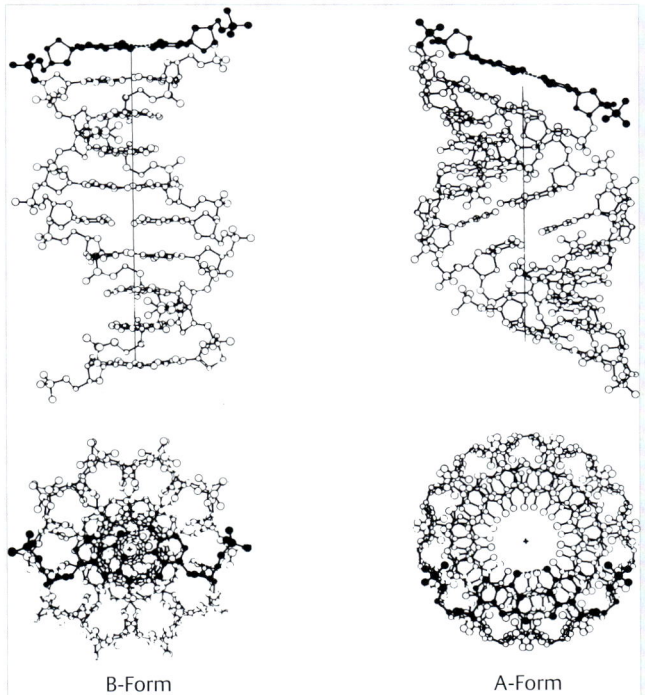

B-Form A-Form

Abb. 2.7 DNA-Formen. B-Form (links) und A-Form (rechts) in Seitenansicht (oben) und Aufsicht (unten). (nach Saenger W (1984) Principles of nucleic acid structure. Springer, Heidelberg)

Entscheidend für den Übergang von der B-Form in die A-Form ist der Verlust einer Schicht von Wassermolekülen. Dadurch ändert sich die Konfiguration der Deoxyribose: In der A-Form liegt das C 3′-Atom oberhalb der Ringebene, in der B-Form dagegen das C 2′-Atom. Das hat Auswirkungen auf die Lage und Anordnung der Phosphatreste und der Nucleotidbasen, wie es die ▶ Abb. 2.8 zeigt.

Merke

RNA-Doppelstränge liegen immer in einer Art A-Form vor, weil die 2′-OH-Gruppe der Ribose die Ausbildung einer B-Form aus sterischen Gründen nicht zulässt.

2

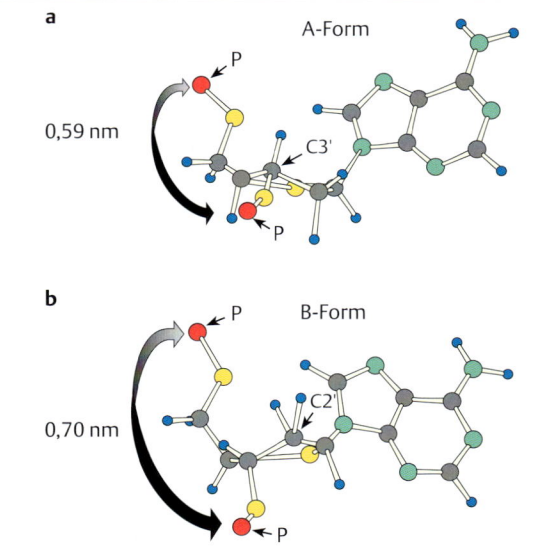

Abb. 2.8 Konformationen der Deoxyribose in A-Form und B-Form DNA Doppelhelices. (nach Rich A, Nordheim A, Wang AHJ (1984) The chemistry and biology of left-handed Z-DNA. Annu Rev Biochem 53: 791–846)

a Zucker in der C 3′-*endo*-Form.
b Zucker in der C 2′-*endo*-Form.

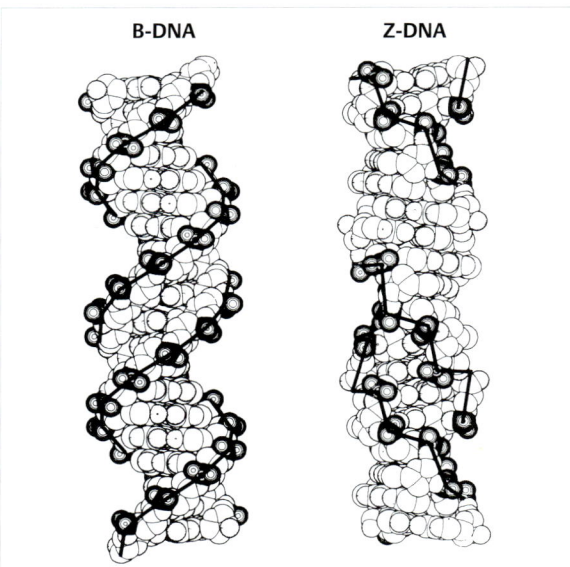

Abb. 2.9 B- und Z-DNA im Vergleich. Neben der Z-DNA ist noch einmal die klassische B-Form der DNA abgebildet (▶ Abb. 2.3). Deoxyribose und Guanin liegen in der *syn*-Konformation vor, Deoxyribose und Cytosin aber in der normalen *anti*-Konformation. Das Zucker-Phosphat-Rückgrat der Z-DNA verläuft linksherum als Zick-Zack-Linie (daher der Name Z-DNA). (nach Rich A, Nordheim A, Wang AHJ (1984) The chemistry and biology of left-handed Z-DNA. Annu Rev Biochem 53: 791–846)

Eine Doppelhelix in der A-Form oder in der B-Form läuft rechtsherum. Aber man kennt auch linksläufige DNA-Helices. Dabei nimmt das Zucker-Phosphat-Rückgrat eine Zick-Zack-Form ein. Deshalb spricht man von der **Z-Form der DNA.** Zuerst wurde die Z-Form bei biochemischen Untersuchungen von DNA-Stücken mit der Nucleotidfolge

..G C G C G C G C G C..
..C G C G C G C G C G..

(kurz: $[CG]_n$) in Lösungen mit hohem Salzgehalt gefunden. Stabilisierung von Z-DNA erfolgt auch bei negativ superhelikaler Verdrillung (S. 41).

Ursache ist die Umorientierung der gykosidischen Bindung zwischen Guanin und der Deoxyribose unter den gewählten experimentellen Bedingungen. Zucker und Base liegen normalerweise in sogenannter *anti*-Konformation vor, aber in der Z-Form-DNA ändert sich das (▶ Abb. 2.9). Die glykosidische Bindung zwischen Cytosin und Deoxyribose bleibt in *anti*-Konformation, aber Guanin und Deoxyribose sind im *syn*. Deswegen wechselt *syn*- mit *anti*-Konformation in benachbarten Basenpaaren und das Zucker-Phosphat-Rückgrat nimmt einen Zick-Zack-Kurs in der Z-DNA (▶ Abb. 2.9).

Ob A-Formen und Z-Formen der DNA nur Produkte von Versuchen im Reagenzglas sind oder ob sie auch gele-

gentlich an manchen Stellen in der DNA von Zellen, z. B. im aktiven Chromatin, vorkommen, ist bis heute unter Fachleuten umstritten. Aber für uns ist die Beschreibung der Formen nützlich, weil sie ganz allgemein die Flexibilität von DNA-Strukturen deutlich macht. Später werden wir bei den Besprechungen von Genstrukturen und Genregulationen sehen, dass Abweichungen von der klassischen B-Form der DNA nicht selten vorkommen.

2.5 Denaturierung und Renaturierung

Das Erhitzen von DNA-Doppelsträngen oder eine Behandlung unter mild alkalischen Bedingungen löst die Wasserstoffbrücken zwischen den komplementären Basen, während die kovalenten Phosphodiesterbindungen intakt bleiben. Als Konsequenz trennen sich die beiden Stränge der Doppelhelix. Man spricht von Denaturierung oder Schmelzen (Methode 2.1 (S. 35)).

Methode 2.1

Denaturierung der DNA

Am einfachsten denaturiert man die DNA-Doppelhelix durch Erhitzen oder durch Zugabe von Alkali. ▶ Abb. 2.10 vergleicht die Hitzedenaturierung der DNA aus den Bakterienstämmen *Pneumococcus* und *Serratia*. Bei schrittweiser Temperaturerhöhung wird der Anteil an einzelsträngiger DNA in den Lösungen gemessen. Es entstehen charakteristische Schmelzkurven, deren Verlauf man u. a. durch Messung der **Absorption** von UV-Licht bei einer Wellenlänge von 260 nm verfolgen kann. Einzelsträngige DNA absorbiert das Licht bei 260 nm etwa 1,4-mal stärker als doppelsträngige DNA (Hyperchromizität). Die Zunahme der Absorption ist daher ein Maß für den Anteil an einzelsträngiger DNA.

Die Lage der Schmelzkurven hängt vom Lösungsmittel ab. Bei niedrigen Salzkonzentrationen, erhöhtem pH-Wert und in Anwesenheit einiger organischer Lösungsmittel wie Formamid, verschieben sich die Kurven nach links, d. h. die DNA „schmilzt" bei einer niedrigeren Temperatur.

Das Schmelzverhalten der DNA ist eine direkte Folge des prozentualen Anteils von GC-Nucleotidpaaren, die über drei Wasserstoffbrücken miteinander verbunden sind. Je größer der molare Anteil an GC-Paaren in der DNA, desto höher liegt der Schmelzpunkt T_m (▶ Abb. 2.11). Der Wert T_m bezeichnet die Temperatur, bei der die Hälfte der DNA-Moleküle einzelsträngig vorliegt. In unserem Beispiel liegt der T_m für *Pneumococcus*-DNA bei ca. 85 °C und für *Serratia*-DNA bei ca. 94 °C, weil die *Serratia*-DNA einen höheren GC-Anteil hat.

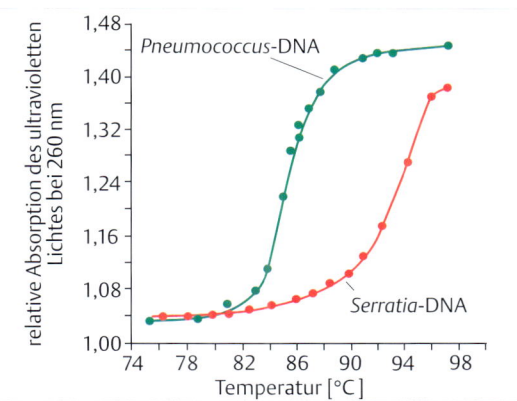

Abb. 2.10 Absorptionszunahme bei Temperaturerhöhung. (nach Schildkraut CL, Mamur J, Doty P (1962) Determination of the base composition of desoxyribonucleic acid from its buoyant density in CsCl. J Mol Biol 4: 430–443)

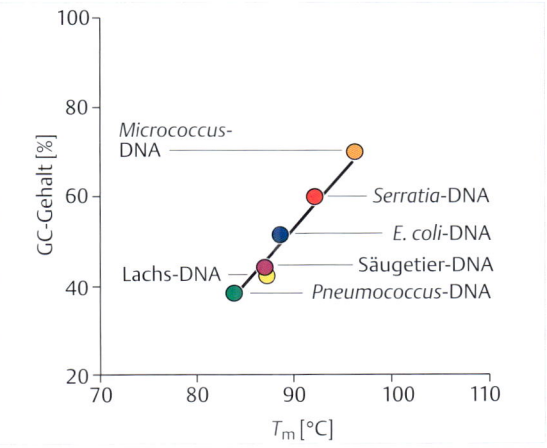

Abb. 2.11 Abhängigkeit des mittleren Schmelzpunktes vom GC-Gehalt einer DNA. Übrigens, das menschliche Genom hat einen durchschnittlichen GC-Gehalt von 38 %. (nach Schildkraut CL, Mamur J, Doty P (1962) Determination of the base composition of desoxyribonucleic acid from its buoyant density in CsCl. J Mol Biol 4: 430–443)

Unter geeigneten Bedingungen finden komplementäre DNA-Stränge wieder zueinander und bilden doppelsträngige DNA-Moleküle, ein Vorgang, den man als **Renaturie**rung oder **Reassoziation** bezeichnet. Der Ablauf einer Reassoziation von komplementären DNA-Strängen ist in Plus 2.1 beschrieben und in ▶ Abb. 2.12 dargestellt.

2

Plus 2.1

Kinetik der Reassoziation

Um aussagekräftige Reassoziationsversuche durchführen zu können, werden die langen DNA-Fäden zunächst mithilfe von Scherkräften in einheitliche Stücke mit Längen von etwa 200–300 Basenpaaren (bp) zerlegt. Dann erfolgt das Erhitzen und später die Abkühlung und Reassoziation.

Die **Geschwindigkeit** der Reassoziation hängt von verschiedenen Parametern ab:

- von der Konzentration an Kationen, die die negativen Ladungen der Phosphatgruppen in der DNA neutralisieren,
- von der Temperatur (die günstigste Temperatur liegt etwa bei 25 °C unter dem T_m-Wert) und
- von der Länge und der Konzentration der DNA-Fragmente.

Die **Kinetik** der Reassoziation komplementärer DNA-Stränge ist ein Zwei-Schritt-Prozess:

1. Zusammentreffen komplementärer Nucleotidfolgen und Ausbildung der ersten passenden Basenpaarungen (Nucleation) und
2. schnelle Ausbildung von Basenpaarungen in den anschließenden übrigen Teilen der DNA-Stränge.

Das erste Zusammentreffen der komplementären Nucleotidfolgen ist der zeitbestimmende Schritt bei der Reassoziation. Somit lässt sich die Reassoziation als eine Reaktion 2. Ordnung beschreiben, wobei die Geschwindigkeitskonstante k umgekehrt proportional der Konzentration an komplementären DNA-Strängen ist. Eine Reaktion 2. Ordnung folgt der Gleichung:

$$\frac{c}{c_0} = \frac{1}{1 + k \cdot c_0 t}$$

c = Konzentration an einzelsträngiger DNA

c_0 = Konzentration an Einzelstrang-DNA zum Zeitpunkt 0 (vor Beginn der Reassoziation)

$c_0 t$ = Ausgangskonzentration an einzelsträngiger DNA × Zeit

Zur quantitativen Auswertung von Reassoziationsverläufen trägt man das Verhältnis c/c_0 als Funktion von $c_0 t$ auf (▸ Abb. 2.12). Bei $c/c_0 = 0,5$ hat sich die Hälfte der ursprünglich vorhandenen Einzelstrang-DNA zum Doppelstrang gefunden. Dann gilt $c_0 t = 1/k$. Der entsprechende Wert heißt $c_0 t_{1/2}$ und ist proportional dem Anteil komplementärer Sequenzen (ausgedrückt in Mol Nucleotide pro Liter) in der untersuchten DNA, wie man der ▸ Abb. 2.12 entnehmen kann.

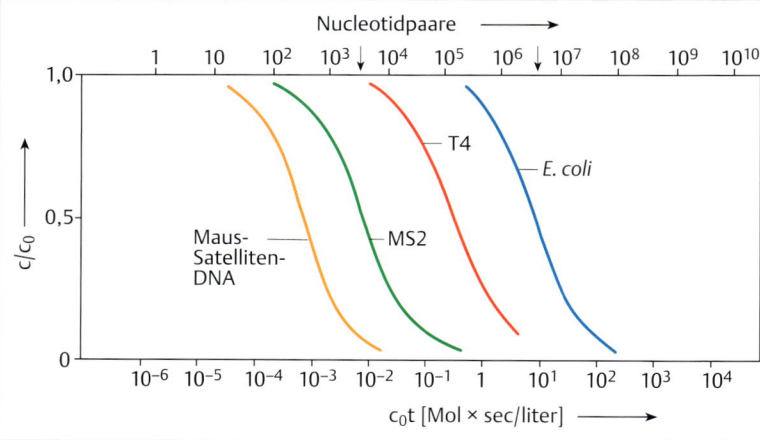

Abb. 2.12 Reassoziationsabläufe. Der $c_0 t_{1/2}$-Wert ist der Wert, bei dem sich die Hälfte der vorhandenen Komplementärstränge zum Doppelstrang gefunden hat. Er nimmt mit der Größe der DNA zu. Die hier untersuchte Satelliten-DNA besteht aus einigen Hundert Basenpaaren. Die Doppelstrang-RNA des Phagen MS 2 besteht aus ca. 3 500, die DNA des Phagen T 4 aus ca. 160 000 und die E. coli-DNA aus ungefähr 4 Millionen Basenpaaren. (nach Britten RJ, Kohne DE (1968) Repeated sequences in DNA. Science 161: 529–533)

Bei ihren systematischen Untersuchungen über die Reassoziationen von DNA-Proben aus verschiedenen Organismen stellten Forscher in den Jahren zwischen 1960 und 1970 überraschende Unterschiede fest:

Wie ▸ Abb. 2.12 zeigt, reassoziieren die DNA-Stränge von Bakterien und Viren mit einer einfachen Kinetik. Anders die DNA-Stränge der meisten eukaryotischen Organismen. Ihre Reassoziation folgt einem komplexen Kurvenverlauf (▸ Abb. 2.13). Der Grund dafür ist, dass ein erheblicher Teil der DNA von Tieren und Pflanzen aus sich oft wiederholenden DNA-Abschnitten besteht. Diese repetitiven Sequenzen finden im Zuge der Reassoziation relativ schnell einen Partnerstrang, und zwar in Abhängigkeit von der Häufigkeit, mit der gleiche oder ähnliche Abschnitte in der DNA vorkommen. Dagegen werden Abschnitte, die in wenigen Kopien oder gar nur einmal in der DNA vorkommen (Einzelkopiesequenzen), mit entsprechend niedrigerer Wahrscheinlichkeit auf ihre komplementären Partner treffen. Entsprechend erfolgt die Reassoziation solcher Stränge verzögert.

Analysen der Abläufe von Reassoziationen haben die ersten Hinweise auf das Vorkommen von hoch- und mittelrepetitiven Abschnitten in Eukaryotengenomen gebracht. Dies ist inzwischen längst durch die Bestimmung der Basenpaarfolgen von natürlichen DNA-Molekülen bestätigt worden (s. Plus 2.2). Wir werden im Laufe des Buches noch oft auf diese merkwürdige Besonderheit der DNA in Eukaryoten zu sprechen kommen.

Plus 2.2

Repetitive DNA-Abschnitte: ein erster Überblick

Satelliten-DNA in den Centromer- und Telomerbereichen von Chromosomen. Die Centromer-DNA hat eine wichtige Funktion beim Aufbau des Spindelapparats während der Mitose (S. 212). Die Telomer-DNA trägt zum Schutz der Chromosomenenden bei. In beiden Fällen handelt es sich um Wiederholungen von Hunderten oder Tausenden hintereinandergeschalteter kurzer DNA-Abschnitte. Satelliten-DNA renaturiert bei sehr niedrigen c_0t-Werten und kann bis zu 5 % der Gesamt-DNA eines Säugetiers ausmachen.

SINE (*short interspersed repetitive elements*): Wie aus der Bezeichnung hervorgeht, sind diese repetitiven Elemente über das Genom verteilt (*interspersed*). Es gibt mehrere Arten oder, wie man sagt, Familien von SINE-Sequenzen. Ein

Beispiel ist die sogenannte Alu-Familie im Humangenom. Alu-Elemente bestehen aus etwa 300 bp mit ähnlichen Sequenzen. Das Genom enthält mehr als eine Million Alu-Elemente. Das entspricht 10–15 % des Gesamtgenoms.

LINE (*long interspersed repetitive elements*): der Prototyp besteht aus 6 000–7 000 bp, aber viele Mitglieder von LINE-Familien sind verkürzte Versionen. Insgesamt addieren sich die DNA-Abschnitte von LINE-Familien bis zu etwa 20 % des Gesamtgenoms.

Jede Tier- oder Pflanzenart hat ihr eigenes Repertoire von SINE- und LINE-Familien. Man hat eine ungefähre Vorstellung von der Entstehung und Ausbreitung dieser repetitiven DNA, aber ihre genetische Bedeutung ist nicht bekannt.

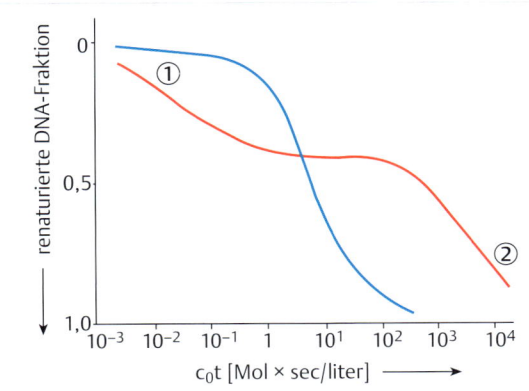

Abb. 2.13 Vergleich der Renaturierungskinetiken von Bakterien- und Säugetier-DNA. Blaue Kurve: Die Reassoziation der Bakterien-DNA folgt einer einfachen sigmoidalen Kinetik, weil jeder Abschnitt der DNA nur einmal vorkommt. ① Erster steiler Abfall der roten Kurve: Ein Teil der Säugetier-DNA reassoziiert schon bei einem sehr niedrigen c_0t-Wert. Dies spricht für das Vorkommen sehr vieler sich wiederholender Nucleotidsequenzen. ② Zweiter steiler Abfall der roten Kurve: Ein anderer Teil der Säugetier-DNA reassoziiert in einem Bereich höherer c_0t-Werte, wie man es aufgrund der Genomgröße erwarten würde. (nach Britten RJ, Kohne DE (1968) Repeated Sequences in DNA. Science 161: 529–533)

Wir haben die Reassoziation komplementärer Nucleinsäurestränge auch deswegen ziemlich ausführlich beschrieben, weil sie die Grundlage für **wichtige Methoden der molekularen Genetik** ist. Wir werden in späteren Kapiteln immer wieder darauf zurückkommen. Hier nur als Beispiel eine der ersten Anwendungen in den frühen 1970er-Jahren. Molekularbiologen wollten überprüfen, ob ein gegebener DNA-Abschnitt aus einem Organismus mit einem entsprechenden DNA-Abschnitt aus einem anderen Organismus verwandt ist. Sie denaturierten die DNA-Abschnitte und ermöglichten dann die gemeinsame Reassoziation in einem Reaktionsgefäß. Die Frage war, ob sich ein Strang der einen mit einem komplementären Strang der anderen DNA zum Doppelstrang zusammenfindet. Wenn das zutraf, konnte man auf eine Ähnlichkeit der Sequenzen schließen.

Auch RNA-Stränge können mit komplementären DNA-Strängen einen Doppelstrang bilden. Man spricht dann von einem RNA-DNA-Hybrid. Überhaupt wird ein solches Verfahren oft als **Nucleinsäure-Hybridisierung** bezeichnet, abgeleitet von dem griechischen Wort *hybrid*, das in der Genetik so viel heißt wie „von zwei verschiedenen Eltern" oder „von unterschiedlicher Herkunft".

2.6 Natürliche DNA-Moleküle

Die kleinsten natürlich vorkommenden DNA-Moleküle bestehen aus einigen Tausend Basenpaaren und bilden das genetische Material von Viren (▶ Tab. 2.2). Die größten DNA-Moleküle kommen in Chromosomen von Tieren und Pflanzen vor und können aus bis zu mehreren Milliarden Basenpaaren aufgebaut sein.

Die Größen sind in erster Näherung ein Maß für die Menge an genetischer Information einer DNA. Viren kommen mit wenig genetischer Information aus, weil sie die infizierten Wirtszellen für ihre Zwecke ausnutzen. Außerdem ist der Zweck eines Virus eine möglichst schnelle und möglichst häufige Vermehrung, wofür die Wirtszelle die Bausteine und die Enzyme liefert. Dagegen brauchen zelluläre Organismen umfangreiche genetische Programme für die komplizierten Stoffwechselprozesse, für die Synthese von Aminosäuren und Nucleotiden, für den Aufbau von Proteinen und Nucleinsäuren, von Zellorganellen und Zellwänden usw. Wozu auch immer die genetische Information letztendlich verwendet wird, ihre unmittelbare Funktion ist es, den Bauplan für Proteine bereitzustellen. In trockenen Worten: Die lineare Folge von Nucleotiden in der DNA bestimmt die lineare Folge der Aminosäuren, also der Bausteine von Proteinen.

Hier gibt es ein Problem, das die Molekularbiologen in den Jahren nach der Beschreibung der Doppelhelix sehr beschäftigt hat. Proteine bestehen aus 20 Aminosäuren, die in wechselnder Zahl, Zusammensetzung und Reihenfolge zu langen Ketten verknüpft sind, aber die DNA ent-

Tab. 2.2 Virus- und Bakteriengenome.

	Basenpaare (bp)	Zahl der Gene
Simian Virus 40 (SV 40, ein tierisches Virus)	5 243	6
Bakteriophage M13 (doppelsträngige replikative DNA-Form) (S. 537)	6 407	10
Bakteriophage Lambda (S. 129)	48 502	ca. 50
Genom von *Helicobacter pylori* (verantwortlich für Gastritis und Magengeschwüre beim Menschen)	1 667 867	1590
Genom *Archaeoglobus fulgidus* (ein sulfatreduzierendes Archaeon)	2 178 400	2463
Genom *Mycobacterium tuberculosis* (Erreger der Tuberkulosekrankheit)	4 411 529	3 924
Genom *Escherichia coli* (*E. coli*) (S. 101) („das" Bakterium der Molekularbiologen)	4 639 211	4 288

Aus der Zahl der Basenpaare kann man nach den Angaben der ▸ Tab. 2.1 die Länge der DNA berechnen: Länge [μm] = Zahl der bp × 0,34 × 10⁻³. Demnach hat das Genom von *E. coli* eine Länge von etwa 1,58 mm. Die Angaben über die Genzahlen beziehen sich auf proteincodierende Gene.

hält nur vier verschiedene Nucleotide. Demnach kann ein Nucleotid in der DNA nicht die Position einer Aminosäure in der Aminosäurekette bestimmen.

Tatsächlich war es eine der ersten wichtigen Erkenntnisse in der Geschichte der molekularen Genetik, als um 1960 deutlich wurde, dass eine Aminosäure von einem Triplett, einer Dreierfolge von Nucleotiden, „codiert" wird. Aus vier unterschiedlichen Nucleotiden lassen sich $4^3 = 64$ Dreierkombinationen bilden. Somit stehen den 20 Aminosäuren 64 Tripletts gegenüber. Daraus muss man folgern, dass mehrere Tripletts für ein und dieselbe Aminosäure stehen und/oder dass ein Teil der Tripletts keine genetische Information trägt. Im Kap. 5 werden wir diese Fragen genauer untersuchen. Hier genügt der Hinweis, dass beides zutrifft: 61 der möglichen 64 Tripletts haben eine Funktion bei der „Codierung" von Aminosäuren, während drei Tripletts keine Aminosäuren codieren, sondern eine andere Aufgabe bei der Umsetzung der genetischen Information haben.

Diese vorläufigen Betrachtungen helfen uns bei der Abschätzung des Informationsgehalts von DNA. Da die meisten Proteine aus 200–500 Aminosäuren zusammengesetzt sind und da genetische Information aus Tripletts zusammengesetzt ist, können wir schließen, dass der Abschnitt auf der DNA, der die Information zur Herstellung eines Proteins trägt, aus 600–1500 Nucleotid- oder Basenpaaren aufgebaut sein sollte. Wir bezeichnen einen solchen Abschnitt als proteincodierendes **Gen**.

Wir wiederholen die Definition, aber fügen gleich hinzu, dass sie nur vorläufig gelten soll, bis sie später im Buch (s. Kap. 12) ergänzt, erweitert und ersetzt wird:

Definition

Ein **proteincodierendes Gen** ist ein Abschnitt der DNA, der die Information zur Herstellung eines Proteins trägt.

Diese Definition werden wir später präzisieren, denn es gibt Gene, die keine Proteine codieren, sondern RNAs, die nicht in Proteine übersetzt werden.

Um einen Eindruck von der Größe natürlicher DNA-Moleküle (oder Genome) zu erhalten, betrachten wir die ▸ Tab. 2.2, die die Zahl der Basenpaare und die Zahl der Gene in der DNA einiger Viren und Prokaryoten enthält. Man kennt diese Zahlen so genau, weil die Nucleotidfolgen – oder wie man sagt: **Sequenzen** – der Genome bestimmt worden sind. Die Methoden, die dabei zur Anwendung kommen, werden wir an einer anderen Stelle besprechen (Kap. 26.4), ebenso wie die Konsequenzen dieser wichtigen Forschungsarbeiten. An dieser Stelle wollen wir nur anmerken, dass Quotienten aus der Zahl der Basenpaare und der Zahl der Gene Werte liefern, die ungefähr der theoretischen Überlegung entsprechen. Demnach besteht ein proteincodierendes Gen im Durchschnitt aus 600–1200 bp. Daraus folgt weiterhin: Zwischen den einzelnen Genen in prokaryotischen Genomen können, wenn überhaupt, nur sehr kurze Abstände liegen.

Anders die Genome von Eukaryoten: Zwischen den einzelnen Genen liegen oft lange Abschnitte von DNA, die keine Information zur Herstellung von Proteinen enthalten. Deswegen sind die DNA-Moleküle in den Zellkernen von Eukaryoten sehr viel länger, als man aufgrund von Schätzungen über die Zahl der Gene erwarten würde.

Diese Aussage wird durch die Angaben in der ▸ Tab. 2.3 belegt. Allerdings sind zum Verständnis der Tabelle einige Anmerkungen notwendig:

- In den Kernen der meisten Zellen von Tieren und höheren Pflanzen kommt die DNA/das Genom in zweifacher Ausführung vor. Man sagt: Die Zellen oder Organismen sind **diploid** (*di-ploid*, griech. zwei-fach). Die Angaben in der Tabelle betreffen das einfache oder haploide Genom.
- Die DNA in Zellkernen ist kein durchgehender DNA-Faden, sondern kommt in Einzelabschnitten vor. Das wird zur Zeit der Mitose (S. 202) sichtbar, wenn die Einzelabschnitte als Chromosomen verpackt werden. So kann man den Werten der ▸ Tab. 2.3 entnehmen, dass die DNA (haploid) in den Kernen von Säugetierzellen etwa 1 m lang ist. Diese Strecke ist in Zellen der Maus in 20 und in Zellen des Menschen in 23 Abschnitte (Chromosomen) aufgeteilt.

Tab. 2.3 DNA im Zellkern einiger Eukaryoten.

Art	Größe des Genoms [in Basenpaaren; ungefähre Werte]	Zahl der Chromosomen	Zahl der proteincodierenden Gene [ungefähre Werte]
Hefe (*Saccharomyces cerevisiae*)	12 Millionen	16	6 240
Fadenwurm/Nematode (*Caenorhabditis elegans*)	97 Millionen	6	18 240
Fliege (*Drosophila melanogaster*)	180 Millionen	4	13 600
Säugetiere			
Maus (*Mus musculus*)	3 000 Millionen	20	22 000
Mensch (*Homo sapiens*)	3 000 Millionen	23	21 000
Pflanzen			
Ackerschmalwand (*Arabidopsis thaliana*)	120 Millionen	5	30 000
Mais (*Zea mays*)	2300 Millionen	10	32 000
Reis (*Oryza sativa*)	380 Millionen	12	30 000

* Die Angaben in dieser Tabelle gelten für haploide Genome und haploide Chromosomensätze. Beachte, dass das Maisgenom um ein Mehrfaches größer ist als das Reisgenom, obwohl es gleich viele Gene enthält. Der Unterschied beruht auf einem viel umfangreicheren Anteil an repetitiven DNA-Abschnitten. Die angegebene Zahl der Gene bezieht sich auf proteincodierende Gene. Weitere Erläuterungen s. Text.

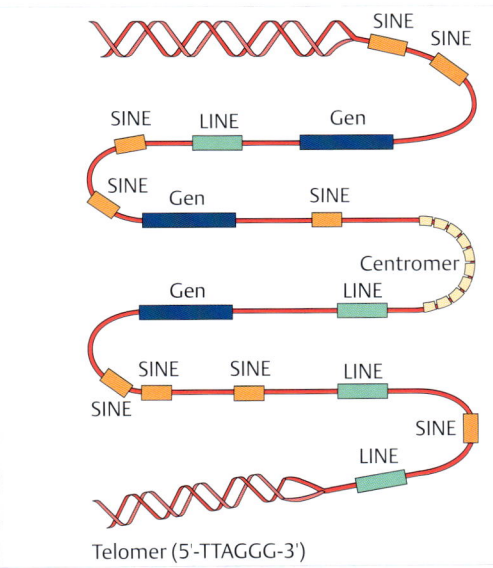

Abb. 2.14 **Organisation der Genome von Tieren und Pflanzen.** Einzelkopie-DNA (Gen) und repetitive DNA (LINE, SINE usw.) im Wechsel. Stark vereinfachte Skizze.

Die einfachen Schlussfolgerungen aus den Zahlen der ▶ Tab. 2.3 werden durch die gesamtgenomischen Sequenzierprojekte unterstützt: Täglich gelangen neue Basenpaarsequenzen von Genen und intergenischen (Zwischen-Gen-)Bereichen der verschiedensten Eukaryotenarten in die Datenbanken und immer wieder zeigt sich, dass zwischen und selbst innerhalb von Genen oft lange Abschnitte nicht codierender DNA vorkommen. Tatsächlich ist bekannt, dass meist nur ein oder wenige Prozent der DNA von Tieren und Pflanzen für die Codierung von

Proteinen reserviert ist. Die DNA zwischen den Genen besteht oft aus vielfach vorkommenden, „repetitiven" Abschnitten (Plus 2.2) (S. 37) mit meist unbekannter genetischer Funktion (▶ Abb. 2.14) (Kap. 12.9).

2.7 DNA-Ringe: Helix und Superhelix

Die DNA in den eukaryotischen Chromosomen ist linear – wie ein Faden mit zwei Enden. Aber die Genome der weitaus meisten bekannten Bakterien sind zu Ringen geschlossen. Auch die DNA in Mitochondrien und Chloroplasten ist ringförmig, ebenso wie die DNA mancher Viren, etwa die DNA des Simian-Virus 40 (SV40; ▶ Tab. 2.2, ▶ Abb. 2.15).

Die Ringstruktur der DNA hat Konsequenzen. Bei einer Denaturierung werden die Wasserstoffbrücken zwischen komplementären Basenpaaren geöffnet, aber die beiden Stränge der DNA-Doppelhelix können sich so ohne Weiteres nicht voneinander trennen, wie man sich anhand der ▶ Abb. 2.16 deutlich machen kann. Überdies ist ringförmig geschlossene DNA oft verdrillt, wie eines der beiden SV40-DNA-Moleküle in der elektronenmikroskopischen Aufnahme der ▶ Abb. 2.15. Man bezeichnet dies oft als **Superhelix**, denn die Verdrillungen sind den Windungen in der Doppelhelix überlagert.

Die Zahl der Verdrillungen (*supercoils*) kann von DNA-Molekül zu DNA-Molekül verschieden sein. Man sagt: Ringförmig geschlossene DNA-Moleküle kommen in verschiedenen topologischen Formen vor. Die in Plus 2.3 enthaltene Information gibt zusammen mit der ▶ Abb. 2.17 eine formale Beschreibung der DNA-Topologie.

Plus 2.3

Topologie der DNA

Eine genauere Beschreibung der Topologie beginnt mit der Definition des Begriffs Verknüpfungszahl **Lk** (*linking number*). Bei entspannter DNA (▶ Abb. 2.16) entspricht die Verknüpfungszahl der Anzahl der Helixwindungen **Tw** (*twists*), also der Häufigkeit, mit der die beiden Stränge der Doppelhelix gewunden sind. Aus den Kennzahlen der B-Form der DNA (▶ Tab. 2.1) lässt sich der Wert leicht angeben:

$$Lk = \frac{N}{10,5}$$

N = Gesamtzahl der Basenpaare einer gegebenen DNA
10,5 = Zahl der Basenpaare pro Helixwindung

In natürlichen DNA-Ringen ist die Zahl der helikalen Windungen fast immer niedriger als in entspannten DNA-Molekülen. Theoretisch kann sich das so auswirken wie im rechten Teil der ▶ Abb. 2.17 gezeigt: Der entwundene Bereich liegt als einzelsträngige Blase an einer Stelle im Molekül. Tatsächlich ist aber die Ganghöhe der Doppelhelix im DNA-Ring wenig verändert. Stattdessen wirken sich die Unterwindungen in Form von Überdrehungen (*supercoils*) der Helixachse aus (▶ Abb. 2.17 links). Eine Abnahme in der Zahl der Helixwindungen Tw wird also durch Überdrehungen der Helixachse **Wr** (*writhe*) ausgeglichen.

Die Beziehungen zwischen den Windungen der Stränge in der Doppelhelix und den Überdrehungen der Helixachse kann man quantitativ in einer einfachen Weise formulieren:

$$Lk = Tw + Wr$$

Die Verknüpfungszahl Lk in dieser erweiterten Form gibt also die Häufigkeit an, mit der sich die Stränge der DNA überkreuzen.

Lk ist eine topologische Eigenart geschlossener DNA-Moleküle: Die Werte für Tw und Wr können sich ändern, aber der Wert für Lk bleibt erhalten. Mit anderen Worten, geschlossene DNA-Moleküle mit einer gegebenen Verknüpfungszahl können verschiedene dreidimensionale Formen annehmen.

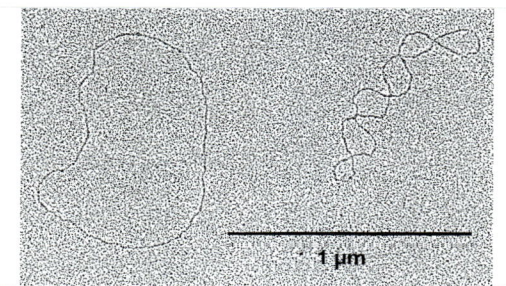

Abb. 2.15 Elektronenmikroskopische Aufnahme von SV40-DNA (▶ Tab. 2.2). Eines der beiden abgebildeten DNA-Moleküle liegt als offener Ring vor, das zweite als „Superhelix" – ein in sich gedrehter, verdrillter DNA-Ring. Die offene, entspannte, „relaxierte" DNA entsteht aus der superhelikalen DNA nach Einführen eines Bruches in einem der beiden Stränge, beispielsweise nach Öffnung einer Phosphodiesterbindung durch das Enzym Deoxyribonuclease. (Aufnahme: R. Wessel, Konstanz)

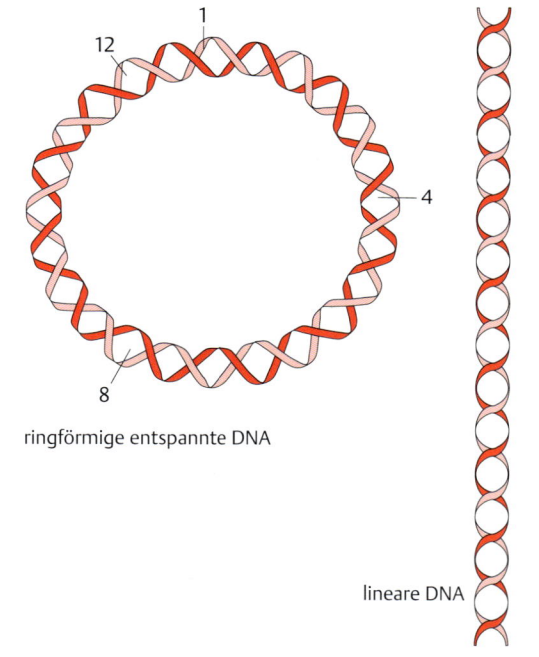

ringförmige entspannte DNA

lineare DNA

Abb. 2.16 Ringförmige und lineare DNA. Die komplementären Stränge der linearen DNA können durch Schmelzen getrennt werden, nicht aber die Stränge der ringförmigen DNA. Sie bleiben durch Überkreuzungen oder Verknüpfungen aneinander hängen. Die Zahl solcher Verknüpfungen entspricht in entspannten Ring-DNA-Molekülen der Zahl der Helixwindungen. In der Terminologie von Plus 2.3 (S. 40) kann man notieren: Lk = Tw = 12.

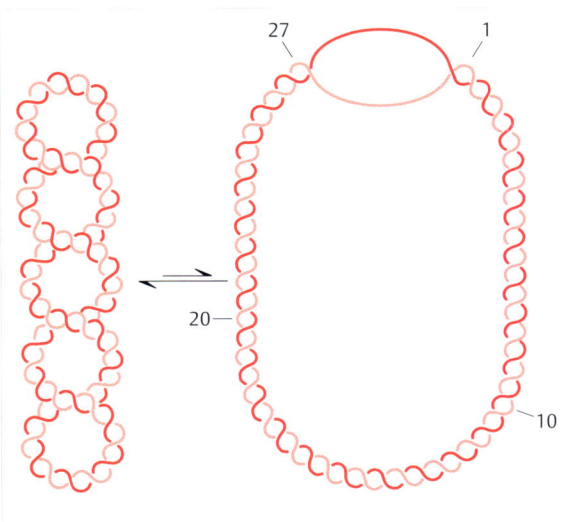

	links	rechts
Basenpaare	310	310
Lk	27	27
Tw	31	27
Wr	–4	0

Abb. 2.17 Topologie von unterwundener DNA. Verknüpfungszahlwerte mit und ohne Unterwindung. Erklärungen der Abkürzungen Lk, Tw und Wr siehe Plus 2.3.

Die Verhältnisse lassen sich mit einem einfachen Experiment verdeutlichen: Ein Bindfaden wird an einem Ende festgehalten und am anderen mehrmals um die Längsachse gedreht; dann werden die Enden – ohne Aufgabe der Drehungsspannung – aneinandergefügt. Als Ergebnis treten Verdrillungen, Supercoils, auf.

Wenn wir dieses Experiment auf die DNA übertragen, müssen wir die Richtung der Drehung berücksichtigen: Da die doppelsträngige DNA rechtsläufig ist, wird durch eine Drehung nach rechts die Tendenz in Richtung zunehmender Helixwindungen gehen, während durch Drehung nach links die Tendenz in Richtung abnehmender Helixwindungen geht.

Auf diese Weise entstehen Supercoils unterschiedlicher Richtung. Wenn die Doppelhelix entwunden wird, entstehen negative Supercoils und die Superhelix ist rechtsläufig (▶ Abb. 2.17). Eine Überwindung der Helix (nach einer Rechtsdrehung) führt zu positiven Supercoils und linksläufiger Superhelix. Die meisten natürlich vorkommenden DNA-Moleküle haben **negative Supercoils.**

In Bakterien werden negative Supercoils durch spezielle Enzyme eingeführt, durch Topoisomerasen (S. 181). Diese Enzyme verändern die Topologie der DNA durch eine konzertierte Aktion von Schneiden und Wiederverknüpfen. Sie haben wichtige Funktionen bei allen genetischen Reaktionen, die mit einer Entwindung des DNA-

Doppelstrangs einhergehen, wie etwa bei der Transkription von Genen oder bei der Replikation.

Auch die DNA in Pflanzen- oder Tierzellen ist negativ verdreht. Der Grund ist hier die besondere Organisation der DNA im Zellkern. Die DNA ist eng um Proteinkomplexe (Nucleosomen) (S. 148) gewunden. Negative Supercoils entstehen bei der Abtrennung der Proteinkomplexe.

In natürlicher DNA können auch **positive Supercoils** vorkommen. Allerdings treten positive Supercoils meist nur vorübergehend auf, etwa vor einer Replikationsgabel. Die entstehenden Drehspannungen müssen durch Topoisomerasen aufgelöst werden, sonst käme es zum Stillstand der Replikation.

2.8 Einige wichtige Methoden zur Untersuchung von DNA

Unser erster methodischer Überblick betrifft drei Verfahren, nämlich die Elektrophorese, die Zentrifugation und die Darstellung von DNA mithilfe des Elektronenmikroskops. Dann folgt ein Abschnitt über die Verwendung von Nucleasen als Werkzeuge in der Molekularbiologie.

2.8.1 Elektrophorese

Die vermutlich wichtigste Methode zur Untersuchung von DNA-Molekülen ist die Elektrophorese in Agaroseoder Polyacrylamidgelen. Die notwendigen Geräte sind preisgünstig und problemlos in der Anwendung, dabei schnell und genau. Von den verschiedenen Varianten der Gelelektrophorese zeigt die ▶ Abb. 2.18 im Schema das Standardverfahren der Elektrophorese in einem Agarosegel.

Die **Geschwindigkeit**, mit der sich DNA-Stücke im elektrischen Feld auf den positiven Pol zubewegen, hängt von verschiedenen Bedingungen ab. Am wichtigsten ist die Größe der DNA: Lineare doppelsträngige DNA-Moleküle wandern mit Geschwindigkeiten durch die Agarosematrix, die umgekehrt proportional zum Logarithmus ihrer Größe sind (▶ Abb. 2.19). Weiter hängt die Wanderung der DNA-Stücke von der Stromstärke, der Pufferzusammensetzung und der Agarosekonzentration ab. Gerade die letzte Bedingung wird zur Trennung von DNA-Fragmenten verschiedener Größenklassen ausgenutzt. Beispielsweise lassen sich DNA-Fragmente von 1000 bis etwa 15 000 bp in Gelen mit 0,5 % Agarose gut auftrennen, während DNA-Fragmente aus 100–2000 bp besser in Gelen mit 1–2 % Agarose aufgetrennt werden (▶ Abb. 2.19). Für die gelelektrophoretische Trennung von DNA-Stücken mit einer Größe über 15 000 bp setzt man die Pulsfeld-Gelelektrophorese ein, während DNA-Stücke, die kleiner als 100–200 bp sind, in der Polyacrylamidgelelektrophorese untersucht werden.

Die elektrophoretische Wanderung in Gelen hängt auch von der Struktur der DNA ab: Ringförmig superheli-

2

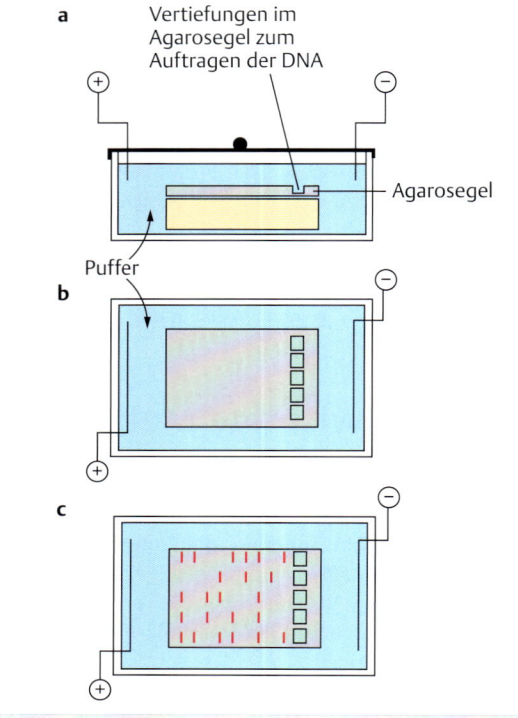

Abb. 2.18 Durchführung der Agarosegelelektrophorese.

a Seitenansicht. Ein Plastikgefäß, gefüllt mit geeignetem Puffer, enthält ein Gel in Abmessungen von beispielsweise 10 cm × 18 cm und 0,5 cm Dicke. Das Agarosegel ist vollständig in den Puffer eingetaucht.

b Aufsicht. Am „Start" besitzt das Agarosegel einzelne Vertiefungen oder Kerben zum Auftragen des zu trennenden Gemischs von DNA-Fragmenten.

c Aufsicht. Nach Anlegen eines elektrischen Feldes wandert die negativ geladene DNA auf den positiven Pol zu. Nach Beendigung der Elektrophorese werden die DNA-Banden mit Ethidiumbromid angefärbt. Die DNA leuchtet im ultravioletten Licht hell auf.

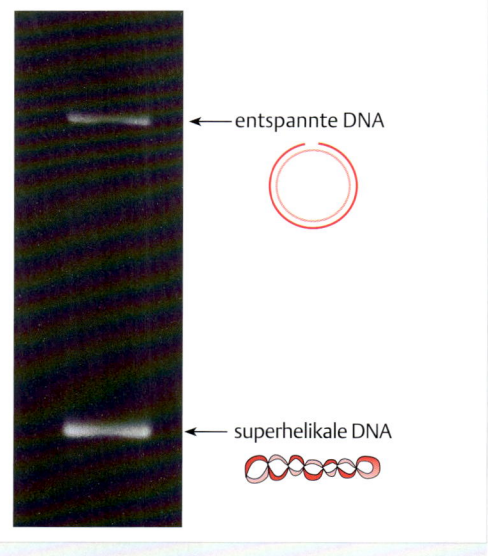

Abb. 2.20 DNA-Form und Wanderung im Gel.

kale DNA wandert schneller als ringförmig offene (relaxierte) DNA (▸ Abb. 2.20). Einer der Gründe dafür ist, dass sich die dichter gepackte superhelikale DNA besser durch das Maschenwerk eines Gels bewegen kann.

2.8.2 Zentrifugation

Der Grundvorgang bei der Zentrifugation ist die Bewegung von Partikeln – also von Zellen, Organellen oder Einzelmolekülen – durch ein flüssiges Medium unter dem Einfluss eines Zentrifugalfeldes. Die **Sedimentationsgeschwindigkeit** nimmt mit der Masse eines Partikels und der angewendeten Zentrifugalbeschleunigung zu und wird negativ durch die Viskosität des Mediums beeinflusst. Auch Durchmesser und Form des Partikels bestimmen das Sedimentationsverhalten. So sedimentieren

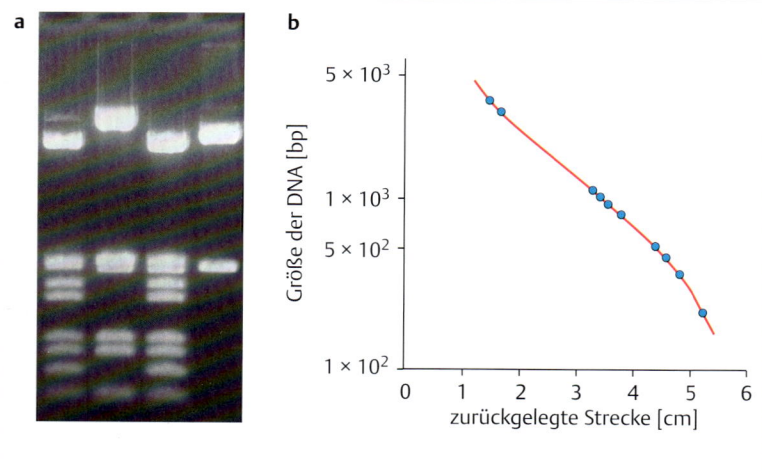

Abb. 2.19 Agarosegelelektrophorese. Experimentelle Bedingungen: 1,2 % Agarose in TBE-Puffer (90 mM Tris-Borat, pH 8,3; 5 mM EDTA [Ethylendiamintetraessigsäure]), Spannung 50 mV, Stromstärke 30 mA, Dauer der Elektrophorese: 10 Stunden bei Raumtemperatur.

a Polaroidfoto des mit Ethidiumbromid gefärbten Gels. Am oberen Rand sind die Auftragsstellen für die DNA als dunkle, rechteckige Löcher zu erkennen. Die aufgetrennten DNA-Fragmente sind als helle Banden sichtbar. Die oberen, langsam wandernden Banden enthalten DNA-Fragmente von 3 000–3 600 bp Länge. Die Gruppe der schneller wandernden Banden besteht aus Fragmenten zwischen 215 und 1100 bp.

b Die Beziehung zwischen der Größe der DNA und der Wandergeschwindigkeit im elektrischen Feld.

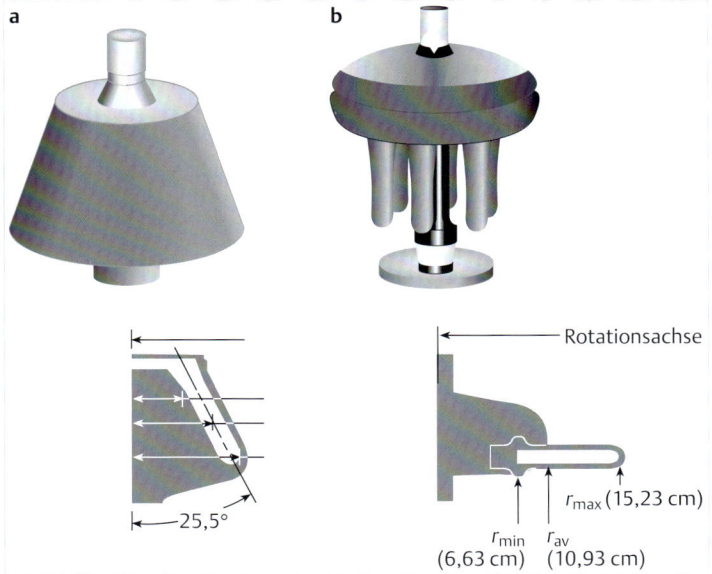

Abb. 2.21 Die wichtigsten Rotortypen.
a Festwinkelrotor. Die Grafik zeigt eine von mehreren Ausführungen, die sich durch die Bohrung, den Radius und den Neigungswinkel voneinander unterscheiden.
b Schwenkbecherrotor. Die Grafik zeigt einen Rotor außerhalb der Zentrifuge. Die Planskizze gibt die Situation während der Zentrifugation wieder. Auch hier gibt es zahlreiche Variationen bezüglich des Radius und des Volumens der Schwenkbecher. r_{max} = maximaler Radius; r_{av} = durchschnittlicher Radius; r_{min} = minimaler Radius.

langgestreckte Partikel langsamer als kugelförmige Partikel gleicher Masse.

In der Laborpraxis kommen Schwenkbecherrotoren (SW-Rotor) oder Festwinkelrotoren zum Einsatz (▶ Abb. 2.21). Der SW-Rotor hat beweglich am Rotorkörper angebrachte Zentrifugenbecher, die während des Laufes ausschwingen, sodass die Achse des Zentrifugenröhrchens senkrecht zur Drehachse steht. Beim Festwinkelrotor sind die Röhrchen starr in einem Winkel von 20–25° zur Rotorachse im Rotorkörper untergebracht. Dieser Rotortyp wird vor allem zum Abzentrifugieren von Partikeln oder bei der isopyknischen Zentrifugation verwendet. SW-Rotoren finden vor allem in der Zonensedimentation Verwendung.

Eine einfache Zentrifugation im Festwinkelrotor reicht meist aus, um ein Gemisch von Organellen und anderen zellulären Komponenten aufzutrennen. Am größten und schwersten sind die Zellkerne, dazwischen liegen Mitochondrien, Lysosomen und Ribosomen und am anderen Ende stehen die einzelnen RNA- oder Proteinmoleküle. So erhält man bei niedrigtouriger Zentrifugation einen Niederschlag (**Pellet**) aus Kernen. Im Überstand bleiben u. a. die Mitochondrien, die man durch höhertouriges Zentrifugieren pelletieren kann.

Im Überstand dieses zweiten Zentrifugationsschritts befinden sich unter anderem Ribosomen und die vielen löslichen Bestandteile der Zelle. Bei der Untersuchung dieser Komponenten kommen Schwenkbecherrotoren und **Zonensedimentation** zum Einsatz. Dabei lagert man das Probengemisch auf die Oberfläche einer wässrigen Lösung aus Rohrzucker oder Glycerin, deren Konzentration von oben nach unten zunimmt. So entsteht ein Dichtegradient, in den die Komponenten des Gemisches hineinzentrifugiert werden (▶ Abb. 2.22). Im Zentrifugal-

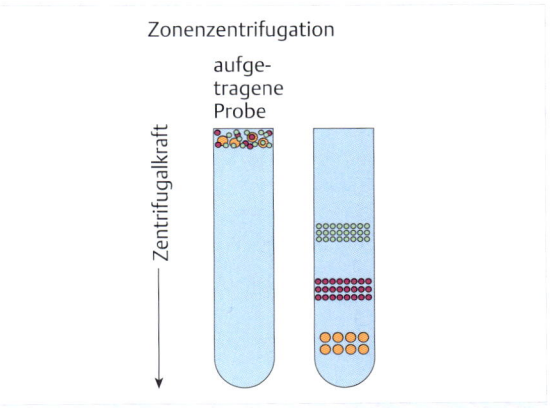

Abb. 2.22 Zonenzentrifugation – ein wichtiges Zentrifugationsverfahren. Links vor, rechts nach der Zentrifugation.

feld bewegen sich die Komponenten mit Sedimentationsraten, die ihrer Masse und ihrem Radius entsprechen.

Für alle höhertourigen Zentrifugationen benötigt man **Ultrazentrifugen**, die 100 000 und mehr Umdrehungen pro Minute erreichen und dabei Kräfte von bis zum Millionenfachen der Erdbeschleunigung erzeugen. Ultrazentrifugen müssen im Vakuum betrieben werden, um ein Erhitzen durch Luftreibung zu verhindern. Wenn es um die Präparation von Kernen, Mitochondrien und dergleichen geht, spricht man von **präparativer Ultrazentrifugation**. Wenn man die Eigenschaften von Partikeln oder Molekülen bestimmen will, dann ist es **analytische Ultrazentrifugation**.

2

Der Sedimentationskoeffizient oder S-Wert

Die Sedimentationseigenschaften werden oft als Kennwert eines Partikels oder eines Moleküls angegeben. Die Maßeinheit ist der S-Wert. Weil wir es später gelegentlich mit diesem Wert zu tun haben, ist eine Definition nützlich.

Die **Sedimentationsgeschwindigkeit** eines Teilchens lässt sich durch folgende Beziehung beschreiben:

$$\frac{dr}{dt} = s \cdot a = s \cdot \omega^2 r$$

Umformung und Integration ergeben:

$$s = \frac{d(\ln r)}{\omega^2 dt} = \frac{\ln \frac{r_2}{r_1}}{\omega^2 (t_2 - t_1)}$$

r = Abstand des Teilchens von der Rotorachse
t = Laufzeit
a = Zentrifugalbeschleunigung oder die „Feldstärke"
s = Sedimentationskoeffizient; er entspricht der Sedimentationsgeschwindigkeit pro Einheit der Feldstärke (Einheit des Sedimentationskoeffizienten ist das **Svedberg**: 1 S = 10^{-13} s)
r_1 und r_2 = die jeweiligen Positionen des Teilchens zu den Messzeiten t_1 und t_2. Für $t_1 = 0$ wird $r_1 = r_M$, das ist der Abstand von der Rotorachse zur Oberfläche des Röhrchens

> **Merke**
>
> Die Einheit des Sedimentationskoeffizienten ist das **Svedberg**: 1 S = 10^{-13} s.

Isopyknische oder Gleichgewichtszentrifugation

Die Gleichgewichtszentrifugation oder isopyknische Zentrifugation ist eine in der Praxis wichtige Methode, bei der man sich zunutze macht, dass ein Teilchen in einer Lösung schwebt, wenn seine Dichte der Dichte der umgebenden Lösung entspricht. Man mischt die DNA-Probe mit einem geeigneten Medium. Während des Laufes bildet sich durch Sedimentation der Moleküle des Mediums ein Konzentrations- und dadurch ein Dichtegradient im Röhrchen aus. Die Moleküle der Probe werden dabei im oberen Teil des Gradienten sedimentieren und aus dem unteren Teil so lange aufsteigen, bis sie sich an einer Stelle des Gradienten treffen, die ihrer eigenen Schwebedichte (*buoyant density*) entspricht. Nach einer bestimmten Zeit, die vom Medium und von den Bedingungen des Zentrifugenlaufs (Rotor, Umdrehung, Temperatur) abhängt, wird ein stabiler Gleichgewichtszustand erreicht (▶ Abb. 2.23). Das Medium muss dabei eine Substanz genügend hoher Mol- oder Ionenmasse enthalten, damit sich im Schwerefeld der Zentrifuge innerhalb eines vernünftigen Zeit-

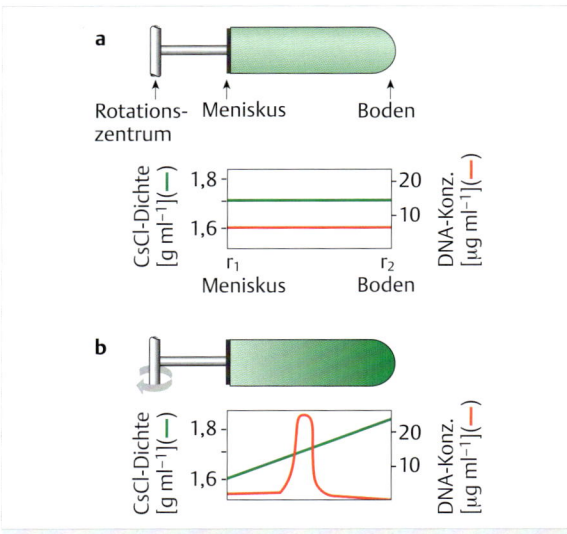

Abb. 2.23 Technik der Cäsiumchlorid-(CsCl-)Gleichgewichtszentrifugation.
a Vor der Zentrifugation. Zentrifugenröhrchen mit hochprozentiger CsCl-Salzlösung und DNA.
b Nach der Zentrifugation.

raums ein Dichtegradient ausbildet. Diese Substanz darf nicht mit den zu trennenden Molekülen der Partikel reagieren.

Die Standardsubstanz für isopyknische Zentrifugationen ist das Cäsiumchlorid (CsCl). Cäsium-Ionen bilden in den benutzten Schwerefeldern aufgrund ihrer Ionenmasse von 133 innerhalb von ca. 40 Stunden im Gleichgewicht stehende Gradienten aus. Je nach Ausgangsdichte des CsCl entstehen Gradienten im Bereich von 1,0–1,9 g ml^{-1}. Bis auf RNA mit einer Schwebedichte von mehr als 1,9 g ml^{-1} (in CsCl) bilden damit alle anderen Molekülarten Banden innerhalb des Gradienten aus. Neben CsCl sind auch andere Salze des Cäsiums verwendet worden. Insbesondere wird Cäsiumsulfat (Cs_2SO_4) zur Dichtebestimmung bei RNA benutzt.

Um die Wirkungsweise der Gleichgewichtszentrifugation zu illustrieren, beschreiben wir ein klassisches Experiment. Werden die DNAs zweier Organismen wie Mensch und *E. coli* gemischt und in einem CsCl-Gradienten (25 °C, 133 000 g) gefahren, so erhält man am Ende zwei knapp getrennte Banden bei der Dichte σ = 1,7035 g ml^{-1}, die sich den beiden ursprünglichen DNAs zuordnen lassen. Für diesen Dichteunterschied ist die Basenzusammensetzung der DNA verantwortlich. Dabei ist die Dichte zum GC-Gehalt proportional. Es gilt

σ = 1,66 ± 0,098 (%GC)

für die Dichte σ in g ml^{-1} bei 25 °C in CsCl.

Bei genügendem Unterschied können so die DNA-Moleküle von Viren und Bakterien getrennt werden. Bei Eukaryoten werden wegen der Aufteilung der DNA auf Chromosomen und der praktisch nicht intakt zu isolie-

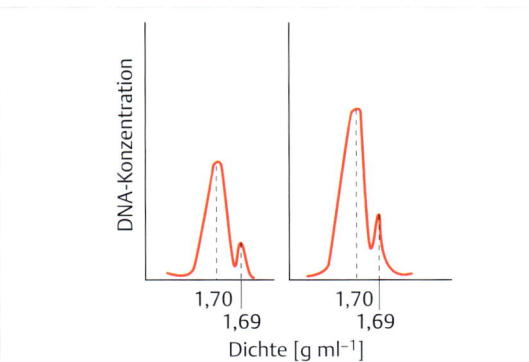

Abb. 2.24 Satelliten-DNA der Maus. Maus-DNA wurde aus ganzen Leberzellen (links) und aus Zellkernen (rechts) isoliert. Die Untersuchung erfolgte mit der CsCl-Zentrifugation. Die Auftriebsdichte der betreffenden DNA-Fraktion ist auf der Abszisse angegeben. Die Satelliten-DNA hat eine geringere Auftriebsdichte als die Haupt-DNA: $1{,}69\,ml^{-1}$ bzw. $1{,}70\,ml^{-1}$. (nach Bond HE, Flamm WG, Burr HE et al (1967) Mouse satellite DNA: further studies on its biological and physical characteristics and its intracellular localization. J Mol Biol 27: 289–302)

renden langen DNA-Fäden immer Genomfragmente anfallen, die sich oft deutlich in ihrem GC-Gehalt unterscheiden. Dadurch tauchen neben der Hauptbande der DNA eine oder mehrere Nebenbanden auf, die sogenannte Satelliten-DNA (▶ Abb. 2.24), die aus hochrepetitiven Sequenzen besteht.

Die Satelliten-DNA der Maus ist geradezu der Prototyp einer hoch repetitiven Sequenz: DNA-Abschnitte von etwa 240 Nucleotidpaaren Länge kommen annähernd eine Million Mal im Genom vor, d. h. insgesamt 5–10 % der Gesamt-DNA dieses Organismus bestehen aus solchen hoch repetitiven Sequenzen. Die Bestimmung der Nucleotidsequenzen bestätigt das Zentrifugationsergebnis. Satelliten-DNA ist reich an AT-Paaren (65 % aller Nucleotidpaare).

Neben der Basenzusammensetzung können für manche Zwecke auch Strukturunterschiede ausgenutzt werden, um DNA im isopyknischen Gradienten aufzutrennen. Das Auftreten superhelikaler DNA bei geschlossenen doppelsträngigen Ringen wurde schon weiter oben (S. 39) erwähnt. In der Natur treten solche Superhelices bei vielen Viren, sowohl von Prokaryoten wie von Eukaryoten, bei bakteriellen Plasmiden und der mitochondrialen DNA auf. Nun unterscheiden sich offene, entspannte Ringe mit einem Einzelstrangbruch in ihrer Schwebedichte nicht von doppelsträngigen, superhelikalen Ringen. Für die Trennung beider Formen wird daher eine charakteristische Eigenschaft dieser Molekülformen ausgenutzt: Die Bindung von Ethidiumbromid, eine farbige Verbindung, die sich zwischen die Basenpaare der DNA zwängt, interkaliert. Da bei hohen Ethidiumbromidkonzentrationen die offene DNA-Form mehr Ethidiumbromid bindet als die superhelikale DNA, erhält Erstere eine niedrigere

Dichte und kann so in der Gleichgewichtszentrifugation von superhelikaler DNA abgetrennt werden.

2.8.3 Elektronenmikroskopie

DNA in ihrer natürlichen Umgebung liegt nie als ausgestrecktes Molekül vor, sondern ist immer in der einen oder anderen Art gefaltet oder geknäult. Um DNA im Elektronenmikroskop (EM) sichtbar zu machen, müssen zwei Probleme gelöst werden. Die dreidimensionale Anordnung muss ohne Bruch der DNA-Stränge in eine zweidimensionale Anordnung überführt werden. Dabei muss so schonend vorgegangen werden, dass die entstehende Struktur nicht dem heillosen und nicht interpretierbaren Durcheinander eines falsch abgewickelten Garnknäuels gleicht. Dazu ist eine Methode der Spreitung langer DNA-Ketten auf einer Oberfläche erforderlich.

Das zweite Problem besteht in der eigentlichen Sichtbarmachung der DNA-Ketten. Selbst bei genügend hohen Vergrößerungen bis hinunter in den molekularen Bereich macht der mangelnde Kontrast gegen den Untergrund klare Bilder unmöglich. Die Lösung liegt in einer Erhöhung des Kontrastes durch Metallatome.

Die Spreitung geschieht dadurch, dass ein Tröpfchen der Nucleinsäurelösung mit nur wenigen Mikrogramm pro Milliliter an einer schrägen Glasoberfläche entlangrinnt und auf eine Wasseroberfläche trifft. Die Wasseroberfläche ist mit einem dünnen Film eines basischen Proteins, z. B. Cytochrom c, oder auch anderer Verbindungen bedeckt. Die auftreffende Nucleinsäure wird von dem basischen Protein innerhalb des Oberflächenfilms gebunden und dabei gespreitet (▶ Abb. 2.25).

Ein guter Kontrast wird erzielt, wenn das Präparat in eine Lösung von Uranylacetat eingetaucht wird. Die Uranyl-Ionen $(UO_2)^{2\pm}$ adsorbieren dabei an die Nucleinsäure und umgeben sie gleichsam mit einem Mantel aus Metall-Ionen, die den gewünschten Kontrast erzeugen (*positive staining*). Phosphorwolframsäure $\{H_3[P(W_3O_{10})_4] \times nH_2O\}$ hat einen ähnlichen Effekt.

Die zweite oft benutzte Methode beruht in einer Bedampfung des Präparats mit Metallatomen im Hochvakuum. Die Probe wird dazu auf einen Drehtisch montiert und einem Strom von Metallatomen wie Platin, Palladium oder Uran ausgesetzt. Die Metallatome treffen in einem bestimmten Winkel auf die Probe und erzeugen einen „Schatten", etwa der Bildung einer Schneewehe hinter einem Zaunpfahl im Winter vergleichbar. Diese Metallablagerungen ergeben dann das eigentliche Bild.

2

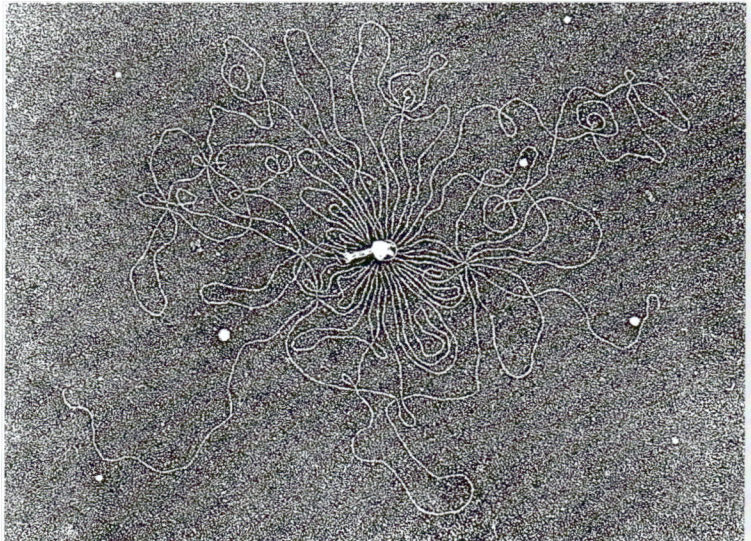

Abb. 2.25 Die klassische elektronenmikro-skopische Aufnahme einer Phagen-DNA. Mit der hier abgebildeten Aufnahme begann der Einzug der Elektronenmikroskopie in die molekulare Genetik. Eine Präparation des Bakterio-phagen T 2 wurde rasch in Wasser verdünnt, sodass im „osmotischen Schock" die Protein-hülle des Phagenkopfes aufbrechen und die DNA austreten konnte. Inmitten des DNA-Knäuels ist die leere Phagenhülle noch sichtbar. Vergrößerung 42 000×. (aus Kleinschmidt AK, Lang D, Jacherts D et al (1962) Darstellung und Längenmessung des gesamten Desoxyribonu-cleinsäure-Inhaltes von T2 Bakteriophagen. Biochem Biophys Acta 61: 857–864)

2.8.4 Enzyme als Hilfsmittel: Deoxy-ribonucleasen

Endonucleasen, Exonucleasen

Definition

Deoxyribonucleasen (kurz DNasen) sind DNA-abbauen-de Enzyme.

DNA-abbauende Enzyme kommen oft in relativ großen Mengen in allen Zellen vor, in Bakterien genauso wie in Säugetierzellen oder in einfachen Eukaryoten wie Hefe-zellen oder Pilzen (▶ Abb. 2.26 und ▶ Abb. 2.27).

Um in der Fülle der DNasen eine erste Ordnung zu bringen, unterscheidet der Biochemiker zwischen Endo-nuclease und Exonuclease.

Definition

Endonucleasen bauen die DNA durch Spaltung interner Phosphodiesterbindungen ab.

Exonucleasen dagegen bauen die DNA von den Enden her ab.

Endo- und Exonucleasen sind wichtige Hilfsmittel in der molekularen Biologie, wie wir später an vielen Beispielen sehen werden. Eine Zusammenstellung gebräuchlicher DNasen findet man in den ▶ Tab. 2.4 und ▶ Tab. 2.5.

Restriktionsendonucleasen

Restriktionsendonucleasen sind sehr wichtige Werkzeuge der Genetik. Sie ermöglichen die Spaltung langer DNA-Moleküle in definierte kürzere Fragmente. Und das ist die

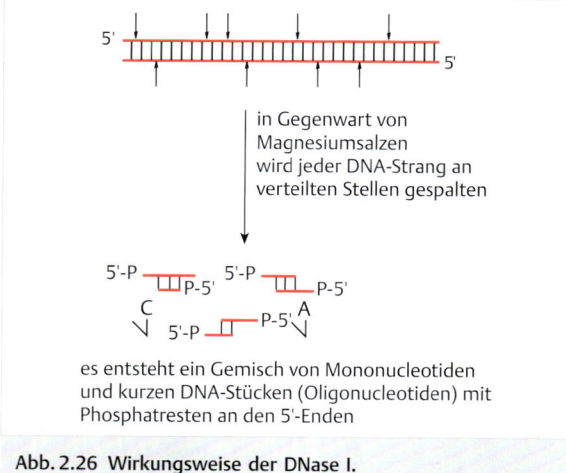

in Gegenwart von Magnesiumsalzen wird jeder DNA-Strang an verteilten Stellen gespalten

es entsteht ein Gemisch von Mononucleotiden und kurzen DNA-Stücken (Oligonucleotiden) mit Phosphatresten an den 5'-Enden

Abb. 2.26 Wirkungsweise der DNase I.

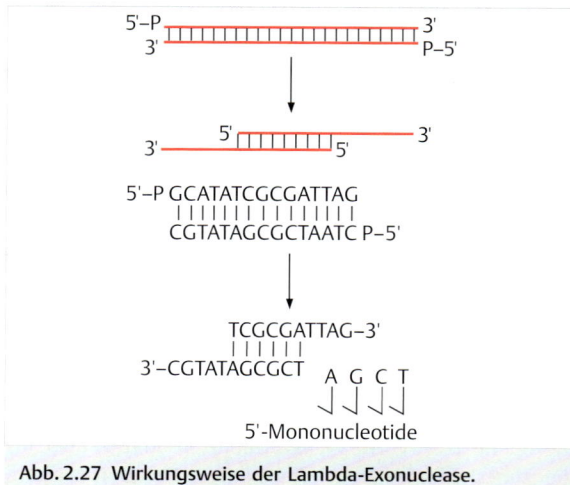

5'-Mononucleotide

Abb. 2.27 Wirkungsweise der Lambda-Exonuclease.

Tab. 2.4 Endonucleasen.

Bezeichnung	Herkunft	DNA-Substrat	Besonderheiten*
DNase I	Pankreas	einzelsträngig doppelsträngig	bevorzugtes Abbauprodukt: Tetranucleotide
DNase II	Thymus	einzelsträngig doppelsträngig	Mg^{2+}-unabhängig; produziert 3'-Phosphatenden
Mikrokokken-Nuclease	Staphylococcus	einzelsträngig doppelsträngig	benötigt Ca^{2+}, produziert 3'-Phosphatenden; wirkt auch auf RNA
Endonuclease I	E. coli	einzelsträngig doppelsträngig	bevorzugtes Abbauprodukt: Oligomere mit 7 Bausteinen
Endonuclease II	E. coli	AP-Endonuclease	Basenexzisionsreparatur (S. 265), ▶ Abb. 11.13
Endonuclease	Neurospora crassa	einzelsträngig	wirkt auch auf RNA
S 1-Endonuclease	Aspergillus oryzae	einzelsträngig	wirkt auch auf RNA

* Wenn nicht anders vermerkt, benötigen die Enzyme Magnesiumsalze und produzieren 5'-Phosphatenden.

Tab. 2.5 Exonucleasen.

Bezeichnung	Herkunft	Abbaurichtung	Besonderheiten
Exonuclease I	E. coli	3' → 5'	einzelstrangspezifisch
Exonuclease II (3'-5'-Exonuclease der DNA-Polymerase I)	E. coli	3' → 5'	Korrekturfunktion (S. 167)
Exonuclease III	E. coli	3' → 5'	doppelstrangspezifisch; dazu noch weitere Funktionen: 1. Phosphomonoesterase an 3'-Phosphatgruppen 2. Endonuclease an apurinischen und apyrimidinischen Stellen AP-Endonuclease
Exonuclease IV	E. coli	3' → 5'	einzelstrangspezifisch
Exonuclease V	E. coli	3' → 5' 5' → 3'	RecBC-Nuclease (S. 225)
Exonuclease VI	E. coli	3' → 5' 5' → 3'	nicht abhängig von Magnesium-Salzen: produziert Oligonucleotide
Schlangengift-Phosphodiesterase	Crotalus adamanteus	3' → 5'	wirkt auch auf RNA
Milz-Phosphodiesterase	Milz	5' → 3'	produziert 3'-Mononucleotide; wirkt auch auf RNA
Lambda-Exonuclease	Lambda-Phage	5' → 3'	bevorzugt doppelsträngige DNA; ein Lambda-Rekombinationsenzym
T 7-Exonuclease	Phage T 7	5' → 3'	doppelstrangspezifisch

erste und notwendige Voraussetzung für viele weitere Untersuchungen und die Grundlage der Gentechnik (S. 531).

In der Natur kommen Restriktionsendonucleasen bei Bakterien vor. Bakterienzellen nehmen verhältnismäßig bereitwillig DNA auf. Die aufgenommene DNA bleibt intakt und kann ihre genetische Funktion ausüben, wenn sie von der gleichen Bakterienart stammt. Dagegen wird artfremde DNA bald nach dem Eindringen abgebaut und zerstört. Diesen Vorgang nennt man **Restriktion**. Verantwortlich dafür sind besondere Endonucleasen, nämlich die **Restriktionsendonucleasen**.

Diese Enzyme erkennen kurze Folgen von Nucleotiden. Eine Klasse von Restriktionsendonucleasen schneidet die Polynucleotidkette direkt an solchen Erkennungssequenzen, andere bewegen sich noch ein Stück an der DNA entlang, bevor sie die DNA-Stränge schneiden (Plus 2.4).

Plus 2.4

Restriktionsendonucleasen: ein Überblick

Molekularbiologen unterscheiden drei Typen von Restriktionsendonucleasen. Nur die Typ-II-Enzyme haben die größte Bedeutung für die experimentelle Praxis der Genetik. Deswegen enthält ▶ Tab. 2.6 nur Beispiele von Typ-II-Restriktionsendonucleasen.

Typ-I-Restriktionsendonucleasen erkennen definierte Sequenzen und binden daran, aber sie schneiden die DNA an entfernt gelegenen zufälligen Stellen. Enzyme vom Typ I bestehen aus drei Untereinheiten, nämlich eine für die spezifische Bindung an die Erkennungssequenz, eine zweite für die Methylierung von Adeninresten und eine dritte für die DNA-Spaltung. Typ-I-Enzyme benötigen ATP, Magnesiumsalze und S-Adenosylmethionin für ihre Funktion.

Typ-II-Restriktionsendonucleasen benötigen nur Magnesiumsalze als Cofaktoren. Sie spalten an der Erkennungs- und Bindungsstelle oder in der engen Nachbarschaft.

Typ-III-Restriktionsendonucleasen bestehen aus mehreren Untereinheiten und spalten die DNA in einem Abstand von 20–25 bp von der Erkennungsstelle. Sie brauchen ATP als Cofaktor.

Allein schon aus statistischen Gründen enthalten arteigene und artfremde DNA die gleichen Erkennungssequenzen. Aber die arteigene DNA ist gegen den Abbau durch eine biochemische Markierung geschützt. Diese Markierung nennt man **Modifikation**. Sie besteht aus einem methylierten Adenin- oder einem methylierten Cytosinbaustein (S.29), also N^6-Methyladenin oder 5-Methylcytosin, in der Erkennungssequenz.

Sehen wir uns ein Bespiel an: Manche Arten von Bakterien besitzen eine Restriktionsendonuclease, die jede DNA an der Nucleotidfolge GAATTC schneidet. In der eigenen DNA ist das zweite Adenin in der Reihe GAATTC methyliert. Diese Modifikation schützt die Erkennungssequenz gegenüber der eigenen, artspezifischen Restriktionsendonuclease. Eine artfremde DNA trägt diesen Schutz nicht. Wenn sie in die Zelle gelangt, greift die Restriktionsendonuclease an und leitet damit den Abbau der fremden DNA ein (▶ Abb. 2.28).

Modifikation und Restriktion stellen ein zusammengehörendes System dar: Modifikationsenzyme und Restriktionsendonucleasen erkennen die gleiche DNA-Sequenz. Modifikationsenzyme schützen die eigene DNA durch Methylierung von Nucleotiden in der Erkennungssequenz, Restriktionsendonucleasen schneiden jede DNA mit nicht geschützter Erkennungssequenz. Der biologische Sinn des Restriktions-Modifikations-Systems ist der Erhalt der genetischen Eigenart eines Bakterienstammes. Entsprechend haben die verschiedenen Bakterienstämme und Bakterienarten jeweils eigene Modifikationsenzyme und Restriktionsendonucleasen.

Man kennt inzwischen einige Tausend verschiedene Restriktionsendonucleasen, oft mit unterschiedlichen Erkennungssequenzen. Die ▶ Tab. 2.6 gibt nur einen kleinen Ausschnitt. Die Tabelle zeigt:

- Die Bezeichnungen der einzelnen Restriktionsendonucleasen leiten sich von der Herkunft ab: Beispielsweise wird die Restriktionsendonuclease der ▶ Abb. 2.28 als *Eco*RI bezeichnet, weil sie im Bakterienstamm ***Escherichia coli*** RY13 vorkommt, so wie eine Restriktionsendonuclease der Bakterienart ***Haemophilus influenzae*** (Stamm **d**) als *Hin*dIII bezeichnet wird.

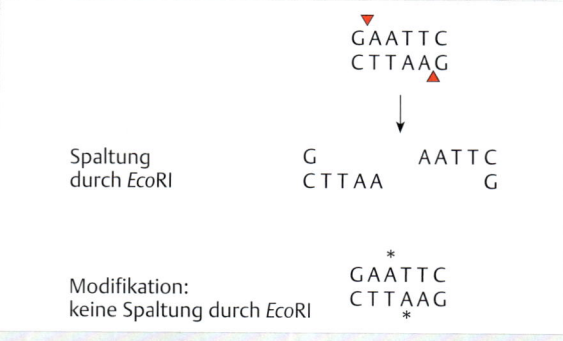

Abb. 2.28 Restriktionsendonucleasen. DNA mit methylierten Adeninresten wird nicht geschnitten. Deswegen kann die eigene Restriktionsendonuclease diese Sequenz nicht spalten. rote Dreiecke = Schnittstelle.

Tab. 2.6 Einige Restriktionsendonucleasen.

Bezeichnung	Herkunft	Erkennungssequenz
*Alu*I	Arthrobacter luteus	A G C T T C G A
*Bal*I	Brevibacterium albidum	T G G C C A A C C G G T
*Bam*HI	Bacillus amyloliquefaciens	G G A T C C C C T A G G
*Bcl*I	Bacillus caldolyticus	T G A T C A A C T A G T
*Dpn*I	Diplococcus pneumoniae	G A T C C T A G
*Eco*RI	Escherichia coli, Stamm RY13	G A A T T C C T T A A G
*Eco*RV	Escherichia coli, Stamm J62	G A T A T C C T A T A G

Tab. 2.6 Fortsetzung

Bezeichnung	Herkunft	Erkennungssequenz
HaeIII	Haemophilus aegyptius	G G C C C C G G
HindIII	Haemophilus influenzae, Stamm Rd	A A G C T T T T C G A A
HpaI	Haemophilus parainfluenzae	G T T A A C C A A T T G
KpnI	Klebsiella pneumoniae	G G T A C C C C A T G G
NcoI	Nocardia corallina	C C A T G G G G T A C C
PvuI	Proteus vulgaris	C G A T C G G C T A G C
PvuII	Proteus vulgaris	C A G C T G G T C G A C
SalI	Streptomyces albus	G T C G A C C A G C T G
Sau3A	Staphylococcus aureus, Stamm 3A	G A T C C T A G
Sau96	Staphylococcus aureus, Stamm PD96	G G N C C C C N G G
TaqI	Thermus aquaticus	T C G A A G C T
XhoII	Xanthomonas holcicola	Pu G A T C Py Py C T A G Pu
XmaI	Xanthomonas malvacerum	C C C G G G G G G C C C
BglI	Bacillus globigii	G C C N N N N N G G C C G G N N N N N C C G

rotes Dreieck = Schnittstelle, N = ein beliebiges Nucleotid (A, C, G oder T), Pu = ein Purin (A oder G), Py = ein Pyrimidin (C oder T).

- Die meisten der abgebildeten Erkennungssequenzen bestehen aus vier oder sechs spezifischen Basenpaaren, und die meisten sind gegenläufig gleich: Der obere Strang liest sich von links nach rechts, wie der untere von rechts nach links. Man bezeichnet solche gegenläufig gleichen DNA-Sequenzen als **Palindrome**.
- Manche Restriktionsendonucleasen schneiden DNA-Stränge glatt durch, andere aber an versetzten Stellen, sodass die geschnittenen Enden aus kurzen Einzelsträngen bestehen. Die Einzelstrangüberhänge können ein 5'- oder ein 3'-Ende tragen. In jedem Fall spalten Restriktionsendonucleasen die DNA so, dass ein 5'-Phosphat- und ein 3'-OH-Ende entstehen. Für weitere Informationen über DNA-Methoden s. Kap. 26.

Literatur

▶ **Weiterführende Literatur**

[1] Cozzarelli N, Wang JJ (1992) DNA topology and its biological molecular biology. Cold Spring Harbor Laboratory Press, Cold Spring Harbor, NY
[2] Judson HF (1996) The Eighth Day of Creation. Makers of the Revolution in Biology. Expanded Edition. Cold Spring Harbor Laboratory Press, Cold Spring Harbor, NY
[3] Knippers R (2012) Eine kurze Geschichte der Genetik. Springer Verlag, Heidelberg, Berlin
[4] Neidle S (2008) Principles of Nucleic Acid Structure. Academic Press, London
[5] Portugal FH, Cohen JS (1977) A century of DNA. A history of the discovery of the structure and function of the genetic substance. MIT Press, Cambridge

Kapitel 3

RNA: Überträger und Regulator der genetischen Information

3 RNA: Überträger und Regulator der genetischen Information

Gunter Meister

3.1 Einleitung

Schon kurz nach der Entdeckung von DNA als Träger der Erbinformation wurde herausgefunden, dass Proteine nicht direkt an der DNA produziert werden. Es werden vielmehr alle Gene, die Proteine codieren – man spricht von proteincodierenden Genen (*protein coding genes*) –, zunächst in eine Ribonucleinsäure (RNA, *ribonucleic acid*)

umgeschrieben. Die RNA dient schließlich als Matrize für die Proteinsynthese (zur Evolution dieser Vorgänge s. Plus 3.1). Man bezeichnet diese RNA als Messenger-RNA oder kurz mRNA. Gelegentlich findet man in deutschsprachigen Texten auch die direkte Übersetzung für diese Bezeichnung, nämlich Boten-RNA. Den Prozess der zellulären Synthese jeglicher Art von RNA, auch mRNA, nennt man Transkription (s. Kap. 5).

3

Plus 3.1

Die RNA-Welt-Hypothese

Die genetische Information ist in Form von DNA im Genom gespeichert. Die proteincodierende Information wird in mRNA umgeschrieben und schließlich von der mRNA in Protein übersetzt. Die Pflege der DNA, die mRNA-Synthese sowie die Proteinproduktion brauchen aber die Aktivität von Proteinen. In evolutionärer Hinsicht stellt sich nun die Frage: Was war zuerst da? Die DNA, die RNA oder gar Proteine?

Ein Konzept, das versucht diese Frage zu erklären, wurde 1986 von Walter Gilbert als die „RNA-Welt-Hypothese" vorgeschlagen. Diese Hypothese beschreibt eine „präbiotische" Welt, in der es keine Proteine und auch keine DNA gibt. Die Basis des Lebens ist hier ausschließlich RNA. Aus dieser RNA-Welt heraus entwickelte sich DNA nur zum Zwecke der Speicherung der genetischen Information. Schließlich haben sich auch Proteine entwickelt, da ihre unerreichte katalytische Aktivität einen Vorteil gegenüber RNA-Molekülen lieferte. Folgende, noch heute zu beobachtende Tatsachen stützen die Hypothese einer Lebenswelt aus RNA:

- RNA-Moleküle können katalytische Eigenschaften besitzen und chemische Reaktionen beschleunigen. Solche RNAs werden Ribozyme genannt und funktionieren ähnlich den proteinbasierten Enzymen.
- Die Basenabfolge der RNA kann ähnlich wie bei der DNA genetische Information beinhalten. RNA als Genom wird z. B. von Retroviren (S. 243) genutzt.
- RNAs können sich ohne Hilfe von Proteinfaktoren replizieren, d. h. vervielfältigen. Ribozyme können z. B. das Wachsen einer RNA-Kette katalysieren oder aber zwei RNA-Stränge aneinanderfügen (Ligation).
- Auch heute sind noch an so grundlegenden zellulären Prozessen wie der Proteinsynthese (S. 392) und dem Spleißen (S. 360) u. a. RNAs beteiligt, was auf Relikte aus der RNA-Welt hindeuten könnte.

DNA ist aufgrund der fehlenden 2′-OH-Gruppe an der Ribose wesentlich stabiler und könnte somit die RNA als Informationsspeicher abgelöst haben. Enzyme weisen oft eine wesentlich höhere Aktivität als Ribozyme auf. Dies könnte ein evolutionärer Vorteil für die Entwicklung von Proteinen gewesen sein.

Die mRNA dient dazu, die genetische Information von der DNA hin zu den Produktionsstätten für Proteine zu transportieren. In Eukaryoten, wo die DNA im Zellkern geschützt vorliegt, sind beide Bereiche weit voneinander getrennt. Wie wir später sehen werden, verwendet die Zelle eine enorme Menge an biochemischer Energie, um diesen Informationstransport zu bewerkstelligen (Kap. 5 und Kap. 13).

Der Fluss der genetischen Information von der DNA über die mRNA zum Protein wurde lange Zeit als das **zentrale Dogma der Molekularbiologie** bezeichnet. Man fand allerdings schnell heraus, dass viele Genome auch Gene enthalten, die nicht als Baupläne für Proteine dienen. Diese Gene werden aktiv transkribiert und produzieren nicht-proteincodierende RNAs, die als nicht-codie-

rende RNAs (ncRNAs, *non-coding RNAs*) bezeichnet werden. Die anfänglich gefundenen ncRNAs haben sehr spezifische Funktionen in der Zelle. Unter diesen RNAs sind zum Beispiel **ribosomale RNAs** (rRNAs), die Bestandteile von Ribosomen sind, oder **Transfer-RNAs** (tRNAs), die für die Entschlüsselung des genetischen Codes bei der Proteinproduktion wichtig sind. Darüber wird ausführlich im Kap. 5 berichtet.

Aufgrund von hoch auflösenden Genomsequenzierungen wissen wir heute, dass nur sehr kleine Teile der eukaryotischen Genome Proteine codieren. Der größte Teil eines Eukaryoten-Genoms ist also nicht-proteincodierend. Unterstützt von einer Vielzahl von neuen Technologien fand man heraus, dass ein großer Teil des Genoms permanent transkribiert, d. h. in RNA umgeschrieben wird. Man kann also davon ausgehen, dass diese RNAs wichtige zelluläre Funktionen wahrnehmen, auch wenn sie nicht direkt an der Codierung von Proteinen beteiligt sind. Neben den rRNAs und tRNAs ist heute eine Vielzahl von verschiedenen ncRNA-Klassen bekannt.

Im folgenden Kapitel werden der Aufbau von RNA, die verschiedenen ncRNA-Klassen sowie die diversen Funktionen von RNAs beschrieben.

3.2 Aufbau und räumliche Faltung von RNA-Molekülen

RNA-Moleküle sind Ketten von Nucleotiden, die durch Phosphodiesterbindungen miteinander verknüpft sind, entsprechend den Bindungen zwischen den Deoxynucleotiden in DNA-Strängen (S. 30). Es gibt allerdings zwei wichtige Unterschiede zwischen Ribonucleotiden und Deoxyribonucleotiden:

- RNA enthält Ribose als Zuckerbaustein statt der Deoxyribose bei der DNA. Ribose ist am 2′-Kohlenstoffatom durch eine Hydroxygruppe gekennzeichnet, was, wie wir später sehen werden, für die chemische Natur sowie für die Stabilität der RNA sehr wichtig ist (▶ Abb. 3.1).

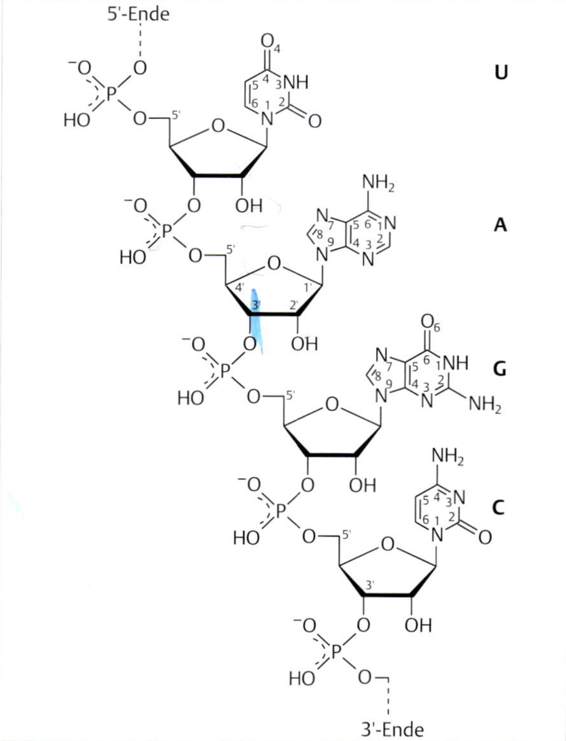

Abb. 3.1 Nucleotide in der RNA. Ein Nucleotid ist zusammengesetzt aus dem C5-Zucker Ribose, einer Phosphatgruppe und einer von vier heterozyklischen Basen, nämlich Adenin (A), Guanin (G), Cytosin (C) und Uracil (U).

- RNA-Moleküle enthalten die Base Uracil anstelle von Thymin (▶ Abb. 3.1).

Durch die Art der Verknüpfung über Phosphatbrücken zwischen der 5′-OH-Gruppe der Ribose eines Nucleotids und der 3′-OH-Gruppe der Ribose des benachbarten Nucleotids erhält ein RNA-Molekül eine definierte Richtung mit einem freien 5′-Ende und einem freien 3′-Ende (▶ Abb. 3.1).

Man kann die natürlich vorkommenden RNA-Arten der Zelle (▶ Tab. 3.1) als unterschiedlich lange, unverzweigte und einzelsträngige Ketten von Ribonucleotiden ansehen. Die Beschreibung ist jedoch nicht umfassend, denn RNAs neigen zur **Ausbildung von Doppelsträngen**. Diese Doppelstränge werden allerdings nicht wie bei DNA von zwei DNA-Molekülen (intermolekular) gebildet, sondern treten vor allem innerhalb eines einzigen RNA-Stranges (intramolekular) auf. Als Voraussetzung dafür kommen partiell komplementäre Bereiche innerhalb eines RNA-Stranges vor. Doppelsträngige RNAs bilden eine **DNA-ähnliche Doppelhelix**. Aufgrund der chemischen Unterschiede zwischen DNA und RNA sind die Helices allerdings unterschiedlich. Die RNA-Doppelhelix ist der ungewöhnlichen A-Form der DNA (S. 32) sehr ähnlich und man spricht daher auch von doppelsträngigen A-RNA-Strukturen.

Die Faltung – also die Anordnung der Nucleotidkette im dreidimensionalen Raum – ist für die Funktion vieler RNAs von entscheidender Bedeutung. Hier lassen sich, ähnlich wie bei Proteinen, verschiedene Organisationsebenen unterscheiden. Die Abfolge der einzelnen Nucleotide (Sequenz) ist die primäre RNA-Struktur. Innerhalb eines RNA-Moleküls können sich lokale Rückfaltungs- oder Haarnadelstrukturen (*stem-loop structures* oder *hairpins*) bilden (▶ Abb. 3.2a), die als sekundäre RNA-Strukturen angesehen werden können. Weiterhin können RNA-Bereiche mit weiter entfernten Abschnitten wechselwirken und so eine tertiäre RNA-Struktur ausbilden (▶ Abb. 3.2b). Schließlich können auch verschiedene RNA-Moleküle miteinander in Wechselwirkung treten und eine quartäre RNA-Struktur ausbilden. Ein Beispiel ist die komplexe Struktur der rRNAs im Ribosom (S. 82).

Es gibt daneben aber auch RNA-Moleküle ohne freie Enden: Sie sind ringförmig geschlossen wie die sogenannten **Viroide**, die zu den Erregern von wichtigen Pflanzenkrankheiten gehören (▶ Abb. 3.3). Auch aus der menschlichen Pathologie kennt man ringförmige RNA, nämlich als Genom des Hepatitis-D-Virus, das zusammen mit dem Hepatitis-B-Virus schwere Entzündungen der Leber verursacht.

3.3 RNA-Klassen

Wie anfänglich angedeutet, kann man RNA, je nachdem ob sie den genetischen Code für ein Protein trägt oder nicht, grob in proteincodierend und nicht-proteincodierend einteilen. Natürlich trägt eine nicht-codierende RNA

Tab. 3.1 Beispiele wichtiger RNA-Arten in der Zelle.

RNA-Typus	Eigenschaft	Größe	Aufgabe und Funktion	an der Synthese beteiligtes Enzym (aus Eukaryoten)	Beschreibung	s. Kap.
prä-rRNA	nicht-proteincodierend, strukturgebend	>1000 rN	Vorläufer-RNA ribosomaler RNAs (5,8S, 18S, 28S); strukturelle Bausteine des Ribosoms	Pol I	ein langes Primärtranskript aller rRNAs außer 5S-rRNA	Kap. 15.2
mRNA	proteincodierend	heterogen, mehrere kb	codierende Information für Proteine	Pol II	am 3′-Ende polyadenyliert, 5′-Cap-Struktur	Kap. 15.3
lncRNA (lincRNA)	nicht-proteincodierend, regulatorisch	>200 rN	diverse Funktionen bei der Regulation der Genexpression	Pol II (und Pol III)	kann am 3′-Ende polyadenyliert sein und eine 5′-Cap-Struktur tragen	Kap. 18.6
mikroRNA (miRNA)	nicht-proteincodierend, regulatorisch	Vorläufer: >200 rN; gereift: 21–23 rN	Regulation der Stabilität bzw. Translatierbarkeit von mRNA	Pol II	als Vorläufer-RNA transkribiert	Kap. 18.3
snRNA (U1, U2, U4, U5)	nicht-proteincodierend, strukturgebend	110–300 rN	Spleißen von prä-mRNA	Pol II	zur Ausbildung des Spleißosoms	▶ Tab. 15.1
snoRNA	nicht-proteincodierend, regulatorisch	50–300 rN	Modifikation von Ziel-RNAs: Methylierung der 2′-O-Ribose und Pseudouridinylierung	Pol II	am 3′-Ende nicht polyadenyliert	Kap. 16.2.3
5S-rRNA	nicht-proteincodierend, strukturgebend	100–150 rN	Baustein der großen Untereinheit des Ribosoms	Pol III	am 3′-Ende nicht polyadenyliert	Kap. 16.2.1
tRNA	nicht-proteincodierend	70–95 rN	Proteinbiosynthese (Translation)	Pol III	spezifische Beladung mit Aminosäuren und Decodierung des genetischen Codes	Kap. 5.3
7SL-RNA	nicht-proteincodierend	300 rN	Proteintranslokation durch ER-Membran	Pol III	am 3′-Ende nicht polyadenyliert	–
snRNA (U6)	nicht-proteincodierend	100 rN	Spleißen von prä-mRNA	Pol III	zur Ausbildung des Spleißosoms	Kap. 15.3
endo-siRNA	nicht-proteincodierend	21–23 rN	Repression von mobilen genetischen Elementen	Pol II	aus längeren Vorläufern gebildet; oft in weiblichen Keimzellen exprimiert	Kap. 18.2.1
piRNA	nicht-proteincodierend	21–27 rN	Chromatinorganisation und Repression von mobilen genetischen Elementen	Pol II	exprimiert in männlichen Keimzellen	Kap. 18.4

rN = Ribonucleotide; kb = Kilobasen

auch Information, aber nicht für ein Protein, sondern für eine andere genetische Funktion. Dennoch hat sich die proteinbezogene Nomenklatur „codierende RNA" (cRNA) bzw. „nicht-codierende RNA" (ncRNA) durchgesetzt.

Während proteincodierende RNAs ausschließlich einer einzigen RNA-Art, nämlich den mRNAs, angehören, können nicht-codierende RNAs in viele verschiedene Klassen eingeteilt werden, von denen wir einige im Laufe dieses Buches kennenlernen werden.

Alle RNA-Klassen werden durch spezielle Enzyme, die **RNA-Polymerasen**, synthetisiert. Wie wir später sehen werden, gibt es in Bakterien eine, aber in Eukaryoten mehrere RNA-Polymerasen, die verschiedene Klassen von RNAs herstellen (Kap. 13). So synthetisiert die eukaryoti-

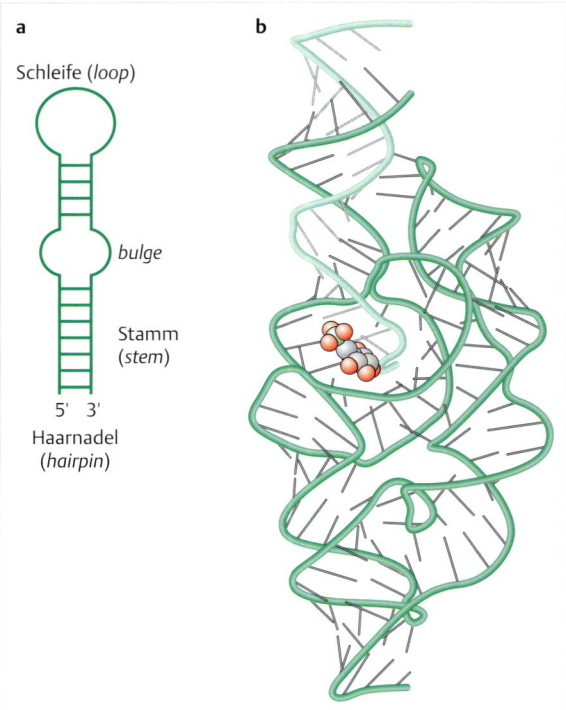

Abb. 3.2 Strukturelle Organisation von einzelsträngigen RNA-Molekülen.

a Am häufigsten lagern sich RNA-Bereiche zu Haarnadel-strukturen (*hairpins* oder *stem-loop structures*) zusammen. Solche Strukturen sind durch einen doppelsträngigen Stamm (*stem*) und eine einzelsträngige Schleife (*loop*) gekennzeichnet. Bei ausgedehnten Haarnadelschleifen können im Stamm auch ungepaarte Bereiche auftreten (*bulge*).

b Beispiel für Tertiärstruktur eines RNA-Moleküls. Distale Bereiche einer RNA können miteinander in Wechselwirkung treten und eine komplexe tertiäre RNA-Struktur ausbilden. (Scott WG (2007) Ribozymes Curr Opin Struct Biol 17: 280–286)

Nicht-codierende RNAs werden entsprechend ihrer Länge weiter unterteilt in **lange nicht-codierende RNAs** (**lncRNAs**, *long non-coding RNAs*) und **kurze nicht-codierende RNAs** (**sncRNAs**, *short non-coding RNAs*), wobei letztere häufiger als *short* oder *small RNAs* (sRNAs) bezeichnet werden. lncRNAs sind in der Regel mehrere Tausend Nucleotide lang, während sRNAs nur aus ca. 18–40 Nucleotiden bestehen.

Klassische nicht-codierende RNAs wie rRNAs, tRNAs, kleine nucleäre RNAs (*small nuclear RNAs*, snRNAs) usw. stehen zwischen lncRNAs und sRNAs. Sie werden mit dieser Nomenklatur oft nicht erfasst und daher auch nicht als lncRNAs bezeichnet. Wichtige RNA-Arten sind in ▶ Tab. 3.1 aufgelistet.

3.4 Zelluläre Funktionen von RNAs

Aufgrund der Vielzahl von nicht-codierenden RNAs in der Zelle ist es nicht verwunderlich, dass vor allem nicht-codierende RNAs an sehr vielen zellulären Prozessen beteiligt sind. Generell können RNAs folgende Funktionen ausüben:

- **Transport der genetischen Information zu Orten der Proteinsynthese:** RNA-Moleküle können die genetische Information von der DNA zu den Proteinproduktionsstätten transportieren. Dies wird durch proteincodierende mRNAs bewerkstelligt.
- **Wechselwirkung mit anderen RNAs (*guide*-Funktion):** RNAs sind in der Regel aus einem RNA-Strang aufgebaut, sie sind also zumindest partiell einzelsträngig. Sie können daher ihre Basensequenz nutzen, um komplementäre Bereiche auf anderen RNAs zu finden und damit mittels Basenpaarung zu interagieren. Sie können dadurch Proteine spezifisch auf RNA-Molekülen platzieren.
- **Speicher für genetische Information:** Retroviren zum Beispiel besitzen ein RNA-Genom, das in DNA umgeschrieben wird bevor es in das Wirtsgenom integriert werden kann (*coding*-Funktion).
- **Gerüst zur Anlagerung von Proteinfaktoren (*scaffold*-Funktion):** Auf diese Weise können z. B. große RNA-Protein-Komplexe (RNPs) entstehen, die dann entsprechende zelluläre Funktionen ausüben.

sche RNA-Polymerase I z. B. ausschließlich rRNA, die RNA-Polymerase II mRNAs und einige Klassen von nicht-codierenden RNAs und die RNA-Polymerase III die übrigen Klassen nicht codierender RNAs (▶ Tab. 3.1).

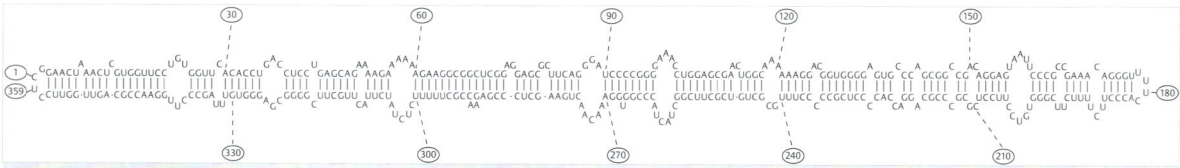

Abb. 3.3 Ringförmige RNA. Struktur des Potato Spindle Tuber Viroid (PSTV). Beachte, dass das Molekül aufgrund zahlreicher Basenpaarungen die Form eines Stäbchens annimmt. Viroide infizieren Kartoffeln, Zitruspflanzen, Kokospalmen u. a. Sie verursachen oft Wachstumshemmung mit Verkrümmung und Vergilbung der Blätter. (nach Gross HJ, Riessner D (1980) Eine Klasse subviraler Krankheitserreger. Angew Chemie 92: 233–245)

- **Messung physikalischer Parameter (Sensorfunktion):** Manche RNA-Sequenzen in Prokaryoten können auch als Sensoren zur Messung von physikalischen Parametern wie Temperatur oder Metabolitkonzentration dienen.

3.4.1 Literatur

▶ **Weiterführende Literatur**

[1] Altman S (2007) An overview of the RNA world: for now. Biol Chem 388: 663–664
[2] Gilbert W (1986) Origin of Life: the RNA world. Nature 319: 618
[3] Holbrook SR (2008) Structural principles from large RNAs. Annu Rev Biophys 37: 445–464
[4] Li PT, Vieregg J, Tinoco I Jr (2008) How RNA unfolds and refolds. Annu Rev Biochem 77: 77–100
[5] Meister G (2011) RNA Biology – An Introduction. Wiley-VCH, Weinheim
[6] Spirin AS (2002) Omnipotent RNA. FEBS Lett 530: 4–8
[7] Svoboda P, Di Cara A (2006) Hairpin RNA: a secondary structure of primary importance. Cell Mol Life Sci 63: 901–908

3

Kapitel 4

Proteine: Funktionsträger der Zelle

4 Proteine: Funktionsträger der Zelle

Rolf Knippers

4.1 Einleitung

Biochemisch vorgebildete Leser können ohne Weiteres Kap. 4 überspringen, denn dieses Kapitel kann und soll nicht die entsprechenden Teile von Lehrbüchern der Biochemie oder gar eines der vielen Spezialbücher über Proteine ersetzen. Sein Zweck ist ein lexikalischer: eine Möglichkeit zum Nachschlagen, wenn jemand im Laufe der Lektüre späterer Kapitel noch einmal nachsehen möchte, wie etwa die Strukturformel einer gegebenen Aminosäure aussieht, wie eine α-Helix aufgebaut ist oder was unter der Tertiärstruktur eines Proteins zu verstehen ist.

4.2 Primärstruktur: Sequenz der Aminosäuren

Proteine sind Makromoleküle, die aus Einzelbausteinen aufgebaut sind, den **Aminosäuren**. Proteine sind fast ausschließlich aus 20 Aminosäuren zusammengesetzt, die in wechselnden Zahlen und in wechselnden Kombinationen zu langen, unverzweigten Ketten miteinander verknüpft sind.

Proteinchemiker zerlegen Proteine durch Erhitzen in starker Säure in ihre einzelnen Bausteine und trennen die freigesetzten Aminosäuren durch geeignete chromatografische Verfahren voneinander.

Die **Reihenfolge** – oder in der Fachsprache **Sequenz** – der Aminosäuren bezeichnet man als Primärstruktur eines Proteins. Die meisten Proteine bestehen aus 100–800 Aminosäuren, aber Proteine mit weit mehr als 800 oder mit weniger als 100 Aminosäuren sind keine Seltenheit. Aminosäuresequenzen mit weniger als 20 Bausteinen bezeichnet man als Peptide.

Definition

Unter der **Primärstruktur** eines Proteins versteht man die Sequenz der Aminosäuren im Protein.

Merke

Aminosäureketten sind gefaltet oder geknäuelt, und zwar in einer räumlichen Gestalt, die für jedes Protein charakteristisch ist. Die korrekte dreidimensionale Faltung ist für die Funktion eines Proteins absolut erforderlich.

4.2.1 Aminosäuren

Alle Aminosäuren tragen am zentralen C-Atom, dem **α-C-Atom**, eine Säuregruppe (auch Carboxygruppe genannt), eine Aminogruppe, ein H-Atom und eine Seitenkette (▶ Abb. 4.1). Die 20 Aminosäuren unterscheiden sich durch die Art der Seitenkette, also durch deren Größe, Form und Ladung. Eine Zusammenstellung findet man in der ▶ Abb. 4.2, die die Formelbilder und die üblichen Abkürzungen der einzelnen Aminosäuren enthält (im Drei-Buchstaben-Code und im Ein-Buchstaben-Code).

Merke

Aminosäuren bestehen aus einem zentralen C-Atom. Daran gebunden sind

- eine Carboxygruppe,
- eine Aminogruppe,
- ein H-Atom und
- eine Seitenkette.

In der ▶ Tab. 4.1 geben wir einen Überblick über die Eigenschaften der einzelnen Aminosäuren. Diese sind für die Funktion von Proteinen von größter Bedeutung. Ein Beispiel: Ein Protein mit vielen Lysin- oder Argininbausteinen hat, bei dem annähernd neutralen pH-Wert der Zelle, viele positiv geladene Seitengruppen. Dagegen hat ein Protein mit vielen Glutaminsäure- oder Asparaginsäurebausteinen einen Überschuss an negativen Ladungen.

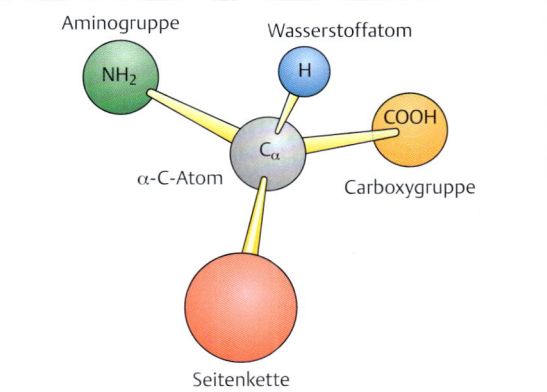

Abb. 4.1 Allgemeine Struktur einer Aminosäure. Das α-C-Atom trägt vier Substituenten. Theoretisch können sie in zwei zueinander spiegelbildlichen Isometrieformen angeordnet sein. Alle Aminosäuren in Proteinen liegen jedoch in der spezifischen Isometrieform der L-Konfiguration vor. Deswegen spricht man von L-Aminosäuren. Die Seitenkette ist als rote Kugel dargestellt. Die 20 Aminosäuren unterscheiden sich durch die Art der Seitenkette (s. ▶ Abb. 4.2).

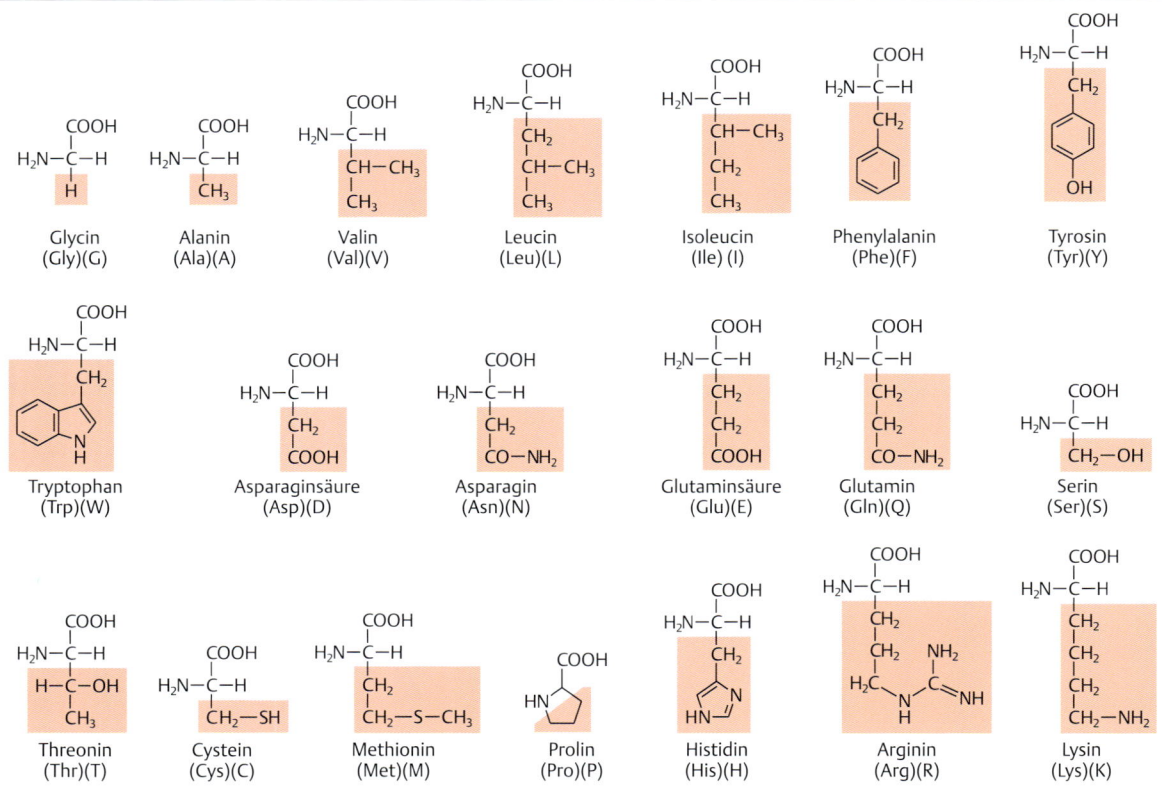

Abb. 4.2 Die 20 in Proteinen vorkommenden Aminosäuren. In Klammern sind die gebräuchlichen Drei- und Ein-Buchstaben-Abkürzungen angegeben. Die Seitenketten sind farbig hinterlegt.

4.2.2 Peptidbindung

Im Protein ist die Carboxygruppe einer gegebenen Aminosäure mit der Aminogruppe der benachbarten Aminosäure durch eine kovalente Bindung verknüpft, die **Peptidbindung**. Die ▶ Abb. 4.3 zeigt eine kleine Folge von Aminosäuren, die miteinander über Peptidbindungen verbunden sind. Ein Blick auf die Formel zeigt, dass dieser kurze Peptidabschnitt eine Richtung hat: Links liegt eine freie, nicht mit einer benachbarten Aminosäure verknüpfte Aminogruppe, rechts liegt eine freie Carboxygruppe. Diese Richtung bleibt selbstverständlich auch erhalten, wenn die kurze Kette der ▶ Abb. 4.3 auf die Länge eines natürlichen Proteins mit vielen Hundert Bausteinen verlängert wird. Mit anderen Worten, jedes Protein hat jeweils ein freies Amino- und ein freies Carboxyende, oft kurz als N-Terminus und C-Terminus bezeichnet.

Gewöhnlich gibt man eine Aminosäuresequenz nicht durch das umständliche Formelbild wieder, sondern benutzt die Ein- oder Drei-Buchstaben-Abkürzungen (▶ Tab. 4.1). Das Aminoende wird dabei links notiert.

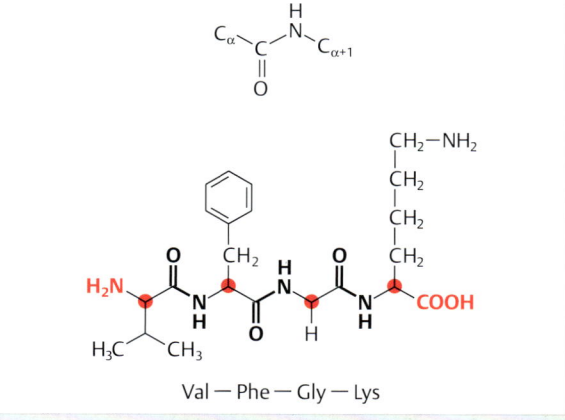

Abb. 4.3 Das Peptid Val-Phe-Gly-Lys. Die Peptidbindungen, das Aminoende (links) und das Carboxyende (rechts) sind hervorgehoben. Die roten Punkte geben die Positionen der C_α-Atome an.

Tab. 4.1 Aminosäuren: ein Überblick.

Bezeichnung		Molekular-gewicht [Da]	Bemerkungen
Gly	G	75	**einfachste Aminosäure**; ohne Seitenkette; Glycin hat eine besondere Bedeutung bei der Faltung der Polypeptidkette, denn anders als Aminosäuren mit Seitengruppen erlaubt Glycin die Ausbildung verschiedener Konformationen der Polypeptidkette.
Asp	D	133	**„saure" Aminosäuren**; die endständigen Carboxygruppen sind bei neutralem pH meist ionisiert, also negativ geladen.
Glu	E	147	
Arg	R	174	**„basische" Aminosäuren**; die endständigen Aminogruppen sind bei neutralem pH oft ionisiert, positiv geladen. Die Aminogruppe von Lysin kann durch Acetylierung, die Seitengruppe von Arginin durch Methylierung „modifiziert" werden (Kap. 20.3).
Lys	K	146	
Asn	N	132	Die **Amidseitengruppen** beider Aminosäuren sind an der Ausbildung von Wasserstoffbrücken beteiligt.
Gln	Q	146	
Ser	S	105	Die **Hydroxygruppen** in den Seitenketten dieser Aminosäuren nehmen an Wasserstoffbrückenbindungen teil. In manchen Proteinen können die OH-Gruppen durch Phosphorylierung „modifiziert" werden.
Thr	T	119	
Ala	A	89	Aminosäuren mit **aliphatischen Seitenketten**; die nicht reaktiven Seitengruppen tragen entscheidend zu den hydrophoben Bindungen im Protein bei.
Val	V	117	
Leu	L	131	
Ile	I	131	
Phe	F	165	Diese Aminosäuren sind durch **aromatische Gruppen in den Seitenketten** gekennzeichnet. Die einzelnen Aminosäuren unterscheiden sich aber durch ihre Funktionen im Protein. Phenylalanin hat eine hydrophobe Seitenkette, die normalerweise im Protein nicht reaktiv ist. Die OH-Gruppe in der Seitenkette von Tyrosin ist dagegen in Proteinen bei neutralem pH teilweise ionisiert. Sie kann an Wasserstoffbrückenbindungen teilnehmen. Die OH-Gruppe kann zudem in manchen Proteinen eine Phosphatgruppe tragen. Tryptophan ist die seltenste aller Aminosäuren. Selbst große Proteine haben oft nur ein oder zwei Tryptophanreste. Bei manchen Enzymen spielt Tryptophan eine wichtige Rolle im aktiven Zentrum.
Tyr	Y	181	
Trp	W	204	
His	H	155	Die **Imidazolseitengruppe** von Histidin kann an den Reaktionen im aktiven Zentrum mancher Enzyme teilnehmen.
Met	M	149	**schwefelhaltige Aminosäuren**; die **Thiolgruppe** in der Seitenkette von Cystein ist sehr reaktionsfreudig, insbesondere führt sie über eine Reaktion mit den Thiolgruppen anderer Cysteinreste im Protein zu Disulfidgruppen, eine wichtige Grundlage der stabilen Faltung von Aminosäureketten.
Cys	C	121	
Pro	P	115	Prolin ist eine zyklische **Iminosäure**. Wir werden später sehen, dass diese chemische Eigenart wichtige Konsequenzen für die Proteinstruktur hat, denn nach Bildung der Peptidbindung steht kein H-Atom für eine Wasserstoffbrückenbindung zur Verfügung. Prolin ist die einzige natürliche Aminosäure, für die zwei Konformationen (cis und trans) der Peptidbindung möglich sind. Diese Eigenschaft führt dazu, dass sich Prolin oft an Stellen befindet, wo ein Protein beweglich ist, insbesondere bei Transmembran-α-Helices.

4.2.3 Wechselwirkungen zwischen Aminosäureseitenketten

Wenn Biochemiker nur die Folge von Aminosäuren betrachten, ohne deren Lage im dreidimensionalen Raum zu berücksichtigen, sprechen sie meist von **Polypeptidketten**. Zur Beschreibung eines Proteins gehört jedoch nicht allein die Folge der Aminosäuren, sondern auch seine dreidimensionale Struktur, die durch Wechselwirkungen zwischen den einzelnen Aminosäureseitenketten entsteht.

Man kennt inzwischen die dreidimensionalen Strukturen Tausender verschiedener Proteine. Dies verdankt man im Wesentlichen zwei Methoden:

- der Strukturaufklärung kristallisierter, d. h. regelmäßig gepackter Proteinmoleküle durch die Röntgenstrukturanalyse (*x ray cristallography*); das experimentelle und theoretische Rüstzeug wird seit den Pionierarbeiten von John Kendrew und Max Perutz in den Jahren von 1950 bis 1960 ständig erweitert und verbessert, und
- der Strukturaufklärung gelöster Proteine durch die NMR-Methode (NMR, *nuclear magnetic resonance*), die die Untersuchung nativer Proteine in einer wässrigen, sozusagen natürlichen Umgebung erlaubt.

Trotz des Wissens über die dreidimensionale Form zahlreicher einzelner Proteine sind die genauen Regeln, nach denen sich die Faltung einer Polypeptidkette zum nativen Protein vollzieht, noch weitgehend unbekannt. Dies ist eine der ungelösten fundamentalen Fragen der Molekularbiologie. Einige allgemeine Prinzipien oder Grundregeln der Proteinfaltung können jedoch formuliert werden:

▶ **Die Peptidbindung selbst bildet eine starre Fläche.** C_α-CO-N befinden sich in einer Ebene. Die Faltung der Polypeptidkette erfolgt durch eine Drehung um die Bindungen der zentralen C_α-Atome (▶ Abb. 4.4). Diese Drehungen unterliegen Einschränkungen, die mit der chemischen Natur der beteiligten Aminosäuren zusammenhängen.

▶ **Form und Art der Seitenketten beeinflussen die Wechselwirkung zwischen den Aminosäurebausteinen.** Diese Wechselwirkungen sind entweder elektrostatischer Art zwischen positiv und negativ geladenen Seitenketten oder, zu einem größeren Teil, Wasserstoffbrücken zwischen polaren Seitenketten (Beispiel in der ▶ Abb. 4.5). Aminosäuren mit geladenen oder polaren Seitenketten bestimmen zudem die Wechselwirkung mit dem umgebenden Wasser. Die Folge ist eine Anhäufung von geladenen und polaren Aminosäuren an der Oberfläche des Proteins (hydrophile Aminosäuren), während sich die nicht polaren Aminosäuren vom Wasser wegwenden (hydrophobe Aminosäuren) und deswegen bevorzugt im Innern des Proteins vorkommen (▶ Tab. 4.2).

▶ **Disulfidbrücken stellen zusätzliche kovalente Bindungen dar.** Zwischen den SH-Gruppen in den Seitenketten von Cysteinen bilden sich Disulfidbrücken aus (▶ Abb. 4.6). Für diese Reaktion ist eine oxidative Umgebung notwendig. Deswegen findet man diese Art der Bindung nicht bei Proteinen innerhalb einer Zelle, aber sehr wohl nach deren Export in die Zellumgebung. Zum Beispiel wird die Form der Immunoglobuline (Antikörper) im Serum sehr deutlich durch einige charakteristische Disulfidbrücken geprägt, die die dreidimensionale Struktur stabilisieren.

▶ **Zwei Arten von regelmäßigen Anordnungen bestimmen einen wesentlichen Teil der Proteinstruktur: α-Helix und β-Faltblatt.** Die Sekundärstrukturen α-Helix und β-Faltblatt werden im folgenden Abschnitt vorgestellt.

Tab. 4.2 Hydrophile Oberfläche/hydrophobes Inneres.

positiv geladene Aminosäuren	negativ geladene Aminosäuren	polare Aminosäuren*	hydrophobe Aminosäuren
Arg, Lys, His	Glu, Asp	Ser, Thr, Cys, Asn, Gln, Tyr	Ala, Val, Leu, Ile, Phe, Met, als Sonderfall Gly (s. ▶ Tab.4.1)

* Polare Aminosäuren sind in wässriger Lösung neutral, haben aber umschriebene Regionen, wo positive oder negative Ladungen überwiegen, d. h. wo eine niedrigere oder höhere Elektronendichte besteht.

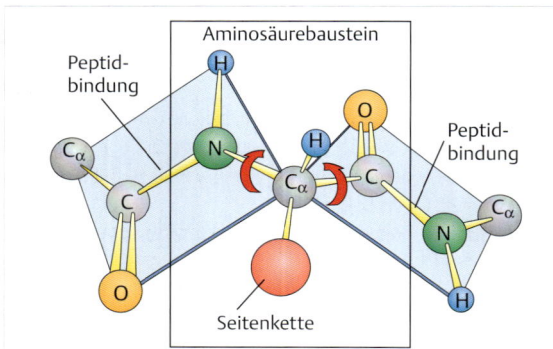

Abb. 4.4 Faltung von Polypeptidketten. Drehungen sind um die Bindungen am zentralen C_α-Atom möglich (Pfeile). Die Peptidbindungen sind als starre Flächen angeordnet.

Abb. 4.5 Beispiel einer Wasserstoffbrückenbindung.

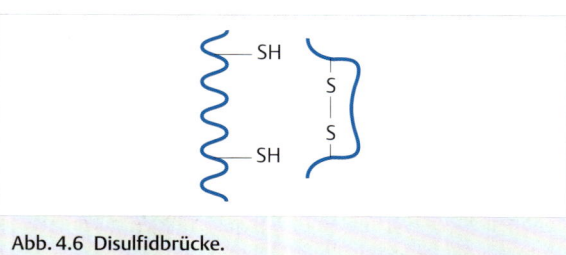

Abb. 4.6 Disulfidbrücke.

4.3 Sekundärstruktur: α-Helix und β-Faltblatt

Wasserstoffbrücken können sich zwischen der CO-Gruppe (Carbonylgruppe) einer Peptidbindung und der NH-Gruppe (Amidgruppe) einer anderen Peptidbindung ausbilden (▶ Abb. 4.5).

Definition

Unter der **Sekundärstruktur** versteht man die Faltung einer Aminosäurekette durch Ausbildung von Wasserstoffbrücken innerhalb dieser Kette.

4.3.1 α-Helix

In der α-Helix besteht eine **Wasserstoffbrücke** zwischen der CO-Gruppe einer Aminosäure und der NH-Gruppe der viertnächsten Peptidbindung in der Reihe aufeinanderfolgender Aminosäuren (▶ Abb. 4.7). Dadurch kommt es zu der gut definierten Struktur einer rechtsläufigen Helix:

- In jeder vollständigen Drehung der Helix befinden sich 3,6 Aminosäuren.
- Der Abstand zwischen einer Aminosäure und der jeweils nächsten beträgt 0,15 nm (1,5 Å).

Theoretisch können alle Aminosäuren eine α-Helix bilden, mit Ausnahme von Prolin. Diese Aminosäure hat statt der üblichen primären Aminogruppe (NH_2) eine sekundäre Aminogruppe (NH) (▶ Abb. 4.2), deren H-Atom bei der Peptidbindung verloren geht und deswegen in der Aminosäurekette für Wasserstoffbrücken nicht mehr zur Verfügung steht. Man kann daher voraussagen, dass Prolin irgendwo vor oder nach, nicht aber in einer α-Helix vorkommt.

Proteinchemiker haben alle Proteine mit bekannter dreidimensionaler Struktur untersucht und gefunden, dass manche Aminosäuren oft, andere selten in α-Helixstrukturen vorkommen (▶ Tab. 4.3). Diese Befunde sind interessant, weil sie eine Grundlage für viel benutzte Computerprogramme sind, mit denen man versucht, die Sekundärstrukturabschnitte von Proteinen vorauszusagen.

Tab. 4.3 Vorkommen von Aminosäuren in der α-Helix.

Aminosäure	
Ala, Glu, Leu, Met	häufig
Pro, Gly, Tyr, Ser	selten

Röntgenstruktur- und NMR-Untersuchungen zeigen, dass in den meisten globulären Proteinen die Abschnitte mit α-helikaler Struktur im Durchschnitt aus zehn Aminosäuren bestehen. Ein α-Helixabschnitt kann aber auch aus nur fünf oder aus bis zu 40 Bausteinen aufgebaut sein.

4.3.2 β-Faltblatt

Das zweite wichtige Strukturelement von Proteinen ist die β-Struktur oder das β-Faltblatt (*β sheet*), die durch Wasserstoffbrücken zwischen verschiedenen Abschnitten der Polypeptidkette entsteht. Dies steht im Gegensatz zur α-Helix, die durch **Wasserstoffbrücken** zwischen hintereinanderliegenden Aminosäuren gebildet wird. β-Faltblätter bestehen aus einzelnen β-Strängen (*β strands*), meist 5–10 Aminosäuren lang, in denen jeweils die CO- mit den NH-Gruppen und die NH- mit den CO-Gruppen eines anderen Stranges über Wasserstoffbrücken verbunden sind. So können mehrere β-Stränge zu einem β-Faltblatt verbunden sein, wobei die hintereinanderliegenden C_α-Atome abwechselnd unter- oder oberhalb der Ebene zu liegen kommen. Es kommt zur Form des **β-Faltblatts** (*pleated sheet*) (▶ Abb. 4.8).

Die β-Stränge eines β-Faltblattes können in zwei Richtungen verlaufen:

- **parallel:** Die Richtung N-Terminus zu C-Terminus ist die gleiche in den nebeneinanderliegenden Strängen.
- **antiparallel:** Ein Strang geht vom N- zum C-Terminus und der antiparallele Strang vom C- zum N-Terminus. In globulären Proteinen kommt es nicht selten zur Ausbildung von β-Blättern, in denen einige Stränge parallel und andere antiparallel laufen.

▶ Abb. 4.8 zeigt, dass sich die Lage der Wasserstoffbrücken in parallel und antiparallel verlaufenden β-Strängen unterscheiden.

Die Enden einzelner β-Stränge sind in jedem Fall durch **Schleifen** (*turns*) miteinander verbunden. Diese Schleifen (▶ Abb. 4.9) bestehen meist aus 4–8 Aminosäuren, die oft eine definierte Anordnung in der dreidimensionalen Struktur eines Proteins einnehmen. Die Aminosäuren einer Schleife sind häufig geladen oder polar (hydrophil) und liegen an der Oberfläche von Proteinen.

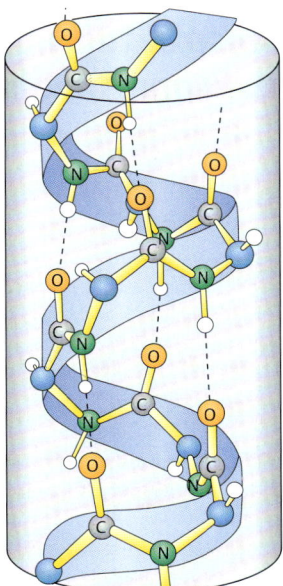

Abb. 4.7 α-Helix. Die charakteristische Anordnung der Aminosäuren entsteht durch Wasserstoffbrücken zwischen Peptidbindungen, und zwar zwischen der CO-Gruppe einer Aminosäure und der NH-Gruppe der viertnächsten Aminosäure der Reihe. (nach Branden C, Tooze J (1999) Introduction to Protein Structure. 2. Aufl. Garland, NY)

Merke

Die **Sekundärstruktur** von Proteinen – α-Helix und β-Faltblatt – entsteht durch Wasserstoffbrücken zwischen CO- und NH-Gruppen eines Peptids.

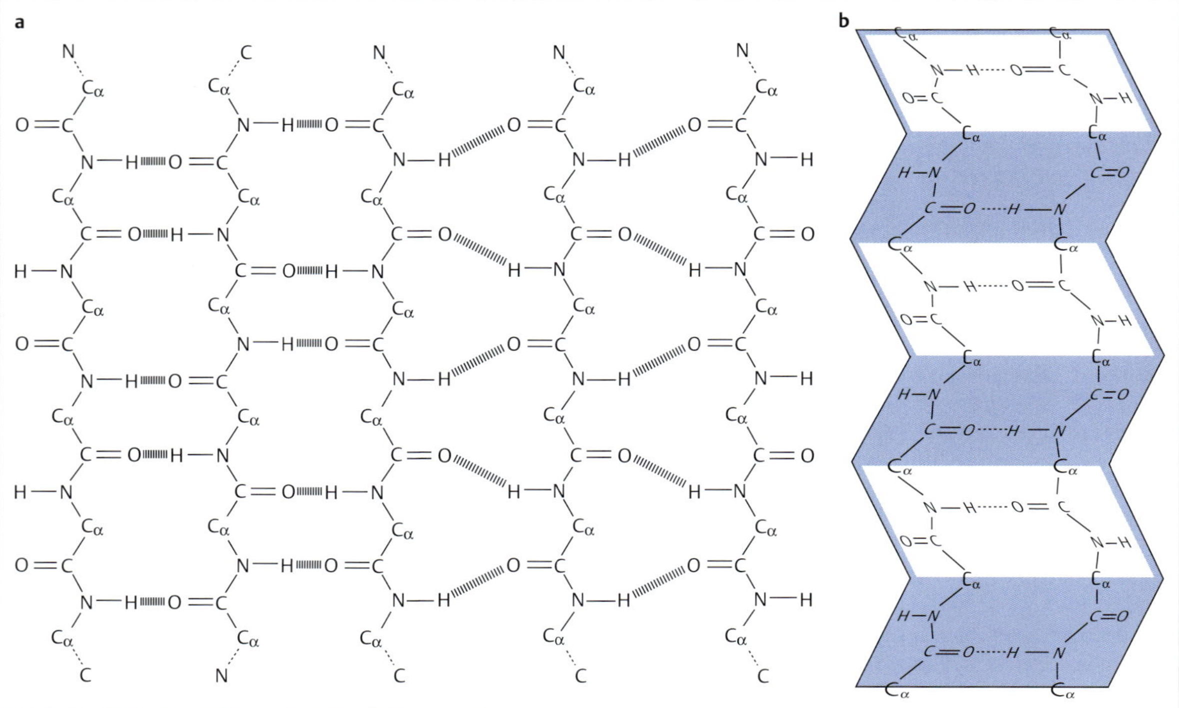

4

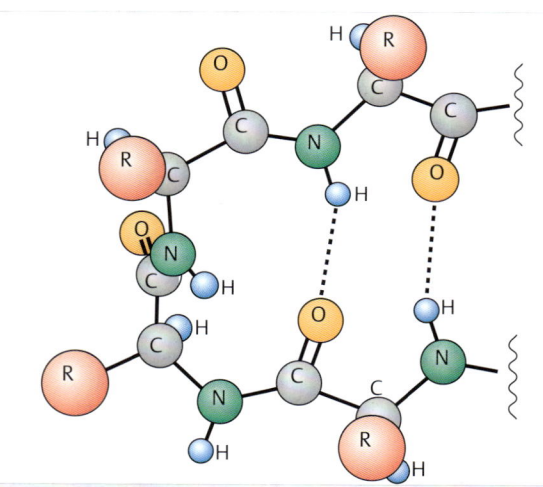

Abb. 4.8 Das β-Faltblatt (β-Struktur). (nach Branden C, Tooze J (1999) Introduction to Protein Structure. 2. Aufl. Garland, NY)
a Wasserstoffbrücken zwischen nebeneinanderliegenden β-Strängen. Die Stränge können parallel oder antiparallel laufen, oft auch in einem β-Faltblatt.
b β-Faltblatt: Die zentralen C-Atome liegen abwechselnd ober- und unterhalb der Ebene des Blattes.

Abb. 4.9 Schleife am Ende von β-Strukturen. Illustriert wird eine von mehreren Möglichkeiten, wie die Enden von antiparallelen β-Strängen miteinander verknüpft sein können. (nach Branden C, Tooze J (1999) Introduction to Protein Structure. 2. Aufl. Garland, NY)

4.4 Tertiärstruktur: komplexere Faltung der Aminosäurekette

Merke

Die **Tertiärstruktur** von Proteinen entsteht durch die Ausbildung von Disulfidbrücken, hydrophoben Wechselwirkungen, Van-der-Waals-Kräften und ionischen Bindungen zwischen den Seitenketten der Aminosäuren eines Polypeptids.

Im Zuge der weiten Anwendung gentechnischer Verfahren werden ständig neue Gene oder Genabschnitte identifiziert und untersucht. Man kann die Information der Gene rasch in Folgen von Aminosäuren übersetzen. Heute geschieht dies meist mithilfe geeigneter Computerprogramme (s. Kap. 25). Somit gelangen täglich neue Aminosäuresequenzen in die internationalen Datenbanken, etwa UniProt (Universal Protein Resource). Diese Datenbanken sind für alle Interessenten per Computer zugänglich.

Bei jeder neuen Aminosäuresequenz stellt sich die Frage nach der Funktion, und diese schließt vor allem die Frage nach der dreidimensionalen Form des Proteins ein. Bevor die Form mithilfe physikalischer Methoden aufgeklärt ist, hilft man sich mit leicht zugänglichen, aber vorläufigen und ziemlich ungenauen Informationen.

Wir wollen die Vorgänge an einem einfachen und altbekannten Beispielprotein erklären. Dazu wählen wir ein kleines, aber genetisch interessantes Protein aus, das für die Regulation von Genaktivität verantwortlich ist: das **Cro-Protein** des Bakteriophagen Lambda (Plus 4.1).

Plus 4.1

Das Cro-Protein des Bakteriophagen Lambda

Der Bakteriophage Lambda ist ein gut bekanntes Studienobjekt, das als Modellsystem zur Untersuchung grundlegender molekulargenetischer Probleme sehr wertvoll war und auch weiterhin ist. Wir erklären später, wie das Cro-Protein zu seiner exotischen Bezeichnung (S. 130) gekommen ist und welche Funktion (S. 136) es ausübt.

Das Cro-Protein ist aus 66 Aminosäuren aufgebaut (▶ Abb. 4.10), aber deren Sequenz sagt uns nicht viel über seine Struktur und Funktion. Auch ein Vergleich mit den anderen Proteinen in den Datenbanken hilft uns auf den ersten Blick nicht viel weiter, denn nur 14 Aminosäuren (22 %) kommen an gleicher Stelle in der Sequenz des Cro-Proteins des verwandten Bakteriophagen 434 vor; ähnliche

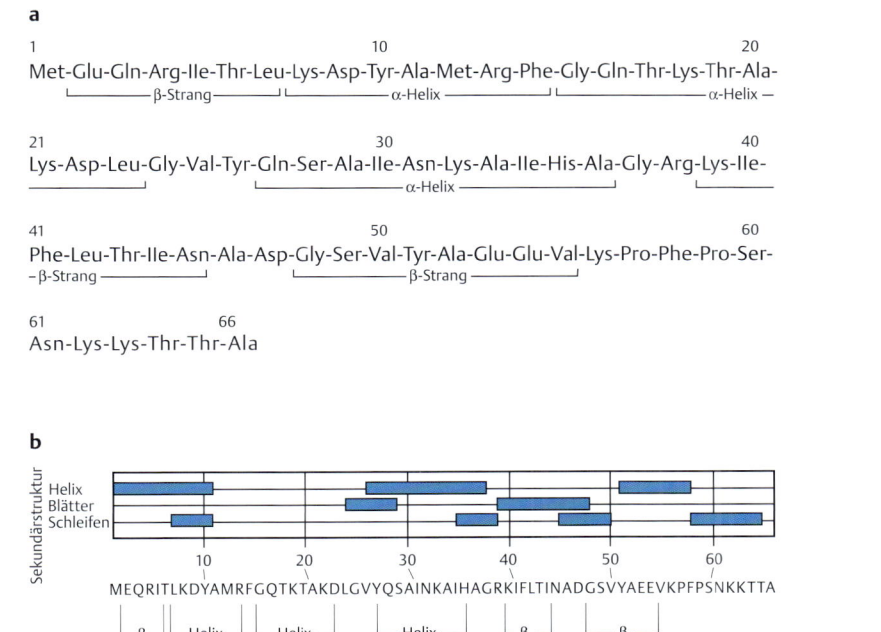

Abb. 4.10 Das Cro-Protein des Bakteriophagen Lambda: Aminosäuresequenz.

a Konventionelle Darstellung mit dem N-terminalen Methioninrest (oben links) und dem C-terminalen Alanin (unten rechts). Die Addition aller Aminosäuren ergibt ein Molekulargewicht von 7 351 Da bzw. 7,4 kDa. Das Ergebnis der Röntgenstrukturanalyse ist im Bild vorweggenommen: Sequenzabschnitte, die miteinander ein paralleles β-Faltblatt bilden, und andere Abschnitte, die sich zur α-Helix zusammenlagern, sind gekennzeichnet. (nach Anderson WF, Ohlendorf DH, Takeda Y et al (1981) Structure of the cro repressor from bacteriophage and its interaction with DNA. Nature 290: 754–758)

b Bioinformatorische Voraussage über die Anordnung der Aminosäuren in Sekundärstrukturelementen. Die Bezeichnungen Helix, Blatt und Schleife sind im Text erklärt. Die Aminosäuresequenz des Cro-Proteins ist hier noch einmal in der Ein-Buchstaben-Abkürzung wiedergegeben. Der Leser kann selbst die Computervorhersage mit der tatsächlichen Verteilung von Sekundärstrukturelementen vergleichen (▶ Abb. 4.11). (Das eingesetzte Computerprogramm – CF-Voraussage – beruht auf der Arbeit von Chou PY, Fasman GD (1978) Empirical predictions of protein conformation. Annu Rev Biochem 47: 251–276)

4

Werte findet man auch bei einem Vergleich mit dem Cro-Protein eines anderen verwandten Phagen (▶ Abb. 4.11). Diese geringe Übereinstimmung könnte rein zufällig sein. Eine genauere Analyse aber zeigt, dass die drei Proteine in einem verhältnismäßig engen Abschnitt von 20 Aminosäuren an sechs Stellen identische Aminosäuren aufweisen (▶ Abb. 4.11). Diese Anhäufung identischer Aminosäuren

in umgrenzten Abschnitten der Proteine von drei Bakteriophagen kann nicht mehr ohne Weiteres als zufälliges Zusammentreffen gewertet werden. Man muss vielmehr annehmen, dass diese Abschnitte während der auseinanderdriftenden Evolution der drei Phagen **konserviert** geblieben sind, weil sie eine strukturelle oder funktionelle Bedeutung haben.

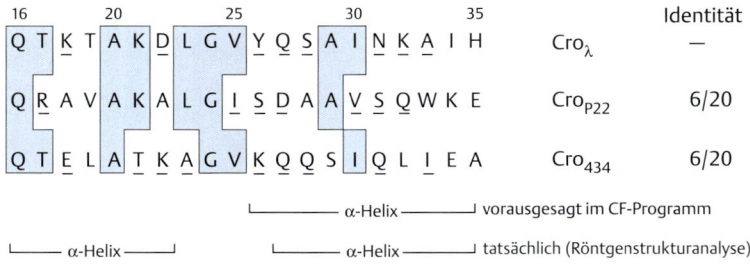

Abb. 4.11 Vergleich des Cro-Proteins des Bakteriophagen Lambda mit dem anderer Bakteriophagen. In dem kurzen Sequenzabschnitt findet man sechs Aminosäuren an identischen Stellen (eingerahmt). An anderen Stellen ist die Sequenz weniger stark konserviert, doch nehmen oft polare oder hydrophobe Aminosäuren (unterstrichen) gleiche Positionen ein. Die bioinformatorische Voraussage ermittelt für den rechten Teil des Abschnitts eine Anordnung als α-Helix. Die Röntgenstrukturanalyse bestätigt diese Voraussage, deckt aber zugleich auch eine α-Helixanordnung im linken Teil des Abschnitts auf. (nach Anderson WF, Ohlendorf DH, Takeda Y et al (1981) Structure of the cro repressor from bacteriophage and its interaction with DNA. Nature 290: 754–758)

Um bei Fragen der Sequenzähnlichkeit und Konservierung einzelner Abschnitte weiterzukommen, benutzen Molekularbiologen Computerprogramme (Kap. 25), das die Wahrscheinlichkeiten ermittelt, mit der die Aminosäuren einer Polypeptidkette in α-Helix- oder β-Strukturen vorkommen können (▶ Abb. 4.10). Jeder Benutzer dieses oder vergleichbarer Programme weiß, dass solche Vorhersagen nur mit großen Unsicherheiten möglich sind. Immerhin zeigt unsere Analyse, dass ein Teil des Sequenzabschnitts der ▶ Abb. 4.11 in einer α-Helix organisiert sein könnte. Letztendlich können jedoch nur physikalische Verfahren die dreidimensionale Struktur eines Proteins endgültig aufklären.

▶ Abb. 4.12 zeigt das Ergebnis der Röntgenstrukturanalyse des Cro-Proteins. Um die Übersicht in der dichten Packung von Atomen nicht zu verlieren, zeigen wir nur die Lage der zentralen C_α-Atome im Raum. Bei genauer Betrachtung des Bildes erkennen wir drei nebeneinanderliegende β-Stränge, die zusammen ein paralleles β-Faltblatt bilden, und drei α-Helixabschnitte. In der Darstellung der ▶ Abb. 4.12a sehen wir die α-Helices der Aminosäurefolgen 4–14 und 27–36 von der Seite, aber auf die Helix der Aminosäuren 15–23 blicken wir von oben.

In der molekularen Genetik ist eine noch einfachere und übersichtlichere Darstellung von dreidimensionalen Proteinstrukturen gebräuchlich, nämlich die Darstellung von **α-Helixabschnitten als Zylinder oder helikale Bänder** und **β-Strängen als breite Pfeile**, wobei die Pfeilspitzen in Richtung C-Terminus weisen (▶ Abb. 4.12b).

Beachte, dass das Molekül in ▶ Abb. 4.12a anders orientiert ist als in der ▶ Abb. 4.12b, damit die Lage der drei α-Helixzylinder besser sichtbar wird. Beachte auch die exponierte Lage der α-Helices 2 und 3. Mit diesen Abschnit-

ten bindet das Cro-Protein an DNA. Dies ist seine wichtigste Funktion (S. 136) und erklärt den hohen Grad an Konservierung in den funktionell verwandten Proteinen von drei verschiedenen Bakteriophagen (▶ Abb. 4.11).

Merke

Biochemiker und Molekularbiologen geben das **Gewicht eines Proteins** meist in der Einheit Dalton (Da oder D) bzw. Kilodalton (kDa oder kD) an (1 Da = 1/12 der Masse des Kohlenstoffisotops ^{12}C).

Oft nennt man auch die Anzahl der Aminosäuren, wenn man einen Eindruck von der Größe eines Proteins geben möchte.

4.4.1 Proteindomänen

Mit einigem Abstand betrachtet, hat das Cro-Protein die kompakte und relativ einheitliche Form eines Ellipsoids. Größere Proteine sind jedoch meist viel weniger einheitlich in ihrer Form. Sie sehen eher aus, als wenn sie aus zwei oder mehr kugelförmig, ellipsoid oder anders geformten Strukturen verschmolzen wären. Oft sind die Einzelteile durch ungeordnetere Abschnitte der Aminosäuresequenz verbunden. Somit können einzelne Strukturdomänen unterschieden werden. Eine **Domäne** ist die kleinste Proteineinheit mit einer definierten und unabhängig gefalteten Struktur. Die meisten Domänen bestehen aus 50–150 Aminosäuren. Vielfach führen Domänen eigene Reaktionen aus, deren Zusammenwirken dann die Funktion des Gesamtproteins ausmachen.

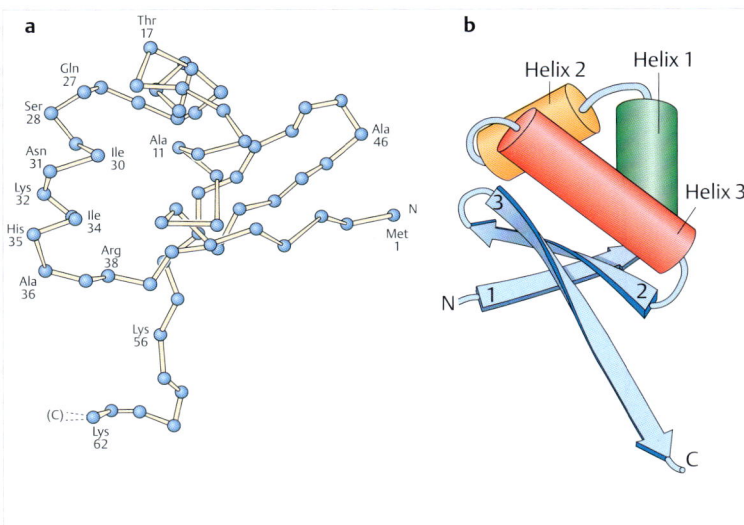

Abb. 4.12 Dreidimensionale Struktur des Cro-Proteins. (nach Anderson WF, Ohlendorf DH, Takeda Y et al (1981) Structure of the cro repressor from bacteriophage and its interaction with DNA. Nature 290: 754–758)

a Anordnung der zentralen Cα-Atome im Raum. Die Röntgenstrukturanalyse ergibt keine eindeutigen Ergebnisse für die C-terminalen Aminosäuren 63–66, denn sie nehmen im kristallisierten Protein keine definierten Positionen ein. Die Abbildung sollte mit der Sequenz der ▶ Abb. 4.10 verglichen werden. Dort ist angegeben, welche Aminosäuren in der β-Struktur und in den α-Helices vorkommen.

b Helixzylinder und β-Strangpfeile: Lage im Raum. Bestimmt nach dem Computerprogramm MOLSCRIPT. Beachte, dass das Cro-Protein in **a** von einer anderen Blickrichtung gezeigt wird als in **b**.

Plus 4.2

Das CAP-Protein aus Bakterien

▶ Abb. 4.13 zeigt das CAP-Protein mit der **dreidimensionalen Anordnung von α-Helices und β-Strukturen**. Bakterien benötigen dieses Protein zur Aktivierung von Genen für Proteine des Zuckerstoffwechsels. Dazu muss das Protein an DNA binden. Dementsprechend hat es eine Domäne mit drei α-Helices in einer Anordnung, ungefähr so wie wir sie gerade beim Cro-Protein kennengelernt haben.

Das CAP-Protein hat eine zweite Domäne. Deren Aufgabe ist die Bindung der kleinmolekularen Verbindung cAMP, die bei einem Mangel an Glucose in Bakterien gebildet wird. Die ▶ Abb. 4.13 zeigt klar, dass beide Funktionen des Proteins, Signalempfang bzw. cAMP-Bindung und Reaktion mit der DNA, unterschiedlichen Strukturdomänen zugeordnet werden können.

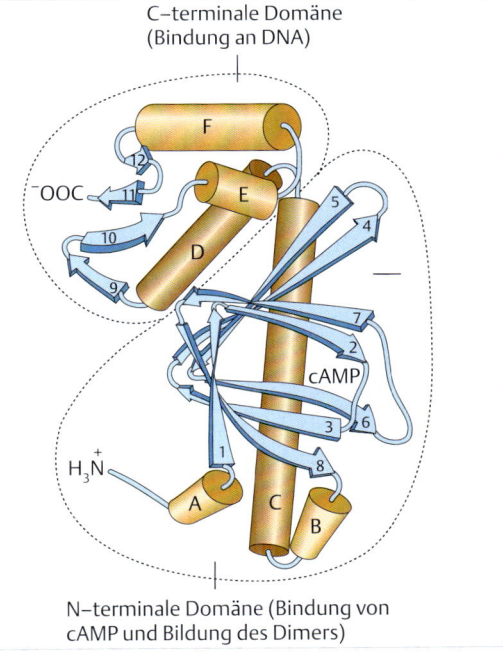

Abb. 4.13 Proteindomänen. Das CAP-Protein von Bakterien besteht aus 209 Aminosäuren (22,5 kDa), die sich zu einer Zwei-Domänen-Struktur falten: erstens eine N-terminale Domäne (Aminosäuren 1–135), an die sich das cAMP bindet und wo die funktionelle Anlagerung eines identischen Partnerproteins zur Ausbildung eines Dimeren erfolgt, und zweitens eine C-terminale Domäne (Aminosäuren 136–209), die die Drei-Helix-Anordnung für DNA-Bindung besitzt. (nach McKay DB, Steitz TA (1981) Structure of catabolite activator protein at 2.9 Å resolution suggests binding to left-handed B-DNA. Nature 290: 744–749)

4

Definition

Eine **Proteindomäne** ist die kleinste Proteineinheit mit einer definierten und unabhängig gefalteten Struktur. Sie hat meist eine Länge von 50–150 Aminosäuren.

Als Beispiel für ein Protein mit unterschiedlichen Domänen besprechen wir in Plus 4.2 das CAP-Protein aus Bakterien.

Aus der durchschnittlichen Proteingröße von 450–500 Aminosäuren und der Größe einer Domäne (etwa 180 Aminosäuren) lässt sich ableiten, dass viele Proteine aus zwei Domänen aufgebaut sind. Aber diese Aussage kann natürlich nicht mehr als eine grobe Orientierung sein. Tatsächlich kennen Molekularbiologen sehr viele Proteine mit mehr als zwei Domänen. Obwohl quasi unendlich viele Aminosäuresequenzen vorkommen können, scheint die Zahl der möglichen Faltungsmuster einzelner Domänen begrenzt zu sein. Wenn man von den Strukturen ausgeht, die sich zurzeit in den Datenbanken befinden, kommt man zu dem Ergebnis, dass in der Natur einige Tausend Faltungsmöglichkeiten verwirklicht sind.

4.5 Quartärstruktur: Aufbau aus Untereinheiten

Unsere bisherige Beschreibung von Cro und CAP ist unvollständig, denn in beiden Fällen sind die funktionsfähigen Proteine aus zwei eng aneinanderliegenden Einzelmolekülen aufgebaut. Die funktionsfähigen Proteine bestehen aus zwei Untereinheiten (*subunits*). Man sagt, Cro- und CAP-Proteine sind Dimere aus identischen Untereinheiten, sogenannte Homodimere.

Wie wir im Laufe des Buches immer wieder sehen werden, ist der Aufbau von Proteinen aus Untereinheiten eher die Regel als die Ausnahme. Dabei können die Untereinheiten identisch sein und in zwei- oder mehrfachen Kopien vorkommen. Sie können aber auch verschieden sein und sich zu größeren Komplexen zusammenfinden. Die ▶ Tab. 4.4 gibt eine kleine Auswahl. Man bezeichnet den Aufbau eines Proteins aus Untereinheiten auch als Quartärstruktur.

Merke

Die **Quartärstruktur** von Proteinen entsteht durch Zusammenlagerung von identischen oder auch unterschiedlichen Peptidketten, auch Untereinheiten genannt. Vermittelt wird die Assoziation durch Wechselwirkungen zwischen den Seitenketten der Aminosäuren.

4.6 Proteinfaltung

Bei hoher Temperatur, in milden Säuren oder Basen sowie in hoch konzentrierten Harnstofflösungen verliert ein Protein seine charakteristische Faltung, ohne dass die Polypeptidkette selbst zerstört wird. Man spricht von der **Denaturierung** eines nativen Proteins. Ein denaturiertes Protein kann – selbstverständlich – seine Funktion als Enzym oder als Strukturkomponente nicht mehr ausüben.

Biochemikern gelingt bei einigen Proteinen die Rückfaltung der Polypeptidkette zum nativen, funktionsfähigen Protein, etwa, indem sie behutsam und unter kontrollierten Bedingungen die Konzentration einer Harnstofflösung reduzieren. Den Vorgang dieser **Renaturierung** kann man mit komplizierten Verfahren verfolgen. Man findet dann, dass sich zuerst kleinere, anschließend größere Abschnitte der Sekundärstruktur zurückbilden, bis sie schließlich ihre ursprüngliche Anordnung im Raum einnehmen (▶ Abb. 4.14).

Obwohl die Renaturierung zum nativen Protein nur in wenigen Fällen gelingt, ist die spontane Rückfaltung ein Prozess von weitreichender biologischer Bedeutung. Er zeigt nämlich, dass im Prinzip die Information zur Ausbildung der dreidimensionalen Struktur in der Polypeptidkette selbst liegt, d. h. von der Art, der Zahl und der Reihenfolge der Aminosäureseitenketten bestimmt wird.

Es genügt also, wenn die Information zur Herstellung der Aminosäurefolgen in den Genen (Bauplänen) festgelegt wird. Die dreidimensionale Struktur eines Proteins kann sich daraus sozusagen von selbst bilden (*self assembly*).

Das ist eine eindeutige Feststellung, die aber ihre Probleme mit sich bringt. Erstens misslingt auch dem besten Biochemiker oft die Renaturierung von Proteinen. Zweitens verläuft der Prozess der Renaturierung im Reagenzglas so langsam, dass er kaum als Modell für die Faltung

Tab. 4.4 Quartärstruktur einiger Proteine.

Protein	Untereinheiten	Funktion
Lac-Repressor (Bakterien)	4 (identisch)	Genregulation
AP1 (Eukaryoten)	2 (verschieden)	Genregulation
RNA-Polymerase (Bakterien)	5 (davon 2 identisch)	RNA-Synthese
DNA-Polymerase α (Mensch)	4 (verschieden)	DNA-Synthese

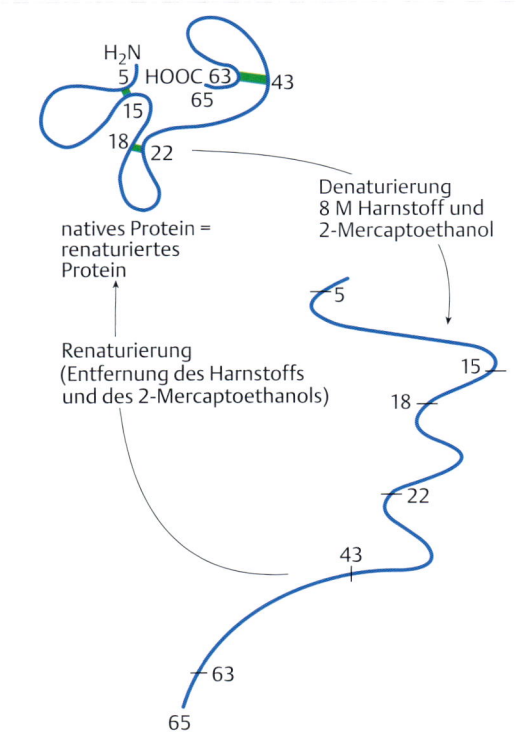

Abb. 4.14 Denaturierung und Renaturierung eines Proteins. In konzentrierten Harnstofflösungen werden hydrophobe Wechselwirkungen gestört. 2-Mercaptoethanol führt zur Auflösung von Disulfidbrücken. Christian B. Anfinsen hat in den 1960er-Jahren Untersuchungen dieser Art durchgeführt und als einer der Ersten den Schluss gezogen, dass die 3D-Struktur eines Proteins von der Folge der Aminosäuren bestimmt wird. Das hat er in seinem berühmten Aufsatz „Principles that govern the folding of protein chains" (1973) beschrieben [1].

von Polypeptidketten in der Zelle dienen kann. Der Grund liegt darin, dass es Tausende von Möglichkeiten für die Faltung einer Kette gibt. Häufig enden mögliche Wege in der Sackgasse und es bilden sich stabile dreidimensionale Strukturen aus, die deutlich von der des nativen Proteins abweichen.

Die Zelle löst das Problem mithilfe einer Klasse von Hilfsproteinen, die als **molekulare Chaperone** (*molecular chaperones*) bekannt sind. Diese Proteinkomplexe stabilisieren zunächst ungefaltete, später dann halbwegs gefaltete Übergangszustände und verhindern somit falsche Faltungswege. Das notwendige ständige Eingehen und Lösen von Wechselwirkungen zwischen der Polypeptidkette und dem Chaperon erfordert viel zelluläre Energie in Form von ATP.

Definition

Chaperone sind Hilfsproteine, die die korrekte Faltung von Polypeptidketten unterstützen. Dabei wird ATP verbraucht.

Die Reaktionen, die in der Zelle zur Faltung eines nativen Proteins beitragen, sind ein überaus interessanter Gegenstand biochemischer Forschung. Ihre Beschreibung würde uns jedoch zu sehr vom Thema des Buches ablenken. Interessierte Leser sollten zu einem Biochemiebuch greifen.

Kenner der Verhältnisse beschreiben die Wirkungsweise von Chaperonen bei der intrazellulären Faltung von Polypeptidketten oft als *assisted self assembly*. Das Fachwort *self assembly* bedeutet, dass die Information zur Herstellung einer biologischen Struktur in den einzelnen Komponenten selbst liegt. Auf unseren Fall angewendet, gilt, dass die dreidimensionale Form eines Proteins von der Art der Aminosäuresequenz bestimmt wird. *Assisted self assembly* bedeutet dementsprechend, dass die Chaperone der Polypeptidkette beim Finden des richtigen und passenden Faltungswegs helfen. Der folgende Merksatz behält damit seine Gültigkeit:

Merke

Proteincodierende Gene enthalten die genetische Information zum Aufbau einer Polypeptidkette, die dann zum nativen Protein gefaltet wird.

4.6.1 Literatur

▶ **Zitierte Literatur**

[1] Anfinsen CB (1973) Principles that govern the folding of protein chains. Science 181: 223–230

▶ **Weiterführende Literatur**

[2] Branden C, Tooze J (1999) Introduction to Protein Structure. 2. Aufl. Garland, NY

[3] Perutz M (1992) Protein structure. New approaches to disease and therapy. Freeman, Oxford

[4] Petsko GA, Ringe D (2009) Protein Structure and Function. Primers in Biology. Oxford University Press

[5] Shriver JW (2010) Protein Structure, Stability, and Interactions. Springer Protocols. Methods in Molecular Biology. Springer Science, NY

Kapitel 5

Transkription, Translation und der genetische Code

5 Transkription, Translation und der genetische Code

Rolf Knippers

5.1 Einleitung

Die in der Überschrift genannten Begriffe sind unter Molekularbiologen so etwas wie Allerweltswörter: Man muss sie kennen und kompetent benutzen können. Dies zu erreichen ist das Ziel von Kap. 5.

Zur Illustration beschreiben wir dabei in diesem Kapitel im Wesentlichen die Verhältnisse bei Bakterien – oder genauer bei der Bakterienart *Escherichia coli (E. coli)*.

Dafür gibt es hauptsächlich zwei Gründe:

- **Forschungsgeschichte:** Die Art und Weise, wie genetische Information zur Synthese von Proteinen umgesetzt wird, konnte nach der Entdeckung der DNA-Doppelhelix innerhalb einer recht kurzen Zeitspanne von 10–15 Jahren aufgeklärt werden – zumindest in den Grundzügen. Das lag u. a. daran, dass sich die meisten der beteiligten Forscher auf Untersuchungen an einem besonders einfachen biologischen System orientierten, nämlich der harmlosen Bakterienart *E. coli,* die sich problemlos und ohne großen Aufwand im Labor kultivieren lässt.
- **Vorteile für eine einführende Beschreibung:** Obwohl Transkription und Translation im Prinzip bei allen Lebewesen gleich ablaufen, sind die Verhältnisse bei Bakterien doch erheblich einfacher als bei Eukaryoten. Dazu kommt noch, dass auch in der heutigen Zeit, in der sich Molekularbiologen bevorzugt für Eukaryoten interessieren, eine gründliche Kenntnis der Bakteriengenetik von Nutzen ist, denn Bakterien werden bei gentechnischen Verfahren eingesetzt.

In diesem Kapitel geht es im Wesentlichen um die Umsetzung der genetischen Information im Protein. Das ist ein Prozess in zwei Schritten:

- **Transkription:** Die Nucleotidfolgen (Sequenzen) in den Genen der DNA werden „umgeschrieben" – „transkribiert" –, und zwar in Form der Nucleotidfolgen (Sequenzen) von RNA-Molekülen. Oder anders gesagt, Transkription ist die Synthese von RNA – wobei die RNA-Sequenzen komplementär zu einem der beiden DNA-Stränge sind.
- **Translation:** Die mRNA-Sequenzen werden „übersetzt" – „translatiert" –, und zwar in Aminosäuresequenzen von Proteinen. Der genetische Code auf der RNA-Sequenz bestimmt die Reihenfolge der Aminosäuren im Protein.

Definition

Transkription ist die Synthese von RNA, wobei die DNA als Matrize dient und die Nucleotidsequenz der DNA in die Nucleotidsequenz der RNA umgeschrieben wird.

Translation ist die Synthese von Proteinen, wobei die Nucleotidsequenz der mRNA in die Aminosäuresequenz des Proteins übersetzt wird.

5.2 Transkription: die Synthese von RNA

Generelle Prinzipien der Struktur von RNA-Molekülen sind im Kap. 3 einführend dargestellt. Mit der Kenntnis dieser strukturellen und funktionellen Eigenschaften von RNA können wir uns nachfolgend mit der Synthese von RNA beschäftigen, die unter Nutzung der DNA-basierten Instruktionen erfolgt.

5.2.1 RNA-Polymerase

Die Transkription von Genen und die Synthese aller RNA-Arten erfolgen durch Enzyme mit der Bezeichnung **RNA-Polymerase** oder genauer: DNA-abhängige RNA-Polymerase.

Die genauere Bezeichnung ist nützlich, wenn das zelluläre Transkriptionsenzym von den RNA-Polymerasen mancher Viren unterschieden werden soll. Denn eine lange Reihe wichtiger Viren, etwa Poliovirus, Hepatitis-A-Virus oder Influenzavirus, enthalten RNA als genetisches Material. Diese Viren benötigen für die Vermehrung ihrer RNA jeweils eigene RNA-Polymerasen, die entsprechend ihrer Funktion als RNA-abhängige RNA-Polymerasen bezeichnet werden.

Hier geht es um die DNA-abhängige RNA-Polymerase von Bakterien, aber die RNA-Polymerasen von Eukaryoten führen ähnliche Grundreaktionen bei der RNA-Synthese aus. Von eukaryotischen RNA-Polymerasen wird später (S. 305) die Rede sein. Hier wollen wir betonen, dass eine einzige Art von RNA-Polymerase genügt, um alle Arten von RNA in Bakterien (Transfer-RNA, ribosomale RNA und Messenger-RNA) herzustellen, während Eukaryoten mindestens drei verschiedene RNA-Polymerasen benötigen.

Biochemiker können die Wirkungsweise von RNA-Polymerasen im Reagenzglas (*in vitro*) untersuchen, wenn folgende Voraussetzungen gegeben sind (▶ Abb. 5.1):

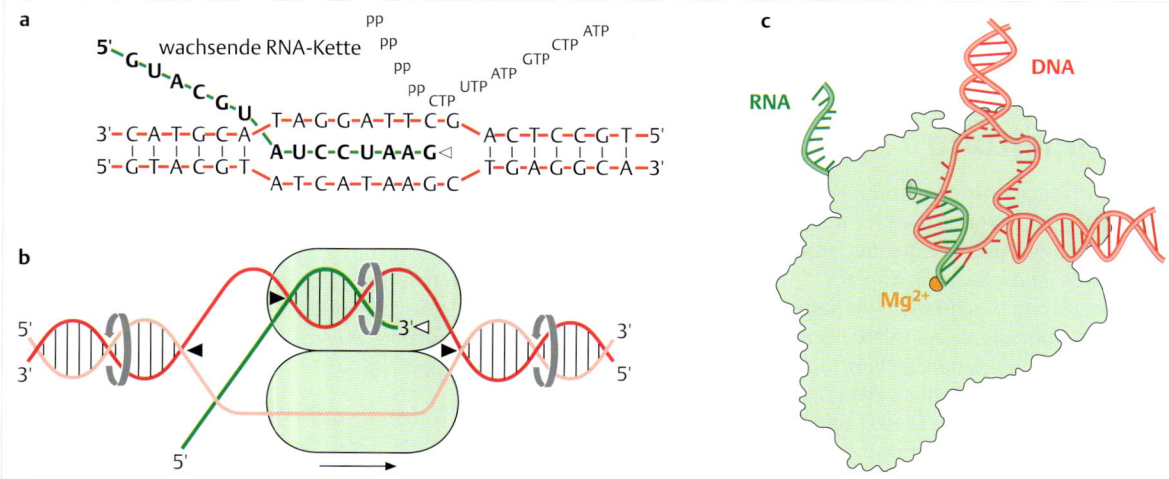

Abb. 5.1 RNA-Synthese im Schema.

a Der DNA-Doppelstrang (rot) wird im Bereich der RNA-Polymerase entwunden. Damit stehen die Deoxynucleotide eines DNA-Stranges für Basenpaarungen mit den hereinkommenden Ribonucleotiden zur Verfügung. Die Ribonucleotide werden an das 3′-OH-Ende (Dreieck) der wachsenden RNA-Kette (grün) geknüpft. Die endständigen Phosphatreste der Ribonucleosidtriphosphate werden als Pyrophosphat (PP) freigesetzt.

b Ovale Formen kennzeichnen die RNA-Polymerase, die sich in Richtung des unteren waagerechten Pfeils entlang des transkribierten Matrizen-DNA-Stranges bewegt. Dabei erfolgen komplizierte Drehungen von DNA und RNA (Drehpfeile; dunkle Dreiecke). Das offene Dreieck zeigt auf das 3′-OH-Ende der wachsenden RNA-Kette. (nach Zhang G, Campbell EA, Minakhin L et al (1999) Crystal structure of Thermus aquaticus core RNA polymerase at 3.3 Angstrom resolution. Cell 98: 811–824)

c Damit nicht der Eindruck bleibt, dass das Schema im Teil b dieser Abbildung die Form der RNA-Polymerase wiedergibt, wird hier ein Bild gezeigt, das auf eine Röntgenstrukturanalyse zurückgeht. Die großen Untereinheiten β und β′ umschließen die teilweise entwundene und gebogene DNA und die RNA. Ein Magnesium-Ion liegt in der Nähe des aktiven Zentrums. (Wikimedia Commons 5_1RNAP_TEC_small.jpg; Originaldaten in Korzheva N, Mustaev A, Kozlov M et al (2000) A structural model of transcription elongation. Science 289: 619–625)

- Das erste Erfordernis ist das Vorhandensein einer DNA, deren Nucleotidfolge von dem Enzym kopiert wird.
- Dann müssen genügende Mengen an Ribonucleosidtriphosphaten – ATP, GTP, CTP und UTP – angeboten werden.
- Schließlich müssen Temperatur (30–37 °C), pH-Wert und Ionenmengen stimmen. Unersetzlich sind Magnesiumsalze in geeigneter Konzentration.

Unter diesen Bedingungen kopiert die RNA-Polymerase die Nucleotidfolge des DNA-Matrizenstrangs nach den Regeln der Basenpaarung. Dort, wo in der DNA ein Guaninbaustein steht, wird in der RNA ein Cytosinnucleotid eingebaut, und umgekehrt. Gegenüber einem Thymin- in

der DNA gelangt ein Adeninnucleotid in die RNA und gegenüber einem Adenin- ein Uracilnucleotid. Denn Uracil nimmt in der RNA, wie schon gesagt (S. 52), die Stelle des Thymins ein. Die RNA-Polymerase knüpft ein Nucleotid nach dem anderen an das 3′-OH-Ende einer wachsenden RNA-Kette. Dabei werden die beiden endständigen Phosphate (gemeinsam auch Pyrophosphat genannt) von den Ribonucleosidtriphosphaten abgespalten und gleichzeitig Phosphodiesterbindungen gebildet.

Alle zellulären RNA-Polymerasen sind aus mehreren Untereinheiten aufgebaut: Bakterielle RNA-Polymerasen bestehen aus fünf bis sechs Untereinheiten (▶ Tab. 5.1) und eukaryotische RNA-Polymerasen aus mehr als einem Dutzend Untereinheiten (S. 306). Der Aufbau aus mehre-

Tab. 5.1 RNA-Polymerase von *E. coli*.

Untereinheit	Zahl der Untereinheiten/ Enzym	Zahl der Aminosäuren pro Untereinheit	Molekulargewicht [kDa]	Bezeichnung des Gens im *E. coli*-Genom
β′	1	1407	155	*rpoC*
β	1	1342	150	*rpoB*
α	2	329	36	*rpoA*
ω (omega)	1	91	10	*rpoZ*
σ70 (sigma)	1	613	70	*rpoD*

Die Größe einer Untereinheit wird hier auf zweierlei Weise angegeben: erstens durch die Anzahl der Aminosäuren, aus denen sie aufgebaut ist, und zweitens durch das Molekulargewicht, ausgedrückt in kDa (S. 64).

ren Untereinheiten ist keine notwendige Voraussetzung für die Synthese von RNA. Zum Beispiel sind die RNA-Polymerasen der Bakteriophagen T 3 und T 7 monomere Proteine mit einem Molekulargewicht von etwa 100 kDa. Dies gilt auch für die RNA-Polymerase in Mitochondrien (S. 426). Diese RNA-Polymerasen sind hoch spezialisiert: Sie erkennen nur die Genanfänge der Phagen- bzw. Mitochondriengene.

Zurück zur bakteriellen RNA-Polymerase (▶ Tab. 5.1). Für eine einfache RNA-Synthese von der Art der ▶ Abb. 5.1 genügt ein Komplex aus je einer β-Untereinheit und einer β′-Untereinheit sowie zwei α-Untereinheiten und der stabilisierenden kleinen ω-Untereinheit, das sogenannte **Minimal-** oder **Core-Enzym**. Doch für eine korrekte und effiziente Transkription bakterieller Gene ist ein **Holoenzym** notwendig, das außer den Untereinheiten des Minimalenzyms noch eine σ-(sigma-)Untereinheit besitzt. *E. coli*-Zellen haben mehrere σ-Untereinheiten (S. 113), je eine für die Transkription verschiedener Gengruppen. Die ▶ Tab. 5.1 enthält als Beispiel die häufigste σ-Untereinheit – aufgrund ihres Molekulargewichts als Sigma-70 oder σ^{70} bezeichnet.

Merke

Bakterien besitzen eine **RNA-Polymerase**. Das **Core-Enzym** wird von den Untereinheiten 2 α, β, β′ und ω gebildet, das **Holoenzym** besteht aus den Untereinheiten 2 α, β, β′, ω und dem σ-Faktor.

▶ **β′-Untereinheit und die β-Untereinheit.** Die β′-Untereinheit und die β-Untereinheit bilden eine gemeinsame Struktur zur Bindung der DNA-Matrize und der wachsenden RNA-Kette. Diese Struktur enthält das aktive Zentrum, wo neue Nucleotide an das 3′-OH-Ende der RNA angeheftet werden (▶ Abb. 5.1c).

▶ **α-Untereinheiten.** Die α-Untereinheiten übernehmen hauptsächlich zwei Funktionen. Die aminoterminale Domäne trägt zum Zusammenbau und zur Stabilität des Gesamtenzyms bei, während die carboxyterminale Domäne bei der spezifischen Bindung an die Promotor-DNA hilft, wie gleich erklärt wird. Die carboxyterminale Domäne beteiligt sich auch an der Wechselwirkung mit Regulatoren der Transkription.

▶ **ω-Untereinheit.** Die ω-(omega-)Untereinheit ist die kleinste Untereinheit. Sie hat eine Funktion beim Zusammenbau des Enzyms. Der Zusammenbau erfolgt in Stufen und die ω-Untereinheit fördert die Anlagerung der Untereinheit β′ an die $\alpha_2\beta$-Zwischenstufe. Zudem stabilisiert diese Untereinheit den Gesamtkomplex und beteiligt sich an der Regulation der enzymatischen Aktivität.

▶ **σ-Untereinheit.** Die σ-(sigma-)Untereinheit hat eine spezielle Aufgabe bei der Erkennung von Startstellen der Transkription vor Bakteriengenen.

5.2.2 Genanfang: der Promotor

Wie wird die RNA-Polymerase an den Genanfang geleitet? Wie unterscheidet sie den Strang, der transkribiert werden soll, vom komplementären Strang?

Die RNA-Synthese sollte nicht irgendwo auf der DNA beginnen, sondern genau vor einem Gen. Es sollte auch nicht irgendein Strang transkribiert werden, sondern nur der, dessen Transkript die genetische Information trägt, der **codogene Strang** oder **Sinnstrang**.

Merke

Die **RNA-Polymerase (Holoenzym)** bindet bevorzugt an Stellen auf der DNA, die vor einem Genanfang liegen. Eine solche Erkennungs- und Bindungsstelle nennt man Promotor (*promoter*).

Die Nucleotidsequenzen der vielen Tausend verschiedenen Promotoren im Genom von *E. coli* und verwandten Bakterien sind gut bekannt. Beim Vergleich dieser Sequenzen fallen einige Regelmäßigkeiten auf (▶ Abb. 5.2):

- In dem Bereich, der etwa 10 bp stromaufwärts vor dem Start der RNA-Synthese liegt, kommt oft eine Sequenz von Nucleotiden vor, die eine mehr oder weniger große Ähnlichkeit mit der Folge 5′-TATAAT-3′ hat. Diese Sequenz wird gelegentlich nach ihrem Erstbeschreiber als **Pribnow-Box**, meist als **TATA-Box** oder einfach als **–10-Region** bezeichnet.
- In dem Bereich, der etwa 35 Nucleotide stromaufwärts vom Start liegt (in der **–35-Region**), gibt es innerhalb eines AT-reichen Abschnitts eine zweite Folge von oft vorkommenden Nucleotiden, im Idealfall 5′-TTGACA-3′.

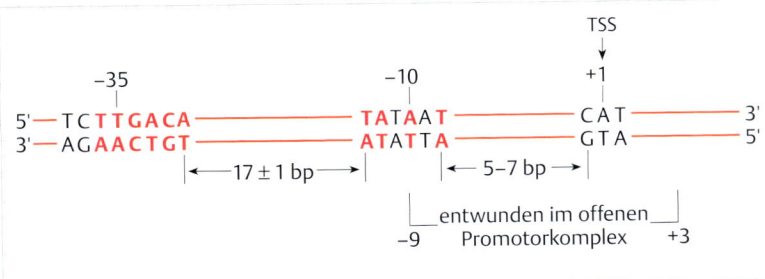

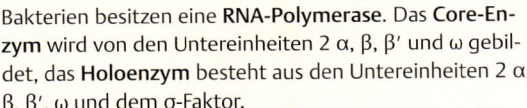

Abb. 5.2 Ein Musterpromotor des *E. coli*-Genoms. Der Abstand zwischen dem Transkriptionsstart und dem ersten Nucleotid der –10-Region beträgt 5–7 bp; der Abschnitt zwischen der –10-Region und –35-Region 17 ± 1 bp. Der untere der beiden DNA-Stränge ist der transkribierte oder codogene Strang, der obere ist der nicht transkribierte Strang. TSS: transkriptionelle Startstelle.

- Ein drittes Erkennungselement in vielen bakteriellen Promotoren liegt direkt stromaufwärts der –35-Region. Daher die Bezeichnung als **UP-Element** (***up**stream element*). Es enthält viele AT-Basenpaare und ist eine Stelle, wo die α-Untereinheit der RNA-Polymerase an den Promotor bindet.

Diese Beziehungen sind in der ▶ Abb. 5.2 zusammengefasst. Die dort gezeigten Verhältnisse treffen für einen Musterpromotor zu. Man spricht von einer **Konsensussequenz**, weil die meisten natürlich vorkommenden Promotoren im Genom von *E. coli* in mehreren Positionen mit dieser Mustersequenz übereinstimmen.

Merke

Das Nucleotid am Startpunkt der RNA-Synthese wird mit + 1 oder TSS (transkriptionelle Startstelle) bezeichnet.

In Wirklichkeit entspricht so gut wie kein Promotor der Idealstruktur der Konsensussequenz. Als Beispiel zeigt die ▶ Abb. 5.3 die Promotorsequenz eines speziellen Gens und man erkennt an mehreren Stellen in der –10- und in der –35-Region Abweichungen von der Sequenz des Musterpromotors.

Die –10-Region und die –35-Region sind die **Grundelemente eines Promotors** von *E. coli* und verwandten Bakterien. Als eine Art Faustregel kann gelten, dass, je mehr die Sequenz der Grundelemente eines gegebenen Promotors mit der Konsensussequenz übereinstimmt, desto höher die Affinität der RNA-Polymerase zum Promotor ist. Aber DNA-Abschnitte stromaufwärts und stromabwärts davon beeinflussen die Wechselwirkung mit der RNA-Polymerase und damit die Effizienz der Transkription, besonders von Genen, die unter dem Einfluss von Regulationsmechanismen stehen (s. Kap. 6). Zusammengenommen hat das zur Konsequenz, dass manche Gene (Transkriptionsabschnitte) mehr als tausendmal und andere weniger als einmal während einer Bakteriengeneration transkribiert werden. Man spricht von „starken" oder von „schwachen" Promotoren.

Merke

Je größer die Übereinstimmung der Sequenz der Grundelemente eines gegebenen Promotors mit der Konsensussequenz, desto höher ist die Affinität der RNA-Polymerase zum Promotor.

5.2.3 Ereignisse am Promotor

Wie findet die RNA-Polymerase einen Promotor? Der erste Schritt ist die schwache Bindung an irgendeine Stelle auf der Bakterien-DNA. Von dort gleitet die RNA-Polymerase an der DNA entlang: Sie löst und bindet sich im Wechsel, bis sie auf eine Promotorsequenz trifft, an der sie mit hoher Affinität haften bleibt.

Die **σ-Untereinheit** hat dabei wichtige Funktionen, denn erstens verringert sie drastisch die Wechselwirkung der RNA-Polymerase mit unspezifischer DNA, und zweitens erkennt sie im Verbund des Holoenzyms die speziellen DNA-Sequenzen im Promotorbereich und vermittelt die spezifische Bindung der RNA-Polymerase.

Die einfache Bindung an den Promotor ist nur der erste Schritt, der als Bildung des **geschlossenen Promotorkomplexes** bezeichnet wird – „geschlossen", weil in diesem Stadium die DNA noch als Doppelhelix erhalten bleibt. Dann erfolgt in einem zweiten Schritt die Bildung des **offenen Promotorkomplexes**: Der DNA-Doppelstrang wird in einem Abschnitt von ungefähr 12 bp um den Startpunkt der Transkription herum entwunden. Dabei ändert sich die Art der Wechselwirkung von RNA-Polymerase und DNA: Im geschlossenen Promotorkomplex befindet sich der DNA-Abschnitt zwischen den Basenpaaren –55 und –5 in engem Kontakt mit dem Enzym; im offenen Promotorkomplex ist dieser enzymgebundene DNA-Abschnitt länger. Er schließt nun die Basenpaare von –55 bis ±20 ein (▶ Abb. 5.4).

Wenn Ribonucleosidtriphosphate vorhanden sind, beginnt die RNA-Synthese meist mit einem ATP oder seltener mit einem GTP. Oft wird zuerst nur ein kurzes RNA-Stück von bis zu zehn oder zwölf Ribonucleotiden gebildet, ohne dass die RNA-Polymerase ihren Platz verlässt. Eine solche RNA-Synthese kann sich mehrfach wiederholen, abhängig von der Art des Promotors und den Ver-

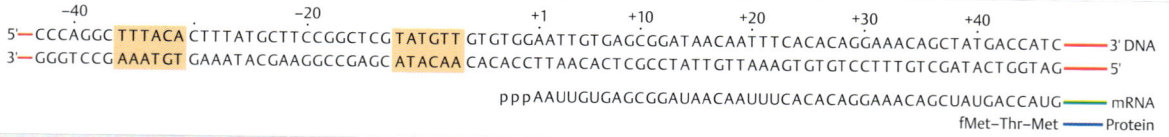

Abb. 5.3 Die Nucleotidsequenz am Anfang des Lactose-Operons (*lac*-Genfolge) von *E. coli*. Beachte die Abweichungen an der Transkriptionsstartstelle, an der –10- und an der –35-Region von der Konsensussequenz. Der Anfang der mRNA ist angegeben. Aus deren Sequenz kann man auf den transkribierten Sinnstrang der DNA schließen. In einem anderen Zusammenhang werden wir der Sequenz noch einmal begegnen und dabei auf einige weitere Strukturmerkmale eingehen (S. 121).

5

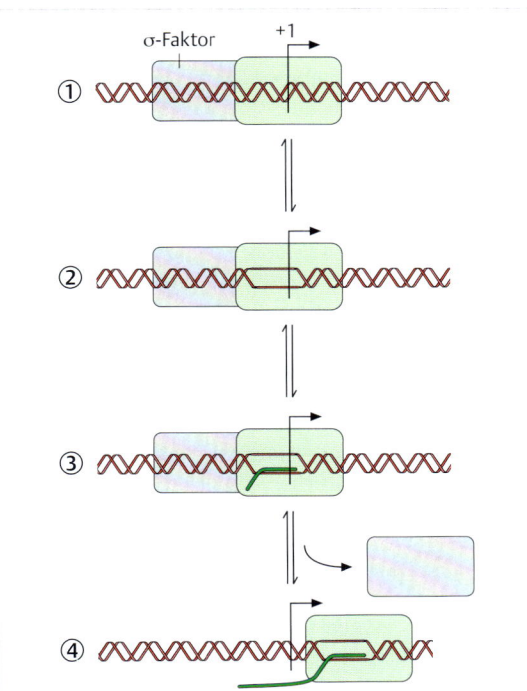

Abb. 5.4 Ereignisse am Promotor. ① Geschlossener Promotorkomplex. RNA-Polymerase mit σ-Faktor. Der Pfeil zeigt in Richtung Gen. ② Offener Promotorkomplex mit dem entwundenen DNA-Doppelstrang. ③ „Abortive" oder abgebrochene RNA-Synthese: Die RNA-Polymerase kommt nicht von der Stelle. ④ Die RNA-Synthese beginnt: Die RNA-Polymerase macht den Promotor frei und der σ-Faktor verlässt das Enzym.

suchsbedingungen. Man bezeichnet sie auch als abortive oder abgebrochene RNA-Synthese. Erst wenn die RNA-Stücke aus 13–15 Nucleotiden bestehen, geht die Initiationsphase in die **Elongationsphase** der Transkription

über. Dabei fällt der σ-Faktor vom Enzym ab und das Minimal- oder Core-Enzym begibt sich auf den Weg entlang der DNA-Sequenz des Transkriptionsabschnitts.

Die Rate, mit der die RNA-Polymerase den Promotor verlässt (*promoter clearance*) und eine neue RNA-Polymerase bindet, ist ein wichtiges Merkmal eines Promotors, denn nur ein frei gewordener Promotor kann wieder eine neue RNA-Polymerase aufnehmen. Wenn ein starker Promotor immer wieder rasch frei wird, können viele RNA-Polymerasen einander auf dem Fuß folgen und gleichzeitig ein Gen transkribieren (▶ Abb. 5.5).

Eine Schätzung ergibt, dass unter optimalen Lebensumständen etwa die Hälfte der mehr als 3 000 RNA-Polymerase-Moleküle einer *E. coli*-Zelle mit RNA-Synthesen beschäftigt ist. Ein Viertel aller RNA-Polymerasemoleküle sitzt am Promotor, der Rest ist unspezifisch an DNA gebunden (auf der Suche nach einem Promotor?). Nur wenige RNA-Polymerase-Moleküle, vielleicht 1 %, befinden sich frei und ungebunden in der Zelle.

5.2.4 Elongation der RNA-Kette

Das Prinzip der **Kettenverlängerung** ist die ständige Wiederholung einer Reaktionsfolge aus:
1. Bindung des „passenden" Nucleosidtriphosphats (NTP) an das aktive Zentrum des Enzyms.
2. Freisetzen des Pyrophosphats im NTP und Bildung einer Phosphodiesterbindung zwischen dem hereinkommenden Nucleotid und dem 3′-OH-Ende der RNA.
3. Bewegung der RNA-Polymerase relativ zum DNA-Matrizenstrang.

Die Desoxynucleotide im DNA-Matrizenstrang müssen für die Auswahl der komplementären Ribonucleotide zugänglich sein. Deswegen ist ein DNA-Abschnitt von 12–14 bp im Bereich der RNA-Polymerase entwunden. Sieben bis 9 Nucleotide am 3′-Ende der wachsenden RNA-

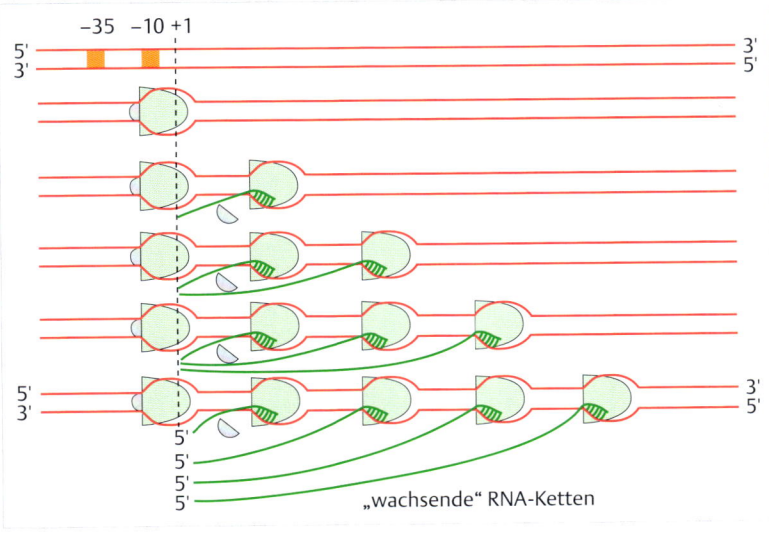

Abb. 5.5 Transkription von einem starken Promotor aus. Das Core- oder Minimalenzym verlässt den Promotor und beginnt seinen Weg entlang des zu transkribierenden DNA-Stranges. Der frei gewordene Promotor wird schnell wieder besetzt. So können gleichzeitig mehrere RNA-Polymerasen ein Gen transkribieren. Die RNA-Polymerasen führen auf ihrem Weg eine umschriebene Region entwundener DNA gleichsam wie eine Bugwelle mit sich.

Kette sind über Wasserstoffbrücken an den DNA-Matrizenstrang gebunden und bilden ein RNA-DNA-Hybrid (▶ Abb. 5.6).

> **Merke**
>
> Wenn *E. coli*-Zellen sich unter optimalen Bedingungen vermehren, beträgt die **Transkriptionsgeschwindigkeit** 50–100 Polymerisationsschritte pro Sekunde.

Das Kennzeichen der Elongation ist eine stabile Bindung des Dreierkomplexes aus Enzym, DNA und RNA bei gleichzeitigem Gleiten des Enzyms entlang des Matrizenstrangs. Man fragt sich, wie diese beiden gegensätzlichen Bedingungen erfüllt werden können. Ein Grund ist, dass Abschnitte des Enzyms die stromabwärts gelegene und noch nicht entwundene DNA wie eine Rinne umschließen. Dazu kommt eine zweite geschlossene Bindungsstelle, die den Bereich des RNA-DNA-Hybrids umfasst. Und drittens verlässt die wachsende RNA das Enzym durch eine Art Kanal (▶ Abb. 5.6).

Diese Eigenschaften ermöglichen der RNA-Polymerase eine gleichmäßige Bewegung entlang der DNA und eine rasche Wiederholung der Polymerisationsschritte – jedenfalls im Prinzip. In Wirklichkeit kommt es nicht selten zu **Verzögerungen** oder sogar zum **Anhalten** der RNA-Polymerase auf ihrem Weg entlang der DNA. Ursachen dafür können fehlerhaft eingebaute Nucleotide sein, aber auch Besonderheiten der DNA-Sequenz oder DNA-gebundene Proteine, die der RNA-Polymerase sozusagen im Weg liegen. Das Anhalten kann einige Sekunden bis länger als 30 Minuten dauern. Oft gleitet die RNA-Polymerase zurück. Dabei wird das 3′-Ende der wachsenden RNA-Kette frei und befindet sich dann außerhalb des aktiven Zentrums. Das überstehende RNA-Ende wird abgetrennt. In *E. coli*-Zellen sind dafür zwei Hilfsproteine mit der Bezeichnung GreA und GreB notwendig, die die Auf-

gabe haben, das 3′-Ende der wachsenden RNA in das aktive Zentrum zu dirigieren, damit die RNA-Polymerase die Synthese wiederaufnehmen kann.

5.2.5 Termination

Der Dreierkomplex aus Enzym, RNA und DNA bleibt bei Stopps und Verzögerungen während der Transkription innerhalb eines Gens meist stabil. Aber am Ende des Gens zerfällt der Komplex, und zwar an einer Stelle auf der DNA, die oft als **Terminationspunkt** bezeichnet wird.

Bei *E. coli* unterscheidet man zwei Arten der Termination.

▶ **Rho-unabhängige Termination.** Diese Art der Termination, auch einfache oder intrinsische Termination genannt, wird im Wesentlichen durch die Sequenzen von DNA und RNA bestimmt. Solche DNA-Sequenzen findet man bei etwa der Hälfte der Gene des *E. coli*-Genoms. Sie bestehen aus Folgen von GC-Nucleotiden und einem Block aus Adeninbausteinen. Nach der Transkription bildet sich in dem gerade synthetisierten RNA-Stück eine Doppelstrangstruktur mit einem Stamm aus 4–10 GC-Basenpaaren und einer Schleife von 3–8 Nucleotiden, gefolgt von mehreren Uracilnucleotiden (▶ Abb. 5.7). Der RNA-Doppelstrang gelangt in den RNA-Kanal der RNA-Polymerase und verändert die Form des Enzyms, sodass der Dreierkomplex Enzym-DNA-RNA auseinanderfällt.

▶ **Rho-abhängige Termination.** Bei dem zweiten Typ von Termination findet man weniger auffällige Besonderheiten in der RNA-Sequenz, bestenfalls eine Folge von Cytosinnucleotiden. Diese dient als Bindungsstelle für das **Rho-Protein** (oder Rho-Faktor) im gerade synthetisierten RNA-Stück. Das Rho-Protein besteht aus sechs identischen Untereinheiten. Die Bindung an die RNA aktiviert eine ATP-spaltende Funktion (ATPase), die dem Rho-Protein eine Bewegung in 5′-3′-Richtung entlang des RNA-Fadens ermöglicht (▶ Abb. 5.8). Im Bereich der RNA-Polymerase trennt es die Wasserstoffbrücken im RNA-DNA-Hybrid, wodurch die RNA freigesetzt wird.

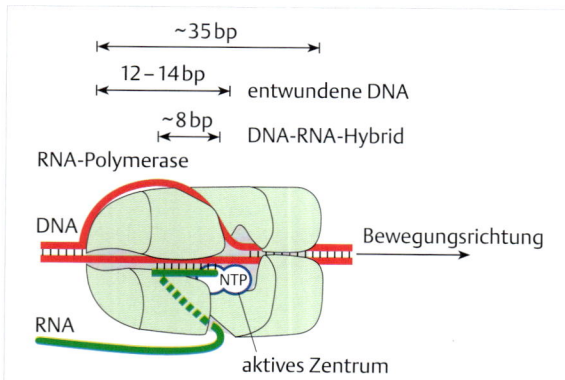

Abb. 5.6 Organisation des Dreierkomplexes aus Enzym, DNA und RNA. Erläuterung s. Text. (Gelles J, Landick R (1998) RNA polymerase as a molecular motor. Cell 93: 13–16)

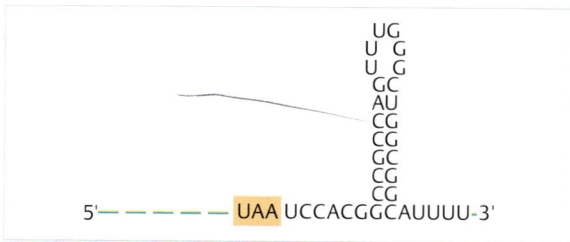

Abb. 5.7 Haarnadelförmige Sekundärstruktur im 3′-Nicht-Codierungsbereich einer bakteriellen mRNA. Das hervorgehobene Triplett UAA deutet das Ende des Codierungsabschnitts an.

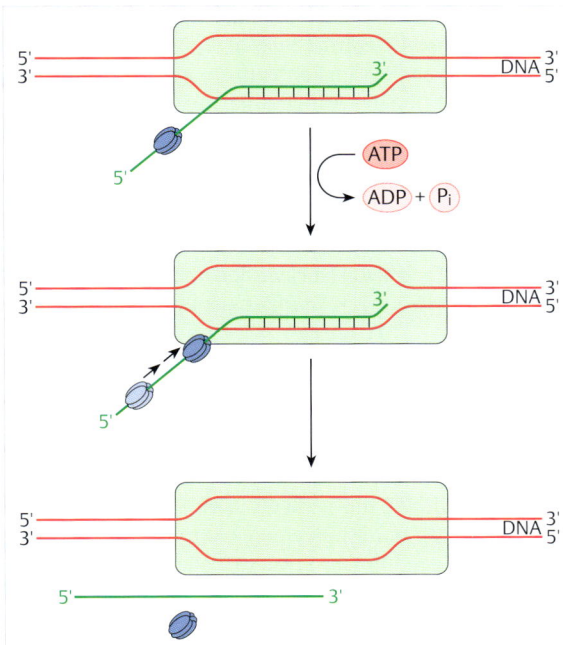

Abb. 5.8 Rho-Protein und Termination. Das Rho-Protein (blau), ein Hexamer aus identischen Untereinheiten mit Molekulargewichten von je 46,8 kDa (419 Aminosäuren), bindet an einen Bereich der RNA. Es bewegt sich – unter Spaltung von ATP – auf den Transkriptionskomplex (grün) zu und trennt die RNA vom DNA-Strang.

5.2.6 Stabile und nicht stabile RNA

Die RNA-Polymerase synthetisiert alle Arten der bakteriellen RNA nach dem gleichen Reaktionsschema und mit ähnlicher Effizienz und Geschwindigkeit. Jedoch besteht der weit überwiegende Teil der RNA in einer Bakterienzelle aus rRNA und tRNA und nur 5–10 % sind mRNA.

Dieser Wert ist zunächst überraschend, denn unter guten Wachstumsbedingungen werden ständig mehrere Tausend proteincodierende Gene transkribiert und liefern mRNA. Im Gegensatz dazu gibt es nur sieben rRNA-Gene und etwas mehr als 80 tRNA-Gene. Man muss also den Schluss ziehen, dass mRNA bald nach ihrer Synthese wieder abgebaut wird und sich deswegen nicht in der Zelle anhäufen kann, während rRNA und tRNA für längere Zeit stabil bleiben.

Tatsächlich liegt die **Halbwertszeit** durchschnittlicher bakterieller mRNA im Bereich von nur **30–120 Sekunden**. Ein Enzymapparat mit speziellen Ribonucleasen (RNasen) greift mRNA-Moleküle an und hält ihre Menge klein. Das bringt für die Bakterien den Vorteil größerer genetischer Flexibilität. Je nach Bedarf können neue mRNA-Moleküle gebildet werden und ihre Wirkung in der Zelle entfalten, ohne dass ihr Effekt von den vorhandenen mRNAs überdeckt wird.

Dagegen sind tRNA und rRNA stabil. Sie sind vor dem Angriff durch Ribonucleasen geschützt, einmal durch ihre ausgeprägte Sekundärstruktur, aber vor allem durch ihre Wechselwirkung mit Proteinen.

Um die Struktur der stabilen RNA und um die Art ihrer Wechselwirkungen wird es in den folgenden Abschnitten gehen.

5.3 Transfer-RNA (tRNA) und die Aktivierung von Aminosäuren

Wie beschrieben, werden die Desoxynucleotidfolgen von Genen mithilfe der RNA-Polymerase in eine Folge von Ribonucleotiden umgeschrieben und als mRNA dem Proteinsyntheseapparat zur Verfügung gestellt. Die Reihenfolge der Nucleotide bestimmt dabei als ein Bauplan oder als eine Art von Code die Reihenfolge der Aminosäuren im Protein. Bei der Übersetzung des RNA-Codes in die Sprache der Proteine nehmen die **tRNAs eine zentrale Funktion** ein, denn sie dirigieren die richtigen Aminosäuren an die von der mRNA-Sequenz vorgegebene Position.

Dazu haben die tRNAs zwei besondere Strukturelemente. Sie besitzen

- eine exponierte Dreiergruppe von Nucleotiden, die mit der komplementären Folge von Nucleotidtripletts auf der mRNA Wasserstoffbrückenbindungen eingeht, und
- eine Stelle, an die die jeweils passende Aminosäure gebunden wird.

Die Dreiergruppe von Nucleotiden auf der tRNA nennt man **Anticodon**, denn sie ist komplementär zum Codon in der mRNA. Weil es über 60 verschiedene Codons gibt, gibt es auch über 60 verschiedene tRNA-Arten, mindestens je eine für jedes einzelne Codon. Jeder tRNA-Art muss genau eine Aminosäure zugeordnet sein. Weil es 20 Aminosäuren gibt, aber über 60 verschiedene tRNA-Arten, können wir schließen, dass manche tRNA-Arten die gleichen Aminosäuren übertragen. Man spricht dann von **synonymen tRNA-Arten**.

Definition

Ein **Codon** ist eine Dreierfolge (Triplett) auf der mRNA, die die Position einer Aminosäure im Protein bestimmt bzw. den Translationsstopp codiert.

Ein **Anticodon** ist eine Dreiergruppe von Nucleotiden auf der tRNA, die zu einem Codon auf der mRNA komplementär sind.

Zur Unterscheidung bezeichnet man eine tRNA nach der zugehörenden Aminosäure. Beispielsweise notiert man eine leucinspezifische tRNA allgemein als $tRNA^{Leu}$ und synonyme Formen als $tRNA^{Leu}_1$, $tRNA^{Leu}_2$ usw.

Ungefähr 10–15 % der Gesamt-RNA einer Bakterienzelle bestehen aus tRNA. Daraus kann man auf eine Zahl von etwa 400 000 tRNA-Molekülen pro Bakterienzelle schließen. Wir wollen uns eine Vorstellung von ihrer Struktur und Funktion machen.

5.3.1 Struktur der tRNA

Man kennt die Nucleotidfolgen von einigen Tausend verschiedenen tRNAs aus zahlreichen Bakterien-, Pilz-, Tier- und Pflanzenarten. Sie sind aus 74–94 Ribonucleotidbausteinen aufgebaut. Eine merkwürdige Eigenart der Nucleotidfolge wird sichtbar, wenn man versucht, die größtmögliche Zahl von Basenpaarungen zwischen den einzelnen Nucleotiden innerhalb eines tRNA-Moleküls zu formulieren. Dann ergibt sich die charakteristische Sekundärstruktur von tRNA, die Kleeblattform. In ▶ Abb. 5.9 sind einige tRNA-Arten von *E. coli* abgebildet.

Beim Vergleich der Sekundärstrukturen vieler tRNAs erkennt man Gemeinsamkeiten (▶ Abb. 5.10):

- 5'- und 3'-Ende sind über einen Stamm aus 7 bp aneinandergebunden. Das 3'-Ende überragt den Stamm mit der charakteristischen Folge CCA. Die Aminosäure wird an eine OH-Gruppe in der Ribose des endständigen

Adenosinbausteins geheftet. Man nennt diesen Arm des Moleküls den **Akzeptor**-(Empfänger-)**Arm**.
- Das Anticodon liegt im Zentrum einer Schleife aus sieben Nucleotiden des **Anticodonarms**.
- Der linksgelegene **D-Arm** enthält das ungewöhnliche **Dihydrouridin** und besteht aus einem Stamm und einer Schleife variabler Länge.
- Der rechtsgelegene Arm hat einen Stamm aus 5 bp und eine Schleife aus sieben Nucleotiden. Weil dieser Arm immer eine Folge von Nucleotiden mit Thymidin, Pseudouridin, Cytosin (TψC) enthält, nennt man ihn den **T-Arm** oder den **(TψC)-Arm**.
- Zwischen dem Anticodonarm und dem T-Arm liegt eine Schleife, deren Länge von tRNA-Art zu tRNA-Art verschieden ist. Deswegen spricht man von der variablen Schleife oder der **V-Schleife**.

Bei der Aufzählung der gemeinsamen Strukturmerkmale der tRNA haben wir schon eine weitere Besonderheit der tRNA vorweggenommen: Etwa 10 % aller Nucleotide weichen von der Struktur der Standardnucleotide ab. Man sagt: Sie sind modifiziert. **Modifizierte Nucleotide** sind nicht statistisch über das Molekül verteilt. Das Vorkommen von Dihydrouridin kennzeichnet z. B. den D-Arm, so

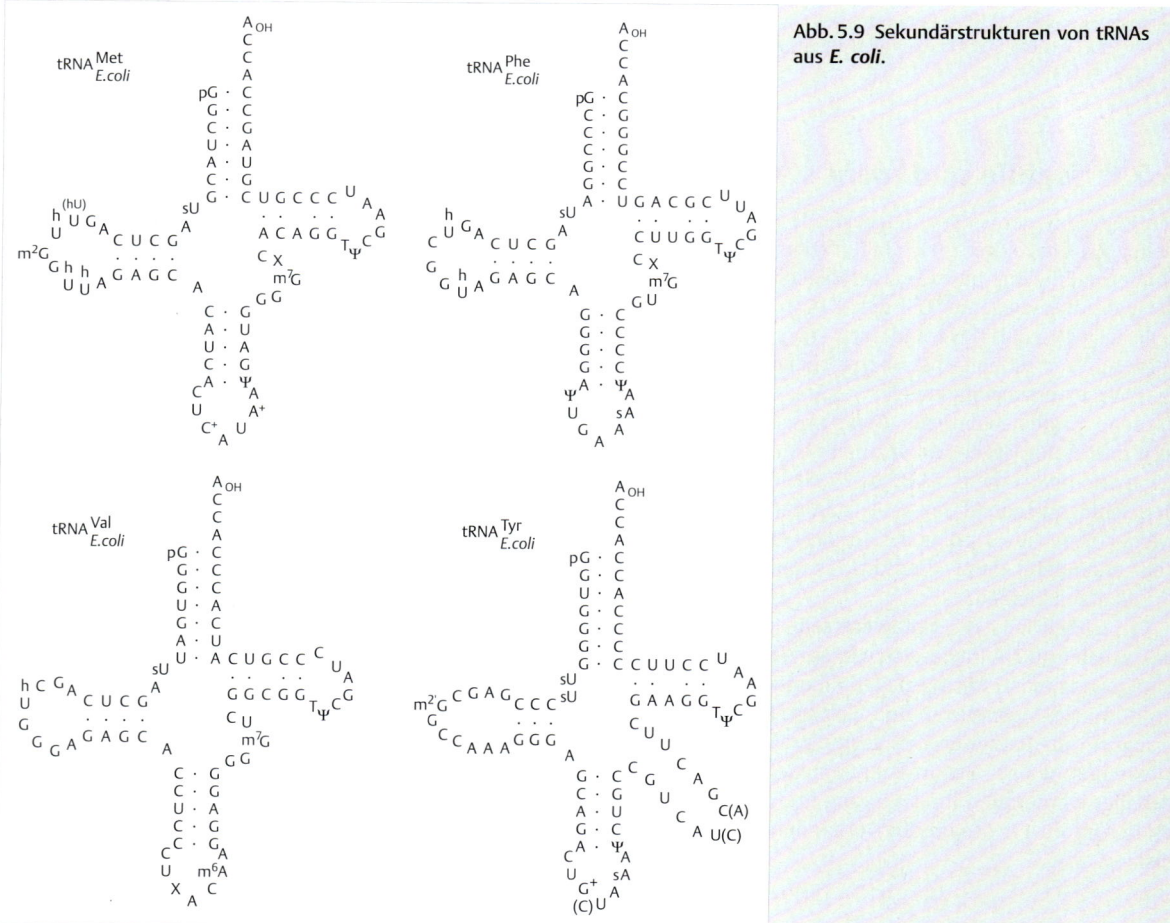

Abb. 5.9 Sekundärstrukturen von tRNAs aus *E. coli.*

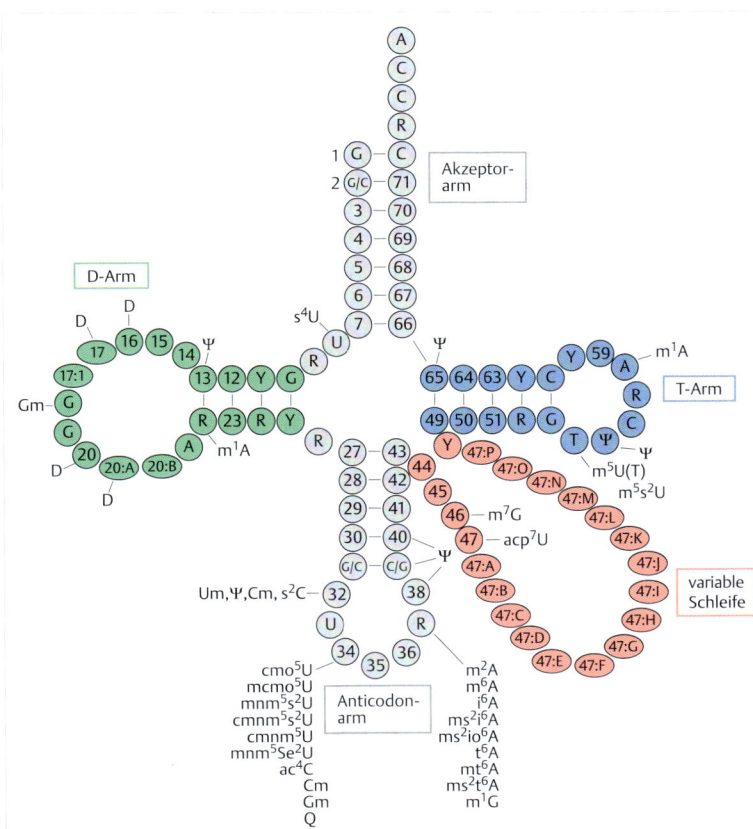

Abb. 5.10 Sekundärstruktur von tRNA: Gemeinsamkeiten und Unterschiede. Zur besseren Verständigung unter den tRNA-Forschern wurde ein Nummerierungssystem eingeführt. Das 5′-Guaninnucleotid hat die Nummer 1, das darauffolgende Nucleotid die Nummer 2 usw. Die Länge des D-Arms ist bei den verschiedenen tRNAs unterschiedlich. Deswegen muss hier die Nummerierung flexibel sein: Auf das Nucleotid 20 kann das Nucleotid 20:A oder 20:B folgen. Entsprechendes gilt für die variable Schleife, wo auf das Nucleotid 47 die Nucleotide 47:A, 47:B usw. folgen können. Stellen, an denen bestimmte Standardnucleotide in fast allen tRNAs vorkommen, sind mit den Buchstaben A, G, C oder U gekennzeichnet. R steht für eines der Purinnucleotide A oder G, während Y für eines der Pyrimidinnucleotide C oder U steht. Ein Kennzeichen von tRNA ist das Vorkommen von ungewöhnlichen Nucleotidbausteinen wie Dihydrouridin (D), Ribothymidin (T) oder Pseudouridin (ψ). Einzelne tRNA-Arten unterscheiden sich durch das Vorkommen verschieden modifizierter Basen (s. auch ▶ Abb. 5.11), deren Positionen im tRNA-Molekül angegeben sind.

wie Pseudouridin und Thymidin den T-Arm kennzeichnen. Die Verteilung modifizierter Basen im Vergleich zahlreicher tRNAs von *E. coli* ist in der ▶ Abb. 5.10 wiedergegeben. Wir sehen, dass viele modifizierte Basen in der Umgebung des Anticodons vorkommen.

Es gibt über 40 verschiedene modifizierte Nucleotide in den tRNAs von Bakterien wie *E. coli*. Nur wenige davon zeigen wir in der ▶ Abb. 5.11. Wir können uns auf diese Auswahl beschränken, denn gegenwärtig ist über die Funktion der modifizierten Basen in der tRNA nicht viel bekannt. Sicher ist, dass der Ausfall eines modifizierten Nucleotids in den meisten Fällen nicht tödlich für eine Bakterienzelle ist. Man kennt Mutanten, denen ein modifizierendes Enzym fehlt. Solche Mutanten sind im Allgemeinen wenig in ihrer Lebensfähigkeit beeinträchtigt. Genauso sicher ist aber, dass viele Basenmodifikationen einen positiven Einfluss auf die Effizienz und Genauigkeit der Proteinsynthese haben. Sie beeinflussen in manchen Fällen auch die Präzision, mit der die richtige Aminosäure an die tRNA geknüpft wird. Die Nucleotidmodifikationen haben also eher eine Funktion bei der Feineinstellung und nicht so sehr bei dem allgemeinen Ablauf der Proteinsynthese. Auch bestehen zahlreiche und noch längst nicht vollständig erforschte Wechselbeziehungen zwischen der Synthese der modifizierten Basen und den Er-

eignissen im intermediären Stoffwechsel, bei der Regulation des Zellwachstums und der Entwicklung.

Die Kleeblattform gibt die Struktur der tRNA nur stark vereinfacht wieder. Aus Röntgenstrukturuntersuchungen kennt man nämlich die dreidimensionale Anordnung der Nucleotidkette (▶ Abb. 5.12). Diese zeigen, dass die tRNA eher die Form eines umgekehrten und verbogenen L hat, eine Struktur, die durch mehrere, auch ungewöhnliche Wasserstoffbrücken aufrechterhalten wird. Für uns ist hierbei vor allem wichtig, dass der Anticodonarm und der Akzeptorarm auch in der dreidimensionalen Struktur an den entgegengesetzten Enden des Moleküls liegen.

5.3.2 Beladung der tRNA

Die Anheftung von Aminosäuren an das 3′-OH-Ende der tRNA ist ein genetischer Prozess von zentraler Bedeutung. Es ist der erste und entscheidende Schritt bei der Umsetzung des RNA-Codes zur Herstellung von Proteinen.

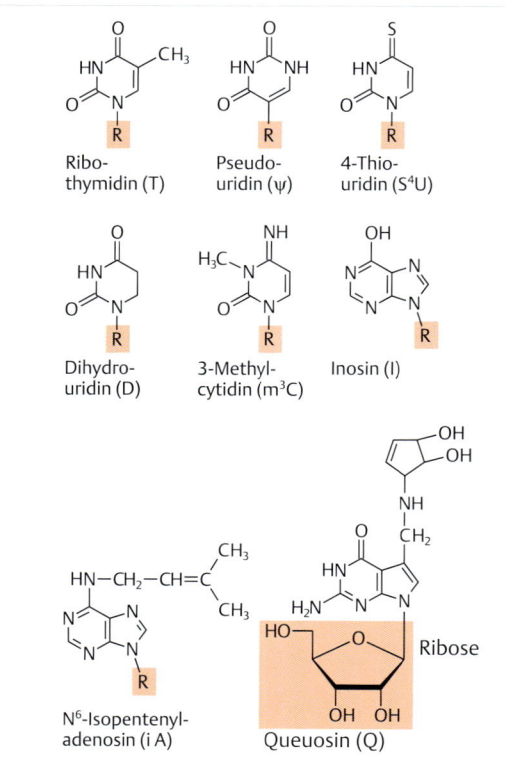

Abb. 5.11 Einige modifizierte tRNA-Basen. Wer sich einen umfassenden Überblick über modifizierte RNA-Basen verschaffen möchte, mag im Internet die folgende Datenbank aufsuchen: RNAMDB, The RNA Modification Database (seit 1994). Man kann dort die chemischen Formeln betrachten und sich über das Vorkommen und die Verbreitung der einzelnen Basen informieren. R = Ribose.

Merke

Die Beladung von tRNAs mit Aminosäuren wird durch eine Klasse von Enzymen mit der allgemeinen Bezeichnung **Aminoacyl-tRNA-Synthetasen** durchgeführt. In allen Zellen gibt es mindestens 20 verschiedene Synthetasen, je eine für jede Aminosäure, also eine Alanyl-tRNA-Synthetase, eine Glycyl-tRNA-Synthetase, eine Histidyl-tRNA-Synthetase usw.

Alle **Aminoacyl-tRNA-Synthetasen** führen im Wesentlichen die gleichen Reaktionen aus (▶ Abb. 5.13):
- ATP, Aminosäure und tRNA lagern sich an das Enzym und unter Spaltung von ATP entsteht zuerst ein Aminoacyladenylat (Aminoacyl-AMP).
- Das enzymgebundene Aminoacyladenylat reagiert dann mit der tRNA, wobei sich ein Aminoacyl-Ester mit einer der beiden Hydroxygruppen in der Ribose des endständigen Adenosins bildet.

Obwohl alle Synthetasen die gleichen Reaktionen katalysieren, unterscheiden sie sich beträchtlich in Sequenz, Größe und Struktur (▶ Tab. 5.2). Zum Beispiel besteht die kleine Cysteyl-tRNA-Synthetase aus einer Untereinheit mit 461 Aminosäuren, die große Alanyl-tRNA-Synthetase dagegen aus vier identischen Untereinheiten, je aufgebaut aus 875 Aminosäuren. Wie aus ▶ Tab. 5.2 deutlich wird, sind die meisten Klasse-I-Enzyme Monomere (M), während alle Klasse-II-Synthetasen aus mehr als einer Untereinheit aufgebaut sind.

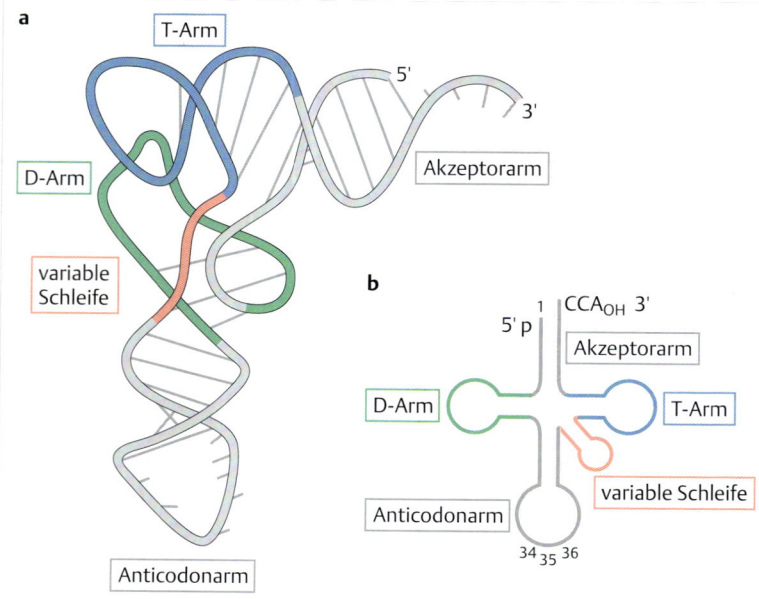

Abb. 5.12 Dreidimensionale Struktur einer tRNA. Ein allgemeines Bild der Struktur mit dem durchgehenden Phosphodiesterband und den intramolekularen Basenpaaren. (nach Rich A (1978) Transfer RNA: three-dimensional structure and biological function. Trends Biochem Sci 3: 263–287)

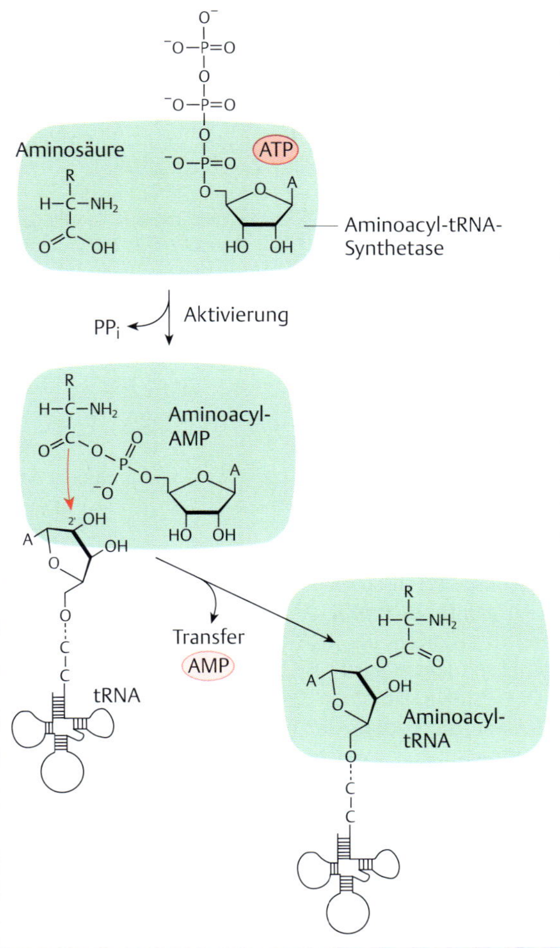

Abb. 5.13 Beladung einer tRNA mit einer Aminosäure. Schema des Reaktionsablaufs am Enzym.

In *E. coli* gibt es zwei eng verwandte Lysyl-tRNA-Synthetasen, die in der ► Tab. 5.2 nicht gesondert aufgeführt sind. Manche Bakterienarten besitzen keine Glutaminyl-tRNA-Synthetase. In diesen Fällen werden die entsprechenden tRNAs mit Glutaminsäure beladen. Die gebundene Glutaminsäure wird dann in einer zweiten Reaktion amidiert und in Glutamin überführt.

Während sich also die Synthetasen mit unterschiedlichen Aminosäurespezifitäten drastisch voneinander unterscheiden, ist die Struktur jeder gegebenen Synthetase in der Evolution hoch konserviert. So sind z. B. die Aminosäuresequenzen in manchen Abschnitten der Glutaminyl-tRNA-Synthetase von Bakterien und Säugetieren bis zu 70 % identisch.

Mit der Kenntnis der Primärstruktur aller Synthetasen und vor allem mit der Aufklärung ihrer dreidimensionalen Struktur (► Abb. 5.14) lassen sich zwei Klassen unterscheiden:

Die **Klasse-I-Synthetasen** besitzen an ihrem aktiven Zentrum eine sogenannte **Rossman-Schleife** aus alternierenden α-Helices und β-Strängen für die Bindung von ATP, ähnlich der ATP-Bindungsstelle in anderen ATP-verwertenden Enzymen. Merkmale dieser Struktur sind die Signatursequenzen HIGH und KMSKS (Ein-Buchstaben-Abkürzungen der Aminosäuren in den betreffenden kurzen Abschnitten des Enzyms). Klasse-I-Synthetasen heften die Aminosäuren an die 2'-OH-Gruppe der endständigen Ribose in der tRNA an.

Den **Klasse-II-Synthetasen** fehlen diese Signatursequenzen und sie besitzen ein ganz anders geformtes aktives Zentrum. Mit einer Ausnahme binden Enzyme dieser Klasse die Aminosäure an die 3'-OH-Gruppe der endständigen Ribose. Das Vorkommen von zwei Enzymklassen lässt vermuten, dass zu Beginn der Evolution zwei verschiedene Ur-Synthetasen existierten, die dann im Laufe der Zeit zunehmende Spezialisierungen erfahren haben.

Woran erkennt eine gegebene Synthetase die zu ihr passende tRNA? Das ist die Schlüsselfrage. Und ihr sind viele Experimente und theoretische Betrachtungen ge-

Tab. 5.2 Aminoacyl-tRNA-Synthetasen von *E. coli* (nach [1]).

Klasse I Spezifität	Zahl der Aminosäuren pro Untereinheit	Klasse II Spezifität	Zahl der Aminosäuren pro Untereinheit
Arginin	577 (M)	Alanin	875 (T)
Cystein	461 (M)	Asparagin	467 (D)
Glutaminsäure	471 (M)	Asparaginsäure	590 (D)
Glutamin	551 (M)	Glycin	303/689 (T, $\alpha_2\beta_2$)
Isoleucin	939 (M)	Histidin	424 (D)
Leucin	860 (M)	Lysin	504 (D)
Methionin	676 (D)	Phenylalanin	327/795 (T, $\alpha_2\beta_2$)
Tyrosin	424 (D)	Prolin	572 (D)
Tryptophan	334 (D)	Serin	430 (D)
Valin	951 (M)	Threonin	624 (D)

M = Monomer, D = Dimer, T = Tetramer

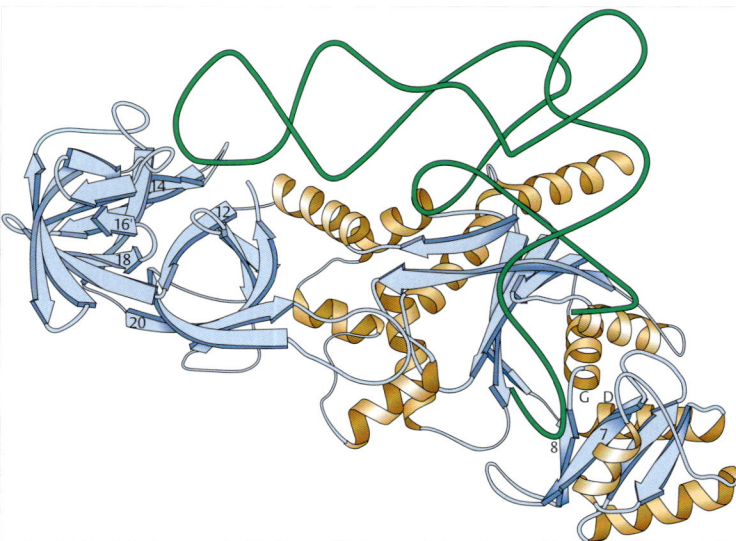

Abb. 5.14 Komplex aus tRNA und Glutaminyl-tRNA-Synthetase. Dieses Bild ist eine vereinfachte Darstellung der dreidimensionalen Struktur, aber es zeigt deutlich den engen Kontakt zwischen Enzym und tRNA (das Ribose-Phosphat-Rückgrat als grüne Linie) und die Lage von Anticodonarm links und Akzeptorarm rechts, wo sich die Identitätszeichen der tRNA^{Gln} befinden. (nach Rould MA, Perona JJ, Söll D et al (1989) Structure of E. coli glutaminyl-tRNA synthetase complex with tRNAGln and ATP at 2.8Å resolution. Science 246: 1135–1142)

5

widmet worden. Die Aufklärung der dreidimensionalen Strukturen von Enzym-tRNA-Komplexen hat zur Beantwortung dieser Frage entscheidend beigetragen. Strukturuntersuchungen zeigen nämlich einen engen Kontakt der Synthetase mit der gesamten Länge der tRNA (▶ Abb. 5.14). Mit anderen Worten: Das Enzym kann gleichzeitig mit verschiedenen Bereichen der tRNA in spezifische Wechselwirkung treten. Man bezeichnet diese Bereiche als Erkennungs- oder Identitätszeichen der tRNAs. Sie bilden die Grundlage für die spezifische Wechselwirkung einer tRNA mit der zugehörigen Synthetase.

Synthetasen müssen nicht nur die richtige tRNA an ihren Identitätszeichen erkennen, sondern auch die richtige Aminosäure. Das ist nicht trivial, denn viele Aminosäuren unterscheiden sich nur durch kleine Merkmale, wie die An- oder Abwesenheit einer Methylgruppe und dergleichen (s. ▶ Abb. 4.2). So passieren Fehler. Zum Beispiel heftet die Isoleucyl-tRNA-Synthetase mit einer Häufigkeit von immerhin 0,5 % die Aminosäure Valin an tRNA^{Ile}. Bei anderen Synthetasen liegt die Häufigkeit der Falschbeladung bei ungefähr 0,1 %.

Das ergäbe unerträglich hohe Fehlerraten bei der Proteinsynthese. Deswegen besitzen Synthetasen wirkungsvolle Korrekturfunktionen. Die Korrektur kann vor der Übertragung der Aminosäure auf die tRNA einsetzen und ein falsches Aminoacyl-AMP wieder auflösen. Aber auch nach der Übertragung ist eine Korrektur möglich. Dann wird die falsche Aminosäure wieder von der Aminoacyl-tRNA getrennt.

5.4 Translation: Ribosomen und Proteinsynthese

Beladene tRNAs dirigieren die Aminosäuren zum Proteinsyntheseapparat, wo sie auf mRNAs treffen. Die Nucleotidfolgen der mRNAs programmieren die Verknüpfung der Aminosäuren zu einer geordneten Reihe. Der folgende Abschnitt beschreibt – in Umrissen –, wie die Übersetzung (Translation) des RNA-Codes in Sequenzen von Aminosäuren funktioniert.

Das Prinzip ist, dass die Anticodons der beladenen tRNAs an die Codons der mRNA binden und dass dann Peptidbindungen zwischen den Aminosäuren von benachbarten tRNAs gebildet werden. In Wirklichkeit ist dieser Prozess von geradezu überwältigender Komplexität. Das zeigt sich allein daran, dass mehr als 100 verschiedene Makromoleküle – Proteine und RNA – an der Proteinsynthese beteiligt sind. Deswegen ist es nicht erstaunlich, dass das Kapitel „Proteinsynthese" trotz 50 Jahre Forschungsgeschichte noch längst nicht abgeschlossen ist. Aber in Umrissen lassen sich die wesentlichen Ereignisse gut darstellen. Dabei steht das Ribosom im Mittelpunkt.

5.4.1 Ribosomen: eine kurze Beschreibung

Merke

Trotz vieler und wichtiger Unterschiede im Detail haben **Ribosomen** aller Organismen einige gemeinsame Eigenschaften:

- Die **Zusammensetzung aus zwei Untereinheiten** – eine „kleine" Untereinheit, wo sich mRNA und tRNAs treffen, und eine „große" Untereinheit, die die Verknüpfung der Aminosäuren vermittelt.
- Der **Aufbau jeder Untereinheit** aus ein bis drei RNA-Molekülen und aus vielen verschiedenen Proteinbausteinen mit einem Gewichtsverhältnis von ungefähr 60 % RNA und 40 % Protein.

Unter guten Lebensbedingungen besitzt eine Bakterien-zelle mehr als 20 000 Ribosomen, die insgesamt etwa ein Viertel ihrer Trockenmasse ausmachen.

Die Untersuchung von Ribosomen beginnt einfach, und zwar mit der Zentrifugation eines Bakterienextrakts durch einen Saccharosegradienten. Bei niedrigen Konzentrationen von Magnesiumsalzen (etwa 1 mM) lassen sich große und kleine Untereinheiten gut voneinander trennen. Sie sedimentieren im Schwerefeld der Ultrazentrifuge (S. 44) mit 50 S bzw. mit 30 S. Deswegen spricht man auch von der bakteriellen 50S-Untereinheit und der 30S-Untereinheit. Bei höheren Konzentrationen von Magnesiumsalzen (etwa 5 mM) vereinigen sich beide Untereinheiten zum **70S-Ribosom** (▶ Abb. 5.15 und ▶ Abb. 5.16).

Die **kleine Untereinheit (30S)** des bakteriellen Ribosoms besitzt die 16S-rRNA (aufgebaut aus 1542 Nucleotiden) (▶ Abb. 5.17) und je ein Exemplar von 21 verschiedenen Proteinen, den ribosomalen Proteinen S 1–S 21 (S, *small*). Die **große Untereinheit (50S)** besteht aus zwei RNA-Arten: 23S-rRNA (aus 2904 Nucleotiden) und 5S-rRNA (aus 120 Nucleotiden) sowie 31 Proteinen, den ribosomalen Proteinen L 1–L 36 (L, *large*). Die Nummerierung der Proteine stammt aus der Frühzeit der Ribosomenforschung (um 1975), als die Identität einzelner Proteine noch unsicher war. Deswegen stimmen die Nummerierung und die Zahl der ribosomalen Proteine in der großen Untereinheit nicht überein. Von Interesse ist hier, dass auch die große Untereinheit je ein Exemplar eines jeden Proteins enthält, mit Ausnahme des Proteins L 7/L 12, das in vier Exemplaren vorkommt. Die einzelnen Komponenten des prokaryotischen Ribosoms sind in ▶ Abb. 5.16 zusammengefasst.

Die eukaryotischen Ribosomen weichen in ihrer Größe, ihrer rRNA- und Proteinausstattung von den bakteriellen Ribosomen ab (Plus 5.1).

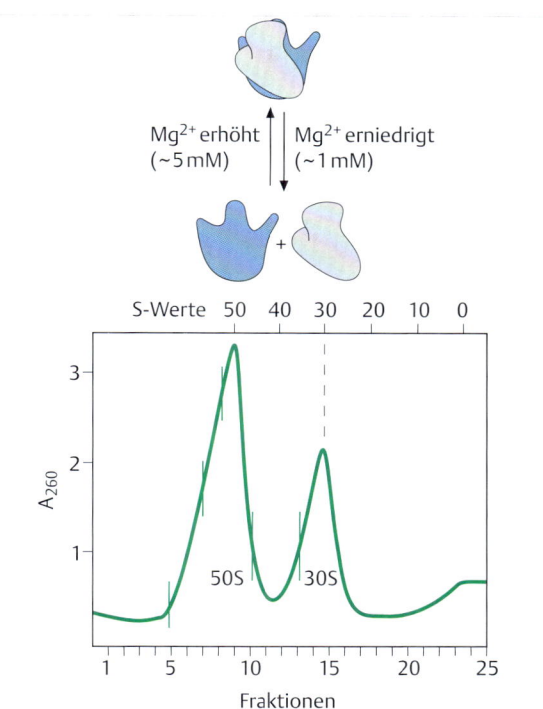

Abb. 5.15 Trennung von ribosomalen Untereinheiten. Die Zentrifugalkraft wirkt von rechts nach links, wo sich der Boden des Zentrifugationsröhrchens befindet. Nach Beendigung des Laufes wird der Inhalt des Röhrchens in 25 gleich großen Fraktionen gesammelt. Dabei lässt man den Saccharosegradienten durch eine Quarzküvette laufen und registriert fortlaufend die Absorption des UV-Lichtes bei 260 nm (A_{260}). Die Zahlen oben geben die S-Werte von Partikeln an, die bis zu den entsprechenden Positionen unter den gegebenen Zentrifugationsbedingungen wandern.

Plus 5.1

Ribosomen in Eukaryotenzellen

Die Ribosomen in Tier- und Pflanzenzellen sind größer und komplizierter als die Ribosomen von Bakterien. Ein intaktes eukaryotisches Ribosom sedimentiert mit 80S und besteht aus einer großen 60S-Untereinheit und einer kleinen 40S-Untereinheit. Über die Zusammensetzung aus rRNA und Proteinen informiert die Tabelle, aus der hervorgeht, dass eukaryotische Ribosomen insgesamt vier rRNA-Arten und über 80 ribosomale Proteine enthalten (Einzelheiten im Kap. 16).

Ein wichtiges Ziel der Ribosomenforschung war von Anfang an die Aufklärung der molekularen Architektur intakter Ribosomen. Nach jahrelangen Bemühungen sind in den Jahren 1999 und 2000 die ersten Röntgenstruktur-analysen kristallisierter Ribosomen gelungen (Plus 5.2) (S. 82). Aber bereits die älteren Ergebnisse der hoch auflösenden Elektronenmikroskopie vermitteln interessante

Einblicke in den Aufbau von Ribosomen. Die ▶ Abb. 5.18 vergleicht die elektronenmikroskopischen Darstellungen eines 70S-Ribosoms aus den Jahren 1975 und 1995. Schon das alte Modell gibt einen Eindruck von der Asymmetrie der Ribosomenstruktur, aber das Modell des Jahres 1995 zeigt viele zusätzliche Details wie Kerben, Rinnen und Kanäle zur Aufnahme der tRNAs, der mRNA und der wachsenden Proteinkette. Untersuchungen über die komplizierten Beziehungen zwischen Struktur und Funktion, überhaupt über die Mechanismen der Proteinsynthese sind noch längst nicht abgeschlossen und liefern auch heute noch interessante und molekularbiologisch wichtige Ergebnisse. In diesem Kapitel soll und kann es nur um eine allgemeine Einführung gehen. Deren Zweck ist es, die grundlegenden Kenntnisse zu vermitteln, die zum Verständnis der molekularen Genetik notwendig sind. Wer sich für Einzelheiten interessiert, mag den interessanten Übersichtsartikel von T. M. Schmeing und V. Ramakrishnan lesen: „What recent ribosome structures have revealed about the mechanism of translation" (2009) [2].

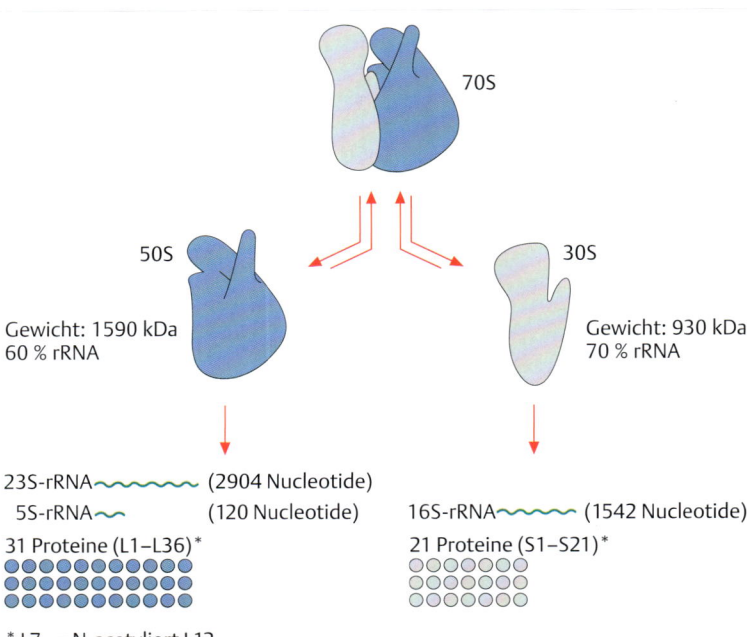

70S

50S

Gewicht: 1590 kDa
60 % rRNA

30S

Gewicht: 930 kDa
70 % rRNA

23S-rRNA ~~~~~~~ (2904 Nucleotide)

5S-rRNA ~~ (120 Nucleotide)

31 Proteine (L1–L36)*

16S-rRNA ~~~~~ (1542 Nucleotide)

21 Proteine (S1–S21)*

* L7 = N-acetyliert L12
  L26 = S20

Abb. 5.16 Bestandteile von bakteriellen Ribosomen. In Lösungen mit niedrigen Konzentrationen an Magnesiumsalzen zerfällt das Ribosom in seine Untereinheiten. Unter denaturierenden Bedingungen lässt sich dann jede Untereinheit in die Bestandteile, rRNA und Proteine, zerlegen. Die Proteine L 7 und L 12 sind identisch, aber L 12 trägt eine Acetylgruppe an der aminoterminalen NH_2-Gruppe. Auch die Proteine L 26 und S 20 sind identisch. Unter geeigneten Bedingungen können sich die getrennten Bestandteile wieder zum intakten Ribosom zusammenfügen (Rekonstitution).

Plus 5.2

3D-Struktur des Ribosoms

Die Strukturanalyse durch Beugung von Röntgenstrahlen vermittelt ein Bild von der räumlichen Lage der Atome in einem biologischen Makromolekül. Die Voraussetzung für Untersuchungen dieser Art ist, dass die betreffenden Moleküle in Form eines Kristalls genau ausgerichtet sind. Jahrzehntelange Bemühungen um eine geeignete Kristallisation von Ribosomen wurden erst in den Jahren 1995–1999 von Erfolg gekrönt. Im Sommer 1999 veröffentlichten fast gleichzeitig drei Forschergruppen die ersten Röntgenstrukturanalysen der kleinen ribosomalen Untereinheit von Bakterien. Thomas A. Steitz und Mitarbeiter beschrieben im Sommer 2000 in zwei klar, ja geradezu spannend geschriebenen Artikeln im Detail die komplette Struktur einer großen ribosomalen Untereinheit mit gutem Einblick in den Mechanismus der Verknüpfung von Aminosäuren zur Polypeptidkette. Der Weg dorthin verlief keineswegs geradlinig. Er war durch Versuch und Irrtum, vergebliche Mühen, Konkurrenzen und Rivalitäten gekennzeichnet. Einen guten Eindruck von den jahrzehntelangen Bemühungen vermittelt der Aufsatz von P. B. Moore und T. A. Steitz (2003) [3].

Das Ergebnis ist ein Ereignis in der Geschichte der molekularen Biologie: die Aufklärung der Struktur des bis dahin größten asymmetrischen Objekts, des bakteriellen 70S-Ribosoms mit einer molekularen Masse von 2,5 Millionen Dalton. Die Röntgenstrukturbilder informieren über die Lage aller 54 Proteine und aller rRNA-Nucleotide. Sie zeigen, dass hauptsächlich drei Arten von Wechselwirkungen die 3D-Struktur des Ribosoms bestimmen:

- Wechselwirkungen auch zwischen entfernten Bereichen in der RNA
- Mg^{2+}-Brücken
- Beziehungen zwischen den Proteinen und RNA. Dazu einige Sätze.

Die ribosomale RNA ist kompliziert im Raum gefaltet. Die Elemente der Sekundärstruktur (▶ Abb. 5.17) nehmen eine spezifische Lage im Raum ein, sodass eine 3D-Struktur der rRNAs entsteht, die insgesamt schon die Form der ribosomalen Untereinheiten hat. Magnesium-Ionen stabilisieren die kompakte 3D-Struktur durch Bindung an Phosphatgruppen in entfernt liegenden Sekundärstrukturen, die dadurch in räumliche Nähe kommen. Auch monovalente Ionen kommen in Ribosomen vor und dienen zur Neutralisierung von negativ geladenen Phosphaten, was wiederum die Stabilität fördert. Schließlich die wichtigen Beziehungen zwischen RNA und den ribosomalen Proteinen: Die einzelnen Proteine erkennen die zugehörigen RNA-Abschnitte an ihrer Form. Gestreckte und flexible Proteinabschnitte dringen tief in das Gewirr der RNA-Strukturen im Innern des Ribosoms, während die eher globulären Bereiche der Proteine auf der Oberfläche bleiben.

Einen Eindruck von der komplizierten Struktur der Untereinheiten bakterieller Ribosomen vermittelt ▶ Abb. 5.19. Die ribosomalen Proteine sind bunt gezeichnet und die rRNA-Moleküle braun. Die Bindungsstellen für tRNA (E, P und A) und einige markante Stellen sind bezeichnet.

5

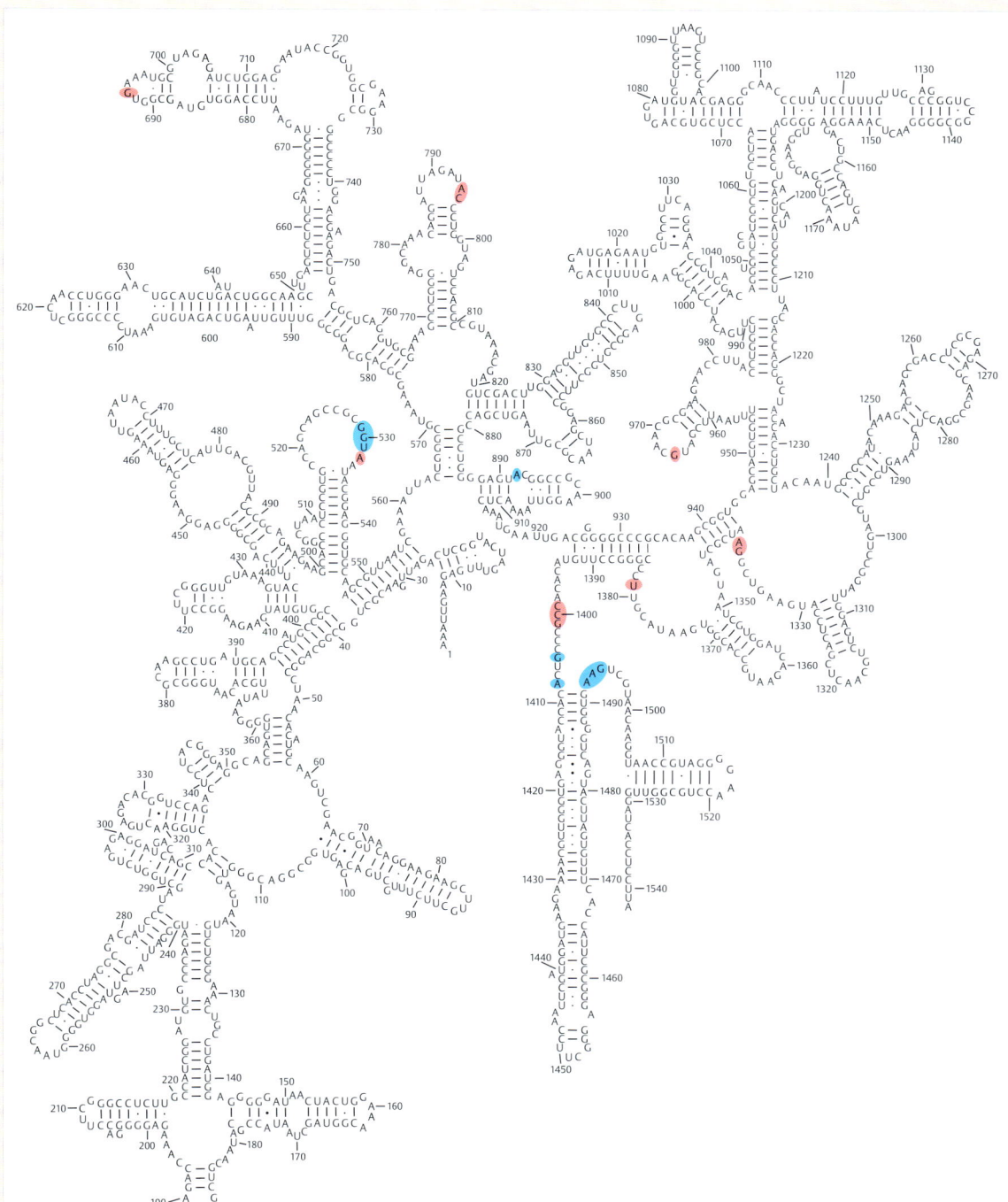

Abb. 5.17 Sekundärstruktur der 16S-rRNA von *E. coli*. Die Nucleotidsequenz der 16S-rRNA ist seit 1978 bekannt. Man hat erkannt, dass Abschnitte der Sequenz mit anderen Abschnitten Basenpaarungen eingehen können. So kommt die komplizierte Sekundärstruktur dieser Abbildung zustande. Viele der intramolekularen Doppelstrangbereiche sind hoch konserviert und kommen in ähnlicher Form und Position bei den rRNAs von vielen, auch nicht verwandten Organismen vor. Der Grund dafür ist die prinzipiell gleiche Funktion (blau = Kontakte mit der tRNA und der Codon-Anticodon-Paarung im A-Ort; rot = Kontakte mit der tRNA im P-Ort des Ribosoms, Erklärung dieser Begriffe s. Text). Nicht nur die 16S-rRNA, sondern auch die 23S-rRNA und die 5S-rRNA falten sich zu Sekundärstrukturen (die allerdings hier nicht gezeigt werden). Nicht alle Nucleotide in den rRNAs sind vom Standardtyp. Die 16S-rRNA von *E. coli*, die in dieser Abbildung gezeigt wird, enthält mehrere Nicht-Standardnucleotide, ebenso wie die 23S-rRNA. Dazu gehören Pseudouridin (▶ Abb. 5.11) sowie Nucleotide mit Methylgruppen am 2'-OH der Ribose oder an der Base. Übrigens, auch die rRNAs von Eukaryoten enthalten Nicht-Standardnucleotide dieser Art (S. 358), jedoch in größerer Zahl als die bakteriellen rRNAs. Die Nicht-Standardnucleotide kommen vor allem in funktionell wichtigen Bereichen vor (s. ▶ Abb. 5.23) und scheinen die ribosomalen Funktionen zu beeinflussen. (nach Noller HF (1991) Ribosomal RNA and translation. Annu Rev Biochem 60: 199–227)

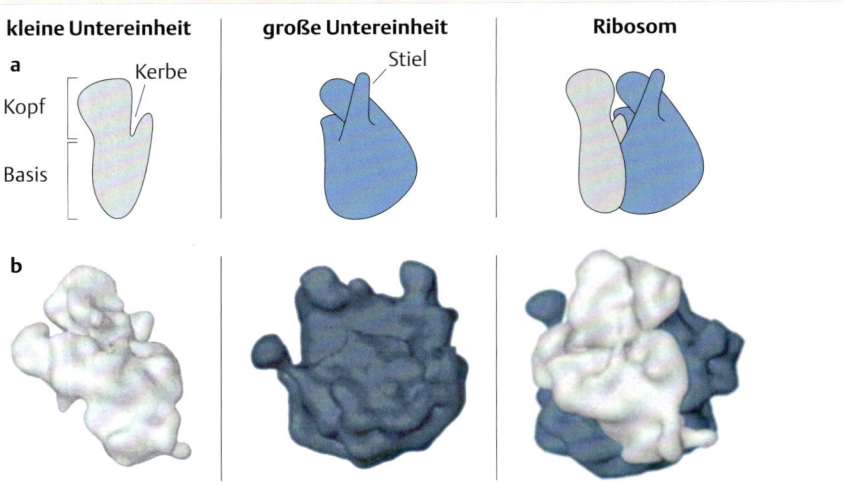

Abb. 5.18 Ribosomenuntereinheiten. (nach Moore PB (1998) The three-dimensional structure of the ribosome and its components. Annu Rev Biophys Biomol Struct 27: 35–58)

a Seitenansicht von Ribosomen und Ribosomenuntereinheiten, gezeichnet auf der Basis von elektronenmikroskopischen Aufnahmen des Jahres 1975.

b Wir denken uns die Strukturen in a um 90° nach vorn gedreht. Die Abbildungen sind Ergebnisse der Kryoelektronenmikroskopie aus der Zeit um 1995. Auch wenn die Bilder der Kryoelektronenmikroskopie nicht in allen Einzelheiten mit denen der Röntgenstrukturanalysen übereinstimmen, geben sie doch einen guten Eindruck von der allgemeinen Form – charakterisiert durch ihre Asymmetrie.

Die vermutlich wichtigsten Ergebnisse dieser Untersuchungen:

• In den Bereichen des Ribosoms, wo die entscheidenden Reaktionen erfolgen, befinden sich keine Proteine – weder dort, wo sich Codon und Anticodon auf der kleinen Ribosomenuntereinheit treffen, noch im Peptidyltransferasezentrum der großen Untereinheit, wo die Verknüpfung der Aminosäuren erfolgt.

• Jedoch befinden sich in beiden Bereichen geeignet gelegene Nucleotide der rRNA. Diese Nucleotide stabilisieren die Bindungen der beteiligten Moleküle. Das ist besonders wichtig für die enzymatische Reaktion bei der Verknüpfung von Aminosäuren, eine Reaktion, die von passend im Raum liegenden Nucleotiden der 23S-rRNA ermöglicht wird. Kurz, die 23S-rRNA wirkt als Enzym, als Ribozym (was übrigens eine geläufige Wortbildung aus **Ribo**nucleinsäure und En**zym** ist).

So bleibt noch zu erwähnen, dass die drei Protagonisten der Ribosomenstrukturforschung, Venkatraman Ramakrishnan, Thomas Steitz und Ada Yonath, im Jahr 2009 mit dem Nobelpreis für Chemie ausgezeichnet wurden.

Die äußere Form der kristallisierten Ribosomen entspricht im Wesentlichen der in ► Abb. 5.18 dargestellten Struktur, die wir einer ganz anderen Methode verdanken, der Kryoelektronenmikroskopie. Auch wenn die Röntgenstrukturanalysen am Ende die Informationen über die genaue Lage aller etwa 100 000 Atome in RNA und in den Proteinen liefern, bleibt der Platz der Kryoelektronenmikroskopie in der Ribosomenforschung erhalten. Bei dieser Methode werden Ribosomen in Sekundenschnelle eingefroren, was eine Untersuchung von Formveränderungen im Verlauf der Proteinbiosynthese ermöglicht. Es steht außer Frage, dass das aktive Ribosom eine dynamische Struktur besitzt: Die Anordnung seiner Bausteine ändert sich mit der schrittweisen Übersetzung der Nucleotidfolge der mRNA und der Verknüpfung von Aminosäuren in der wachsenden Polypeptidkette.

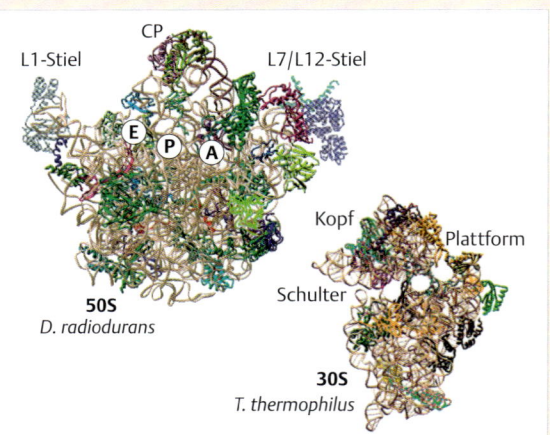

Abb. 5.19 Die 3D-Struktur ribosomaler Untereinheiten. Die Abbildung soll einen Eindruck vom komplexen Aufbau eines bakteriellen Ribosoms vermitteln. Das Bild wurde von Ada Yonath, Weizmann-Institut, Israel, zur Verfügung gestellt. CP = zentrale Protuberanz (*central protuberance*). (Yonath A (2003) Ribosomal tolerance and peptide bond formation. Biol Chem 384: 1411–1419)

Merke

Das Ribosom ist ein **Ribozym**.

5.4.2 Proteinsynthese: Genauigkeit des Starts

In der Praxis des Labors wird die Proteinsynthese am einfachsten mit radioaktiv markierten Aminosäuren untersucht. Die gebildeten Polypeptidketten können durch Säure (z. B. 5 % Trichloressigsäure) ausgefällt und auf feinporigen Nitrocellulosefiltern aufgefangen werden. Freie Aminosäuren und Aminoacyl-tRNAs laufen durch die Poren des Filters. Folglich ist die filtergebundene Radioaktivität ein direktes Maß für die Menge an polymerisierten Aminosäuren. Mit diesem einfachen Versuch gelingt der Nachweis, dass isolierte Ribosomen – in Gegenwart eines Gemisches von Aminoacyl-tRNAs und einer mRNA – beträchtliche Mengen an Aminosäuren zu Polypeptidketten verknüpfen können. Aber Untersuchungen ergeben eine vollständig ungeordnete Proteinsynthese. Sie beginnt irgendwo auf der mRNA und schreitet dann in einem zufällig eingeschlagenen Dreiertakt der Tripletts auf der mRNA weiter. Da drei Nucleotide ein Codon bilden, gibt es im Prinzip **drei Leseraster**. Und weil der Beginn der Synthese nicht feststeht, kommt es zu einem Gemisch verschieden langer und verschieden zusammengesetzter Polypeptide (▶ Abb. 5.20).

Dieses *in vitro* gemessene Ergebnis kann nicht der Situation in der Zelle entsprechen. Und einige wichtige Fragen liegen auf der Hand:

- Wie kommt die Translation in den Takt, der zum richtigen Protein führt?
- Gibt es eine Stelle auf der mRNA, die den Startpunkt der Proteinsynthese bestimmt?

Den ersten Hinweis für einen definierten Startpunkt gab die Beobachtung, dass eine überdurchschnittlich große Zahl von Proteinen in *E. coli* am aminoterminalen Ende die Aminosäure **Methionin** trägt. Dann fanden im Jahr 1964 drei Forschergruppen etwa zur gleichen Zeit eine besondere Form der **Methionyl-tRNA**, die für die Startgenauigkeit verantwortlich ist.

Es gibt zwei verschiedene **methioninspezifische tRNA-Arten** in etwa gleich großen Mengen in *E. coli*-Zellen: tRNA^fMet und tRNA^Met. Beide tRNA-Arten werden durch dieselbe Methionyl-tRNA-Synthetase beladen. Aber das Methionin an der tRNA^fMet wird in Bakterienzellen durch ein spezielles Enzymsystem modifiziert, das einen Formylrest an die Aminogruppe im Methionin anheftet (▶ Abb. 5.21). So entsteht fMet-tRNA^fMet. Das Methionin an der „gewöhnlichen" tRNA^Met erhält keinen Formylrest, ebenso wenig wie die Aminosäuren an allen anderen Aminoacyl-tRNAs.

Die tRNA^fMet unterscheidet sich durch einige Merkmale von anderen tRNA-Arten: Das 5′-Nucleotid im Akzeptorarm bildet kein Basenpaar, der Anticodonarm enthält drei GC-Basenpaare und der Adeninbaustein an Position 37, gleich hinter dem Anticodon, ist nicht modifiziert, wie in den meisten anderen tRNA-Arten (s. ▶ Abb. 5.10). Das mag der tRNA^fMet eine besondere Flexibilität bei der Wechselwirkung von Anticodon und Codon und eine eigene Art zur Bindung an das Ribosom verleihen.

Die Funktion der **fMet-tRNA** als **Initiator für die Proteinsynthese** hat eine Reihe von Konsequenzen:

- Wir können schließen, dass jeder Translationsabschnitt auf der mRNA mit einem Codon beginnen muss, welches komplementär zum Anticodon der tRNA^fMet ist. Tatsächlich ist **das Methionincodon AUG das universelle Startcodon** für die Proteinsynthese. Zumindest bei nahezu allen mRNAs von Eukaryoten (Plus 5.3) (S. 85). Bei Bakterien sind es mehr als 80–90 % der Translationsabschnitte, die mit AUG beginnen. Etwa 10–15 % der Translationsabschnitte haben GUG und einige wenige UUG am Anfang. (Auch diese selteneren Startcodons werden durch tRNA^fMet bedient.)
- Der Formylrest versiegelt gleichsam die Aminogruppe der ersten Aminosäure, sodass eine Syntheserichtung vorgegeben ist. Die Synthese eines Proteins beginnt am Aminoende und setzt sich dann in Richtung Carboxyende fort. Mit anderen Worten, Aminosäuren werden **an das Carboxyende einer wachsenden Polypeptidkette angeheftet**. Diese Schlussfolgerung werden wir im Folgenden bestätigt sehen, wenn wir die Einzelschritte bei der Proteinsynthese kennenlernen.
- Fertige Proteine tragen keinen Formylrest an ihrer aminoterminalen Aminosäure, denn er wird noch während der laufenden Synthese durch das Enzym **Polypeptid-Deformylase** entfernt. Ebenso tragen bei Weitem nicht alle Proteine ein endständiges Methionin. Auch hier erfolgt die Abtrennung an der noch unfertigen, wachsenden Polypeptidkette, und zwar durch das Enzym **Methionin-Aminopeptidase**.

mRNA	5' — CACACAGGAAACAGCCAUGACCAUGAUUACG • • 3'
Polypeptide	His-' Thr-' Gly-' Asn-' Ser-' His-' Asp-' His-' Asp-' Tyr- • • • ' His-' Arg-' Lys-' Gln-' Pro ' ' Thr-' Ala-' Met-' Thr-' Met-' Ile-' Thr • • • • ' Thr-' Gln-' Glu-' Thr-' Ala-' Met-' Thr-' Met-' Ile-' Thr • • • •

Abb. 5.20 Ungeordnete Peptidsynthese.

5

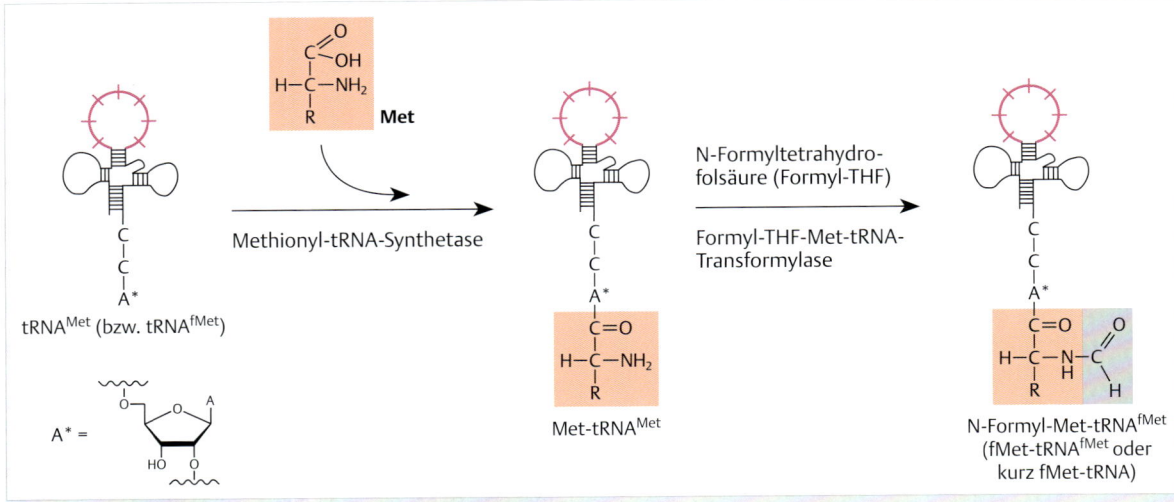

Abb. 5.21 Zwei funktionell verschiedene methioninspezifische tRNA-Arten.

Plus 5.3

Initiations-tRNA auch in Eukaryotenzellen
Auch in Eukaryoten kommen zwei funktionell verschiedene Arten von tRNA^{Met} vor. Die eine bindet an das AUG-Triplett, das den Beginn einer Codierungssequenz auf der mRNA kennzeichnet, und bringt dadurch den Proteinsyntheseapparat in den richtigen Takt. Die andere tRNA^{Met} dient dem Einbau einer internen Aminosäure in die wachsende Polypeptidkette, wie alle anderen tRNA-Arten auch. Im Unterschied zum bakteriellen System ist das Methionin auf der Initiations-tRNA in Eukaryoten **nicht durch eine Formylgruppe modifiziert**. Daran sieht man, dass eine Formylierung des Methionins nicht unbedingt für die phasengerechte Initiation der Proteinsynthese notwendig ist.

5.4.3 Initiation der Translation

Die Initiations-tRNA ist eine wesentliche Voraussetzung für die geordnete Einleitung der Translation. Zusätzlich ist eine Gruppe von Proteinen, Initiationsfaktoren (IF) genannt, notwendig. Wie wir später sehen werden, benötigen Eukaryotenzellen eine große Zahl solcher Faktoren

(S. 392). Doch bei Bakterien sind die Verhältnisse sehr viel einfacher, denn Bakterien kommen im Wesentlichen mit **drei Initiationsfaktoren** aus: IF1, IF2 und IF3 (▶ Tab. 5.3). Die Faktoren bestimmen die Reaktionen, die schließlich zum Start der Proteinsynthese führen:

- Die Faktoren treffen sich mit der mRNA an der kleinen Ribosomenuntereinheit. IF1 verhindert die vorzeitige Anlagerung der großen Untereinheit. IF3 verdrängt Nicht-Initiator-tRNAs vom Ribosom und fördert damit die Anlagerung der fMet-tRNA.
- Das Protein IF2 wird zunächst durch gebundenes GTP aktiviert, bevor es spezifisch an fMet-tRNA binden kann. In diesem Komplex gelangt die Initiations-tRNA an das Ribosom.
- Als Nächstes verlassen IF1 und IF3 die kleine Ribosomenuntereinheit. Damit kann die Anlagerung der großen Untereinheit erfolgen. Im Zuge dieses Vorgangs wird GTP gespalten und IF2-GDP freigesetzt (▶ Abb. 5.22).

Man bezeichnet das Ribosom mit gebundener mRNA und gebundener fMet-tRNA oft als **Initiationskomplex**. Die Stabilität des Komplexes und damit die Effizienz der Translation werden stark von Nucleotidsequenzen in der Umgebung des Startcodons AUG beeinflusst.

Zum Verständnis muss hier darauf hingewiesen werden, dass mRNAs nie direkt mit dem Startcodon begin-

Tab. 5.3 Initiationsfaktoren von *E. coli*.

Faktor	Größe (Zahl der Aminosäuren)	Funktion
IF1	71	stimuliert die Aktivität von IF2 und IF3; hält die Ribosomenuntereinheiten getrennt
IF2	889	bindet an fMet-tRNA und leitet sie zum P-Ort am Ribosom; spaltet gebundenes GTP (GTPase-Aktivität)
IF3	181	fördert die Ablösung von Nicht-Initiator-tRNAs vom Ribosom; erhöht die Spezifität der Bindung von fMet-tRNA

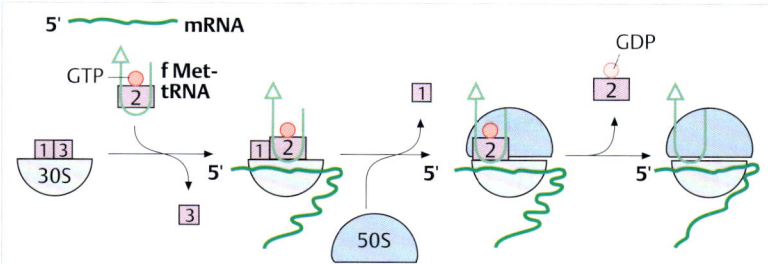

Abb. 5.22 Bildung des Initiationskomplexes. Die Rechtecke kennzeichnen die Initiationsfaktoren. IF2 trägt GTP (geschlossene Kreise). Nach Bindung der 50S-Untereinheit wird IF2 abgelöst und GTP in GDP (offener Kreis) und anorganisches Phosphat gespalten.

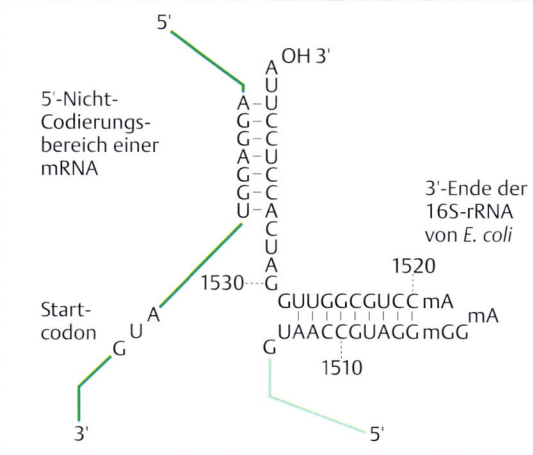

Abb. 5.23 Struktur und Funktion der Ribosomen-Bindungsstelle im 5′-Nicht-Codierungsbereich prokaryotischer mRNA. Dargestellt sind die etwa 40 Nucleotide am 3′-Ende der 16S-rRNA. Die Haarnadelschleife weist auf eine Sekundärstruktur im ribosomalen RNA-Molekül hin (▶ Abb. 5.17). Hier kommen modifizierte Purine (mA und mG) in der rRNA-Sequenz vor. Ein Abschnitt aus der 5′-Nicht-Codierungssequenz der mRNA (Shine-Dalgarno-Sequenz) geht Basenpaarungen mit einer Folge von 7 Nucleotiden der 16S-rRNA ein. In anderen mRNA-Molekülen ist die Komplementarität weniger stark ausgeprägt, sodass nur 3–6 bp gebildet werden können. Auf jeden Fall hat die Wechselwirkung zwischen der Shine-Dalgarno-Sequenz und der 16S-rRNA zur Folge, dass das Initiationscodon AUG in die Nähe des P-Orts auf der kleinen ribosomalen Untereinheit zu liegen kommt. Die genaue Positionierung im P-Ort erfolgt dann nach Einführen der Initiations-tRNA und der Codon-Anticodon-Bindung. mA = N6-Methyladenosin; mG = 7-Methylguanosin.

nen, sondern immer einen Abschnitt haben, der dem AUG vorgeschaltet ist, den **5′-Nicht-Codierungsbereich** (▶ Abb. 5.23). Eine wichtige Funktion des 5′-Nicht-Codierungsbereichs betrifft die Einleitung der Translation. Der Abschnitt, der 4–14 Nucleotide vor dem AUG-Codon liegt, geht Basenpaarungen mit komplementären Sequenzen am 3′-Ende der 16S-rRNA ein (▶ Abb. 5.17 und ▶ Abb. 5.23). Die Länge des komplementären Abschnitts und sein Abstand vom AUG-Codon bestimmen die Stabilität des Initiationskomplexes. Die ribosomalen Proteine S 1 und S 21 tragen dazu bei.

Auf die Bedeutung der Basenpaarung zwischen mRNA und 16S-rRNA haben erstmals John Shine und Lynn Dalgarno 1975 aufmerksam gemacht. Deswegen spricht man auch von der **Shine-Dalgarno-Sequenz** der mRNA (▶ Abb. 5.23).

5.4.4 Elongation: die programmierte Verknüpfung von Aminosäuren

Nach Ausbildung der stabilen Wechselwirkung zwischen dem Startcodon AUG und dem Anticodon des fMet-tRNA-Initiationskomplexes ist der Takt für die Proteinsynthese festgelegt. Die geordnete Verknüpfung von Aminosäuren kann jetzt im Rhythmus der Codonfolgen auf der mRNA beginnen.

Für ein besseres Verständnis der folgenden Ereignisse ist die Unterscheidung von zunächst zwei Bindungsorten für beladene tRNAs auf dem Ribosom nützlich:

- **A-Ort:** Aminoacyl- oder Erkennungsort
- **P-Ort:** Peptidyl- oder Bindungsort

Zu Beginn der Proteinsynthese befindet sich die fMet-tRNA im P-Ort. Das nächstfolgende Triplett auf der mRNA liegt im A-Ort des Ribosoms. Dorthin gelangt nun die Aminoacyl-tRNA, deren Anticodon zum Codon im A-Ort passt. Für diese Reaktion müssen Aminoacyl-tRNAs durch Bindung an einen **Elongationsfaktor** (**EF**) vorbereitet werden. Der bakterielle Faktor hat die Bezeichnung **EF-Tu.** Er wird durch GTP-Bindung aktiviert.

Als Komplex mit EF-Tu/GTP gelangt die Aminoacyl-tRNA an den A-Ort des bakteriellen Ribosoms. Dort wird GTP gespalten und EF-Tu/GDP verlässt das Ribosom, während gleichzeitig der nächste Schritt erfolgt: N-Formylmethionin wird von der tRNA abgelöst und über seine Carboxygruppe mit der Aminogruppe der neuen Aminosäure verknüpft – unter Ausbildung einer Peptidbindung (S. 58). Jetzt liegt vorübergehend eine Dipeptidyl-tRNA im A-Ort, während sich die unbeladene tRNA in den sogenannten **E-Ort** (Exit- oder Ausgangsort) gelangt.

Darauf folgt die Translokation: Das Ribosom bewegt sich relativ zur mRNA um die Länge eines Tripletts. Diese Reaktion erfordert einen besonderen Elongationsfaktor mit der Bezeichnung **EF-G** bei Bakterien. Auch dieser

5

Elongationsfaktor benötigt für seine Aktivität gebundenes GTP, das bei der Translokation in GDP gespalten wird. Am Ende befindet sich die Peptidyl-tRNA im P-Ort. Der A-Ort ist frei geworden und ein neuer Zyklus im Ablauf der Proteinsynthese kann beginnen (▶ Abb. 5.24).

- Am A-Ort befindet sich ein neues mRNA-Codon für die Bindung der passenden Aminoacyl-tRNA im Komplex mit EF-Tu/GTP. Wenn Codon und Anticodon passen, wird GTP gespalten und EF-Tu/GDP verlässt das Ribosom. Zur gleichen Zeit wird die unbeladene tRNA am E-Ort abgestoßen. Am Ende dieses Schrittes befinden sich zwei tRNAs am Ribosom: die Aminoacyl-tRNA im A-Ort und die Peptidyl-tRNA im P-Ort.
- Der nächste Schritt ist die **Peptidyltransferreaktion**, das „zentrale chemische Ereignis". Eine Peptidbindung entsteht zwischen der Carboxygruppe der wachsenden Peptidkette und der Aminogruppe an der neuen Aminosäure. Die Reaktion erfordert **Strukturelemente der 23S-rRNA** zur korrekten Anordnung der CCA-Enden der beiden tRNAs und zur Steuerung der Reaktion. Am Ende liegt die Peptidyl-tRNA im A-Ort, während die entladene tRNA in den E-Ort gelangt.
- Der dritte Schritt ist die Translokation, gesteuert durch einen aktiven EF-G/GTP-Komplex: Das Ribosom bewegt sich um die Länge eines Tripletts. Wieder befinden sich zwei tRNAs am Ribosom: die Peptidyl-tRNA im P-Ort und die entladene tRNA im E-Ort. Die entladene tRNA verlässt schnell den E-Ort. Es scheint, dass der E-Ort nicht einfach nur eine passive Rolle als Ausgang spielt,

sondern zur Einhaltung des Leserasters beiträgt, denn der frei werdende E-Ort erhöht die Genauigkeit und Stabilität der Codon-Anticodon-Bindung am A-Ort.

Der Synthesezyklus von drei Schritten wiederholt sich fortlaufend mit einer Geschwindigkeit von ungefähr 20 Polymerisationsschritten pro Sekunde.

Die Grundzüge des Proteinsynthesezyklus, wie wir sie gerade geschildert haben, sind seit Mitte der 1980er-Jahre bekannt. Damals wusste man, dass es außer den beiden Elongationsfaktoren EF-Tu und EF-G noch einen weiteren Faktor in Bakterien gibt, EF-Ts (▶ Tab. 5.4). Dieser Faktor ist für die Regeneration von EF-Tu notwendig. Wie in der ▶ Abb. 5.24 gezeigt, verlässt ein EF-Tu/GDP-Komplex das Ribosom. Damit EF-Tu sich wieder an Aminoacyl-tRNA binden und seine Funktionen am Ribosom erfüllen kann, muss das GDP durch GTP ersetzt werden. Diese Reaktion verläuft spontan nur sehr langsam, aber wird durch EF-Ts stark beschleunigt. Das Recycling von EF-Tu ist in der ▶ Abb. 5.25 skizziert.

Wie vorher erwähnt, machen Ribosomen den erstaunlichen Anteil von 25 % der Trockenmasse von Bakterien aus. Es ist deswegen nicht überraschend, dass auch die Elongationsfaktoren in großen Mengen in Bakterien vorkommen: Etwa 5 % aller löslichen Proteine sind EF-Tu und immerhin je 0,5 % sind EF-Ts oder EF-G. Die große Menge an EF-Tu hat zur Folge, dass so gut wie keine freien Aminoacyl-tRNAs vorkommen. Sie liegen als **ternäre Komplexe** aus tRNA, EF-Tu und GTP vor.

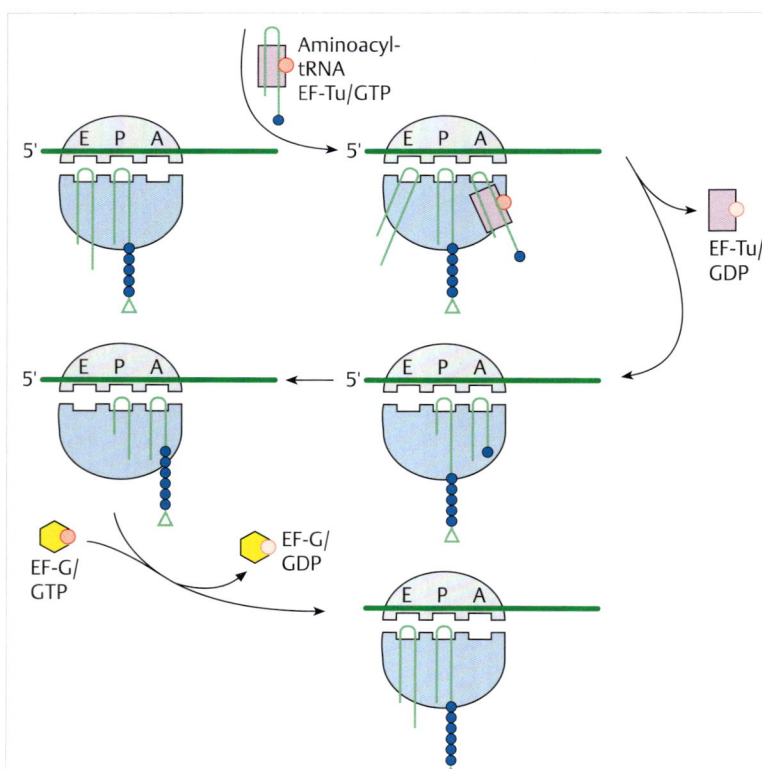

Abb. 5.24 Kettenverlängerung (Elongation). Die Elongation besteht aus der Bindung der Aminoacyl-tRNA, der Peptidyltransferreaktion und der Translokation. Die kleine Ribosomenuntereinheit (grau) enthält den A-Ort, den P-Ort und den E-Ort, die große Ribosomenuntereinheit (blau) enthält das Peptidyltransferasezentrum. An das aminoterminale Ende der wachsenden Polypeptidkette (gelbe Kreise, andere Aminosäuren) ist Methionin (grünes Dreieck) gebunden. Aktive Faktoren tragen GTP (schwarzer Punkt), nicht aktive Faktoren GDP (offener Kreis). Beachte, dass sich immer mindestens zwei tRNAs am Ribosom befinden.

Tab. 5.4 Elongationsfaktoren von *E. coli.*

Faktor (alternative Bezeichnung)	Größe (Zahl der Aminosäuren)	Funktion
EF-Tu (EF1A)	393	Bindung von Aminoacyl-tRNA und Leitung zum A-Ort GTP-Spaltung (GTPase-Aktivität), aktiviert durch Bindung an das Ribosom
EF-G (EF2)	703	GTPase Ablösen der leeren tRNA aus dem E-Ort Translokation
EF-Ts (EF1B)	282	Austausch von GDP durch GTP am EF-Tu und damit Regeneration eines aktiven EF-Tu

In *E. coli* gibt es **zwei EF-Tu-Proteine**. Sie haben gleiche Größe, unterscheiden sich aber durch die carboxyterminale Aminosäure. Die häufigere Form trägt Glycin, die seltenere Serin am Carboxyende. Es ist nicht bekannt, ob die beiden Formen von EF-Tu unterschiedliche Funktionen haben. Die dreidimensionalen Strukturen von EF-Tu/GTP, gebunden an die tRNA, und von EF-G/GDP sind bekannt, und zwar sowohl in freier Form als auch gebunden am Ribosom.

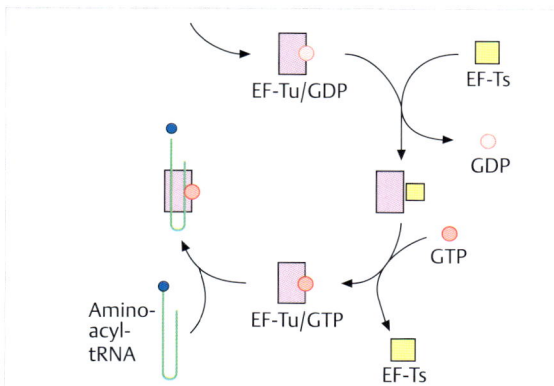

Abb. 5.25 Funktion von EF-Ts: Recycling von EF-Tu/GDP. Die dreidimensionale Struktur von EF-Tu/EF-Ts-Komplexen ist bekannt.

5.4.5 Termination der Translation

Das Ende der Codierungsregion wird durch eines der drei **Stoppcodons** angegeben: **UAG, UAA** und **UGA**. Die Elongation geht so lange weiter, bis eines dieser Stoppcodons in den A-Ort gelangt.

Normale Zellen enthalten keine tRNAs, deren Anticodons komplementär zu den Stoppcodons sind. Deswegen halten Ribosomen an Stoppcodons an und die Synthese von Proteinen kommt zum Stillstand. In Gegenwart der **Terminationsfaktoren RF1**, **RF2** und **RF3** (RF, *release factor*) wird die Peptidkette von der Peptidyl-tRNA gelöst und damit das fertige Protein freigesetzt (▶ Abb. 5.26).

Die Faktoren RF1 und RF2 nehmen den Platz einer Aminoacyl-tRNA am A-Ort des Ribosoms ein. Das ist möglich, weil RF1 und RF2 eine ähnliche räumliche Form haben wie eine beladene tRNA. Damit hängt auch die Spezifität der Faktoren zusammen: Faktor RF1 erkennt die Stoppcodons UAG und UAA und Faktor RF2 die Codons UGA und UAA. Der Faktor RF3 hat eine Hilfsfunktion. Er ist mit den Elongationsfaktoren EF-Tu und EF-G

verwandt und bindet GTP, das dann bei der Aktivierung von RF1 und RF2 gespalten wird (▶ Tab. 5.5).

Zur Termination gehört das Recycling von Ribosomen:
- RF1 oder RF2 werden unter dem Einfluss von RF3 vom Ribosom gelöst.
- Ein spezieller **Ribosomenrecyclingfaktor** (RRF, *ribosome recycling factor*), zusammen mit EF-G, trägt zur Ablösung der leeren tRNA von der mRNA bei und vermittelt die Trennung der Ribosomenuntereinheiten.
- Die kleine Ribosomenuntereinheit bindet den **Initiationsfaktor IF3** (s. ▶ Tab. 5.3) als Vorbereitung für die Ausbildung eines neuen Initiationskomplexes.

Stoppcodons liegen so gut wie nie direkt am Ende einer mRNA. Auf ein Stoppcodon folgt ein mehr oder weniger langes Stück, der **3′-Nicht-Codierungsbereich**. Er bestimmt u. a. die Stabilität der mRNA, also die Zeit zwischen der Synthese der mRNA und ihrem Abbau.

Definition

Ein **offenes Leseraster** (auch offener Leserahmen oder ORF, von *open reading frame*) ist ein mRNA-Abschnitt oder ein entsprechender DNA-Abschnitt, der nicht durch ein Stoppcodon unterbrochen wird.

Man spricht von **polygenischer mRNA**, wenn mehrere offene Leseraster hintereinander vorkommen, wie es bei bakteriellen mRNAs häufig der Fall ist (▶ Abb. 5.27).

Monogenische mRNAs, die für Eukaryoten typisch sind, enthalten nur ein offenes Leseraster.

Merke

Ein **offenes Leseraster** wird eingerahmt am 5′-Ende von dem Startcodon AUG (oder im DNA-Code: ATG) und am 3′-Ende von einem der drei Stoppcodons. Es wird nicht durch Stoppcodons unterbrochen.

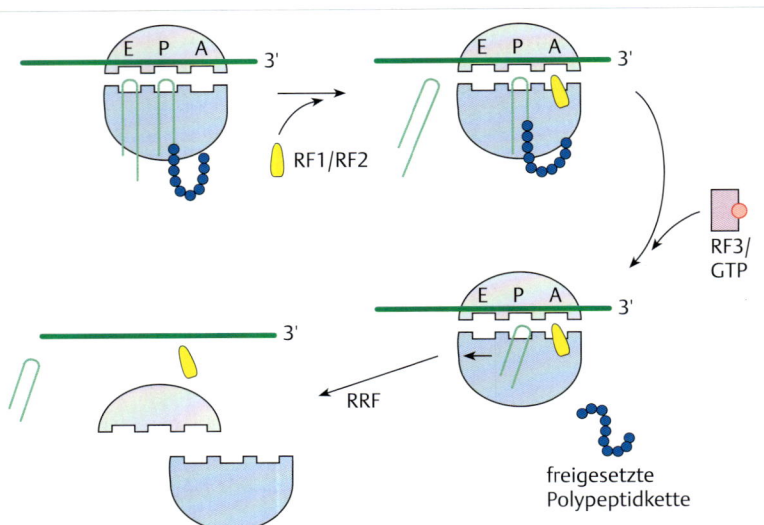

Abb. 5.26 Termination der Proteinsynthese. RRF = Ribosomenrecyclingfaktor.

Abb. 5.27 Schema der mRNA-Struktur von Bakterien. AUG = Startcodon; ORF = offenes Leseraster; RBS = Ribosomenbindungsstelle (▶ Abb. 5.23); Stopp = eines der drei Stoppcodons (UAA, UGA oder UAG).

Tab. 5.5 Terminationsfaktoren.

Faktor	Größe (Zahl der Aminosäuren)	Funktion
RF1	323	Erkennung der Stoppcodons UAA und UAG
RF2	329	Erkennung der Stoppcodons UAA und UGA
RF3	528	Stimulation der Freisetzung von Polypeptidketten GTP-Spaltung (GTPase)

RF = Terminationsfaktor (*release factor*)

5.4.6 Geschwindigkeit und Genauigkeit der Translation

Die Aufgabe des Ribosoms ist die schrittweise Verknüpfung von Aminosäuren, programmiert durch die Folgen der Tripletts auf der mRNA. Dabei müssen die Einzelschritte so schnell, aber auch so genau wie möglich erfolgen.

▶ **„So schnell wie möglich".** Polypeptidketten werden in *E. coli*-Zellen mit Geschwindigkeiten von ungefähr 20 Synthesezyklen pro Sekunde verlängert. Ein durchschnittlich großes Protein aus 600 Aminosäuren kann also in einer halben Minute entstehen. Hinzu kommt, dass schon bald nachdem ein Ribosom die Proteinsynthese begonnen und den Startplatz geräumt hat, neue Ribosomen auf die mRNA aufspringen und eigene Synthesezyklen starten können. Die Effizienz, mit der neue Ribosomen engagiert werden, hängt u. a. von der Nucleo-

tidsequenz in der Umgebung des Startcodons ab (s. ▶ Abb. 5.23). Jedenfalls sind fast immer mehrere oder viele Ribosomen gleichzeitig mit der Translation einer mRNA beschäftigt. In dichtester Packung kann ein Ribosom dem anderen in Abständen von etwa 80 Nucleotiden folgen. Man spricht von **Polysomen**, wenn eine mRNA mehrere Ribosomen trägt (▶ Abb. 5.28).

▶ **„So genau wie möglich".** Einbauten von falschen Aminosäuren ereignen sich ein- bis fünfmal unter 10 000 Polymerisationsschritten. Der Hauptgrund für Fehleinbauten ist die falsche Auswahl der Aminoacyl-tRNA am A-Ort. Man mag sich wundern, dass die Fehlerrate so niedrig ist, wenn man berücksichtigt, dass der wichtigste Mechanismus bei der Auswahl der richtigen Aminosäure die Wechselwirkung von Codon und Anticodon ist und dass eine Folge von 3 bp bei physiologischen Temperaturen nicht stabil ist. Jedoch kommt es im A-Ort, tief in der 30S-Untereinheit, zu Wechselwirkungen innerhalb der Codon-Anticodon-Paarung einerseits und speziellen Ba-

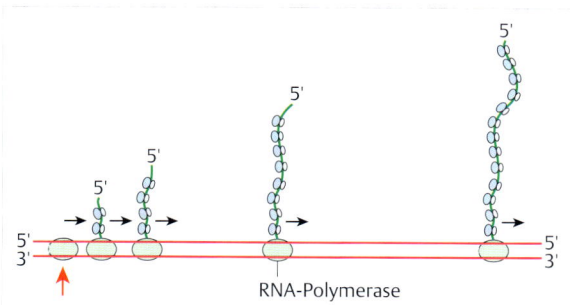

Abb. 5.28 Polysomen und die Kopplung von Transkription und Translation bei Bakterien. Der rote Pfeil kennzeichnet eine RNA-Polymerase am oder in der Nähe des Promotors. Zuerst entsteht das 5'-Ende der RNA und neue Nucleotide werden an das 3'-Ende der wachsenden RNA geheftet. Die Ribosomen binden schon an die promotornahe und deswegen noch recht kurze RNA. Später bilden sich – an der noch wachsenden RNA – Polysomen mit 20 oder mehr Ribosomen. (nach den berühmten elektronenoptischen Aufnahmen von O. L. Miller: Miller OL, Hamkalo BA, Thomas CA (1970) Visualization of bacterial genes in action. Science 169: 392–395)

sen in der 16S rRNA andererseits (s. ▶ Abb. 5.17). Diese Wechselwirkungen sind wichtig für die Stabilität. Sie bilden sich, wenn die beiden ersten Basenpaare von Codon und Anticodon den Regeln der Basenpaarung nach Watson und Crick entsprechen. Wenn das nicht der Fall ist, trennen sich Aminoacyl-tRNAs von den nicht passenden Anticodons. Technisch ausgedrückt: Nicht passende Aminoacyl-tRNAs dissoziieren vom Ribosom um ein Vielfaches bereitwilliger als passende Aminoacyl-tRNAs. Dazu kommt als Zweites ein Korrekturvorgang, der ebenfalls mit der festen Aufnahme der Aminoacyl-tRNA in den A-Ort zusammenhängt. Wenn die Codon-Anticodon-Paarung passt, wird im ternären Komplex aus Aminoacyl-tRNA, EF-Tu und GTP die GTP-spaltende Funktion (GTPase) schnell aktiviert – eine Voraussetzung für die Aufnahme der Aminoacyl-tRNA in den A-Ort. Wenn Codon und Anticodon nicht zueinanderpassen, erfolgt keine rechtzeitige GTP-Spaltung und der ternäre Komplex verlässt unverrichteter Dinge das Ribosom.

5.4.7 Besonderheiten der Translation bei Bakterien

Die ▶ Abb. 5.28 ist eine Zeichnung nach einem berühmten elektronenmikroskopischen Bild, das O. L. Miller und Mitarbeiter im Jahr 1970 veröffentlicht haben. Es ist berühmt, weil es besonders deutlich zeigt, dass viele Ribosomen gleichzeitig auf einer mRNA wirksam sein können. Aber mehr noch, das Bild zeigt, dass Transkription und Translation bei Bakterien gekoppelt ablaufen können. Die RNA-Synthese beginnt mit dem 5'-Ende und setzt sich mit der Anheftung neuer Nucleotide an das 3'-Ende fort (s. ▶ Abb. 5.1). Das Startcodon befindet sich in der Nähe

des 5'-Endes, sodass es schon bald nach Beginn der Transkription für den Beginn der Proteinsynthese genutzt werden könnte. Mit anderen Worten, Transkription und Translation verlaufen in dieselbe Richtung. Tatsächlich können Ribosomen an die noch wachsende mRNA binden und der transkribierenden RNA-Polymerase auf dem Fuß folgen, wie in der ▶ Abb. 5.28 zu sehen ist.

Diese Interpretation der Abbildung ist jahrzehntelang fraglos akzeptiert worden. Doch zeigte sich in späteren Forschungen, dass viele RNA-Polymerasen an anderen Stellen in Bakterien vorkommen als Ribosomen: die RNA-Polymerase meist im Innern des dichten DNA-Knäuels (Nucleoid) (S. 101), Ribosomen eher im Raum um das DNA-Knäuel herum. Nach diesen Forschungen kommt eine Kopplung von Transkription und Translation vielleicht bei nur etwa 10 % aller Translationen vor.

Immerhin bleibt dies eine Besonderheit von Bakterien, denn bei Eukaryoten erfolgt die Transkription im Zellkern und die Translation findet – durch Membranen vom Kern getrennt – im Cytoplasma statt.

Noch eine Bemerkung zum Thema „Besonderheiten bei Bakterien". Trotz oberflächlicher Ähnlichkeiten unterscheiden sich die Ribosomen von Bakterien und von Eukaryoten, was schon allein aus der Tatsache hervorgeht, dass eukaryotische Ribosomen etwa doppelt so groß sind und mehr RNA und mehr Proteine enthalten als bakterielle Ribosomen (s. Plus 5.1) (S. 81). Das ist die Basis für die Wirkungsweise vieler, auch klinisch wichtiger **Antibiotika**. Sie beeinflussen die Proteinsynthese in Bakterien, aber nicht die Proteinsynthese in den Zellen von Tier und Mensch. Beispiele sind die Antibiotika Tetracyclin und Streptomycin, die den A-Ort des bakteriellen Ribosoms so verändern, dass die Proteinsynthese höchst ungenau wird. Ein anderes Beispiel ist Chloramphenicol, das den Peptidyltransfer beeinflusst.

5.5 Der genetische Code

In den vorangegangenen Abschnitten haben wir fast nebenher und als gleichsam selbstverständliche Tatsache eine der wichtigsten Erkenntnisse aus der Frühzeit der molekularen Genetik kennengelernt: Eine Gruppe von drei Nucleotiden auf der mRNA (Codon) bestimmt die Position einer Aminosäure im Protein.

Die wissenschaftliche Welt verdankt diese Erkenntnis dem Nachdenken und den intelligent geplanten Experimenten wissenschaftlicher Pioniere in den zwölf Jahren nach der Entdeckung der Doppelhelix (von 1953 bis etwa 1965). Einen Eindruck von der Spannung und den Aufregungen in den beteiligten Labors vermitteln Biografien und historische Berichte, etwa das Buch von Horace F. Judson „Der achte Tag der Schöpfung" (1996) [4].

Definition

Ein **Codon** oder **Triplett** ist die Einheit des genetischen Codes. Es ist eine Folge von drei Nucleotiden auf der mRNA, die die Position einer Aminosäure im Protein bestimmt.

5.5.1 Rückblicke

Die wichtige Frage lautet: Welches der 64 möglichen Tripletts steht für welche der 20 Aminosäuren? Oder in der Sprache der Genetiker: Welches Triplett in der mRNA codiert welche Aminosäure?

Der experimentelle Durchbruch zur Beantwortung der Frage nach der Bedeutung der Tripletts in der mRNA gelang Heinrich Matthaei und Marshall W. Nirenberg im Jahr 1961. Diese Forscher verwendeten eine künstliche mRNA, Poly(U), einheitlich aufgebaut aus Uracilnucleotiden, und fanden, dass ein Extrakt aus Bakterien mit reichlich Ribosomen und einem Gemisch aller Aminoacyl-tRNAs in Gegenwart von Poly(U) nur eine von allen möglichen Aminosäuren zu einem Polypeptid zusammenfügt, nämlich Phenylalanin. Damit war erstmals die Bedeutung eines Codons aufgeklärt: Die Dreierfolge UUU auf der mRNA bedeutet Phenylalanin.

Etwa zur gleichen Zeit gelang es Har G. Khorana, die damals sehr aufwendigen biochemischen Methoden zu beherrschen, die für eine Synthese langer RNA-Stränge mit einfachen Nucleotidfolgen notwendig waren. Eine der ersten künstlichen mRNAs dieser Art war die Folge … UCUCUCU... – Poly(UC). Im proteinsynthetisierenden Bakterienextrakt codiert Poly(UC) ein Polypeptid mit der Aminosäuresequenz: ...Ser-Leu-Ser-Leu....

Ergebnisse dieser Art ließen wichtige Schlussfolgerungen auf die Natur der Codons zu, aber offensichtlich blieben beträchtliche Unsicherheiten bei der Verwendung künstlicher mRNAs mit alternierenden Nucleotiden. Hier half ein einfacher Trick weiter. Voraussetzung war, dass mit den Fortschritten der Nucleinsäurechemie die Synthese von Tripletts mit genauer Reihenfolge möglich wurde. Solche Tripletts binden an Ribosomen wie ein kleines Stück mRNA. So geht ein ribosomengebundenes Triplett stabile Basenpaarungen mit dem komplementären Anticodon einer passenden Aminoacyl-tRNA ein. Der experimentelle Trick bestand in der Auswertung der Bindungsreaktionen: Ribosomen mit Triplett und gebundener Aminoacyl-tRNA werden von Filtern mit definierter Porengröße zurückgehalten, während die viel kleineren ungebundenen Aminoacyl-tRNAs ungehindert durch die Filter laufen. Mithilfe dieser einfachen Maßnahme war es möglich, die notwendigen langen Messreihen rasch und bequem durchzuführen.

Ein Beispiel mag das Vorgehen illustrieren. Forscher untersuchten, welche Aminoacyl-tRNA durch Ribosomen mit dem Triplett UCU gebunden wird. Sie gaben zu den UCU-beladenen Ribosomen in parallelen Ansätzen Aminoacyl-tRNA-Gemische, bei denen jeweils eine andere Aminosäure radioaktiv markiert war. Nach geeigneten Reaktionszeiten wurden die einzelnen Ansätze über Filter gegeben: Nur in einem der Ansätze blieben signifikante Mengen an Radioaktivität auf dem Filter zurück. Dieser Ansatz enthielt Seryl-tRNA. Damit war die Bedeutung des Tripletts UCU klar: Es codiert Serin.

Wann immer in künstlichen mRNAs die Tripletts UAG, UGA oder UAA auftraten, kam die Synthese von Polypeptiden zum Abbruch; und wann immer diese Tripletts an Ribosomen gebunden wurden, war keine Radioaktivität im Filter nachweisbar. Den Grund dafür kennen wir aus der Besprechung der Proteinsynthese: Normale Zellen besitzen keine tRNA mit Anticodons, die zu diesen Tripletts passen; UGA, UAG und UAA sind Stoppcodons und bestimmen die Termination der Proteinsynthese (▶ Abb. 5.26).

Nirenberg, Matthaei, Khorana und andere fassten die Ergebnisse ihrer Labors in Vorträgen beim Cold Spring Harbor Symposium 1966 zusammen. Diese Tagung (Thema: „The Genetic Code") ist in die Wissenschaftsgeschichte eingegangen als eine Art Abschluss der Bemühungen um die Entzifferung des genetischen Codes.

5.5.2 Codewörter

Die Erforschung des genetischen Codes ging von Untersuchungen mit RNA-Molekülen aus. Aus diesem historischen Grund findet man in den Codeworttabellen die Angaben meist im RNA-Code. So auch in der ▶ Abb. 5.29. Aber durch einen einfachen Austausch von U (Uracil) gegen T (Thymin) lässt sich der RNA-Code in einen Code umschreiben, wie er in den Genen der DNA vorkommt.

Bereits eine einfache Betrachtung der ▶ Abb. 5.29 erlaubt wichtige Schlussfolgerungen:

- Der genetische Code ist, wie man sagt, **degeneriert oder redundant**. So codieren je sechs Tripletts die Aminosäuren Leucin, Arginin und Serin; so wie andere Aminosäuren durch zwei, drei oder vier Tripletts codiert werden. Nur Tryptophan und Methionin haben je ein einziges spezifisches Triplett.

Definition

Unter **Degeneration** oder **Redundanz** des genetischen Codes versteht man die Tatsache, dass die meisten Aminosäuren durch mehr als ein Triplett codiert werden.

- **Synonyme Codons** sind einander meist ähnlich. Beispielsweise beginnen alle vier Glycintripletts mit GG, nur an der dritten Stelle stehen unterschiedliche Basen. Das Gleiche gilt für die Codons von sieben anderen Aminosäuren. Bei genauerer Betrachtung der ▶ Abb. 5.29 finden wir, dass zwei Tripletts der allgemei-

a

	A	R	N	D	C	Q	E	G	H	I	L	K	M	F	P	S	T	W	Y	V	
	Ala	Arg	Asn	Asp	Cys	Gln	Glu	Gly	His	Ile	Leu	Lys	Met	Phe	Pro	Ser	Thr	Trp	Tyr	Val	
5'	GCA	CGA	AAC	GAC	UGC	CAA	GAA	GGA	CAC	AUA	CUA	AAA	AUG	UUC	CCA	UCA	ACA	UGG	UAC	GUA	3'
	GCC	CGC	AAU	GAU	UGU	CAG	GAG	GGC	CAU	AUC	CUC	AAG		UUU	CCC	UCC	ACC		UAU	GUC	
	GCG	CGG						GGG		AUU	CUG				CCG	UCG	ACG			GUG	
	GCU	CGU						GGU			CUU				CCU	UCU	ACU			GUU	
		oder									oder					oder					
		AGA									UUA					AGC					
		AGG									UUG					AGU					

b

		zweite Base				
		U	C	A	G	
erste Base (5'-Ende)	U	UUU UUC } Phe UUA UUG } Leu	UCU UCC UCA UCG } Ser	UAU UAC } Tyr **UAA Stopp Ochre** **UAG Stopp Amber**	UGU UGC } Cys **UGA Stopp Opal** UGG **Trp**	U C A G
	C	CUU CUC CUA CUG } Leu	CCU CCC CCA CCG } Pro	CAU CAC His CAA CAG Gln	CGU CGC CGA CGG } Arg	U C A G
	A	AUU AUC AUA } Ile AUG **Met**	ACU ACC ACA ACG } Thr	AAU AAC Asn AAA AAG Lys	AGU AGC } Ser AGA AGG } Arg	U C A G
	G	GUU GUC GUA GUG } Val	GCU GCC GCA GCG } Ala	GAU GAC Asp GAA GAG Glu	GGU GGC GGA GGG } Gly	U C A G

dritte Base (3'-Ende)

Abb. 5.29 Der genetische Code.
a Beziehung zwischen Aminosäuren (in alphabetischer Reihung) und Tripletts.
b Systematische Anordnung der 64 möglichen Tripletts. Amber, Ochre und Opal sind genetische Bezeichnungen für die drei Stoppcodons (Terminationstripletts).

nen Form XYC und XYU in jedem Fall dasselbe bedeuten, also synonym sind. Ähnliches gilt für die Tripletts XYA und XYG, allerdings mit den Ausnahmen von Methionin und Tryptophan.

Definition

Synonyme Codons sind Codons, die dieselbe Aminosäure codieren.

- Bei etwas genauerem Hinsehen stellt man fest, dass die Codons nicht ganz zufällig auf die Aminosäuren verteilt sind. Oft ist die mittlere Position eines Codons mit der chemischen Natur der Aminosäure korreliert. So kommt ein mittleres Uracil (U) in Codons für hydrophobe Aminosäuren vor (s. erste Spalte in ► Abb. 5.29b), ein mittleres C in Codons für polare bis neutrale Aminosäuren (s. zweite Spalte in ► Abb. 5.29b), ein mittleres A in Codons für geladene Aminosäuren wie Lysin, Asparaginsäure und Glutaminsäure und ein mittleres G ebenfalls in Codons für geladene und polare Aminosäuren.

Biologen haben aufgrund dieser Eigentümlichkeiten Theorien über die Evolution des genetischen Codes aufgestellt (Plus 5.4). Demnach stand am Anfang ein Mechanismus, bei dem Aminosäuren und RNA über chemische Affinitäten zueinanderfanden.

Wie auch immer, man kann aus der Tabelle der Codewörter (► Abb. 5.29) schließen, dass eine Aminosäure im Allgemeinen allein durch die beiden ersten Plätze im Triplett bestimmt ist. Die Ausnahmen sind Leucin, das sowohl durch die Tripletts UUA, UUG als auch durch CUU, CUC, CUA und CUG vertreten wird, ähnlich wie Arginin durch die Codons AGA und AGG sowie CGU, CGC, CGA und CGG und Serin durch AGU und AGC sowie UCU, UCC, UCA und UCG.

Merke

Außer Leucin, Arginin und Serin wird eine Aminosäure allein durch die beiden ersten Plätze im Triplett bestimmt.

Plus 5.4

Evolution des genetischen Codes

Die Beobachtung, dass ähnliche Aminosäuren durch ähnliche Codons repräsentiert werden, hat Konsequenzen für Überlegungen zur Evolution des genetischen Codes. Es wird dadurch nämlich unwahrscheinlich, dass die einzelnen Codewörter früh bei der Entstehung des Lebens zufällig auf die Aminosäuren verteilt wurden, was man zu Anfang der Codeforschung gelegentlich versuchsweise angenommen und als „gefrorener Zufall" (*frozen accident*) bezeichnet hat. „Gefroren", weil man davon ausgegangen war, dass der Code früh in der Evolution fertig war und jede spätere Veränderung unmöglich wurde, weil dadurch das gesamte genetische System durcheinandergeraten wäre. Heute nehmen die meisten Evolutionsforscher an, dass sich der Code über einen längeren Zeitraum entwickelt hat. Nach der **„stereochemischen Hypothese"** begann die Evolution mit der spezifischen Affinität zwischen Codon und Anticodon

und der passenden Aminosäure. Das wäre der Anfang in einer primitiven Lebenswelt: An den RNAs aufgereihte Aminosäuren verbinden sich miteinander, um so die allerersten Peptide zu bilden. Nach der Hypothese käme alles Übrige – tRNAs, Ribosom, Peptidyltransferasereaktion usw. – später dazu und diente der Effizienz und Präzision des Vorgangs. Parallel dazu könnte sich der Code weiterentwickeln, u. a. so, dass ein gegebenes Codon in ein synonymes Codon übergeht, was ganz ohne genetische Folgen bliebe, oder dass es zu einem Codon wird, welche zwar nicht die gleiche, aber eine strukturell ähnliche Aminosäure vertritt. Kurz gesagt, kann man sich den voll ausgebildeten Code der ▸ Abb. 5.29 gut als das Ergebnis einer Evolution mit der Selektion passender Tripletts vorstellen.

M. Yarus et al. beschreiben die stereochemische Hypothese in ihrem Aufsatz „Origins of the genetic code" (2005) [5].

In jeder Zelle findet man mindestens 60 verschiedene tRNA-Arten, je eine für jedes Codon. Also kann es mehrere tRNAs für ein und dieselbe Aminosäure geben. Zum Beispiel kommen in *E. coli* mehrere (synonyme) leucinspezifische tRNA-Arten vor: tRNA$^{Leu}_1$ bindet nur an Tripletts vom allgemeinen Typ CUX, während tRNA$^{Leu}_3$ etwa gleich gut an die Tripletts UUA und UUG bindet, aber nicht an die CUX-Tripletts. Ein anderes Beispiel: Von den verschiedenen serinspezifischen tRNAs in *E. coli* bindet eine an die Tripletts UCU und UCC, eine zweite an UCA und UCG und eine dritte an AGU und AGC.

5.5.3 „Wobble" bei der Erkennung von Codon und Anticodon

Die synonymen Codons und die synonymen tRNA-Arten haben Francis Crick 1965 zur Formulierung der **Wobble-Hypothese** angeregt. Wichtig dabei waren auch Überlegungen zur Flexibilität von Wasserstoffbrückenbindungen zwischen komplementären Basen, insbesondere nachdem die ungewöhnliche Base **Inosin (I)** in den Anticodons einiger tRNAs entdeckt worden war. Heute gehört der Begriff „Wobble", also „Schwanken", bei der Wahl des Basenpaarpartners zum Vokabular der molekularen Genetik.

Bevor wir uns die Verhältnisse bei der Codon-Anticodon-Paarung ansehen, müssen wir uns noch einmal klarmachen, dass Codon und Anticodon „antiparallel" binden: Die erste oder 5'-Base eines Codons paart mit der 3'-Base des Anticodons, so wie die letzte oder 3'-Base des Codons mit der 5'-Base des Anticodons paart (▸ Abb. 5.27).

Während die 3'-Base und die mittlere Base des Anticodons Standardbasenpaarungen mit den entsprechenden Partnern im Codon eingehen, kann die 5'-Base des Anti-

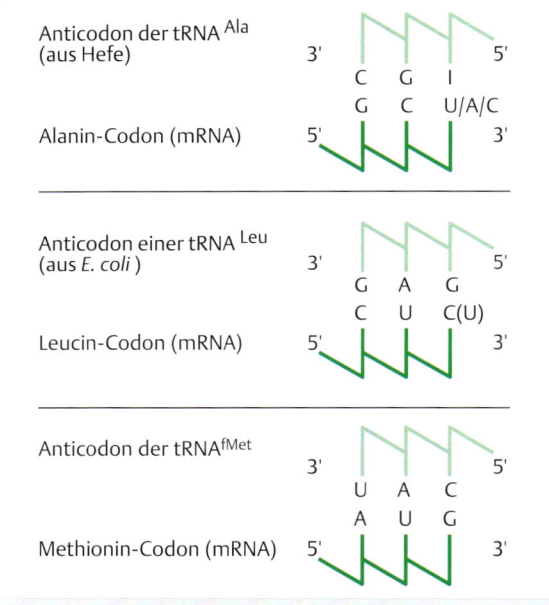

Abb. 5.30 Antiparallele Codon-Anticodon-Paarungen.

codons in ihrer Partnerwahl „schwanken". Zum Beispiel hat die tRNA^{Ala} in der ▸ Abb. 5.30 das Anticodon 3'-CGI-5', das mit einem von drei Alanincodons paaren kann, mit 5'-GCU-3', 5'-GCC-3' und mit 5'-GCA-3'. Mit anderen Worten, Inosin im Anticodon kann über Wasserstoffbrücken an Uracil, Cytosin oder Adenin an der dritten Stelle im Codon binden (▸ Abb. 5.31).

Die Möglichkeiten zum Wobble anderer Basen an der 5'-Stelle des Anticodons sind in der ▸ Tab. 5.6 zusammengestellt. Die Angaben lassen sich auch folgendermaßen ausdrücken: Wenn das 5'-Nucleotid in einem Anticodon

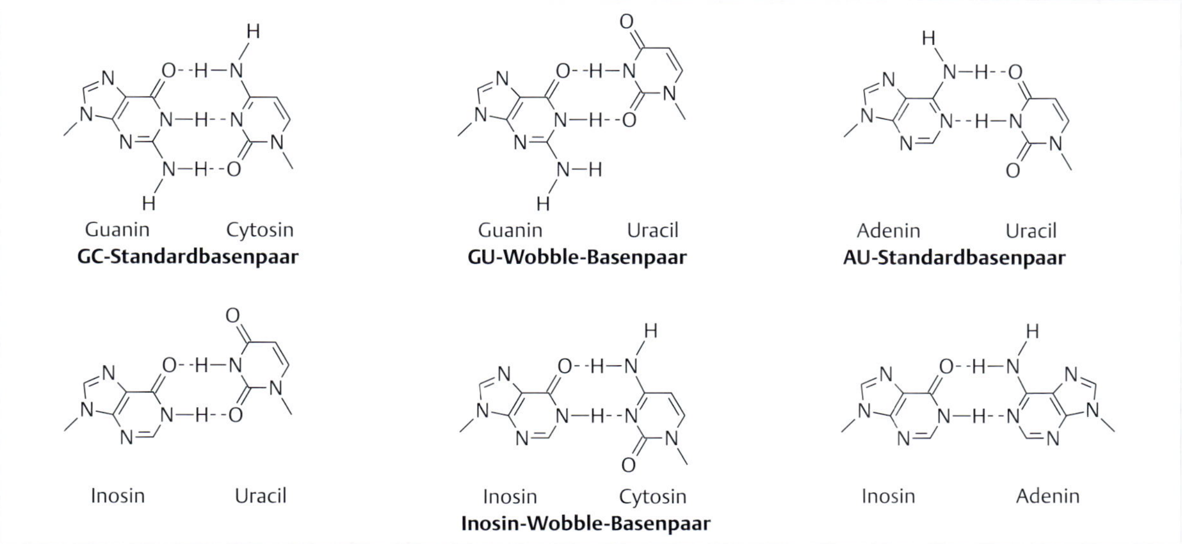

Abb. 5.31 Standard- und einige Wobble-Basenpaare.

Tab. 5.6 Wobble-Abweichungen von den Standardbasenpaarungen bei der Bindung des Anticodons an das Codon.

5'-Base im Anticodon der tRNA	paart mit Basen an der dritten Stelle eines Codons
U	A oder G
C	G
A	U
G	U oder C
I	U, C oder A

Merke

Der **genetische Code ist universell** gültig für alle Lebewesen auf der Erde, also für Bacteria, Archaea und Eukaryoten.

Dieser wichtige Satz muss allerdings ergänzt werden. Denn es gibt einige **Ausnahmen von der Universalität** des genetischen Codes. Die ▶ Tab. 5.7 zeigt Beispiele. Von besonderem Interesse sind die Abweichungen, die man in der DNA von Mitochondrien antrifft. Der Erwerb von Mi-

bekannt ist, kann man vorhersagen, mit wie vielen Codons die betreffende tRNA paaren kann. Inosin mit drei, Uracil oder Guanin mit je zwei, Cytosin oder Adenin mit nur je einem Codon (▶ Abb. 5.30).

5.5.4 Der genetische Code in der Zelle

In den frühen 1960er-Jahren, als die Tabelle mit den Codewörtern (▶ Abb. 5.29) zusammengestellt wurde, wurde viel darüber diskutiert, ob die Experimente mit künstlichen mRNAs und mit isolierten Tripletts überhaupt etwas Sinnvolles über den genetischen Code in lebenden Zellen aussagen. Aber die Befürchtung konnte bald ausgeschlossen werden. Und heute im Zeitalter der Genomsequenzierungen kann man kurz und bündig sagen:

Tab. 5.7 Einige Abweichungen vom universellen genetischen Code.

Codon	Bedeutung im Standardcode	abweichende Bedeutung	Vorkommen
UGA	Stopp	Trp	*Mycoplasma*
UGA	Stopp	Cys	Ciliat (Euplotes)
UAG	Stopp	Gln auch: Pyl	Trypanosomen, Paramecien, *Tetrahymena* u. a. Archaeen, einige Bakterienarten
UGA	Stopp	auch: Sec	Bakterien, Säugetier
in Mitochondrien			
UGA	Stopp	Trp	Hefe, Säugetier u. a., aber nicht in Pflanzen
AUA	Ile	Met	Säugetier u. a.
AGA	Arg	Stopp	Säugetier
		Ser	*Drosophila*

Pyl = Pyrrolysin; Sec = Selenocystein

tochondrien wird als ein entscheidender Prozess bei der Entstehung des Lebens auf der Erde angesehen und die Situation in mitochondrialen Genomen wird daher später (S. 427) noch einmal genauer besprochen.

Das Vorkommen ungewöhnlicher Codewörter wirft ein Licht auf diese frühe Zeit der Evolution. Man kann davon ausgehen, dass sich der genetische Code sehr früh in der Evolution ausgebildet hat. Daraus folgt, dass sich Genome mit Abweichungen vom Standardcode schon ganz früh vom Hauptstrom der Evolution getrennt haben.

5.5.5 Selenocystein und Pyrrolysin

Die ▶ Tab. 5.7 enthält zwei Eintragungen, die gesondert kommentiert werden müssen – Selenocystein (▶ Abb. 5.29) und Pyrrolysin –, die man auch häufig als die 21. und die 22. Aminosäure bezeichnet.

▶ **Selenocystein (Sec).** Die ungewöhnliche selenhaltige Aminosäure Selenocystein kommt in einigen wenigen Enzymen von Bakterien und Säugetierzellen vor. Selen hat ähnliche Eigenschaften wie Schwefel, aber organische Selenverbindungen sind viel reaktiver als die entsprechenden Schwefelverbindungen. Dies wird von einigen Enzymen ausgenutzt, die Selenocystein in ihrem aktiven Zentrum tragen. Bei neutralem pH-Wert ist die Selenolgruppe ionisiert und besitzt ein Redoxpotenzial, das beträchtlich unter dem der Thiolgruppe von Cystein liegt. Dies ist für die Funktion der betreffenden Enzyme notwendig, z. B. für das Enzym Formiat-Dehydrogenase bei *E. coli* oder für die Glutathion-Peroxidase in Säugetierzellen.

Im Zusammenhang mit dem Thema dieses Abschnitts ist von Bedeutung, dass das mRNA-Codon, das für den Einbau von Selenocystein verantwortlich ist, dem Stoppcodon UGA entspricht.

Wie ist es möglich, dass UGA seine Funktion als Stoppcodon aufgeben kann? Ein Teil der Antwort ist die Struktur der Sec-spezifischen tRNA. Die Struktur weicht in mancher Hinsicht von der einer typischen tRNA ab und besitzt u. a. ein Anticodon, das mit dem Stoppcodon UGA Basenpaarungen eingehen kann. Diese tRNA wird von einer serinspezifischen tRNA-Synthetase mit Serin beladen. In einer Reihe von Reaktionen wird dann die OH-Gruppe des Serins durch eine Selenolgruppe ersetzt. In dieser Form und unter Mitwirkung eines speziellen Translationsfaktors wird die Selenocysteyl-tRNA an das

Ribosom dirigiert und in die wachsende Polypeptidkette eingebaut, und zwar dort, wo im Leseraster der mRNA das Codon UGA vorkommt. Ein Einbau erfolgt nicht, wenn UGA als Stoppcodon am Ende des Leserasters auftritt. Die Selenocysteyl-tRNA im ternären Komplex mit ihrem eigenen Translationsfaktor und GTP muss also in der mRNA mehr erkennen als nur das UGA-Codon. Dieses Erkennungszeichen sind besondere Nucleotidsequenzen benachbart zu einer Sekundärstrukturfalte (genannt SECIS für *selenocysteine insertion sequence*). Diese Sequenz kommt bei Bakterien gleich hinter dem codierenden UGA-Codon vor.

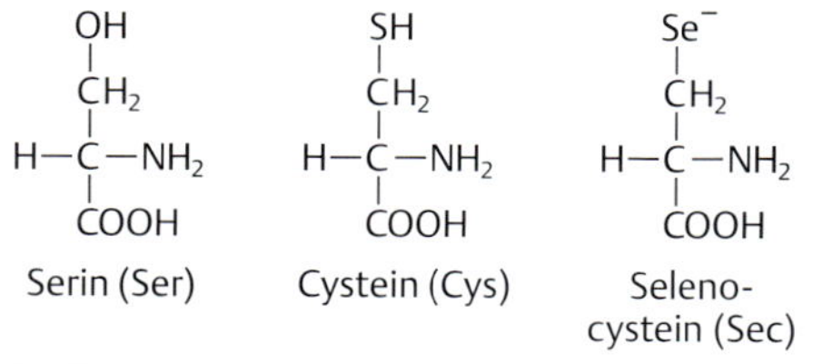

Merke

Selenocystein wird oft als 21. Aminosäure bezeichnet. Das Codon für diese seltene Extraaminosäure, UGA, gilt nur im Kontext eines offenen Leserasters und nur für eine spezielle tRNA.

▶ **Pyrrolysin (Pyl).** Und die 22. Aminosäure? Im Jahr 2002 haben Molekularbiologen in einem Enzym (Methyltransferase) einer bestimmten Archaeenart ein Derivat der Aminosäure Lysin gefunden, das als Pyrrolysin bezeichnet wird. Später zeigte sich, dass Pyrrolysin noch in einigen Enzymen bei anderen Archaeen und bei wenigen Bakterienarten (nicht bei *E. coli*) vorkommt. Pyrrolysin entsteht in aufwendigen Syntheseschritten aus Lysin und wird über eine eigene Aminoacyl-tRNA-Synthetase auf eine pyrrolysinspezifische tRNA übertragen. Diese tRNA besitzt das Anticodon CUA, das mit dem universellen Stoppcodon UAG eine Basenpaarung eingehen kann. So kommt auch hier ein Stoppcodon, nämlich UAG, im Leseraster der betreffenden mRNAs vor, und zwar in einer Sequenzumgebung, die eine Verwendung als Sinncodon für Pyrrolysin erlaubt.

Die Frage, warum sich diese speziellen Archaeen- und Bakterienarten ein eigenes genetisches System für wenige besondere Enzyme leisten, kann zurzeit noch nicht überzeugend beantwortet werden.

5.5.6 Verwendung von Codewörtern

Wir erinnern an die ▶ Abb. 2.11, die eine Grafik zeigt, in der der prozentuale GC-Gehalt von DNA verschiedener Organismen gegen den Schmelzpunkt der DNA aufgetragen ist. Wie kann eine artspezifisch verschiedene Zusammensetzung von Nucleotiden mit der Universalität des genetischen Codes in Einklang gebracht werden? Die Antwort ergibt sich aus dem Vorkommen synonymer Codons. In Genomen mit hohem GC-Anteil kommen bevorzugt synonyme Codons mit zwei oder drei Guanin- und Cytosinbasen vor. Und umgekehrt, in Genomen mit niedrigem GC-Anteil werden synonyme Codons mit zwei

OH	SH	Se⁻
CH₂	CH₂	CH₂
H—C—NH₂	H—C—NH₂	H—C—NH₂
COOH	COOH	COOH
Serin (Ser)	Cystein (Cys)	Seleno-cystein (Sec)

Abb. 5.32 Selenocystein.

oder drei Adenin- und Uracilbasen bevorzugt. Zwei extreme Beispiele illustrieren diesen Punkt: Im Genom von *Micrococcus luteus* (74 % GC) fehlen die Codons AUA (für Isoleucin) und AGA (für Arginin), während im Genom von *Mycoplasma capricolum* (75 % AT) das GC-reiche Codon CGG (für Arginin) fehlt.

Eine allgemeinere Regel ist, dass die meisten Genome zwar alle 64 möglichen Codons besitzen, aber synonyme Codons in unterschiedlichen und charakteristischen Verhältnissen. Nehmen wir als Beispiel das Vorkommen der Arginin-Codons (▶ Abb. 5.29) im Genom von *E. coli*. In proteincodierenden Genen kommen vor: CGT zu etwa 36 % und CGC zu 44 %, aber CGA und CGG zu je 7 % sowie AGA und AGG nur zu je etwa 3 %. Oder als ein zweites Beispiel das Vorkommen der drei Isoleucin-Codons im *E. coli*-Genom: ATT (58 %), ATC (35 %) und ATA (7 %). Entsprechend werden auch die synonymen Codons für andere Aminosäuren in unterschiedlichem Ausmaß verwendet.

Merke

Die meisten Genome enthalten zwar alle 64 möglichen Codons, doch kommen synonyme Codons in unterschiedlichen und charakteristischen Verhältnissen vor.

Andere Bakterienarten bevorzugen andere Codons aus dem Angebot an synonymen Codons für eine gegebene Aminosäure. Ähnliches gilt für die Genome von Tieren, Pflanzen und anderen Eukaryoten. Ja, die **Verwendung von Codewörtern (*codon usage*)** ist so charakteristisch, dass sie oft zur Beschreibung eines Genoms herangezogen wird, wie es im Rahmen der großen Genomprojekte der Fall ist. Deshalb gibt es eine eigene, im Internet leicht zugängliche Datenbank: The Codon Usage Database.

Der unterschiedlichen Verwendung von Codons entspricht das Vorkommen synonymer tRNAs. Zum Beispiel findet man bei *E. coli* mehr argininspezifische tRNAs mit einem Anticodon, das zu CGC und CGU passt, als tRNAs mit Anticodons für CGA und CGG.

Häufige und seltene Codewörter sind nicht immer gleichmäßig in den Genen eines Genoms verteilt. Manche Gene enthalten mehr seltene Codons, als man aus statistischen Gründen erwarten würde, andere Gene enthalten weniger seltene Codons. Die unterschiedliche Verwendung von Codewörtern könnte im Dienst der Regulation genetischer Aktivität stehen. Zum Beispiel könnte die unterschiedliche Verfügbarkeit von argininspezifischen tRNAs in *E. coli*-Zellen dazu führen, dass mRNAs mit vielen CGC- und CGU-Codons rascher translatiert werden als mRNAs mit vielen CGA- und CGG-Codons. Tatsächlich beobachtet man, dass Gene, für deren Produkte ein großer Bedarf besteht, meist nur wenige seltene Codons besitzen, und umgekehrt, dass Gene, deren Produkte in nur wenigen Exemplaren benötigt werden, meist überdurchschnittlich viele seltene Codons haben.

Literatur

▶ **Zitierte Literatur**

[1] Burbaum JJ, Schimmel P (1991) Structural relationships and the classification of aminoacyl-tRNA-synthetases. J Biol Chem 266: 16 965–16 968

[2] Schmeing TM, Ramakrishnan V (2009) What recent ribosome structures have revealed about the mechanism of translation. Nature 461: 1234–1242

[3] Moore PB, Steitz TA (2003) The structural basis of large ribosome subunit function. Annu Rev Biochem 72: 813–850

[4] Judson HF (1980) Der achte Tag der Schöpfung. Sternstunden der neuen Biologie. Meyster, Wien und München. 2. Aufl. Judson HF (1996) The Eighth Day of Creation. Makers of the Revolution in Biology. Expanded Edition. Cold Spring Harbor Laboratory Press, Cold Spring Harbor, NY

[5] Yarus M, Caporaso G, Knight R (2005) Origins of the genetic code. Annu Rev Biochem 74: 179–198

▶ **Weiterführende Literatur**

[6] Ibba M, Söll D (2000) Aminoacyl-tRNA synthesis. Annu Rev Biochem 89: 617–650

[7] Nierhaus KH, Wilson D (Hrsg) (2004) Protein Synthesis and Ribosome Structure: Translating the Genome. Wiley-VCH

[8] Steitz TA (2008) A structural understanding of the dynamic ribosome machine. Nat Rev Mol Cell Biol 9: 242–253

[9] Wade JT, Struhl K (2008) The transition from transcriptional initiation to elongation. Curr Opin Genet Devel 18: 130–136

5

Kapitel 6

Escherichia coli und der Bakteriophage Lambda: Gene und Genexpression

6 Escherichia coli und der Bakteriophage Lambda: Gene und Genexpression

Rolf Knippers

6.1 Einleitung

Man sagt, dass Molekularbiologen mit mindestens zwei Organismen oder Zelltypen vertraut sein sollten, nämlich mit den Organismen oder den Zellen, an denen sie zurzeit arbeiten, und mit dem Bakterium *Escherichia coli* (*E. coli*), (Plus 6.1). Tatsächlich haben Forschungen am Modell-organismus *E. coli,* genauer am *E. coli*-Stamm K12, wichtige Grundlagen für das weite Gebiet der molekularen Biologie, insbesondere für die molekulare Genetik, gelegt. Überdies gilt: ohne *E. coli* keine Gentechnik. Und die Verfahren der Gentechnik sind die wichtigsten Methoden der heutigen Biologie.

Plus 6.1

Entdeckungsgeschichte von *E. coli*

Der Kinderarzt Theodor Escherich beschrieb im Jahr 1886 erstmals eine bis dahin unbekannte Bakterienart, die er in den Darmausscheidungen von Kleinkindern entdeckt hatte. Er bezeichnete die Art als *Bacterium coli commune,* d. h. allgemeines Dickdarmbakterium. Tatsächlich kommt diese Bakterienart unter vielen anderen nicht nur im Darm von Kleinkindern vor, sondern auch im Darm aller gesunden Menschen und der meisten Wirbeltiere. Inzwischen trägt diese Art den Namen ihres Entdeckers: *Escherichia coli* oder kurz: *E. coli.*

Die *E. coli*-Zelle ist ein kurzes stumpfes Stäbchen, 2–4 µm lang und 1 µm im Durchmesser. Im gewöhnlichen Lichtmikroskop ist es bereits bei 400-facher Vergrößerung sichtbar, doch erkennt man Einzelheiten des Aufbaus einer Bakterienzelle erst mit dem Elektronenmikroskop (s. ▶ Abb. 1.5, ▶ Abb. 6.3).

Die Bakterien leben in **Symbiose** mit ihrem Wirt. Sie helfen ihm beim Abbau von Nahrungsmitteln, im Gegenzug erhalten sie Nährstoffe für die eigene Verwendung. Im **Darm** sind *E. coli*-Bakterien nicht nur harmlos, sondern sogar nützlich. Aber sie können unangenehme Entzündungen hervorrufen, wenn sie in andere Organe eindringen. Am häufigsten sind Blasen- und Nierenentzündungen.

Manche *E. coli*-Stämme produzieren als Giftstoff ein **Enterotoxin**, das vor allem bei Säuglingen Darmentzündungen verursachen kann. Im Frühsommer 2011 lernte die Öffentlichkeit in Deutschland eine Shigatoxin produzierende *E. coli*-Art mit der Bezeichnung **EHEC** (für: enterohämorrhagisches *E. coli*) kennen. Mehr als 4 000 Personen erkrankten und 50 Personen starben, bevor die Seuche abklang.

In den Jahren 1950–1960 wurde eine harmlose Art von *E. coli* zu einem der wichtigsten Untersuchungsobjekte der Molekularbiologie. Der Bakterienstamm wurde mit einem beträchtlichen Aufwand an technischen Hilfsmitteln, Fleiß und Intelligenz untersucht. Die Ergebnisse dieser Bemühungen haben unser Denken über biologische Prozesse tief beeinflusst, denn es gelangen grundlegende Entdeckungen: die Entschlüsselung des genetischen Codes, das Funktionieren von Transkription und Translation, wichtige Erkenntnisse über die Regulation der genetischen Aktivität und über die Entstehung und Reparatur von Mutationen sowie vieles mehr.

Seit etwa 1975 beschäftigen sich die meisten Molekularbiologen mit Tieren, Pflanzen und eukaryotischen Einzellern wie Hefe, Flagellaten u. a. Aber *E. coli* bleibt weiterhin interessant, wie allein schon die vielen Publikationen zeigen. Überdies dient *E. coli* als eines der wichtigsten Mittel für die **Gentechnik** (s. Kap. 26).

Wenn man Pubmed, eine Art virtueller Bibliothek im Internet, unter dem Stichwort „*E. coli*" befragt, erhält man über 300 000 Hinweise auf wissenschaftliche Aufsätze, die seit etwa 1950 in den wichtigsten biochemischen, mikrobiologischen, genetischen und medizinischen Zeitschriften veröffentlicht wurden. Und auch heute noch kommen alljährlich weitere ca. 2000 Publikationen dazu. Experten für Einzelfragen haben im Jahr 1996 begonnen, die überwältigende Menge an Informationen zu ordnen und übersichtlich darzustellen. Daraus wurde ein zweibändiges Werk mit mehr als 2800 Seiten: „*Escherichia coli* and *Salmonella.* Cellular and Molecular Biology", von Fachleuten unter der Hand oft respektvoll als „Die Bibel" bezeichnet. Spätere Auflagen des Buches werden auf elektronischem Weg publiziert. So liegt ein umfassendes Werk vor, das ständig verbessert, erweitert und auf den neuesten Stand gebracht wird (http://ecosal.org).

Unter dem Stichwort *E. coli* erreicht man im Internet mehrere interessante Adressen. Besonders eindrucksvoll ist die „Encyclopedia of *Escherichia coli* K12. Genes and Metabolism" (http://ecocyc.org). Gleich auf der Homepage von EcoCyc kann man ein beliebiges Gen eingeben und erhält dann erschöpfende Auskünfte über das betreffende Gen und das codierte Protein (oder die codierte RNA) mit Informationen über Struktur und Funktion sowie die wichtigste Literatur. Ein „Genome Browser" leitet zum Genom und zeigt die Lage des Gens inmitten der 4 500 anderen Gene von *E. coli*. Wir werden später im Laufe des Kapitels davon Gebrauch machen.

In diesem Kapitel geht es zunächst um das Genom von *E. coli,* dann um einige einzelne Gene und deren Regulation, so ausgewählt, dass die Kenntnisse später bei der Besprechung gentechnischer Verfahren von Nutzen sind.

6.2 Vermehrung von Bakterien

Der harmlose *E. coli*-Stamm K12 lässt sich leicht im Labor kultivieren. Die Bakterien vermehren sich gut in einer wässrigen Salzlösung mit Glucose als Kohlenstoffquelle (▶ Tab. 6.1). Sie bauen das Kohlenstoffgerüst ab und synthetisieren unter Nutzung des Phosphats und des Ammoniumsalzes (NH_4Cl) die Bausteine der Nucleinsäuren und zusätzlich unter Nutzung der Sulfate ($MgSO_4$) die Aminosäuren. Unter günstigen Bedingungen ist eine Bakterienzelle ständig mit der Herstellung von Nucleinsäuren, Proteinen und anderen Bestandteilen der Zelle beschäftigt (▶ Tab. 6.2). Wenn ein DNA-Molekül verdoppelt vorliegt, erfolgt das Signal für die Teilung: Eine querverlaufende Scheidewand bildet sich zwischen den neu entstandenen Genomen. Schließlich entstehen zwei Nachkommenzellen.

Die Zeit, in der sich die Zahl der Bakterien einer Kultur verdoppelt, nennt man **Generationszeit** (▶ Abb. 6.1). Die Generationszeit in einem Minimalmedium nach ▶ Tab. 6.1 beträgt 60–90 min bei 37 °C, der optimalen Temperatur für *E. coli*. In einem Vollmedium (s. ▶ Tab. 6.1), das Aminosäuren und andere organische Ver-

Tab. 6.1 Medien für die *E. coli*-Aufzucht im Labor.

Minimalmedium/1 l Wasser	Vollmedium/1 l Wasser
12,0 g Tris-HCl-Puffer (pH 7,5)	10,0 g Fleischextrakt (Trypton)
5,0 g KCl	5,0 g NaCl
1,0 g NaCl	0,1 g $CaCl_2$
0,5 g Na_2HPO_4	
0,2 g $MgSO_4$	
0,1 g CaCl	
1,1 g NH_4Cl	
1,0 g Glucose	

Tab. 6.2 Makromoleküle im Innern einer *E. coli*-Zelle bei optimalen Wachstumsbedingungen. Die Werte sind grobe Schätzungen. Sie können sich mit dem physiologischen Zustand der Zelle stark ändern. Weitere 10–12 % der Zellmasse bestehen aus den Komponenten der Zellhülle und aus niedrigmolekularen Verbindungen. Der Rest ist Wasser.

	Anzahl der Moleküle	unterschiedl. Arten	Anteil an Zellmasse (in %)
Nucleinsäuren			
DNA	2–4	1	1
RNA			
• 16S-rRNA	3×10^4	1	6
• 23S-rRNA	3×10^4	1	
• tRNA	4×10^5	etwa 80	
• mRNA	10^3	> 1000	
Proteine	10^6	> 3 000	15

bindungen enthält, verkürzt sich die Generationszeit der Bakterien. Unter diesen Bedingungen verdoppelt sich die Zahl der Bakterien in 20–30 min. Diese Zeit ist das Minimum, denn schneller kann die DNA nicht repliziert werden, und das ist ja die notwendige Bedingung, die erfüllt sein muss, bevor seine Zelle sich teilen kann.

Definition

Die **Generationszeit** ist die Zeit, in der sich die Zahl der Bakterien in einer Kultur verdoppelt.

Für viele Untersuchungen werden Bakterien auf festen Nährböden kultiviert. Robert Koch, der große Pionier der Bakteriologie, hat dafür um 1880 ein Verfahren entwickelt, das noch heute benutzt wird: das Ausstreichen von Bakterien auf **Agarplatten**. Pulverartiger Agar wird in einem geeigneten Medium (▶ Tab. 6.1) verrührt und durch Kochen gelöst. Die heiße Lösung wird dann in Plastikschalen gegossen. Mit dem Abkühlen bildet sich ein feinporiges festes Gerüst, das von Bakterien nicht abgebaut werden kann. Bakterien vermehren sich auf der Oberfläche der Agarschicht. Dort, wo beim Ausstreichen

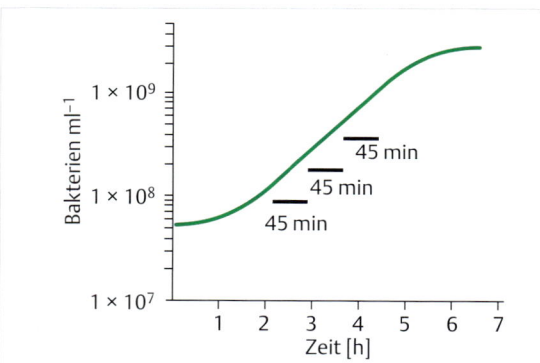

Abb. 6.1 Wachstumskurve von *E. coli*. Temperatur 30 °C, Generationszeit 45 min. In einem konstanten Volumen einer Nährstofflösung vermehren sich die Bakterien so lange, bis die Nährstoffe erschöpft sind. Die Konzentration der Bakterien liegt dann bei 1×10^9 bis 5×10^9 Zellen pro Milliliter. Das Wachstum verlangsamt sich und hört schließlich ganz auf. Die Bakterien vermehren sich erst wieder, wenn sie in einem größeren Volumen frischer Nährlösung aufgenommen werden, und zwar nach einer Ruhepause von unterschiedlicher Dauer und mit einer Generationszeit, die für die Nährlösung, den Bakterienstamm und die Temperatur charakteristisch ist.

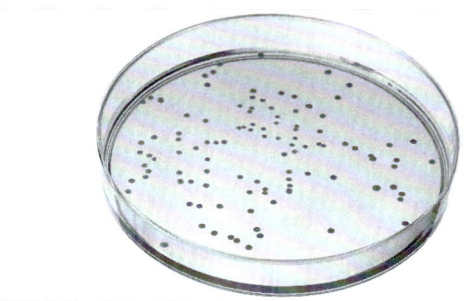

Abb. 6.2 Agarplatte mit Kolonien des Bakterienstammes *E. coli* K12. Jede Kolonie enthält die Nachkommen einer einzigen Bakterienzelle.

ursprünglich eine Bakterienzelle haften geblieben ist, entwickelt sich über Nacht im Brutschrank eine Bakterienkolonie mit mehreren Millionen Nachkommen (▶ Abb. 6.2).

6.2.1 Die DNA als Nucleoid

Das Genom von *E. coli* ist ein ringförmig geschlossenes DNA-Molekül mit etwas mehr als 4,6 Millionen Basenpaaren. Das entspricht einer Länge von 1,5–1,6 mm oder einem Kreis mit einem Durchmesser von ungefähr 0,5 mm. Auf jeden Fall ist die DNA einige Hundert Mal länger als eine Bakterienzelle. Dabei füllt die DNA nicht einmal das gesamte Innere aus, sondern ist auf engem Raum konzentriert. Dieses dichte DNA-Knäuel hat die Bezeichnung **Nucleoid** („kernähnlich") (▶ Abb. 6.3a).

Um die dichte Packung der bakteriellen DNA besser verstehen zu können, sind Methoden zur Isolierung des Nucleoids als kompakte Struktur entwickelt worden. Dazu werden die Zellwände von *E. coli* mithilfe des Enzyms Lysozym in Gegenwart hoher Konzentrationen von NaCl aufgebrochen. Durch Saccharosegradienten-Zentrifugation wird das Nucleoid als kompakte Struktur von den anderen Komponenten der Zelle getrennt (▶ Abb. 6.3b). Die hohe Konzentration an Natrium-Ionen ist zur Neutralisierung der negativen Phosphatgruppen in den Nucleotiden der DNA notwendig. In der Zelle übernehmen Magnesium-Ionen und positiv geladene organische Verbindungen (Spermin, Spermidin u. a.) diese Aufgabe. Zusätzlich sind kleine Proteine mit der Bezeichnung **nucleoidassoziierte Proteine** (*nucleoid associated proteins*) oder NAPs für die dichte Packung des Nucleoids wichtig. Man kennt gut ein Dutzend NAPs. Die meisten beugen oder biegen die DNA. Wir nennen einige davon.

Nucleoidassoziierte Proteine

Das häufigste dieser Proteine hat die Bezeichnung **HU** (*heat-unstable nucleoid protein*). Eine *E. coli*-Zelle besitzt etwa 60 000 Kopien davon. HU ist ein Dimer aus ähnlichen, aber nicht identischen Untereinheiten, je aus 90 Aminosäuren aufgebaut (Molekulargewicht ca. 9 kDa).

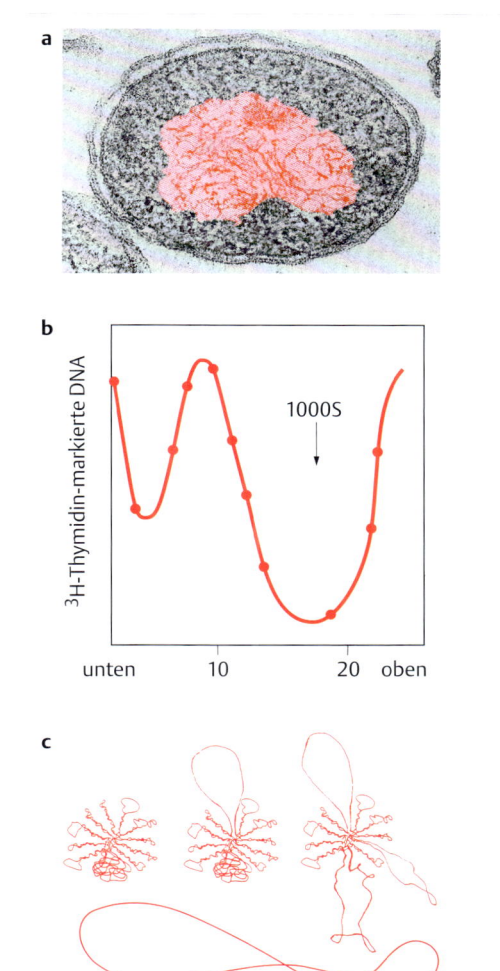

Abb. 6.3 Nucleoid: DNA in Bakterien. Die Skizzen in **b** und **c** sind Umzeichnungen nach Vorlagen in dem historischen Aufsatz von A. Worcel und E. Burgi (1972).

a Schnitt durch eine Bakterienzelle. Dieses Bild entspricht der ▶ Abb. 1.5 und wird hier noch einmal zur Demonstration der dichten DNA-Packung gezeigt. (Aufnahme: H. Frank, Tübingen, 1975)

b Isolierung des Nucleoids durch Saccharosegradienten-Zentrifugation (S. 42). Zum Nachweis wurde die DNA mit [³H]-Thymidin markiert, ein Deoxynucleotidvorläufer, der von Bakterien bereitwillig aufgenommen und schließlich in DNA eingebaut wird. Als Sedimentationsmarker (Pfeil) dient der Bakteriophage T 4, der mit 1000 S wesentlich langsamer im Schwerefeld der Ultrazentrifuge wandert als das isolierte Nucleoid. (nach Worcel A, Burgi E (1972) On the structure of the folded chromosome of *Escherichia coli*. J Mol Biol 71: 127–147)

c Vorsichtige Behandlung mit einer Endonuclease löst schrittweise die dichte Knäuelung des Nucleoids auf. (nach Worcel A, Burgi E (1972) On the structure of the folded chromosome of *Escherichia coli*. J Mol Biol 71: 127–147)

Das Protein HU stabilisiert Biegungen und Überkreuzungen von DNA-Strängen und trägt damit zur Erhaltung der kompakten Nucleoidstruktur bei.

Ein zweites Protein ist als **IHF** bekannt, eine Abkürzung für *integration host factor,* denn es wurde als ein Protein entdeckt, das an der Integration einer viralen DNA (genauer: der DNA des Bakteriophagen Lambda) (S.132) in das Bakteriengenom beteiligt ist. Das Protein besteht aus zwei Untereinheiten: IHF-α (aufgebaut aus 99 Aminosäuren) und IHF-β (94 Aminosäuren). Das Protein IHF bindet an spezifische DNA-Stellen, bevorzugt in Bereichen mit einem relativ hohen Anteil an AT-Basenpaaren, und verursacht dort Beugungen des DNA-Stranges.

Das dritte Protein, das wir nennen wollen, heißt **H-NS** (*histone-like nucleoid structuring protein*) mit etwa 20 000 Kopien pro Bakterium. H-NS besteht aus 136 Aminosäuren, bindet bevorzugt an DNA-Abschnitte mit vielen AT-Basenpaaren, wie es in der Nähe von Promotoren vorkommt. Gebundenes Protein biegt die DNA um 160°. Es blockiert den Zugang der RNA-Polymerase zum Genanfang. Tatsächlich stehen 200–300 Gene unter der Kontrolle von H-NS.

Im Gegensatz zu HU und IHF, die weit verteilt an der DNA des Nucleoids vorkommen, lagern sich viele H-NS-Proteine aneinander und bilden ein dichtes Aggregat in der Mitte der Bakterienzelle. Somit bringt H-NS die Gene, an die es gebunden ist, in räumliche Nähe und stabilisiert erheblich die kompakte Form des Nucleoids.

Eine interessante Komponente des Nucleoids hat die Bezeichnung **MukBEF**. Dieses Protein aus mehreren Untereinheiten kommt im Innern des Nucleoids vor und trägt ebenfalls zur kompakten Struktur bei, besonders als Vorbereitung auf die Weitergabe des Genoms während der Teilung von Bakterien. Eine Untereinheit (MukB) ist eines der größten Proteine von *E. coli* (ca. 170 kDa). Es hat die Form des Buchstabens V und kann DNA-Stränge umklammern und zusammenhalten. MukB hat Ähnlichkeiten mit SMC-Proteinen (SMC, *structural maintenance of chromosomes*). SMC-Proteine kommen nicht nur bei Bakterien vor, sondern auch in Archaeen und Eukaryoten, wo sie Funktionen bei der Packung und Organisation des genetischen Materials haben. Wir werden SMC-Proteine ausführlicher im Kap. 9 kennenlernen, wenn es um die Struktur von Chromatin und Chromosomen (S.207) geht.

Die Abkürzung Muk steht für *mukaku*, japanisch für „kernlos". Das ist ein Teil des Phänotyps von Mutanten im Gen *MukB*. Das Fehlen eines funktionsfähigen MukB-Proteins hat eine Auflockerung des Nucleoids zur Folge. Damit entstehen Probleme bei der Weitergabe des Bakteriengenoms während der Zellteilung. So kann es u. a. zu Nachkommen ohne Nucleoid kommen.

Organisation bakterieller DNA

Von besonderer Bedeutung für Form und Struktur des Nucleoids ist die Konformation der bakteriellen DNA. Sie ist verdrillt als **Superhelix**. Wie früher erklärt (S.39), könnte man erwarten, dass ein einziger Einzelstrang-

Schnitt mit einer Endonuclease die Superhelix in einen entspannten DNA-Ring überführt. Aber das ist nicht der Fall. Ein einziger Schnitt entspannt nur in einen Teil und erst mit längerem Einwirken der Endonuclease kommt es schließlich zur Entspannung der gesamten DNA (▶ Abb. 6.3c). Der Grund dafür ist, dass die DNA im Nucleoid in Form einzelner Schleifen oder Domänen organisiert ist, die getrennte **topologische Einheiten** bilden. Einzelne Schleifen bestehen aus DNA-Abschnitten von bis zu 100 000 Basenpaaren.

Die superhelikale Struktur des Nucleoids wird durch die Wirkung von Enzymen mit der Bezeichnung **DNA-Topoisomerasen** aufrechterhalten:

- Eine Typ-II-Topoisomerase, als **Gyrase** bekannt, führt superhelikale Windungen ein.
- Eine Typ-I-Topoisomerase entspannt hingegen die superhelikale DNA, etwa dann, wenn Gene transkribiert oder Genomabschnitte repliziert werden.

Aufbau und Wirkungsweise dieser interessanten und biologisch bedeutenden Enzyme werden wir später (S.181) kennenlernen. Hier nur die Anmerkung, dass eine wichtige Klasse von Antibiotika (Chinolon; Ciprofloxacin) die bakterielle Gyrase angreift. Die Hemmung der Gyrase führt zu einer Ausdehnung des Nucleoids: Die DNA verliert ihre kompakte Struktur und dehnt sich aus, was ein Platzen und damit den Tod der Bakterienzelle zur Folge hat.

6.2.2 Das Genom

Nach sechsjähriger Arbeit gaben Frederick Blattner und seine Mitarbeiter im Sommer 1997 die Sequenz aller Basenpaare des Genoms von *E. coli* K12 bekannt [1]. Später wurden die Daten an wenigen Stellen korrigiert, ergänzt und erweitert. In dieser Form ist die Sequenz von 4 639 651 bp für alle Interessierten im Internet frei zugänglich, etwa über die Datenbank EcoCyc.

Mithilfe geeigneter Computerprogramme lässt sich das Genom nach offenen Leserastern absuchen. Das Ergebnis: Das *E. coli*-Genom enthält ungefähr 4 440 proteincodierende Gene. Weiter trägt das Genom sieben Gene für rRNAs und 80–90 Gene für tRNAs. Die ▶ Abb. 6.4 gibt einen ersten Überblick.

Schon ein Blick auf die ▶ Abb. 6.4 gibt einige wichtige Informationen:

- Das Genom ist dicht mit Genen besetzt. Genaue Analysen zeigen, dass der durchschnittliche Abstand zwischen zwei Genen nur etwas mehr als 100 bp beträgt. In diesen Bereichen zwischen den Genen befinden sich Promotorelemente (S.71) und andere DNA-Abschnitte, die für die Regulation genetischer Aktivität verantwortlich sind.
- Beide Stränge der DNA enthalten etwa gleichviele Gene. Daraus folgt, dass die DNA sowohl im Uhrzeigersinn als auch im Gegenuhrzeigersinn transkribiert werden kann und auf engem Raum viele Genprodukte codiert sind.

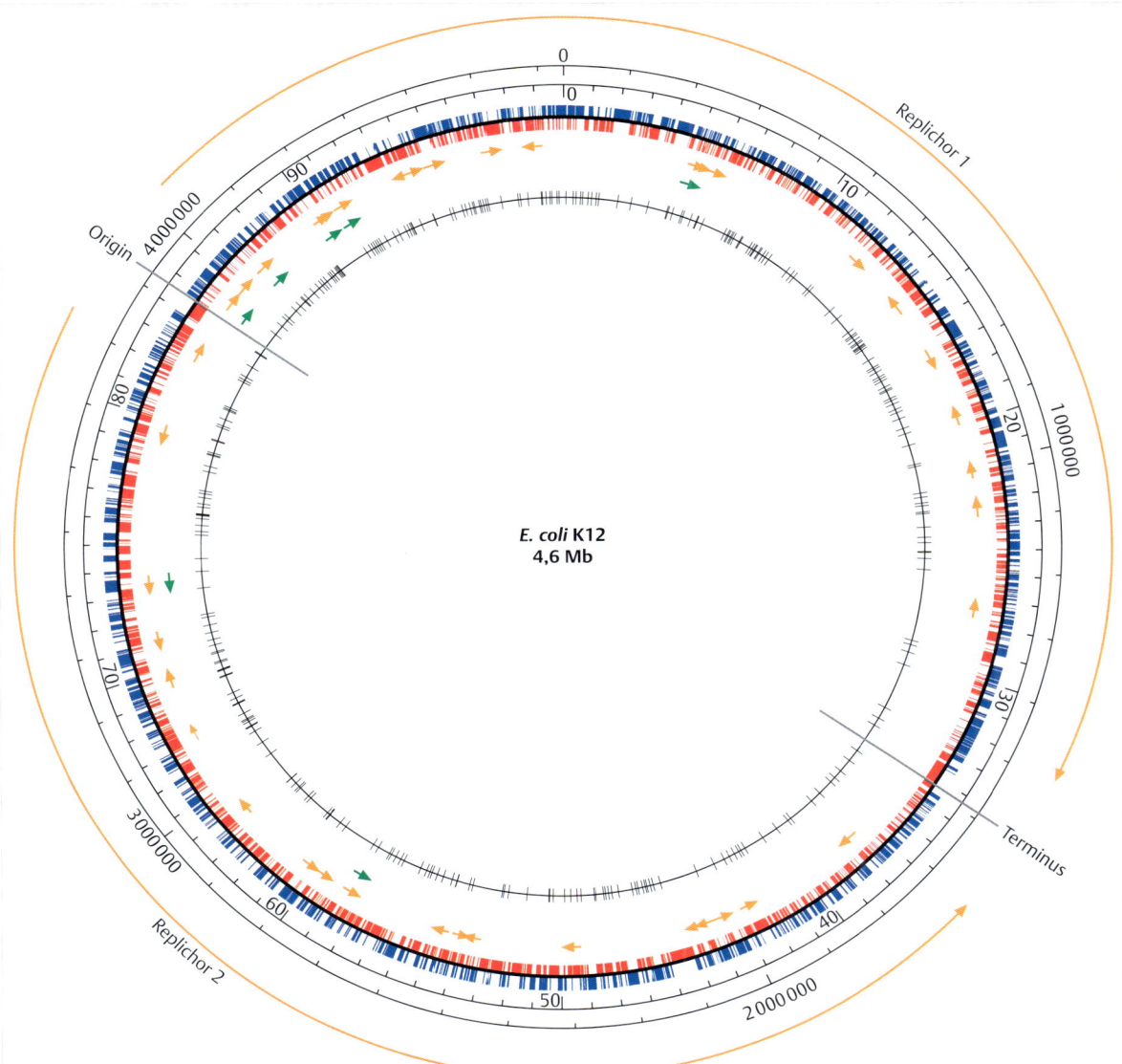

Abb. 6.4 Das Genom von *E. coli*. Erklärung des Bildes von außen nach innen. Orangefarbener Kreis: Replichor, Origin (*origin of replication*, Replikationsursprung) und Terminus: Origin und Terminus sind wichtige Wegmarken im Genom. Am Origin beginnt die Replikation (Verdopplung des Genoms) und schreitet von dort in beide Richtungen (S. 175) bis zum Terminus fort. Somit wird die eine Hälfte im Uhrzeigersinn (Replichor 1), die andere im Gegensinn (Replichor 2) repliziert. Schwarze Kreise: Einteilungen des Genoms in Basenpaare oder Minuten (S. 110), wobei eine Minute 1 % des Genoms umfasst). Beide Maßstäbe beginnen an derselben Stelle, deren Festlegung forschungshistorische Gründe hat. Kreise mit blauen und roten Balken: Lage der proteincodierenden Gene entweder auf dem einen oder dem anderen der beiden komplementären DNA-Stränge. Die grünen Pfeile zeigen die Lage der rRNA-Gene und die orangefarbenen Pfeile die Lage vieler tRNA-Gene an. Schwarzer Kreis mit Strichen: Auf dem innersten Kreis sind die repetitiven (REP-) Sequenzen angegeben. (nach Blattner F, Plunkett G 3rd, Bloch CA et al (1997) The complete genome sequence of Escherichia coli K12. Science 277: 1453–1462)

Eine Art von Nahaufnahme vermittelt die ▶ Abb. 6.5, die einen Ausschnitt von ungefähr 60 kb zeigt – etwa ab dem Nucleotid mit der Nummer 334 000 der Genkarte. Dieses Bild unterstützt sehr deutlich die Aussage, dass Transkriptionen von benachbarten Genen in entgegengesetzte Richtungen laufen können.

Die ▶ Abb. 6.5 zeigt in Form von geknickten, dünnen Pfeilen die Lage der Promotoren. Man erkennt, dass von manchen Promotoren Transkripte ausgehen, die mehrere Gene umfassen. Solche gemeinsam transkribierten Gene codieren oft Proteine mit zusammengehörenden Funktionen. Als Beispiel nennen wir die Gene *lacZ*, *lacY* und *lacA*

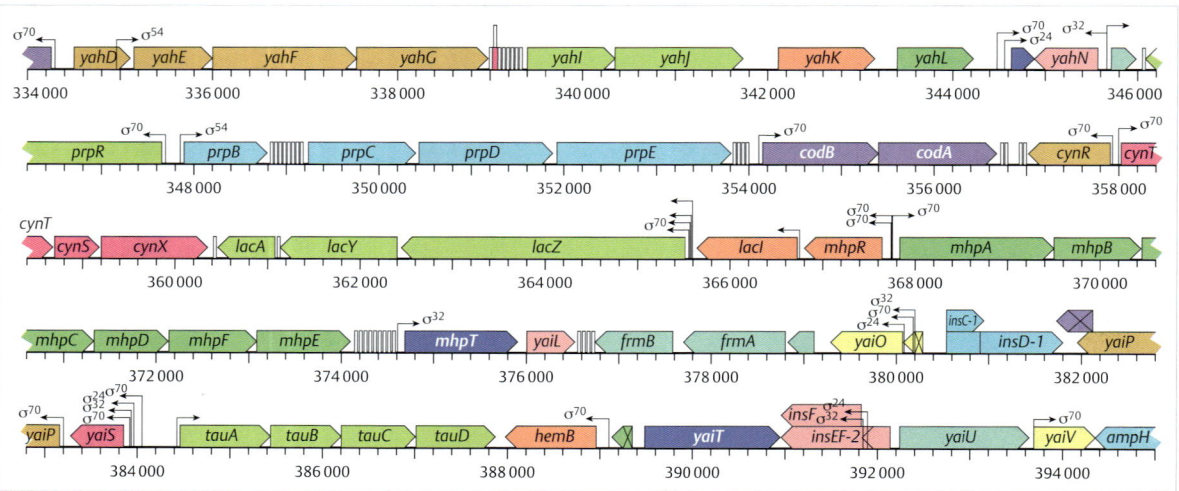

Abb. 6.5 Gene und offene Leseraster. Gene sind mit ihren Bezeichnungen (*lacZ*, *prpC* usw.) und mit unterschiedlichen Farben gekennzeichnet. Die Spitzen der farbigen Pfeile zeigen in Transkriptionsrichtung. Gene, die zu einem Operon gehören, haben dieselbe Farbe. Geknickte, dünne Pfeile kennzeichnen die Lage der Promotoren mit Transkriptionsrichtung, wobei der griechische Buchstabe σ (Sigma) den σ-Faktor angibt, der für die Expression des Gens notwendig ist. Meist ist es σ70 (S. 71). Schmale, senkrechte Boxen zwischen einigen Genen zeigen die REP-Elemente an (s. ▶ Abb. 6.6). Diese Abbildung stammt aus der Datenbank EcoCyc; Information dazu in Keseler et al. (2011).

(zur Bezeichnung von *E. coli*-Genen siehe Plus 6.2). Diese Gene tragen Informationen für Proteine des Lactosestoffwechsels. Die drei Gene werden als eine lange, sogenannte **polygenische mRNA** transkribiert. Man bezeichnet Genfolgen, die von einem Promotor aus gemeinsam transkribiert werden, als **Operons**. Die Organisation von mehreren, funktionell zusammengehörenden Genen in Form von Operons ist eine charakteristische Besonderheit von Bakteriengenomen. In der Abbildung sind Gene, die zu einem Operon gehören, durch eine einheitliche Farbe gekennzeichnet. Das grün gezeichnete *lac*-Operon (S. 118) wird uns später in diesem Kapitel als Beispiel für genetische Regulation dienen.

Plus 6.2

Bezeichnung von bakteriellen Genen

Aus historischen Gründen werden Gene bei verschiedenen Organismen unterschiedlich notiert. Die typische Kennzeichnung von *E. coli*-Genen sind vier kursiv gesetzte Buchstaben. Die drei ersten Buchstaben sind klein geschrieben und geben in Kurzform den Mutantenphänotyp, eine Funktion oder sonst eine Eigenschaft des Gens an. Der vierte, große Buchstabe kennzeichnet die Reihenfolge der Entdeckung einzelner Gene mit demselben oder einem ähnlichen Phänotyp oder dient sonst zur Unterscheidung funktionell verwandter Gene.

Zwei Beispiele verdeutlichen dieses System.

- In der Frühzeit der Bakteriengenetik bezeichnete man mit *arg* eine Mutante, die im Gegensatz zu Wildtypbakterien die Aminosäure Arginin nicht herstellen kann. Im Laufe der Zeit wurden noch weitere Mutanten mit dem gleichen Phänotyp gefunden, wobei man dann feststellte, dass sich die Mutationen in verschiedenen Genen ereignet hatten. Zur Unterscheidung verwendete man die

Gennamen: *argA*, *argB*, *argC* usw. Viele dieser Gene codieren Enzyme des Argininsynthesewegs.

- Mit *rec* bezeichnet man Mutanten, die unfähig zur genetischen Rekombination sind. Es gibt mehrere Mutanten mit demselben Phänotyp, je geschädigt in einem anderen Gen: *recA*, *recB*, *recC*, *recD* und andere. Jedes dieser Gene codiert ein anderes Protein mit einer Funktion im Rekombinationsablauf (S. 225).

Genprodukte, Proteine, bezeichnet man häufig nach den Genen, die sie codieren. Aber man schreibt sie nicht kursiv und mit einem großen Anfangsbuchstaben; also: RecA-Protein, RecB-Protein usw.

Schließlich ist es manchmal nützlich, Mutanten- und Wildtypgene zu unterscheiden: *arg* oder *argA* für das Mutantengen, *arg⁺* oder *argA⁺* für das Wildtypgen. Nur wenn es aus Gründen der Unterscheidung sinnvoll ist, bezeichnet man Mutanten oder Mutantengene mit *arg⁻* bzw. *argA⁻*.

Definition

Ein **Operon** ist eine Folge von Genen, die von einem Promotor aus transkribiert werden.

Aber bei Weitem nicht alle Bakteriengene kommen in Transkriptionseinheiten oder Operons vor. Die ▶ Abb. 6.5 enthält eine Reihe von Beispielen, etwa die Gene *lacI*, *mhpR* und *insD-1*, die von eigenen Promotoren als **monogenische mRNA** transkribiert werden.

Merke

Eine **monogenische mRNA** enthält nur ein offenes Leseraster. Das entsprechende Gen besitzt einen eigenen Promotor.

Man spricht von **polygenischer mRNA**, wenn mehrere offene Leseraster hintereinander vorkommen. Die Gene besitzen einen gemeinsamen Promotor, von dem aus sie als lange mRNAs transkribiert werden.

Obwohl das *E. coli*-Genom im Allgemeinen aus Einzelkopieabschnitten aufgebaut ist, kommen repetitive Elemente vor, von denen eine Art in der ▶ Abb. 6.5 angedeutet ist, nämlich die **REP-Sequenzen** (*repetitive extragenic palindrome*), die in über 580 Kopien im *E. coli*-Genom enthalten sind. Es sind kurze gegenläufige Sequenzabschnitte von etwa 40 bp (▶ Abb. 6.6), die häufig in mehreren hintereinandergeschalteten Exemplaren im Bereich von Gen-Enden vorkommen. Ihre Funktion ist noch nicht ganz geklärt. Sie sind bevorzugte Bindungsstellen für Proteine im Nucleoid und könnten eine Rolle bei der Ausbildung der kompakten DNA-Struktur spielen. Weil REPs oft im Endbereich von Genen liegen und nach der Transkription in die 3′-Nicht-Codierungsbereiche von mRNAs gelangen (▶ Abb. 6.6), ist es möglich, dass sie die Termination der RNA-Synthese oder die Stabilität von mRNAs beeinflussen.

Andere repetitive DNA-Abschnitte sind Chi-Sequenzen. Chi-Sequenzen (*cross over hot spot instigator*) kommen durchschnittlich etwa einmal in einem Abschnitt von 5 000 bp vor. Sie beeinflussen die genetische Rekombination, wie wir später (S. 225) in einem passenden Zusammenhang besprechen werden.

6.2.3 Die biologische Genkarte und das F-Plasmid

Die ▶ Abb. 6.4 enthält zwei Vermessungssysteme für das *E. coli*-Genom:

- Ein Maßsystem ist einfach die Angabe der Basenpaare im Abstand von einem mehr oder weniger willkürlich gesetzten Punkt. Man spricht von einer **physikalischen oder molekularen Genkarte**. Die Einheit ist ein Basenpaar (bp) oder ein Kilobasenpaar (kb = 1000 bp).
- Die Einheiten des zweiten Systems sind Minuten. Das gesamte *E. coli*-Genom besteht aus 100 min. Ein Abstand von einer Minute entspricht also einem Prozent der Gesamtgenomlänge. Die Maßeinheit stammt aus Untersuchungen in der frühen Zeit der Bakteriengenetik. Dabei wurden Reihenfolge und Abstände der Gene durch Rekombinationsereignisse bestimmt, wie auf den folgenden Seiten erklärt. Das Ergebnis ist die **biologische Genkarte**.

Warum bezeichnet man die Einheiten der biologischen Karte von Bakteriengenomen als „Minuten"? Zum Verständnis müssen wir in die Anfänge der Bakteriengenetik zurückgehen. Das ist ein lohnender Umweg, denn wir begegnen dabei einem zweiten Genom in *E. coli*-Zellen, dem F-Plasmid.

Die Grundlagen wurden durch Untersuchungen von **auxotrophen Bakterienmutanten** gelegt (Schlüsselexperiment 6.1). Das sind Mutanten, die sich nicht in einem Minimalmedium (▶ Tab. 6.1) vermehren können, weil ih-

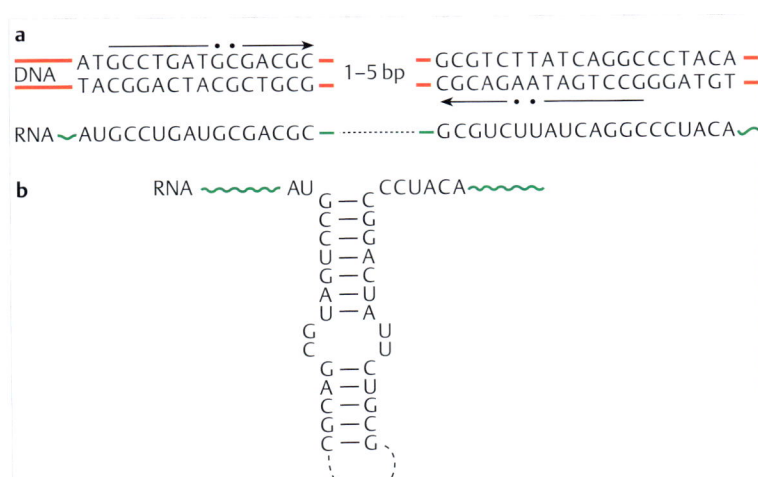

Abb. 6.6 Repetitive DNA-Elemente (REP-Sequenzen) im *E. coli*-Genom.

a DNA-Konsensussequenz. Die gegenläufigen Sequenzen (Palindrome) sind das Kennzeichen von REP-Elementen.

b Nach der Transkription kann die entstandene RNA eine Sekundärstrukturschleife bilden.

nen die Enzyme für bestimmte Syntheseschritte fehlen. Im Gegensatz dazu können **prototrophe Wildtypbakterien** die notwendigen Produkte aus den einfachen Komponenten des Minimalmediums herstellen.

Schlüsselexperiment 6.1

Übertragung genetischer Information zwischen Bakterien

Joshua Lederberg und Edward L. Tatum haben 1946 bei ihren Experimenten mit auxotrophen Mutanten die Übertragung von genetischer Information zwischen *E. coli*-Zellen beobachtet und mit dieser Entdeckung das Forschungsgebiet der Bakteriengenetik eröffnet.

Die ursprüngliche Beobachtung war einfach: Zwei auxotrophe Bakterienstämme, *E. coli* 58–161 (*met⁻ bio⁻*) und *E. coli* W677 (*thr⁻ leu⁻*), wurden zusammen in einem Gefäß mit Nährlösung kultiviert. Nach einiger Zeit konnten prototrophe Bakterien nachgewiesen werden. Die Entstehung der prototrophen Bakterienzellen kann nur durch Austausch und Neukombination von genetischem Material zustande gekommen sein.

Nach der grundlegenden Entdeckung brachten sorgfältige Analysen zwei weitere wichtige Tatbestände zutage:
- Für den Genaustausch ist ein direkter Kontakt zwischen beiden Bakterientypen notwendig.
- Die Übertragung des Genmaterials erfolgt in einer Richtung – in unserem historischen Beispiel vom Stamm *E. coli* 58–161 in den Stamm *E. coli* W677. Der erste ist der Donor, der zweite der Empfänger oder Rezipient von genetischem Material. Oft wird eine Donorbakterienzelle auch als „männlich", eine Empfängerzelle als „weiblich" bezeichnet.

Eine Donorzelle ist durch ein Extrastück an DNA ausgezeichnet, das sogenannte **F-Plasmid** (F steht für Fruchtbarkeit, *fertility*). Das F-Plasmid kann als DNA-Ring isoliert vom Chromosom vorkommen: **F⁺-Zellen**. Aber gelegentlich wird das F-Plasmid in das Bakterienchromosom eingebaut. Dadurch entstehen sogenannte **Hfr-Zellen** (*high frequency of recombination*). Die große Häufigkeit von Rekombinationen ist eine Folge der Integration des F-Plasmids.

Merke

In **F⁺-Zellen** kommt das F-Plasmid getrennt vom Hauptchromosom in der Zelle vor. Bei **Hfr-Zellen** ist das F-Plasmid in das Hauptchromosom integriert.

Die ▶ Abb. 6.7 fasst die drei verschiedenen, an der Bakterienpaarung beteiligten Typen zusammen. Die Konsequenzen, die die jeweilige genetische Konfiguration für

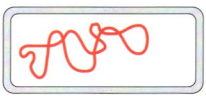
F⁻-Zellen enthalten nur das Hauptchromosom

F⁺-Zellen enthalten neben dem Hauptchromosom ein Extrastück DNA, das F-Plasmid

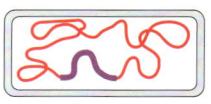
Hfr-Zellen enthalten das F-Plasmid integriert im Hauptchromosom

Abb. 6.7 Partner der bakteriellen Konjugation. Bakterien enthalten ein bis höchstens drei F-Plasmide. Die Erkenntnis, dass Bakterien Plasmid-DNA besitzen können, frei oder in die Haupt-DNA eingebaut, hat viele grundlegende Forschungsarbeiten auf dem Gebiet der Bakteriengenetik angeregt. 40 Jahre nach den grundlegenden Veröffentlichungen hat Joshua Lederberg zusammen mit Harriet Zuckerman (1986) einen kurzen Rückblick geschrieben [3].

den Genaustausch hat, wollen wir gleich besprechen. Zunächst geht es um die Struktur des F-Plasmids.

Merke

Das eigentliche Bakteriengenom wird oft als **Hauptchromosom** oder auch einfach als Chromosom bezeichnet, wenn es von den **extrachromosomalen Plasmiden** unterschieden werden soll. Die Bezeichnung „Chromosom" wurde von den Pionieren der Bakteriengenetik gewählt – in Analogie zu den Chromosomen von Tieren und Pflanzen (S. 154). Aber selbstverständlich gibt es erhebliche Unterschiede in der Struktur und im genetischen Aufbau von echten eukaryotischen Chromosomen und den Genomen der Bakterien.

Das F-Plasmid ist nur eines einer größeren Zahl von verschiedenartigen extrachromosomalen DNA-Molekülen in Bakterien. Sie werden allgemein als Plasmide bezeichnet, gelegentlich auch als **Episome**, ein Begriff, mit dem man DNA-Moleküle benennt, die sowohl extrachromosomal als auch integriert im Hauptchromosom vorkommen können (▶ Abb. 6.7). Plasmide werden uns noch an verschiedenen Stellen später im Buch begegnen (Plus 10.2 (S. 234) und Kap. 26.3).

Hier geht es um das **F-Plasmid**, ein ringförmiges DNA-Molekül aus fast 100 000 bp mit etwa 100 Genen. Eine Reihe von 36 Genen, in der physikalischen Genkarte der ▶ Abb. 6.8 als Transferregion bezeichnet, ist für die Übertragung von genetischem Material zwischen Donor und Rezipient notwendig. Eines dieser Gene, das Gen *traA*, codiert ein Protein, das als wichtigstes Bauelement des **F-Pilus** dient. Der F- oder Sexpilus ist ein fadenförmiger Auswuchs auf der Oberfläche von F⁺- und Hfr-Bakterien

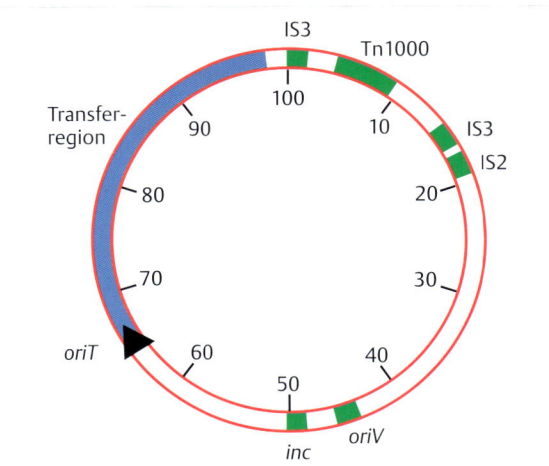

Abb. 6.8 Physikalische Karte des F-Plasmids. Die DNA besteht aus 99 159 bp. Das linke Ende des IS 3-Elements gilt als Beginn. Nur ein kleiner Teil der ca. 60 Gene des F-Plasmids ist angegeben. Inc ist eine Abkürzung für Inkompatibilität. Die Inc-Proteine eines in der Zelle vorhandenen Plasmids verhindern die Vermehrung und Weitergabe anderer verwandter Plasmide. IS-Elemente (IS 2, IS 3) bestehen aus 800–1500 bp und kommen nicht nur im F-Plasmid, sondern auch im Hauptchromosom vor. Diese DNA-Regionen, genauso wie der als Tn1000 bezeichnete Abschnitt haben eine eigene genetische Bedeutung und werden in einem anderen Zusammenhang (S. 232) ausführlich beschrieben. Hier ist von Interesse, dass die Integration des F-Plasmids in das Hauptchromosom meist über einen Mechanismus erfolgt, dem ein gegenseitiges Erkennen der IS-Elemente im Plasmid und im Hauptchromosom zugrunde liegt. Mit anderen Worten, freie F-Plasmide integrieren bevorzugt an Stellen von IS-Elementen im Hauptchromosom (▶ Abb. 6.10).

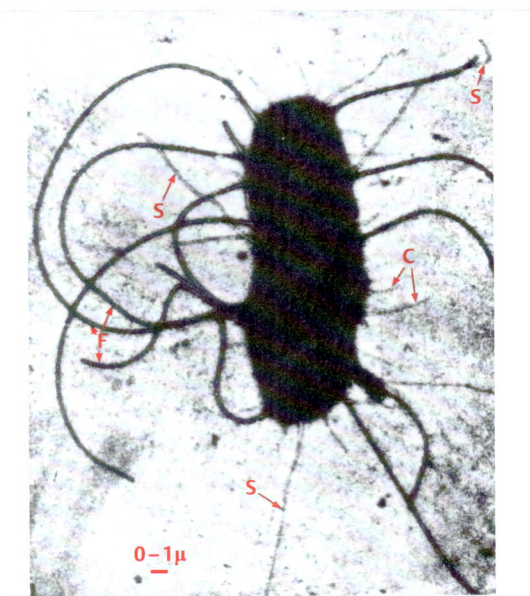

Abb. 6.9 Morphologie einer F⁺-Zelle. Das Foto ist das klassische Bild aus der Arbeit von Meynell et al. (1968) [4]. F = Flagellen; C = gewöhnliche Pili (*common pili*); S = F-Pili (*sex pili*). (aus Meynell E, Meynell GG, Datta N (1968) Phylogenetic relationships of drug resistance factors and other transmissible bacterial plasmids. Bacteriol Rev 32: 55–83)

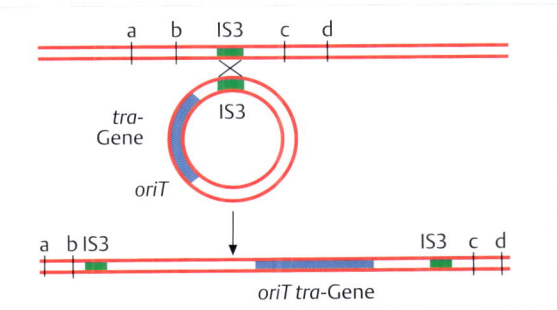

Abb. 6.10 Schema der Integration eines F-Plasmids.

(▶ Abb. 6.9). Das reife TraA-Protein, auch Pilin genannt, besteht aus nur 70 Aminosäuren (Molekulargewicht 7,2 kDa). Viele Pilinmoleküle legen sich zu dem zylindrischen Faden des F-Pilus zusammen, der länger als die *E. coli*-Zelle sein kann. Ein F-Pilus hat einen Durchmesser von etwa 8 nm und eine zentral gelegene Röhre von 2 nm. Andere Gene in der Transferregion sind für den Zusammenbau des F-Pilus und für die Übertragung der DNA verantwortlich.

Die Genkarte der ▶ Abb. 6.8 enthält zwei Eintragungen mit den Bezeichnungen *oriV* und *oriT*. Ori ist die Abkürzung für **Origin** (*origin of replication*, Replikationsursprung). Damit bezeichnet man in der Genetik Stellen auf der DNA, wo die Verdopplung oder Replikation der DNA eingeleitet wird (s. Kap. 8). Der *oriV* wird im Prinzip nur einmal pro Bakteriengeneration benötigt und ist notwendig, damit F⁺-Bakterien ihre F-Plasmide während der normalen oder „vegetativen" Vermehrungsphase an ihre Nachkommen weitergeben können.

Der *oriT* bleibt dagegen bei der normalen Vermehrung von Bakterien unbenutzt. Er wird erst aktiviert, wenn Donorzellen mit Empfänger-(Rezipienten-)Zellen über den F-Pilus Kontakt aufgenommen haben. Dabei verkürzt sich der Pilus, bis schließlich eine Art von kurzer offener Röhre zwischen Donor und Rezipient übrig bleibt. Gleichzeitig wird die DNA des F-Plasmids im Bereich des *oriT* endonucleolytisch geöffnet. Das entstandene 5′-Ende der DNA wird über die Pilusbrücke in die Rezipientenzelle geleitet, und zwar in einer definierten Richtung, die durch Pfeilspitzen in der ▶ Abb. 6.11 angedeutet ist. Der übertragene DNA-Strang, aber auch der zurückbleibende Strang, wird durch DNA-Synthese wieder zu einem Doppelstrang vervollständigt. An diesem Vorgang beteiligen sich mehrere Enzyme und andere Proteine, die sowohl von Genen des Hauptchromosoms als auch von Genen aus der Transferregion des F-Plasmids codiert werden.

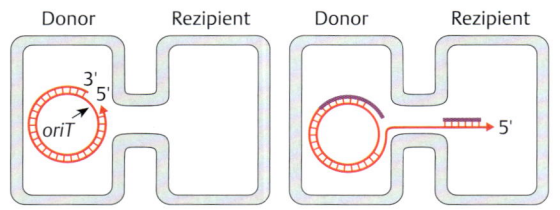

Abb. 6.11 DNA-Transfer bei der Übertragung. Bei oder unmittelbar nach der Herstellung der Brücke zwischen der Donorzelle und der Rezipientenzelle wird einer der beiden DNA-Stränge am *oriT* geöffnet. Das 5'-Ende des geöffneten Stranges wird in die Rezipientenzelle transferiert. Die Einzelstrangbereiche im übertragenen Strang und am zurückbleibenden Ring werden durch DNA-Neusynthese zu Doppelsträngen ergänzt. Als Konsequenz wird eine Kopie des F-Plasmids in die Empfängerzelle übertragen und eine zweite Kopie bleibt in der Donorzelle zurück.

Als Konsequenz der Transferreplikation erhält die Empfängerzelle eine Kopie des F-Plasmids, während eine zweite Kopie im Besitz der Donorzelle bleibt.

6.2.4 F'-Plasmide

Als seltenes Ereignis kann ein integriertes Plasmid wieder ausgeschnitten werden. Gelegentlich verläuft dieser Vorgang (Exzision) ungenau. Dann werden benachbarte chromosomale DNA-Abschnitte gemeinsam mit den Plasmidsequenzen entfernt (▶ Abb. 6.12). Dabei entstehen dann F-Plasmide mit zusätzlichen chromosomalen Genen, **substituierte F-Plasmide** oder F'-Plasmide.

> ### Definition
>
> **F'-Plasmide**, auch substituierte F-Plasmide genannt, sind F-Plasmide, die chromosomale Gene enthalten.

Man unterscheidet zwei Exzisionswege. Bei der **Typ-I-Exzision** (▶ Abb. 6.12) bleibt ein Teil des Plasmids im Hauptchromosom zurück. Das entstandene Exzisionsprodukt kann als Plasmid in der Zelle replizieren, wenn es noch mindestens die plasmidalen Replikationsfunktionen und den *oriV* (s. ▶ Abb. 6.8) besitzt. Falls die *tra*-Gene im Hauptchromosom zurückgeblieben sind, hat das Plasmid die Fähigkeit zum Konjugationstransfer verloren. Der chromosomale DNA-Abschnitt im F'-Plasmid entspricht einer Folge von genetischen Elementen, die ursprünglich auf einer Seite des integrierten Plasmids lagen. Bei der **Typ-II-Exzision** (▶ Abb. 6.12) werden chromosomale DNA-Abschnitte von beiden Seiten des integrierten F-Plasmids ausgeschnitten. Es bleiben keine plasmidalen Sequenzen im Hauptchromosom zurück.

F'-Plasmide können in andere Bakterien übertragen werden. Diese Zellen sind dann diploid in Bezug auf die

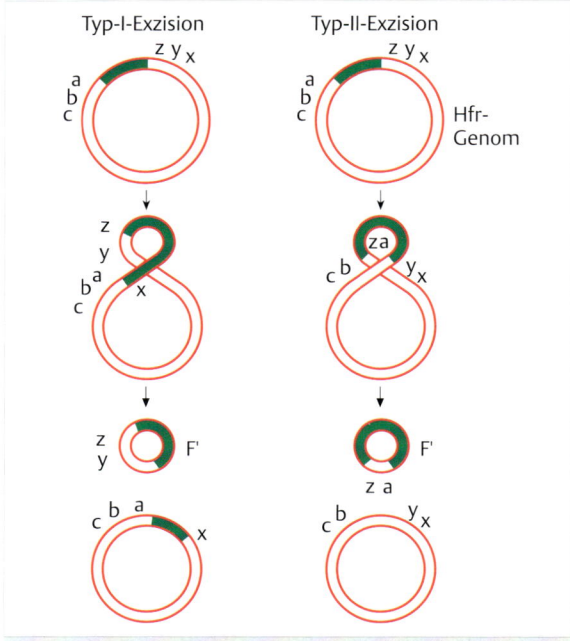

Abb. 6.12 Exzisionswege bei der Bildung von F'-Plasmiden.

chromosomalen Gene im F'-Plasmid. Diploid bedeutet, dass die betreffenden Gene in doppelter Ausführung vorkommen. Die Gene auf dem F'-Plasmid können sich von denen im Hauptchromosom unterscheiden, wenn etwa die Gene des F'-Plasmids eine normale oder Wildtypsequenz haben, aber die chromosomalen Gene durch Mutationen verändert sind. In der Sprache der Genetik bezeichnet man diese Situation als Heterozygotie (S. 255). Solche partiell diploiden Bakterien, manchmal als **Merodiploide** oder **Heterogenoten** bezeichnet, haben in der Geschichte der Bakteriengenetik eine wichtige Rolle gespielt, wie wir später in diesem Kapitel sehen werden (S. 119).

6.2.5 Konjugation und Genkartierung

Kontakte zwischen F⁺-Donor- und F⁻-Rezipientenzellen (▶ Abb. 6.7) führen zur Verdopplung und zum Transfer des F-Plasmids. Außer dem F-Plasmid wird kein weiteres genetisches Material übertragen. Anders bei **Hfr-Zellen**. Durch Donor-Rezipienten-Kontakte wird auch in Hfr-Zellen die Replikation am *oriT* des integrierten F-Plasmids ausgelöst, aber beim Transfer können außer Anteilen des Plasmids auch benachbart gelegene Abschnitte des Hauptchromosoms in die Rezipientenbakterien gelangen. Man spricht von **Konjugation** (▶ Abb. 6.13). Im Prinzip kann das gesamte Genom des Donorbakteriums übertragen werden. Jedoch brechen die meisten Paarungen früher ab, vermutlich wegen der Zerbrechlichkeit der Pilus-

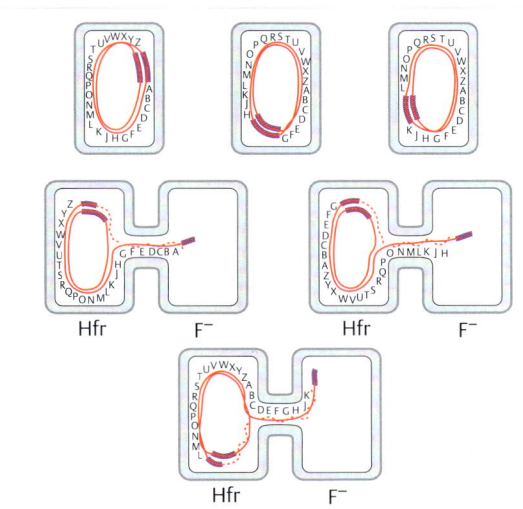

Abb. 6.13 Konjugation. Die Genome der unterschiedlichen Hfr-Stämme tragen das F-Plasmid (blau) an verschiedenen Stellen. Das Genom der Empfängerzelle ist nicht eingezeichnet. Bei der Konjugation werden Teile des Plasmids mit dem daran anschließenden Strang des Hauptchromosoms in die Empfängerzelle übertragen. Dabei findet DNA-Synthese statt (gestrichelte Linie). Aus der unterschiedlichen Position des F-Plasmids im Hauptchromosom folgt, dass die Reihenfolge, in der die Gene übertragen werden, je nach Art des untersuchten Hfr-Stammes verschieden ist.

röhren, die sich zwischen Donor und Empfänger ausgebildet haben.

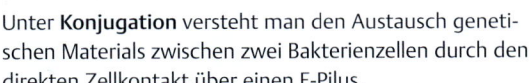

Definition

Unter **Konjugation** versteht man den Austausch genetischen Materials zwischen zwei Bakterienzellen durch den direkten Zellkontakt über einen F-Pilus.

Verschiedene Hfr-Stämme tragen das F-Plasmid an unterschiedlichen Integrationsstellen. Deswegen werden auch unterschiedliche Abschnitte des Hauptchromosoms bevorzugt übertragen, abhängig vom Typ des Hfr-Stammes und der Integrationsstelle des F-Plasmids (▶ Abb. 6.13).

Die übertragene Donor-DNA kann anstelle des entsprechenden DNA-Abschnitts in das Rezipientengenom eingebaut werden. Man bezeichnet den Austausch solcher homologen Genomstücke als **Rekombination**, ein genetischer Vorgang eigener Bedeutung, der ausführlich im Kap. 10 beschrieben wird.

Die Rekombination bleibt unbemerkt und ohne Konsequenzen, wenn die Sequenz der übertragenen DNA und die Sequenz der DNA in der Empfängerzelle identisch sind. Anders verhält es sich, wenn sich die Sequenzen von Donorgenen und Rezipientengenen unterscheiden. Wir nehmen zur Illustration als Beispiel F⁻-Empfängerbakterien, die die Aminosäure Threonin nicht herstellen und sich deswegen nicht auf Agarplatten mit Minimalmedium vermehren können – *thr*⁻-Mutanten. Und wir nehmen Donor-Hfr-Bakterien mit dem Wildtyp- oder *thr*⁺-Gen. Nach der Konjugation besitzt die Empfängerzelle den eigenen DNA-Abschnitt (*thr*⁻) und den „homologen" Abschnitt (*thr*⁺) auf dem übertragenen DNA-Stück. Im Verlauf einer Rekombination kann ein Austausch von Empfänger-DNA gegen Donor-DNA erfolgen: Das Wildtypgen wird in das Genom der Empfängerzelle eingebaut. Das lässt sich einfach nachweisen, denn nach der Konjugation können sich die Empfängerbakterien auf Agarplatten ohne Threonin vermehren.

Elie L. Wollman und François Jacob haben 1955 erkannt, dass der Vorgang der Konjugation mit nachfolgender Rekombination für die Erstellung der Genkarte von *E. coli* geeignet ist. Sie haben das klassische Experiment der unterbrochenen Paarung erfunden (Schlüsselexperiment 6.2).

Die Vermessung der *E. coli*-Genkarte durch das Vorgehen der „unterbrochenen Paarung" hat den Nachteil, dass die Lage und Abstände eng benachbarter Gene nicht oder nur höchst ungenau bestimmt werden können. Man vergleiche nur die experimentellen Ergebnisse der ▶ Abb. 6.14 mit den Sequenzdaten der ▶ Abb. 6.5: Eine Einheit von einer Minute umfasst etwa 46 000 bp, also einen Genomabschnitt, der ein gutes Dutzend Gene tragen kann.

Der Nachteil wurde schon früh erkannt und hauptsächlich durch das Verfahren der Transduktion ausgeglichen, doch nur teilweise. Unsicherheiten blieben. Aber trotz aller offensichtlichen Einschränkungen haben Konjugation und Transduktion wesentliche Informationen über die Organisation des *E. coli*-Genoms geliefert, und zwar lange vor Abschluss des *E. coli*-Genomprojekts. Tatsächlich hat die Bestimmung der Gesamtsequenz der mehr als 4,6 Millionen Basenpaare im Wesentlichen die alte biologische Genkarte bestätigt und natürlich zugleich viele zusätzliche Informationen geliefert, insbesondere über die vielen Gene, von deren Existenz man vor Abschluss des Sequenzierprojekts nichts ahnte.

6

Schlüsselexperiment 6.2

Die unterbrochene Paarung

Das Prinzip des von Elie L. Wollman und François Jacob durchgeführten Experiments ist einfach. Die Konjugationen zwischen entsprechenden Bakterienzellen werden zu verschiedenen Zeiten durch heftige Scherkräfte, z. B. mithilfe eines Küchenmixgerätes, unterbrochen. Dann überprüft man, welche Genmarker bis dahin übertragen worden sind. Die ▶ Abb. 6.14 zeigt das Ergebnis eines solchen Experiments: Nach etwa 10 min wird der Genmarker *azi*, danach *ton*, *lac* und nach 25 min schließlich *gal* übertragen.

Das Verfahren der „unterbrochenen Paarung" hat eine Bestimmung der Reihenfolgen und der relativen Abstände von Genen im *E. coli*-Genom möglich gemacht. Voraussetzung war die Verwendung vieler Genmarker und möglichst vieler Hfr-Stämme mit unterschiedlichen Integrationsstellen des F-Plasmids (▶ Abb. 6.15). Unterschiedliche Hfr-Stämme sind notwendig, weil die Zahl der Rekombinanten mit der Entfernung vom Startpunkt des Transfers (*oriT*) abnimmt, und damit auch die Verlässlichkeit der Ergebnisse.

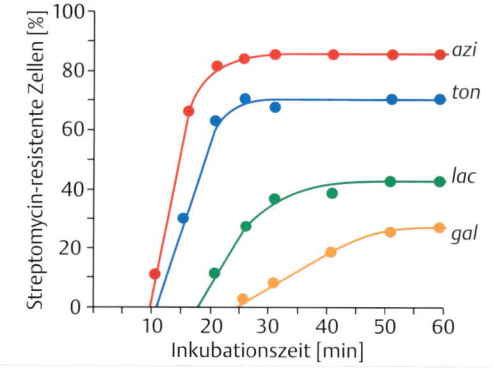

Abb. 6.14 Das Experiment der unterbrochenen Paarung. Aufgetragen ist die Zahl von Bakterienkolonien auf Agarböden mit Minimalmedium nach einer bestimmten Inkubationszeit bzw. Zeit für die Konjugation zwischen den Hfr- und den F⁻-Zellen. Im Prinzip könnten die prototrophen Donorbakterien natürlich Kolonien bilden und die wenigen Rekombinanten überwuchern. Um das zu verhindern, enthalten die Agarböden das Antibiotikum Streptomycin, das das Wachstum der Donorbakterien verhindert. Dagegen sind die Rezipientenzellen resistent gegen Streptomycin und können gut auf solchen Agarböden wachsen, wenn sie zuvor das Wildtypgen durch Konjugation erhalten haben.

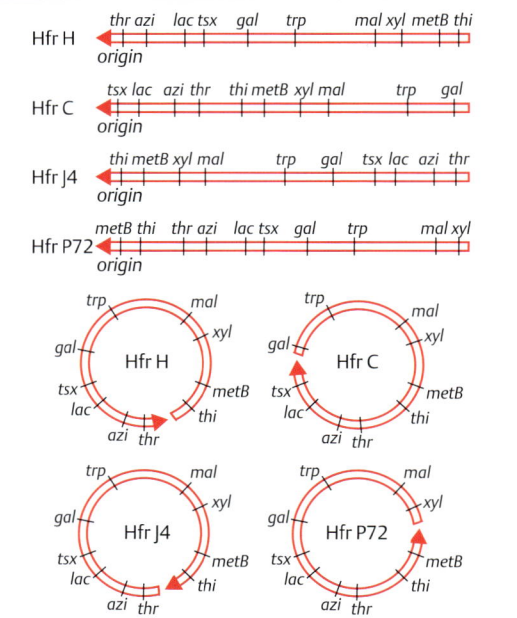

Abb. 6.15 Reihenfolge des Markertransfers bei verschiedenen Hfr-Stämmen. Die allerersten Experimente dieser Art wurden mit dem Stamm Hfr H durch geführt. Wie hier zu sehen ist, wird dabei zuerst der Genmarker *thr* (Synthese der Aminosäure Threonin) übertragen. So hat es sich eingebürgert, den Anfang der Genkarte von *E. coli* in die Nähe des Gens *thrA* zu legen. Dort beginnt die Zählung der Minuten für die biologische oder Rekombinationsgenkarte, aber auch die Zählung der Basenpaare für die molekulare Genkarte (s. ▶ Abb. 6.4).

Die Ergebnisse der „unterbrochenen Paarungen" werden in Minuten angegeben, und zwar als die Zeit zwischen dem Beginn der Konjugation und dem Auftreten der jeweiligen Rekombinanten (▶ Abb. 6.14). Aus diesem Grund wurde die **Minute als Einheit der biologischen Genkarte von *E. coli*** gewählt. Und weil Schätzungen ergaben, dass die Zeit für eine Übertragung des Gesamtgenoms etwa 100 min betragen würde, entstand die Konvention, die Gesamtlänge der biologischen Genkarte von *E. coli* mit 100 min anzugeben.

Aber viel wichtiger ist, dass sich inzwischen die Praxis der molekularen Genetik grundlegend geändert hat. Forscher können sich jedes Gen und jeden beliebigen Abschnitt des *E. coli*-Genoms auf den Monitor ihres Computers holen und mithilfe und unter Berücksichtigung der Sequenzinformationen ihre Experimente planen.

6.3 Grundlagen bakterieller Genregulation

Nur ein Teil der Gene des *E. coli*-Genoms ist ständig aktiv, auch wenn die Bakterien sich gut und schnell vermehren. Viele Gene sind verschlossen und werden erst bei Bedarf angeschaltet, etwa wenn sich die Umweltbedingungen oder die Angebote an Nährstoffen ändern. In der Fachsprache ausgedrückt: Ständig aktive Gene werden **konstitutiv exprimiert**, bei Bedarf aktivierte Gene unterliegen einer Regulation.

Merke

Konstitutiv exprimierte Gene werden ständig transkribiert.

Eine wichtige Erkenntnis der Forschungsgeschichte – nicht nur von *E. coli*, sondern von allen anderen Organismen – besagt, dass jedes Gen auf seine eigene Art reguliert wird. Im Laufe der Evolution hat sich mit dem Gen der passende Mechanismus seiner Regulation entwickelt. Trotz der verwirrenden Vielfalt erkennt man einige verbreitete Prinzipien, die wir im Folgenden, aber auch in späteren Kapiteln an Beispielen vorstellen.

6.3.1 Regulons: Gengruppen unter gemeinsamer Kontrolle

Als Reaktion auf Veränderungen in der Umwelt werden manchmal viele *E. coli*-Gene gleichzeitig angeschaltet. Auslösende Faktoren können z. B. Mangel an stickstoff- oder phosphathaltigen Verbindungen im Nährmedium sein, eine Schädigung der DNA (SOS-Reparaturweg) oder eine plötzliche Erhöhung der Temperatur. Funktionell zusammengehörende Gene kommen oft weit verteilt auf dem Bakteriengenom vor, aber unterliegen trotzdem einer gemeinsamen Kontrolle. Eine solche Gruppe gemeinsam regulierter Gene bildet ein **Regulon**.

Definition

Ein **Regulon** ist eine Gruppe aus gemeinsam regulierten Genen. Im Bakteriengenom sind sie oft weit verteilt.

Wir wählen als Beispiel das **Hitzeschockregulon**, um die Verhältnisse näher zu betrachten. Dieses Beispiel ist auch deswegen interessant, weil die Antwort einer Zelle auf eine Erhöhung der Temperatur in der Evolution hoch konserviert ist. Viele der im Zuge dieser Antwort gebildeten Proteine findet man nämlich nicht nur bei Bakterien, sondern in abgewandelter Form auch in Tier- und Pflanzenzellen.

Beispiel: Hitzeschock-Gene

Innerhalb weniger Minuten nach der Erhöhung der Temperatur von 30 °C auf 42–45 °C werden in *E. coli* mehr als 100 verschiedene Proteine mit zum Teil stark erhöhter Rate synthetisiert. Aber bald fällt die Syntheserate auf einen Wert zurück, der meist dem Zwei- bis Vierfachen des Wertes bei niedriger Temperatur entspricht (▶ Abb. 6.16). Nach der Rückkehr zur Ausgangstemperatur wird rasch

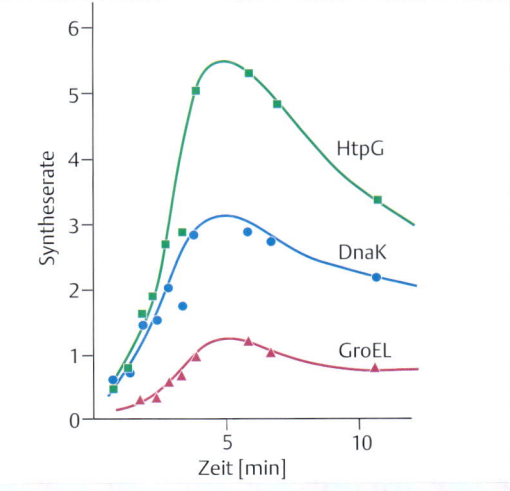

Abb. 6.16 Synthese von Hitzeschockproteinen. Die Abbildung zeigt die Zunahme der Syntheserate (Menge an Protein, gebildet innerhalb von 45 s) in der Zeit nach Erhöhung der Temperatur von 30 °C auf 42 °C.

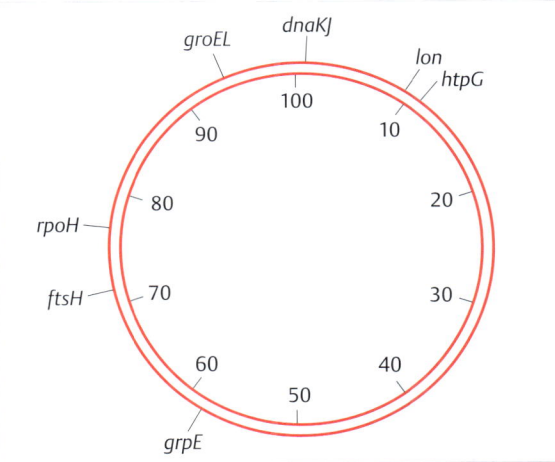

Abb. 6.17 Lage des Gens *rpoH* (für σ³²) und einiger Hitzeschock-Gene auf der Genkarte von *E. coli*. Erläuterungen s. ▶ Tab. 6.3.

wieder der Normalwert erreicht. Der gleiche Effekt wird nicht nur nach Temperaturerhöhung, sondern auch nach anderen schädlichen Einwirkungen beobachtet, z. B. bei Veränderungen des pH-Wertes, nach Zusatz von Ethanol oder Schwermetallen u. a. Manchmal spricht man deshalb von einer Stressreaktion. Wir bleiben hier jedoch bei der Bezeichnung Hitzeschockreaktion, weil diese auch die Nomenklatur beeinflusst hat.

Die Ursache für die vermehrte Synthese der Hitzeschockproteine ist eine gesteigerte Transkription von Genen, die an ganz verschiedenen Stellen des *E. coli*-Genoms lokalisiert sind (▶ Abb. 6.17). Die gesteigerte Transkription geht auf die starke Zunahme eines Regulators zurück. Es handelt sich dabei um einen alternativen

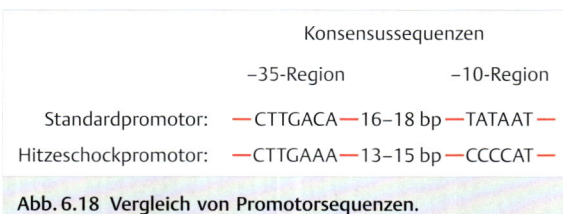

	Konsensussequenzen	
	−35-Region	−10-Region
Standardpromotor:	— CTTGACA — 16–18 bp —	TATAAT —
Hitzeschockpromotor:	— CTTGAAA — 13–15 bp —	CCCCAT —

Abb. 6.18 Vergleich von Promotorsequenzen.

σ-Faktor mit der Bezeichnung $σ^{32}$. Die Zahl 32 entspricht dem ungefähren Molekulargewicht von 32 kDa. Wenn das $σ^{32}$-Protein fehlt, etwa bei Verlust seines Gens (*rpoH*), sind Temperaturen über 30 °C tödlich für *E. coli*.

Bei erhöhter Temperatur nimmt der Faktor $σ^{32}$ auf der RNA-Polymerase die Stelle des Standard-σ-Faktors $σ^{70}$ ein. Mithilfe von $σ^{32}$ erkennt die RNA-Polymerase die Hitzeschockpromotoren, die eine andere Nucleotidsequenz als normale Promotoren haben (▶ Abb. 6.18) und die deswegen einer RNA-Polymerase mit dem Standard-$σ^{70}$-Faktor verschlossen bleiben. Umgekehrt bindet eine RNA-Polymerase mit $σ^{32}$ nur schlecht an Promotoren von Genen, die nicht zum Hitzeschockregulon gehören.

Die **Zunahme der Zahl** von normalerweise etwa 30 auf mehr als 500 $σ^{32}$-Moleküle pro Bakterienzelle geht u. a. auf eine Steigerung der Translation zurück. Bei niedriger Temperatur bildet die Sequenz um den Translationsstart (Shine-Dalgarno-Box) (S. 87) eine Sekundärstrukturschleife und verschließt damit die mRNA. Bei erhöhter Temperatur werden die Basenpaarungen gelöst und Ribosomen haben Zugang zum Start der Translation. Ein zweiter Grund für die Zunahme von $σ^{32}$ ist die Stabilisierung. Bei normaler Temperatur ist $σ^{32}$ innerhalb einer Minute nach seiner Synthese schon wieder zur Hälfte abgebaut. Anders bei erhöhter Temperatur, wenn das Protein ungefähr 10-mal stabiler ist.

Der $σ^{32}$-Faktor wird im Zuge der Hitzeschockantwort reguliert. Wir hatten in der ▶ Abb. 6.16 gesehen, dass nach anfänglich starker Aktivierung der Synthese von Hitzeschockproteinen eine Phase der **Adaptation** eintritt, bei der die Synthese der Proteine nur 2–4-mal höher als normal ist. Dies beruht auf einer Inaktivierung von $σ^{32}$ über eine **negative Rückkopplung**. Einige der **Hitzeschockproteine** (DnaJ, DnaK, GrpE) binden an $σ^{32}$, blockieren dessen Funktion und leiten seinen Abbau ein (▶ Abb. 6.19). Mit anderen Worten: $σ^{32}$ aktiviert die Hitzeschock-Gene, aber sobald überschüssige Mengen an Hitzeschockproteinen vorhanden sind, regulieren sie selbst ihre Produktion durch Blockade oder Abbau des Aktivators.

▶ **Hitzeschockproteine.** So kommen wir schließlich zur Frage nach der Natur und Funktion der Hitzeschockproteine. Etwa ein Viertel aller Proteine, deren Synthese im Verlauf der Hitzeschockreaktion zunimmt, hat etwas mit der Zellmembran zu tun. Diese Proteine sind also irgendwie für den Erhalt und die Reparatur der Membran unter Stressbedingungen verantwortlich. Andere Proteine beeinflussen DNA-Reparatur, Transkription und Translation.

Aber mehr als die Hälfte aller Hitzeschockproteine ist für den ordentlichen Zustand der Proteine in der Zelle zuständig. Die erhöhte Temperatur führt dazu, dass Proteine teilweise oder ganz ihre dreidimensionale Struktur verlieren. Sie sind, wie man sagt, denaturiert oder entfaltet und damit funktionslos. Ja, solche denaturierten Proteine können den zellulären Betrieb stören und für die Zelle gefährlich werden. Deswegen gehört zur Hitzeschockreaktion die Bildung von Enzymen, die als **Proteasen** falsch gefaltete Proteine abbauen. Aber besonders kennzeichnend sind Hitzeschockproteine, die die korrekte Faltung von Proteinen herbeiführen oder wiederherstellen. Man nennt solche Proteine (molekulare) **Chaperone**. Normalerweise „begleitet" ein solches Chaperon die Polypeptidkette vom Ort ihrer Synthese bis zum Ort ihrer Funktion in der Zelle. Daher der Name. „Meyers Enzyklopädisches Lexikon" von 1972 schreibt: „Chaperon: … ältere Dame, die eine jüngere als Beschützerin begleitet".

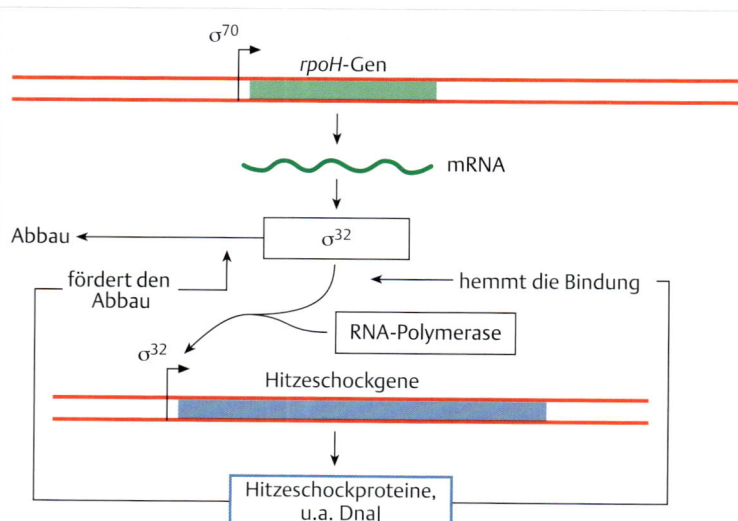

Abb. 6.19 Selbstregulation. Das Ausmaß der Hitzeschockantwort hängt von frei verfügbarem $σ^{32}$-Faktor ab. Wenn die Menge der Hitzeschockproteine DnaJ, DnaK und GrpE einen kritischen Wert überschreitet, binden sie an $σ^{32}$. Die Konsequenzen sind eine Blockade der Wechselwirkung von $σ^{32}$ mit der RNA-Polymerase und eine Beschleunigung des Abbaus von $σ^{32}$. Mit anderen Worten, $σ^{32}$ reguliert sich sozusagen selbst. Übrigens keine Besonderheit von $σ^{32}$: Die Mengen vieler anderer Transkriptionsfaktoren in *E. coli* werden auf ähnliche Weise über Selbstregulation eingestellt.

6

Tab. 6.3 Einige Hitzeschock-Gene und Hitzeschockproteine von *E. coli.*

Gen	Protein	Funktion
dnaK	DnaK (Hsp70)	diese drei Proteine bilden zusammen eine funktionelle Einheit, die als Chaperon die native Faltung von Polypeptiden fördert
dnaJ	DnaJ (Hsp40)	
grpE	GrpE	
groL	GroEL (Hsp60)	auch diese Proteine bilden ein Chaperon, das die native Proteinfaltung fördert
groS	GroES (Hsp10)	
htpG	ähnlich dem eukaryotischen Protein Hsp90	
lon	ATP-abhängige Protease	
ftsH	membrangebundene ATP-abhängige Protease	
rpoD	σ^{70}-Faktor	

Tab. 6.4 Einige σ-Faktoren von *E. coli.*

Bezeichnung	Molekulargewicht [kDa]	Gen	Funktion
σ^{70} (Sigma-70)	70	*rpoD*	Standard- oder Haupt-σ-Faktor
σ^{32} (Sigma-32)	32	*rpoH*	Hitzeschockreaktion
σ^{54} (Sigma-54)	54	*proN*	Mangel an Stickstoffverbindungen
σ^{28} (Sigma-28)	28	*flaI*	Synthese von Flagellen
σ^{24} (Sigma-24)	24	*rpoE*	Aktivierung des *rpoH*-Gens und anderer Gene, die mit der Korrektur von falsch gefalteten Proteinen zu tun haben
σ^{38} (Sigma-38)	38	*rpoS*	Aktivierung von Genen, die beim Übergang in die stationäre Wachstumsphase exprimiert werden

6

Einige Chaperone sind in der ▶ Tab. 6.3 angegeben. Zur Bezeichnung der Hitzeschockproteine aus *E. coli* siehe Plus 6.3.

Definition

Ein **Chaperon** ist ein Proteinkomplex, der die korrekte Faltung von Polypeptidketten ermöglicht.

Plus 6.3

Bezeichnung von Hitzeschockproteinen aus *E. coli*
Hitzeschockproteine (Hsp) sind hoch konserviert. Sie kommen nicht nur bei Bakterien vor, sondern auch in Hefe-, Tier- und Pflanzenzellen. Die *E. coli*-Proteine haben jedoch besondere Bezeichnungen, die historisch sind: Die Gene *dnaK* und *dnaJ* wurden bei Untersuchungen der DNA-Replikation von Bakteriophagen entdeckt. Die Gene *groL*, *groS* und *grpE* beeinflussen die Vermehrung (*growth*) von Bakteriophagen. Sie tragen den Zusatz „E", weil die entsprechenden Genprodukte mit dem GenE-Protein des Phagen Lambda reagieren. S und L stehen für *small* und *large* als Hinweise auf die Größe der betreffenden Proteine. Die Proteine GroEL und GroES bilden eine Art Zylinder, in dessen Innerem in einer Serie von Bindungen und Freisetzungen schrittweise die korrekten Faltungen eingeführt werden. Dafür ist die Spaltung von ATP als energieliefernder Prozess notwendig.

Alternative σ-Faktoren

Die meisten Gene, die während der normalen exponentiellen Vermehrung von *E. coli* exprimiert werden, benötigen den Standard-σ-Faktor: σ70 (S. 71). Aber einige Gruppen von Genen sind auf andere, „alternative" σ-Faktoren angewiesen. Als Beispiel haben wir die Hitzeschock-Gene kennengelernt. Deren Promotorsequenzen weichen deutlich von denen der Standardpromotoren (▶ Abb. 6.18) ab. Deswegen brauchen sie einen eigenen σ-Faktor, σ^{32}. Dieser und einige zusätzliche σ-Faktoren sind in der ▶ Tab. 6.4 aufgeführt. Die σ-Faktoren unterscheiden sich in der Größe und an vielen Stellen in der Primärstruktur, aber sie besitzen auch konservierte Bereiche mit ähnlichen Aminosäurefolgen, was man ja auch erwarten würde, denn alle σ-Faktoren haben trotz der Unterschiede im Detail eine gemeinsame Aufgabe, nämlich eine Vermittlung der Wechselwirkung zwischen der RNA-Polymerase und den Anfängen von Genen.

Stringente Kontrolle

Bakterien in rasch wachsenden Kulturen verwenden den größten Teil ihrer Zeit und Energie für die Synthese von Proteinen. Deshalb benötigen sie große Mengen von Ribosomen. Unter optimalen Wachstumsbedingungen besteht mehr als ein Viertel der gesamten Zellmasse aus Ribosomen. Doch verringert sich die Menge an Ribosomen bei niedrigeren Vermehrungsraten.

Die Beziehungen zwischen Zellvermehrung und Ribosomenbildung ist auf komplexe Weise reguliert. In die-

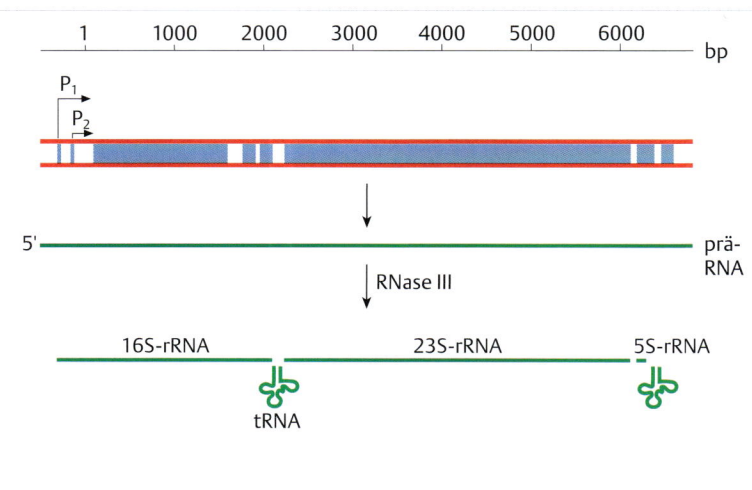

Abb. 6.20 Aufbau eines bakteriellen rRNA-Operons. Die obere Linie gibt die Länge des Operons in Basenpaaren (bp) an. Von einem der beiden Promotoren (P_1, P_2) wird ein langes primäres Transkriptionsprodukt hergestellt, das dann in weiteren Einzelschritten in die Bestandteile zerlegt wird:
1. Die Endonuclease RNase III trennt die einzelnen Abschnitte voneinander.
2. Einige Nucleotide in der 16S-rRNA und der 23S-rRNA werden durch Methylierung modifiziert.
3. Die noch unfertigen rRNAs lagern sich an ribosomale Proteine.
4. Dann entfernen weitere RNasen endständige Nucleotide, um die 5′-Enden und 3′-Enden der reifen rRNAs zu bilden.
Die Reifung der tRNAs erfolgt über einen besonderen Mechanismus (s. ▶ Abb. 6.21).

sem Abschnitt geht es um die Synthese von ribosomaler RNA (rRNA) und von ribosomalen Proteinen, und zwar unter besonderen Umweltbedingungen, nämlich bei einem Mangel an Aminosäuren.

Unter diesen Bedingungen wird die Synthese von rRNA, aber auch von tRNA stark verringert, während die Transkription vieler proteincodierender Gene, also die Synthese von mRNA, zumindest teilweise weiterläuft, ja, bei einigen Genen sogar gesteigert ist. Man bezeichnet die komplexe Antwort der Bakterien auf einen Aminosäuremangel als **stringente Kontrolle**. Bevor wir die Grundlagen der stringenten Kontrolle besprechen, ist ein Blick auf die rRNA-Gene und die tRNA-Gene nützlich.

▶ **Gene für ribosomale RNA.** Wie in der ▶ Abb. 6.4 gezeigt, trägt das *E. coli*-Genom sieben **Operons für rRNA**, die zwar verteilt im Genom vorkommen, aber einer gemeinsamen Regulation unterworfen sind.

Die rRNA-Operons sind sehr ähnlich aufgebaut (▶ Abb. 6.20):
- Jedes Operon enthält hintereinanderliegende Gene für die 16S-rRNA, die 23S-rRNA und die 5S-rRNA mit kurzen Trennstrecken (Spacer) dazwischen.
- Im Spacer zwischen dem 16S-rRNA-Gen und dem 23S-rRNA-Gen liegen ein oder zwei Gene für tRNAs. Manche rRNA-Gene tragen zusätzlich noch tRNA-Gene im 3′-Bereich stromabwärts vom 5S-rRNA-Gen (▶ Tab. 6.5).
- rRNA-Operons besitzen zwei Promotoren: Der Promotor P_1 liegt etwa 300 bp, der Promotor P_2 etwa 200 bp vor dem Beginn des 16S-rRNA-Genabschnitts. P_1 ist um ein Vielfaches „stärker" als P_2; die Regulationsvorgänge betreffen in erster Linie die Aktivität von P_1.
- Das gesamte rRNA-Operon wird in Form einer langen RNA transkribiert (primäres Transkriptionsprodukt),

die durch Einwirkung von Ribonucleasen in ihre Bestandteile, die drei rRNAs und tRNAs, zerlegt werden.

Merke

rRNA-Gene sind in Operons organisiert.

▶ **Gene für tRNA.** Das *E. coli*-Genom enthält 83 tRNA-Gene, von denen 14 in den Transkriptionsabschnitten der rRNA-Gene vorkommen (▶ Tab. 6.5). Die übrigen tRNA-Gene kommen entweder einzeln vor, jedes mit einem eigenen Promotor versehen, oder als Operons in Folgen, die gemeinsam von einem Promotor aus transkribiert werden. In diesen Fällen müssen die einzelnen tRNAs aus den primären Transkriptionsprodukten ausgeschnitten werden, vergleichbar der Reifung der rRNAs (▶ Abb. 6.20). Aber in keinem Fall ist damit die Bildung der tRNAs abgeschlossen. Die RNA-Produkte tragen noch überstehende Sequenzen am 5′-Ende und meist noch einige Nucleotide am 3′-Ende.

Tab. 6.5 Gene für tRNAs in den rRNA-Operons. Jedes der sieben Operons enthält ein 16S-rRNA-Gen, ein 23S-rRNA-Gen und ein 5S-rRNA-Gen, wie in der ▶ Abb. 6.20 gezeigt. Eine Ausnahme ist das Operon *rrnD*, das zwei 5S-rRNA-Gene enthält. Überdies kommen insgesamt 14 tRNA-Gene verteilt in den rRNA-Operons vor.

Operon	tRNA zwischen 16S- und 23S-rRNA-Gen	tRNA im 3′-Ende des Gens
rrnA	tRNA$^{Ile}_1$; tRNA$^{Ala}_{1B}$	–
rrnB	tRNA$^{Glu}_2$	–
rrnC	tRNA$^{Glu}_2$	tRNA$^{Asp}_1$; tRNA^{Trp}
rrnD	tRNA$^{Ile}_1$; tRNA$^{Ala}_{1B}$	tRNA$^{Thr}_1$
rrnE	tRNA$^{Glu}_2$	
rrnG	tRNA$^{Glu}_2$	
rrnH	tRNA$^{Ile}_1$; tRNA$^{Ala}_{1B}$	tRNA$^{Asp}_1$

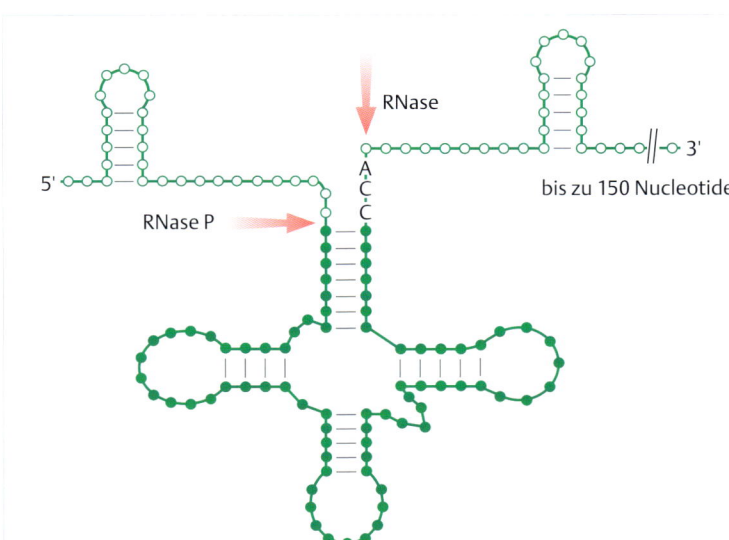

Abb. 6.21 Vorläufersequenz einer tRNA. Die Pfeile geben die Schnittstellen für die RNasen an.

Merke

tRNA-Gene sind in Operons organisiert oder kommen einzeln vor.

Die Vorläufersequenz einer tRNA wird durch RNasen gespalten (▶ Abb. 6.21). Die bakterielle **RNase P** ist ein sogenanntes Ribonucleoprotein, denn es ist aus einem basischen Protein (ca. 120 Aminosäuren) und einer RNA (377 Nucleotide) zusammengesetzt. Der RNA-Baustein von RNase P vermittelt die Spaltung der Vorläufer-RNA, während das Protein nur eine stabilisierende Funktion hat. Die RNA in RNase P ist ein Beispiel für katalytisch wirkende RNA (ein anderes Beispiel ist das Peptidyltransferasezentrum (S. 87) im Ribosom).

Die überschüssigen Nucleotide am 3′-Ende des tRNA-Vorläufers werden durch **konventionelle RNasen** entfernt. Dabei entsteht die charakteristische **CCA-Folge** am 3′-Ende der tRNA. Hier ist der Hinweis angebracht, dass dies eine Spezialität von Bakterien, genauer von *E. coli*, ist, denn bei vielen anderen Organismen, insbesondere bei Eukaryoten, wird die CCA-Folge erst nachträglich mit eigenen Enzymen an die 3′-Enden von tRNA geheftet.

Schließlich müssen noch einige Nucleotide in der fertig geschnittenen tRNA modifiziert werden (s. ▶ Abb. 5.11).

Die Zahl von 83 tRNA-Genen erscheint hoch, wenn man die Zahl der notwendigen Anticodons und den Wobble (S. 94) bei der Codon-Anticodon-Erkennung berücksichtigt. Tatsächlich kommen einige tRNA-Gene in zwei- bis zu vierfacher Ausführung vor, wie auch die ▶ Tab. 6.5 an einigen Beispielen zeigt. Andere tRNA-Gene sind dagegen nur ein- oder zweimal vertreten. Vermutlich ist ein Grund dafür ein höherer Bedarf an solchen tRNAs, die zu häufig vorkommenden Codons passen, und ein geringerer Bedarf an tRNAs für seltenere Codons (S. 96).

▶ **Der *stringent factor* und die Synthese von ppGpp.** Wir haben gesagt, dass die stringente Regulation bei Aminosäuremangel einsetzt und zu einer starken Abnahme der Synthese von rRNA und tRNA führt. Die Erforschung dieser Regulation begann mit der Untersuchung einer *E. coli*-Mutante, bei der diese Reaktion nicht auftritt. Bei dieser Mutante ist die Regulation nicht mehr stringent, sondern relaxiert. Daher stammt die Bezeichnung für diese Mutante: *relA*.

In *relA*-Mutanten ist das Gen für ein Enzym ausgefallen, das man zuerst als ***stringent factor*** bezeichnet hat. Bald lernte man, dass dieses Enzym an jedem 100. bis 200. Ribosom locker gebunden vorkommt und dort normalerweise in einem inaktiven Zustand verbleibt. Aber wenn als Konsequenz eines Aminosäuremangels unbeladene tRNAs zum Ribosom gelangen, wird das Enzym – die pppGpp-Synthetase (ATP:GTP-Pyrophosphat-Transferase) – aktiv und stellt nun mithilfe von ATP aus GTP die Verbindung pppGpp (Guanosin-5′-triphosphat-3′-diphosphat) her, welche in einem zweiten Schritt durch das Enzym pppGpp-5′-Phosphohydrolase in **ppGpp** (Guanosin-tetraphosphat; genauer Guanosin-5′-diphosphat-3′-diphosphat oder Guanosin-3′,5′-bis-diphosphat) überführt wird) (▶ Abb. 6.22). Die Verbindung ist ein **Alarmon**, wie man die Signalstoffe nennt, die in Bakterien und Pflanzen als Reaktion auf veränderte Umweltbedingungen gebildet werden.

Wie ppGpp seinen Effekt auf die Transkription der rRNA-Operons ausübt, blieb lange unbekannt. Inzwischen weiß man, dass ppGpp zusammen mit einem Hilfsprotein, genannt **DksA** (*DnaK suppressor A*), an die RNA-Polymerase gelangt, genauer: in die Nähe des aktiven Zentrums, also dorthin, wo Nucleotide an das 3′-OH-Ende der RNA geknüpft werden. Gebundenes ppGpp beeinflusst den Übergang vom geschlossenen zum offenen Promotorkomplex und von dort zum ersten Synthese-

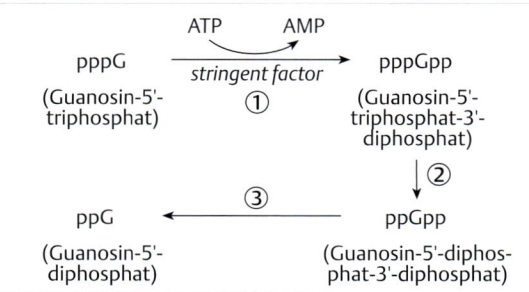

Abb. 6.22 Synthese von ppGpp. ① Bei Aminosäuremangel wird der *stringent factor* (pppGpp-Synthetase; ATP:GTP-Pyrophosphat-Transferase) aktiv und überträgt eine Pyrophosphatgruppe von ATP auf die 3'-OH-Gruppe der Ribose des GTP. ② Das entstandene pppGpp wird in ppGpp umgewandelt (durch das Enzym pppGpp-5'-Phosphohydrolase). ③ Nach Zusatz von Aminosäure zur Bakterienkultur wird ppGpp rasch wieder inaktiviert und in ppG überführt (durch das SpoT-Protein, die ppGpp-3'-Pyrophosphohydrolase).

6

schritt (S. 72), und zwar an Promotoren, die im Zuge der stringenten Kontrolle reguliert werden, wie der Promotor P_1 vor den rRNA-Operons (▶ Abb. 6.20). Solche Promotoren sind oft durch Folgen von GC-Basenpaaren zwischen dem –10-Erkennungselement und dem Transkriptionsstart gekennzeichnet.

Auf jeden Fall ist die **stringente Kontrolle** eine sinnvolle Reaktion der Zelle. Denn wenn Aminosäuren fehlen, bleiben Ribosomen unbeschäftigt, und die Synthese zusätzlicher rRNA wäre eine nutzlose Verschwendung von zellulärer Energie. Das trifft natürlich auch auf die Synthese von ribosomalen Proteinen zu. Tatsächlich wird die Synthese vieler ribosomaler Proteine ebenfalls durch ppGpp in Zusammenarbeit mit DksA gehemmt. Aber darüber hinaus ist die Synthese ribosomaler Proteine noch auf andere Weise eng an die Synthese von rRNA gekoppelt, wie im folgenden Abschnitt gezeigt.

▶ **Gene für ribosomale Proteine.** Die meisten Gene für ribosomale Proteine von *E. coli* sind als Transkriptionseinheiten oder Operons zusammengefasst, die in Form von langen, polygenischen mRNAs transkribiert werden (Plus 6.4). Aber ein Blick auf die ▶ Abb. 6.23 zeigt, dass die Struktur und Anordnung der Gene für ribosomale Proteine alles andere als einheitlich sind.

Merke

Die **Gene für ribosomale Proteine** sind meist in Operons organisiert. Ihre Struktur und Anordnung ist aber grundsätzlich sehr uneinheitlich.

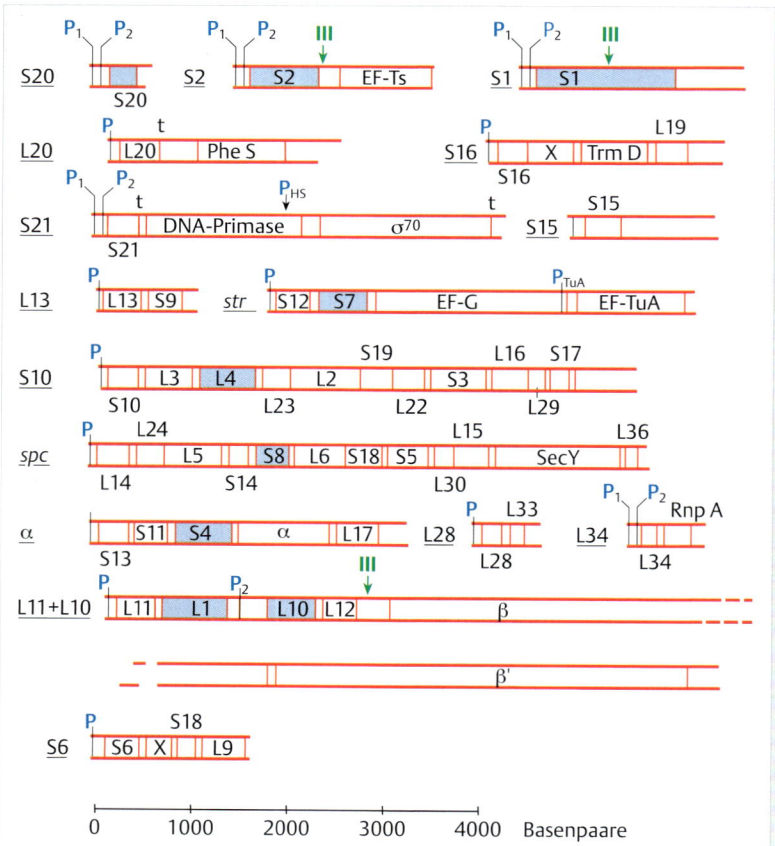

Abb. 6.23 Gene für ribosomale Proteine in *E. coli*. Die Länge der Gene in dieser Abbildung ist ungefähr maßstabsgerecht wiedergegeben. Als blaue Kästen sind Gene hervorgehoben, die regulativ in die Translation oder Stabilität der eigenen mRNA eingreifen. Promotoren sind mit einem Buchstaben P bezeichnet. Die Transkription erfolgt in der gewählten Darstellung von links nach rechts. Neben den Promotoren am Beginn einer Genfolge kommen auch interne Promotoren vor. So kann das S 21-Operon sowohl vom links außen gelegenen Promotor als auch vom internen Promotor vor dem σ⁷⁰-Gen transkribiert werden. In manchen Einheiten kann die Transkription an inneren Terminationsstellen (t) vorzeitig zum Halt kommen. Manche polygenische mRNAs können durch RNase III in Einzelstücke zerlegt werden (grün, III). Ein Anteil der gezeigten Transkriptionseinheiten enthält außer den Genen für ribosomale Proteine auch Gene für andere Proteine (▶ Tab. 6.6).

Plus 6.4

Anmerkungen über Gene für ribosomale Proteine

Die meisten Transkriptionseinheiten werden nach einem der beteiligten Gene bezeichnet (S 1, S 2, S 20, L 11 und L 10 usw.). Aber aus historischen Gründen werden zwei Operons nach Antibiotika benannt, das **str-(Streptomycin-)** und das **spc-(Spectromycin-)Operon**. Sie wurden bei *E. coli*-Mutanten entdeckt, die gegenüber den genannten Antibiotika resistent sind. Es zeigte sich, dass Streptomycin z. B. mit dem ribosomalen Protein S 12 reagiert und dadurch eine ungenaue Proteinsynthese verursacht. Entsprechendes gilt für Spectromycin.

Eine Bemerkung zum **S 21-Operon**, das gelegentlich auch **MMS-Operon** genannt wird: MMS ist die Abkürzung für *macromolecular synthesis* und bedeutet, dass die Gene in diesem Operon die Information für drei Proteine tragen, die jeweils eine Schlüsselrolle bei der Synthese von genetisch wichtigen Makromolekülen tragen:

- Das Protein S 21 hat eine Schlüsselrolle in der Proteinsynthese, indem es sich durch Bindung der mRNA an der Ausbildung des Initiationskomplexes beteiligt.
- Der σ70-Faktor (S. 71) ist für die Synthese von RNA wichtig.
- Die DNA-Primase hat eine Funktion bei der Einleitung der DNA-Replikation (S. 171). Das S 21/MMS-Operon wird durch ppGpp/DskA negativ reguliert.

Interessanterweise enthalten manche Transkriptionseinheiten auch **Gene für nicht ribosomale Proteine**, etwa für die Untereinheiten der RNA-Polymerase u. a. (▸ Tab. 6.6). Mit anderen Worten, ribosomale und nicht ribosomale Proteine können **koordiniert exprimiert** werden.

In vielen Operons nimmt eines der Gene eine Sonderstellung ein (hervorgehoben in ▸ Abb. 6.23). Das Produkt solcher „Sondergene" greift in die Regulation des betreffenden Operons ein. Wir können hier nicht alle bekannten Einzelheiten der Regulation beschreiben, aber es lässt sich ein gemeinsames Prinzip benennen. Jedes regulatorische Protein geht eine Wechselwirkung mit seiner eigenen (polygenischen) mRNA ein. Diese Wechselwirkung kann sich folgendermaßen auswirken:

- Blockade der Einleitung der Translation: Ein regulatorisches Protein heftet sich in die Nähe der Ribosomenbindungsstelle auf der mRNA und verhindert damit die Initiation der Proteinsynthese.

- Kontrolle der Stabilität der mRNA: Das gebundene Protein verringert die Ribosomendichte auf der mRNA, die damit vermehrt dem Angriff von Nucleasen ausgesetzt ist.

Wie solche Vorgänge zu einer Kopplung zwischen der Synthese von rRNA und ribosomalen Proteinen beitragen können, zeigt beispielhaft die ▸ Abb. 6.24. Die Struktur am 5′-Ende der mRNA des *spc*-Operons hat Ähnlichkeit mit der Bindungsstelle des Proteins S 8 auf der 16S rRNA und Experimente haben gezeigt, dass das Protein S 8 gut an jede der beiden RNA-Arten bindet.

Aus diesen und ähnlichen Beobachtungen lässt sich ein (vielleicht zu einfaches) Modell der **Autoregulation mit negativer Rückkopplung** ableiten:

- Die ribosomalen Proteine binden an rRNA. Deswegen gibt es normalerweise nur sehr geringe Mengen freier ribosomaler Proteine in Bakterien.

Tab. 6.6 Transkriptionseinheiten für ribosomale Proteine.

Bezeichnung der Transkriptionseinheit in ▸ Abb. 6.23	Lage auf der *E. coli*-Genkarte (in min)	Zahl der Gene pro Operon	davon nichtribosomale Proteine
S 10	72	11	–
spc	73	12	SecY: Funktion beim Export von Proteinen durch die Zellmembran
α	72	5	α: Untereinheit der RNA-Polymerase
str	73	4	EF-G und EF-Tu: Faktoren für die Proteinsynthese
L 28	81	2	–
L 34	82	2	RnpA: Proteinbestandteil der RNase P, (▸ Abb. 6.21)
L 11–L 10	90	6	β und β′: Untereinheiten der RNA-Polymerase
S 2	4	2	EF-Ts: Faktor für die Proteinsynthese
L 20	37	2	PheS: Phenylalanyl-tRNA-Synthetase
S 21	67	3	DNA-Primase: DnaG-Protein, σ70
S 16	57	4	TrmD: tRNA-Methyltransferase
S 15	68	2	Polynucleotid-Phosphorylase: eine 3′-Exonuclease, die am Abbau von mRNA beteiligt ist

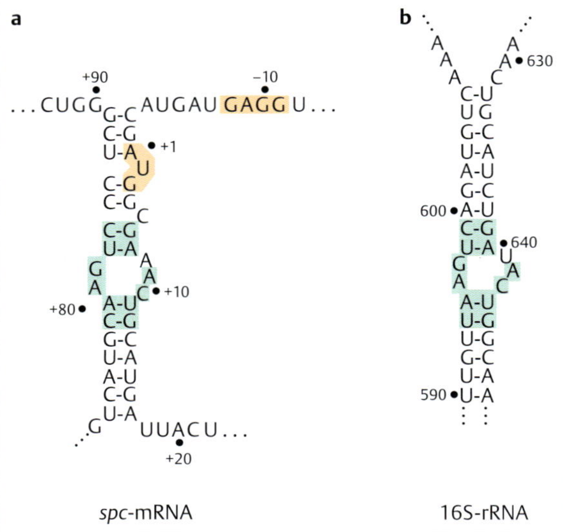

a

```
         +90              −10
...CUGG G-C AUGAU GAGG U...
        G-C
        C-G
        U-A  •+1
        C-G  U
        C-G
        C
      C-G
      U-A
    G A
    A   A A •+10
+80•  A-U  C
      C-G
      G-C
      U-A
      A-U
      C-G
      U-A
   .•G   UUACU...
          •
         +20
```

spc-mRNA

b

```
         ·.  ..
          A  A
        A   A •630
        A  C-U
        U   G
         G-C
         U-A
         A-U
         G-C
   600• C-G
         A-U
         U-A •640
      G A   C
      A   A A
        A-U
        U-G
        G-C
        U-A
   590• U-A
         :  :
```

16S-rRNA

Abb. 6.24 Bindungsstellen für das ribosomale Protein S 8.
a Eine vom Computer ermittelte Sekundärstruktur der mRNA des spc-Operons. Die Ribosomenbindungsstelle und das Start-Codon AUG sind orange hinterlegt. Die Nummerierung beginnt mit + 1 am AUG. Die Nucleotide 23–73 sind nicht angegeben. Die experimentell ermittelte Bindungsstelle für S 8 ist grün hervorgehoben.
b Ein Abschnitt aus der 16S-rRNA (Nummerierung s. ▶ Abb. 5.17). Die Bindungsstelle für das Protein S 8 in der 16S-rRNA gleicht der Bindungsstelle in der mRNA.

- Aber wenn im Zuge der stringenten Regulation keine rRNA gebildet wird, sammeln sich freie ribosomale Proteine in der Zelle an. Diese Proteine binden an definierte Stellen auf der eigenen mRNA und verhindern damit ihre eigene Synthese und die Synthese der anderen Proteine des Operons (I) (▶ Abb. 6.24).

6.3.2 Negative und positive Genregulation: das *lac*-Operon als Bezugssystem

Im Jahr 1961 haben François Jacob und Jacques Monod vom Pariser Pasteur-Institut im neu gegründeten Journal of Molecular Biology eine der einflussreichsten Arbeiten in der Geschichte der Genetik veröffentlicht – ihr Titel: „Genetic regulatory mechanisms in the synthesis of proteins" [5]. Die Arbeit beschreibt ein umfassendes Modell der Regulation genetischer Aktivität. Sie gilt als ein wichtiges Bezugssystem, was sich auch darin zeigt, dass ihre Terminologie bis heute für die Beschreibung von Genregulationen verwendet wird.

Die beiden Forscher hatten ihre Untersuchungen an einem wohldefinierten experimentellen System durchgeführt, nämlich an den Genen von *E. coli*, die die Information zur Synthese von Enzymen des Lactosestoffwech-

Lactose

β-galactosidische Bindung; wird durch das Enzym β-Galactosidase gespalten

Isopropylthiogalactosid

diese Bindung kann nicht durch *E. coli*-Enzyme gespalten werden

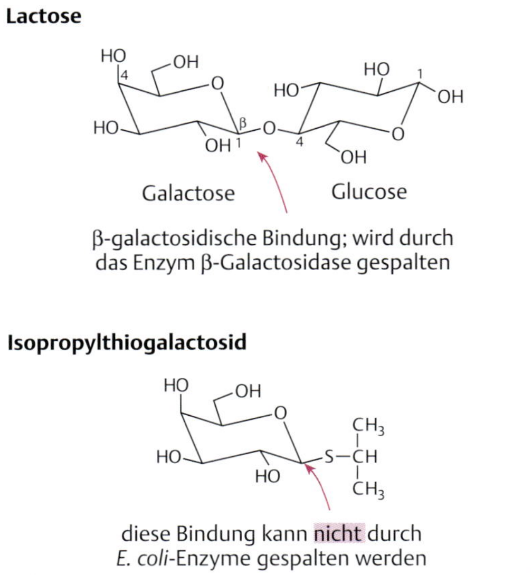

Abb. 6.25 Lactose und Isopropylthiogalactosid (IPTG).

sels tragen. Die Aktivität dieser Gene unterliegt einer genauen Regulation. In Abwesenheit des Zuckers **Lactose** stellt eine Bakterienzelle nur wenige Moleküle der lactoseverwertenden Enzyme her. Aber wenn Lactose die einzige Kohlenstoffquelle ist, nimmt die Menge an lactoseverwertenden Enzymen um ein Vielfaches zu. Der Grund dafür ist, dass die von der Zelle aufgenommene Lactose in ein isomeres Produkt namens **Allolactose** (1,6-O-β-D-Galactopyranosyl-D-glucose) überführt wird, welches die Transkription der Gene für die Lactoseverwertung anregt. Um diese Regulation geht es in den folgenden Abschnitten.

Merke

Lactose wird in die isomere **Allolactose** umgewandelt, die die Transkription der lactoseverwertenden Enzyme aktiviert.

Die Genprodukte

Eines der eben erwähnten lactoseverwertenden Enzyme ist die **β-Galactosidase**, ein Tetramer aus vier gleichen Untereinheiten mit je 1023 Aminosäuren. Es spaltet das Disaccharid Lactose (▶ Abb. 6.25) in Glucose und Galactose, die dann jeweils über eigene Stoffwechselwege zur Gewinnung zellulärer Energie abgebaut werden. Schon 3 min nach Zusatz von Lactose zu einer Bakterienkultur kann eine Zunahme der intrazellulären Menge des Enzyms β-Galactosidase gemessen werden. In Gegenwart von Lactose als einziger Kohlenstoffquelle nimmt die Zahl der Enzymmoleküle von etwa 60 bis auf 60 000 pro Zelle zu. Nach Entfernung der Lactose sinkt die Konzentration rasch wieder auf den Ausgangswert ab.

Zugleich mit der β-Galactosidase wird die Synthese von zwei anderen Proteinen induziert:

- **Permease**, ein membrangebundenes Protein, das die Aufnahme von Lactose in die Zelle ermöglicht, und
- **Transacetylase**, die die Anheftung von Acetylgruppen an Phenyl-, Thiophenyl- und Nitrophenylgalactosiden katalysiert; die physiologische Bedeutung dieses Enzyms für den Bakterienstoffwechsel ist noch nicht abschließend erforscht.

Außer Lactose – oder besser: außer ihrem Umwandlungsprodukt Allolactose – können mehrere chemisch hergestellte Galactoside die Synthese der drei Proteine induzieren, darunter sind auch Galactoside, die von der β-Galactosidase nicht gespalten werden, z. B. das experimentell viel benutzte IPTG (Isopropyl-β-D-thiogalactosid) (▶ Abb. 6.25). Diese Tatsache hat in der Geschichte der Bakteriengenetik eine große Rolle gespielt, denn wenn Induktoren wie IPTG vom Enzym β-Galactosidase nicht als Substrat erkannt werden, kommt das Enzym nicht als Kontrollelement seiner eigenen Synthese in Betracht. Es kann daher auf ein besonderes Kontrollelement geschlossen werden, das zusammen mit der β-Galactosidase auch die Synthese der Permease und Transacetylase reguliert. Man sagt, die drei Gene werden koordiniert exprimiert.

Merke

Die drei koordiniert exprimierten **Gene des *lac*-Operons** werden bezeichnet mit: *lacZ* (β-Galactosidase), *lacY* (Permease) und *lacA* (Transacetylase).

Die Gene liegen eng hintereinandergeschaltet als Operon im *lac*-Locus bei etwa 8 min auf der Genkarte, und zwar in der Reihenfolge *lacZ*, *lacY*, *lacA*. Die drei Gene werden nach der Induktion in Form einer langen polygenen mRNA transkribiert (s. ▶ Abb. 6.5).

Mutanten mit veränderter Genregulation

Arthur B. Pardee, François Jacob und Jacques Monod entdeckten 1959 eine *E. coli*-Mutante, die auch in Abwesenheit eines Induktors maximale Mengen an β-Galactosidase, Permease und Transacetylase produziert (konstitutive Synthese). Das für diese sogenannte I⁻-Eigenschaft verantwortliche Gen *lacI* wurde nahe vor dem Gen *lacZ* lokalisiert (Plus 6.5).

Plus 6.5

Bakteriengenetik: früher und heute
Hier geht es um Forschungsarbeiten, die mehr als 50 Jahre zurückliegen. Damals und noch bis zur Mitte der 1980er-Jahre begannen genetische Untersuchungen mit der Isolierung von zufällig auftretenden Bakterienmutanten, gefolgt von einer genauen Beschreibung ihrer Phänotypen und der Einordnung der betreffenden Gene in die biologische Genkarte durch Konjugation und Transduktion.

Heute sind die Nucleotidsequenzen aller Gene von *E. coli* bekannt. Wenn sich Molekularbiologen für die Auswirkungen eines Nucleotid- oder Aminosäureaustauschs interessieren, isolieren sie zunächst das betreffende Gen mithilfe gentechnischer Verfahren (s. Kap. 26.3). Dann werden durch eine Kombination biochemischer und mikrobiologischer Maßnahmen gezielt Veränderungen an der Gensequenz vorgenommen (*site directed mutagenesis*; ortsspezifische Mutagenese). Schließlich wird das veränderte Gen in Bakterien übertragen und der Phänotyp registriert – *reverse genetics*; „umgekehrte" oder reverse Genetik.

Die entscheidende Information über die Funktion des *lacI*-Gens brachte folgende experimentelle Anordnung:

In die **I⁻-Mutante** wurde ein F′-Plasmid eingeführt, das alle drei Gene des *lac*-Operons und außerdem ein funktionierendes *lacI*-Gen trug (▶ Abb. 6.26). Diese Bakterienzelle war also in Bezug auf die lactoseverwertenden Gene diploid: Eine Kopie der Gengruppe befand sich auf dem Hauptchromosom und eine auf dem F′-Plasmid. Der Phä-

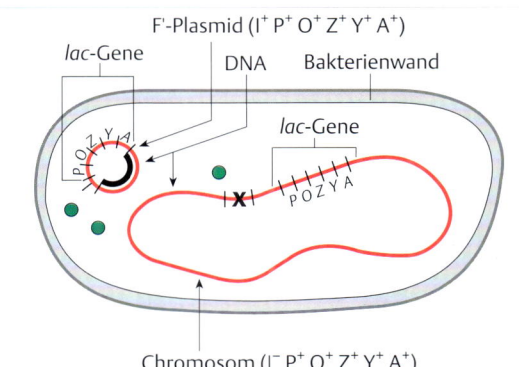

Abb. 6.26 Merodiploide Zelle vom Typ I⁻/F′I⁺. Das *lac*-Operon ist im Verhältnis zu groß gezeichnet. Es nimmt in Wirklichkeit nur den Platz von etwa 0,15 % des *E. coli*-Chromosoms ein. Das Wildtyp-*lacI*-Gen des Plasmids produziert einen aktiven Repressor (grüne Kugeln), der sich frei in der Zelle befindet und deshalb sowohl am chromosomalen *lac*-Operator als auch am plasmidalen *lac*-Operator angreifen kann. Zur Bedeutung der genetischen Elemente P und O siehe Text.

notyp dieser merodiploiden Bakterien war eine normale *lac*-Gen-Regulation (▶ Tab. 6.7). Daraus musste man schließen, dass das Gen *lacI* auf dem F′-Plasmid ein Produkt herstellt, welches die Genaktivität auf dem Hauptchromosom regulieren kann.

Die Kontrollen zu diesem Experiment sind in der ▶ Tab. 6.7 gezeigt. Sie lassen folgende Rückschlüsse zu:
- Mutationen sowohl im *lacI*-Gen des Plasmids als auch im *lacI*-Gen des Hauptchromosoms verursachen eine konstitutive Expression des *lacZ*-Gens.
- Das *lacI*-Produkt des Hauptchromosoms kann die *lac*-Gene des F′-Plasmids regulieren.

Die Kontrollen zeigen, dass das Produkt des *lacI*-Gens frei durch das Cytoplasma der Zelle diffundieren kann. In der Sprache der klassischen Genetik heißt das: Der I^+-Genotyp ist **dominant** über den I^--Genotyp. Man spricht von ***trans*-dominanten** oder – allgemein – ***trans*-wirkenden-Faktoren**, weil sie ihre Funktion nicht nur im Bereich ihres Gens, sondern auch an räumlich getrennten Genen im Genom der Zelle ausüben (*trans*, lat. jenseits).

Da das Produkt des *lacI*-Gens die Expression einer Genfolge unterdrückt (reprimiert), wurde es als **Repressor** (*repress*, engl. unterdrücken) bezeichnet.

Außer I-Mutanten wurde noch eine andere wichtige Klasse von konstitutiven Mutanten (O^c) gefunden. Auch diese Mutanten stellen **in Abwesenheit eines Induktors** große Mengen an β-Galactosidase her, aber sie unterscheiden sich von den I^--Mutanten:
- Diese Art der konstitutiven Genexpression wird nicht durch Einführen eines intakten *lacI*-Gens auf einem F′I⁺-Plasmid beeinflusst.
- Der Genort für die Mutation O^c liegt nicht im Bereich des *lacI*-Gens, sondern unmittelbar vor dem Gen *lacZ*. Man bezeichnet diesen Genort als **Operator**. Daher die Abkürzung O^c, für *operator constitutive*.
- Die Mutation O^c ist ebenfalls dominant, aber nur für die unmittelbar gekoppelten Gene. Man spricht von *cis*-Dominanz (*cis*, lat. diesseits). **Cis-dominante** oder, wie man auch sagt, ***cis*-wirkende Elemente** beeinflussen die Expression benachbarter Gene auf dem gleichen Chromosom.

Das Jacob-Monod-Modell

François Jacob und **Jacques Monod** (1961) haben aus den Eigenschaften der beiden Mutationen I^- und O^c ein Modell der Regulation von lactoseverwertenden Genen abgeleitet (▶ Abb. 6.27) [5]. Dieses Modell besagt Folgendes:
- Das *lacI*-Gen stellt einen **Repressor** her, der sich im nicht induzierten Zustand an einen DNA-Abschnitt vor der Genfolge *lacZ-lacY-lacA* bindet und damit deren Transkription blockiert.
- Ein **Induktor wie IPTG** heftet sich an den Repressor, der dadurch seine Bindungseigenschaften ändert und von der DNA abfällt. Die *lac*-Gene sind nun frei für die Transkription.

Tab. 6.7 Konstitutive Synthese der β-Galactosidase.

Stamm	Genotyp	Phänotyp: β-Galactosidaseaktivität	
		nicht induziert	induziert durch IPTG
Wildtyp	I^+Z^+	<0,1	100
I-Mutante	I^-Z^+	140	130
merodiploid	$I^-Z^+/F'I^+Z^+$	<0,1	280
merodiploid	$I^+Z^+/F'I^-Z^+$	<0,1	240
merodiploid	$I^-Z^+/F'I^-Z^+$	195	190

Die β-Galactosidaseaktivität ist in relativen Einheiten angegeben: 100 bedeutet die Aktivität der β-Galactosidase in maximal induzierten Wildtypzellen. Die Expression des *lacA*- und des *lacY*-Gens ist hier nicht dargestellt (nach [5]).

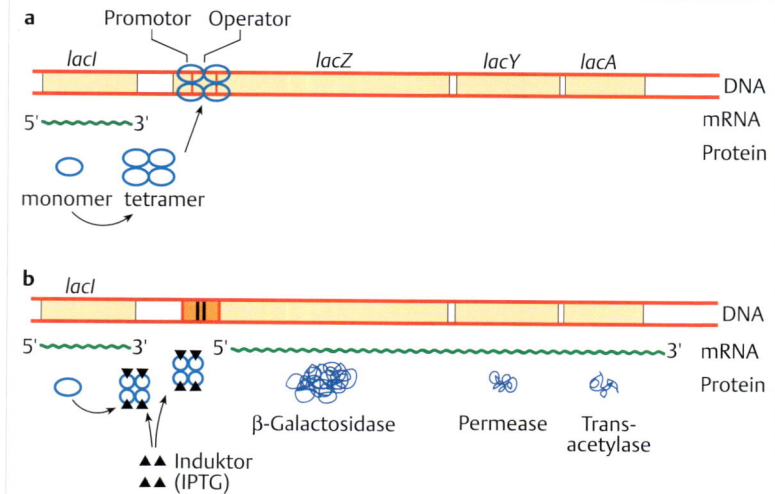

Abb. 6.27 Repression und Expression des *lac*-Operons.
a In Abwesenheit eines Induktors bindet sich der Repressor an die Operatorsequenz und blockiert damit den Zugang der RNA-Polymerase zum Promotor. Das *lac*-Operon ist geschlossen.
b Ein Induktor wie Allolactose oder IPTG gelangt an den Repressor, der dabei seine Konformation verändert und die Fähigkeit zur DNA-Bindung verliert. Der Operator wird frei. Die RNA-Polymerase kann nun die mRNA synthetisieren. Das *lac*-Operon wird exprimiert.

- Die Bindungsstelle des Repressors ist der **Operator**. Er ist definiert durch Mutationen vom Typ O^c, welche den Operator so verändern, dass der Repressor nicht mehr binden kann.

Die gesamte Regulationseinheit, bestehend aus dem Operator und der Folge der Strukturgene, ist das **lac-Operon**. Es wird als Ganzes in Form einer langen multigenischen mRNA transkribiert. Wo liegt der Promotor? Der Promotor P für die *lac*-Gene liegt direkt vor dem Operator, wie zuerst Studien an Promotormutanten und dann später biochemische Untersuchungen gezeigt haben.

Zusammenfassend können wir also die Organisation des *lac*-Operons folgendermaßen notieren: Promotor-Operator-*lacZ-lacY-lacA* (P-O-Z-Y-A).

Aus dem Modell der ▶ Abb. 6.27 folgern wir, dass der Repressor zwei Bindungsstellen hat: eine erste für den Operator und eine zweite für den Induktor. Genmutationen, die die erste der beiden Bindungsstellen verändern, haben den I^--Phänotyp zur Folge. Wir können aber ebenso gut Mutanten erwarten, bei denen die zweite Bindungsstelle ausgefallen ist. Solche Mutanten sollten auch in Gegenwart eines Induktors die *lac*-Gene nicht exprimieren können. Entsprechende Mutanten sind gefunden worden: I^s-Mutanten, deren Repressor kein IPTG binden kann und die deswegen „superreprimiert" sind.

Die ▶ Abb. 6.27 entspricht im Wesentlichen dem Modell des *lac*-Operons von François Jacob und Jacques Monod aus dem Jahr 1961 [5]. Das Modell erlaubt eine einfache und einleuchtende Erklärung für die Repression: Ein Lac-Repressor am Operator schließt eine Bindung der RNA-Polymerase an den Promotor aus, einfach weil sich Operator- und Promotorsequenzen teilweise überlappen und der gebundene Repressor den Promotor versperrt.

Im Laufe der Zeit ist das Jacob-Monod-Modell überprüft und in vielen Punkten ergänzt, erweitert und verfeinert worden. Interessierte Leser finden einen lebhaften und spannend geschriebenen Bericht der Forschungsgeschichte – mit allen Erfolgen und vielen Irrwegen – im Buch von Benno Müller-Hill „The *lac* Operon. A Short History of a Genetic Paradigm" (1996) [6]. Auf den folgenden Seiten werden nur einige der wichtigsten Ergebnisse beschrieben.

Der Lac-Repressor

▶ **Expression.** Der Lac-Repressor wird vom **lacI-Gen** codiert (I steht für Induktion: Das *lac*-Operon wird induziert, wenn das Gen *lacI* durch Mutation geschädigt ist). Der Codierungsregion ist ein Promotor vorgeschaltet, der in mehreren Punkten vom Ideal- oder Standardpromotor (S. 71) abweicht (▶ Abb. 6.28):
- Zwischen dem Startpunkt der Transkription und der –10-Region befinden sich ausschließlich GC-Basenpaare, während ein starker Promotor hier bevorzugt AT-Basenpaare hat.
- Eine typische –10-Region ist gekennzeichnet durch die Sequenz TATAAT. Im *lacI*-Promotor wird die Sequenz aber durch GC-Basenpaare unterbrochen.
- Auch die –35-Region des *lacI*-Promotors weicht erheblich von der eines Standardpromotors ab.

Die Konsequenz ist, dass der Promotor des *lacI*-Gens schwach ist und die RNA-Polymerase mit relativ geringer Effizienz bindet. Diese reicht jedoch aus, um eine Bakterienzelle mit der notwendigen und ausreichenden Menge von 10–20 Lac-Repressor-Molekülen zu versorgen.

Man kennt Mutanten, die weit mehr Repressormoleküle herstellen als Wildtypbakterien, I^q-Mutanten (q, *quantity*). Die Ursache dafür ist ein Basenaustausch in der Promotorregion (▶ Abb. 6.28), deren Sequenz sich damit der des Standardpromotors nähert.

Die I^q-Mutanten waren sehr wichtig bei den frühen Arbeiten über den Lac-Repressor, weil mit ihrer Hilfe große Mengen an Repressor produziert werden konnten, eine Voraussetzung für biochemische Untersuchungen. Heute stellen Molekularbiologen große Mengen eines seltenen Proteins mit gentechnischen Verfahren (S. 535) her.

▶ **Struktur.** Ein intakter Lac-Repressor ist ein **Tetramer**, zusammengesetzt aus zwei Dimerkomponenten, also aus insgesamt vier gleichen Untereinheiten. Jede Untereinheit besteht aus 360 Aminosäuren, die sich zu Domänen falten (▶ Abb. 6.29).

Das **Kopfstück**, die aminoterminale Domäne mit den ersten 50 Aminosäuren, besteht aus drei α-Helices, die sich in einer charakteristischen Form anordnen und die Bindung des Lac-Repressors an die Operatorsequenz vermitteln.

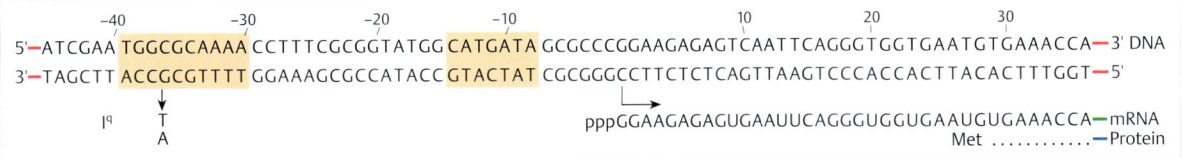

Abb. 6.28 Der Promotor des *lacI*-Gens. Die wichtigen Regionen um die Nucleotide –35 und –10 sind hervorgehoben. Durch den Austausch des CG-Basenpaars gegen ein AT-Basenpaar bei der Position –36 erfolgt eine Annäherung an die Sequenz eines Konsensuspromotors. Damit steigt die Effizienz der Transkription. Das Ergebnis ist der Phänotyp einer I^q-Mutation: eine vermehrte Bildung des Repressors.

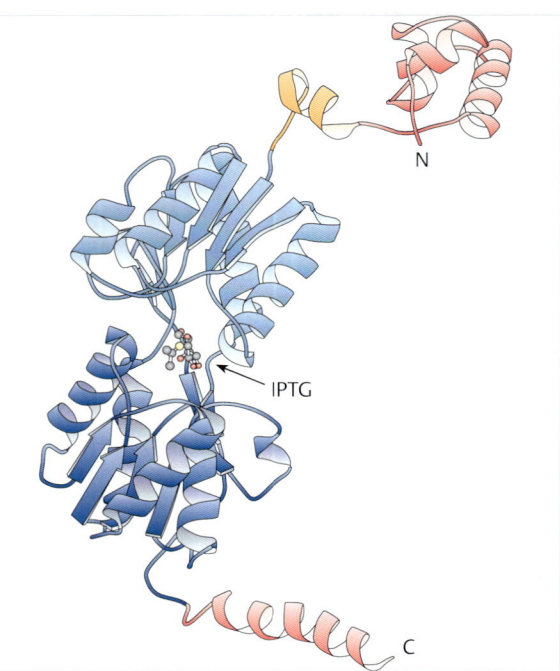

Abb. 6.29 Dreidimensionale Struktur einer Untereinheit des Lac-Repressors. Beschreibung der Domänen im Text. Beachte, dass der aktive Repressor aus zwei Dimeren, also insgesamt vier Untereinheiten besteht. (nach Lewis M, Chang G, Horton NC et al (2011) Crystal structure of the lactose operon repressor and its complexes with DNA and inducer. J Mol Biol 409: 14–27)

Das Kopfstück der DNA-Bindungsdomäne steht über ein **kurzes flexibles Zwischenstück** mit der großen zentralen Domäne aus den Aminosäuren 62–324 in Verbindung. Die **zentrale Domäne** besteht aus zwei ähnlich aufgebauten Teilen oder Subdomänen, getrennt durch einen Spalt mit der Bindungsstelle für den Induktor IPTG. Bereiche in beiden Subdomänen vermitteln Wechselwirkungen mit dem Dimerpartner.

Die **carboxyterminale Domäne** mit einer α-Helix zwischen den Aminosäuren 340 und 357 ist für die Ausbildung des Tetramers verantwortlich: Jede Untereinheit beteiligt sich mit ihrer carboxyterminalen Domäne an einem Bündel aus vier α-Helices. Aus einigem Abstand betrachtet, hat ein nativer Lac-Repressor die Form des Buchstabens V, wobei jeder Schenkel aus einem Dimer und das Verbindungsstück aus dem Vier-α-Helices-Bündel besteht.

▶ **Bindung an die DNA.** Das aminoterminale Kopfstück vermittelt die Bindung an DNA. Die Struktur besteht aus drei kurzen α-Helix-Bereichen, die durch Drehungen (*turns*) in der Polypeptidkette miteinander verbunden sind (▶ Abb. 6.29). Sie bilden das bei Bakterien weit verbreitete **Helix-Turn-Helix-Motiv** DNA-bindender Proteine.

Eine zentrale Funktion hat die Helix II mit den Aminosäuren 17–26, die **Erkennungshelix**. Sie legt sich in die große Rinne der DNA, während die beiden anderen α-He-

lix-Bereiche quer zur Erkennungshelix liegen und die Protein-DNA-Wechselwirkung stabilisieren (▶ Abb. 6.30).

Zwei Arten von DNA-Bindung müssen unterschieden werden:
- die **unspezifische Bindung** an beliebige DNA-Sequenzen. Sie wird hauptsächlich vermittelt durch elektrostatische Wechselwirkungen zwischen den positiv geladenen Seitenketten von Arginin und Lysin sowie Histidin mit der DNA. Diese Bindungen sind verhältnismäßig schwach, aber wichtig, denn in der Zelle geht der Lac-Repressor zuerst unspezifische Kontakte mit der DNA ein und gleitet dann sozusagen an der DNA entlang, bis er auf den Operator trifft, an den er sehr viel fester bindet.
- die **spezifische Bindung** an die Sequenz des Operators. Die Spezifität der Wechselwirkung beruht im Wesentlichen auf Wasserstoffbrücken zwischen hydrophilen Aminosäuren (Arginin, Glutamin, Serin, Tyrosin) und Basenpaaren im Operator (▶ Abb. 6.30).

Die Ergebnisse der Strukturuntersuchungen finden eine eindrucksvolle Bestätigung durch die Sequenzanalyse von I^--Mutanten. Beispielsweise führt ein Austausch des Tyrosins anstelle 17 oder des Glutamins anstelle 18 durch andere Aminosäuren (▶ Abb. 6.30) zu einem Verlust der spezifischen DNA-Bindung und zum Phänotyp einer konstitutiven Expression des *lac*-Gens.

Die ▶ Abb. 6.30 ist eine abstrakte Darstellung mit dem Vorteil einer einfachen Einführung in das Prinzip der spezifischen Protein-DNA-Wechselwirkung und dem Nachteil, dass sie die wirklichen Verhältnisse nur als Ausschnitt zeigt. Denn aufgrund der ▶ Abb. 6.30 würden wir schließen, dass die **Repressorbindungsstelle** nur etwa einer halben Drehung der Doppelhelix entspricht. Aber in Wirklichkeit umfasst ein Operator zwei komplette Doppelhelixdrehungen und besteht aus 21 palindromisch angeordneten Basenpaaren (in der ▶ Abb. 6.31 mit **lacO1** bezeichnet). Demnach existieren in diesem „Hauptoperator" zwei Bindungsstellen, je eine für ein Kopfstück in einem der beiden Dimerpartner. Jedes Kopfstück bindet als Helix-Turn-Helix an seine Stelle, aber gemeinsam ändern sie den Lauf der DNA, indem sie eine Beugung von 60° in der Mitte des Operators induzieren (▶ Abb. 6.30).

Demnach reicht ein Dimer aus zwei Repressoruntereinheiten für eine effiziente Bindung an den Operator aus. Warum ist dann ein normaler Repressor ein Tetramer, aufgebaut aus zwei Dimeren? Um diese Frage zu beantworten, müssen wir die einfache Skizze vom *lac*-Operon ergänzen, und zwar durch Eintragen von zwei weiteren Repressorbindungsstellen: Eine der beiden Bindungsstellen mit der Bezeichnung **lacO2** liegt etwa 400 bp stromabwärts vom klassischen oder Hauptoperator *lacO1*, also innerhalb der Codierungssequenz für die β-Galactosidase; die zweite Bindungsstelle, **lacO3**, liegt etwa 90 bp stromaufwärts (▶ Abb. 6.31). Die Neben- oder Hilfsoperatoren binden im biochemischen Versuch den Lac-Repressor weniger gut als der Hauptoperator, aber für die Regulation des *lac*-Operons ist das Vorhandensein mindestens eines Hilfsoperators wichtig. Das zeigt folgender Zahlen-

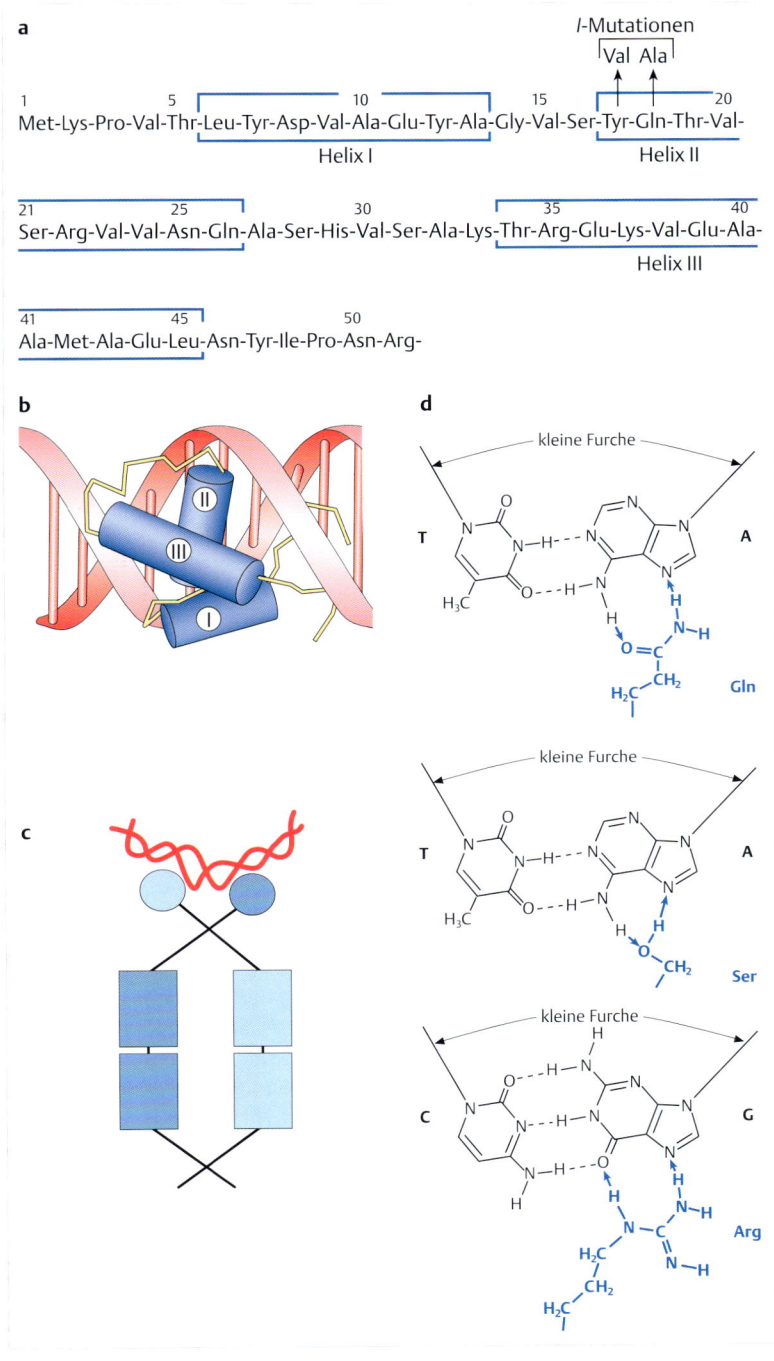

a

I-Mutationen

Val Ala

1   5   10   15   20

Met-Lys-Pro-Val-Thr-Leu-Tyr-Asp-Val-Ala-Glu-Tyr-Ala-Gly-Val-Ser-Tyr-Gln-Thr-Val-

Helix I   Helix II

21   25   30   35   40

Ser-Arg-Val-Val-Asn-Gln-Ala-Ser-His-Val-Ser-Ala-Lys-Thr-Arg-Glu-Lys-Val-Glu-Ala-

Helix III

41   45   50

Ala-Met-Ala-Glu-Leu-Asn-Tyr-Ile-Pro-Asn-Arg-

b

d

c

kleine Furche

T   A

Gln

kleine Furche

T   A

Ser

kleine Furche

C   G

Arg

Abb. 6.30 Das Helix-Turn-Helix-Motiv DNA-bindender Proteine. (nach Lamerichs RM, Boelens R, van der Marel GA et al (1989) 1H NMR study of a complex between the lac repressor headpiece and a 22 base pair symmetric lac operator. Biochemistry 28: 2985–2991)

a Aminosäuresequenz des Kopfstückes des Lac-Repressors mit der Position der α-Helices. Ein Aminosäureaustausch als Folge einer Mutation im Gen *lacI* verursacht einen Verlust der DNA-Bindung.

b Die drei α-Helices an der DNA: Helix II ist die Erkennungshelix.

c Die Skizze erinnert daran, dass die aktive Form des Repressors ein Dimer ist.

d Einige Wasserstoffbrücken zwischen Aminosäureseitenketten und reaktiven Gruppen in der großen Furche der DNA.

vergleich: Mit intakten Kontrollelementen, also mit allen drei Operatorsequenzen, wird nach Entzug des Induktors oder der Lactose im Nährmedium die Expression des *lac*-Operons auf 0,1 % des Wertes im vollinduzierten Zustand zurückgedreht. Wenn aber nur der Hauptoperator, *lacO1*, vorhanden ist, beträgt die Expression der Gene unter den gleichen Bedingungen immerhin noch 2,5 % des maximalen Wertes.

Experimente zeigen, dass der tetramere Lac-Repressor gleichzeitig an zwei Operatoren binden kann, je ein Di-

merpaar an einen der beiden Operatoren. Der dazwischenliegende DNA-Abschnitt bildet eine Schleife, was zu einem effektiven Verschluss des gesamten Regulationsbereichs, einschließlich des Promotors, beiträgt (▶ Abb. 6.31).

Im klassischen Jacob-Monod-Modell (▶ Abb. 6.27) war das Modell für die Repression des *lac*-Operons einfach: Der operatorgebundene Repressor hält Teile des Promotors besetzt und blockiert damit den Zugang für die RNA-Polymerase. Aber das gibt nur einen Teil der Wirk-

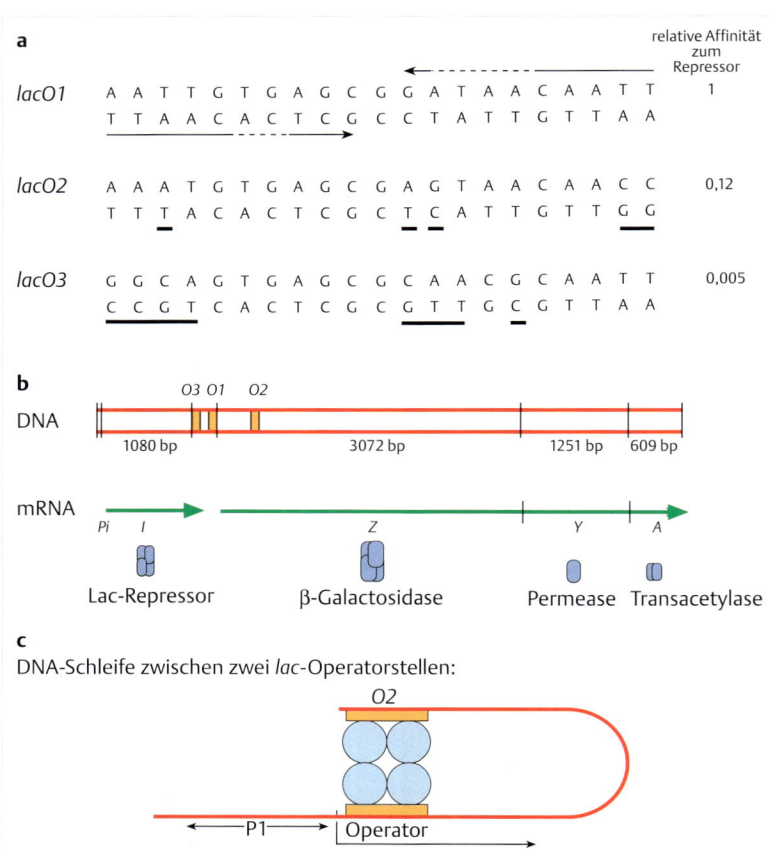

a

relative Affinität zum Repressor

lacO1	A A T T G T G A G C G G A T A A C A A T T	1
	T T A A C A C T C G C C T A T T G T T A A	

lacO2	A A A T G T G A G C G A G T A A C A A C C	0,12
	T T T A C A C T C G C T C A T T G T T G G	

lacO3	G G C A G T G A G C G C A A C G C A A T T	0,005
	C C G T C A C T C G C G T T G C G T T A A	

b

DNA   O3 O1   O2

1080 bp   3072 bp   1251 bp   609 bp

mRNA

Pi   I   Z   Y   A

Lac-Repressor   β-Galactosidase   Permease   Transacetylase

c

DNA-Schleife zwischen zwei *lac*-Operatorstellen:

O2

P1   Operator

Abb. 6.31 Die *lac*-Operatoren und das *lac*-Operon. (nach Oehler S, Anouyal M, Kolkhof P et al (1964) Quality and position of three lac operators of E. coli define efficiency of repression. EMBO J 13: 3348–3355)

a Der Lac-Repressor bindet mit höchster Affinität an das (fast) perfekte Palindrom des *lacO1*-Operators.

b Lage der Operatorsequenzen im *lac*-Operon. Das Transkript des *lacI*-Gens ist eine monogenische mRNA, das Transkript der Gene *lacZ*, *lacY* und *lacA* ist polygenisch.

c Die Bindung eines Repressortetramers erzeugt eine DNA-Schleife.

lichkeit wieder. Ein anderer Teil ist die Bildung der DNA-Schleife, die insbesondere die positive Regulation beeinflusst, von der im nächsten Abschnitt die Rede sein wird. Aber zuerst noch einige Bemerkungen zur Induktion.

▶ **Induktion.** Bei der Bindung eines **Induktors** (**IPTG**) ändert sich die Lage der beiden Subdomänen in der zentralen Domäne einer Untereinheit, zugleich verschieben sich auch die beiden Untereinheiten des Repressordimers. Diese molekularen Bewegungen werden über die Zwischenstücke (▶ Abb. 6.29) zu den aminoterminalen DNA-Bindungsdomänen übertragen. Als Konsequenz verändern sich deren Konformation und deren Anordnung zueinander, sodass der Repressor seine Affinität zur DNA verliert und den Operator freigibt.

6.3.3 Positive Regulation: das CRP-Protein

Die Dissoziation des Lac-Repressors reicht für eine volle Expression des *lac*-Operons nicht aus. Dazu ist die Anwesenheit eines positiv wirkenden Transkriptionsfaktors notwendig.

Dieser Faktor wurde im Verlauf der Untersuchung eines eigentümlichen und, wie sich herausstellte, überaus sinnvollen Regulationsvorgangs entdeckt. Dieser Vorgang wird als **Katabolit- oder Glucoserepression der Lactoseverwertung** bezeichnet. Man beobachtet ihn, wenn als Kohlenstoffquelle außer Lactose noch Glucose im Medium vorhanden ist. Unter diesen Bedingungen sind die *lac*-Gene nur sehr wenig, wenn überhaupt, aktiv. Das ist für die Bakterien ökonomisch sinnvoll, denn eine energetisch aufwendige Synthese von lactoseverwertenden Enzymen wäre in Gegenwart der leichter verwertbaren Glucose überflüssig. Die Katabolitrepression betrifft nicht nur die Expression der Gene des Lactosestoffwechsels, sondern auch die Expression der Gene für die Verwertung anderer Zucker: Galactose, Arabinose, Maltose u. a. Deswegen spricht man oft allgemeiner von der Kohlenstoffkatabolitrepression (*carbon catabolite repression*, CCR), von der fast ein Zehntel aller E. coli-Gene beeinflusst wird.

Eine **erste Zielstelle der Katabolitrepression** ist ein Protein aus zwei identischen Untereinheiten, das man als CAP (*catabolite activator protein*) oder häufiger als **CRP** (*cAMP receptor protein*) bezeichnet. Wie der Name sagt, bindet CRP die kleinmolekulare Verbindung cAMP (cyclisches AMP; Adenosin-3',5'-monophosphat). Die Bindung verändert die Konformation von CRP, das nun in der Lage ist, sich mit hoher Spezifität an einen palindromischen DNA-Abschnitt vor dem Promotor des *lac*-Operons zu lagern. Gebundenes CRP induziert eine kräftige Beugung der DNA (▶ Abb. 6.32), die für die Funktion wichtig ist,

6

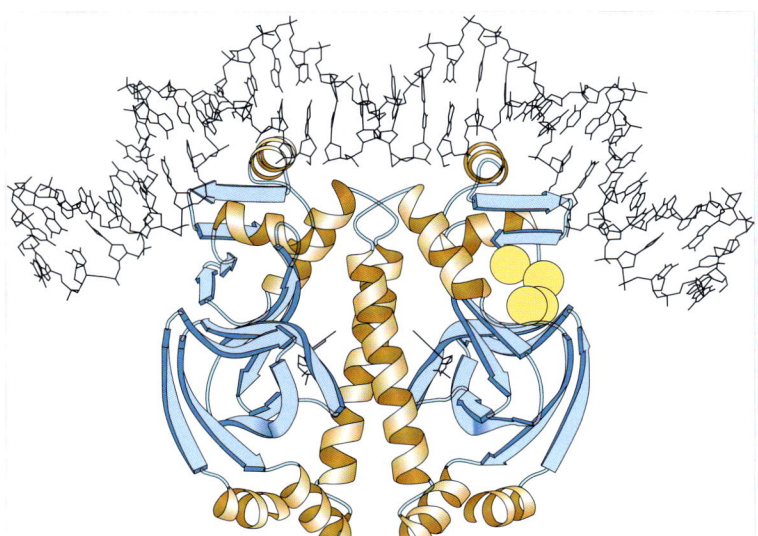

Abb. 6.32 Der Transkriptionsfaktor CRP an der DNA. Das Protein CRP hat uns im Kap. 4 als Beispiel für ein Protein mit Domänenstruktur gedient. Ein Blick auf die ▶ Abb. 4.13 ist nützlich, bevor man sich in das hier gezeigte Bild vertieft. Denn in der früheren Abbildung ist nur eine Untereinheit des CRP zu sehen. Das sollte die Struktur aus beiden funktionellen Domänen deutlich machen. Hier sehen wir die aktive Dimerform des Proteins mit gebundenem cAMP (rechts als gelbe Kugeln). Die Erkennungshelix des Helix-Turn-Helix-Motivs liegt in der großen Furche. Die Bindung des Dimers verursacht eine Krümmung der DNA. (nach Schultz SC, Shields GC, Steitz TA (1991) Crystal structure of a CAP-DNA-complex: the DNA is bent by 90°. Science 253: 1001–1007)

6

denn so kommt es zu Kontakten mit den α-Untereinheiten der RNA-Polymerase. Das ist der entscheidende Punkt, weil damit die Affinität der RNA-Polymerase zum *lac*-Promotor gesteigert wird.

Eine **zweite wichtige Zielstelle der Katabolitrepression** ist das Produkt des *lacY*-Gens, die **Permease**. Das Enzym steht unter der Kontrolle der EIIA^Glc-Komponente eines Systems, das den Glucosetransport von außen nach innen durch die Zellmembran ermöglicht. In Abwesenheit von Glucose trägt EIIA^Glc eine Phosphatgruppe. In dieser phosphorylierten Form kann EIIA^Glc das Enzym Adenylcyclase aktivieren und Nachschub an cAMP sicherstellen. Aber wenn sich *E. coli*-Zellen gut und rasch vermehren, weil Glucose als leicht verwertbare Kohlenstoffquelle zur Verfügung steht und in die Zelle strömt, gibt EIIA^Glc seine Phosphatgruppe ab. Das nicht- oder dephosphorylierte EIIA^Glc hemmt die Permease. Die Folge ist, dass keine Lactose in die Zelle gelangt, somit keine Allolactose gebildet wird und die Induktion des *lac*-Operons unterbleibt. Das Ereignis wird anschaulich als **Induktorausschluss** (*inducer exclusion*) bezeichnet, also den Ausschluss des Induktors Allolactose.

Die Reaktion wird dadurch gefördert, dass aktiviertes, also cAMP-tragendes CRP neben vielen anderen Genen auch das Gen *ptsG* aktiviert. Dieses Gen codiert den wichtigsten Glucosetransporter. Dadurch gelangt weitere Glucose in die Zelle, werden EIIA^Glc-Moleküle dephosphoryliert und der Zustand des Induktorausschlusses durch Hemmung der Lac-Permease gefestigt. Vermutlich der Hauptgrund für die Katabolitrepression.

▶ **Kontrollelemente des *lac*-Operons.** Die Sequenz der promotornahen Kontrollelemente des *lac*-Operons (▶ Abb. 6.33) mag als Zusammenfassung dieses Abschnitts dienen.

In **Abwesenheit von Allolactose** oder eines künstlichen Induktors (IPTG) ist der Operator durch den Lac-Repressor besetzt. Da Operator und Promotor teilweise überlappen, erschwert der Repressor die Bindung der RNA-Polymerase. Aber dies reicht für die vollständige Repression nicht aus. Dazu ist mindestens einer der beiden Hilfsoperatoren (*lacO2* oder *lacO3* der ▶ Abb. 6.31) notwendig. Wegen der eigentümlichen tetrameren und V-förmigen Struktur kann der Lac-Repressor zugleich Kontakt mit dem Hauptoperator (*lacO1*) und einem der Hilfsoperatoren aufnehmen. Es kommt zur Schleifenbildung und zum effektiven Verschluss des Promotors, auch und vor allem im Hinblick auf die Anlagerung des aktivierenden CRP-Proteins.

In **Gegenwart von Lactose** löst sich der Repressor von seinen Bindungsstellen, aber für eine volle Expression des *lac*-Operons muss ein aktives CRP-Protein an seiner Bindungsstelle gleich stromaufwärts von der –35-Region des Promotors sitzen. Dadurch wird aus dem an sich schwachen Promotor ein starker Promotor mit der Konsequenz, dass schließlich mehr als 20 RNA-Polymerasemoleküle gleichzeitig und in enger Folge mit der Transkription des *lac*-Operons beschäftigt sind. Als Ergebnis wird dann eine *E. coli*-Zelle schließlich mit vielen Molekülen des Enzyms β-Galactosidase ausgestattet.

▶ **Verallgemeinerungen.** Das Kennzeichen des *E. coli*-Genoms – und überhaupt der Genome von Bakterien – sind Operons: Folgen von Genen, die von einem Promotor aus als polygenische mRNA transkribiert werden. Diese Anordnung garantiert die **koordinierte Expression** zusammengehörender Gene.

Unter guten Nährstoff- und Umweltbedingungen wird eine Reihe von Operons und von einzelnen Genen **konstitutiv exprimiert**. Die Effizienz der Expression hängt dann im Wesentlichen von der Sequenz des Promotors ab.

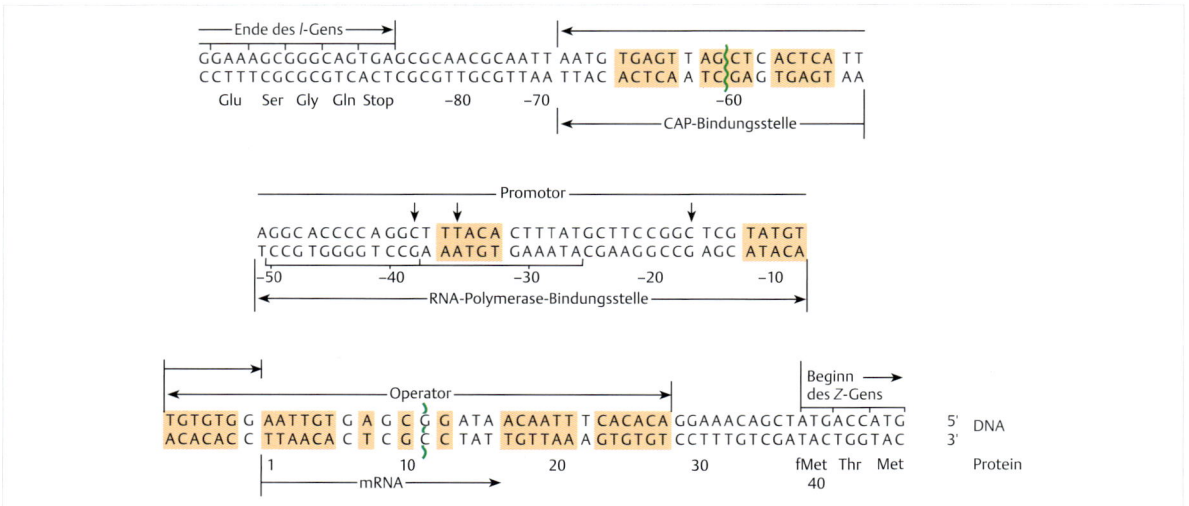

Abb. 6.33 Kontrollelemente des *lac*-Operons. Beachte die Lage der CRP-Bindungsstelle und die Lage des Operators relativ zum Promotor mit der −10- und der −35-Region. Das CRP-Protein dient als positiver Regulator für viele *E. coli*-Gene, aber seine Bindungsstelle liegt nicht immer wie hier vor den Promotorgrundelementen, sondern oft auch an anderen Stellen vor dem Transkriptionsstart. Viele CRP-Stellen ebenso wie Operatorsequenzen sind als Palindrome organisiert. Im Bild wird das Zentrum des Palindroms durch eine grüne Wellenlinie gekennzeichnet. Jede Palindromhälfte wird durch einen Partner im dimeren DNA-bindenden Protein besetzt.

RNA-Polymerasen haben eine hohe Affinität zu starken Promotoren, deren Struktur der Standard- oder Konsensussequenz (S. 71) nahe kommt, und eine geringe Affinität zu schwachen Promotoren, die entsprechend seltener transkribiert werden. Der Promotor des *lacI*-Gens hat uns als Beispiel für einen schwachen Promotor gedient (▶ Abb. 6.28).

Die meisten Operons des *E. coli*-Genoms werden **reguliert exprimiert**. σ-Faktoren erkennen jeweils eigene Promotorsequenzen. Zwar sind die meisten Gene auf den σ70-Faktor angewiesen, aber viele Gene benötigen einen der alternativen σ-Faktoren (▶ Tab. 6.4). Viele der σ70-abhängigen Promotoren stehen unter der Kontrolle von Repressoren. Man spricht von **negativer Regulation**. Ein spezifischer Repressor ist jeweils für einen zugehörigen Promotor zuständig. Im Einzelnen unterscheiden sich die Strukturen der verschiedenen Repressoren, aber alle besitzen zumindest zwei gemeinsame Merkmale, nämlich eine DNA-Bindungsdomäne (meist in Form einer Helix-Turn-Helix-Anordnung) und eine Stelle für den jeweiligen Induktor.

Viele Promotoren haben nur **eine Repressorbindungsstelle**. Sie liegt an der Eintrittsstelle für die RNA-Polymerase und blockiert die Initiation der Transkription. Aber etwa die Hälfte der repressorkontrollierten Promotoren haben zwei oder mehr Bindungsstellen für den jeweils passenden Repressor. Ähnlich wie beim *lac*-Operon liegt eine der Bindungsstellen in der Nähe der Eintrittsstelle für die RNA-Polymerase, die anderen Bindungsstellen sind weiter entfernt. In diesen Fällen müssen für eine vollständige Repression beide Bindungsstellen vom Repressor besetzt sein.

Zahlreiche Promotoren stehen zusätzlich oder sogar ausschließlich unter **positiver Regulation**. Signale, die an der Oberfläche etwa als Veränderungen im Nährstoffangebot registriert werden, gelangen in das Innere der Bakterienzelle und aktivieren Transkriptionsfaktoren. Ein gut untersuchtes Beispiel ist das **cAMP/CRP-Protein-System**. Dutzende von Promotoren haben CRP-Bindungsstellen. Oft liegen sie wie beim *lac*-Promotor (▶ Abb. 6.32) unmittelbar stromaufwärts von der −35-Region. Auf jeden Fall befinden sie sich auf der gleichen Seite der DNA-Doppelhelix wie die RNA-Polymerase. So kommt es, dass CRP und RNA-Polymerase in Kontakt miteinander kommen, was durch die Beugung der DNA gefördert wird. Nicht wenige Promotoren besitzen zusätzlich noch Bindungsstellen für das Protein IHF (S. 102), welches die Beugung der DNA begünstigt oder stabilisiert.

Regulationen über Repressor und Aktivator sind bei Weitem nicht die einzigen Mechanismen der Genregulation bei Bakterien. Man erinnere sich an die stringente Kontrolle oder die Hitzeschockantwort. Regulationen betreffen nicht nur die Einleitung der Transkription, sondern auch die Elongation der Transkription und die Proteinsynthese. Wir nennen einige Beispiele:

- Die **Elongation der Transkription** wird durch das N-Protein des Phagen Lambda und durch die Nus-Proteine von *E. coli* reguliert (Plus 6.7) (S. 136).
- Die **Translation** kann durch spezifisch gebundene Proteine, aber auch durch spezielle Sekundärstrukturschleifen besonders im 5′-Bereich blockiert werden. Zum Beispiel können diese Schleifen unter gegebenen physiologischen Bedingungen die Form von Terminationsschleifen (s. ▶ Abb. 5.7) annehmen und dann früh

6

die Synthese der mRNA zum Halt bringen. Auch kann von entsprechend gefalteten 5′-Nicht-Codierungssequenzen und unter bestimmten Bedingungen eine ribozymartige Spaltung der eigenen mRNA ausgehen.

- In einigen Genen kann unter bestimmten Bedingungen auch der Gegenstrang transkribiert werden. Es entsteht eine Antisense-RNA, die sich mit der mRNA zu einem RNA-Doppelstrang zusammenlegt und dadurch die Einleitung der Translation verhindert. Solche RNA-Doppelstrang-Strukturen begünstigen den Abbau der mRNA. Überhaupt kann die **Stabilität von mRNAs** über eine Aktivierung oder Hemmung spezieller RNA-abbauender Enzyme (RNasen) reguliert werden. Nebenbei bemerkt, ist die (posttranskriptionelle) Regulation der Genaktivität über komplementäre (Antisense-)RNA und den darauffolgenden Abbau von mRNA ein Mechanismus, der bei Eukaryoten eine große Bedeutung hat und ein erhebliches Interesse unter Molekular- und Zellbiologen findet (s. Kap. 18).

Aber nicht nur die Stabilität von mRNA, sondern auch die Stabilität von Proteinen steht im Dienste der Regulation genetischer Aktivität. Als Beispiel verweisen wir auf den Abbau des σ^{32}-Proteins bei der Regulation von Hitzeschock-Genen (▶ Abb. 6.19). Andere Beispiele lernen wir kennen, wenn auf den folgenden Seiten die Regulation der Gene des **Bakteriophagen Lambda** zur Sprache kommt.

6.4 Exkurs: Bakteriophagen

Wie die Viren, die Tier- oder Pflanzenzellen infizieren, bestehen Bakteriophagen, die Bakterien infizieren, aus zwei Komponenten, aus einem Nucleinsäuremolekül und einer Hülle aus zahlreichen Proteinbausteinen. Man kennt viele verschiedene Bakteriophagen, die *E. coli*-Zellen infizieren. Eine erste Einteilung orientiert sich nach der Art der Nucleinsäure:

- DNA-haltige Bakteriophagen wie T 2, T 4, T 7, Lambda (λ), M13 oder fd.
- RNA-haltige Bakteriophagen wie f2, MS 2, R17 und Qβ.

Definition

Bakteriophagen – oder kurz: Phagen – sind Viren, die Bakterien infizieren.

Grundsätzlich können Bakteriophagen mit dem Elektronenmikroskop sichtbar gemacht und gezählt werden. Das wäre aber für Routinemessungen viel zu umständlich und praktisch nicht durchführbar. Stattdessen benutzt man das einfache Plattierungsverfahren (Methode 6.1) (S. 127).

6

Methode 6.1

Der Plaque-Assay

Eine Agarplatte wird mit einer großen Menge Bakterien (10^8) besät, sodass die zahlreich entstehenden Kolonien vollständig die Oberfläche bedecken. Gibt man zusammen mit den Bakterien einige wenige (1–200) Phagen auf die Agarplatte, dann bildet sich dort, wo ein intaktes Phagenpartikel hingelangt ist, ein **Plaque** (Loch) im Bakterienrasen (▶ Abb. 6.34). Der ursprüngliche Phage infiziert eine günstig gelegene Bakterienzelle; diese Zelle lysiert nach einer gewissen Zeit, gibt 100–200 Phagennachkommen frei, die ihrerseits benachbart gelegene neue Zellen angreifen usw. Schließlich sind so viele Bakterienzellen lysiert, dass ein deutlich sichtbares Loch im sonst trüben Bakterienrasen erscheint. Die Größe und Art (trübe, klar oder gesprenkelt) des Plaques sind oft typisch für eine Phagenart. Manche **Phagenmutanten** haben eine vom Wildtyp verschiedene **Plaquemorphologie**.

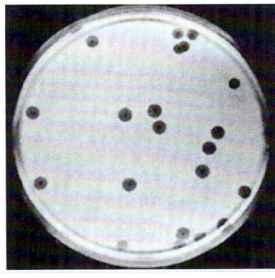

Abb. 6.34 Plaques, entstanden durch die Infektion von *E. coli* mit dem Bakteriophagen T 7. Etwa 20 infektiöse Partikel des Bakteriophagen T 7 wurden mit etwa 100 Millionen Zellen des Bakterienstammes *E. coli*-B auf der Oberfläche einer Agarplatte verteilt. Nach 10–12-stündiger Bebrütung sieht man Plaques im trüben Bakterienrasen. Jeder Plaque ist durch ein einziges infektiöses Phagenpartikel entstanden.

Experimente mit Bakteriophagen, insbesondere mit den beiden sehr nahe verwandten Phagen T2 und T4 (T steht für Typ), haben in den Jahren zwischen 1945 und 1965 sehr entscheidend zur Entwicklung der modernen Genetik beigetragen. Bis heute bleiben sie ein faszinierendes Objekt molekularbiologischer Forschung, das wir aber in diesem Buch nicht nachzeichnen können. Einige Bemerkungen müssen genügen.

Die **Phagen T2** und **T4** sind kompliziert aufgebaut: Sie bestehen aus einem Kopfteil, der die Form eines Icosahedrons (20 gleiche Flächen) hat, und einem aus vielen verschiedenen Proteinen zusammengesetzten Schwanzteil mit Fasern (▶ Abb. 6.35). Der Kopf umschließt das Phagen-Genom, eine doppelsträngige DNA aus etwa 170 000 bp mit ungefähr 300 Genen. Bei der Infektion nehmen die Schwanzfasern ersten Kontakt mit der Bakterienoberfäche auf. Dadurch werden strukturelle Veränderungen im gesamten Schwanzteil induziert, der eine Röhre bildet, durch die die DNA aus dem Kopf in das Innere der Wirtszelle gelangt. Innerhalb von 20–30 min werden dort Phagen-Gene exprimiert, Phagen-DNA repliziert und schließlich neue Phagen aus den Strukturproteinen und der Phagen-DNA zusammengesetzt. Die Infektion endet mit der **Auflösung der Zellwand** (**Lyse**) und dem Freisetzen von bis zu 200 Nachkommen. Phagen, deren Infektionsweg immer mit der Lyse der Wirtszelle endet, bezeichnet man als **virulente Phagen**.

Der Unterschied zu virulenten Phagen sind **temperente Phagen**, zu denen der Bakteriophage Lambda gehört. Über Lambda wird ausführlich auf den folgenden Seiten berichtet. Deswegen folgt hier nur ein Abriss des Infektionswegs als Illustration des Unterschieds zur lytischen Infektion von T2 und T4.

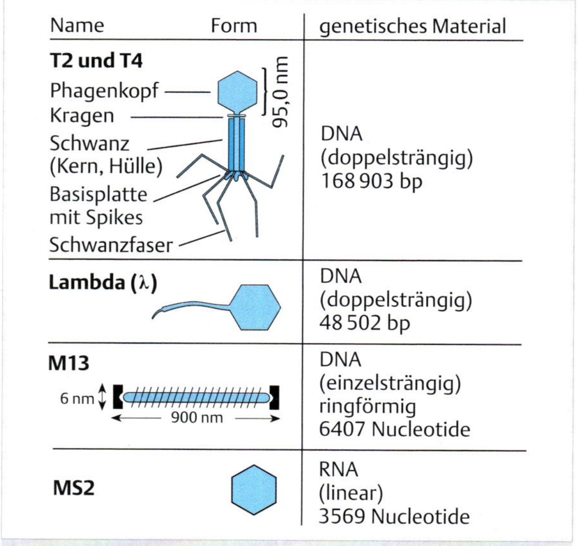

Temperente Phagen können alternative Infektionswege einschlagen (▶ Abb. 6.36):
- Vermehrung innerhalb der Wirtszelle und Zerstörung der Zelle durch Lyse (**lytischer Zyklus**)
- Einbau der Phagen-DNA in das Genom der Wirtszelle (**lysogener Zyklus**)

Wird die Phagen-DNA in das Bakterien-Chromosom eingebaut, wird sie von Bakterien-Generation zu Bakterien-Generation weitergegeben wie ein authentisches Stück des bakteriellen Genoms (Temperenz). Aber die eingebaute Phagen-DNA bleibt eine Gefahr für die Wirtszelle, denn ultraviolette Strahlen, bestimmte Arten von Chemikalien und andere Einflüsse induzieren den Übergang in den lytischen Zyklus und somit ihre Freisetzung. Darauf folgen die Expression der Phagen-Gene, die Replikation der Phagen-DNA, der Zusammenbau von Phagennachkommen und schließlich die Lyse der Wirtszelle. Aus diesem Grund bezeichnet man die eingebaute Lambda-DNA auch als **Prophage**. Bakterien mit (induzierbaren) Prophagen heißen **lysogene Bakterien**.

Merke

Beim **lytischen Zyklus** vermehrt sich der Phage unmittelbar nach der Infektion in der infizierten Wirtszelle und die Phagennachkommen werden durch Lyse der Wirtszelle freigesetzt.

Beim **lysogenen Zyklus** wird die Phagen-DNA in das Genom der infizierten Zelle eingebaut (Prophage) und so an die nächsten Bakteriengenerationen weitergegeben. Durch äußere Einflüsse kann der lysogene Zyklus in den lytischen übergehen.

Noch einige Worte zu den anderen Phagenarten, die in der ▶ Abb. 6.36 gezeigt sind.

▶ **M13.** Die lang gestreckten – oder, wie man sagt, filamentösen (fadenförmigen) – Phagen wie M13 oder fd enthalten ringförmige und – als bemerkenswerte Ausnahme – einzelsträngige DNA als genetisches Material. Der Phage M13 wurde zu einem besonders wichtigen Hilfsmittel der Gentechnik entwickelt. Aus diesem Grund erfahren wir mehr über M13 im Kap. 26.3.

▶ **MS2.** Der Phage MS2 ist ein Beispiel einer längeren Reihe von Phagen, die RNA als genetisches Material besitzen. Die genomische RNA mit ihren 3 569 Nucleotiden codiert vier Proteine: das Haupthüllprotein, von denen 180 Exemplare die icosahedrale Virushülle bilden, ein zweites Hüllprotein, das für die Bindung an die Zelloberfläche verantwortlich ist und vermutlich eine Funktion beim Viruszusammenbau hat, eine RNA-abhängige RNA-Polymerase zur Replikation des Virusgenoms und ein Protein für die Lyse der Wirtszelle.

Name	Form	genetisches Material
T2 und T4 Phagenkopf Kragen Schwanz (Kern, Hülle) Basisplatte mit Spikes Schwanzfaser	95,0 nm	DNA (doppelsträngig) 168 903 bp
Lambda (λ)		DNA (doppelsträngig) 48 502 bp
M13 6 nm 900 nm		DNA (einzelsträngig) ringförmig 6407 Nucleotide
MS2		RNA (linear) 3569 Nucleotide

Abb. 6.35 Einige E. coli-Phagen. Die Zeichnungen vermitteln einen Eindruck von der Vielfalt der Formen. Sie sind nicht maßstabsgerecht.

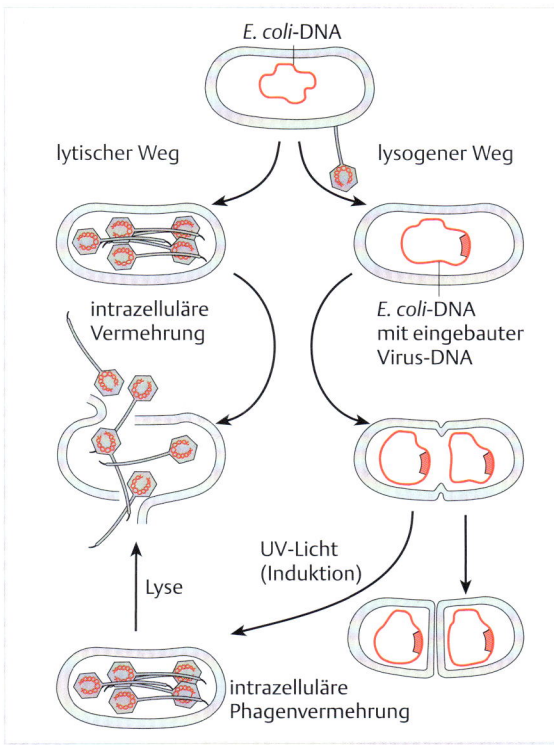

Abb. 6.36 Infektionsablauf bei temperenten Phagen. Weitere Erläuterungen s. Text.

E. coli-DNA

lytischer Weg   lysogener Weg

intrazelluläre Vermehrung

E. coli-DNA mit eingebauter Virus-DNA

Lyse   UV-Licht (Induktion)

intrazelluläre Phagenvermehrung

Nach dem Eindringen in die Wirtszelle dient die Phagen-RNA direkt als mRNA. Wenn dann genügend viel virale RNA-Polymerase gebildet wurde, beginnt der eigentliche Vermehrungsprozess mit der Bereitstellung immer größerer Mengen an RNA für die Translation und als Genome für Phagennachkommen. Übrigens verfolgt das Poliovirus in infizierten menschlichen Zellen eine im Prinzip ähnliche Vermehrungsstrategie (S. 401).

Trotz aller drastischen molekularbiologischen Unterschiede haben filamentöse DNA-Phagen wie M13 und icosahedrale RNA-Phagen wie MS 2 eine Gemeinsamkeit: Sie infizieren ausschließlich Bakterien mit F-Pili. Anders gesagt, nur F⁺- und Hfr-Bakterien sind Wirtszellen, weil sowohl M13 und andere filamentöse DNA-Phagen als auch MS 2 und andere verwandte RNA-Phagen ihre Anheftungsstellen auf Strukturelementen eines F-Pilus finden.

6.4.1 Ausblick

Wie eingangs zu diesem Abschnitt gesagt, kann man die Bedeutung der Phagenforschung für die frühe Geschichte der molekularen Genetik nicht hoch genug einschätzen. Aber Phagenforschung ist für Molekularbiologen auch weiterhin interessant. Ein Beispiel für eine ungelöste Frage ist, wie die langen DNA-Fäden in den engen Raum der Phagenköpfe gelangen. Weiterhin lassen sich an Phagen gut die komplizierten Wechselwirkungen zwischen den einzelnen Komponenten der genetischen Regulation untersuchen. Das ist für das Design genetischer Schaltkreise interessant, ein Gebiet der Biotechnologie und der synthetischen Biologie.

Ein anderes aktuelles Forschungsgebiet betrifft die Evolution von Viren. Alle Viren und damit auch alle Bakteriophagen haben einen Lebenszweck, nämlich sich so schnell und so oft zu vermehren wie möglich. Aber warum haben sie dann so unterschiedliche Genome – einige nur mit einem halben Dutzend Genen ausgestattet, andere mit Hunderten von Genen? Entstammen sie unterschiedlichen Evolutionswegen? Überhaupt – wie sind Phagen entstanden?

Schließlich das weite Feld der Ökologie. Erst seit einigen Jahren ist deutlich geworden, wie weit Phagen verbreitet sind. Die Weltmeere wimmeln nur so von Phagen. Je nach Geografie und Jahreszeit können 10^3 bis über 10^6 Phagen in einem Milliliter Meerwasser vorkommen. Womit Phagen die häufigste Form irdischen Lebens sind. Phagen im Meer haben übrigens nichts mit Umweltverschmutzung und dergleichen zu tun, sondern sind eine natürliche Konsequenz aus dem Aufbau des Mikroplanktons, zu dem auch Bakterien und Archaeen gehören. Aber was machen die vielen Phagen im Meer, haben sie eine ökologische Funktion und, wenn ja, welche?

6.5 Der Bakteriophage Lambda und seine Gene

Seit Anfang der 1950er-Jahre erforschen Mikrobiologen und Genetiker den Bakteriophagen Lambda (▶ Abb. 6.37). So hat sich viel Wissen angesammelt. Das ist der Grund, warum Lambda als handliches experimentelles System für Untersuchungen grundsätzlicher Fragen zu Genexpression, Replikation und Rekombination eingesetzt wird, warum Lambda schon früh als wichtiges Werkzeug in der Gentechnik gedient hat und immer noch dient und warum heute Elemente des Lambda-Genoms für Schaltkreise in der synthetischen Biologie verwendet werden. Aber darüber hinaus bleibt Lambda auch ein eigener Gegenstand molekularbiologischer Arbeiten, denn trotz der langen Forschungsgeschichte sind mehrere Phagen-Gene noch wenig oder gar nicht charakterisiert.

In diesem Abschnitt geht es um einige grundlegende Mechanismen der genetischen Regulation der Lambda-Gene.

Die **Infektion** beginnt mit der **Anheftung des Phagen** an ein spezifisches Protein (Rezeptor) auf der Oberfläche und dem **Eindringen der DNA** in die Bakterienzelle. Die bakterielle RNA-Polymerase liest dann die genetische Information einiger Gene des Phagengenoms ab. Daraufhin wird einer der beiden Entwicklungswege eingeschlagen: entweder die lytische Vermehrung oder der lysogene Zy-

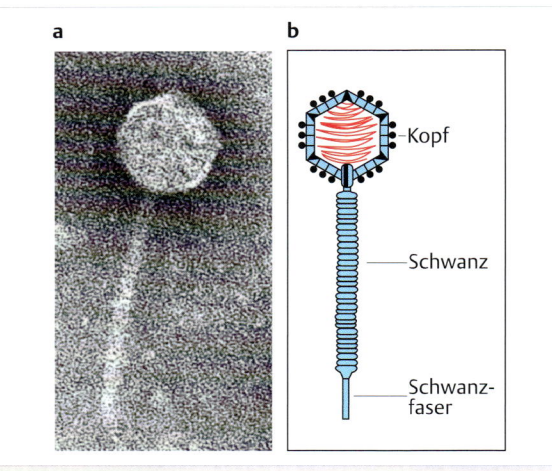

Abb. 6.37 Der Bakteriophage Lambda.
a Elektronenmikroskopisches Bild (Kopfdurchmesser: 50–60 nm). (Aufnahme: U. Ramsperger, Konstanz)
b Interpretationsskizze: Kopf, Schwanz und Schwanzfaser sind bezeichnet.

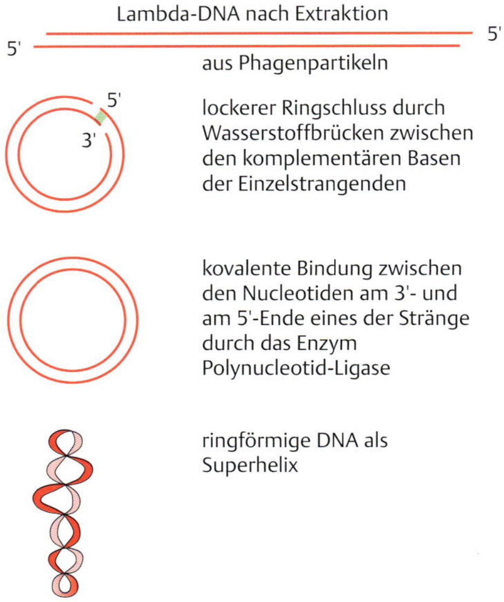

6

Lambda-DNA nach Extraktion

5'   5'

aus Phagenpartikeln

5'

3'

lockerer Ringschluss durch Wasserstoffbrücken zwischen den komplementären Basen der Einzelstrangenden

kovalente Bindung zwischen den Nucleotiden am 3'- und am 5'-Ende eines der Stränge durch das Enzym Polynucleotid-Ligase

ringförmige DNA als Superhelix

Abb. 6.38 Bildung von Lambda-DNA-Ringen.

klus (▶ Abb. 6.36). Der größte Teil des folgenden Textes betrifft die Frage nach den genetischen Grundlagen für die Entscheidung zwischen Lyse und Lysogenie. Dies ist eine komplexe Angelegenheit, die hier nur in Umrissen skizziert werden kann.

Eine ausgezeichnete Einführung in die Biologie des Phagen Lambda bietet das klassische Buch von Mark Ptashne „A Genetic Switch" (2004) [7].

6.5.1 Das Lambda-Genom

Die **DNA im Phagenpartikel** ist linear und doppelsträngig mit überstehenden, kurzen, einzelsträngigen Enden aus je 12 Nucleotiden. Die Einzelstrangenden sind komplementär: Sie können sich über Wasserstoffbrücken aneinander binden und die lineare DNA zu einem Ring schließen. Bald nach der Infektion werden die Enden durch ein Enzym namens Ligase (S. 172) kovalent verknüpft. Der entstandene DNA-Ring wird mithilfe des Enzyms Gyrase (S. 185) verdrillt (▶ Abb. 6.38).

So ist das genetisch aktive Lambda-Genom ringförmig geschlossen und die Lambda-Genkarte wird als Kreis abgebildet (▶ Abb. 6.39). Die Enden der ursprünglich linearen DNA befinden sich an der mit m/m' bezeichneten Stelle – man spricht auch von der **cos-Stelle** als Abkürzung für *cohesive*, also kohäsiv oder klebrig, weil hier die beiden komplementären Einzelstrangenden aneinanderbinden.

Durch die Pionierarbeiten von Fred Sanger und Mitarbeitern ist die vollständige Sequenz der ringförmigen Lambda-DNA schon seit 1982 bekannt. Sie besteht aus 48 502 bp mit 73 offenen Leserastern und zahlreichen

Kontrollregionen wie Promotoren und Operatoren dazwischen.

Zunächst ein Überblick über die wichtigsten proteincodierenden Gene.

Proteincodierende Gene

Die Gene wurden ursprünglich über Mutanten identifiziert, von denen man zunächst nicht mehr wusste, als dass sie sich unter den üblichen Bedingungen des Plaque-Tests auf Wildtyp-Bakterien nicht vermehren können. Diese Gene wurden einfach durch Großbuchstaben gekennzeichnet: *A, B, C, … N, O, P* usw. Obwohl man inzwischen die Funktion der Gene kennt, nutzt man weiterhin die ursprüngliche Bezeichnung. Man spricht also vom Gen-A-Protein, Gen-B-Protein, Gen-N-Protein oder kurz: vom A-Protein, B-Protein, N-Protein usw.

Andere Gene erhielten ihre Bezeichnung von der Besonderheit des Phänotyps. Die **wichtigen Gene *cI*, *cII*** und ***cIII*** wurden über Mutanten identifiziert, die statt der normalen trüben Plaques unter den üblichen Bedingungen klare (*clear*) Plaques bilden. Die Produkte der drei Gene *cI*, *cII* und *cIII* haben Funktionen bei der Regulation der Lyse-Lysogenie-Entscheidung. Ihr Fehlen treibt die Entwicklung in Richtung Lyse. Deswegen sind die Plaques klar, weil jeder begonnene Infektionsprozess mit einer Lyse endet. Auch das Protein, das vom **Gen *cro*** codiert wird (*cro, control of repressor and other genes*) (S. 65), greift in die Lyse-Lysogenie-Entscheidung ein.

Die **red-Gene** haben ihre Bezeichnungen von dem beobachteten Phänotyp: *reduction of recombination*. Über diese Gene wird hier nichts Weiteres gesagt, denn Re-

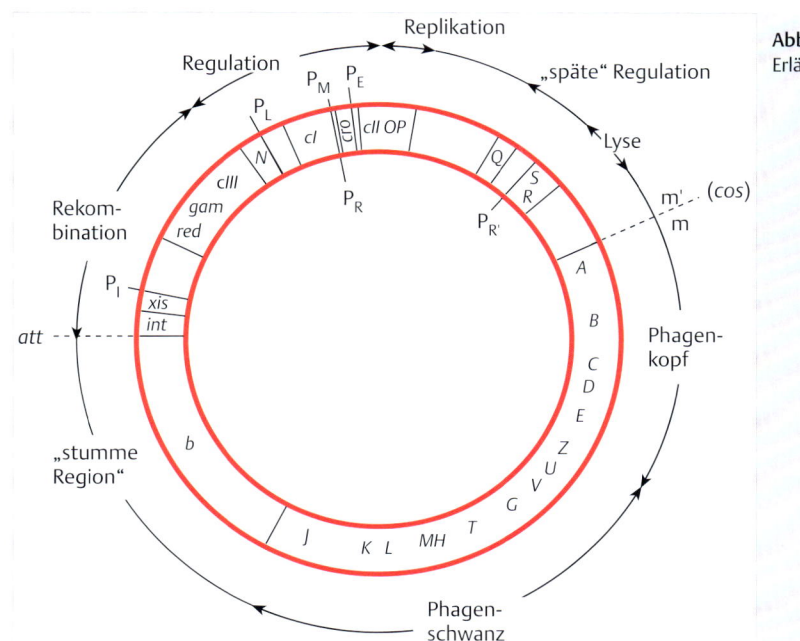

Abb. 6.39 Eine Genkarte des Phagen Lambda. Erläuterungen s. Text.

kombination ist ein Thema, das ausführlich und zusammenhängend im Kap. 10 zur Sprache kommt.

Die Produkte der Gene **int** und **xis** sind für die Integration und für die Exzision (das Ausschneiden) der Lambda-DNA notwendig.

In der Genkarte der ▷ Abb. 6.39 ist die **b-Region** als „stumm" eingetragen. Das deutet an, dass sich in diesem Bereich Gene befinden, die für die Vermehrung des Lambda-Phagen unter Laborbedingungen entbehrlich sind. Diese Tatsache wird in der Gentechnik ausgenutzt, denn die b-Region kann ohne Nachteile für den Infektionsprozess durch ein gleichlanges Stück artfremder DNA ersetzt werden. Die Gene der b-Region sowie anderer Teile des Lambda-Genoms werden hier nicht weiter erwähnt.

Kontrollelemente

Promotoren, die die Transkription nach links leiten, sind in ▷ Abb. 6.39 außerhalb des Doppelkreises angegeben. So erfolgt von den Promotoren P_E und P_M die Transkription des Gens *cl*. Von P_L aus wird eine lange mRNA (mit etwa 7 500 Nucleotiden) bis zum Ende des *int*-Gens transkribiert. P_I ist ein spezieller Promotor für das *int*-Gen.

Von P_R und P_R' verläuft die Transkription nach rechts, von P_R maximal bis zum Gen *Q*, während von P_R' aus die Transkription der Gene für die Lyse und für die Strukturproteine von Phagenkopf und -schwanz erfolgt.

Integration und Exzision

An der Stelle **att (attachment)** wird die Lambda-DNA mit dem Genom der Wirtszelle verknüpft. Für die Integration ist das Lambda-Gen **int** notwendig.

Die ▷ Abb. 6.40 informiert über den formellen Ablauf der Integration und die Anordnung des Prophagengenoms. Die Abbildung entspricht einem Vorschlag von Allan M. Campbell aus dem Jahr 1968. In dieser allgemeinen Form hat sein Modell den Test der Zeit gut überstanden. Im Campbell-Modell besteht die *att*-Stelle des Lambda-Genoms aus zwei Teilbereichen, **P** und **P'**, ebenso wie die entsprechende Stelle im Bakteriengenom aus zwei Teilen besteht, **B** und **B'**. Die bakterielle Integrationsstelle *attBB'* liegt zwischen dem Galactose(*gal*)-Operon und dem Biotin(*bio*)-Operon. Im Verlauf der Integration werden die *att*-Stellen auf beiden Genomen geöffnet und die Enden der viralen P- und P'-Elemente mit den Enden der bakteriellen B'- und B-Elemente verbunden. Der Vorgang ist umkehrbar: Das Lambda-Genom kann wieder ausgeschnitten werden. Dafür sind die Produkte der Gene **int** und **xis** notwendig.

Den Vorgang der Integration bezeichnet man gelegentlich auch als integrative und **ortsspezifische Rekombination**. Unter diesem Stichwort kommen wir im Kap. 10.3 auf die molekularen Vorgänge zu sprechen, während wir uns hier mit der einfachen Skizze der ▷ Abb. 6.40 begnügen. Übrigens ist „Ortsspezifität" nicht unbedingt für die Integration erforderlich, denn wenn die natürliche *attBB'*-Stelle im Bakteriengenom durch Mutation verloren gegangen ist, kann die Lambda-DNA auch an anderen Stellen eingebaut werden, allerdings mit geringerer Effizienz.

6.5.2 Expression der Lambda-Gene

Frühe Transkription

Bald nach Infektion und Ringschluss beginnt die Transkription der Lambda-DNA durch die RNA-Polymerase der Wirtszelle (▶ Abb. 6.40):

- Die Transkription vom **Promotor P_R** aus endet meist an der Terminationsstelle t_R1. Aber diese Termination ist nicht immer erfolgreich, sodass eine zweite, seltenere mRNA gebildet wird, die vom Promotor P_R bis zur Termination bei t_R2 reicht.
- Etwa gleichzeitig erfolgt vom **Promotor P_L** die Transkription nach „links", die an der Stelle t_L endet.

Die Terminationen werden durch den Faktor Rho (S. 74) vermittelt.

Der ▶ Abb. 6.41 kann man entnehmen, dass nach der frühen Transkription die Produkte der Gene *cro*, *cII*, *O* und *P* sowie das Gen-N-Protein vorliegen. Diese Genprodukte sind für den weiteren Verlauf der Infektion entscheidend. Das CI- und das Cro-Protein sind Repressoren, die Proteine O und P sind für die Einleitung der DNA-Replikation notwendig und das N-Protein wirkt als Antiterminator (Plus 6.7) (S. 136) und ermöglicht der RNA-Polymerase eine Fortsetzung der Transkription über die Terminationsstellen t_R1, t_R2 und t_L hinaus. Über all diese Proteine gleich mehr.

Entscheidung zwischen Lyse und Lysogenie

Nach der frühen Transkription fällt die Entscheidung über den weiteren Infektionsweg:

- DNA-Replikation, Expression der Gene für Strukturproteine, Zusammenbau der Phagennachkommen und Lyse der Wirtszelle oder
- Integration der Lambda-DNA in das Genom der Bakterienzelle.

Im Mittelpunkt steht dabei das **CII-Protein**, ein Transkriptionsfaktor (▶ Abb. 6.42). Die Menge an CII-Protein in der infizierten Zelle wird auf komplizierte Weise durch zelluläre und virale Proteine reguliert:

- Bakterielle Proteasen zerstören das CII-Protein. Die am besten untersuchte Protease benötigt ATP für ihre Aktivität und hat die Bezeichnung **HflB** (*high frequency of*

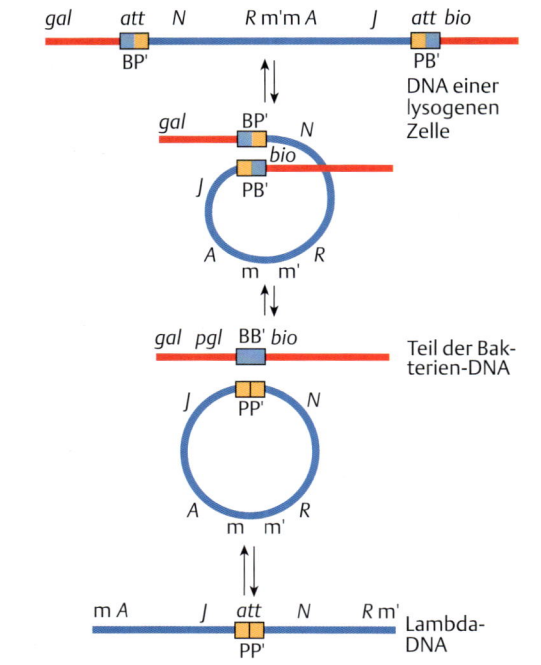

Abb. 6.40 Schema der Integration (von unten nach oben) und Exzision (von oben nach unten) der Lambda-DNA.

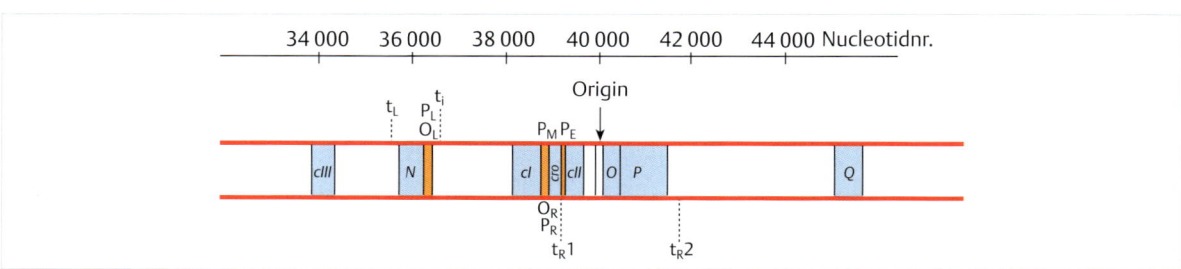

Abb. 6.41 Regulationsgene auf dem Lambda-Genom. Das Lambda-Genom besteht aus 48 502 bp. Die Nucleotidpaare werden von der m'/m-Stelle (▶ Abb. 6.39) aus im Uhrzeigersinn gezählt. Die Zahlen über der oberen Linie in dieser Abbildung geben die Basenpaarkoordinaten nach dieser Konvention an. Wir sehen also einen Abschnitt von etwa 12 000 bp, entsprechend ungefähr einem Viertel des gesamten Genoms. Einige Genorte sind innerhalb der Doppellinie notiert. Promotorbereiche sind hervorgehoben. Die ca. 3 600 bp zwischen dem Ende des *P*-Gens und dem Anfang des *Q*-Gens enthalten neun offene, von Start- und Stoppcodons eingerahmte Leseraster. Sie codieren also neun Proteine, die für die Lambda-Entwicklung in den üblichen *E. coli*-Wirtsstämmen entbehrlich sind und im Text nicht weiter erwähnt werden. Auch im Bereich zwischen dem *N*- und dem *cIII*-Gen befinden sich zwei Gene, die wir hier übergehen. Eine Kuriosität ist, dass das *cro*-Gen in beiden Richtungen transkribiert werden kann: von P_R aus nach rechts und von P_E nach links. Die P_R-mRNA enthält das Transkript des Sinnstrangs. Beachte: Es gibt zwei Promotoren für das *cI*-Gen: zu Beginn des lysogenen Infektionswegs der Promotor P_E (*establishment of lysogeny*); später der Promotor P_M (*maintenance of lysogeny*).

lysogenization) (Plus 6.6) (S. 133). Es ist ein membrangebundenes Enzym aus sechs identischen Untereinheiten. Wie der Name andeutet, wurde das HflB-Protein bei der Analyse von Bakterienmutanten entdeckt, bei denen eine Lambda-Infektion häufiger als normal zur Lysogenie führt.

- Das **Lambda-Protein CIII** stabilisiert CII. Es ist ein kleines dimeres Protein aus gerade einmal 54 Aminosäuren. CIII bindet und hemmt die HflB-Protease.

- Auch das **Protein IHF** (*integration host factor*) (S. 102) beteiligt sich an der Kontrolle der CII-Konzentration in der Zelle: Es erhöht die Syntheserate von CII. Zudem hat das Protein IHF noch eine weitere wichtige Funktion im Lysogenieweg: Es ist ein notwendiger Faktor bei der Integration der Lambda-DNA in das Wirtszellgenom.

Plus 6.6

Regulationen durch gezielten Abbau

Wie im Text beschrieben, wird die Expression von CII hauptsächlich über die ATP-abhängige **Protease HflB** reguliert. Die Protease greift nicht nur das CII-Protein an, sondern auch das Lambda-Protein **Xis**. Xis bildet mit dem Int-Protein ein funktionell zusammengehörendes Paar. Das Int-Protein allein reicht für die Integration der Lambda-DNA aus, aber beide, Int und Xis, sind für die Exzision notwendig. Die Halbwertszeit beider Proteine ist deutlich verschieden: ca. 60 min für Int, aber nur 4–6 min für Xis. Wenn die abbauende Protease, HflB, nicht gesondert blockiert wird, bleiben nur genügende Mengen des Int-Proteins übrig, sodass eine Integration mit viel größerer Wahrscheinlichkeit erfolgt. Diese Situation liegt vor bei der Einleitung des lysogenen Infektionswegs. Wie wir sehen werden, ist eine Regulation durch Proteinabbau auch im späteren Verlauf der Lambda-Infektion bedeutsam: eine kurze Halbwertszeit für

das N-Protein bei der Genexpression und für das O-Protein bei der Replikation.

Übrigens ist die HflB-Protease auch unter einem anderen Namen bekannt (und uns so schon in der ▶ Tab. 6.3 begegnet): **FtsH** (*filamentation temperature sensitive*). Wie die Bezeichnung sagt, wurde die Protease bei der Untersuchung einer Bakterienmutante entdeckt, die sich bei höherer Temperatur nicht mehr richtig teilen kann und deswegen langgestreckte, „filamentöse" Formen annimmt. Tatsächlich ist das Enzym für die korrekte Struktur von Membranproteinen zuständig. Überdies wird es im Zuge einer Hitzeschock- oder Stressreaktion vermehrt gebildet und baut dann eine Gruppe von Bakterienproteinen ab.

Die ATP-abhängige HflB/FtsH-Protease hat also eine zentral wichtige Funktion in der Bakterienzelle. Ihr Angriff auf das CII-Protein des Lambda-Phagen ist nur so etwas wie eine Nebenbeschäftigung.

Die Funktionen der Phagen- und Wirtszellfaktoren werden von Umweltbedingungen beeinflusst. So wird die HflB-Protease beim Wachstum in einem nährstoffreichen Medium aktiviert. Deswegen ist der lytische Infektionsweg bevorzugt, wenn sich Bakterien gut vermehren. Umgekehrt wird in weniger gut wachsenden Bakterien eher der lysogene Weg eingeschlagen.

Weiterhin ist bekannt, dass eine Bakterienzelle, die nur von einem einzigen Phagen infiziert ist, viel eher den lytischen Infektionsweg einschlägt, als eine Bakterienzelle, die zwei oder mehr infizierende Phagen erhalten hat. Dann kommt es eher zur Lysogenie, vielleicht weil dann mehr CII-Aktivator gebildet werden kann.

Der CII-Aktivator

Das **aktive CII-Protein** ist ein Tetramer aus vier gleichen Untereinheiten mit je 97 Aminosäuren. Jede Untereinheit besitzt die **Helix-Turn-Helix-Domäne** DNA-bindender Proteine (s. ▶ Abb. 6.30). Mithilfe der Erkennungshelix im Helix-Turn-Helix-Motiv bindet das CII-Protein spezifisch an DNA-Sequenzen mit direkten Wiederholungen: TTGC-N_6-TTGC (wobei N_6 eine beliebige Folge von sechs Nucleotiden ist). Diese Sequenz erscheint nur dreimal im Lambda-Genom, nämlich in den Promotoren P_E, P_I und

P_{aQ}. Gebundenes CII macht aus den an sich schwachen Promotoren bevorzugte Bindungsstellen für die RNA-Polymerase. So werden das Gen *cI* (bis zum Terminator t_i) und das Gen *int* kräftig transkribiert (▶ Abb. 6.42). Darüber gleich mehr.

Hier ein Wort zum dritten, CII-kontrollierten Promotor P_{aQ}. Das dazugehörige Transkript ist eine RNA mit einer

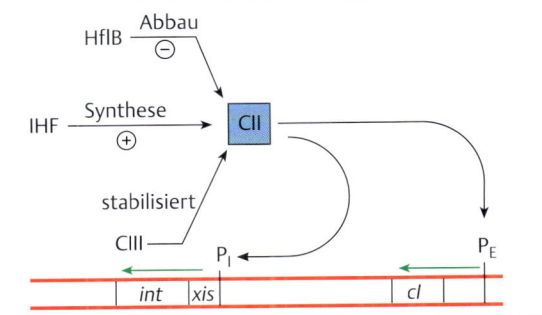

Abb. 6.42 Regulation und Funktion des CII-Proteins. Die Menge an CII wird durch Bakterien- und Phagenproteine reguliert. CII ist ein Genaktivator und bindet an spezielle Promotoren (P_E und P_I) und leitet die Expression nachgeschalteter Gene ein.

Länge von 60 Nucleotiden, komplementär zu einem Abschnitt der *Gen-Q*-mRNA. Es ist also eine sogenannte Antisense-RNA, die mit Abschnitten der passenden mRNA Basenpaarungen eingeht. Dadurch wird die Ribosomenbindungsstelle blockiert und schließlich der Abbau der mRNA eingeleitet – ein Beispiel für genetische Regulation über die Stabilität von mRNA.

Der Lambda-Repressor

Das **Produkt des *cI*-Gens** ist der Lambda-Repressor, ein Dimer aus zwei identischen Untereinheiten mit je 236 Aminosäuren. Jede Untereinheit besteht aus zwei Domänen:

Die **aminoterminale Domäne** (Aminosäuren 1–92) kann sich zu α-Helices anordnen, von denen drei die typische Helix-Turn-Helix-Struktur DNA-bindender Proteine bilden (▶ Abb. 6.43). Die „Erkennungshelix" legt sich in die große Rinne der DNA und bildet spezifische Wasserstoffbrücken zwischen ihren Aminosäureseitenketten und den funktionellen Gruppen der Basenpaare in der einen Hälfte des Operatorelements (Abb. 5.45). Die andere Hälfte des Operators wird durch die Erkennungshelix des Dimerpartners besetzt.

Die **carboxyterminale Domäne** (Aminosäuren 132–236) dient der Wechselwirkung zwischen den Dimerpartnern und mit benachbart gebundenen Repressormolekülen.

Der Repressor bindet mit hoher Affinität an drei Bindungsstellen, Operatoren, im Bereich der Promotoren P_R und P_L (▶ Abb. 6.44). Ein Operatorelement überlappt mit der –35-Region und ein anderes mit der –10-Region eines Promotors und blockiert damit sehr effizient die Eintrittsstelle für die RNA-Polymerase. Damit wird der größte Teil des Lambda-Genoms stillgelegt.

Aber auch die **Transkription des *cI*-Gens** vom Promotor P_E aus ist nicht mehr möglich, weil der Repressor im Weg der RNA-Polymerase liegt. Der ständige Nachschub an Repressor wird in dieser Situation durch Transkription vom Promotor P_M aus gewährleistet. Die Lage dieses Promotors, relativ zu den Operatorelementen, kann der Übersichtsskizze (▶ Abb. 6.44) oder genauer der Nucleotidsequenz (▶ Abb. 6.45) entnommen werden.

Beachte also, dass es zwei Promotoren für das *cI*-Gen gibt: zu Beginn des lysogenen Infektionswegs der **Promotor P_E** (*establishment of lysogeny*); später der **Promotor P_M** (*maintenance of lysogeny*) (▶ Abb. 6.41).

Die sechs **Repressorbindungsstellen** im Lambda-Genom haben ähnliche, aber nicht identische **palindromische Sequenzen**. Sie binden den Repressor nicht mit der gleichen Affinität, sondern in einer Reihenfolge abnehmender Affinität, wie in der ▶ Abb. 6.45 angegeben. Demnach sind die Elemente O_L1 und O_R1 starke Operato-

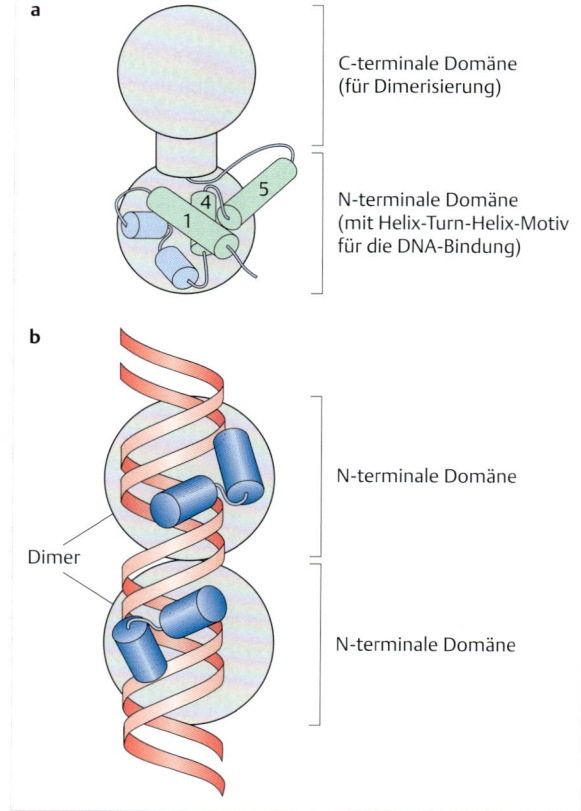

Abb. 6.43 Der Lambda-Repressor. (nach Lewis M (2011): A tale of two repressors. J Mol Biol 409: 14–27)
a Schema der Domänenstruktur mit α-helikalen Abschnitten in der N-terminalen Domäne.
b Das Helix-Turn-Helix-Motiv für die DNA-Bindung. Eine α-Helix liegt in der großen Rinne der DNA, eine zweite quer dazu.

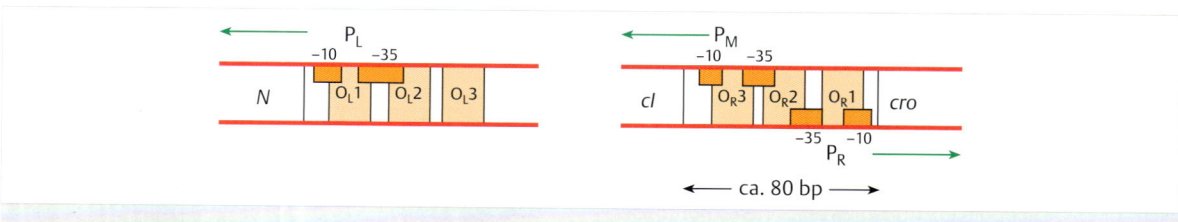

Abb. 6.44 Schematische Darstellung der Regulationsorte für die links- und rechtsgerichtete Transkription. Jeder Regulationsort hat drei Repressorbindungsstellen: die Operatoren O_R1, O_R2, O_R3 bzw. O_L1, O_L2, O_L3. Jedes dieser Elemente ist 17 Nucleotidpaare lang. Die Zwischenräume sind AT-reiche Abschnitte mit einer Länge von 2–7 Nucleotidpaaren. Die Promotoren mit ihren orangefarben gezeichneten –10- und –35-Regionen liegen im Bereich der Repressorbindungsstellen. Von P_R aus erfolgt die Transkription des *cro*-Gens, von P_M aus die des *cI*-Gens. Die P_R-Transkription wird durch Repressoren an O_R1 und O_R2, die P_M-Transkription durch Repressoren an O_R3 blockiert.

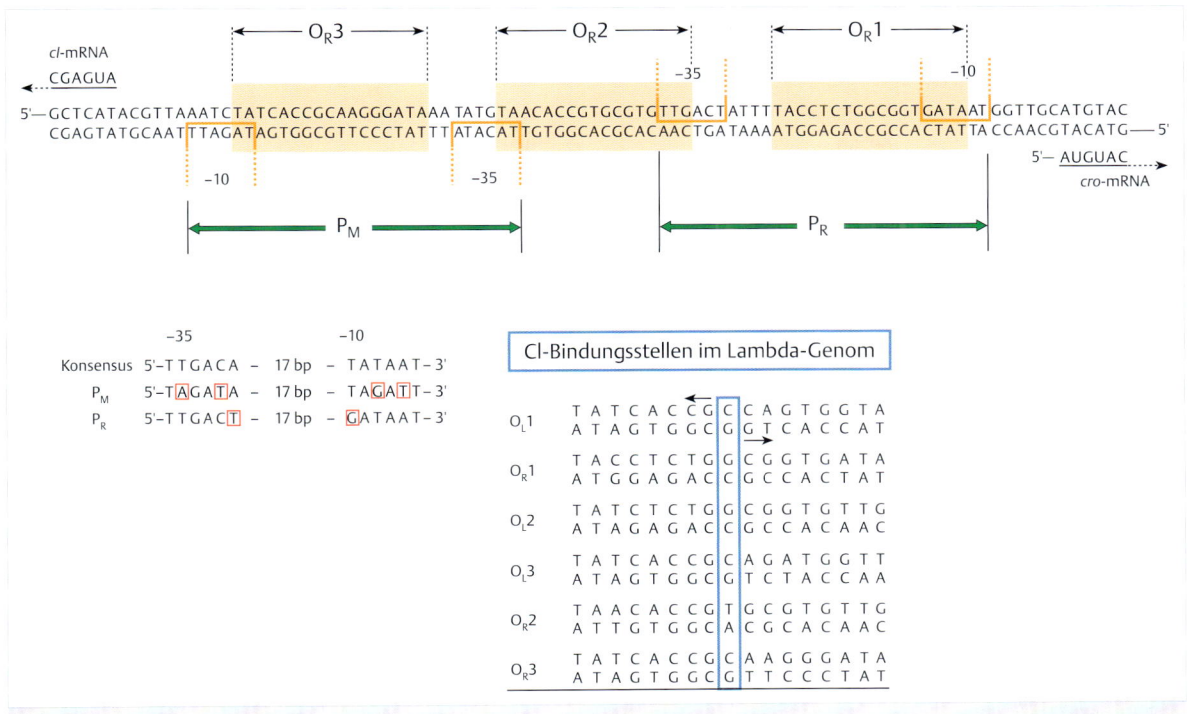

Abb. 6.45 Die Struktur der Promotoren P_R und P_M und die Bindungsstellen des Lambda-Repressors.

ren, an die der Lambda-Repressor bevorzugt bindet, mit der Konsequenz, dass O_L1 und O_R1 schon bei niedrigen Repressorkonzentrationen besetzt sind. Ein gebundener Repressor erleichtert dann die Bindung weiterer Repressormoleküle an die Stellen O_L2 und O_R2 (**kooperative Bindung**).

Durch die Besetzung der Operatorelemente O_R1 und O_R2 ist der Promotor P_R dicht verschlossen, nicht dagegen der Promotor P_M. Tatsächlich erhöht der am O_R2-gebundene Repressor sogar die Affinität der RNA-Polymerase zum Promotor P_M. So dient der Repressor als Aktivator seines eigenen Gens. Dazu ist ein direkter Kontakt zwischen dem gebundenen Repressor und der RNA-Polymerase notwendig. Der Kontakt erfolgt in dem Zwei-Basenpaar-Bereich zwischen dem O_R2-Element und der –35-Region des Promotors P_M (▶ Abb. 6.45). Der Promotor P_M ist normalerweise ein schwacher Promotor, der sowohl in der –35-Region als auch in der –10-Region von der Sequenz des Standardpromotors abweicht. Aber ähnlich wie wir es zuvor beim CRP-Protein am *lac*-Promotor gesehen hatten (Plus 4.2) (S. 65), wird ein schwacher Promotor durch ein gebundenes Protein zu einem starken Promotor (was bedeutet, dass die RNA-Polymerase mit hoher Affinität an den Promotor bindet).

Das Besondere des P_M-Promotors ist die **Autoregulation**. Wenn relativ wenige Repressormoleküle vorhanden sind, bleibt O_R3 frei und der an O_R2-gebundene Repressor kann seine Aufgabe als Aktivator der *cI*-Gen-Transkription erfüllen. Aber wenn die Repressorkonzentration einen Schwellenwert überschreitet, bindet er auch an O_R3, verschließt damit den Promotor P_M und verhindert eine überschüssige Transkription des *cI*-Gens.

Eine lysogene Bakterienzelle enthält bis zu 100 Moleküle des Lambda-Repressors, mehr als für die Blockade der Promotoren P_R und P_L notwendig sind. Eine lysogene Zelle ist gegen eine Infektion mit Lambda-Phagen immun, denn die überschüssigen Repressormoleküle binden an die Kontrollelemente der infizierenden Phagen-DNA und verhindern die Expression ihrer Gene. Über die Immunität lassen sich temperente Phagen klassifizieren: Lambdoide (lambdaähnliche) Phagen mit regulatorischen Elementen, die denen des Lambda-Phagen entsprechen, können sich nicht vermehren, im Gegensatz zu Phagen, die nicht mit Lambda verwandt sind.

Transkription des *int*-Gens

Das Produkt des *int*-Gens ist sowohl für die **Integration** als auch für die **Exzision** des Lambda-Genoms notwendig. Dagegen wird das *xis*-Gen nur für die Exzision benötigt. Auf dem Weg zur Lysogenie sollte deswegen nur das *int*-Gen aktiv sein.

Dies wird auf zweierlei Art gewährleistet:
- über die unterschiedliche Stabilität der beiden Proteine. Wie schon beschrieben, ist das Int-Protein erheblich stabiler als das Xis-Protein (S. 133).
- durch eine merkwürdige Verschachtelung der beiden benachbarten Gene. Das *xis*-Gen überlappt nämlich teilweise mit dem Beginn des *int*-Gens und der Promotor P_I liegt zum Teil innerhalb des *xis*-Gens (▶ Abb. 6.46). Die Transkription vom Promotor P_I aus liefert also eine komplette *int*-mRNA, aber keine vollständige *xis*-mRNA.

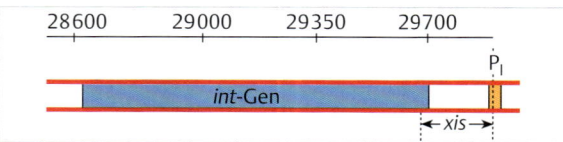

Abb. 6.46 Unter der Kontrolle des Promotors P$_I$. Oben: Basenpaarkoordinaten wie in der ▸ Abb. 6.41 beschrieben. Unten: Schema der Gene *xis* und *int*. Beachte: Teile des Promotors P$_I$ liegen innerhalb des *xis*-Gens und das Ende des *xis*-Gens ragt um 20 bp in das *int*-Gen hinein. Daraus folgt, dass von der betreffenden mRNA ein intaktes Int-Protein, aber kein Xis-Protein codiert wird.

Für die Bindung der RNA-Polymerase an den Promotor P$_I$ ist die Anwesenheit des Aktivatorproteins CII unbedingt erforderlich. Da das CII-Protein labil ist und der Nachschub durch die Blockade des P$_R$-Promotors ausfällt, bleibt die P$_I$-Aktivierung eine kurze Episode bei der Einrichtung des lysogenen Zustands.

Merke

Nach gelungenem Einbau der Lambda-DNA in das Bakteriengenom wird das *int*-Gen nicht mehr benötigt. Es bleibt verschlossen wie das gesamte Lambda-Genom mit Ausnahme des kleinen Abschnitts, der unter der Kontrolle des Promotors P$_M$ steht und den CI-Repressor codiert.

6.5.3 Induktion und lytischer Infektionsweg

Eine Schädigung der bakteriellen DNA, beispielsweise nach Bestrahlung durch ultraviolettes Licht, leitet eine Reaktion ein, die als **SOS-Antwort** der Zelle bezeichnet

wird. Im Zuge der SOS-Antwort wird das RecA-Protein der Wirtszelle so verändert (aktiviert), dass es die Zerstörung bestimmter Proteine einleiten kann. Darunter ist auch der Lambda-Repressor. Ohne aktiven Lambda-Repressor werden die Promotoren P$_R$ und P$_L$ frei. Der lytische Infektionsweg steht offen und als Erstes werden die **Gene *cro* und *N*** exprimiert (s. ▸ Abb. 6.41).

▸ **Cro-Protein.** Wir haben es in der ▸ Abb. 4.12 als kleines (Molekulargewicht 7,4 kDa) und kompaktes Protein kennengelernt. Es besteht im Wesentlichen aus einer einzigen Domäne mit dem Helix-Turn-Helix-Motiv DNA-bindender Proteine. Das Cro-Protein bindet an die Operatorsequenzen O$_R$1, O$_R$2 und O$_R$3, die ja nach der Induktion (und Spaltung des CI-Repressors) frei und offen da liegen. Allerdings bindet das Cro-Protein mit einer Affinitätsreihenfolge, die der des Repressors genau entgegengesetzt ist (▸ Abb. 6.45). Für den Repressor gilt, wie gezeigt, O$_R$1 = O$_R$2 > O$_R$3; dagegen gilt für das Cro-Protein O$_R$3 > O$_R$1, O$_R$2. Aufgrund dieser Eigenschaften blockiert das Cro-Protein die Expression des *cI*-Gens und damit eine weitere Synthese von Repressormolekülen.

▸ **N-Protein (Antiterminator).** Das erste Gen im Bereich, der von P$_L$ aus bis zum Terminator t$_L$ transkribiert wird (▸ Abb. 6.41), codiert das N-Protein. Das ist ein sogenannter Antiterminator (Plus 6.7). Er ermöglicht die Transkription nach links über t$_L$ hinaus, sodass die Gene *cIII, gam, red* und die für die folgenden Schritte notwendigen Gene *xis* und *int* exprimiert werden können. Beide Funktionen, *int* und *xis,* werden für das Ausschneiden, die Exzision des Lambda-Prophagen benötigt. Beachte, dass in dieser Phase der Lambda-Entwicklung ein aktives Xis-Protein gebildet werden kann, weil nun die Transkription vom P$_L$-Promotor ausgeht und deswegen ein vollständiges Transkript des *xis*-Gens vorliegt.

Plus 6.7

Das N-Protein, das Q-Protein und die Antitermination

Die Antitermination als Mechanismus der Genregulation wurde bei Untersuchungen über die Wirkungsweise des N-Proteins entdeckt. Dann stellte sich bald heraus, dass sie ein verbreitetes Regulationsprinzip bei Bakterien und Viren ist. Die Antitermination wurde weithin bekannt, weil sie eine wichtige Funktion ausübt bei der Vermehrung des humanen Immunschwächevirus (*human immunodeficiency virus,* HIV), des Erregers der Krankheit AIDS.

Das **N-Protein** entfaltet seine Antiterminatoraktivität, nachdem die RNA-Polymerase während der Transkription bestimmte DNA-Sequenzen passiert hat, die als *nutL* und *nutR* bezeichnet werden und in der Nähe der Promotoren P$_L$ und P$_R$ liegen (*nut,* **N** **ut**ilization). Die RNA, die bei der Transkription solcher DNA-Sequenzen gebildet wird, nimmt

eine charakteristische Sekundärstrukturfaltung an, die in der Zeichnung als Box B bezeichnet ist (▸ Abb. 6.47). An diese RNA-Schleife bindet das N-Protein und nimmt zugleich Kontakt zur RNA-Polymerase auf. Allerdings benötigt das N-Protein zur vollen Entfaltung seiner Funktion einige bakterielle Proteine, vor allem NusA, aber auch NusB und NusE (*nus,* **N** **u**tilization **s**ubstance) sowie das ribosomale Protein S 10. Mit diesen Proteinen beladen, kann die RNA-Polymerase den Weg der Transkription entlang der DNA fortsetzen, unbeeinflusst durch den Terminationsfaktor Rho.

Das Lambda-Genom codiert noch einen zweiten Antiterminator, das **Q-Protein.** Dieses Protein benötigt zur Aktivierung seiner Funktion ebenfalls eine spezielle DNA-Sequenz, genannt *qut* (im Bereich des Promotors P$_R$'; ▸ Abb. 6.39). Aber anders als das N-Protein bindet das Q-

Protein an die *qut*-Sequenz der DNA (und nicht an Box-B-RNA) und springt von dort auf die RNA-Polymerase, die nun, beladen mit dem Q-Protein, die Pausen- und Terminationssignale auf ihrem Weg ignorieren kann.

In *E. coli* wird die **Expression der rRNA-Gene** u. a. auch durch Antitermination reguliert. Bald nach Beginn der Transkription der rRNA-Gene entsteht eine RNA-Sequenz, an die sich ein Komplex aus Nus-Proteinen bindet. Die RNA-Polymerase wird mit diesen Proteinen beladen und kann eine promotornahe (vom Rho-Faktor kontrollierte) Terminationsstelle passieren. Zu den Nus-Proteinen gehört das ribosomale Protein S 10. Das ist eine interessante Ergänzung zu unserer Besprechung der Expression bakterieller rRNA-Gene: Ein Überschuss an ribosomalem Protein S 10 stimuliert die Synthese von rRNA.

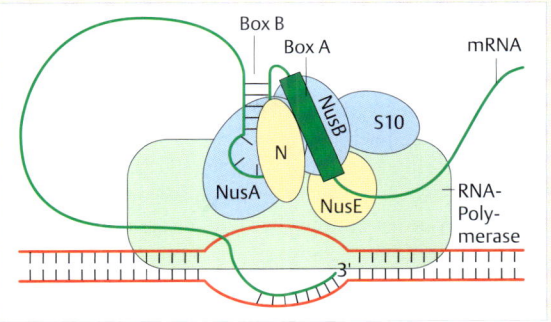

Abb. 6.47 Das N-Protein als Antiterminator. Das N-Protein hilft der RNA-Polymerase über Stoppstellen hinweg.

Die Antiterminatorwirkung des N-Proteins ermöglicht auch die Transkription vom Promotor P$_R$ aus nach rechts (über t$_R$1 und t$_R$2 hinaus) bis zum Ende des Q-Gens. Dabei wird mehr Cro-Protein gebildet. Es bindet an die O$_L$-Elemente und schaltet damit die P$_L$-gerichtete Transkription ab. Aber zu diesem Zeitpunkt sind schon genügende Mengen an Xis- und Int-Proteinen für die Exzision vorhanden.

Das Cro-Protein schaltet – bei einer höheren intrazellulären Konzentration – auch die P$_R$-gerichtete Transkription ab. Aber dann liegen die O- und P-Proteine in Mengen vor, die ausreichend für die **Einleitung der DNA-Replikation** sind. Entscheidend ist nun die **Expression des Q-Proteins**, das als positives Kontrollelement die Transkription vom stärksten Lambda-Promotor P$_R$′ (▶ Abb. 6.39) ermöglicht. Damit werden die **Lyse-Gene** *R* und *S* und alle **Gene für die Strukturproteine der Phagenhülle** exprimiert. Damit sind dann alle Voraussetzungen für einen erfolgreichen lytischen Infektionsweg geschaffen.

Die Entwicklungswege des Bakteriophagen Lambda werden hier nur in groben Zügen skizziert. Viele, teilweise auch genetisch wichtige Einzelheiten haben wir nicht erwähnt, um im Rahmen eines einführenden Berichts zu bleiben und die schon in den Grundzügen komplizierten Entwicklungswege von Lambda auch einem Nicht-„Lambdalogen" verständlich zu machen. Aber gerade wegen der verschachtelten und verzweigten Mechanismen der Genregulation ist Lambda auch viele Jahre nach seiner Entdeckung durch Esther Lederberg 1951 noch immer ein beliebtes Untersuchungsobjekt der Molekularbiologen. Lambda dient aber auch als Modellsystem zur Untersuchung weiterer molekulargenetischer Prozesse, beispielsweise der DNA-Replikation und der Bildung der Phagenform, der **Morphogenese**. Dazu geben wir im Folgenden eine kurze Beschreibung.

6.5.4 Wege der Lambda-Replikation

Die Replikation von DNA ist ein genetischer Prozess von fundamentaler Bedeutung. Wir werden in Kap. 8 ausführlicher darüber berichten. Hier folgen nur einige Bemerkungen, die das weitere Geschehen im Verlauf des Lambda-Infektionswegs verständlich machen sollen.

Ähnlich wie es DNA-Abschnitte – Promotoren – zur Einleitung der Transkription gibt, gibt es auch spezielle DNA-Abschnitte zur Einleitung der Replikation. Ein solcher Abschnitt wird Startpunkt der Replikation oder, in der genetischen Fachsprache, **Origin** (Replikationsursprung; *origin of replication*) genannt (▶ Abb. 6.48). Auf dem Lambda-Genom existiert ein Origin, der im Bereich

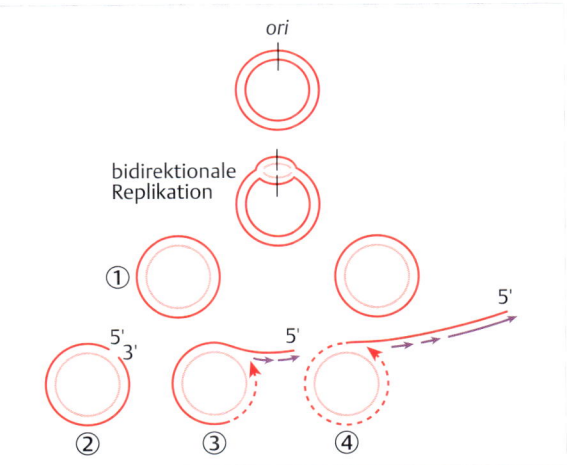

Abb. 6.48 Replikation der Lambda-DNA. In den ersten 10–15 min eines lytischen Infektionswegs wird die parentale DNA mehrfach nach dem Schema der Ring-zu-Ring-Replikation repliziert. Normalerweise folgt dann die Umschaltung auf die Replikation nach Art des *rolling circle*: ① und ② Ein Strang des DNA-Ringes wird endonucleolytisch gespalten. ③ An das 3′-OH-Ende werden Nucleotide angeheftet und dabei das 5′-Ende vom Partnerstrang verdrängt. Am 3′-OH-Ende findet eine „kontinuierliche" DNA-Synthese statt, auf dem abgehobenen 5′-Ende dagegen eine diskontinuierliche DNA-Synthese in Form kurzer DNA-Fragmente, die später verknüpft werden. ④ Der innere intakte Ring dreht oder „rollt" ständig und bietet dem Replikationsapparat immer wieder Nucleotidsequenzen zum Kopieren an. So können lange Abschnitte concatemerer DNA entstehen.

des *O*-Gens liegt. Als Voraussetzung für die Aktivierung des Origins muss ein spezielles Lambda-Protein, das Gen-O-Protein, mit dem Origin in Wechselwirkung treten. Dann kommt es unter Mitwirkung des P-Proteins und von Proteinen der Wirtszelle zunächst im Origin-Bereich zur Entwindung der DNA. Von dort aus schreitet die Entwindung in beide Richtungen entlang der DNA-Helix fort. Gleichzeitig werden Nucleotidfolgen der entwundenen Stränge als Matrize zur Synthese neuer, komplementärer Stränge verwendet. Es entstehen zwei Nachkommen-DNA-Ringe, die genaue Kopien des ersten, „parentalen" DNA-Moleküls sind.

Aber die Phase der Ring-zu-Ring-Replikation geht nach den ersten 15 min des Infektionswegs zu Ende. Dann liegen etwa 50 Nachkommen-DNA-Ringe vor. Jetzt wird weitere DNA nach dem Mechanismus des *rolling circle* („rollenden Ringes") produziert, wie in der ▸ Abb. 6.48 beschrieben und uns schon bei der Konjugation von Bakterien (▸ Abb. 6.13) begegnet ist. Das Besondere an diesem Mechanismus ist die Produktion langer End-zu-End-verknüpfter Lambda-Moleküle, die oft bis zu acht einheitlich lange DNA-Moleküle umfassen. Man nennt diese langen DNA-Formen **Concatemere**. Die Bildung der Concatemere ist die Voraussetzung für den abschließenden Vorgang bei der Infektion, die Bildung der Phagennachkommen.

6.5.5 Das Ende des lytischen Infektionswegs

Entstehung der Phagenpartikel

Mehr als ein Drittel des Lambda-Genoms (▸ Abb. 6.39) ist mit Genen ausgefüllt, die die Strukturproteine des Viruspartikels codieren. Wir betrachten hier die Bedeutung dieser Proteine für den Aufbau der Virusstruktur. In den Zusammenbau des Partikels greifen steuernd einige weitere Phagenproteine ein, aber auch zelluläre Proteine, wie wir gleich sehen werden.

Am Anfang der Forschungen über die Morphogenese von Lambda stand die grundlegende Entdeckung, dass die beiden wichtigsten Strukturelemente des Phagen, Kopf und Schwanz, unabhängig voneinander gebildet und schließlich als eigene Bauelemente zusammengefügt werden. Plus 6.8 (S. 138) skizziert die morphogenetischen Wege der Phagenentstehung.

Plus 6.8

Morphogenese der Phagenpartikel

Der folgende Text bezieht sich auf die ▸ Abb. 6.49, ohne die die Beschreibung unverständlich bliebe.

Schauen wir uns zunächst die Bildung des Phagenkopfes an:

- Der Hauptbaustein des Phagenkopfes ist das GenE-Protein, das sich mithilfe eines Gerüstes, dargestellt u. a. durch das virale GenNu3-Protein, zunächst zu einem kugelförmigen **Vorkopf** zusammenlagert (▸ Abb. 6.49 ①). Bestandteile des Vorkopfes sind außerdem GenB- und GenC-Proteine, ohne die dieser erste Schritt der Morphogenese des Phagenkopfes nicht möglich wäre.
- Für den nächsten Schritt, die Bildung des fertigen Vorkopfes, wird das zelluläre Protein **GroE** benötigt (▸ Abb. 6.49 ②). GroE ist eines der Hitzeschockproteine, die vermehrt nach Temperaturerhöhung (S. 111) gebildet werden. Dabei wird das Nu3-Protein-Gerüst abgebaut, die GenB- und GenC-Proteine werden proteolytisch gespalten.
- Der leere Vorkopf kann jetzt mit **DNA gefüllt** werden (▸ Abb. 6.49 ③). Voraussetzung dafür ist das Vorhandensein von concatemerer DNA und das Produkt des Gens *A*, das, in einem Komplex mit dem Protein Nu1, an die mm ′-Stellen (▸ Abb. 6.39) der Lambda-DNA bindet.
- Durch Wirkung des FI-Proteins und Aufnahme des zweiten Haupthüllproteins, des GenD-Proteins, wird aus dem Vorkopf der fertige **Phagenkopf** (▸ Abb. 6.49 ④).

- Die Terminase, eine spezifische Endonucleaseaktivität des Komplexes aus dem GenA- und dem GenNu1-Protein, schneidet die concatemere Lambda-DNA an den *cos* (m/m′)-Stellen (▸ Abb. 6.49 ⑤).
- Die FII- und W-Proteine bereiten nun die fertigen Köpfe für die **Kopplung an den Phagenschwanz** vor (▸ Abb. 6.49 ⑥).

Nun zur Bildung des Phagenschwanzes. Dieser Prozess erfolgt in zwei Schritten:

- Zuerst wird die sogenannte **Basalstruktur** gebildet, die aus den Produkten der Gene *J, I, L, K, G, H* und *M* zusammengesetzt ist (▸ Abb. 6.49 ⑦). Dabei kommen das I- und das K-Protein nicht im fertigen Phagenpartikel vor. Sie haben also eine Art Gerüstfunktion, wie andere Proteine bei den ersten Schritten der Kopfbildung.
- Zahlreiche Exemplare des Hauptproteins im Phagenschwanz, das Gen-V-Protein, lagern sich in Form einer Röhre auf der Basalstruktur ab. Ein weiteres Protein, das Gen-U-Protein, schließt die Struktur ab (▸ Abb. 6.49 ⑧).

Kopf- und Schwanzteil der Phagenstruktur können nun miteinander zum fertigen, reifen Phagenpartikel verbunden werden. Noch ein Wort zum J-Protein, aus dem die Schwanzfaser besteht. Dieser Bestandteil des Viruspartikels ist für den ersten Schritt des Infektionsprozesses wichtig, für die Adsorption, bei dem ein Kontakt zwischen Rezeptoren auf der Zelloberfläche und dem Phagenschwanz hergestellt wird. Über diese Brücke kann dann die DNA in die Zelle eindringen. Phagenpartikel ohne Schwanzfaser sind nicht infektiös.

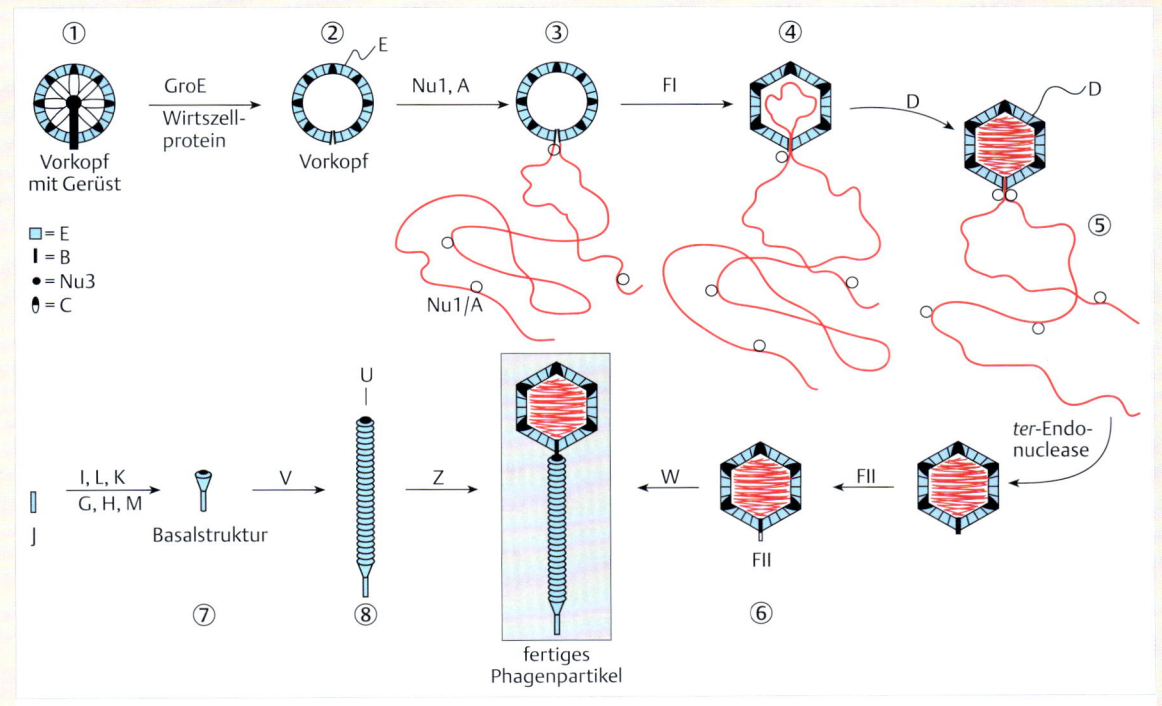

Abb. 6.49 Zusammenbau der Phagenpartikel. Diese monumentale Abbildung ist eine Neuzeichnung nach B. Hohn (1979) [8]. Erläuterung s. Text. (nach Hohn B (1997) In vitro packaging of λ and cosmid DNA. Methods Enzymol 68: 299–320)

Die Morphogenese von Lambda ist nicht allein von theoretischem Interesse. Sie hat eine praktische Bedeutung in der Gentechnik. Artfremde DNA kann, wie schon gesagt, anstelle der „stummen" b-Region in das Lambda-Genom eingebaut werden. Um diese DNA zu vermehren, muss sie in die Phagenhülle verpackt werden. Dabei nutzt man die Tatsache aus, dass die wichtigsten Teilschritte der Lambda-Morphogenese im Reagenzglas nachvollzogen werden können.

Am Ende des lytischen Infektionswegs

Über DNA-Replikation, Expression der Strukturgene und Morphogenese sind schließlich, etwa 60 min nach Beginn des lytischen Infektionswegs, ungefähr 100 Nachkommenphagen pro Zelle entstanden. Die bakterielle Zellwand wird jetzt u. a. durch das Gen-S-Produkt und das vom Gen *R* codierte Enzym **Endolysin** zerstört. Die intrazellulären Phagen werden frei und sind bereit, andere Bakterien zu infizieren, um dort einen neuen Infektionsweg zu durchlaufen.

Literatur

▶ **Zitierte Literatur**

[1] Blattner FR, Plunkett G 3rd, Bloch CA et al (1997) The complete genome sequence of *Escherichia coli* K12. Science 277: 1453–1462

[2] Keseler IM, Collado-Vides J, Santos-Zavaleta A et al (2011) EcoCyc: A comprehensive database of *Escherichia coli* biology. Nucleic Acids Res 39: D583–D590

[3] Zuckerman H, Lederberg J (1986) Postmature scientific discovery. Nature 324: 629–631

[4] Meynell E, Meynell GG, Datta N (1968) Phylogenetic relationships of drug resistance factors and other transmissible bacterial plasmids. Bacteriol Rev 32: 55–83

[5] Jacob F, Monod J (1961) Genetic regulatory mechanisms in the synthesis of proteins. J Mol Biol 3: 318–356

[6] Müller-Hill B (1996) The *lac* Operon. A Short History of a Genetic Paradigm. Walter de Gruyter, Berlin, New York

[7] Ptashne M (2004) A Genetic Switch. Phage Lambda Revisited. 3rd Edition. Cold Spring, Harbor Laboratory Press

[8] Hohn B (1997) In vitro packaging of λ and cosmid DNA. Methods Enzymol 68: 299–320

▶ **Weiterführende Literatur**

[9] Court DL, Oppenheim AB, Adhya SL (2007) A new look at bacteriophage l genetic networks. J Bact 189: 298–304

[10] Görke B, Stülke J (2008) Carbon catabolite repression in bacteria: many ways to make the most out of nutrients. Nat Rev Microbiol 6: 613–624

[11] Lewis M (2011) A tale of two repressors. J Mol Biol 409: 14–27

[12] Ptashne M (2011) Principles of a switch. Nat Chem Biol 7: 484–487

[13] Sanger F, Coulson AR, Hong GF et al GB (1982) Nucleotide sequence of bacteriophage lambda DNA. J Mol Biol 162: 729–773

[14] Knippers, R (2012) Eine kurze Geschichte der Genetik. Springer, Heidelberg, New York

Kapitel 7

DNA im Zellkern: Chromatin und Chromosomen

7 DNA im Zellkern: Chromatin und Chromosomen

Elmar Schiebel

7.1 Einleitung

Unser Verständnis der Organisation von Genomen wurde in den vergangenen 20 Jahren durch eine Vielzahl an Genom-Sequenzierungsprojekten grundlegend erweitert.

Das **zirkuläre Genom** des Bakteriums *Escherichia coli* (▶ Abb. 6.4) besteht aus einer Nucleotidsequenz von 4,6 Mb Länge und codiert ungefähr 4 400 Gene. Das erste eukaryotische Genom, das vollständig entschlüsselt wurde (1989–1996), noch vor dem *E. coli*-Genom, war das Genom der **Bäckerhefe** *Saccharomyces cerevisiae*, das aus 16 Chromosomen besteht und eine Größe von etwas mehr als 12 Mb hat. Es trägt die Information für ungefähr 5 800 proteincodierende Gene. Das **haploide menschliche Genom** (vollständig sequenziert im Zeitraum zwischen 1990 und 2003) setzt sich aus 23 Chromosomen zusammen und hat eine Größe von 3 270 Mb. Es trägt die Information für ca. 21 000 proteincodierende Gene (Kap. 22).

Aufgrund dieser und anderer Informationen lassen sich Bakterien- und Eukaryotengenome sehr genau vergleichen.

Ein typisches Bakteriengenom kann wie folgt beschrieben werden:
- Es besteht aus einer ringförmig geschlossenen DNA und ist aus einigen Millionen Basenpaaren aufgebaut.
- Es zeichnet sich durch eine enge Abfolge von Genen aus.
- Die Gene sind häufig als Operons organisiert; es gibt im Allgemeinen keine Introns.
- Das Bakteriengenom ist nicht membrangeschützt und liegt als dichtes Knäuel (Nucleoid) im Cytoplasma vor.

Die Genome von Eukaryoten unterscheiden sich vom Bakteriengenom, und zwar in allen vier zuvor genannten Punkten:
- Eukaryotische Genome bestehen aus mehreren großen, linearen DNA-Molekülen, die zusammen mit Histonen und anderen DNA-bindenden Proteinen als **Chromatin** verpackt vorliegen und in der Mitose als Chromosomen sichtbar werden.
- Zwischen den einzelnen proteincodierenden Genen liegen oft lange DNA-Abschnitte, die für keine Proteine codieren.
- Proteincodierende Gene selbst sind wie Mosaike aufgebaut, nämlich als Abfolgen von (codierenden) Exons und (nicht codierenden) Introns, sodass zuerst prä-mRNAs gebildet werden, die dann durch Reifungsprozesse, z. B. Spleißreaktionen und weitere Modifikationen, in translatierbare mRNAs überführt werden (Kap. 15).
- Die Chromosomen befinden sich im Zellkern, der durch eine Doppelmembran – die Kernhülle – von der übrigen Zelle getrennt ist.

Der Zweck dieses Kapitels ist eine genauere Beschreibung eines Aspektes des eukaryotischen Genoms, nämlich: des Chromatins. Diese Kenntnis ist eine notwendige Grundlage zum Verständnis von Teil II – „Molekulare Dynamik chromosomaler DNA". Im Teil III – „Gene und Genprodukte" – wird u. a. darüber berichtet, dass zwar über 99 % der eukaryotischen DNA im Zellkern vorkommen, aber dass sich ein zweiter, wenn auch ein viel kleinerer Teil in den Mitochondrien und bei den Pflanzen zusätzlich noch in den Chloroplasten befindet (Kap. 19).

7.2 Der Zellkern

Die Hülle des Zellkerns trennt das Genom vom Cytoplasma. Daraus folgt, dass der Ort der Synthese primärer RNA-Transkripte wie auch deren Überführung in z. B. reife mRNAs vom Ort der Proteinbiosynthese räumlich getrennt sind. Mit anderen Worten, die gereifte mRNA muss aus dem Innern des Zellkerns in das Cytoplasma transportiert werden. Gelegentlich ist über eine Synthese von Proteinen im Zellkern berichtet worden, aber das wird inzwischen stark angezweifelt.

> **Merke**
>
> Im **Zellkern** wird das primäre RNA-Transkript synthetisiert (Transkription) und anschließend zur reifen mRNA prozessiert, im **Cytoplasma** findet die Proteinsynthese (Translation) statt.

7.2.1 Die Kernhülle

Wie elektronenmikroskopische Aufnahmen von Dünnschnitten durch eine Zelle zeigen (▶ Abb. 7.1), besteht die **Kernhülle** (auch Kernmembran) aus zwei Membranschichten: der äußeren und der inneren Kernmembran (s. schematische Darstellung der ▶ Abb. 7.2). Beide Kernmembranen bestehen aus einer Lipiddoppelschicht, die jeweils spezifische Proteine enthalten: **periphere Proteine**, die nur teilweise in die jeweilige Membran eingelagert sind, und **integrale Membranproteine**, die die jeweilige Membran vollständig durchspannen. Die äußere, zum Cytoplasma hin gerichtete Membran wird als ONM (*outer nuclear membrane*) bezeichnet; sie ist eine Fortsetzung des endoplasmatischen Retikulums (ER), ein Membrannetzwerk im Cytoplasma. Die innere, zum Zellkern hin gerichtete Kernmembran wird als INM (*inner nuclear membrane*) bezeichnet. Die INM ist – über Transmembranproteine – mit einem 30–100 nm dicken Maschenwerk aus fadenförmigen Proteinstrukturen verbunden, der **Kernlamina**. Die Kernlamina verleiht der Kernmem-

7

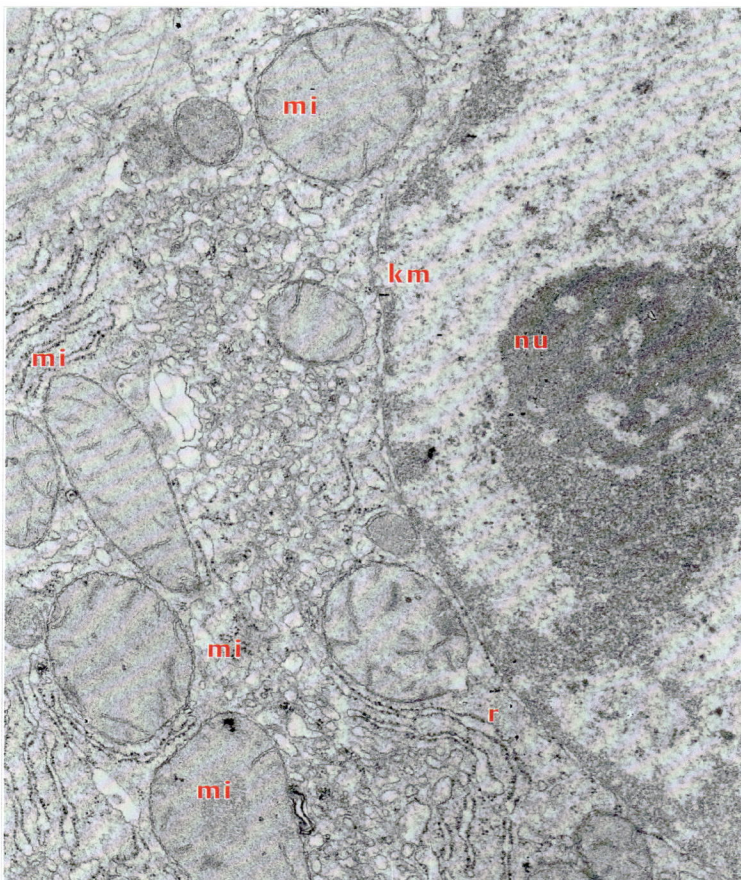

Abb. 7.1 Ausschnitt aus einer Säugetierzelle: elektronenmikroskopische Aufnahme. Rechts im Bild, ein Teil des Zellkerns, der durch die doppelte Kernmembran vom Cytoplasma (links) getrennt ist (im Cytoplasma: Mitochondrien und raues endoplasmatisches Retikulum). Die auffälligste Struktur im Zellkern ist der dichte Nucleolus. In seiner Umgebung liegt das hellere Euchromatin. Direkt unter der Kernmembran befinden sich Bereiche mit dicht gepacktem (dunklerem) Heterochromatin. km = Kernmembran, mi = Mitochondrien, r = raues endoplasmatisches Retikulum, nu = Nucleolus. (Aufnahme: H. Plattner, Konstanz)

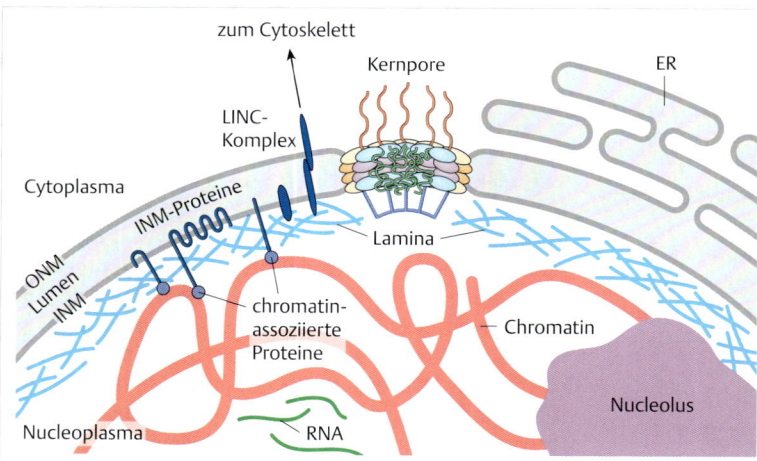

Abb. 7.2 Strukturen des Zellkerns im Schema. In der Kernhülle befinden sich Transmembranproteine, die mit der Kernlamina oder chromatinassoziierten Proteinen in Wechselwirkung treten. Der Nucleolus wird durch Chromatinstränge verschiedener Chromosomen gebildet. Die blauen Punkte markieren Interkalationen zwischen Proteinen der INM und dem Chromatin. Weitere Erläuterungen s. Text. ER = endoplasmatisches Retikulum, ONM = äußere Kernmembran, INM = innere Kernmembran, LINC = *linker of nucleoskeleton and cytoskeleton*.

bran ihre Festigkeit und besteht aus einem Geflecht spezieller Proteine, **Lamine** genannt, die zur Gruppe der Intermediärfilamentproteine gehören. Mutationen in einem Lamin-Gen rufen schwere Erkrankungen, die Laminopathien, hervor (Pathologie 7.1) (S. 143). Proteine der inneren Membran (INM) interagieren in vielfältiger Art und Weise mit dem Chromatin und sind wichtig für

Transkription, DNA-Replikation, DNA-Reparatur und Organisation des Chromatins. Über Transmembranproteine (LINC-Komplex; LINC, *linker of nucleosceleton and cytosceleton*), die sowohl die INM und die ONM durchspannen, wird eine stabilisierende Verknüpfung der Kernlamina („Nucleoskelett") mit dem Cytoskelett hergestellt.

Pathologie 7.1

Laminopathien

Wie ▶ Abb. 7.1 und ▶ Abb. 7.2 zeigen, liegt unterhalb der inneren Kernmembran (INM) die Laminaschicht. Sie besteht hauptsächlich aus langgestreckten Intermediärfilamenten mit der Bezeichnung Typ-A-Lamin und Typ-B-Lamin. Diese Proteine bestimmen maßgeblich die Form und die Stabilität des Zellkerns.

Die **Typ-A-Lamine** kommen in den differenzierten Zellen aller ausgewachsenen Tiere vor. Sie sind, wie gesagt, Strukturproteine der Kernhülle, aber nehmen Kontakte mit zahlreichen Proteinen innerhalb und außerhalb des Zellkerns auf. So können die Lamine viele zelluläre Prozesse beeinflussen: Transkription von Genen, Replikation und Reparatur von DNA, aber auch die Vermittlung von Signalen aus dem Cytoplasma ins Innere des Kerns.

Die Typ-A-Lamine in menschlichen Zellen werden von einem Gen mit der Bezeichnung *LMNA* (gelegen auf dem Chromosom #1) codiert. Gegen Ende der 1990er-Jahre entdeckten Forscher zur Überraschung der Zellbiologen und Mediziner, dass Mutationen im Gen *LMNA* die Ursachen für menschliche Krankheiten sind, und zwar für Krankheiten, die schon seit Langem in der medizinischen Literatur bekannt waren und oft nach ihren Erstbeschreibern benannt werden. Man kennt inzwischen mindestens 15 solcher Krankheiten, die man aus nahe liegenden Gründen als Laminopathien zusammenfasst. Dazu gehören:
- verschiedene Formen von Muskeldystrophien, einschließlich lebensbedrohlicher Herzmuskelschwächen,
- Degenerationen der peripheren Nerven,
- schwere Störungen der Fettzellfunktion u. a.

Wir wollen nur eine der Krankheiten bei Namen nennen: das **Hutchinson-Gilford-Progerie-Syndrom (HGPS)**, benannt nach zwei Ärzten, die die Krankheit unabhängig voneinander gegen Ende des 19. Jahrhunderts erstmals beschrieben haben. Zwar ist HGPS selten, einmal unter ungefähr 4 Millionen Menschen, aber von großer Bedeutung für die biomedizinische Forschung. Denn HGPS geht mit allen Zeichen vorzeitigen Alterns (**Progerie**) einher wie:
- faltige Haut und Haarausfall in den ersten Lebensjahren,
- schwere Wachstumsstörungen,
- Artherosklerose,
- Neigung zu Herzinfarkten und Schlaganfällen, an denen die Patienten meist vor ihrem 20. Lebensjahr sterben.

Wir merken an, dass HGPS nur eine der menschlichen Krankheiten ist, die mit vorzeitigem Altern einhergehen. Andere Progeriekrankheiten betreffen Mutationen in Mitochondrien (S. 422) und in Genen des DNA-Reparatursystems. Zusammen sind sie Modelle, die für die Erforschung des normalen Alternsprozesses von Bedeutung sind.

Alle Laminopathien verursachen **Veränderungen der Kernformen und Kernstrukturen** bis hin zu Rissen in der Kernhülle, aus denen die DNA herausquellen kann. Aber sonst zeigen die Krankheiten verschiedene, wenn auch zum Teil stark überlappende klinische Phänotypen. Warum können Mutationen in ein und demselben Gen, dem LMNA-Gen, verschiedene Krankheiten verursachen? Humangenetiker geben unterschiedliche Antworten. Eine der Antworten geht davon aus, dass ungefähr 350 verschiedene Mutationen im Gen *LMNA* bekannt sind, von denen übrigens die meisten den Austausch von jeweils nur einer Aminosäure verursachen. Diese Mutationen sind über das gesamte Gen verteilt. Jeder Patient besitzt eine dieser Mutationen. Sie führt dazu, dass ein spezieller Abschnitt des Typ-A-Lamins verändert ist. Dabei könnte es ein Abschnitt sein, der bevorzugt in Muskelzellen gebraucht wird, oder ein Abschnitt für Nervenzellen usw.

Laminopathien sind ein aktives Forschungsgebiet: Neuere Informationen gibt es bei Schreiber und Kennedy (2013) [1].

Die Kernhülle wird von den **Kernporen** unterbrochen. Dabei handelt es sich um große Komplexe aus mehr als 30 unterschiedlichen Proteinen (**NUPs**, *nuclear pore proteins*), die jeweils in mehreren Kopien vorkommen (▶ Abb. 7.3). Strukturen der Kernporen haben eine achtfache Rotationssymmetrie, d. h. jedes Kernporenprotein kommt mindestens in acht Kopien vor. Die auffälligsten Komponenten sind ein äußerer Ring mit den cytoplasmatischen Filamenten, ein Transmembranring, der den Kontakt zur Kernmembran herstellt, und ein innerer Ring, der in einer korbförmigen Struktur endet (▶ Abb. 7.3). Die Kernpore enthält einen Kanal, der aus einem Geflecht aus Wiederholungen der Aminosäuren Phenylalanin und Glycin aufgebaut ist. Wasser kann ungehindert durch den Kernporenkanal diffundieren. An der Stelle, an der die Kernpore in die Kernhülle eingebaut ist, sind die innere und die äußere Kernmembranen miteinander fusioniert (▶ Abb. 7.3).

Die Anzahl der Kernporen wechselt von Zelltyp zu Zelltyp und mit dem Funktionszustand der Zelle. Die Werte liegen zwischen einigen Hundert und mehr als einer Million Poren pro Zellkern. Menschliche Zellen haben durchschnittlich ungefähr 3 000 Kernporen pro Zellkern.

Der Kernporenkomplex reguliert den Austausch zwischen dem Cytoplasma und dem Nucleoplasma. Kernporen erlauben die passive Diffusion kleiner Moleküle. Proteine ab 20–40 kDa (oder > 6 nm) bis zu größeren Komplexen mit einem Durchmesser von 26 nm (ribosomale Untereinheiten mit bis zu 2800 kDa) werden ausschließlich aktiv, d. h. unter Verbrauch von Energie, durch die Kernporen transportiert. Der Kerntransport ist ein genetisch und zellbiologisch extrem wichtiger Prozess. Dies ist leicht verständlich, wenn man bedenkt, dass die Proteine des Zellkerns oder die ribosomalen Proteine im Cytoplasma hergestellt werden, während mRNA, rRNA und weitere RNA-Spezies im Zellkern entstehen. Somit müssen

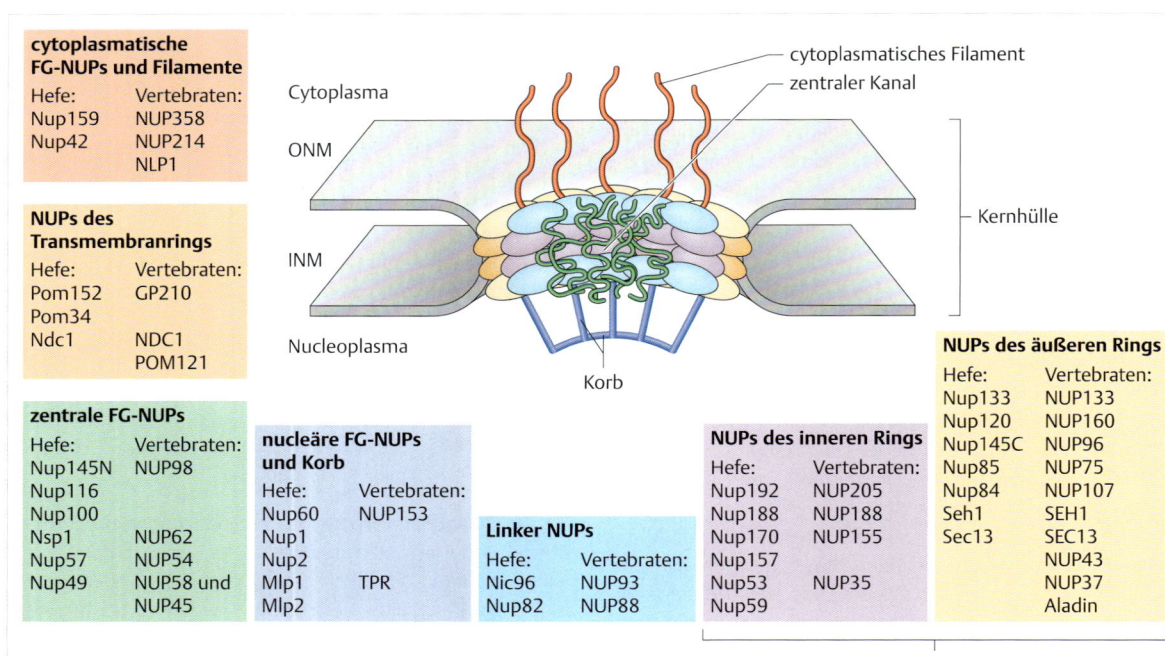

cytoplasmatische FG-NUPs und Filamente

Hefe:	Vertebraten:
Nup159	NUP358
Nup42	NUP214
	NLP1

NUPs des Transmembranrings

Hefe:	Vertebraten:
Pom152	GP210
Pom34	
Ndc1	NDC1
	POM121

zentrale FG-NUPs

Hefe:	Vertebraten:
Nup145N	NUP98
Nup116	
Nup100	
Nsp1	
Nup57	NUP62
Nup49	NUP54
	NUP58 und NUP45

nucleäre FG-NUPs und Korb

Hefe:	Vertebraten:
Nup60	NUP153
Nup1	
Nup2	
Mlp1	TPR
Mlp2	

Linker NUPs

Hefe:	Vertebraten:
Nic96	NUP93
Nup82	NUP88

NUPs des inneren Rings

Hefe:	Vertebraten:
Nup192	NUP205
Nup188	NUP188
Nup170	NUP155
Nup157	
Nup53	NUP35
Nup59	

NUPs des äußeren Rings

Hefe:	Vertebraten:
Nup133	NUP133
Nup120	NUP160
Nup145C	NUP96
Nup85	NUP75
Nup84	NUP107
Seh1	SEH1
Sec13	SEC13
	NUP43
	NUP37
	Aladin

Gerüst-NUPs des inneren und äußeren Rings

Abb. 7.3 Die Kernpore. Proteine des Porenkomplexes sind in die Kernmembran eingebaut. Der cytoplasmatische Ring trägt die nach außen zeigenden cytoplasmatischen Filamente. Der Transmembranring verankert die Kernpore in der Kernmembran. Die zentralen Kernporenproteine (NUPs) enthalten die Wiederholungen aus den Aminosäuren Phenylalanin (F) und Glycin (G), die mit den Kerntransportfaktoren – den Importinen und Exportinen sowie ihren gebundenen Transportmolekülen – in Wechselwirkung treten. Der nucleoplasmatische Ring setzt sich in einer korbähnlichen Struktur fort (*basket*). FG = Wiederholungen von Phe (F) und Gly (G). Hefen sind wichtig Modellorganismen für Forschungen dieser Art. Deshalb benennt diese Abbildung die Hefe- und Vertebratenproteine nebeneinander. (nach Strambio-De-Castillia C, Niepel M, Rout MP (2010) The nuclear pore complex: bridging nuclear transport and gene regulation. Nat Rev Mol Cell Biol 11: 490–501).

mRNA und auch halbfertige Ribosomen vom Nucleoplasma unidirektional in das Cytoplasma transportiert werden. Und umgekehrt müssen Proteine, die für die DNA-Replikation, Reparatur, die Chromatinstruktur, Transkription, Ribosomenbau usw. benötigt werden, aus dem Cytoplasma in den Zellkern gelangen. Zum Beispiel werden innerhalb einer Zellverdopplung sämtliche Nucleosomenproteine (S. 145) des Zellkerns zuerst im Cytoplasma neu synthetisiert und anschließend in den Zellkern transportiert – ein gewaltiges Transportproblem, wenn man bedenkt, dass ein Zellkern pro Generation 30×10^6 Nucleosomen pro haploidem Genom benötigt. Einige Fakten zu den molekularen Mechanismen des Kerntransports sind in Plus 7.1 zusammengefasst.

Plus 7.1

Transport in den Zellkern und aus dem Kern heraus

Salze und kleine Moleküle, auch viele Proteine bis zu einem Molekulargewicht von etwa 40 kDa, können die Kernporen frei passieren. Größere Proteine, die für den Zellkern bestimmt sind, müssen aktiv, d. h. unter Energieverbrauch, transportiert werden. Solche Proteine sind durch kurze Aminosäuresequenzen gekennzeichnet, die als **Kernlokalisierungssequenz** (**NLS**, *nuclear localization sequence*) oder als Importmotive bezeichnet werden. NLS-Sequenzmotive bestehen aus den basischen Aminosäuren Lysin (K) und Arginin (R), entweder in ununterbrochener Abfolge (eingliedrig oder *monopartide*) oder unterbrochen durch andere Aminosäuren (zweigliedrig oder *bipartide*). Beispiele von Kernlokalisierungssequenzen sind in ▶ Tab. 7.1 gelistet.

Andere Proteine haben andere Importmotive. In jedem Fall werden Proteine mit Importmotiven durch spezielle **Rezeptoren** oder Bindungsproteine erkannt. Für NLS-haltige Proteine sind die Rezeptoren **Importin α** und **Importin β** zuständig. Importin α bindet an das für den Kern bestimmte Protein, und zwar über die NLS-Sequenz. Importin β bindet seinerseits an Importin α. Der Importinkomplex wird durch die Kernpore in den Zellkern transportiert.

Bei diesen, wie bei allen anderen Kerntransportprozessen, übernimmt die kleine **GTPase Ran** (Ran steht für „**Ra**s im **N**ucleus") eine Schlüsselfunktion. Das Protein Ran kommt im Zellkern in hoher Kopienzahl vor und zwar fast ausschließlich in der aktiven GTP-gebundenen Form. In seiner aktiven Form mit gebundenem GTP (Ran/GTP) setzt Ran die Importine im Zellkern frei (s. ▶ Abb. 7.4).

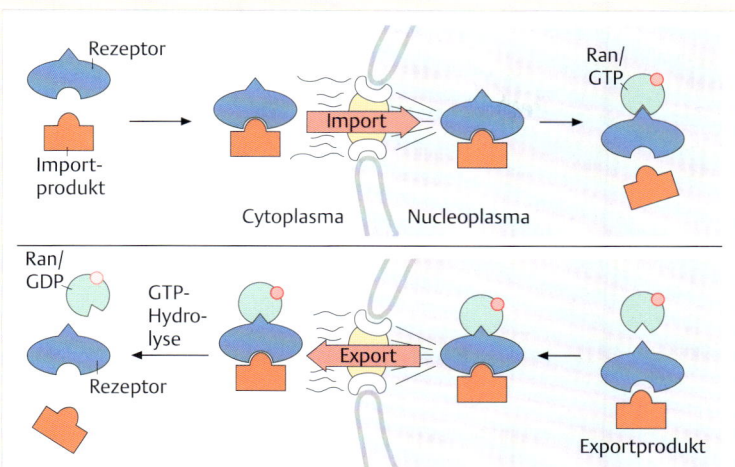

Abb. 7.4 Transport in den Kern und aus dem Kern. (nach Mattaj IW, Englmeier L (1998) Nucleocytoplasmic transport: the soluble phase. Annu Rev Biochem 67: 265–306)

Für den **Export bestimmte Proteine** besitzen ebenfalls charakteristische Sequenzmotive, beispielsweise eine Abfolge von Leucinresten, die auch als **NES** (*nuclear export sequence*) bezeichnet werden. Ran/GTP steuert auch den Export von Proteinen aus dem Zellkern in das Cytoplasma. In Gegenwart eines geeigneten Exportrezeptors und Ran/GTP bildet sich mit dem Exportprotein ein Dreierkomplex für die Passage durch die Kernpore. Im Cytoplasma wird dann das an Ran gebundene GTP durch Hydrolyse gespalten und es entsteht Ran/GDP. Dies ist eine Voraussetzung für die Freisetzung des exportierten Proteins im Cytoplasma. Das Protein Ran hat nur eine schwache GTP-spaltende Aktivität (GTPase-Aktivität). Die GTP-Hydrolyse wird jedoch durch ein besonderes Enzym, das als **RanGAP1** (*GTPase activating protein*) bezeichnet wird, stark stimuliert. Das RanGAP1 befindet sich auf der cytoplasmatischen Seite der Kernpore, also am richtigen Ort, um Ran/GTP nach dem Transport ins Cytoplasma zu inaktivieren.

Manche Proteine werden durch Importine in den Zellkern transportiert und später dann durch **Exportine** wieder zurück in das Cytoplasma transportiert. Beispiele für dieses *shuttling* sind die zellzyklusabhängige Aktivierung von Transkriptionsfaktoren und der Kerntransport von Proteinen, die wichtig sind für die DNA-Replikation in der S-Phase des Zellzyklus. Weiteres Frachtgut sind RNA-Moleküle (mRNA, tRNA, rRNA u. a.), die aus dem Zellkern heraus ins Cytoplasma transportiert werden. RNA-Moleküle werden aber nie als freie RNA transportiert, sondern immer als Protein-RNA-Komplexe. Wichtig ist dabei, dass der mRNA-Export erst nach dem Abschluss der RNA-Prozessierung beginnt. Dies wird sichergestellt, indem nur die prozessierte mRNA mit einem mRNA-Exportrezeptor (z. B. NXF1) beladen wird (s. Kap. 15.3.7). Auch in diesem Fall ist Ran/GTP direkt am Export beteiligt und das GTP wird auf der cytoplasmatischen Seite der Kernpore zu GDP hydrolysiert.

Merke

Kleine Moleküle können passiv durch die Kernporen diffundieren. **Größere Proteine** ab 20–40 kDa (oder > 6 nm) werden aktiv durch die Kernporen transportiert. Dazu müssen sie eine spezifische Aminosäuresequenz tragen, die Kernlokalisierungssequenz NLS.

7.2.2 Der Innenraum des Zellkerns

Das Innere des Zellkerns ist zum größten Teil mit **Chromatin** gefüllt (▶ Abb. 7.1 und ▶ Abb. 7.2), einem Komplex aus DNA und Proteinen. Als Erster hat der Zellbiologe Walther Flemming den Begriff „Chromatin" verwendet (1880), weil sich der Kerninhalt mit einfachen Methoden gut für die Darstellung im Lichtmikroskop färben lässt (*chroma*, griech. Farbe).

Die elektronenmikroskopische Aufnahme der ▶ Abb. 7.1 lässt hellere und dunklere Bereiche im Inneren des Zellkerns erkennen. Ein besonders auffälliger dunkler Bereich wird als **Nucleolus** bezeichnet. Er bildet sich im Bereich der vielen hintereinandergeschalteten rRNA-Gene (rDNA) aus, die auf unterschiedlichen Chromosomen liegen. In proliferierenden Zellen findet im Nucleolus eine massive Synthese von rRNA-Molekülen statt. Die rRNA-Moleküle werden prozessiert und es beginnt der Zusammenbau der Ribosomenuntereinheiten, die dann später in das Cytoplasma transportiert werden.

Tab. 7.1 Kernlokalisierungssequenzen

Protein	Abfolge	NLS-Sequenzmotiv
SV40-T-Antigen	eingliedrig	PKKKRKV
Nucleoplasmin	zweigliedrig	KR xxxxxxxxx KKKK
nucleäre Hormonrezeptoren (S. 350)	zweigliedrig	RK xxxxxxxxx RKxKK

Andere dunkle Bereiche liegen an anderen Stellen im Inneren des Zellkerns, besonders auf der Innenseite der Kernhülle. Sie enthalten das dicht gepackte **Heterochromatin**. Im Gegensatz dazu werden die hellen, weniger stark verdichteten Bereiche als **Euchromatin** bezeichnet. Wie wir später sehen werden, entsprechen diese Begriffe unterschiedlichen Strukturen und Funktionszuständen des Chromatins (S. 326).

Ein Chromosom bzw. Segmente von Chromosomen nehmen in der Interphase bestimmte **räumliche Positionen (Territorien) im Zellkern** ein. Über die räumliche Struktur der Chromosomenterritorien ist wenig bekannt. Sie besteht aber wahrscheinlich aus Chromatinschleifen, die an den Berührungsstellen Kanäle ausbilden und somit den Zugang für Regulationsfaktoren der Transkription und Replikation bieten. Benachbarte Chromosomenterritorien überlappen mit anderen Territorien und Chromatinschleifen eines Territoriums können in den Bereich eines anderen Territoriums hineinreichen.

> **Merke**
>
> Die genomische DNA existiert im Zellkern als Komplex von DNA und Proteinen und wird als **Chromatin** bezeichnet. Das Chromatin kann unterschiedliche Verpackungszustände einnehmen:
> - **Heterochromatin:** dicht gepacktes Chromatin; inaktiv
> - **Euchromatin:** aufgelockert; erlaubt transkriptionelle Aktivität

7.3 Das Chromatin

Das Chromatin besteht im Wesentlichen aus folgenden Strukturkomponenten:
- DNA
- Histone: eine Gruppe basischer Proteine
- Nicht-Histon-Chromatinproteine (z. B. HMG-Proteine, Cohesin etc.)
- RNA

Das Mengenverhältnis von DNA zu Histonen ist in allen eukaryotischen Zellen gleich und ändert sich nicht wesentlich mit dem physiologischen Zustand der Zelle. Bei den Nicht-Histonproteinen des Chromatins verhält sich das anders: Ihre Menge, Zusammensetzung und Art wechseln von Zelltyp zu Zelltyp und mit der genetischen Aktivität einer Zelle. Zu den Nicht-Histonproteinen gehören u. a. auch Enzyme wie die DNA-Polymerasen oder die RNA-Polymerasen und die Transkriptionsfaktoren.

Die Struktur des Chromatins wird in erster Linie durch die Wechselwirkung zwischen DNA und **Histonen** bestimmt. Dabei ist der DNA-Faden um einen Kern aus Histonproteinen gewickelt und bildet dadurch das Strukturelement des **Nucleosoms** aus. Deswegen werden nachfol-

gend zuerst die Histone beschrieben und danach die Struktur der Nucleosomen.

7.3.1 Histone

Im Zellkern aller Tier- und Pflanzenzellen kommen fünf Haupthistone vor, nämlich die Histone H1, H2A, H2B, H3 und H4 (► Abb. 7.5). Daneben gibt es weitere Histonsubtypen (S. 147), die spezielle Funktionen bei der DNA-Reparatur, der Inaktivierung des X-Chromosoms oder bei der Genexpression haben.

Haupthistone

Alle Histone haben eine ähnliche Struktur: eine zentrale, annähernd globuläre Domäne und flexible amino- und carboxyterminale Enden (► Abb. 7.6). Die Struktur der globulären Domäne der Histone H2A, H2B, H3 und H4 ist sehr ähnlich: Ungefähr 70 Aminosäuren bilden die drei α-Helices aus, die durch kurze Schleifen miteinander verbunden sind. Diese Struktur wird als **Histonfalte** (*histon fold*) bezeichnet (► Abb. 7.7).

► **Histone im Verlauf der Evolution.** Die Aminosäuresequenz von Histonen ist im Laufe der Evolution bemerkenswert konstant geblieben. Zum Beispiel unterscheidet sich das Histon H4 aus tierischen Zellen nur in zwei Aminosäurepositionen von dem Histon H4 aus pflanzlichen Zellen, so wie die Histon-H3-Sequenzen in Tier- und

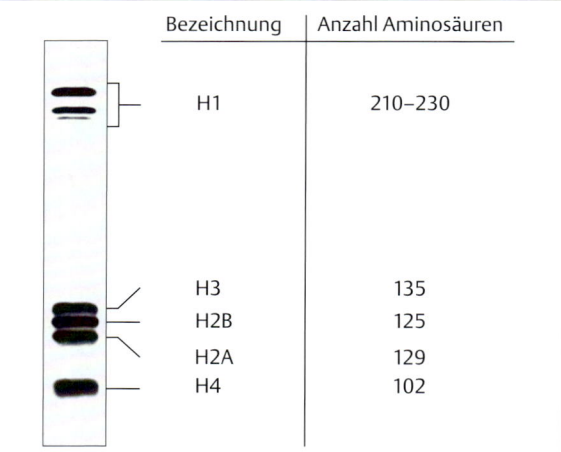

Bezeichnung	Anzahl Aminosäuren
H1	210–230
H3	135
H2B	125
H2A	129
H4	102

Abb. 7.5 Histone in der elektrophoretischen Untersuchung. Histone sind säurelöslich. Sie können deswegen mit 0,1 M Salzsäure oder Schwefelsäure aus isolierten Zellkernen präpariert werden. Links: Analyse der Histone durch Polyacrylamidgelelektrophorese in Gegenwart des Detergenzes Natriumdodecylsulfat. Die Wanderung erfolgt von oben nach unten in Richtung des positiven elektrischen Pols. Rechts: Bezeichnung der einzelnen Histone mit Angabe der Zahl der Aminosäuren. Beachte, dass das Histon H1 in verschiedenen Subtypen vorkommt, die unterschiedlich weit im elektrischen Feld wandern. (Aufnahme: C. Gruss, Konstanz)

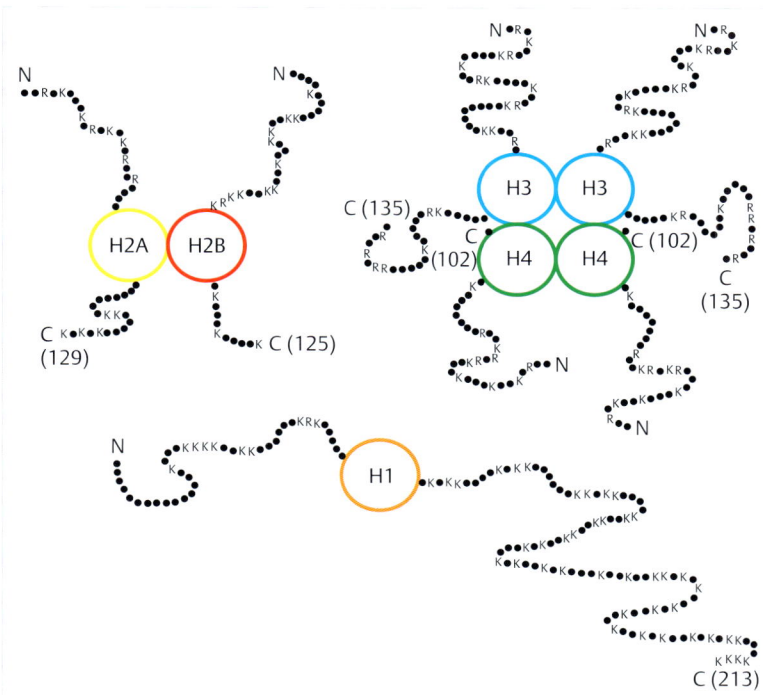

Abb. 7.6 Histone: Strukturschema. Alle Histone bestehen aus einer zentralen, annähernd globulären Domäne (s. auch ▶ Abb. 7.7) und flexiblen Armen mit vielen positiv geladenen Aminosäuren: Arginin, Lysin. Die Histone H2A und H2B lagern sich in Lösung zu Dimeren, die Histone H3 und H4 zu Tetrameren aneinander. R = Arginin, K = Lysin, ● = andere Aminosäuren, N = aminoterminales Ende, C = carboxyterminales Ende, (...) = Größenangabe des jeweiligen Histons in Anzahl von Aminosäuren.

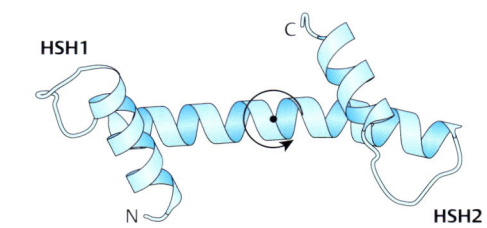

Abb. 7.7 Histonfalte. Die zentrale, globuläre Histonfaltendomäne der Histone H2A, H2B, H3 und H4. Die Domäne ist ungefähr 70 Aminosäuren lang und besteht aus drei α-Helices, die durch kurze Schleifen miteinander verbunden sind. Der kreisförmige Pfeil deutet die Rotationssymmetrie der Struktur an. HSH = *helix-sheet-helix*. (nach Ramakrishnan V (1997) Histone H1 and chromatin higher-order structure. Crit Rev Eukaryot Gene Expr 7: 215–230)

zweitens können die Seitenketten der Aminosäuren in den flexiblen amino- und carboxyterminalen Armen der Histone vielfach enzymatisch modifiziert werden.

Histonsubtypen

Im menschlichen Genom, sowie in den Genomen anderer Vertebraten, gibt es Genfamilien mit oft mehr als einem Dutzend Gene, die einen Histontyp codieren. Ein Extremfall sind die Histongenfamilien von Mollusken und Seeigeln mit mehreren Hundert Histongenen pro Genom.

▶ **H2A und H2B.** Wir sehen uns zuerst die Histone H2A und H2B im menschlichen Genom an. Von den zwölf separaten H2A-Genen codieren sechs völlig identische H2A-Proteine, während die sechs anderen sich voneinander gerade einmal an zwei oder drei Stellen ihrer Sequenz unterscheiden. Ähnlich verhalten sich die 14 H2B-Gene: Zehn dieser Gene codieren leicht unterschiedliche H2B-Formen. Ob diese Unterschiede die Funktion der Histone beeinflussen, ist nicht bekannt. Diese vielfachen Genkopien werden gebraucht, um durch effiziente Transkription und Translation sicherzustellen, dass während der DNA-Replikation genügend Histonproteine für die Verdopplung der Nucleosomen zur Verfügung stehen.

Anders bei einigen selteneren und auffälligeren **Subtypen von H2A**:

- Das sogenannte **Makro-H2A** hat eine Funktion beim Abschalten von Genen, die sich auf dem inaktiven X-Chromosom (S. 464) in weiblichen Säugerzellen befinden.

Pflanzenchromatin nur an vier Aminosäurepositionen voneinander abweichen. Auch die Sequenzen der anderen Histontypen sind während der Evolution konserviert geblieben, allerdings nicht so ausgeprägt wie die der Histone H3 und H4. Am geringsten ist die Ähnlichkeit zwischen den Histon-H1-Sequenzen verschiedener Tier- und Pflanzenarten. Aber insgesamt gilt, dass Histone zu den am stärksten konservierten Proteinen im Tier- und Pflanzenreich gehören. Das spricht für ihre grundsätzliche Bedeutung bei der Organisation des genetischen Materials von Eukaryoten.

Das bedeutet allerdings nicht, dass alle Histone eines gegebenen Typs im Chromatin identisch sind. Denn erstens gibt es Histonsubtypen oder Histonvarianten und

- Der **H2AX**-Subtyp wird durch Phosphorylierung modifiziert, und zwar bei schweren DNA-Schäden wie z. B. Doppelstrangbrüchen. Die kanonischen H2A-H2B-H3-H4-Nucleosomen (s. u.) werden im Bereich des DNA-Schadens durch H2AX-H2B-H3-H4-Nucleosomen ersetzt. Phosphoryliertes H2AX ist wichtig, um Reparaturproteine zur geschädigten DNA (S. 280) zu bringen.
- Ein anderer seltener H2-Subtyp ist das Histon **H2AZ**. Es kommt in allen Eukaryonten vor und unterscheidet sich vom Standard-H2A durch die Folge der Aminosäuren in den amino- und carboxyterminalen Armen. H2AZ findet man in Nucleosomen, die an der Grenze zwischen offenem und dicht gepacktem Chromatin liegen. H2AZ beeinflusst die Expression von Genen. Im Modellorganismus Bäckerhefe flankieren Nucleosomen mit der H2AZ-Variante die Promotoren der meisten Gene.

▶ **H3 und H4.** Auch für die Histone H3 und H4 gibt es mehrere Gene. Alle 14 menschlichen H4-Gene codieren für ein und dieselbe Histonsequenz. Der Grund dafür ist der gleiche wie bei H2A und H2B: Für die DNA-Replikation werden 60×10^6 neue Nucleosomen pro Zelle und damit viel Histon in kurzer Zeit benötigt.

Im Gegensatz zum hoch konservierten und einheitlichen H4 lassen sich mindestens drei **Subtypen von H3** unterscheiden:

- Gene für die Standardformen von Histon H3 (**H3.1** und **H3.2**, die sich nur durch eine Aminosäure in den Sequenzen unterscheiden).
- Gene für den Subtyp **H3.3**, der bevorzugt im genetisch aktiven Chromatin vorkommt und auch zelltypspezifisch exprimiert wird. H3.3 ist zudem im pericentromeren Heterochromatin (S. 212) angereichert.
- **CenH3** (S. 212), das spezifisch im Bereich der Centromer-DNA eingebaut ist.

Ein wichtiger Punkt ist, dass Standardhistone (H2A, H2B, H3 und H4) nur zum Zeitpunkt der DNA-Replikation in das neu entstehende Chromatin eingebaut werden, während die selteneren Subtypen unabhängig davon auch zu anderen Zellzyklusphasen über spezielle Mechanismen (S. 212) ins Chromatin gelangen.

▶ **H1.** In den Zellkernen der meisten Säugetierzellen findet man sechs bis acht verschiedene H1-Subtypen, meist mit konservierten zentralen Domänen, aber oft mit sehr variablen amino- und carboxyterminalen Armen. Darunter sind H1-Subtypen mit bevorzugter Expression in Oocyten oder in Testes. Ein anderer Subtyp mit der Bezeichnung **H1⁰** kommt oft in ruhenden Zellen vor. Zum Beispiel ist dieser H1-Subtyp, bei Vögeln auch **Histon H5** genannt, ein typischer Bestandteil des extrem dicht gepackten Chromatins in den Zellkernen der Erythrocyten von Vögeln. Beachte, dass reife Erythrozyten von Säugern keinen Zellkern mehr haben.

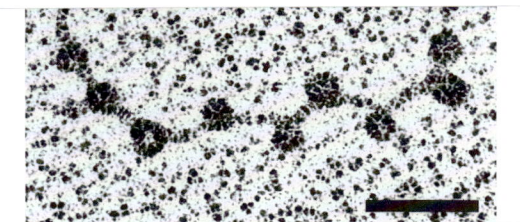

Abb. 7.8 Chromatin: eine „Perlenkette" im elektronenmikroskopischen Bild. Längenmaß: 50 nm, Vergrößerung 300 000×. (Aufnahme: U. Ramsperger, Konstanz)

7.3.2 Nucleosomen

Nach geeigneter Aufarbeitung sehen Chromatinfasern in elektronenmikroskopischen Aufnahmen wie Perlenketten aus, nämlich als Reihen von kompakten runden Partikeln, verbunden durch Strecken freier DNA. Diese Anordnung wird von Fachleuten auch als *beads on a string* bezeichnet (▶ Abb. 7.8).

Eine vorsichtige Behandlung von Chromatin mit dem DNA-abbauenden Enzym Mikrokokken-Nuclease greift die verbindenden DNA-Segmente zwischen den einzelnen „Perlen" eines Chromatinfadens an, wodurch zunächst **Nucleosomenpartikel** entstehen. Diese Nucleosomenpartikel bestehen aus einem Proteinkern aus Histonproteinen und einem DNA-Stück mit einer Länge von 160–240 bp.

Biochemische Untersuchungen haben ergeben, dass sich der Proteinkern aus je zwei Exemplaren der vier verschiedenen Histone H2A, H2B, H3 und H4 zusammensetzt. Dieser Proteinkern wird daher auch als **Histonoktamer** bezeichnet (▶ Abb. 7.9).

Bei länger andauernder Nucleasebehandlung entsteht schließlich ein noch kürzeres DNA-Fragment (auch Core-DNA genannt) mit einer Länge von 147 bp (▶ Abb. 7.10), das eng um das Histonoktamer gewunden und deshalb besser vor dem Nucleaseangriff geschützt ist. Die an dem Oktamer anliegende Doppelhelix des DNA-Fadens durchläuft eine 1,67-fache superhelikale Windung. Man bezeichnet die erhaltene Struktur aus Histonoktamer und verkürztem DNA-Faden auch als **nucleosomales Core-Partikel**.

Die größeren DNA-Fragmente aus 160–240 bp setzen sich aus den durch die Histone geschützten 147 bp und einer **Linker-DNA** zusammen, die die Core-Partikel miteinander verbindet. Die Länge der Linker-DNA wechselt mit dem Zelltyp und Organismus. Sie ist häufig 55 bp lang, ihre Länge kann jedoch je nach Gewebe und Organismus zwischen 8 und 114 bp schwanken.

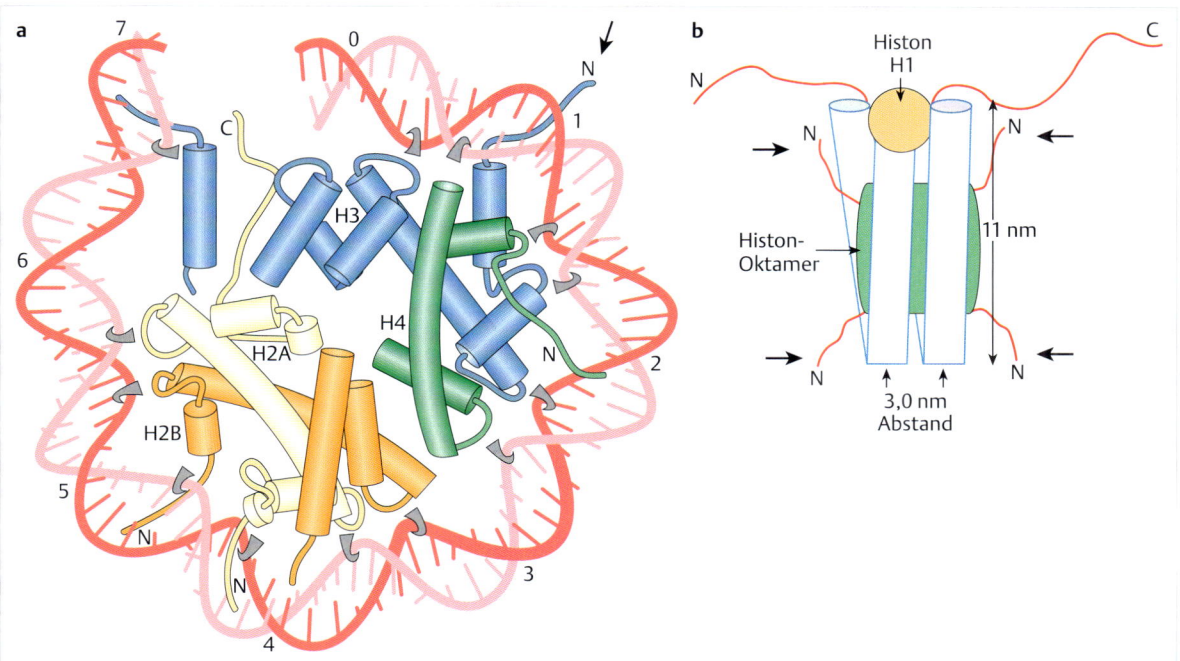

Abb. 7.9 Histone im Nucleosom.

a Das Bild zeigt eine Schnittebene des Nucleosoms (Core-Partikel) mit einer DNA-Schleife von 73 Basenpaaren. Die Lage der Histone H2A, H2B, H3 und H4 ist angedeutet. Beachte die Kontakte zwischen Histonen und DNA (graue Haken), die Wechselwirkungen zwischen den einzelnen Histonen über die Histonfalte (s. auch ▶ Abb. 7.7) sowie die Tatsache, dass N-terminale Bereiche der Histone aus dem Nucleosom herausragen (Pfeil). Der dichte Histon-Core wird primär aus einem System α-helikaler Domänen gebildet. Die Abbildung ist eine drastische Vereinfachung der Ergebnisse der Röntgenstrukturanalyse des kristallisierten Nucleosoms. (nach Luger K, Mäder AW, Richmond RK et al. (1997) Crystal structure of the nucleosome core particle at 2.8 Å resolution. Nature 389: 251–260)

b Das vollständige Nucleosom enthält den Histonkern (Oktamer), ein DNA-Segment von etwa 200 Basenpaaren Länge, das sich superhelikal – ca. 1,7-fach – um den Histonkern windet, sowie das Histon H1, das an die Linker-DNA zwischen zwei Nucleosomen bindet (s. ▶ Abb. 7.13). Dimensionen sind in nm angegeben. Schwarze Pfeile heben N-terminale Regionen der Core-Histone hervor, die aus dem Nucleosom herausragen und posttranslational modifiziert werden können. (nach Rhodes D (1997) The nucleosome all wrapped up. Nature 389: 231–232)

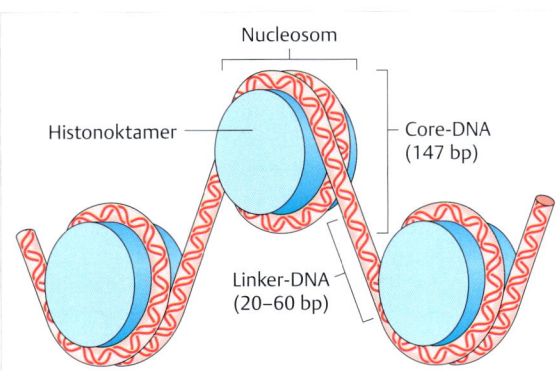

Abb. 7.10 Windung der DNA um die Histonoktamere. Die Core-DNA ist eng um das Oktamer gewunden (Core-Partikel). Die Core-Partikel sind durch Linker-DNA miteinander verbunden.

Merke

Ein **Histonoktamer** besteht aus je zwei Molekülen der Histone H2A, H2B, H3 und H4.

Ein **Core-Partikel** besteht aus einem Histonoktamer und einem DNA-Abschnitt mit einer Länge von 147 bp.

Ein **Nucleosom** besteht aus dem Histonoktamer und einem DNA-Abschnitt mit einer Länge von 160–240 bp. Die Linker-DNA zwischen zwei Nucleosomen kann durch ein zusätzliches Histon, Histon H1, gebunden werden.

Röntgenstrukturanalysen von kristallisierten Core-Partikeln ermöglichen einen genauen Einblick in die Architektur von Nucleosomen und deren Interaktion mit der DNA. Die ▶ Abb. 7.9a zeigt einen Querschnitt durch das Core-Partikel. Zu erkennen ist die Position der einzelnen Histone, insbesondere der Histonfalte der Histone H2A, H2B, H3 und H4 (s. ▶ Abb. 7.7). Vergleichbar mit einem Handschlag bei der Begrüßung nehmen das Histon H2A mit dem Histon H2B sowie das Histon H3 mit dem Histon H4 Kontakt auf. Der carboxyterminale Bereich des Histons H3 vermittelt überdies den Kontakt zum Histon H3 im zweiten H3/H4-Dimer. Kurumizaka et al. (2013) geben eine anschauliche Beschreibung der Struktur des Nucleosoms [2].

Die räumliche Anordnung der amino- und carboxyterminalen Arme der Histone im Nucleosomen sind jedoch weit weniger gut untersucht. Die Arme der Histone sind relativ unstrukturiert und ragen seitlich aus dem Nucleosom heraus. Sie werden durch eine Vielzahl von Enzymen modifiziert (s. ▸ Abb. 7.12), was die Eigenschaften des Chromatins entscheidend beeinflusst. Sequenzen im aminoterminalen Ende von H3 vermitteln Interaktionen mit der DNA im Eingangs- und Ausgangsbereich der Nucleosomen. Dies führt dazu, dass die DNA über die gesamte Länge von 147 bp eng auf dem Histonoktamer liegt.

Im Nucleoplasma liegen Histone im Komplex mit speziellen **Chaperon-Proteinen** (S. 196) vor. Wenn Nucleosomen in Lösung mit hohen NaCl-Konzentrationen inkubiert werden, zerfällt das Histonoktamer in Dimere der Histone H2A und H2B sowie Tetramere aus je zwei Exemplaren der Histonen H3 und H4. Diese biochemischen Befunde geben Hinweise auf den Ablauf des **Zusammenbaus der Histonoktamere**:

1. Zuerst bindet ein Tetramer aus je zwei Molekülen H3/H4 an die DNA. Es kommt zur Ausbildung eines subnucleosomalen (H3/H4)$_2$-Partikels.
2. Anschließend kommt es zur Bindung von zwei H2A/H2B-Dimeren – ein **Core-Partikel** mit 147 bp DNA und einem Histonoktamer entsteht.
3. Die Positionierung der Nucleosomen entlang der DNA wird durch **Chromatin-Remodeling-Komplexe** (S. 152) eingestellt.
4. Als Nächstes wird das Linker-Histon H1 gebunden. Es kommt zur Faltung der Nucleosomenkette – die **30-nm-Fibrille** (S. 153) entsteht.
5. Weitere Faltungsschritte unter Mitwirkung von Cohesin, Condensinkomplexen und Topoisomerasen (Kap. 8.3) führen zur Entstehung von **Chromatindomänen**.

Bei jedem dieser Schritte wird das Chromatin durch Modifikationen und die Bindung von chromatinmodifizierenden Proteinen umgestaltet.

Über die Domänen der Histonfalte binden Histone an das Zucker-Phosphat-Rückgrat in der kleinen Furche der DNA, und zwar in Abständen von etwa 10 bp (▸ Abb. 7.11). Insgesamt gibt es über 120 direkte Protein-DNA-Interaktionen im Core-Partikel. Unterschiedliche Arten von Bindungen bestimmen die Interaktion zwischen DNA und dem Histonoktamer:

- Wasserstoffbrücken zwischen Peptidbindungen der Histone und dem Zucker-Phosphat-Rückgrat der DNA
- Salz- und Wasserstoffbrücken zwischen basischen Aminosäuren der Histone (Lysin und Arginin) und dem Sauerstoff der Phosphodiesterbindung
- nicht polare Interaktionen zwischen den Histonen und der Deoxyribose der DNA

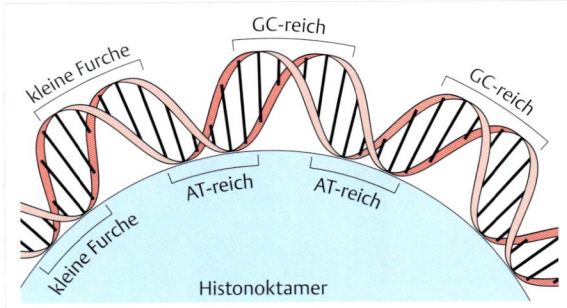

Abb. 7.11 Wechselwirkung zwischen dem Histonoktamer und der DNA. Das Oktamer bindet bevorzugt an gekrümmte DNA. Weitere Erläuterungen s. Text. (nach Alberts B, Johnson A, Lewis J (2003) Molekularbiologie der Zelle. 4. Aufl. Whiley-VCH, Weinheim)

Diese Bindungen bestimmen im Wesentlichen die Stabilität des Nucleosoms.

Der Pfad der DNA im Nucleosom (▸ Abb. 7.9b) sowie in aufgereihten Nucleosomen (▸ Abb. 7.10) entspricht einer superhelikalen Anordnung mit ca. 1,7-facher Windung der DNA um das Histonoktamer. Die nucleosomale DNA ist mit durchschnittlich 10,2 bp pro Helixwindung stärker gewunden als proteinfreie DNA in Lösung (10,4–10,6 bp pro Windung) (▸ Tab. 2.1).

Die Interaktionen zwischen der DNA und dem Histonoktamer sind auf den ersten Blick unabhängig von der Nucleotidsequenz. Man würde also keine von der DNA-Sequenz abhängige Positionierung der Nucleosomen im Genom erwarten. Allerdings ist die DNA, die dicht um das Histonoktamer gewunden ist, alle 5 bp gebogen: Wenn das Zucker-Phosphat-Gerüst auf der Innenseite mit den Histonen interagiert, wird die DNA gestaucht, und 5 bp weiter, wenn das DNA-Grundgerüst nach außen hin gerichtet ist, wird die DNA gedehnt. Von besonderem Interesse ist die Breite der kleinen Furche, welche auf der zum Histonoktamer hin gerichteten Seite nur 0,1 nm beträgt, während dieser Wert normalerweise bei 0,8 nm liegt. Bestimmte Dinucleotide wie z. B. AA/TT erleichtern diese räumliche Verengung der kleinen Furche. Deshalb sind DNA-Sequenzen, die alle 5 bp zwischen AT- und GC-Motiven wechseln, bevorzugte Positionen zur Ausbildung von Nucleosomen (▸ Abb. 7.11).

Zudem gibt es DNA-Sequenzen, die den Einbau in Nucleosomen unwahrscheinlich machen. Dazu gehören Abfolgen von 10–20 bp langen Sequenzen von Deoxyadenosinnucleotiden (dA). Denn Poly(dA:dT)-Sequenzen sind besonders steif und können deshalb nur schwer um ein Histonoktamer gewickelt werden. So kommt es, dass Poly(dA:dT)-Sequenzen wichtig für die Positionierung von Nucleosomen im Genom sind. Zum Beispiel enthalten Promotorregionen solche Poly(dA:dT)-Elemente als Eintrittsstellen für Transkriptionsfaktoren.

Seit einiger Zeit liegen auch Strukturdaten von Nucleosomen mit Histonvarianten vor. **Centromerspezifische Nucleosomen**, die CenH3 (Cenp-A) anstatt Histon H3 enthalten und mit α-Satelliten-DNA umwunden sind, sind ähnlich aufgebaut wie die üblichen Nucleosomen mit dem Standardhiston H3. Mit einer Ausnahme: Die kurzen Bereiche an der Eintritts- und Austrittsstelle der DNA sind weniger stark strukturiert als in Standardnucleosomen. Das beeinflusst den Aufbau des Chromatins im Centromerbereich [2].

7.3.3 Modifikation von Histonen

Posttranslationale Modifikation von Histonen

Die Enden der Histone machen ungefähr 30 % der Masse der Histone aus. Sie sind jedoch in der Kristallstruktur des Nucleosoms nicht sichtbar, da sie sehr flexibel und nicht strukturiert sind. Die N-terminalen Bereiche der Histone H3 und H2B treten durch einen Kanal, gebildet von der kleinen Furche der beiden DNA Stränge, aus dem Nucleosom aus (▶ Abb. 7.9). Der N-terminale Schwanz des Histons H4 enthält zahlreiche basische Aminosäuren (16–25), welche mit der sauren Oberfläche des Histon-H2A/H2B-Dimers im nächstgelegenen Nucleosom interagieren kann. Das ist von genetischem Interesse, denn bis zu vier Lysinreste können im Arm von Histon H4 durch Acetylierung verändert werden (▶ Abb. 7.12), was natürlich Konsequenzen für die Kontakte zwischen Nucleosomen und damit für die Anordnung von Nucleosomen im Chromatin hat.

Die Aminosäureseitenketten in den flexiblen Armen der Histone können auf verschiedene Art verändert (modifiziert) werden (▶ Abb. 7.12). Das beeinflusst nicht nur die Art und Weise, wie Histone mit DNA interagieren,

sondern ermöglicht auch die Bindung von Proteinkomplexen, und zwar besonders von Proteinkomplexen, die die Eigenschaften des Chromatins verändern.

Somit stehen die Histonmodifikationen im Dienste der Genregulation und werden uns deshalb in späteren Kapiteln (S. 444) noch ausführlich beschäftigen. Hier folgt ein erster Überblick über die häufigsten Modifikationen und die Enzyme, die dafür verantwortlich sind [3].

▶ **Acetylierung.** Spezielle Enzyme, die **Histon-Acetyltransferasen** (HAT), übertragen Acetylgruppen vom Acetyl-Coenzym A (aktiviertes Acetyl) auf Lysinreste in den Histonen H2A, H2B, H3 und H4. Die Acetylierung ist eine wichtige Voraussetzung für die Aktivierung von Genen. Die Histonacetylierung ist reversibel: **Histon-Deacetylasen**, sogenannte HADCs, entfernen Acetylreste, wenn ein Chromatinabschnitt genetisch abgeschaltet wird.

▶ **Phosphorylierung.** Spezielle **Proteinkinasen** übertragen Phosphatgruppen auf Serin- und Threoninseitenketten der Histone H2A, H2B, H3 und H4, oft als Reaktion auf Signale, die eine Zelle von außen empfängt. Besonders auffällig ist die massive Phosphorylierung von Threonin- und Serinresten von Histon H1 während der DNA-Replikation und Mitose. **Proteinphosphatasen** können die Phosphatgruppen wieder entfernen.

Eine prominente Phosphorylierung betrifft die Aminosäure H3-Ser10 durch die Aurora-B-Kinase zu Beginn der Mitose. Diese Modifikation wird für Zellzyklusuntersuchungen herangezogen, da es einen sehr spezifischen Antikörper (S. 200) gibt, der diese Modifikation erkennt. Die H3-Ser10-Phosphorylierung ist eng verknüpft mit der Kondensation des Chromatins zu Beginn der Mitose.

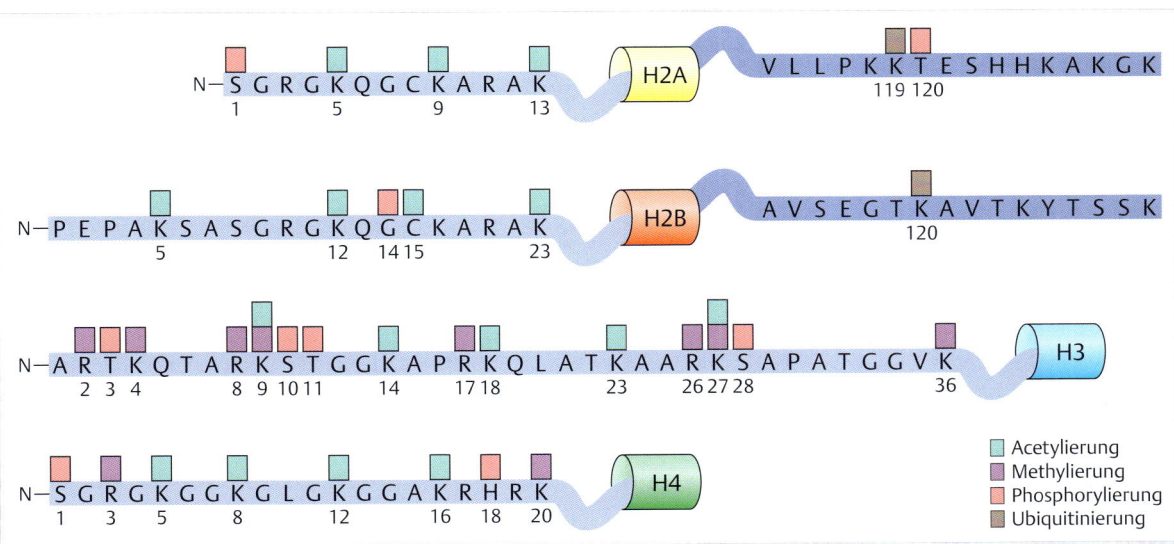

Abb. 7.12 Histonmodifikationen. Primärstruktur der Aminotermini (N-Termini) der Histone H2A, H2B, H3 und H4. Aminosäuren, die modifiziert werden können, sind gekennzeichnet. Modifikationen in den Carboxytermini der Histone H2A und H2B sind zusätzlich gezeigt. (nach Spivakov M, Fisher A (2007) Epigenetic signatures of stem-cell identity. Nat Rev Genet 8: 263–271)

▶ **Methylierung.** Lysin- und Argininreste der Histone H3 und H4 werden durch Übertragen von Methylgruppen modifiziert. Die Enzyme, die dafür verantwortlich sind, werden als **Methyltransferasen** bezeichnet. Auch die Histonmethylierung ist reversibel. **Histon-Demethylasen** entfernen die Methylgruppen von den Histonen.

Die lysinspezifische Demethylase LSD1 (*lysine specific demethylase 1*) ist eine flavinabhängige Monoaminoxidase. Sie kann mono- und dimethylierte Lysinreste entfernen. Histon-Demethylasen mit den sogenannten Jumonji-Domänen (JmjC) sind in der Lage, mono-, di- und trimethylierte Lynsinreste zu demethylieren.

▶ **Ubiquitinierung.** Ubiquitin ist ein Polypeptid, welches aus 76 Aminosäuren besteht. Aktiviertes Ubiquitin (S. 355) wird von E3-Enzymen auf die ε-(epsilon-)Aminogruppe von Lysinresten der Histone H2A und H2B übertragen. Das Ubiquitin ist über eine Peptidbindung mit dem Histon verbunden. Auch diese Modifikation ist reversibel. Deubiquitinierungsenzyme (DUBs) sind eine spezielle Gruppe von Proteasen, die die Ubiquitinmarkierung entfernen.

> **Merke**
>
> **Histonmodifikationen** beeinflussen die Chromatinstruktur und dienen der Genregulation.
> Bestimmte Aminosäuren der Histonarme können durch Acetylierung, Phosphorylierung, Methylierung und Ubiquitinierung modifiziert werden.

Veränderungen des Chromatins durch Histonmodifikationen

Histonmodifikationen können die Chromatinstruktur verändern, weil die Eigenschaften der Nucleosomen beeinflusst werden. Eine Acetylierung verringert beispielsweise die positive Ladung der Histone und destabilisiert dadurch den DNA-Histon-Komplex oder die Interaktion zwischen Nucleosomen.

Andere Modifikationen werden durch Proteine erkannt, die entweder direkt die Aktivität der Transkriptionsmaschinerie oder aber die Chromatinstruktur beeinflussen. Zum Beispiel binden Proteine mit der sogenannten **Bromodomäne** (BRD) selektiv an ε-N-acetylierte Lysine von Histonen. Das menschliche Genom codiert über 40 Proteine mit Bromodomänen. Das sind Abschnitte aus etwa 100 Aminosäuren, deren Sequenzen relativ wenig konserviert sind. Aber trotz der geringen Übereinstimmung in ihren Aminosäuresequenzen haben alle Bromodomänen eine ähnliche räumliche Struktur: vier α-Helices, die durch Schleifen (*loops*) miteinander verbunden sind. Bromodomänen kommen in Proteinen vor, die die Chromatinstruktur und die Genexpression regulieren: Histon-Acetyltransferasen und Chromatin-Remodeling-Komplexe.

Andere Proteine enthalten **Chromodomänen**. Eine solche Domäne besteht aus ungefähr 60 Aminosäuren. Manche Proteine der Chromodomänen binden an methylierte Histone. Beispiele sind der Repressor der Transkription HP1 und die Polycomb-(Pc-)Proteine (S. 449).

Wenn die Positionen von Nucleosomen entlang der DNA verschoben werden, spricht man von **Chromatin-Remodeling** (Chromatinumbau). Diese Neupositionierung der Nucleosomen kann über Zerfall und Neuaufbau von Nucleosomen erfolgen. Das Chromatin-Remodeling wird zumindest teilweise durch ATP-abhängige **Chromatin-Remodeling-Komplexe** bewirkt und repräsentiert einen wichtigen Prozess der Epigenetik (s. Kap. 20).

7.3.4 Einige wichtige Nicht-Histonproteine

Eine Beschreibung der Chromatinstruktur nach Art der nachfolgend zu besprechenden ▶ Abb. 7.14 ist unvollständig, denn dort werden die vielen verschiedenen Nicht-Histonproteine nicht berücksichtigt, etwa die RNA-Polymerasen, positiv und negativ wirkende Transkriptionsfaktoren, Cohesin (S. 207) und Condensin (S. 208).

Einige Arten von Nicht-Histonproteinen kommen verbreitet und regelmäßig in Tier- und Pflanzenzellen vor. Dazu gehören die **HMG-Proteine** (HMG, *high mobility group*). Diese Bezeichnung stammt noch aus der Frühphase der Chromatinforschung und bringt zum Ausdruck, dass HMG-Proteine in der Elektrophorese schneller wandern als die meisten anderen Nicht-Histonproteine. Die HMG-Proteine werden in drei Klassen eingeteilt: HMGB (früher: HMG-1/-2), HMGN (früher: HMG-14/-1) und HMGA (früher: HMG-I/-Y).

HMG-Proteine beinhalten typische Domänen – HMGB besitzt eine HMG-Box, HMGN eine Nucleosomenbindungsdomäne (NBD, *nucleosome binding domain*) und HMGA einen AT-Haken (*AT hook*). Es stellte sich heraus, dass diese HMG-Domänen auch in anderen Proteinen vorkommen, die nicht die erhöhte Mobilität in der Elektrophorese zeigen. Heute werden alle Proteine mit einer dieser drei Domänen als HMG-Proteine bezeichnet.

▶ **HMGB-Proteine.** Die HMGB1- und HBGB2-Proteine, die aus etwa 210 Aminosäuren bestehen, haben dieser Proteinfamilie den Namen gegeben. HMGB1 und HBGB2 enthalten hintereinandergeschaltet zwei ähnliche Domänen, **HMG-Boxen**, gefolgt von einem carboxyterminalen Arm mit 20 Asparaginsäure- und Glutaminsäurebausteinen. Biochemische Untersuchungen zeigen, dass HMGB-Proteine bevorzugt an ungewöhnliche DNA-Strukturen binden, z. B. an gebogene DNA, DNA-Überkreuzungen, veränderte Helixformen, aber ohne Bevorzugung bestimmter DNA-Sequenzen. In der Zelle gehen HMGB-Proteine Wechselwirkungen mit vielen Transkriptionsfaktoren ein. Vermutlich induzieren sie DNA-Krümmung und erleichtern dadurch die Bindung von Transkriptionsfaktoren an die DNA. Man findet durchschnittlich ein HMGB-Protein pro 10–15 Nucleosomen.

7

▶ **HMGN-Proteine.** Die kleinen Proteine HMGN1 und HMGN2 (Molekulargewicht 10–12 kDa) besitzen als Kennzeichen eine zentrale Domäne aus etwa 30 Aminosäuren, aufgebaut vor allem aus positiv geladenen Argininen und Lysinen sowie der Aminosäure Prolin. Das ist die **Nucleosomenbindungsdomäne** (**NBD**), über die HMBN-Proteine an Nucleosomen binden können. Das Ergebnis ist eine aufgelockerte Chromatinstruktur. Dementsprechend fördern HMGN-Proteine die Transkription von Genen in Chromatin und die Reparatur von DNA-Schäden. HMGN-Proteine sind zudem wahrscheinlich Gegenspieler von ATP-abhängigen Chromatin-Remodeling-Faktoren.

▶ **HMGA-Proteine.** Die zuerst entdeckten Proteine dieser Familie bestehen aus etwa 110 Aminosäuren. Ihr Merkmal sind drei hintereinanderliegende, zentrale Abschnitte, bekannt als **AT-Haken-Motive**. Über den AT-Haken binden HMGA-Proteine über Wechselwirkungen mit den Basen in der kleinen DNA-Furche an Adenin-Thymin-(AT-)reiche DNA-Abschnitte. Die physiologische Funktion von HMGA hat mit der Regulation genetischer Aktivität zu tun, und in diesem Zusammenhang (S. 344) werden wir den HMGA-Proteinen später wieder begegnen. HMGA-Proteine werden durch Phosphorylierung, Acetylierung und andere Reaktionen modifiziert, wodurch vermutlich ihre Wechselwirkung mit Transkriptionsfaktoren gesteuert wird.

7.3.5 Chromatinfasern

Der Durchmesser eines Nucleosoms beträgt etwa 10 nm (▶ Abb. 7.9b und ▶ Abb. 7.14 ①), aber elektronenmikroskopische Untersuchungen ergeben, dass die Chromatinfäden im Zellkern an den meisten Stellen einen Durchmesser von etwa 30 nm haben. Daraus folgt, dass die Kette von Nucleosomen gefaltet sein muss.

Diese Faltung wird teilweise durch die Wechselwirkungen zwischen den Histonen in den Oktameren benachbarter Nucleosomen bestimmt, aber eine zentrale Funktion übernimmt das Histon H1, wie aus einfachen Experimenten hervorgeht: Eine Behandlung mit 0,5 M NaCl hat die Ablösung des Histons H1 und zugleich eine Auflockerung von Chromatin zur Folge, während umgekehrt der Zusatz von Histon H1 das Chromatin verdichtet.

Diese Experimente zeigen, dass **Histon H1** wichtig ist für die Ausbildung und Stabilisierung von höher geordneten Chromatinstrukturen. Histon H1 hat die unge-

wöhnliche Eigenschaft, gleichzeitig an die Linker-DNA und an eine Region in der Mitte der um das Nucleosom herum gewundenen 147-bp-DNA zu binden (▶ Abb. 7.13).

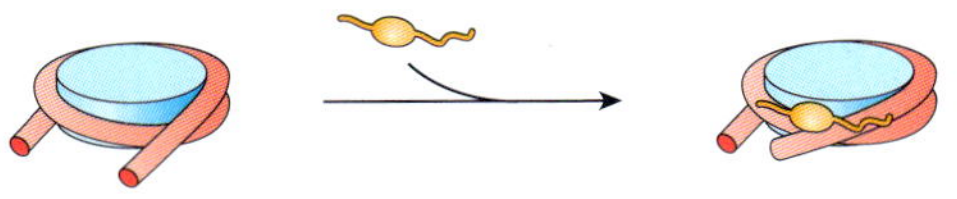

In Abwesenheit von Histon H1 liegen die Nucleosomen getrennt voneinander vor, wie in der „Perlenkette" der ▶ Abb. 7.8. In Gegenwart von Histon H1 kommen die Nucleosomen in Kontakt und liegen Kante an Kante nebeneinander. Je mehr sich die Salzkonzentration an die physiologischen Bedingungen annähert, desto dichter windet sich die Nucleosomenkette, bis sich schließlich die 30-nm-Faser ausbildet (▶ Abb. 7.14 ①, ② und ③).

Die Kristallstruktur eines Oligonucleosoms gab wichtige Einblicke in die Anordnung der Nucleosomen in der 30-nm-Faser. Die 30-nm-Faser ist demnach eine Zick-Zack-Anordnung der Nucleosomen. Ein Kennzeichen ist, dass die Linker-DNA zwischen den Nucleosomen gerade gestreckt ist und die 30-nm-Faser sozusagen aus zwei Nucleosomensäulen besteht (▶ Abb. 7.14 ③). Neueste Untersuchungen werfen jedoch die Frage auf, ob dicht gepacktes Chromatin im Zellkern tatsächlich als 30-nm-Faser vorliegt oder eher ungeordnet.

Die 30-nm-Fasern sind im Zellkern in mehreren Tausend Schleifen organisiert. Experimente lassen den Schluss zu, dass jede Schleife DNA-Abschnitte mit einer Länge von etwa 50–100 kb umfasst (▶ Abb. 7.14 ④). Die Chromatinschleifen werden durch weitere Proteinkomplexe (z. B. Condensin und Cohesin) in kondensiertes Chromatin der Chromosomen verpackt (▶ Abb. 7.14 ⑥).

Die Struktur und die Anordnung des Chromatins gewährleisten eine dichte Verpackung des Genoms im Zellkern, wie man es sich an einfachen Zahlenverhältnissen deutlich machen kann:
- 1 mm einer proteinfreien DNA in Lösung besteht aus etwa 3 Millionen Basenpaaren,
- 1 mm einer 10-nm-Faser enthält DNA mit einer Gesamtlänge von 20 Millionen Basenpaaren und
- 1 mm einer 30-nm-Faser enthält DNA von etwa 120 Millionen Basenpaaren.

Man sagt, das Verpackungsverhältnis der 10-nm-Faser beträgt 6–7 und das der 30-nm-Faser ungefähr 40. Ein noch höheres Verpackungsverhältnis wird durch die Schleifenbildung des Chromatins erreicht (▶ Abb. 7.14). Die extremste Packung der DNA ($> 10^4$) und die extremste Verdichtung von Chromatin entstehen bei der Kondensation der Chromosomen im Verlauf der Mitose.

Merke

Histon H1 ist für die Verdichtung der DNA zur 30-nm-Faser wichtig. Die **30-nm-Faser** kann durch Bildung von **Chromatinschleifen** an einem Proteingerüst und dieses schließlich mithilfe von weiteren Proteinkomplexen weiter kondensieren.

Abb. 7.13 Bindung von Histon H1 an die DNA. (nach Alberts B, Johnson A, Lewis J et al (2007) Molecular Biology of the Cell. 5. Aufl. Garland Science, NY)

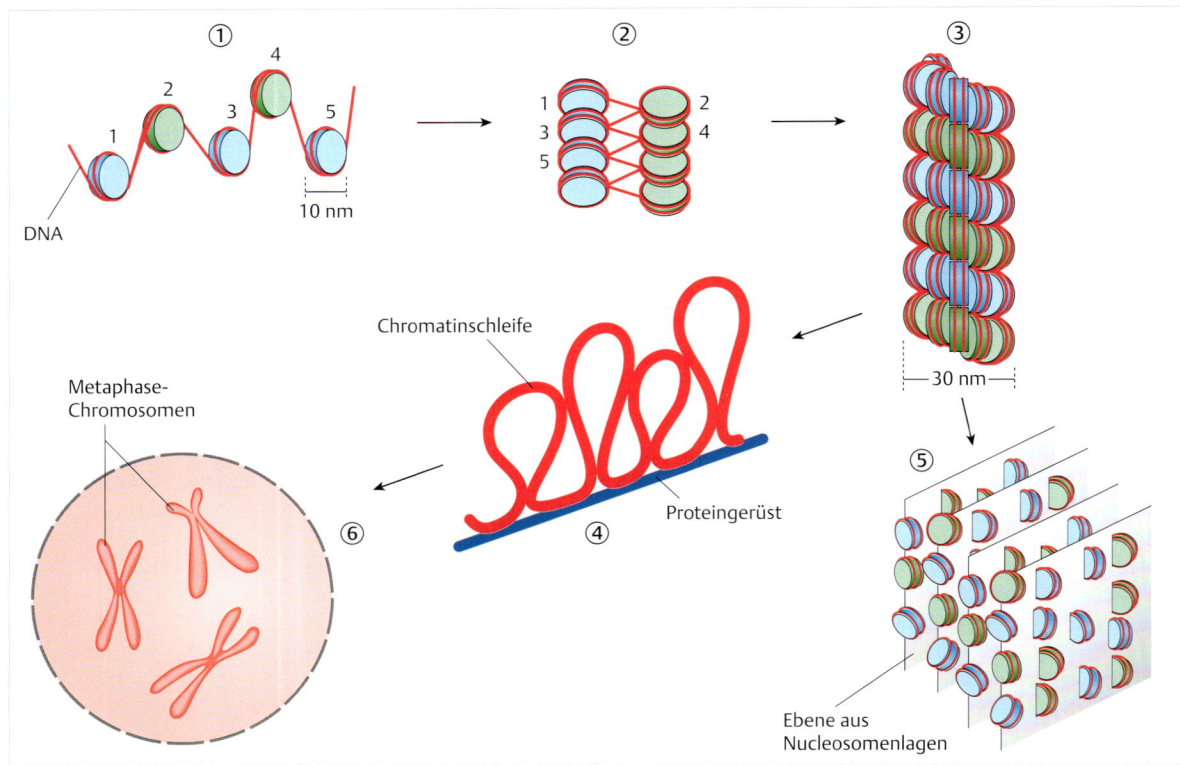

①

④ 3 5

② 1 3 5 2 4

③

10 nm

30 nm

DNA

Chromatinschleife

Metaphase-Chromosomen

Proteingerüst

⑥ ④ ⑤

Ebene aus Nucleosomenlagen

Abb. 7.14 Die Ebenen der Organisation des Chromatins in der Zelle. Weitere Erläuterungen s. Text. (nach Sajan SA, Hawkins RD (2012) Methods for identifying higher-order chromatin structure. Annu Rev Genomics Hum Genet 13: 59–82)

7.4 Chromosomen

Das Chromatin wird während der Mitose in dicht gepackte Chromosomen überführt. Im Kap. 9 werden die wichtigen Einzelschritte im Detail beschrieben. Hier soll die Bemerkung genügen, dass die Überführung in die dichte Packung der Chromosomen während der **Metaphase** abgeschlossen ist. Darum hält man den Ablauf der Mitose in der Metaphase an, wenn Zahl, Form und Struktur von Chromosomen untersucht werden sollen. Ein wichtiges Hilfsmittel dafür ist das pflanzliche Alkaloid **Colchicin** oder seine Derivate. Auch die Substanzen Nocodazol oder Taxol kommen zum Einsatz (s. Plus 9.1 (S. 202)).

Colchicin, Nocodazol und Taxol lagern sich an die β-Untereinheiten von Tubulin und verändern die dynamischen Eigenschaften der Mikrotubuli. Colchicin und Nocodazol depolymerisieren die Mikrotubuli, während Taxol die Mikrotubuli stabilisiert. In allen drei Fällen bleiben die Zellen in der Mitose gefangen.

Nach geeigneter Färbung lassen sich dann die Metaphasechromosomen gut mit dem Lichtmikroskop betrachten (daher der Name: Chromosom stammt von *chroma*, griech. Farbe, und heißt wörtlich so viel wie „Farbkörper").

Wichtige grundlegende Ergebnisse der Chromosomenforschung können in einigen Merksätzen zusammengefasst werden:

- **Anzahl der Chromosomen:** Organismen einer gegebenen Art haben im Allgemeinen dieselbe Anzahl an Chromosomen. Unterschiedliche Arten haben hingegen verschiedene Chromosomensätze. Die ▶ Tab. 7.2 gibt einige Beispiele. Es gibt keinen Zusammenhang zwischen der Anzahl der Chromosomen und der Komplexität des Genoms. Beispielsweise haben alle Säugetiere mit etwa 6×10^9 bp gleich viel DNA pro Zelle, aber die Zahl der Chromosomen ist von Spezies zu Spezies verschieden.
- **Paarweise Zuordnung von Chromosomen:** In den Körperzellen (Soma-Zellen) der meisten Organismen kommen Chromosomen paarweise vor. Fast jedes Chromosom hat ein identisch aussehendes Partnerchromosom. Man sagt: Körperzellen enthalten einen **diploiden Chromosomensatz**. Diese Eigentümlichkeit ist die Grundlage für die wichtigsten Regelmäßigkeiten der Erbgänge der Eukaryoten. Wir werden darauf noch zurückkommen, wenn über die Reduktion des diploiden auf den einfachen, haploiden, Chromosomensatz bei der Meiose (S. 215) berichtet wird.
- **Unterschiede im Chromosomensatz bei Geschlechtern:** Bei den meisten Arten wird das Geschlecht eines bestimmten Organismus durch Chromosomen be-

7

Tab. 7.2 Chromosomensätze verschiedener Spezies.

Spezies	Zahl der Chromosomen (diploider Satz)
Hefe	32
Korbblütler	4
Mais	20
Reis	24
Weizen	42
Tabak	48
Farn-Arten	>600
Drosophila	8
Hausfliege	12
Ameise	48
Frosch	26
Karpfen	104
Hund	38
Katze	64
Maus	40
Ratte	42
Rind	60
Rhesusaffe	42
Mensch	46

Tab. 7.3 Geschlechtschromosomen.

Spezies	Männchen	Weibchen
Säugetiere	XY	XX
Vögel	ZZ	WZ
Reptilien	ZZ	WZ
Amphibien		
Xenopus laevis	ZZ	WZ
Rana temporaria	XY	XX
Lepidoptera	ZZ	WZ
Diptera		
Drosophila	XY	XX
Orthoptera		
Locusta migratoria	X	XX

stimmt (genotypische Geschlechtbestimmung). Die Männchen fast aller Säugetiere, einiger Reptilien und der meisten Fliegen und Mücken haben ein geschlechtsspezifisches Y-Chromosom neben einem X-Chromosom. Die Weibchen der genannten Arten haben zwei X-Chromosomen als geschlechtsbestimmende Chromosomen. Bei manchen Fisch- und Amphibienarten sowie bei Vögeln ist es umgekehrt: Die Weibchen sind **heterogametisch**, d. h. sie haben zwei verschiedene Geschlechtschromosomen, die man hier Z und W nennt, während die Männchen **homogametisch** sind und zwei Z-Chromosomen haben.

- Geschlechtsbestimmend kann auch das Vorhandensein oder Fehlen eines Geschlechtschromosoms sein. Zum Beispiel haben Heuschreckenmännchen ein, die Weibchen aber zwei X-Chromosomen.

Die ▶ Tab. 7.3 gibt einen Eindruck von der Vielfalt.

Nicht überall im Tierreich wird das Geschlecht durch die Chromosomen festgelegt. Bei manchen Würmern bestimmt z. B. die Körpergröße das Geschlecht, bei manchen Insekten und Reptilien die Temperatur. Man spricht in diesen Fällen von **phänotypischer Geschlechtsbestimmung**.

Als Besonderheit soll noch erwähnt werden, dass bei staatenbildenden Insekten alle diploiden Organismen weiblich sind. Sie stammen aus befruchtenden Eiern, während die Männchen sich hier aus parthenogenetisch aktivierten Eiern entwickeln und dementsprechend haploid sind.

7.4.1 Chromosomen des Menschen

Die 46 Chromosomen des Menschen lassen sich durch ihre Größe, die Lage des Centromers (s. Kap. 9 (S.199)) und ein spezifisches Bandenmuster voneinander unterscheiden (▶ Abb. 7.15). Ihre Untersuchung ist ein wichtiger Teil der Humangenetik, weil Abweichungen von der normalen Anzahl oder Struktur der Chromosomen oft die Grundlage menschlicher Krankheiten sind (▶ Tab. 7.4).

Definition

Unter einem **Karyotyp** versteht man die Gesamtheit aller Chromosomen eines Individuums.

Ein **Karyogramm** ist die grafische Darstellung oder Bezeichnung des Karyotyps.

Während der beginnenden Kondensation der menschlichen Chromosomen kann man insgesamt über 1000 helle und dunkle **Banden** erkennen. In den dicht gepackten Metaphasenchromosomen findet man noch ungefähr 300 Banden. Die genaue Untersuchung der Chromosomenbanden ist für viele humangenetische Fragestellungen von großem Wert. Allerdings muss man dabei bedenken, dass selbst die kleinsten sichtbaren Chromosomenbanden noch DNA-Abschnitte von mehr als 1 Million Basenpaaren mit mehreren Genen enthalten. Deswegen gibt eine Orientierung am menschlichen Karyotyp nur einen ersten und groben Eindruck von der Anordnung von Genen im menschlichen Genom.

Farbstoffe wie **Giemsa** und **Quinacrin** geben ein sehr ähnliches **Bandenmuster**: Dunkle G- oder Q-Banden sind von helleren Zwischenbanden getrennt (▶ Abb. 7.15). Experimente zeigen, dass ultraviolettes Licht die Fluoreszenz von DNA-gebundenem Quinacrin induziert, wenn es sich in AT-reichen Sequenzen befindet. Aufgrund dieser Experimente schließt man, dass G- oder Q-Banden DNA-Abschnitte mit überdurchschnittlich vielen AT-Basenpaaren enthalten.

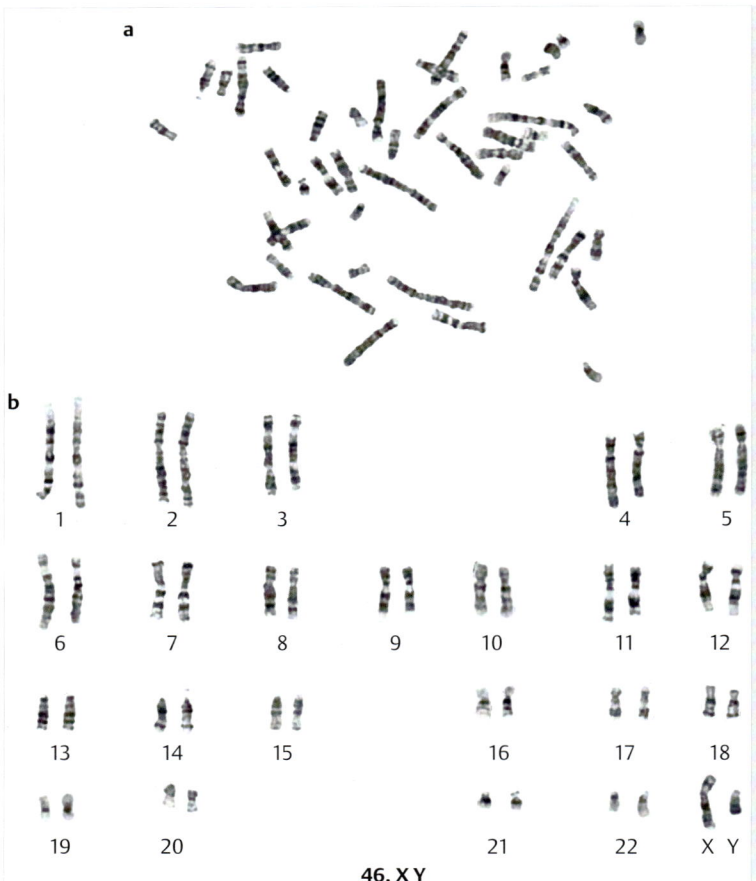

Abb. 7.15 Chromosomen des Menschen.
a Metaphasechromosomen eines Mannes (G-Banden).
b Karyogramm: Ordnung der Chromosomen nach ihrer Größe, der Lage des Centromers und dem Bandenmuster. Man findet einen gut geschriebenen Rückblick auf die Geschichte der medizinischen Chromosomenforschung in Trask (2002) [4]. (Aufnahme: H. Hameister, Medizinische Genetik, Universität Ulm)

46, X Y

Tab. 7.4 Trisomien beim Menschen.

	Trisomie 13	Trisomie 18	Trisomie 21 (Down-Syndrom)
Häufigkeit	1/8 000	1/5 000	1/500–1000
mittlere Lebenserwartung des Neugeborenen	1–4 Monate	2–3 Monate	reduziert
Defekte	Missbildungen des Schädels, des Herzens und der Nieren	schwere Missbildungen	u. a.: charakteristische Deformation der Kopfform (rundes flaches Gesicht, schräge Lidspalten u. a.), oft Herzfehlbildungen
Karyotyp	47,XX + 13 47,XY + 13	47,XX + 18 47,XY + 18	47,XX + 21 47,XY + 21

Heutzutage gibt es jedoch Methoden, die die bessere Auflösung der Chromosomenstruktur erlauben. Die **Fluoreszenz-*in situ*-Hybridisierung (*chromosome painting*)** ist eine Technik, mit der man mittels fluoreszierender DNA-Sonden, welche mit der chromosomalen DNA hybridisieren, unterschiedliche DNA-Bereiche der 23 paternalen und maternalen Chromosomen anfärben kann (▸ Abb. 7.16).

Effiziente und kostengünstige **Sequenzierungsmethoden** (S.536) erlauben es, nicht nur die DNA-Sequenzen von einzelnen Menschen zu bestimmen, sondern auch die DNA-Sequenzen der Zellen in speziellen Geweben, etwa aus Krebsgewebe. Mittels dieser Methoden lassen sich Veränderungen an Chromosomen feststellen, die vorher ganz unbekannt waren. Ein Beispiel für ein genetisches Phänomen, das sich mithilfe der Sequenzierung von DNA aus Krebszellen feststellen lässt, ist die **Chromothripsis** [5]. Bei der Chromothripsis kommt es zu einer Vielzahl von DNA-Umlagerungen innerhalb nur eines oder nur weniger Chromosomen. Die molekulare Ursache für Chromothripsis ist bisher unklar, steht aber im Zusammenhang mit der Entstehung bestimmter Arten der

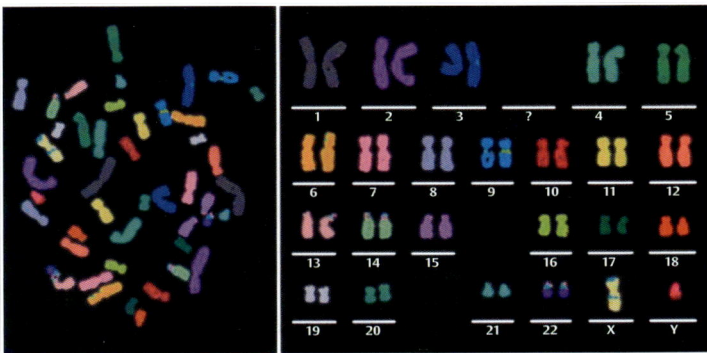

Abb. 7.16 Vorgehensweise zur Karyotypisierung des Chromosomensatzes eines Mannes. Die Chromosomen wurden durch Fluoreszenz-*in situ*-Hybridisierung (*chromosome painting*) sichtbar gemacht. (M. Speicher, Institut für Humangenetik, TU München (entsprechend Speicher MR, Ballard SG, Ward DC (1996) Karyotyping human chromosomes by combinatorial multi-fluor FISH. Nat Genet 12: 368–375)

Krebserkrankung. In 2–3 % aller Tumoren wurde Chromothripsis festgestellt. Das Ausmaß der Chromothripsis ist besonders hoch bei Leukämie und bei Knochenmarkkrebs.

Chromosomensätze

Es gibt monoploide (1n), diploide (2n), triploide (3n), tetraploide (4n), pentaploide (5n) Organismen. Die Bäckerhefe kann sich als haploide, diploide, tetraploide oder polyploide Zelle vermehren.

Merke

Es gibt einen Unterschied zwischen triploiden und trisomischen Organismen:
Triploidie bedeutet, dass drei Kopien von jedem Chromosom vorkommen. **Trisomie** dagegen bedeutet, dass drei Kopien eines gegebenen Chromosoms vorkommen, während alle anderen Chromosomen die normale Häufigkeit aufweisen.

Die meisten multizellulären Organismen sind diploid. Der Karyotyp der ▶ Abb. 7.15 demonstriert deutlich das paarweise Vorkommen der Chromsomen. Mit Recht kann man daher auf eine zweifache Ausführung der genetischen Information schließen. Der Verlust eines Chromosomes oder auch nur Teile eines Chromosoms hat Konsequenzen. Das Fehlen eines Nicht-Geschlechtschromosoms (Autosom) verursacht schwere Störungen der Embryonalentwicklung. Überraschend ist die Tatsache,

dass auch ein Zuviel an Chromosomen zu Entwicklungsstörungen beim Menschen führt.

Menschliche Embryonen mit einem dreifachen Chromosomensatz (Triploide) sterben meist schon in einer frühen Phase ihrer Entwicklung. Selbst das dreifache Vorkommen eines einzelnen Chromosoms (Trisomie) verursacht beim Menschen meist den Tod des betroffenen Embryos in den ersten Monaten seiner Entwicklung. Nur wenige Embryonen mit einer Trisomie überleben bis zum Ende der Schwangerschaft. Dazu gehören die Trisomien der Chromosomen 13, 18 und 21 (es handelt sich hierbei um die kleinen Chromosomen; ▶ Tab. 7.4). Doch auch hier leiden die betroffenen Neugeborenen unter schweren Entwicklungsanomalien, die unter anderem eine geringere Lebenserwartung zur Folge haben.

Veränderungen in der **Zahl der Geschlechtschromosomen** haben weniger tief greifende Folgen für die Entwicklung. Menschen mit nur einem X-Chromosom oder mit drei X-Chromosomen haben eine normale Lebenserwartung. Doch verursachen eine Monosomie des X-Chromosoms oder andere Anomalien der Geschlechtschromosomen deutliche klinische Symptome (▶ Tab. 7.5). Eine genauere Beschreibung der Verhältnisse findet man in den Lehrbüchern der medizinischen Genetik, aber wir möchten hier noch auf eine Folgerung hinweisen, die aus der ▶ Tab. 7.5 abgeleitet werden kann.

Menschen mit nur einem X-Chromosom (Turner-Syndrom; Karyotyp: 45,X0) sind weiblich, und Menschen mit zwei X-Chromosomen und einem Y-Chromosom (Klinefelter-Syndrom; Karyotpy: 47,XXY) sind männlich. Daraus folgt, dass beim Menschen (und bei Säugetieren überhaupt) das Vorhandensein eines Y-Chromosoms die Entwicklung in Richtung „männlich" leitet. Das ist nicht

Tab. 7.5 Anomalien von Geschlechtschromosomen.

Karyotyp	klinische Bezeichnung	Häufigkeit	Symptome
45,X0	Turner-Syndrom	1/3 000	Kleinwuchs, unterentwickelte Ovarien, Unfruchtbarkeit (S. 466)
47,XXX	–	1/1000	meist unauffällig
47,XXY	Klinefelter-Syndrom	1/1000	Unterentwicklung der Geschlechtsmerkmale
49,XXXXY	Klinefelter-Syndrom	sehr selten	fehlende Spermiogenese mit entsprechender Unfruchtbarkeit und andere Symptome
47,XYY	–	1/100	Hochwuchs, sonst meist klinisch unauffällig

selbstverständlich, denn bei anderen Arten, wie etwa bei der Fruchtfliege *Drosophila melanogaster*, wird der Phänotyp durch die Anzahl der X-Chromosomen bestimmt: Tiere mit zwei X-Chromosomen sind weiblich, und Tiere mit nur einem X-Chromosom sind männlich. Allerdings sind diese Männchen unfruchtbar, weil sich die genetische Information zur Ausbildung der Spermien auf dem Y-Chromosom befindet.

Merke

Als **Kurzbezeichnung des menschlichen Karyotyps** wurde folgendes Verfahren eingeführt:

Die Gesamtzahl der Chromosomen wird notiert und nach einem Komma noch zusätzlich die Geschlechtschromosomen. Veränderungen der Chromosomenkonstitution werden dann gesondert angegeben. Der normale Karyotyp einer Frau wäre in dieser Schreibweise 46, XX und der eines Mannes 46,XY.

Auch in **Körperzellen** können Chromosomen in ungewöhnlichen Zahlen vorkommen. Beispielsweise ist ein Teil der Leberzellen (Hepatocyten) tetraploid mit 92 (4n) statt der normalen Zahl von 46 Chromosomen (2n). Diese 4n-Zellen entstehen durch **Endomitose**. Bei der Endomitose folgt auf die Phase der DNA-Replikation (S-Phase) (S. 201) keine Mitose, was zur Verdopplung der Chromosomenzahl führt. Die Endomitose wird häufig bei funktionell beanspruchten Zellen in der Leber und im Knochenmark (**Megakaryocyten**) beobachtet. Die zunehmende Erbgutmenge vergrößert die Fähigkeit der Zelle für die Proteinsynthese.

Pluripotente Stammzellen im Knochenmark werden durch mitotische Teilung zu **Megakaryoblasten**. Sie verfügen nicht mehr über die Fähigkeit, sich zu teilen, können aber weiterhin ihre DNA durch Endomitose vermehren. Nach mehreren dieser Endomitosen sind die Zellen polyploid und enthalten bis zu 64 vollständige Chromosomensätze (64n).

Während eine Veränderung des Karyotyps bei der Embryonalentwicklung meist letal ist, sind somatische Zellen mit veränderten Chromosomenzahlen häufig lebensfähig. Hier spricht man von **Aneuploidie**: Im Unterschied zur Euploidie, dem Vorliegen eines normalen Chromosomensatzes, weicht bei einem aneuploiden Karyotyp die Zahl einzelner Chromosomen von der normalen Anzahl ab. Aneuploidie tritt z. B. in Krebszellen auf, wenn DNA-Replikation, Mitose oder Cytokinese (S. 214) fehlerhaft ablaufen. Aneuploide Zellen zeichnen sich durch eine reduzierte Fitness aus. Dies ist überraschend, weil sich Krebszellen durch aggressives Zellwachstum auszeichnen. Mutationen in bestimmten Genen, die als **Proto-Onkogene** (S. 339) bezeichnet werden, tragen zu dieser verbesserten Fitness bei.

7.4.2 Polytäne Chromosomen

In speziellen Zellen mancher Organismen kommen unter Umständen Abweichungen vom allgemeinen Mitoseschema vor. Eine dieser Abweichungen hatte eine besonders wichtige Bedeutung in der Geschichte der Genetik: die Polytänisierung oder die Bildung sogenannter **Riesenchromosomen (polytäne Chromosomen)** (▸ Abb. 7.17).

Polytäne Chromosomen entstehen, wenn nach der Phase der DNA-Replikation keine Mitose erfolgt, es handelt sich also um eine **Form der Endomitose**. Die normale Verdichtung der Chromatinfäden unterbleibt. Chromatiden trennen sich nicht, sondern legen sich eng gepaart aneinander. Das gilt auch für Chromatiden von homologen Chromosomen. Beispielsweise bilden Zellen mit acht Chromosomen (vier Chromosomenpaaren) vier Riesenchromosomen. Die Polytänisierung geht oft mit zehn oder mehr Replikationsrunden einher, sodass „Kabel" von 1000–2000 identisch ausgestreckten Chromatinfäden entstehen.

Am besten untersucht sind die polytänen Chromosomen in den Zellen der Speicheldrüse von Insektenlarven (Fliegen, Mücken und andere Insekten). Doch findet man polytäne Chromosomen auch in anderen Organen dieser Tiere und vereinzelt auch bei anderen Tier- und Pflanzenarten.

Die experimentelle Bedeutung der polytänen Chromosomen wird bei der mikroskopischen Untersuchung deutlich, denn bei der geeigneten Färbung werden Bandenmuster sichtbar (▸ Abb. 7.17). Diese Bandenmuster sind Ausdruck der genauen Paarung von vielen nebeneinanderliegenden ausgestreckten Chromatinfäden. Dunklere Banden und hellere Zwischenbanden bilden ein Muster, das für eine gegebene Art charakteristisch ist. Die regelmäßige Anordnung der Banden ermöglicht eine Orientierung auf dem Genom der betreffenden Organismen.

Vor allem kann man mit dem Mikroskop eindrucksvoll die Aktivität von Genen beobachten. Dabei erkennt man Banden, die aufgelockert erscheinen, weil die einzelnen Chromatinfäden dort nicht eng gepackt liegen, sondern sich gleichsam aus der Verpackung herausrollen. Diese Stellen nennt man **Balbiani-Ringe** oder – nach dem englischen Wort für Wattebausch – **Puffs**. Puffs sind Orte intensiver RNA-Synthese. Dementsprechend kommen in verschiedenen Geweben die Puffs an unterschiedlichen Stellen der Riesenchromosomen vor, weil jeweils andere, zelltypspezifische Gene aktiviert werden.

Früher war die Untersuchung von Puffs für die Forschung von großem Interesse, aber heute gibt es andere und viel genauere Möglichkeiten, die Transkription von Genen zu verfolgen. Mittels der Chromatin-Immunpräzipitation (ChIP-Analyse) (S. 501) lassen sich die Veränderungen der Chromatinstruktur und die Bindung der RNA-Polymerase II in aktiv transkribiertem Chromatin genau untersuchen.

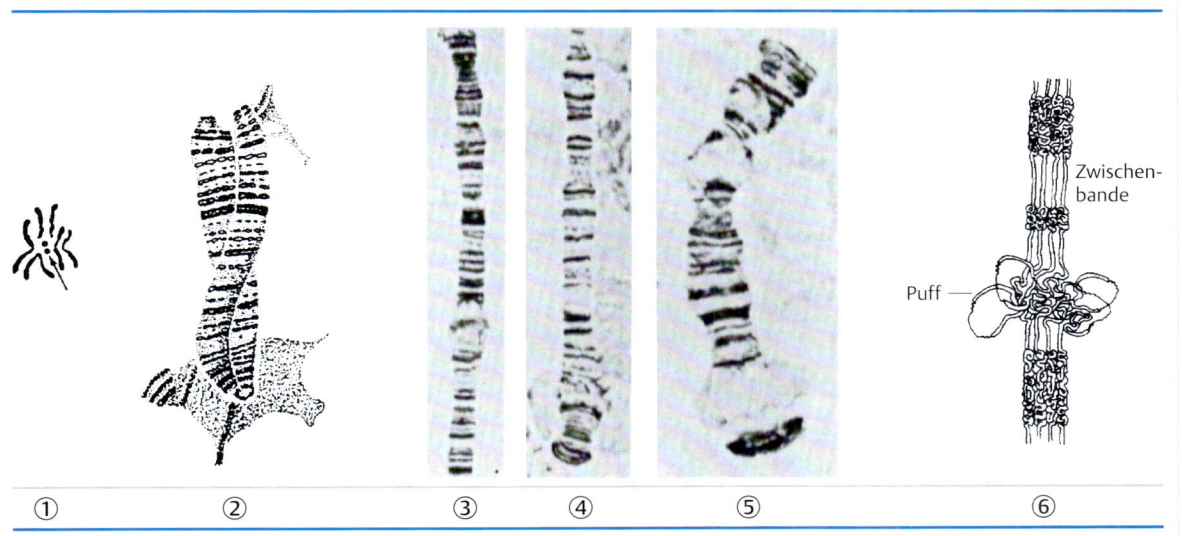

Abb. 7.17 Polytäne Chromosomen. ① Normale mitotische Chromosomen einer weiblichen *Drosophila melanogaster*. Der Pfeil weist auf das kleinste Chromosom 4. ② Als Vergleich in der gleichen Vergrößerung: das Chromosom 4 als Riesenchromosom in der Speicheldrüse von *Drosophila*-Larven. ③–⑤ Mikroskopische Aufnahmen von geeignet gefärbten Riesenchromosomen in Insektenlarven. Die Banden und Zwischenbanden sowie die aufgelockerten Balbiani-Ringe (Puffs) sind gut zu erkennen (K. Hägele, Bochum). ⑥ Modell eines Balbiani-Rings. (nach Strickberger MW (1976) Genetics. 2. Aufl. McMillan, NY)

7

Literatur

▶ **Zitierte Literatur**

[1] Schreiber KH, Kennedy BK (2013) When lamins go bad: nuclear structure and disease. Cell 152: 1365–1375

[2] Kurumizaka H, Horikoshi N, Tachiwana H, Kagawa W (2013) Current progress on structural studies of nucleosomes containing histone H3 variants. Curr Opin Struct Biol 23: 109–115

[3] Allis CD, Jenuwein T, Reinberg D (2007) Epigenetics. Cold Spring Harbor Laboratory Press, Cold Spring Harbor, NY

[4] Trask BJ (2002) Human cytogenetics: 46 chromosomes, 46 years, and counting. Nat Rev Genet 3: 769–778

[5] Jones MJ, Jallepalli PV (2012) Chromothripsis: chromosomes in crisis. Dev Cell 23: 908–917

▶ **Weiterführende Literatur**

[6] Hetzer MW, Walther TC, Mattaj IW (2005) Pushing the nuclear envelope: structure, function, and dynamic of the nuclear periphery. Annu Rev Cell Dev Biol 21: 347–380

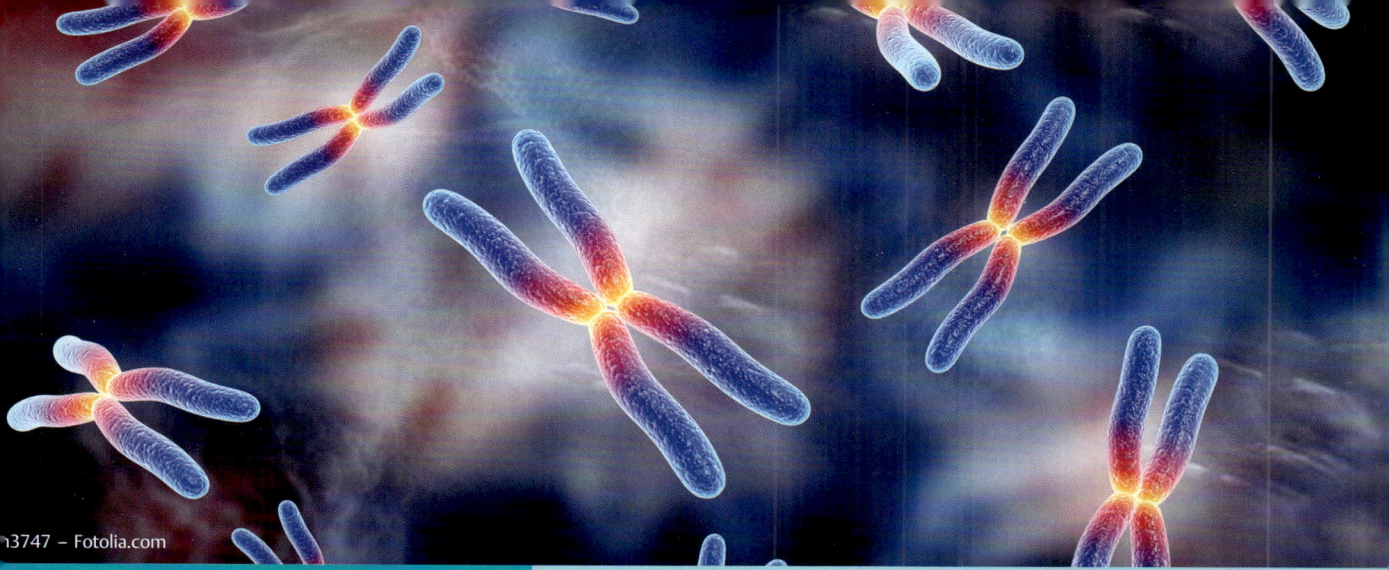

…3747 – Fotolia.com

Teil 2
Molekulare Dynamik
chromosomaler DNA

Kapitel 8

DNA-Replikation: Verdopplung der genetischen Information

8 DNA-Replikation: Verdopplung der genetischen Information

Peter Dröge

8.1 Einleitung

Eine entscheidende Voraussetzung für das Leben auf der Erde ist die Weitergabe genetischer Information von einer Elternzelle oder parentalen Zelle auf Nachkommenzellen. Diese Form der Informationsübertragung erfordert zunächst eine vollständige Verdopplung des elterlichen Genoms. In diesem Kapitel wird dieser zentrale genetische Prozess, die **DNA-Replikation**, ausführlich vorgestellt.

Im Kap. 8.2 beginnen wir mit einer Einführung in die molekularen Grundlagen der DNA-Replikation. Es wird gezeigt, dass die biochemischen und biophysikalischen Eigenschaften der beteiligten Moleküle bestimmte Replikationsmechanismen bedingen. So findet z. B. die DNA-Synthese durch DNA-Polymerasen immer in 5'-3'-Richtung statt. Die antiparallele Orientierung der beiden elterlichen DNA-Stränge in der Doppelhelix führt dann dazu, dass genomische DNA semikonservativ und diskontinuierlich repliziert wird. Neben den Hauptakteuren, den DNA-Polymerasen, die die eigentliche DNA-Synthese ausführen, stellen wir andere wichtige Komponenten vor, die z. B. den elterlichen Doppelstrang entwinden oder neue DNA-Stränge kovalent verknüpfen. Ohne diese ist eine vollständige Replikation eines Genoms nicht möglich.

Im Kap. 8.3 werden wir uns im Detail mit der genomischen Replikation in prokaryotischen Zellen beschäftigen. Wir konzentrieren uns auf das Bakterium *Escherichia coli* als Modellsystem und werden sehen, dass der Kopierprozess von molekularen Maschinen, den Replisomen, ausgeführt wird. Zusammengesetzt werden Replisome in streng kontrollierter Weise an definierten Stellen in einem Genom während der Einleitungsphase (**Initiation**). Dieser Vorgang markiert den Beginn einer Replikationsrunde. Replikationsgabeln wandern anschließend während der Verlängerungsphase (**Elongation**) entlang der elterlichen DNA-Stränge, bevor sie im Laufe der Abschlussphase (**Termination**) aufeinandertreffen. In diesem Teil des Kapitels werden wir uns auch ausführlicher mit DNA-topologischen Problemen und deren Lösungen auseinandersetzen, da diese sowohl in prokaryotischen als auch in eukaryotischen Zellen von Relevanz sind.

Im Kap. 8.4 werden wir einige Besonderheiten während der drei erwähnten Replikationsphasen in eukaryotischen Zellen hervorheben. Dazu gehört auch, dass die Organisation der genomischen DNA in Chromatin kurzzeitig aufgelöst werden muss, um anschließend – mit neuen Bausteinen vermischt – wiederhergestellt zu werden. Des Weiteren werden wir beschreiben, wie eukaryo-tische Zellen ein besonderes Problem hinsichtlich der Replikation der Enden ihrer linearen Chromosomen lösen.

Wir werden uns in diesem Kapitel ausschließlich auf die genomische Replikation konzentrieren. Extrachromosomale Replikation, wie sie z. B. in Mitochondrien, in Chloroplasten oder während der Konjugation in Bakterien erfolgt, wird an anderer Stelle erwähnt. Die Replikation viraler DNA wird in diesem Buch nicht besprochen.

8.2 Molekulare Grundlagen der Replikation

Das von James Watson und Francis H. C. Crick 1953 entwickelte Modell der DNA-Doppelhelix führte direkt zur Vorhersage des Mechanismus ihrer Verdopplung. Die beiden Stränge der elterlichen (parentalen) DNA trennen sich durch eine Entwindung der Doppelhelix. Dabei entsteht eine gabelförmige Struktur mit einem doppelsträngigen DNA-Stamm und zwei zunächst einzelsträngigen DNA-Zweigen (▶ Abb. 8.1). Die Nucleotidfolgen jedes Einzelstrangzweiges dienen dann als Matrize zur Synthese von komplementären Polynucleotidsträngen. So entste-

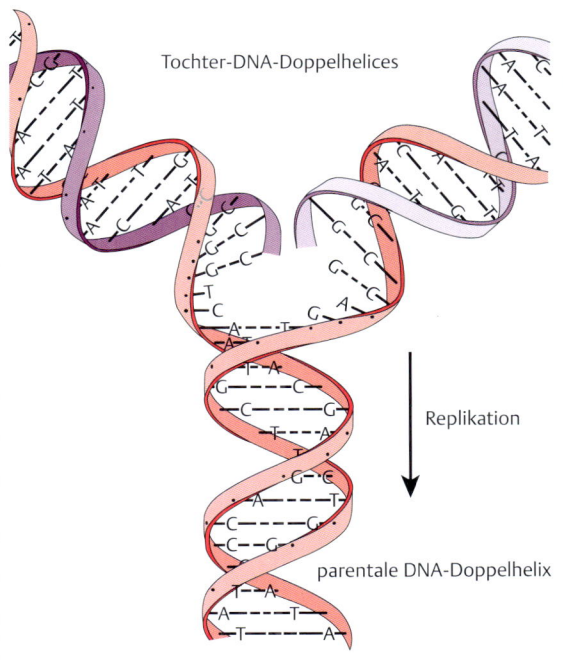

Abb. 8.1 **Semikonservative DNA-Replikation.** Erläuterungen s. Text.

hen zwei Nachkommen-DNA-Moleküle (Tochter-DNA-Stränge) mit den Nucleotidsequenzen des parentalen Doppelstranges. Diesen Vorgang bezeichnet man als **semikonservative Replikation**. Man spricht von „semi"- also „halb"-konservativ, weil die komplementären Einzelstrangkomponenten der parentalen DNA erhalten bleiben, aber nicht deren Doppelstrangnatur. Jeweils einer der beiden ursprünglichen Komplementärstrangpartner wird an die Nachkommenmoleküle weitergegeben.

8.2.1 Erste Hinweise auf semikonservative Replikation

In der Anfangszeit der Molekularbiologie wurden neben dem semikonservativen Mechanismus zwei weitere Replikationsstrategien in Erwägung gezogen: die dispersive und die konservative Replikation. Es waren **Matthew Meselson** und **Franklin W. Stahl**, die dann im Jahr 1958 als Erste überzeugend zeigen konnten, dass DNA nach dem Schema der semikonservativen Replikation vermehrt wird. Ihre Arbeit gehört zu den klassischen Experimenten in der Geschichte der Biologie (Schlüsselexperiment 8.1).

Der Vorgang der semikonservativen Replikation nach dem Schema der ▶ Abb. 9.3 erfordert **zwei grundlegende Reaktionen**:

- Eine Entwindung des parentalen DNA-Stranges, wodurch dem DNA-Synthese-Apparat die Nucleotidfolgen als Matrizen zur Kopie bereitgestellt werden.
- Eine Synthese von neuen DNA-Strängen, die komplementär zu den Matrizensträngen sind.

Wir werden im Laufe des Kapitels sehen, dass einige Dutzend verschiedener Proteine für die Replikation der DNA notwendig sind. Von besonderer Bedeutung sind die DNA-Polymerasen, die für die Synthese der neuen DNA-Stränge verantwortlich sind.

Schlüsselexperiment 8.1

Nachweis semikonservativer DNA-Replikation
Die beiden Forscher **Matthew Meselson** und **Franklin W. Stahl** vermehrten Bakterien in einem Medium, das sich durch eine Besonderheit vom üblichen Minimalmedium unterschied: Es enthielt stickstoffhaltige Salze mit dem **schweren Stickstoffisotop ^{15}N**. Bakterien unterscheiden nicht zwischen dem leichten $^{14}NH_4Cl$ und dem schweren $^{15}NH_4Cl$ und bauen den schweren Stickstoff in alle Bestandteile der Zelle ein, u. a. auch in ihre DNA. Wie kann man zwischen der schweren und der leichten DNA unterscheiden? Dazu entwickelten Meselson und Stahl gemeinsam mit Jerome Vinograd das Verfahren der **CsCl-Gleichgewichtszentrifugation**, seitdem eine Standardmethode in den molekularbiologischen Labors (S. 44).

Bakterienzellen wurden zuerst in schwerem Medium kultiviert und dann in leichtes, ^{14}N-haltiges Medium überführt. Vor und nach dem Mediumwechsel wurde die DNA aus einem Teil der Bakterien isoliert und im CsCl-Gleichgewichtsgradienten analysiert. Die ^{15}N-DNA hat eine höhere Auftriebsdichte als die ^{14}N-DNA, sodass sich das Schicksal der DNA-Stränge während des Übergangs vom schweren in das leichte Medium verfolgen lässt. Das Ergebnis zeigt die ▶ Abb. 9.3: Die parentale ^{15}N-DNA der ersten Generation sammelt sich im Gradienten an einer bestimmten Position („schwer"). Nach einer Generation im ^{14}N-Medium wird aus der schweren DNA eine „halbschwere" DNA mit einem alten Strang aus ^{15}N-Nucleotiden und einem neuen Strang aus ^{14}N-Nucleotiden. Diese halbschwere DNA sammelt sich an einer Position des Gradienten an, die geringere Dichte besitzt. Nach der zweiten Generation erscheint – neben der halbschweren DNA – eine vollständig leichte DNA. Nach der dritten Generation nimmt der Anteil der leichten DNA zu und der der halbschweren DNA ab (hier nicht dargestellt).

Dieses Ergebnis steht im Einklang mit dem **semikonservativen Mechanismus der Replikation** und schließt die anderen Modelle der **konservativen Replikation** (die parentale DNA bleibt als Doppelstrang erhalten) und **dispersiven Replikation** (die parentale DNA wird zerstückelt und mit neuer DNA verknüpft) aus. Es muss an dieser Stelle erwähnt werden, dass andere Wissenschaftler bereits ein Jahr vor Meselson und Stahl einen deutlichen Hinweis auf semikonservative Replikation geliefert hatten. Das Experiment war an Pflanzenzellen durchgeführt worden, und weil man noch wenig vom Aufbau der Chromosomen wusste, war die Interpretation nicht eindeutig.

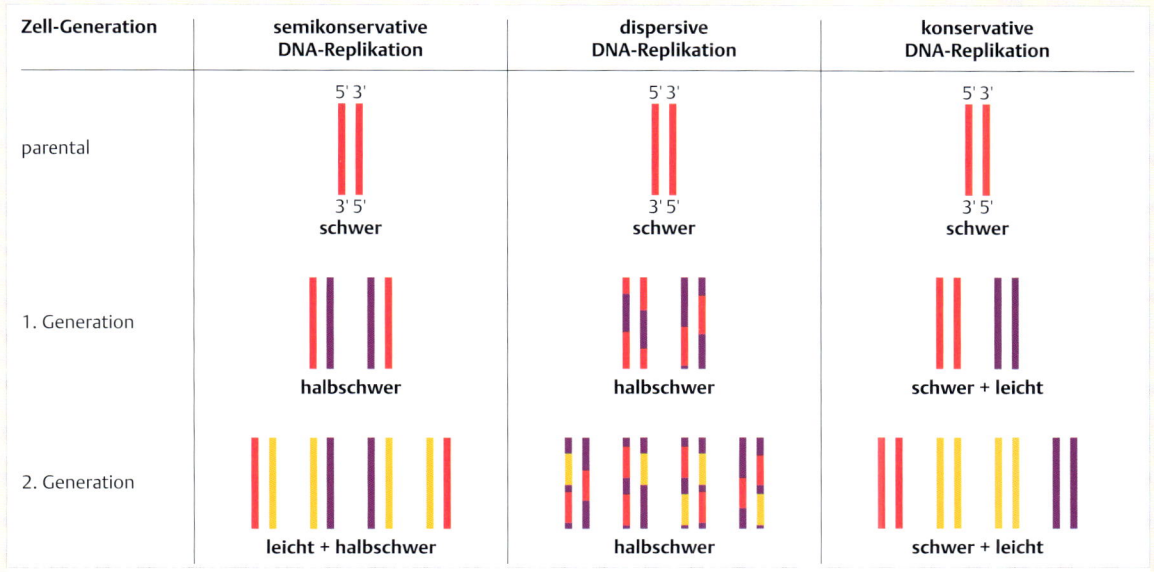

Zell-Generation	semikonservative DNA-Replikation		dispersive DNA-Replikation		konservative DNA-Replikation	
parental	5' 3' 3' 5' schwer		5' 3' 3' 5' schwer		5' 3' 3' 5' schwer	
1. Generation	halbschwer		halbschwer		schwer + leicht	
2. Generation	leicht + halbschwer		halbschwer		schwer + leicht	

Abb. 8.2 Das Meselson-Stahl-Experiment. Dichtegradientenzentrifugation zur Untersuchung replizierter DNA. Schwere DNA-Stränge der parentalen Generation sind in rot und die neusynthetisierten leichten DNA-Stränge der ersten und zweiten Generation in violett bzw. gelb dargestellt. Das Experiment von Meselson und Stahl (1958) galt als „*the most beautiful experiment in biology*", so der Untertitel des wissenschaftshistorischen Buches von F. L. Holmes (2000) [1].

8.2.2 Allgemeine Polymerisationsreaktion von Deoxynucleotiden

Bakterienzellen wie *Escherichia coli* besitzen in der Regel nur eine replikative DNA-Polymerase und einige akzessorische oder Hilfspolymerasen, die häufig zur Replikationsgenauigkeit beitragen. Die meisten Eukaryotenzellen enthalten dagegen mehr als ein Dutzend verschiedener DNA-Polymerasen. Obwohl sich die einzelnen DNA-Polymerasen in ihrer Struktur und Funktion unterscheiden, erfolgt der grundlegende Mechanismus der Polymerisation von Nucleotiden immer nach dem gleichen Schema.

DNA-Polymerasen verknüpfen monomere Deoxynucleotide zu langen Polynucleotidketten, wenn im Reagenzglasversuch folgende Voraussetzungen erfüllt sind (► Abb. 8.3):

- Die Vorläufer der DNA-Bausteine müssen in ausreichenden Mengen als Deoxynucleosidtriphosphate zur Verfügung stehen (als dNTPs, ein Gemisch aus dATP, dGTP, dCTP, dTTP).
- Das Reaktionsgemisch muss Magnesium- und Natrium- oder Kaliumsalze enthalten, und zwar in einer Konzentration und bei einem pH-Wert, die für die jeweilige DNA-Polymerase optimal sind. Typische Konzentrationen sind 5–10 mM $MgCl_2$, 50–100 mM KCl und pH 7,5 bei 30–37 °C.
- Die DNA im Reaktionsgemisch muss teilweise einzelsträngig sein, indem beispielsweise einer der beiden DNA-Stränge den anderen überragt. Neue Nucleotide werden dann an das 3′-OH-Ende des kürzeren Stranges geheftet, und zwar in einer Reihenfolge, die durch die Sequenz der Einzelstrangmatrize bestimmt wird.

Mit anderen Worten, das 3′-OH-Ende dient als **Startpunkt** (Primer) der Reaktion und der überragende Einzelstrang als **Matrize** (*template*). Die Nucleotidfolge im Matrizenstrang wird durch Synthese der Komplementärsequenz kopiert.

Merke

Bei der DNA-Synthese werden neue Nucleotide immer an ein 3′-OH-Ende geheftet, oder, anders gesagt, die DNA-Synthese verläuft immer in 5′-3′-Richtung. Die DNA-Stränge haben in der Doppelhelix eine antiparallele Orientierung.

Die enzymatische Polymerisation von Deoxynucleosidtriphosphaten durch die DNA-Polymerase erfolgt in Einzelschritten:

1. korrekte Bindung des Enzyms an die DNA; das 3′-OH-Ende des Primers liegt im aktiven Zentrum
2. Leitung eines dNTP an die Nucleotidbindungsstelle des Enzyms; der entscheidende Vorgang ist hier die Anpassung des hereinkommenden Deoxynucleotids über Basenpaarung an die komplementäre Base im Matrizenstrang; wenn das vorhandene Deoxynucleotid passt, reagiert das Enzym mit einer Änderung seiner Konformation
3. nucleophiler Angriff des 3′-OH-Endes des Primers auf das α-Phosphat des freien Nucleotids und Bildung einer Phosphodiesterbindung unter Freisetzung von Pyrophosphat (► Abb. 8.3)

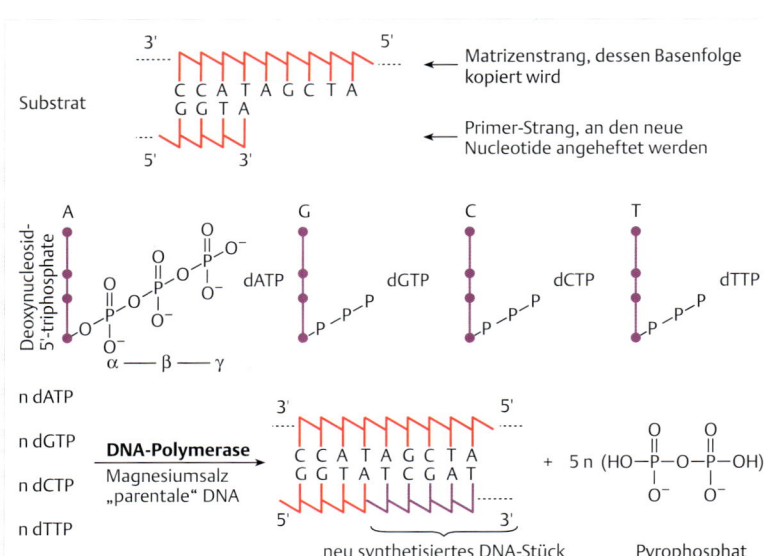

Abb. 8.3 Reaktionen einer DNA-Polymerase im biochemischen Test.

4. Abstoßen des Pyrophosphats und Rückbildung der ursprünglichen Konformation; das neue 3'-OH-Ende gelangt in das aktive Zentrum; das bedeutet, dass die DNA-Polymerase sich um die Länge eines Basenpaars an der DNA entlangbewegt; dabei kann das Enzym an der DNA bleiben, bis schließlich alle vorhandenen Einzelstrangbereiche in Doppelstränge überführt sind; man spricht dann von einer **prozessiven DNA-Synthese**

Viele DNA-Polymerasen fallen aber nach einigen wenigen Polymerisationsschritten von der DNA ab und müssen zum Start eines neuen Synthesezyklus erst wieder an das Primer-Ende binden. Dabei handelt es sich um eine **nicht prozessive DNA-Synthese**. Nicht prozessive DNA-Polymerasen benötigen Hilfsproteine, die das ständige Abfallen von der DNA verhindern.

Die Rate der Polymerisation liegt typischerweise bei einigen Hundert Nucleotiden pro Sekunde. Dabei wird einmal unter zehn- bis hunderttausend Polymerisationsschritten ein Deoxynucleotid falsch eingebaut, d. h. nicht nach Maßgabe der Basenpaarung. Auf dieses eigene Thema werden wir später in diesem Kapitel und besonders bei der Besprechung von Mutationen zurückkommen.

Die gerade beschriebenen Reaktionsfolgen treffen mehr oder weniger gut auf alle DNA-Polymerasen zu. Es gibt jedoch wichtige Unterschiede im Detail, wie wir im Folgenden sehen werden.

> **Merke** 🅜
>
> Die Polymerisationsreaktion von Deoxynucleotiden wird durch **DNA-Polymerasen** katalysiert. Diese benötigen eine **einzelsträngige DNA als Matrize** und ein **3'-OH-Ende** als Startpunkt.

8.2.3 Prokaryotische DNA-Polymerasen und wichtige replikative Hilfsproteine

Wir beginnen diesen Abschnitt mit der Betrachtung von drei bakteriellen DNA-Polymerasen, die sich hinsichtlich Strukturen und Funktionen unterscheiden (▶ Tab. 8.1). Anschließend widmen wir uns wichtigen Hilfsproteinen, ohne die eine vollständige Replikation nicht erfolgen kann.

DNA-Polymerase I

Seit der Entdeckung der DNA-Polymerase I (Pol I) durch Arthur Kornberg (1956) ist viel an diesem Enzym geforscht worden, sodass wir inzwischen einen guten Einblick in seine Struktur und Wirkungsweise haben. Deswegen wollen wir uns eine Zeit lang mit der Pol I beschäftigen, obwohl sie nur eine Hilfsfunktion bei der Replikation hat.

Die Pol I vereinigt auf einer Kette von 928 Aminosäuren drei enzymatische Aktivitäten (▶ Abb. 8.4):

- die **DNA-Polymerasefunktion**, die wir im Wesentlichen im vorangegangenen Abschnitt beschrieben haben, im carboxyterminalen Bereich (Aminosäuren 521–928)
- eine **3'-5'-Exonuclease**, die bevorzugt ungepaarte DNA-Stränge vom 3'-Ende her abbaut, im mittleren Bereich (Aminosäuren 324–517)
- eine **5'-3'-Exonuclease** im aminoterminalen Bereich (Aminosäuren 1–324)

▶ **3'-5'-Exonuclease.** Eine 3'-5'-Exonuclease gehört zur typischen (aber nicht allgemeinen) Ausstattung einer DNA-Polymerase, entweder als Teil der gleichen Polypeptidkette, wie hier bei der Pol I, oder als eine assoziierte gesonderte Untereinheit, wie bei der DNA-Polymerase III.

Tab. 8.1 DNA-Polymerasen von *E. coli* und verwandten Bakterien.

Bezeichnung	Aufbau	biochemische Funktionen	Funktionen in der Zelle	Moleküle/ Bakterienzelle
DNA-Polymerase I (Pol I)	1 Untereinheit 103 kDa	DNA-Polymerase 3′-5′-Exonuclease 5′-3′-Exonuclease	DNA-Reparatur DNA-Replikation	400
DNA-Polymerase II (Pol II)	1 Untereinheit 90 kDa	DNA-Polymerase 3′-5′-Exonuclease	DNA-Reparatur, vor allem im Zuge der SOS-Antwort	50–75
DNA-Polymerase III (Pol III) Pol-III-Core-Enzym	3 Untereinheiten α: 130 kDa ε: 27,5 kDa θ: 10 kDa	DNA-Polymerase 3′-5′-Exonuclease	DNA-Replikation	10–20
DNA-Polymerase IV (DinB-Protein)	1 Untereinheit 40 kDa	DNA-Polymerase	DNA-Reparatur, im Zuge der SOS-Antwort	150–250
DNA-Polymerase V	3 Untereinheiten (2 × UmuD-Protein, 1 × UmuC-Protein)	DNA-Polymerase	SOS-Antwort	< 15

Die wichtige Aufgabe der 3′-5′-Exonuclease wird oft als **Korrekturlesefunktion** beschrieben, denn sie erkennt und entfernt falsch eingebaute Deoxynucleotide. Wie wir später bei der Besprechung von Mutationen zeigen werden, ist die Genauigkeit der DNA-Synthese – schon aus theoretischen Gründen – nie hundertprozentig. Einmal unter einigen Zehntausend Polymerisationsschritten entgeht ein Nucleotid der Selektion durch den Anpassungsprozess an der Nucleotidbindungsstelle und wird an das 3′-OH-Ende geheftet, obwohl es nicht komplementär zum Nucleotid des Matrizenstrangs ist. Ein falsch eingebautes und nicht korrekt gepaartes Nucleotid wird von der 3′-5′-Exonuclease entfernt, sodass die DNA-Polymerase einen neuen Polymerisationsschritt unternehmen kann.

Die Spezifität der 3′-5′-Exonuclease lässt sich gut im Reagenzglasversuch überprüfen: 3′-endständige Nucleotide werden nur entfernt, wenn sie ungepaart vorkommen (▸ Abb. 8.5).

▸ **5′-3′-Exonuclease.** Außer der 3′-5′-Exonuclease, die ein Bestandteil vieler DNA-Polymerasen ist, enthält die Pol I noch eine zweite Exonuclease mit umgekehrter Wirkungsrichtung, die 5′-3′-Exonuclease. Dieses Enzym greift nur DNA an, die in komplett doppelsträngiger Form vorliegt, und spaltet dabei vom 5′-Ende her nacheinander einzelne Nucleotide, aber auch kurze Oligonucleotide ab. Bakterienmutanten ohne 5′-3′-Exonuclease sind viel empfindlicher gegenüber ultravioletten Strahlen, Rönt-

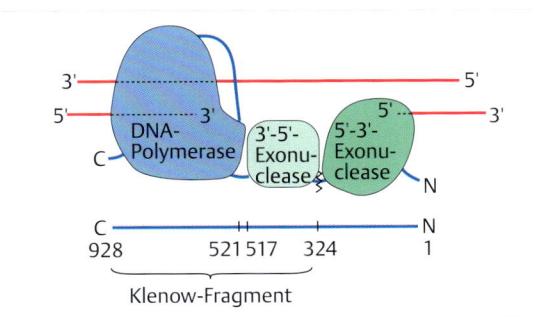

Abb. 8.4 DNA-Polymerase I von *Escherichia coli*. Die Pol I ist aus einzelnen Domänen zusammengesetzt. Das kann man gut durch eine einfache Behandlung mit Proteasen (Trypsin) überprüfen, denn schon nach kurzer Einwirkung wird das Enzym in einen kleineren aminoterminalen Anteil mit der 5′-3′-Exonuclease und einen größeren carboxyterminalen Anteil gespalten. Der größere Abschnitt, oft nach dem Entdecker der Proteasereaktion als Klenow-Fragment bezeichnet, trägt die 3′-5′-Exonuclease und die DNA-Polymerase. (nach Joyce CM, Steitz TA (1987) DNA polymerase I: from crystal structure to function via genetics. Trends Biochem Sci 12: 288–292)

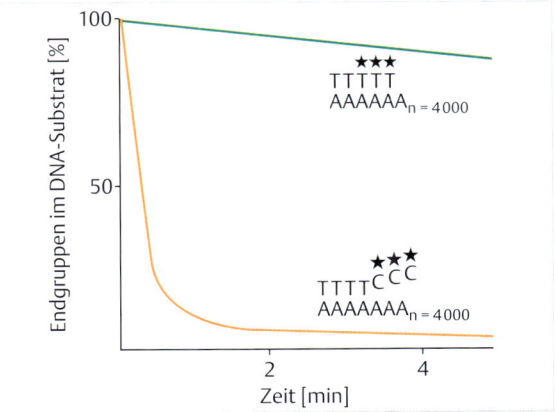

Abb. 8.5 Funktion der 3′-5′-Exonuclease: die Entfernung ungepaarter Nucleotide am 3′-OH-Ende. Die eigens für diesen Versuch hergestellten DNA-Substrate bestanden je aus einem langen Matrizenstrang von Adeninnucleotiden – Poly(dA) – und kurzen Komplementärsträngen, die entweder komplett gepaart waren (oben) oder 3′-endständig ungepaarte Cytosinnucleotide trugen. Das Ergebnis des Experiments: Die 3′-5′-Exonuclease der DNA-Polymerase I entfernt nur ungepaarte Nucleotide. Dieses Bild entspricht einer Abbildung aus der klassischen Arbeit von Brutlag und Kornberg (1972) [2].

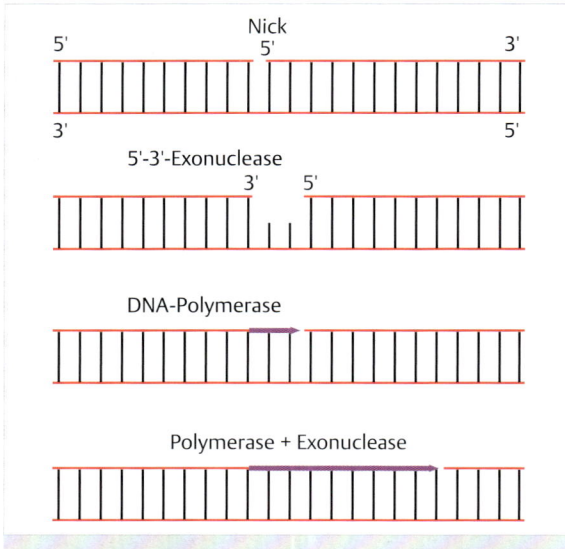

Abb. 8.6 Nick-Translation. Die DNA-Polymerase und die 5′-3′-Exonuclease in konzertierter Aktion.

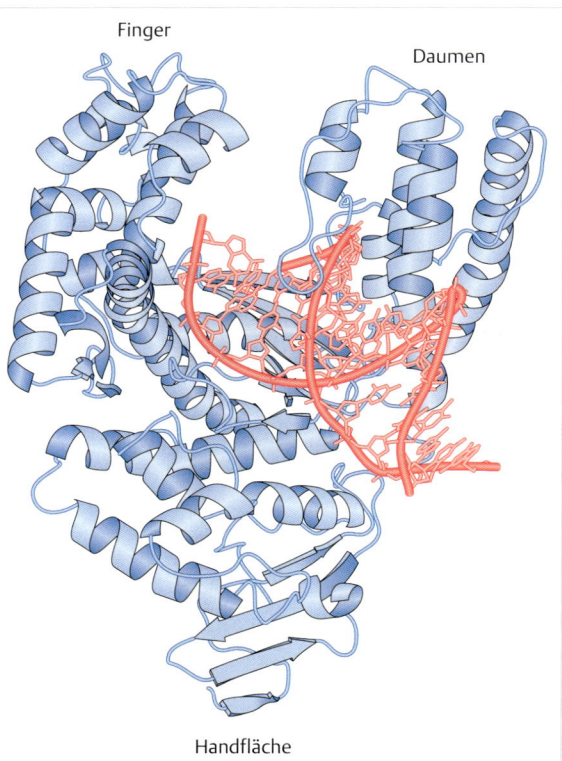

Abb. 8.7 DNA-Polymerase I – die Polymerasedomäne. Die Abbildung zeigt die dreidimensionale Struktur der carboxyterminalen Domäne. Dies ist die erste 3D-Struktur einer DNA-Polymerase. Inzwischen sind die Strukturen mehrerer anderer Polymerasen aufgeklärt worden. Aufgrund dieser Strukturen unterscheidet man fünf Polymerasefamilien. Trotz vieler Unterschiede im Detail ist die allgemeine Struktur ähnlich – vergleichbar einer geöffneten rechten Hand. Das Primer-Ende am DNA-Doppelstrang (rot) liegt im aktiven Zentrum auf den β-Blättern der „Handfläche", und α-Helices in der „Finger"- und in der „Daumen"-Domäne sind für die korrekte Bindung der DNA verantwortlich. Nucleotide kommen in Kontakt mit der „Finger"-Domäne, wo sich auch die katalytisch wichtige Konformationsänderung ereignet. (nach Li Y, Korolev S, Waksman G (1998) Crystal structures of open and closed forms of binary and ternary complexes of the large fragment of Thermus aquaticus DNA polymerase I: structural basis for nucleotide incorporation. EMBO J 17: 7514–7525)

genstrahlen und mutationsauslösenden Chemikalien. Das spricht für eine Rolle des Enzyms bei der **Reparatur geschädigter DNA**. Tatsächlich zeigen Experimente, dass die 5′-3′-Exonuclease DNA-Abschnitte mit geschädigter DNA entfernen kann, während die DNA-Polymerase gleichzeitig die entstehende Lücke schließt.

Im Reagenzglasversuch kann man dies gut in einer Reaktion nachahmen, die als **Nick-Translation** bekannt geworden ist. Ein Nick (*nick*, engl. Schnitt) ist eine offene Phosphodiesterbindung in einer doppelsträngigen DNA. Die 5′-3′-Exonuclease greift an dem 5′-Ende der Öffnung an und baut DNA-Sequenzen ab, während die DNA-Polymerase gleichzeitig neue Nucleotide an das 3′-OH-Ende knüpfen kann. Im Endeffekt wandert der Schnitt dabei entlang der DNA. Der Begriff Translation (*translation*, engl. Übertragung) bedeutet in diesem Zusammenhang, dass der Schnitt von einer Stelle der DNA auf eine andere übertragen wird (▸ Abb. 8.6).

Ein entscheidender Fortschritt bei der Erforschung von DNA-Polymerasen ist mit der Aufklärung der dreidimensionalen Struktur des Klenow-Fragments durch Tom A. Steitz und Mitarbeiter um 1985 gelungen. In der ▸ Abb. 8.7 ist der carboxyterminale Teil der dreidimensionalen Struktur mit der Polymerasedomäne dargestellt. Man erkennt eine hufeisenförmige Struktur, deren Boden durch β-Faltblatt-Strukturen und deren Seiten durch α-Helices gebildet wird. Der freie Raum kann die DNA aufnehmen, wobei α-Helices für die Orientierung der DNA wichtig sind.

Die dreidimensionale Struktur der Pol I gibt ein erstes Bild vom Aufbau und zugleich von der Funktion einer DNA-Polymerase, aber, und das soll betont werden, andere DNA-Polymerasen können nach anderen Architekturprinzipien aufgebaut sein.

DNA-Polymerase II

Das Enzym DNA-Polymerase II (Pol II) unterscheidet sich von den anderen bakteriellen DNA-Polymerasen durch eine Reihe von biochemischen Merkmalen. Die Pol II ist an der Reparatur von DNA-Schäden beteiligt. Wie wir im Kap. 11 sehen werden, reagieren Zellen sehr genau auf Beschädigungen ihres Genoms, und im Zuge dieser Reaktion bilden Bakterien vermehrt das Enzym Pol II, offensichtlich weil dann ein besonderer Bedarf dafür besteht.

DNA-Polymerase III

Die Erforschung der replikativen DNA-Polymerase III (Pol III) konnte erst etwa 20 Jahre nach der Entdeckung von Pol I beginnen. Der Grund dafür ist, dass eine Bakterienzelle nur 10–20 Moleküle Pol III, aber mehr als 400 Moleküle Pol I enthält. Deswegen misst man in Extrakten von normalen Bakterien eigentlich nur die Aktivität der Pol I. Im Jahr 1969 wurde eine Pol-I-freie Bakterienmutante (*polA*-Mutante) gefunden, aus der dann die Isolierung von Pol III gelang.

Das replikationsaktive Enzym, das **Pol-III-Holoenzym**, ist aus mindestens zehn Untereinheiten aufgebaut, aber unter bestimmten biochemischen Bedingungen zerfällt es in kleinere Komplexe (▶ Abb. 8.8).

Die kleinste funktionelle Einheit, das **Pol-III-Core-Enzym** besteht aus einer α-Untereinheit (130 kDa) mit der Polymerase-Aktivität, aus der ε-Untereinheit (27,5 kDa), die die 3′-5′-Exonuclease mit der Korrekturlesefunktion trägt, und einer kleinen θ–Untereinheit (10 kDa). Die Pol III kommt normalerweise als Dimer aus zwei Pol-III-Core-Einheiten vor, verbunden durch das Protein τ. Wir werden später sehen, dass die Dimerbildung für den Replikationsvorgang wichtig ist.

Für die Analyse der enzymatischen Aktivität der Pol III ist ein Substrat nützlich, das als eine Variation des Standardsubstrats angesehen werden kann, mit dem das in der ▶ Abb. 8.3 dargestellte Experiment durchgeführt wurde. Hier besteht das Substrat jedoch aus einem einzelsträngigen DNA-Ring von nahezu 8 000 Nucleotiden (dem Genom des Bakteriophagen M13) mit einem komplementären Primer-DNA-Strang aus 100 oder weniger Nucleotiden (▶ Abb. 8.9). Die Pol-III-vermittelte DNA-Synthese wird enorm erleichtert, wenn der einzelsträngige Bereich durch gebundenes **SSB-Protein** (SSB, *single strand binding*) gespreizt wird (Plus 8.1) (S. 170).

Die Verwendung des experimentellen Systems der ▶ Abb. 8.9 zeigt, dass die einfachen Formen von Pol III (Pol-III-Core-Enzym, Pol III′; s. ▶ Abb. 8.8) wenig prozessiv sind. Sie synthetisieren nur kurze DNA-Stränge, fallen dann von der Matrize ab und müssen durch Bindung an das Primer-Ende ständig neu mit Synthesevorgängen beginnen. Es ist offensichtlich, dass dies äußerst ungünstige Eigenschaften für ein Replikationsenzym sind. Tatsächlich erwirbt die Pol III die Fähigkeit zur prozessiven DNA-Synthese durch den sogenannten **γ-Komplex** (mit seinen fünf eigenen Untereinheiten, ▶ Abb. 8.8, Pol III*) und durch die **β-Untereinheiten**. In dieser Form kann die Pol III als **Holoenzym** ohne abzufallen und mit höchster Geschwindigkeit die gesamte 8 000 Nucleotide der Matrize durch Synthese des Komplementärstrangs kopieren.

Bezeichnung	biochemische Eigenschaften		Untereinheiten
Pol-III-Core-Enzym	Prozessivität: Geschwindigkeit:	10 Nucleotide 10—20 Nucleotide pro Sekunde	
Pol III ′ (Dimer)	Prozessivität:	ca. 60 Nucleotide	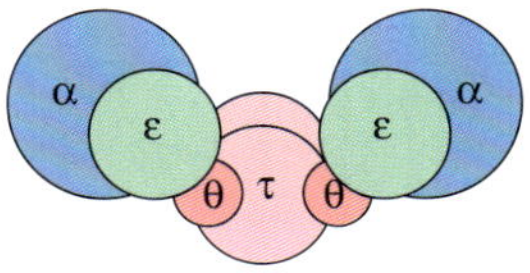
Pol III*	Prozessivität: (in Gegenwart von SSB)	ca. 200 Nucleotide	
Pol-III-Holoenzym	Prozessivität: Geschwindigkeit: (in Gegenwart von SSB) dazu notwendig:	> 10 000 Nucleotide ca. 1000 Nucleotide pro Sekunde ATP-Spaltung	

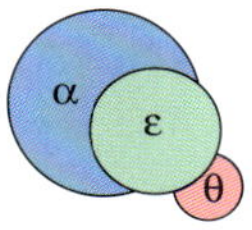

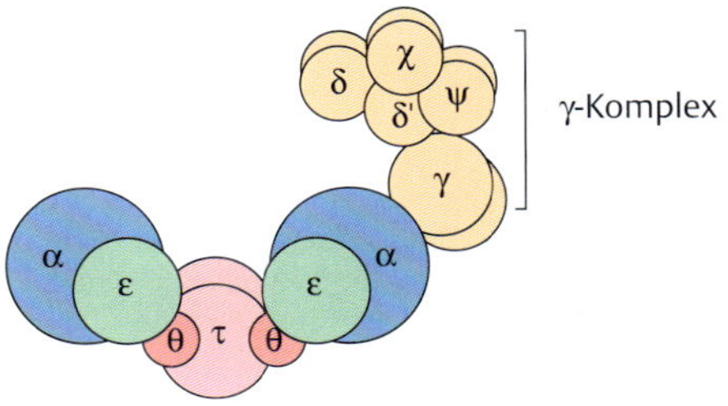

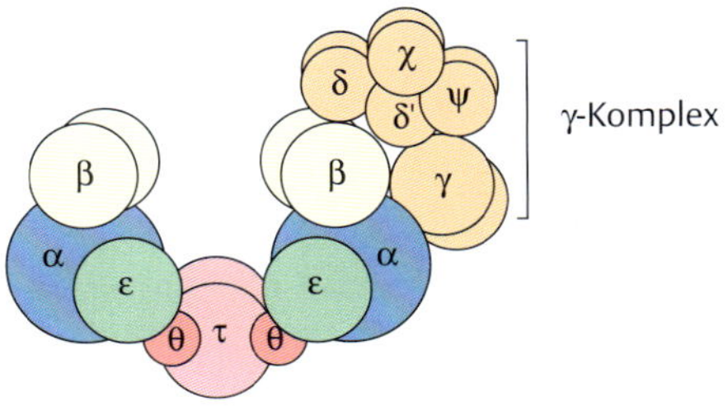

Abb. 8.8 DNA-Polymerase III von *Escherichia coli*. (nach McHenry CS (1988) DNA polymerase III holo-enzyme of Escherichia coli. Annu Rev Biochem 57: 519–550)

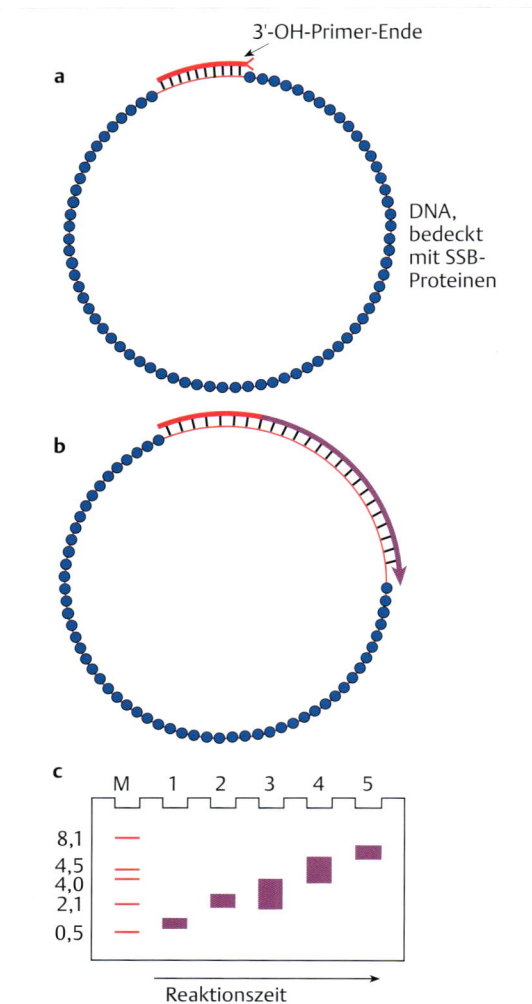

3'-OH-Primer-Ende

a

DNA, bedeckt mit SSB-Proteinen

b

c

Abb. 8.9 Bestimmung der DNA-Polymerase-Aktivität.
a Das Substrat für den biochemischen Test besteht aus ringförmiger Einzelstrang-DNA mit einem kurzen komplementären Primer-Strang. Einzelsträngige Bereiche sind mit SSB-Proteinen bedeckt.
b DNA-Polymerasen heften radioaktiv oder anders markierte Nucleotide an das 3′-OH-Ende des Primers.
c Die DNA-Synthese wird mithilfe der Gelelektrophorese bestimmt: Zu bestimmten Zeiten werden Proben dem Reaktionsansatz entnommen und durch Erhitzen auf 90–100 °C denaturiert, bevor sie zur Vermessung der neu synthetisierten DNA auf ein Agarosegel aufgetragen werden. Die mit M bezeichnete Gelspur enthält Marker-DNA bekannter Länge (Angaben in kb; 1 kb = 1000 Nucleotide).

Dazu muss biochemische Energie in Form von ATP- (oder dATP-)Spaltung verfügbar sein. Die bemerkenswerte Prozessivität des Holoenzyms kommt durch die β-Untereinheit zustande. Die aktive Form der β-Untereinheit ist ein Dimer, das sich zum Ring um die DNA schließen kann und als Ringklemme bezeichnet wird (▶ Abb. 8.10).

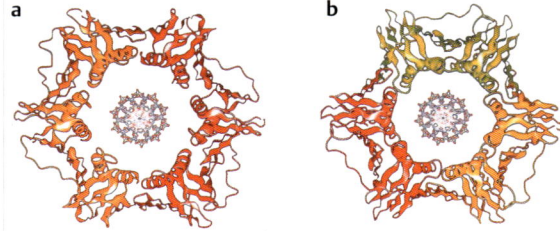

Abb. 8.10 Ringklemmen. (nach Kuriyan J, O'Donnell M (1993) Sliding clamps of DNA polymerases. J Mol Biol 234: 915–925; Stukenberg PT, Turner J, O'Donnell M (1994) An explanation for lagging strand replication: polymerase hopping among DNA sliding clamps. Cell 78: 877–887)
a Die bakterielle β-Ringklemme besteht aus zwei Untereinheiten, die sich am oberen und unteren Ringbogen treffen. Die Untereinheiten gemeinsam bilden zwölf symmetrisch gelegene α-Helices auf der Innenseite des Ringes, der die DNA umschließt.
b Das eukaryotische Ringklemmenprotein besteht aus drei Untereinheiten, die sich zu einer Struktur zusammenlagern, die ähnlich aufgebaut ist wie der bakterielle β-Ring. Der eukaryotische Ring heißt PCNA (*proliferating cell nuclear antigen*), denn er wurde mit immunologischen Methoden („*antigen*") im Zellkern („*nuclear*") von proliferierenden Zellen („*proliferating cell*") nachgewiesen, bevor seine Funktion bei der DNA-Replikation bekannt wurde.

Plus 8.1

Einzelstrangbindendes Protein (SSB-Protein)

Das **bakterielle SSB-Protein** ist ein Tetramer aus vier identischen Untereinheiten, je mit einem Molekulargewicht von etwa 19 kDa. Das Protein bindet spezifisch an einzelsträngige DNA und bedeckt dabei einen Bereich von 8–12 Nucleotiden. Ein gebundenes SSB-Protein erleichtert die Bindung weiterer SSB-Proteine (kooperative Bindung). Das Protein ist absolut notwendig für die DNA-Replikation: Bakterienmutanten mit geschädigtem SSB-Protein sind nicht vermehrungsfähig. Das SSB-Protein fördert nicht nur die Funktion von DNA-Polymerasen, sondern beteiligt sich auch an Reparatur und Rekombination von DNA.

Das SSB-Protein tritt also immer dann in Funktion, wenn im Zuge eines genetischen Prozesses vorübergehend einzelsträngige DNA-Regionen auftreten.

Das **eukaryotische einzelstrangbindende Protein** hat die Bezeichnung **RPA** (*replication protein A*), aber dieser Name ist unzureichend, denn RPA hat, ebenso wie sein bakterielles Gegenstück, wichtige Aufgaben nicht nur bei der Replikation, sondern auch bei DNA-Reparatur und -Rekombination. RPA hat eine ganz andere Struktur als das bakterielle SSB-Protein: RPA besteht aus drei nicht identischen Untereinheiten mit Molekulargewichten von ungefähr 70 kDa, 34 kDa und 14 kDa. Dementsprechend unterscheiden sich das bakterielle SSB-Protein und das eukaryotische RPA-Protein in einigen biochemischen Eigenschaften, aber gemeinsam ist ihnen die Fähigkeit zur spezifischen Bindung an einzelsträngige DNA.

8

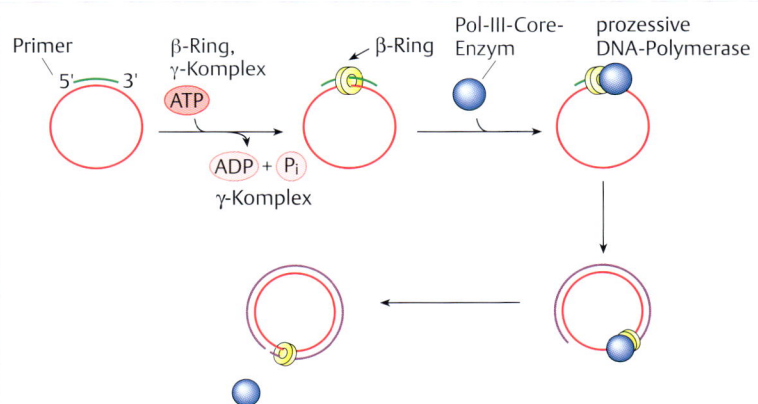

Abb. 8.11 Der β-Ring als Prozessivitätsfaktor. Der γ-Komplex belädt unter Verbrauch von ATP das DNA-Substrat mit dem β-Ring. Daran bindet sich das Pol-III-Core-Enzym, das nun ohne Unterbrechung den langen DNA-Matrizenstrang kopieren kann, bis das letzte Nucleotid verknüpft ist. Die Pol III verlässt die fertige DNA, der β-Ring bleibt zurück und wird durch erneuten Kontakt mit dem γ-Komplex abgelöst. (nach Stukenberg PT, Turner J, O'Donnell M (1994) An explanation for lagging strand replication: polymerase hopping among DNA sliding clamps. Cell 78 877–887)

Die Proteine des γ-Komplexes haben eine Hilfsfunktion: Sie erkennen den Übergang vom Einzel- zum Doppelstrang am Primer-Ende des Substrats und beladen die DNA mit dem β-Ring. Diese Reaktion geht mit Konformationsänderungen in den beteiligten Proteinen einher und erfordert die Spaltung von ATP. Die dimere Polymeraseform (Pol III') bindet an den β-Ring, der als eine Art Ringklemme (*sliding clamp*) dient und den Kontakt der DNA-Polymerase mit der DNA während des gesamten Synthesevorgangs gewährleistet. Erst nachdem das letzte Deoxynucleotid eingebaut ist, verlässt die Pol III die β-Ringklemme. Sie kann dann den Kontakt mit einer anderen β-Klemme an einem anderen Primer-Ende aufnehmen. Der β-Ring bleibt auf der fertigen DNA zurück und wird erst durch Einwirkung des γ-Komplexes wieder gelöst (▶ Abb. 8.11).

Der schrittweise Aufbau der replikationsaktiven Pol III über Assoziation mit der β-Ringklemme und der Zerfall des Komplexes nach Beendigung des Synthesevorgangs sind entscheidende Voraussetzungen für die Bewegungen, die die DNA-Polymerase an Replikationsgabeln durchführen muss.

Primase

Die Synthese von DNA-Strängen benötigt **Startstücke** (Primer) mit 3'-OH-Enden. Ohne diese Enden kann eine DNA-Polymerase keine Replikation einleiten. Die Substrate der biochemischen Experimente in den ▶ Abb. 8.3 und ▶ Abb. 8.9 wurden künstlich durch Hybridisierung von langen einzelsträngigen Matrizen mit kurzen DNA-Primer-Stücken hergestellt. Bei der DNA-Replikation in der Zelle dienen hingegen kurze **RNA-Stücke** als Primer. DNA-Polymerasen heften Deoxynucleotide an die 3'-OH-Enden der RNA-Primer. Die RNA-Primer werden mithilfe spezifischer Enzyme, Primasen, gebildet. Die **Primase** in *E. coli* ist eine einfache Polypeptidkette (Molekulargewicht 60 kDa), die auch als **DnaG-Protein** bezeichnet wird, weil sie vom Gen *dnaG* codiert wird. Wie eine RNA-Polymerase kann die Primase direkt, d. h. ohne vorgefun-

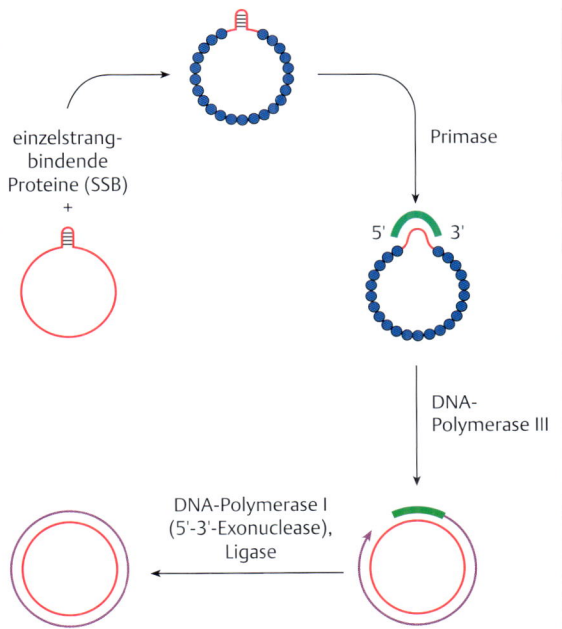

Abb. 8.12 Primase im biochemischen Test. Der einzelsträngige DNA-Ring des Bakteriophagen G4 enthält eine intramolekulare Doppelstrangschleife, an die das SSB-Protein nicht binden kann. An diesem proteinfreien Bereich synthetisiert die Primase ein kurzes Stück RNA, dessen 3'-OH-Ende die Pol III für die Synthese eines DNA-Stranges nutzt. Die 5'-3'-Exonuclease der DNA-Polymerase I kann anschließend das RNA-Stück entfernen und zugleich die entstehende Lücke wieder schließen. (nach Bouché JP, Rowen L, Kornberg A (1978) The RNA primer synthesized by primase to initiate phage G4 DNA replication. J Biol Chem 253: 765-769)

dene 3'-OH-Enden, mit der Transkription der DNA-Matrize beginnen. Dabei entstehen RNA-Stücke, die meist am 5'-Ende ein Adeninnucleotid tragen, dem oft ein Guaninnucleotid folgt. Wenn die Reaktion im Reagenzglas erfolgt, sind die RNA-Stücke 20–30 Nucleotide lang (▶ Abb. 8.12). Bei der DNA-Replikation in der Zelle sind

8

die RNA-Primer meist kürzer als 10 Nucleotide, denn schon bald übernimmt die DNA-Polymerase die entstandenen 3'-OH-Enden für die Anheftung von Deoxynucleotiden.

Selbstverständlich enthält die neu synthetisierte DNA keine RNA-Sequenzen. Der Grund dafür ist, dass noch bei laufender Replikation die RNA-Primer entfernt werden (Plus 8.2). In *E. coli* ist dies eine der Funktionen der 5'-3'-Exonuclease von Pol I, die dann gleich die entstehende Lücke durch Neusynthese schließen kann (▶ Abb. 8.12). Zusätzlich stehen aber noch andere Enzyme für die Entfernung von RNA-Primer zur Verfügung, z. B. ein Enzym mit der Bezeichnung RNase H.

Plus 8.2

Entfernen der Primer

Das Entfernen der RNA-Primer ist ein sehr wichtiger Teilschritt bei der DNA-Replikation, denn dadurch wird die Integrität der neuen DNA-Stränge erst hergestellt.

Bakterien

Im Text ist beschrieben, dass Bakterien das Problem mithilfe von zwei Enzymen lösen: DNA-Polymerase I und RNase H.

Eukaryoten

Eukaryoten haben ein etwas komplizierteres System zur Primer-Entfernung (▶ Abb. 8.13):

- Die DNA-Polymerase δ setzt ihre Synthese bis zum 5'-Ende des vor ihr liegenden Primers fort und löst Wasserstoffbrücken zwischen Primer und Matrizenstrang (*displacement synthesis*, Verdrängungssynthese).
- An den verdrängten Bereich bindet das eukaryotische einzelstrangbindende Protein RPA (Replikationsprotein A) und zieht das Enzym Dna2 heran, das u. a. als Endonuclease wirkt.
- Den noch verbleibenden Überhang entfernen das Enzym **Flap-Endonuclease** (FEN1) oder auch andere Nucleasen.

Damit verbleibt eine Öffnung im Phosphodiesterband. Diese Öffnung wird durch das Enzym DNA-Ligase I geschlossen.

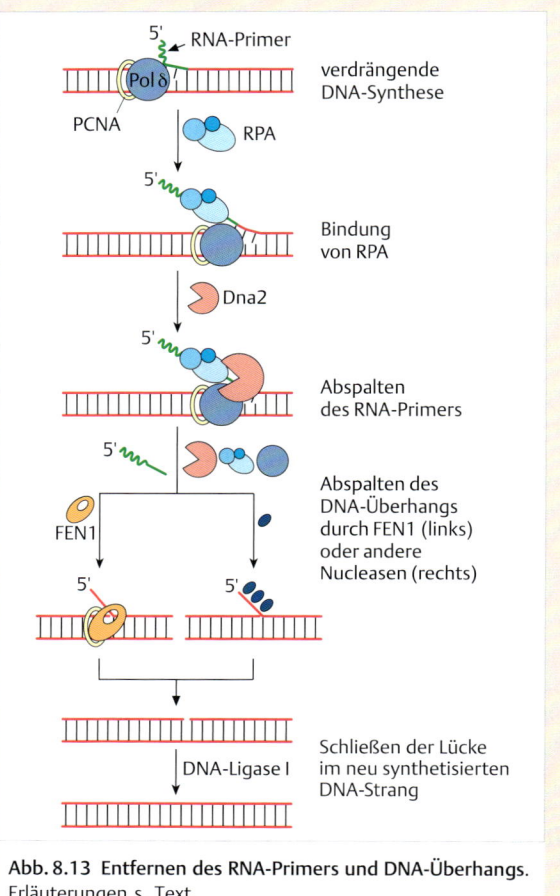

Abb. 8.13 Entfernen des RNA-Primers und DNA-Überhangs. Erläuterungen s. Text.

DNA-Ligasen

Wie die Experimente der ▶ Abb. 8.11 und der ▶ Abb. 8.12 zeigen, synthetisieren DNA-Polymerasen lange Polynucleotidsequenzen, die schließlich der Länge der gesamten ringförmigen DNA-Matrize entsprechen. Aber es fehlt ein letzter Schritt, nämlich die kovalente Verknüpfung der neu gebildeten Nucleotidkette zum geschlossenen Ring. Noch deutlicher wird die Notwendigkeit für eine kovalente Verbindung von Produkten der DNA-Synthese, wenn wir später das Zusammenspiel der Replikationsproteine an der Replikationsgabel betrachten. Denn dort werden wir sehen, dass wichtige Zwischenprodukte der Synthese kurze DNA-Stücke sind, die erst in einem zweiten Schritt zu langen Ketten zusammengefügt werden. Diese Funktion wird von **DNA-Ligasen** übernommen.

Merke

DNA-Ligasen schließen die Phosphodiesterbindung zwischen einer 5'-Phosphatgruppe an einem DNA-Ende und der 3'-OH-Gruppe an dem anderen DNA-Ende. Bakterien besitzen eine, Eukaryotenzellen mehrere verschiedene DNA-Ligasen. Der Unterschied ist, dass das **Bakterienenzym** NAD (Nicotinamidadenindinucleotid) und die **Eukaryotenenzyme** ATP als Cofaktoren brauchen.

8

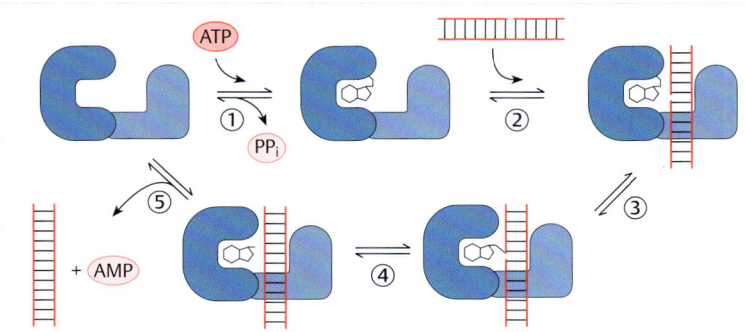

Abb. 8.14 Von der DNA-Ligase katalysierte Reaktion. Die Einzelschritte sind im Text erklärt. Man kennt die dreidimensionale Struktur von Komplexen aus Ligase und DNA. Demnach legt sich die Ligase um die DNA herum und zwar dort, wo sich die offene Phosphodiesterbindung befindet. (nach Pascal JM, O'Brien PJ, Tomkinson AE et al. (2004) Human ligase I completely encircles and partially unwinds nicked DNA. Nature 432: 473–478)

In beiden Fällen verläuft jedoch die Reaktion über ähnliche Einzelschritte:

- Bildung eines Enzym-Nucleotid-Intermediats durch Transfer des AMP-Anteils von NAD oder ATP auf die Aminogruppe einer Lysinseitenkette des Enzyms (▶ Abb. 8.14 ①).
- Übertragen des AMP-Restes auf das 5′-Phosphatende der DNA (▶ Abb. 8.14 ②, ③).
- Bildung der Phosphodiesterbindung über den Angriff der 3′-OH- Gruppe auf das „aktivierte" 5′-Phosphat mit der Freisetzung des AMP-Restes und des Enzyms (▶ Abb. 8.14 ④, ⑤).

8.2.4 DNA-Helikasen

Bei der Besprechung der ▶ Abb. 8.1 hatten wir notiert, dass für die Replikation der doppelsträngigen DNA zwei grundlegende Reaktionen notwendig sind: die Synthese von DNA-Komplementärsträngen und die Bereitstellung von neuen Matrizensequenzen durch eine fortlaufende Entwindung des parentalen Doppelstrangs. Die Hauptakteure für die erste dieser beiden Reaktionen, DNA-Polymerasen, haben wir kennengelernt. Im Folgenden geht es um die Entwindung der DNA. Dafür steht eine Klasse von Enzymen zur Verfügung, die zusammengefasst als DNA-Helikasen bezeichnet werden. Diese Enzyme werden häufig auch als molekulare Motoren betrachtet. Sie bewegen sich entlang eines DNA-Stranges und lösen unter Verbrauch von ATP die Wasserstoffbrücken zwischen den komplementären DNA-Strängen (▶ Abb. 8.15).

Nach Entdeckung der ersten DNA-Helikase durch Hartmut Hoffmann-Berling (1976) sind mehr als ein Dutzend verschiedener DNA-Helikasen in *Escherichia coli* und mindestens genauso viele in Eukaryoten gefunden worden. Selbst viele DNA-Viren haben Gene für eigene DNA-Helikasen.

Unter biochemischen Gesichtspunkten werden Helikasen nach der Polarität ihrer Bewegung auf dem gebundenen DNA-Einzelstrang (in 3′-5′-Richtung oder in 5′-3′-Richtung) oder nach Art des Substrats eingeteilt. Viele Helikasen benötigen z. B. überstehende Einzelstrangenden als Eintrittsstellen, während andere von Doppelstrangenden aus wirken können. Aber interessanter ist eine Eintei-

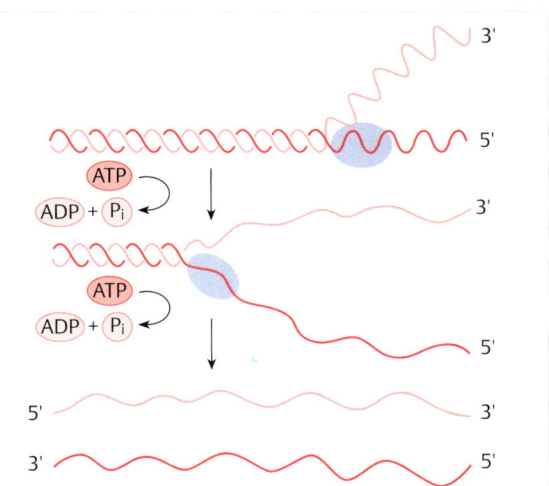

Abb. 8.15 Standardreaktion von DNA-Helikasen.

lung nach der Funktion, denn Helikasen sind an allen Reaktionen beteiligt, die mit der Ausbildung von Einzelstrangbereichen einhergehen. Deswegen gibt es spezifische Helikasen für die Replikation, DNA-Reparatur, für die Rekombination und für andere genetische Prozesse. Die ▶ Tab. 8.2 zeigt eine kleine (unvollständige) Auswahl.

Die replikative DNA-Helikase in *E. coli* ist als **DnaB-Protein** bekannt (codiert vom Gen *dnaB*). Es ist ein Hexamer aus 50-kDa-Untereinheiten, das sich unter Verbrauch von ATP in 5′-3′-Richtung entlang des gebundenen DNA-Stranges bewegt und dabei die beiden Komplementärstränge trennt (▶ Abb. 8.15).

Die replikative Aktivität der DNA-Helikase wird in Eukaryotenzellen sehr wahrscheinlich von einem größeren Proteinkomplex durchgeführt, der aus den heterohexameren Mcm2–7-Proteinen sowie den Proteinen GINS und Cdc45 besteht. Anders als das hexamere DnaB-Protein bewegt sich der replikative DNA-Helikasekomplex jedoch in 3′-5′-Richtung entlang eines DNA-Stranges.

8

Tab. 8.2 Einige DNA-Helikasen in *Escherichia coli*. Hexamere Helikasen bilden meist (immer?) einen Ring um den DNA-Einzelstrang, an dem sie sich entlangbewegen (▶ Abb. 8.15). Die Angaben in der Tabelle sind eine Auswahl.

Bezeichnung	Gen	aktiv als	Bewegungsrichtung	Funktion
DnaB-Helikase	*dnaB*	Hexamer	5'-3'	DNA-Replikation
RecQ-Helikase	*recQ*	Hexamer	3'-5'	DNA-Reparatur
RuvAB	*ruvA* *ruvB*	Hexamer	5'-3'	Rekombination
Helikase I	*traI*	Monomer	5'-3'	konjugativer DNA-Transfer
Helikase II UvrD-Helikase	*uvrD*	Monomer	3'-5'	DNA-Reparatur

Merke

E. coli besitzt eine Reihe von DNA-Polymerasen mit spezifischen Aufgaben. Für die DNA-Replikation ist die **DNA-Polymerase III** verantwortlich und wird dabei von der **DNA-Polymerase I** unterstützt. Wichtige Hilfsproteine mit eigener enzymatischer Funktion sorgen für DNA-Entwindung, die Synthese von Replikationsstartstellen und eine kovalente Verknüpfung von Produkten der DNA-Synthese.

8.2.5 Eukaryotische DNA-Polymerasen

Die ▶ Tab. 8.3 vermittelt einen Überblick über vier verschiedene eukaryotische DNA-Polymerasen, die durch griechische Buchstaben gekennzeichnet werden. Im Rahmen dieses Kapitels sind die replikative DNA-Polymerase α sowie die DNA-Polymerase δ (Pol δ) und die DNA-Polymerase ε (Pol ε) von Interesse.

Die **DNA-Polymerase α** (Pol α) besteht aus vier Untereinheiten, von denen die größte die DNA-polymerisierende Aktivität trägt (▶ Tab. 8.3). Die beiden kleineren Untereinheiten wirken als **Primase** und synthetisieren kurze RNA-Stücke, also Primer, die von der größten Untereinheit durch Anheftung von Deoxynucleotiden verlängert werden können. Eine Funktion der mittleren Untereinheit ist die Wechselwirkung mit anderen Replikationsproteinen.

Die **DNA-Polymerase δ** (Pol δ) übernimmt die RNA-DNA-Primer von der Pol α und verlängert die DNA-Ketten. Für sich genommen ist die Pol δ wenig prozessiv. Ähnlich wie die bakterielle Pol III benötigt sie als Prozessivitätsfaktor eine **Ringklemme**, die bei Eukaryoten die Bezeichnung **PCNA** hat. Die PCNA-Ringklemme besteht aus drei gleichen Untereinheiten – im Gegensatz zur bakteriellen Ringklemme, die aus zwei Untereinheiten aufgebaut ist (s. ▶ Abb. 8.10).

Wie die **β-Ringklemme** des bakteriellen Replikationsapparats hängt PCNA von einem speziellen Ladungsfaktor ab: dem RF-C (*replication factor C*), bestehend aus fünf verschiedenen Untereinheiten. RF-C erkennt die Primer-Enden in DNA-Substraten und belädt die DNA mit der PCNA-Ringklemme. In Gegenwart von PCNA kann Pol δ lange Strecken eines Matrizenstrangs mit hoher Prozessivität kopieren.

Die **DNA-Polymerase ε** (Pol ε) mit ihrer großen katalytischen Untereinheit (▶ Tab. 8.3) kann auch ohne das PCNA-Protein hoch prozessiv wirken. Das Enzym hat wichtige Funktionen bei der Reparatur geschädigter DNA, aber auch bei der Replikation. Man geht heute davon aus, dass sich die Pol ε und die Pol δ die Aufgaben bei der Replikation teilen.

Tab. 8.3 Replikative eukaryotische DNA-Polymerasen. Die in der Tabelle angegebenen Werte gelten für die Enzyme aus Säugetierzellen. Die DNA-Polymerase γ ist für die Replikation von mitochondrialer DNA verantwortlich. Weitere, aber in der Tabelle nicht aufgeführte DNA-Polymerasen haben Funktionen bei der Reparatur von DNA-Schäden: DNA-Polymerase β, DNA-Polymerase ζ (zeta), DNA-Polymerase η (eta) und andere, die später (S. 276) vorgestellt werden.

Name	Untereinheiten (kDa)	Funktion
Pol α	180 68 55 48	Synthese kurzer DNA-Stücke Wechselwirkung mit Proteinen Primase Primase (keine 3'-5'-Exonuclease)
Pol δ	125 66 50 12	DNA-Synthese Wechselwirkung mit Proteinen Bindung an PCNA 3'-5'-Exonuclease
Pol ε	261 59 17 12	DNA-Synthese Wechselwirkung mit Proteinen 3'-5'-Exonuclease
Pol γ	140 55	mitochondriale DNA-Synthese Prozessivität

Merke

An der **Replikation eukaryotischer Genome** sind mindestens **drei DNA-Polymerasen** beteiligt (*E. coli* besitzt dagegen nur eine replikative DNA-Polymerase).

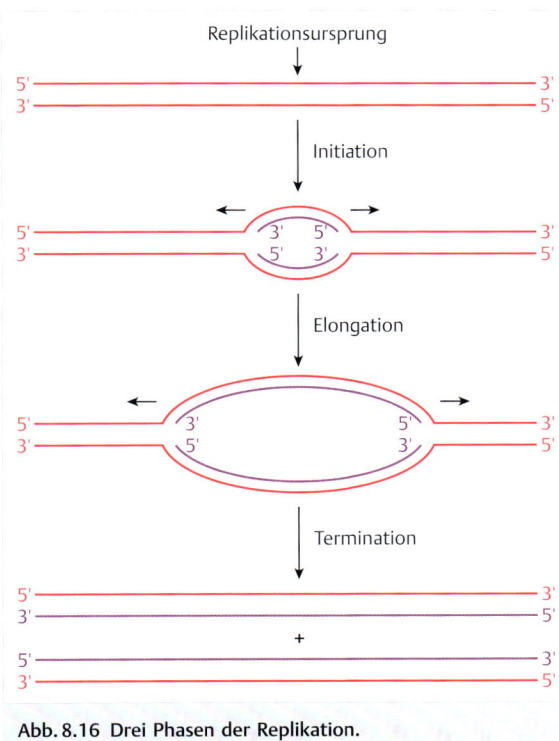

Abb. 8.16 Drei Phasen der Replikation.

8.2.6 Drei Phasen der DNA-Replikation

Der genomische Replikationsprozess in prokaryotischen und eukaryotischen Systemen erfolgt im Wesentlichen in drei Phasen: Initiation (Einleitungsphase), Elongation (Verlängerungsphase) und Termination (Abschlussphase) (▶ Abb. 8.16). Während der **Initiation** muss der parentale Doppelstrang lokal entwunden werden. Dies ermöglicht es einer Primase, die ersten RNA-Primer zu synthetisieren. Es kommt so zur Ausbildung einer als Replikationsblase bezeichneten Struktur. Diese wird durch eine helikasevermittelte Entwindung des parentalen Doppelstrangs vergrößert. Es entstehen somit zwei Replikationsgabeln, die während der **Elongation** in entgegengesetzte Richtungen wandern. Man bezeichnet diesen Vorgang als bidirektionale Replikation. Letztendlich werden die neu entstandenen DNA-Doppelstränge im Laufe der **Termination** voneinander getrennt und auf die beiden Tochterzellen verteilt.

8.3 Replikation des bakteriellen Genoms

In diesem Abschnitt des Kapitels werden die drei Replikationsphasen in prokaryotischen Systemen am Modell von *Escherichia coli* besprochen. Wir werden uns auf eine Beschreibung der grundlegenden molekularen Mechanis-

men beschränken. Da die Replikation des Genoms der entscheidende Prozess für die Weitergabe genetischer Information ist, wird hauptsächlich die Initiation (Einleitung) der Replikation kontrolliert. Damit wird garantiert, dass die Verdopplung des parentalen Genoms in einer Zelle genau nur einmal erfolgt. Weitere wichtige Aspekte sind die Vermeidung von „Überreplikation" und Verteilung der fertiggestellten neuen DNA-Stränge auf Tochterzellen. Die Lösungen von DNA-topologischen Problemen während der drei Replikationsphasen wird später gesondert behandelt, da diese auch bei eukaryotischen Systemen (Kap. 8.4) Anwendungen finden.

8.3.1 Die Initiation bakterieller DNA-Replikation

Definition

Der **Origin** ist ein definierter Startpunkt der DNA-Replikation.

Die Verhältnisse sind bei Bakterien seit einiger Zeit gut erforscht. Wir werden später sehen, dass in den vergangenen Jahren auch beträchtliche Lücken in unserer Kenntnis von der Initiation der Genomreplikation in eukaryotischen Zellen geschlossen werden konnten.

Das grundlegende Prinzip der Regulation bakterieller Genom-Replikation geht auf François Jacob, Sydney Brenner und François Cuzin (1963) zurück. Ihr **Replikonmodell** besagt:

- Die Einleitung der Replikation beginnt mit der Bindung eines Initiatorproteins an eine genau definierte Stelle auf dem Bakteriengenom. Diese Stelle wird als **Origin** (*origin of replication*, Replikationsursprung) bezeichnet.
- Ein zentraler Mechanismus der Regulation betrifft die Menge von Initiatorproteinen in der Zelle sowie ihre Wechselwirkung mit dem Origin.

Genetiker erhielten durch Untersuchungen spezieller Mutanten erste Hinweise auf den Replikationsverlauf in Bakterien. Diese Mutanten zeigten klar definierte Defekte bei der Einleitung und beim Ablauf der Replikation. Biochemiker und Molekularbiologen konnten von diesen Befunden ausgehen und die Wechselwirkungen zwischen Origin und Initiatorproteinen erforschen.

Die Replikation bakterieller Genome geht von einer einzigen Stelle aus, die auf der Standardgenkarte von *E. coli* bei etwa 84,3 min liegt und als **oriC** bezeichnet wird (▶ Abb. 6.4). An dieser Stelle wird die doppelsträngige parentale DNA entwunden, sodass sich Replikationsgabeln bilden können, die sich dann in entgegengesetzte Richtungen voneinander entfernen (**bidirektionale Replikation**) und sich am Terminationspunkt (*terC*) wieder treffen (▶ Abb. 8.17a).

8

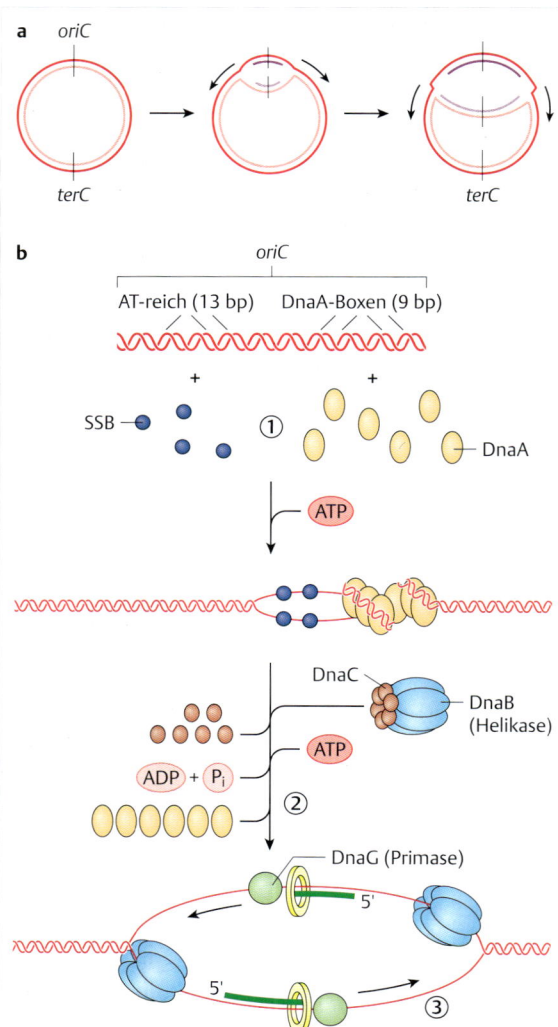

a oriC

terC

terC

b oriC

AT-reich (13 bp)   DnaA-Boxen (9 bp)

SSB

① DnaA

ATP

DnaC

DnaB (Helikase)

ATP

ADP + P$_i$

②

DnaG (Primase)

5'

5'

③

Abb. 8.17 Initiation der bidirektionalen Replikation. (nach Remus und Diffley. Current Opinion in Cell Biology 2009, vol 21, 771–777)

a Origin und Terminator des *E. coli*-Genoms. Die relativen Positionen von Ursprung (*oriC*) und Ende der Replikation (*terC*) sind schematisch auf dem zirkulären *E. coli*-Chromosom dargestellt. Die beiden Replikationsgabeln bewegen sich dann in entgegengesetzte Richtungen: bidirektionale DNA-Replikation.

b Initiationsprozess am *oriC* von *E. coli*. ① Mehrere DnaA-Proteine (aktiviert durch gebundenes ATP) lagern sich an die DnaA-Boxen und verursachen eine Schleifenbildung der DNA im Bereich des bakteriellen Origins. Dies führt zu einer Entwindung der AT-reichen 13-mer-Sequenzen. ② Damit werden Eintrittsstellen für die hexamere DnaB-Helikase geschaffen, die von DnaC-Proteinen zur DNA rekrutiert wird. Die DnaB-Helikase erweitert den entwundenen Bereich und bereitet damit den Zugang für die Primase. ③ Die Primase (DnaG) stellt RNA-Primer her – als Ort für die Anlagerung der β-Ringklemme.

Eine wichtige Konsequenz dieser Replikationsstrategie mit nur einem Ursprung ist, dass die Zeit, die benötigt wird, um das zirkuläre bakterielle Genom zu replizieren, direkt proportional zur Genomgröße ist. Eine Verdopplung der Genomgröße führt daher zu einer Verdopplung der Replikationsdauer. Wir werden später sehen, dass dies *nicht* für die eukaryotische Genomreplikation zutrifft.

Der Origin oriC im Genom von *E. coli* und von verwandten Bakterien besteht aus einem Abschnitt von etwa 250 bp mit folgenden Besonderheiten (▶ Abb. 8.17b):
- Er enthält vier Abschnitte, jeder mit einer Länge von 9 bp, die als DnaA-Boxen bezeichnet werden, weil sie die Bindungsstellen für das Initiatorprotein DnaA sind.
- Er enthält drei hintereinandergeschaltete AT-reiche Abschnitte aus jeweils 13 bp, die „13-mer-Sequenzen".

Diese strukturellen Besonderheiten des Origins sind für die Einleitung der Replikation und für ihre Funktionen wichtig. Der erste Schritt ist die **Anlagerung des DnaA-Initiatorproteins** an die DnaA-Boxen im Origin (▶ Abb. 8.17b). Dazu ist die Aktivierung von DnaA-Proteinen durch gebundenes ATP notwendig. Im Verlauf der Bindung kommt es zur Ausbildung eines Proteinkerns aus 20–30 DnaA-Proteinen, um die sich die Origin-DNA in Form einer Schleife legt. Die spezifische Komplexbildung wird durch gebundene IHF-(*integration host factor*-) und FIS-(*factor of inversion stimulation*-)Proteine mit ihrer Fähigkeit zur DNA-Krümmung (S.102) unterstützt (nicht dargestellt). Mit der Ausbildung dieses Proteinkomplexes geht die Entwindung der DNA im AT-reichen Abschnitt der 13-mer-Sequenzen einher (▶ Abb. 8.17b). Die DNA-Entwindung kann allerdings nur dann effizient erfolgen, wenn die Origin-DNA topologisch unterwunden (S.39) ist. Der Grund hierfür ist, dass dieser topologische Zustand zusätzliche Energie für eine ausreichende Entwindung der DNA im DnaA-Komplex liefert.

Der offene Origin-Komplex wird durch SSB-Proteine stabilisiert, bevor die **DnaB-Helikase**, geleitet von **DnaC-Proteinen**, zum Origin rekrutiert wird. DnaC verhindert zunächst eine DnaB-vermittelte DNA-Entwindung. Diese Hemmung wird jedoch im nächsten Schritt durch DnaC-katalysierte ATP-Hydrolyse aufgehoben. Es folgen der Abfall des DnaC-Proteins und die weitere, ATP-verbrauchende Entwindung der DNA durch die enzymatische Reaktion der nun freigesetzten, hexameren DnaB-Helikase (▶ Abb. 8.17b).

Damit erhält die **Primase** (**DnaG-Protein**) Zugang zu beiden Strängen der parentalen DNA: Sie bildet die ersten RNA-Primer, die dann von der DNA-Polymerase III verlängert werden. Auf diese Weise können die Synthese neuer DNA-Stränge und die Ausbildung beider Replikationsgabeln beginnen.

8

Merke

Die Bildung eines spezifischen **Nucleoproteinkomplexes** am *oriC* ist eine wesentliche Voraussetzung für die Einleitung der Replikation. In diesem Komplex wird der DNA-Doppelstrang lokal entwunden (wobei die Entwindung auch wesentlich vom topologischen Zustand der *oriC*-DNA abhängt). Eine **Helikase** vergrößert die Einzelstrangbereiche, die von der **Primase** als Matrize für die Synthese eines RNA-Primers benutzt werden. Es kommt zur Ausbildung der beiden **Replikationsgabeln**, die sich in entgegengesetzte Richtungen voneinander fortbewegen.

8.3.2 Elongationsphase bakterieller DNA-Replikation

Nachdem zwei funktionsfähige Replikationsgabeln gebildet wurden, entfernen sich diese vom *OriC* in entgegengesetzten Richtungen mit einer Geschwindigkeit von etwa 12 µm min^{-1} (oder 500–600 bp pro Sekunde; bei 37 °C). Etwa 40 min später treffen sie sich gegenüber dem Origin an den Terminationsstellen. Mit der Kenntnis der wichtigsten Replikationsenzyme und dem Initiationsvorgang besitzen wir jetzt die Voraussetzung für eine erneute, aber genauere Betrachtung der ▶ Abb. 8.1.

Ein ganz wichtiger Punkt, den es zunächst zu beachten gilt, ist die Polarität der DNA: Die beiden Stränge der DNA verlaufen antiparallel (S. 31), aber alle DNA-Polymerasen benötigen die 3′-OH-Enden von Primern für ihre Funktion und verknüpfen deswegen Deoxynucleotide nur in der **5′-3′-Richtung**. Dies bringt zunächst Probleme für das Verständnis von Ereignissen an der Replikationsgabel, denn bei der Entwindung der parentalen DNA-Doppelhelix entstehen Matrizen mit entgegengesetzter Polarität, sodass die Synthese an dem einen Strang in Richtung der Entwindungsgabel erfolgt (**Vorwärtsstrang**, *leading strand*), auf dem anderen Strang aber von der Gabel weg (**Rückwärtsstrang**, *lagging strand*). Überdies stellt sich die Frage nach der Herkunft der Primer.

Diese Probleme haben in den Anfängen der Replikationsforschung viel Verwirrung gestiftet, bis Reiji Okazaki (1965) eine Lösung fand. Er konnte als Erster zeigen, dass ein Teil der ganz frisch synthetisierten DNA in Form von kurzen Stücken vorliegt, die dann in einem Folgeschritt zu langen DNA-Ketten verknüpft werden. Diese **Okazaki-Fragmente** bestehen bei Bakterien aus 1000–2000 Nucleotiden, bei Eukaryoten nur aus bis zu 200 Nucleotiden. Okazaki-Fragmente tragen an ihren 5′-Enden oft kurze RNA-Abschnitte.

Mit dieser Information und mit dem Wissen über die wichtigsten Replikationsenzyme können wir in einer einfachen Skizze ein Modell der Replikationsgabel entwerfen (▶ Abb. 8.18).

8

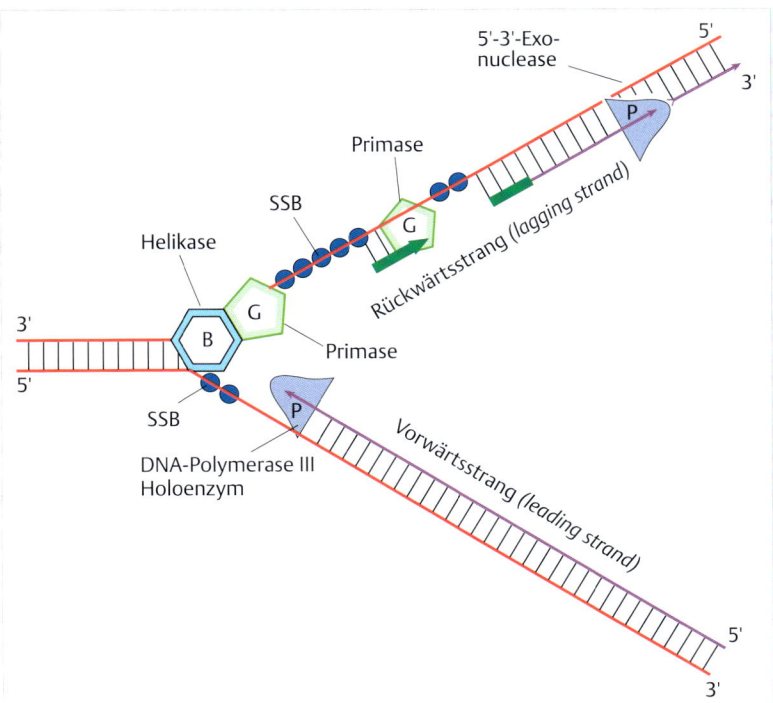

5′-3′-Exo-nuclease

Primase

SSB

Helikase

G

B

G

Primase

SSB

DNA-Polymerase III Holoenzym

P

Rückwärtsstrang (lagging strand)

P

Vorwärtsstrang (leading strand)

3′

5′

5′

3′

5′

3′

Abb. 8.18 Replikationsgabel: einfache Version. Die RNA-Primer sind als dicke grüne Linien gezeichnet. Beachte, dass einige wichtige Enzyme in der Skizze nicht berücksichtigt sind: DNA-Ligase, DNA-Topoisomerase u. a.

Auf die Verhältnisse bei Bakterien bezogen, sind die wesentlichen Elemente der Replikationsgabeln:

- Die **DnaB-Helikase** bewegt sich in 5′-3′-Richtung auf der Matrize für den Rückwärtsstrang, an die sie gebunden ist, auf den parentalen DNA-Stamm zu und entwindet unter Verbrauch von ATP die vor ihr liegende Doppelhelix.
- Entstehende Einzelstrangbereiche werden durch einzelstrangbindende Proteine (SSB-Proteine) abgedeckt.
- An den **Vorwärtsstrang** heftet die DNA-Polymerase III (Holoenzym) neue Deoxynucleotide an das 3′-OH-Ende des wachsenden DNA-Stranges.
- An dem **Rückwärtsstrang** bildet die Primase kurze Primer-Stücke aus RNA, die von der DNA-Polymerase III (Holoenzym) zu Fragmenten mit 1000–2000 Deoxynucleotiden verlängert werden.

In Wirklichkeit ist die Situation komplizierter als in der ▶ Abb. 8.18 angedeutet. Das folgt schon aus der Position der Pol III am Vorwärts- und am Rückwärtsstrang. Wir haben gesehen (▶ Abb. 8.8), dass das Pol-III-Holoenzym als Dimer vorkommt, also in der Lage sein sollte, die Synthesen am Vorwärts- und Rückwärtsstrang gleichzeitig durchzuführen. Dies legt eine Erweiterung des Modells der Replikationsgabel nahe. Das erweiterte Modell berücksichtigt die Struktur des Pol-III-Holoenzyms, die Funktion des γ-Komplexes und die Rolle des β-Ringes als Ringklemme (▶ Abb. 8.19).

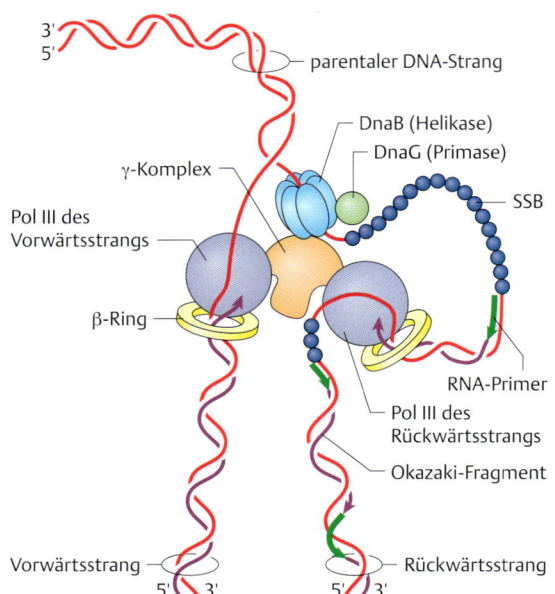

Abb. 8.19 Das Replisom an der Replikationsgabel. Das Kernelement des Replisoms besteht aus zwei Pol-III-Core-Enzymen, zusammengehalten von der τ-Untereinheit und ergänzt von dem γ-Komplex (Pol III* in der ▶ Abb. 8.8). Die beiden Pol-III-Enzyme arbeiten in koordinierter Weise gemeinsam und folgen der DNA-Helikase, die die parentalen DNA-Stränge, stabilisiert durch einzelstrangbindende Proteine (SSB), als Matrize zur Verfügung stellt. Am Vorwärtsstrang (links) sitzt die Pol III an der β-Ringklemme und bewegt sich in dieselbe Richtung wie die Replikationsgabel. Am Rückwärtsstrang faltet sich der entwundene Matrizenstrang zurück, sodass das wachsende Ende der DNA in das aktive Zentrum der zweiten Pol III gelangt. Wenn ein Okazaki-Stück fertig ist, löst der γ-Komplex den β-Ring von der DNA und transportiert ihn zum 3′-Ende des neuen RNA-Primers. Die Pol III am Rückwärtsstrang bleibt durch die Verbindung mit der Vorwärtsstrang-Pol III im Replisom und kann daher direkt mit der Verlängerung des neuen RNA-Primers beginnen. (nach McGlynn and Lloyd. Nature Reviews Molecular Cell Biology 2002, vol 3, 859–870)

Merke

Die antiparallele Orientierung der beiden DNA-Stränge in der Doppelhelix und die ausschließliche 5′-3′-Richtung der DNA-Synthese machen neben der kontinuierlichen auch eine **diskontinuierliche DNA-Synthese** notwendig. Zusätzliche Polymerase-, Exonuclease- und Ligaseaktivität ist daher notwendig, um aus den Okazaki-Fragmenten während der Gabelwanderung einen kontinuierlichen Rückwärtsstrang zu bilden. Wir sprechen in diesem Zusammenhang daher auch von **semikonservativer, diskontinuierlicher Replikation**.

Definition

Den Multiproteinkomplex an einer Replikationsgabel, der alle Funktionen für semikonservative Replikation ausführt, bezeichnet man als **Replisom**.

Die Funktion der DNA-Polymerase III am Vorwärtsstrang ist einfach zu verstehen, denn Syntheserichtung und Matrizenpolarität passen zueinander (▶ Abb. 8.19). Aber die Synthese der Okazaki-Fragmente am Rückwärtsstrang erfordert eine ständige Ortsveränderung: Die Pol III setzt ihre Synthese bis zur Fertigstellung des Okazaki-Frag-

ments fort, sie muss die Stelle dann verlassen und rasch Kontakt mit dem inzwischen von der Primase neu gebildeten RNA-Primer aufnehmen. Das wird ermöglicht durch den γ-Komplex, der am 3′-Ende des RNA-Primers eine neue β-Ringklemme auflädt, an die die Pol III bindet und mit deren Hilfe sie die Synthese des neuen Okazaki-Fragments aufnimmt. Der gesamte Proteinkomplex, der die Replikationsgabel fortbewegt und die DNA-Synthese ausführt, ist folglich eine komplizierte biochemische Maschine, gekennzeichnet durch Genauigkeit, gepaart mit Flexibilität. Dabei ist sie höchst effizient, denn der β-Ring muss in jeder bakteriellen Replikationsrunde einige Tausend Mal von den 3′-Enden der fertigen Okazaki-Stücke zu den 3′-Enden der neuen RNA-Primer gebracht werden. Mit anderen Worten: Der γ-Komplex ist immer in Aktion.

Die fertigen Okazaki-Fragmente werden anschließend zu einem durchgehenden (kontinuierlichen) Rückwärtsstrang zusammengefügt, indem die **5'-3'-Exonuclease** der DNA-Polymerase I oder die **RNase H** die RNA-Primer von deren 5'-Enden entfernt. Entstehende Lücken können gleichzeitig durch die Polymerase-Aktivität der **Pol I** geschlossen werden. Die **DNA-Ligase** verknüpft schließlich aufeinanderfolgende Okazaki-Fragmente miteinander, sodass ein kontinuierlicher DNA-Strang entsteht.

Merke

Die kompliziert aufgebaute molekulare Maschine des **Replisoms** synthetisiert die DNA-Tochterstränge mit hoher Effizienz und Genauigkeit, bis sie entgegengesetzt vom Origin in einer Terminationsregion des bakteriellen Genoms aufeinander treffen.

Es wurde lange Zeit angenommen, dass das gegenläufige Voranschreiten der beiden Replikationsgabeln an einem replizierenden bakteriellen Genom durch eine Verknüpfung beider Replisome koordiniert sein könnte. Neuere Untersuchungen haben jedoch gezeigt, dass dies eher nicht der Fall ist, sodass wir heute davon ausgehen, dass beide Replisome autonom arbeiten. Dies ist sehr wahrscheinlich ein Grund dafür, warum prokaryotische Systeme im Laufe der Evolution einen besonderen Mechanismus entwickelt haben, der vor einer „Überreplikation" zirkulärer bakterieller Genome am Ende einer Replikationsrunde schützt. Diesen werden wir im Folgenden genauer beschreiben.

8.3.3 Beendigung (Termination) der bakteriellen DNA-Replikation

Es sind im Wesentlichen zwei Komponenten, die für eine korrekte Beendigung eine Replikationsrunde sorgen. Zum einen ist dies das Protein **Tus** (*terminus utilizing substance*), zum anderen sind es die **Terminationsstellen** (*ter*) auf dem bakteriellen Genom. Letztere sind Orte für die Bindung von Tus und bestehen aus 23 Nucleotiden. Es existieren mindestens zehn *ter*-Stellen (▶ Abb. 8.20). Ihre Nucleotidsequenzen ähneln sich sehr und sie sind über einen Bereich von 100 kb in der Terminationsregion verteilt. Eine wesentliche Funktion des an eine *ter*-Stelle gebundenen Tus-Proteins ist es, die replikative DnaB-Helikase zu blockieren. Dies bringt folglich die Wanderung einer Replikationsgabel zum Stillstand. Wie wir im Folgenden sehen werden, ist eine Besonderheit hierbei, dass diese Blockade in nur einer Richtung funktioniert.

Die zehn *ter*-Stellen sind auf zwei Abschnitte aufgeteilt (▶ Abb. 8.20). Mit anderen Worten: Fünf Terminationsstellen (A, D, E, I und H) befinden sich in der einen und fünf weitere (B, C, F, G und J) in der anderen Hälfte des Genoms. Jede dieser *ter*-Stellen kontrolliert ein Voran-

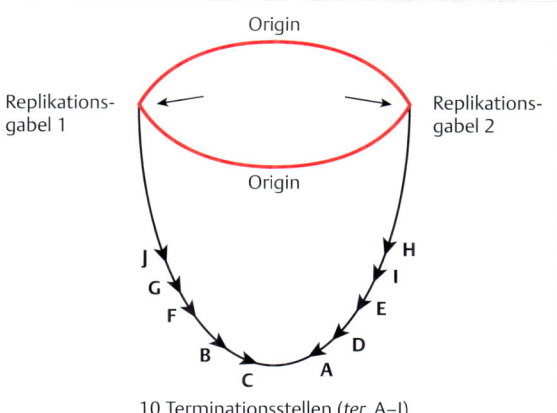

10 Terminationsstellen (*ter*, A–J)

Abb. 8.20 Am Ende einer Replikationsrunde. Die Replikationsgabeln 1 und 2 gelangen gegen Ende der Replikationsrunde in eine „Gabelfalle", die in der Regel garantiert, dass ein Aufeinandertreffen beider Gabeln in einem bestimmten Bereich auf dem zirkulären Genom stattfindet. Die Lage und Orientierung der *ter*-Stellen auf dem Genom ist durch die mit Großbuchstaben markierten Pfeilspitzen angegeben. Die jeweiligen Replikationsgabeln können die *ter*-Stellen nur in Richtung der Pfeilspitzen passieren. (nach Neylon et al.; Microbiol. Mol. Biol. Rev. 2005, vol. 69, 501–526)

schreiten der Replikationsgabel ausschließlich **in Richtung der Terminationsregion** und verhindert die Gabelwanderung über die betreffenden Terminationsstellen hinaus. Im Beispiel der ▶ Abb. 8.20 bedeutet dies, dass die Replikationsgabel 1 die Terminationsstellen J, G, F, B und C nacheinander passieren kann, jedoch entweder an *ter* A, D, E, I oder H vom Tus-Protein aufgehalten wird. Die Anordnung der *ter*-Stellen und deren definierte Orientierung funktionieren daher wie eine „Falle" für die Replikationsgabel. Wir wissen heute, dass solche Fallen in prokaryotischen Genomen häufig anzutreffen sind und daher von besonderer Bedeutung sein müssen.

Da die beiden Replisome, wie bereits erwähnt, während der Elongationsphase nicht koordiniert voranschreiten, kann sich die Ankunft einer der beiden Replikationsgabeln in der Terminationsregion verzögern. Die Gabelfalle sorgt dann dafür, dass die schnellere Replikationsgabel in der Nähe des geplanten Treffpunktes aufgehalten wird und auf das Eintreffen der langsameren wartet. Nachdem sich beide Replikationsgabeln getroffen haben, bleiben in der Regel kleinere Lücken in den Replikationsprodukten, die durch ergänzende DNA Synthese geschlossen werden. Wir werden weiter unten sehen, dass eine vollständige Beendigung der Replikationsrunde auch eine Lösung von DNA-topologischen Problemen erfordert.

Es soll an dieser Stelle kurz angemerkt werden, dass es bei Versagen der Gabelfalle und aufgrund von anschließenden Rekombinationsereignissen gelegentlich zur „Überreplikation" kommen kann. Diese führt in der Regel

8

zur Bildung von zirkulären *E. coli*-Chromosomen, die sich aus zwei Kopien zusammensetzen, sogenannte Dimere. Für diesen Fall existieren zwei Rekombinationsstellen (*dif*) in den beiden Terminationsregionen des nun verdoppelten Chromosoms, die von der XerCD-Rekombinase benutzt werden, um mittels ortsspezifischer Rekombination (S. 230) die Einheitslänge des Chromosoms wiederherzustellen.

Letztendlich müssen die beiden neu replizierten bakteriellen Genomkopien noch auf die Tochterzellen verteilt werden. Dies ist ein komplexer Vorgang und noch nicht vollständig verstanden. Für *E. coli* ist bekannt, dass die beiden Origins schon während einer Replikationsrunde zu den beiden entgegengesetzten Zellpolen wandern und dort „verankert" werden (▶ Abb. 8.21). Zusätzlich scheinen Vorwärts- oder Rückwärtsstränge der beiden Genomhälften in entgegengesetzte Richtungen transportiert zu werden, wohingegen die Terminationsregion (*ter*) bis zum Ende der Replikationsrunde eher in der Zellmitte bleibt. Diese Strategie führt am Ende der Replikation und Zellteilung zu einer sehr ähnlichen räumlichen Anordnung der Chromosomen in den beiden Tochterzellen.

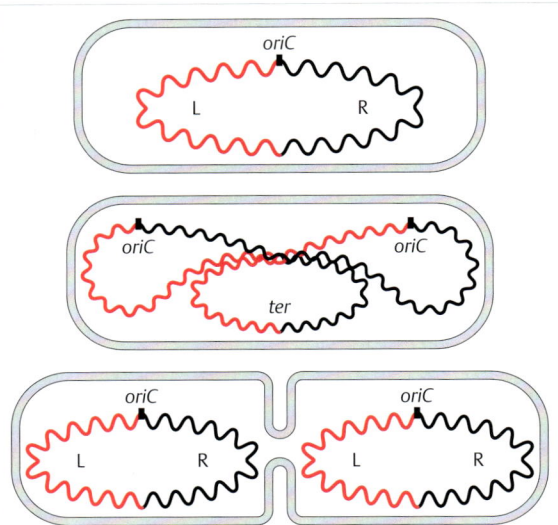

Abb. 8.21 Verteilung der Tochterchromosomen. Beide Origins (*oriC*) wandern während der Replikation zu den entgegengesetzten Zellpolen. Die linke (L) und die rechte (R) Genomhälfte (hier rot bzw. schwarz markiert) werden dabei so organisiert, dass die beiden Tochterchromosomen räumlich sehr ähnlich angeordnet sind. Wie dies genau geschieht ist noch unbekannt. (nach Toro und Shapiro; Cold Spring Harbor Perspect Biol 2010: a000349)

Merke

Eine Überreplikation wird durch eine Art Falle verhindert, die dafür sorgt, dass sich die beiden unabhängig voneinander fortbewegenden Replikationsgabeln im Terminationsbereich des *E. coli*-Genoms treffen. So ist auch eine **koordinierte Beendigung einer Replikationsrunde** möglich. Die beiden Tochterchromosomen werden anschließend über einen komplizierten Mechanismus auf die Nachkommenzelle verteilt.

8.3.4 Regulation der Initiation bakterieller Replikation

Wie am Anfang dieses Abschnitts gesagt, kommt der Einleitung neuer Replikationsrunden eine besondere Bedeutung zu, da die Initiation am *oriC* in *E. coli* in der Regel nur einmal pro Zellzyklus erfolgt. Wir müssen hierbei zwei grundlegende Regulationsmechanismen unterscheiden: erstens die Aktivierung des *oriC* und zweitens die Hemmung neuer Replikationsrunden nach erfolgter Aktivierung. Wir sprechen in diesem Zusammenhang von positiver beziehungsweise negativer Regulation.

▶ **Positive Regulation.** Die positive Regulation, d. h. eine Aktivierung des *oriC*, hängt im Wesentlichen vom zellphysiologischen Zustand ab. Eine Initiation der Replikation erfolgt seltener unter ungünstigen, häufiger unter günstigen Bedingungen einer Bakterienkultur. Ein wichtiger Parameter ist die **Menge an verfügbarem DnaA-Protein**. Deren Regulation ergibt sich aus dem Vorkommen

einer DnaA-Bindungsstelle im Promotor des *dnaA*-Gens. Wenn das DnaA-Protein an alle DnaA-Boxen im Origin gebunden hat, aber noch genügend freies DnaA-Protein vorhanden ist (s. ▶ Abb. 8.17, kann es die Stelle im eigenen Genpromotor besetzen und als Repressor wirken. Es hemmt damit selbst den Nachschub an DnaA-Protein (Autoregulation).

▶ **Negative Regulation.** Die negative Regulation, d. h. die Hemmung einer neuen Replikationsrunde unmittelbar nach der Initiation, ist vielschichtig und wir werden uns hier auf die folgenden drei Mechanismen beschränken:

- **Hemmung der DnaA-Aktivität:** Die Hemmung des DnaA-Proteins am *oriC* erfolgt durch eine Umwandlung von DnaA-ATP- in DnaA-ADP-Komplexe. Diese Umwandlung wird durch Komponenten des Replisoms, u. a. der Pol III, vermittelt. DnaA-ADP ist nicht aktiv.
- **Abfangen von ungebundenen DnaA-Proteinen:** Ein Abfangen ungebundener DnaA-Proteine erfolgt durch eine Anhäufung weiterer DnaA-Boxen in einer Genomregion (*datA*) nahe des Origins. Die ***datA*-Region** kann bis zu 300 DnaA-Proteine binden. Nachdem *datA* durch die Replikation verdoppelt wurde, können folglich bis zu 600 DnaA-Proteine binden, sodass die intrazelluläre Konzentration an ungebundenem DnaA sinkt.
- **Isolierung des *oriC*:** Die räumliche Isolierung des *oriC* geht auf eine bestimmte Sequenz im Origin zurück. Der Origin enthält elf Kopien einer **GATC-Sequenz**. Folgen

8

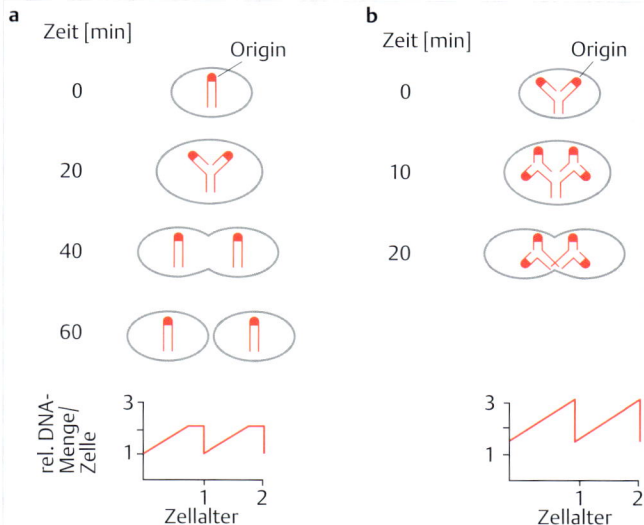

Abb. 8.22 Koordination von Replikation und Zellteilung bei Bakterien. Eine Replikationsrunde dauert 40 min, unabhängig von der Länge der Generationszeit.
a Bei langen Generationszeiten ist die DNA repliziert, bevor die Teilung einsetzt.
b Anders ist es bei kurzen Generationszeiten, wenn die DNA-Replikation nie unterbrochen wird. Zur besseren Darstellung ist das Bakteriengenom als Doppellinie (und nicht als Ring) dargestellt.

dieser Sequenz dienen im Genom von *E. coli* als Stellen für Methylierung. Jedoch erfolgt die Methylierung erst einige Zeit nach der Replikation. Dementsprechend ist die neu synthetisierte DNA in der Umgebung des Origins nur im alten parentalen, aber nicht im neu synthetisierten DNA-Strang methyliert (Hemimethylierung). Hemimethylierte DNA im *oriC* wird spezifisch von dem **SeqA-Protein** erkannt. Der *oriC*-SeqA-Komplex lagert sich daraufhin an die Cytoplasmamembran. Der Origin ist damit nicht für eine erneute Initiation zugänglich. Erst wenn etwa ein Drittel des Genoms repliziert ist, wird die Methylierungslücke geschlossen und die voll methylierte DNA von der Membran gelöst. Und erst jetzt steht sie für eine neue Initiation zur Verfügung.

Wie gesagt, dauert eine Runde der Replikation bei *E. coli* etwa 40 min. Es vergehen dann noch einmal bis zu 20 min, bis die Teilung der Zelle und damit die Weitergabe der replizierten Genome an die Nachkommen erfolgt. Das steht in einem offensichtlichen Widerspruch zu der Beobachtung, dass sich Bakterien unter sehr guten Umweltbedingungen in Abständen von 20–30 min teilen. Die Auflösung des Paradoxons ist, dass unter günstigen Bedingungen Replikationsrunden eingeleitet werden, bevor die zuvor begonnenen Runden beendet sind (▶ Abb. 8.22). Mit anderen Worten, schnell proliferierende Bakterien geben Genome, die sich noch im Zustand der Replikation befinden, an ihre Nachkommen weiter.

Merke

Die Regulation der Initiation erfordert **positive und negative Kontrollmechanismen**, wobei dem Initiatorprotein **DnaA** eine besondere Rolle zukommt. Die Regulation der bakteriellen DNA-Replikation ist eng an den physiologischen Zustand der Bakterien gekoppelt.

8.3.5 Topologische Probleme während der Replikation

Die helikale Struktur doppelsträngiger DNA birgt ein grundsätzliches topologisches Problem. Die topologische Verknüpfungszahl (S. 40) der beiden Stränge in der parentalen Doppelhelix muss am Ende einer Replikationsrunde genau null betragen, damit sich die beiden Tochtergenome voneinander trennen können. Am Beispiel der Replikation des *E. coli*-Genoms bedeutet dies, dass die ca. 4×10^5 topologischen Windungen der zwei ringförmigen Einzelstränge umeinander komplett gelöst werden müssen.

Wir werden sehen, dass eine Reduzierung der Verküpfungszahl kontinuierlich während der drei Replikationsphasen erfolgt. Dieser fundamentale Vorgang erfordert eine vorübergehende Spaltung des Zucker-Phosphat-Rückgrats und findet in prokaryotischen und eukaryotischen Systemen statt. Er wird von einer besonderen Enzymklasse, den Topoisomerasen, katalysiert. Wir werden deren elegante Mechanismen zunächst genauer beschreiben, bevor wir Lösungen der topologischen Probleme während der Initiations-, Elongations- und Terminationsphase aufzeigen.

Topoisomerasen

DNA-Topoisomerasen kommen in allen prokaryotischen und eukaryotischen Zellen vor und sind an allen Reaktionen beteiligt, die mit einer topologischen Veränderung der DNA einhergehen, so auch an der in diesem Kapitel besprochenen Replikation langer oder ringförmig geschlossener (topologisch fixierter) DNA. Darüber hinaus sind Topoisomerasen essenziell für die Transkription und die Rekombination, kurz für alle Reaktionen, bei denen sich die Windungen der DNA-Helix ändern und Verdrillungen (Supercoils) (S. 41) auftreten.

8

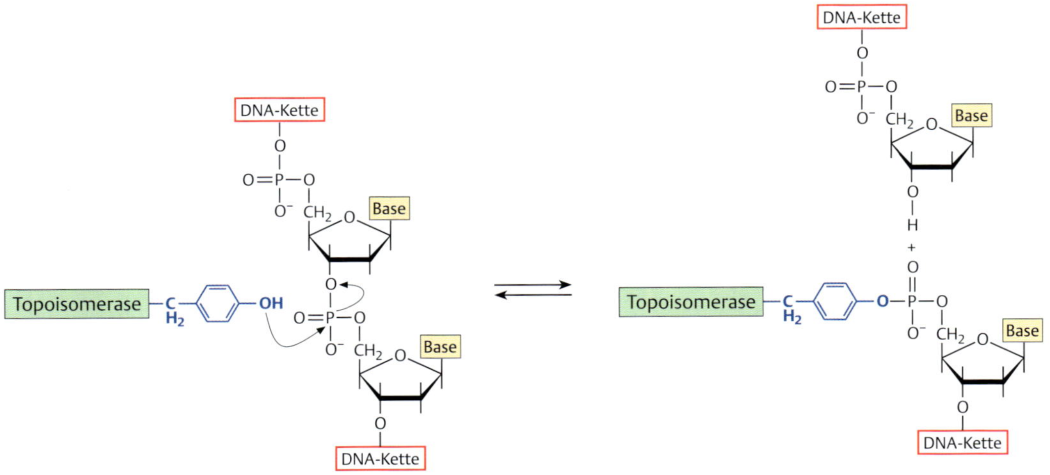

Abb. 8.23 Tyrosin im aktiven Zentrum von DNA-Topoisomerasen. Die grundlegende Reaktion ist die kovalente Bindung eines Phosphatrests an die OH-Gruppe eines Tyrosins im Enzym. Diese Reaktion ist reversibel: Öffnen und Schließen von DNA-Strängen in konzertierter Aktion. In dem gezeigten Beispiel bindet das Enzym an den 5′-Phosphatrest eines DNA-Stranges. Je nach Enzymklasse kann diese Bindung jedoch auch an einen 3′-Phosphatrest erfolgen.

Jede Topoisomerase löst ihre Aufgabe über einen mehrstufigen Prozess:

1. Das Enzym bindet so an die DNA, dass eine Phosphatbrücke zwischen einer Tyrosinseitenkette im aktiven Zentrum des Enzyms und dem Phosphodiesterband der DNA gebildet werden kann (▶ Abb. 8.23).
2. Dadurch entsteht eine Lücke in der DNA, durch die ein intakter DNA-Strang geleitet werden oder die als eine Stelle freier Drehbarkeit dienen kann.

3. Schließlich löst sich die kovalente Protein-DNA-Bindung unter gleichzeitiger Rückbildung des Phosphodiesterbands der DNA.

Im Endeffekt handelt es sich um ein konzertiertes Öffnen und Schließen von DNA-Strängen. Dieses kann ohne Energiezufuhr, z. B. ohne Spaltung von ATP, erfolgen, weil bei der Bildung der Tyrosin-Phosphat-Brücke zwischen Enzym und DNA keine Energie verloren geht.

Tab. 8.4 DNA-Topoisomerasen: ein Überblick.

Bezeichnung	Typ	Untereinheit	Größe (Aminosäuren)	Bemerkung
DNA-Topoisomerasen in *Escherichia coli*				
DNA-Topoisomerase I	I A	Monomer	865	• entspannt negativ superhelikale DNA
DNA-Topoisomerase III	I A	Monomer	653	• spaltet Einzelstrang-DNA und bildet 5′-Phosphotyrosin-Bindungen • Auflösen von Holliday-Strukturen
DNA-Gyrase	II A	Tetramer aus 2 × GyrA 2 × GyrB	 875 804	• spaltet beide DNA-Stränge • entspannt positiv superhelikale DNA • führt negativ superhelikale Windungen ein
DNA-Topoisomerase IV	II A	Tetramer aus 2 × ParC 2 × ParE	 752 630	• entspannt positiv und negativ superhelikale DNA • Auflösen von Catenanen
DNA-Topoisomerasen in Säugetierzellen				
eukaryotische Topoisomerase I	I B	Monomer	765	• bindet an Doppelstrang-DNA und schneidet einen der beiden DNA-Stränge unter Ausbildung einer 3′-Phosphotyrosinbindung • entspannt positive und negative superhelikale DNA
humane Topoisomerase IIIα	I A	Monomer	1001	• funktioniert wie die bakterielle Topoisomerase I, auch Sequenzähnlichkeiten
humane Topoisomerase IIIβ	I A	Monomer	862	• Auflösen von R-Schleifen?
humane Topoisomerase IIα	II A	Dimer aus identischen Untereinheiten	1531	• spaltet beide Stränge der DNA und entspannt negativ und positiv superhelikale Windungen
humane Topoisomerase IIβ	II A	Dimer aus identischen Untereinheiten	1626	• Regulation der Transkription

DNA-Topoisomerasen werden in zwei Klassen oder Gruppen (▶ Tab. 8.4) eingeteilt:

- **Typ-I-DNA-Topoisomerasen** führen vorübergehend Brüche in **einem** der beiden DNA-Stränge ein. Hier unterscheidet man zwei Untergruppen: die Typ-I-A-Untergruppe mit der bakteriellen Topoisomerase I als prototypischen Vertreter und die Typ-I-B-Untergruppe mit der eukaryotischen Topoisomerase I. Enzyme der Untergruppen unterscheiden sich durch ihre Struktur und durch ihre Funktionsweise.
- **Typ-II-DNA-Topoisomerasen** spalten **beide** Stränge einer DNA, leiten einen intakten Doppelstrang durch die Lücke und versiegeln dann wieder die gespaltene DNA.

Die Funktionen der Typ-I- und der Typ-II-Topoisomerasen in der Zelle überlappen teilweise, aber man kann eine Aufgabenteilung erkennen, denn die Typ-I-Enzyme sind hauptsächlich verantwortlich für die schrittweise Auflösung von Torsionsspannungen, wie in ▶ Abb. 8.24a schematisch gezeigt. Typ-II-Enzyme werden wirksam, wenn Doppelstränge umeinander gewunden sind oder gewunden werden, wie bei der Einführung von superhelikalen Windungen in bakterielle DNA, bei der Trennung von Replikationsprodukten oder bei der Trennung von Chromatiden während der Mitose. Im Folgenden werden wir die Reaktionsmechanismen der Typ-I- und Typ-II-Enzyme genauer beschreiben.

Typ-I-DNA-Topoisomerasen

In der ▶ Tab. 8.4 ist als Prototyp einer Typ-I-A-Topoisomerase die bakterielle Topoisomerase I aufgeführt, die als erste Topoisomerase im Jahr 1971 von J. C. Wang entdeckt wurde. Heute kennt man weitere bakterielle und eukaryotische Topoisomerasen dieser Untergruppe, als Topoisomerase III bezeichnet.

Alle Enzyme der **Typ-I-A-Topoisomerase-Untergruppe** haben ähnliche Strukturen und Funktionsweisen: Sie reagieren mit DNA-Einzelsträngen oder mit einzelsträngigen Bereichen in der Doppelstrang-DNA (▶ Abb. 8.24b ①), binden die Tyrosingruppe ihres aktiven Zentrums an den **5'-Phosphatrest** der geschnittenen DNA und führen dadurch eine Lücke ein (▶ Abb. 8.24b ②), durch die der intakte Einzelstrang geleitet wird (▶ Abb. 8.24b ③). Danach wird die Lücke wieder verschlossen (▶ Abb. 8.24b ④). Die Konsequenz fortgesetzter Reaktionszyklen dieser Art ist eine Entspannung negativ superhelikaler DNA durch die Erhöhung der topologischen Verknüpfungszahl in Schritten von 1. Jedoch führt die Reaktion nicht zu einer vollständigen Entspannung der DNA, weil die bakterielle Topoisomerase I Einzelstrangbereiche als Eintrittsstellen braucht, die aber nur bei entsprechend unterwundener DNA vorliegen.

Die eukaryotische Topoisomerase I ist der typische und am längsten bekannte Vertreter der **Typ-I-B-Topoisomerase-Untergruppe**. Die Enzyme dieser Untergruppe binden an doppelsträngige DNA und schneiden einen der beiden Stränge, indem die Tyrosinseitenkette mit einem

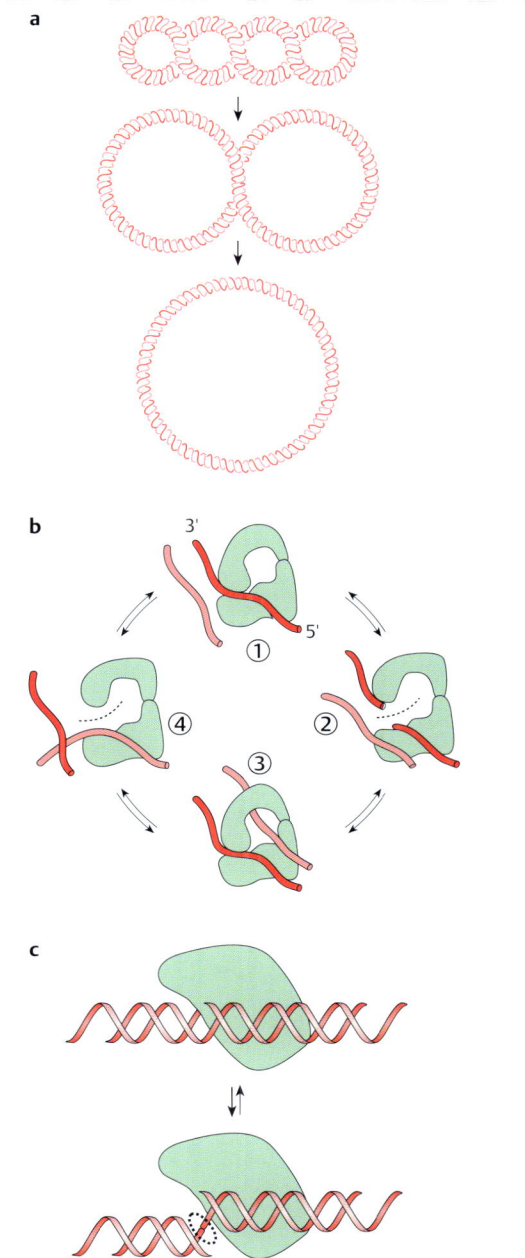

Abb. 8.24 Typ-I-DNA-Topoisomerasen. (nach Forterre P, Assairi L, Duguet M (1983) Topology, type II DNA topoisomerases and DNA replication in prokaryotes and eukaryotes. In: de Recondo A (Hrsg) New approaches in eukaryotic DNA replication. Plenum Press, NY: pp. 123–176; Wang JC (1996) DNA-Topoisomerases. Annu Rev Biochem 65: 635–692)

a Schrittweise Entspannung superhelikaler, ringförmiger DNA.

b Die bakterielle Typ-I-DNA-Topoisomerase spaltet einen der beiden DNA-Stränge und leitet den intakten DNA-Strang durch die entstandene Öffnung. Weitere Erläuterungen s. Text.

c Die eukaryotische Typ-I-DNA-Topoisomerase spaltet ebenfalls einen der beiden DNA-Stränge. Das freie, nicht an die Topoisomerase gebundene Ende des gespaltenen DNA-Strangs kann sich jetzt frei drehen, sodass die superhelikale Spannung in dem DNA-Molekül verringert wird.

3′-Ende des geschnittenen DNA-Stranges verknüpft wird. Der Schnitt ermöglicht eine Drehung des freien 5′-DNA-Endes um den intakten Einzelstrang, sodass im Laufe der enzymatischen Reaktion sowohl überwundene als auch unterwundene DNA vollständig entspannt werden kann (▶ Abb. 8.24c).

Typ-II-DNA-Topoisomerasen

Typ-II-Topoisomerasen bestehen aus mehreren Untereinheiten (▶ Tab. 8.4). Sie erkennen Kreuzungen zweier DNA-Doppelstränge und führen, versetzt um vier Basen-

paare, einen Schnitt in jeden der beiden DNA-Einzelstränge eines Doppelstrangs ein, wobei die 5′-Phosphat-enden an Tyrosinreste von verschiedenen Untereinheiten geknüpft werden. Durch diese Lücke kann ein intakter Doppelstrang nach dem Schema eines Zwei-Tore-Weges geleitet werden (*two-gate operation*), wie in der ▶ Abb. 8.25a angedeutet. Das lässt sich gut in biochemischen Tests verfolgen, denn Typ-II-Topoisomerasen entspannen über diesen Weg verdrillte DNA oder lösen verknotete Doppelstränge auf (▶ Abb. 8.25b). Physiologisch wichtig ist ihre Fähigkeit, kettenförmig verbundene DNA-Ringe (**Catenane**) zu trennen, eine Reaktion, die sich, wie

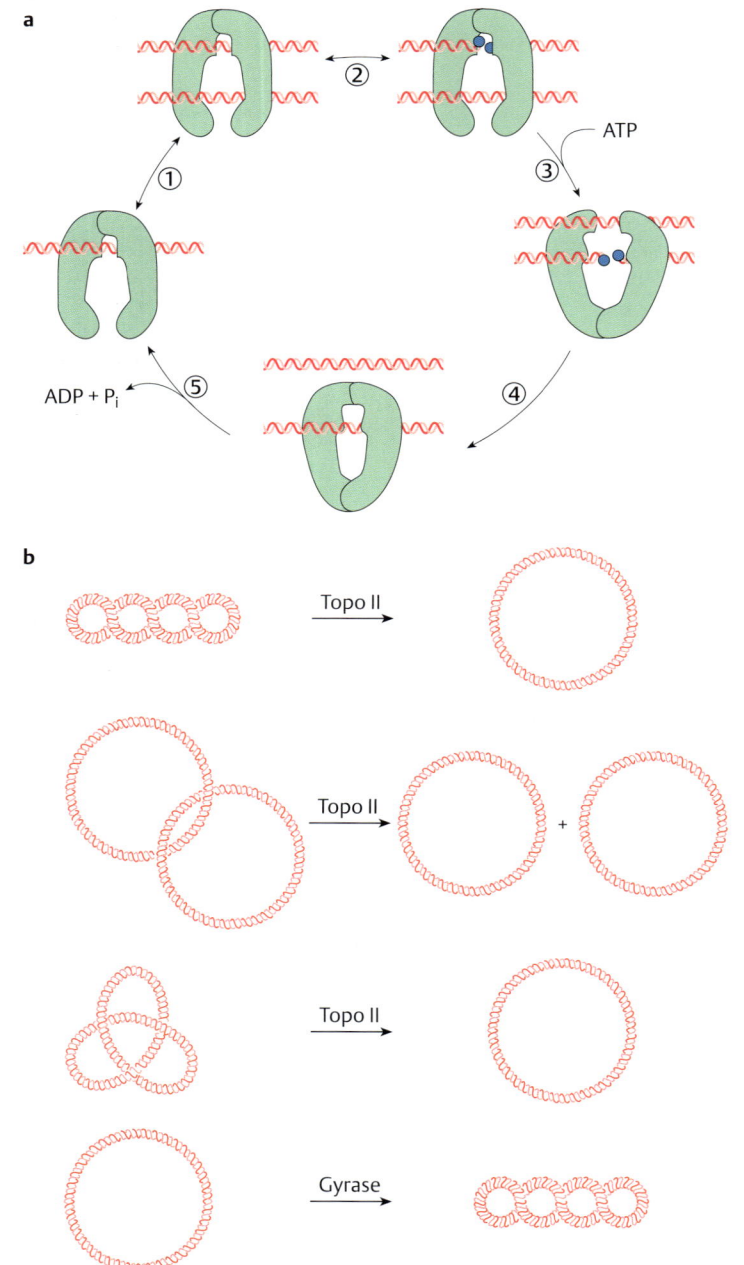

Abb. 8.25 Typ-II-DNA-Topoisomerasen. (nach Wang JC (1996) DNA-Topoisomerases. Annu Rev Biochem 65: 635–692)

a Der Zwei-Tore-Weg: Bei ① und ② ist das „untere" Enzymtor offen – zwei doppelsträngige DNA-Segmente befinden sich zu einem Zeitpunkt gemeinsam in einem zentralen Hohlraum und das „obere" DNA-Segment im aktiven Zentrum wird geschnitten. Bei ③ wird das zweite („untere"), intakte DNA-Segment durch den Strangbruch geleitet, das „obere" Tor geöffnet und der intakte DNA-Strang entlassen. In abschließenden Schritten ④ und ⑤ wird der Strangbruch geschlossen, das obere Tor geschlossen und das untere nach der ATP-Spaltung wieder geöffnet. Der gesamte Reaktionszyklus führt zu einer Veränderung der topologischen Verknüpfungszahl um 2.

b Reaktionen einer Typ-II-DNA-Topoisomerase im Reagenzglasversuch (von oben nach unten): Entspannen verdrillter DNA, Auflösen von DNA-Catenanen, Auflösen von DNA-Knoten und – als besondere Aktivität der bakteriellen Gyrase – Einführen von negativ superhelikalen Windungen.

wir später sehen werden, am Ende von Replikationsrunden abspielt. Die Typ-II-Enzyme benötigen eine ATP-Spaltung für ihren Reaktionszyklus – nicht für die konzertierte Aktion der Öffnung des DNA-Stranges und des Strangverschlusses, sondern für die Konformationsveränderungen, die das Enzym bei dem Zwei-Tore-Weg durchlaufen muss.

▶ **Bakterielle Typ-II-Topoisomerasen.** *E. coli* und verwandte Bakterien besitzen zwei Typ-II-Topoisomerasen, die **Gyrase** und die **Topoisomerase IV**. Die Gyrase besteht aus vier Untereinheiten, nämlich aus je zwei Exemplaren des GyrA-Proteins und des GyrB-Proteins (▶ Tab. 8.4). Die GyrA-Untereinheiten tragen das aktive Zentrum mit den entscheidenden Tyrosinresten, die GyrB-Untereinheiten die ATP-Bindungsstellen mit der ATPase zur Spaltung von ATP. Die bakterielle Gyrase zeichnet sich vor allen anderen Typ-II-Topoisomerasen durch eine Besonderheit aus: Sie kann negativ superhelikale Windungen durch die Verringerung der Verknüpfungszahl einführen (▶ Abb. 8.25b). Der Grund dafür ist, dass sich die gebundene DNA in Form einer Schlinge von etwa 140 bp um das Enzym windet (entfernt vergleichbar der DNA in Nucleosomen) und ein Abschnitt der Schlinge durch eine Lücke in einem anderen Abschnitt der Schlinge geleitet wird. Diese Reaktion ist nicht nur für die dichte Packung des bakteriellen Genoms als Nucleoid wichtig (S. 102), sondern aktiviert auch die Transkription an einer großen Zahl von Promotoren und die Replikation an oriC.

Die zweite bakterielle Typ-II-Topoisomerase besteht aus je zwei Untereinheiten der ParC- und der ParE-Genprodukte, die zusammen das Enzym Topoisomerase IV bilden (▶ Tab. 8.4). Beide Enzyme, die Gyrase und die Topo IV, wirken beim Auflösen von Verdrillungen an Replikationsgabeln und auch bei der Transkription. Topo IV hat darüber hinaus eine spezielle Funktion beim Auflösen von Catenanen am Ende einer Replikationsrunde.

▶ **Typ-II-Topoisomerasen in Säugetierzellen.** Auch in Säugetierzellen kommen zwei Typ-II-DNA-Topoisomerasen vor. Sie werden als Topoisomerase-II-α und Topoisomerase-II-β bezeichnet. Jedes Enzym ist aus zwei identischen Untereinheiten aufgebaut (▶ Tab. 8.4), deren Aminosäuresequenz eine evolutionäre Verwandtschaft mit den bakteriellen Gegenstücken verrät: Der aminoterminale Bereich hat Ähnlichkeiten mit der GyrB-Untereinheit und ihrer ATPase-Funktion, und ein zentral gelegener Enzymbereich entspricht der GyrA-Untereinheit mit einem Tyrosinrest im aktiven Zentrum.

Merke

Die **topologische Verknüpfungszahl** einer doppelsträngigen DNA kann in der Regel nur durch ein (kurzzeitiges) Einführen von DNA-Strangbrüchen verändert werden.
Die **Funktion von Topoisomerasen** ist es, diese für eine Zelle gefährliche Reaktion kontrolliert auszuführen.

Topologische Probleme während der Initiation und der Elongation

▶ **Initiation.** Aus DNA-topologischer Sicht ist der zentrale Vorgang während der Initiation die Entwindung des DNA-Doppelstrangs in den AT-reichen Bereichen von *oriC* (s. ▶ Abb. 8.17b). Eine Verringerung der Zahl an Helixwindungen dort wird durch Ausbildung positiv superhelikaler DNA im übrigen *E. coli*-Genom kompensiert (▶ Abb. 8.26). Dieser superhelikale Stress kann durch die Topoisomerase IV oder die Gyrase über eine Verringerung der Verknüpfungszahl aus der DNA beseitigt werden.

Es existiert eine weitere Möglichkeit, die topologischen Probleme bei der Initiation zu lösen: Die Gyrase führt zuerst unter ATP-Verbrauch durch eine Verringerung der Verknüpfungszahl negativ superhelikale Windungen in das *E. coli*-Genom ein. Diese topologische Unterwindung liefert dann die notwendige zusätzliche Energie, um die AT-reichen Bereiche in *oriC* durch DnaA-ATP-DNA-Komplexe zu entwinden. Unter anderem (S. 102) erklärt diese Abhängigkeit der Initiation von der Gyraseaktivität die stark antibakterielle Wirkung von Gyrasehemmern (Plus 8.3) (S. 186).

▶ **Elongation.** Während der Elongationsphase kommt es durch die DnaB-Helikase im Replisom zur fortlaufenden Entwindung des parentalen Doppelstrangs. Dies hat zwei (topologische) Konsequenzen:
- die Ausbildung positiv superhelikaler Windungen in der elterlichen DNA vor der Replikationsgabel und/oder
- die Entstehung von Catenanwindungen der neu replizierten Tochterstränge hinter der Replikationsgabel (▶ Abb. 8.27).

Während die Verdrillung der Tochterstränge von Typ-II-DNA-Topoisomerasen durch vorübergehende Doppelstrangbrüche aufgelöst werden kann, entspannen Typ-I-oder Typ-II-DNA-Topoisomerasen den positiven superhelikalen Stress in der parentalen DNA durch kontrolliertes Einfügen von Strangbrüchen. Wichtig ist: In beiden Fällen wird eine kontinuierliche Verringerung der topologischen Verknüpfungszahl in der parentalen DNA er-

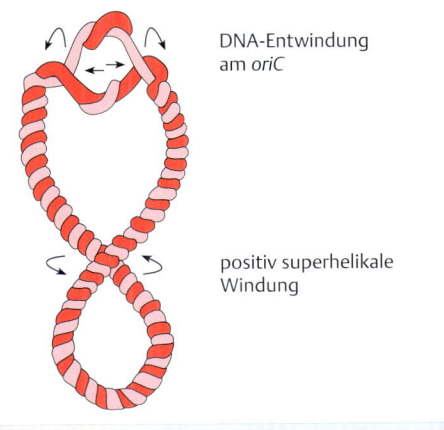

DNA-Entwindung am *oriC*

positiv superhelikale Windung

Abb. 8.26 Topologische Probleme bei der Initiation der DNA-Replikation. (nach Forterre P et al. (1983))

8

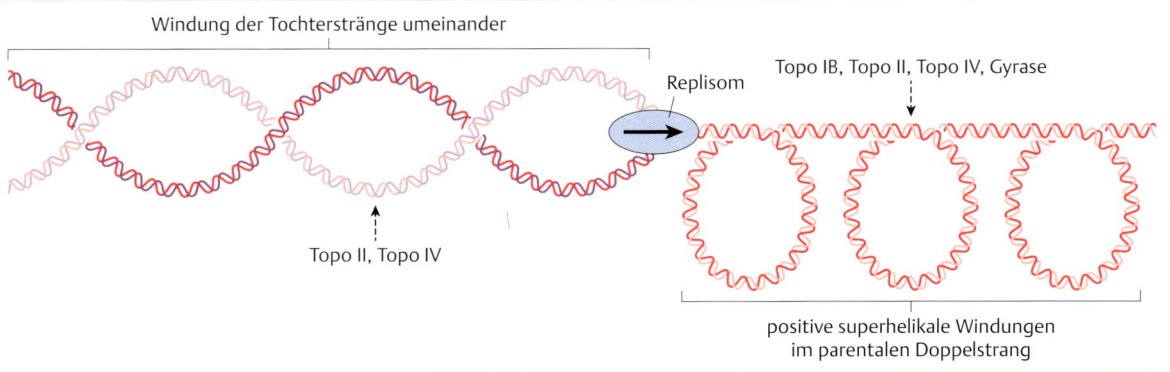

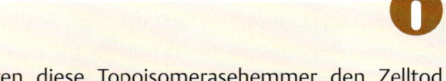

Abb. 8.27 Topologische Probleme bei der Elongation. Das Replisom wandert mit einer Replikationsgabel von links nach rechts. Die damit einhergehende Helixentwindung – die Verringerung der Anzahl an Helixwindungen (*twists*, Tw) – führt zu Doppelstrangverdrillungen vor und/oder hinter der Gabel. Diese werden von Typ-I- oder Typ-II-Topoisomerasen durch eine Verringerung der Verknüpfungszahl (*linking number*, Lk) aufgelöst. (nach Vos et al., Nature Reviews Molecular Cell Biology 2011, vol 12, 827–841)

reicht. Werden die topologischen Probleme in der parentalen DNA vor der Replikationsgabel durch eine Hemmung der Topoisomeraseaktivität nicht gelöst, kann das Replisom auseinander fallen. Dies wiederum kann eine genomische Instabilität als Folge ungewollter DNA-Strangbrüche an der Gabel auslösen.

Plus 8.3

Hemmung von Topoisomerasen

Pro- und eukaryotische Zellen benötigen Topoisomerasen. Die Tatsache, dass diese Enzyme DNA-Strangbrüche einfügen müssen, um ihre wichtigen Funktionen bei der Replikation und darüber hinaus zu erfüllen, birgt allerdings auch eine große Gefahr: die Entstehung unkontrollierter Einzel- oder Doppelstrangbrüche, die zum Zelltod (Apoptose) (S. 281) führen können. Substanzen, die Topoisomerasen hemmen, besitzen daher in der Regel zytotoxische Eigenschaften und werden schon länger sehr erfolgreich zur Bekämpfung von bakteriellen Infektionen und zur Hemmung von Tumorzellwachstum eingesetzt.

Aufgrund ihres Wirkungsmechanismus kann man zwei Gruppen von topoisomeraseinhibierenden Substanzen unterscheiden:

- Verbindungen, die die enzymatische Aktivität selbst hemmen, und
- Verbindungen, die die Verknüpfung der DNA-Enden im Topoisomerase-DNA-Komplex hemmen.

Camptothecin, eine seit Jahrzehnten in der Krebstherapie erfolgreich eingesetzte, natürlich vorkommende Substanz, **interkaliert** zwischen den offenen DNA-Enden im aktiven Zentrum der Topoisomerase IB und blockiert so die Strangverknüpfung. Fluorochinolone und Etoposide hemmen in ähnlicher Weise die bakterielle Gyrase bzw. die eukaryotische Topoisomerase II, indem sie sich zwischen die 5'- und 3'-DNA-Enden legen. Andere Substanzen wie Novobiocin hemmen dagegen die **ATPase-Aktivität** von Typ-II-Topoisomerasen oder verhindern die Bindung oder die Trennung des DNA-Stranges.

Wie führen diese Topoisomerasehemmer den Zelltod herbei? Bekannt ist, dass deren zytotoxische Wirkung eng mit der DNA-Replikation verküpft ist. Substanzen, die die Gyrase inaktivieren, zeigen ihre antibakterielle Wirkung u. a. durch die Hemmung der Replikationsinitiation, indem das Einführen negativ superhelikaler Windungen blockiert wird. Da eukaryotische Zellen keine Gyrase enthalten, ist dieser Effekt auf gram-positive und -negative Bakterien beschränkt. Deswegen kann man Gyrasehemmstoffe als Antibiotika bezeichnen (S. 102).

Substanzen, die eine Wiederverknüpfung der DNA-Stränge im Topoisomerase-DNA-Komplex verhindern, führen durch ein Aufeinandertreffen dieser Komplexe mit wandernden Replikationsgabeln oder transkribierenden RNA-Polymerasen DNA-Strangbrüche herbei. Diese aktivieren die **schadensinduzierte Checkpointkontrolle** und zelluläre **DNA-Reparaturmechanismen** (S. 277). In Tumorzellen, die sich kontinuierlich teilen und ihr Genom replizieren, kann es zu einem so großen Ausmaß an DNA-Schädigung kommen, dass die **Apoptose** eingeleitet wird. Allerdings geschieht dies auch in normalen, sich teilenden Zellen, was eine Erklärung für unerwünschte Nebenwirkungen dieser Substanzen ist.

Interessant sind in diesem Zusammenhang neue Ansätze, in denen Topoisomerasehemmer zusammen mit Substanzen eingesetzt werden, die Poly-(ADP-Ribose)-Polymerase (**PARP**) (S. 280) inaktivieren. PARP-Proteine spielen eine wichtige Rolle bei der Regulation der DNA-Reparatur, sodass eine gleichzeitige Schädigung genomischer DNA über Topoisomerasehemmer und eine Deaktivierung zellulärer Reparaturmechanismen durch PARP-Hemmer die zytotoxische Wirkung erhöhen.

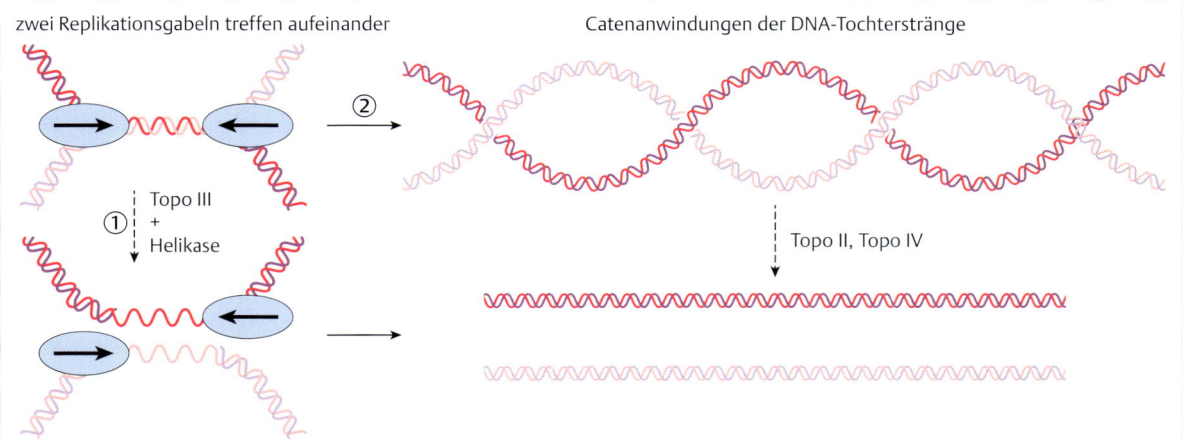

zwei Replikationsgabeln treffen aufeinander

Catenanwindungen der DNA-Tochterstränge

Abb. 8.28 Topologische Probleme am Ende. Zwei Replikationsgabeln (Replisome) treffen aufeinander. ① Trennung der parentalen DNA-Stränge und anschließende DNA-Synthese der Lücken. ② Vollständige DNA-Synthese und anschließende Lösung der DNA-Catenanwindungen durch Topoisomerasen. (nach Vos et al., Nature Reviews Molecular Cell Biology 2011, vol 12, 827–841)

Topologische Probleme während der Termination

Am Ende einer Replikationsrunde treffen die beiden Replikatiosgabeln, wie oben bereits beschrieben, im Terminationsbereich (*ter*) aufeinander. Dies stellt ein besonderes Problem für die Replikation der verbleibenden parentalen Helixwindungen dar. Grundsätzlich existieren zwei Lösungswege:

- die beiden verbleibenden Stränge im parentalen Doppelstrang werden durch eine konzertierte Aktion zwischen Topoisomerase III und Helikase topologisch getrennt, mit abschließender DNA-Synthese (▶ Abb. 8.28 ①), oder
- die DNA-Synthese wird zu Ende geführt mit gleichzeitiger Bildung von Catenanwindungen der Tochterdoppelstränge. Diese werden anschließend von Typ-II-DNA-Topoisomerasen aufgelöst (▶ Abb. 8.28 ②).

M!

Merke

Die **topologische Verknüpfungszahl** der beiden parentalen DNA-Stränge muss während der Replikation kontinuierlich verringert werden und am Ende einer Replikationsrunde null sein. Nur so ist garantiert, dass die Tochterchromosomen auf Nachkommenzellen verteilt werden können. Dieser Vorgang wird von Topoisomerasen katalysiert, die DNA-Strangbrüche einführen. Werden Topoisomerasen gehemmt, können die verschiedenen Replikationsphasen nicht zu Ende geführt werden – mit negativen Folgen für die Genomstabilität und Lebensfähigkeit einer Zelle.

8.3.6 Andere Probleme während der DNA-Replikation

Neben den beschriebenen topologischen Problemen existieren andere potenzielle Hindernisse in einem Genom, die ein Fortschreiten der Replikationsgabel blockieren können. Dazu gehören vor allem Transkriptionsprozesse.

In proliferierenden prokaryotischen und eukaryotischen Zellen finden Replikation und Transkription gleichzeitig statt. Es ist daher unvermeidbar, dass Replisome in stark transkribierten Genomabschnitten, wie z. B. den ribosomale Genen, mit RNA-Polymerasen zusammenstoßen (▶ Abb. 8.29). Diese Kollisionen können zur Zerstörung des Replisoms mit anschließenden DNA-Strangbrüchen an der Replikationsgabel führen. Um dies zu vermeiden, werden bestimmte Helikasen aktiviert (z. B. RecBC in *E. coli*). Sie entwinden parentale DNA, entfernen dabei RNA-Polymerasen von der DNA-Matrize und ermöglichen so das Fortschreiten der Replikationsgabel.

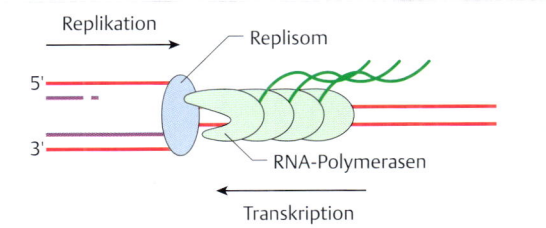

Abb. 8.29 Kollision von Replisom und RNA-Polymerasen. Ein Replisom kann mit RNA-Polymerasen zusammenstoßen, die nacheinander einen Genomabschnitt transkribieren. (nach De Septenville et al., PLOS Genetics 2012, vol 8, e1002622)

Replikation und Transkription erfolgen zeitgleich. Dies hat offensichtlich Konsequenzen für die Evolution des *E. coli*-Genoms gehabt, denn der Teil des Genoms, der im Uhrzeigersinn repliziert wird, besitzt mehr Transkriptionseinheiten, die ebenfalls im Uhrzeigersinn transkribiert werden. Und das Entsprechende gilt für den Teil des Genoms, der gegen den Uhrzeigersinn repliziert wird. Kommt es dennoch zu einer Kollision, werden Helikasen aktiviert, die die parentalen Stränge zu entwinden und Blockaden aufzulösen helfen.

8.4 Replikation des eukaryotischen Genoms

Aufgrund der grundlegenden biologischen Bedeutung ist es naheliegend, dass die Mechanismen genomischer DNA-Replikation in prokaryotischen und eukaryotischen Zellen ähnlich sind. So sind z. B. das entscheidende Ereignis bei der Einleitung der Replikation in Eukaryoten genauso wie in Bakterien die Wechselwirkung von Initiatorproteinen mit den Startstellen der Replikation (Origins) und nachfolgend die lokale Entwindung der Eltern-DNA und die Einrichtung der Replikationsgabeln. Sowohl die Entstehung als auch Lösung topologischer Probleme während der Replikation (S. 181) sind ebenfalls nahezu identisch. Dennoch – die eukaryotischen Verhältnisse sind deutlich komplizierter und unterscheiden sich in wichtigen Merkmalen. Wir beginnen diesen Teil des Kapitels diesbezüglich mit grundsätzlichen Aussagen, die schon seit Langem bekannt sind, und widmen uns anschließend einer genaueren Betrachtung eukaryotischer Besonderheiten während der drei wichtigen Phasen der Replikation und darüber hinaus.

8.4.1 Replikationsstartpunkte

Definition

Ein **Replikationsabschnitt** ist ein Bereich des Genoms, der von einem Startpunkt (Origin) aus repliziert wird (▶ Abb. 8.30).

Schon aus theoretischen Überlegungen, wenn man sich an die Größe eukaryotischer Chromosomen erinnert und zugleich berücksichtigt, dass sich eukaryotische Replikationsgabeln mit einer Geschwindigkeit von nur etwa 3 000 bp pro Minute bewegen, muss man zu dem Schluss kommen, dass Eukaryotengenome viele Replikationsstartpunkte (Origins) enthalten. Falls nur ein zentraler Origin vorläge, würde die bidirektionale Replikation des größten menschlichen Chromosoms (mit ca. 260 Millionen Basenpaaren) mehr als 30 Tage dauern, was offen-

sichtlich absurd ist. In Wirklichkeit besitzen alle eukaryotischen DNA-Moleküle viele Startpunkte, die in Abständen von einigen Zehntausend bis Hunderttausend Basenpaaren auf den genomischen DNA-Molekülen verteilt sind. An jedem Startpunkt entstehen Replikationsgabeln, die sich im Verlauf der Replikation in beide Richtungen voneinander entfernen (▶ Abb. 8.30).

Aktivität von Replikationsstartpunkten

Manche Genomabschnitte werden früh, andere spät in der S-Phase repliziert, und diese Reihenfolge bleibt bei aufeinanderfolgenden Zellzyklen erhalten. Einer der Gründe dafür ist die Struktur des Chromatins, denn DNA im locker angeordneten Euchromatin wird früh und DNA im dicht gepackten Heterochromatin wird spät in der S-Phase repliziert.

Es gibt Ausnahmen. Am bekanntesten sind die extrem kurzen S-Phasen sich schnell teilender Zellen während der frühen Embryonalentwicklung mancher Organismen. Als Beispiel enthält die ▶ Tab. 8.5 einige Angaben über die Verhältnisse bei der Taufliege *Drosophila melanogaster*. Aus den Zahlenwerten kann man auf zwei Gründe für kürzere S-Phasen schließen: kleinere Replikationsabschnitte und gleichzeitige (synchrone) Aktivierung aller Startpunkte.

Ein Beispiel für verlängerte S-Phasen findet man dagegen in Keimzellen, die ihr Genom vor der meiotischen Teilung replizieren. Verglichen mit mitotischen Zellen wird in diesen Zellen eine ganze Reihe von Origins erst mit einiger Verzögerung aktiviert. Im Gegensatz zu *E. coli*, wo die Replikationsdauer durch den einzigen Origin fest-

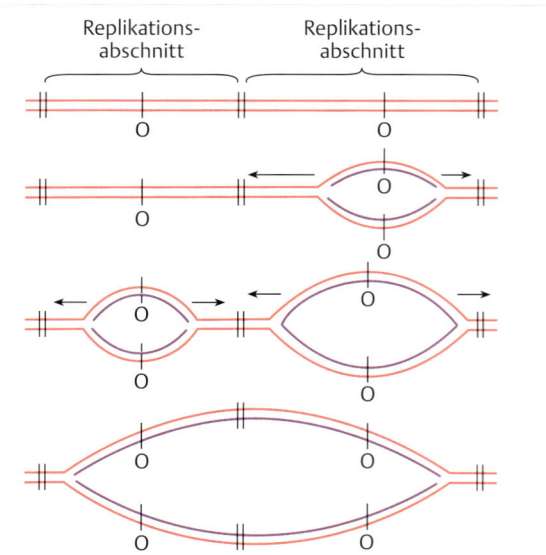

Abb. 8.30 Viele Origins im eukaryotischen Genom. Erläuterungen s. Text. O = Origin, rote Linien = parentale DNA, violette Linien = neusynthetisierte DNA. (nach Huberman JA, Riggs AD (1968) On the mechanism of DNA replication in mammalian chromosomes. J Mol Biol 32: 327–341; Prescott DM, Kuempel PL (1973) Autoradiography of individual DNA molecules. Methods Cell Biol 7: 147–156)

8

Tab. 8.5 Dauer des Zellzyklus von *Drosophila*-Zellen.

Zellen	Dauer des Zellzyklus	Dauer der S-Phase [min]	Abstand zwischen Origins [kb]	Elongationsrate [kb min^{-1}]
frühe Embryonalentwicklung (Furchungsstadium)	10 min	3–4	7,5	2,6
spätere Embryonalentwicklung (Blastoderm)	1 h	20	10,6	nicht gemessen
Zellkulturzellen (Zellen des adulten Tieres)	20 h	600	40–200	2,6

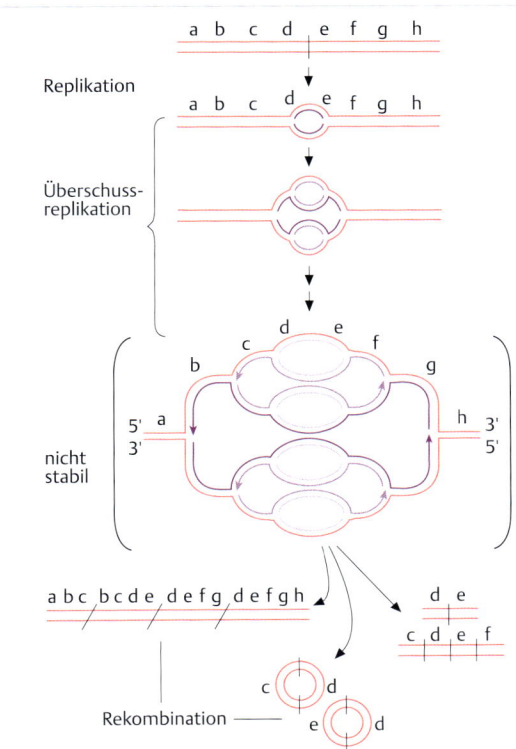

Abb. 8.31 DNA-Amplifikation über lokale Polytänisierung. Aus unbekannten Gründen repliziert ein umschriebener DNA-Abschnitt mehrfach während eines Zellzyklus. Die Konsequenzen sind Rekombinationsvorgänge, die entweder zu Blöcken sich wiederholender DNA unterschiedlicher Länge führen oder zu Abschnürungen mit der Ausbildung extrachromosomaler zirkulärer DNA (oft als *double minute chromosomes* bezeichnet). (nach Stark GR, Deatisse M, Giulotto E, Wahl GM (1989) Recent progress in understanding mechanisms of mammalian DNA amplification. Cell 58: 901–908)

gelegt ist, können eukaryotische Zellen demnach ihre Replikationsphase flexibler regulieren.

Merke

Eukaryoten-Genome enthalten viele Replikatonsstartpunkte. Diese sind meist nicht gleichzeitig aktiv.

Genomabschnitte, die früh in der S-Phase repliziert worden sind, werden später nicht noch einmal repliziert. Das ist alles andere als selbstverständlich, denn zwischen dem Anfang und dem Ende der S-Phase liegen normalerweise mehrere Stunden, und bereits replizierte und noch nicht replizierte DNA liegen auf engem Raum nebeneinander im Zellkern, der ganz auf Replikation eingestellt ist. Erklärungen für die Regel, dass jeder DNA-Abschnitt „einmal und nur einmal" repliziert wird, erfahren wir auf den folgenden Seiten.

Aber auch hier gibt es Ausnahmen. In bestimmten Entwicklungsstadien von Insekten, in Tumorzellen oder nach chronischer Einwirkung von Zellgiften können sich mehr oder weniger lange Genomabschnitte der „Einmal-Regel" entziehen und mehrfach im Laufe eines Zellzyklus replizieren. Das Ergebnis sind **polytäne Chromosomen** (S. 158) in Zellen von Insektenlarven (S. 156) oder Amplifikationen von umschriebenen DNA-Abschnitten in Tumorzellen (▶ Abb. 8.31) (Plus 8.4).

Merke

Jeder Abschnitt des Genoms wird während einer S-Phase nur ein einziges Mal repliziert. Anders gesagt, Genomabschnitte, die früh in der S-Phase repliziert worden sind, werden später nicht noch einmal repliziert.

Plus 8.4

Amplifikation von Genomabschnitten

Die Verbindung **Methotrexat** wird in der Klinik oft bei der Chemotherapie von Tumorerkrankungen eingesetzt. Methotrexat hemmt das Enzym Dihydrofolat-Reduktase, eine Komponente des Syntheseswegs für Nucleotide, und tötet deswegen schnell wachsende Zellen. Einige Zellen überleben die Behandlung und darunter sind solche, die im Verlauf der Methotrexatbehandlung allmählich einen Genomabschnitt von etwa 150 kb Länge um das 20–50-Fache amplifizieren. Dieser Genomabschnitt enthält das Dihydrofolat-Reduktase-Gen, sodass die Zellen ein Vielfaches der normalen Enzymmenge bilden können und resistent gegen Methotrexat werden. Die amplifizierte DNA kann sich in langen Blöcken hintereinander anordnen. Dies fällt schon bei einer einfachen mikroskopischen Betrachtung von Chromosomen auf (HSR, *homogeneously staining regions*). Die amplifizierte DNA kann aber auch aus dem Verband des Chromatins entlassen werden und als eine Art Minichromosom (*double minute chromosome*) weiter existieren. Die Minichromosomen enthalten keine Centromere und werden deshalb bei der Mitose ungleichmäßig auf die Nachkommen verteilt. Nur Zellen mit Minichromosomen überleben in Gegenwart von Methotrexat.

8

Replikation und Strukturen des Zellkerns

Dass die Replikation an Strukturen des Zellkerns gebunden ist, ist der noch am wenigsten verstandene Aspekt eukaryotischer DNA-Replikation. Zellbiologen zeigen, dass Replikationsereignisse nicht gleichmäßig verteilt sind, sondern dass Gruppen von bis zu mehreren Dutzend Replikationsgabeln eng benachbart im Zellkern vorkommen. Manche Forscher beschreiben diese Beobachtung als Replikationsfabriken (*replication factories*) und meinen damit, dass viele Replikationsgabeln – vermutlich über deren Replisome – gemeinsam an eine Kernstruktur gebunden sein könnten. Tatsächlich findet man neu synthetisierte DNA oft in Präparationen der Kernmatrix. Eine Deutung ist, dass Replikationsapparate mit den DNA-Polymerasen und anderen replikativen Proteinen an eine Struktur gebunden sind und dass Chromatinschleifen im Zuge der Replikation durch die stationären Apparate gezogen werden.

Nucleotidsequenzen von Replikationsstartpunkten

Wichtige Kenntnisse von der Einleitung der eukaryotischen DNA-Replikation stammen aus Untersuchungen an der Hefe *Saccharomyces cerevisiae*. Das hat zwei Gründe: Von außen eingeführte ringförmige Plasmide replizieren in den Kernen von Hefezellen, allerdings nur wenn in die Plasmid-DNA kurze definierte Abschnitte des Hefegenoms eingebaut worden sind. Diese kurzen Abschnitte verleihen den Plasmiden die Fähigkeit zur autonomen Replikation, also zu einer Replikation, die unabhängig neben der Replikation der eigentlichen Hefechromosomen abläuft. Deshalb bezeichnet man die kurzen Abschnitte als **autonom replizierende Sequenzen** (ARS, *autonomously replicating sequences*). Forschungen haben gezeigt, dass ARS-Elemente nicht nur übertragene Plasmide zur autonomen Replikation verhelfen, sondern in den Hefechromosomen selbst als Startstellen der Replikation, also als Origins, wirken. Das Hefegenom enthält insgesamt etwa 750 ARS-Elemente, die in Abständen von durchschnittlich 16 000 bp in den DNA-Fäden der Hefechromosomen vorkommen. Nicht alle, sondern vielleicht nur ein Drittel der ARS-Elemente werden als Startstellen der Replikation herangezogen. Typische ARS-Elemente umfassen 150–200 bp und bestehen aus einem Teilabschnitt von 11 AT-Basenpaaren (ARS-Konsensus) und zwei oder drei anderen, funktionell wichtigen Teilabschnitten, deren Sequenzen allerdings von ARS zu ARS verschieden sind.

Origins in vielzelligen Eukaryoten, etwa in den Genomen von Tieren und Pflanzen, sind im Laufe der vergangenen Jahre mit teils aufwendigen Methoden untersucht worden. Gemeinsame Sequenzmerkmale traten nicht zu Tage. Anders gesagt, es sieht so aus, als wenn die ungefähr 10 000 Origins im Humangenom unterschiedliche Basenpaarsequenzen haben. Ganz anders als im Bakteriengenom, wo sich der Origin durch eine ganz genaue Folge von Basenpaaren auszeichnet, besteht also in Euka-ryotengenomen eine hohe Flexibilität, was die Startpunkte der Replikation betrifft. Man findet, dass Replikationen sehr oft in der Nähe von aktiven Genen beginnen. Ein Grund dafür ist, dass dort das Chromatin relativ locker gepackt ist, was den Zugang von Initiationsfaktoren zur DNA erleichtert. Zudem könnten Transkriptionsfaktoren die Bindungen von Initiatorproteinen fördern. Wie auch immer, ein Vorteil der Flexibilität ergibt sich bei einem Blick auf die ▶ Tab. 8.5. Je nach Entwicklungs- oder Differenzierungszustand können mehr oder weniger Origins aktiviert und so die Replikationsdauer angepasst werden.

Merke

Eukaryotische Genome enthalten viele über das Genom verteilte **Replikationsstartpunkte** (Origins). Diese sind nicht durch eine bestimmte Basenpaarsequenz definiert. Origins scheinen in Gruppen organisiert zu sein, die an Kernstrukturen binden, wo sie von Initiatorproteinen erkannt und aktiviert werden. Häufig beginnt die Replikation in der Nähe von aktiven Genen, da dort das Chromatin nur locker gepackt ist.

Die **Dauer einer Replikationsrunde** kann über die Anzahl aktivierter Origins direkt reguliert und so an die zellphysiologischen Bedingungen angepasst werden.

8.4.2 Initiation eukaryotischer Replikation

Die Initiation der Replikation ist eng mit der Regulation des Zellzyklus (S. 210) verknüpft. Der erste Schritt bei der Initiation ist die Bindung des **Origin-Erkennungskomplexes** (ORC, *origin recognition complex*) mit seinen sechs verschiedenen Untereinheiten an doppelsträngige DNA (▶ Abb. 8.32). Für diese Komplexbildung ist keine spezifische Nucleotidsequenz in der parentalen DNA erforderlich. Später kommen dann die Cdc6- und Cdt1-Proteine hinzu (Plus 8.5) (S. 192), die beide selbst wieder auf komplizierte Weise reguliert werden. Diese Proteine wirken, zusammen mit dem ORC, unter ATP-Hydrolyse als Ladungsfaktoren für den MCM-Komplex. Letztere wiederum setzen sich aus jeweils sechs verschiedenen Untereinheiten, Mcm2 bis Mcm7, zusammen und werden sich später, vergleichbar dem DnaB-Protein in *E. coli*, an der Helikasefunktion beteiligen. Man bezeichnet diese Ensembles von Proteinen an Origins als **Präinitiationskomplexe**. Im Gegensatz zur Initiation am *oriC* in *E. coli* kommt es in dieser Phase noch nicht zur Ausbildung von einzelsträngigen DNA-Regionen. Mit der Fertigstellung des Präinitiationskomplexes ist das Chromatin jedoch bereit („lizenziert") für die Replikation (▶ Abb. 8.32). Wichtige an der Initiation beteiligte Proteine wurden durch die Analyse von replikationsdefekten Hefemutanten identifiziert (Plus 8.6) (S. 192).

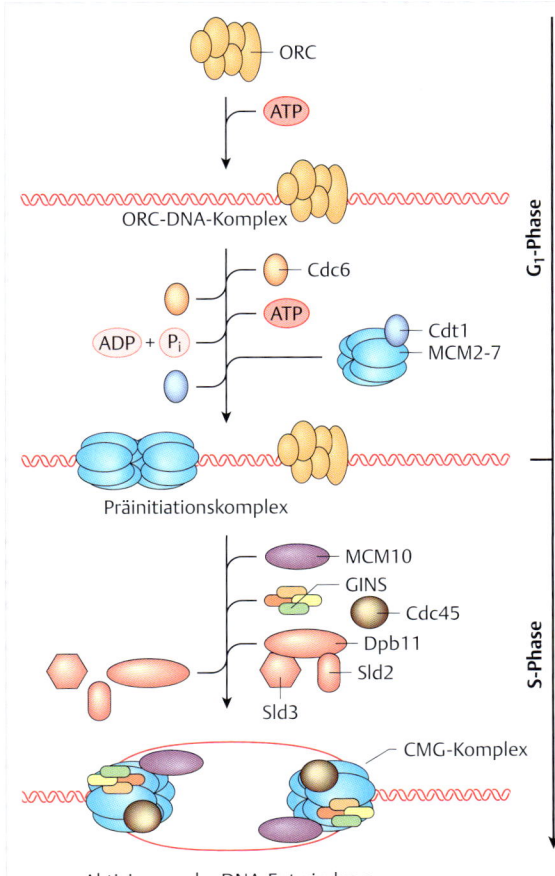

Abb. 8.32 Der komplizierte Aufbau von Initiationskomplexen. Wir betrachten hier im Wesentlichen den Vorgang bei der Hefe. In der G$_1$-Phase lagert sich zunächst der ORC an die DNA. Die Ladungsfaktoren Cdc6 und Cdt1 unterstützen die Anlagerung des MCM-Komplexes unter Hydrolyse von ATP an die DNA. Zu Beginn der S-Phase phosphoryliert eine cyclinabhängige Proteinkinase das Protein Cdc6p und leitet den Austausch mit Cdc45p ein. Das ist ein wichtiger Schritt bei der Einrichtung von Replikationsgabeln. Während der S-Phase entwinden die beiden CMG-Komplexe (Cdc45-MCM-GINS-Komplexe) den parentalen DNA-Strang und leiten den Zusammenbau der beiden Replisome ein. ORC = Origin-Erkennungskomplex; Hexamer aus sechs verschiedenen Proteinen; MCM = Hexamer aus sechs verschiedenen Proteinen; Cdc6 und Cdt1 = Beladungsfaktoren für Mcm-Proteine (nach Remus und Diffley, Current Opinion in Cell Biology 2009, vol 21, 771–777)

Eine zentrale Rolle bei der anschließenden Aktivierung der Initiation kommt den im Zellzyklus streng regulierten cyclinabhängigen Proteinkinasen (Cyclin A/Cdks) zu, die das Protein Cdc6 phosphorylieren. Das geschieht zu Beginn der S-Phase und ist eine Voraussetzung für den Austausch von Cdc6 gegen ein anderes Protein, Cdc45 (▶ Abb. 8.32). Die Aktivierung der Initiation ist weiterhin abhängig von einer Gruppe aus vier verschiedenen, zusammenhängenden Proteinen, die gemeinsam als GINS bezeichnet werden. Zusammen mit den Proteinen Cdc45,

MCM2–7 bildet GINS den **CMG-Komplex**, der die eigentliche **aktive replikative Helikase** von Eukaryoten ist.

Wie in der ▶ Abb. 8.32 angedeutet, sind noch weitere Proteine am Initiationsvorgang beteiligt (z. B. MCM10), aber funktionell am wichtigsten ist wohl, dass der CMG-Komplex als Helikase in 3'-5'-Richtung entlang des Vorwärtsstrangs wandert und dabei den DNA-Doppelstrang entwindet.

Mit der Entstehung längerer DNA-Einzelstrangbereiche werden die DNA-Polymerase α und andere Komponenten geladen und Replikationsgabeln eingerichtet – als Voraussetzung für die bidirektionale Replikation (vgl. ▶ Abb. 8.30).

Wir hatten gesagt, dass jeder Abschnitt des Genoms einmal und nur einmal während einer S-Phase repliziert werden darf. Dies wird durch den Zerfall des Präinitiationskomplexes im Laufe der S-Phase gewährleistet, denn Cdc6 wird phosphoryliert, abgelöst und sehr schnell abgebaut bzw. aus dem Zellkern transportiert. Das Cdc6-Protein trägt daher auch die Bezeichnung Lizenzierungsfaktor (*licensing factor*). Dasselbe Schicksal ereilt eine Untereinheit von ORC (Orc1), wogegen die übrigen fünf Orc-Untereinheiten sehr wahrscheinlich während eines Zellzyklus im Komplex mit der Origin-DNA verbleiben. Des Weiteren werden Mcm-Proteine phosphoryliert und verlassen deswegen das Chromatin. Erst am Ende der Mitose und früh in der folgenden G$_1$-Phase werden wieder neue Präinitiationskomplexe zusammengesetzt.

Das Verblüffende an der Initiation der eukaryotischen DNA-Replikation ist die Komplexität. Wir erinnern uns, dass bakterielle Genome mit zwei oder drei Initiatorproteinen auskommen, nämlich dem DnaA-Protein und dem DnaC-Protein, das die DnaB-Helikase zum Origin bringt. Die Frage ist, warum Eukaryotengenome fast zwei Dutzend Proteine benötigen. Eine naheliegende Möglichkeit ist, dass viele Proteine zugleich Regulationssignale empfangen und die Komplexität mit der genauen Kontrolle dieses so entscheidend wichtigen Prozesses im Leben einer Zelle zu tun hat (S. 207).

Merke

Die **Initiation der Replikation in Eukaryoten** unterliegt einer positiven und einer negativen Regulation. Die positive Regulation erfolgt im Wesentlichen durch die Bildung von drei Komplexen:
- ORC-Origin-DNA-Komplex
- Präinitiationskomplex
- aktiver Helikasekomplex

Im Zuge der negativen Regulation werden weitere Replikationsrunden – nach erfolgreicher Initiation – gehemmt, indem diese Komplexe (teilweise) aufgelöst und Lizenzierungsproteine rascher abgebaut bzw. schneller aus dem Zellkern entlassen werden.

8

Plus 8.5

AAA⁺: ATPasen für die Beladung von DNA mit Proteinkomplexen und anderes mehr

Wir haben im Text darauf hingewiesen, dass viele Proteine mit Funktionen bei der Initiation der Replikation ATP binden und spalten können. Dazu gehört das DnaA-Protein von Bakterien und Orc-Proteine (Orc1p, Orc4p, Orc5p) von Eukaryoten. Dazu kommen noch das Cdc6-Protein und die Mcm-Proteine (im Helikasekomplex). Aber ATP-Bindung und -Spaltung ist auch ein Kennzeichen der Proteine, die für die Beladung mit Ringklemmen verantwortlich sind, von Komponenten des bakteriellen γ-Komplexes und der eukaryotische Replikationsfaktor C (RFC) mit seinen fünf Untereinheiten.

Die genannten Proteine haben eine zentrale Region aus etwa 200 Aminosäuren mit sieben bis acht konservierten Sequenzmotiven. Dazu gehören zwei, die Bestandteile einer ATP-bindenden Domäne sind, wie J. E. Walker und Mitarbeiter (1982) zuerst beschrieben haben.

–––– GXXGXGKT –––– –––––– DEXD ––––––
Walker-A-Motiv   Walker-B-Motiv

Das **Walker-A-Motiv**, insbesondere der Lysinrest (K), bestimmt die Lage des γ-Phosphatrests von ATP und das **Walker-B-Motiv** hält ein Magnesium-Ion, vermutlich auch ein Wassermolekül, in einer Position, die für die ATP-Spaltung (ATPase) geeignet ist. Mutationen in den wichtigen Aminosäuren stören die Funktion der Replikationsfaktoren.

Aber man findet die zentrale Region mit den konservierten Sequenzmotiven nicht nur bei den genannten Proteinen, sondern auch bei ATP-abhängigen Proteasen in Eukaryoten, Archaeen und Bakterien. Ein Beispiel ist die FtsH-Protease, die die bakteriellen σ-Faktoren oder das Lambda-CII-Protein (S. 132) abbaut. Andere Beispiele sind die Proteasen im Proteasom (S. 355) und auch einige Proteine mit Funktionen beim Aufbau von Zellorganellen gehören dazu.

Diese weitverbreitete Klasse der ATP-spaltenden Proteine mit den mehr oder weniger gut konservierten zentralen Sequenzmotiven bezeichnet man als AAA⁺-Proteinklasse, wobei das AAA für *ATPase associated with different cellular activities* steht. Ihr gemeinsames Kennzeichen sind Protein-Protein-Wechselwirkungen, die mit Veränderungen der Konformation einhergehen.

Plus 8.6

Identifizierung von Initiatorproteinen

Wie an anderer Stelle beschrieben, wurde eine lange Reihe von Hefemutanten mit Störungen im Zellzyklus isoliert. Unter diesen Mutants sind auch einige mit Veränderungen in Genen für Initiatorproteine. Dazu gehören Mutanten mit Bezeichnungen wie *cdc6* und *cdc45*. Andere Mutationen beeinflussen die autonome Replikation von ARS-haltigen Plasmiden. Die betreffenden Gene haben deshalb Bezeichnungen wie *mcm2* bis *mcm7* (mcm, *minichromosome maintenance*). Aber auch biochemische Untersuchungen halfen weiter: Ein Komplex aus sechs Hefeproteinen bindet in Gegenwart von ATP spezifisch an die ARS-Elemente und erhielt deswegen die Bezeichnung Origin-Erkennungskomplex (ORC, *origin recognition complex*) mit den Proteinen Orc1p bis Orc6p. Der wichtige Punkt ist hier, dass all diese Gene und Proteine zwar ursprünglich bei Untersuchungen an Hefezellen entdeckt, aber danach auch bei allen anderen Eukaryoten nachgewiesen wurden. Deswegen kann man davon ausgehen, dass die grundlegenden Ereignisse am Origin bei allen Eukaryoten im Prinzip ähnlich ablaufen. Diese werden im Text am Beispiel von *Saccharomyces cerevisiae* genauer beschrieben.

8.4.3 Elongationsphase eukaryotischer Replikation

Im Wesentlichen gilt das in der ▶ Abb. 8.19 dargestellte Modell der Elongationsphase bei Bakterien inklusive der postulierten Schleifenbildung des Rückwärtsstrangs auch für Replikationsgabeln im Eukaryotengenom. Es existieren jedoch wichtige Besonderheiten, die wir im Folgenden anhand der ▶ Abb. 8.33 hervorheben:

- Die Synthese der Okazaki-Fragmente erfolgt durch die DNA-Polymerase α. Diese bildet einen sehr stabilen Komplex mit der DNA-Primase und synthetisiert so zuerst einen kurzen RNA-Abschnitt aus acht bis zehn Ribonucleotiden. Der RNA-Primer wird dann durch 20–30 Deoxynucleotide verlängert, bevor die DNA-Polymerase δ die Synthese weiterführt, bis das Ende des vorherigen Okazaki-Fragments auf dem Rückwärtsstrang erreicht ist.
- Man geht heute davon aus, dass die DNA-Polymerase δ den größten Teil eines Genoms auf dem Rückwärtsstrang repliziert. Das Enzym muss jedoch mit den Proteinen PCNA (*proliferating cell nuclear antigen*) und Replikationsfaktor C (RFC) zusammenarbeiten. PCNA funktioniert wie die β-Untereinheit der DNA-Polymerase III in *E. coli* als Ringklemme und ermöglicht eine kontinuierliche (prozessive) Replikation, d. h. es verhindert während der DNA-Synthese ein vorzeitiges Abfallen der Polymerase von der Matrize. Der RFC wiederum ist für die Bildung der Ringklemme um den Matrizenstrang verantwortlich, indem er die ringförmige Struk-

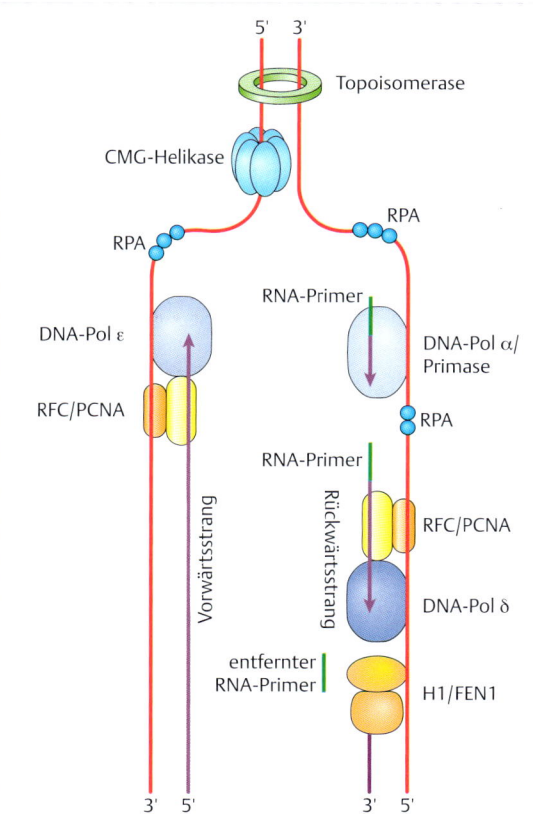

Abb. 8.33 Ein Modell des eukaryotischen Replisoms. Der als Helikase aktive CMG-Komplex entwindet den elterlichen DNA-Doppelstrang, und Topoisomerasen lösen die dadurch entstehenden DNA-Verdrillungen durch eine Verringerung der Verküpfungszahl auf, sodass Gabelwanderung und DNA-Synthese ungehindert voranschreiten können. Die nun einzelsträngigen DNA-Abschnitte werden von dem Replikationsprotein A stabilisiert (s. Plus 8.1) (S. 170) und so für die DNA-Polymerasen α und δ/ε als Matrize zur Verfügung gestellt. Ungeklärt ist die Frage, ob die Helikase unabhängig vom Replisom arbeitet. Durch einen direkten Helikase-Replisom-Kontakt könnten z. B. DNA-Entwindung und -Synthese besser koordiniert werden. Erste Hinweise deuten auf die Existenz eines Gabelstabilisierungskomplexes hin, der die DNA-Polymerasen mit dem Helikasekomplex im Replisom verbindet. RFC = Replikationsfaktor C, RPA = Replikationsprotein A, H1 = Ribonuclease H1, FEN1 = Ribonuclease FEN1.

tur des trimeren PCNA über ATP-Spaltung kontrolliert (s. Plus 8.5).

- Aktuelle Modelle gehen davon aus, dass vorwiegend die DNA-Polymerase ε für die DNA-Synthese auf dem Vorwärtsstrang verantwortlich ist. Auch sie ist auf eine Bindung an das PCNA-Protein und auf die Mitwirkung des Replikationsfaktors C angewiesen, um eine prozessive DNA-Synthese durchzuführen.
- Die DNA-Polymerasen α, δ und ε weisen keine 5'-3'-Exonucleaseaktivität auf und können daher, im Unterschied zur DNA-Polymerase I von *E. coli*, RNA-Primer nicht entfernen. In Eukaryoten übernehmen diese

wichtige Funktion zwei Nucleasen: die Ribonuclease H1 und FEN1 (s. Plus 8.2) (S. 170).

Merke

Trotz ihrer Ähnlichkeit gibt es hinsichtlich einzelner enzymatischer Funktionen wichtige Unterschiede zwischen den **prokaryotischen und eukaryotischen Replikationsgabeln**. So existiert z. B. eine Arbeitsteilung am Vorwärts- und Rückwärtsstrang, die von verschiedenen eukaryotischen DNA-Polymerasen repliziert werden. Außerdem wandert der Helikasekomplex bei Eukaryoten entlang der Matrize für den Vorwärtsstrang und spezifische Nucleasen entfernen die RNA-Primer.

8.4.4 Termination eukaryotischer Replikation

Gegen Ende einer Replikationsrunde treffen Gabeln eines Replikationsabschnitts auf die entgegenkommenden Gabeln des benachbarten Abschnitts (s. ▶ Abb. 8.30). Wir haben die DNA-topologischen Probleme dieses Aufeinandertreffens und deren Lösungen bereits eingehend (S. 181) besprochen. Aber anders als die Replikation ringförmiger Bakterien-DNA wirft die Replikation linearer DNA-Moleküle, einschließlich der genomischen DNA von Eukaryoten, ein weiteres „Endproblem" auf. Die Betrachtung eines einfachen Replikationsschemas zeigt dieses Problem auf (▶ Abb. 8.34): Die von RNA-Primern vermittelte diskontinuierliche DNA-Synthese führt – sozusagen automatisch – zu einem Verlust endständiger DNA-Stücke, weil der DNA-Abschnitt, an dem die Synthese des letzten RNA-Primers erfolgt, nicht repliziert wird. Die Länge der nicht replizierten DNA-Matrize wird bestimmt von der Position, an der sich der endständige RNA-Primer auf dem Rückwärtsstrang befindet. Um dieses Problem zu lösen, besitzen Eukaryoten einen eigenen komplizierten Mechanismus.

Telomere

Um 1935 haben gleichzeitig und unabhängig voneinander Barbara McClintock bei ihren Untersuchungen von Mais-Chromosomen und Herman J. Muller bei seinen genetischen Arbeiten an der *Drosophila*-Fliege entdeckt, dass Chromosomen eine besondere Endstruktur haben – als eine Art von Schutz gegen Abbau und Instabilität. Heute weiß man, dass Telomere, also die **Enden der Chromosomen**, bei vielen Eukaryoten aus langen Folgen einfacher Sequenzwiederholungen bestehen: 5'-TTGGGG-3' bei Ciliaten oder 5'-TTAGGG-3' bei Säugetieren, wo die Telomerbereiche aus mehr als tausend dieser Sequenzen aufgebaut sind. So entstehen DNA-Bereiche von einigen Zehntausend Basenpaaren: etwa 15 kb an den Enden von

8

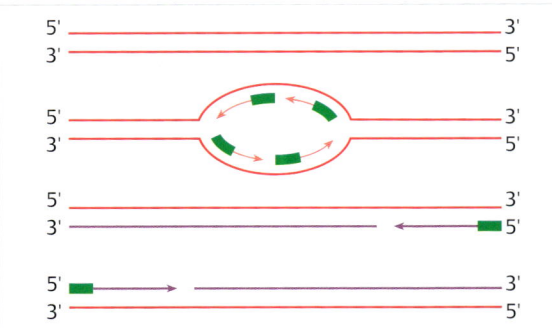

Abb. 8.34 Probleme an den Enden. Die Entfernung der letzten RNA-Primer (grün) hinterlässt eine Lücke, die nicht durch den normalen Replikationsprozess gefüllt werden kann.

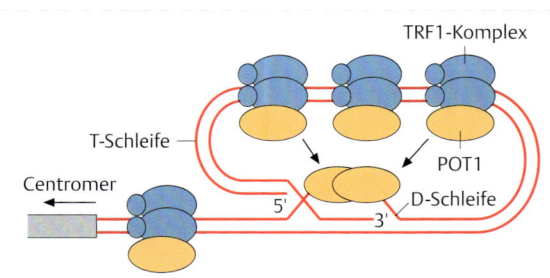

Abb. 8.35 Telomerstrukturen. Die Enden von Chromosomen bestehen aus langen monotonen Wiederholungen von Nucleotidsechserfolgen. Überstehende Einzelstrangenden (bei Eukaryoten bis über 100 Nucleotide lang) können Basenpaarungen mit internen Nucleotidfolgen eingehen (D-Schleife; *displacement loop*). Die gesamte Telomerschleife (T-Schleife) ist dicht mit Proteinen bedeckt. Wir stellen nur zwei vor: humanes TRF1 (*telomere repeat factor*) und POT 1 (*protein on telomeres*), das vermutlich die D-Schleife stabilisiert. Ob diese Telomerschleife in lebenden Zellen ausgebildet wird, ist allerdings noch nicht eindeutig geklärt. (nach Bryan TM, Cech TR (1999) Telomerase and the maintenance of chromosome ends. Curr Opin Cell Biol 11: 318–324; Smogorzewska A, de Lange T (2004) Regulation of telomerase by telomeric proteins. Annu Rev Biochem 73: 177–208)

Mensch- und mehr als 40 kb an den Enden von Maus-Chromosomen. In allen Fällen überragen Einzelstrangbereiche mit dem 3′-Ende die Doppelhelix. Ein aktuelles Modell beschreibt, dass sich dieses Ende in einer Schleife zurückfalten und mit dem Doppelstrangstamm aufgrund der vorliegenden Sequenzwiederholungen komplementäre Basenpaarungen eingehen kann (▶ Abb. 8.35). Die schleifenförmige Telomer-DNA ist dicht mit besonderen Proteinen besetzt und bildet so eine eigene Form einer Chromatinstruktur, eine Art Kappe, die sich von der Nucleosomenkette im übrigen Teil des Chromosoms unterscheidet. In Säugetierzellen sind es die folgenden sechs Proteine, die mit der telomeren DNA-Schleife einen besonderen Komplex mit der Bezeichnung Shelterin bilden: TRF1, TRF2, RAP1, TIN2, TPP1 und POT 1.

Telomerasen

Verantwortlich für die Aufrechterhaltung der Telomerlänge und -sequenz ist hauptsächlich (aber nicht ausschließlich) ein Enzym mit der Bezeichnung **Telomerase**. Das ist ein besonderes Enzym, weil es aus einer RNA-Komponente und Proteinen aufgebaut ist.

Die **RNA-Komponente** kann unterschiedlich lang sein, von etwa 160 Nucleotiden bei Ciliaten oder 250 Nucleotiden bei Säugetieren bis zu 1300 Nucleotiden bei Hefen. Aber alle Telomerase-RNAs enthalten Bereiche, die Basenpaarungen mit den Telomersequenzen eingehen (▶ Abb. 8.36).

Die **Telomerase-Komplexe** bestehen aus mehreren Untereinheiten, aber am wichtigsten für die Funktion ist die größte Untereinheit, die die Bezeichnung **Telomerase-Reverse-Transkriptase**, kurz **TERT**, erhalten hat. Die Bezeichnung hängt mit der besonderen Funktion zusammen: Die TERT benutzt den RNA-Teil des Enzyms als eine Art von mobiler Matrize und heftet nach Maßgabe der RNA-Sequenz neue Nucleotide an das 3′-Telomerende in einer Reaktionsfolge, die aus der ▶ Abb. 8.36 hervorgeht. Das verlängerte 3′-Ende steht anschließend als Matrize für die Synthese von RNA-Primern zur Verfügung.

Während also die Standardtranskriptase (RNA-Polymerase) DNA als Matrize benutzt und RNA synthetisiert, benötigt die TERT eine RNA-Sequenz, die zur Synthese von DNA verwendet wird – deswegen „Reverse", also „umgekehrte" Transkriptase. Dem Prototyp einer Reversen Transkriptase werden wir im Kap. 10.4 begegnen, wenn es um Transpositionen und Integrationen von revers transkribierter DNA geht.

Wenn die Telomere eine bestimmte Länge überschritten haben, erfolgt eine allmähliche Hemmung der Telomerase. Dafür sind mehrere Proteine verantwortlich, u. a. TRF1 (▶ Abb. 8.35), das spezifisch an doppelsträngige Telomerwiederholungen bindet und von dort aus die Telomerase hemmt. Es besteht also eine Rückkopplung: Die Telomerase stellt die Stellen her, an denen der TRF1-Komplex bindet und von wo er seinerseits die Telomerase hemmen kann. Ein anderes regulatorisches Protein ist POT 1, das vermutlich die Endschleifenstruktur stabilisiert und damit den Zugang der Telomerase verhindert. Elizabeth Blackburn und Carol W. Greider haben Aufbau und Funktion der Telomerase entdeckt und sind dafür im Jahr 2009 mit dem Nobelpreis für Physiologie oder Medizin ausgezeichnet worden.

▶ **Zelltypen mit aktiver Telomerase.** Im erwachsenen tierischen oder menschlichen Organismus findet man aktive Telomerase normalerweise in nur wenigen Zelltypen: in Keimzellen, in den Stammzellen des Knochenmarks und in rasch proliferierenden Lymphocyten. Daraus folgt, dass die meisten normalen Zelltypen nur mit begrenzter Teilungsfähigkeit ausgestattet sind, denn mit jeder Replikationsrunde werden die Chromosomenenden kürzer, bis schließlich ein Verlust genetischer Information

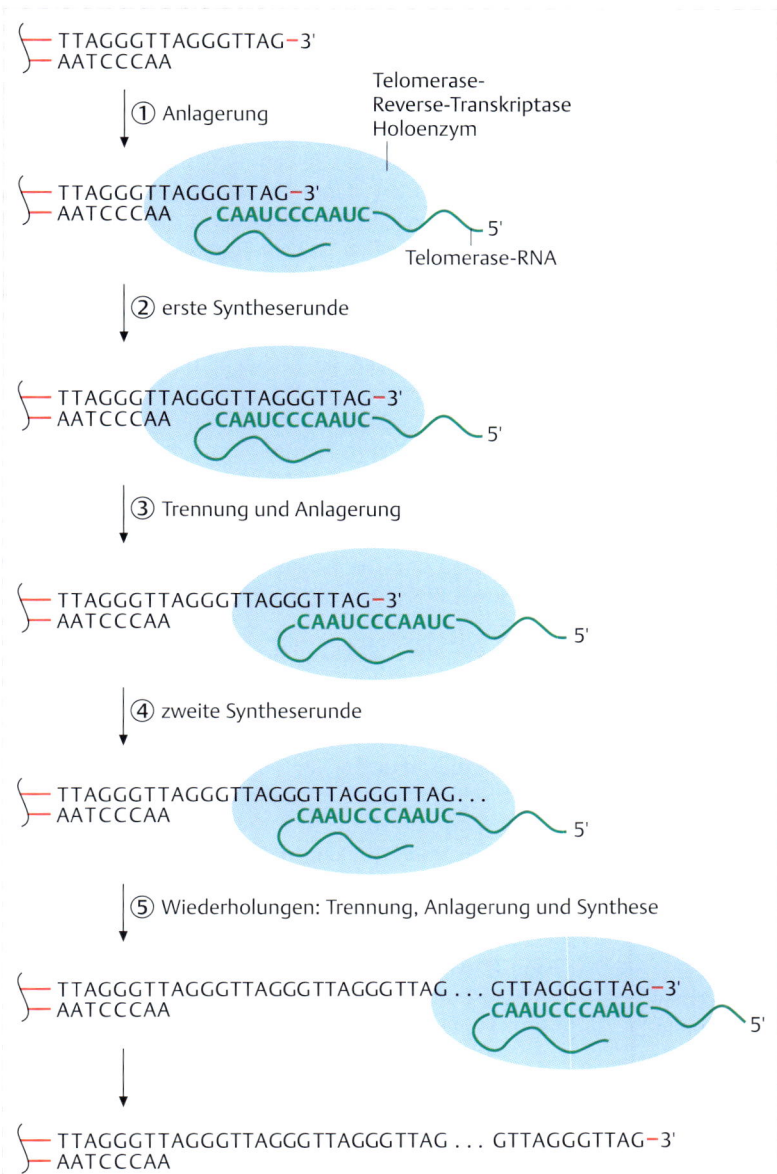

TTAGGGTTAGGGTTAG–3'
AATCCCAA

① Anlagerung

Telomerase-
Reverse-Transkriptase
Holoenzym

TTAGGGTTAGGGTTAG–3'
AATCCCAA CAAUCCCAAUC
5'
Telomerase-RNA

② erste Syntheserunde

TTAGGGTTAGGGTTAGGGTTAG–3'
AATCCCAA CAAUCCCAAUC
5'

③ Trennung und Anlagerung

TTAGGGTTAGGGTTAGGGTTAG–3'
AATCCCAA CAAUCCCAAUC
5'

④ zweite Syntheserunde

TTAGGGTTAGGGTTAGGGTTAGGGTTAG...
AATCCCAA CAAUCCCAAUC
5'

⑤ Wiederholungen: Trennung, Anlagerung und Synthese

TTAGGGTTAGGGTTAGGGTTAGGGTTAG...GTTAGGGTTAG–3'
AATCCCAA CAAUCCCAAUC
5'

TTAGGGTTAGGGTTAGGGTTAGGGTTAG...GTTAGGGTTAG–3'
AATCCCAA

Abb. 8.36 Synthese von Telomeren-DNA.
Die Telomerschleife ist geöffnet. Die Telomerase hat Zugang zum DNA-Einzelstrang. Das Reaktionsschema: ① Anlagerung der Telomerase, vermittelt durch Basenpaarungen zwischen Abschnitten der Telomerase-RNA und der Telomerwiederholungssequenz 5'-TTAGGG-3'; ② Synthese eines DNA-Stranges, wobei die RNA als Matrize und das 3'-OH-Ende der DNA als Primer dienen; ③ Trennung, Bewegung der Telomerase entlang des neuen DNA-Stranges und erneutes Anlagern an den DNA-Strang. ④ Beginn der zweiten Syntheserunde. ⑤ Die Vorgänge wiederholen sich mehrmals. (nach Greider CW (1996) Telomer length regulation. Annu Rev Biochem 65: 337–365; Greider CW (1999) Telomers do D-loop-T-loop. Cell 97: 419–422)

droht und die Zelle zugrunde geht. Aber ungefähr 85 % aller menschlichen **Tumorzellen** besitzen eine aktive Telomerase. Dies ist wohl einer der Gründe, warum sich Tumorzellen unbegrenzt vermehren.

▶ **Natürliche Zellalterung und Telomeraseaktivität.** Viele zell- und molekularbiologische Labors führen Forschungsarbeiten über die Telomerase durch. Ein Ausgangspunkt der Untersuchungen sind oft Zellen in Kultur. Normale menschliche Fibroblastenzellen vermehren sich gut unter den Bedingungen der Zellkultur, aber gehen nach 40–60 Teilungen zugrunde. Eine Ursache dafür ist das Fehlen der Telomerase und dementsprechend immer kürzer werdende Chromosomenenden. Zellforscher können durch Einführen eines aktiven Telomerase-Gens einige, aber nicht alle Zelltypen immortalisieren, also zu einer quasi unendlichen Teilungsfähigkeit verhelfen. Manche Zelltypen brauchen außerdem noch einen besonderen Anstoß zur **Immortalisierung**, etwa ein Ausschalten des CDK-Inhibitors p16[INK4a] oder eine Inaktivierung des Tumorsuppressors pRB (▶ Abb. 9.9). Auf jeden Fall ist die Aufrechterhaltung intakter Telomere (S. 193) eine wichtige Voraussetzung für lang dauernde Teilungsfähigkeit der Zelle. Und ohne Telomerase läuft eine molekulare Uhr: Die Telomere werden mit jeder Teilungsrunde kürzer, bis schließlich eine Grenze erreicht ist und die Verkürzung einen Wert erreicht hat, bei dem die Stabilität der Chromosomen nicht mehr gewährleistet ist und die

Zelle zugrunde geht. Aus diesem Grund wird eine fehlende Telomeraseaktivität auch mit natürlicher Zellalterung in Verbindung gebracht. Abschließend wollen wir anmerken, dass **embryonale Stammzellen** eine aktive Telomerase aufweisen und häufig zum Studium dieses wichtigen Enzyms herangezogen werden.

Merke

Die **diskontinuierliche, semikonservative Replikation** der linearen eukaryotischen Chromosomen würde zu einem kontinuierlichen Verlust von DNA an den **Telomeren** führen. Stabilisiert werden die Telomere jedoch von einer besonderen Chromatinstruktur an den telomeren Sequenzwiederholungen und die Aktivität der **Telomerase**, die die Zahl der Wiederholungen erhöht, allerdings in nur wenigen normalen somatischen Zelltypen aktiv ist.

8.4.5 Replikation im Chromatin

Die DNA im Zellkern von Eukaryoten ist als Chromatin organisiert (s. Kap. 7). Das Entwinden des elterlichen Doppelstrangs während der Replikation führt daher unweigerlich zu einer Auflösung der nucleosomalen Struktur. Aus elektronenmikroskopischen Untersuchungen geht allerdings hervor, dass drastische Strukturveränderungen des Chromatins nur in unmittelbarer Nähe der Replikationsgabel auftreten. Mit anderen Worten, sehr dicht hinter dem Replisom werden auf beiden Tochtersträngen neue Nucleosomen zusammengebaut. Ein Modell dieses Vorgangs ist in ▶ Abb. 8.37 dargestellt.

Zunächst ist festzustellen, dass mehrere Proteine mit der Bezeichnung **Histon-„Chaperon"** am Zusammenbau von Nucleosomen während einer Replikationsrunde beteiligt sind. Wir konzentrieren uns auf zwei Hauptakteure: **CAF1** (*chromatin assembly factor 1*) und **ASF1** (*antisilencing function 1*). CAF1 wird durch PCNA, die bekannte

Ringklemme, an die Replikationsgabel gelenkt. ASF1 gelangt über eine Verbindung mit dem Helikasekomplex in Gabelnähe. Darüber hinaus binden CAF1 und ASF1 vermutlich auch direkt aneinander.

Das Replisom verdrängt während der Gabelwanderung die „alten" Histonoktamere von der parentalen DNA. Die Oktamere zerfallen dabei in Histon-H3/H4-Tetramere (gelegentlich auch in H3/H4-Dimere) und Histon-H2A/H2B-Dimere. Die „alten" H3/H4-Tetramere können direkt auf die beiden Tochterstränge übertragen werden. „Alte" H2A/H2B-Dimere mischen sich jedoch zunächst mit neu gebildeten Histonen aus dem Cytoplasma, bevor sie wieder an DNA binden. Entscheidend ist, dass der Zusammenbau eines Nucleosoms mit der Bindung eines H3/H4-Tetramers („alt" oder „neu") an neu replizierte DNA beginnt. Hierbei überträgt CAF1 nur „neue" H3/H4-Tetramere, wogegen ASF1 „alte" oder „neue" Tetramere absetzt. Zwei Histon-H2A/H2B-Dimere folgen anschließend dem H3/H4-Tetramer zur DNA und bilden gemeinsam ein neues Nucleosom. Die neuen Chromatinbereiche unterliegen anschließend weiteren chemischen Modifikationen.

Am Ende einer Replikationsrunde besteht das neue Chromatin also jeweils zur Hälfte aus bereits vorhandenen Histonen der elterlichen DNA und zur anderen Hälfte aus neuen Histonen. Dies bedeutet nicht nur eine enorme **Histonsyntheseleistung** für jede Zelle während der S-Phase (S. 201), sondern erfordert auch einen koordinierten Transport von Histonen vom Cytoplasma in den Zellkern, wo sie von CAF1 und ASF1 empfangen werden. An diesem Prozess sind weitere Histonchaperone beteiligt, die zum Teil direkt mit der Replikationsgabel assoziiert sind. Die DNA-Tochterstränge werden so zunächst mit Histon-H3/H4-Tetrameren beladen, gefolgt von Histon-H2A/H2B-Dimeren. Es findet eine zufällige Mischung „alter" und „neuer" Histone in jedem neuen Nucleosom statt. Die gleichzeitige Auflösung und Zusammensetzung von Chromatin, die die DNA-Synthese begleitet, mag ein Grund dafür sein, dass eukaryotische Replikationsgabeln

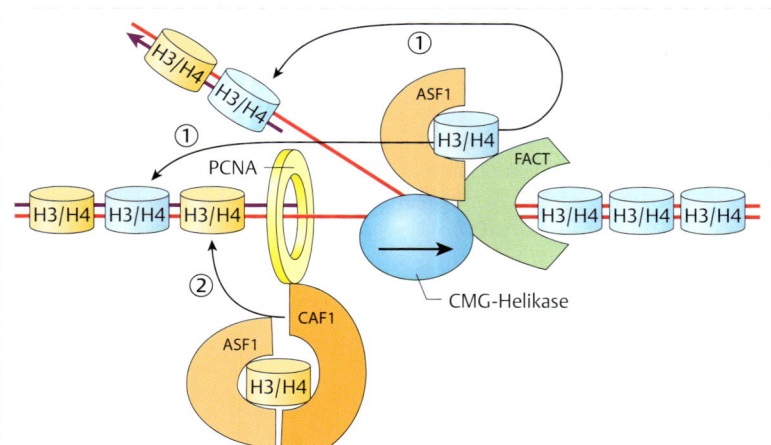

Abb. 8.37 Replikation im Chromatin. ① ASF1 überträgt „alte" Histone auf die beiden Tochterstränge. ② ASF1 und CAF1 aktivieren den Zusammenbau von Nucleosomen aus „neuen" Histonen auf den Tochtersträngen. Der FACT-Komplex (FACT; *facilitates chromatin transcription*) erleichtert sowohl Transkription als auch Replikation im Chromatin von Eukaryoten. (nach Rocha and Verreault; FEBS Lett 2008, vol 582, 1938–1949)

sich langsamer fortbewegen (etwa 3 000 bp min^{-1}) als Replikationsgabeln am Bakteriengenom (ungefähr 20 000 bp min^{-1}).

> **Merke**
>
> Das Chromatin auf der replizierten DNA besteht zur Hälfte aus **alten Histonen** von der elterlichen DNA und aus **neuen Histonen**. Der Zusammenbau von Nucleosomen wird durch **Histonchaperone** initiiert.

8.4.6 Schwer zu replizierende Genomabschnitte

Wie im vorangegangenen Abschnitt beschrieben, kann ein Replisom mit dem **CMG-Helikasekomplex** an der Spitze einen großen Teil des Genoms – trotz nucleosomaler Verpackung – ungehindert replizieren. Es existieren jedoch Genomabschnitte, in denen es häufig zu einer Blockade der Gabelwanderung während der S-Phase kommt. Dies gilt es zu vermeiden, da gestaute Replisome leicht auseinanderfallen (kollabieren), was zu DNA-Strangbrüchen und damit einhergehend zu Mutationen führen kann.

Zu den Genomabschnitten, in denen es vermehrt zu einer Replikationsblockade kommt, gehören u. a. Gene für tRNAs, Sequenzwiederholungen in Centromeren und Telomeren, Heterochromatinbereiche und sogenannte **Replikationsgabelbarrieren** in 35S-rRNA-Genen. Letztere kommen in fast jeder rDNA-Sequenzwiederholung vor und funktionieren wie eine Schranke, die das Voranschreiten einer Replikationsgabel in nur einer Richtung erlaubt. Diese Strategie vermeidet Zusammenstöße zwischen einem Replisom und der RNA-Polymerase I (S. 288), die rDNA transkribiert.

Neuere Untersuchungen vor allem an Hefezellen gaben erste Einblicke in Abläufe, die zur Überwindung dieser Blockaden führen können. So scheint der Helikasekomplex in den genannten Abschnitten zunächst nicht in der Lage zu sein, die elterlichen DNA-Stränge weiter zu entwinden. Deswegen wird die replikative Helikase durch eine zusätzliche Helikase verstärkt, und zwar durch ein Mitglied der Familie der **PIF1-Helikasen** (PIF, *petite integration frequency*). Diese Enzyme kommen in allen eukaryotischen Zellen vor und sind an genomischer und mitochondrialer Replikation beteiligt. Sie bestehen vermutlich aus nur einer Untereinheit und entwinden DNA-Stränge in 5`-3`-Richtung, d. h. sie bewegen sich mit der Replikationsgabel entlang der Matrize für den Rückwärtsstrang. Man kann vermuten, dass es zu einer Form der Arbeitsteilung kommt: Die MCM2–7-Helikase bewegt sich entlang der Vorwärtsstrangmatrize und die PIF-Helikase entlang der Rückwärtsstrangmatrize; zusammen entwinden sie den elterlichen Doppelstrang an gestauten Replikationsgabeln und überwinden so Hindernisse.

Literatur

▶ **Zitierte Literatur**

[1] Holmes FL (2000) Meselson, Stahl, and the Replication of DNA. Yale University Press, New Haven, CT

[2] Brutlag D, Kornberg A (1972) Enzymatic synthesis of desoxyribonucleic acid. XXXVI. A proof reading function for the 3′-5′ exonuclease activity in desoxyribonucleic acid polymerase. J Biol Chem 247: 241–245

▶ **Weiterführende Literatur**

[3] DePamphilis ML, Bell SD (2010) Genome Duplication. Concepts, Mechanisms, Evolution, and Disease. Garland Science. Abington, UK

[4] Pfeiffer V, Lingner J (2013) Replication of telomeres and the regulation of telomerase. Cold Spring Harb Perspect Biol 5(5): a010 405; DOI: 10.1101/cshperspect.a010 405

[5] Vos SM, Tretter EM, Schmidt BH et al (2011) All tangled up: how cells direct, manage and exploit topoisomerase function. Nat Rev Mol Cell Bio 12: 827–841

[6] Wang JC (2009) Untangling the Double Helix. Cold Spring Harbor Laboratory Press. Cold Spring Harbor, NY

8

Kapitel 9

Segregation der Chromosomen: Zellzyklus, Mitose und Meiose

9 Segregation der Chromosomen: Zellzyklus, Mitose und Meiose

Elmar Schiebel

9.1 Einleitung

Der Zellzyklus beschreibt die sequenziellen Ereignisse, die zur Verdopplung einer eukaryotischen Zelle führen [1]. Zu diesen Ereignissen gehören:

- Mechanismen, die den Zellzyklus regulieren (Restriktionspunkte, Checkpoint-Kontrolle),
- die Verdopplung von zellulären Strukturen wie der DNA,
- die Kondensierung des Chromatins und der Zusammenbau des Kinetochors zu Beginn der Mitose,
- der Aufbau der mitotischen Spindel und die Interaktion der Spindelfasern mit den Kinetochoren,
- die exakte Verteilung der Chromosomen auf die beiden Tochterzellen durch den Spindelapparat,
- die Trennung der beiden Tochterzellen in der Cytokinese.

In der Zellzyklusphase der **Mitose** erfolgt die Aufteilung eines replizierten diploiden – (d. h. verdoppelten) – Chromosomensatzes (2-fach 2n) auf zwei Tochterzellen mit jeweils einem diploiden Chromosomensatz (2n). Die **Meiose** ist eine besondere Form der Zellteilung bei der Reifung der Geschlechtszellen. Im Unterschied zur Mitose wird die Anzahl der Chromosomen halbiert. Hier entstehen aus einer diploiden Zelle mit repliziertem Chromosomensatz (2-fach 2n) vier haploide (1n) Tochterzellen (Gameten). In der Meiose werden zudem die parentalen Chromosomen durch Rekombination neu zusammengestellt (s. Kap. 10).

9.2 Zellzyklus

Traditionell teilt man den **Zellzyklus** in eine G_1-Phase (*gap*, Lücke), S-Phase, G_2-Phase und M-Phase (Mitose) ein (▶ Abb. 9.1). Die G_1-, S- und G_2-Phase werden als Interphase zusammengefasst. Die M-Phase beinhaltet die Mitose und die Cytokinese. Die Replikation der DNA wird als Synthesephase oder S-Phase bezeichnet. In der Mitose werden die beiden DNA-Stränge, die als Chromatin verpackt vorliegen, durch die mitotische Spindel mit hoher Präzision auf die beiden Tochterzellen verteilt. Nach der Chromosomentrennung teilt sich die Zelle, ein Prozess, der als Cytokinese bezeichnet wird. Die S-Phase und die M-Phase sind im Allgemeinen durch zeitliche Zwischenräume voneinander getrennt. Diese werden als Gap_1- oder G_1- Phase und Gap_2- oder G_2-Phase bezeichnet. Die Zellen können nach der Zellteilung in eine Ruhephase oder G_0-Phase eintreten. Durch sogenannte Wachstumsfaktoren (Mitogene) werden G_0-Zellen wieder zur Zellteilung angeregt.

Definition

Der **Zellzyklus** beschreibt die sequenziellen Ereignisse, die zur Verdopplung einer eukaryotischen Zelle führen.

9.2.1 Zellzyklusphasen

Eine Zellpopulation ist eine Mischung aus Zellen, die sich in unterschiedlichen Zellzyklusphasen befinden. Die Zellzyklusverteilung kann mithilfe einer Reihe von Methoden bestimmt werden:

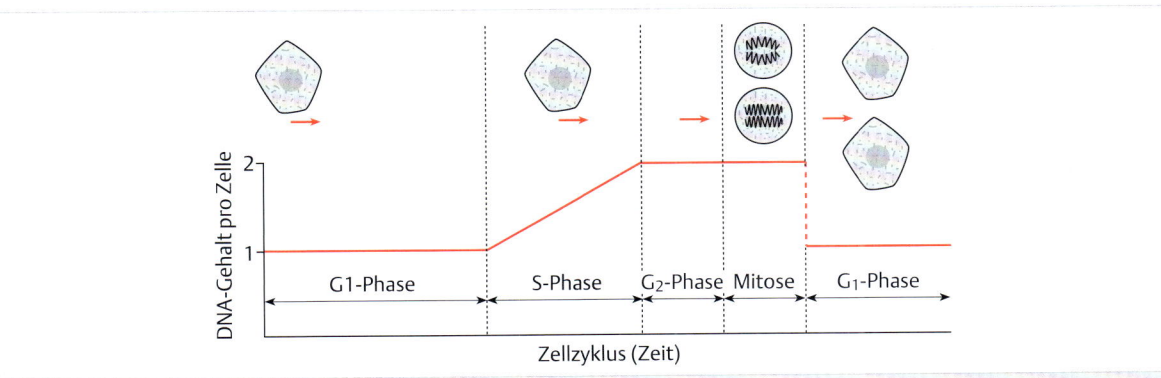

Abb. 9.1 Phasen des Zellzyklus. Die Phase der DNA-Synthese bestimmt man über den Einbau modifizierter Nucleotide in DNA (Methode 9.1) (S. 200) und die M-Phase durch einfache mikroskopische Beobachtung. Die experimentell nicht direkt zugänglichen Zeiten dazwischen sind die G_1- und G_2-Phasen. Die G_1-Phase ist von unterschiedlicher Länge: In schnell proliferierenden Zellen liegt sie zwischen 2 und 20 Stunden. Im Gegensatz dazu sind die übrigen Zellzykluszeiten relativ konstant: S-Phase: 6–10 Stunden, G_2-Phase: 2–4 Stunden, M-Phase (Mitose): 3–4 Stunden. In ruhenden Geweben, etwa in Nervenzellen, kann die G_1-Phase ein Erwachsenenleben dauern. Man spricht dann – und in vergleichbaren zellbiologischen Situationen – von der G_0-Phase.

9

- Durch die Lichtmikroskopie werden morphologische Merkmale sichtbar, wie z. B. die kondensierten Chromosomen. Zellen mit kondensierten Chromosomen befinden sich in der Mitose.
- Durch die Verwendung von Fluoreszenzmarkern kann spezifisch ein Zellzyklusstadium angefärbt werden. Dies kann auf Zellebene mittels indirekter Immunfluoreszenz erfolgen oder auf Populationsebene mittels fluoreszenzaktivierter Zellsortierung (FACS, *fluorescence activated cell sorting*).
- Der DNA-Gehalt einer Zelle erlaubt es, Aussagen über die Zellzyklusstadien von Zellen einer Zellpopulation zu machen.

Wie man Zellen in unterschiedlichen Phasen des Zellzyklus untersucht, wird in Methode 9.1 (S. 200) besprochen.

Methode 9.1

Zellen in unterschiedlichen Zellzyklusphasen

Oft ist eine Bestimmung des Anteils sich replizierender Zellen (S-Phase) in einer Kultur oder in einem Gewebe von Interesse. Aber Zellen in der S-Phase unterscheiden sich morphologisch nicht von Zellen in der G_1- oder der G_2-Phase.

Zum Nachweis der S-Phase benutzt man ein modifiziertes Nucleotid. **Bromodeoxyuridin** (BrdU), das anstelle von Thymidin in wachsende DNA-Ketten eingebaut wird. Diagnostikfirmen bieten monoklonale Antikörper an, die gegen eingebautes BrdU gerichtet sind.

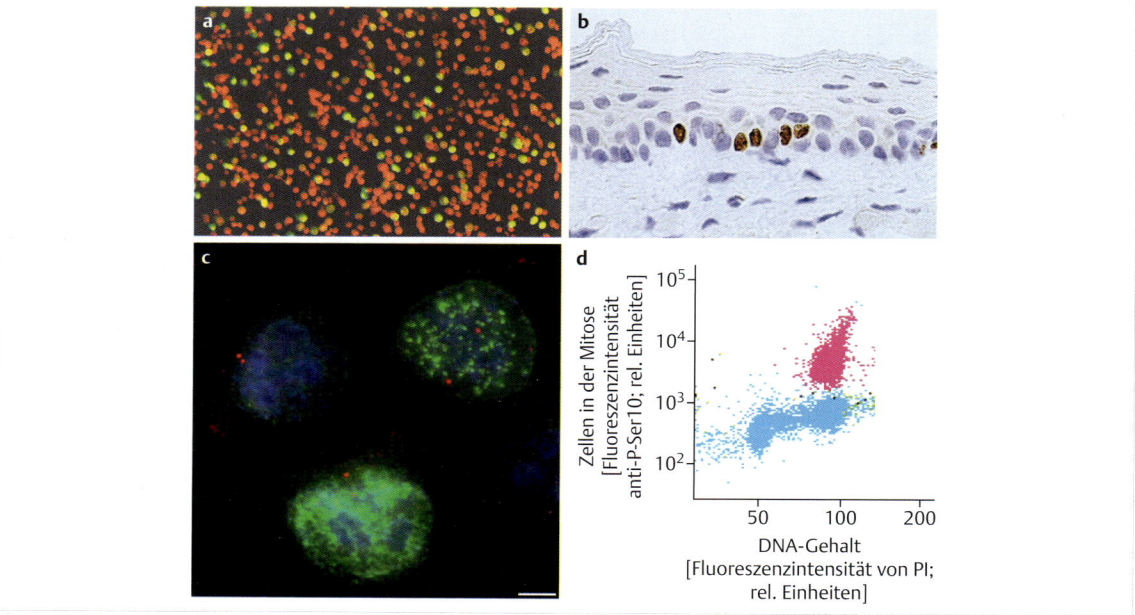

Abb. 9.2 Verschiedene Methoden zur Bestimmung der Zellzyklusphasen von Zellen in einer Population.

a **Zellen in der S-Phase.** Markierung von Kernen aus HeLa-Zellen in Kultur mit Bromodeoxyuridin. (Aufnahme: T. Krude, Cambridge)

b **Hautgewebe.** Einige Zellen der Basalzellschicht befinden sich in der S-Phase und sind mit Bromodeoxyuridin markiert. Die differenzierten Keratinocyten replizieren ihre DNA nicht mehr – keine Markierung. (Aufnahme: J. Hainfellner, Wien)

c **G_2-spezifische Färbung der Kernhülle** von Zellen mit anti-CENP-F-Antikörper. Der Antikörper bindet an das Centromerprotein CENP-F. Oben links ist eine Zelle in der S-Phase zu sehen. Die DNA erscheint blau, der anti-CENP-F-Antikörper hat nicht gebunden. Oben rechts eine Zelle in der späten G_2-Phase und unten eine in der G_2-Phase. Der anti-CENP-F-Antikörper hat jeweils an das Protein gebunden und vermittelt eine grüne Fluoreszenz. Die Centrosomen erscheinen rot. (Aufnahme: B. Mardin, Heidelberg)

d **FACS-Analyse** von Zellen. Durch Anfärben mit einem anti-P-Ser10-Antikörper wurden die mitotischen Zellen bestimmt. Gleichzeitig wurde ihr DNA-Gehalt durch Anfärben mit Propidiumjodid (PI) bestimmt. Die mitotischen Zellen sind in der Abbildung durch die rote Markierung hervorgehoben, die Zellen in der G_1-, der S- und der G_2-Phase, blau. An G_1-Zellen bindet also kein anti-P-Ser10-H3-Antikörper, es gibt kein Signal. Eine schwache PI-Fluoreszenz (50 Einheiten) weist auf einen einfachen DNA-Gehalt hin. In der S-Phase wird die DNA repliziert. Die PI-Fluoreszenz nimmt entsprechend zu (100 Einheiten). In der G_2-Phase ist das PI-Signal doppelt so hoch wie in der G_1-Phase; gleichzeitig ergibt der anti-P-Ser10-Antikörper kein Signal. In der Mitose ist das PI-Signal doppelt so hoch wie in der G_1-Phase und der anti-P-Ser10-Antikörper bindet (rot). (Aufnahme: B. Mardin, Heidelberg)

Das Beispiel in ▶ Abb. 9.2a zeigt HeLa-Zellen, menschliche Tumorzellen, die sich ohne große Probleme unter Laborbedingungen kultivieren lassen. Im gezeigten Experiment erhielten die Zellen 30 min lang BrdU. Danach wurden Zellkerne präpariert und für dieses Bild vorbereitet: Alle Zellkerne wurden mit dem rot fluoreszierenden Farbstoff **Propidiumjodid** markiert. Dieser Farbstoff interkaliert in DNA-Doppelstränge ähnlich wie Ethidiumbromid (S. 42). Zellkerne mit eingebautem BrdU, d. h. Zellen, die während der 30 min Inkubation mit BrdU ihre DNA repliziert haben, reagieren mit dem BrdU-spezifischen monoklonalen Antikörper, der seinerseits mit dem fluoresceinmarkierten Antikörper nachgewiesen wird. Zellen ohne DNA-Replikation zeigen dagegen keine BrdU-Markierung. DNA-Synthese erfolgte nur in den gelb-grün gefärbten Kernen.

Das Beispiel in ▶ Abb. 9.2b stammt aus einem Experiment mit Mäusen, die 4 Stunden vor ihrem Tod eine Injektion BrdU erhalten haben. Das Hautgewebe wurde nach den Verfahren der Histologie fixiert, in Paraffin eingebettet und zur Darstellung aller Zellen mit Hämalaun gefärbt. Der Nachweis des eingebauten BrdU erfolgt wieder mit spezifischen monoklonalen Antikörpern, die in diesem Fall mit einer Peroxidasereaktion sichtbar gemacht wurden.

Als andere diagnostische Marker können Antikörper gegen **CENP-F** eingesetzt werden, die nur in der G_2-Phase

und der Prophase die Kernmembran anfärben (▶ Abb. 9.2c).

Bei dem in ▶ Abb. 9.2d gezeigten Beispiel wurde in mitotischen Zellen an Serin 10 phosphoryliertes Histon H3, das in der Mitose gebildet wird, mit einem phosphospezifischen monoklonalen Antikörper für P-Ser10-H3 nachgewiesen. Dieser Antikörper erkennt nur das phosphorylierte H3 (S. 151). Die mitotischen Zellen in einer Population können also einfach durch FACS-Analyse ausgezählt werden.

Außerdem wurde der DNA-Gehalt der mitotischen Zellen durch Anfärben der DNA mittels **Propidiumjodid** bestimmt. Die Fluoreszenzintensität des in die DNA eingelagerten Propidiumjodids wird von jeder Zelle von einem FACS-Gerät sehr präzise gemessen. Das Ergebnis wird als Fluoreszenzsignal pro Zelle angegeben. Menschliche Zellen in der G_1-Phase haben ein für einen nicht replizierten Chromosomensatz (2n) typisches Signal. Zellen in der S-Phase haben je nach Stand der DNA-Replikation ein Signal, das zwischen 2n und 4n liegt. Zellen in G_2 und Mitose haben ein 4n-DNA-Signal. Durch Kombination mit dem anti-P-Ser10-H3-Antikörper können die 4n-Zellen in G_2 und mitotische Zellen aufgeschlüsselt werden.

Die G_1-Phase

Die G_1-Phase ist das Zeitintervall vom Austritt aus der Mitose (*mitotic exit*) bis zum Beginn der S-Phase. Die G_1-Phase gibt den Zellen Zeit zum Wachstum und hilft somit, Zellwachstum mit Zellteilung zu koordinieren. Durch die Neusynthese von Proteinen in der G_1-Phase bereitet sich die Zelle auf die S-Phase vor. Die Replikation der DNA wird durch die Beladung von Chromatin mit Replikationsfaktoren vorbereitet (*replication licensing*). In der G_1-Phase befindet sich zudem der Restriktionspunkt (*restriction point*), an dem die Zellen entscheiden, ob sie einen erneuten Zellzyklus durchlaufen oder in eine Ruhephase eintreten.

Die S-Phase

In der S-Phase wird das genetische Material durch Replikation verdoppelt. Menschliche Zellen haben 46 Chromosomen, die aus je einem linearen DNA-Strang, RNA und Proteinkomplexen wie den Nucleosomen bestehen. Die replizierte DNA wird dabei in Chromatin verpackt. Am Ende der S-Phase liegen die beiden identischen Schwesterchromatiden (je ein DNA-Strang mit den Nucleosomen) vereint in einem Chromosom vor. Die Schwester-

chromatiden bleiben bis zum Beginn der Anaphase durch Proteinbrücken, die aus dem Cohesinkomplex (S. 207) bestehen, miteinander verbunden. Während der S-Phase kommt es auch zur Verdopplung der Centrosomen (Plus 9.1).

Die G_2-Phase

In der G_2-Phase wächst die Zelle weiter. Proteine, die für die Mitose notwendig sind, werden nun synthetisiert. Wichtig ist, dass die Zelle nur dann in die Mitose eintritt (G_2/M-Übergang), wenn die DNA vollständig repliziert ist und fehlerlos vorliegt. Ansonsten würde es zur dauerhaften Veränderung des genetischen Materials kommen. Deshalb ist der Übergang in die Mitose ein hoch regulierter Prozess. Fehlerhafte oder nicht vollständig replizierte DNA wird an **Kontrollpunkten** (Checkpoints) (S. 210) erkannt. Die Zelle gewinnt dadurch Zeit, um auf DNA-Schäden zu reagieren. Die Reparatur der DNA erfolgt durch verschiedene Reparatursysteme (s. Kap. 11). Wenn das nicht gelingt, kann sich die Zelle über den Mechanismus der Apoptose (s. Plus 11.3) (S. 281) selbst zerstören.

9

Plus 9.1

Centrosomen und Mikrotubuli

Centrosomen sind die Mikrotubuli-Organisationszentren (MTOC) einer Zelle [2]. Sie bestehen aus den beiden Centriolen und dem pericentriolaren Material. Centrosomen sind aus über hundert Proteinen aufgebaut. Sie duplizieren sich wie die DNA nur einmal während des Zellzyklus in der S-Phase. Sie organisieren die Mikrotubuli in der Interphase und in der Mitose. Für diese Funktion ist das Protein **γ-Tubulin** wichtig, das ein Bestandteil der Centrosomen ist.

Mikrotubuli entstehen durch die Polymerisation von Dimeren aus **α- und β-Tubulin**. Der Zusammenbau der Mikrotubuli wird durch das γ-Tubulin am Centrosom gestartet (▶ Abb. 9.3). (α-, β- und γ-Tubulin sind miteinander verwandt, haben aber unterschiedliche Funktionen.) Mikrotubuli verändern sich während des Zellzyklus. Die meist radiale Interphasenanordnung wird mit dem Eintritt in die Mitose aufgelöst. In der Mitose wird die Spindel aufgebaut.

Eine Reihe von chemischen Substanzen, die in der Krebstherapie eingesetzt werden, binden an Tubulin und verändern dessen Eigenschaften. **Taxol** (Paclitaxel) bindet an β-Tubulin. Es stabilisiert die Mikrotubuli und verhindert dadurch die Auftrennung der Schwesterchromatiden in der Mitose. Taxol wird zur Behandlung von Patienten mit Lungen-, Ovarien-, Brust-, Kopf- und Nackenkrebs und Formen des Kaposi-Sarkoms eingesetzt. Eine Reihe von anderen Substanzen bindet auch an β-Tubulin, sie führen aber zur Auflösung der Mikrotubuli. Ein Beispiel ist **Nocodazol**, das in der Grundlagenforschung eingesetzt wird.

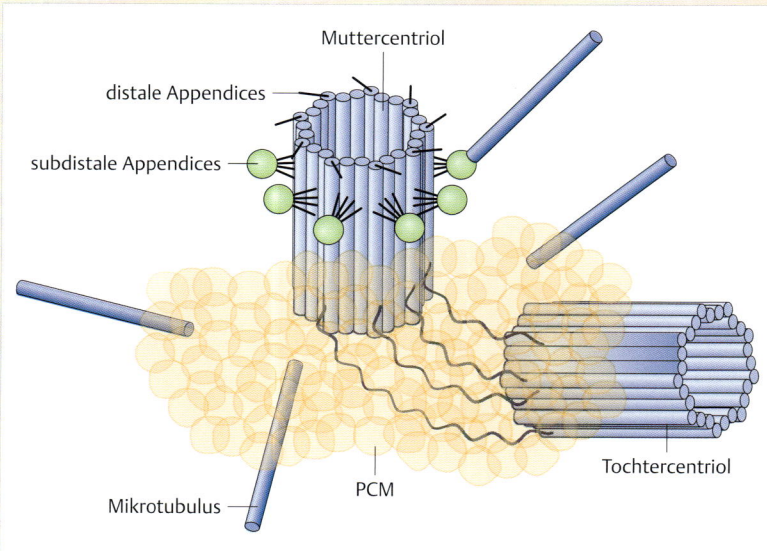

Abb. 9.3 Struktur des Centrosoms. Menschliche Centrosomen enthalten als zentrale Elemente die Centriolen [2]. Centriolen sind Zylinder, die aus Mikrotubuli und weiteren Proteinen bestehen. Sie sind das Grundgerüst der Centrosomen und sind für deren Verdopplung wichtig. Das ältere Muttercentriol ist durch typische Unterstrukturen erkennbar, die als Appendices bezeichnet werden. Die Appendices interagieren mit Mikrotubuli. Das Tochtercentriol bildet sich in der S-Phase rechtwinkelig zum Muttercentriol. In der späten Mitose trennen sich die beiden Centriolen, bleiben jedoch zuerst mal durch einen Linker miteinander verbunden. Das pericentrioläre Material (PCM) umgibt wolkenartig die beiden Centriolen. Das PCM ist zellzyklusreguliert, interagiert mit γ-Tubulin und organisiert Mikrotubuli.

Labels in figure: Muttercentriol; distale Appendices; subdistale Appendices; Mikrotubulus; PCM; Tochtercentriol

Die Mitose (M-Phase)

Ziel der Mitose ist die exakte Aufteilung der beiden Schwesterchromatiden auf die beiden Tochterzellen. Zu Beginn der Mitose, in der **Prophase**, wird die DNA stärker verpackt (kondensiert) und der Zellkern löst sich auf. Die Kondensierung der chromosomalen DNA erlaubt, dass die Tochterchromatiden später problemlos durch den Spindelapparat auf die beiden Tochterzellen verteilt werden können. Zudem kommt es zur Trennung der in der S-Phase duplizierten Centrosomen – die mitotische Spindel beginnt sich auszubilden (▶ Abb. 9.4).

Merke

In der **Mitose** werden die beiden Schwesterchromatiden eines jeden Chromosoms auf die beiden Tochterzellen aufgeteilt.

In der **Prometaphase** wird die Kernmembran von höheren Eukaryoten aufgelöst. Die von den Centrosomen ausgehenden Mikrotubuli haben nun Zugang zu den Chromosomen. Neue Mikrotubuli entstehen im Umfeld des Chromatins und werden in die Spindel integriert. Auf dem Chromatin im Centromerbereich entstehen die **Kinetochore** (S.212). Die Mikrotubuli nehmen Kontakt mit den Kinetochoren auf.

Ziel der **Metaphase** ist die **Biorientierung** (amphitelische Bindung) aller Chromosomen (▶ Abb. 9.5), d. h. jedes der beiden Kinetochore eines Schwesterchromatids interagiert nur mit Mikrotubuli, die von dem gegenüberliegenden Centrosom ausgehen.

Die **Metaphasenspindel** besteht aus zwei Spindelpolen mit je einem Centrosom (s. ▶ Abb. 9.3) (Plus 9.1) (S.202). Die Spindelpole organisieren drei Typen von Mikrotubuli (▶ Abb. 9.4):

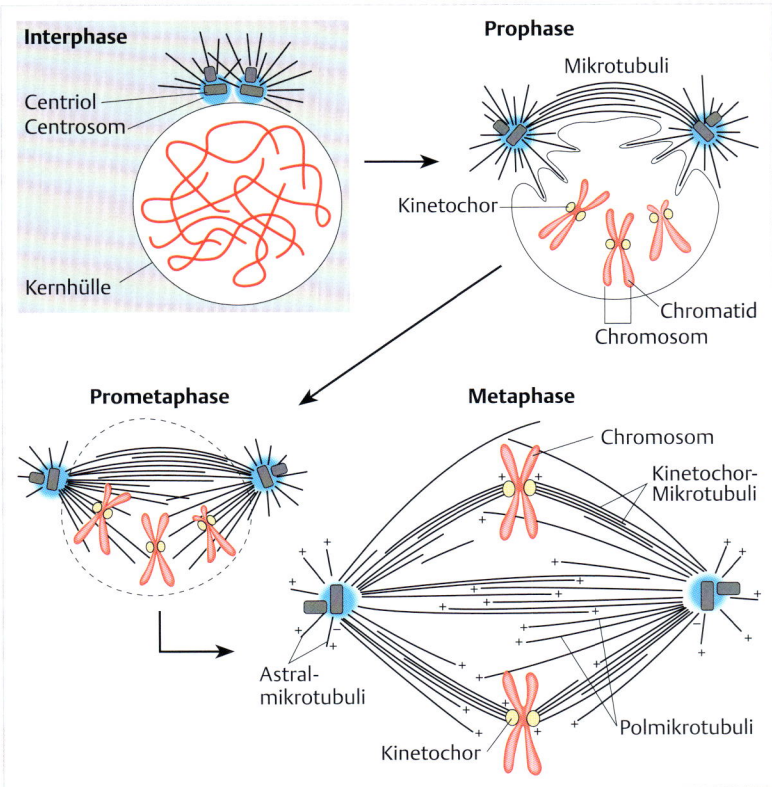

Abb. 9.4 Organisation der Mikrotubuli in der Interphase sowie den mitotischen Stadien Prophase, Prometaphase und Metaphase. Zu sehen sind die unterschiedlichen vom Centrosom organisierten Mikrotubuli. Die Kinetochormikrotubuli interagieren mit den Kinetochoren, während die Polmikrotubuli in der Spindelmitte überlappen. Astralmikrotubuli nehmen Kontakt mit der Cytoplasmamembran auf.

- Die **Polmikrotubuli** überlappen in der Mitte der Spindel. Sie sind essenziell für die Trennung der Chromosomen in der Anaphase B und für die Regulation der Cytokinese.
- Die **Kinetochormikrotubuli** binden an die Kinetochoren. Sie sind wichtig für die Orientierung der Schwesterchromatiden zu den zugehörenden Polen hin (Biorientierung) und für die Trennung der Chromosomen in der Anaphase A.
- Die **Astralmikrotubuli** starten am Centrosom und interagieren mit dem Zellkortex oder der Cytoplasmamembran. Sie positionieren die mitotische Spindel in der Zelle.

Kurz nach dem Erreichen der Biorientierung aller 46 menschlichen Chromosomen wird der Spindelkontrollpunkt (*spindle assembly checkpoint, SAC*) (S. 214) abgeschaltet, der bisher den Übergang in die **Anaphase** verhindert hat. Schließlich wird das Enzym **Separase** (S. 213) aktiviert, eine Protease, die die Verbindung zwischen den Schwesterchromatiden auflöst. Die Anaphase, in der die räumliche Trennung der beiden Schwesterchromatiden zu gegenüberliegenden Polen hin erfolgt, kann beginnen. Zwei Phasen werden unterschieden (▶ Abb. 9.6):

- In der **Anaphase A** verkürzen sich die Kinetochormikrotubuli. Der Abstand zwischen den Chromosomen und dem Spindelpol verkürzt sich. Treibende Kraft ist die Depolymerisation der Mikrotubuli.
- In der **Anaphase B** wird der Abstand zwischen den Spindelpolen verlängert. Dadurch werden die beiden

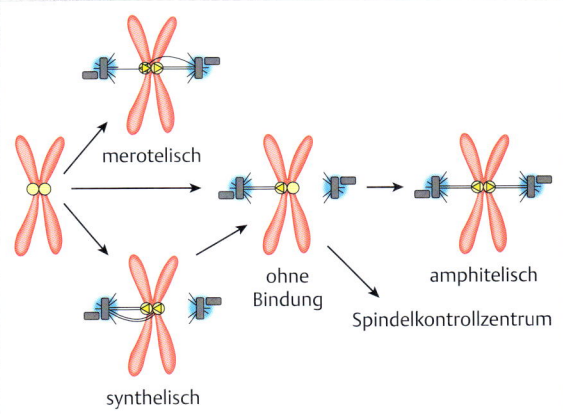

Abb. 9.5 Bindungsmöglichkeiten von Kinetochormikrotubuli am Chromosom (merotelisch, syntelisch, amphitelisch). (nach Marston AL, Amon A (2004) Meiosis: cell-cycle controls shuffle and deal. Nat Rev Mol Cell Biol 5: 983–997, DOI: 10.1038/nrm1526)

Schwesterchromatiden räumlich voneinander getrennt. Mikrotubuliabhängige Motorproteine (Kinesine) schieben die überlappenden Polmikrotubuli unter ATP-Hydrolyse auseinander.

In der **Telophase** kommt es zur Dekondensierung des Chromatins und zum Wiederaufbau der Kernmembran. Die mitotische Spindel löst sich auf.

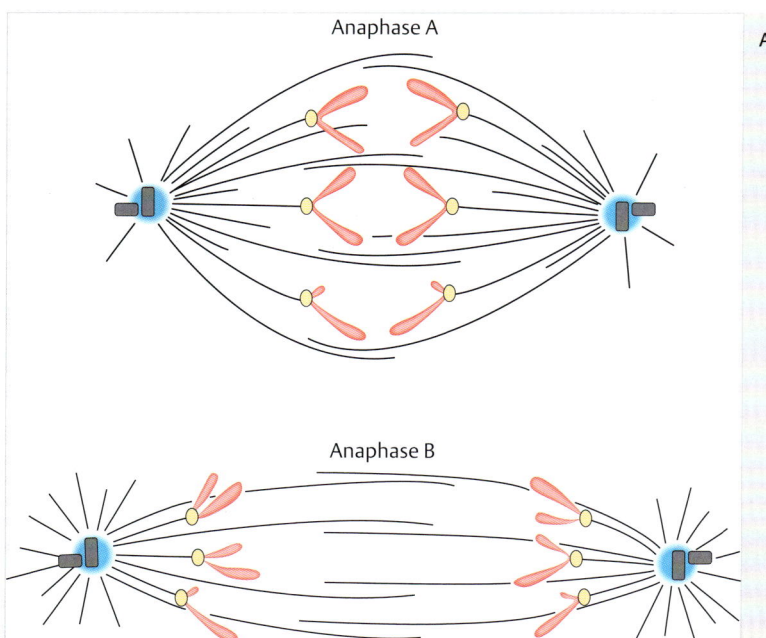

Abb. 9.6 Mitose: Anaphase A und Anaphase B.

In der **Cytokinese** (Zellteilung) kommt es zur Trennung der beiden Tochterzellen. Bei der symmetrischen Zellteilung wird der Zellkörper genau in der Mitte in zwei gleich große Teile getrennt. Die beiden Tochterzellen haben dann nicht nur die gleiche genetische Information, sondern auch die gleiche Größe. Bei der asymmetrischen Zellteilung sind die beiden Tochterzellen unterschiedlich groß und haben unterschiedliche Eigenschaften und Funktionen. Die asymmetrische Zellteilung ist wichtig für die Aufrechterhaltung von Stammzellen, wobei die größere der beiden Zellen den Stammzellcharakter beibehält, während sich die kleinere Tochterzelle differenziert.

9.2.2 Molekulares Verständnis des Zellzyklus

Zellzyklusgene

Plus 9.2

Genetische Nomenklaturen für die Bezeichnung von Genen

In der Genetik werden die Namen von Genen – abhängig vom Organismus – unterschiedlich bezeichnet. Entsprechend werden die jeweils von den Genen codierten Proteine – wiederum in Abhängigkeit vom Organismus – ebenfalls unterschiedlich benannt. Die genutzten Nomenklaturen wurden von den Genetikern für die jeweiligen Organismen verbindlich vereinbart. Tabelle 9.1 gibt ein entsprechendes Beispiel.

Tab. 9.1 Beispiele genetischer Nomenklaturen.

Organismus	Gen*	Protein	Name des Gens, der Funktion entsprechend
Saccharomyces cerevisiae (Bäckerhefe)	CDC28	Cdc28 auch Cdc28p, auch Cdk1	Cell division cycle gene 28
Schizosaccharomyces pombe (Spalthefe)	cdc2	Cdc2 (cyclin-dependent kinase, Cdk1)	Cell division cycle gene 2
M. musculus (Maus)	Cdk1	CDK1	Cell division cycle gene
H. sapiens (Mensch)	CDK1	CDK1	Cell division cycle gene

* Obwohl Zellzyklusgene in den Hefen *Saccharomyces cerevisiae* und *Schizosaccharomyces pombe* häufig gleich bezeichnet werden (z. B. *CDC28* bzw. *cdc28*), codieren sie häufig für unterschiedliche Proteine. *CDC28* codiert in *Saccharomyces cerevisiae* für die cyclinabhängige Kinase Cdk1. In *Schizosaccharomyces pombe* wird Cdk1 durch *cdc2* codiert, *cdc28* codiert in *Schizosaccharomyces pombe* für einen prä-mRNA-Splicing-Factor (eine ATP-abhängige RNA-Helikase).

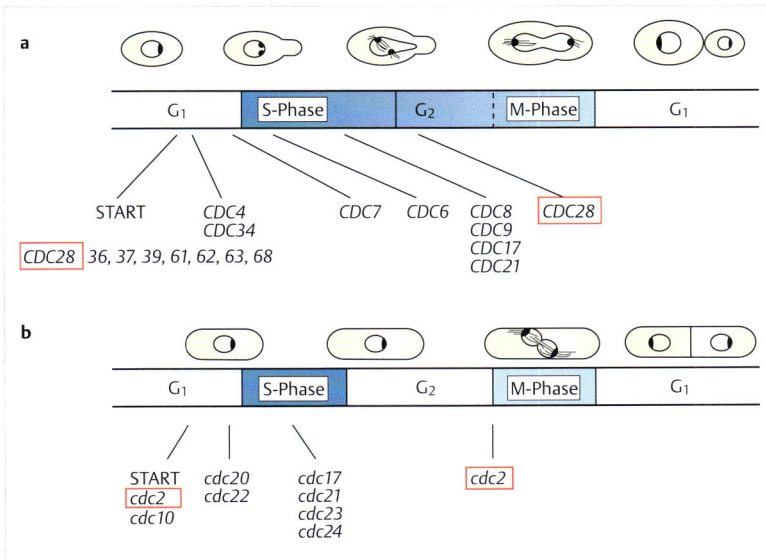

Abb. 9.7 Zellzyklusmutanten. *CDC*-Gene und ihre Wirkungsorte im Zellzyklus. Beachte die genetische Nomenklatur: Gene von *S. cerevisiae*, Großbuchstaben, kursiv; Gene von *S. pombe*, Kleinbuchstaben, kursiv.

a *Saccharomyces cerevisiae* (Bäckerhefe). Die Einleitung der DNA-Replikation, die Verdopplung des Spindelpols und die Ausbildung der Knospe (Tochterzelle) erfolgen etwa zur gleichen Zeit. Die durch Knospung entstandene „Tochterzelle" ist zunächst kleiner als die „Mutterzelle".

b *Schizosaccharomyces pombe* (Spalthefe). Die Stelle START wird überschritten, S-Phase und Mitose werden dann eingeleitet.

Die wichtige Bedeutung der cyclinabhängigen Kinase CDK1 (codiert durch das *CDC 28*-Gen in *S. cerevisiae* bzw. durch das *cdc2*-Gen in *S. pombe*) ist durch rote Einrahmung hervorgehoben.

Gene, die für die Zellzykluskontrolle wichtig sind, wurden zuerst durch Analyse einer Kollektion von Mutanten der Modellorganismen *Saccharomyces cerevisiae* (Bäckerhefe) und *Schizosaccharomyces pombe* (Spalthefe) identifiziert (▶ Abb. 9.7). Diese Mutanten werden als **cdc**-**Mutanten** (*cdc, cell division cycle*) bezeichnet, weil die Genprodukte für das Durchlaufen des Zellzyklus notwendig sind. Der Ausfall eines *CDC*-Gens führt zum Anhalten des Zellzyklus in einer bestimmten Phase. Je nach Mutante kann es sich dabei um G_1, S-Phase, G_2 oder die Mitose handeln. Die molekularbiologische Charakterisierung der cdc-Mutanten war entscheidend für das Verständnis des Zellzyklus. Da die Untersuchungen in der Bäckerhefe und in der Spalthefe zeitgleich durchgeführt wurden, haben die homologen Gene unterschiedliche Bezeichnungen. Die cyclinabhängige Kinase (Cdk, *cyclin dependent kinase*) wurde ursprünglich in der Spalthefe mit cdc2 (*cell division cycle mutant number 2*) bezeichnet, während das homologe Gen in der Bäckerhefe die Nennung *CDC28* (*cell division cycle mutant number 28*) erhielt. Heutzutage werden beide einheitlich mit *CDK* bezeichnet. Während Bäckerhefe und Spalthefe nur eine CDK codieren, gibt es in den Genomen höherer Eukaryoten mehrere *CDK1-Gene*. Sie heißen *CDK1, CDK2, CDK4* und *CDK6*.

Paul Nurse (Entdeckung des *cdc2*-Gens [codiert Cdk1] in der Spalthefe [3]), **Lee Hartwell** (Entdeckung von *CDC*-Mutanten in der Bäckerhefe) und **Tim Hunt** (Entdeckung der Cycline) erhielten für ihre Arbeiten zur Aufklärung der Zellzyklusregulation 2001 den Nobelpreis für Physiologie und Medizin.

Cyclinabhängige Kinasen (CDKs) sind die Masterregulatoren des Zellzyklus. Dies sind Proteinkinasen, deren Aktivität und zelluläre Lokalisation durch Phosphorylierung und die Bindung von regulatorischen Untereinheiten, den Cyclinen, kontrolliert werden. Sie bevorzugen als Zielstel-

len Aminosäuresequenzen, in denen Serin (S) oder Threonin (T) in der Nachbarschaft zu einem Prolin (P) vorkommen. Die minimale Erkennungssequenz ist also S/T P (S/T werden durch CDKs phosphoryliert). Häufig kommt jedoch eine positiv geladene Aminosäure (Lysin oder Arginin [K/R]) drei Positionen C-terminal vom S/T vor. Das erweiterte Erkennungsmotiv der CDKs ist also: S/TPXK/R (X kann jede Aminosäure sein).

Weitere Faktoren bestimmen, ob ein Protein von Cdks phosphoryliert wird. Dazu gehören die Zugänglichkeit der S/TP-Sequenz, die zelluläre Lokalisation und das gebundene Cyclin, das mit Aminosäureabfolgen des Zielproteins interagieren kann.

Definition

Cycline sind die regulatorischen Untereinheiten der CDKs.

Wie der Name **Cyclin** andeutet, verändert sich die Menge der Cycline während des Zellzyklus (▶ Abb. 9.8). Dieses Verhalten beruht auf einer zellzyklusabhängigen Transkription der Cyclingene und auf einem regulierten Abbau der Cycline zu bestimmten Phasen im Zellzyklus.

Einfache Eukaryoten wie die Bäckerhefe oder die Spalthefe haben nur ein *CDK*-Gen (*CDK1*). Menschliche Zellen haben dagegen vier *CDK*-Gene mit Funktionen in der Zellzykluskontrolle: *CDK1, CDK2, CDK4* und *CDK6*. Weitere *CDK*-Gene sind an der Regulation anderer zellulärer Prozesse beteiligt, wie z. B. Transkription.

CDK4 und CDK6 haben eine Funktion in der G_1-Phase. CDK1 und CDK2 sind wichtig für die S-Phase und die Mitose (▶ Abb. 9.8). Diese CDKs interagieren mit verschiedenen Cyclinen, die in unterschiedlichen Zellzyklusphasen

9

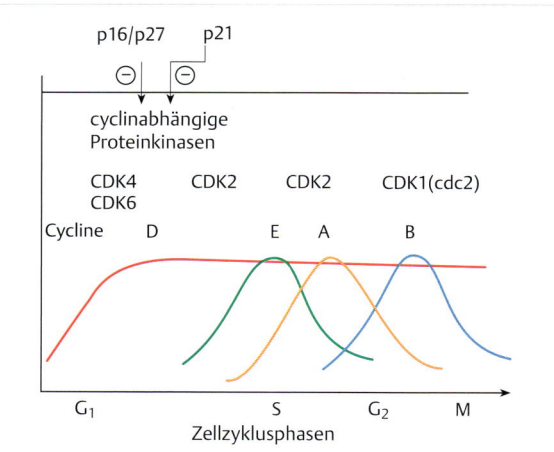

Abb. 9.8 Cyclinabhängige Proteinkinasen im Zellzyklus von Säugetierzellen. Im Zuge des Zellzyklus gehen verschiedene cyclinabhängige Proteinkinasen (gezeigt sind CDK1, -2, -4 und -6) Wechselwirkungen mit verschiedenen Cyclinen ein. Die Cycline E, A und B werden zu den angegebenen Zeiten gebildet und dann wieder abgebaut (über den ubiquitinabhängigen Weg) (S. 355). Die Menge der Cycline D 1, D 2 und D 3 bleibt im Verlauf des Zellzyklus relativ konstant. p16/p27 und p21 sind CDK-Inhibitoren (s. Text). (nach Nigg EA (1993) Cellular substrates of p34cdc2 and its companion cyclin dependent kinases. Trends Cell Biol 3: 296–301; Peter M, Herskowitz I (1994) Joining the complex: cyclin-dependent kinase inhibitory proteins and the cell cycle. Cell 79: 181–184; Sherr CJ (1993) Mammalian G1 cyclins. Cell 73: 1059–1065)

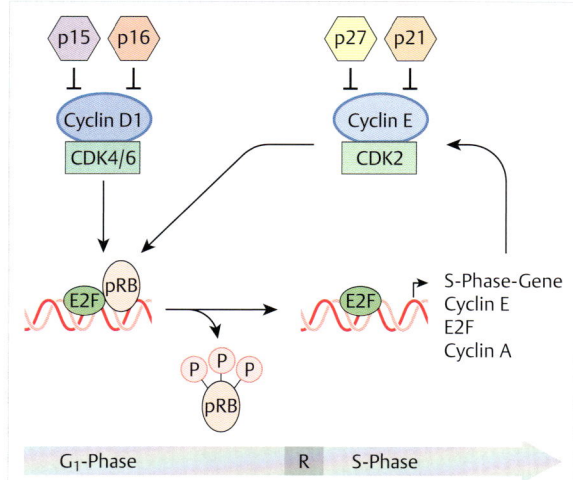

Abb. 9.9 Regulation des G_1/S-Übergangs durch CDK4/6/Cyclin D und E2F. Die Inhibitoren p15 und p16 gehören zur INK4-Familie, die Inhibitoren p27 und p21 zur CIP/KIP-Familie. Sie binden an verschiedene cyclinbeladene CDKs und blockieren deren Funktion durch Kontakte mit dem Cyclin und mit der Kinase. Bedeutsam ist die Phosphorylierung von pRB. Dadurch wird E2F frei für die Aktivierung on Genen. R = Restriktionspunkt. (nach Caygill CP, Watson A, Lao-Sirieix P et al (2004) Barrett's oesophagus and adenocarcinoma. World J Surg 2: 12, DOI: 10.1186/1477-7819-2-12)

9

in der Zelle angereichert werden und dann gewisse Funktionen erfüllen und demnach als G_1-Phasen-Cycline (Cyclin D1, D2 und D3), G_1/S-Phasen-Cycline (Cyclin A, Cyclin E) und M-Phasen-Cycline (Cyclin A und Cyclin B) bezeichnet werden. CDK4 und CDK6 werden durch Cyclin D reguliert, während CDK2 vorwiegend durch Cyclin A und Cyclin E aktiviert wird. Und der Komplex aus CDK1 und Cyclin B kontrolliert die Mitose.

Überdies steht die Funktion der CDKs unter der Kontrolle spezieller CDK-Inhibitoren (CDK-I). Zellbiologen unterscheiden zwei Typen oder Familien von CDK-I:

- Die **INK4-Familie** mit den Proteinen p16[INK4a], p15[INK4b], p18[INK4c] und p19[INK4d]. Diese CDK-I treten spezifisch in Wechselwirkung mit CDK4 und CDK6 und verhindern deren Aktivierung durch die G_1-Phasen-Cycline D1–D3 (▶ Abb. 9.9).
- Die **CIP/KIP-Familie** mit den Inhibitoren p21[CIP1], p27[KIP1] und p57[KIP2]. Diese Proteinfamilie bindet an verschiedene cyclinbeladene CDKs und blockieren deren Funktion durch Kontakte mit dem Cyclin und mit der Kinase (▶ Abb. 9.9).

G_1/S-Übergang

Beim G_1/S-Übergang spielen Mitglieder der **E2F-Familie** eine entscheidende Rolle. Einige von ihnen wirken als Aktivatoren, andere können als Repressoren die Transkripti-

on von Genen unterdrücken. Das Gleichgewicht zwischen E2F-Aktivatoren und Repressoren ist dabei entscheidend für die Zellzyklusregulation. E2F-Proteine werden durch die Bindung von pRB (**retino**blastoma) und pRB-ähnlichen Proteinen (p107 und p130) in ihrer Aktivität reguliert. E2F-Aktivatoren (z. B. E2F-1) werden durch Bindung dieser pRB-Proteine inaktiviert. Die CDK4/Cyclin-D- und CDK6/Cyclin-D-Komplexe phosphorylieren teilweise die pRB-Proteine, worauf es zur Freisetzung und zur Aktivierung der E2F-Transaktivatoren kommt (▶ Abb. 9.9). E2F stimuliert die Transkription von Cyclin E. CDK2/Cyclin E bewirkt die weitere Phosphorylierung und Inaktivierung von pRB. Von E2F werden zudem Gene aktiviert, die an der DNA-Replikation, DNA-Reparatur und Checkpointkontrolle beteiligt sind.

Plus 9.3

Zellzyklus, pRB und Tumorbildung

pRB (▶ Abb. 9.9) ist die Abkürzung für Retinoblastom-Protein. Das Protein wurde bei der Erforschung des Kindheitstumors Retinoblastom – ein Tumor des Auges – entdeckt. Dort (und bei anderen Tumorarten) ist das pRB-Protein ausgefallen, was unregulierte Zellproliferation verursacht.

Lizenzierung der DNA-Replikation in der Telophase/G_1-Phase

Wichtig ist, dass die DNA während des Zellzyklus nur einmal repliziert wird. Um dies zu erreichen, haben sich in der Evolution raffinierte Regulationsmechanismen entwickelt. Wie im Kap. 8 (Replikation der DNA) beschrieben wird, werden die Origins (*origins of replication*; Startpunkte der Replikation) am Ende der Telophase mit Origin-Erkennungskomplexen (ORCs, *origin recognition complexes*) beladen, die aus sechs verschiedenen Untereinheiten bestehen. Dann kommen die Faktoren CDT1 und CDC6 dazu. Anschließend kann die replikative DNA-Helikase aus dem MCM-Komplex (MCM, **m**ini-**c**hromosome **m**aintenance) und anderen Proteinen zusammengebaut werden (S. 190). Damit sind die Origins lizenziert und können in der darauffolgenden S-Phase aktiviert werden. Die zeitliche Trennung zwischen Vorbereitung und Initiation der Replikation verhindert eine erneute Lizenzierung während der S-Phase und damit einen ungeplanten Neustart der Replikation (Rereplikation).

Aus folgenden Gründen kann die Lizenzierung nur in der Telophase und der folgenden G_1-Phase stattfinden, wenn die CDK-Aktivität niedrig ist:

- Nur in der G1-Phase nimmt die **Menge an CDC6** durch zellzyklusabhängige Transkription zu.
- Die **Aktivität von CDC6** wird in der S-Phase durch CDK-Phosphorylierung gehemmt. Das phosphorylierte CDC6 wird dann durch eine E3-Ubiquitin-Ligase (SCF^{CDC4}) ubiquitiniert (S. 355) und schließlich durch das Proteasom abgebaut.
- In der S-Phase erfolgt eine **Inhibition von CDT1** durch Bindung an ein Protein mit der Bezeichnung Geminin.
- In der G_2-Phase erfolgt ein **Abbau von CDT1** durch Proteolyse.

Regulation der DNA-Replikation

Die Initiation der DNA-Replikation hängt von zwei Bedingungen ab:

- vom korrekten **Zusammenbau des Präinitiationskomplexes** aus ORC, CDT1 und CDC6 in der frühen G_1-Phase und
- von der Aktivität spezieller Proteinkinasen, nämlich von den **S-Phasen-CDKs** (s. o.) und der sogenannten **DBF4-abhängigen CDC7-Kinase** (DDK, *DBF4-dependent CDC7 kinase*).

Mit anderen Worten, der Anstieg der Aktivitäten von DDK und CDK2/Cyclin A in der S-Phase leitet die DNA-Replikation ausgehend von den Präinitiationskomplexen ein. Beide Kinasen wirken direkt am Origin und rekrutieren Faktoren, die für die Replikation notwendig sind, wie CDC45 und andere (S. 190).

Die **DDK** besteht aus zwei Untereinheiten, nämlich der Kinaseuntereinheit CDC7 und der regulatorischen Untereinheit DBF4. Die DBF4-Untereinheit leitet die CDC7-Ki-nase zu den Substraten, vergleichbar den Cyclinen in ihrer Funktion bei den CDKs. Die Substrate der DDK sind der MCM2–7-Komplex und andere Proteine am Origin. Ihre Phosphorylierung ist die Voraussetzung für die Bildung der CMG-Helikase (CDC45, MCM2–7 und GINS). Aber nicht nur die DDK, sondern auch die S-Phasen-CDKs sind für den Zusammenbau und die Aktivierung der CMG-Replikationshelikase von entscheidender Bedeutung, insbesondere was die Rekrutierung des CDC45-Proteins und der DNA-Polymerase ε betrifft.

Schließlich gibt es noch eine weitere interessante Funktion der CDK. Um die DNA zu replizieren, muss sich die Replikationsgabel durch das Chromatin bewegen (s. Kap. 8.4.5), auch durch dichtgepacktes Chromatin mit dem Linker-Histon H1 (S. 150). Hier kommt die CDK2/Cyclin-A-Kinase ins Spiel. Sie wird durch das Protein PCNA (*proliferating cell nuclear antigen*) (S. 174) und den MCM2–7-Komplex zur Replikationsgabel gebracht. Dort phosphoryliert die Kinase das Linker-Histon H1. Eine Konsequenz ist die Auflockerung der Chromatinstruktur (S. 153) als Voraussetzung für ein Fortschreiten der Replikationsgabel.

Der Cohesinkomplex

Nach der Replikation müssen die beiden Schwesterchromatiden von der S-Phase bis zum Beginn der Chromosomentrennung in der Anaphase durch einen „Klebstoff" zusammengehalten werden. Nur dann können sie in der Metaphase von der mitotischen Spindel korrekt ausgerichtet werden. Man spricht von einer **Biorientierung** (S. 202): Ein Schwesterchromatid ist mit den Mikrotubuli des einen Spindelpols verbunden, das andere mit den Mikrotubuli des gegenüberliegenden Spindelpols. Ohne den „Chromosomenklebstoff" würden die Schwesterchromatiden in der Anaphase wahllos verteilt. Es würde zur Aneuploidie kommen. Der „Chromosomenklebstoff" ist der Cohesinkomplex [4], der in diesem Abschnitt eingehend beleuchtet werden soll (▶ Abb. 9.10).

Der ringförmige Cohesinkomplex (▶ Abb. 9.10) umschließt von der S-Phase bis zum Beginn der Metaphase (*interchromatid cohesion*) ringförmig die beiden Schwesterchromatiden. Cohesin ist zudem wichtig für die Organisation des Chromatins innerhalb eines Chromosoms (*intrachromatid cohesion*). Zum Beispiel wird dadurch die Größe der Replikationsdomänen in der S-Phase bestimmt.

Vor allem Untersuchungen an der Bäckerhefe haben zu einem Verständnis der Funktion und Struktur des **Cohesinkomplexes** geführt. Der Cohesinkomplex besteht aus den stabförmigen SMC 1- und SMC 3-Proteinen und weiteren Untereinheiten (▶ Abb. 9.10). Smc ist die Abkürzung für *structural maintenance of chromosomes*, denn Mitglieder der Smc-Proteinfamilie haben wichtige Aufgaben bei der Ausbildung der Chromosomen während der Mitose. Die SMC 1- und SMC 3-Proteine sind über

9

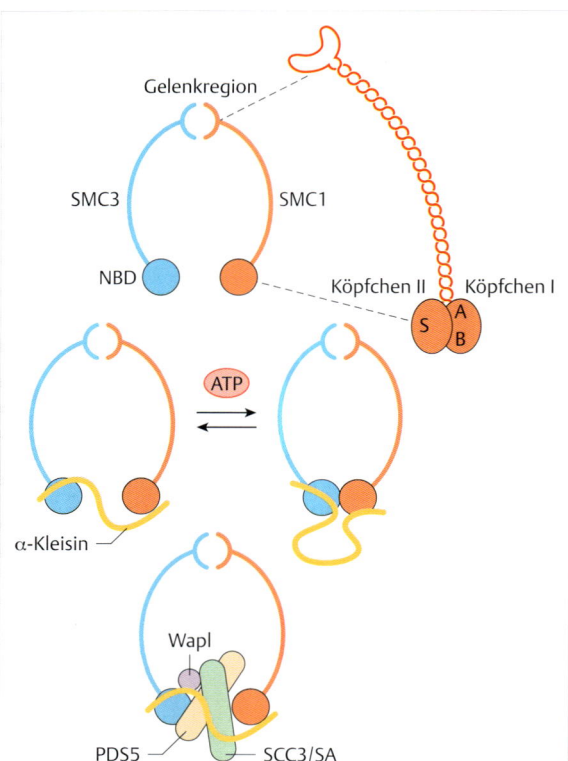

Abb. 9.10 Struktur des ringförmigen Cohesinkomplexes.
SMC1 und SMC3 sind stabförmige Proteine. In der Mitte von
SMC1 und SMC3 befindet sich die Gelenkregion (*hinge*). An
dieser Stelle machen beide Proteine eine Kehrtwendung von
180° und binden über lange antiparallele Coiled-coil-Inter-
aktionen an sich selbst. So kommen N- und C-Terminus
zusammen und bilden eine ATPase-Domäne, d.h. eine
Domäne, die das Nucleotid ATP bindet und zu ADP und
Phosphat hydrolysiert. Die ATPase-Aktivität von SMC1 und
SMC3 wird durch die Bindung von α-Kleisin (SCC1; RAD21 in
menschlichen Zellen) stimuliert. Sie ist wahrscheinlich wichtig
bei der Beladung von Chromatin mit Cohesin. Die Untereinheiten SCC3/SA, PDS5 und Wapl1 werden von α-Kleisin
rekrutiert und sind wichtig für die Stabilisierung des Cohesinrings. (nach Nasmyth K (2011) Cohesin: a catenase with
separate entry and exit gates? Nat Cell Biol 13: 1170–1177,
DOI: 10.1038/ncb2349)

eine Gelenkregion (*hinge*) miteinander verbunden. Das V-
förmige SMC1-SMC3-Heterodimer wird durch die Interaktion mit dem Protein α-Kleisin (Scc1), das an die Nucleotidbindungsstellen von SMC1 und SMC3 bindet, in
ein ringförmiges Molekül verwandelt. α-Kleisin rekrutiert
weitere Untereinheiten: SCC3/SA, PDS5 und Wapl1
(► Abb. 9.10). Diese Untereinheiten sind wichtig für die
Stabilisierung des Cohesinrings.

Schon spät in der Telophase und in G_1 wird das Chromatin mit Cohesin beladen. Wichtig für die Beladung ist
ein Komplex aus den Proteinen **SCC2** und **SCC4**
(► Abb. 9.11). Die Gelenkregion zwischen SMC1 und
SMC3 öffnet sich (Eintrittstor). Der offene Kleisin-SMC1-

SMC3-Ring umschließt die DNA und der Ring wird dann
wieder geschlossen. In der G_1- und S-Phase kann sich der
Ring wieder öffnen und die DNA wieder entlassen. Allerdings tritt die DNA dafür nicht durch die Gelenkregion,
sondern der Ring öffnet sich zwischen SMC3 und α-Kleisin (Austrittstor). Die Interaktion des Cohesinrings mit
der DNA ist also in diesen Zellzyklusphasen dynamisch.

Sobald die DNA repliziert wird, werden beide Tochter-
stränge vom Cohesinkomplex umschlossen. Während der
DNA-Replikation wird das chromatinassoziierte SMC3-
Protein von der **cohesinspezifischen Acetyltransferase**
EcoI an mehreren Lysinresten acetyliert. Acetyliertes
SMC3 rekrutiert das Protein **Sororin**. Dadurch wird der
Ring, der die beiden Schwesterchromatiden umfasst, sta-
bilisiert – das Austrittstor wird blockiert.

In der Mitose wird Cohesin in zwei Schritten von den
Schwesterchromatiden entfernt:

Der erste Schritt geschieht in der Prophase, also beim
Eintritt in die Mitose. Es wird der Teil des Cohesins entfernt (► Abb. 9.11), der mit den Armen der Schwesterchromatiden verbunden ist. Dafür sind u.a. die Aktivitäten der **PLK1** (Polokinase 1) und der **Aurora-B-Kinase**
verantwortlich. Beide Kinasen phosphorylieren das Protein SCC3/SA (► Abb. 9.10) (in Vertebraten hat SCC3 zwei
Isoformen: SA1 und SA2).

Der Teil des Cohesins, der sich während der Prophase
an den Centromeren befindet, ist vor der Freisetzung geschützt. Dafür verantwortlich ist das Protein Shugoshin
(*shugoshin* japan. Wächter; Sgo1). **Shugoshin** an den Centromeren besorgt die Anheftung der Proteinphosphatase
PP2A. PP2A ist der Gegenspieler der PLK1 und schützt
SCC3/SA vor der Phosphorylierung.

Es ist also der Cohesinkomplex am Centromer, der die
Schwesterchromatiden in der Prometaphase und Metaphase miteinander verbindet. Dadurch kommt das typische X-förmige Erscheinungsbild der Chromosomen in
der Metaphase zustande (► Abb. 7.15).

Der zweite Schritt erfolgt am Übergang von der Meta-
zur Anaphase. Eine Protease namens **Separase** wird aktiviert und spaltet die α-Kleisinuntereinheit SCC1/RAD21
des Cohesinkomplexes. Diese Regulation wird weiter unten (S. 213) ausführlich besprochen. In der Bäckerhefe
gibt es den „Prophaseweg" nicht – die Schwesterchromatiden werden ausschließlich von der Separase freigesetzt.

Der Condensinkomplex

Condensin ist ein Multiproteinkomplex, der ähnlich dem
Cohesinkomplex aufgebaut ist (► Abb. 9.12). Der Condensinkomplex ist essenziell für die Organisation der Chromosomenstruktur in der Mitose und Meiose. Die SMC-
Proteine SMC2 und SMC4 treten über die Gelenkregion
miteinander in Kontakt. Der Ring wird auf der gegenüberliegenden Seite durch die β/γ-Kleisinuntereinheiten
geschlossen.

9

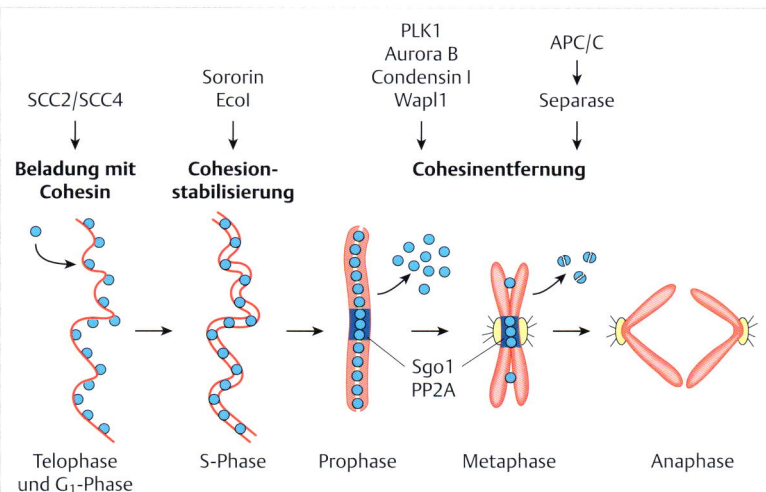

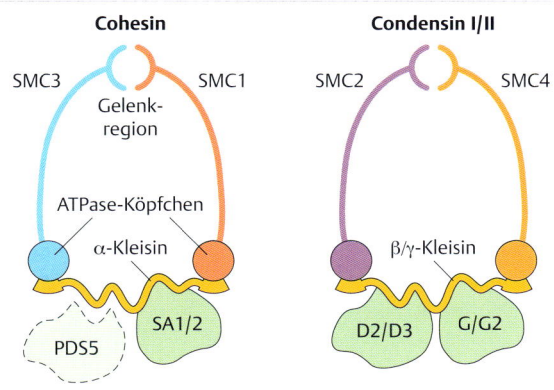

Abb. 9.11 Dynamik der Cohesin-Bindung und Wechselspiel von PLK1 und Aurora B mit PP2A am Kinetochor. Erläuterungen s. Text (nach Takahashi TS, Basu A, Bermudez V et al (2008) Cdc7–Drf1 kinase links chromosome cohesion to the initiation of DNA replication in Xenopus egg extracts. Genes Dev 22: 3089–3114)

Abb. 9.12 Vergleich des Aufbaus von Cohesin mit Condensin. Erläuterungen s. Text. (nach Cuylen S, Haering Ch (2011) Deciphering condensin action during chromosome segregation. Trends Cell Biol 21: 552–559)

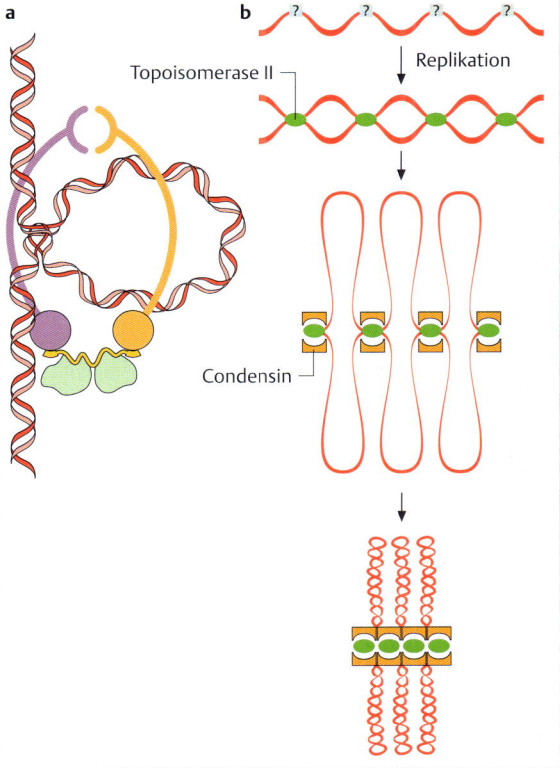

Wahrscheinlich umschließt der Condensinring die DNA ähnlich wie der Cohesinkomplex. Allerdings ist es derzeit noch unklar, über welche molekularen Mechanismen der Condensinkomplex die Chromatinstruktur beeinflusst. Verschiedene Modelle werden diskutiert. Condensin könnte im Zusammenwirken mit Topoisomerasen die Topologie der DNA verändern (▶ Abb. 9.13).

Der Eintritt in die Mitose

Vor dem Eintritt in die Mitose müssen Zellen die mitotische CDK1/Cyclin-B-Kinase aktivieren. Dieser Schritt ist hoch reguliert, denn nur wenn keine DNA-Schäden vorhanden sind und wenn die Zellen eine ausreichende Größe erreicht haben, kann die Mitose beginnen. Wichtig für die Regulation ist ein Netzwerk von Proteinen mit phosphorylierenden und dephosphorylierenden Aktivitäten. Die mitosespezifische Zunahme der Menge an Cyclin B

Abb. 9.13 Condensin in der Mitose. (nach Hagstrom KA, Meyer BJ (2003) Condensin and cohesin: more than chromosome compactor and glue. Nat Rev Genet 4: 520–534; McIntosh JR, Grishchuk EL, West RR (2002) Chromosome-microtubule interactions during mitosis. Annu Rev Cell Biol 18: 193–219; Nasmyth K (2002) Segregating sister genomes: the molecular biology of chromosome separation. Science 297: 559–565)
a Chromatinschleifen werden durch Condensin stabilisiert.
b Wichtige Bestandteile des Chromosomengerüsts sind Condensin und die Typ-II-DNA-Topoisomerase, ein Enzym, das für die Einführung von Schleifen verantwortlich sein könnte (S. 184).

9

reicht allein nicht aus, um die CDK1/Cyclin-B-Kinase zu aktivieren.

Folgende Schritte sind zusätzlich notwendig:

- Die Phosphorylierung eines Threoninbausteins (T 161) in der CDK1 durch eine konstitutiv aktive Kinase CAK (*cyclin-dependent activating kinase*) ist notwendig, aber nicht ausreichend für die Aktivierung der CDKs (▶ Abb. 9.14). Das dafür verantwortliche Enzym kann selbst wieder eine cyclinabhängige Kinase sein: CDK7/Cyclin H. In Metazoa hat die cyclinabhängige Kinase CDK7 zusammen mit Cyclin H eine essenzielle Funktion bei der Transkriptionskontrolle (als Bestandteil von TFIIH) und als CAK bei der Zellzyklusregulation.
- Die Entfernung von hemmenden Phosphatgruppen in der CDK1 an Threonin (T 14) und Tyrosin (Y15). Dies geschieht durch die Proteinphosphatase CDC25 (von der drei Formen in Säugetierzellen vorkommen (Plus 9.3) (S. 210).

Erst nach Phosphorylierung von T 161 und Dephosphorylierung von T 14 und Y15 ist die mitotische CDK1/Cyclin-B-Kinase aktiv und der Eintritt in die Mitose kann erfolgen.

Plus 9.4

Unterschiedliche CDC25-Phosphatasen

Im Text haben wir immer von **der** CDC25-Phosphatase gesprochen, aber die Wirklichkeit in der Zelle ist auch hier komplizierter. Denn es gibt mindestens drei verschiedene CDC25-Enzyme:

CDC25A ist das Substrat der CHK1-Kinase beim Intra-S-Phase-Checkpoint. Durch die CHK1 phosphoryliertes CDC25A ist ein Substrat der E3-Ubiquitin-Ligase, woraufhin CDC25A durch das Proteasom abgebaut wird. CDC25A wird auch in der G₁-Phase als Reaktion auf DNA-Schäden abgebaut.

CDC25B und **CDC25C** werden dagegen beim G2/M-Übergang reguliert. Beide Phosphatasen werden durch die CHK1-Kinase an mehreren Serinresten phosphoryliert. Daraufhin bindet das 14–3-3-Phospho-Bindungsprotein an CDC25B/C und verhindert den Import von CDC25 in den Zellkern.

Kontrollpunkte des Zellzyklus

In menschlichen Zellen sind verschiedene **Kontrollpunkte (Checkpoints)** bekannt, an denen unterschiedliche Ereignisse überprüft werden:

- Der Checkpoint in der G₁-Phase, auch **Restriktionspunkt** genannt, überprüft, ob DNA-Schäden vorhanden sind, ob die Zelle eine ausreichende Größe hat und welche Wachstumshormone vorhanden sind.

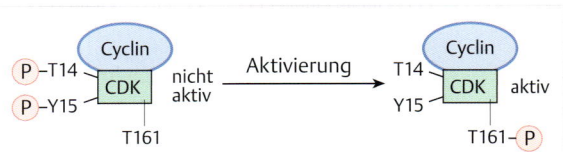

Abb. 9.14 Cyclinabhängige Proteinkinasen im Zellzyklus von Säugetierzellen. Die Aktivität von CDKs wird über verschiedene Mechanismen reguliert. Zur Aktivierung von CDKs ist die Anheftung einer Phosphatgruppe an einen speziellen Threoninbaustein (T 161) notwendig. Außerdem erfolgt eine Steuerung der Kinasefunktion über die Phosphorylierung der Aminosäuren Threonin14 und Tyrosin15 (T 14 und Y15). Da die Anwesenheit von Phosphatgruppen an diesen Stellen hemmend wirkt, werden sie im Zuge einer CDK-Aktivierung entfernt, und zwar durch das Enzym CDC 25-Phosphatase. (nach Nigg EA (1993) Cellular substrates of p34cdc2 and its companion cyclin dependent kinases. Trends Cell Biol 3: 296–301; Peter M, Herskowitz I (1994) Joining the complex: cyclin-dependent kinase inhibitory proteins and the cell cycle. Cell 79: 181–184; Sherr CJ (1993) Mammalian G1 cyclins. Cell 73: 1059–1065)

- **DNA-Damage-Checkpoints** prüfen die DNA in G₁, S-Phase und G₂ auf Schäden.
- Am **Spindelkontrollpunkt** (*spindle assembly checkpoint*, SAC) wird überwacht, ob die Kinetochore der Schwesterchromatiden in der richtigen Konfiguration mit den Mikrotubuli verbunden sind. Wir beschreiben den SAC im Zusammenhang mit der Regulation des Übergangs von der Metaphase zur Anaphase, denn das ist die Stelle, wo der SAC zum Zuge kommt.

Merke

An den **Kontrollpunkten** (Checkpoints) wird überprüft, ob vorausgegangene Ereignisse im Zellzyklus korrekt abgelaufen sind. Bei Fehlern wird der Zellzyklus an den Kontrollpunkten angehalten.

DNA-Damage-Checkpoints

DNA-Schäden, sei es durch endogene oder exogene Faktoren, bedrohen die Integrität des Genoms und führen, wenn sie nicht repariert werden, zu dauerhaften Veränderungen des genetischen Materials. Das Auftreten von Mutationen kann zur Krebsentstehung führen.

Die Reaktion auf DNA-Schäden (DDR, *DNA damage response*) beschreibt ein Netzwerk von Sensoren, Signaltransduktoren und Effektoren, die den Zellzyklus durch die Aktivierung von Checkpoints beeinflussen, Probleme bei der Replikation der DNA beheben und die Reparatur von DNA-Schäden einleiten. DNA-Damage-Checkpoints sind also nur ein Teilaspekt der DDR. Wir wollen hier nur den Einfluss der DDR auf den Zellzyklusverlauf anschauen. Andere Funktionen kommen im Kap. 11 zur Sprache.

9

Unterschiedliche DNA-Schäden, einschließlich Doppelstrangbrüche, Einzelstrangbrüche, Einlagerung von interkalierenden Substanzen in die DNA und Quervernetzungen von Basen müssen als Defekt erkannt werden. Viele DNA-Schäden werden relativ schnell repariert und haben keinen Einfluss auf den Zellzyklusverlauf. Eine Anhäufung von DNA-Schäden wie Doppelstrangbrüche, die durch γ-Strahlen verursacht werden, führt jedoch zum Zellzyklusstillstand.

Die Kinasen **ATM** (*ataxia telangiectasia mutated*) und **ATR** (*ATM- and RAD3-related*) haben eine entscheidende Bedeutung bei der Erkennung von DNA-Schäden. Sie kontrollieren die Reaktion der Zelle auf DNA-Schäden in den Phasen G_1/S, S (Intra-S) und G_2/M:

- Am **G1/S-Checkpoint** werden DNA-Schäden in G_1 erkannt und der Eintritt der Zellen in die S-Phase verzögert.
- Am (**Intra-)S-Phasen-Checkpoint** wird die laufende DNA-Replikation blockiert und verhindert, dass neue Origins aktiviert werden. Er tritt bei Defekten an der Replikationsgabel oder wenn zu wenig Nucleotide vorhanden sind in Aktion.
- Am **G2/M-Checkpoint** wird der Eintritt der Zellen in die Mitose verzögert und damit verhindert, dass Chromosomen mit DNA-Schäden weitergegeben werden.

Die **ATM-Kinase** wird durch Doppelstrangbrüche aktiviert. Der Mre11-Nbs1-Rad50-Proteinkomplex (der MNR-Adapter-Komplex) erkennt die Doppelstrangbrüche und bringt die ATM an die defekten DNA-Stellen im Chromatin.

Die **ATR-Kinase** wird dagegen durch Einzelstrang-DNA, die bei defekten Replikationsgabeln oder bei der Nucleotid-Exzisionsreparatur (NER) von quervernetzten Basen (S. 272) auftritt, zu den schadhaften DNA-Bereiche geleitet, wobei das Einzelstrang-Bindeprotein RPA (*replication protein A*) als Adapter dient (S. 170). Adapterkomplexe ziehen auch Substrate für die ATM- und ATR-Kinasen heran. Zusammengenommen phosphorylieren ATM und ATR über 700 Proteine und regulieren so deren Aktivität.

Besondere **Adapterproteine** leiten die wichtigen **Checkpointkinasen** CHK1 und CHK2 zu den DNA-Läsionen.

In der Hefe ist das Rad9-Protein ein Adapter, der die Chk2-Kinase zur ATR-Kinase bringt. In menschlichen Zellen haben die Proteine BRCA1, 53BP1, Claspin und MDC 1 diese Adapterfunktion. CHK1 wird durch die ATR-Kinase phosphoryliert und aktiviert und CHK2 durch die ATM-Kinase. Das reicht aber nicht aus, denn zur Aktivierung wird noch das Protein **Claspin** benötigt, das normalerweise instabil ist, aber aufgrund von DNA-Schäden stabilisiert wird.

Der Hauptzielpunkt von ATM/CHK2 und ATR/CHK1 sind CDC25-Phosphatasen, die ja, wie beschrieben (S. 210), eine Schlüsselfunktion bei der Aktivierung von CDKs haben (▸ Abb. 9.14), weil sie die inhibierenden Phosphorylierungen an T 14 und Y15 in den CDKs entfernen.

Die Zelle reagiert über ATM/ATR, die CHK1/2-Kinasen und Inhibition von CDC25 relativ schnell auf DNA-Schäden. Dadurch wird der Zellzyklus angehalten und Zeit gewonnen, um größere DNA-Defekte zu reparieren.

Eine langsamere zweite Phase wird über die Aktivierung des **Transkriptionsfaktors p53** in Gang gesetzt (▸ Abb. 9.15). Das Protein p53 ist von herausragender Bedeutung, weil es in 50 % aller Tumoren mutiert ist und

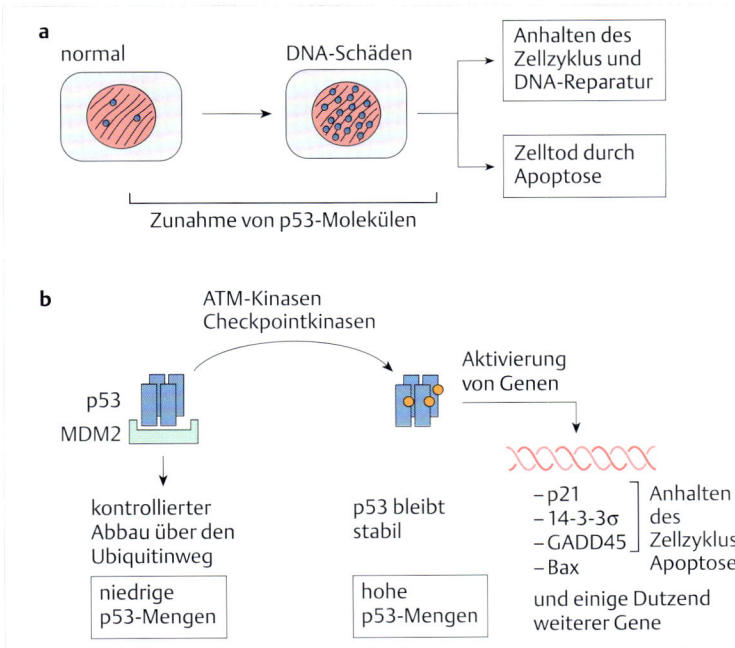

Abb. 9.15 Funktionen des p53-Proteins.
(nach Vogelstein B, Lane D, Levine AJ (2000) Surfing the p53 network. Nature 408: 307–310; Zhou BBS, Elledge SJ (2000) The DNA damage response: putting checkpoints in perspective. Nature 408: 433–439)

a Zunahme der p53-Konzentration nach DNA-Schäden.

b Das Protein MDM2 begünstigt den Abbau von p53 und stellt damit die p53-Mengen auf einen niedrigen Wert ein – in normalen Zellen. Nach DNA-Schäden erfolgt eine Phosphorylierung von p53, das sich dadurch aus der Bindung mit Mdm2 lösen kann. Das Protein wirkt als Transkriptionsfaktor und aktiviert eine Reihe von Genen. Darunter sind solche, die den Zellzyklus anhalten und damit Zeit für DNA-Reparaturen schaffen.

ausfällt. p53 hat etwas mit dem Schutz der Zelle vor genetischen Veränderungen zu tun und wird deshalb als Tumorsuppressor („Wächter des Genoms") bezeichnet.

p53 ist für die Langzeitwirkung der Zellen in Reaktion auf DNA-Schäden verantwortlich. p53 ist normalerweise instabil. Dafür verantwortlich ist die E3-Ubiquitin-Ligase MDM2, die mit p53 interagiert und dadurch inhibiert und zusätzlich polyubiquitiniert. Das polyubiquitinierte p53 wird dann durch das Proteasom abgebaut. Sowohl MDM2 als auch p53 werden von der ATM- und der ATR-Kinase phosphoryliert. Dadurch wird die Interaktion von MDM2 mit p53 aufgehoben und p53 wird stabilisiert. p53 wird zudem durch die CHK1- und CHK2-Kinasen phosphoryliert, was ebenfalls zur Trennung von MDM2 und Stabilisierung von p53 führt.

Weitere Mechanismen, die p53 regulieren, sind Acetylierung, Proteinbindung und die Regulation des Kernimports:

- p53 wird durch die Acetyltransferasen p300/PCAF an denselben Lysinresten acetyliert, an denen es ansonsten ubiquitiniert wird. Die Acetylierung von p53 blockiert also die Ubiquitinierung des Proteins und trägt somit zur Stabilisierung bei.
- Der Tumorsuppressor p14ARF konkurriert mit MDM2 um die Bindung an p53. Auch das führt zur Stabilisierung.
- Umgekehrt verhindert Ubiquitinierung von p53 an den Lysinen 319–321 den Transport in den Zellkern. p53 verbleibt somit im Cytoplasma und wird anschließend abgebaut.

Die Anreicherung von p53 führt zur Transkription einer Reihe von Genen. Darunter ist das Gen für den CDK-Inhibitor p21, CIP1. Übrigens wird auch die Transkription des Gens für MDM2 durch p53 stimuliert. Dies führt in Zellen ohne DNA-Schäden zu einem negativen Rückkopplungsmechanismus, der die Menge an p53 niedrig hält.

Zusammenbau der mitotischen Spindel

Mit dem Eintritt der Zellen in die Mitose, d. h. mit der Prometaphase, kommt es zur Auflösung der Kernmembran. In der Interphase ist der Ran-Gradient die treibende Kraft für den direktionalen Transport von Proteinen und RNA-Molekülen durch die Kernpore (▶ Abb. 7.3). Der Ran-Gradient bleibt auch in der Mitose bestehen. Das Ran-GEF RCC 1 bindet auch in der Mitose an das Chromatin. Dadurch entsteht eine hohe lokale Konzentration an Ran-GTP im Bereich der Chromosomen. Das führt unter anderem zu einer Freisetzung von **Spindel-Assembly-Faktoren**. Dazu gehört TPX2, ein mikrotubulibindendes Protein und ein Aktivator der Aurora-A-Kinase, die neben der Aurora-B-Kinase und weiteren mitotischen Kinasen wie der Polokinase PLK1 wichtig ist für die Regulation der Mitose. Auch das Protein NuMA, das für die Bündelung der Enden von Mikrotubuli am Centrosom wichtig ist, wird durch Ran reguliert.

Zudem kommt es zur Reifung der Centrosomen (▶ Abb. 9.3), nämlich der Bindung von γ-Tubulin und pericentriolärem Material (PCM). Dadurch erhöht sich die Fähigkeit der Centrosomen, Mikrotubuli zu organisieren. Die Kinetochore binden an die von den beiden Spindelpolen organisierten Mikrotubuli.

Centromere und Kinetochore

Centromere sind spezielle Chromatinstrukturen, an denen sich in der Mitose der Kinetochor ausbildet (▶ Abb. 9.16) [5]. Proteine des Kinetochors haben zwei Hauptfunktionen:

- Die Kinetochore binden die Spindelfasern, die Mikrotubuli.
- Am Spindelkontrollpunkt (*spindle assembly checkpoint*, SAC) wird gemessen, ob die Kinetochore mit den Mikrotubuli assoziiert sind.

Centromere sind eine spezielle Form von Heterochromatin. Ein charakteristisches Merkmal aller Centromere ist der Einbau von Nucleosomen, die anstelle von Histon H3 die Histonvariante CenH3 (auch *centromere protein A* oder CENP-A in menschlichen Zellen bzw. Cse4 in der Bäckerhefe) besitzen (s. auch Kap. 7.3). Die Ausdehnung der Centromere kann, abhängig vom Organismus, sehr stark variieren:

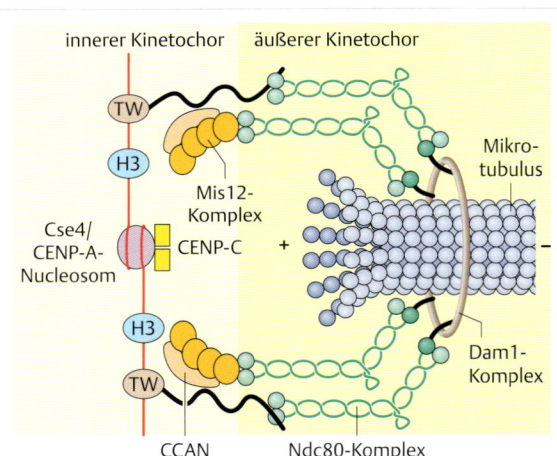

Abb. 9.16 Struktur des Kinetochors. Das Kinetochor der Bäckerhefe wird als Modell gezeigt. Das CCAN interagiert mit den Cse4/CENP-A-, CENP-C- und CENP-T-Proteinen, die wiederum mit der Centromer-DNA in Wechselwirkung treten. Komponenten des äußeren Kinetochors, insbesondere der Dam1- und der Ndc80-Komplex, stellen über den Mis12-Komplex die Verbindung zwischen dem Mikrotubulus und dem CCAN her. TW, CENP-T/CENP-W-Komplex. CCAN = *constitutive centromere associated network*. (nach Westermann S, Schleiffer A (2013) Family matters: structural and functional conservation of centromere-associated proteins from yeast to humans. Trends Cell Biol 23: 260–269)

- Centromere der Bäckerhefe enthalten nur ein CenH3-Nucleosom (*point centromere*, ▶ Abb. 9.16).
- Die Centromere menschlicher Zellen sind deutlich größer und erstrecken sich über mehrere Millionen Basenpaare chromosomaler DNA.
- Der Modellorganismus *Caenorhabditis elegans* hat Holocentromere, die sich über die gesamte Länge der Chromosomen erstrecken.

Centromere enthalten meist repetitive DNA-Sequenzen. Die Centromer-DNA menschlicher Zellen setzt sich aus α-Satelliten-DNA zusammen: Eine Sequenz aus 171 bp wiederholt sich bis zu 18 000 Mal. α-Satelliten-DNA hat aufgrund ihres Aufbaus aus sich wiederholenden Sequenzen eine andere Basenzusammensetzung als der Rest der chromosomalen DNA. Deshalb hat die α-Satelliten-DNA im CsCl-Dichtegradienten (S. 44) eine andere Dichte als die Rest-DNA.

Die Centromer-DNA ist jedoch weder notwendig noch ausreichend, wie das Vorkommen von **Neocentromeren** zeigt. Neocentromere sind Centromerbereiche, die spontan entlang von DNA-Sequenzen entstehen können, auch wenn sie keine Ähnlichkeit mit α-Satelliten-DNA haben. Neocentromere besitzen im Allgemeinen das normale Repertoire von Centromerproteinen, allen voran Nucleosomen mit der Histonvariante CenH3. Menschen mit Neocentromeren zeigen keinerlei Krankheitsbild. Neocentromere sind also in jeder Beziehung voll funktionsfähig. Centromere sind somit vererbbare Chromatinstrukturen, die sich auch unabhängig von der DNA-Sequenz etablieren können und vererbt werden.

Nun zu weiteren Centromerproteinen (▶ Abb. 9.16). Das Centromerprotein **CENP-B** bindet über die sogenannte CENP-B-Box direkt an die Centromer-DNA. Die CENP-B-Box besteht aus einer Folge von 17 bp und ist ein Bestandteil der α-Satelliten-DNA. Ob CENP-B allerdings eine essenzielle Funktion beim Aufbau von Centromeren und Kinetochoren besitzt, ist fraglich, denn in Neocentromeren kommt es nicht vor.

Der innere Kinetochor, auch CCAN (*constitutive centromere associated network*) genannt, ist eine Gruppe von Proteinen, die meist über den gesamten Zellzyklus mit dem Centromerchromatin assoziiert bleiben. Es ist das Grundgerüst, auf dem in der Mitose der äußere Kinetochor aufgebaut wird.

Zu Beginn der Mitose binden weitere Proteine an den Centromerbereich und an das CCAN – dadurch entsteht der Kinetochor. Der innere Kinetochor ist durch Linker-Proteine mit den Enden der Mikrotubuli am äußeren Kinetochor verbunden.

Der Übergang von Metaphase zur Anaphase

Sobald alle Schwesterchromatiden die Biorientierung erreicht haben, wird der **Spindelkontrollpunkt** (*spindle as-*

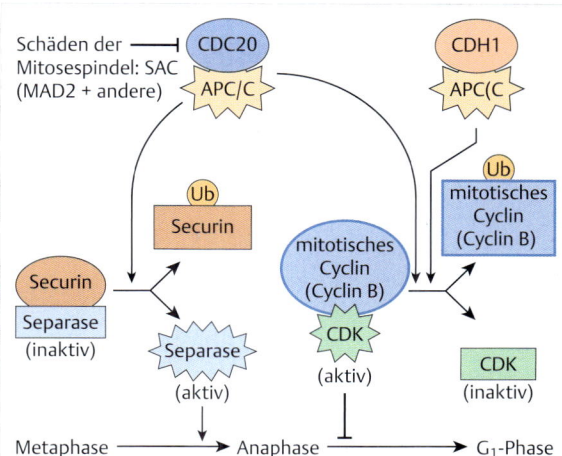

Abb. 9.17 Regulation des Securin-Separase-Komplexes und Cyclin B durch den APC/C. Die Separase ist eine Protease, an die das Protein Securin bindet und die dadurch inaktiviert wird. Sobald alle Schwesterchromatiden die Biorientierung erreicht haben, wird der SAC (MAD2) ausgeschaltet (SAC: spindle assembly checkpoint). Der APC/C wird dadurch aktiviert. Das Protein CDC 20 bringt Substrate wie Securin und Cyclin B zum APC/C. Das Protein Ubiquitin wird auf diese Substrate übertragen. Die ubiquitinmarkierten Proteine (z. B. Securin) werden durch das Proteasom, eine große zylinderförmige Protease, abgebaut. Die Separase wird aktiv und spaltet die α-Kleisin-(SCC1/RAD21)-Untereinheit des Cohesinkomplexes. Die Verbindung der beiden Schwesterchromatiden wird aufgelöst, die Anaphase beginnt und die Schwesterchromatiden können nun durch die mitotische Spindel an die beiden Tochterzellen verteilt werden. Der APC/C hat zusammen mit dem Adapter CDH1 am Ende der Mitose weitere Funktionen. Zum Beispiel wird die PLK1-Kinase durch APC/C$^{\text{CDH1}}$ ubiquitiniert. (nach Bardin AJ, Amon A (2001) Men and sin: what's the difference? Nat Rev Mol Cell Biol 2: 815–826)

sembly checkpoint, SAC) abgeschaltet (▶ Abb. 9.17). Dadurch wird die E3-Ligase des **APC/C** (*anaphase promoting complex/cyclosome*) aktiv. Cyclin B und Securin werden durch das Adapterprotein CDC20 zum APC/C gebracht, ubiquitiniert und anschließend vom Proteasom abgebaut. Sowohl CDK1/Cyclin B als auch **Securin** hemmen die Aktivität einer Protease namens **Separase**. Deswegen wird die Separase jetzt aktiv und spaltet die Cohesinuntereinheit α-Kleisin (SCC1/RAD21). Damit kommt es zur Auflösung des Cohesinrings am Kinetochor und zur Freisetzung der beiden Schwesterchromatiden, die dann in der Anaphase durch die mitotische Spindel auf die beiden Tochterzellen verteilt werden.

Nur der mit dem Chromatin assoziierte Cohesinkomplex wird durch die Separase gespalten. Das nicht chromatingebundene Cohesin ist kein Substrat für die Separase und wird in der G_1-Phase, sobald Separase durch neusynthetisiertes Securin inhibiert wird, wieder auf das Chromatin geladen.

9

Der Spindelkontrollpunkt (*spindle assembly checkpoint*, SAC)

Kinetochore sind nicht nur Bindungsstellen für Mikrotubuli, sondern auch Sensoren, die eine amphitelische Anheftung (s. ▶ Abb. 9.5) der beiden Kinetochore an die Mikrotubuli der Spindel feststellen. Jede andere Form von Interaktion zwischen Kinetochor und Miktotubuli, wie die monotelische, syntelische und merotelische (s. ▶ Abb. 9.5), muss korrigiert werden. Hierfür verantwortlich ist der Aurora-B-Kinasekomplex, auch CPC (*chromosomal passenger complex*) genannt. Der CPC interagiert mit dem spezialisierten Chromatin des inneren Centromers (▶ Abb. 9.18b).

Bei amphitelischer Anheftung wird die Kinetochorregion durch Zugkräfte der Spindel auseinandergezogen (▶ Abb. 9.18a). Aufgrund dieser Dehnung sind Proteine im äußeren Kinetochor nicht länger für die Aurora-B-Kinase erreichbar, sie werden also von der Aurora-B-Kinase am inneren Centromer nicht phosphoryliert (▶ Abb. 9.18b).

Sollten die beiden Kinetochore jedoch nicht richtig mit der Spindel verbunden sein, so wird der Kinetochor nicht gedehnt und die Aurora-B-Kinase kann Proteine im äußeren Bereich des Kinetochors phosphorylieren (▶ Abb. 9.18b). Dies führt dazu, dass die Bindungen zwischen Mikrotubuli und Kinetochor aufgelöst werden. Dadurch entstehen nicht besetzte Kinetochore, die dann den **SAC** auslösen.

Ein **Kernstück des SAC** ist der **MAD1/MAD2-Komplex** (MAD, *mitotic arrest deficient*) am Kinetochor [6]. Die Bezeichnung des MAD stammt aus der Forschungsgeschichte, denn die Proteine Mad1 und Mad2 wurden bei der Analyse von Hefemutanten entdeckt, bei denen die Mitose weiterläuft, auch wenn die Mikrotubuli durch Substanzen wie Nocodazol oder Benomyl vergiftet sind.

Durch den MAD1/MAD2-Komplex wird das **SAC-Signal** erzeugt und verstärkt. Das SAC-Signal verbreitet sich in der Zelle und blockiert den APC/C. MAD1 bindet an alle Kinetochore ohne korrekten Mikrotubulikontakt. MAD2 kommt in zwei Formen in der Zelle vor. Eine MAD2-Form (C-MAD2) ist stabil mit MAD1 verbunden. Ein zweiter Pool ist frei in der Zelle beweglich, interagiert mit dem MAD1/MAD2-Komplex und ändert dadurch seine Konformation: Offenes MAD2 (O-MAD2) wird zum geschlossenen Mad2 (C-Mad2) umgewandelt. C-Mad2 bindet nun an das APC/C-Adapterprotein CDC20. Cdc20 bildet mit weiteren Checkpointproteinen (MAD2, BUB3 und BUBR1) den **mitotischen Checkpointkomplex**, kurz MCC. Der MCC bindet an den APC/C-Komplex und hemmt dessen Fähigkeit zur Ubiquitinierung von Securin und Cyclin B.

Der SAC ist vom Eintritt der Zellen in die Mitose bis zur Metaphase aktiv. Sobald alle Kinetochore die Biorientierung erreicht haben, wird das SAC-Signal innerhalb von wenigen Minuten abgeschaltet, der APC/C wird aktiv, Cyclin B und Securin werden abgebaut und die Zelle tritt in die Anaphase ein.

Cytokinese

Die Cytokinese ist der letzte Schritt des Zellzyklus, er führt zur Trennung der beiden Tochterzellen. In der Anaphase wird Cyclin B abgebaut. Dadurch erniedrigt sich die Aktivität des mitotischen CDK1/Cyclin-B-Komplexes. Da CDK1/Cyclin B ein Inhibitor der Cytokinese ist, ist der Abbau von Cyclin B eine Voraussetzung für die Cytokinese.

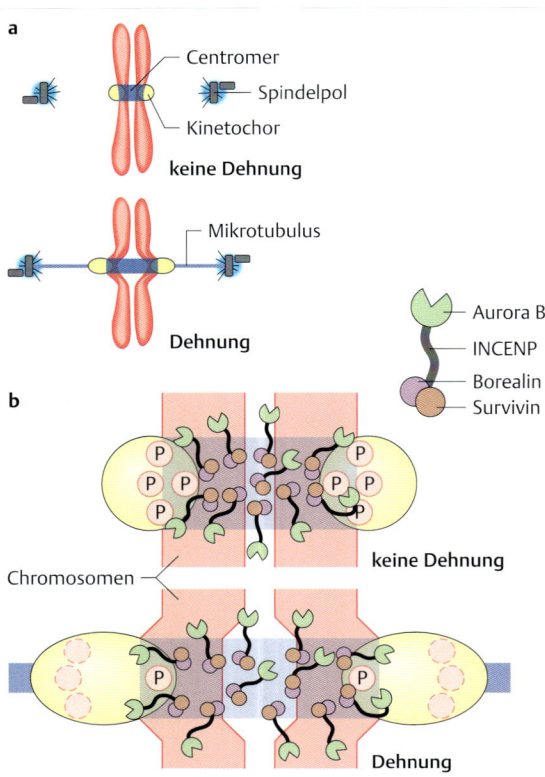

Abb. 9.18 Die Rolle von Aurora B in der Etablierung der Biorientierung von Kinetochoren. (nach Santaguida S, Musacchio A (2009) The life and miracles of kinetochores. EMBO J 28: 2511–2531, DOI: 10.1038/emboj.2009.173)

a Schematische Darstellung der Geometrie von Kinetochoren zweier Schwesterchromatiden in der Metaphase. Die beiden Kinetochore oben sind nicht an Mikrotubuli gebunden. Deshalb steht der Kinetochor nicht unter Spannung. Im Gegensatz dazu haben die beiden Kinetochore unten Kontakt mit Mikrotubuli (Biorientierung). Die Zugkräfte dehnen den Kinetochor.

b Der Aurora-B-Kinasekomplex besteht aus den Proteinen Aurora B, INCENP, Survivin und Borealin. Dieser Komplex wird auch als CPC (*chromosomal passenger complex*) bezeichnet, da er seine Lokalisation am Ende der Mitose ändert. Aurora B bindet an das Chromatin des inneren Kinetochors. Im entspannten Zustand (oben) kann die Aurora-B-Kinase Proteine des äußeren Kinetochors phosphorylieren, die wichtig für die Interaktion der Mikrotubuli mit den Kinetochoren sind. Diese Wechselwirkungen werden dadurch geschwächt. Stehen die Kinetochore unter Spannung (unten), so wird der äußere Kinetochorbereich vom inneren getrennt. Dadurch kann die am inneren Kinetochor gebundene Aurora-B-Kinase die Proteine des äußeren Kinetochors nicht mehr effizient phosphorylieren. Die Mikrotubuli-Kinetochor-Interaktionen werden stabilisiert.

9

Weitere Zellzyklusregulatoren wie die Polokinase PLK1, die Aurora-B-Kinase und die Aktivierung der GTPasen CDC42 und RHO A regulieren die Cytokinese.

In menschlichen Zellen wird die Teilungsebene erst in der Anaphase bestimmt. Die überlappenden Mikrotubuli der Spindel haben einen zentralen Einfluss darauf, wo an der Plasmamembran der Teilungsapparat zusammengebaut wird. Im Allgemeinen bildet sich der Cytokineseapparat genau zwischen den Spindelpolen. Dies stellt sicher, dass keine Chromosomen während der Cytokinese eingeschlossen werden.

Ausgehend von der Spindelmitte wird die GTPase **RHO A** aktiviert. RHO A in der GTP-gebundenen Form aktiviert daraufhin Formine, die die **Polymerisation von Aktin** induzieren. RHO A aktiviert zudem die RHO-Kinase, die dann die regulatorische Untereinheit des Myosin-II-Motors phosphoryliert. Die Kontraktion des Aktinrings induziert die Cytokinese. Der letzte Schritt der Cytokinese, die Abszission, benötigt den Transport von Membranvesikeln vom Golgi-Apparat zur Cytokinesestelle. Letztendlich fusioniert die Plasmamembran.

9.2.3 Defekte bei Chromosomentrennung und Cytokinese

Man spricht von **Polyploidie**, wenn die Zellen über mehr als zwei vollständige Chromosomensätze (S. 154) verfügen. Tetraploide Zellen sind eine besondere Form der Polyploidie. ▶ Abb. 9.19 zeigt, wie tetraploide Zellen durch einen Defekt bei der Cytokinese, durch Zellfusion oder durch *mitotic slippage* entstehen können. Zellen, die über längere Zeit durch den SAC in der Mitose angehalten werden, können eventuell ohne Chromosomentrennung durch den Zellzyklusblock rutschen (*mitotic slippage*) und in der G_1-Phase den Zellzyklus als tetraploide Zellen fortsetzen.

Tetraploide Zellen werden als mögliche Zwischenstufen bei der Entstehung von Krebszellen angesehen. Sie sind genetisch instabil, es kommt zur Reorganisation des Genoms, was u. a. auch dazu führen kann, dass Tumorsuppressoren ausgeschaltet und Onkogene überexprimiert werden.

Merke

Defekte bei der Chromosomentrennung und bei der Cytokinese führen zur genetischen Instabilität.

9.3 Meiose

Bei der **Meiose** handelt es sich um eine spezielle Zellteilung, bei der aus einer replizierten diploiden Zelle mit repliziertem Chromosomensatz (2-fach 2n) vier haploide Zellen (1n) mit einem einfachen Chromosomensatz entstehen [7]. Diese haploiden Zellen werden als Gameten bezeichnet. In höheren Eukaryoten sind die Gameten die Spermien und die Eizellen.

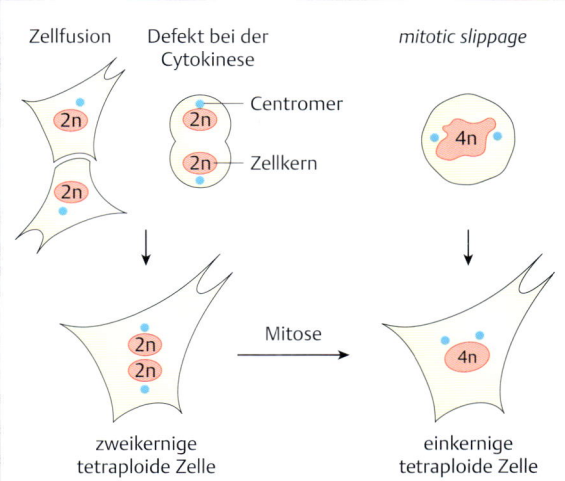

Abb. 9.19 Entstehung tetraploider Zellen durch einen Defekt bei der Cytokinese oder durch *mitotic slippage*. Eine Zellfusion oder ein Defekt bei der Cytokinese führen zu Zellen mit zwei Zellkernen. Nach dem Durchlaufen der nächsten Mitose entstehen daraus tetraploide Zellen mit nur einem Zellkern. *Mitotic slippage* ist eine Adaption der Zellen aufgrund anhaltender SAC-Aktivierung (S. 214). Dadurch wird die Chromosomentrennung in der Anaphase/Cytokinese umgangen. In der nächsten G_1-Phase haben die Zellen einen Zellkern mit einem tetraploiden DNA-Gehalt. (nach Storchova Z, Kuffer C (2008) The consequences of tetraploidy and aneuploidy. J Cell Sci 121: 3859–3866, DOI: 10.1242/jcs.039537)

Merke

Bei der **Meiose** entstehen aus einer diploiden Zelle mit repliziertem Chromosomensatz (2-fach 2n) vier haploide Zellen (1n) mit einem einfachen Chromosomensatz.

9.3.1 Zellzyklusregulation der Meiose

Zu Beginn der Meiose durchlaufen die Zellen eine DNA-Replikationsrunde (▶ Abb. 9.21). Von je einem maternalen und einem paternalen Chromosomensatz wird eine Kopie hergestellt. Danach kommt es zu zwei Zellteilungen, Meiose I und Meiose II genannt. Bei jeder Zellteilung wird der Chromosomensatz halbiert. Ein weiterer Unterschied zur Mitose ist die Rekombination zwischen den homologen Chromosomen in der Meiose I. Die vier Gameten der Meiose haben deshalb Chromosomen, die sich aus mütterlichen und väterlichen DNA-Abschnitten zusammensetzen.

Merke

Bei der **Meiose** kann es zur Rekombination zwischen homologen Chromosomen kommen.

Plus 9.5

Meiotische Prophase I

Der Zweck der Meiose ist die Reduktion des diploiden auf den haploiden Chromosomensatz. Das geschieht in zwei Teilungsschritten: Meiose I (Kap. 9.3.2) und Meiose II (Kap. 9.3.3). Voraussetzung ist die Replikation der DNA in den noch unreifen (diploiden) Geschlechtszellen (Gameten). Nach der verhältnismäßig langen S-Phase liegen vier homologe Chromatide vor, je zwei in jedem der beiden elterlichen Chromosomen. Darauf folgt in der Meiose I die lange **meiotische Prophase I**, in der **Rekombinationen** zwischen den Chromatiden ursprünglich väterlicher und mütterlicher Chromosomen stattfinden.

Das Meioseprogramm ist hoch konserviert. Wenn man von vielen Unterschieden im Detail absieht, läuft es bei simplen einzelligen Eukaryoten wie der Bäckerhefe ähnlich ab wie etwa in den Vorformen der Eizellen und Spermien von Säugetieren. In allen eukaryotischen Organismen ändern sich im Verlauf der meiotischen Prophase I Aussehen und Lokalisation von Chromatin und Chromosomen in einer charakteristischen Weise (▶ Abb. 9.20).

Die meiotische Prophase I kann in fünf Stadien unterteilt werden:

Leptotän (▶ Abb. 9.20). Die Chromosomen sind als lange dünne Fäden (leptos; griech. dünn) sichtbar, wobei die Chromatiden sehr eng beieinanderliegen. Rekombinationen beginnen im Leptotän und zwar durch die enzymatische Aktivität einer Nuclease mit der Bezeichnung SPO11, die – sozusagen „programmiert" – Doppelstrangbrüche einführt – was der erste Schritt im Ablauf der homologen Rekombination ist (S. 228).

Zygotän (▶ Abb. 9.20). Homologe Chromosomen beginnen, sich eng aneinanderzulegen. Der Vorgang fängt meist an den Enden der Chromosomen an und führt dazu, dass passende Abschnitte Seite an Seite zu liegen kommen, und zwar in einer eigentümlichen Struktur mit der Bezeichnung synaptonemaler Komplex, der dann im folgenden Stadium, dem **Pachytän** (gekennzeichnet durch kurze gedrungene Chromsomen; ▶ Abb. 9.20) voll ausgebildet ist.

Die Rekombinationsprozesse setzen sich vor und mit der Bildung des synaptonemalen Komplexes fort. Wichtig sind Proteine mit Bezeichnungen wie RAD51 und DMC 1. Zusammen mit anderen Proteinen vermitteln sie Kontakte zwischen homologen DNA-Strängen und ermöglichen die Bildung von Holliday-Strukturen, traditionell als Cross-Overs bezeichnet. Diese Stellen lassen sich im Mikroskop als Verdichtungen des synaptonemalen Komplexes (S. 226) erkennen (*recombination nodules*).

Diplotän (▶ Abb. 9.20). Der synaptonemale Komplex löst sich auf. Die homologen Chromosomen streben auseinander, aber bleiben mit dem Partner durch eine oder seltener auch durch zwei oder mehr Chromatinbrücken (Chiasma; Mehrzahl: Chiasmata) verbunden – sichtbare Hinweise auf Stellen, wo sich Rekombinationen ereignet haben.

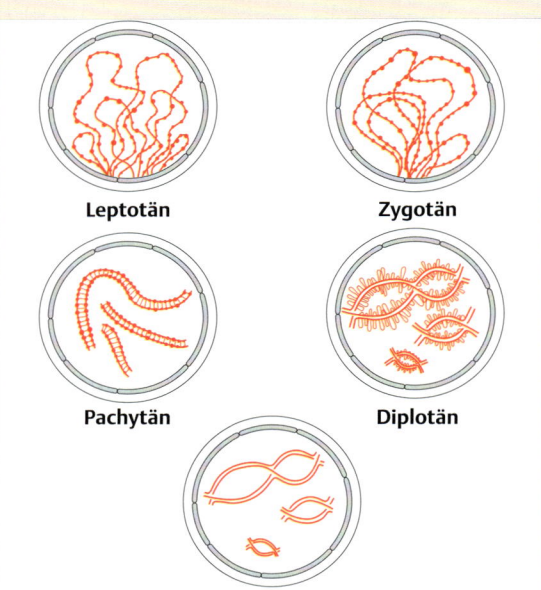

Abb. 9.20 Stadien in der Prophase I der Meiose I

Bei vielen Tierarten verbleibt die Reifung von Eizellen für lange Zeit im Stadium des Diplotäns. In manchen Fällen, besonders deutlich bei Amphibien, aber auch bei Säugetieren, bilden sich dann eigentümliche Chromosomenstrukturen aus, die man in langer cytologischer Tradition als Lampenbürsten-Chromosomen bezeichnet: Von einem zentralen Faden gehen zahlreiche seitliche Zweige aus und ein Bild entsteht, das an eine Bürste erinnert, die man vor über hundert Jahren zur Reinigung der Glaszylinder von Petroleumlampen verwendet hat. Schon vor Jahrzehnten haben Forscher die Organisation dieser Chromosomenform in wesentlichen Zügen beschreiben können: Der zentrale Faden besteht aus den beiden eng benachbarten Chromatiden, von denen Einzelchromatiden als Chromatinschleifen mit DNA von Längen bis zu hunderttausend Basenpaaren ausgehen. An den Chromatinschleifen findet intensive RNA-Synthese statt, vermutlich unter anderem, um die Eizelle mit den Proteinen zu versorgen, die sie später für die frühe Embryonalentwicklung braucht.

Chiasmata sind Zeichen für Rekombination. Deren Bildung ist darüber hinaus absolut notwendig für die geordnete Ausrichtung der Chromosomen bei der ersten Meioseteilung und damit für eine geordnete Segregation.

Diakinese (▶ Abb. 9.20). Die meiotische Prophase I kommt an ihr Ende mit der Ablösung der Chromosomenenden von der Kernhülle, der Verdichtung der Chromosomen und der allmählichen Trennung der Chromatiden, wobei die Chiasmata noch erhalten bleiben, bis sich schließlich die Chromosomen in der Metaphaseebene treffen.

9.3.2 Meiose I

Das Durchlaufen der S-Phase ist eine Grundvoraussetzung für die Rekombination in der Meiose I [8]. Die Schwesterchromatiden werden durch einen speziellen Cohesinkomplex zusammengehalten, der anstelle von SCC1/RAD21 das meiosespezifische REC 8 enthält. Die anderen Untereinheiten des Cohesins entsprechen denen der Mitose, jedenfalls bei der Bäckerhefe, an der die grundlegenden Untersuchungen durchgeführt wurden. Bei Säugetieren einschließlich des Menschen gibt es noch weitere meiosespezifische Cohesinuntereinheiten, wie das Scc3-Homolog SA3/STAG3 und SMC 1β, das das mitosespezifische SMC 1α ersetzt.

In der Prophase I (s. Plus 9.5) (S. 216) lagern sich zuerst die homologen Chromosomen aneinander (Paarbildung) (s. ▶ Abb. 9.21). Sie werden durch **Chiasmata** zusammengehalten. Doppelstrangbrüche mit anschließender homologer Rekombination und Crossover bilden DNA-Verknüpfungen zwischen den homologen Chromosomen aus. Diese sind essenziell für den Austausch der genetischen Information (S. 228) zwischen den homologen Chromosomen.

Sobald die Rekombination abgeschlossen ist, werden die homologen Chromosomen mithilfe des Spindelapparat auseinandergezogen. Die Schwesterchromatiden bleiben jedoch miteinander verbunden. Die Aufteilung der homologen Chromosomen auf die beiden Pole bedingt, dass die beiden Kinetochore sich wie eine Einheit verhalten und nur mit Mikrotubuli vom gleichen Spindelpol interagieren. Untersuchungen am Modellsystem Bäckerhefe haben den **Monopolinkomplex** (mit den Proteinen Mam1, Csm1 und Lrs4) als den Faktor identifiziert, der in der Meiose I am Kinetochor die Anheftung der Mikrotubuli reguliert. Ohne diese Proteine werden die Schwesterchromatiden in der Meiose I falsch verteilt, weil beide Schwesterkinetochore aktiv sind und mit Mikrotubuli interagieren.

Zudem ist es wichtig, dass der Cohesinkomplex von den Armen der Schwesterchromatiden entfernt wird, um den Austausch der Chromosomenfragmente in der Meiose I zu erlauben (▶ Abb. 9.21 ①). Die Protease **Separase** entfernt in der Meiose I den Cohesinkomplex von den Armen der Schwesterchromatiden. Das Cohesin am Kinetochor ist jedoch gegenüber der Separase resistent.

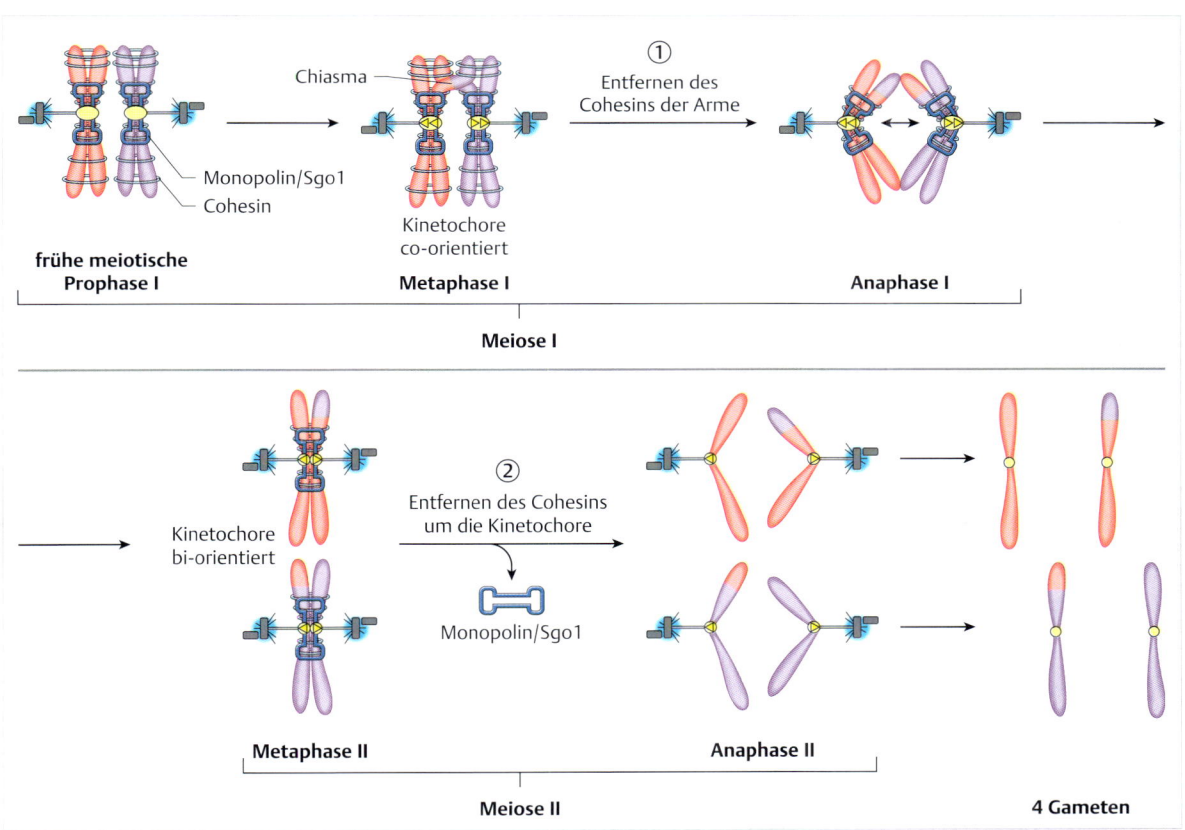

Abb. 9.21 Meiose. Aus einer Zelle mit repliziertem diploidem Chromosomensatz (2-fach 2n) entstehen vier Zellen (Gameten) mit je einem einfachen Chromosomensatz (1n). ① Die Separase entfernt den Cohesinkomplex von den Armen der Schwesterchromatiden, sodass ein Austausch von Chromosomenfragmenten stattfinden kann. ② Der meiosespezifische Cohesinkomplex an den Kinetochoren wie auch der Monopolinkomplex und SGO1 werden während der Meiose II entfernt. Weitere Erläuterungen s. Text. (nach Marston AL, Amon A (2004) Meiosis: cell-cycle controls shuffle and deal. Nat Rev Mol Cell Biol 5: 983–997, DOI: 10.1038/nrm1526)

In der Meiose I schützt das Protein **Shugoshin** (SGO1) (S. 208) den Cohesin-REC 8-Ring am Kinetochor vor dem Abbau durch die Separase, wodurch die beiden Schwesterchromatiden zusammengehalten und von den Mikrobuli gemeinsam zu einem Spindelpol hin transportiert werden. SGO1 rekrutiert die Phosphatase PP2A, die die Phopshorylierung von REC 8 am Kinetochor verhindert. Nur phosphoryliertes Rec8 ist ein Substrat für die Separasespaltung.

9.3.3 Meiose II

Am Ende der Meiose I zerfällt die Spindel und Meiose II beginnt. Der Monopolinkomplex und SGO1 werden während der Meiose II entfernt (▶ Abb. 9.21 ②). Die Trennung der rekombinierten Schwesterchromatiden in Meiose II entspricht deshalb weitestgehend der Mitose. Mit dem Beginn der Anaphase II wird die Separase wiederum aktiviert und spaltet nun den meiosespezifischen Cohesinkomplex an den Kinetochoren. Die Schwesterchromatiden werden durch die Spindel der Meiose II aufgetrennt. Das Endprodukt der Meiose sind vier haploide Gameten mit rekombinierten Chromosomen.

Literatur

▶ **Zitierte Literatur**

[1] Morgan DO (2007) The Cell Cyle Principles of Control. Oxford University Press
[2] Bornens M (2012) The centrosome in cells and organisms. Science 335: 422–426
[3] Nurse P (2002) Cyclin dependent kinases and cell cycle control (nobel lecture). Chembiochem 3: 596–603
[4] Nasmyth K (2011) Cohesin: a catenase with separate entry and exit gates? Nat Cell Biol 13: 1170–1177, DOI: 10.1038/ncb2349
[5] Takeuchi K, Fukagawa T (2012) Molecular architecture of vertebrate kinetochores. Exp Cell Res 318: 1367–1374
[6] Musacchio A (2011) Spindle assembly checkpoint: the third decade. Philos Trans R Soc Lond B Biol Sci 366: 3 595–3 604
[7] Marston AL, Amon A (2004) Meiosis: cell-cycle controls shuffle and deal. Nat Rev Mol Cell Biol 5: 983–997, DOI: 10.1038/nrm1526
[8] Watanabe Y (2012) Geometry and force behind kinetochore orientation: lessons from meiosis. Nat Rev Mol Cell Biol 13: 370–382

9

Kapitel 10

Rekombination der DNA

10 Rekombination der DNA

Peter Dröge

10.1 Einleitung

Die wohl wichtigste Funktion der DNA-Rekombination ist die Erzeugung genetischer Vielfalt. Aber die Rekombination ermöglicht auch eine korrekte Trennung von Chromosomen und ist häufig an Reparaturen von DNA-Schäden beteiligt. Manche Tier- und Pflanzenviren, Bakteriophagen sowie bewegliche genetische Elemente rekombinieren im Zuge ihrer Vermehrung. Gemeinsam ist diesen Prozessen, dass sie zu neuen **DNA-Verknüpfungen** führen. Anders gesagt, ganze DNA-Moleküle oder kürzere Abschnitte werden durch Rekombination neu zusammengesetzt.

Rekombination ist ein Oberbegriff, der mehrere Arten des Austauschs von DNA umfasst. Wir folgen in diesem Kapitel einer Unterteilung, die im Wesentlichen auf Eigenschaften der an der Rekombination beteiligten Nucleotidsequenzen basiert.

Im Kap. 10.2 betrachten wir die **homologe Rekombination**. Dieser Vorgang führt zu einem Austausch von DNA-Abschnitten mit gleichen oder sehr ähnlichen (homologen) Nucleotidsequenzen. Wir werden die Hauptakteure vorstellen und Rekombinationsmechanismen beschreiben. Anschließend widmen wir uns der homologen Rekombination im Zusammenhang mit der Meiose in eukaryotischen Zellen. An dieser Stelle beschreiben wir den wichtigen Vorgang der **Genkonversion**.

Im Kap. 10.3 wird die **ortsspezifische Rekombination** vorgestellt. Diese Art der Rekombination führt zu einer Verknüpfung von DNA-Abschnitten mit eindeutig definierten Basenfolgen. Die jeweiligen Nucleotidsequenzen werden von ortsspezifischen Rekombinasen erkannt, die anschließend dort auch den DNA-Strangaustausch zwischen den Rekombinationspartnern ausführen. Wir werden den molekularen Mechanismus und biologische Funktionen dieser besonderen Art der Rekombination an einem prominenten Beispiel aus der prokaryotischen Welt erläutern. Ortsspezifische Rekombinasen sind interessanterweise in eukaryotischen Zellen, mit Ausnahme der Hefe, bislang nicht identifiziert worden.

Kap. 10.4 beschreibt die **zufällige**, **sequenzunabhängige (illegitime) Rekombination**. Dieser Vorgang führt zu einer Verknüpfung von DNA-Abschnitten, die weder Sequenzhomologien noch definierte Basenfolgen aufweisen. Anders gesagt, er kann im Prinzip an jeder Nucleotidsequenz in einem DNA-Molekül oder Genom unkontrolliert – illegitim – und somit zufällig erfolgen. Wir zeigen, dass die Transposition beweglicher genetischer Elemente in pro- und eukaryotischen Genomen vorwiegend auf illegitimer Rekombination beruht. Dies betrifft auch den Einbau retroviraler Genome, wie das von HIV (*human immune deficiency virus*), in ihre Wirtsgenome.

10.2 Homologe Rekombination

Definition

Bei der **homologen Rekombination** werden DNA-Abschnitte mit gleicher oder sehr ähnlicher (homologer) Nucleotidsequenz ausgetauscht und neu zusammengesetzt.

Das Studium von einfachen Eukaryoten hat wichtige Einblicke in den Ablauf der homologen Rekombination gebracht und führte zur Formulierung erster Modelle. Ein entscheidender Fortschritt wurde erreicht, als Joshua Lederberg und Edward L. Tatum 1946 zum ersten Mal Rekombinationen bei Bakterien und Alfred D. Hershey und Raquel Rotman 1949 Rekombinationen bei Bakteriophagen beobachten konnten. Damit ergaben sich umfassende Möglichkeiten für Untersuchungen der molekularen Grundlagen der homologen Rekombination.

Eine wesentliche Voraussetzung für die homologe Rekombination ist, dass zwei DNA-Moleküle mit identischen oder sehr ähnlichen (homologen) Nucleotidsequenzen in räumliche Nähe kommen. Prozesse, die dazu führen, sind z. B. die **Konjugation oder Transduktion**: Teile des Bakteriengenoms werden von einer Donor- in eine Rezipientenzelle übertragen. Die Donor-DNA kann anschließend in das Genom der Empfängerzelle über homologe Rekombination eingebaut werden. Dies führt am Ende zum Austausch der DNA des Rezipienten gegen die Donor-DNA. Die **Meiose** (S. 215) ist ein weiteres Beispiel: Nach der DNA-Replikation in Keimbahnzellen kommen identische Genomkopien in räumliche Nähe, sodass die homologe Rekombination zwischen Chromatiden zu reziprokem Austausch genetischer Information führen kann.

Wir werden im Folgenden zunächst den grundlegenden Rekombinationsvorgang anhand eines allgemeingültigen Modells besprechen, bevor wir einige Hauptakteure vorstellen, die diese Art der Rekombination in pro- und eukaryotischen Zellen durchführen.

10.2.1 Grundlagen der homologen Rekombination

Definition

Bei der **Holliday-Struktur** handelt es sich um einen Verzweigungspunkt mit vier Ästen auf einem doppelsträngigen DNA-Molekül.

Ausgehend von zahlreichen experimentellen Beobachtungen haben Matthew Meselson und Charles Radding 1975 ein Modell der allgemeinen homologen Rekombination entworfen. Dieses Modell enthält als wichtiges Element eine Struktur, die Robin Holliday schon 1964 aufgrund seiner Studien an einfachen Eukaryoten (Schimmelpilzen) vorgeschlagen hat und seinen Namen trägt: die **Holliday-Struktur.**

Das Model ist seitdem durch zahlreiche Experimente bestätigt worden. Es beruhte ursprünglich auf folgenden Erkenntnissen:

- Elektronenmikroskopische Aufnahmen haben gezeigt, dass die im Modell vorgesehenen DNA-Strukturen, insbesondere die Holliday-Struktur, tatsächlich als Zwischenstufen bei der Rekombination von Bakteriophagen-DNA in der Zelle vorkommen.
- Untersuchungen an DNA-Modellen haben ergeben, dass alle Formen und Bewegungen der DNA sterisch ohne Weiteres möglich sind.
- Vor allem aber sind aus Bakterien, Hefe und höheren Eukaryoten (bis hin zu menschlichen Zellen) Enzyme isoliert worden, die jeden einzelnen Schritt bei der Rekombination ermöglichen und fördern.

Wir beschreiben zunächst die wichtigsten Einzelschritte der homologen Rekombination.

Zwei homologe doppelsträngige DNA-Moleküle (rot bzw. violett) kommen in räumliche Nähe (▸ Abb. 10.1a). Für die Einleitung homologer Rekombination sind immer Strangbrüche, DNA-Enden oder Einzelstrangregionen notwendig (▸ Abb. 10.1a ①). Bei Bakterien sind Einzelstrangbereiche und DNA-Enden normale Begleitumstände der Konjugation. Experimente zeigen zudem, dass alle Maßnahmen, die zu Strangbrüchen führen, wie etwa eine vorsichtige Behandlung mit Röntgenstrahlen, die homologe Rekombination fördern – bei Bakterien genauso wie bei Eukaryoten.

Stränge des einen DNA-Moleküls gehen Basenpaarungen mit komplementären Bereichen im Partnermolekül ein (▸ Abb. 10.1a ②). Dies kann von Unterbrechungen in zwei Strängen gleicher Polarität (durch farbige Pfeile und + bzw. – markiert) ausgehen. Einzelstranglücken in einem DNA-Strang oder allgemein homologe Einzelstrang-DNA können ebenfalls als Startpunkte dienen (hier nicht dargestellt).

Die zwei Stränge überkreuzen sich und die entstehende Struktur wird durch kovalente Verknüpfung der Enden stabilisiert (▸ Abb. 10.1a ③). Damit ist die **Holliday-Struktur** entstanden, die stabil, aber keineswegs statisch ist. Die Überkreuzungsstelle kann sich nach rechts (wie in ▸ Abb. 10.1a ④ gezeigt) oder nach links entlang des Dop-

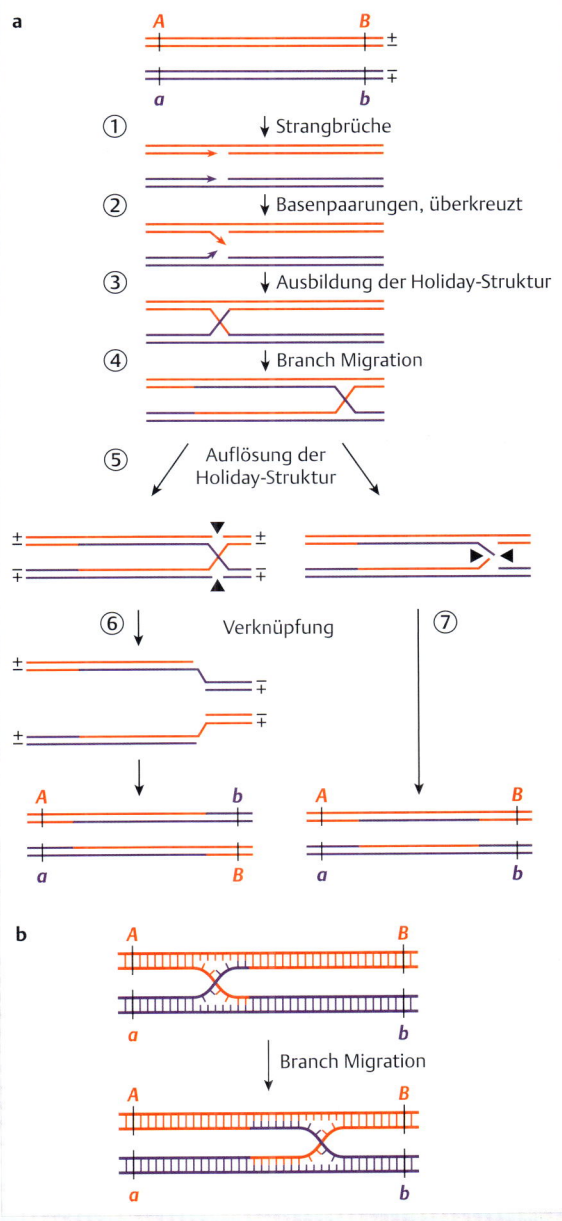

Abb. 10.1 Modell der homologen Rekombination. Erläuterungen s. Text. (nach Holliday RA (1964) Mechanism for gene conversion in fungi. Genet Res 5: 282–304; Meselson MS, Radding C (1975) A general model of genetic recombination. Proc Nat Acad Sci USA 72: 358–361)
a Schritte der homologen Rekombination.
b Branch Migration.

10

pelstrangs bewegen. Dieser Vorgang heißt **Branch Migration**, weil die Verzweigungsstelle (*branch*) ihre ursprüngliche Stelle verlässt (*migration*). Dies geht mit Drehung der beiden DNA-Moleküle und ständigem Öffnen und Schließen von Wasserstoffbrücken einher, ohne dass sich die Geometrie der DNA auffällig ändert. Wir zeigen den Vorgang der Branch Migration genauer in ▸ Abb. 10.1b.

Ein letzter Schritt ist die Auflösung der Holliday-Struktur durch Enzyme, die die Überkreuzungsstelle erkennen und symmetrische Einzelstrangschnitte einführen (▸ Abb. 10.1a ⑤; Pfeilspitzen), entweder entsprechend der senkrechten oder der waagrechten Richtung; linker bzw. rechter Verlauf).

Die Ergebnisse sind verschieden: kreuzweise Verknüpfung (▸ Abb. 10.1a ⑥) oder Aufnahme eines Einzelstrangabschnitts vom Rekombinationspartner (▸ Abb. 10.1a ⑦). Die kreuzweise Verknüpfung führt zu einem Ergebnis, das in den Experimenten der klassischen Genetik als reziproker Austausch von Genmaterial zwischen den DNA-Molekülen gemessen werden kann.

Wir müssen an dieser Stelle hinzufügen, dass der Weg, den wir im Modell der ▸ Abb. 10.1 vorgestellt haben, nur einer von möglichen Rekombinationswegen in *E. coli* ist (RecBCD-Weg). Daneben gibt es Wege, an denen bevorzugt andere Proteine beteiligt sind (RecF-Protein, RecG-Protein u. a.). Aber das RecA-Protein spielt immer eine Art Hauptrolle bei der Suche nach Sequenzhomologie und beim Strangaustausch. Alternative Wege der homologen Rekombination sind Variationen des gezeigten Modells.

In ▸ Abb. 10.1a ⑥ ist das Allel *A* mit dem Allel *b* und das Allel *a* mit dem Allel *B* zu neuen Kombinationen verbunden. Aber auch das Einfügen von Einzelstrangfragmenten ist ein wohlbekanntes Ergebnis von Rekombinationen, gerade auch bei Bakterien und Bakteriophagen.

Wichtig ist, dass beim Ablauf der Rekombination Überlappungsbereiche entstehen, die von Komplementärsträngen je eines der beiden parentalen DNA-Moleküle gebildet werden (▸ Abb. 10.1a ③). Es handelt sich um **Heteroduplexbereiche**, in denen sich die Nucleotidsequenzen der beiden Komplementärstränge an einer oder mehreren Stellen unterscheiden können. Das hat interessante genetische Konsequenzen, wie wir später sehen werden.

> **Merke**
>
> Die **homologe Rekombination** benötigt zunächst einzelsträngige DNA-Abschnitte, die mit homologen doppelsträngigen DNA-Bereichen paaren. So werden bewegliche **Holliday-Strukturen** erzeugt, die im letzten Schritt entweder in rekombinante oder parentale Konfigurationen aufgelöst werden. In beiden Fällen kann es durch Bewegung der Verzweigungsstelle zur Bildung von **Heteroduplexbereichen** kommen.

10.2.2 Homologe Rekombination in prokaryotischen Zellen

Wir notieren gleich zu Anfang, dass die Rekombinationsenzyme, die wir im Folgenden vorstellen, hoch konserviert sind und bei allen untersuchten Arten vorkommen: bei Bakterien, Hefen, Säugetieren u. a. Die Bakterienenzyme, oder genauer die Enzyme von *Escherichia coli*, sind sozusagen die biochemischen Prototypen und werden deswegen zuerst vorgestellt.

Die Grundlagen wurden durch Arbeiten von Alvin J. Clark und Ann D. Margulies 1965 gelegt. Diese Forscher isolierten eine Reihe von *E. coli*-Mutanten, die die Donor-DNA nach Abschluss des Konjugationsvorgangs nicht in ihr Genom einbauen können (S. 108). Viele dieser Mutanten sind nicht nur in der Rekombination defekt, sondern auch in der Reparatur von DNA-Schäden, wie sie nach Einwirkung von Strahlen oder chemischen Mutagenen auftreten. Darüber mehr in Kap. 11.

Die zuerst isolierten rekombinationsdefekten Mutanten erhielten Bezeichnungen wie *recA*, *recB*, *recC* usw. (▸ Tab. 10.1). Später konnten die Produkte dieser Gene isoliert und untersucht werden. Die Produkte wurden RecA-Protein, RecB-Protein usw. genannt. Insgesamt sind mehr als 25 verschiedene Proteine am Rekombinationsgeschehen von Bakterien beteiligt. Im Folgenden werden einige typische Proteine vorgestellt.

Das RecA-Protein und der DNA-Strangaustausch

Untersuchungen zeigten, dass die Zahl an Rekombinationen in Bakterien ohne aktives **RecA**-Protein auf eine Häufigkeit von 10^{-4}–10^{-5}, im Vergleich zu Wildtypbakterien, reduziert sind. Anders gesagt, das RecA-Protein hat eine

Tab. 10.1 Zusammenfassung: einige Rekombinationsgene im Genom von *E. coli*.

Gen	Protein/ Genprodukt [kDa]	Funktion
recA	38	• vermittelt Paarungen zwischen homologen DNA-Strängen • Einleitung der SOS-Reparatur
recB *recC* *recD*	135 125 67	Untereinheiten des RecBCD-Enzyms: • Helikase für die Produktion von 3'-Einzelstrangenden • Exonuclease V • Erkennen und Schneiden von Chi-Sequenzen
recE	96	5'-3'-Exonuclease
recG	76	Branch Migration (DNA-Reparatur)
recQ	70	DNA-Helikase
ruvA	22	bindet an Holliday-Strukturen
ruvB	37	Branch Migration/Helikase
ruvC	19	Endonuclease: Auflösen von Holliday-Strukturen

10

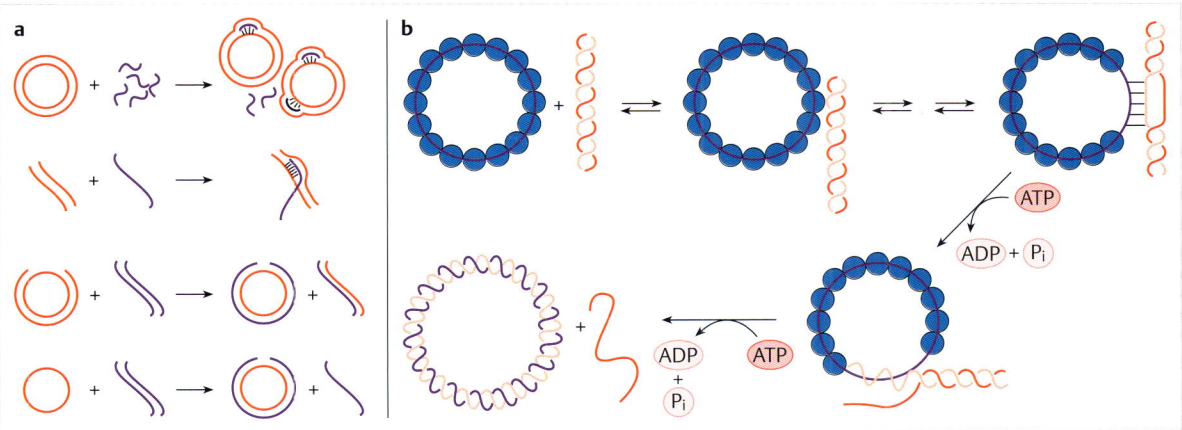

Abb. 10.2 Funktion des RecA-Proteins. (nach Kowalczykowski SS, Dixon DA, Eggleston AK et al (1994) Biochemistry of homologous recombination in Escherichia coli. Microbiol Rev 58: 401–465; Radding CM (1989) Helical RecA nucleoprotein filaments mediate homologous pairing and strand exchange. Biochim Biophys Acta 1008: 131–145)

a Möglichkeiten der Rekombination. Voraussetzung für die Reaktion ist das Vorhandensein komplementärer DNA-Stränge, von denen einer zumindest teilweise als Einzelstrang vorliegt.

b Einzelschritte beim Strangaustausch. Zu Beginn der Reaktionsfolge liegen eine ringförmige Einzelstrang-DNA, bedeckt mit RecA-Protein, und ein Doppelstrang vor. Weitere Erläuterungen s. Text.

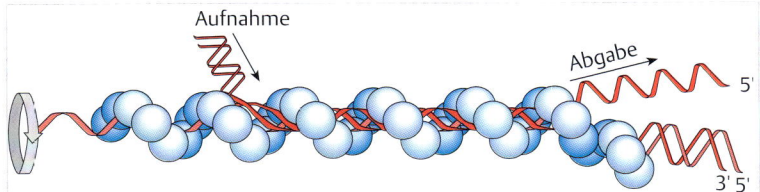

Abb. 10.3 Strangaustausch. Am linken Ende wird DNA in den RecA-DNA-Komplex einge-spult und rechts wird nach Partnertausch der neue Doppelstrang entlassen. (nach West SC (1992) Enzyme and molecular mechanisms of genetic recombination. Annu Rev Biochem 61: 603–640)

Funktion bei (fast) allen Rekombinationsprozessen zwischen homologen DNA-Molekülen.

Dieses bemerkenswerte Protein besteht aus 352 Aminosäuren (ca. 38 kDa), die verschiedene Proteindomänen bilden. RecA funktioniert immer als Multimer aus vielen identischen Untereinheiten. Eine wesentliche Voraussetzung für die RecA-vermittelte Rekombination ist, neben dem Vorhandensein von homologen DNA-Abschnitten, das Vorliegen von einzelsträngigen DNA-Bereichen in mindestens einem der beiden Rekombinationspartner (▶ Abb. 10.2a). In Gegenwart von ATP bindet sich das RecA-Protein an diese einzelsträngige DNA. In dieser Form greift das Protein den homologen DNA-Doppelstrang an. Es verdrängt dann den Komplementärstrang aus dem Doppelstrang und setzt die gebundene DNA an dessen Stelle. Im Endeffekt ermöglicht das RecA-Protein den Austausch von Komplementärsträngen.

Diese erstaunliche Reaktion erfolgt in Einzelschritten, die wir in ▶ Abb. 10.2b und ▶ Abb. 10.3 darstellen:

1. Zunächst bindet das RecA-Protein an Einzelstrang-DNA oder an Einzelstrangabschnitte in sonst doppelsträngiger DNA. Ein aktiver Komplex enthält das RecA-Protein mit gebundenem ATP. Ein Proteinmolekül bedeckt etwa 3–4 Nucleotide im gebundenen DNA-Strang. Es entstehen helikal angeordnete, oft lange Protein-DNA-Filamente.

2. Dann sucht das Protein nach komplementären Abschnitten im (proteinfreien) Doppelstrang-DNA-Substrat und nimmt Kontakt mit homologer DNA auf. Diese Suche erfolgt mit außergewöhnlicher Geschwindigkeit: Mehr als 1000 Nucleotide können pro Sekunde auf Komplementarität getestet werden. Aktuelle Modelle gehen davon aus, dass das RecA-Protein bereits bestehende einzelsträngige Bereiche im homologen Teil der Doppelstrang-DNA erkennt, sodass sich erste Basenpaarungen zwischen dem ankommenden Einzelstrang und dem komplementären Strang im Empfängermolekül ausbilden können, vielleicht in Form nebeneinanderliegender DNA-Stränge („paranemisch") (▶ Abb. 10.2b, rechts). Dieser Komplex wird durch das RecA-Protein stabilisiert.

3. Im nächsten Schritt windet sich der eintreffende Einzelstrang um den Komplementärstrang im Empfänger-DNA-Molekül (▶ Abb. 10.2b, rechts unten und ▶ Abb. 10.3), wobei sich eine normale („plektonemische") Doppelhelix ausbildet. Dieser Prozess setzt sich in definierter Richtung (unidirektional) fort, bis schließlich der gesamte eintreffende Einzelstrang über

Wasserstoffbrücken an homologe komplementäre Sequenzen gebunden ist. Biochemische Experimente zeigen, dass das RecA-Protein im Verbund mit ATP fest auf der DNA sitzt. Die Hydrolyse von ATP wird jedoch nicht für die Basenpaarung und den Strangaustausch benötigt.

Mithilfe **magnetischer Pinzetten** wurden wichtige Erkenntnisse über den Strangaustausch durch das RecA-Protein während der homologen DNA-Rekombination gewonnen (Methode 10.1) (S. 224).

Methode 10.1

Magnetische Pinzetten zur Untersuchung des Strangaustauschs

In den vergangenen zwei Jahrzehnten sahen wir die Entwicklung eleganter Methoden zu Untersuchungen an einzelnen DNA-Molekülen. Zu diesen gehören die Rasterkraftmikroskopie sowie optische Pinzetten und magnetische Fallen bzw. Pinzetten. Insbesondere mit optischen und magnetischen Pinzetten wurden DNA-abhängige Prozesse wie die Transkription, die Veränderung der DNA-Torsionsspannung durch **Topoisomerasen** und die Entwindung von DNA-Doppelsträngen durch **Helikasen** auf der Ebene einzelner DNA-Moleküle untersucht. Diese technisch aufwendigen Methoden ermöglichen wichtige Einblicke in die zeitlichen Abläufe und Mechanismen grundlegender genetischer Prozesse.

Mithilfe einer **magnetischen Pinzette** konnte man wichtige Erkenntnisse über die Bedeutung des **RecA-Proteins** für den Strangaustausch während der homologen Rekombination gewinnen (▶ Abb. 10.4). Wichtige Ziele des Versuchsaufbaus sind die Kontrolle des topologischen Zustands eines einzelnen doppelsträngigen DNA-Moleküls und die Messung des Abstands der DNA-Enden. Hierzu wird ein einzelnes, 10 000 bp umfassendes, lineares DNA-Molekül mit einem Ende auf einer Glasoberfläche fixiert. An dem anderen Ende trägt das Molekül eine kleine Metallkugel. Das Ensemble befindet sich in einer Kammer, die eine physiologische Lösung enthält, welche man austauschen oder deren Zusammensetzung man beliebig durch Zugaben verändern kann. Über der Kammer befinden sich zwei Magnete. Dreht man diese um eine zentrale Achse, folgen die kleine Metallkugel und die daran gebundene DNA den Rotationen. Die Magnete wirken quasi wie eine Pinzette auf das DNA-Ende. Das Ergebnis: Eine bestimmte Anzahl **superhelikaler DNA-Windungen** wird in die DNA eingeführt und so der Abstand zwischen den DNA-Enden verringert (man kann diesen Vorgang sehr anschaulich an einem Gummibandmodell demonstrieren).

Um den Einfluss des RecA-Proteins zu überprüfen, befindet sich auf dem fixierten DNA-Molekül ein kurzer Sequenzabschnitt, der Homologie zu einem mit RecA-Proteinen besetzten Einzelstrangfilament hat. Der Strangaustausch wird durch Zugabe des RecA-Filaments zur Lösung gestartet und führt nach kurzer Zeit zu Veränderungen in der Struktur des Doppelstrangs: Der mit RecA besetzte Bereich wird dort etwa 50 % gedehnt und einige superhelikale DNA-Windungen werden gleichzeitig durch lokales Entwinden des Doppelstrangs entfernt. Beide Vorgänge führen zu einer Streckung der DNA, also zu einer zunehmenden Entfernung zwischen den DNA-Enden (ΔL), die zeitgleich gemessen werden kann.

So können wir, nach vielen Messungen, einige Schritte des DNA-Strangaustauschs durch das RecA-Protein besser verstehen, nämlich den zeitlichen Ablauf, das Ausmaß der lokalen DNA-Entwindung im homologen Doppelstrangbereich und die Funktion der ATP-Spaltung.

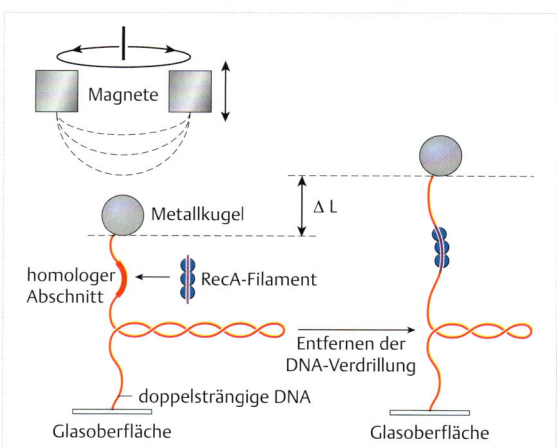

Abb. 10.4 Untersuchungen eines einzelnen DNA-Moleküls. Das doppelsträngige DNA-Molekül zwischen Glasfläche und Metallkugel ist als einzelne Linie dargestellt. Weitere Erläuterungen s. Text. (nach Van der Heijden, Modesti M, Hage S et al (2008) Homologous recombination in real time: DNA strand exchange by RecA. Mol Cell 30: 530–538)

Für den Vorgang der Rekombination ist wichtig, dass der Strangaustausch auch dann problemlos erfolgt, wenn die homologen DNA-Sequenzen an einigen Stellen durch nicht komplementäre Nucleotidfolgen unterbrochen sind. Als Beispiel nehmen wir die DNA-Moleküle der verwandten Bakteriophagen M13 und fd, die sich an 3 % der insgesamt etwa 8 000 Nucleotide unterscheiden. RecA-Protein kann ohne Schwierigkeiten einen M13-DNA-Einzelstrang gegen den entsprechenden Strang in einem doppelsträngigen fd-DNA-Molekül austauschen.

10

Merke

Homologe Rekombinationen erfolgen zwischen sehr ähnlichen Nucleotidfolgen. Eine 100 %ige Sequenzidentität zwischen den Rekombinationspartnern kann, muss aber nicht, bestehen.

Das RecBCD-Enzym

Das RecBCD-Enzym ist an vielen DNA-abhängigen Vorgängen in *E. coli* beteiligt. Zu seinen Aufgaben gehört die Wiederherstellung geschädigter Replikationsgabeln durch homologe Rekombination, aber auch der Abbau linearer genomischer Doppelstrang-DNA als Schutz vor ungewollten Rekombinationsereignissen. Das Enzym besteht aus den drei Untereinheiten RecB, RecC und RecD, den Produkten der *E. coli*-Gene *recB*, *recC* und *recD* (s. ▶ Tab. 10.1). Es wird häufig als molekulare Maschine bezeichnet und ist in der Lage, die folgenden enzymatischen Funktionen auszuführen:

- Helikase: Helikaseaktivität von RecB in 3′-5′-Richtung und von RecD in 5′-3′-Richtung
- Nuclease: exo- und endonucleolytische Aktivitäten der RecB-Untereinheit
- spezifische DNA-Bindung, vermittelt durch die RecC-Untereinheit

Die Nucleotidsequenz, die vom RecBCD-Enzym erkannt wird, heißt **Chi-Sequenz** (Chi, **c**ross over **h**ot spot **i**nstigator). Damit wird angedeutet, dass Rekombinationen (*cross over*) bevorzugt (*hot spot*) an diesen Stellen im *E. coli*-Genom vorkommen. Das Genom von *E. coli* und von verwandten Bakterien enthält mehr als 1000 Chi-Elemente, also ungefähr eines in Abständen von 4 000–5 000 bp. Ihre Funktion erkennt man aus der – komplizierten – Biochemie des RecBCD-Enzyms (▶ Abb. 10.5):

- Das Enzym bindet an Enden von doppelsträngiger DNA, z. B. an die Enden der DNA, die bei der Konjugation in die Bakterienzellen gelangt (▶ Abb. 10.5 ①).
- Helikasen entwinden die DNA (unter Verbrauch von ATP): Der entstehende 3′-Einzelstrang wird vollständig abgebaut (3′-5′-Exonuclease). Dasselbe Schicksal erfährt der 5′-Einzelstrang, wobei aufgrund einer weniger effizienten Nucleaseaktivität längere Einzelstrangbereiche erhalten bleiben (▶ Abb. 10.5 ②).
- Bei der Begegnung mit einer Chi-Sequenz hält das Enzym an und ändert seine Aktivitäten (▶ Abb. 10.5 ③): Die 3′-5′-Exonuclease wird weitgehend stillgelegt, nachdem sie einen letzten Schnitt kurz vor dem 3′-Ende der Chi-Sequenz gesetzt hat. Stattdessen wird die 5′-3′-Exonuclease bei weiterlaufender Helikase voll aktiviert.
- Die Konsequenz ist, dass ein langer 3′-Einzelstrangzweig entsteht, der nun mit dem RecA-Protein beladen werden kann (▶ Abb. 10.5 ④, ⑤, ⑥). Die Bildung der

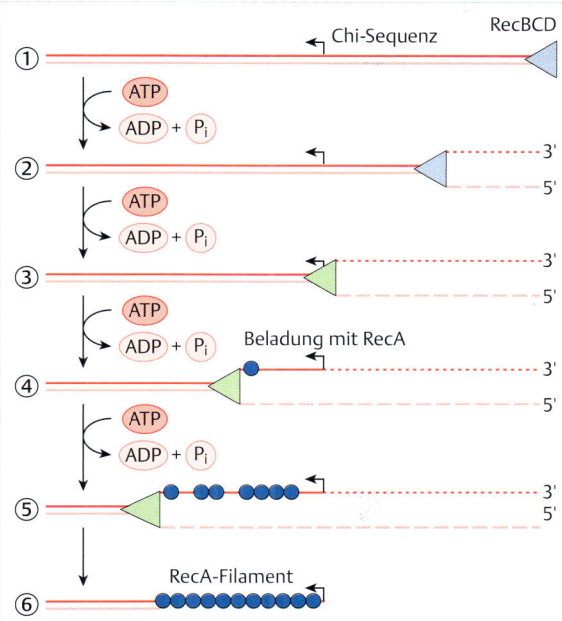

Abb. 10.5 Die zahlreichen komplizierten Funktionen des RecBCD-Proteins. Helikaseaktivität, Nucleasen verschiedener Funktion und Chi-Erkennung wirken zusammen, sodass ein RecA-Filament entsteht, das bestens für die Einrichtung einer Holliday-Struktur geeignet ist. Die dreidimensionale Struktur des RecBCD-Proteins ist bekannt. (nach Dillingham und Kowalczykowski (2008) Microbiology and Molecular Biology Reviews, vol 72, 642–671)

RecA-DNA-Filamente wird ebenfalls durch das RecBCD-Enzym vermittelt. Der RecA-beladene Einzelstrang (mit der Chi-Sequenz am Ende) nimmt Kontakt mit einem homologen DNA-Doppelstrang auf, wo Strangaustausch und damit der erste Schritt zur Einrichtung einer **Holliday-Struktur** erfolgt. Das 3′-Ende kann dabei auch als Primer für **DNA-Synthese** fungieren.

An diesen Reaktionen sind auch Proteine beteiligt, die wir bei der Besprechung der DNA-Replikation kennengelernt haben, unter anderem

- das **einzelstrangbindende Protein** (SSB), das die Anlagerung des RecA-Proteins an die Einzelstrang-DNA vorbereitet,
- **Topoisomerasen**, die topologische Probleme bei der Bewegung von DNA-Strängen auflösen, und
- **Ligasen**, die DNA-Stränge bei der Ausbildung von Holliday-Strukturen verknüpfen.

Merke

Homologe Rekombinationen werden häufig (immer?) durch eine Bereitstellung eines DNA-Einzelstrangs mit einem 3′-OH-Ende eingeleitet.

10

Bewegliche Holliday-Strukturen und Genkonversion

Wir haben zwei wichtige Schritte und Hauptakteure der homologen Rekombination (s. ▶ Abb. 10.1) vorgestellt: das RecA-Protein, welches für die Suche nach Sequenzhomologie und den DNA-Strangaustausch verantwortlich ist, und das RecBCD-Enzym, das die für RecA notwendigen Einzelstrangbereiche herstellt.

Für die verbleibenden Funktionen, Branch Migration und Auflösen der Holliday-Strukturen, sind bei Bakterien hauptsächlich die RuvABC-Proteine zuständig. Ihre Bezeichnung deutet an, dass sie über eine Untersuchung von Mutanten gefunden wurden, die sensitiver gegenüber ultravioletten Strahlen sind als Wildtypbakterien (Ruv, **R**esistenz gegenüber **UV**), was für eine zusätzliche

Funktion bei der Reparatur von Strahlenschäden spricht. Und tatsächlich werden wir im Kap. 11 erfahren, dass Rekombinationsvorgänge entscheidend zur Reparatur von DNA-Brüchen beitragen.

Das aktive **RuvA-Protein** ist ein Tetramer aus vier Untereinheiten, das sich mit hoher Affinität an Holliday-Strukturen bindet (▶ Abb. 10.6a). Es gibt Hinweise, dass an der Struktur insgesamt zwei Tetramere zusammenkommen und an die vier DNA-Doppelstränge des Kreuzungspunktes binden. Dies ist eine Voraussetzung für die Anlagerung des RuvB-Proteins. Das **RuvB-Protein** besteht aus sechs gleichen Untereinheiten, die sich zu einem Ring zusammenlagern. Die Doppelstrang-DNA passt in die Ringöffnung und wird unter Verbrauch von ATP so gedreht, dass der Prozess der Branch Migration vorangetrieben wird.

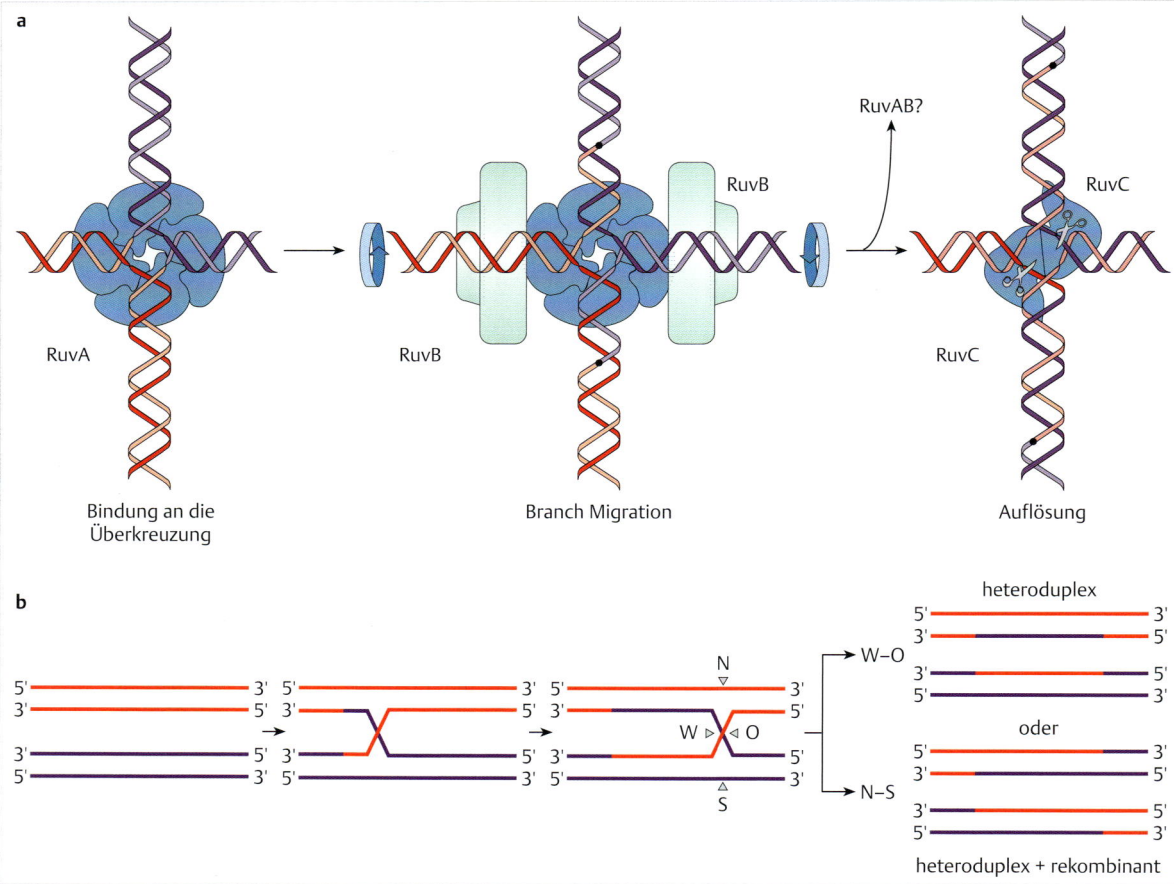

Abb. 10.6 Branch Migration und Auflösen der Holliday-Struktur durch die RuvABC-Proteine. (nach Kowalczykowski SS, Dixon DA, Eggleston AK et al (1994) Biochemistry of homologous recombination in Escherichia coli. Microbiol Rev 58: 401–465; West SC (1992) Enzyme and molecular mechanisms of genetic recombination. Annu Rev Biochem 61: 603–640)

a RuvA und RucB lagern sich an die Holliday-Struktur und verschieben sie unter ATP-Spaltung, bevor RuvC zwei gegenüberliegende DNA-Einzelstränge schneidet. (nach West SC (1997) Processing of recombination intermediates by the RuvABC proteins. Annu Rev Genet 31: 213–244)

b Zwei mögliche, durch RuvC erzeugte Rekombinationsprodukte. Die Identität der DNA-Stränge in den beiden Doppelsträngen ist durch die Orientierung angedeutet.

Eine letzte Funktion, die das Schema der ▶ Abb. 10.1 verlangt, ist die Spaltung der überkreuzten DNA-Stränge. In *E. coli* wird diese Funktion von dem **RuvC-Protein** übernommen. Das Protein, ein Dimer aus zwei gleichen Untereinheiten, bindet mit großer Affinität an Holliday-Überkreuzungen und verändert deren Struktur so, dass Einzelstrangbereiche entstehen, die symmetrisch an gegenüberliegenden Stellen geschnitten werden. Es existieren folglich zwei Richtungen (W–O, N–S), in die eine Holliday-Struktur aufgelöst werden kann (▶ Abb. 10.6b, rechts). Das RuvC-Protein scheint die Basenfolge 5'-ATTG-3' als Schnittstelle zu bevorzugen, sodass die Wahl der Schnittstellen nicht immer rein zufällig ist.

Eine Konsequenz der Branch Migration ist, wie in ▶ Abb. 10.6b dargestellt, die Entstehung eines DNA-Bereichs, dessen Komplementärstränge von verschiedenen Rekombinationspartnern abstammen. Dieser **Heteroduplexbereich** kann einige Tausend Basenpaare lang sein. Die Entstehung von Heteroduplexregionen hat keine Konsequenz, wenn die Rekombination von weit entfernten Genmarkern, sogenannten Außenmarkern, betrachtet wird. Dann beobachtet man eine reziproke Rekombination: den Austausch von Genmarkern zwischen homologen Chromosomen nach klassischem Schema (▶ Abb. 10.1).

Die Situation ist anders, wenn Genmarker so eng beieinanderliegen, dass sie in den Bereich der Heteroduplexregion gelangen. Dann unterscheiden sich die Stränge der DNA voneinander: Manche Basenpaare im Heteroduplexbereich passen nicht zueinander. Man spricht von Falschpaarungen oder Mismatches (▶ Abb. 10.7).

An diesen Stellen weicht die DNA-Struktur von der Geometrie der Doppelhelix ab. Dies bleibt nicht unbemerkt: Reparaturenzyme erkennen Mismatches, entfernen falsch gepaarte Basen und führen passende Basen ein (in einer Reaktionsfolge, die ausführlich im Kap. 11 besprochen wird). Im Allgemeinen erfolgt die Reparatur zufällig, ohne Bevorzugung einer der beiden Stränge, oder anders gesagt, mit gleicher Wahrscheinlichkeit wird das eine oder das andere falsch gepaarte Nucleotid ersetzt (▶ Abb. 10.7). Dies hat zur Folge, dass die beiden Allele

aus der Rekombination nicht unverändert hervorgehen, wie bei der reziproken Rekombination von Außenmarkern, sondern dass ein Allel in das andere überführt werden kann. In der Tradition der klassischen Genetik nennt man dies eine **Genkonversion**, also die Überführung eines Gens (oder besser: eines Allels) in ein anderes.

Definition

Genkonversion: die Überführung eines Allels in ein anderes durch Reparatursynthese.

Merke

Alle enzymatischen Aktivitäten für den Aufbau und die Trennung von Zwischenstufen der homologen Rekombination verlaufen an langen DNA-Molekülen, sodass Verdrillungen und andere topologische Konsequenzen auftreten. Deswegen gehört die **Typ-I-Topoisomerase** zu der Kollektion von Enzymen, die an der homologen Rekombination beteiligt sind.

10.2.3 Homologe Rekombination in eukaryotischen Zellen

In eukaryotischen Zellen ist die homologe Rekombination hauptsächlich verantwortlich für die **Reparatur von DNA-Schäden** während der Mitose und für den **Austausch genetischer Information** zwischen Chromatiden verschiedener Chromosomen während der Meiose (s. Kap. 9.3). Wir beschreiben in diesem Abschnitt den grundlegenden Mechanismus meiotischer Rekombination und blicken in diesem Zusammenhang kurz auf Genkonversionen in eukaryotischen Zellen. Homologe Rekombinationen als Reparaturmechanismus von ungewollten DNA-Doppelstrangbrüchen sind in Kap. 11 beschrieben.

10

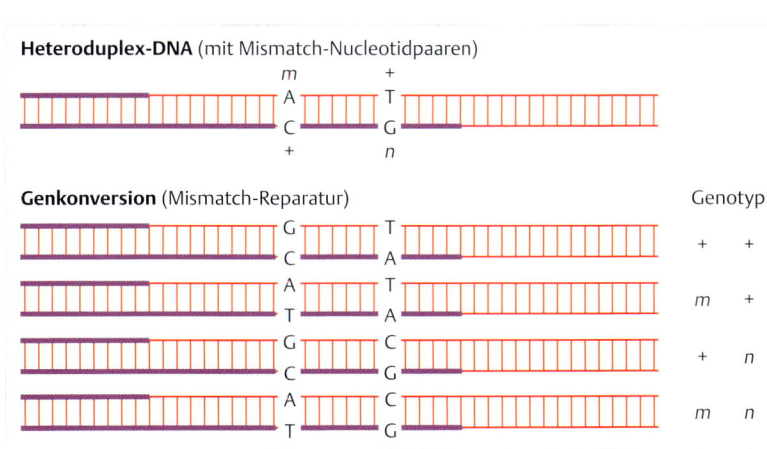

Heteroduplex-DNA (mit Mismatch-Nucleotidpaaren)

Genkonversion (Mismatch-Reparatur)

Genotyp

Abb. 10.7 Heteroduplexbereich: genetische Konsequenzen. Homologe DNA-Moleküle mit den eng benachbarten Genmarkern *m* und *n* werden durch Rekombination vereinigt. Im Heteroduplexbereich treten Falschpaarungen (Mismatches) auf (A mit C; G mit T). Reparaturenzyme greifen hier ein und entfernen ungerichtet eine der falsch gepaarten Basen. Als Konsequenz können Wildtypsequenzen (+) entstehen oder ein Marker wird in einen anderen überführt: Die Folge ist eine Genkonversion.

Meiotische Rekombination

Homologe Rekombinationen beginnen während der Meiose (Kap. 9.3) in der Phase des **Leptotäns** (S. 216) und zwar durch die Aktivität eines Enzyms mit der Bezeichnung **SPO11**, das – sozusagen programmiert – Doppelstrangbrüche in die Doppelhelix einführt. Das SPO11-Protein ist mit Topoisomerasen verwandt und bleibt wie diese zunächst kovalent mit den beiden doppelsträngigen DNA-Enden verbunden (▶ Abb. 10.8). Dies ist der erste Schritt im Ablauf der homologen Rekombination in der Meiose. Der **SPO11-DNA-Komplex** zerfällt anschließend, die SPO11-Proteine werden von den Enden entfernt und Exonucleasen greifen an den beiden 5′-Enden an, die abgebaut werden (vergleichbar mit der Wirkung der RecBCD-Nuclease). Die Einzelstrangüberhänge mit 3′-Enden bleiben zurück (▶ Abb. 10.8, unten; ▶ Abb. 10.9 ①, ②).

Die Rekombinationsprozesse während der Meiose setzen sich mit der Bildung des synaptonemalen Komplexes fort. Wichtig sind Proteine mit Bezeichnungen wie **RAD51** und **DMC 1**, eukaryotische Homologe des RecA-Proteins (Plus 10.1) (S. 229). Sie bilden Filamente mit den überstehenden 3′-Enden und zusammen mit anderen Proteinen vermitteln sie Kontakte zwischen homologen DNA-Strängen und ermöglichen durch Einfädeln des durch SPO11 erzeugten 3′-Einzelstrangs in den intakten Doppelstrang (Stranginvasion, *strand invasion*) die Bildung von Holliday-Strukturen, traditionell als **Cross over** bezeichnet (▶ Abb. 10.8 und ▶ Abb. 10.9 ②). Diese Stellen lassen sich im Mikroskop als Verdichtungen des synaptonemalen Komplexes erkennen (*recombination nodules*).

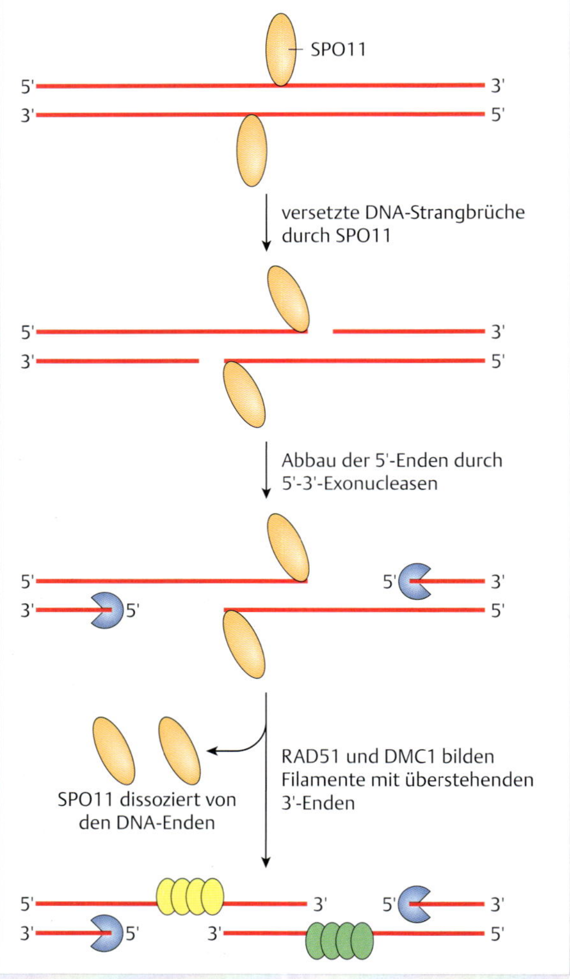

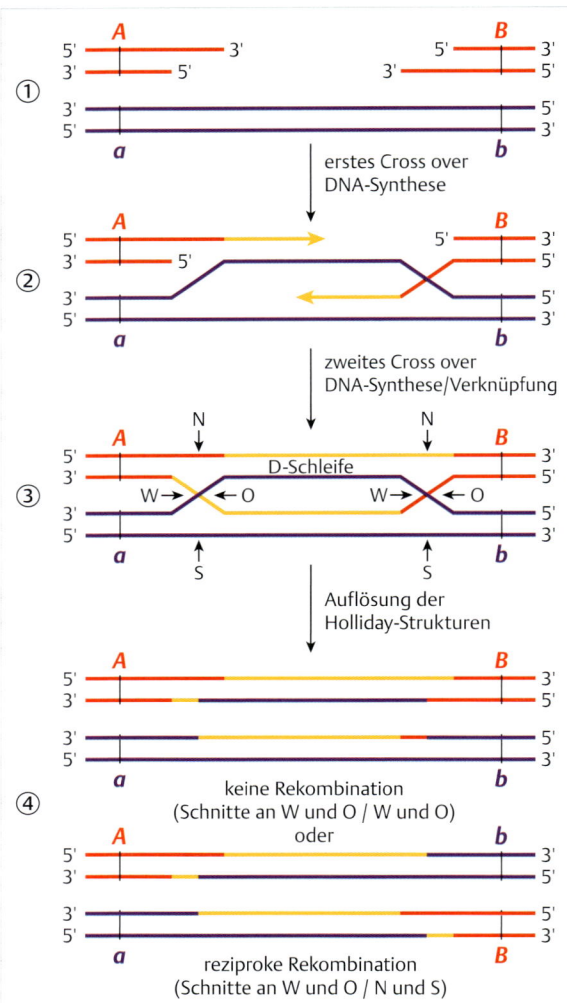

Abb. 10.9 Doppelstrangreparatur und homologe Rekombination während der Meiose. Beachte die durch unterschiedliche Pfeilfarben markierten Auflösungsmöglichkeiten der Holliday-Strukturen: keine Rekombination der Genmarker *a*, *b*, *A*, *B* (Pfeile W und O schneiden an beiden Cross over) oder reziproke Rekombination (Pfeile W und O schneiden am linken Cross over; N und S schneiden rechts). (nach Holthausen JT et al. (2010) DNA Repair (Amst) 9(12): 1264–1272; Yamada T, Ohta K (2013) J Biochem 154(2): 107–114)

Abb. 10.8 Einleitung homologer Rekombination während der Meiose durch das SPO11-Protein. Erläuterungen s. Text. (nach Neale und Keeney, Nature (2005), vol 436, 1053–1057)

Nach der Bildung von Holliday-Strukturen kommt es durch DNA-Synthese an den 3′-Enden zu Heteroduplexbereichen und einer als D-Schleife (Verdrängungsschleife, *displacement loop*) bezeichneten Struktur (▶ Abb. 10.9 ③). Die D-Schleife wird durch DNA-Synthese vergrößert, bis sie eine Länge erreicht hat, die der Lücke auf dem zuvor geschnittenen Doppelstrang entspricht. Komplementäre Basenpaarungen mit dem verlängerten 3′-Ende ermöglichen die Bildung eines zweiten Cross overs (▶ Abb. 10.9 ③). Die Lücke in dem durch SPO11 ursprünglich geschnittenen Doppelstrang wird dann durch Reparatursynthese geschlossen (▶ Abb. 10.9 ③).

Im letzten Schritt werden die Holliday-Strukturen aufgelöst. Ähnlich wie für das RuvC-Protein beschrieben, erfolgt dies entweder in Richtung reziproker Rekombination, oder die DNA-Stränge werden so geschnitten, dass eine Rekombination ausbleibt. In beiden Fällen können Heteroduplexbereiche in den DNA-Doppelsträngen zurückbleiben (▶ Abb. 10.9 ④). Die Auflösung erfolgt in Eukaryoten über mehrere Wege und unter Mitwirkung verschiedener Proteine, wie z. B. Topoisomerasen.

Darüber hinaus hat man in der Hefe und in menschlichen Zellen die Proteine Yen1 und Gen1 identifiziert, die, wie RuvC in *E. coli*, an Holliday-Strukturen symmetrisch DNA-Strangbrüche einführen können.

Plus 10.1

RecA-Homologe und andere eukaryotische Rekombinationsproteine

Die im Text erwähnten Proteine haben Bezeichnungen, die ein Stück Forschungsgeschichte wiedergeben. So wurde das Protein **SPO11** bei Untersuchungen über die Sporulation von Hefemutanten entdeckt. Erst später erkannte man seine Funktion bei der Einleitung der Rekombination und seine weite, wenn nicht sogar universelle Verbreitung im Reich der Eukaryoten.

Das lässt sich auch vom Protein **RAD51** sagen. RAD steht für *radiation*, weil das betreffende Protein über Hefemutanten mit hoher Empfindlichkeit gegenüber Röntgenstrahlen entdeckt wurde. Proteine mit Bezeichnungen wie **RAD50**, **RAD52** und andere wie die Tumorsuppressorproteine **BRCA1/2** wirken zusammen mit RAD51 in allen Zellen bei der Reparatur von Doppelstrangbrüchen über

homologe Rekombination und, wie hier beschrieben, in der Meiose.

DMC ist die Abkürzung für *disrupted meiotic cDNA*, die wegen der direkten Bedeutung des Proteins für eine geordnete Meiose gewählt wurde. DMC 1 kommt nur in Gameten vor und ist deswegen auf meiotische Rekombinationen spezialisiert. Beide Proteine, RAD51 und DMC 1, haben strukturelle und funktionelle Ähnlichkeit mit dem bakteriellen RecA-Protein.

Zu einer Liste der Proteine für die meiotische Rekombination gehören noch die **DNA-Polymerase β** (für das Schließen von Einzelstranglücken bei der Bildung von Holliday-Strukturen) und **MLH1** und **MSH4**, beides Enzyme, die bei der Reparatur von Falschpaarungen wichtig sind (S. 261). Hier sind MLH1 und MSH4 für die Reparatur von Falschpaarungen in Heteroduplexbereichen von Holliday-Strukturen verantwortlich.

Genkonversionen in Eukaryoten

Der Begriff Genkonversion wurde anhand der ▶ Abb. 10.7 bereits vorgestellt. Wir wollen ihn hier im Zusammenhang der homologen Rekombination in eukaryotischen Zellen aufnehmen, da dieser wichtige Prozess wesentlich zur genetischen Vielfalt von Zellen und Organismen beiträgt.

Aus unserer Beschreibung meiotischer Rekombinationen in Keimbahnzellen in der ▶ Abb. 10.9 geht hervor, wie Heteroduplexbereiche entstehen können. Treten in diesen Abschnitten Falschpaarungen zwischen den DNA-Einzelsträngen auf, können Reparaturenzyme ein Basenpaar in ein anderes überführen. Die Konsequenz ist häufig, dass ein genetischer Marker in einen anderen übergeht. Mit anderen Worten gesagt, es erfolgt eine Gen-(Allel-)Konversion, und zwar unabhängig von der Auflösung der Holliday-Strukturen in rekombinante oder nicht rekombinante Produkte. Meiotische Rekombination und Genkonversion sind also nicht immer gekoppelt.

Genkonversionen ereignen sich auch in somatischen Zellen. Ein prominentes Beispiel ist die Bereitstellung des Immunglobulin-(Ig-)Gen-Repertoires in Hühnern. Im Organ der Bursa Fabricius kommt es durch einen einseitigen Transfer genetischer Information von Ig-Pseudogenen zu Genkonversionen in aktiven Ig-Genen, die so zur Antikörpervielfalt beitragen. Genkonversionen folgen im Wesentlichen den ersten Schritten der homologen Rekombination, wie sie für die Meiose in ▶ Abb. 10.9 beschrieben wurde. Die Doppelstrangbrüche werden in den B-Zellen gezielt in aktive Ig-Gene eingeführt. Die entstehenden Einzelstrangenden werden anschließend durch die erwähnten RAD-Proteine (Plus 10.1) (S. 229) in die homologen Pseudogenabschnitte eingefädelt. Die D-Schleifen zerfallen jedoch relativ schnell oder werden aktiv aufgelöst. Am Ende werden die Doppelstrangbrüche in den aktiven Ig-Genen mit nun teilweise kopierter Pseudogensequenzinformation wieder geschlossen.

10

Merke

Die **homologe Rekombination** hat in eukaryotischen Zellen wichtige Funktionen

- in der Meiose,
- bei Genkonversionen und
- während der Reparatur von DNA-Doppelstrangbrüchen.

Wie in prokaryotischen Zellen sind die wesentlichen Schritte

- das Bereitstellen von DNA-Einzelstrangbereichen durch Endo- und/oder Exonucleasen,
- die Suche nach Sequenzhomologie,
- der Austausch homologer DNA-Stränge und
- die Auflösung von Holliday-Strukturen.

Die eukaryotischen RecA-ähnlichen Proteine nehmen besondere Funktionen bei der Homologiesuche und dem Strangaustausch wahr. Die homologe Rekombination ist ein wichtiger Antreiber in der Evolution eukaryotischer Organismen.

10.3 Ortsspezifische Rekombination

Im Gegensatz zur homologen Rekombination erfolgt während der ortsspezifischen Rekombination ein reziproker DNA-Strangaustausch an eindeutig definierten Nucleotidfolgen, die wir hier als **Rekombinationsstellen** bezeichnen. Diese Reaktionen werden durch ortsspezifische Rekombinasen katalysiert, die die entsprechenden Basenfolgen erkennen, dort die DNA-Strangbrüche einführen und den Strangaustausch mit der Verknüpfung der DNA-Enden auch abschließen.

Diese außergewöhnlichen Enzyme erfüllen in prokaryotischen Zellen wichtige Funktionen im Lebenszyklus von Bakteriophagen, bei der Rückführung multimerer Plasmide oder Chromosomen nach der DNA-Replikation in ihre Einheitslängen und bei der Transposition. In eini-

gen prokaryotischen Systemen kontrollieren sie auch die Genexpression. Interessant ist, dass diese Enzymklasse in eukaryotischen Zellen bislang nicht gefunden wurde. Eine Ausnahme sind Hefezellen. Dort kommt die ortsspezifische Rekombination im Zusammenhang mit der Regulation der Genexpression auf einem autonom replizierenden Plasmid vor.

10.3.1 Grundlagen der ortsspezifischen Rekombination

Je nach Ursprung können Rekombinationsstellen zwischen 20 und 250 bp umfassen. Wichtig ist, dass Anzahl und Orientierung dieser Stellen über den Ausgang der Rekombination entscheiden (▶ Abb. 10.10):

Bei der **Integration** (▶ Abb. 10.10 ①) tragen zwei DNA-Moleküle (linear und zirkulär in unserem Beispiel) jeweils eine Rekombinationsstelle (hier als Pfeile dargestellt). Rekombinasen fusionieren die beiden Moleküle an diesen Stellen durch DNA-Strangaustausch. Es entsteht ein lineares Produkt.

Bei der **Exzision** (▶ Abb. 10.10 ②) kommen die beiden Rekombinationsstellen als direkte (Kopf-an-Schwanz-)Sequenzwiederholungen auf einem linearen (oder zirkulären) DNA-Molekül vor. Rekombinasen entfernen den zwischen den Stellen liegenden DNA-Abschnitt. Dieser Vorgang erzeugt ein ringförmiges Exzisionsprodukt. Die Exzision ist in den meisten Fällen, wie hier gezeigt, die genaue Umkehr der Integration.

Bei der **Inversion** (▶ Abb. 10.10 ③) kommen die beiden Rekombinationsstellen als invertierte (Kopf-an-Kopf-)Sequenzen auf *einem* DNA-Molekül vor. Rekombinasen kehren die Orientierung des dazwischenliegenden DNA-Abschnitts um. Diese Reaktion kann mehrmals hintereinander erfolgen.

10.3.2 Ortsspezifische Rekombination in prokaryotischen Zellen

Es gibt mehrere Familien von ortsspezifischen Rekombinasen. Im Folgenden werden wir anhand eines prominenten Beispiels aus der großen **Familie ortsspezi-**

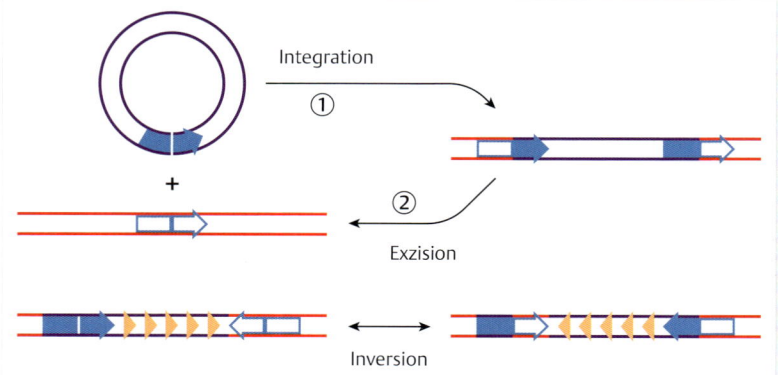

Abb. 10.10 Mögliche Abläufe der ortsspezifischen Rekombination. Die Rekombinationsstellen sind durch Pfeile markiert. Die Orientierung des umgekehrten (invertierten) DNA-Abschnitts bei der Inversion ist durch mehrere Pfeilspitzen gekennzeichnet. Weitere Erläuterungen s. Text. (nach Grindley et al. (2006) Annual Review Biochemistry, vol 75: 567–605)

10

fischer Tyrosinrekombinasen den grundlegenden Mechanismus dieser Art der Rekombination in prokaryotischen Zellen beschreiben. Wir möchten jedoch erwähnen, dass eine weitere große Familie von Rekombinasen existiert: die **Serinrekombinasen**. Diese Enzyme folgen einem anderen Rekombinationsmechanismus, auf den wir hier jedoch nicht eingehen können.

Unser Beispiel ist die **Cre-Rekombinase** (Cre, *causes recombination*), ein 38-kDa-Protein des Bakteriophagen P1. Die Cre-Rekombinase übernimmt zwei wichtige Funktionen im Lebenszyklus des Phagen: die Auflösung von dimeren Chromosomen, die während der Replikation durch homologe Rekombination entstehen können, und die Zirkularisierung linearer Phagenchromosomen (s. Exzision; ▶ Abb. 10.10 ②).

Die Basensequenz der Rekombinationsstelle, an die die Cre-Rekombinase bindet, umfasst 34 Nucleotide und wird als *loxP* (*locus of crossing over of P1 phage*) bezeichnet. Die Bindungsstellen für die Rekombinase sind als nahezu perfekt gegenläufige Sequenzwiederholungen angeordnet und durch eine 6 bp umfassende Cross-over-Region getrennt (▶ Abb. 10.11). Wichtig ist, dass die Nucleotidfolge der Cross-over-Region nicht symmetrisch ist und so der gesamten *loxP*-Stelle eine Orientierung verleiht, die den Rekombinationsablauf bestimmt.

Die Cre-vermittelte Rekombination zwischen zwei *loxP*-Stellen läuft nach den in ▶ Abb. 10.12 gezeigten sechs Schritten ab. Jeder der dargestellten sechs Zwischenschritte kann in beide Richtungen ohne Energie (Hydrolyse von ATP) erfolgen.

- Cre bindet als Dimer an jeweils eine *loxP*-Stelle (▶ Abb. 10.12 ①). Die von Cre gebundenen Abschnitte in den beiden beteiligten DNA-Molekülen bilden anschließend durch zufälliges Aufeinandertreffen einen synaptischen Komplex. Aus den beiden Cre-Dimeren entsteht durch Protein-Protein-Wechselwirkungen ein Tetramer, das den Komplex stabilisiert und aktiviert.
- Pro *loxP*-Stelle schneidet jeweils ein Cre-Monomer die DNA an nur einer Seite des Cross overs (▶ Abb. 10.12 ②). Dieser Vorgang benötigt ein konserviertes Tyrosin im Cre-Protein, das eine 3′-Phosphotyrosinbindung eingeht und so ein freies 5′-Hydroxyende erzeugt.

- Die freien 5′-Hydroxyenden greifen die Phosphotyrosinreste an der jeweils gegenüberliegenden *loxP*-Stelle an und vollenden so den Austausch der ersten beiden DNA-Einzelstränge (▶ Abb. 10.12 ③). Dies führt zur Bildung einer **Holliday-Struktur**.
- Es kommt zu einer begrenzten Branch Migration, ausgehend von einem Ende der Cross-over-Region in der Holliday-Struktur (▶ Abb. 10.12 ④).
- Die Branch Migration aktiviert das zweite Cre-Paar im synaptischen Komplex, welches die beiden übrigen DNA-Einzelstränge nach gleichem Schema schneidet (▶ Abb. 10.12 ⑤).

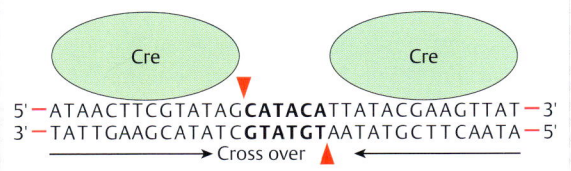

Abb. 10.11 Die Rekombinationsstelle *loxP* für die Cre-Rekombinase. Die Cre-Bindungsstellen in *loxP* sind als gegenläufige (invertierte) Pfeile dargestellt. Cre bindet als Dimer an die *loxP*-Stelle. Auf jeder Seite der Cross-over-Region schneidet jeweils ein Cre-Protein den oberen bzw. den unteren DNA-Strang. Die Dreiecke zeigen die Schnittstellen an. (nach Van Dyne (2001) Annu Rev Biophys Biomol Struct, vol 30: 87–104)

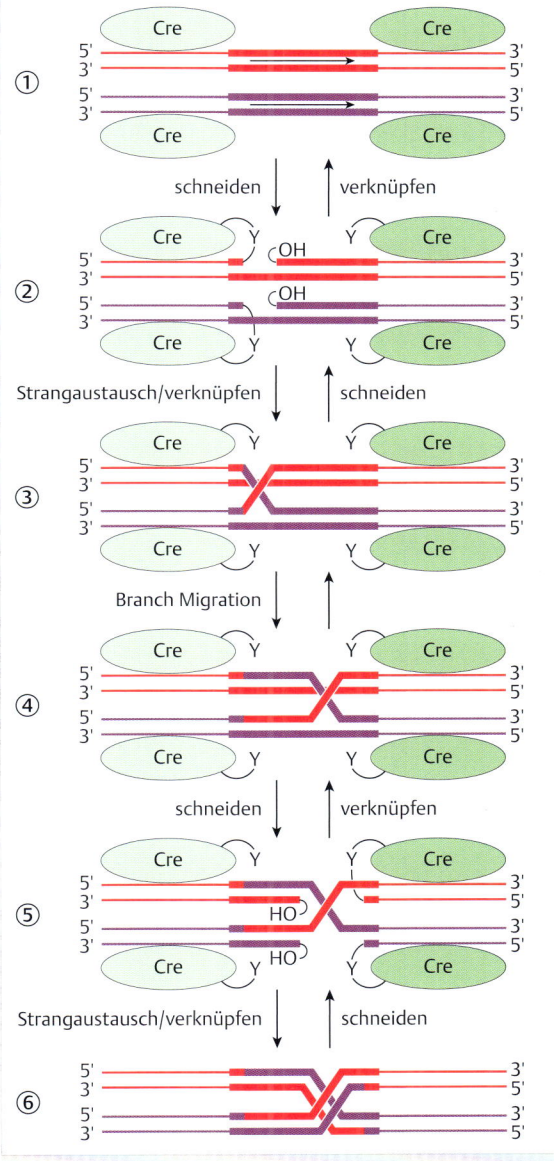

Abb. 10.12 Das Cre-*loxP*-System der ortsspezifischen Rekombination. Erläuterungen s. Text. (nach Van Dyne (2001) Annu Rev Biophys Biomol Struct, vol 30: 87–104)

10

- Nach vollendetem zweitem Strangaustausch und kovalenter Verknüpfung der DNA-Enden zerfällt der synaptische Komplex und die Rekombinationsprodukte werden freigesetzt (▶ Abb. 10.12 ⑥).

Das Cre-*loxP*-System gehört zu den am besten untersuchten ortsspezifischen Rekombinationssystemen. Dies wurde durch Rekonstitutionen des Systems mit gereinigten Komponenten (Cre-Protein plus DNA-Substrat) im Reagenzglas erreicht. Man konnte so die in ▶ Abb. 10.12 gezeigten Reaktionsabläufe eingehend studieren. Es existieren sogar „Schnappschüsse" einzelner Rekombinationsschritte in Form von Kristallstrukturen synaptischer Komplexe, mit und ohne Holliday-Struktur. Wichtig ist die praktische Konsequenz dieser Arbeiten: Das Cre-*loxP*-System hat durch Anwendungen bei der gezielten Veränderung eukaryotischer Genome – insbesondere in Mausmodellen – Berühmtheit erlangt (s. Kap. 27.3).

Neben der Cre-Rekombinase gehört auch die **Lambda-Integrase** zur großen Familie der Tyrosinrekombinasen. Dieses Enzym katalysiert sowohl die Integration als auch die Exzision des Phagengenoms in das bzw. aus dem *E. coli*-Genom (s. ▶ Abb. 6.40). Der grundlegende Rekombinationsmechanismus ist vergleichbar mit dem hier für Cre gezeigten. Allerdings benötigt die Lambda-Integrase zusätzliche Hilfsproteine und topologisch unterwundene Rekombinationsstellen, um aktive synaptische Komplexe zu bilden. Diese Erhöhung der Komplexität ermöglicht eine sehr strenge Regulierung der Rekombination im Lebenszyklus des Lambda-Phagen (S. 130).

Merke

Die **ortsspezifische Rekombination** kann zur Integration, Exzision oder Inversion von DNA-Abschnitten führen und erfordert eine besondere Enzymklasse, die in Tyrosin- und Serin-Rekombinasen unterteilt ist. Die **Tyrosin-Rekombinasen** beginnen die Rekombination mit der Bildung eines synaptischen Komplexes und dem Austausch von zwei DNA-Einzelsträngen, gefolgt von Branch Migration der entstandenen Holliday-Struktur und dem zweiten Strangaustausch. Die Nucleotidsequenzen der beteiligten Partner werden im Verlauf der Rekombination nicht verändert. Man spricht in diesem Zusammenhang auch häufig von **konservativer ortsspezifischer Rekombination**. Diese Eigenschaft, gepaart mit hoher Spezifität in Bezug auf die Rekombinationsstellen, haben diese Enzyme zu wertvollen experimentellen Werkzeugen für die kontrollierte Veränderung komplexer eukaryotischer Genome gemacht.

10.4 Illegitime Rekombination

Ein charakteristisches Merkmal der illegitimen Rekombination ist, dass sie an nahezu jeder Stelle auf einem DNA-Molekül oder Genom stattfinden kann. Dies unterscheidet sie von homologen und ortsspezifischen Rekombinationen. In diesem Zusammenhang sind **Transpositionen** und **Retrotranspositionen** besonders wichtig, da sie im Laufe der Evolution wesentlich zur Herstellung genetischer Vielfalt beigetragen haben bzw. beitragen.

An anderer Stelle haben wir darauf hingewiesen, dass Prozesse wie unplanmäßiges Anhalten von Replikationsgabeln oder abgebrochene Topoisomeraseaktionen zu DNA-Strangbrüchen und so zur Einleitung von zufälligen Rekombinationsereignissen führen können. In diesem Abschnitt betrachten wir vorwiegend Transpositionen.

Definition

Als **Transposition** bezeichnet man das Versetzen (Transponieren) eines im Genom vorhandenen DNA-Elements an eine andere Stelle des gleichen Genoms oder auch auf ein anderes Genom.

Transpositionen gehen oft mit Veränderungen der Nucleotidsequenz einher, meist mit Deletionen und Inversionen. Transponierbare genetische Elemente sind weit verbreitet, von Bakterien über Hefen bis zu allen daraufhin untersuchten vielzelligen Eukaryoten.

Als Einstieg betrachten wir zuerst die Verhältnisse bei Bakterien, insbesondere bei *Escherichia coli*.

10.4.1 Bewegliche genetische Elemente bei Bakterien

Bakterien wie *E. coli* können drei Typen von transponierbaren genetischen Elementen besitzen: Insertionssequenzen, Transposons und Bakteriophagen, die sich über den Weg der Transposition vermehren.

Insertionssequenzen (IS-Elemente)

Diese Gruppe von beweglichen Elementen wurde in den Jahren um 1970 von Heinz Saedler, Peter Starlinger und Jim A. Shapiro bei der Untersuchung bestimmter Mutanten entdeckt. Die Mutationen waren durch Insertion von DNA-Stücken in Strukturgenen entstanden (daher der Name IS-Elemente). Bei der Suche nach der Herkunft und der Art der Insertionssequenzen stellte sich heraus, dass es sich um normale Bestandteile des Bakteriengenoms handelt.

Eine *E. coli*-Zelle enthält etwa zehn Kopien solcher Sequenzen (▶ Tab. 10.2). Gelegentlich, etwa einmal unter zehn Bakterien pro Generation, wird eine Insertionssequenz an eine andere Stelle des Genoms übertragen.

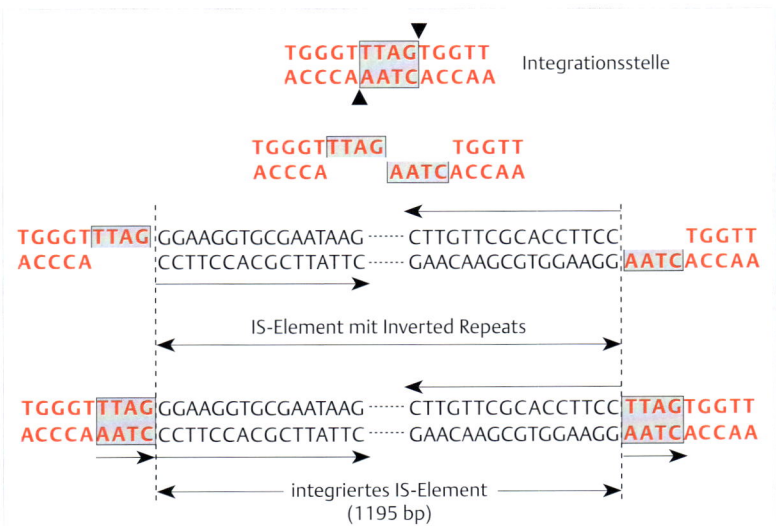

Abb. 10.13 Inverted und Direct Repeats.
Die Inverted Repeats befinden sich an den Enden eines IS-Elements (hier IS 5), die Direct Repeats an der Integrationsstelle nach Insertion des IS-Elements. Die Integrationsstelle wird während der Transposition um einige Nucleotide versetzt geschnitten. Das IS-Element (gezeigt sind nur die endständigen Inverted Repeats) wird angeheftet. Die vorhandenen Lücken in der DNA werden durch Synthese geschlossen. Das Ergebnis sind direkte Wiederholungen von vier Basenpaaren (grau hinterlegt) an beiden Enden des eingebauten IS-Elements. (nach Kröger M, Hobom G (1982) Structural analysis of insertion sequence IS5. Nature 297: 159–162)

Tab. 10.2 Einige IS-Elemente im *E. coli*-Genom.

Bezeichnung	Größe [bp]	Inverted Repeats [bp]	Sequenzwiederholung am Integrationsort [bp]	Zahl der Kopien im *E. coli*-Genom
IS 1	768	20/23	9	6–10
IS 2	1327	32/41	5	4–5
IS 5	1195	15/16	4	10–12
IS 10	1329	17/22	9	2

Falls diese Stelle inmitten eines Strukturgens liegt, ist der Verlust der Genfunktion eine unvermeidliche Folge. Tatsächlich ist die Transposition von IS-Elementen eine häufige Ursache von Mutationen während der Phase des stationären Wachstums von Bakterienkulturen.

Je nach Art bestehen IS-Elemente von *E. coli* aus 800–2000 bp. Sie tragen an den Enden kurze gegenläufige Wiederholungen von sehr ähnlichen, aber nicht identischen Nucleotidsequenzen (**Inverted Repeats**) (▶ Tab. 10.2 und ▶ Abb. 10.13). Der zentrale Bereich enthält mindestens ein offenes Leseraster und codiert Proteine, die für die Transposition verantwortlich sind. Diese Proteine bezeichnet man allgemein als **Transposasen**.

Transposasen beginnen die Vorbereitung der Integration durch Schneiden der Integrationsstelle. Die Schnitte erfolgen um einige Nucleotide versetzt. Die Verknüpfung des IS-Elements mit den Enden der geschnittenen DNA

und nachfolgende Reparatursynthese hat eine Verdopplung einer kurzen Nucleotidsequenz in der Empfänger-DNA zur Folge (▶ Abb. 10.13). Die Länge dieser gleichgerichteten Sequenzwiederholungen (**Direct Repeats**) hängt von der Art des IS-Elements ab (▶ Tab. 10.2).

Transposons

Diese DNA-Elemente sind ein Vielfaches länger als IS-Elemente, denn sie tragen außer den Genen für die Transposition noch andere genetische Funktionen. In vielen Fällen sind es diese Gene, die den Bakterien ein Überleben in einer für sie gefährlichen Umwelt ermöglichen.

Man kennt zahlreiche Transposons bei *E. coli* und anderen Bakterien. Von praktischer Bedeutung sind Transposons mit Resistenzgenen zur Inaktivierung von Antibiotika (Plus 10.2) (S. 234).

10

Plus 10.2

R-Plasmide

Transposons können vom Hauptchromosom der Bakterien auf Plasmide übertragen werden. Dabei entstehen Plasmide mit einem oder mehreren Resistenzgenen. Solche R-Plasmide verbreiten sich durch Konjugation rasch in einer Population von Bakterien, wenn die Kulturlösung Antibiotika enthält und Bakterien nur durch Inaktivierung der Antibiotika überleben können.

Schon bald nach Einführung der Antibiotikatherapie sind um 1955 über diesen Mechanismus die ersten resistenten *Shigella*-Stämme entstanden, die auf eine Therapie mit Ampicillin (Penicillin), Tetracyclin und anderen Antibiotika nicht mehr ansprachen. Ähnliches wird bei der Entstehung von resistenten Stämmen anderer pathogener Bakterien beobachtet. Die zuletzt häufig beobachtete Entstehung von resistenten Stämmen insbesondere in Kliniken stellt ein gravierendes öffentliches Gesundheitsproblem dar.

Die folgende Tabelle stellt einige der zahlreichen bekannten Resistenzgene vor.

Tab. 10.3 Resistenzgene.

Gen	Wirkungsweise des Genprodukts
amp	Spaltung des Penicillinrings (β-Lactamase)
tet	Hemmung der Aufnahme von Tetracyclin in Bakterien
kan	Phosphorylierung und Inaktivierung von Kanamycin (Phosphotransferase)
Hg	Reduktion von Hg^{2+}-Ionen zu metallischem Quecksilber (Reduktase)

Man unterscheidet gewöhnlich zwei Klassen von Transposons (▶ Tab. 10.4):

- **Zusammengesetzte Transposons** sind von IS-Elementen eingerahmt. Die IS-Elemente stellen die Funktionen für die Transposition (Transposase) des zentralen Abschnitts zur Verfügung.
- **Komplexe Transposons** enthalten kurze Inverted Repeats an den Enden. Dementsprechend codieren Abschnitte im zentralen Bereich die Transpositionsproteine.

Wir sehen uns nun nacheinander je einen Vertreter jeder Transposonklasse genauer an.

▶ **Zusammengesetztes Transposon Tn5.** Tn5 ist beiderseits von gegenläufig angeordneten IS 50-Elementen eingerahmt ist (▶ Abb. 10.14). Wir erwarten, dass die IS 50-Elemente nicht nur das gesamte Transposon mobilisieren können, sondern auch als eigenständige Einheiten transponieren. Doch Experimente zeigen, dass dies nur für das rechte, IS 50 R, gilt, während das linke Element, IS 50 L, dazu nicht in der Lage ist. Der Grund dafür ist, dass das Transposase-Gen von IS 50 L ein Stoppcodon (TAA) enthält und deswegen keine intakte Transposase codiert. Die Transposase (Tnp) von IS 50 R wirkt nur („in *cis*", wie man sagt) auf den DNA-Abschnitt, der sie codiert.

Der Austausch eines Guaninnucleotids gegen ein Thyminnucleotid im IS 50 L hat eine interessante Konsequenz, denn es entsteht die Folge TAAGGT (▶ Abb. 10.14), die der −10-Region des Standardpromotors näher kommt als die Folge GAAGGT im Wildtyp-IS 50-Element. Tatsächlich dient der Bereich um die TAAGGT-Folge als Promotor für das Gen für Kanamycinresistenz.

Die Transposition ist ein seltenes Ereignis: 10^{-4}–10^{-5} Sprünge pro Bakteriengeneration. Deswegen sollte die Expression der Transposase genau reguliert sein. Ein Blick auf die Expression der IS 50R-Gene ist daher für das Verständnis hilfreich. Das offene Leseraster des IS 50R-Elements wird von zwei hintereinandergeschalteten Promotoren aus transkribiert (▶ Abb. 10.15). So entstehen zwei unterschiedlich lange mRNAs, und die codierten Proteine unterscheiden sich nur durch ein kurzes Stück an ihren Aminoenden. Das längere Protein, **Tnp**, wirkt als Transposase, während das kürzere Protein, **Inh**, die Transposition durch Wechselwirkung mit der Transposase unterdrückt. Normalerweise wird eine größere Menge von Inh als von Tnp hergestellt. Ein Grund dafür ist, dass der Promotor für das Tnp-Transkript methylierte Adeninreste enthält, was eine Anlagerung der RNA-Polymerase erschwert. Dies führt zu einer strengen, negativen Kontrolle der Transposase-Aktivität.

Tab. 10.4 Einige bakterielle Transposons.

Bezeichnung	ungefähre Größe [bp]	Endstruktur	Resistenz gegen
Klasse I (zusammengesetzte Transposons)			
Tn5	5 700	IS 50	Kanamycin
Tn9	2 650	IS 1	Chloramphenicol
Tn10	9 300	IS 10	Tetracyclin
Klasse II (komplexe Transposons)			
Tn3	5 000	38-bp-Wiederholung	Ampicillin
Tn501	8 200	38-bp-Wiederholung	Quecksilbersalze
Tn1000 (γδ)	5 700	35-bp-Wiederholung	–

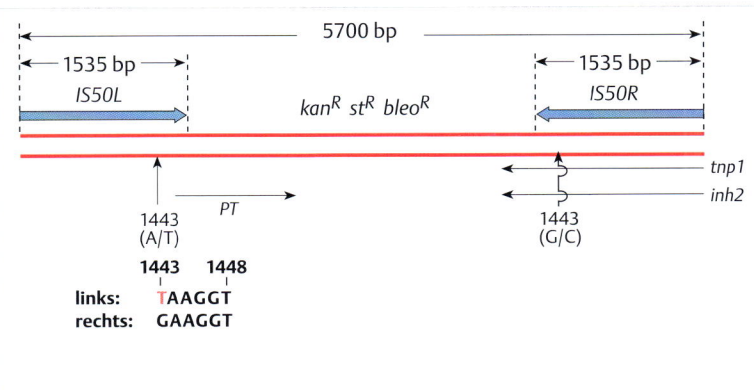

Abb. 10.14 Aufbau des Transposons Tn5.
Die beiden IS 50-Elemente unterscheiden sich durch ein Nucleotid, wobei die Einführung eines Thyminbausteins links ein Stoppcodon, aber zugleich einen wirkungsvollen Promotor für das Gen *PT* (Phosphotransferase; *kan*^{R}) ergibt. Der waagrechte Pfeil von links nach rechts zeigt das offene Leseraster des *PT*-Gens. Die waagrechten Pfeile von rechts nach links zeigen die Gene auf dem IS 50R-Element. Weitere Informationen zu Tn5 findet man in Reznikoff (1993) [1]. (nach Reznikoff WS (1993) The Tn5 transposon. Annu Rev Microbiol 47: 945–963)

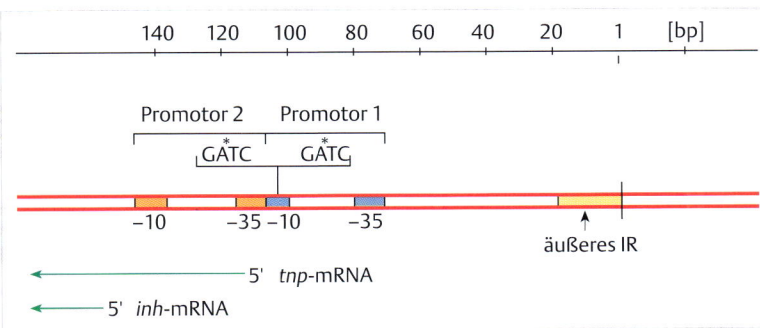

Abb. 10.15 Promotoren in IS 50R. Die Orientierung ist wie in der ▶ Abb. 10.14 (rechtes IS-Ende), sodass die Transkriptionsrichtung von rechts nach links verläuft. A* = N^6-Methyladenosin; IR = Inverted Repeat. (nach Reznikoff WS (1993) The Tn5 transposon. Annu Rev Microbiol 47: 945–963)

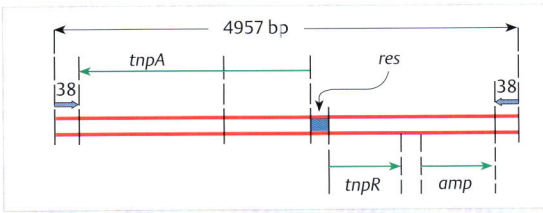

Abb. 10.16 Aufbau des Transposons Tn3. Die Transkription des *tnpA*-Gens läuft von einem Promotor im *res*-Bereich nach links, die des *tnpR*-Gens nach rechts (Pfeile). Der *res*-Bereich ist ein AT-reicher DNA-Abschnitt von ungefähr 130 bp. „Res" ist die Abkürzung von Resolution, weil das TnpR-Protein hier zur Auflösung eines Zwischenprodukts beim Transpositionsvorgang beiträgt (s. ▶ Abb. 10.18). Die in dieser Abbildung verwendeten Daten stammen aus der Arbeit von Heffron et al (1979) [2]. (nach Heffron F, McCarthy BJ, Ohtsubo H et al (1979) DNA sequence analysis of the transposon Tn3. Cell 18: 1153–1163)

▶ **Komplexes Transposon Tn3.** Tn3 wird von kurzen Inverted Repeats begrenzt und trägt im zentralen Teil außer einem Gen für Ampicillinresistenz noch Gene für die Transpositionsproteine TnpA und TnpR (▶ Abb. 10.16).

Das Protein TnpR (Resolvase) bindet mit hoher Affinität an eine Folge von Nucleotiden (*res*-Stelle, ▶ Abb. 10.16) zwischen den gegenläufigen Genen *tnpA* und *tnpR*. Auf diese Weise dient es als Repressor des Gens *tnpA*, hat hier aber auch eine wichtige Funktion bei der Auflösung eines Zwischenprodukts beim Transpositionsvorgang. Das Pro-

dukt des *tnpA*-Gens (Transposase) bindet an die Inverted Repeats und leitet damit die Transposition ein, die es dann gemeinsam mit anderen Bakterienproteinen durchführt.

Transponierbare Bakteriophagen

Der Bakteriophage Mu ist ein temperentes Bakterienvirus, dessen DNA über den Mechanismus der Transposition vermehrt wird. Sein Name leitet sich von „Mutator" ab. Damit wird die Tatsache berücksichtigt, dass sich Mu an sehr viele Stellen im *E. coli*-Genom integriert und so Mutationen auslösen kann. Aber anders als bei den bisher besprochenen mobilen genetischen Elementen existiert die Phagen-DNA auch als extrachromosomale und extrazelluläre Einheit, weil sie mit Strukturproteinen bedeckt wird und dann – wie andere Bakteriophagen – Bakterienzellen infiziert.

Ablauf der Transposition

Unter der Voraussetzung, dass die Inverted Repeats (IR) an den Enden intakt sind und aktive Transposasen gebildet werden, erfolgt die Transposition über einen von zwei Wegen:
• direkter oder **Cut-and-paste-Weg** (Schnitt-und-Klebe-Weg): Das transponierbare Element wird aus der Donor-DNA ausgeschnitten und an eine neue Stelle in der Empfänger-DNA übertragen. Das IS 50-Element und

10

dementsprechend Tn5 werden über diesen Mechanismus übertragen.

- **replikativer Weg:** Das transponierbare Element wird repliziert. Eine Kopie bleibt an der ursprünglichen Stelle erhalten, während die Kopie an neuer Stelle eingebaut wird. Das Ergebnis ist ein Cointegrat, das in einem weiteren Schritt aufgelöst wird. Das Transposon Tn3 wird über den replikativen Weg bewegt. Nicht selten kann ein Element jedoch sowohl über den Cut-and-paste-Weg als auch über den replikativen Weg transponiert werden.

Beide Wege beginnen nach einem ähnlichen Schema (▶ Abb. 10.17):

- Transposasen binden stabil an die IR-Sequenzen eines Elements (Donor) und verursachen Strangbrüche mit freien 3'-OH-Enden.
- Die Zielstelle in der Empfänger-DNA wird durch einen nucleophilen Angriff der beiden reaktiven 3'-OH-Enden des Donorelements geöffnet. Es entstehen versetzte Schnitte mit 5'-Phosphatenden, die sich kovalent mit den 3'-OH-Enden des Donorelements verbinden. Dies resultiert in zwei 3'-OH-Enden in der Zielstelle. Viele transponierbare Elemente können fast beliebig Stellen in der Empfänger-DNA als Zielstellen benutzen, andere bevorzugen Stellen mit besonderer Nucleotidzusammensetzung, aber nur wenige haben eine mehr oder weniger stark ausgeprägte Vorliebe für definierte Sequenzen.
- Bei der **direkten Transposition** (▶ Abb. 10.17, links) wird das transponierbare Element durch weitere Schnitte an seinen 5'-Enden als Doppelstrang aus der Donor-DNA gelöst. Anders gesagt, es entstehen Doppel-

strangbrüche an beiden Enden des Elements. Die Transposition wird mit einer DNA-Synthese, die die Lücken auffüllt, abgeschlossen (s. ▶ Abb. 10.13). Das Schicksal der zurückbleibenden, geschnittenen Enden der Donor-DNA ist ungewiss. Sie können repariert werden, oft unter Beschädigungen. Bei Bakterien kann die gesamte Donor-DNA auch verloren gehen, was keine größeren Folgen haben muss, denn Bakterien enthalten oft mehrere DNA-Moleküle (S. 181).

- Bei der **replikativen Transposition** (▶ Abb. 10.17, rechts) werden nur zwei Einzelstrang-Brüche an der Donor-DNA eingefügt. Die anschließend entstehenden 3'OH-Enden der Zielstelle dienen als Primer für eine DNA-Synthese, die die gesamte Länge der transponierten DNA umfasst. Die Folge ist meist die Bildung eines Cointegrats, das durch einen ortsspezifischen Rekombinationsvorgang aufgelöst werden kann. Dieser Vorgang wird im Folgenden genauer beschrieben.

Die entscheidenden Schritte bei der Transposition, also das Öffnen von Phosphodiesterbindungen an den äußeren Grenzen der Donor-IR-Sequenzen und das Schließen von Bindungen mit der DNA an der Zielstelle, erfolgen in einer konzertierten Aktion von Transesterreaktionen, die durch die gebundenen Transposasemoleküle katalysiert werden. Äußere Energie, etwa durch Spaltung von ATP, wird nicht benötigt.

Wie schon erwähnt, ist das **Cointegrat** ein typisches Zwischenprodukt bei der komplizierten replikativen Transposition (▶ Abb. 10.18). Zur Auflösung des Cointegrats ist das Protein TnpR notwendig, das an die *res*-Stellen in beiden Tn3-Elementen des Cointegrats bindet. Dort löst es in einer konzertierten Aktion von Schneiden und

10

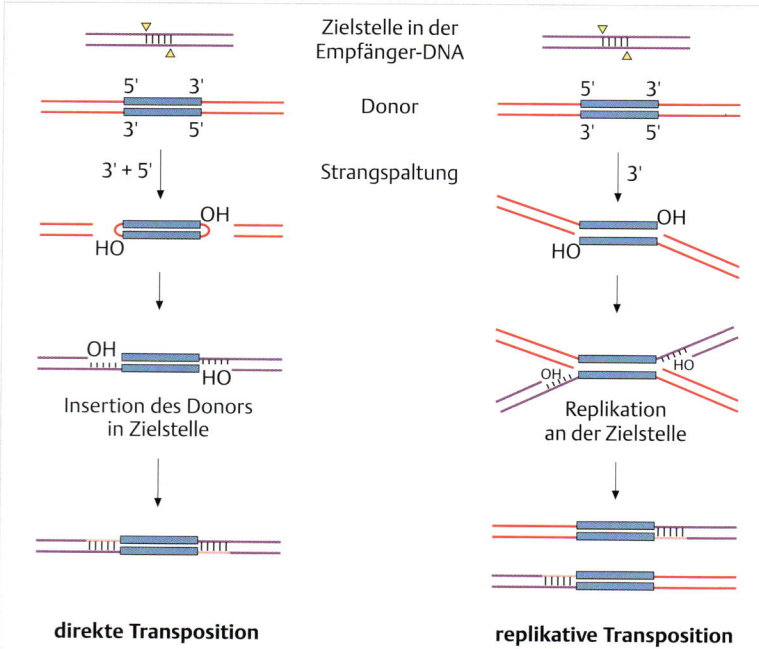

Zielstelle in der Empfänger-DNA

Donor

Strangspaltung

3' + 5'

Insertion des Donors in Zielstelle

direkte Transposition

Replikation an der Zielstelle

replikative Transposition

Abb. 10.17 Molekulare Mechanismen der Transposition in Bakterien. Erste Schritte: Öffnen der Zielstelle durch Einführen versetzter Schnitte; Verknüpfen der Transposonenden mit den Enden der geschnittenen Empfänger-DNA. Links: direkte Transposition durch Cut-and-paste-Mechanismus: Auffüllen der Lücken durch DNA-Synthese an den 3'-OH-Enden der geschnittenen Zielstelle. Rechts: replikative Transposition mit Cointegratbildung: 3'-OH-Enden der geschnittenen Zielstelle dienen als Primer für DNA-Synthesen. Weitere Erläuterungen s. Text. (nach Craig NL (1997) Target site selection in transposition. Annu Rev Biochem 66: 437–474; Curcio MJ, Derbyshire KM (2003) The outs and ins of transposition: from Mu to Kangaroo. Nat Rev Mol Cell Biol 4: 865–877; Shapiro JA (1997) Molecular model for the transposition and replication of bacteriophage Mu and other transposable elements. Proc Nat Acad Sci USA 76: 1933–1937)

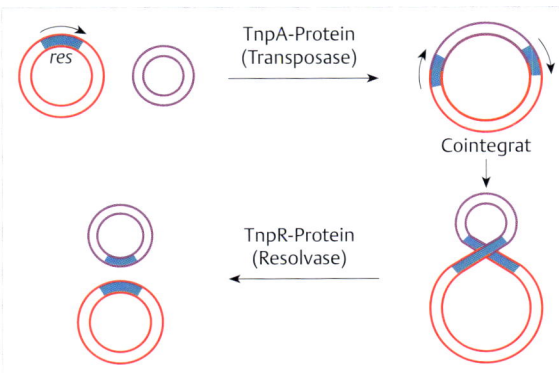

Abb. 10.18 Transposition über Cointegratbildung. Die transponierte zirkuläre DNA (rot) integriert in diesem Beispiel in eine ebenfalls zirkuläre Ziel-DNA (violett). Die *res*-Stellen sind als blaue Boxen markiert.

Wiederverknüpfen das Cointegrat in seine Einzelbestandteile auf. Deswegen nennt man das Protein auch **Resolvase** und seinen Wirkort *res*-Stelle (*resolve,* auflösen). Die Resolvase gehört zur Familie der ortsspezifischen Serinrekombinasen.

Konsequenzen der Transposition: Veränderungen im Genom

Der Cut-and-paste-Weg hinterlässt Narben in der Donor-DNA, wodurch Gene zerstört oder geschädigt werden können, aber offensichtlicher ist der Effekt der Transposition, wenn das IS-Element oder das Transposon in das offene Leseraster eines Gens gelangt. Dann ist eine Mutation durch Insertion die notwendige Folge (▸ Abb. 10.19a). Tatsächlich sind ja auch über diesen Weg

die transponierbaren genetischen Elemente bei Bakterien entdeckt worden. Andere gut bekannte Veränderungen im Genom sind Deletionen oder Inversionen als Folge von intramolekularen Rekombinationen zwischen transponierten Elementen: Deletionen bei gleichläufiger Orientierung, Inversionen bei gegenläufiger Orientierung der Elemente, wie aus ▸ Abb. 10.19b und ▸ Abb. 10.19c hervorgeht.

> **Merke**
>
> **Illegitime Rekombinationen** werden in *E. coli* häufig durch **bewegliche DNA-Elemente** erzeugt, von denen es drei Typen gibt. Diese Art der Rekombination folgt entweder einem einfachen **Cut-and-paste-Weg** oder sie erfordert einen weitaus komplizierteren **Replikationsweg** mit einem Cointegrat als Zwischenprodukt. Ausgeführt werden Transpositionen durch **Transposasen**, die an den gegenläufigen Sequenzwiederholungen der Transposonenden DNA-Strangbrüche einführen und diese anschließend mit der Ziel-DNA verknüpfen. Es kommt zu Sequenzveränderungen sowohl in der Donor- als auch in der Empfänger-DNA.

10.4.2 Bewegliche genetische Elemente bei Eukaryoten

Die Transposition genetischer Elemente in eukaryotischen Zellen wurde zuerst in den Jahren 1940–1955 von Barbara McClintock im Zuge ihrer Studien über die Genetik von Mais entdeckt. Einer der Ausgangspunkte war die Beobachtung eines auffälligen Phänomens, nämlich die

10

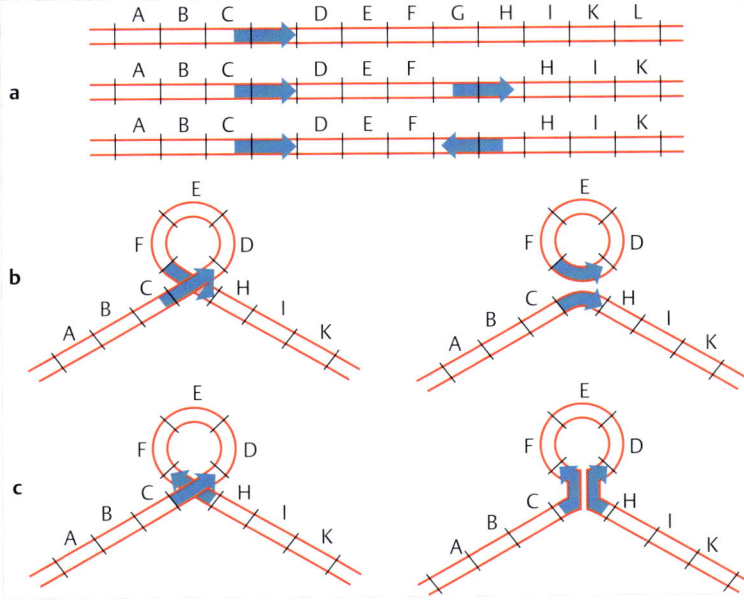

Abb. 10.19 Genetische Konsequenzen der Transposition. Die Abschnitte mit Buchstaben repräsentieren z. B. eine bestimmte Anordnung von Genen im Genom. Die blauen Pfeile markieren die Position und die Orientierung von hypothetischen Transposons.
a Insertion.
b Deletion.
c Inversion.

a
b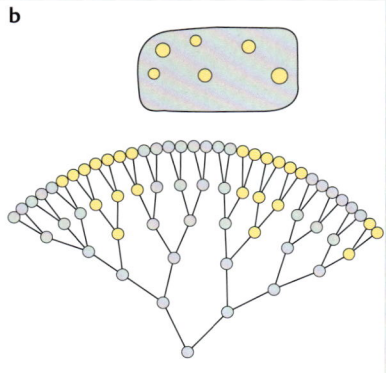

Abb. 10.20 Maiskörner mit Sprenkelung (Variegation).
a Maismutante. (Aufnahme: U. Wienand, Hamburg, und H. Saedler, Köln)
b Formale Deutung des Phänotyps. Während der Entwicklung des Korns wird in einigen Zellen die Mutation rückgängig gemacht: Vor dem farblosen Hintergrund einer Schicht von mutierten Zellen erscheinen daraufhin Zellgruppen mit normaler (Wildtyp-)Färbung.

gesprenkelte Färbung von Körnern bestimmter Maismutanten. Im Anschluss an diese Entdeckung wurden transponierbare Elemente auch in anderen eukaryotischen Systemen nachgewiesen. Wir werden einige dieser Elemente im Folgenden vorstellen, bleiben aber zunächst noch beim Mais.

Ac/Ds-Transpositionen in Pflanzen

Die Färbung von Maiskörnern beruht auf der Aktivität von Genen, die die Herstellung von Pigmenten in der Oberflächenschutzschicht bestimmen. Ein Ausfall dieser Gene durch Mutation sollte am **Phänotyp der Farblosigkeit** zu erkennen sein. Eine Sprenkelung muss demnach bedeuten, dass die Mutation in einigen Zellen während der Entwicklung des Korns rückgängig gemacht wurde (▶ Abb. 10.20). Die instabilen Mutationen gehen oft mit Chromosomenbrüchen einher. Deswegen wählte Barbara McClintock die Bezeichnung *Ds* für die Beschreibung solcher Stellen (*Ds, dissociation,* Trennung). Weitere Untersuchungen ergaben, dass *Ds* nicht dauerhaft an eine bestimmte Stelle des Chromosoms gebunden ist, sondern an andere Stellen wechseln kann. Voraussetzung dafür ist das Vorkommen eines anderen genetischen Elements im gleichen Genom: *Ac (activator).* Studien zeigten dann, dass *Ac* selbst ein bewegliches Element ist und dessen Funktionen zur Transposition von *Ds* notwendig sind.

Mit der Einführung gentechnischer Methoden um 1975 konnten die Verhältnisse genauer untersucht werden. Dabei stellte sich heraus, dass das Maisgenom etwa zehn *Ac*-Elemente trägt. Jedes ist wie ein typisches Transposon aufgebaut (▶ Abb. 10.21):
- Es besteht aus 4565 bp mit kurzen Inverted Repeats an den Enden, die eine innere Region mit offenen Leserastern begrenzen. Die Leseraster codieren Transpositionsproteine.
- An der Integrationsstelle entstehen direkte Sequenzwiederholungen von 8 bp, zu beiden Seiten des integrierten Elements.

Ds-Elemente unterscheiden sich von *Ac*-Elementen durch mehr oder weniger lange Deletionen im zentralen Bereich. Der gemeinsame Nenner ist das Vorhandensein der Inverted Repeats (▶ Abb. 10.21). Damit wird die Beziehung zwischen *Ac* und *Ds* verständlich: Transpositionsfunktionen, codiert vom offenen Leseraster in *Ac*, wirken auf die eigenen Inverted Repeats, aber auch auf die Inverted Repeats von *Ds*-Elementen und leiten deren Mobilisierung ein.

Das *Ac/Ds*-System ist nur ein Beispiel für transponierbare DNA im Maisgenom. Schon B. McClintock hat andere Arten von transponierbarer DNA in Mais erkannt und beschrieben: *Spm (suppressor mutator), Tz (transposon Zea mays), Cin (corn insertion).* Auch andere Pflanzen wie Sojabohnen oder Löwenmäulchen haben bewegliche genetische Elemente, die jeweils ihre Eigenarten haben und nicht unbedingt mit dem *Ac/Ds*-System von Mais vergleichbar sind.

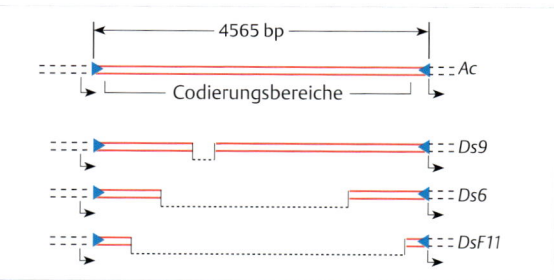

Abb. 10.21 Ac- und Ds-Elemente. *Ac*-Elemente bestehen aus 4565 bp und sind beiderseits eingerahmt von Inverted Repeats aus 11 bp (blaue Dreiecke). An der Integrationsstelle findet sich eine direkte Sequenzwiederholung von 8 bp (kurze geknickte Pfeile). Der innere Codierungsbereich trägt die Information zur Bildung eines Transposasefaktors: *Ac* ist ein autonom transponierbares Element. Dagegen benötigen *Ds*-Elemente die Funktionen von *Ac* zur Transposition, weil der innere Codierungsbereich von *Ds*-Elementen in mehr oder weniger großem Umfang durch Deletion verloren gegangen ist. (nach Döring HP, Starlinger P (1984) Barbara McClintock's controlling elements: now at the DNA level. Cell: 39: 253–259)

Tc1/mariner-Transpositionen

Eine der größten und umfangreichsten Familie von transponierbaren genetischen Elementen wird nach den zuerst gefundenen Vertretern bezeichnet: **Tc1**, ein Element im Genom des Nematoden *Caenorhabditis elegans*, und *mariner* im *Drosophila*-Genom. Manche Forscher sprechen kurz von **TLE** (*Tc1-like elements*) oder **MLE** (*mariner-like elements*) und verweisen darauf, dass diese DNA-Stücke in Genomen von Hefe, Ciliaten, Pflanzen und Tieren, einschließlich des Menschen, vorkommen. Die Stücke sind ca. 1300–2400 bp groß und bestehen aus endständigen Inverted Repeats und einem zentralen offenen Leseraster für eine Transposase. Aber in vielen Fällen ist das Transposase-Gen geschädigt und deswegen nicht aktiv. Elemente dieser Art sind für ihre Transposition auf die Wir-

kung der aktiven Transposase intakter TLEs oder MLEs angewiesen. Die Transposase gehört zur DDE-Familie (Plus 10.3) (S.239) und besteht aus einer DNA-Bindungsdomäne und einer katalytischen Domäne, die für die konzertierte Aktion des Öffnens und Schließens von Phosphodiesterbindungen verantwortlich ist. TLEs und MLEs werden nach dem Schema des Cut-and-paste-Weges (▸ Abb. 10.17) transponiert.

Die Zahl der Elemente pro Genom wechselt von Art zu Art. Zum Beispiel kommen in den Genomen mancher *Drosophila*-Arten nur einige wenige Exemplare vor, während die Genome anderer Fliegen Tausende von MLEs tragen. In den Chromosomen des Menschen kommen einige Tausend MLE-verwandte Sequenzen vor.

Plus 10.3

Transposasen

Viele bakterielle und auch eukaryotische Transposasen besitzen ein aktives Zentrum, in dem sich drei saure Aminosäuren befinden – zwei Asparaginsäurereste (D) und ein Glutaminsäurerest (E) – und das **DDE-Motiv** bilden.

Die Familie der DDE-Transposasen ist eine von mindestens fünf verschiedenen Transposasefamilien.

Eine DDE-Transposase führt zwei chemische Reaktionen durch:

- Hydrolyse von Phosphodiesterbindungen an den beiden Enden eines Transposons mit der Bildung von 3'-OH-Enden;
- Transesterreaktion: nucleophiler Angriff der 3'-OH-Enden auf Phosphodiesterbindungen der Ziel-DNA (die um 2–9 Nucleotide versetzt geschnitten wird; ▸ Abb. 10.13).

Trotz dieses allgemeinen Schemas gibt es individuelle Eigenarten einzelner Mitglieder der DDE-Familie.

Wir sehen das am Beispiel der ▸ Abb. 10.17, die links den Cut-and-paste-Weg der IS 50-Transposase zeigt: Das 3'-OH-Ende des Transposons findet seinen ersten Angriffspunkt in der Phosphatgruppe des Komplementärstrangs, sodass eine Haarnadelverknüpfung entsteht. Die Haarnadel wird dann aufgelöst, und die reaktiven 3'-OH-Enden sind bereit für den nucleophilen Angriff auf eine Zielstelle. Rechts in ▸ Abb. 10.17 wird gezeigt, wie die Tn3-Transposase einfache Schnitte an den Transposonenden setzt. Die freien 3'-OH-Enden werden direkt mit der Ziel-DNA verknüpft, gefolgt von DNA-Synthese und Cointegratbildung.

Die im Text erwähnten Transposasen der *Ac/Ds*-Elemente von Pflanzen, der *P*-Elemente von Insekten und der *Tc1/mariner*-Transposons im Säugetiergenom gehören ebenfalls zur Familie der DDE-Transposasen, wie auch die Integrasen der Retroviren und Retrotransposons.

P-Element Transpositionen im *Drosophila*-Genom

Neben weitverbreiteten transponierbaren genetischen Elementen wie MLE oder TLE gibt es artspezifische Sonderformen. Zu diesen Sonderformen gehören die P-Elemente im Genom von *Drosophila melanogaster*. **P-Elemente** sind auch deshalb interessant, weil sie in der experimentellen Praxis als Werkzeug dienen.

P-Elemente sind bei der Erforschung eines merkwürdigen Phänomens entdeckt worden, das seit Langem als Hybriddysgenese (die Fehlbildung bei Hybriden) bekannt ist. Dies findet man nach der Kreuzung eines Männchens des P-Stammes mit einem Weibchen des M-Stammes. Unter den Nachkommen einer Kreuzung treten zahlreiche Mutationen, Strukturveränderungen von Chromosomen und Sterilität auf.

Die Ursache dafür ist das Vorkommen von 30–50 Kopien eines beweglichen genetischen Elements, des P-Fak-

tors. Das ist ein Stück DNA aus 2907 bp, beiderseits eingerahmt von Inverted Repeats (IR) mit einer Länge von 31 bp. In den Zellen von Tieren des P-Stammes bleiben die P-Faktoren stabil integriert. Wenn aber die DNA eines P-Stamm-Männchens mit den Spermien in die Eizellen eines M-Stamm-Weibchens gelangt, erfolgt die Synthese einer aktiven Transposase und damit die Auslösung von Transpositionen mit den Konsequenzen von Insertionsmutationen, Chromosomenveränderungen usw.

Wie bei den anderen bisher besprochenen Transpositionsvorgängen ist auch hier die Wechselwirkung der Transposase mit den IR-Sequenzen die erste und wichtigste Voraussetzung für die Transposition. Dementsprechend kann die Transposase des intakten P-Elements jede Art von DNA-Abschnitten in *trans* mobilisieren, wenn sie nur von korrekten IR eingerahmt sind. Genetiker haben diese Tatsache für die Entwicklung eines wirkungsvollen experimentellen Systems ausgenutzt (Methode 10.2) (S.240).

Methode 10.2

P-Element und Gentransfer

Plasmid-DNA wird in den Bereich der Polzellen, der Vorläufer der späteren Keimzellen, injiziert ▶ Abb. 10.22). Im Prä-Blastodermstadium des *Drosophila*-Embryos haben sich noch keine Zellwände gebildet. Die Zellkerne sind in einer zusammenhängenden Schicht angeordnet, nur die zukünftigen Keimzellen liegen abgeschnürt am Hinterpol des Embryos.

Ein Plasmid-DNA-Molekül trägt die **Transposasefunktion** eines P-Elements und ein zweites Plasmidmolekül die **Inverted Repeats**. Die Transposase greift die Inverted Repeats an und vermittelt die Transposition der zwischen den Repeats liegenden DNA in eine beliebige (zufällige) Stelle des *Drosophila*-Genoms. Auf diese Weise kann so gut wie jede DNA in das Genom von *Drosophila*-Zellen eingebaut und so gut wie jedes *Drosophila*-Gen durch den Einbau eines P-Elements zerstört werden.

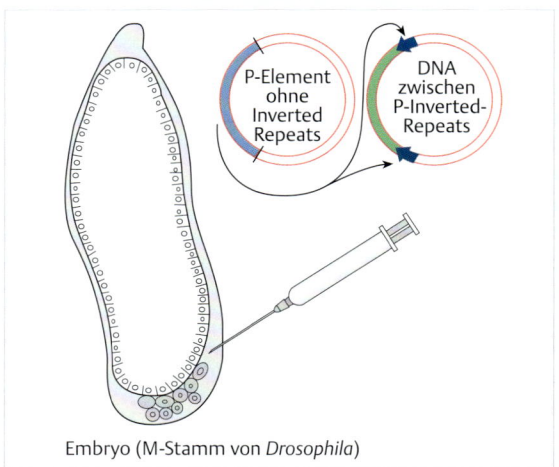

Embryo (M-Stamm von *Drosophila*)

Abb. 10.22 P-Elemente und Gentransfer. Erläuterungen s. Text.

Dabei werden zwei Plasmidmoleküle in *Drosophila*-Keimzellen (vom M-Typ) injiziert. Das erste Plasmid trägt das innere offene Leseraster, aber keine IR an den Enden, das zweite enthält zwischen korrekten IRs eine quasi beliebige DNA-Sequenz. Nach Injektion in die Keimzellregion am Pol des frühen *Drosophila*-Embryos mobilisiert die Transposase des ersten Plasmids die von IR eingerahmte DNA im zweiten Plasmid, wodurch diese in die genomische DNA der Empfängerzellen eingebaut wird. Alle Nachkommen der behandelten Eizelle tragen in ihrem Genom über den P-Faktor transportierte DNA. Man erhält **transgene Fliegen**.

Mithilfe dieser Methode hat man viele wichtige Informationen über die gewebs- und entwicklungsspezifische Expression von Genen erhalten. Man hat z. B. überprüfen können, ob bestimmte Promotorsequenzen für die korrekte Genaktivierung notwendig sind.

Merke

Durch die Verwendung von Transposons wurden in den letzten Jahren neue Technologien zur kontrollierten Manipulation eukaryotischer Genome entwickelt, insbesondere auch für humane pluripotente Stammzellen.

Ortsspezifische Transpositionen in Immunzellen

Wir haben gesehen, dass die Integration eines DNA-Transposons an vielen Stellen erfolgen kann – weitgehend unabhängig von der Basenpaarsequenz der Zielstelle. Dieses Merkmal führte zu unserer Klassifizierung dieser Art

der Rekombination als illegitim oder zufällig. Es existiert jedoch eine wichtige Ausnahme: die **V(D)J-Rekombination in Immunzellen**.

Die B-Zellen des Immunsystems können eine quasi unendliche Zahl von Antikörpern herstellen. Jeder Antikörper besteht aus je zwei Kopien einer schweren und einer leichten Kette und jede Kette hat einen **variablen Anteil**, der die Spezifität und Individualität des Antikörpers ausmacht. Mit anderen Worten, der variable Teil bestimmt, mit welcher körperfremden Struktur (Bakterien, Viren usw.) der Antikörper reagieren kann. Der **konstante Anteil** bestimmt die Art des Antikörpers (▶ Abb. 10.23a).

Auf dem Chromosom Nr. 14 des Humangenoms befinden sich an die hundert V_H-Gene für den variablen Teil der schweren Kette sowie 30 D(*diversity*)- und neun J(*joining*)-Sequenzen, räumlich getrennt von den Genen für den konstanten Teil (elf verschiedene Gene). Ebenso liegen auf dem Chromosom Nr. 22 fast 80 V_κ-Gene für die leichte Kette sowie fünf für J-Sequenzen und ein Gen für den konstanten Teil. Bei der Reifung einer B-Zelle wird ein Gen aus dem Arsenal der V_H-Gene mit einer D- und einer J-Sequenz verknüpft; gleichwie eines der V_κ-Gene mit einer J-Sequenz verknüpft wird (▶ Abb. 10.23a). Diese V(D)J-Rekombination ist eine der Grundlagen für die Vielfalt der Antikörper und hängt ab von den RSS-Elementen (RSS, *recombination site sequences*) an den Grenzen der genetischen Elemente, formal vergleichbar mit den umgekehrten Sequenzwiederholungen an den Enden von Transposons (▶ Abb. 10.23b).

Die Rekombination benötigt zwei Proteine, RAG1 und RAG2 (*recombination-activating gene*), die fast ausschließlich in Lymphocyten aktiv sind. Das **Protein RAG1** besitzt das DDE-Transposasemotiv (Plus 10.3) (S.239). Tatsächlich wirken beide RAG-Proteine wie eine Trans-

10

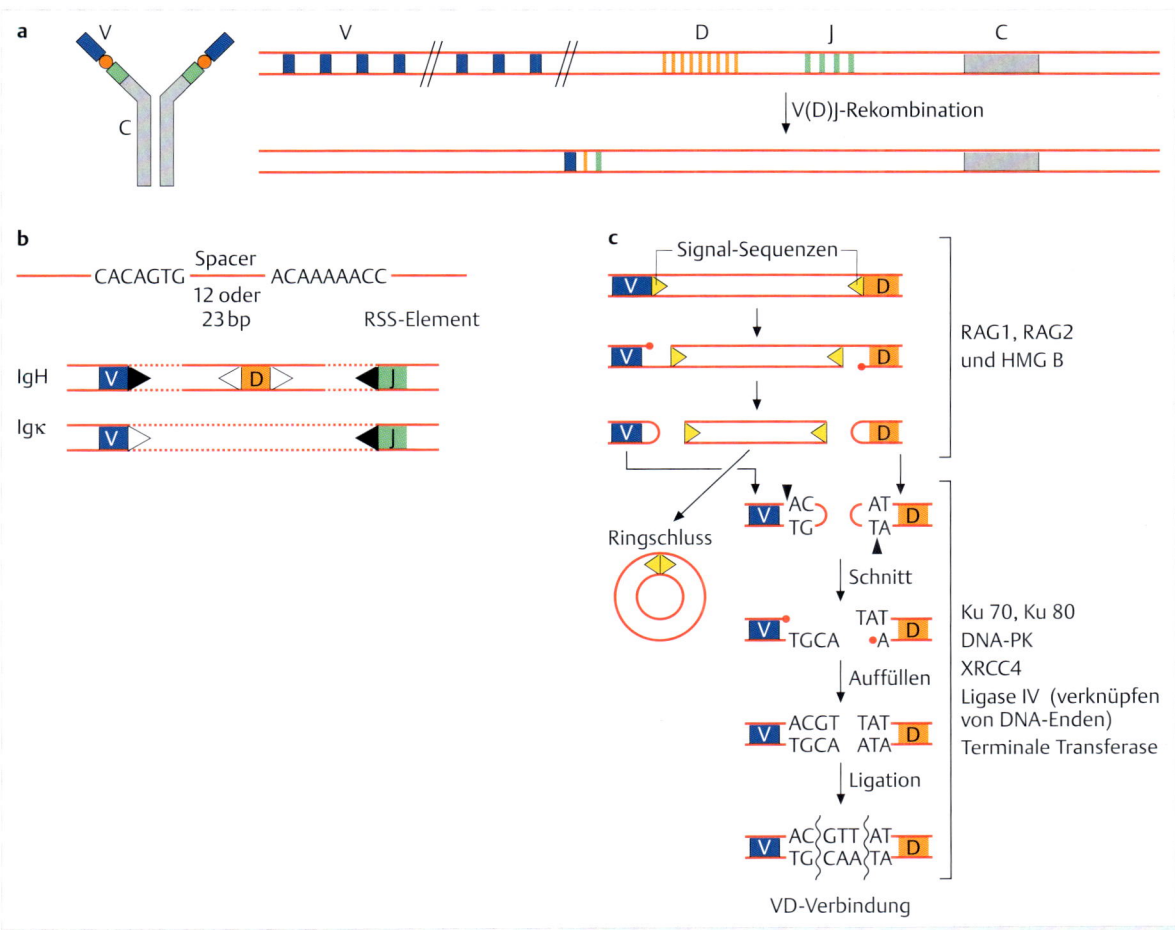

Abb. 10.23 V(D)J-Rekombination – eine ortsspezifische Transposition. (nach Gellert M (2002) V(D)J recombination: RAG proteins, repair factors, and regulation. Annu Rev Biochem 71: 101–132)

a Bei der Reifung von B-Zellen wird zuerst eines von mehreren D- mit einem von mehreren J-Elementen verknüpft, daran wird dann eines der V-Gene aus dem Arsenal der V-Gene gekoppelt.

b Struktur von RSS-Elementen. Oben: Das Rekombinationssignal (RSS) besteht aus einer spezifischen Folge von 7 bp und einer spezifischen Folge von 9 bp, getrennt durch einen Spacer, der entweder aus 12 oder aus 23 beliebigen Basenpaaren zusammengesetzt ist. Beachte, dass 12 bp ungefähr eine und 23 bp ungefähr zwei vollständige Drehungen der DNA-Doppelhelix ausmachen. Unten: Ein RSS mit einem 12-bp-Spacer ist als offenes Dreieck gezeichnet und ein RSS mit einem 23-bp-Spacer als schwarzes Dreieck. Beachte, dass RSS mit einem 12-bp-Spacer immer nur mit einem 23-bp-Spacer rekombiniert werden.

c Die RAG-Proteine wirken wie eine Transposase und erzeugen 3′-OH-Enden (rote Punkte), die ihrerseits eine Phosphodiesterbindung angreifen, und zwar auf der gegenüberliegenden Seite im DNA-Doppelstrang. Das Ergebnis ist eine Haarnadelschleife am Ende der Codierungsregionen in den V-, D- oder J-Sequenzen. Das Öffnen und die Verknüpfung der Haarnadelenden benötigen mehrere Proteine: Ku70 und Ku80, DNA-Proteinkinase, XRCC 4 mit Ligase IV, besondere DNA-Polymerasen u. a., darunter ein lymphocytenspezifisches Enzym mit der Bezeichnung Terminale Transferase, das Deoxynucleotide an die DNA-Enden knüpft und dafür, anders als DNA-Polymerasen, keinen Matrizenstrang braucht.

posase: Gemeinsam binden sie mit hoher Spezifität an die RSS-Elemente und schneiden so, dass freie 3′-OH-Enden in den Codierungsbereichen von V-, D- bzw. J-Gen entstehen. Diese reaktiven Enden greifen den DNA-Komplementärstrang an, sodass die Codierungsabschnitte endständig eine Haarnadelschleife erhalten (▶ Abb. 10.23c).

Die RSS-Enden rahmen den DNA-Abschnitt zwischen den Codierungssequenzen ein – formal einem ausgeschnittenen Transposon vergleichbar. Er schließt sich im Verlauf der Rekombination meist zu einem Ring; womöglich wird der Abschnitt irgendwo im Genom eingebaut oder geht bei den folgenden Zellteilungen verloren.

Wir haben die Rekombinationsstellen für die RAG-Proteine vorgestellt, die RSS-Elemente. Diese Elemente kommen nicht nur in den Immunglobulingenen auf den menschlichen Chromosomen Nr. 14 und 22 vor, sondern auch an einigen anderen (zufälligen) Stellen im Genom.

Dazu kommt, dass der RAG-Proteinkomplex nicht nur an exakten RSS-Elementen bindet, sondern auch an Stellen, die den RSS-Elementen ähnlich sind. Solche kryptischen RSS-Elemente kommen an vielen Stellen im Genom vor. Diese Voraussetzungen können zu Veränderungen der Chromosomenstruktur führen (Plus 10.4) (S. 242).

Plus 10.4

Veränderung der Chromosomenstruktur durch RAG-Proteine

In vielen Tumorzellen erfolgen charakteristische Veränderungen in der Chromosomenstruktur. Dies trifft vor allem auf Leukämien und Lymphome zu. Obwohl diese Strukturveränderungen nicht ausreichen, um eine normale Zelle in eine Krebszelle zu verwandeln, sind sie ein erster und wichtiger Schritt beim Vorgang der Zelltransformation.

Chromosomale Strukturveränderungen sind in der Regel eine Folge von mindestens zwei DNA-Doppelstrangbrüchen. Diese können durch äußere Einwirkungen wie ionisierende Strahlen oder medikamentöse Hemmung von Topoisomerasen im Zuge einer Chemotherapie ausgelöst werden. In Zellen des Immunsystems kann einer der beiden Strangbrüche dagegen auch ein Ergebnis des normalen physiologischen Vorgangs der V(D)J-Rekombination sein. Wie kann es dazu kommen?

Ein einfaches Schema beschreibt, wie es unter Beihilfe der RAG-Proteine zu ungewollten und womöglich gefährlichen Chromosomenveränderungen kommen kann (▶ Abb. 10.24): Zwei Doppelstrangbrüche (zufällig und RAG-induziert) führen zu vier DNA-Enden, die anschließend über einen besonderen Weg der DNA-Verknüpfung zufällig miteinander neu verknüpft werden.

Neben der offensichtlichen Konsequenz einer Chromosomentranslokation kann es an der neu verknüpften Stelle zur Synthese von Fusionstranskripten kommen, die wiederum Proteine mit neuartigen Funktionen erzeugen. Diese Faktoren können z. B. den Zellzyklus oder Proteinabbau beeinflussen. Zellen, die derartige genetische Veränderungen enthalten, sind anschließend wesentlich anfälliger für eine Transformation in Krebszellen. Weil im Verlauf einer Chemotherapie oft Strangbrüche auftreten, wird verständlich, dass nach einer zunächst erfolgreichen Behandlung ein erhöhtes Risiko für eine zweite Krebserkrankung besteht.

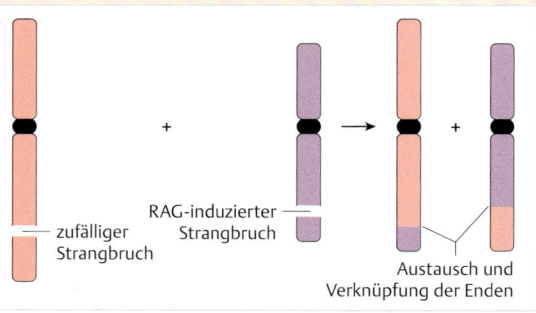

Abb. 10.24 Pathologie fehlgeleiteter V(D)J-Rekombination. Erläuterungen s. Text. (nach Tsai und Lieber (2010) BMC Genomics, 11(suppl 1): S1 doi:10.1186/1471-2164-11-S1-S1)

Bis hierher gehört die Reifung der Immunglobulingene in das Kapitel „Transposition", aber der nächste Schritt nicht mehr, denn dabei geht es um die Verknüpfung der endständigen Haarnadelschleifen, damit ein ordentliches Immunglobulingen aus den V-, D- und J-Abschnitten entsteht. Dieser Schritt gleicht in vielem einer **nicht homologen End-zu-End-Verknüpfung**, die wir später in anderem Zusammenhang kennenlernen werden. Die Einzelschritte sind in der ▶ Abb. 10.23c erklärt, aber hier soll darauf hingewiesen werden, dass auch dieser Typ einer Verknüpfung zur Antikörpervielfalt beiträgt: Die Haarnadeln können an verschiedenen Stellen geschnitten werden. Damit ergeben sich Lücken in der Sequenz, die das notorisch ungenaue Enzym **Terminale Transferase** auffüllt. So entstehen Abweichungen von B-Zelle zu B-Zelle, die an dieser Stelle der Genomsequenz verschiedene Codons aufweisen. Die Entdeckung der *RAG*-Gene durch David Schatz und Kollegen um das Jahr 1990 ist, das sei hier abschließend bemerkt, eine spannende und lehrreiche Episode in der Geschichte der molekularen Genetik.

Merke

Wie in prokaryotischen Zellen entstehen **illegitime Rekombinationen** in eukaryotischen Zellen häufig durch **bewegliche DNA-Elemente**, die sich, je nach Ursprung, in ihrer Struktur und Komplexität unterscheiden. Transpositionen werden auch hier von **Transposasen** ausgeführt, die häufig, aber nicht immer, in *cis* auf den springenden Transposons codiert sind. Eukaryotische DNA-Elemente werden meist nach dem Schema des **Cut-and-paste-Weges** transponiert. Ein Sonderfall existiert in Form der **V(D)J-Rekombination**. Hierbei kommt es, eingeleitet durch zwei zelluläre Proteine, zu ortsspezifischen Transpositionen im Genom von Immunzellen, die wesentlich zur Antikörpervielfalt beitragen.

10

10.4.3 Retrotranspositionen

Bewegliche genetische Elemente von der Art, die wir in den vorangegangenen Abschnitten kennengelernt haben, nehmen insgesamt einen beträchtlichen Raum in eukaryotischen Genomen ein. Zum Beispiel zeigen die Daten der DNA-Sequenz, die im Rahmen des Humangenomprojekts gewonnen wurden, dass immerhin 2–3 % der gesamten menschlichen DNA aus Stücken vom Typ MLE/TLE und ähnlichen Elementen bestehen. Einen größeren Platz im Genom nehmen jedoch transponierbare genetische Elemente ein, die über einen ganz anderen Mechanismus verbreitet werden. Dazu gehören die hoch repetitiven LINEs und SINEs (*long/short interspersed repetitive elements*), von denen bereits im Kap. 2 berichtet wurde. Deren Transposition erfordert Transkription mit der Synthese von RNA, die ihrerseits als Matrize für die Synthese von DNA verwendet wird; und es sind diese DNA-Produkte, die an neuen Stellen in das Genom integriert werden können.

Was wir hier in knappen Worten notiert haben, schließt einen wichtigen Schritt ein, bei dem genetische Information sozusagen rückwärts fließt. Anders als bei der Transkription von Genen, wo die Sequenz der DNA in die Sequenz der RNA umgeschrieben wird, wird hier die RNA-Sequenz als Matrize für die Synthese einer DNA-Sequenz verwendet. Deswegen spricht man von **Retrotransposition** (*retro-*, rückwärts) und bezeichnet die transponierbaren Elemente als **Retrotransposons** oder **Retroposons**.

Retrotransposons kommen in den Genomen aller Eukaryoten vor, von Hefen bis zu Pflanzen und Tieren. Forschungen auf diesem Gebiet wurden entscheidend geprägt durch Untersuchungen, die mit den experimentell und medizinisch wichtigen Retroviren gemacht wurden. Aus diesem Grund machen wir einen – lohnenden – Umweg und betrachten erst einmal den Infektionsweg von Retroviren, bis wir zu den Retrotransposons in Eukaryotengenomen zurückkehren.

Retroviren: ein Überblick

Die Erforschung der Retroviren begann schon um 1910 mit den Arbeiten von Peyton Rous, Vilhelm Ellermann und Olaf Bang. Diese Forscher stellten zellfreie Extrakte aus Tumorzellen von Hühnern her und konnten dann zeigen, dass eine Injektion dieser Extrakte bei gesunden Tieren eine Entstehung von Tumoren verursacht. Die Extrakte enthielten Viren.

Das Studium dieser Viren blieb lange Zeit eine Sache von Spezialisten, aber seit etwa 1975 zeigte sich, dass ihre Erforschung tiefe Einblicke in die Genetik von Eukaryoten ermöglicht und entscheidend zum Verständnis der Krebsentstehung beim Menschen beiträgt.

Retroviren sind im Tierreich weit verbreitet. Bei manchen Tierarten, etwa bei Mäusen und Hühnern, hat man mehrere verschiedene Arten von Retroviren gefunden. Retroviren kommen auch bei Primaten, einschließlich des Menschen vor. **HIV** (*human immune deficiency virus*) ist ein Retrovirus, das für die Entstehung von AIDS (*acquired immune deficiency syndrome*) verantwortlich ist. Andere menschliche Retroviren sind **HTLV I und II** (*human T cell leukemia virus*), die sehr seltene Formen von Leukämie verursachen. Aber wir werden hier nicht auf die Besonderheiten der molekularen Genetik von HIV und HTLV eingehen, weil das zu weit vom Thema führen würde.

Retroviren können „horizontal" durch Infektion weitergegeben werden, aber auch – als Spezialität dieses Virustyps – „vertikal", durch Vererbung über die Keimbahn. Die Gründe dafür werden wir gleich besprechen.

Noch einige Worte zur Nomenklatur: Die Bezeichnung eines Virus leitet sich meist aus der Art des Tumors und des Wirtsorganismus ab. Oft wird zur besseren Unterscheidung noch der Name des Entdeckers hinzugefügt. Als Beispiel beschreiben wir in Plus 10.5 (S. 244) die genetische Struktur eines Maus-Leukämie-Virus, MLV. Da es mehrere Arten von MLV gibt, hat unser Beispielvirus die genauere Bezeichnung Moloney-MLV nach John B. Moloney, der dieses Virus im Jahr 1960 erstmals beschrieben hat.

Retroviren: Struktur und Vermehrung

Alle Retroviruspartikel enthalten als Genträger zwei identische RNA-Moleküle, die wie typische eukaryotische mRNAs am 5′-Ende eine Cap-Struktur aus 7-Methylguanosin und am 3′-Ende einen Poly(A)-Schwanz tragen. Die beiden RNA-Moleküle bestehen je aus etwa 8 000 Nucleotiden und enthalten drei Genbereiche, nämlich *gag*, *pol* und *env*. Wie in Plus 10.5 (S. 244) genauer erklärt, steht *gag* für „gruppenspezifisches Antigen" und bezeichnet eine Gruppe von inneren Strukturproteinen. Die Bezeichnung *pol* ist die Abkürzung für ein wichtiges Produkt dieses Genbereichs, die RNA-abhängige DNA-Polymerase. Der dritte Genbereich wird *env* genannt, weil seine Produkte wichtige Bestandteile der Virushülle (*envelope*) sind.

10

Plus 10.5

Molekulare Genetik eines Retrovirus

Die RNA eines Retrovirus kann in der infizierten Zelle drei Funktionen erfüllen. Sie kann als Matrize für die Synthese einer DNA-Kopie dienen, die Rolle einer mRNA übernehmen oder in Nachkommenviruspartikel verpackt werden.

Wir betrachten zuerst die genetische Organisation der RNA. Folgende Strukturen sind von Bedeutung (▶ Abb. 11.8):

- Sequenzwiederholungen (*repeats*, R): Folgen von etwa 70 Nucleotiden, die sowohl am 5'-Ende als auch am 3'-Ende vorkommen
- einzigartige Sequenzen (*unique sequences*, U5): etwa 100 Nucleotide am 5'-Ende
- offene Leseraster für die viruscodierten Proteine, gefolgt von der U3-Region mit 500–800 Nucleotiden und einer endständigen Wiederholung

Eine virale mRNA mit dem Transkript der *gag*-Gene wird als Polyprotein translatiert, das dann durch eine Protease in vier Bestandteile zerlegt wird, die man nach ihren Molekulargewichten als p15, p12, p30 und p10 bezeichnet. Diese Proteine sind Bausteine der inneren Virusstruktur.

Auch das Produkt des *pol*-Gens ist komplex. Es wird zuerst als Gag-Pol-Polyprotein hergestellt und später zerlegt, nämlich in eine Protease (Pro), eine Reverse Transkriptase (die auf einer Peptidkette auch ein RNA-abbauendes Enzym, RNase H, trägt) und eine Integrase (Int) für den Einbau der Virus-DNA in das Zellgenom.

Die *env*-Gensequenz codiert zwei Proteine, die als Spaltprodukte aus einem Polyprotein hervorgehen, aber über eine Disulfidbrücke verknüpft bleiben. Das fertige Viruspartikel entsteht, wenn sich der Viruskern von innen an die Cytoplasmamembran legt (▶ Abb. 10.26). Dann stülpt sich der entsprechende Abschnitt der Membran aus und umgibt den Viruskern als Lipidhülle, in die die Env-Proteine eingebaut sind.

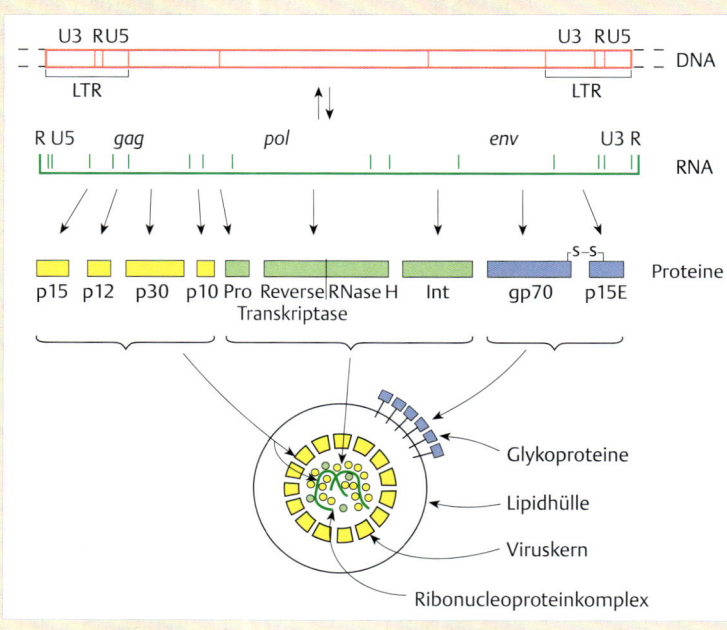

Abb. 10.25 Molekulare Genetik eines Retrovirus. Erläuterungen s. Text. LTR = lange terminale Sequenzwiederholung (*long terminal repeat*).

Nach Eindringen in die Wirtszelle benutzt die RNA-abhängige DNA-Polymerase die Virus-RNA als Matrize und stellt eine DNA-Kopie her. Diese Reaktion ist eine Umkehr des gewöhnlichen Transkriptionsprozesses. Deswegen wird die virale Polymerase meist als **Reverse Transkriptase** bezeichnet (▶ Abb. 10.26).

Ein Viruspartikel enthält außer den beiden RNA-Virusgenomen mehrere Moleküle der Reversen Transkriptase. Ein weiterer Bestandteil im Virusinnern ist tRNA, deren 3'-OH-Enden als Primer für die ersten Reaktionen der Reversen Transkriptase dienen.

In einer komplizierten Folge von Syntheseschritten wird die RNA dann in doppelsträngige DNA überführt,

die in das Genom der Wirtszelle integriert wird. Bei der Synthese der DNA-Kopie kommt es zur Ausbildung von langen terminalen Strukturen (LTRs, *long terminal repeats*), die jeweils die Sequenzelemente U3, R und U5 umfassen (Plus 10.5) (S. 244).

Retroviren: Integration

Die doppelsträngige, virale DNA-Kopie wird nach ihrer Synthese in das Genom der Wirtszelle eingefügt (integriert). Im Wesentlichen ist dieser Vorgang vergleichbar mit der allgemeinen Transposition linearer DNA und wird von der viralen Integrase katalysiert (beachte: Die Be-

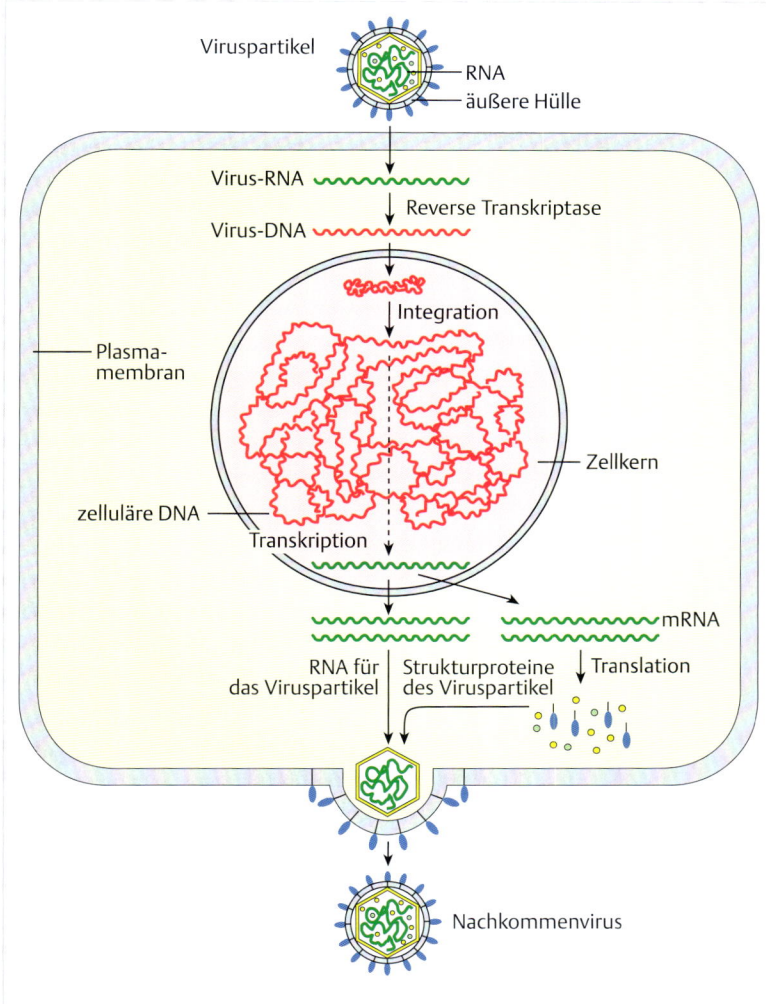

Abb. 10.26 Der Infektionsweg von Retroviren. Von oben nach unten: Die RNA des infizierenden Virus wird von der mitgebrachten Reversen Transkriptase im Cytoplasma der Wirtszelle in DNA umgeschrieben. Die DNA gelangt in den Zellkern und wird dort mithilfe der viruseigenen Integrase in das Genom der Wirtszelle eingebaut. Die integrierte Virus-DNA verhält sich wie ein zelluläres Gen. Sie wird von Zellgeneration zu Zellgeneration weitergegeben und von der zelleigenen RNA-Polymerase transkribiert. Die Transkripte können als mRNA zur Herstellung von Virusproteinen dienen oder als Genom für Nachkommenviren. In diesem Fall werden die RNA-Moleküle in eine Hülle aus Strukturproteinen verpackt. Die Partikel lagern sich an die Innenseite der Cytoplasmamembran, werden von der Cytoplasmamembran umschlossen und verlassen durch Knospung als reife Viren die Zelle. In die umschließende Membran sind virale Env-Proteine eingebaut.

10

zeichnung des retroviralen Enzyms als Integrase ist verwirrend, da es zur Transposasefamilie und nicht, wie die Integrase des Bakteriophagen Lambda, zur Familie der ortsspezifischen Rekombinasen gehört).

 Neben der Integrase spielen die DNA-Enden eine besondere Rolle bei der Integration. Allgemein folgt sie den Schritten in der ▶ Abb. 10.27:
- Integrase-Monomere bringen die beiden LTR-Sequenzen in einem Protein-DNA-Komplex in räumliche Nähe zueinander und schneiden an deren Enden. Es entstehen LTRs mit einem Überhang von zwei Basen am 5'-Ende (▶ Abb. 10.27 ①).
- Zielstellen im Wirtsgenom werden zufällig ausgewählt und die Integrase führt dort versetzte Schnitte ein (▶ Abb. 10.27 ②).
- Die entstandenen 5'-Enden der Zielstelle werden mit den 3'-Enden der viralen DNA kovalent verknüpft (▶ Abb. 10.27 ③). Die so entstandenen Einzelstrangbereiche in der Zielstelle werden durch DNA-Synthese aufgefüllt. Gleichzeitig werden die beiden nicht kom-

plementären Basen an den überstehenden 5'-Enden der viralen LTR entfernt (▶ Abb. 10.27 ④).

Die Integration retroviraler Genome hat folgende Konsequenzen:
- Sie erfolgt an vielen Stellen des Wirtsgenoms und kann gelegentlich Insertionsmutationen verursachen.
- Sie führt zu Wiederholungen kurzer Nucleotidfolgen an den Zielstellen. Diese umfassen vier, fünf oder sechs Nucleotide, je nach Art des Retroviruselements.
- Die integrierte Virus-DNA wird ein Bestandteil des Zellgenoms und deswegen von Zelle zu Zelle, aber auch von Generation zu Generation vererbt, als Grundlage für die vertikale Weitergabe der Retrovirusinfektion. Die Genome vieler Tierarten enthalten sogenannte endogene Proviren als quasi normale Gene.
- Die integrierte Virus-DNA wird wie ein zelleigenes Gen von der RNA-Polymerase II der Wirtszelle transkribiert, wobei Abschnitte des linken LTR als Promotor dienen. Die Transkriptionsprodukte können als mRNA für die

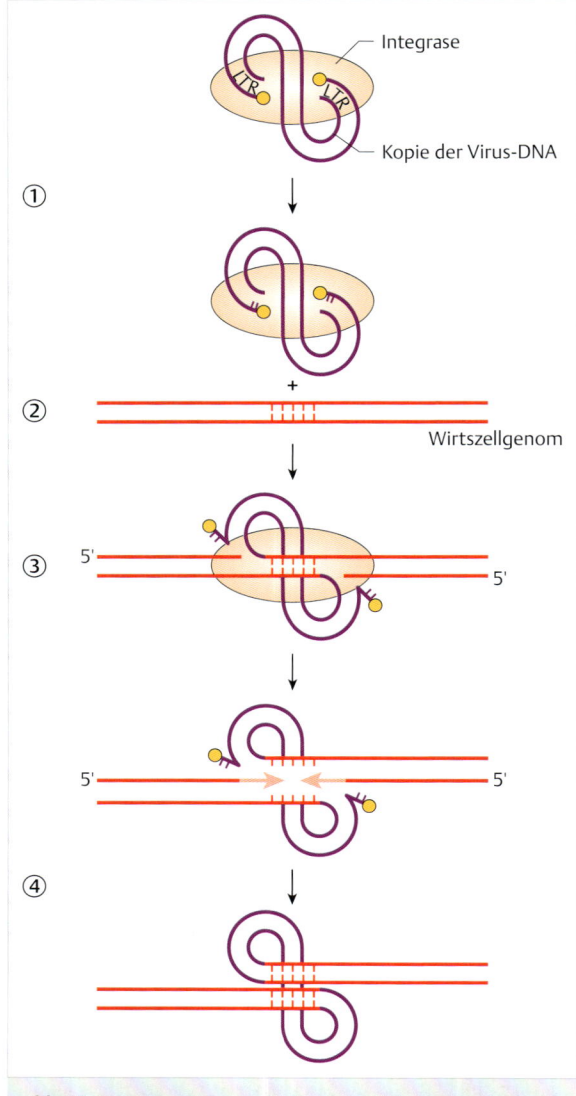

① ② ③ 5' 5' ④ 5' 5'

Integrase
Kopie der Virus-DNA
Wirtszellgenom

Abb. 10.27 Integration von Retroviren. Erläuterungen s. Text. (nach Bushman et al. (2005) Nature Reviews Microbiology, vol 3: 848–858)

Expression der Gene *gag, pol* und *env* dienen oder sie können als virale RNA in Virushüllen verpackt werden. In diesem Fall werden sie als Bestandteil von Viruspartikeln aus der Zelle geschleust und können einen neuen Infektionsprozess beginnen (▸ Abb. 10.26).

In einer erfolgreich infizierten Zelle befinden sich am Ende bis zu zehn provirale DNA-Kopien zufällig im Genom verteilt. Da, wie wir gesehen haben, die Integration ein wesentlicher Schritt im Vermehrungszyklus eines Retrovirus im infizierten Organismus ist, wurden in den letzten Jahren Hemmstoffe gegen die Integrase entwickelt und auch klinisch erfolgreich in der antiviralen HIV-Kombinationstherapie eingesetzt.

Wir kehren nun im letzten Abschnitt dieses Kapitels zu den eingangs erwähnten Retrotransposons zurück.

Retrotransposons

Große Teile der Genome vielzelliger Eukaryoten bestehen aus Sequenzen, die Retrotransposons entsprechen – immerhin 12 % im *Drosophila*-Genom, aber erstaunliche 40–45 % in den Genomen von Säugetieren und gar 90 % bei manchen Pflanzen. Retrotransposons werden gemäß ihrem Transpositionsmechanismus folgendermaßen eingeteilt:

▸ **LTR-Retrotransposons.** Zu den Retrotransposons mit LTR (▸ Abb. 10.28b) gehören die DNA von endogenen Retroviren wie HERV (*human endogenous retroviruses*) im Humangenom oder IAP (*intracisternal A particles*) im Mausgenom. Endogene Retroviren sind gewöhnlich nicht infektiös, denn ihnen fehlt oft das *env*-Gen oder sie sind sonstwie verstümmelt.

▸ **Autonome Non-LTR-Retrotransposons.** Die wichtigsten Vertreter der Retrotransposons ohne LTR, aber mit der Fähigkeit zur autonomen Transposition sind LINEs (*long interspersed repetitive elements*). Das entsprechende Element im Humangenom heißt L1 (▸ Abb. 10.28c) und enthält zwei offene Leseraster (ORF1 und ORF2), gefolgt von einer 3′-Nicht-Codierungssequenz und einer Folge von Adeninbausteinen, dem Poly(A)-Ende. ORF1 codiert ein 40-kDa-großes RNA-bindendes Protein und ORF2 ein 150-kDa-Protein mit Domänen für eine Endonuclease und eine Reverse Transkriptase. Das L1-Genom kann von der RNA-Polymerase II transkribiert werden. Die Transposition der RNA folgt dann einem eigentümlichen Schema: Ein Schnitt in der Zielstelle der DNA erzeugt den Primer für die Reverse Transkriptase, die die eigene RNA als Matrize benutzt (*target primed reverse transcription*) (▸ Abb. 10.29).

Das Humangenom enthält etwa 520 000 L1-Sequenzen, aber nur einige Tausend davon haben die volle Länge des Prototyps wie in der ▸ Abb. 10.28c. Die weitaus meisten sind verstümmelt, weil ihnen mehr oder weniger lange Teile der 5′-Abschnitte fehlen, während die 3′-Abschnitte, einschließlich der 3′-Nicht-Codierungsregion und der Poly(A)-Sequenz, erhalten sind. Offensichtlich blieb bei den meisten L1-Elementen die reverse Transkription unvollständig.

▸ **Nicht autonome Non-LTR-Retrotransposons.** Die Retrotransposons ohne LTR und ohne Fähigkeit zur autonomen Transposition (▸ Abb. 10.28d) sind etwa 300 bp lang. Die häufigste Version im Humangenom sind Alu-Elemente mit mehr als einer Million Kopien. Alu-Elemente können von der RNA-Polymerase III transkribiert werden. Die gebildete RNA wird mithilfe der L1-Proteine transponiert (vgl. ▸ Abb. 10.29).

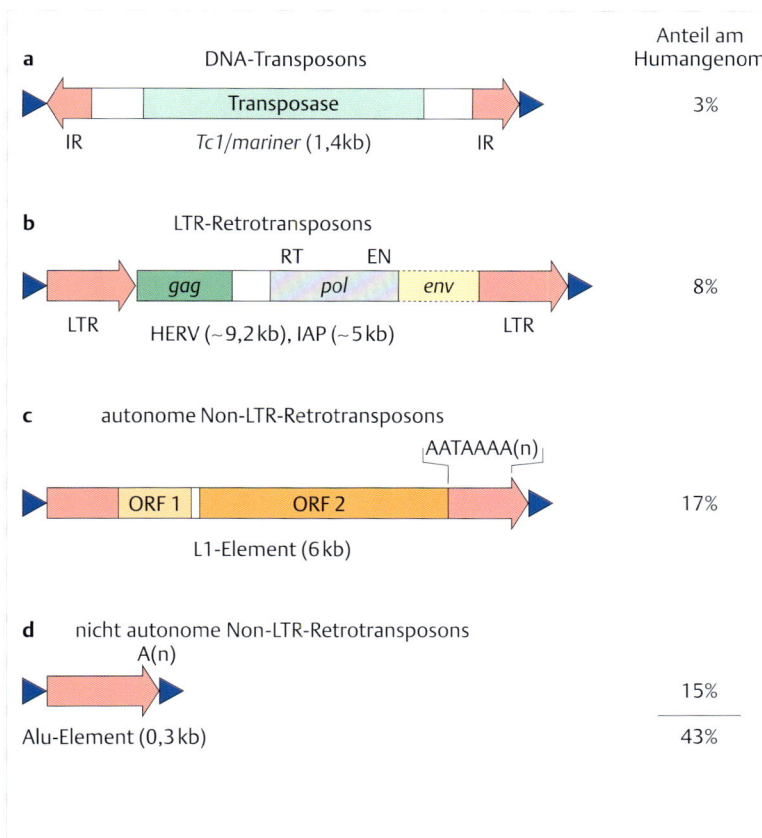

	Anteil am Humangenom
a DNA-Transposons — IR · Transposase · Tc1/mariner (1,4 kb) · IR	3%
b LTR-Retrotransposons — LTR · gag · RT · pol · EN · env · LTR · HERV (~9,2 kb), IAP (~5 kb)	8%
c autonome Non-LTR-Retrotransposons — ORF 1 · ORF 2 · AATAAAA(n) · L1-Element (6 kb)	17%
d nicht autonome Non-LTR-Retrotransposons — A(n) · Alu-Element (0,3 kb)	15%
	43%

Abb. 10.28 Transposons im Humangenom. Alle Transposons sind eingerahmt von Sequenzwiederholungen an den Integrationsstellen (blaue Dreiecke). (nach Kazazian HH, Moran JV (1998) The impact of L1 retrotransposition on the human genome. Nat Genet 19: 19; Kazazian HH (2004) Mobile elements: drivers of genome evolution. Science 303: 1626–1632)

a **Tc1/mariner** (DNA-Transposon). IR = Inverted Repeats

b **LTR-Retrotransposon.** Schema vollständiger Exemplare von HERV (*human endogenous retrovirus*) oder IAP (*intracisternal A particle*). Bezeichnungen der Gene wie in Plus 10.3 (S. 239). Besonders hervorgehoben sind die Anteile der Reversen Transkriptase (RT) und der Endonuclease (EN) im *pol*-Genbereich. Beachte, dass die meisten HERVs und IAPs nicht vollständig sind.

c **L1-Element.** Auch dies ist das Schema eines vollständigen Exemplars. Die weitaus meisten L1-Elemente bestehen nur aus mehr oder weniger langen Abschnitten des 3′-Abschnitts (rechts). Die Funktionen von ORF1 und ORF2 sind im Text erklärt (▶ Abb. 10.29). Beachte, dass L1, wie die Alu-Elemente, mit Poly (A)-Folgen enden.

d **Alu-Element.** Das Alu-Element ist nicht autonom, weil es zur Transposition auf die Funktionen von L1 angewiesen ist.

Aber nicht nur Transkripte von LINE- und SINE-Elementen werden über den Weg einer reversen Transkription transponiert, sondern gelegentlich auch mRNA. Dabei entstehen dann sogenannte Pseudogene (genauer: prozessierte Pseudogene), im Humangenom mehrere Tausend Stück (s. ▶ Tab. 12.1).

Wie man erwarten würde, sind Transpositionen selten. Schätzungen ergeben in jeder Generation ungefähr eine Transposition pro Genom und meist bleibt dies unbemerkt, aber gelegentlich findet man die Kopie eines L1- oder eines Alu-Elements im offenen Leseraster eines Gens als Ursache für schwere Krankheiten. Beispiele hierfür sind die Bluterkrankheit nach Integration von L1 in das Faktor-VIII-Gen, Muskeldystrophie durch L1 im Dystrophingen, Immundefizienz durch ein Alu-Element im Gen für den Interleukin-2-Rezeptor.

Abschließend sei bemerkt: nach neuen Erkenntnissen sind insbesondere L1-Elemente während bestimmter Phasen der Zell-Differenzierung in der Embryonalentwicklung wesentlich aktiver als bisher angenommen. Dies scheint zu speziesspezifischen Unterschieden in der Genomvariabilität zu führen; ein wichtiger mechanistischer Aspekt des Evolutionsprozesses.

Merke

Bei jeder Art von Rekombination werden DNA-Stränge geschnitten, oder, anders gesagt, die Integrität eines DNA-Moleküls bzw. des Genoms wird durch Rekombinationsvorgänge kurzzeitig aufgehoben. Von einer Zelle gewollte (programmierte) Rekombinationen werden daher durch hoch spezialisierte Enzymkomplexe ausgeführt, die einen vollständigen und korrekten Ablauf dieser Reaktionen garantieren. Dies trifft auf illegitime Rekombinationen nicht zu.

10

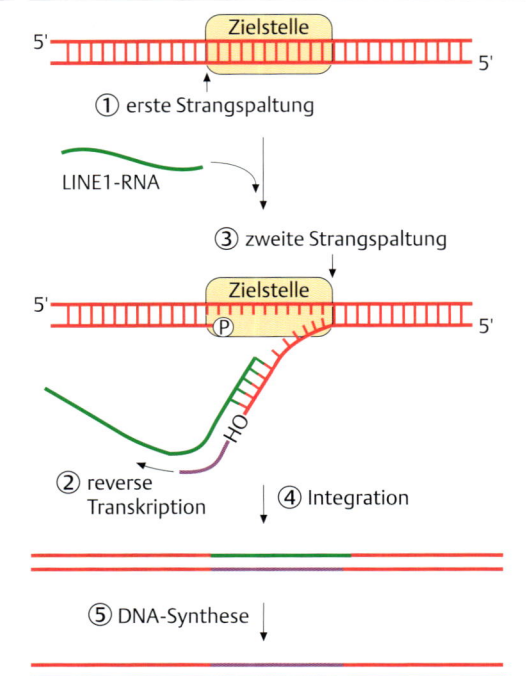

① erste Strangspaltung

LINE1-RNA

③ zweite Strangspaltung

② reverse Transkription   ④ Integration

⑤ DNA-Synthese

Abb. 10.29 Transposition von LINE-Elementen. ① RNA-Transkripte von LINE1-Elementen im Komplex mit dem RNA-bindenden Protein (Produkt von ORF1) und der Endonuclease/Reverse Transkriptase (Produkt von ORF2) gelangen an die Zielstelle in der DNA, wo die Endonuclease einen Schnitt einführt. ② Die LINE1-RNA lagert sich an den freien DNA-Einzelstrang. Die Reverse Transkriptase benutzt das entstandene 3′-OH-Ende als Primer und die eigene RNA als Matrize zur Synthese eines neuen DNA-Stranges. ③, ④ Über eine zweite Strangspaltung wird der Hybridstrang aus RNA und DNA in die Empfänger-DNA eingebaut. ⑤ Noch unklar ist, wie die RNA-Matrize abgebaut und durch DNA ersetzt wird. (nach Kazazian HH, Moran JV (1998) The impact of L1 retrotransposition on the human genome. Nat Genet 19: 19)

Merke

Illegitime DNA-Rekombinationen ereignen sich auch als Folge einer Zellinfektion mit **retroviralen Genomen**. Ein wichtiger Teilschritt ist hierbei ein Informationsfluss von der RNA zur DNA durch reverse Transkription. Die virale DNA wird anschließend durch **virale Transposasen** an zumeist zufällig ausgewählten Stellen in ein Wirtsgenom integriert. Transpositionen von **Retrotransposons mit LTR-Enden** verlaufen nach einem ähnlichen Schema, wobei diese häufig nicht infektiös sind und so auf eine Zelle beschränkt bleiben. Transpositionen von **Retrotransposons ohne LTRs** verlaufen hingegen mithilfe der Reversen Trankriptase nach einem eigenen Schema, ohne Einwirkung einer Transposase.

Literatur

▶ **Zitierte Literatur**

[1] Reznikoff WS (1993) The Tn5 transposon. Annu Rev Microbiol 47: 945–963
[2] Heffron F, McCarthy BJ, Ohtsubo H, Ohtsubo E (1979) DNA sequence analysis of the transposon Tn3. Cell 18: 1153–1163

▶ **Weiterführende Literatur**

[3] Craig N, Craigie R, Gellert M, Lambowitz AM (2002) Mobile DNA II. ASM Press
[4] Dion V, Gasser SM (2013) Chromatin movement in the maintenance of genome stability. Cell 152(6): 1355–1364
[5] Grindley ND, Whiteson KL, Rice PA (2006) Mechanisms of site-specific recombination. Annu Rev Biochem 75: 567–605
[6] Heyer WD, Ehmsen KT, Liu J (2010) Regulation of homologous recombination in eukaryotes. Annu Rev Genet 44: 113–139
[7] Holthausen JT, Wyman C, Kanaar R (2010) Regulation of DNA strand exchange in homologous recombination. DNA Repair (Amst) 9(12): 1264–1272
[8] Yamada T, Ohta K (2013) Initiation of meiotic recombination in chromatin structure. J Biochem 154(2): 107–114

10

Kapitel 11

Mutationen, DNA-Schädigungen und DNA-Reparatur

11 Mutationen, DNA-Schädigungen und DNA-Reparatur

Peter Dröge

11.1 Einleitung

Der Begriff **Mutation** bezeichnet ein wichtiges Ereignis: die vererbbare Veränderung der genetischen Information. Mutationen ereignen sich in allen Zellen lebender Organismen und in Viren. Sie sind eine notwendige Grundlage der Evolution.

Manche Mutationen entstehen als Konsequenz der einfachen Tatsache, dass DNA ein labiles Makromolekül ist. Andere Mutationen werden durch Einwirkungen aus dem Innern der Zelle und aus der natürlichen Umwelt verursacht – übrigens auch als Nebenwirkung medizinischer Therapien. Jedenfalls sind Mutationen unvermeidlich. Deswegen haben sich schon früh in der Evolution wirkungsvolle Reparaturmechanismen entwickelt, die Schäden an der DNA ausgleichen und die Häufigkeit von Mutationen auf einen erträglichen Wert einstellen. Es ist folglich naheliegend und zweckmäßig, die Prozesse Mutation, DNA-Schädigung und DNA-Reparatur in einem Kapitel zusammen vorzustellen.

Im Kap. 11.2 werden verschiedene Arten von Mutationen erklärt und ein Einblick gegeben, wie häufig Mutationen vorkommen und ob sie zufällig oder gerichtet entstehen. Des Weiteren werden einige wichtige Begriffe erklärt.

Im Kap. 11.3 werden wir uns eingehender mit der Entstehung von Mutationen während der DNA-Synthese beschäftigen und zeigen, welche Mechanismen Zellen entwickelt haben, um deren Entstehung zu verhindern.

Der Prozess der Entstehung von Mutationen durch Basenschäden wird im Kap. 11.4 vorgestellt. Dies geschieht im Zusammenhang mit wichtigen Reparaturmechanismen, die sich speziell für diese häufige Form der DNA-Schäden entwickelt haben.

Kap. 11.5 handelt von den Hauptursachen für DNA-Doppelstrangbrüche und beschreibt die zwei wichtigsten Korrekturmechanismen für diese besonders gefährliche Form der DNA-Schädigung.

11.2 Allgemeine Grundlagen

Mutationen sind selten. Eine zuverlässige Weitergabe genetischer Information von Generation zu Generation wäre andernfalls nicht gewährleistet. Mutationen sind verantwortlich für genetische Unterschiede zwischen den Individuen einer gegebenen Art. **Selektion** begünstigt diejenigen, die sich aufgrund ihrer Genausstattung besser an die Umweltverhältnisse anpassen können. Im Folgenden werden wir verschiedene Arten von Mutationen besprechen. Wir betrachten anschließend einige Besonder-

heiten in eukaryotischen Systemen und ermitteln die Häufigkeit, mit der Mutationen in pro- und eukaryotischen Systemen auftreten.

Definition

Mutation ist die **vererbbare** Veränderung der genetischen Information.

Merke

Der Begriff Mutation beschreibt sowohl den Vorgang der Veränderung der genetischen Information als auch die Veränderung selbst.

11.2.1 Arten von Mutationen

Bei einer Beschreibung der Arten von Mutationen ist es zunächst hilfreich, **Chromosomen-Mutationen** von **Punktmutationen** zu unterscheiden. Chromosomen-Mutationen sind nach geeigneter Färbung im Mikroskop sichtbar, während Punktmutationen nur durch eine Sequenzbestimmung zu erkennen sind.

Chromosomen-Mutationen

Definition

Chromosomen-Mutationen sind Veränderungen in der Zahl, der Form oder Struktur von Chromosomen (▶ Abb. 11.1).

Numerische Veränderungen wie **Polyploidien** und **Aneuploidien** entstehen bei fehlgeleiteter Meiose (s. Kap. 9.3). Sie sind auch ein typisches Kennzeichen von Krebszellen mit ihren abartigen Mitosen. Polyploidien betreffen den gesamten Chromosomensatz einer Zelle; Aneuploidien dagegen nur einzelne Chromosomen. **Translokationen** (reziproke und nicht reziproke) entstehen durch Verlagerung eines Chromosomenstücks auf ein anderes Chromosom oder an eine andere Stelle des gleichen Chromosoms. **Deletionen** sind das Ergebnis des Verlusts von Chromosomenabschnitten. **Amplifikationen** resultieren aus zusätzlichen Replikationsrunden begrenzter Genomabschnitte. Die amplifizierte DNA kann sich entweder abschnüren und dann als kleine Minichromosomen (*double minutes*) existieren oder sich in Form langer Blöcke in das Chromo-

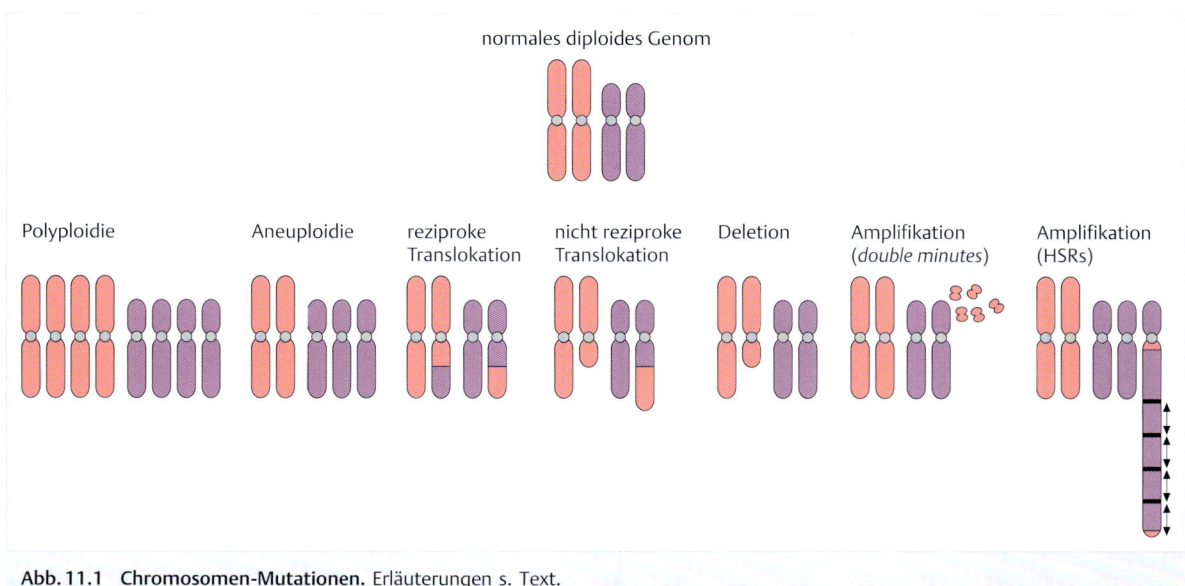

Abb. 11.1 Chromosomen-Mutationen. Erläuterungen s. Text.

som integrieren. Diese Blöcke färben bei der üblichen Chromosomendarstellung einheitlich. Deswegen ihre Beschreibung als HSR (*homogeneously staining regions*). Seltenere strukturelle Veränderungen wie Radialfiguren führen zu Fusionen zwischen nicht homologen Chromosomen und sind durch mehrere Arme gekennzeichnet.

Die Konsequenzen von Chromosomen-Mutationen sind vielfältig: Oft führen sie zum Zelltod oder zu ernsthaften Störungen während der Organ- und Organismusentwicklung; häufig begünstigen sie auch die Entstehung gut- oder bösartiger Tumorerkrankungen.

Punktmutationen

Definition

Punktmutationen sind Veränderungen in der Basenpaarsequenz eines Genoms – innerhalb eines Gens (**Genmutation**) oder außerhalb in einem nicht-codierenden Teil des Genoms.

Im Folgenden werden wir uns mit Genmutationen beschäftigen und betrachten deren Konsequenzen in einem ersten Überblick über die wichtigsten Typen **intragenischer Mutationen**.

Die genetische Information kann durch den **Austausch** (**Substitution**) eines „normalen" Nucleotids gegen ein anderes verändert werden. In der ▶ Abb. 11.2 ist ein Stück doppelsträngiger DNA dargestellt, in dem sich eine Mutation ereignet hat. Darunter zeigen wir die korrespondierende mRNA, an der wir die Codewörter ablesen können, und schließlich den Abschnitt des Genprodukts, des Proteins, auf das sich die Mutation auswirkt, z. B. durch die

Veränderung der Funktion eines Enzyms. Diese Veränderung der Proteinfunktion kann vom Beobachter registriert werden, indem er z. B. eine Veränderung der Fell- oder Hautfarbe eines Tieres bemerkt, eine veränderte Stoffwechselfunktion bei einer Bakterienzelle misst oder, um ein ganz anderes Beispiel zu nennen, die Krankheit Sichelzellanämie diagnostiziert. Der normale, d. h. besonders häufige Phänotyp, wird nach alter Tradition oft **Wildtyp** genannt und allgemein mit dem (+)-Zeichen versehen, als Gegensatz zum beobachteten **Mutantenphänotyp**, der das (-)-Zeichen trägt.

▶ **Neutrale Mutationen.** Ein Nucleotidaustausch muss nicht zu einer Veränderung des Genproduktes führen. Er kann **neutral** bleiben, wenn ein Codon in ein synonymes Codon umgewandelt wird. Die Folge der Aminosäuren im Genprodukt bleibt dann unverändert (S. 93).

▶ **Missense-Mutationen.** Andere Arten des Nucleotidaustausches ändern dagegen die genetische Information. Die Bedeutung des betreffenden Codons ändert sich: Aus „Sinn" wird „Falsch-Sinn" (**Missense-Mutationen**). Im Genprodukt wird eine Aminosäure gegen eine andere ausgetauscht. Das kann für das Protein sehr verschiedene Folgen haben, abhängig von der Art der ausgetauschten Aminosäure und von der Lage der Aminosäure im Protein.

Wenn z. B. eine Aminosäure mit negativ geladener Seitenkette gegen eine andere, ebenfalls negativ geladene Aminosäure ausgetauscht wird (konservative Mutation, in ▶ Abb. 11.2 Asparaginsäure gegen Glutaminsäure), dann muss die Funktion des Proteins nicht beeinträchtigt sein. Wenn dagegen ein Aminosäureaustausch im aktiven Zentrum eines Enzyms stattfindet, kann die Folge ein

11

251

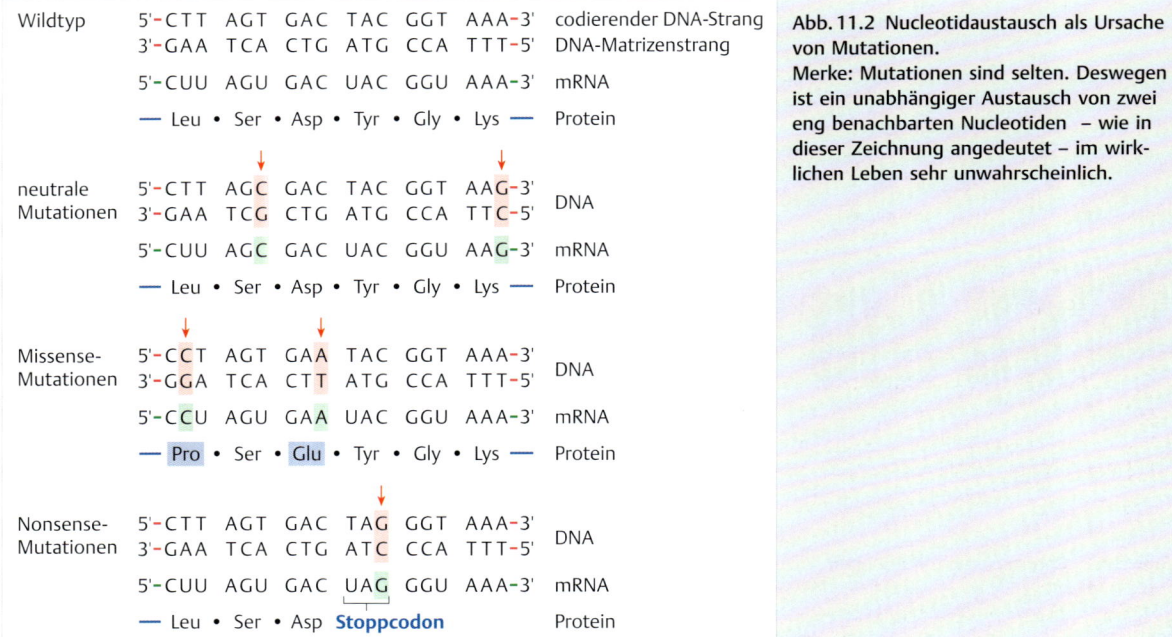

Wildtyp	5'-CTT AGT GAC TAC GGT AAA-3'	codierender DNA-Strang
	3'-GAA TCA CTG ATG CCA TTT-5'	DNA-Matrizenstrang
	5'-CUU AGU GAC UAC GGU AAA-3'	mRNA
	— Leu • Ser • Asp • Tyr • Gly • Lys —	Protein
neutrale Mutationen	5'-CTT AGC GAC TAC GGT AAG-3'	DNA
	3'-GAA TCG CTG ATG CCA TTC-5'	
	5'-CUU AGC GAC UAC GGU AAG-3'	mRNA
	— Leu • Ser • Asp • Tyr • Gly • Lys —	Protein
Missense-Mutationen	5'-CCT AGT GAA TAC GGT AAA-3'	DNA
	3'-GGA TCA CTT ATG CCA TTT-5'	
	5'-CCU AGU GAA UAC GGU AAA-3'	mRNA
	— Pro • Ser • Glu • Tyr • Gly • Lys —	Protein
Nonsense-Mutationen	5'-CTT AGT GAC TAG GGT AAA-3'	DNA
	3'-GAA TCA CTG ATC CCA TTT-5'	
	5'-CUU AGU GAC UAG GGU AAA-3'	mRNA
	— Leu • Ser • Asp • Stoppcodon	Protein

Abb. 11.2 Nucleotidaustausch als Ursache von Mutationen.
Merke: Mutationen sind selten. Deswegen ist ein unabhängiger Austausch von zwei eng benachbarten Nucleotiden – wie in dieser Zeichnung angedeutet – im wirklichen Leben sehr unwahrscheinlich.

vollständiger Funktionsverlust des Enzyms sein. Zwischen diesen beiden Extremen gibt es viele Zwischenformen mit mehr oder weniger starker Beeinflussung der Proteinfunktion.

Experimentell wichtige Beispiele für die Auswirkung von Missense-Mutationen sind **temperatursensitive Mutanten**. Diese Mutanten sind im gewöhnlich optimalen Temperaturbereich von 31–40 °C oft nicht lebensfähig, weil ein lebenswichtiges Protein als Folge einer Missense-Mutation schon bei einer Temperatur denaturiert, bei der das entsprechende Wildtypprotein noch voll intakt ist. Bei niedrigeren Temperaturen (25–30 °C) funktionieren die Mutantenproteine jedoch annähernd normal.

Man kann die Auswirkung einer solchen Mutation auf die Zelle oder auf einen Organismus leicht untersuchen. Wenn die Mutation ein Gen für ein lebenswichtiges Protein getroffen hat, dann geht diese Zelle bei der hohen (nicht permissiven) Temperatur zugrunde, bleibt aber bei niedriger (permissiver) Temperatur voll lebensfähig. Daher stammt der in diesem Zusammenhang häufig verwendete Ausdruck „**konditional-letale Mutation**".

▶ **Nonsense-Mutationen.** Sinncodons können durch Nucleotidaustausch in Stoppcodons umgewandelt werden. Solche Unsinn- oder **Nonsense-Mutationen** sind durch die Synthese unvollständiger Proteinfragmente gekennzeichnet, denn das im Inneren der mRNA liegende Terminationscodon zwingt den Proteinsyntheseapparat zum Halt und zur Freisetzung des bis dahin gebildeten Peptidfragments. Selbstverständlich haben Nonsense-Mutationen den Funktionsverlust eines Proteins zur Folge, es sei denn, das Stoppcodon befindet sich am Ende der mRNA

und führt deswegen nur zum Verlust einiger weniger Aminosäuren am Carboxyende des Proteins.

▶ **Transition und Transversion.** Anhand der ▶ Abb. 11.2 wollen wir noch zwei weitere Begriffe kennenlernen. Drei der fünf dort skizzierten Mutationen können durch den Austausch eines AT-Basenpaars gegen ein GC-Basenpaar gekennzeichnet werden. Dabei ist es zum Austausch eines Pyrimidinnucleotids bzw. Purinnucleotids gegen ein anderes Pyrimidin- bzw. Purinnucleotid gekommen. Man spricht von **Transition**. In den beiden anderen Mutationsbeispielen hat ein Austausch eines Pyrimidinnucleotids (C) durch ein Purinnucleotid (A oder G) stattgefunden: eine **Transversion**. Insgesamt existieren zwölf mögliche Basensubstitutionen: vier Transitionen und acht Transversionen (▶ Abb. 11.3).

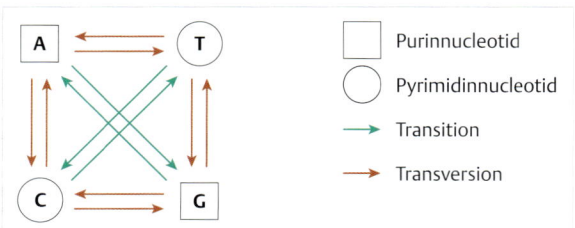

Abb. 11.3 Arten von Nucleotidaustausch: Transitionen und Transversionen. Erläuterungen s. Text. (nach Brodin J et al. (2013) PCR-Induced Transitions are the Major Source of Error in Cleaned Ultra-Deep Pyrosequencing Data. PLoS ONE 8(7): e70388.doi:10.1371/journal.pone.0070388)

11

Insertionen und Deletionen

Definition

Indels sind Einfügungen oder Verluste von einem Basenpaar oder von relativ kurzen Basenpaarsequenzen in einem DNA-Molekül.

Untersuchungen des Humangenoms haben ergeben, dass etwa drei Viertel der Genmutationen ein Austausch von Nucleotiden sind, meist Missense- und Nonsense-Mutationen, wie im vorangegangenen Abschnitt besprochen. Das restliche Viertel sind hauptsächlich kurze Insertionen und Deletionen (zusammengefasst als **Indels**), also ein Zuviel oder ein Zuwenig an Basenpaaren verglichen mit der Wildtypsequenz. Viele Insertionen bestehen aus nur einem oder zwei überzähligen Basenpaaren und auch Deletionen umfassen oft nicht mehr als ein oder zwei Basenpaare.

Ein oder zwei Basenpaare zu viel oder zu wenig hat erhebliche Konsequenzen für das Leseraster eines Gens: Die Codonfolge kommt aus dem Tripletttakt und das Leseraster ist verschoben (► Abb. 11.4). Man spricht von einer **Leserastermutation** oder einem **Frame Shift**. Der Tripletttakt des Wildtyps wird wiederaufgenommen, wenn hinter einer Deletion eines Basenpaars später in der Sequenz ein Basenpaar eingebaut wird (Insertion) oder hinter einer Insertion eines deletiert wird, wie in der ► Abb. 11.4 gezeigt. Indels können schwere Erkrankungen hervorrufen (Plus 11.1) (S. 253).

Plus 11.1

Indels als Ursache von Erkrankungen
Man kennt in der Humanmedizin einige berühmte Erkrankungen, die unsere Aussagen zum Thema **Indels** illustrieren. Zum Beispiel ist die **Deletion** des Codons für die Aminosäure Phenylalanin an Position 508 eines Chloridkanals eine besonders häufige Ursache für die weit verbreitete Erbkrankheit **Cystische Fibrose** (Mukoviszidose). Das Protein kann zwar gebildet werden, aber es gelangt nicht an die richtige Stelle in der Zelle und ist deshalb funktionsuntüchtig (S. 509).

Auch **Insertionen** in Triplettlängen können medizinisch wichtige Konsequenzen haben. Viele neurodegenerative Erbkrankheiten beruhen auf der Insertion von zusätzlichen CAG-Codons (für Glutamin) in die Gene von neuronalen Proteinen. Die Proteine mit vielen hintereinandergeschalteten Glutaminbausteinen sind unlöslich oder verursachen schwere Schäden in den Nervenzellen (S. 517).

Weiter gilt, dass eine Deletion oder eine Insertion von drei (oder sechs, neun …) Basenpaaren das Leseraster nicht durcheinanderbringt. Natürlich kommt es dann zum Verlust bzw. Erwerb eines (oder mehrerer) Codons und damit zum Verlust oder Gewinn einer (oder mehrerer) Aminosäuren im codierten Protein.

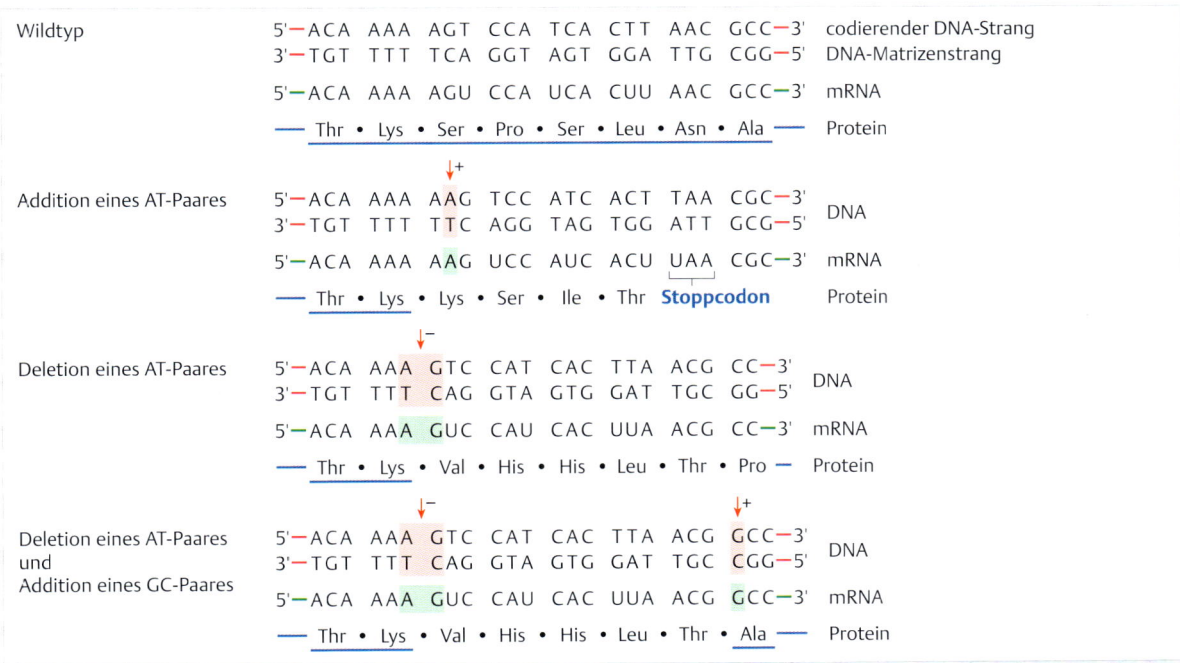

Abb. 11.4 Leserastermutationen. Blau unterstrichene Aminosäuren befinden sich im korrekten Leseraster.

Reversionen und Suppressionen

Nucleotidaustauschmutationen können auf demselben Weg, auf dem sie entstanden sind, rückgängig gemacht werden. Zu solchen **Reversionen** kann es kommen, wenn etwa der Erstmutation eine AT→GC-Transition zugrunde liegt und anschließend eine GC→AT-Transition erfolgt, die die Erstmutation rückgängig macht.

Auch Leserastermutationen können durch Reversion wiederaufgehoben werden, wenn etwa die Deletion eines Basenpaars durch die Addition eines benachbarten Basenpaars ausgeglichen wird und damit das Leseraster wieder in den korrekten Dreiertakt kommt (▶ Abb. 11.4, unten). Spontane Reversionen sind allerdings sehr seltene Ereignisse.

Zweitmutationen an anderen Stellen des Genoms können die Wirkung einer Erstmutation ebenfalls ausgleichen (*second site reversions*). Ein solcher Vorgang deckt oft interessante Zusammenhänge auf. Denken wir uns eine Missense-Mutation, die die Struktur eines Proteins so ändert, dass es nicht mehr mit einem Partnerprotein in Kontakt treten kann. Falls die Zweitmutation das Gen für das Partnerprotein verändert, und zwar im Bereich der Kontaktfläche, kann die Wechselwirkung zwischen beiden Proteinen eventuell wieder stattfinden. Die Interaktion lässt sich dann am Phänotyp ablesen, denn die betreffende Zelle verhält sich wie eine Wildtypzelle. Man spricht von **Suppression**, weil die Zweitmutation die Auswirkungen der Erstmutation unterdrückt (supprimiert).

Auch Nonsense-Mutationen können durch Zweitmutationen supprimiert werden. Tatsächlich haben die ersten Untersuchungen dieser Art entscheidend zur Entwicklung der molekularen Genetik beigetragen. Forscher in den Jahren um 1960 machten folgende Entdeckung: Mutanten des Bakteriophagen T4 vermehrten sich nicht im Standardwirtsstamm *E. coli* B, aber sehr wohl in einem verwandten Wirtsstamm mit der Bezeichnung *E. coli* CR. Analysen ergaben, dass die Ursache für den Mutantenphänotyp in *E. coli* B ein Kettenabbruch war, und weiter, dass dieser Kettenabbruch in *E. coli* CR nicht erfolgt, also supprimiert wird. Die Untersuchungen wurden von einem Doktoranden namens Bernstein durchgeführt, deswegen wählte man die Bezeichnung *amber* (bernsteinfarben) für die zugrunde liegende Mutation. Da der Kettenabbruch durch das Stoppcodon UAG verursacht wurde, bezeichnet man noch heute das UAG-Stoppcodon gelegentlich als *amber*-Codon. Mutationen in einem der beiden anderen Stoppcodons bezeichnet man in halbsystematischer Fortsetzung der Nomenklatur mit anderen Farbtönen: *ochre* (gelb-braun) für das UAA- und *opal* für das UGA-Codon.

Was liegt der Suppression der Nonsense-Mutation in *E. coli* CR zugrunde? Wir fassen eine lange Forschungsgeschichte kurz zusammen: Die Suppression von *amber*- aber auch von *ochre*- und *opal*-Mutationen beruht auf tRNA-Molekülen mit veränderten Anticodons. So geht etwa die normale tRNA^{Tyr} Basenpaarungen mit dem

Tab. 11.1 Einige Suppressor-tRNA-Gene von *E. coli*.

Gen	supprimiertes Nonsense-Codon	eingesetzte Aminosäure
serU/supD	UAG	Serin
glnV/supE	UAG	Glutamin
tyrT/supC	UAA, UAG	Tyrosin
lysT/supG	UAA, UAG	Lysin
trpT/supU	UGA	Tryptophan

Codon UAC ein, während die tRNA aus einem Suppressorstamm mit dem *amber*-Codon UAG paart. Man hat eine ganze Reihe von Suppressorgenen identifiziert, von denen die ▶ Tab. 11.1 einige Beispiele zeigt. Die Suppressorgene codieren tRNAs, die ihre Spezifität gegenüber den Aminoacyl-tRNA-Synthetasen behalten und deswegen mit der passenden Aminosäure beladen werden können, aber sie liefern die Aminosäure nicht am zugehörigen Codon in einer mRNA ab, sondern an einem Stoppcodon. Mit anderen Worten, Suppressor-tRNAs können Nonsense-Codons übersetzen, sodass an den Stellen von Nonsense-Mutationen keine Kettenabbrüche bei der Proteinsynthese entstehen.

11.2.2 Mutationen in eukaryotischen Zellen

Forschungen zeigen, dass Mutationen bei Pflanzen und Tieren prinzipiell ähnlich entstehen wie bei Bakterien. Das entspricht auch der Erwartung, denn DNA ist ja bei allen Organismen, pro- und eukaryotisch, der Träger genetischer Information. Trotzdem müssen bei Eukaryoten einige Besonderheiten beachtet werden.

Mutationen in Körper- und Keimzellen

▶ **Mutationen in Körperzellen.** Mutationen in der DNA von Körperzellen haben andere Konsequenzen als Mutationen in Keimzellen. Mutationen in Körperzellen (somatische Mutationen) können unter Umständen schwere Funktionsverluste und den Tod der Zelle verursachen. Der Verlust kann durch Teilung benachbarter Zellen oder durch Vernarbung ausgeglichen werden, ähnlich wie nach einer Verletzung. Davon gibt es wichtige Ausnahmen, nämlich dann wenn durch Mutationen Gene getroffen werden, die normalerweise eine Funktion bei der Wachstumsregulation haben, wie z. B. Onkogene. Tatsächlich geht der Entstehung von Tumorzellen immer die Mutation von einem oder meist mehreren Wachstumskontrollgenen voraus.

▶ **Mutationen in Keimzellen.** Mutationen in Keimzellen haben für den betroffenen Organismus im Allgemeinen keine Konsequenzen, können aber am Phänotyp der Nachkommen sichtbar werden.

11

Rezessive und dominante Mutationen

▶ **Rezessive Mutationen.** Eukaryoten sind diploid und es ist sehr unwahrscheinlich, dass beide Allele eines Gens durch Mutationen zufällig verändert werden. Ein Allel bleibt meist intakt und versorgt den Organismus mit dem notwendigen Genprodukt. Die Mutation in dem veränderten Allel tritt in dieser heterozygoten Situation nicht in Erscheinung und wird als **rezessiv** bezeichnet.

Anders im homozygoten Zustand. Wenn die Mutationen Gene betreffen, die für die Entwicklung oder das Wachstum eines Organismus notwendig sind, kommt es zu einem **rezessiv-letalen Phänotyp**. Anders gesagt, Organismen, die derartige Mutationen in **beiden Allelen** eines Gens tragen, sind nicht lebensfähig und sterben häufig schon während der Embryonalentwicklung.

Definition

Homozygot: Zwei Allele eines Gens kommen in identischer Form vor, z. B. beide als Wildtyp.

Heterozygot: Zwei Allele kommen in unterschiedlicher Form vor, z. B. ein Wildtypallel und ein Mutantenallel.

▶ **Dominante Mutationen.** Die seltenen dominanten Mutationen verursachen auch im heterozygoten Zustand einen pathologischen Phänotyp. Mutationen dieser Art können z. B. die enzymatische Aktivität eines Genprodukts stark erhöhen (*gain-of-function*) oder die Enzym-Substrat-Spezifität verändern. Dies hat unter Umständen Auswirkungen auf die Funktionsfähigkeit eines Organs und auf den gesamten Organismus.

Ein bekanntes Beispiel ist die **Huntington-Krankheit** des Menschen (S. 517), bei der es aufgrund einer dominanten Mutation zur Bildung von Proteinaggregaten in Gehirnzellen kommt, die daraufhin ihre normale physiologische Funktion verlieren.

Mutationen können fast jedes Nucleotid in einem Allel treffen. Eine Konsequenz ist, dass ein Gen durch viele unterschiedliche Allele in einer Population vertreten sein kann. Im Fall rezessiver heterozygoter Mutationen hat dies meist keine Konsequenzen für den individuellen Phänotyp. Anders bei dominanten, heterozygoten Mutationen: Unterschiedliche Allele führen hier zu verschiedenen Phänotypen, wie in dem Beispiel der AB0-Blutgruppen beim Menschen.

Komplementationstests

Rezessive homozygote Mutationen, die in verschiedenen Genen auftreten, können sehr ähnliche oder auch identische Phänotypen erzeugen. Um in einer solchen Situation festzustellen, ob in zwei Individuen rezessive Mutationen in demselben oder in zwei unterschiedlichen Genen vorliegen, verwenden Forscher häufig den **Komplementationstest** (▶ Abb. 11.5): Existieren die Mutationen in dem-

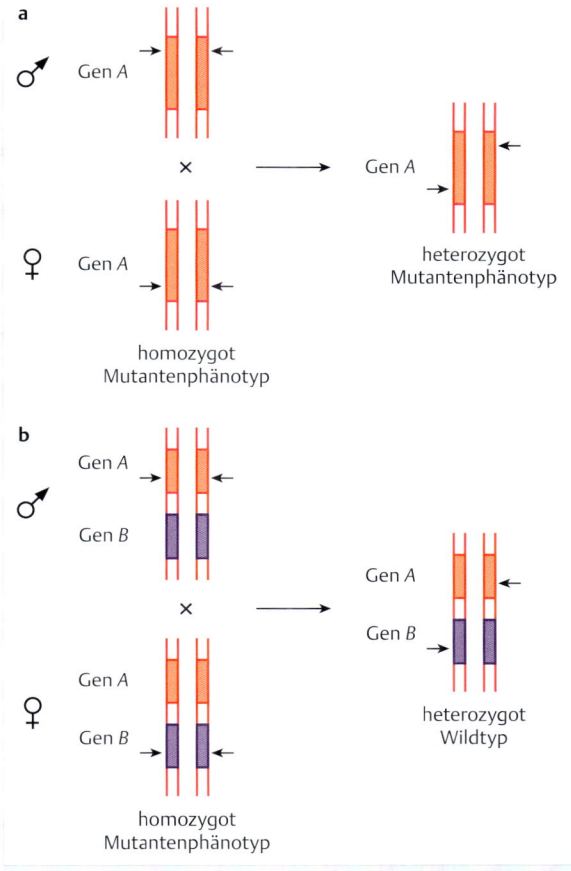

Abb. 11.5 Komplementationstest. (nach Mackay TFC (2001) Quantitative trait loci in Drosophila. Nature Reviews Genetics 2, 11-20 (January). doi:10.1038/35047544)
a Pfeile markieren die Positionen von Mutationen in Gen *A*.
b Pfeile markieren die Positionen von Mutationen in Gen *A* bzw. *B*.

selben Gen, kommt es nach Kreuzung der homozygoten Individuen in der ersten Folgegeneration immer zur Ausbildung des Mutantenphänotyps (▶ Abb. 11.5a). Befinden sich die Mutationen dagegen in zwei verschiedenen Genen, weisen die heterozygoten Nachkommen den Phänotyp des Wildtyps auf (▶ Abb. 11.5b).

Komplementationstests können nicht nur an diploiden Eukaryoten durchgeführt werden. Sie sind auch bei der Bestimmung von Genfunktionen in Bakterien und haploiden Hefezellen hilfreich. Diese Zellen sind dann **merozygot** (S. 119), denn sie tragen zusätzliche individuelle Genkopien auf extrachromosomalen Vektoren.

11

11.2.3 Häufigkeiten von Mutationen

Bakterien sind für Untersuchungen über die Häufigkeiten von Mutationen gut geeignet, denn Bakterien sind haploid, sodass eine Mutation in einem Gen meist direkt am Phänotyp der Nachkommenzellen abgelesen werden kann. Zudem folgen Bakteriengenerationen rasch aufeinander, was eine Analyse sehr erleichtert.

Ein einfaches Verfahren ist die Isolierung von Bakterienmutanten für die Feststellung der Häufigkeit von Mutanten, die resistent gegen Antibiotika oder andere Chemikalien sind. In Plus 6.4 (S. 117) haben wir streptomycinresistente Bakterien erwähnt. Streptomycin bindet an die kleine (30S) Ribosomenuntereinheit und stört drastisch die Funktion der Ribosomen bei der Proteinsynthese. Streptomycinresistente Bakterien synthetisieren ein mutiertes ribosomales Protein (S 12) mit veränderter Bindungsstelle für Streptomycin. Die Bakterien können sich nun auch in Gegenwart hoher Streptomycinkonzentration vermehren.

Dieses und ähnliche Verfahren ermöglichten schon in den 1950er-Jahren eine einfache Bestimmung der Häufigkeit, mit der spontane Mutationen in Bakterienkulturen auftreten. Das Ergebnis: eine Mutante unter 10^6–10^7 Bakterien pro Generation. Das bedeutet, es erfolgt ein Nucleotidaustausch (die häufigste Form einer Punktmutation) pro 10^6–10^7 Gene. Da ein Bakteriengen aus durchschnittlich 1000 bp besteht, lässt sich die **Mutationsrate** folgendermaßen ausdrücken: **ein Nucleotidaustausch pro 10^9–10^{10} Basenpaare pro Generation**. Das ist ein Durchschnittswert, denn die Häufigkeit von Mutationen hängt u. a. von der Nucleotidsequenz ab. Neuere Untersuchungen, bei denen man die vollständigen Nucleotidsequenzen von Bakteriengenomen über mehrere Zellgenerationen ermittelt hat, bestätigen die genannte Mutationsrate.

Als naheliegende Möglichkeit zur Abschätzung von Mutationsraten beim Menschen hat man früher die Mutationen von Genen auf dem X-Chromosom herangezogen. Männliche Nachkommen erwerben eines der beiden X-Chromosomen ihrer Mutter, und wenn das ererbte X-Chromosom eine Mutation trägt, kann die Mutation direkt am Phänotyp erkannt werden, etwa durch die Diagnose einer genetischen Krankheit.

Die ▶ Tab. 11.2 gibt eine knappe Auswahl der über 100 bekannten X-chromosomal vererbten Krankheiten des Menschen. Die Werte der Tabelle sind überraschend, denn sie zeigen, dass manche Gene häufiger durch Mutation verändert werden als andere. Dies scheint im Widerspruch zu der Aussage zu stehen, wonach jeder Abschnitt der DNA, also auch jedes Gen, mit gleicher Wahrscheinlichkeit durch Mutationen getroffen werden kann. Aber die Unterschiede in den Mutationshäufigkeiten lassen sich plausibel erklären. Die verglichenen Gene sind unterschiedlich groß, und die Wahrscheinlichkeit, dass sich

Tab. 11.2 Häufigkeit einiger X-chromosomal gekoppelter menschlicher Krankheiten.

X-gekoppelte Mutationen	Zahl der Mutanten/1 Million Gameten	Mutationsrate
Hämophilie A	30–66	3×10^{-5}
Hämophilie B	2–3	2×10^{-6}
Duchenne-Muskeldystrophie	43–92	4×10^{-5}

eine Mutation in einem großen Gen ereignet, ist höher als die Wahrscheinlichkeit, dass ein kleines Gen getroffen wird. Überdies kann der mutationsbedingte Funktionsverlust mehr oder weniger drastisch ausfallen, je nach Art des Genprodukts.

Um mit Unsicherheiten dieser Art fertig zu werden, hat man im Laufe der Zeit viele klug ausgedachte Methoden eingesetzt, um die Mutationsrate beim Menschen, also die Zahl der Mutationen pro Nucleotid in einer Generation, genau zu bestimmen. Diese Methoden kamen zu einigermaßen verlässlichen Ergebnissen, aber heute setzt man die modernen Methoden der DNA-Sequenzierung ein und untersucht die gesamte Basenpaarsequenz der Genome von Eltern und ihren Kindern. Die Genome der Nachkommen haben an mehreren Stellen andere Nucleotide als die Genome der Eltern, was natürlich eine direkte Folge von Mutationen ist.

Das Ergebnis einer ersten umfangreichen Studie aus dem Jahr 2012 lautet, dass die Genome der Nachkommen durchschnittlich etwa **70 Mutationen** (vom Nucleotidaustauschtyp) enthalten. Bei der Größe des diploiden Humangenoms von 6×10^9 bp bedeutet das eine **Mutationsrate von ca. $1,2 \times 10^{-8}$ Mutationen pro Nucleotid/Generation**. Wir betonen das Wort „durchschnittlich", denn der Wert hängt stark vom Alter des Vaters ab. Ein 20-jähriger Mann gibt 25 Mutationen an sein Kind weiter, ein 40-jähriger aber ungefähr 65. Die Zahl der Mutationen von der mütterlichen Seite liegt altersunabhängig bei ungefähr 15. Der durchschnittliche Wert bezieht sich auf einen 29-jährigen Vater und eine 26-jährige Mutter. Bei einem solchen Elternpaar stammen etwa 55 Mutationen von den Genomen der väterlichen Spermien und 15 Mutationen von den Genomen der mütterlichen Eizellen.

Der Grund für den Unterschied der Altersabhängigkeit von Mutationsraten in Eizellen und Spermien ist, dass die Zahl der Eizellen von der Pubertät an für den Rest des Lebens unverändert bleibt, während Spermien lebenslang durch ständige Teilungen von Vorläuferzellen neu gebildet werden. Und wie wir auf den nächsten Seiten sehen werden, können in jeder DNA-Replikations- und in jeder Zellteilungsrunde neue Mutationen entstehen.

Übrigens befinden sich die meisten Mutationen vermutlich harmlos im nicht codierenden Teil des Genoms und nur weniger als 10 % kommen im Bereich von Genen vor. Sie könnten potenziell schädlich sein, liegen meist jedoch heterozygot vor und treten deswegen nicht in Erscheinung. Ob die Zunahme der Mutationsrate mit dem Alter des Vaters medizinische Konsequenzen hat, ist bei einigen sehr seltenen Erbkrankheiten wahrscheinlich, doch ob das auch für häufigere Krankheiten gilt, ist zurzeit noch nicht klar.

Beachte, dass die gerade genannte Mutationsrate von $1{,}2 \times 10^{-8}$ pro Nucleotid für eine **Personengeneration** gilt, nicht für eine Zellgeneration. Die Mutationsraten für menschliche, überhaupt für eukaryotische **Zellgenerationen** hat man an Kulturen im Labor bestimmt. Der Wert entspricht dem, der auch bei Bakterien gefunden wurde (s. o.). Das überrascht nicht, denn die Mechanismen der Entstehung und der Reparatur von Mutationen sind bei Prokaryoten und bei Eukaryoten ähnlich, wie wir im weiteren Verlauf dieses Kapitels sehen werden.

Merke

Die **Mutationsrate** in den Keimzellen eines Mannes erhöht sich mit dessen Alter; die in den Keimzellen einer Frau ist altersunabhängig.

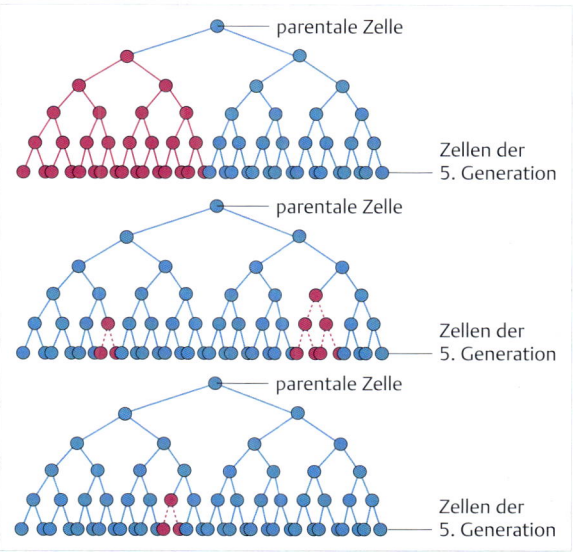

Abb. 11.6 Luria-Delbrück-Experiment. Mutationen entstehen zu verschiedenen Zeiten in einer Bakterienkultur, zufällig und ungerichtet.

11.2.4 Spontan auftretende Mutationen

Die methodisch einfache Bestimmung von Mutationsraten bei Bakterien ermöglichte die Untersuchung eines Problems von allgemeiner biologischer Bedeutung: Treten Mutationen zufällig auf oder sind sie eine Folge gerichteter Anpassung an eine veränderte Umwelt? Auf den ersten Blick spricht einiges für die zweite Möglichkeit.

Der Zusatz von Streptomycin zu einer Nährlösung tötet, wie erwartet, den weitaus größten Teil einer Bakterienkultur. Nach einiger Zeit lässt sich jedoch erneut wieder eine Bakterienvermehrung feststellen. Die Bakterien sind resistent gegenüber Streptomycin geworden. Haben sich die Bakterien an die veränderten Umweltbedingungen adaptiert, indem sie die genetische Eigenschaft der Resistenz erworben haben, oder werden die wenigen, spontan entstehenden Mutanten im streptomycinhaltigen Medium selektioniert?

Diese Frage wurde von Salvador E. Luria und Max Delbrück 1943 für eine ähnliche experimentelle Situation untersucht. Die Forscher gingen von einer statistischen Überlegung aus. Falls Mutationen spontan auftreten, sollten in verschiedenen Bakterienkulturen unterschiedlich viele Mutanten vorkommen. Die Zahl wäre abhängig davon, ob sich die Mutation in einer Zelle während einer sehr frühen Generation abgespielt hat, sodass viele Nachkommen mit der Mutanteneigenschaft entstehen können, oder ob die Mutation in einer späteren Generation auftritt, wenn nur noch wenig Gelegenheit für die Produktion von Nachkommenmutanten besteht (▶ Abb. 11.6).

Experimentell prüft man diese Überlegung, indem man zum Beispiel 10 Gefäße mit Nährlösung mit je der gleichen Menge Bakterien versetzt. In Abwesenheit von Streptomycin wird nun zu verschiedenen Zeiten die Zahl der streptomycinresistenten Mutanten gemessen. Das Ergebnis vieler solcher Experimente ist, dass die Zahl der Mutanten von Kulturgefäß zu Kulturgefäß signifikant verschieden ist. Daraus folgt, dass Mutationen zur Streptomycinresistenz in den einzelnen Kulturgefäßen zu unterschiedlichen Zeitpunkten stattgefunden haben, und weiter, dass demnach die Mutationen nicht gerichtet oder adaptativ, sondern zufällig erfolgt sein müssen.

Merke

Mutationen treten zufällig und ungerichtet auf. Die Selektion begünstigt solche Mutanten, die unter den gegebenen Umweltbedingungen einen Vorteil gegenüber den Wildtypen haben.

11.2.5 Hot Spots spontaner Mutationen

Ein experimentelles System, mit dem Mutationsforscher das Auftreten von spontanen Mutationen einfach untersuchen können, ist das *lacI*-Gen von *E. coli*. Hier lassen sich Mutationen ohne Weiteres mit einfachen Farbreaktionen nachweisen. Forscher haben dieses System genutzt, um die molekularen Grundlagen von Mutationen in Bakterien zu untersuchen. Sie präparierten die *lacI*-

11

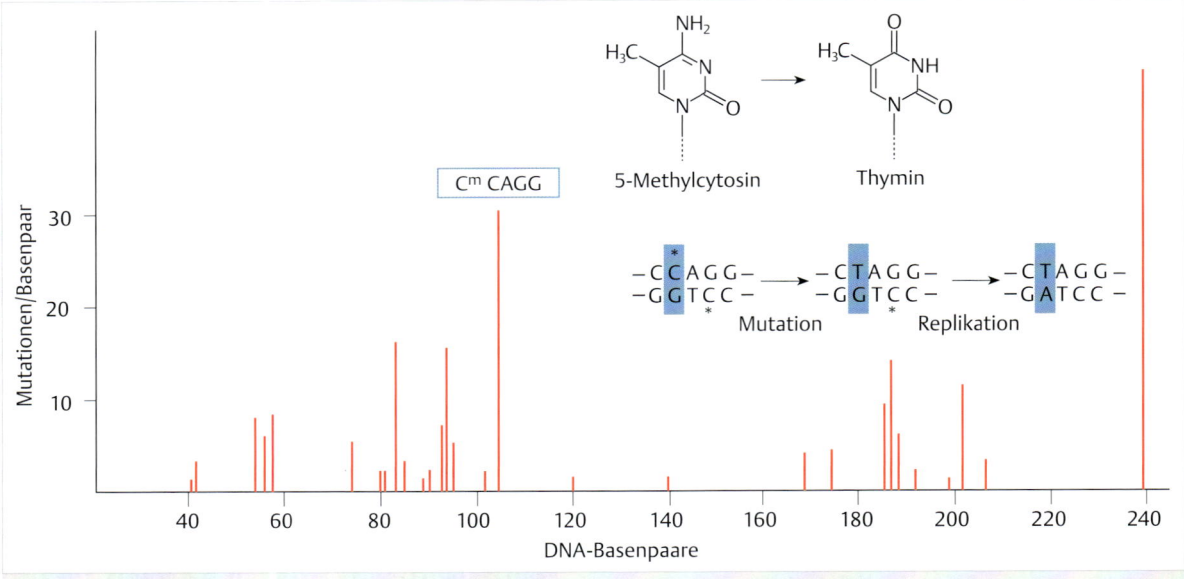

Abb. 11.7 Hot Spots von Nucleotidaustauschmutationen im Bakteriengenom. Hot Spots bilden sich an Stellen mit 5-Methylcytosin, das nach hydrolytischer Desaminierung in Thymin übergeht – eine irreparable Veränderung. (nach Schaaper RM, Dunn RL (1991) Spontaneous mutation in the Escherichia coli lac I gene. Genetics 129: 317–329)

DNA aus den mutierten Bakterien und bestimmten deren Nucleotidsequenz zum Vergleich mit der Wildtypsequenz des gleichen DNA-Abschnitts.

Die meisten Mutationen in dem untersuchten DNA-Stück von 240 bp des *lacI*-Gens sind auf einen Nucleotidaustausch zurückzuführen, nämlich etwa 70 % der 414 analysierten Mutationen. Die übrigen Mutationen gehen auf Deletion oder Insertion von einem oder mehreren Basenpaaren zurück. Die Bestimmung der Nucleotidsequenzen ermöglicht eine genaue Aussage über die Position von Mutationen im Gen. Die wichtigste Aussage ist, dass die Mutationen keineswegs gleichmäßig verteilt sind, sondern dass es Stellen in der DNA gibt, die viel häufiger durch Mutationen getroffen werden als andere. Solche Stellen bezeichnet man als **Hot Spots** der Mutation (▶ Abb. 11.7).

Die Hot Spots lassen sich nicht immer befriedigend erklären mit der Ausnahme des auffälligsten Hot Spots bei der Position 104, wo überdurchschnittlich häufig ein GC-Basenpaar durch ein AT-Basenpaar (Transition) ersetzt ist. An dieser Stelle des Gens befindet sich die Sequenz CCAGG, deren zweiter Cytosinbaustein durch Methylie-

rung modifiziert ist, sodass **5-Methylcytosin** entsteht. Wie andere Cytosinbasen in der DNA, kann auch 5-Methylcytosin durch spontane **hydrolytische Desaminierung** verändert werden: Aus 5-Methylcytosin entsteht Thymin. Bei der nächsten Replikationsrunde wird die Mutation fixiert, indem im Gen an der Stelle eines normalen GC-Basenpaars ein AT-Paar erscheint (▶ Abb. 11.7).

Der irreparable DNA-Schaden, der nach einer hydrolytischen Desaminierung von 5-Methylcytosin zurückbleibt, hat große Bedeutung für die Entstehung von Mutationen nicht nur bei Bakterien, sondern auch bei Vertebraten und anderen Eukaryoten, die 5-Methylcytosin als normalen Baustein in ihrem Genom enthalten. Ja, man kann sagen, dass auch beim Menschen die hydrolytische Desaminierung von 5-Methylcytosin einer der wichtigsten Mechanismen für die spontane Entstehung von Genmutationen ist.

Wir illustrieren dies hier am Beispiel einer Bluterkrankheit Hämophilie B, die durch eine Fehlbildung des Gerinnungsfaktors IX verursacht wird (Pathologie 11.1) (S. 259).

11

Pathologie 11.1

Genetik der Hämophilie B

Die **Bluterkrankheit** Hämophilie B beruht auf einem Fehlen oder einer Veränderung des Blutgerinnungsfaktors IX. Faktor IX wird in Leberzellen als Vorläuferprotein aus 445 Aminosäuren gebildet. Bei der Reifung des Proteins werden Zuckerreste an Aminosäureseitenketten angeheftet und ein aminoterminaler Abschnitt von 40 Aminosäuren entfernt. Der fertige Faktor IX kann dementsprechend im Blutplasma als ein Glykoprotein aus 405 Aminosäuren nachgewiesen werden. Mutationen im Gen für Faktor IX werden als X-gekoppelte Erbkrankheit diagnostiziert. Die Krankheit ist selten: Sie kommt etwa einmal unter 30 000 männlichen Neugeborenen vor und beruht in vielen Fällen auf einer Neumutation in den mütterlichen Keimzellen. Ein intaktes Allel reicht aus, um den Organismus mit genügend Faktor IX zu versorgen. Die Krankheit wird also rezessiv vererbt.

Das ist der Grund, warum Frauen so gut wie nie an Hämophilie B leiden. Das Gen für Faktor IX liegt auf dem langen Arm von Chromosom X (Xq27).

In einer großen internationalen Studie haben Humangenetiker die Wildtypsequenz des Faktor-IX-Gens mit den mutierten Sequenzen von vielen kranken Personen verglichen. Sie fanden im Faktor-IX-Gen eine Reihe von kleineren Indels, aber der größte Teil der Mutationen beruht auf dem Austausch von Nucleotiden, wodurch so gut wie jedes Codon im Gen getroffen werden kann. Vor diesem Hintergrund treten etwa zehn Hot Spots klar hervor (▶ Abb. 11.8). An diesen Stellen kommen ausschließlich Transitionen vom Typ C→T oder G→A vor und die Sequenzvergleiche zeigen, dass sich die Transitionen in den Dinucleotidfolgen 5′-CpG-3′ abspielen.

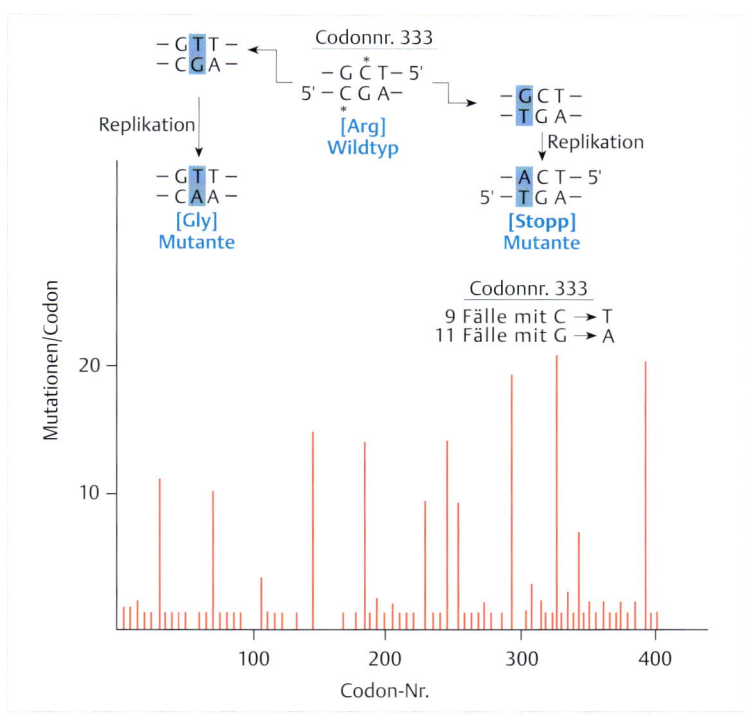

Abb. 11.8 Dinucleotidfolgen CpG sind Hot Spots im Genom von Säugetieren.

Cytosinreste in CpG-Folgen (Pathologie 11.1) sind in Säugetiergenomen oft methyliert. Durch hydrolytische Desaminierung kann irreparables Thymin entstehen. Dies hat Konsequenzen für die Genfunktion, wie in der ▶ Abb. 11.8 am Beispiel des Codons Nr. 333 im Faktor-IX-Gen dargestellt ist.

Hot Spots der Mutation an CpG-Folgen werden auch bei anderen Genen des Säugetiergenoms beobachtet und Schätzungen ergeben, dass sich ein Viertel bis ein Drittel des spontanen Austauschs von Nucleotiden an CpG-Folgen mit 5-Methylcytosin ereignet. Mit anderen Worten: CpG-Folgen sind gefährlich und als Konsequenz hat sich im Laufe der Evolution von Vertebratengenomen die Häufigkeit der Dinucleotidfolgen CpG auf etwa ein Fünftel des Wertes verringert, den man aufgrund der Basenzusammensetzung aus statistischen Gründen (S. 300) erwarten würde.

11

11.3 Entstehung und Vermeidung von Mutationen bei der DNA-Synthese

Die DNA-Synthese im Zuge der Genomreplikation ist höchst genau. Ein Einbau unpassender, „falscher" Nucleotide ist sehr selten. Zwei Mechanismen garantieren die hohe Genauigkeit: die Auswahl des passenden Nucleotids durch die replikative DNA-Polymerase und die eingebaute Korrekturlesefunktion der 3′-5′-Exonuclease (S. 166). Dennoch kommt es gelegentlich zu Fehlern, die anschließend, je nach Art der Fehler, durch Reparatur korrigiert werden können.

11.3.1 Falscheinbauten von Deoxyribonucleotiden

Im aktiven Zentrum einer DNA-Polymerase bilden sich Wasserstoffbrücken zwischen der Base des DNA-Matrizenstrangs und der Base des hereinkommenden Deoxyribonucleotids. Nur die Standardbasenpaarungen passen so genau in das aktive Zentrum, dass sie eine Änderung der Polymerasekonformation fördern, eine Voraussetzung für die Herstellung der Phosphodiesterbindung zwischen dem hereinkommenden Nucleotid und dem reaktiven 3′-OH-Ende des Primers. Aus diesen Gründen verlässt ein falsches Nucleotid mit hoher Wahrscheinlichkeit das aktive Zentrum. Aber gelegentlich, etwa bei einem von 10 000 Syntheseschritten einer replikativen DNA-Polymerase, entgeht ein Nucleotid dieser Kontrolle, weil sich ungewöhnliche Basenpaarungen ausbilden.

James Watson und Francis Crick haben in ihren ersten Publikationen über die DNA-Struktur (1953) auf den Falscheinbau als Ursache einer Entstehung von spontanen Mutationen hingewiesen. Ihre Idee war, dass z. B. Thymin statt in der normalen Ketoform durch Umlagerung eines Protons gelegentlich in einer Enolform vorkommt und dann mit Guanin statt mit Adenin paaren könnte. Die Idee der tautomeren Formen von Nucleotidbasen hat lange Zeit alle Überlegungen zur Entstehung von Mutationen über Falscheinbauten geprägt. Sie war experimentell jedoch sehr schwer nachzuweisen. Erst in letzter Zeit haben Röntgenstrukturanalysen von DNA-Stücken im Komplex mit DNA-Polymerasen diese Vorstellung im Wesentlichen bestätigt.

Aber es existieren vermutlich noch weitere Möglichkeiten, wie es zu einem Falscheinbau kommen kann. So wird z. B. die Ausbildung ungewöhnlicher Basenpaare in Analogie zu den Wobble-Basenpaarungen bei der Codon-Anticodon-Erkennung diskutiert (S. 95). Diese weichen jedoch mehr oder weniger deutlich von der Geometrie der Standardbasenpaare ab. Dies mag ein Grund sein, warum in den meisten Fällen ein unpassendes Nucleotid von der DNA-Polymerase abgewiesen wird.

11.3.2 Korrekturlesen

Aber gelegentlich wird doch ein falsches Nucleotid eingebaut. Dies ist ein Fall für das Enzym **3′-5′-Exonuclease** (S. 166), das, wie wir gesehen haben, zur normalen Ausstattung replikativer DNA-Polymerasen gehört. Die 3′-5′-Exonuclease erkennt das falsch eingebaute Nucleotid, weil es die Geometrie der DNA verändert und auch häufiger als ein korrektes Nucleotid seine Wasserstoffbrücken mit dem Nucleotid des Matrizenstrangs wieder löst. Überdies zeigen Messungen, dass die Kettenverlängerung an einem falsch gepaarten Nucleotid verzögert ist, wodurch der 3′-5′-Exonuclease mehr Zeit für ihre Aufgabe bleibt, nämlich für eine Entfernung des falschen Nucleotids.

Die Rolle der 3′-5′-Exonuclease als Korrekturlesefunktion wird durch Untersuchungen bestimmter *E. coli*-Mutanten betont. Bakterien mit gestörter oder fehlender 3′-5′-Exonuclease haben eine mehr als tausendmal höhere Mutationsrate als Wildtypbakterien. Bakterien mit erhöhter Mutationsrate werden als **Mutatormutanten** bezeichnet. Bevor Näheres über die Grundlage bekannt war, wurde für diese Mutante die spezifische Bezeichnung *mutD* gewählt, bis weitere Untersuchungen zeigten, dass ihr Phänotyp auf Veränderungen in der ε-Untereinheit der DNA-Polymerase III beruht.

Ein falsch eingebautes Nucleotid wird mit hoher Effizienz durch die 3′-5′-Exonuclease entfernt, aber gelegentlich bleibt es doch erhalten und wird in den wachsenden DNA-Strang eingebaut. Die Folgen sind Falschpaarungen, sogenannte **Mismatches**, in der replizierten DNA. Dies muss nicht notwendigerweise Mutationen nach sich ziehen, denn Mismatches können durch die **postreplikative Mismatch-Reparatur** erkannt und korrigiert werden. Wir werden diesen wichtigen Reparaturvorgang anschließend genauer beschreiben.

> **Merke**
>
> Die **3′-5′-Exonuclease** der DNA-Polymerase III übernimmt die Korrekturlesefunktion während der Replikation in *E. coli*.

11.3.3 Falscheinbau von Ribonucleotiden in die DNA

Lange Zeit wurde angenommen, dass DNA-Polymerasen während der Replikation den Falscheinbau von Ribonucleotiden unterdrücken können. Ribonucleotide tragen, im Gegensatz zu Deoxyribonucleotiden, eine reaktive Hydroxygruppe am C 2-Atom der Ribose. Diese Eigenschaft macht RNA im Vergleich zur DNA wesentlich anfälliger für einen Zerfall durch spontane Hydrolyse.

11

Folglich würde der Einbau von Ribonucleotiden in die DNA direkt zu einer genomischen Instabilität führen.

Neue Untersuchungen haben gezeigt, dass replikative DNA-Polymerasen irrtümlich Ribonucleotide einbauen können und dies sogar relativ häufig – etwa ein rNTP pro tausend dNTPs. Anders gesagt: Nach einer kompletten Replikationsrunde würden wir etwa eine Million Ribonucleotide anstelle von Deoxyribonucleotiden im menschlichen Genom finden.

Damit dies nicht geschieht, leitet das Enzym **Ribonuclease H2** in Säugerzellen die Entfernung dieser Falscheinbauten ein, indem es die 5'-Phophodiesterbindung des irrtümlich eingebauten Ribonucleotids spaltet. Dieses wichtige Korrekturenzym wird über eine Verbindung mit der eukaryotischen Ringklemme (PCNA) zur Replikationsgabel geleitet. Wissenschaftler konnten nachweisen, dass Mäuse schon früh in der Embryonalentwicklung an den Folgen von genomischer Instabilität sterben, wenn das Gen für dieses wichtige Mitglied der RNaseH-Familie (S. 172) fehlt. Auch beim Menschen führt der komplette Verlust der RNaseH2 zu Mortalität bei Neugeborenen. Darüber hinaus manifestiert er sich als Aicardi-Goutières-Syndrom, das ursächlich mit Gehirn-Atrophie und -Entzündungen verknüpft ist.

11.3.4 Mismatch-Reparatur

▶ **Bakterielles Mismatch-Reparatursystem.** Wir kommen nun auf die postreplikative Mismatch-Reparatur zurück, die von einem eigenen Reparatursystem ausgeführt wird. Die prototypischen Komponenten wurden durch eine Analyse der *E. coli*-Gene *mutS*, *mutL* und *mutH* entdeckt. Ein Ausfall dieser Gene verursacht eine hundert- bis tausendfache Erhöhung der Mutationsrate verglichen mit Wildtypbakterien. Das bakterielle Mismatch-Reparatursystem ist bestens zur postreplikativen Korrektur von Falscheinbauten ausgerüstet.

Bevor wir den Reaktionsweg schildern, erinnern wir daran, dass die Nucleotidfolgen GATC im *E. coli*-Genom methyliert sind (N^6-Methyladenin statt Adenin). Bei der Replikation hinkt die **Methylierung** der Neusynthese hinterher und vorübergehend ist nur der **Matrizenstrang** an den Zweigen der Replikationsgabel methyliert (▶ Abb. 11.9). Die Abwesenheit von methylierten Adeninen kennzeichnet den neu synthetisierten Tochterstrang und dient als Signal für die Mismatch-Reparatur. Ein anderes Signal sind vermutlich die Enden der wachsenden DNA-Stränge an Replikationsgabeln.

Die Mismatch-Reparatur erfolgt in mehreren Schritten:
- Zuerst bindet das **MutS-Protein** (als Homodimer) an das falsche Basenpaar, den Mismatch (▶ Abb. 11.9 ①).
- Die Spaltung von ATP liefert die nötige Energie, damit MutS an die Seite rücken und Platz für das **MutL-Homodimer** machen kann. Das MutL-Protein zieht seinerseits das **MutH-Protein** heran (▶ Abb. 11.9 ②).

- **MutH** schneidet den nicht methylierten DNA-Strang, also den Tochterstrang, spezifisch (▶ Abb. 11.9 ③).
- Dann kommt die **DNA-Helikase II** (UvrD) ins Spiel sowie eine von mehreren **Exonucleasen** (I oder VII), die gemeinsam ein Stück der geschnittenen DNA-Sequenz im Bereich des falsch gepaarten Nucleotids entfernen (▶ Abb. 11.9 ④).
- Damit entsteht eine Lücke in der DNA, die – geschützt vom einzelstrangbindenden Protein SSB – geschlossen wird, und zwar durch die **DNA-Polymerase III** plus **Ligase** (▶ Abb. 11.9 ⑤, ⑥).

Das bakterielle Mismatch-Reparatursystem korrigiert alle möglichen Falschpaarungen (vielleicht mit Ausnahme von C-C-Paarungen) und zudem auch kleine Insertionen oder Deletionen (**Indels**), bei denen ein Strang ein oder zwei zusätzliche Nucleotide enthält.

▶ **Eukaryotisches Mismatch-Reparatursystem.** Die Mismatch-Reparatur ist nicht nur für die Korrektur von falsch eingebauten Nucleotiden verantwortlich, sondern bewirkt auch die Entfernung von **Mismatches in Heteroduplexbereichen**, die bei der Rekombination in Holliday-Strukturen vorkommen können. Jedoch ist in diesem Fall die Korrektur ungerichtet und führt zum Ersatz eines Nucleotids auf dem einen oder auf dem anderen der beiden DNA-Stränge (s. Genkonversion) (S. 227).

Die wichtigen Komponenten des eukaryotischen Mismatch-Reparatursystems sind strukturell eng mit den bakteriellen Proteinen verwandt. Daher stammt die Bezeichnung der betreffenden eukaryotischen Proteine: MSH für MutS-Homolog und MLH für MutL-Homolog.

Eukaryoten besitzen drei Homologe von MutS: **MSH2**, **MSH3** und **MSH6** und drei Homologe von MutL: **MLH1**, **MLH3** und **PMS 2** (PMS, *postmeiotic segregation*; so benannt, weil es den Phänotyp einer Hefemutante wiedergibt, wo das Protein zuerst entdeckt wurde).

Anders als bei Bakterien bilden die eukaryotischen Proteine **Heterodimere**: MSH2/MSH6 für die Erkennung von einfachen Mismatches und kleinen Indel-Schleifen (aus ein, zwei oder drei Nucleotiden); MSH3/MSH6 für die Erkennung auch von längeren Indel-Schleifen (aus bis zu 12–16 Nucleotiden). Wie im folgenden Abschnitt beschrieben, entstehen Indel-Schleifen u. a., wenn bei der Replikation im neu synthetisierten Strang mehr oder weniger Nucleotide eingebaut werden, als im Matrizenstrang vorhanden sind. An die DNA-gebundenen MutS-Homologe lagern sich, wie bei Bakterien, MutL-Homologe, allerdings wieder als Heterodimere: MLH1/PMS 2 bzw. MLH1/MLH3.

Das weitere Geschehen läuft dann in etwa so ab, wie in der ▶ Abb. 11.9 gezeigt, wobei MutL-Heterodimere vermutlich die Funktion der MutH-Endonuclease übernehmen und den Doppelstrang schneiden. Nachdem Exonucleasen den geschnittenen DNA-Strang abgebaut ha-

11

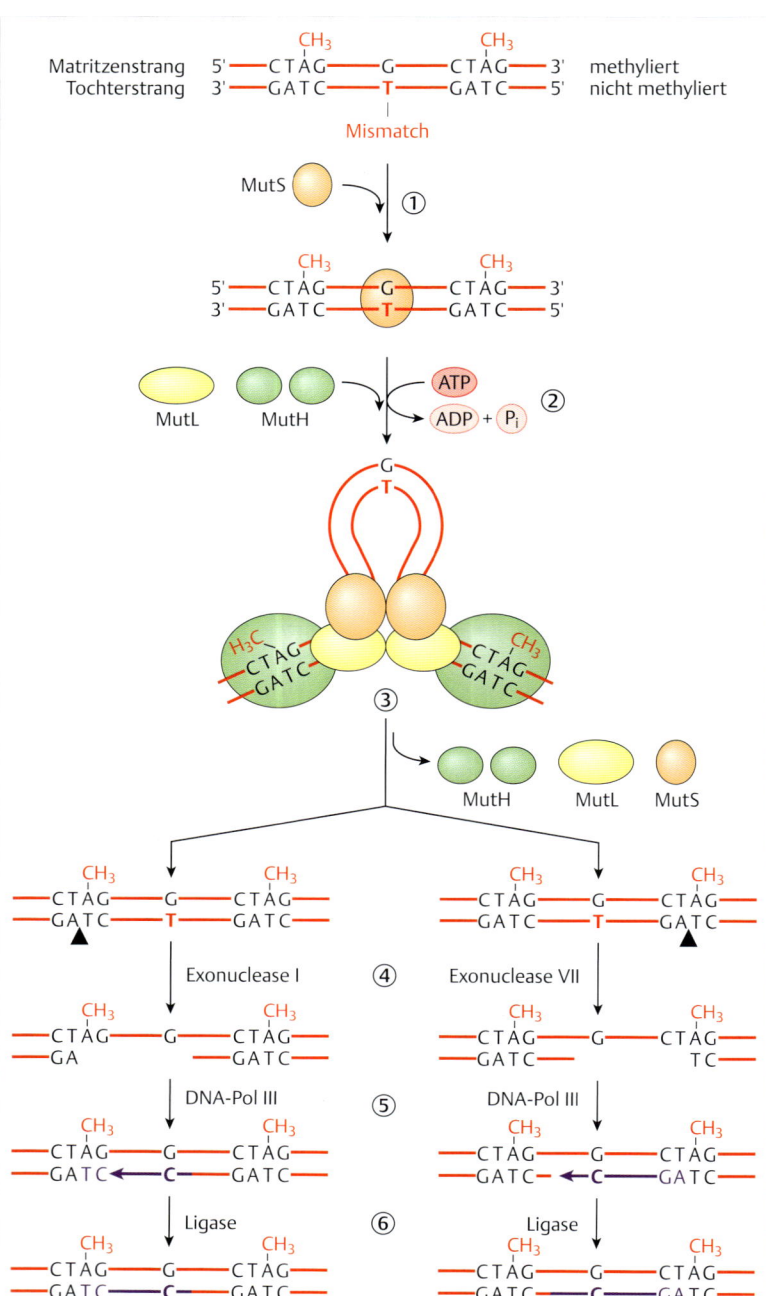

Matritzenstrang 5'——CTĀG——G——CTĀG——3' methyliert
Tochterstrang 3'——GATC——T——GATC——5' nicht methyliert

Mismatch

MutS ①

5'——CTĀG——G——CTĀG——3'
3'——GATC——T——GATC——5'

MutL   MutH   ATP
ADP + Pᵢ ②

G
T

H₃C CTĀG CTĀG CH₃
     GATC GATC
③

MutH   MutL   MutS

CH₃   CH₃   CH₃   CH₃
——CTĀG——G——CTĀG——   ——CTĀG——G——CTĀG——
——GATC——T——GATC——   ——GATC——T——GATC——
▲   ▲

Exonuclease I ④ Exonuclease VII

CH₃   CH₃   CH₃   CH₃
——CTĀG——G——CTĀG——   ——CTĀG——G——CTĀG——
——GA   ——GATC——   ——GATC——   TC——

DNA-Pol III ⑤ DNA-Pol III

CH₃   CH₃   CH₃   CH₃
——CTĀG——G——CTĀG——   ——CTĀG——G——CTĀG——
——GATC——◀—C——GATC—— ——GATC—◀—C——GATC——

Ligase ⑥ Ligase

CH₃   CH₃   CH₃   CH₃
——CTĀG——G——CTĀG——   ——CTĀG——G——CTĀG——
——GATC——C——GATC——   ——GATC——C——GATC——

Abb. 11.9 Postreplikative Mismatch-Reparatur bei Bakterien. Die schwarzen Pfeilspitzen deuten auf die Position der DNA-Strangbrüche. Erläuterungen s. Text. (nach Iyer RR et al. (2006) DNA Mismatch Repair: Functions and Mechanisms. Chem Rev 106: 302–323; Kunkel TA und Erie DA (2005) DNA Mismatch Repair. Annu Rev. Biochem. 74: 681–710; Allen DJ et al. (1997) MutS mediates heteroduplex loop formation by a translocation mechanism. EMBO Journal Vol 16 No. 14: 4467–4476)

ben, ist es die replikative **DNA-Polymerase δ**, die die Einzelstranglücke füllt.

Aber wie unterscheidet das eukaryotische System den neu gebildeten DNA-Strang vom Matrizenstrang? Eukaryotische DNA ist ja nicht wie die DNA von *E. coli* an GATC-Folgen methyliert. Wahrscheinlich werden in dieser Situation die Enden wachsender Tochterstränge erkannt, vermutlich vermittelt durch das dort vorhandene einzelstrangbindende Potein RPA.

Die Bedeutung des Mismatch-Reparatursystems zeigt sich auf dramatische Weise bei molekulargenetischen Untersuchungen an Patienten, die an einer besonderen Form des Coloncarcinoms leiden, dem **hereditären nicht polypösen Coloncarcinom** (HNPCC) (Pathologie 11.2) (S. 263).

Pathologie 11.2

Hereditäres nicht polypöses Coloncarcinom (HNPCC)

Der typische Befund bei Vorliegen eines HNPCCs ist das Vorkommen von zahlreichen Verlängerungen oder Verkürzungen repetitiver Mikrosatellitensequenzen (Folgen von GGC-Trinucleotiden oder von CA-Dinucleotiden oder von anderen einfachen Sequenzmotiven) in den Genomen der Tumorzellen (S. 515). Die Ursache sind Mutationen in den menschlichen Genen für die Mismatch-Reparaturproteine MLH1 in 60 % und MSH2 in 35 % der HNPCC-Patienten.

Das Coloncarcinom ist eine der häufigsten Krebserkrankungen des Menschen und man schätzt, dass etwa 15 % der Coloncarcinome auf eine Mutation in einem der Gene für Mismatch-Reparaturproteine zurückzuführen sind. Wenn dieses wichtige Reparatursystem ausfällt, steigt die Häufigkeit von Mutationen an. Das lässt sich an den Veränderungen in Mikrosatellitensequenzen ablesen, aber entscheidend für die Krebsentstehung sind Mutationen in Genen, die direkt für die Kontrolle der Zellproliferation verantwortlich sind.

Die Bedeutung der Mismatch-Reparatur für die menschliche Pathologie wurde bei HNPCC-Patienten entdeckt, aber man kennt inzwischen viele Beispiele, die zeigen, dass auch andere Carcinomarten auf dieser Grundlage entstehen können.

11.3.5 Entstehung von Indels

Indel-Mutationen können nach einem Schema entstehen, das G. Streisinger schon im Jahr 1966 zur Erklärung von Leserastermutationen (Frame Shifts) vorgeschlagen hat. Die wichtigste Annahme für dieses Modell ist, dass Basenpaare verrutschen können, wenn mehrere identische Basen hintereinander vorkommen. Dabei bilden sich extrahelikale DNA-Schleifen, was Insertionen oder Deletionen nach sich ziehen kann, je nachdem, ob sich die Schleife auf dem Primer- oder dem Matrizenstrang gebildet hat (▶ Abb. 11.10).

Tatsächlich findet man Indels bevorzugt

- in DNA-Abschnitten mit kurzen Sequenzwiederholungen (z. B. AAAA…; CACA…; GCGC…; CAGCAG… u. a.)
- nach DNA-Replikationsrunden, denn während der Replikation entstehen unvermeidlich Einzelstrangbereiche an den Replikationsgabeln.

Wie wir im vorangegangenen Abschnitt gesehen haben, ist das postreplikative Mismatch-Reparatursystem auch zur Reparatur von extrahelikalen DNA-Schleifen ausgerüstet. Aber einige Indel-Schleifen können der Reparatur entgehen, genauso einige Falscheinbauten. Deshalb kann man davon ausgehen, dass die Wahrscheinlichkeit für die Entstehung von Mutationen mit jeder Replikationsrunde zunimmt.

Man kennt noch einen ganz anderen Mechanismus zur Entstehung von Indels, und zwar bei der **Transläsions-DNA-Synthese (TLS)**, worüber auf den folgenden Seiten berichtet wird. Wir werden einige TLS-Polymerasen kennenlernen, die über beschädigte Stellen in der DNA (Läsionen) hinweg synthetisieren können. Darunter sind auch DNA-Polymerasen, die – anders als die replikativen DNA-Polymerasen – ohne korrekt gepaartes 3′-OH-Primer-Ende zurechtkommen. Durch diese Enzyme können

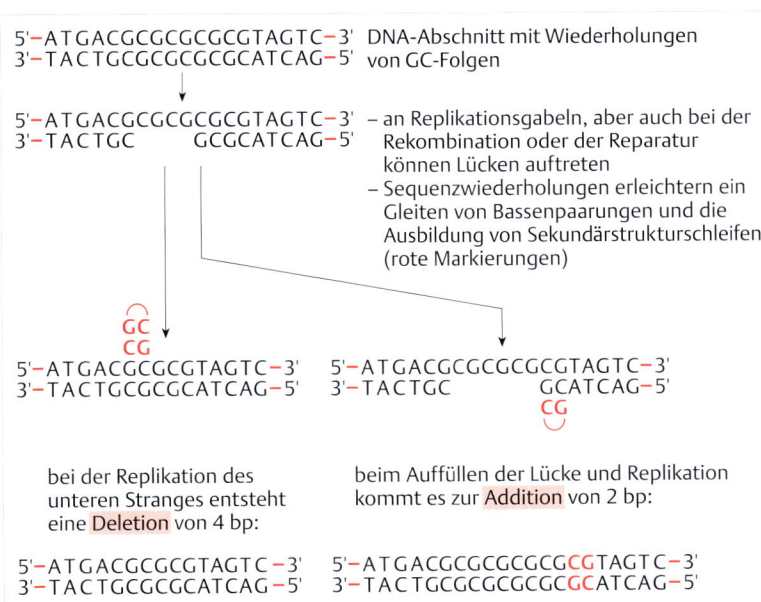

Abb. 11.10 Leserastermutationen. Diese Mutationen entstehen meist in der Nähe von Sequenzwiederholungen.

dann, im Vergleich zum DNA-Matrizenstrang, gelegentlich ein oder zwei Nucleotide zu viel oder zu wenig synthetisiert werden.

11.4 Mutationen durch Schäden von DNA-Basen

Die DNA im Zellkern wird von vielen Seiten angegriffen, schon allein weil DNA ein relativ labiles Makromolekül ist und im Zuge des Stoffwechsels Produkte entstehen, die mit den DNA-Basen reagieren und ihre Struktur verändern. Solche Reaktionen finden täglich mehrere Hundert, ja mehrere Tausend Mal in jeder Zelle statt und würden schwere Mutationsschäden hinterlassen, wenn sie nicht effektiv repariert würden (▶ Tab. 11.3). Dies geschieht meist durch **Basenexzisionsreparatur** (BER).

11.4.1 AP-Stellen und Reparatur

Definition

Eine **AP-Stelle** ist eine Stelle in der DNA, an der eine Purin- und auch eine Pyrimidinbase fehlen, während das Zucker-Phosphat-Rückgrat intakt ist.

Eine **Apurinstelle** entsteht, wenn in Gegenwart von Säuren und bei hoher Temperatur die glykosidischen Bindungen zwischen Purinbasen und den Deoxyriboseresten gespalten werden, während das Zucker-Phosphat-Rückgrat der DNA intakt bleibt. Man spricht von **hydrolytischer Depurinierung** (▶ Abb. 11.11, oben).

Die hydrolytische Depurinierung und die Entstehung von Apurinstellen sind bei physiologischen Temperaturen und Ionenbedingungen der Zelle relativ seltene Ereignisse, aber wegen der enormen Länge natürlicher DNA-Moleküle trotzdem von Bedeutung. Tatsächlich zeigt die ▶ Tab. 11.3, dass täglich fast zehntausend AP-Stellen im Genom einer menschlichen Zelle entstehen.

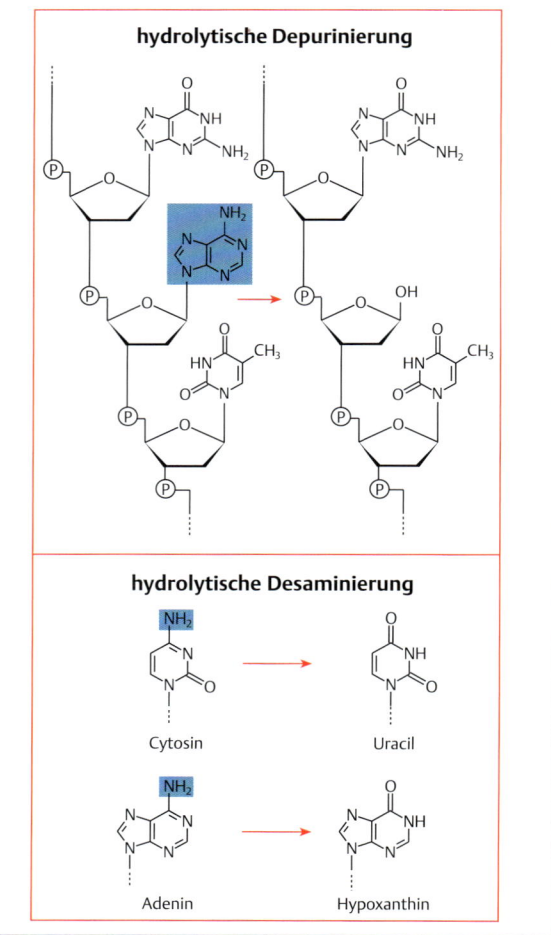

Abb. 11.11 Spontane hydrolytische Zerfallsreaktionen: hydrolytische Depurinierung und Desaminierung.

Auch **Apyrimidinstellen** entstehen spontan, aber zum weitaus überwiegenden Teil über einen Umweg, der mit einer **Desaminierung von Cytosinresten** unter Bildung von Uracil beginnt (▶ Abb. 11.11, unten). Die spontane Desaminierung ereignet sich im Säugetiergenom schät-

Tab. 11.3 Endogene DNA-Schäden in menschlichen Zellen.

Schaden	Entstehung	Häufigkeit/Tag im Genom einer Zelle
Apurinstellen	hydrolytische Depurinierung	9000
Uracil	Desaminierung von Cytosin	400
Thymin gegenüber Guanin	Desaminierung von 5-Methylcytosin	30
3-Methyladenin	Methylierung von Adenin (über SAM, S-Adenosylmethionin)	300
7-Methylguanin	Methylierung von Guanin (über SAM, S-Adenosylmethionin)	4000
O^6-Methylguanin	über endogene Nitrosamine	200
8-Oxoguanin	Oxidation von Guanin	1000

Die Werte stammen von T. Lindahl [1]. Basenschäden wie Thyminglycol und andere oxidierte Pyrimidine sowie Etheno-C und Etheno-A entstehen insgesamt tausendmal pro Tag in jeder Zelle. Sie werden in diesem Buch nicht besprochen.

11

zungsweise 400-mal pro Tag. Viel seltener, vielleicht nur 10-mal pro Tag und Genom, erfolgt eine Desaminierung von Adenin zu Hypoxanthin (▶ Abb. 11.11).

Wenn die Folgen der Desaminierung nicht repariert würden, käme es unvermeidlich zu Mutationen, denn Uracil geht bei der Replikation eine Basenpaarung mit Adenin ein und Hypoxanthin mit Cytosin. Deswegen ist schon früh in der Evolution ein sehr wirkungsvolles Reparaturenzym entstanden, das hoch konserviert in allen Zellen, sowohl in Bakterien als auch in Eukaryoten, vorkommt: die **Uracil-DNA-Glykosylase.** Dieses Enzym gleitet an der DNA entlang, bis es auf das DNA-fremde Nucleotid trifft. Es schwenkt das Uracilnucleotid aus dem Verband der Doppelhelix (*base flipping*) und löst die glykosidische Bindung. Das Ergebnis ist eine Apyrimidinstelle.

Transläsionssynthese

AP-Stellen sind Orte, wo sich Mutationen ereignen können. Die Replikationsmaschine kann den geschädigten Matrizenstrang nicht passieren, aber andere DNA-Polymerasen können die weitere Synthese übernehmen. Sogenannte Transläsions- oder TLS-Polymerasen (TLS, *translesion synthesis*) führen die Synthese über den DNA-Schaden hinweg (*lesion*) weiter (▶ Abb. 11.12).

Wie schon im Kap. 8 erwähnt, gibt es außer den replikativen DNA-Polymerasen eine ganze Reihe von zusätzlichen Polymerasen, mindestens drei in Bakterien, mehr als ein Dutzend in Säugetierzellen, die alle in der einen oder anderen Form an der Reparatur von DNA-Schäden beteiligt sind (Plus 11.2). Im Verlauf des Kapitels werden wir noch über einzelne dieser besonderen DNA-Polymerasen berichten.

Plus 11.2

Polymerasen für die DNA-Reparatur

E.-coli-DNA-Polymerasen
Die zuerst entdeckten DNA-Polymerasen (Pol) wurden durch römische Ziffern gekennzeichnet: Pol I (Reifung von Okazaki-Fragmenten), Pol II (Reparatur), Pol III (replikative Kettenverlängerung). Diese Nomenklatur wurde fortgesetzt, als zwei weitere DNA-Polymerasen (IV und V) entdeckt wurden (▶ Tab. 11.4).

Einige eukaryotische DNA-Polymerasen
Die Nomenklatur begann mit der Kennzeichnung der eukaryotischen DNA-Polymerasen mit griechischen Buchstaben: Pol α, Pol δ und Pol ε für die replikativen DNA-Polymerasen; Pol β für eine Reparaturpolymerase (s. ▶ Abb. 11.13) und Pol γ für die mitochondriale DNA-Polymerase. Die Art der Kennzeichnung mit griechischen Buchstaben wurde weitergeführt, als im Laufe der Jahre zusätzliche eukaryotische DNA-Polymerasen bekannt wurden (▶ Tab. 11.5).

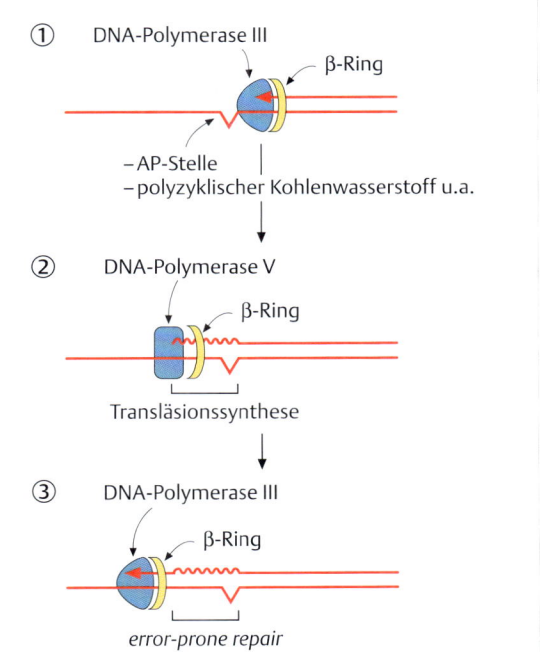

Abb. 11.12 Fehlerhafte Reparatursynthese bei Bakterien. ① Die replikative DNA-Synthese hält an der Stelle des DNA-Schadens. ② Die DNA-Polymerase V (aus zwei UmuD'- und einer UmuC-Untereinheit) übernimmt und führt – gekoppelt an die β-Ringklemme und in Gegenwart von SSB sowie dem RecA-Protein (die beiden Letzteren sind nicht dargestellt) – eine fehlerhafte Synthese aus. ③ Nach dem Überwinden der Schadstelle setzt die replikative DNA-Polymerase III die DNA-Synthese fort. (nach Hanaoka F (2001) SOS polymerases. Nature 409: 33–34)

An dieser Stelle geht es um DNA-Polymerasen, die über AP-Stellen hinweg synthetisieren können. Bei **Bakterien** ist das hauptsächlich die **DNA-Polymerase V**, die bei der Transläsionssynthese (quasi unvermeidlich) Fehler macht, also falsche Nucleotide einbaut (s. ▶ Abb. 11.12).

Die **eukaryotischen Verhältnisse** sind bei Hefe und bei Säugetierzellen am besten untersucht. Daher weiß man, dass von den vielen Reparatur-DNA-Polymerasen drei besonders gut für die Synthese über AP-Stellen hinweg geeignet zu sein scheinen, nämlich die Pol λ (lambda), die Pol κ (kappa) und die Pol ζ (zeta) (Plus 11.2). Die Pol κ setzt bevorzugt einen Adeninrest gegenüber der AP-Stelle ein und die Pol ζ einen Cytosinrest – mit der Konsequenz eines Austauschs von Nucleotiden.

Basenexzisionsreparatur

Durch die Aktivität einer Glykosylase ist eine AP-Stelle in der DNA entstanden. Meist bleiben AP-Stellen jedoch nicht erhalten, sondern es erfolgt eine **Basenexzisionsreparatur** (BER) (▶ Abb. 11.13). Sie beginnt mit der **AP-Endonuclease** (APE 1). Dieses Enzym schneidet das Zucker-Phosphat-Rückgrat auf der 5'-Seite gleich neben der AP-Stelle. Auf diese Weise entsteht auf der einen Seite der Strangöffnung ein 5'-Deoxyribosephosphatrest (ohne Ba-

Tab. 11.4 Bakterielle DNA-Polymerasen, die an der DNA-Reparatur beteiligt sind.

Bezeichnung	3'-5'-Exonuclease	Genauigkeit	Funktionen
Pol II	ja	10^{-5}–10^{-6}	TLS/geschädigte Basen
Pol IV	nein	10^{-3}–10^{-4}	TLS/geschädigte Basen SOS-Mutagenese
Pol V	nein	10^{-3}–10^{-4}	TLS/geschädigte Basen AP-Stellen UV-induzierte Dimere SOS-Mutagenese

Anmerkungen: Genauigkeit bedeutet hier: Häufigkeit der Falscheinbauten bei intaktem Matrizenstrang (Vergleiche den Wert für die replikative Pol III: 10^{-5}–10^{-6}).
LS, Transläsionssynthese. „Geschädigte Basen", hauptsächlich unförmige Basen-Modifikationen (bulky adducts) wie polycyclische Kohlenwasserstoff-Verbindungn an Basen.

Tab. 11.5 Eukaryotische DNA-Polymerasen, die an der DNA-Reparatur beteiligt sind.

Bezeichnung	zusätzliche enzymatische Aktivität	Genauigkeit	wichtigste Funktion
Pol ζ (zeta)	–	10^{-4}–10^{-5}	nutzt falsch gepaarte Primer TLS (AP-Stellen; UV-Dimere; polyzyklische Kohlenwasserstoffe) NHEJ
Pol λ (lambda)	dRP-Lyase	10^{-4}–10^{-5}	nutzt falsch gepaarte Primer TLS (AP-Stellen)
Pol μ (mu)	Terminale Transferase	10^{-4}–10^{-5}	TLS (UV-Dimer; polyzyklische Kohlenwasserstoffe) NHEJ V(D)J-Rekombination
Pol η (eta)	–	10^{-2}–10^{-3}	TLS (UV-Dimer; polyzyklische Kohlenwasserstoffe)
Pol ι (iota)	dRP-Lyase	10^{-1}	TLS, BER
Pol κ (kappa)	–	10^{-3}–10^{-4}	TLS
Pol σ 1 + 2 (sigma)	Terminale Transferase 3'-5'-Exonuclease	10^{-4}–10^{-6}	Schwesterchromatid-Cohäsion (S. 201)

Anmerkungen: Terminale Transferase, eine enzymatische Aktivität, die ohne Matrizenstrang Deoxynucleotide an 3'-OH-Enden knüpft. dRP-Lyase, nicht-hydrolytische Spaltung von Deoxyribophosphat (s. Text). Genauigkeit, Häufigkeit der Falscheinbauten bei intaktem Matrizenstrang (Vergleich: die replikativen Pol δ und Pol ε haben eine Genauigkeit von 10^{-5}–10^{-6}). TLS, Transläsionssynthese; NHEJ, non homologous end joining, ein Reparaturweg von Doppelstrang-DNA-Brüchen; BER, Basen-Exzisions-Reparatur (siehe Text); polycycl. KW, polycyclischer Kohlenwasserstoff. Eine besondere Bemerkung gilt dem Eintrag **V(D)J-Rekombination**. Wie beschrieben, werden bei der Reifung von Immunglobulin-Genen DNA-Enden miteinander verknüpft. Etwaige Lücken werden durch fehlerhafte DNA-Synthese geschlossen (S. 241). Das ist ein Beitrag zur Erhöhung der Antikörper-Vielfalt. Schließlich muss angemerkt werden, dass die Tabelle nicht alle eukaryotischen DNA-Polymerasen enthält. (nach [2], [3], [4])

se, 5'dRP) und auf der anderen Seite eine freie 3'-OH-Gruppe. In Eukaryoten übernimmt dann die **DNA-Polymerase β** den nächsten Schritt: Sie entfernt mittels einer zweiten enzymatischen Aktivität, genannt **dRPase** (Deoxyribophosphodiesterase), den Deoxyribosephosphatrest und heftet dann das passende Nucleotid an das 3'-OH-Ende. Die verbleibende Öffnung im Zucker-Phosphat-Rückgrat der DNA wird dann versiegelt, und zwar meist durch die **DNA-Ligase III**, zusammen mit einem Protein, das **XRCC 1** (*x-ray repair cross-complementing group*) heißt. Wie das Protein zu der Bezeichnung kommt, erklären wir später. Hier genügt die Information, dass XRCC 1 notwendig ist, um die BER-Aktivitäten – von der AP-Endonuclease bis zur Ligase – zu koordinieren.

Was wir gerade beschrieben haben, ist die häufigste Version der BER, nämlich die **Kurzstreckenreparatur**

(*short patch repair*). Die andere Version ist die **Langstreckenreparatur** (*long patch repair*). Sie findet statt, wenn die replikativen DNA-Polymerasen (Pol δ oder Pol ε) die Reparatursynthese übernehmen. Dann werden 6–10 Nucleotide an das 3'-OH-Ende geheftet und der gegenüberliegende Strang wird verdrängt. Dieser muss entfernt werden, bevor die Ligase schließen kann. Dieser Vorgang erinnert an die Synthese von Okazaki-Fragmenten bei der Replikation und ein Blick zurück auf Plus 8.2 (S. 172) vermittelt ein Bild von den Ereignissen.

Die BER ist ein viel benutzter Reparaturweg. Sie tritt nicht nur in Aktion, wenn Uracilbasen in der DNA auftauchen, sondern auch wenn Basen durch Alkylierungen oder durch Oxidation geschädigt werden. Und weil beides wichtige genetische Reaktionen sind, werden wir sie uns bald etwas genauer ansehen.

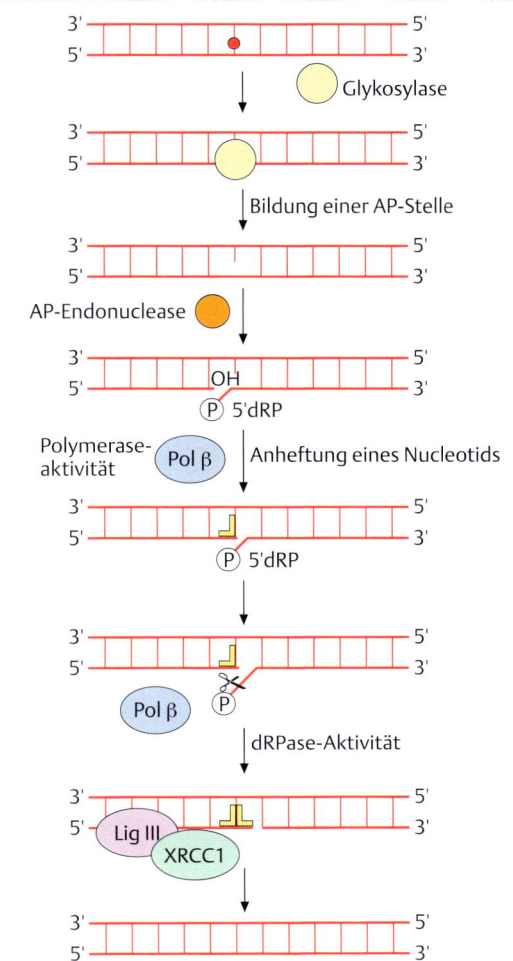

Abb. 11.13 Schema der Basenexzisionsreparatur beim Menschen. Erläuterungen s. Text. 5'dRP = 5'-Deoxyribosephosphatrest; dRPase = Deoxyribophosphodiesterase. (nach Christmann M, Tomicic MT, Roos WP et al (2003) Mechanisms of human DNA repair: an update. Toxicology 193: 3–34; Schärer OD (2003) Chemistry and biology of DNA repair. Angew Chemie Int Ed 42: 2946–2974)

Merke

Ungefähr 10 000 AP-Stellen können pro Tag und pro Zelle spontan entstehen. Sie werden in der Regel durch die Basenexzisionsreparatur (BER) beseitigt.

11.4.2 Alkylierte DNA-Basen und Reparatur

Wie die ▶ Tab. 11.3 zeigt, werden DNA-Basen im Genom täglich einige Tausend Mal durch Methylierung verändert, und zwar durch eine nicht enzymatische Übertra-

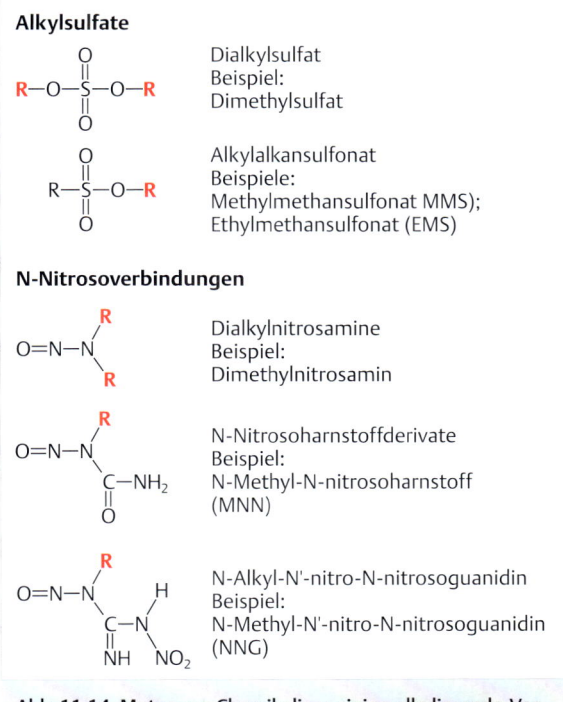

Abb. 11.14 Mutagene Chemikalien: einige alkylierende Verbindungen. $R = -CH_3$ oder $-CH_2-CH_3$.

gung der Methylgruppe von **S-Adenosylmethionin**, dem normalen Cofaktor von vielen Methylierungsreaktionen in der Zelle. Überdies kommen methylierende Chemikalien in unserer natürlichen Umwelt vor. Ein Beispiel ist die Bildung von Nitrosaminen im Magen-Darm-Trakt von Säugetieren. Dort entstehen **Nitrosamine** über sekundäre Amine aus den Abbauprodukten proteinhaltiger Nahrung. Weiter fallen methylierende – oder allgemeiner: alkylierende – Verbindungen bei Prozessen der industriellen Chemie an. Solche Stoffe, **Alkylsulfate und N-Nitrosoverbindungen** (▶ Abb. 11.14), werden vielfach in der experimentellen Mutations- und Krebsforschung eingesetzt.

Alkylierung von Basen

Alkylierende Chemikalien – oder besser: ihre reaktiven Stoffwechselprodukte – verändern DNA-Nucleotide, und zwar an allen Positionen, die einer Methylierung oder Ethylierung zugänglich sind, einschließlich der Phosphatreste (▶ Abb. 11.15). Aber die häufigsten Veränderungen sind 7-Methylguanin mit 70–80 % und 3-Methyladenin mit 6–10 % aller Reaktionsprodukte.

Reparatur der Basenalkylierung

Zellen von Eukaryoten exprimieren ein Enzym, die **N-Methylpurin-DNA-Glykosylase** (MPG), das die methylierten Basen erkennt, aus der Doppelhelix nach außen dreht und im aktiven Zentrum plaziert, wo die glykosidische

11

Bindung hydrolytisch gespalten wird. So entstehen AP-Stellen, die meist über den BER-Weg repariert werden, aber auch Mutationen auslösen können, wie im vorigen Abschnitt erklärt.

Auch Bakterien exprimieren entsprechende Glykosylasen. Darüber gleich mehr. Zuerst wollen wir noch eine besondere Form der Reparatur alkylierter Basen besprechen, die sogenannte **direkte Reparatur**.

In der ▸ Abb. 11.15 sind zwei Alkylierungsstellen durch Pfeile besonders gekennzeichnet: O^6-Methylguanin (O^6-MeG) und O^4-Methylthymin (O^4-MeT). Nach Behandlung mit alkylierenden Chemikalien macht O^6-MeG immerhin einige Prozent der Alkylierungsprodukte aus, während O^4-MeT viel seltener (< 0,5 %) ist. Das Besondere ist, dass diese Methylierungen die Basenpaarung beeinflussen – O^6-MeG kann mit Thymin und O^4-MeT mit Guanin paaren. Mutationen wären unvermeidlich, wenn nicht ein besonderes Reparaturenzym bereitstünde – die **O^6-Alkylguanin-Transferase** (AGT), die in allen Organismen, Bakterien wie Eukaryoten, vorkommt.

Die AGT übernimmt die Alkylgruppe aus der DNA und überträgt sie auf einen eigenen Cysteinrest (▸ Abb. 11.16). Die Reaktion ist damit zu Ende: Die AGT ist inaktiviert und wird abgebaut (über eine ubiquitinvermittelte Proteolyse).

Dass diese Reaktionen physiologisch wichtig sind, zeigen Untersuchungen an Mäusen: Tiere ohne AGT sind viel empfindlicher gegenüber den toxischen Effekten von N-Methyl-N-Nitrosoharnstoff und entwickeln viel häufiger Tumore als Wildtyptiere mit aktiver AGT – und umgekehrt: Ein Mehr an AGT schützt vor toxischen und cancerogenen Effekten.

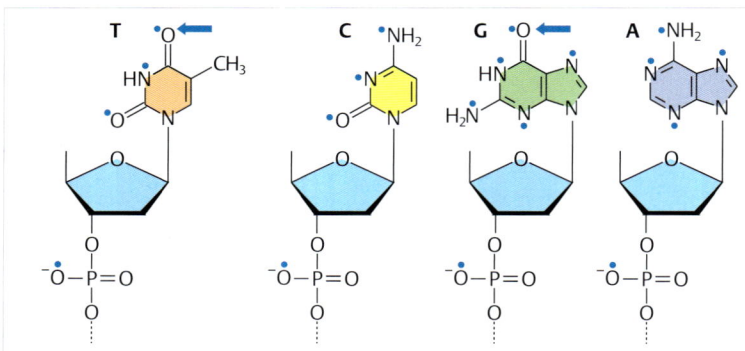

Abb. 11.15 Alkylierte Nucleotide in der DNA. Die Punkte markieren mögliche Anheftungsstellen für Methyl- oder Ethylgruppen, die Pfeile deuten auf Auslöser direkter Mutationen (durch Falschpaarungen).

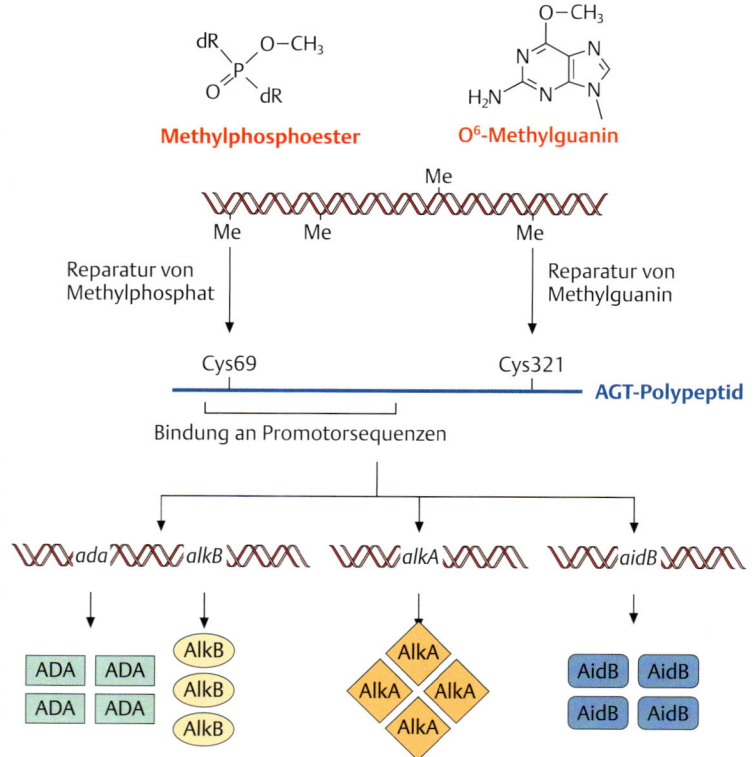

Abb. 11.16 O^6-Alkylguanin-Transferase und die adaptive Antwort in *E. coli*. Oben: zwei wichtige DNA-Schäden durch alkylierende Verbindungen. Mitte: Das Enzym AGT überträgt Methylgruppen auf eigene Cysteinbausteine an Position 69 und 321 der Aminosäuresequenz (Gesamtlänge: 354 Aminosäuren). Methyliertes AGT wirkt als Transkriptionsfaktor und fördert die Expression der gezeigten Gene. (nach Begley TJ, Samson LD (2003) AlkB mystery solved: oxidative demethylation of N1-methyladenine and N3-methylcytosine adducts by a direct reversal mechanism. Trends Biochem Sci 28: 2–5; Demple B, Sedgwick B, Robbins P et al (1985) Active site and complete sequence of the suicidal methyltransferase that counters alkylation mutagenesis. Proc Nat Acad Sci USA 82: 2688–2692)

11

Im Übrigen kann man zeigen, dass die Menge an AGT ansteigt, wenn Säugetierzellen über eine längere Zeit mit alkylierenden Verbindungen behandelt werden – eine sinnvolle Reaktion, die gewährleistet, dass der Vorrat an AGT, wenn nötig, wieder aufgefüllt wird.

Bakterien besitzen einen eleganten und recht gut untersuchten Mechanismus zur Reparatur der Basenalkylierung – die **adaptive Antwort**. Diese Bezeichnung stammt aus den Anfängen der Forschungen auf diesem Gebiet. Mikrobiologen hatten entdeckt, dass Bakterien, die zuerst mit niedrigen Dosen von alkylierenden Verbindungen behandelt werden, eine nachfolgende Behandlung mit hohen Dosen besser überstehen als unbehandelte Bakterien. Das zeigt, dass Bakterien sich an eine Umgebung mit alkylierenden Chemikalien „adaptieren" können.

Was liegt dem zugrunde? Im Zentrum steht die bakterielle AGT selbst. Durch Aufnahme einer Methylgruppe am aminoterminalen Cystein 69 erfährt das Protein eine **Änderung seiner Struktur**. In dieser neuen Form kann die AGT jetzt als **Transkriptionsfaktor** mit hoher Affinität an stromaufwärts liegende Bereiche in den Promotoren einiger Gene binden, u. a. an den Promotor des *ada*-Operons, zu dem auch das Gen für die bakterielle AGT selbst

gehört. So kommt es zu einer enormen Steigerung der AGT-Produktion von einigen wenigen auf mehr als Tausend Moleküle pro *E. coli*-Zelle (▶ Abb. 11.16). Das ***ada*-Operon** enthält noch ein zweites Gen, ***alkB***, für ein Enzym, das eine direkte oxidative Demethylierung von N^1-Methyladenin und N^3-Methylcytosin ermöglicht. Gleichzeitig mit dem *ada*-Operon werden weitere Gene durch die methylierte AGT aktiviert: ***alkA*** (codiert eine 3-Methyladenin-DNA-Glykosylase, die trotz ihres Namens nicht nur 3-Methyladenin, sondern auch eine Reihe anderer methylierter Basen entfernen kann) und ***aidB*** (das – vermutlich – alkylierende Chemikalien abbauen kann). Insgesamt bilden die Gene ein **Regulon** (S. 111) (▶ Abb. 11.16), bestens geeignet für eine Abwehr toxischer Alkylanzien.

11.4.3 Oxidative Basenschäden und Reparatur

Es geht hier um DNA-Schäden durch Hydroxylradikale (•OH). Hydroxylradikale entstehen in Zellen über Umwege aus Wasserstoffperoxid (H_2O_2), ein Nebenprodukt von

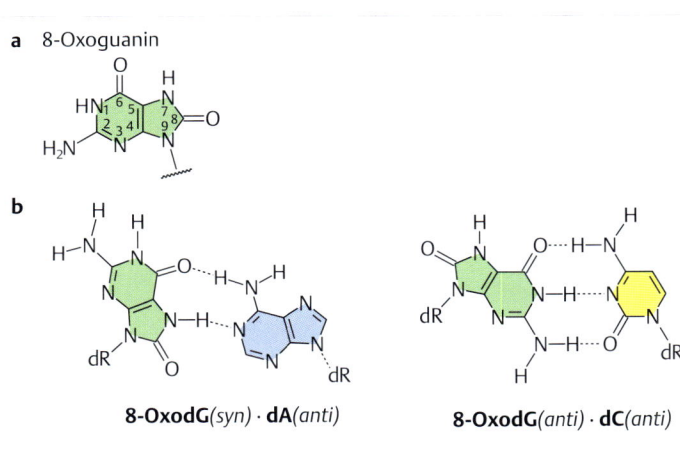

a 8-Oxoguanin

b 8-OxodG*(syn)* · **dA***(anti)*   8-OxodG*(anti)* · **dC***(anti)*

c Oxidation eines Guaninbausteins der DNA

Transversion

d Oxidation eines freien dGTP

Transversion

Abb. 11.17 Oxidative Basenschäden. (nach Demple B, Harrison L (1994) Repair of oxidative damage to DNA: enzymology and biology. Annu Rev Biochem 63: 915–948; Grollman AP, Moriya M (1993) Mutagenesis by 8-oxoguanine: an enemy within. Trends Genet 9: 246–249)

a 8-Oxoguanin, ein wichtiges oxidatives Reaktionsprodukt.

b 8-Oxoguanin kann mit Adenin oder mit Cytosin paaren. dR = Deoxyribose.

c 8-Oxoguanin im Matrizenstrang führt zu einer Transversion.

d Der Falscheinbau von 8-Oxodeoxyguanosintriphosphat führt ebenfalls zu einer Transversion.

11

Reaktionen der Atmungskette. Der größte Teil des Wasserstoffperoxids wird durch Katalasen und Peroxidasen zerstört. Jedoch wird ein kleinerer, aber wichtiger Anteil in **reaktive Hydroxylradikale** überführt.

Reaktive Radikale bilden sich in weit größeren Mengen beim Einwirken **ionisierender Strahlen** aller Art. Wie später in diesem Kapitel beschrieben, kommt es über Radiolyse von Wasser zur Ausbildung von Hydroxylradikalen. Somit erzeugen ionisierende Strahlen aller Art schwere Schäden an der DNA, u. a. DNA-Strangbrüche und Veränderungen an Nucleotiden. Strahlenforscher haben an die hundert verschiedene Reaktionsprodukte von Nucleotiden gefunden, darunter auch **8-Oxoguanin** (8-OxoG) (► Abb. 11.17a). Wie aus der ► Tab. 11.3 hervorgeht, ist 8-OxoG für das Auslösen von Mutationen besonders wichtig.

Mutationen werden über zwei Wege ausgelöst:
- Die **Entstehung von 8-OxoG in der DNA:** Bei der Replikation kann gegenüber einem 8-OxoG im Matrizenstrang sowohl das normale Cytosinnucleotid eingebaut werden als auch, und zwar bevorzugt, ein Adeninnucleotid. Die Konsequenz ist eine GC- nach TA-Transversion (► Abb. 11.17b, ► Abb. 11.17c).
- Die **Veränderung des Guanins im freien dGTP und Bildung von 8-OxodGTP.** Das veränderte Deoxynucleotid kann gegenüber einem Adeninnucleotid eingebaut werden. Deswegen können in einem weiteren Replikationsschritt AT- nach CG-Transversionen entstehen (► Abb. 11.17d).

Um solchen Schäden zu begegnen, gibt es sowohl in prokaryotischen als auch in eukaryotischen Zellen mehrere Mechanismen:
- Ein Enzym, die **8-OxodGTP-Phosphatase**, zerstört das freie 8-OxodGTP durch Abspalten endständiger Phosphatreste und macht diese so für den Einbau in die DNA unbrauchbar. Das Enzym wurde zuerst durch die Untersuchung einer Mutatormutante von *E. coli* entdeckt und deshalb MutT-Protein genannt. Die eukaryotischen Versionen heißen deswegen MutT-Homologe, kurz MTH.
- Das MutY-Protein von *E. coli* bzw. das MutY-Homolog (MYH) von Eukaryoten ist die **MYH-DNA-Glykosylase**. Sie schneidet das falsch eingebaute Adeninnucleotid gegenüber einem 8-OxoG-Baustein heraus.
- Die **8-Oxoguanin-DNA-Glykosylase** (OGG) entfernt ein 8-OxoG und zwar speziell, wenn es mit Cytosin gepaart im DNA-Doppelstrang vorkommt. Die OGG, auch MutM genannt, verhindert also, dass bei zukünftigen Replikationsrunden eine Falschpaarung mit Adenin erfolgt (► Abb. 11.18).

11

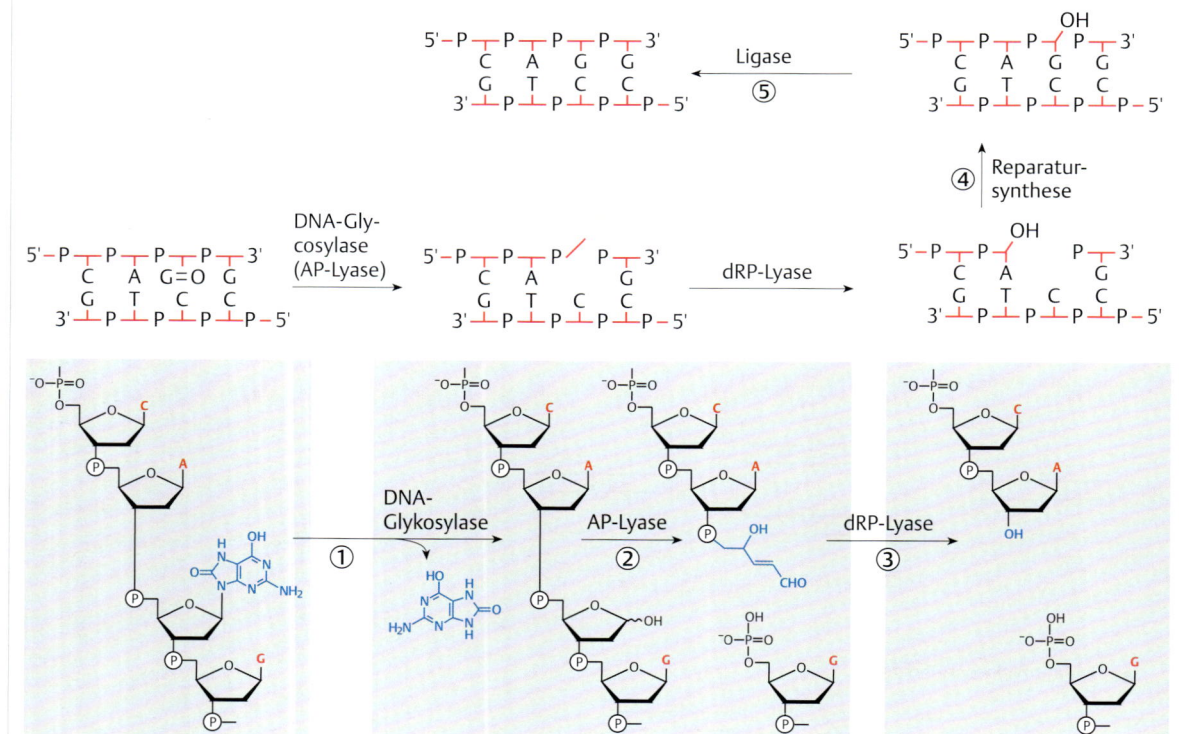

Abb. 11.18 Entstehung von AP-Stellen durch die 8-Oxoguanin-DNA-Glykosylase/Lyase. (nach Demple B, Harrison L (1994) Repair of oxidative damage to DNA: enzymology and biology. Annu Rev Biochem 63: 915–948)

Die 8-Oxoguanin-DNA-Glykosylase gehört zu einer Gruppe von Glykosylasen, die den DNA-Strang – anders als die bisher besprochenen Glykosylasen – ohne Hilfe einer AP-Endonuclease spalten können, und zwar über eine **Lyasereaktion**. Wie in ▶ Abb. 11.18 ① gezeigt, kommt es zuerst zur Ablösung der geschädigten Base. Anschließend sorgt die AP-Lyasefunktion für die Auftrennung des Deoxyribose-Phosphat-Bandes (▶ Abb. 11.18 ②) durch Spaltung der C-O-Bindung zwischen Deoxyribose und Phosphat, mit gleichzeitiger Ausbildung einer C=C-Doppelbindung im Deoxyribosegerüst. Danach wird die Phosphoesterbindung am 3′-Ende durch eine dRP-Lyase geöffnet und der dRP-Rest entfernt (▶ Abb. 11.18 ③). Die Lücke aus einem Nucleotid wird in einer Reparatursynthese (▶ Abb. 11.18 ④) durch die DNA-Polymerase β und die Ligase geschlossen (▶ Abb. 11.18 ⑤).

11.4.4 Unförmige Anheftungen an DNA

Nucleotide werden häufig durch unförmige Anheftungen (***bulky adducts***) oder durch Bestrahlung mit **ultraviolettem Licht** beschädigt. Unförmige Anheftungen entstehen nach Behandlung von Zellen mit polycyclischen Kohlenwasserstoffen.

Seit vielen Jahren kennt man die krebserzeugende Wirkung von polycyclischen Kohlenwasserstoffen. Die intensive Erforschung ihrer Wirkungsweise hat wesentlich zu der Erkenntnis beigetragen, dass die Umwandlung normaler Zellen in Tumorzellen auf Mutationen zurückzuführen ist. Polycyclische Kohlenwasserstoffe im Steinkohlenteer und in anderen industriellen Produkten werden in Leberzellen über eine komplizierte Kette von biochemischen Reaktionen in ein wirksames Agens überführt, das dann die Basen in den DNA-Bausteinen verändert. Einzelheiten dieser interessanten Wege können wir hier nicht erörtern, aber in der ▶ Abb. 11.19 zeigen wir als Beispiel die Überführung der „klassischen" cancerogenen Verbindung Benz[a]pyren in ihre aktive Form. Die Anheftung von polycyclischen Kohlenwasserstoffen führt meist zu einer erheblichen Verzerrung der DNA-Struktur. Deswegen sprechen die Fachleute von unförmigen Basenmodifikationen (*bulky adducts*).

Die Auslösung von Mutationen durch solche unförmigen Basenmodifikationen beruht hauptsächlich auf zwei Mechanismen:

- Die glykosidische Bindung zwischen den modifizierten Basen und der Deoxyribose ist labiler als normalerweise. Dementsprechend sind hydrolytische Depurinierungen mit einer vermehrten Erzeugung von AP-Stellen und möglichen Falscheinbauten häufig.
- Die DNA-Replikation wird durch die unförmigen Modifikationen blockiert. Dadurch entstehen oft lange einzelsträngige Regionen an den Replikationsgabeln, wodurch bei Bakterien der fehlerhafte SOS-Reparaturweg und bei Eukaryoten die Checkpointkontrolle ausgelöst wird (s. u.).

11.4.5 DNA-Schäden durch ultraviolettes Licht und ihre Reparatur

Ultraviolette (UV-)Strahlen erzeugen eine Reihe von Veränderungen an den Nucleotidbausteinen der DNA. Am häufigsten sind chemische Reaktionen (*cross-links*) zwischen benachbarten Pyrimidinen, bevorzugt zwischen zwei Thyminresten. Das charakteristische Produkt, ein

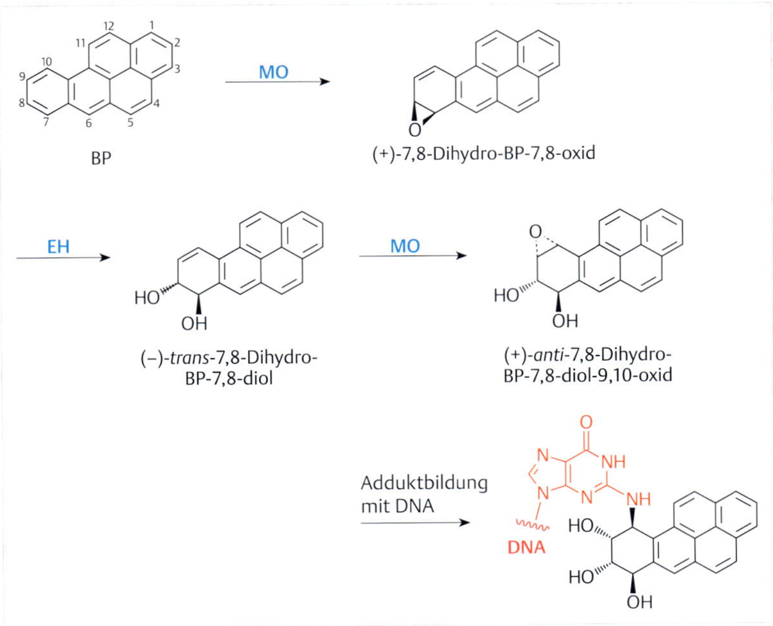

BP

(+)-7,8-Dihydro-BP-7,8-oxid

(–)-*trans*-7,8-Dihydro-BP-7,8-diol

(+)-*anti*-7,8-Dihydro-BP-7,8-diol-9,10-oxid

Adduktbildung mit DNA

DNA

Abb. 11.19 Aktivierung von Benzo-[a]pyren. Die aktivierte Verbindung reagiert bevorzugt mit Guanin. BP = Benzo-[a]pyren; MO = Monooxygenase; EH = Epoxid-Hydrolase. (nach Philipps DH (1983) Fifty years of benzo-(a)pyrene. Nature 303: 468–473)

11

271

Thymindimer, das kovalent über einen Cyclobutanring verbunden ist, kann bis zu 85 % aller UV-Schäden ausmachen (▶ Abb. 11.20a). Seltener (in etwa 10 % der Fälle) findet man das sogenannte TC(6–4)-Photoprodukt (▶ Abb. 11.20b). In jedem Fall kommt es zu einer Strukturänderung der DNA-Doppelhelix.

Im Folgenden werden wir die drei wesentlichen Mechanismen zur Reparatur von UV-Schäden besprechen:
- die Photoreaktivierung
- die Nucleotid-Exzisionsreparatur (NER)
- die rekombinative Reparatur

Photoreaktivierung

Das Enzym **Photolyase** erkennt DNA-Strukturveränderungen und bindet an Pyrimidindimere, auch an TC(6–4)-Photoprodukte. Das Protein nutzt dann die Energie des sichtbaren Lichtes (mit Wellenlängen von 340–400 nm) für die **Wiederherstellung der korrekten Nucleotide** (▶ Abb. 11.21). Dafür trägt das Enzym zwei Chromophore: 5,10-Methylentetrahydrofolat sammelt die Lichtenergie und überträgt Elektronen auf das Flavinadenindinucleotid (FAD). Die reduzierte Form $FADH_2$ liefert die Elektronen für die Spaltung der Cyclobutanringe. Im Endeffekt kommt es zur Wiederherstellung des ursprünglichen Zustandes. Interessant ist, dass die Photolyase für die Spaltung der Cyclobutanringe zunächst ein Thymindimer aus der helikalen DNA-Anordnung auslöst und in ihr aktives Zentrum transportiert.

Merke

Photolyasen kommen in Bakterien, Archaeen, Hefen und Pflanzen vor, auch in Insekten und Wirbeltieren (Fische, Amphibien, Vögel), aber merkwürdigerweise nicht in höheren Säugetieren (Placentalia) einschließlich des Menschen.

Nucleotid-Exzisionsreparatur bei Bakterien

Um das Prinzip der **Nucleotid-Exzisionsreparatur** (NER) kennenzulernen, ist es sinnvoll, zuerst die relativ einfachen Verhältnisse bei Bakterien, genauer bei *E. coli*, anzusehen. Tatsächlich begann die Erforschung der NER mit *E. coli*-Mutanten, die empfindlicher als Wildtypbakterien auf UV-Licht reagieren. Die betreffenden Gene erhielten Bezeichnungen wie *uvrA*, *uvrB*, *uvrC* usw. (*uvr*, **uv-r**epair). Dann zeigte sich, dass die Genprodukte, also die UvrA-, UvrB- und UvrC-Proteine, Komponenten der Nucleotid-Exzisionsreparatur sind (▶ Tab. 11.6).

Der Reparaturweg läuft über folgende Stationen (▶ Abb. 11.22):
- Zwei UvrA-Proteine und ein UvrB-Protein bilden in Gegenwart von ATP einen Dreierkomplex, der spezifisch an DNA-Schäden bindet (▶ Abb. 11.22 ①, ②). Nach einer UV-Bestrahlung ist der Schaden gewöhnlich ein Thymindimer, aber der UvrAB-Komplex erkennt auch andere Veränderungen, wie etwa unförmige Basenmodifikationen.

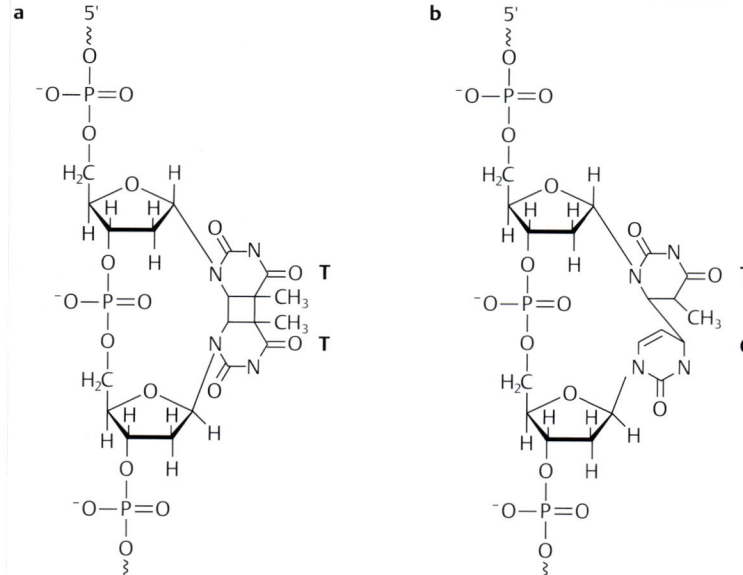

Abb. 11.20 DNA-Schäden nach Bestrahlung mit ultraviolettem Licht.
a Thymindimer.
b Thymin-Cytosin(6–4)-Photoprodukt.

11

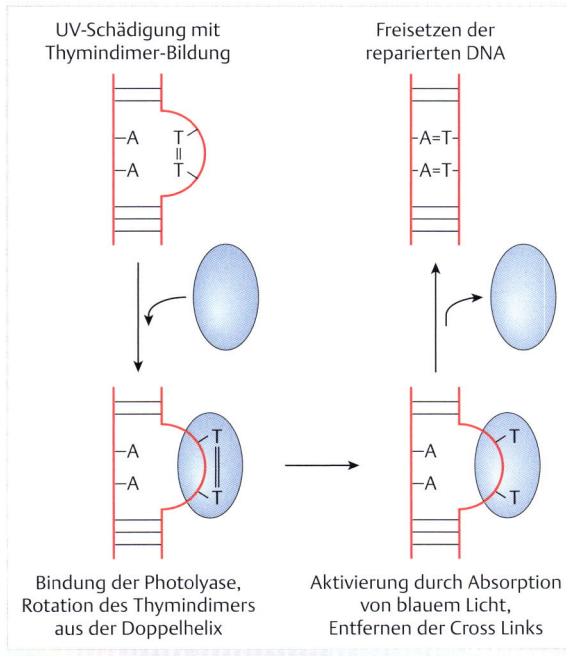

UV-Schädigung mit Thymindimer-Bildung

Freisetzen der reparierten DNA

Bindung der Photolyase, Rotation des Thymindimers aus der Doppelhelix

Aktivierung durch Absorption von blauem Licht, Entfernen der Cross Links

Abb. 11.21 Auflösen der Thymindimere durch die licht-aktivierte Photolyase. Erläuterungen s. Text. (nach Li J et al. (2010) Dynamics and mechanism of repair of ultraviolet-induced (6-4) photoproduct by photolyase. Nature Vol 466: 887–890)

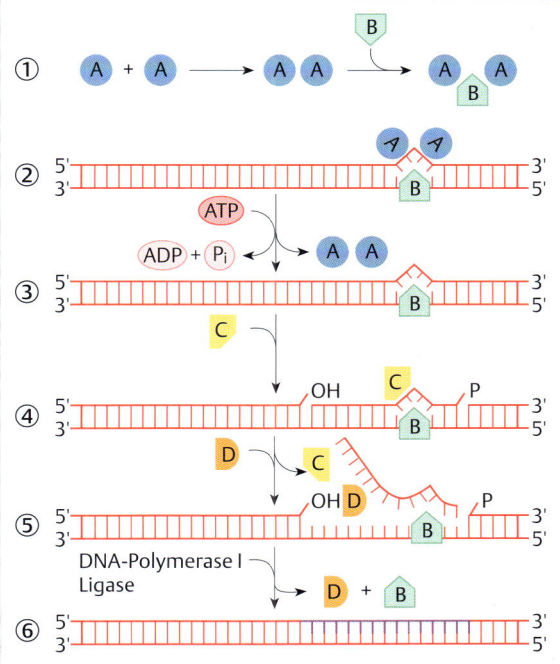

Abb. 11.22 Nucleotid-Exzisionsreparatur von UV-Schäden bei Bakterien. Die Funktion der Proteine UvrA, B, C und D sind im Text beschrieben und noch einmal in der ▶ Tab. 11.6 zusammengefasst. (nach Hoeijmakers JHJ (1993) Nucleotide excision repair I: from E. coli to yeast. Trends Genet 9: 173–177; Hoeijmakers JHJ (1993) Nucleotide excision repair II: from yeast to mammals. Trends Genet 9: 211–217)

- Nach der Bindung an die geschädigte DNA-Stelle kommt es durch ATP-Spaltung zu einer Veränderung der Struktur sowohl in dem UvrB-Protein als auch im Bereich der geschädigten DNA. Das UvrA-Protein wird dann durch das UvrC-Protein ersetzt (▶ Abb. 11.22 ③, ④).
- Der UvrBC-Komplex schneidet die DNA: das UvrC-Protein acht Nucleotide vom DNA-Schaden entfernt Richtung 5'-Ende und das UvrB-Protein fünf Nucleotide vom DNA-Schaden entfernt Richtung 3'-Ende (▶ Abb. 11.22 ④).
- Die UvrD-Helikase tritt in Aktion und entfernt den geschädigten DNA-Einzelstrang durch Spaltung der Basenpaarungen (▶ Abb. 11.22 ⑤). Damit ist die Exzision, das Ausschneiden, des schadhaften DNA-Abschnitts beendet.
- Jetzt folgen eine Reparatursynthese durch die bakterielle DNA-Polymerase I und eine Versiegelung des Phos-phodiesterbands durch die DNA-Ligase (▶ Abb. 11.22 ⑥).

Eine zusätzliche Komponente der Nucleotidexzision bei Bakterien ist das **Mfd-Protein** (Mfd, *mutation frequency declining*) (▶ Tab. 11.6), auch bekannt als TRCF (*transcription repair coupling factor*). Diese zweite Bezeichnung wurde gewählt, weil das Protein die bevorzugte Reparatur von DNA-Schäden im transkribierten Strang aktiver Gene vermittelt. Die RNA-Polymerase kommt an Stellen geschädigter DNA zum Halt. Das Mfd-Protein verdrängt die RNA-Polymerase und ermöglicht die Bindung des UvrA-Proteins, das dann die Reparatur nach dem Schema der ▶ Abb. 11.22 einleitet.

11

Tab. 11.6 Komponenten der Nucleotid-Exzisionsreparatur bei *E. coli*.

Protein	Größe (Anzahl der Amino-säuren)	Funktion
UvrA	940	zwei ATP-Bindungsstellen Wechselwirkung mit UvrB
UvrB	673	bindet zusammen mit UvrA an UV-Schäden und an zahlreiche andere Schäden, die zu einer Strukturveränderung der DNA-Doppelhelix führen (*bulky adducts*)
UvrC	610	wirkt im Komplex mit UvrB als Endonuclease
UvrD	720	DNA-Helikase II auch an der Mismatch-Reparatur beteiligt
Mfd	1148	vermittelt die spezifische Reparatur des transkribierten DNA-Stranges

Reparatur durch Rekombination bei Bakterien

Bakterienmutanten ohne Photolyase und ohne Nucleotid-Exzisionsreparatur sind nicht ganz hilflos den Folgen von ultraviolettem Licht ausgesetzt. Da Replikationsgabeln verzerrte DNA-Helixbereiche nicht passieren können, entstehen lange einzelsträngige Abschnitte. Wie im Kap. 8 besprochen, regen einzelsträngige DNA-Bereiche die Rekombination zwischen homologen Molekülen an. Aus vielen einzelnen Rekombinationsereignissen können unbeschädigte Genome hervorgehen. Damit ist das Überleben der Bakterienzelle gesichert.

Nucleotid-Exzisionsreparatur bei Eukaryoten

Die Erforschung der Nucleotid-Exzisionsreparatur bei Eukaryoten begann hauptsächlich mit Arbeiten an zwei Systemen:
- strahlenempfindliche Hefemutanten und
- menschliche Zellen von Patienten, die an der seltenen Krankheit Xeroderma pigmentosum leiden.

Tatsächlich kann an kaum einem anderen Beispiel so drastisch gezeigt werden, dass das Licht der Sonne das Leben auf der Erde nicht nur erhält, sondern auch bedroht, denn Menschen mit der Krankheit **Xeroderma pigmentosum** erleiden schon bei geringster Sonneneinstrahlung schwere Schädigungen der Haut und müssen früh in ihrem Leben auf eine Entwicklung von Hautkrebs gefasst sein (s. auch Pathologie 13.1 (S. 319). Die Ursache sind Mutationen in einem der sieben Gene, *XPA* bis *XPG*, die normalerweise für die Nucleotid-Exzisionsreparatur verantwortlich sind (▸ Tab. 11.7).

Die Forschungen an den Zellen von XP-Patienten wurden durch ein anderes experimentelles Vorgehen ergänzt, nämlich durch die Untersuchung von UV-sensitiven oder überhaupt strahlungssensitiven Nagetierzellen in Kultur. Zellbiologen übertrugen Stücke menschlicher DNA in diese Zellen und prüften, welches Stück den Schaden ausgleicht und ein Überleben auch nach starker UV-Bestrahlung ermöglicht. Diese komplementierenden DNA-Stücke wurden mit gentechnischen Verfahren isoliert und analysiert. Man spricht von *ERCC*-Genen (*ERCC*, **e**xcision **r**epair **c**ross **c**omplementing). Einige der gefundenen *ERCC*-Gene entsprechen den auf anderen Wegen isolierten *XP*-Genen (▸ Tab. 11.7).

Schließlich zeigte sich, dass einige *XP*-Genprodukte zugleich Komponenten des essenziellen eukaryotischen **Transkriptionsfaktors TFIIH** sind (S. 318). Dies lässt eine Verbindung zwischen Reparatur und Transkription vermuten. Jedenfalls wird in Eukaryoten – ähnlich wie in Bakterien – ein in aktiven Genen transkribierter Strang um einen Faktor zwischen 5 und 10 effizienter repariert als nicht transkribierte DNA. Wir werden gleich sehen, dass die transkribierende RNA-Polymerase an den Stellen mit DNA-Schäden anhält und die Bildung des Reparaturkomplexes, einschließlich TFIIH, veranlasst.

In groben Zügen läuft die eukaryotische NER so ab wie die bakterielle NER, obwohl die beteiligten eukaryotischen Proteine evolutionär nicht mit den funktionell entsprechenden bakteriellen Proteinen verwandt sind. Zudem gibt es zahlreiche Abweichungen im Detail. Auch unterscheidet man noch deutlicher als bei Bakterien eine **globale Genomreparatur**, die alle Bereiche des Genoms betreffen, von einer **transkriptionsgekoppelten Reparatur** (*TCR, transcription coupled repair*) mit der bevorzugten Reparatur der transkribierten DNA-Stränge in aktiven Genen.

Die globale Genomreparatur durchläuft folgende Schritte:
- Je nach Art werden DNA-Schäden durch einen von zwei Proteinkomplexen erkannt (▸ Abb. 11.23 ①): **XPC/HR23B/Centrin 2** oder **DDB1/DDB2**. Der DDB-Komplex (DDB, *damaged DNA-binding protein*) aktiviert eine Ubiquitin-Ligase, die das XPC-Protein an die geschädigte DNA-Stelle leitet und DDB2 und XPC ubiquitiniert (▸ Abb. 11.23 ②). Der DDB-Komplex löst sich daraufhin von der DNA.

Tab. 11.7 Komponenten der Nucleotid-Exzisionsreparatur in menschlichen Zellen.

Bezeichnung	Untereinheiten	Funktionen
XPA	keine weiteren	Bindung an DNA-Schäden wie Aflatoxinguanin, TC(6–4)-Photoprodukt und andere; Wechselwirkung mit dem einzelstrangbindenden Protein RPA
XPC	XPC HR23B/Centrin2	Bindung an DNA-Schäden; Wechselwirkung mit anderen Proteinen im NER-Komplex
TFIIH	XPB/ERCC 3 XPD/ERCC 2 und acht weitere (s. ▸ Abb. 13.17)	3'-5'-DNA-Helikase 5'-3'-DNA-Helikase
XPG/ERCC 5	keine weiteren	Endonuclease für den Schnitt Richtung 3'-Ende
XPF/ERCC 4	XPF/ERCC 4 ERCC 1	Endonuclease für den Schnitt Richtung 5'-Ende
DDB1/DDB2	Heterodimer	Erkennung von UV-Schäden

11

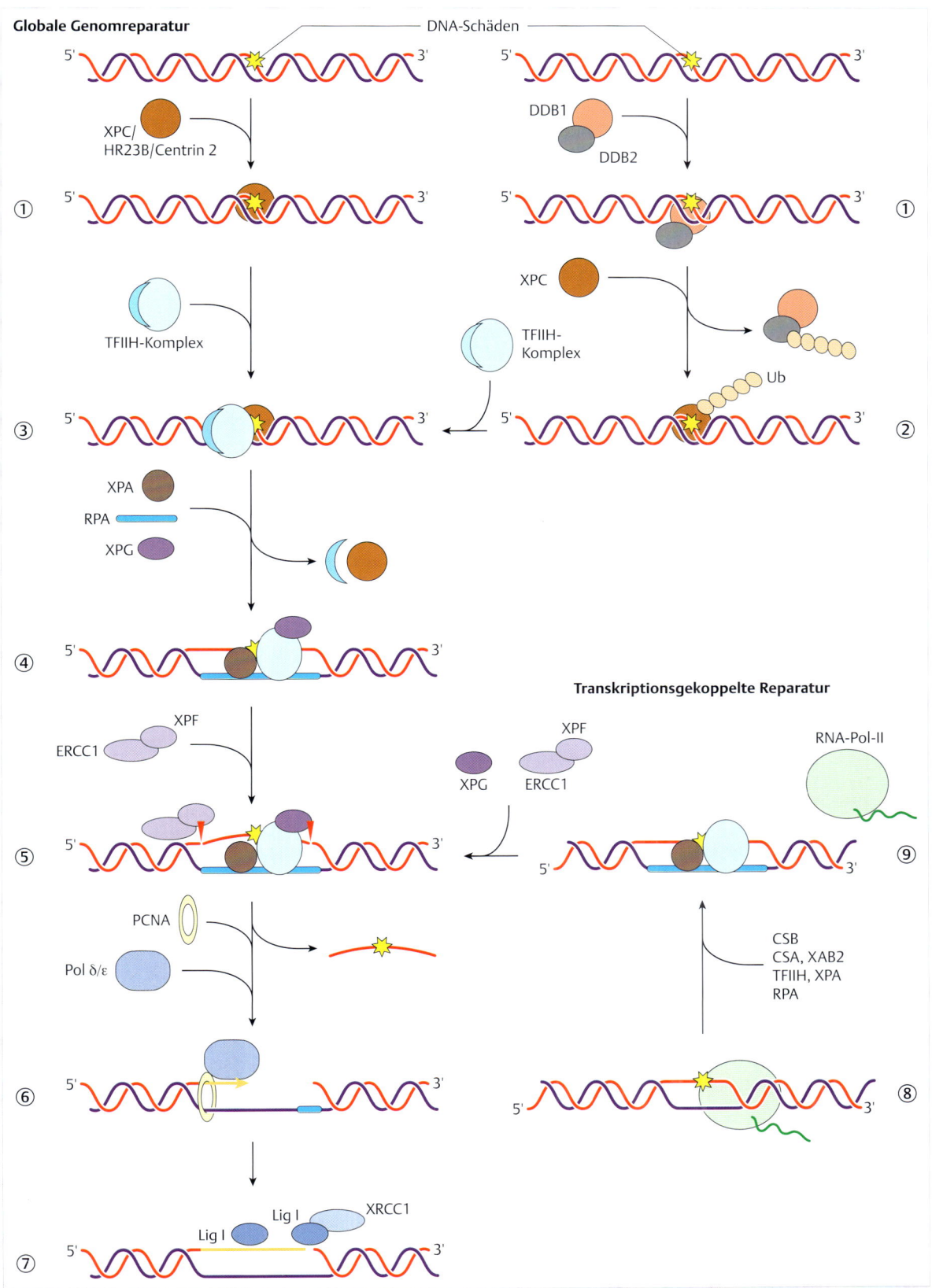

Abb. 11.23 Globale Genomreparatur und transkriptionsgekoppelte Reparatur. Erläuterungen s. Text. gelber Stern = Ort der DNA-Schädigung; Ub = Ubiquitinierung; rote Pfeilspitzen = Schnittstellen. (nach Guo C, Tang T-S, Friedberg EC (2010) Snapshot: Nucleotide excision repair. Cell 140: 754)

- Der **TFIIH-Komplex** bindet anschließend über das XPC-Protein an die geschädigte DNA (▶ Abb. 11.23 ③). TFII steht für **T**ranskriptions**f**aktor für die RNA-Polymerase II, weil dieses Protein mit seinen acht Untereinheiten bei Forschungen über die Einleitung der Transkription entdeckt wurde; es wird uns in diesem Zusammenhang später wieder begegnen (S. 318). Aber der TFIIH-Komplex hat außerdem eine essenzielle Funktion bei der NER. Dabei kommt es vermutlich hauptsächlich auf die Untereinheiten mit DNA-Helikasefunktion an, denn TFIIH entwindet im Komplex mit XPA und RPA im Bereich der geschädigten DNA einen Abschnitt von bis zu 25 bp (▶ Abb. 11.23 ④).
- Dann kommen die Proteine **XPF** und **XPG** ins Spiel (▶ Abb. 11.23 ⑤). Das sind Endonucleasen, die die DNA schneiden, und zwar in Abständen von 20 ± 5 bp auf der 5′-Seite bzw. von 6 ± 3 bp auf der 3′-Seite des DNA-Schadens. Der Bereich zwischen den Schnitten wird entfernt. Zurück bleibt eine **Einzelstranglücke**.
- Die Einzelstranglücke wird durch **Reparatursynthese** geschlossen (▶ Abb. 11.23 ⑥): Der Faktor RPA bringt das Ringklemmenprotein PCNA in Position, daran lagert sich die replikative **DNA-Polymerase δ** (oder ε) und schließt die Lücke, ganz so wie bei der Synthese von Okazaki-Fragmenten an Replikationsgabeln. Der letzte Schritt ist dann der Verschluss des Phosphodiesterbands durch die **DNA-Ligase I** (▶ Abb. 11.23 ⑦).

Wie oben angedeutet, führt die transkriptionsgekoppelte Reparatur dazu, dass der transkribierte Strang von aktiven Genen um ein Vielfaches bereitwilliger repariert wird als sonstige Bereiche im Genom.

Die transkribierende RNA-Polymerase II (RNA-Pol II) kommt an der Stelle des DNA-Schadens zum Halt (▶ Abb. 11.23 ⑧) und zwei Proteine mit der Bezeichnung **CSA** und **CSB** finden sich zusammen mit anderen ein. Ihre Funktionen sind die Entfernung der RNA-Polymerase und das Beladen der DNA mit TFIIH sowie den Endonucleasen XPF und XPG (▶ Abb. 11.23 ⑨). So entsteht eine Einzelstranglücke, die durch Reparatursynthese geschlossen wird.

Das **CS** in CSA und CSB steht für **Cockayne-Syndrom**, eine sehr seltene, schwere Entwicklungsstörung, unter anderem verbunden mit mentaler Behinderung, Zwergwuchs und frühzeitigem Altern. Untersuchungen an Zellkulturen ergaben zwei Komplementationsgruppen, CSA und CSB. Beide Zelltypen sind überempfindlich gegen UV-Licht, weil spezifisch die transkriptionsgekoppelte Reparatur (nicht die globale Genomreparatur) ausgeschaltet ist.

Das Protein CSB gehört zur gleichen Proteinfamilie wie SNF2, eine Komponente des Transkriptionsregulators SWI/SNF2. Es bindet gemeinsam mit CSA und anderen Faktoren an TFIIH. Überhaupt ist die Transkription in CSA- und CSB-Zellen erheblich gestört, und das könnte ein Grund für die wichtigsten Symptome bei den CS-Patienten sein – Zwergwuchs und frühes Altern.

Wir notieren wichtige Unterschiede der eukaryotischen NER im Vergleich zum bakteriellen System:
- die Beteiligung einer größeren Zahl von Proteinen am Schneide- und Entwindungsvorgang,
- die Ausbildung einer größeren Einzelstranglücke nach Entfernung des geschädigten DNA-Bereichs: 27–29 Nucleotide bei Eukaryoten gegenüber etwa 13 Nucleotiden bei Bakterien und
- die Beteiligung von Replikationsproteinen (Pol δ/ε, RPA, PCNA und – vermutlich – RFC) bei der Reparatursynthese in Eukaryoten, während in Bakterien die Synthese von der DNA-Polymerase I übernommen wird, einem eigenen Reparaturenzym.

Überschreitungen ohne Fehler und mit Fehlern

Etwa ein Viertel aller Patienten mit **Xeroderma pigmentosum** haben nach allen Kriterien gut funktionierende Nucleotidexzisionsenzyme. Weil man diese Form der Krankheit zunächst nicht recht einordnen konnte, sprach man von einer XP-Variante oder kurz: XPV. Die Patienten sind nur wenig sensitiver gegenüber UV-Licht als normal, aber haben ein hohes Risiko, an Hautkrebs zu erkranken.

Was liegt dem zugrunde? Angeregt durch entsprechende Arbeiten an reparaturdefekten Hefemutanten konnte die richtige Antwort gefunden werden.

Wie in der ▶ Abb. 11.24 skizziert, führen Thymindimere oder auch andere DNA-Addukte zu einer Blockade für die fortschreitende Replikationsgabel, einfach weil die normalen replikativen DNA-Polymerasen nicht die Hürde im Matrizenstrang überwinden können. Andere DNA-Polymerasen können jedoch eingreifen, insbesondere die **DNA-Polymerase η** (eta), die ein modifiziertes Nucleotid im Matrizenstrang einigermaßen fehlerfrei kopieren kann. Patienten mit der varianten Form von XP fehlt eine aktive DNA-Polymerase η. Stattdessen greift die **DNA-Polymerase ζ** (zeta) ins Geschehen ein. Auch dieses Enzym kann Matrizenstränge mit veränderten Nucleotiden kopieren, allerdings fehlerhaft (▶ Abb. 11.24). Es entstehen Mutationen durch Fehleinbauten, u. a. auch in Genen, die für die Regulation der Zellproliferation verantwortlich sind.

Dieses Ergebnis hilft, das klinische Bild der Krankheit zu verstehen. Die XPV-Patienten haben eine milde Form von XP, weil die Nucleotidexzision an sich funktioniert. Aber sie erkranken oft an Hautkrebs, weil die relativ fehlerfreie Funktion der DNA-Polymerase η ausgefallen ist und die fehlerhafte DNA-Polymerase ζ ins Spiel kommt.

Es ist eine kuriose Situation, dass Eukaryoten, von Hefe bis Mensch, zwei DNA-Polymerasen für das Kopieren geschädigter DNA-Stränge besitzen. Eine DNA-Polymerase kann beschädigte Nucleotide im Matrizenstrang nahezu fehlerfrei kopieren, während die zweite das nur mit Falscheinbauten schafft. Wozu das zweite fehlerhaft arbeitende Enzym? Vermutlich ist jedes Enzym auf die

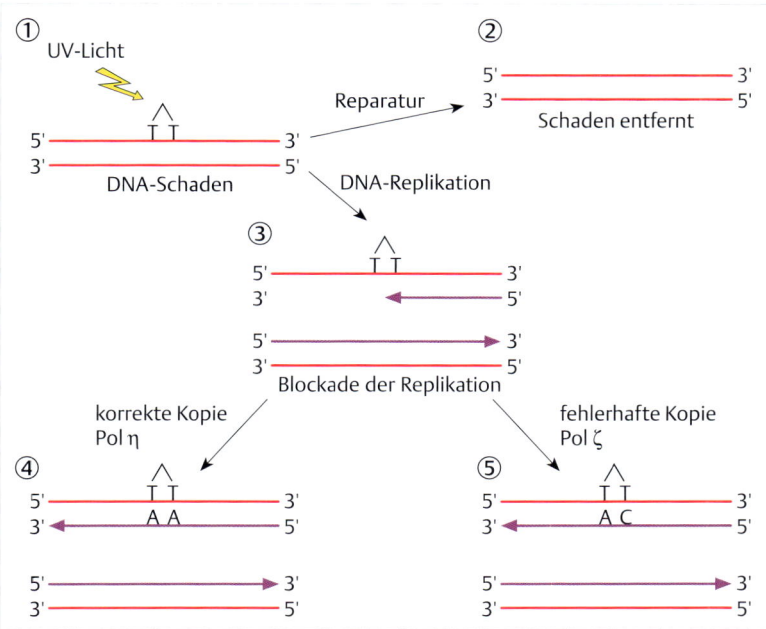

Abb. 11.24 Reparatursynthesen – mit und ohne Fehler. ① DNA-Schäden durch UV-Bestrahlung. ② Die NER hat den Schaden entfernt. ③ DNA-Schäden blockieren die replikative DNA-Synthese. ④ und ⑤ Spezielle Reparatur-DNA-Polymerasen kopieren die Schadensstelle mit oder ohne Fehler. (nach Ramadan K, Shevelev I, Hübscher U (2004) The DNA-polymerase-X family: controllers of DNA quality. Nat Rev Cell Biol 5: 1038–1043; Rattray AJ, Strathern JN (2003) Error-prone DNA polymerases: when making a mistake is the only way to get ahead. Annu Rev Genet 37: 31–66)

Überwindung anderer modifizierter Nucleotide im Matrizenstrang spezialisiert, wobei Modifikationen, die die DNA-Polymerase η nicht bewältigen kann, von der DNA-Polymerase ζ übernommen werden, allerdings um den Preis gelegentlicher Fehleinbauten.

11.5 Induktion und Reparatur von DNA-Doppelstrangbrüchen

Die gefährlichste Form von DNA-Schädigung ist ein unkontrollierter DNA-Doppelstrangbruch. Die entstehenden Doppelstrangenden können sich im Zellkern schnell voneinander trennen und illegitime Rekombinationsereignisse auslösen, was wiederum zur Genom- und Chromosomeninstabilität führt. Wir werden uns in diesem Abschnitt auf die wichtigsten Ursachen für die Entstehung von Doppelstrangbrüchen konzentrieren und anschließend die Grundlage zweier wichtiger Reparaturmechanismen beschreiben.

11.5.1 DNA-Schäden durch Strahlen

Elektromagnetische Strahlen (Röntgen- oder γ-Strahlen) sowie die korpuskulären α- und β-Strahlen geben beim Eindringen in Zellen und Geweben Energie ab. Die Wirkung auf Bestandteile der Zelle kann **direkt** sein, wenn die Strahlen unmittelbar auf ein Makromolekül treffen, oder **indirekt**, wenn sie zuerst mit den Wassermolekülen in der Zelle reagieren und Hydroxylradikale bilden.

Ein Teil der durch ionisierende Strahlen induzierten Schäden betrifft die Struktur der DNA: Es kommt zu Einzelstrang- und Doppelstrangbrüchen. Aber auch neue ko-

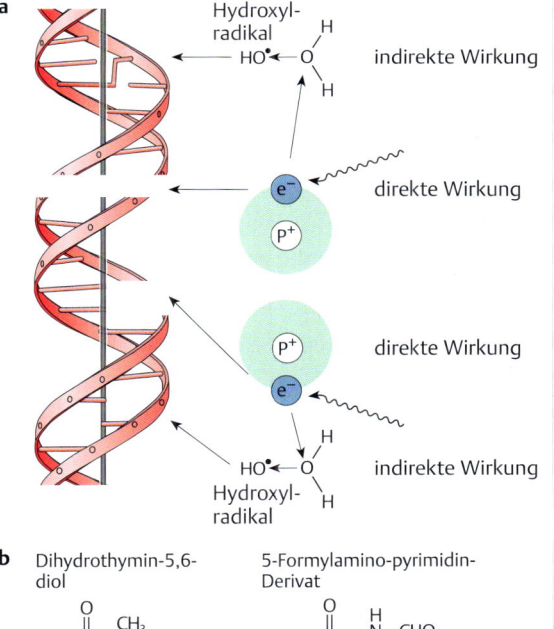

Abb. 11.25 DNA-Schäden, verursacht durch ionisierende Strahlen. (nach Ward JF (1988) DNA damage produced by ionizing radiation in mammalian cells: identities, mechanisms of formation and reparability. Progr Nucleic Acid Res Mol Biol 35: 95–125)

a Von oben nach unten: Cross Links durch kovalente Verknüpfung gegenüberliegender Basen; Doppelstrangbruch; Einzelstrangbruch; Zerstörung oder Veränderung von DNA-Basen.

b Strahlengeschädigte Basen.

valente Verknüpfungen können entstehen, etwa zwischen Nucleotiden in den komplementären DNA-Strängen (*cross links*) (▶ Abb. 11.25a). Die meisten Schäden an der DNA sind jedoch Veränderungen der Struktur von Nucleotidbasen. Strahlenforscher haben fast hundert verschiedene Basenschäden identifiziert. Einer der wichtigsten Schäden ist 8-OxoG (S. 270). Zwei weitere Beispiele für geschädigte Basen zeigt die ▶ Abb. 11.25b. Wie im Fall von 8-OxoG können solche Schäden über Basenexzisionsreparatur entfernt werden.

Um die Verhältnisse zu illustrieren, nehmen wir die Schätzungen von Strahlenforschern über die Art der Schäden nach Einwirkung einer gegebenen Strahlendosis. Demnach kommen auf 3 000 Basenschäden etwa 1000 Einzelstrangbrüche und 40 Doppelstrangbrüche.

Die Reparatur von Einzelstrangbrüchen wird durch den intakten Partnerstrang geleitet, der als Matrize für die Neusynthese dient, ähnlich wie bei der Reparatursynthese nach einer Nucleotidexzision. Das ist offensichtlich bei Doppelstrangbrüchen nicht möglich.

11.5.2 DNA-Schäden durch gebremste Replikationsgabeln

Neben den ionisierenden Strahlen existieren andere Ursachen für die gefährlichen DNA-Doppelstrangbrüche. Besonders wichtig sind gebremste Replikationsgabeln. Geschädigte Nucleotide, die Ausbildung von DNA-Sekundärstrukturen in Bereichen des Genoms mit häufigen Sequenzwiederholungen (z. B. in Telomeren und Centromeren) oder exogen induzierte Schäden durch Chemikalien, etwa bei einer Chemotherapie, führen fast immer zu einem Anhalten fortschreitender Replikationskomplexe während der S-Phase eines Zellzyklus.

Blockierte Replikationsgabeln sind aufgrund ihrer zum Teil langen einzelsträngigen Bereiche in den Tochtersträngen besonders anfällig für Angriffe durch Endonucleasen. Ein erneuter Blick auf die Darstellung einer Replikationsgabel (Kap. 8) verdeutlicht, wie die Zerstörung von parentalen Matrizensträngen zu Doppelstrangbrüchen führen kann. Dabei gilt: Je länger ein Replisom blockiert wird, umso wahrscheinlicher entstehen Doppelstrangbrüche als Folge eines Angriffs durch Endonucleasen.

Im Folgenden werden wir kurz die zwei wichtigsten Korrekturmechanismen vorstellen, mit denen Zellen Doppelstrangbrüche reparieren können.

11.5.3 Reparatur von Doppelstrangbrüchen

▶ **Reparatur in Bakterien.** Bakterien verlassen sich bei der Reparatur meist auf ihr **Rekombinationssystem**. Wir erinnern daran, dass rasch proliferierende Bakterienzellen zwei oder mehrere Genome besitzen (S. 181). So können die Enden des gebrochenen DNA-Stranges zu homologen Abschnitten eines intakten Genoms als Matrize dirigiert werden. Dieselbe Strategie finden wir auch in diploiden eukaryotischen Zellen (▶ Abb. 11.26a). In wesentlichen Schritten ist dieser Mechanismus der Doppelstrangreparatur identisch mit der allgemeinen homologen Rekombination: der Ausbildung einer Holliday-Struktur, einer Verdrängungsschleife (D-Schleife), einer zweiten Holliday-Struktur und letztlich der Auflösung der Cross over in rekombinante oder nicht rekombinante Produkte (vgl. ▶ Abb. 10.9).

▶ **Reparatur in Hefezellen.** Auch Hefezellen verwenden meist die Rekombination als Mechanismus für die Reparatur von Doppelstrangbrüchen. Das zeigte sich bei der Analyse von Hefemutanten (*rad*-Mutanten), die empfindlicher auf Behandlung mit ionisierenden Strahlen reagieren als Wildtyphefezellen (*rad, radiation*). Viele dieser Mutanten haben Defekte in Genen, die wichtige Proteine der allgemeinen homologen Rekombination codieren. Als Beispiele hatten wir die Proteine RAD51 und RAD52 erwähnt.

▶ **Reparatur in vielzelligen Eukaryoten.** Auch vielzellige Eukaryoten benutzen, wie bereits angedeutet, den Weg über die homologe Rekombination zur Reparatur von Doppelstrangbrüchen. Dabei stammt die intakte DNA, also der Partner der Rekombination, vom homologen Chromosom oder vom Schwesterchromatid. Vermutlich wird ein Schwesterchromatid begünstigt, denn beide Schwesterchromatiden bleiben über Cohesin eng verbunden. Ja, mehr noch, Cohesin reichert sich an der Stelle des Strangbruchs an und verhindert ein Auseinanderdriften der Rekombinationspartner.

Schwesterchromatiden werden natürlich während der S-Phase gebildet. Dementsprechend findet die Rekombinationsreparatur hauptsächlich in der S-Phase und in der nachfolgenden G_2-Phase statt, also in proliferierenden Zellen. Die ▶ Abb. 11.26a stellt nur einen sehr vereinfachten Überblick über diese wichtige Form der DNA-Doppelstrangbruchreparatur dar. Insbesondere in eukaryotischen Zellen kann eine Reihe alternativer Zwischenschritte und viele weitere Proteine beteiligt sein.

▶ **Reparatur in nicht proliferierenden Zellen.** In nicht proliferierenden Zellen tritt der zweite wichtige Reparaturmechanismus in Aktion: die **nicht homologe End-zu-End-Verknüpfung** (*NHEJ*; *non-homologous end joining*). Dieser Mechanismus geht fast immer mit Verlusten an den DNA-Enden einher, wie aus einer Betrachtung der einzelnen Schritte verständlich wird (▶ Abb. 11.26b):

- Zuerst lagert sich das Proteindimer **Ku70/Ku80** an die DNA-Enden. Die beiden Proteine bilden einen Ring, in dessen Öffnung das DNA-Ende zu liegen kommt. Das gebundene Ku70/Ku80-Dimer zieht ein großes Enzym

11

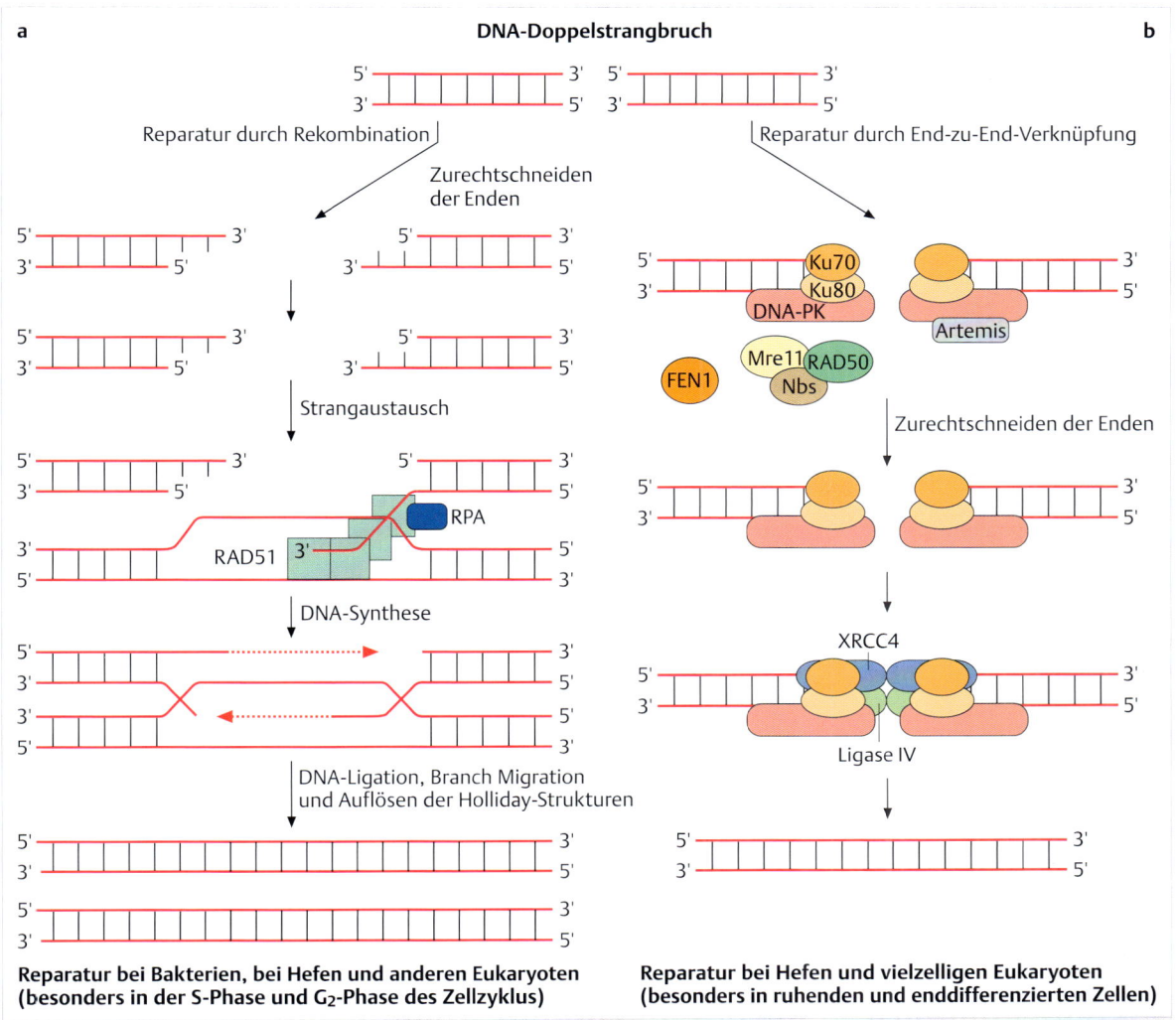

DNA-Doppelstrangbruch

a

Reparatur durch Rekombination

Zurechtschneiden
der Enden

Strangaustausch

RPA

RAD51

DNA-Synthese

DNA-Ligation, Branch Migration
und Auflösen der Holliday-Strukturen

**Reparatur bei Bakterien, bei Hefen und anderen Eukaryoten
(besonders in der S-Phase und G₂-Phase des Zellzyklus)**

b

Reparatur durch End-zu-End-Verknüpfung

Ku70
Ku80
DNA-PK
Artemis
FEN1
Mre11 RAD50
Nbs

Zurechtschneiden der Enden

XRCC4

Ligase IV

**Reparatur bei Hefen und vielzelligen Eukaryoten
(besonders in ruhenden und enddifferenzierten Zellen)**

Abb. 11.26 Reparatur von Doppelstrangbrüchen. (nach Sancar A, Lindsey-Boiltz LA, Ünsal-Kcmaz K et al (2004) Molecular mechanisms of mammalian DNA repair and the DNA damage checkpoints. Annu Rev Biochem 73: 39–85; Ward JF (1988) DNA damage produced by ionizing radiation in mammalian cells: identities, mechanisms of formation and repairability. Progr Nucleic Acid Res Mol Biol 35: 95–125)
a Reparatur durch Rekombination. Beim Zurechtschneiden der Enden entstehen Einzelstrangüberhänge, die durch das einzelstrangbindende Protein RPA stabilisiert werden und an die sich das RecA-ähnliche Protein von Eukaryoten, RAD51, lagert – vermittelt und gefördert durch ein Protein mit der Bezeichnung BRCA2. Mutationen in dem entsprechenden menschlichen Gen erhöhen die Anfälligkeit für Brustkrebs um ein Vielfaches (*BRCA, breast carcinoma*).
b End-zu-End-Verknüpfung. Erläuterungen s. Text. DNA-PK = DNA-abhängige Proteinkinase.

an, die **DNA-abhängige Proteinkinase**, kurz DNA-PK, eine Serin-Threonin-spezifische Kinase, die vermutlich u. a. für die Aktivierung der Ligasereaktion verantwortlich ist.

• Die Enden müssen zurechtgeschnitten werden. Dafür sind eigene Exo- und Endonucleasen verantwortlich – etwa des MNR-Komplexes (genauer: des Mre11-Nbs1-Rad50-Komplexes). Auch die Flap-Endonuclease (FEN1) und andere Proteine (Artemis) spielen eine Rolle.

• Gut zueinander passende Enden sind die Voraussetzung dafür, dass die Ligation im nächsten Schritt gelingt. Da-

für verantwortlich ist die **Reparatur-DNA-Ligase IV** im Komplex mit dem Protein **XRCC 4**. Die Bezeichnung dieses Proteins stammt aus der Forschungsgeschichte: *x-ray repair cross complementing*. Wie oben im Zusammenhang mit der Bezeichnung ERRC beschrieben, ging es dabei um menschliche DNA, die in strahlensensitive Hamsterzellen übertragen wurde. Einige Zellen überstanden eine sonst tödliche Dosis von Röntgenstrahlen (*x-rays*). Diese Zellen hatten menschliche Gene für Reparaturproteine erhalten: Der geschädigte Reparatur-

11

apparat wurde durch von außen eingeführte Gene komplementiert.

- Die Ligation der Enden wird häufig von einer Auffüllsynthese durch die DNA-Polymerase μ begleitet.

Das Resultat einer NHEJ-Reparatur kann entweder die exakte Wiederherstellung der ursprünglichen Nucleotidsequenz eines Doppelstrangs sein, die Erzeugung von **Indels** mit sich bringen oder – wenn falsche Enden verknüpft wurden –, zu Translokationen führen.

Eukaryotische Genome sind durch Histone in Chromatin verpackt. Es kommt daher in der Umgebung von Doppelstrangbrüchen zu **Chromatinstrukturveränderungen**. Innerhalb von Sekunden wird z. B. der **Histonsubtyp H2AX** phosphoryliert, eine viel untersuchte Reaktion, deren Konsequenzen für die Chromatinstruktur jedoch noch nicht genügend erforscht sind. H2AX-Phosphorylierung scheint das Anreichern von Cohesin an Bruchstellen zu fördern. Ebenfalls sehr bald nach DNA-Schäden tritt ein merkwürdiges Enzym in Aktion, die **Poly-(ADP-Ribose-)Polymerase 1** (PARP1). Das Enzym bindet vermutlich über mehrere Zinkfingermotive (Kap. 13.7.4) an Einzel- und Doppelstrangbrüche im Chromatin. Es aktiviert damit seine eigene katalytische Funktion: Zunächst erfolgt die Anheftung von ADP-Ribose (aus NAD⁺ als Vorläufer) an die Seitenkette eines eigenen Glutaminsäurerests, dann dessen Verlängerung durch weitere ADP-Ribosebausteine zu langen, verzweigten Ketten von Poly-ADP-Ribose. Die PARP1 könnte so die DNA-Enden vor Abbau schützen, vielleicht auch Histone verdrängen, um Zugang für Reparaturenzyme zu schaffen. Die PARP1 verändert auch Histone durch ADP-Ribosylierung und könnte damit eine weitere Auflockerung des Chromatins bewirken. Interessant ist in diesem Zusammenhang festzustellen, dass die PARP1 mit dem oben erwähnten DNA-PK-Protein einen aktiven Proteinkomplex bildet. Dies unterstreicht die wichtige Rolle des PARP1-Proteins bei der NHEJ-Reparatur. Sie wird auch durch den erfolgreichen klinischen Einsatz von PARP-Inhibitoren im Zusammenhang mit Kombinationschemotherapien zur Behandlung von Krebserkrankungen deutlich.

11.6 Zusammenfassung

Wie aus diesem Kapitel hervorgeht, ist die Thematik der Mutationen und DNA-Schäden und ihrer Reparatur sehr komplex. In der ▶ Abb. 11.27a skizzieren wir deshalb noch einmal die verschiedenen Arten von DNA-Schäden und die dazu passenden Reparaturwege. Das Bild enthält die wichtigsten Fachwörter, die im Laufe des Kapitels erwähnt und erklärt wurden, und Leser, die sich bis hierher durch das Kapitel gearbeitet haben, werden keine Schwierigkeiten beim Wiedererkennen haben.

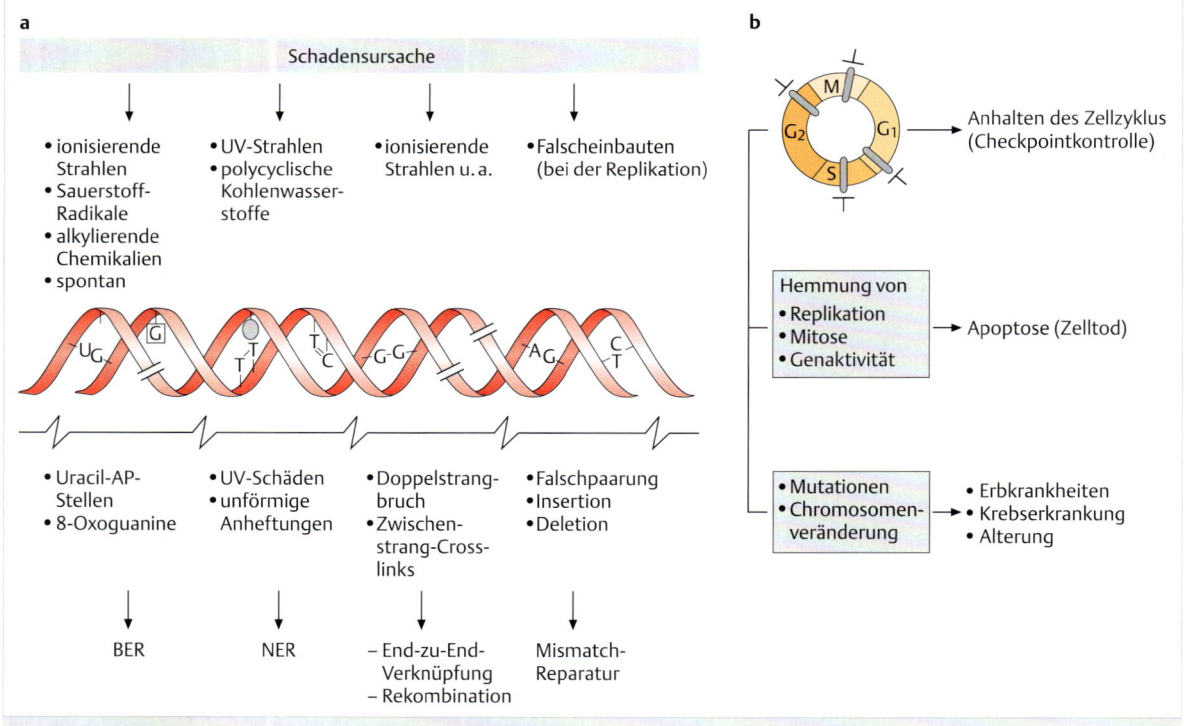

Abb. 11.27 Eine Zusammenfassung: DNA-Schäden und ihre Reparatur.
a DNA-Schäden und ihre Reparatur.
b Folgen ausbleibender Reparatur von DNA-Schäden.

Darüber hinaus zeigt die ▶ Abb. 11.27b, was passiert, wenn DNA-Schäden nicht oder nicht schnell genug repariert werden:

- Auslösen spezifischer genetischer Programme, bekannt als **SOS-Antwort** bei Bakterien oder schadensinduzierte **Checkpointkontrollen** bei Eukaryoten: Diese Programme sind essenziell für das Überleben und beinhalten Signalkaskaden, die von der Erkennung von DNA-Schäden ausgehen und in der Aktivierung von Reparaturmechanismen und Zellzykluskontrollen münden. Eine weiterführende Beschreibung dieser wichtigen genetischen Programme würde allerdings den Rahmen dieses Kapitels überschreiten.
- Einleitung des programmierten Zelltods (**Apoptose**) (Plus 11.3).
- Festsetzen (Fixierung) der Mutation: Dieser Vorgang kann eine **Erbkrankheit** nach sich ziehen, wenn sich eine Mutation in Keimzellen ereignet, oder eine Krebserkrankung, wenn in Körperzellen Gene mit Funktionen bei der Zellproliferation verändert werden. Mutationen und Chromosomenveränderungen sind auch wichtige Faktoren bei der Zellalterung.

Plus 11.3

Apoptose

Apoptose (nach dem griechischen Wort für den Fall welker Blätter von herbstlichen Bäumen) ist ein wichtiges Kapitel der Zellbiologie. Die Apoptose bestimmt die Bildung von Geweben bei der embryonalen Entwicklung und reguliert das Gleichgewicht zwischen Neubildung und Verlust von Zellen im erwachsenen Organismus. Zum Beispiel werden im Zuge einer Immunreaktion stets mehr Zellen gebildet als benötigt, und überschüssige Zellen gehen durch Apoptose verloren.

Die Apoptose beginnt mit der spezifischen Spaltung zahlreicher Proteine durch eine besondere Form von Proteasen, bekannt als **Caspasen**. Das führt über Zwischenstationen schließlich zu Veränderungen der Zellstruktur mit Abschnürungen der Zellmembran und dem Abbau des Chromatins. Die Zellfragmente werden von umgebenden Makrophagen phagocytiert. Deswegen bleiben entzündliche Reaktionen aus, die meist erfolgen, wenn Zellen unspezifisch durch Vergiftungen, Verletzungen oder aus anderen Gründen zugrunde gehen.

Es ist ohne Weiteres einsichtig, dass die Apoptose unter genauer Kontrolle stehen muss, denn ein Zuviel würde die Degeneration eines Gewebes bedeuten und ein Zuwenig könnte die Entstehung von Tumoren nach sich ziehen.

Wir können hier das Geschehen mit seinen vielen faszinierenden Facetten nicht nachzeichnen, denn selbst ein einfacher Überblick würde sich zu einem langen Kapitel ausdehnen, wie man es etwa in Lehrbüchern der Zellbiologie findet. Aber weil das Wort Apoptose in diesem Kapitel an prominenter Stelle auftaucht, könnten einige Sätze zum Verständnis nützlich sein.

Es gibt hauptsächlich **zwei Signalwege**, die schließlich zur Apoptose führen. Der erste beginnt mit der Bindung von äußeren Liganden an einen der zahlreichen **Rezeptoren der TNF-R-Familie** (TNF-R, *tumor necrosis factor receptor*) und endet mit der Aktivierung von Caspasen. Dieser Signalweg ist u. a. wichtig für die Balance zwischen Zellvermehrung und Zelltod im Immunsystem. Der zweite Signalweg wird durch Zellschäden nach Behandlung mit Chemikalien und Strahlen ausgelöst. Der Weg geht von Mitochondrien aus und dem **Freisetzen des Proteins Cytochrom c** (eine Komponente des Elektronentransports). Freigesetztes Cytochrom c bildet mit mehreren anderen Proteinen einen großen Komplex, **Apoptosom**, von wo aus die Caspasen aktiviert werden.

Dieser zweite, „innere" Signalweg wird durch Proteine der BCL-2-Familie gesteuert. Ein Teil dieser Proteine verhindert die Freisetzung von Cytochrom c und wirkt entsprechend antiapoptotisch. Zu diesen Proteinen gehört BCL-2 selbst. BCL-2 ist die Abkürzung für *B-cell lymphoma* (B-Zell-Lymphom), eine Form von Leukämie, bei der vermehrt BCL-2 gebildet wird. Das bewirkt, dass überschüssige B-Lymphocyten nicht, wie normalerweise, zugrunde gehen, sondern sich weiter vermehren.

Andere Proteine dieser Familie wirken proapoptotisch, darunter BAD, BAX und BID, die ein Öffnen der mitochondrialen Membran und das Freisetzen von Cytochrom c fördern.

11

11.6.1 Literatur

▶ Zitierte Literatur

[1] Lindahl T (1993) Instability and decay of the primary structure of DNA. Nature 362: 709–715

[2] Goodman MF (2002) Error-prone repair DNA polymerases in prokaryotes and eukaryotes. Annu Rev Biochem 71: 17–50

[3] Ramadan K, Shevelev I, Hübscher U (2004) The DNA-polymerase-X family: controllers of DNA quality. Nat Rev Cell Biol 5: 1038–1043

[4] Rattray AJ, Strathern JN (2003) Error-prone DNA polymerases: when making a mistake is the only way to get ahead. Annu Rev Genet 37: 31–66

▶ Weiterführende Literatur

[5] Atkinson J, McGlynn P (2009) Replication fork reversal and the maintenance of genome stability. Nucleic Acids Res 37: 3 475–3 492

[6] Branzei D, Foiani M (2010) Maintaining genome stability at the replication fork. Nat Rev Mol Cell Biol 11: 208–219

[7] Dianov GL, Hübscher U (2013) Mammalian base excision repair: the forgotten archangel. Nucleic Acids Res 41(6): 3 483–3 490

[8] Diderich K, Alanazi M, Hoeijmakers JH (2011) Premature aging and cancer in nucleotide excision repair-disorders. DNA Repair (Amst) 10: 772–780

[9] Errico A, Costanzo V (2012) Mechanisms of replication fork protection: a safeguard for genome stability. Crit Rev Biochem Mol Biol 47: 222–235

[10] Friedberg EC., Walker GC, Siede W, Wood RD, Schultz RA, Ellenberger T (2006) DNA repair and mutagenesis. 2. Aufl. ASM Press

[11] Iyama T, Wilson DM 3rd (2013) DNA repair mechanisms in dividing and non-dividing cells. DNA Repair (Amst) 12: 620–636

[12] Parsons JL, Dianov GL (2013) Co-ordination of base excision repair and genome stability. DNA Repair (Amst) 12: 326–333

[13] Vermeulen W, Fousteri M (2013) Mammalian transcription-coupled excision repair. Cold Spring Harb Perspect Biol 5(8), DOI:pii: a012 625

11

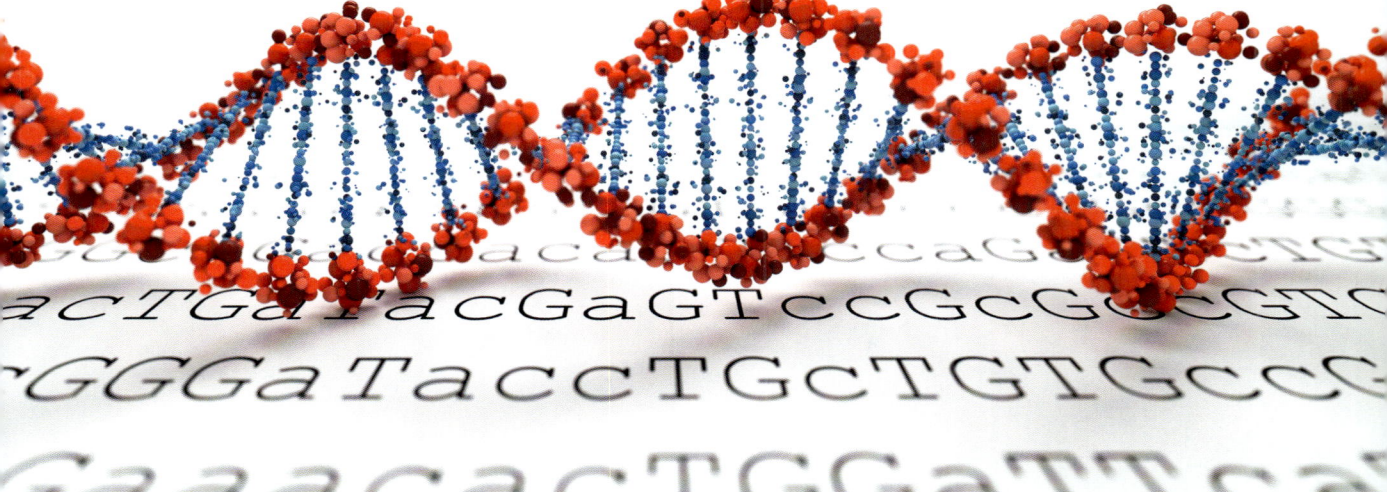

Teil 3:
Gene und Genprodukte

Kapitel 12

Struktur eukaryotischer Gene

12 Struktur eukaryotischer Gene

Alfred Nordheim

12.1 Einleitung

Gene codieren die gesamte Erbinformation, die aus dem Genom eines Organismus abgelesen werden kann. Die molekulare Analyse der Struktur eukaryotischer Gene offenbarte, dass sie als genetische Elemente in unterschiedlicher Kopienzahl in Genomen existieren. ▶ Tab. 12.1 listet verschiedene Beispiele auf. Das Spektrum reicht vom Einzelgen in einfacher Kopie bis zum hoch repetitiven Alu-Element mit ca. 1 500 000 Kopien im menschlichen Genom.

Der Informationsgehalt eines Gens wird im Prozess der Transkription durch spezifische Enzyme, die DNA-abhängigen RNA-Polymerasen, von der DNA-Matrize abgelesen und in neu synthetisierte RNA-Moleküle übertragen. Die drei wichtigsten eukaryotischen DNA-abhängigen RNA-Polymerasen – Pol I, Pol II und Pol III – erkennen auf der genomischen DNA unterschiedliche Bindungsstellen (Promotoren), für die sie jeweils spezifisch sind. Daraus definieren sich drei sehr unterschiedliche Gruppen von Genen: Pol-I-transkribierte Gene, Pol-II-transkribierte Gene und Pol-III-transkribierte Gene (▶ Tab. 12.1).

RNAs werden entweder als proteincodierende Moleküle zur Proteinsynthese eingesetzt (mRNA) oder sie erfüllen als nicht-proteincodierende Moleküle (ncRNAs) vielfältige eigenständige Funktionen.

Tab. 12.1 Verteilung genetischer Elemente im Genom.

genetisches Element	Beispiel	Länge	Kopienzahl im haploiden Genom	transkribierendes Enzym
Einzelgene				
proteincodierend	*TOP1*-Gen (codiert die DNA-Topoisomerase I) (S. 301)	ca. 100 kb	1	Pol II
nicht-proteincodierend	*H19* (lncRNA) (S. 467)	6 300 bp	1	Pol II
Genfamilien				
proteincodierend	β-Globin-Gen-Familie (S. 295)	80 kb	1	Pol II
nicht-proteincodierend	miRNA-143/145 (S. 411)	je 22 bp	1	Pol II
wiederholte Gene				
proteincodierend, verstreut, z. T. als Gengruppen	Histongene (S. 147)	10 kb	10	Pol II
nicht-proteincodierend, verstreut	U6-snRNA-Gen (S. 325)	100 bp	9	Pol III
nicht-proteincodierend, eng benachbart, als Gengruppe	rDNA-Gengruppe (S. 289) 5S-rRNA-Gen (S. 325)	43 kb 150 bp	ca. 50 ca. 500	Pol I Pol III
Pseudogene (S. 300)				
nicht-proteincodierend	Ψβ1, Ψβ2	ca. 15 kb	1	z. T. Pol II
repetitive DNA-Elemente				
• einfache repetitive DNA-Elemente (*tandem repeats*)				
Satelliten-DNA (*tandem repeat*) (S. 302)	α-Satelliten-DNA (171 bp) des Centromers (S. 213)	Kopien bis zu 18 000	1 Cluster pro Chromosom	Pol II
Minisatelliten-DNA (*short tandem repeat*) (S. 303)	(GTACCTTACTT)$_n$	>10 bp, n variabel	ca. 6 000	z. T. Pol II
Mikrosatelliten-DNA (*short tandem repeat*) (S. 303)	(CA)$_n$ (CAG)n (S. 303)	2 bp 3 bp n jeweils variabel	ca. 250 000	z. T. Pol II
• mobile DNA-Elemente (*interspersed repeats*)				
DNA-Transposons (mobil in Pflanzen, nicht in Säugetieren)	MULE	ca. 2–3 kb	ca. 300 000	–
LTR-Retrotransposons	HERV-K (S. 246) (und Verwandte)	ca. 6–11 kb	ca. 450 000	Reverse Transkriptase
Non-LTR-Retrotransposons				
LINE (*long interspersed repetitive elements*)	L1, L2 (S. 246)	ca. 6–8 kb	ca. 850 000	Pol II
SINE (*short interspersed repetitive elements*)	Alu-Elemente (S. 37)	ca. 300 bp	ca. 1 500 000	Pol III

12

Der Aufbau proteincodierender Pol-II-Gene ist typischerweise mosaikartig und zeigt eine unterbrochene Codierungssequenz aus Exons und Introns. Nur die Exons enthalten tatsächlich proteincodierende Sequenzen.

Zusätzlich zu den Promotoren besitzen Gene für die Regulation der Transkription weitere regulatorische DNA-Elemente wie Enhancer und Silencer, die teilweise aus großer Entfernung zum Gen wirken können.

Aus dem Projekt der vollständigen Sequenzierung des menschlichen Genoms (dem Humangenomprojekt) entwickelten sich funktionelle Genomanalysen, die im Jahr 2012 vom ENCODE-Konsortium (ENCODE, **En**cyclopedia **o**f **D**NA **E**lements) veröffentlicht wurden [1]. Dieses internationale Konsortium aus ca. 30 Arbeitsgruppen und insgesamt nahezu 500 Mitarbeitern erarbeitete in einem ca. zehnjährigen Projektverlauf eine umfassende Kartierung und Annotierung funktioneller Elemente des menschlichen Genoms. Der Erkenntnisgewinn des ENCODE-Projekts sind im Folgenden berücksichtigt.

12.2 Definition des Genbegriffs

Die ersten molekularbiologisch begründeten Definitionen von Genen beruhten auf Untersuchungen an Bakterien und Bakteriophagen (s. Kap. 6). Nach dem zentralen Dogma definierte man ein Gen ursprünglich als **codierende Einheit eines spezifischen Proteins** (Plus 12.1). Diese Definition musste jedoch sehr bald allgemeiner gefasst werden, da viele Gene die Information für **RNA-Moleküle** tragen, welche nicht in Proteine übersetzt werden, wie rRNA, tRNA und viele andere nicht-proteincodierende RNAs (s. Kap. 3 und 18).

Plus 12.1

Die historische Entwicklung des Genbegriffs

Die Definition des Begriffs „Gen" hat sich in der historischen Entwicklung des Fachgebiets der Genetik ständig verändert. Erstmals wurde das Wort „Gen" vom dänischen Botaniker **Wilhelm Johannssen** im Jahr 1909 gebraucht, um einen Zusammenhang zwischen einer beobachtbaren Erscheinungsform eines Organismus (dem Phänotyp) und der dazugehörigen vererbbaren Information im Erbgut (dem Genotyp) herzustellen. Natürlich war damals nichts von der molekularen Grundlage der genetischen Information bekannt. Das änderte sich erst nach der Beschreibung der Struktur der DNA-Doppelhelix durch James Watson und Francis Crick im Jahr 1953 grundlegend (s. Kap. 2), besonders als **Francis Crick** im Jahr 1958 sein **zentrales Dogma** formulierte, wonach individuelle Gene – als funktionelle Abschnitte der Chromosomen – die Information für die Synthese individueller Proteine tragen. Damit war der Begriff „Gen" erstmalig auf molekularer Ebene definiert.

Als die ersten Informationen über Gene in Eukaryoten, insbesondere in Tieren und Pflanzen, bekannt wurden, änderte sich das Bild, das man bisher von einem Gen hatte, dramatisch: Es zeigte sich, dass **proteincodierende Gene in Eukaryoten**

- mosaikartig aus exprimierten DNA-Abschnitten (**Exons**) bestehen sowie zusätzlichen, zwischengeschalteten nicht exprimierten DNA-Abschnitten (**Introns**) (s. Kap. 12.6) und dass
- solche proteincodierenden Gene nur wenige Prozent des Gesamtgenoms eines Organismus ausmachen.

Die erstmalige Bestimmung der kompletten Nucleotidabfolgen vollständiger Genome einzelner Organismen – im Rahmen internationaler Genomsequenzierungsprojekte (s. Kap. 22) – brachte noch eine weitere unerwartete Erkenntnis: Der größte Teil (mehr als 70 %) des menschlichen Genoms (wie auch der Genome anderer vielzelliger Organismen) wird transkribiert. Es findet also eine umfassende, nahezu flächendeckende Transkription des Genoms statt. Nur ca. 2 % des Gesamtgenoms werden dabei in proteincodierende RNA übertragen. Die überwiegende Mehrheit der Transkripte repräsentiert RNA-Moleküle, die keine Proteine codieren. Dieser Erkenntnisgewinn hat Konsequenzen für die Definition eines Gens. Man muss heute ein Gen wie folgt sehr weit gefasst definieren:

Definition

Gene sind Abschnitte eines Chromosoms, die die Information für die Synthese von RNA-Molekülen tragen.

Diese Definition des Gens bezieht die zu einem Gen gehörigen nicht transkribierten, regulatorischen Elemente ein, die die Transkription steuern (d. h. Promotoren, Enhancer, Silencer usw.; s. Kap. 13). Zu beachten ist dabei, dass diese allgemeine Definition des Genbegriffs zwischen einem proteincodierenden Gen und einem nicht-proteincodierenden Gen nicht unterscheidet.

Definition

Der **Promotor** ist der DNA-Bereich eines Gens, an den die DNA-abhängige RNA-Polymerase bindet und mit der Transkription (Überschreibung) der DNA-Matrize in RNA-Sequenzen beginnt (S. 71). Der Promotor enthält somit die Transkriptionsstartstelle (TSS).

Methode 12.1

Experimentelle Identifizierung der Transkriptionsstartstelle (TSS) eines Gens

Bevor die Grundelemente eines Promotors weiter charakterisiert werden können, muss man die Position der transkriptionellen Startstelle (TSS) eines gegebenen Gens ermitteln bzw. die Sequenzen, mit denen ein Transkript beginnt. Das ist alles andere als eine triviale Aufgabe. Der an sich naheliegende Weg über die Bestimmung der Nucleotidsequenz der cDNA führt aufgrund der Art und Weise, wie cDNA im Allgemeinen hergestellt wird, nur selten zum Ziel, da die 5′-Enden der meisten cDNAs nicht den 5′-Enden der Transkripte entsprechen. Man nutzt Oligo(dT)-Primer (S. 535) und bedient sich der Reversen Transkriptase,

die meist vor Erreichen des 5′-Endes von der mRNA-Matrize abfällt. Es müssen daher andere Verfahren eingesetzt werden.

▶ Abb. 12.1 zeigt zwei traditionelle Methoden zur Identifizierung der TSS eines Pol-II-transkribierten Gens: die S1-Nuclease-Methode (S1-Kartierung von mRNA-Enden) und die Primer-Extension-Methode (Primerverlängerung). Die **S1-Nuclease-Methode** (Berk-und-Sharp-Methode) beruht auf der einzelstrangspezifischen Aktivität der verwendeten S1-Nuclease. 5′-Genbereiche genomischer DNA werden an den Enden markiert, mithilfe einer Restriktionsendonuclease gespalten und mit mRNA aus differenzierten Zellen hybridisiert. Die überstehenden, einzelsträngigen Enden werden durch die S1-Nuclease, welche doppelsträngige DNA

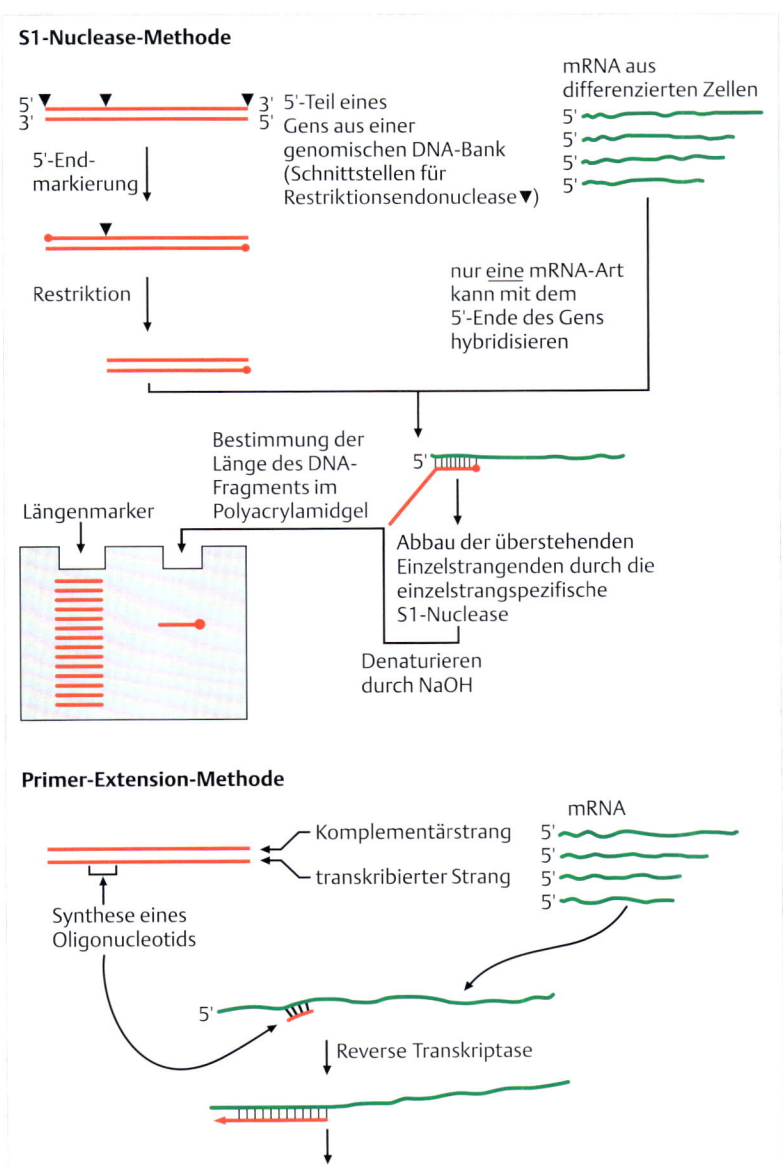

Abb. 12.1 **Experimentelle Bestimmung der transkriptionellen Startstelle (TSS) mithilfe der S1-Nuclease-Methode oder der Primer-Extension-Methode.** Voraussetzung für die Anwendung der Methoden ist die Kenntnis der Nucleotidsequenz am 5′-Ende des Gens und der vorgeschalteten Bereiche. Ebenso müssen genomische DNA und eine Präparation von mRNA aus differenzierten Zellen vorhanden sein. Weitere Erläuterungen s. Text.

12

oder doppelsträngige Bereiche in DNA-RNA-Hybriden nicht angreift, abgespalten. Die Hybride werden denaturiert und mithilfe eines Polyacrylamidgels aufgetrennt. Die Länge des DNA-Stranges, der mit dem 5′-Ende der mRNA hybridisiert hatte, entspricht dem Abstand des Transkriptionsstarts von der bekannten Restriktionsschnittstelle. Die **Primer-Extension-Methode** erfordert ein chemisch syntheti-

siertes Oligonucleotid, dessen Sequenz einem kleinen Abschnitt aus dem transkribierten DNA-Strang entspricht. Nach Hybridisierung mit der passenden mRNA dient dieses Oligonucleotid als Primer für die Reverse Transkriptase. Die Länge der entstehenden cDNA entspricht dem Abstand der Oligonucleotidsequenz vom Transkriptionsstart.

Jedes Gen trägt die strukturelle Information, um das Enzym DNA-abhängige RNA-Polymerase an der transkriptionellen Startstelle (TSS) zu positionieren. Dieser Bereich des Gens wird als **Promotor** bezeichnet. Die Struktur eines jeden Promotors bestimmt, welche der drei unterschiedlichen DNA-abhängigen RNA-Polymerasen – **RNA-Polymerase I** (Pol I), **RNA-Polymerase II** (Pol II) oder **RNA-Polymerase III** (Pol III) (s. Kap. 13) – an den jeweiligen Promotor bindet. Somit definiert der Promotor eines Gens, ob es sich um ein Pol-I-, Pol-II- oder Pol-III-transkribiertes Gen handelt. In der Sprache der Molekularbiologen werden diese Gene – etwas salopp – als Pol-I-Gene, Pol-II-Gene und Pol-III-Gene bezeichnet. Sie tragen die Information für unterschiedliche RNA-Moleküle (s. ▶ Tab. 3.1).

Die exakte Startstelle, an der die RNA-Polymerase die Nucleotidabfolge der Matrizen-DNA in RNA zu transkribieren beginnt, die **Transkriptionsstartstelle (TSS)**, wird durch das **Startnucleotid (+ 1)** des betreffenden Gens definiert. Das Nucleotid + 1 eines Gens bestimmt daher den Anfang, d. h. das 5′-Ende der synthetisierten RNA. An der TSS des Promotors muss die RNA-Polymerase in der Lage sein, die DNA-Doppelhelix aufzuschmelzen, sodass vom codierenden Strang die Nucleotidabfolge gelesen und in eine RNA-Sequenz übertragen werden kann.

Aus dieser knapp formulierten Definition des Transkriptionsstarts eines Gens wird deutlich, dass die molekulare Charakterisierung eines Gens mit der Ermittlung der Position des Startnucleotids beginnen sollte. Methode 12.1 (S. 287) beschreibt, wie man beispielsweise den Transkriptionsstart eines proteincodierenden Pol-II-Gens experimentell ermitteln kann.

Ribosomen statt. Ribosomen sind komplexe Gebilde, die der Proteinbiosynthese dienen und aus ribosomalen Proteinen und den ribosomalen RNA-Molekülen (rRNAs) aufgebaut sind (s. Kap. 3 und 13).

Ungefähr 80 % der gesamten RNA-Syntheseaktivität einer eukaryotischen Zelle ist der Herstellung der rRNA gewidmet. Um die hohe Syntheseleistung zu ermöglichen, enthält ein Genom sehr viele rRNA-Gene. Sie sind als **rRNA-Gen-Cluster** mit je einigen Hundert hintereinandergeschalteten Kopien von rRNA-Genen organisiert (auch **rDNA** genannt) und meist auf mehreren Chromosomen verteilt, zum Beispiel im menschlichen Genom auf den Chromosomen 13, 14, 15, 21 und 22. In diesen Clustern folgt Gen auf Gen, getrennt von sogenannter Spacer-DNA (▶ Abb. 12.2). Die Spacer können, je nach Tier- oder Pflanzenart, zwischen einigen 1000 oder 10 000 bp lang sein. Die Anordnung Gen – Spacer – Gen kann man gut auf elektronenmikroskopischen Aufnahmen von transkribierten rRNA-Genen erkennen (▶ Abb. 12.3). Die „Bäume" aus zahlreichen, an einem rRNA-Gen-Cluster synthetisierten rRNA-Strängen sind durch DNA-Abschnitte getrennt, an denen keine rRNA synthetisiert wird – die Spacer.

> **Merke**
>
> Die **RNA-Polymerase I** transkribiert die nicht-proteincodierenden ribosomalen RNA (rRNA) Gene. Dadurch werden die ribosomalen RNAs der Größen 5,8S, 18S und 28S hergestellt. (Beachte die wichtige Ausnahme: Die 5S-rRNA wird von der Pol III synthetisiert.)

12

12.3 Pol-I-transkribierte Gene

12.3.1 Struktur der Pol-I-transkribierten Gene: rRNA-Gene

Die **DNA-abhängige RNA-Polymerase I** ist sehr spezialisiert und transkribiert ausschließlich Gene, die ribosomale RNA (rRNA) codieren. Die drei unterschiedlich großen rRNA-Moleküle der Eukaryoten – 5,8S, 18S und 28S – werden von einem rRNA-Gen codiert und als Vorläufermolekül, der **prä-rRNA** (47S), von der Pol I transkribiert (▶ Abb. 12.2) (s. ▶ Tab. 3.1). Synthese und Reifung der rRNA-Moleküle finden im Nucleolus statt, einem Kompartiment des Zellkerns. Dort findet auch der Aufbau der

Das Foto in ▶ Abb. 12.3 ist ein Klassiker der molekularen Biologie, erstmals gezeigt von Oscar Miller und Mitarbeitern im Jahre 1969. Auch heute noch werden solche Bilder bei Forschungen über rRNA-Synthese aufgenommen, und zwar nach altem Verfahren, den **Miller-spreads** (Miller-„Spreitungen", einer Aufbereitung für die Elektronenmikroskopie).

Auf der rDNA befindet sich neben dem Pol-I-Promotor (P$_{prä-rRNA}$) für die Synthese der prä-rRNA ein weiterer Pol-I-Promotor (P$_{Sp}$) im Bereich des Spacers, von dem ausgehend die sogenannte pRNA synthetisiert wird. Die **pRNA** ist eine kleine, nicht-proteincodierende, regulatorische RNA, die mit dem P$_{prä-rRNA}$-Promotor des rRNA-Gens interagiert und – über epigenetische Mechanismen – dessen Repression vermittelt. Zwischen Spacer und rRNA-

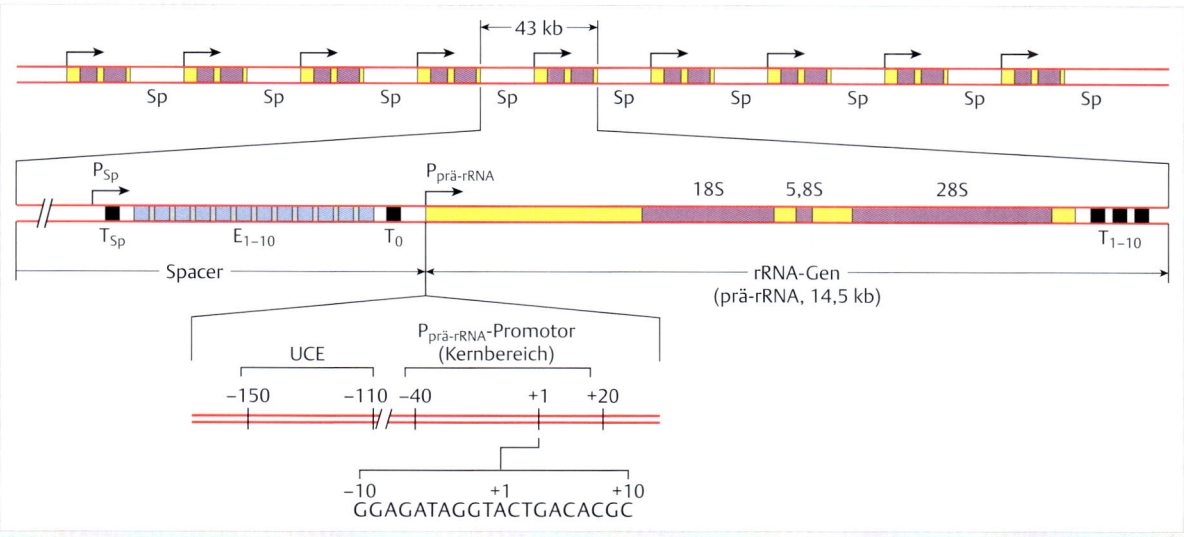

Abb. 12.2 rRNA-Gen-Cluster und der zugehörige Pol-I-Promotor ($P_{\text{prä-rRNA}}$). Ein rRNA-Gen-Cluster (auch als rDNA bezeichnet) besteht aus vielen hintereinandergeschalteten rRNA-Genen. Ausgehend von dem Promotor $P_{\text{prä-rRNA}}$ synthetisiert die RNA-Polymerase I die prä-rRNA. Die Pol I bindet an den Kernbereich des Promotors und ermöglicht die Initiation der Transkription an der TSS (+1). Inhibiert wird diese Transkription von einer kleinen regulatorischen RNA (pRNA), die ausgehend von dem Promotor P_{Sp} hergestellt wird. Oberhalb des Kernbereichs liegt das UCE (*upstream contron element*), das von dem Transkriptionsfaktor UBF (*UCE binding factor*) gebunden werden kann. Weitere Erläuterungen s. Text. E_{1-10} = Enhancer 1–10, P_{Sp} = Promotor für die Synthese der Spacer-RNA, $P_{\text{prä-rRNA}}$ = Promotor für die prä-rRNA, Sp = Spacer, T_{Sp} = Terminator des Spacers; T_0, stromaufwärts liegender Terminator, T_{1-10}, stromabwärts liegende Terminatoren. (nach Drygin D, Rice WG, Grummt I (2010) The RNA polymerase I transcription machinery: an emerging target for the treatment of cancer. Annu Rev Pharmacol Toxicol 50: 131–156)

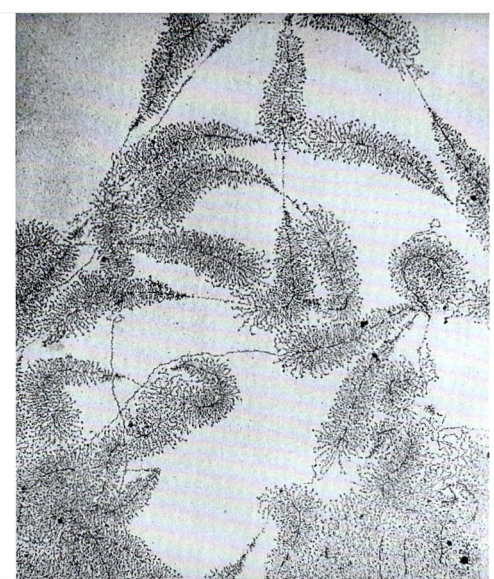

Abb. 12.3 Transkription eines rRNA-Gen-Clusters. Die DNA des rRNA-Gen-Clusters mit seinen hintereinandergeschalteten rRNA-Genen bildet den zentralen durchgehenden Faden, den „Stamm der Bäume" in der hier gezeigten elektronenmikroskopischen Aufnahme. Die wachsenden rRNA-Moleküle mit ihrer zunehmenden Länge sind die „Zweige der Bäume". Die Spacer sind die freien DNA-Abschnitte zwischen den Transkriptionseinheiten. (aus Miller OL, Beatty RB (1969) Visualization of nucleolar genes. Science 164: 955–960)

Gen befindet sich eine Serie von **Enhancern**. Die **Terminatorelemente** (T) werden von dem Protein TTF1 gebunden, das eine aktivierende Schleifenbildung bewirken kann. Generelle Transkriptionsfaktoren, die an den Pol-I-Promotor binden und die Transkriptionsinitiation durch die Pol I steuern, werden weiter unten (S. 305) näher erläutert.

Die Gruppen von rRNA-Genen werden auch als **Nucleolusorganisatorregion** (NOR, *nucleolus organizer region*) bezeichnet, da sie sich zu großen chromosomalen Schleifen zusammenlagern und damit das Grundgerüst zur Ausbildung des Nucleolus bilden.

Die vierte und kleinste eukaryotische rRNA ist die 5S-rRNA. Die **5S-rRNA-Gene** (S. 295) sind ebenfalls tandemartig in zahlreichen hintereinandergeschalteten Kopien organisiert. Diese sind aber außerhalb des Nucleolus lokalisiert und werden von der RNA-Polymerase III transkribiert.

12.3.2 Promotoren für die RNA-Polymerase I

Die RNA-Polymerase I (Pol I) bindet an spezifische Pol-I-Promotoren (▶ Abb. 12.2) und transkribiert ausschließlich die **Pol-I-Gene der ribosomalen RNAs** (rRNAs): 5,8S, 18S und 28S. Von dem $P_{\text{prä-rRNA}}$-Promotor des rRNA-Gen-Clusters wird das prä-rRNA-Vorläufermolekül hergestellt.

12

Die spezifische Bindung der Pol I an den Kernbereich des Promotors wird durch die primäre Nucleotidsequenz im Bereich –10 bis + 10 definiert. Zusätzlich ist das stromaufwärts direkt benachbarte Kontrollelement UCE (*upstream control element*) von großer Bedeutung für die Initiation der Transkription durch die Pol I. Die zusätzlich zur Pol I an den Promotor gebundenen Transkriptionsfaktoren werden im Kap. 13 näher besprochen.

12.4 Pol-II-transkribierte Gene

Die RNA-Polymerase II (Pol II) transkribiert alle proteincodierenden Gene und erstellt somit alle mRNA-Moleküle. Im menschlichen Genom existieren ca. 21 000 proteincodierende Gene. Darüber hinaus werden aber auch einige nicht-proteincodierende Gene (z.B. Gene für lncRNAs oder mikroRNAs) von der Pol II transkribiert (s. ▶ Tab. 3.1).

Merke

Die **RNA-Polymerase II** transkribiert alle proteincodierenden Gene und zusätzlich auch einige nicht-proteincodierenden Gene (z. B. Gene, die mikroRNAs oder lncRNAs codieren).

Merke

Das menschliche Genom enthält ca. 21 000 proteincodierende Gene.

12.4.1 Struktur der proteincodierenden Pol-II-transkribierten Gene

▶ Abb. 12.4 zeigt eine schematische Darstellung der generellen Struktur von Pol-II-transkribierten, proteincodierenden Genen. In dieser Darstellung sehen wir neben dem Promotor (S. 291) weitere Strukturelemente, die nachfolgend diskutiert werden: die separierten regulatorischen Elemente (Enhancer und Silencer) (S. 292), welche proximal oder distal zum Promotor positioniert sein können, die Sequenz des Poly(A)-Signals am 3'-Ende des Gens und den 3'-Sequenzbereich für die Termination der Transkription. Der innere Sequenzbereich des Gens zeigt die Exon-Intron-Struktur (S. 295).

Anders als für die Initiation der Transkription gibt es für die **Termination** der Syntheseaktivität der RNA-Polymerase II am Ende eines Gens keine klar definierten DNA-Sequenzelemente, die das Ablösen der Pol II von der DNA induzieren. Stattdessen ist die Termination der Transkription sehr eng mit einem posttranskriptionellen Reifungsschritt der mRNA verknüpft, der als **Polyadenylierung** des 3′-Endes der mRNA bezeichnet wird. Am Ende eines Gens findet sich eine spezielle DNA-Sequenz, das **Poly(A)-Signal** oder Polyadenylierungssignal. Es befindet sich etwa 10–30 Nucleotide vor der Schnitt- und Polyadenylierungsstelle. Diese Sequenz wird transkribiert und erscheint im mRNA-Transkript als Hexanucleotid mit der Sequenz AAUAAA, seltener auch AUUAAA. Die mRNA wird an dieser Stelle gespalten und nachfolgend mit einem Poly(A)-Schwanz versehen; dies erfolgt noch während die Polymerase ausläuft, um bald von der DNA-Matrize abzufallen.

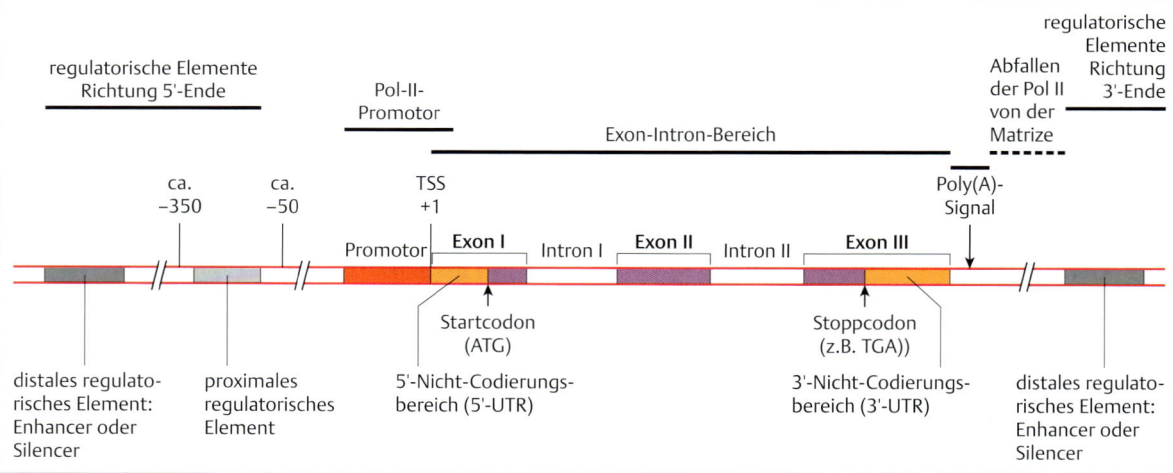

Abb. 12.4 Generelle Struktur eines proteincodierenden Pol-II-transkribierten Gens. + 1 ist das erste Nucleotid an der Transkriptionsstartstelle (TSS), das transkribiert wird. Mit ihm beginnt die entstehende mRNA. –50 und –350 bezeichnen Nucleotidpositionen oberhalb des Transkriptionsstarts. Der Nicht-Codierungsbereich (UTR, *untranslated region*) ist jeweils ein Abschnitt auf der RNA, der nicht in Protein übersetzt wird (vor dem Start- bzw. nach dem Stoppcodon). Als distale regulatorische Elemente bezeichnet man Enhancer oder Silencer, die entweder in 5'- oder 3'-Richtung mit variabler Entfernung zum Promotor positioniert sind. Weitere Erläuterungen s. Text.

12.4.2 Promotoren für die RNA-Polymerase II

Wie generell für alle Promotoren zutreffend, so wird auch die Pol II durch spezifische strukturelle Eigenschaften der DNA, die auf die Nucleotidsequenz zurückgehen, zum Startnucleotid an Position +1 dirigiert, sodass die Transkription exakt an dieser Stelle beginnen kann. Zu den Eigenschaften des Promotors gehören

- die Fähigkeit zur **Krümmung** und zum **lokalen Aufschmelzen** der Doppelhelix und
- die **Fähigkeit zur spezifischen Bindung** der an der Initiation der Transkription beteiligten Proteine (RNA-Polymerase II, generelle Transkriptionsfaktoren).

Diese Eigenschaften gelten für alle Promotoren und so überrascht es nicht, dass ein Pol-II-Promotor Sequenzelemente besitzt, die den –10- und –35-Regionen bakterieller Gene (S. 71) ähneln. Gemeinsamkeiten von Pol-II-Promotoren zeigten sich bereits deutlich, als man um 1980 die Transkriptionsstartstellen (TSS) von etwa 60 verschiedenen Genen von Insekten, Seeigel, Maus und Mensch bestimmt hatte (▶ Abb. 12.5). Diese und andere Untersuchungen führten zu einer Reihe von Erkenntnissen über Pol-II-Promotoren, aus denen sich folgende allgemeine Eigenschaften ableiten ließen (▶ Abb. 12.6):

- Die **Transkriptionsstartstelle** (TSS), auch das Startnucleotid +1 genannt, liegt gegenüber dem Nucleotid **Adenin**.
- Der Promotorbereich erstreckt sich über eine Länge von ca. 60 Nucleotiden, d. h. etwa 35 Nucleotide stromaufwärts (d. h. –35) und etwa 25 Nucleotide stromabwärts (d. h. +25) vom Startnucleotid +1 entfernt.

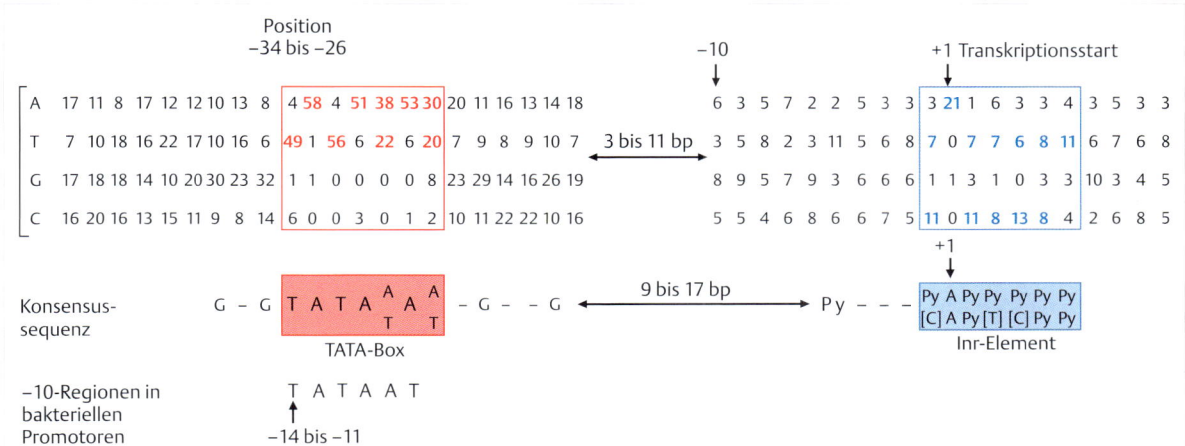

Abb. 12.5 Die Analyse von Pol-II-Promotorsequenzen. Die Nucleotidsequenzen von zahlreichen Pol-II-transkribierten Genen, unmittelbar um die Transkriptionsstartstellen (TSS) herum, wurden bestimmt und die Häufigkeit der vorkommenden Nucleotide ermittelt (die Zahlen geben an, wie oft ein Nucleotid an der betreffenden Stelle gefunden wurde). Es gibt einige wichtige gemeinsame Merkmale, nämlich meist ein A an der Startstelle und eine AT-reiche Region zwischen den Nucleotiden –26 und –34. Daraus lässt sich eine Konsensussequenz (TATA-Box) ableiten, die Ähnlichkeiten mit der –10-Region prokaryotischer Promotoren hat. (nach Breathnach R, Chambon P (1981) Organization and expression of eukaryotic split genes coding for proteins. Annu Rev Biochem 50: 349–383)

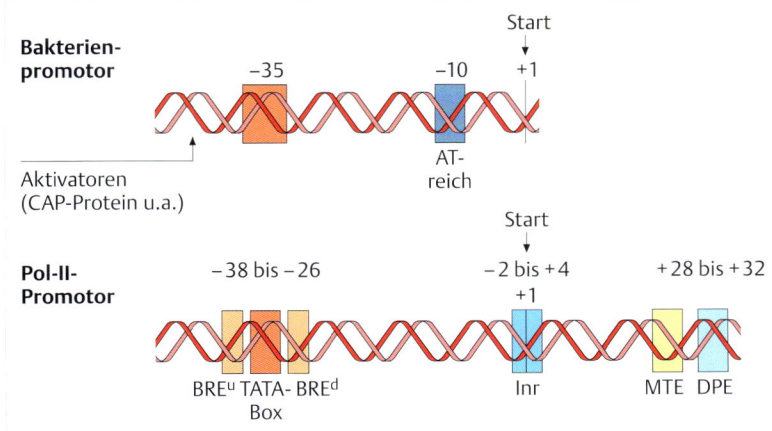

Abb. 12.6 Grundelemente von Pol-II-Promotoren. Das relativ einheitliche Bauprinzip der Promotoren von Bakterien ist teilweise auch in der Struktur der Promotoren von Pol-II-transkribierten Genen zu erkennen. (nach Butler JEF, Kadonaga JT (2002) The RNA polymerase II core promoter: a key component in the regulation of gene expression. Genes Develop 16: 2583–2592)

12

Tab. 12.2 Konsensussequenzen einiger *cis*-Elemente im Promotor der RNA-Polymerase II (nach [2]).

Promotorelement	Position des Elements	Konsensussequenz (5'→3')	gebundener Transkriptionsfaktor
BRE[u]	–38 bis –32	(G/C)(G/C)(G/A)CGCC	TFIIB
TATA-Box	–31 bis –24	TATA(A/T)A(A/T)(A/G)	TBP
BRE[d]	–23 bis –17	(G/A)T(T/G/A)(T/G)(G/T)(T/G)(T/G)	TFIIB
Inr	–2 bis + 5	PyPyAN(T/A)PyPy	TAF1/TAF2
DPE	+ 28 bis + 34	(A/G)G(A/T)CGTG	TAF6/TAF9

- Das Startnucleotid liegt oft inmitten einer pyrimidinreichen Sequenz, die als **Initiator** oder kurz **Inr** bezeichnet wird.
- In dem Bereich zwischen den Basenpaaren –26 und – 34 vor dem Startpunkt befindet sich oft eine AT-reiche Stelle mit der typischen Folge TATAAA – die **TATA-Box**. Viele regulierte Gene wie die Gene des Immunsystems, Globin-Gene u. a. besitzen eine TATA-Box, bei Haushaltsgenen ist sie jedoch eher selten.
- **BRE**[d] und **BRE**[u] (*TFIIB* **r**ecognition **e**lement **d**ownstream bzw. **u***pstream*) sind Sequenzelemente in direkter Nachbarschaft der TATA-Box, die die Bindung der generellen Transkriptionsfaktoren TFIIB und TFIID fördern.
- Das **MTE** (*motif ten element*) befindet sich stromabwärts vom TSS und unterstützt das Inr-Element bei der Stimulation der transkriptionellen Initiation.
- Das **DPE** (*downstream* **p***romoter* **e***lement*) befindet sich im Bereich von ca. + 28 bis ca. + 32. Seine Sequenz ist (ähnlich wie Inr) wenig konserviert: A/G,G,A/T,C/T,G,A/ C. (A/G bedeutet, dass sich an der Stelle + 28 entweder ein Adenin oder ein Guanin befinden kann usw.). Das DPE findet sich bevorzugt in den Promotoren ohne TATA-Box.

Definition

Haushaltsgene sind Gene, die allgemein notwendige Proteine wie Enzyme des Stoffwechsels oder Proteine des Cytoskeletts codieren und zu jeder Zeit und in allen Zellen aktiv sind.

Merke

Nur etwa 30 % aller proteincodierenden Gene im **Humangenom** besitzen eine **TATA-Box**.

Die Konsensussequenzen einiger der erwähnten Elemente sind in ▶ Tab. 12.2 aufgeführt.

Die beschriebenen Promotorelemente können ihre Funktion der korrekten Positionierung der Pol II nur im Zusammenspiel mit spezifischen Proteinen erfüllen, den **generellen Transkriptionsfaktoren (GTFs)** (▶ Tab. 12.2; ▶ Abb. 12.7). Die Eigenschaften dieser Transkriptionsfaktoren und ihre spezifische Wirkung auf die exakte Posi-

tionierung der Pol II werden später (S. 305) ausführlich beschrieben.

Merke

Die **exakte Positionierung der Pol II** am Promotor wird durch die Interaktion mit spezifischen Hilfsproteinen ermöglicht, den generellen Transkriptionsfaktoren (GTFs). Auch die Pol I und die Pol III werden von ihren spezifischen GTFs zu ihren Promotoren dirigiert.

12.4.3 Regulatorische Elemente der Pol-II-Gene: Enhancer, Silencer

Die bisher beschriebenen Grundelemente der Promotoren sind für die Initiation der Transkription aller Gene erforderlich, die von der RNA-Polymerase II transkribiert werden. Doch wird das Ausmaß der Transkriptionsinitia-

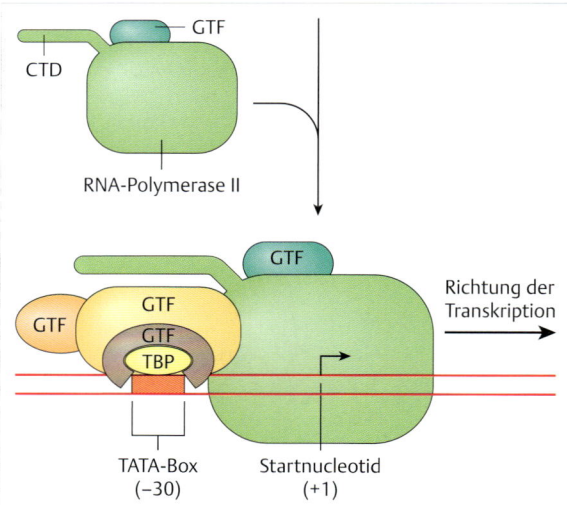

Abb. 12.7 Positionierung der Pol II am Promotor unter Beihilfe genereller Transkriptionsfaktoren. Generelle Transkriptionsfaktoren (GTFs) werden vom TATA-bindenden Protein (TBP) zur DNA-Position um –30 rekrutiert, um gemeinsam die RNA-Polymerase II zum Promotor zu dirigieren. CTD = carboxyterminale Domäne der Pol II, die u. a. zur Initiation der Transkription verhilft.

tion der meisten Gene genau reguliert: Die Expression der Gene muss zum richtigen Zeitpunkt und im richtigen Zelltyp selektiv an- oder abgeschaltet werden können. Viele Gene verändern ihre Transkriptionsaktivität sehr schnell und sehr spezifisch als Reaktion auf extra- oder intrazelluläre Signale (z. B. Wachstumsstimuli zur Aktivierung der Proliferation, Aktivierung von Ionenströmen, usw.) oder veränderte physiologische Bedingungen (z. B. cAMP-Konzentration, Hormonfreisetzung; s. Kap. 14). Für diese **spezifische Transkriptionsregulation** besitzen die jeweiligen Gene regulatorische DNA-Elemente. Diese können sowohl nahe am Promotor liegen (**proximal**) als auch weiter vom Promotor entfernt (**distal**) (s. ▶ Abb. 12.4 und ▶ Abb. 12.8). Um eine komplexe und fein abgestimmte Regulation sicherzustellen, wird die Expression eines Gens nicht nur von einem einzigen Element kontrolliert, sondern durch eine Reihe hintereinanderliegender Elemente. Alle regulatorischen Elemente der Transkription können ihre spezielle Wirkung auf den Transkriptionsinitiationskomplex nur über die Wechselwirkung mit spezifisch gebundenen Proteinen ausüben (s. ▶ Abb. 12.7 und ▶ Abb. 12.8). Diese Proteine werden als **regulatorische Transkriptionsfaktoren** (RTFs) bezeichnet und wirken als Aktivatoren oder Repressoren. Die an DNA-Elemente gebundenen Transkriptionsfaktoren können über Protein-Protein-Kontakte und Mediatorproteine miteinander interagieren und führen so distale und proximale Elemente mit dem Promotor zusammen.

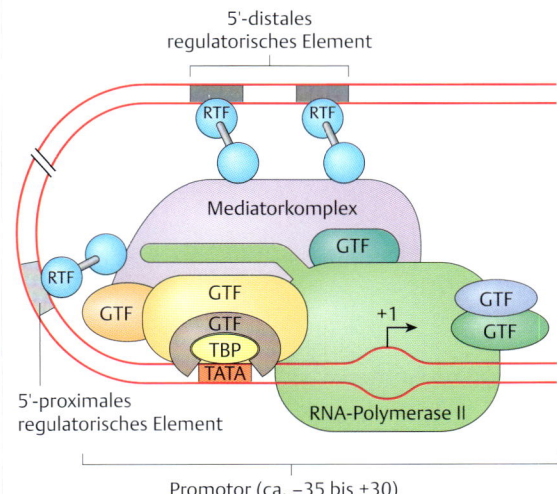

5'-distales
regulatorisches Element

Mediatorkomplex

RNA-Polymerase II

5'-proximales
regulatorisches Element

Promotor (ca. −35 bis +30)

Abb. 12.8 Räumliche Positionierung proximaler und distaler regulatorischer Elemente zum Promotor. Es finden Wechselwirkungen zwischen enhancergebundenen Proteinen – den regulatorischen Transkriptionsfaktoren (RTFs) – und promotorgebundenen Proteinen – den generellen Transkriptionsfaktoren (GTFs) – statt. Dadurch wird eine räumliche Struktur gebildet, die entfernt gelegenen, d. h. distalen regulatorischen Elementen eine direkte Einwirkung auf den Promotor ermöglicht.

Proximale regulatorische Elemente

Um auf biochemische Signale reagieren und die Transkriptionsaktivität den physiologischen Bedingungen anpassen zu können, besitzen die entsprechenden Gene sogenannte **Response-Elemente**, die sehr häufig – aber keineswegs ausschließlich – stromaufwärts in direkter Nachbarschaft eines Promotors (also proximal) (S. 290) positioniert sind. An die Response-Elemente binden **regulatorische Transkriptionsfaktoren**, die über eine Signaltransduktionskette aktiviert werden, wenn das entsprechende Signalmolekül an den jeweiligen Rezeptor gebunden hat. Der Transkriptionsfaktor interagiert dann direkt mit den benachbarten generellen Transkriptionsfaktoren und beeinflusst die Initiation der Transkription. Beispiele für Response-Elemente sind das **Serum-Response-Element** (SRE) des c-*fos*-Promotors und das **cAMP-Response-Element** (CRE) des PEPCK-Promotors (S. 339). SRE vermittelt die Genaktivierung u. a. auf Wachstumssignale durch Wachstumsfaktoren, während CRE die Genaktivität aufgrund erhöhter intrazellulärer Konzentrationen der Second Messenger cAMP oder Ca^{2+} stimuliert. In beiden Beispielen finden wir das Prinzip verwirklicht, dass ein oder mehrere regulatorische Transkriptionsfaktoren direkt an die DNA des Response-Elements binden – z. B. SRF (*serum response factor*) an SRE bzw. CREB (***CRE-b**inding Protein*) an CRE – und sich zusätzlich der Unterstützung weiterer Transkriptionsfaktoren (Coaktivatoren) bedienen. Näheres dazu siehe Kap. 14.

Distale regulatorische Elemente

Regulatorische *cis*-Elemente zur physiologischen Kontrolle der Transkriptionsinitiation können auch in größerer Entfernung vom Promotor (distal) lokalisiert sein (▶ Abb. 12.4 und ▶ Abb. 12.8). Diese distalen Elemente, nach ihrer Wirkung **Enhancer** und **Silencer** genannt, können sich sowohl stromaufwärts (Richtung 5′-Ende der DNA) wie auch stromabwärts (Richtung 3′-Ende der DNA) des Transkriptionsstarts befinden, wobei die Entfernung bis zu 100 kb betragen kann. Enhancer wurden auch in Introns gefunden.

Distale regulatorische Elemente sind spezifische Nucleotidsequenzen auf der DNA, an die regulatorische Proteine (Aktivatoren, Repressoren, Isolatoren, Chromatinorganisatoren) binden können, die selbst – vermittelt über Adapter oder Mediatorproteine – mit den generellen Transkriptionsfaktoren im direkten Promotorbereich interagieren. Derartige Interaktionen von entlegenen Elementen mit einem Promotor sind nur möglich, wenn die dazwischenliegenden DNA-Abschnitte Schleifen ausbilden (▶ Abb. 12.8).

Isolatorelemente (oder **Isolatoren**; *insulators*) stellen sicher, dass entfernt gelegene Enhancer oder Silencer nur mit ihren spezifisch zugeordneten Promotoren interagieren und nicht mit anderen. Isolatoren werden durch das

12

CTCF-Protein (CTCF: **CCCTC**-bindender Faktor) (S. 467) gebunden, das in fast allen Zellen gebildet wird.

Allgemein spielen distale regulatorische Elemente eine besonders wichtige Rolle für die zelltypspezifische Transkription, z. B. bei der Embryonalentwicklung und anderen entwicklungsbiologischen Prozessen.

Definition

Ein **Enhancer** ist ein distales regulatorisches Element mit stimulierender Wirkung auf die Transkription.
Ein **Silencer** ist ein distales regulatorisches Element mit inhibierender Wirkung auf die Transkription.
Ein **Insulator** definiert den genomischen Wirkbereich von Enhancern und Silencern.

12.4.4 Nicht-proteincodierende Pol-II-transkribierte Gene

Lange nicht-proteincodierende RNAs (**lncRNAs**, *long non-coding RNAs*) und **mikroRNAs** sind regulatorische RNA-Moleküle, deren vielfältige Funktionen in Kap. 18 ausführlich dargestellt werden. Entsprechende Gene codieren die reifen lncRNA- und mikroRNA-Moleküle als Vorläufertranskripte von beträchtlicher Länge, die nachfolgend in verschiedenen Reifungsschritten zum funktionellen RNA-Produkt prozessiert werden. Die Gene beider RNA-Typen werden von der **RNA-Polymerase II** transkribiert. lncRNA- und mikroRNA-Gene besitzen daher die typischen regulatorischen *cis*-Elemente von Genen, die von der Pol II transkribiert werden (Promotor, Enhancer, Poly[A]-Signal).

12.5 Pol-III-transkribierte Gene

Die DNA-abhängige RNA-Polymerase III (Pol III) ist hoch spezialisiert für die Transkription von Genen, die die Informationen für kurze, nicht-proteincodierende Transkripte tragen. Dazu gehören viele unterschiedliche kleine RNAs, u. a. die tRNAs und die 5S-rRNA (s. ► Tab. 3.1).

Merke

Die **RNA-Polymerase III** transkribiert Gene, die kleine, nicht-proteincodierende RNAs codieren.

12.5.1 Struktur von Pol-III-Genen

Alle Gene, die von der Pol III transkribiert werden, sind einfach aufgebaut (► Abb. 12.9). Stromaufwärts von ihren Transkriptionsstartstellen (TSS) liegen TATA-Boxen oder TATA-Box-ähnliche Sequenzen.

Allen Pol-III-Genen ist weiterhin gemeinsam, dass sie über ein Oligo(dT)-Terminationssignal im Matrizenstrang verfügen, das den Stopp der Transkription durch Pol III auslöst.

12.5.2 Promotoren für die RNA-Polymerase III

Die Promotoren der Pol-III-transkribierten Gene lassen sich strukturell in drei Typen klassifizieren: Typ 1, Typ 2 und Typ 3 (s. ► Abb. 12.9). Diese unterscheiden sich in der Anordnung verschiedener regulatorischer *cis*-Elemente, an die die unterschiedlichen Transkriptionsfaktoren der Pol III (S. 324) binden. Interessanterweise liegen

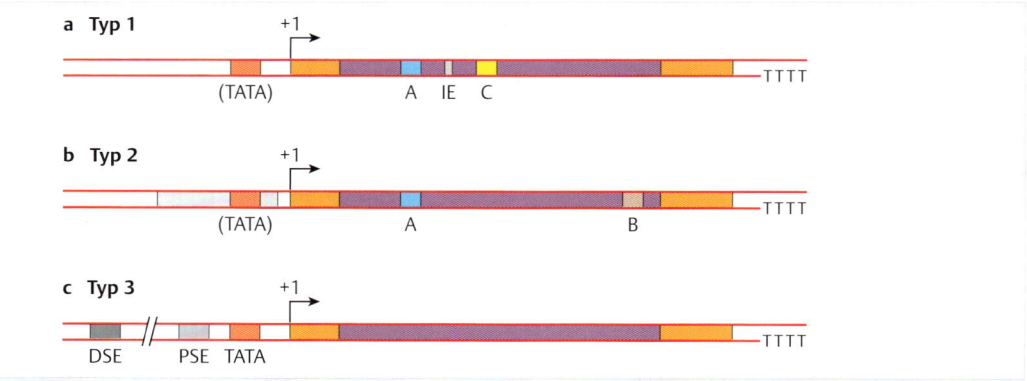

Abb. 12.9 Struktur von drei typischen Promotoren für die RNA-Polymerase III. Intragenische regulatorische Elemente werden als Box A, Box B oder Box C bezeichnet. Weitere Erläuterungen s. Text. IE = Intermediärelement, DSE = distales Sequenzelement, PSE = proximales Sequenzelement, TATA = TATA-Box, (TATA) = TATA-Box-ähnliche Sequenz, TTTT = Terminationssignal. (nach Dieci G, Fiorino G, Castelnuovo M et al (2007) The expanding RNA polymerase III transcriptome. Trends Genet. 23: 614–622)
a Promotor vom Typ 1. Die regulatorischen Elemente befinden sich im Gen, nicht davor. Zwischen den Elementen befindet sich ein Intermediärelement.
b Promotor vom Typ 2. Die regulatorischen Elemente liegen ebenfalls im Gen; allerdings fehlt ein Intermediärelement.
c Promotor vom Typ 3. Die regulatorischen Elemente befinden sich stromaufwärts (5') der TATA-Box.

bei den Typ-1- und Typ-2-Genen die regulatorischen Elemente (Box A, Box B, Box C) innerhalb des Gens, also intragenisch. Die regulatorischen Elemente der Typ-3-Gene liegen stromaufwärts der TATA-Box.

▶ **Pol-III-Promotor vom Typ 1.** Bei Promotoren vom Typ 1 liegen die wichtigen regulatorischen Sequenzen nicht vor dem Gen, sondern innerhalb des Gens, also im transkribierten Bereich (d. h. stromabwärts von der + 1-Startstelle der Transkription; **interner Promotor**). Dabei handelt es sich um die Elemente Box A und Box C, mit einem dazwischenliegenden Intermediärelement (IE) (▶ Abb. 12.9a). Diese Elemente sind Bindungsstellen für generelle Transkriptionsfaktoren. Die Wechselwirkung der Transkriptionsfaktoren mit der Pol III wird im Kap. 13.5 näher beschrieben.

Ein Beispiel für Gene mit einem Promotor vom Typ 1 sind **5S-rRNA-Gene**. Im **Genom des Menschen** existieren etwa 500 Kopien des 5S-rRNA-Gens. Davon sind ca. 100–150 Kopien in einem Cluster auf Chromosom 1 lokalisiert, während die übrigen Kopien über das gesamte Genom verteilt sind. Im **Genom des Krallenfrosches** *Xenopus laevis* befindet sich ein 5S-rRNA-Gen-Cluster im Telomerbereich von Chromosom 9. Dieser Cluster enthält ca. 400 Genkopien, die in somatischen Zellen exprimiert werden. Außerdem sind weitere Cluster über das gesamte *Xenopus laevis*-Genom verteilt. Sie umfassen insgesamt etwa 20 000 Genkopien, die ausschließlich in Oocyten des Frosches aktiv sind.

▶ **Pol-III-Promotor vom Typ 2.** Auch bei Promotoren vom Typ 2 befinden sich Promotorelemente im transkribierten Bereich (Box A und Box B in ▶ Abb. 12.9b).

Ein Beispiel für Gene mit einem Promotor vom Typ 2 sind **tRNA-Gene**. Das menschliche Genom enthält ungefähr 500 Kopien und auch andere Eukaryoten besitzen mehrere Hundert. Meist handelt es sich um Einzelgene, die über das gesamte Genom verteilt sind; genomische tRNA-Gen-Cluster sind eher die Ausnahme. Weitere Beispiele für Gene mit einem Promotor vom Typ 2 sind **7SL-RNA-** und **RNaseP-RNA-Gene** sowie die viralen **VA-RNA-Gene**.

▶ **Pol-III-Promotor vom Typ 3.** Promotoren vom Typ 3 besitzen anders als Typ-1- und Typ-2-Promotoren keine internen Promotorelemente, sondern enthalten stromaufwärts vom Transkriptionsstart gelegene Sequenzelemente (DSE, PSE) wie auch eine echte TATA-Box (um Position –30, ▶ Abb. 12.9c). Die an der Transkriptionsinitiation beteiligten Protein-Protein-Wechselwirkungen werden im Kap. 13.5 genauer beschrieben.

Gene mit einem Promotor vom Typ 3 codieren **U6-snRNA**, **RNase-P-RNA** und **RNase-MRP-RNA**.

12.6 Exons und Introns

Gene sind entweder **proteincodierend** oder **nicht-proteincodierend** (s. ▶ Tab. 3.1). Alle proteincodierenden Gene werden von der RNA-Polymerase II transkribiert. ▶ Abb. 12.4 zeigt schematisch die essenziellen Struktur-

elemente eines proteincodierenden Pol-II-transkribierten Gens. Hier zeigt sich eine wichtige Besonderheit proteincodierender Gene der Eukaryoten: Sie weisen spezifische Diskontinuitäten im transkribierten Bereich auf. Die proteincodierenden Genabschnitte (**Exons**) sind durch nicht-proteincodierende Abschnitte (**Introns**) unterbrochen. Wegen dieser Aufspaltung in Exons und Introns werden eukaryotische proteincodierende Gene oft als *split genes* bezeichnet.

Definition

Exon: codierende Sequenz eines proteincodierenden Gens
Intron: trennende Sequenz zwischen den Exons eines proteincodierenden Gens; Introns enthalten in der Regel keine proteincodierende Information.

Als Illustration des mosaikartigen Exon-Intron-Aufbaus eukaryotischer Gene betrachten wir im Folgenden ein gut untersuchtes Beispiel, nämlich die Globin-Gene von Säugetieren. Tatsächlich wurde die Exon-Intron-Struktur eukaryotischer Gene um 1975 u. a. bei der Untersuchung der Globin-Gene entdeckt.

12.6.1 Exon-Intron-Struktur proteincodierender Gene am Beispiel von Globin-Genen

Globine sind die Protein-Untereinheiten des Hämoglobins, das unter Komplexierung der Häm-Gruppe (Eisen-II-Komplex) zur Bindung und Transport des Sauerstoffs im Blut befähigt ist. Hämoglobin wird hauptsächlich in den Vorläufern der roten Blutzellen, den Erythroblasten und Reticulocyten, hergestellt. Hämoglobin besteht aus vier Globinuntereinheiten: zwei α-Globinketten und zwei β-Globinketten.

Diese beiden Globinketten existieren in verschiedenen Isoformen, deren jeweiligen Gene als sogenannte Globin-Gencluster angeordnet sind. Die codierenden Sequenzen der α- und β-Globin-Gene des Menschen enthalten je zwei Introns, sodass sich in jedem Gen drei Exons befinden (▶ Abb. 12.10). Das kleinere Intron I, mit einer Länge von etwa 95 bp, liegt in beiden Genen zwischen den Codons 31 und 32. Das größere Intron II hat im α-Globin-Gen eine Länge von etwa 125 bp und liegt zwischen den Codons 99 und 100. Intron II des β-Globin-Gens ist etwa 660 bp lang und befindet sich zwischen den Codons 104 und 105. Es fällt auf, dass das α-Globin-Gen – mit Ausnahme der Länge von Intron II – dem β-Globin-Gen strukturell sehr ähnlich ist. Tatsächlich nimmt man an, dass beide Gene in der Evolution vor etwa 500 Millionen Jahren aus einem gemeinsamen Vorläufergen hervorgegangen sind.

12

Die Aufteilung von Genen in Exons und Introns ist evolutionär sehr stark konserviert. Dies zeigt sich beim Vergleich eines Gens verschiedener Spezies, z. B. der β-Globin-Gene von Mensch, Kaninchen und Maus (▸ Abb. 12.11). Von den beiden Introns liegt das kleinere (Intron I) zwischen den Codons 30 und 31 und das größere (Intron II) zwischen den Codons für die Aminosäuren 104 und 105 der β-Globinkette (Gesamtlänge: 146 Aminosäuren). Während die Nucleotidsequenzen der Exons von Maus- und Kaninchengenom an durchschnittlich 81 von 100 Positionen übereinstimmen, gleichen sich die der Introns jedoch nur in weniger als 50 von 100 Nucleotiden. Daraus folgt, dass ein Intron während der Evolution größere Veränderungen in der Nucleotidabfolge durchläuft als der tatsächlich codierende Abschnitt der Gene. Eine Ausnahme macht der Grenzbereich zwischen Intron und Exon, der einer strengeren Selektion unterworfen ist. Dort steigt die Übereinstimmung wieder auf 100 % an (▸ Abb. 12.12). Hier wurden seit der Trennung der evolutionären Wege von Säugetieren (vor vielleicht 100 Millionen Jahren) nicht mehr Nucleotide ausgetauscht als im codierenden Abschnitt des Gens.

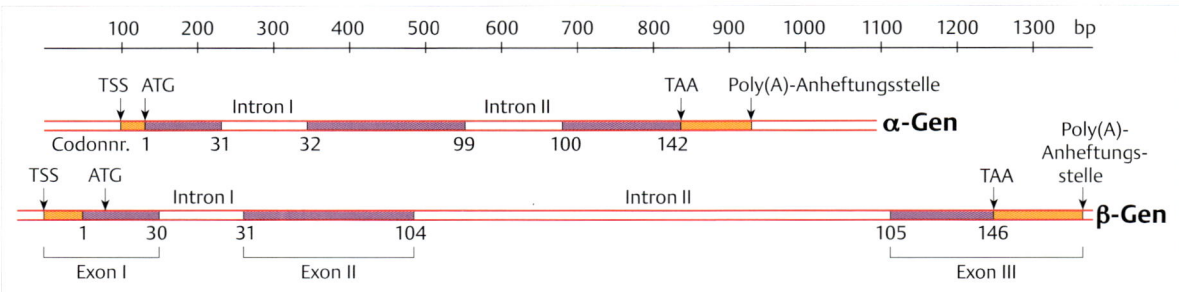

Abb. 12.10 Vergleich der Lage von Exons und Introns im α- und β-Globin-Gen. Die Transkription der Gene beginnt an der Transkriptionsstartstelle (TSS) und endet jenseits der 3'-Nicht-Codierungsregion (roter Abschnitt rechts). Das primäre Transkriptionsprodukt des α-Globin-Gens ist etwa 850 und das des β-Globin-Gens fast 1400 bp lang. Die nicht ausgefüllten Bereiche im Gen entsprechen den Introns, die ausgefüllten den Exons, die schließlich in der mRNA erscheinen: violett = codierende Exonbereiche, rot = nicht-codierende Exonbereiche. Die Nummerierung der Codons ist angegeben; diese Numerierung ist identisch mit den Positionen der Aminosäuren in den fertigen Proteinketten. ATG = Startcodon für die Translation, TAA = Stoppcodon für die Translation. (nach Leder P, Hansen JN, Konkel D et al (1980) Mouse globin gene system: a functional and evolutionary analysis. Science 209: 1339–1342)

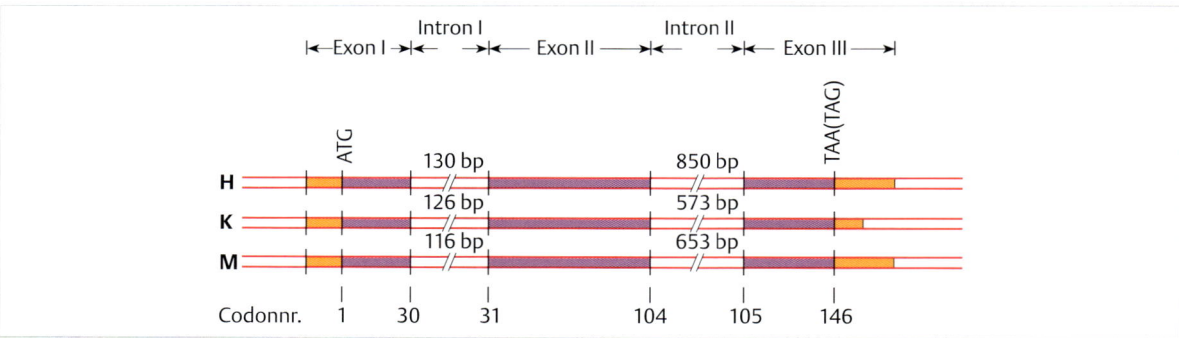

Abb. 12.11 Organisation der β-Globin-Gene des Menschen (H), des Kaninchens (K) und der Maus (M). Das erste Exon schließt in allen drei Genen die Codons 1–30 und das zweite Exon die Codons 31–104 ein. Exon III beginnt in allen drei Fällen mit dem Codon 105 und endet jenseits des Stoppcodons (TAA beim Menschen, TAG beim Kaninchen) am Ende der 3'-Nicht-Codierungssequenz, die bei den verschiedenen Spezies unterschiedlich lang ist. Die Länge der Introns unterscheidet sich, aber in allen Fällen ist Intron I kürzer als Intron II. Die nicht ausgefüllten Bereiche im Gen entsprechen den Introns, die ausgefüllten den Exons, die schließlich in der mRNA erscheinen: violett = codierende Exonbereiche, rot = nicht codierende Exonbereiche.

	Exon I	Intron I	Exon II	Intron II	Exon III
α-Globingen (Maus)	5'- A G	G T - - - - - - - - A G	G A T G - - - A G	G T - - - A G	C T -3'
β-Globingen (Maus)	5'- C A G	G T T - - - - - - T A G	G C T G - - - A G G	G T G - - - C A G	C T C -3'
β-Globingen (Mensch)	5'- C A G	G T T - - - - - - T A G	G C T G - - - A G G	G T G - - - C A G	C T C -3'
β-Globingen (Kaninchen)	5'- C A G	G T T - - - - - - C A G	G C G T - - - A G G	G T G - - - C A G	C T C -3'
Konsensussequenz	$\frac{A}{C}$ A G	G T $\frac{A}{C}$ .... $\frac{C}{T}$ A G		G $\frac{G}{T}$	
Häufigkeit (%)	$\frac{60}{75}$	$\frac{100}{100}$ $\frac{55}{30}$	$\frac{74}{21}$ $\frac{100}{100}$	$\frac{47}{38}$ $\frac{32}{38}$	

Abb. 12.12 Nucleotidsequenzen von Intron-Exon-Grenzen. Oben: Intron-Exon-Grenzen von einigen Globin-Genen: Auffällig sind die Übereinstimmungen in der Nucleotidsequenz. Unten: Darstellung der Konsensussequenzen an Exon-Intron-Grenzen. Die Zahlen geben an, wie häufig die angegebenen Nucleotide an den Positionen gefunden werden (in %). Die rot hinterlegten Nucleotide sind hoch konserviert (s. GT-AG-Regel). Weitere Erläuterungen s. Text.

12

Plus 12.2 (S. 297) beschreibt mit dem Gen für Kollagen ein Beispiel eines Gens mit einer sehr komplexen Exon-Intron-Struktur. Das Beispiel dieses Gens illustriert sehr anschaulich die Vielfalt der Größen von Exons innerhalb eines Gens sowie die Abstände der Exons, wie sie sich durch die Länge der Introns definieren. Kollagen ist ein Strukturprotein der extrazellulären Matrix.

Merke

Ein typisches proteincodierendes Gen existiert im Genom vielzelliger Eukaryoten als *split gene* und ist ein Mosaik aus **Exons** (mit den Codierungssequenzen der Aminosäureabfolge des Proteins) und den dazwischenliegenden nicht-proteincodierenden **Introns**. Die Exon-Intron-Struktur verwandter Gene ist evolutionär hoch konserviert. Die Gene von Prokaryoten besitzen keine Introns (seltene Ausnahme: einige Gene des Bakteriophagen T 4).

Plus 12.2

Das Kollagen-Gen und seine komplexe Exon-Intron-Struktur

Als Kollagene bezeichnet man eine Gruppe von ähnlichen Proteinen in der extrazellulären Matrix tierischer Gewebe. Genome von Wirbeltieren besitzen mindestens zwei Dutzend Gene für die verschiedenen Kollagenformen. Das Protein Kollagen besteht in seinem großen zentralen Bereich aus drei Ketten von je über 1000 Aminosäuren, die in Form einer **Dreifachhelix** umeinander gewunden sind. In diesem Bereich kommen Aminosäuren in charakteristischen Dreiergruppen vor: **Gly-X-Y**, wobei die Positionen X und Y oft von Prolin und seinem Derivat Hydroxyprolin eingenommen werden.

Die ▶ Abb. 12.13 zeigt den Aufbau eines typischen Kollagen-Gens, des α_2-Kollagen-Gens aus dem Genom des Huhns. Das Gen erstreckt sich über einen Bereich von 40 kb und besteht aus 51 Exons (horizontale Balken bzw. Striche) mit der entsprechenden Zahl von Introns. Demnach besteht die prä-mRNA aus etwa 40 000 Nucleotiden, aus denen nach Entfernen der Introns eine reife mRNA mit ungefähr 5 000 Nucleotiden gebildet wird.

Die Länge der Introns ist sehr unterschiedlich und liegt zwischen weniger als 100 und mehr als 3 000 bp. Dagegen ist die Länge der Exons recht einheitlich (wenn man von dem langen 5'-Exon und dem langen 3'-Exon absieht): In dem Genbereich, der die Dreifachhelix codiert, trifft man auf sieben Exons mit 54 bp, zwei Exons mit 45 bp, drei Exons mit 99 bp und zwei weiteren aus 108 bp [6].

Diese Exons haben eines gemeinsam: Die Zahl der Basenpaare ist jeweils ein Vielfaches von neun. Das entspricht der Codierungskapazität für das Bauelement der **zentralen Kollagendomäne**, der Aminosäuredreiergruppe Gly-X-Y. Eine plausible Annahme ist, dass ein **Ur-Exon** aus 54 bp bestanden hat, aus denen dann die anderen Exons durch Deletion (54 – 9 = 45) oder durch Fusion (54 + 54 = 108, 54 + 45 = 99) hervorgegangen sind.

Man kann nun spekulieren, dass ein Ur-Exon aus 54 bp sozusagen den funktionellen Baustein des Kollagens codiert, also eine Folge von 18 Aminosäuren, die vermutlich die Minimallänge für die Ausbildung einer stabilen kurzen Dreifachhelix darstellt, und weiter, dass viele Ur-Exons dieses Typs bei der Evolution der Kollagen-Gene vereinigt wurden.

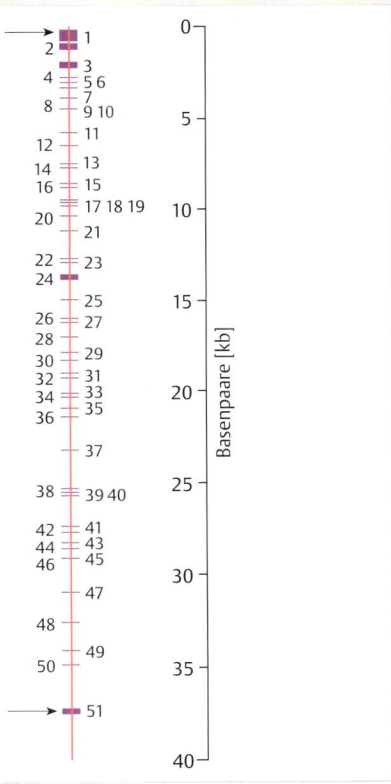

Abb. 12.13 Aufbau des α_2-Kollagen-Gens aus dem Genom des Huhns. Die horizontalen Balken bzw. Striche stellen Exons dar. Dazwischen befinden sich Introns. Insgesamt gibt es 51 Exons.

Interessant ist folgender Hinweis: Wenn die 54-bp-Sequenz ein „Proteinmodul" codiert, sollte man vermuten, dass diese Erfindung der Evolution auch für den Bau anderer Proteine herangezogen wird. Tatsächlich kennt man einige Gene, die Exons mit der 54-bp-Sequenz enthalten und Proteine mit Kollagenmodulen codieren.

12

12.6.2 Eigenschaften von Exons und Introns

▶ **Länge von Introns und Exons.** Die Länge von **Intronsequenzen** kann sehr unterschiedlich sein, von etwa 30 bp bis zu vielen Tausend Basenpaaren. Die durchschnittliche Länge eines Introns im Humangenom liegt bei etwas über 3 400 bp, aber nicht wenige Gene haben Introns mit einer Länge von etwa 100 000 bp und mehr.

Die Länge von **Exons** ist dagegen relativ einheitlich (▶ Abb. 12.14). Sie bestehen meist aus 60–200 bp und können dementsprechend Proteinabschnitte mit 20 bis ca. 60 Aminosäuren codieren. Exons enden zwar oft, aber nicht immer, mit dem Ende eines Codons (wie bei den Globin-Genen). Jedoch in etwa einem Viertel der Exons befindet sich das Ende hinter dem ersten Nucleotid und in einem anderen Viertel hinter dem zweiten Nucleotid eines Codons.

▶ **Korrelation der Intronlänge mit der Genomgröße.** Die Intronlänge korreliert in gewissem Umfang mit der Größe des Genoms einer Spezies. So sind die Introns in den Genomen des Nematoden *Caenorhabditis elegans* und der Taufliege *Drosophila melanogaster* im Durchschnitt kürzer als die von Wirbeltieren oder höheren Pflanzen. Selbst Vergleiche zwischen den Introns in homologen Genen aus verschiedenen Tier- oder Pflanzenarten zeigen oft erhebliche Unterschiede in Länge und Sequenz.

▶ **GT-AG-Regel am Intron-Exon-Übergang.** An den Stellen, wo Introns und Exons aneinandergrenzen, sind die Nucleotide konserviert. So beginnen (fast) alle Introns mit der Folge GT und enden mit der Folge AG (s. ▶ Abb. 12.12). Man spricht von der **GT-AG-Regel** der Intron-Exon-Grenzen. Dies hat wichtige funktionelle Bedeutung für die Entfernung der Introns aus der prä-mRNA durch die Spleißreaktion (s. Kap. 15).

> **Merke**
>
> Die **GT-AG-Regel** besagt, dass Introns (fast) immer mit GT beginnen und mit AG enden.

12.6.3 Vorkommen von Introns in eukaryotischen Genen

Von den etwa 5 800 proteincodierenden Genen im Genom der Hefe *Saccharomyces cerevisiae* haben nur 230 ein Intron, also etwa 4 % aller proteincodierenden Gene. Ein typisches Intron in einem Hefegen ist durchschnittlich etwa 500 bp lang und liegt sehr oft im 5′-Bereich eines Gens.

Anders bei den vielzelligen Eukaryoten. Etwa 80 % der proteincodierenden Gene der Pflanze *Arabidopsis thalia-*

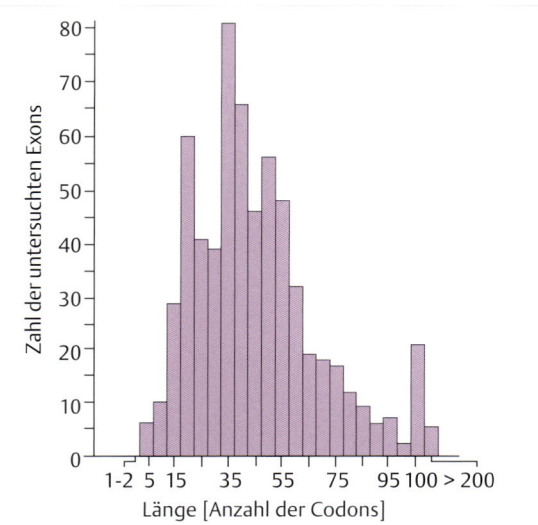

Abb. 12.14 Exonlänge. Die Länge der Exons von über 100 Genen aus den Genomen verschiedener Wirbeltiere wurde bestimmt, wobei die 5′- und 3′-Exons nicht berücksichtigt wurden. Die Länge wird durch die Anzahl der Codons angegeben. Man erkennt, dass ein durchschnittliches Exon 35–55 Aminosäuren codiert. Dies war die erste Untersuchung dieser Art [7]. Inzwischen kennt man Hunderttausende von Exons aus den großen Genomprojekten. Ein durchschnittliches Exon im Humangenom besteht aus etwa 70 Codons.

na (Ackerschmalwand) tragen Introns, und zwar durchschnittlich vier bis fünf Introns pro Gen, große *Arabidopsis*-Gene sind aus mehr als 50 Introns zusammengesetzt. Bei den Wirbeltieren enthalten etwa 95 % aller proteincodierenden Gene meist mehrere Introns, manche einige Dutzend, und nicht selten sind Introns viele Tausend Basenpaare lang.

▶ **Gene ohne Introns.** Zu den selteneren proteincodierenden Genen ohne Introns gehören die Histon-Gene, die Gene für Interferon, das Gen für das Hitzeschockprotein Hsp70 – und die große Gruppe von Genen im Genom von Wirbeltieren, die die sogenannten G-Protein-gekoppelten Rezeptoren (GPCRs) (S. 339) codieren. Das sind Proteine auf der Zelloberfläche, die äußere Signale empfangen und in das Zellinnere weiterleiten. Daraus lässt sich aber keine allgemeine Regel ableiten, denn kurioserweise gibt es Introns in den Genen für G-Protein-gekoppelte Rezeptoren von *Drosophila* und von Nematoden.

12.6.4 Bedeutung von Introns

▶ **Introns haben nichts mit dem An- und Abschalten von Genen zu tun.** Es sei daran erinnert, dass IS-Elemente und Transposons in die offenen Leseraster von bakteriellen Genen gelangen können – mit der Konsequenz eines Funktionsverlusts (s. Kap. 6). Introns haben keine solchen Auswirkungen im Eukaryotengenom. Das zeigt schon unser Beispiel des α-Globin-Gens. Zwar kommen

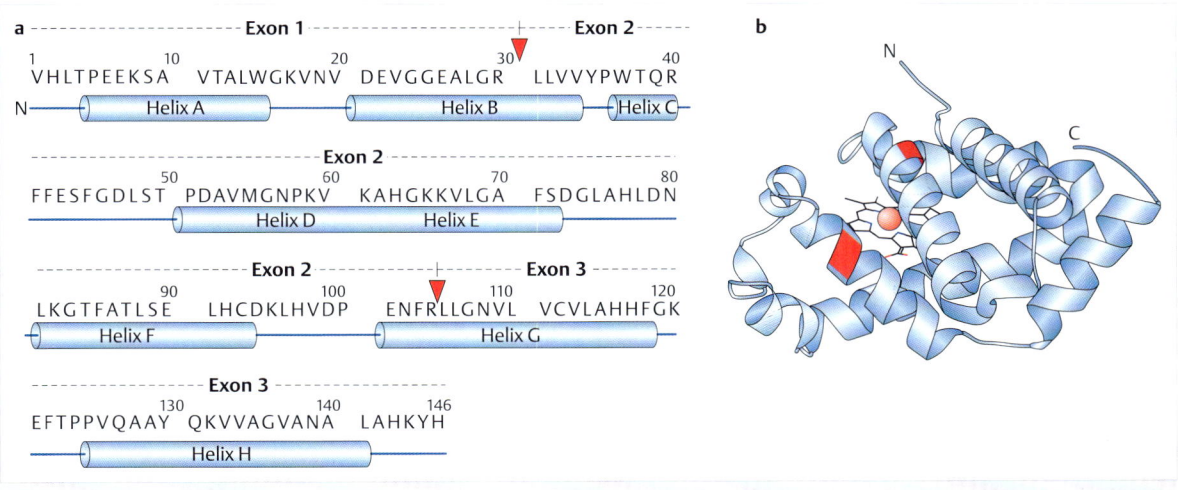

Abb. 12.15 Projektion der Exon-Intron-Übergänge in der prä-mRNA auf die Proteinstruktur. Als Beispiel dient die β-Globinkette des Säugetierhämoglobins. Vergleiche dazu ▶ Abb. 12.11 mit der Exon-Intron-Anordnung im β-Globin-Gen.
a Aminosäuresequenz. Eingezeichnet sind die sieben bis acht α-Helixelemente. Rote Dreiecke geben die Positionen der beiden Introns im Gen an.
b Lage der α-Helices im dreidimensionalen Raum. Das Häm mit dem zentralen Eisen ist eingezeichnet. Die Exon-Intron-Grenzen zwischen den drei exoncodierten Bereichen sind rot hervorgehoben. Deutlich zu erkennen ist, dass die Exon-Intron-Grenzen innerhalb prominenter Sekundärstrukturen (α-Helices) liegen und nicht etwa, wie man meinen könnte, einzelne Proteindomänen voneinander trennen. (Alex Brosig, Konstanz)

Introns in den Globin-Genen von Gehirn- und Muskelzellen vor, wo niemals eine Expression der Globin-Gene erfolgt, aber Introns sind genauso in den Globin-Genen erythroider Zellen vorhanden, die ganz auf die Expression dieser Gene und auf die Synthese von Globinketten spezialisiert sind.

▶ **Primäres Transkriptionsprodukt und Spleißen.** Bei der Transkription wird die gesamte Sequenz eines Gens, Exons und Introns eingeschlossen, von der RNA-Polymerase in eine lange RNA transkribiert. Man spricht von einem primären Transkriptionsprodukt oder von einer **prä-mRNA**. Die Intronsequenzen werden aus der prä-mRNA entfernt und die Exonsequenzen miteinander verbunden. Diesen Prozess nennt man **Spleißen**, in Analogie zur Verknüpfung der Enden eines durchtrennten Seils. Näheres zum Mechanismus finden Sie im Kap. 15.

Das Spleißen muss mit extremer Genauigkeit erfolgen, da sich bei Fehlern die Nucleotidsequenz und damit auch die Aminosäuresequenz im Genprodukt verändern würden. Am Beispiel der Globin-Gene in ▶ Abb. 12.15 kann man erkennen, dass dies weitreichende Konsequenzen für das codierte Protein haben kann: Die Exon-Intron-Übergänge auf der prä-mRNA liegen mitten in wichtigen Sekundärstrukturen des Proteins – in diesem Fall von α-Helices. Ein Aminosäureaustausch an dieser Stelle würde die α-Helix wahrscheinlich zerstören und damit die Funktion des Hämoglobins erheblich einschränken.

▶ **Alternatives Spleißen.** Das Spleißen erlaubt eine erhöhte Vielfalt bei der Synthese von Proteinen, da die Introns aus einer prä-mRNA unterschiedlich herausgeschnitten werden können. Durch diesen als alternatives Spleißen benannten Mechanismus der mRNA-Reifung wird eine beträchtliche Steigerung der Vielfalt des genetischen Repertoires von Eukaryoten ermöglicht. Weiteres dazu in Kap. 15.2.

12.7 CpG-Inseln

Definition

CpG-Inseln sind Abschnitte der DNA, die bis zu 1 kb lang sein können und eine höhere Häufigkeit an CpG-Dinucleotiden aufweisen als die generelle DNA. Man findet sie oft in der Nähe von Startstellen der Transkription, aber auch innerhalb von Genen (intragenisch) oder zwischen Genen (intergenisch).

CpG-Inseln kommen in der näheren Umgebung von etwa 70 % aller menschlichen Promotoren vor. Dies trifft primär für Pol-II-transkribierte Gene zu, aber CpG-Inseln finden sich auch in Nachbarschaft von Pol-I- und Pol-III-Genen.

CpG-Inseln finden sich bevorzugt in der Nachbarschaft solcher Gene, die in vielen Zellarten aktiv sind und keiner zelltypspezifischen Regulation unterliegen; diese Gene

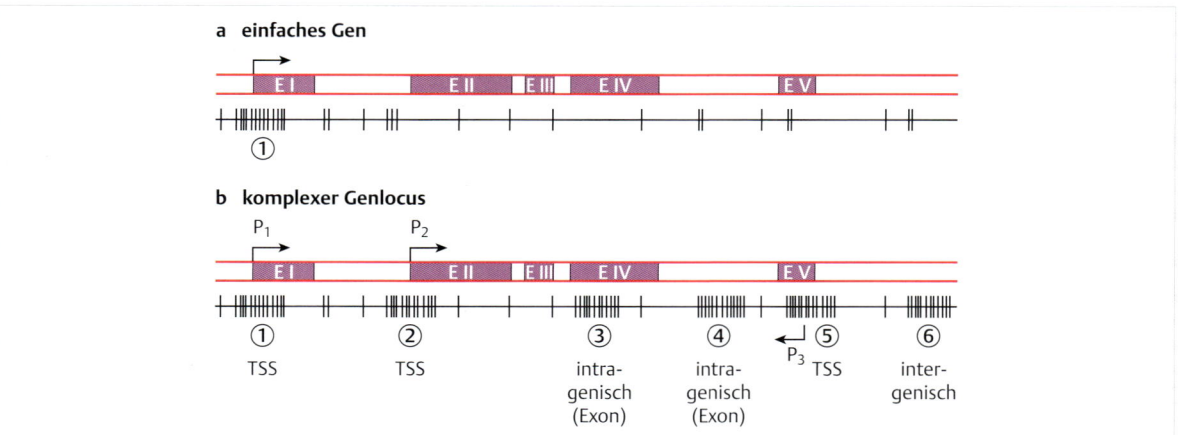

Abb. 12.16 CpG-Inseln. CpG-Dinucleotide (schwarze vertikale Striche) können gehäuft in sogenannten CpG-Inseln vorkommen. Beispielhafte Verteilungen von CpG-Dinucleotiden sind für einen einfachen (**a**) oder für einen komplexen (**b**) Genlocus gezeigt. TSS = Transkriptionsstartstelle, Pfeil = Transkriptionsrichtung. (nach Illingworth RS, Bird AP (2009) CpG islands – "a rough guide". FEBS letters 583: 1713–1720)

a Verteilung von CpG-Dinucleotiden sind für einen einfachen Genlocus. Die CpG-Insel befindet sich in der Nähe des Transkriptionsstarts (①).

b Verteilung von CpG-Dinucleotiden sind für einen komplexen Genlocus. CpG-Dinucleotide kommen in der Nähe des Transkriptionsstarts (① und ②), aber auch intragenisch in Exons (③) und in Introns (④) vor, wie auch intragenisch in der Nähe eines zusätzlichen antisense-Promotors (⑤) oder intergenisch (⑥).

nennt man Haushaltsgene. Die ▶ Abb. 12.16 zeigt am Beispiel von Pol-II-Genen das Vorkommen von CpG-Inseln in der Nähe des Transkriptionsstartpunkts (TSS), innerhalb des Gens (intragenisch in Exons oder Introns) oder auch weiter entfernt zwischen Genen (intergenisch).

Die Struktureigenschaften CpG-reicher DNA-Segmente bewirken eine Destabilisierung von Nucleosomen und erlauben die Rekrutierung von Proteinen, die eine transkriptionsaktive Chromatinstruktur herbeiführen. Somit fördern CpG-Inseln die transkriptionelle Aktivität benachbarter Promotoren.

Darüber hinaus kann aber das Cytosin eines CpG-Dinucleotids methyliert werden (**5-Methylcytosin**, 5mC) und in Folge zum Abschalten der transkriptionellen Aktivität eines benachbarten Promotors beitragen (Silencing). Die Methylgruppe am C5-Atom des Cytosins (eines CpG-Dinucleotids) kann *de novo* durch die enzymatische Aktivität von **DNA-Methyltransferasen** (S. 455) angebracht werden. CpG-Inseln im methylierten Zustand werden durch Proteine gebunden, z.B. Polycombproteine oder das Protein MDB, die zur Verdichtung der Chromatinstruktur beitragen und die transkriptionelle Aktivierung eines benachbarten Promotors verhindern. Umgekehrt ist das Ersetzen von 5mC durch nicht methyliertes Cytosin ein essenzieller Schritt für die Aktivierung solcher Gene, die der Kontrolle durch CpG-Inseln unterliegen.

Die Methylierung von CpG-Dinucleotiden wird als epigenetischer Mechanismus zur Regulation der Genaktivität bezeichnet (s. Kap. 20 und 21).

Das **Vorkommen von CpG-Inseln** gilt als etwas Besonderes, da das Dinucleotid CpG an anderen Stellen in den Genomen vieler Tier-

und Pflanzenarten seltener vorkommt, als man von der statistischen Basenzusammensetzung her erwarten würde. Dies liegt darin begründet, dass **5-Methylcytosin** durch hydrolytische Desaminierung (S. 258) in Thymin überführt wird, eine Mutation, die vom DNA-Reparatursystem nicht erfasst wird.

Merke

Die Nucleotidsequenz von CpG-Inseln bewirkt grundsätzlich eine lokale Destabilisierung von Nucleosomen, sodass die **Transkriptionsaktivität** benachbarter Promotoren erhöht wird. Die lokale Dichte von CpG-Dinucleotiden innerhalb einer CpG-Insel kann jedoch auch zur effizienten Methylierung der Cytosine führen (zu 5-Methylcytosin), was dann zum **Abschalten** der Transkriptionsaktivität benachbarter Promotoren führt.

12.8 Pseudogene

Molekularbiologen entdeckten in der Umgebung von Globin-Genen einige DNA-Abschnitte, die ganz ähnlich wie funktionelle Globin-Gene aus Exons und Introns aufgebaut sind, aber nicht als proteincodierende Gene funktionieren können, weil die Leseraster durch Stoppcodons sowie durch kleine Deletionen und Insertionen unterbrochen sind. Diese DNA-Segmente wurden Pseudogene genannt.

Pseudogene sind Überreste evolutionärer Vorgänge. Man geht davon aus, dass sie teilweise aus einem Stamm-

12

gen durch **ungleiches Cross over** entstanden sind (Plus 12.3) (S. 301). Die entstehende Kopie blieb funktionslos, sodass sich im Laufe der Evolution Mutationen ansammeln konnten. Ein Pseudogen kann als ein Dokument für Ereignisse in einem DNA-Abschnitt gelten, der nicht dem Druck der Selektion unterworfen ist. Pseudogene dieser Art kommen nicht nur in der Gruppe der Globin-Gene, sondern auch an vielen anderen Stellen des Genoms vor. Diese Karikaturen normaler und aktiver Gene nennt man **duplizierte Pseudogene** (*duplicated pseudogenes*).

Plus 12.3

Ungleiches Cross over

In den Genomen von Eukaryoten, insbesondere von vielzelligen Eukaryoten wie Tieren und Pflanzen, trifft man oft auf Gene ähnlicher Struktur und ähnlicher Funktion. Beispiele bei Säugetieren sind die Gruppe der Globin-Gene (S. 295) oder der Immunglobulingene (S. 240). Evolutionsbiologen erklären die Entstehung solcher Genfamilien durch den Vorgang des ungleichen Cross overs. Dieser Mechanismus könnte auch der Entstehung der Exons in Kollagen-Genen zugrunde liegen.

Ungleiches Cross over ist ein Rekombinationsprozess, der sich zwischen zwei Genen ereignet und dazu führt, dass ein Rekombinationsprodukt auf Kosten des anderen einen DNA-Abschnitt erwirbt (S. 513). Ein ungleiches Cross over kann zwischen Schwesterchromatiden stattfinden oder auch in der Prophase der Meiose zwischen Nicht-Schwesterchromatiden. Wenn das Chromosom mit der höheren Kopienzahl einen Selektionsvorteil vermittelt, wird das Ergebnis des ungleichen Cross overs fixiert bleiben und an alle Nachkommen der betroffenen Zelle weitergegeben.

Eine zweite und größere Gruppe von Pseudogenen sind die **prozessierten Pseudogene** (*processed pseudogenes*), auch **Retro-Pseudogene** oder Retrosequenzen genannt. Sie sind in den Genomen von Säugetieren über einen ganz anderen Mechanismus als die duplizierten Pseudogene entstanden, nämlich aus einer **reversen Transkription von mRNA** (S. 246), s. auch (Plus 12.4) (S. 301).

Definition

Unter **RNA-Prozessierung** versteht man die Kette von Ereignissen, bei denen aus dem primären Transkriptionsprodukt die reife RNA entsteht. Dazu gehören u. a. das Entfernen der Intronsequenzen, das Anbringen der 5'-Kappe und das Anheften des Poly(A)-Endes von mRNA.

Prozessierte Pseudogene sind charakterisiert durch:
- das **Fehlen von Introns**: Die Sequenzen dieser Pseudogene entsprechen direkt hintereinandergeschalteten Exons, während das echte Gen aus Exons und Introns aufgebaut ist.
- eine **Folge von Adeninresten am 3'-Ende**: Sie spricht für die Herkunft der Pseudogene aus mRNA, da Adeninfolgen (Poly(A)) erst nach der Transkription an das 3'-Ende der mRNA angeheftet werden. Das echte Gen enthält keine Adeninfolgen am 3'-Ende.
- **direkte Sequenzwiederholungen** in der genomischen DNA, die die Pseudogensequenz einrahmen: Solche Rahmensequenzen sind typisch für die integrierten Produkte revers transkribierter RNAs (siehe integrierte Proviruselemente und Retroposons) (S. 246).

Plus 12.4

Entstehung von Retro-Pseudogenen

Man nimmt an, dass im Laufe der Entwicklung einer Tier- oder Pflanzenart gelegentlich eine reverse Transkription einer mRNA stattgefunden hat, vielleicht bei der Infektion von Keimzellen durch ein Retrovirus oder durch die Reverse Transkriptase eines Retroposons (S. 246). Die entstandene cDNA wurde dann in das Genom integriert und als eine Art blinder Passagier über Generationen hinweg weitervererbt.

Im Allgemeinen findet man auch bei Retro-Pseudogenen zahlreiche „evolutionäre Narben" – Stoppcodons, kleine Insertionen und Deletionen, also Veränderungen, die zu Unterbrechungen des Leserasters führen. Das sind Zeichen dafür, dass die Pseudogensequenzen keinem Selektionsdruck unterworfen sind.

Pseudogene sind im Säugetiergenom relativ häufig anzutreffen. So ermittelte ENCODE 2012 im Humangenom 11 200 Pseudogene, von denen 863 transkribiert werden. Von den bekannten Pseudogenen sind weit mehr als die Hälfte Retro-Pseudogene, die häufig Abkömmlinge aktiver Gene mit hoher Transkriptionsaktivität sind. Zum Beispiel kennt man vom Gen des glykolytischen Enzyms Glycerinaldehyd-3-Phosphat-Dehydrogenase 25 Retro-Pseudogene, vom β-Tubulingen sind es 15–20. Auch vom *TOP1*-Gen des Menschen, das die Typ-I-DNA-Topoisomerase codiert, existieren zwei Retro-Pseudogene (*TOP1P1* und *TOP1P2*; ▶ Abb. 12.17).

12

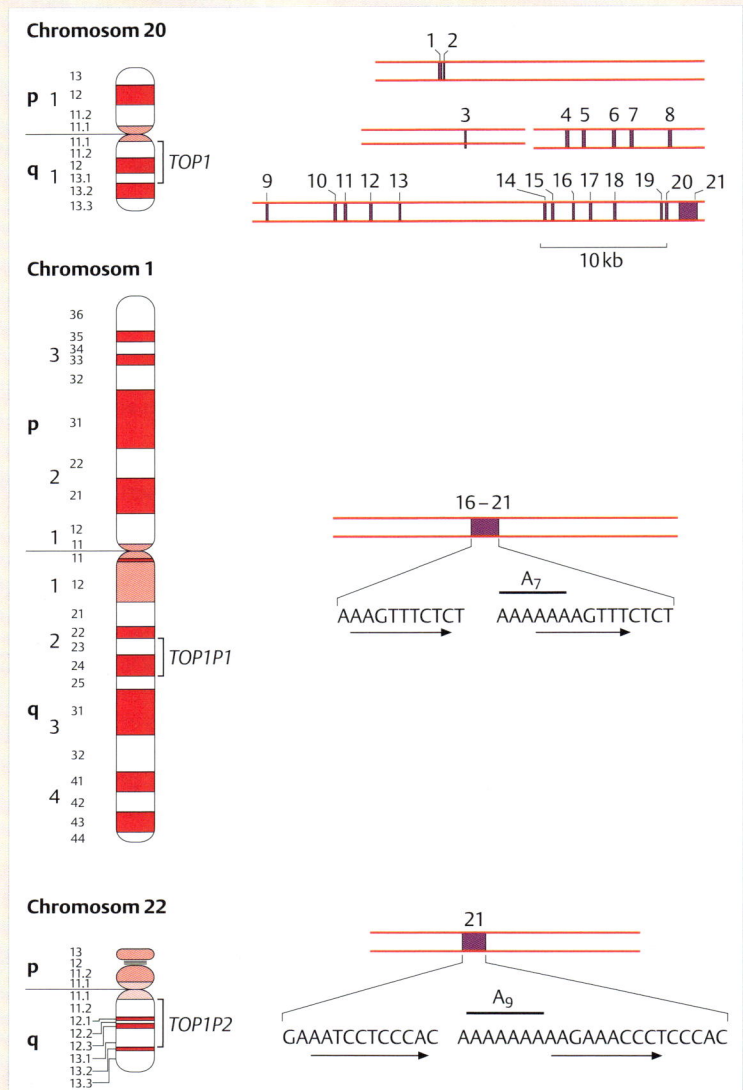

Abb. 12.17 Retro-Pseudogene des *TOP1*-Gens des Menschen. Das *TOP1*-Gen codiert die Typ-I-DNA-Topoisomerase und ist auf Chromosom 20 lokalisiert. Zwei Pseudogene (*TOP1P1* und *TOP1P2*) des Gens befinden sich auf den Chromosomen 1 und 22. Das aktive Gen (oben) ist über 100 kb lang und besteht aus 21 Exons mit den dazwischenliegenden, teilweise sehr langen Introns. Im Pseudogen *TOP1P1* fehlen die Exons 1–15, während die übrigen Exons miteinander verbunden sind. Das Pseudogen *TOP1P2* besteht im Wesentlichen nur aus Exon-21-Sequenzen. (nach Yang G, Kunze N, Baumgärtner B et al (1980) Molecular structure of two human DNA topoisomerase I retrosequences. Gene 91: 247–253)

12.9 Repetitive DNA-Elemente

Die Genome höherer Organismen sind zu etwa 50 % aus sogenannten repetitiven DNA-Elementen aufgebaut (▶ Abb. 12.18). Diese Elemente kommen in Genomen in unterschiedlicher Länge und Kopienzahl vor. Strukturell kann man zwischen einfachen repetitiven Elementen und mobilen Elementen unterscheiden. Auf die Existenz repetitiver DNA-Sequenzen haben wir bereits in ▶ Tab. 12.1 und in ▶ Abb. 10.28 zusammenfassend hingewiesen.

Repetitive Sequenzen tragen – von wichtigen Ausnahmefällen abgesehen – keine codierende Information, werden aber oft transkribiert.

▶ **Satelliten-DNAs.** Sie sind aus sich tandemartig wiederholenden Sequenzelementen zusammengesetzt, wobei die Länge einer einzelnen Wiederholungseinheit bis zu 200 bp und die des gesamten Clusters bis zu 3000 kb betragen kann. Die Centromere der Chromosomen aller höheren Organismen enthalten Satelliten-DNA, auf die wir bereits weiter oben (S. 212) hingewiesen haben. Die **Centromer-DNA** der Chromosomen des Menschen enthalten bis zu 18000 Kopien eines Sequenzelements von 171 bp, das als α-Satellit bezeichnet wird. Dieses Element wird von mehreren Molekülen des CENP-Proteins gebunden. Dadurch kann das Kinetochor aufgebaut werden. Interessanterweise wird die Centromer-DNA als Matrize für die Transkription durch die Pol II genutzt.

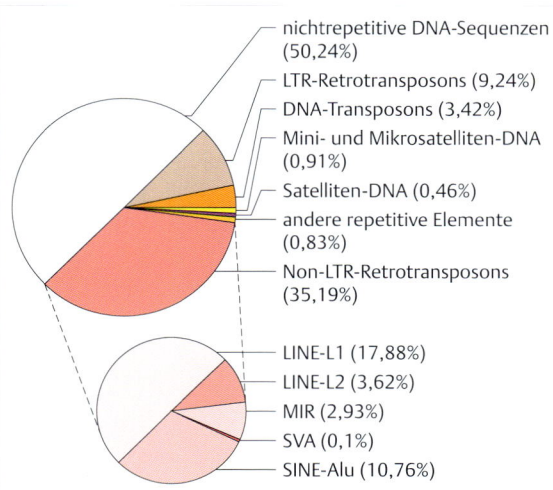

nichtrepetitive DNA-Sequenzen (50,24%)
LTR-Retrotransposons (9,24%)
DNA-Transposons (3,42%)
Mini- und Mikrosatelliten-DNA (0,91%)
Satelliten-DNA (0,46%)
andere repetitive Elemente (0,83%)
Non-LTR-Retrotransposons (35,19%)

LINE-L1 (17,88%)
LINE-L2 (3,62%)
MIR (2,93%)
SVA (0,1%)
SINE-Alu (10,76%)

Abb. 12.18 Prozentualer Anteil der repetitiven Elemente an der Gesamtsequenz des Humangenoms. Circa 50 % des Humangenoms bestehen aus repetitiven Sequenzen (farbige Kreissegmente). Den größten Anteil repetitiver Elemente machen die Non-LTR-Retrotransposons aus (ca. 35 %). (nach Rodic N, Burns KH (2013) Long interspersed element-1 (LINE-1): passenger or driver in human neoplasms. PLOS Genet 9: e1003402)

Neben Centromeren findet sich Satelliten-DNA häufig auch in der Nähe der Telomere oder auf dem Y-Chromosom.

▶ **Minisatelliten-DNA.** Minisatelliten-DNA besteht aus vielen Kopien kurzer Sequenzelemente (Länge der Wiederholungseinheit 10 bis ca. 25 bp), die tandemartig angeordnet sind. Wegen der geringen Länge der wiederholten Sequenzeinheiten spricht man von STRs (*short tandem repeats*). Die Ausdehnung einzelner Minisatelliten kann bis zu 60 kb betragen. Minisatelliten-DNA findet sich an vielen Stellen aller Chromosomen der Eukaryoten. Im menschlichen Genom beläuft sich die Zahl der vorhandenen Minisatelliten-DNA-Sequenzen auf ca. 6 000. Weitere Informationen (S. 513)

▶ **Mikrosatelliten-DNA.** Mikrosatelliten-DNA besteht aus vielen Kopien sehr kurzer Sequenzelemente (Länge der Wiederholungseinheit unter 10 bp), die tandemartig angeordnet sind. Wegen ihrer sehr geringen Länge werden sie ebenfalls als STRs klassifiziert. Besonders häufig sind Dinucleotidwiederholungen wie $(CA)_n$ oder Trinucleotidwiederholungen wie $(CAG)_n$. Diese Repeats kommen in unterschiedlicher Länge vor, d. h. in Größenordnungen von bis zu mehreren Tausend bp (d. h. mit n > 100 bis 500).

▶ **Transposon-ähnliche Elemente.** Über diese Gruppe repetitiver DNA-Elemente wird ausführlich im Kap. Retrotranspositionen (S. 243) und im Kap. Retrotransposon-Insertionspolymorphismen (S. 518) berichtet.

Merke

Non-LTR-Retrotransposons sind im menschlichen Genom die am häufigsten vorkommende Gruppe mobiler DNA-Elemente. Gleichzeitig besitzen sie die stärkste Transpositionsaktivität. Die Retrotransposition kann krankheitsverursachende Mutationen herbeiführen.

12.9.1 Literatur

▶ **Zitierte Literatur**

[1] The ENCODE Project Consortium (2012) An integrated encyclopedia of DNA elements in the human genome. Nature 489: 57–74

[2] Thomas MC, Chiang C-M (2006) The general transcription machinery and general cofactors. Crit Rev Biochem Mol Biol 41: 105–178

[3] Berget SM, Moore C, Sharp PA (1977) Spliced segments at the 5′ terminus of adenovirus 2 late mRNA. Proc Natl Acad Sci USA 74: 3 171–3 175

[4] Chow LT, Gelinas RE, Broker TR, Roberts RJ (1977) An amazing sequence arrangement at the 5′ ends of adenovirus 2 messenger RNA. Cell 12:1–8

[5] Sharp PA (2005) The discovery of split genes. Trends Biochem Sci 30: 279–281

[6] Vogeli G, Ohlenbo H, Avvedimento VE, Sulivan M, Mudryi Y, Pastan I, de Combrugghe B (1980) A repetitive structure in the chick α_2-collagen gene. Cold Spring Harbor Symp Quant Biol 45: 777–783

[7] Traut TW (1988) Do exons code for structural or functional units in proteins? Proc Nat Acad Sci USA 85: 2944–2948

▶ **Weiterführende Literatur**

[8] D'Alessio JA, Wright KH, Tjian R (2009) Shifting players and paradigms in cell-specific transcription. Mol Cell 36: 924–931

[9] Drygin D, Rice WG, Grummt I (2010) The RNA polymerase I transcription machinery: an emerging target for the treatment of cancer. Annu Rev Pharmacol Toxicol 50: 131–156

[10] Hancks DC, Kazazian HH (2012) Active human retrotransposons: variation and disease. Curr Opin Genet Dev 22: 191–203

[11] Illingworth RS, Bird AP (2009) CpG islands – "A rough guide". FEBS letters 583: 1713–1720

[12] Kornberg RD (2007) The molecular basis of eukaryotic transcription. Cell Death Differ 14: 1989–1997

[13] Richard G-F, Kerrest A, Dujon B (2008) Comparative genomics and molecular dynamics of DNA repeats in eukaryotes. Microbiol Mol Biol Rev 72: 686–727

[14] White RJ (2011) Transcription by RNA polymerase III: more complex than we thought. Nat Rev Genet 12: 459–463

12

Kapitel 13

Eukaryotische Transkription: Funktion und Regulation der RNA-Polymerasen

13 Eukaryotische Transkription: Funktion und Regulation der RNA-Polymerasen

Alfred Nordheim

13.1 Einleitung

Zur Aufrechterhaltung ihrer physiologischen Leistungen ruft die Zelle kontinuierlich, doch in zeitlich wechselnder Intensität, genetisch gespeicherte Informationen ab: Diese dynamischen Profile der Genexpression bestimmen die Lebensprozesse von Zellen und Organismen.

Die Genexpression beginnt mit der **Transkription**, d. h. dem Ablesen der in einem Gen codierten Information und deren Übertragung in ein neu synthetisiertes RNA-Molekül (s. ▶ Abb. 5.1a). Dieser Prozess wird von Enzymen der Familie der **DNA-abhängigen RNA-Polymerasen** katalysiert. RNA-Polymerasen sind die Schlüsselenzyme der Genexpression. Am Beispiel der Prokaryoten wurden bereits wesentliche Prinzipien der Transkription (Kap. 5) und deren Regulation (Kap. 6) erläutert. Diese Prinzipien gelten weitestgehend auch für die eukaryotische Transkription. Bei vielzelligen Organismen steigen jedoch die Ansprüche an eine Kontrolle der Genexpression. So ist u. a. eine zelltypspezifische Regulation der Transkription notwendig. Auch stellt die Verpackung der DNA in nukleosomale Chromatinstrukturen eine besondere Herausforderung für den Transkriptionsprozess dar. Entsprechend wird die eukaryotische Transkription von einer sehr viel komplexeren Enzym- und Proteinmaschinerie durchgeführt und gesteuert, als es bei Prokaryoten der Fall ist.

13.2 Allgemeine Prinzipien der eukaryotischen Transkription

13.2.1 RNA-Polymerasen

Eukaryoten besitzen drei verschiedene DNA-abhängige RNA-Polymerasen: die **RNA-Polymerase I** (Pol I), die **RNA-Polymerase II** (Pol II) und die **RNA-Polymerase III** (Pol III).

Funktion der RNA-Polymerasen

Alle drei Enzyme sind im **Zellkern** lokalisiert, transkribieren aber unterschiedliche Gene und sind somit für die Synthese unterschiedlicher RNA-Moleküle verantwortlich (▶ Tab. 13.1; s. auch ▶ Tab. 13.2). Die Existenz der **drei Arten von RNA-Polymerase-Aktivität** wurde durch biochemische Experimente nachgewiesen (Plus 13.1) (S. 306).

Definition

snRNAs (*small nuclear RNAs*, kleine nucleäre RNAs) sind kurze RNA-Moleküle, die viele Uridinnucleotide enthalten (und daher auch als U-RNAs bezeichnet werden) und weniger als 200 Nucleotide lang sind. Zusammen mit den snRNPs sind sie die zentralen Bestandteile des Spleißapparats (S. 363).

snRNPs (*small nuclear RNPs* [*ribonucleoproteins*], kleine nucleäre Ribonucleoproteine) (S. 363) sind am Spleißen beteiligt und sind Komplexe aus snRNAs und spezifischen Proteinen.

snoRNAs (*small nucleolar RNAs*, kleine nucleoläre RNAs) sind Bestandteile des Nucleolus im Zellkern der Eukaryoten und sind an der chemischen Modifikation von rRNAs beteiligt (S. 358).

5S-rRNA ist ein struktureller RNA-Bestandteil der großen ribosomalen Untereinheit (S. 80).

7SL-RNA ist ein RNA-Bestandteil des Transportsystems für Proteine durch Zellmembranen (S. 403)).

U6-snRNA ist ein RNA-Bestandteil des U6-snRNP (während U6-snRNA von der Pol III hergestellt wird, werden die kleinen RNAs von anderen snRNPs von der Pol II synthetisiert; s. ▶ Tab. 3.1 und ▶ Tab. 13.1).

13

Tab. 13.1 Funktionen der drei eukaryotischen RNA-Polymerasen.

RNA-Polymerase	transkribierte Gene
RNA-Polymerase I	nicht-proteincodierende Gene zur Synthese von 28S-, 5,8S- und 18S-rRNA

RNA-Polymerase II	• proteincodierende Gene zur Synthese von prä-mRNA
	• nicht-proteincodierende Gene zur Synthese von:
	  ○ kleinen nucleären RNAs (snRNAs)
	  ○ langen nicht-proteincodierenden RNAs (lncRNAs) (S. 418)
	  ○ mikroRNAs (miRNAs) (S. 411)

RNA-Polymerase III	nicht-proteincodierende Gene zur Synthese von: • tRNAs • 5S-rRNA • 7SL-RNA • U6-snRNA • kleinen nucleolären RNAs (snoRNAs)

Plus 13.1

Experimentelle Bestimmung der drei RNA-Polymerase-Aktivitäten

Die Existenz von drei Arten von RNA-Polymerase-Aktivität wurde erstmals im Jahr 1969 mithilfe von biochemischen Experimenten nachgewiesen. Weitere Arbeiten zeigten, dass die Aktivitätsgipfel in der biochemischen Auftrennung (Säulenchromatografie) auf einzelne Enzyme zurückgehen.

Für den Nachweis wurde ein Proteinextrakt aus Zellen eines Seeigelembryos mithilfe einer Chromatografiesäule aufgetrennt. Die Bedingungen wurden so gewählt, dass die meisten Proteine nicht oder nur schlecht an das Säulenma-

terial gebunden haben, sie erschienen daher im fraktionierten Durchlauf. Die Gesamtproteinkonzentration im fraktionierten Durchlauf wurde in einem Diagramm grafisch dargestellt (▶ Abb. 13.1; grüne Punkte). Gebundene Proteine wurden durch das Salz Ammoniumsulfat von der Säule eluiert und in Einzelfraktionen aufgefangen. Die einzelnen Fraktionen wurden auf RNA-Polymerase-Aktivität getestet und die Aktivität ebenfalls grafisch dargestellt (blaue Punkte). Es ergaben sich drei Aktivitätsgipfel – ①, ② und ③ –, nummeriert nach der Reihenfolge ihres Auftretens.

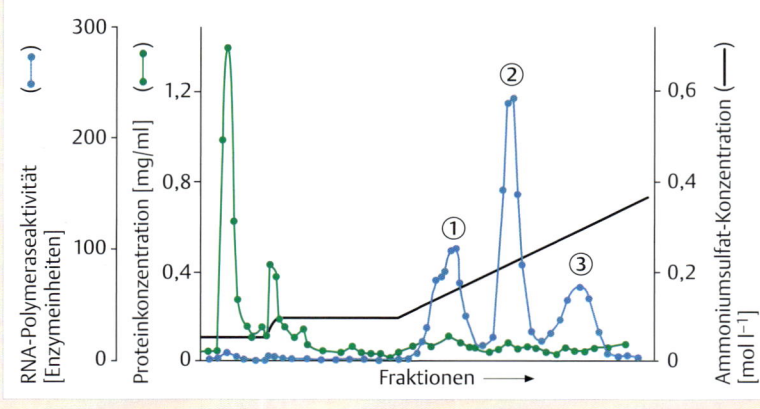

Abb. 13.1 Chromatografische Trennung der drei RNA-Polymerasen aus Zellextrakten eines Seeigelembryos. (nach Roeder RG, Rutter WJ (1969) Multiple forms of DNA-dependent RNA polymerases in eukaryotic organisms. Nature 224: 234–237)

Struktur der RNA-Polymerasen

Obwohl jede der drei RNA-Polymerasen unterschiedliche Gene transkribiert, sind sich die Strukturen der Enzyme untereinander und auch die Strukturen von Enzymen verschiedener Eukaryoten, angefangen bei Hefen, über Pflanzen, Insekten bis hin zu Wirbeltieren, sehr ähnlich. Diese strukturellen Gemeinsamkeiten sind zu erwarten, denn die RNA-Polymerase-Aktivität ist ein gemeinsames Erbe aus den frühen Zeiten der Evolution von Eukaryoten. Zu den evolutionär konservierten biochemischen Reaktionen, die von den RNA-Polymerasen katalysiert werden, gehören

- das **Entwinden** des DNA-Doppelstrangs,
- das **Kopieren** des DNA-Matrizenstrangs mit Ausbildung eines RNA-DNA-Hybrids aus 8–9 bp, wobei sich das 3'-OH-Ende der RNA im aktiven Zentrum des Enzyms befindet, und anschließend
- die **kontinuierliche Synthese der RNA**, deren Nucleotidsequenz von der DNA-Matrize festgelegt wird.

Die RNA-Polymerasen bestehen jeweils aus **mindestens 12 Untereinheiten** (▶ Abb. 13.2, ▶ Abb. 13.3, ▶ Tab. 13.2), wobei teilweise **Homologien** zwischen den Untereinheiten bestehen. Es existieren zurzeit hoch auflösende Röntgenstrukturanalysen der RNA-Polymerasen I und II und aus elektronenmikroskopischen Analysen der Pol I und der Pol III lassen sich eindeutige strukturelle Homologiebeziehungen zwischen den drei Polymerasen ableiten (▶ Abb. 13.3).

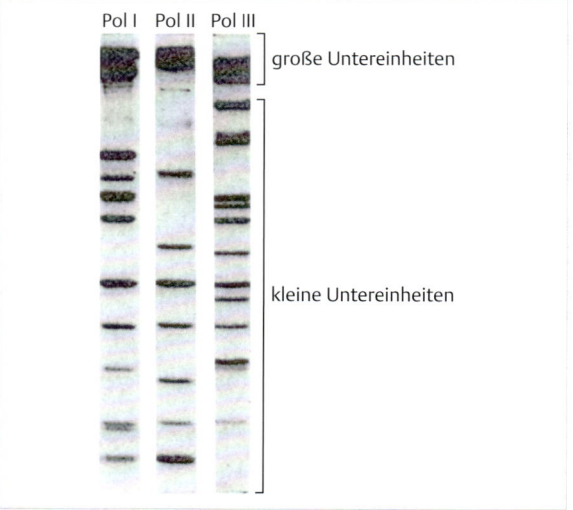

Abb. 13.2 Untereinheiten der drei RNA-Polymerasen. Pol I, Pol II und Pol III der Hefe *Saccharomyces cerevisiae* wurden isoliert, dann mithilfe des Detergenz Natriumdodecylsulfat (*sodium dodecylsulfate*, SDS) in die Untereinheiten zerlegt und in Gegenwart von SDS durch eine Polyacrylamidgelelektrophorese (PAGE) analysiert. Die kleinen Untereinheiten wandern im elektrischen Feld schneller durch das Maschenwerk des Polyacrylamidgels und legen daher in einem gegebenen Zeitraum eine längere Strecke zurück als die großen Untereinheiten. Die Zahl der Banden stimmt nicht mit den Angaben der ▶ Tab. 13.2 überein, da bei der Reinigung der Enzyme einige Untereinheiten abgetrennt wurden und verloren gingen. (nach Sentenac A (1985) Eukaryotic RNA polymerases. Crit Rev Biochem 18: 31–90)

13

Merke

Die unterschiedliche Empfindlichkeit der **RNA-Polymerasen** gegenüber **α-Amanitin**, dem Gift des Knollenblätterpilzes, ist ein experimentell interessantes Unterscheidungsmerkmal der Enzyme.

- Die Pol I ist resistent.
- Die Pol II wird schon bei niedrigen Konzentrationen von 10^{-9}–10^{-8} M inaktiviert.
- Die Pol III wird erst bei höheren Konzentrationen von 10^{-5}–10^{-4} M inaktiviert.

▶ Tab. 13.2 zeigt eine Übersicht aller Untereinheiten der drei Polymerasen, ihre Homologien zueinander und ihre Verwandtschaften mit den Untereinheiten der RNA-Polymerase des Bakteriums *E. coli*.

Während die an der RNA-Polymerase forschenden Wissenschaftler bereits recht früh erkannt hatten, dass die Enzyme aus vielen Untereinheiten aufgebaut sind, blieb die dreidimensionale Struktur der RNA-Polymerasen lange Zeit unbekannt. Erst die bahnbrechenden Röntgenstrukturanalysen, die der amerikanische Biochemiker Roger D. Kornberg und seine Mitarbeiter seit dem Jahr 2000 durchführten, brachten Licht ins Dunkel.

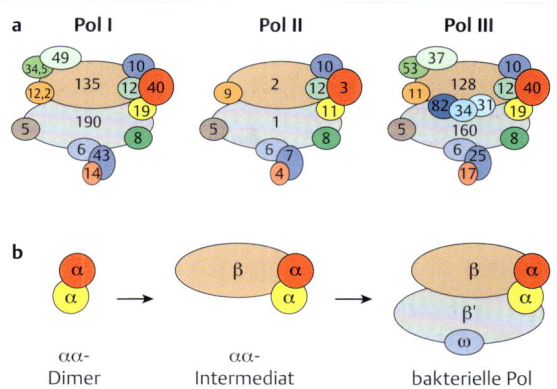

Abb. 13.3 RNA-Polymerasen und Positionierung ihrer Untereinheiten. Die Bezeichnungen der Untereinheiten entsprechen denen von ▶ Tab. 13.2. (nach Wild T, Cramer P (2012) Biogenesis of multisubunit RNA Polymerases. Trends Biochem Sci 37: 99–105)

a Eukaryotische RNA-Polymerasen Pol I, Pol II und Pol III. Die RNA-Polymerasen sind aus 12 (bis 17) Untereinheiten aufgebaut.

b Schrittweiser Aufbau der bakteriellen RNA-Polymerase aus ihren einzelnen Untereinheiten. Homologe Untereinheiten der verschiedenen RNA-Polymerasen sind mit derselben Farbe gekennzeichnet.

Tab. 13.2 Eukaryotische und prokaryotische RNA-Polymerasen im Vergleich. Homologe Untereinheiten von Pol I, Pol II und Pol III stehen in einer Zeile. Daneben sind die verwandten Untereinheiten aus *E. coli* aufgeführt.

eukaryotische RNA-Polymerasen				prokaryotische RNA-Polymerase (*E. coli*)		
Pol I	Pol II		Pol III		Gewicht [kDa]	
Untereinheit	Untereinheit	Gewicht [kDa]	Untereinheit	Untereinheit	Untereinheit	Funktion
Rpa190	Rpb1 (mit CTD)*	191,6	Rpc160	β'	155	aktives Zentrum, DNA-Bindung
Rpa135	Rpb2	138,8	Rpc128	β	150	aktives Zentrum, DNA-Bindung
Rpc40	Rpb3	35,3	Rpc40	α	36	DNA-Bindung
Rpa14	Rpb4	25,4	Rpc17	–	–	Ausbildung des Präinitiationskomplexes
Rpb5	Rpb5	25,1	Rpb5	–	–	
Rpb6	Rpb6	17,9	Rpb6	ω	10	Ausbildung des Präinitiationskomplexes
Rpa43	Rpb7	19,1	Rpc25	–	–	Ausbildung des Präinitiationskomplexes
Rpb8	Rpb8	16,5	Rpb8	–	–	
Rpa12	Rpb9	14,3	Rpc11	–	–	RNA-Spaltung (*proof reading*)
Rpb10	Rpb10	8,3	Rpb10	–	–	
Rpc19	Rpb11	13,6	Rpc19	α	36	DNA-Bindung
Rpb12	Rpb12	7,7	Rpb12	–	–	
			Rpc31			
			Rpc34			
Rpa49			Rpc37			
Rpa34			Rpc53			
			Rpc82			

*CTD = carboxyterminale Domäne

13

Struktur der RNA-Polymerase I

Die Pol I besteht aus **14 Proteinuntereinheiten** (s. ▸ Tab. 13.2). Zwölf von ihnen besitzen eine hohe strukturelle und funktionelle Homologie mit den 12 Untereinheiten der Pol II. Zwei dagegen – Rpa34 und Rpa49 – entsprechen funktionell dem generellen Transkriptionsfaktor TFIIF (S. 318) der RNA-Polymerase II.

Struktur der RNA-Polymerase II

Die Strukturanalyse ergab ein genaues Bild von der Lage jeder Aminosäure im dreidimensionalen Raum (▸ Abb. 13.4a), auch und vor allem im Komplex mit der DNA-Matrize und der wachsenden RNA-Kette (▸ Abb. 13.4b).

Das **Core-Enzym** der RNA-Polymerase II, das die Synthese von RNA katalysieren kann, wird von zehn der zwölf Untereinheiten gebildet (▸ Abb. 13.4a). Es besteht aus vier Subkomplexen – dem Rpb1-, dem Rpb2-, dem Rpb3- und dem Rpb4/7-Subkomplex (Plus 13.2) (S. 309). Der Rpb4/7-Subkomplex ist ein Heterodimer aus den Untereinheiten Rpb4 und Rpb7 und bildet eine Art **Stiel**, der aus dem Core-Enzym ragt. Das Heterodimer spielt eine Rolle bei der Erkennung des Promotors und bei Wechselwirkungen mit Transkriptionsfaktoren; es geht bei der experimentellen Reinigung des Enzyms allerdings häufig verloren und selbst in der Zelle fehlt es bei einem Teil der Pol-II-Moleküle. Im Core-Enzym bilden die beiden größten Untereinheiten, Rpb1 und Rpb2, die Wandung einer **Spalte** oder Rinne für die Aufnahme der DNA. Eine sogenannte **Brücke** verhindert ein Zurückgleiten der DNA. Eine **Klemme** aus Teilen von Rpb1, Rpb2 und Rpb3 stabilisiert den Transkriptionskomplex, sodass das Enzym über Millionen von Basenpaaren gleiten kann, ohne von der DNA abzufallen. Im **aktiven Zentrum** des Enzyms wird der DNA-Doppelstrang über eine Länge von 3–4 bp entwunden und um etwa 90° gekrümmt. Auf diese Weise gelangt die Sequenz des transkribierten DNA-Stranges (Matrizenstrang) in die Nähe des **katalytischen Magnesium-Ions**, wo sich während der Transkription auch das 3′-OH-Ende der wachsenden RNA befindet. Über eine Länge von 8–9 bp bildet sich ein RNA-DNA-Hybrid. Neue Nucleotide (NTPs) gelangen durch eine Pore zum aktiven Zentrum.

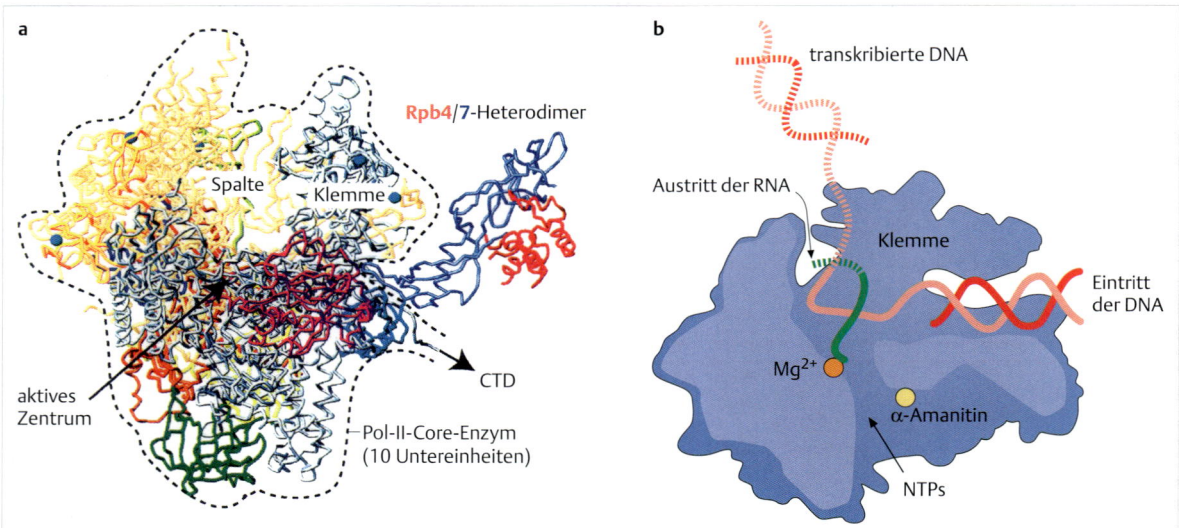

Abb. 13.4 Struktur der RNA-Polymerase II.

a Core-Enzym mit Rpb4/7-Heterodimer. Das Core-Enzym wird von zehn der zwölf Untereinheiten gebildet. Es besteht aus vier Subkomplexen – Rpb1, Rpb2, Rpb3 und Rpb4/7. Die Untereinheiten Rpb4 und Rpb7 bilden ein Heterodimer, das wie ein Stiel aus dem Core-Enzym ragt. Die beiden größten Untereinheiten des Core-Enzyms bilden die Wandung einer „Spalte", durch die die DNA zum aktiven Zentrum geleitet wird. Eine „Klemme" stabilisiert den Transkriptionskomplex. Die aus dem Enzym ragende carboxyterminale Domäne (CTD) von Rbp1 ist nicht dargestellt. (nach P. Cramer, München)

b „Schnitt" durch das aktive Zentrum des Core-Enzyms. Die DNA tritt in die „Spalte" ein und liegt über einer als „Brücke" bezeichneten Struktur, die das Zurückgleiten der DNA verhindert. Im aktiven Zentrum wird der DNA-Doppelstrang entwunden und um fast 90° gekrümmt. Der transkribierte DNA-Strang gelangt so in die Nähe des katalytischen Magnesium-Ions, wo sich auch das 3′-OH-Ende der wachsenden RNA befindet. Es bildet sich ein RNA-DNA-Hybrid (der nicht transkribierte DNA-Strang ist nicht dargestellt). Neue Nucleotide (NTPs) gelangen durch eine Pore zum aktiven Zentrum. α-Amanitin, ein Hemmstoff der RNA-Polymerase II, kann an einen Bereich binden, wo es vermutlich die Bewegung der DNA blockiert. (nach Cramer P, Bushnell DA, Kornberg RD (2001) Structural basis of transcription: RNA polymerase II at 2.8 Angstrom resolution. Science 292: 1863–1875)

13

Plus 13.2

Subkomplexe der RNA-Polymerase II
- Der Subkomplex Rpb1 besteht aus Rpb1, Rpb5, Rpb6 und Rpb8.
- Der Subkomplex Rpb2 besteht aus Rpb2 und Rpb9.
- Der Subkomplex Rpb3 besteht aus Rpb3, Rpb10, Rpb11 und Rpb12.
- Der Subkomplex Rpb4/7 besteht aus Rpb4 und Rpb7.

▶ **Die C-terminale Domäne (CTD) der Rpb1-Untereinheit.** Die große Untereinheit der RNA-Polymerase II, Rpb1, weist an ihrem C-terminalen Ende eine auffällige Besonderheit auf, die bei den anderen RNA-Polymerasen fehlt. Das Ende ist mit einer Sequenz von sieben Aminosäuren (**Heptapeptid**) versehen, die vielfach wiederholt und deshalb **Heptamer-Repeat** der C-terminalen Domäne (CTD) genannt wird (▶ Abb. 13.5). Bei Säugetieren umfasst die CTD der Pol II 52 Wiederholungen des Heptapeptids, bei Hefe sind es 26 oder auch 27 und bei *Drosophila* 44. Die Aminosäuresequenz des Heptapeptids ist stark konserviert: Tyr1-Ser2-Pro3-Thr4-Ser5-Pro6-Ser7 (in der Kurzform: YSPTSPS). Diese Struktur, die mit ihren vielen Wiederholungseinheiten aus dem Core-Enzym ragt, unterstützt u. a. die korrekte Positionierung des Enzyms am Promotor.

Allgemein übernimmt die CTD in allen drei Phasen der Transkription (Initiation, Elongation und Termination) definierte und jeweils unterschiedliche Funktionen, indem sie als Plattform für die **Rekrutierung phasenspezifischer Hilfsproteine** wirkt. Dies geschieht in Abhängigkeit eines sich verändernden **Phosphorylierungsmusters** der CTD an den Aminosäuren Ser2, Ser5 und Ser7. Um sich vom Promotor lösen zu können, müssen Serinseitenketten der CTD durch die Kinaseaktivität des generellen Transkriptionsfaktors TFIIH phosphoryliert werden, ein Vorgang, der wie ein Startschuss zur Freisetzung wirkt. Die Phosphorylierung an Ser5 durch die CTD-Kinase von

TFIIH während der Initiation der Transkription erlaubt das **Ablösen der Pol II** vom **Mediatorkomplex**. Und auch anschließend hat die CTD die primäre Funktion, die Rekrutierung weiterer Hilfsproteine in Abhängigkeit ihres Phosphorylierungsstatus (Abnahme der Phosphorylierung an Ser5- und Zunahme an Ser2-Seitenketten) zu erleichtern. Die Aufgaben der Hilfsproteine sind die Stimulation der Elongation, die Modifikation der mRNA (Capping) und die posttranslationale Modifikation von Histonen. Die Dephosphorylierung von Ser5 erfolgt durch die Rtr1-Phosphatase, während die zunehmende Phosphorylierung von Ser2 durch die Cdk9-Kinase des Elongationsfaktors P-TEFb durchgeführt wird. In Kap. 13.4.2 gehen wir näher auf die Dynamik der CTD-Funktionen ein.

Struktur der RNA-Polymerase III

Die RNA-Polymerase III ist aus 17 Untereinheiten zusammengesetzt (▶ Tab. 13.2). Zwölf Untereinheiten der Pol III entsprechen den jeweils homologen 12 Untereinheiten der Pol II. Die zusätzlichen Pol-III-Untereinheiten haben funktionelle Gemeinsamkeiten mit den generellen Transkriptionsfaktoren (GTFs) der Pol II, d. h. das Trimer der Pol-III-Untereinheiten Rpc31/34/83 übernimmt die Funktion von TFIIE und das Dimer Rpc37/53 die von TFIIF. Die Pol III gewinnt ihre Selektivität für ihre Zielgene durch die Wechselwirkung mit spezifischen GTFs, die das Enzym zu den richtigen Promotoren dirigieren.

13.2.2 Drei Phasen der Transkription

Wie die Transkription prokaryotischer Gene (Kap. 5) kann auch die Transkription eukaryotischer Gene in drei Phasen unterteilt werden: Initiation, Elongation und Termination. Diese Phasen sind nachfolgend kurz und im Überblick dargestellt (▶ Abb. 13.6). Weiter unten (S. 320) werden sie dann ausführlich beschrieben.

Die **Initiation** erfolgt am Promotor eines Gens, wo der genaue Startpunkt und der zu transkribierende Strang festgelegt werden. Man unterscheidet drei Schritte:
1. Bindung der RNA-Polymerase und der dazugehörigen generellen Transkriptionsfaktoren (GTFs) an die Promotor-DNA zur Ausbildung des **Präinitiationskomplexes** (PIC);
2. Aufschmelzen von ca. 15 bp der Doppelhelix am Promotor im Bereich des Startnucleotids + 1 und Bildung des **Initiationskomplexes** (auch **offener Komplex** genannt). Der Matrizenstrang wird dadurch offengelegt und seine Nucleotidsequenz kann abgelesen werden;
3. Bildung der ersten Ribonucleotidverknüpfung komplementär zum Matrizenstrang. Dieses Ereignis ist der eigentliche **Start der RNA-Synthese**. Die RNA-Polymerase bewegt sich daraufhin vom Promotor weg (*promoter clearance*) und das RNA-Transkript wird verlängert.

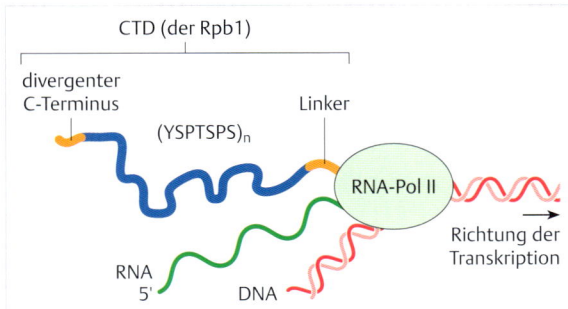

Abb. 13.5 Die CTD der RNA-Polymerase II. Rpb1 ist die größte Untereinheit der Pol II und trägt die C-terminale Domäne mit der sich wiederholenden Heptapeptidsequenz (Tyr-Ser-Pro-Thr-Ser-Pro-Ser)ₙ – im Ein-Buchstaben-Code (YSPTSPS)ₙ. (nach Jasnovidova O, Stefl R (2013) The CTD code of RNA polymerase II: a structural view. Wiley Interdiscip Rev RNA 4: 1–16)

13

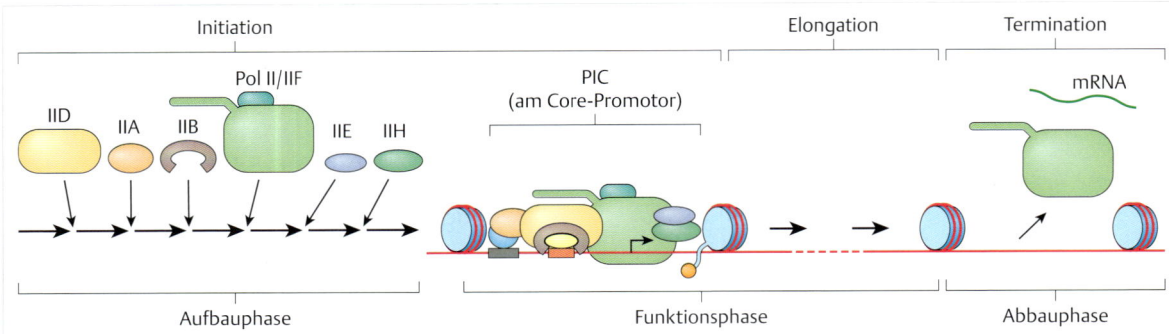

Abb. 13.6 Drei Phasen der Transkription. Am Beispiel eines Pol-II-Gens ist der Transkriptionsprozess in drei Phasen unterteilt: Initiation, Elongation und Termination. In der Initiationsphase wird der Präinitiationskomplex (PIC) am Core-Promotor aufgebaut. Dazu interagieren die generellen Transkriptionsfaktoren (GTFs) TFIIA, TFIIB, TFIID, TFIIE und TFIIF mit der Pol II und binden gemeinsam am Core-Promotor. Mit der dort stattfindenden Ausbildung des offenen Komplexes, in dem lokale Aufschmelzung der DNA-Doppelhelix erfolgt (nicht gezeigt), wird die transkriptionelle Aktivität der Pol II gestartet und geht in die Elongationsphase über. Am Ende eines Gens wird die synthetisierte RNA freigesetzt und die Pol-II-Maschinerie löst sich von der DNA. (nach Coulon A, Chow CC, Singer RH et al (2013) Eucaryotic transcriptional dynamics: from single molecules to cell populations. Nat Rev Genet 14: 572–584)

Die **Elongation** erfolgt in 5′-3′-Richtung der wachsenden RNA. Dies bedeutet, dass die wachsende RNA durch Polymerisation neuer Ribonucleotide an das freie 3′-OH-Ende der RNA verlängert wird, komplementär zur Nucleotidsequenz des Matrizenstrangs. Um den Matrizenstrang offenzulegen, wird die DNA-Doppelhelix lokal aufgeschmolzen und die entstehende RNA-Kette bildet mit ihrem 3′-Ende ein RNA-DNA-Hybrid von 8–9 bp. Die RNA-Polymerase muss die DNA-Doppelhelix kontinuierlich in Laufrichtung entwinden. Dabei entstehende topologische Probleme lösen chromatinassoziierte Helikasen und Topoisomerasen. Hinter der RNA-Polymerase wird die naszierende RNA freigesetzt und die beiden DNA-Stränge lagern sich wieder zum Doppelstrang zusammen.

Noch während der Elongation wird die wachsende RNA prozessiert, d. h., sie durchläuft unterschiedliche Phasen der Reifung. Bei prä-mRNAs handelt es sich dabei vor allem um die Modifikation des 5′-Endes durch Anbringung einer 7-Methylguanosinkappe, das Entfernen von Intronsequenzen (Spleißen) und das Anbringen des Poly(A)-Schwanzes (einer Folge von Adeninnucleotiden) am 3′-Ende. Dazu mehr in Kap. 15.3.

Die **Termination** der Transkription am Ende eines eukaryotischen Gens erfolgt nach der Freisetzung der neu synthetisierten RNA. Hierfür sind unterschiedliche Nucleotidsequenzen auf der Matrizen-DNA verantwortlich, die letztendlich zum Abbruch des Transkriptionsprozesses führen.

13.2.3 Generelle und regulatorische Transkriptionsfaktoren

Die **basale Transkriptionsrate** an eukaryotischen Promotoren ist, anders als an prokaryotischen Promotoren, eher gering. Die Bildung des Präinitiationskomplexes und die Initiation der Transkription sind nicht sehr effizient und werden durch weitere Proteine (**generelle Transkriptionsfaktoren**, GTFs) gefördert, die an die DNA binden und mit der RNA-Polymerase interagieren. Außerdem gibt es regulatorische DNA-Sequenzen. Sie dienen als spezifische Bindungsstellen für Proteine (**regulatorische Transkriptionsfaktoren**, RTFs), die die Transkriptionsinitiation ebenfalls beeinflussen.

Merke

Die **Expressionsstärke eines Gens** wird bestimmt von der Kombination von regulatorischen Sequenzen eines Promotors und der Bindung durch generelle und regulatorische Transkriptionsfaktoren (GTFs, RTFs).

Bei Prokaryoten und auch bei Eukaryoten wird die Genexpression von diesen **DNA-bindenden Transkriptionsfaktoren** (GTFs und RTFs) beeinflusst. Während viele prokaryotische Gene koordiniert mit anderen Genen exprimiert und nur von einem Transkriptionsfaktor reguliert werden, unterliegt die Regulation der Aktivität eines einzelnen eukaryotischen Gens meist einer Vielzahl von Transkriptionsfaktoren. Anders als bei Prokaryoten können diese auch in größerer Entfernung zum Promotor an die DNA binden und direkt oder auch indirekt über weitere Proteine mit der RNA-Polymerase interagieren. Transkriptionsfaktoren der Prokaryoten treten stattdessen häufig direkt mit dem Enzym in Wechselwirkung. Alle drei eukaryotischen RNA-Polymerasen interagieren mit einer Vielzahl von unterschiedlichen Transkriptionsfaktoren – bei der RNA-Polymerase II sind mehrere Hundert unterschiedlicher Faktoren bekannt. Wie oben bereits erwähnt, unterscheidet man zwischen den **GTFs** und den **RTFs**.

▶ **Generelle Transkriptionsfaktoren (GTFs).** Die GTFs dirigieren die RNA-Polymerasen zum Promotor und ermöglichen ihnen dort den ortsspezifischen Zugang zum DNA-Matrizenstrang. Sie sind damit für die **Selektion des jeweiligen Promotors** als Bindungsstelle verantwortlich. Außerdem tragen die GTFs maßgeblich zum räumlich korrekten **Aufbau des Präinitiationskomplexes** bei.

Für jeden Typ der drei RNA-Polymerasen gibt es spezifische GTFs, wenngleich auch manche wichtige GTFs mit mehr als einer RNA-Polymerase interagieren. So ist das **TBP** (TATA-Box bindendes Protein) (S. 315) ein GTF, der von allen drei Polymerasen genutzt wird. TBP bindet bei allen Promotoren stromaufwärts des Startnucleotids + 1 (im Bereich um die Position −30) und krümmt die DNA-Doppelhelix dort um ca. 90°. Dies ist offensichtlich unabhängig davon, ob um −30 eine eindeutige TATA-Box existiert oder nur eine Anreicherung von A/T-Basenpaaren. Insgesamt ermöglichen GTFs den Polymerasen eine niedrige basale Transkriptionsaktivität.

▶ **Regulatorische Transkriptionsfaktoren (RTFs).** Die über die basale Transkriptionsrate hinausgehende Expression wird bei vielen eukaryotischen Genen streng reguliert, d. h. entweder stimuliert oder reprimiert. Diese **zeitliche oder auch zelltypspezifische Regulation** der Transkription übernehmen die RTFs.

Spezifität und Regulierbarkeit der Promotoraktivität werden in einem sehr wesentlichen Maß durch die Wirkungsweise von den RTFs vermittelt. Diese binden an proximal oder distal zum Promotor gelegene *cis*-Elemente in der Nucleotidsequenz der DNA und modulieren die Transkriptionsrate an kontrollierten Promotoren über die basale Transkriptionsaktivität hinaus. Dabei wirken RTFs über mindestens drei verschiedene Mechanismen:

• die **Beeinflussung der Chromatinstruktur** in direkter Umgebung des Promotors; da die Chromatinstruktur den Zugang der Transkriptionsmaschinerie zum Promotor bestimmt, ist die Auflockerung der lokalen Chromatinstruktur ein wichtiger Mechanismus, über den

RTFs Einfluss auf die Transkription ihres Zielgens nehmen (mehr dazu in Kap. Kap. 13.6)
• die **Rekrutierung der verschiedenen Proteinkomponenten** (GTFs, Pol II, Coaktivatoren) zum Promotor zur Ausbildung des Präinitiationskomplexes
• die **signalgesteuerte Aktivierung der Initiation** des Transkriptionsvorgangs

Es existiert eine große **Anzahl unterschiedlicher RTFs**. Nach den Angaben in **Datenbanken** (z. B. der Animal Transcription Factor Database) gibt es in menschlichen Zellen ungefähr 1550 verschiedene RTFs aus 71 Proteinfamilien, wobei die größte dieser Familien aus 634 verschiedenen Faktoren mit Zinkfingermotiven besteht. Somit ist mit rund 7,5 % ein erstaunlich hoher Anteil der proteincodierenden Kapazität im Genom des Menschen und anderer Vertebraten für die Codierung von RTFs reserviert. Diese Werte unterstreichen die Bedeutung der RTFs für den Aufbau und für die Funktionen eukaryotischer Organismen.

Die meisten RTFs wirken spezifisch auf die Transkriptionsaktivität von nur einer der drei RNA-Polymerasen. Manche RTFs können jedoch mit zwei oder allen drei Polymerasesystemen interagieren. RTFs können entweder **Aktivatoren** oder **Repressoren** der Transkription sein. Sie werden häufig durch **Cofaktoren**, d. h. Coaktivatoren oder Corepressoren, unterstützt. Dazu gehören auch Regulatoren der lokalen Chromatinstruktur wie die Histon-Acetyltransferasen (HATs) und Histon-Deacetylasen (HDACs). Die RTFs vermitteln darüber hinaus ihre Wirkung auf die Transkription durch Wechselwirkung mit einer weiteren Gruppe von Proteinen, den **Mediatorproteinen**. Die Mediatorproteine fügen sich zu dem Mediatorkomplex zusammen, der aus mindestens 20 Proteinuntereinheiten besteht. Letztendlich ermöglichen die vielfältigen molekularen Interaktionen zwischen RTFs, Cofaktoren, Mediatorproteinen und GTFs den regulierten Aufbau des Präinitiationskomplexes, unter Beteiligung der jeweiligen RNA-Polymerase, und stellen die Transkriptionsaktivität eines Gens entsprechend den physiologischen Bedingungen präzise ein (▶ Abb. 13.7).

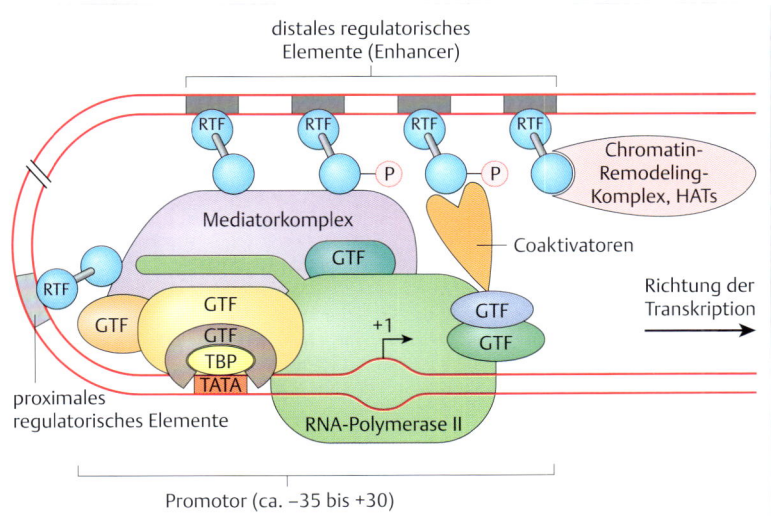

distales regulatorisches Elemente (Enhancer)

Chromatin-Remodeling-Komplex, HATs

Mediatorkomplex

Coaktivatoren

Richtung der Transkription

proximales regulatorisches Elemente

RNA-Polymerase II

Promotor (ca. −35 bis +30)

Abb. 13.7 Faktoren bei der Initiation der Transkription, am Beispiel eines Pol-II-Promotors. Sowohl generelle Transkriptionsfaktoren (GTFs) wie auch regulatorische Transkriptionsfaktoren (RTFs) verhelfen der RNA-Polymerase II zur Ausbildung des Initiationskomplexes. Coaktivatoren, Mediatorproteine (die sich zum Mediatorkomplex zusammenfügen) und Chromatinmodulatoren (z. B. Histon-Acetyltransferasen, HATs) stimulieren das Ereignis. Die Interaktionen werden über posttranslationale Proteinmodifikationen (z. B. Phosphorylierungen) moduliert. Die hier gezeigten GTFs sind in der späteren ▶ Abb. 13.23 namentlich benannt. TBP = TATA-Box-bindendes Protein, P = Phosphatgruppe.

13

RTFs (S. 323) sind modular aufgebaute DNA-bindende Proteine mit verschiedenen Domänen. Sie enthalten eine DNA-Bindungsdomäne und oft auch eine Dimerisierungs- und eine Aktivierungs- oder Repressordomäne. Die **DNA-Bindungsdomäne** bindet an die DNA und erkennt regulatorische Elemente in der Nucleotidsequenz der DNA, die *cis*-Elemente wie Enhancer und Silencer (S. 292). Mit der **Aktivierungsdomäne** treten RTFs mit GTFs in Wechselwirkung und beeinflussen so die Initiation der Transkription. Diese Interaktion erfolgt entweder direkt oder indirekt unter Beteiligung des **Mediatorkomplexes** oder von **Coaktivatoren** (S. 311) (▶ Abb. 13.7). **Repressordomänen** von RTFs wirken meist über die Rekrutierung von Proteinen, die die Chromatinstruktur beeinflussen. Schließlich sei hervorgehoben, dass RTFs selten einzeln wirken, sondern meist gemeinsam mit anderen RTFs die Regulation eines Gens koordinieren.

13.3 Das Transkriptionssystem der RNA-Polymerase I

Von den drei DNA-abhängigen RNA-Polymerasen ist die Pol I mit der ausschließlichen Transkription der rRNA-Gene am stärksten auf einen Typ von Genen festgelegt. Mit 80 % macht die rRNA den größten Teil der RNA in einer Zelle aus. Diese Menge muss während eines Zellzyklus verdoppelt werden, d. h. meist in einem Zeitraum von 16–24 Stunden. Dem daraus resultierenden Bedarf für eine schnelle und effiziente Aktivierung der rRNA-Synthese wird durch einige Besonderheiten Rechnung getragen:

- die Verwendung einer **hoch spezialisierten RNA-Polymerase (Pol I)**, die spezifisch an die Promotoren der rRNA-Gene bindet und daher nicht von den vielen anderen Promotoren abgelenkt und eingefangen werden kann
- das **Vorkommen vieler Kopien des rRNA-Gens** (S. 288); so enthalten Säugetiergenome mehrere Hundert und die Genome einiger anderer Tier- und mancher Pflanzenarten über 1000 Kopien des rRNA-Gens (meist sind allerdings nicht alle gleichzeitig aktiv)
- die gleichzeitige, d. h. **synchronisierte Synthese** der drei rRNA-Typen – 5,8S, 18S und 28S – in Form einer langen prä-rRNA
- die **räumliche Koordinierung** von rRNA-Synthese und Zusammenbau der Ribosomen in einem eng definierten Kompartiment des Zellkerns, dem Nucleolus.

13.3.1 Generelle Transkriptionsfaktoren der Pol I

Am Aufbau des Präinitiationskomplexes der Pol I sind mehrere GTFs beteiligt, von denen das **UBF-Protein** (*upstream binding factor*) und der aus mehreren Proteinen bestehende **SL1-Komplex** (Selektivitätskomplex 1, auch bekannt als Transkriptionsinitiationsfaktor TIF-IB) spezifisch an die DNA binden. UBF und SL1 zusammen vermitteln die Spezifität des Promotors für die Bindung der Pol I. Eine Komponente von SL1 ist das bereits erwähnte, allgemein wichtige **TBP** (TATA-Box-bindendes Protein), mit dem die Proteine TAF$_I$12, TAF$_I$41, TAF$_I$48, TAF$_I$68 und TAF$_I$110 assoziieren (**TAF$_I$**, **T**BP-**a**ssoziierter **F**aktor des Pol I Systems) (▶ Abb. 13.8).

> **Merke**
>
> UBF und SL1 sind Pol-I-spezifische generelle Transkriptionsfaktoren.

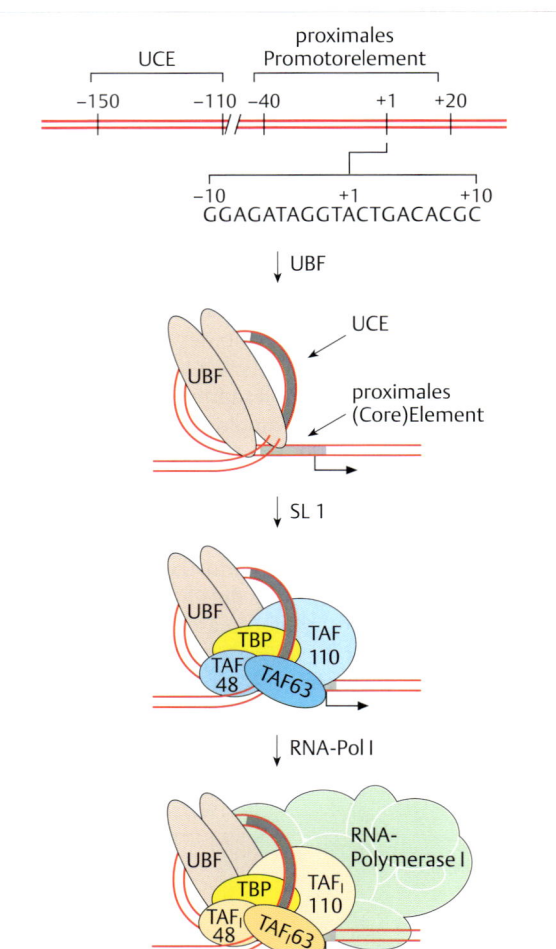

Abb. 13.8 Aufbau des Präinitiationskomplexes am Promotor von rRNA-Genen. UBF bindet als Dimer an Stellen der UCE-Sequenz und des Core-Promotors und verursacht eine starke Krümmung der DNA. Das erleichtert die Anlagerung von SL1 (bestehend aus TBP und insgesamt fünf TAF$_I$-Proteinen; nicht eingezeichnet sind TAF$_I$12 und TAF$_I$41). Schließlich erfolgt Rekrutierung der RNA-Polymerase I. UCE = *upstream control element*. (nach Grummt I (1999) Regulation of mammalian ribosomal gene transcription by RNA polymerase I. Prog Nucleic Acids Res Mol Biol 62: 109–154)

Der Aufbau des Pol-I-Präinitiationskomplexes ist in ▶ Abb. 13.8 schematisch dargestellt. Zunächst bindet das UBF-Protein als Dimer an das **UCE** (**u**pstream **c**ontrol **e**lement), seine spezifische Bindungsstelle auf der DNA, und krümmt die gebundene DNA dabei um fast 360°. Dadurch entsteht eine DNA-Schleife, die eine Kontaktaufnahme von UBF mit dem DNA-gebundenen SL 1-Komplex ermöglicht und dessen Interaktion mit der DNA stabilisiert. Gemeinsam rekrutieren UBF und SL 1 die RNA-Polymerase I zum Promotor. Dazu muss die Pol I mit dem Faktor **PAF53** (*Pol I-associated factor with molecular weight of 53 kDa*) assoziiert sein.

13.3.2 Regulation der Pol-I-vermittelten Transkription

Die effiziente Aktivierung der Transkription von rRNA-Genen wird genau reguliert. Die generellen Transkriptionsfaktoren erlauben die Ausbildung eines Präinitiationskomplexes und die Aufrechterhaltung einer basalen Transkriptionsrate der Gene. Doch die Stärke der Genexpression wird mithilfe von regulatorischen Transkriptionsfaktoren an die jeweiligen zellulären Bedingungen angepasst (Plus 13.3) (S. 313).

Plus 13.3

Expression von rRNA-Genen in Abhängigkeit von äußeren Bedingungen und vom Zellzyklus

Die rRNA-Synthese wird in der Zelle dem jeweilig aktuellen Bedarf an einer Proteinbiosynthese, also der erforderlichen Anzahl an Ribosomen und zugehörigen rRNA, angepasst. Die Signalgebung durch Wachstumsfaktoren stimuliert die Zellproliferation und die dafür erforderliche Proteinbiosynthese. Dadurch wird die rRNA-Genexpression aktiviert. Umgekehrt reduzieren Nährstoffmangel oder Stressbedingungen diese Genaktivität (▶ Abb. 13.9). Wird eine ruhende Zelle, z. B. ein Fibroblast in Zellkultur, durch die Applikation von Wachstumsfaktoren wie den Fibroblasten-Wachstumsfaktor FGF, zum Eintritt in den proliferativen Zellzyklus sti-

muliert, so aktiviert dieses Signal die Expression des rRNA-Gen-Clusters (▶ Abb. 13.9a). Der Entzug von Nährstoffen oder die Erzeugung von Stressbedingungen durch z. B. Entzug von Sauerstoff (O_2) führen zur schnellen Reduktion der Expression von rRNA-Genen (▶ Abb. 13.9b).

Im kontinuierlichen Verlauf des Zellzyklus ändert sich das Ausmaß der rRNA-Genexpression in einem zyklischen Rhythmus. Insbesondere in der G_2-Phase, kurz vor der Mitose, ist die rRNA-Synthese deutlich gesteigert und zeigt eine maximale Expressionsstärke (▶ Abb. 13.10). An dieser Modulation der rRNA-Genexpression sind die zellzyklusspezifischen, cyclinabhängigen Kinasen CDK1, CDK2 und CDK4 beteiligt.

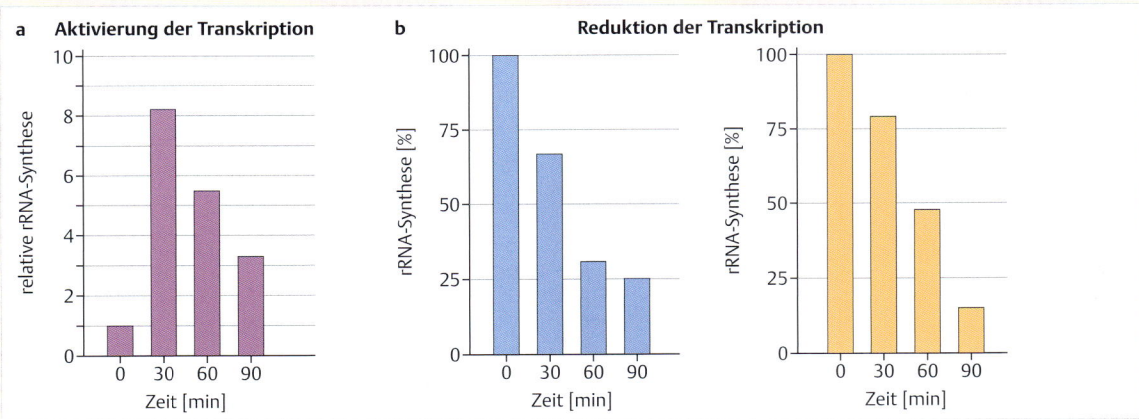

Abb. 13.9 Zelluläre Bedingungen beeinflussen die rRNA-Synthese. (nach Drygin D, Rice WG, Grummt I (2010) The RNA polymerase I transcription machinery: an emerging target for the treatment of cancer. Annu Rev Pharmacol Toxicol 50: 131–156)
a Aktivierung der Transkription von rRNA-Genen in Fibroblasten durch Zugabe von Wachstumsfaktoren. Die Rate der rRNA-Synthese wird nach Applikation eines Wachstumsfaktors innerhalb von 30 min um das Vielfache gegenüber der ruhenden Zelle (Zeitpunkt 0) gesteigert.
b Hemmung der Transkription von rRNA-Genen durch Nährstoffmangel (links in Blau) oder oxidativen Stress (rechts in Orange). Die rRNA-Transkriptionsrate erfährt bei Entzug von Nährstoffen oder durch Erzeugung von Stress eine schnelle Reduktion gegenüber der Normalsituation.

13

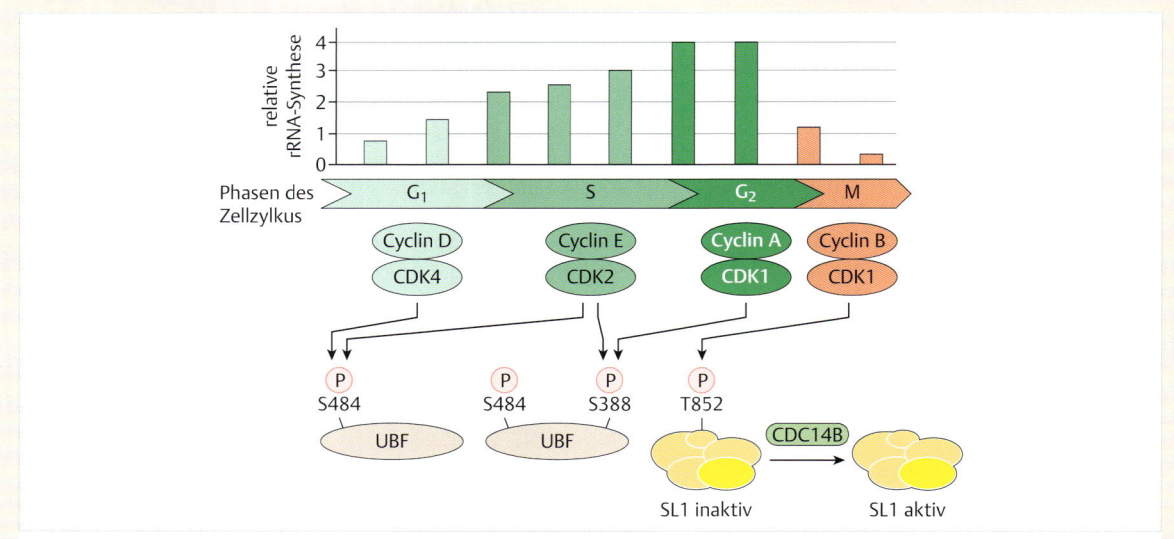

Abb. 13.10 Dynamische Veränderungen der rRNA-Synthese im Verlauf des Zellzyklus. Oben: Die relative Transkriptionsrate der rRNA-Gene durch die RNA-Polymerase I von synchronisierten Zellen zeigt ein Maximum in der G_2-Phase und ein Minimum in der M-Phase. Unten: Synchronisiert mit den Zellzyklusphasen phosphorylieren die zellzyklusabhängigen CDK/Cyclin-Komplexe die Pol-I-Transkriptionsfaktoren UBF und SL1. Die Aktivierung von UBF erfolgt während der Interphase (G_1, S, G_2) durch Phosphorylierung am Serin484 (durch die CDK4/Cyclin-D-Kinaseaktivität) und am Serin388 (durch die Kinaseaktivitäten von CDK2/Cyclin E und CDK1/Cyclin A. Die Inaktivierung von SL1 erfolgt in der M-Phase durch Phosphorylierung am Threonin852 (durch die CDK1/Cyclin-B-Kinaseaktivität). Am Ende der M-Phase wird das Threonin852 durch die Phosphatase CDC 14B dephosphoryliert, wodurch SL1 wieder aktiviert wird. (nach Drygin D, Rice WG, Grummt I (2010) The RNA polymerase I transcription machinery: an emerging target for the treatment of cancer. Annu Rev Pharmacol Toxicol 50: 131–156)

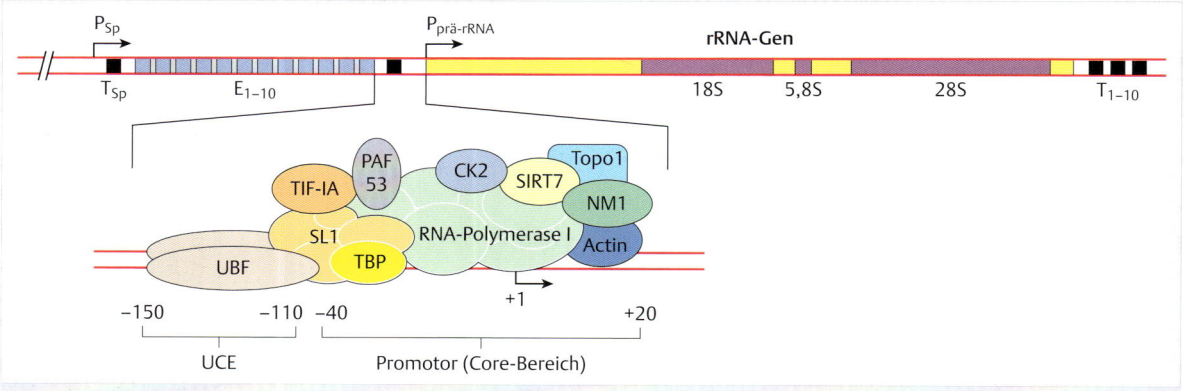

Abb. 13.11 Präinitiationskomplex am rRNA-Genpromotor. Für die Rekrutierung der Pol I zum Promotor ($P_{prä-rRNA}$) ist die synergistische DNA-Bindung der generellen UBF und SL 1-Transkriptionsfaktoren erforderlich. TBP ist Bestandteil von SL 1. Für die Ausbildung des Komplexes ist wichtig, dass das PAF53-Protein an die Pol I gebunden ist. Darüber hinaus sind zusätzliche Pol-I-assoziierte Faktoren Bestandteil des Präinitiationskomplexes: TIF-IA (ein Initiationsfaktor der Pol-I-vermittelten Transkription), CK2 (eine Kinase), Topo I (eine Topoisomerase), SIRT 7 (eine Deacetylase), NM1 (ein Myosin) und nucleäres Actin. (nach Drygin D, Rice WG, Grummt I (2010) The RNA polymerase I transcription machinery: an emerging target for the treatment of cancer. Annu Rev Pharmacol Toxicol 50: 131–156)

13

Beteiligt an der Induktion der rRNA-Gentranskription sind der regulatorische Transkriptionsfaktor **TIF-IA** (Transkriptions**i**nitiations**f**aktor **A** der Pol **I**) sowie Kinasen (z. B. **CK2**), Topoisomerasen (**Topo I**), nucleäres **Actin** und Myosin (**NM1**) (▶ Abb. 13.11). Gleichzeitig trägt eine Erhöhung der intrazellulären UBF-Konzentration zur Steigerung der Transkriptionsrate von rRNA-Genen bei. Ein weiterer regulatorischer Mechanismus zur Stimulation der rRNA-Synthese ist die posttranslationale Modifikation von Transkriptionsfaktoren. Dazu gehören die Phosphorylierung von UBF durch verschiedene Kinasen wie **CDK1**, **CDK2**, **CDK4** und **ERK** und die Acetylierung von TAF_I63 durch eine Acetyltransferase (**PCAF**).

13.4 Das Transkriptionssystem der RNA-Polymerase II

Die DNA-abhängige RNA-Polymerase II (Pol II) ist für die Transkription aller **proteincodierenden Gene** zuständig. Das bedeutet, dass die Pol II für die Synthese aller mRNA-Moleküle verantwortlich ist. Außerdem transkribiert das Enzym wichtige **nicht-proteincodierende Gene**. Diese RNA-Moleküle dienen der Strukturgebung oder der Regulation, wie viele lncRNAs und die Vorläufer der mikro-RNAs. Die Pol II übernimmt also eine zentrale Funktion in der eukaryotischen Zelle und viele der von ihr transkribierten Gene unterliegen einer sehr genauen transkriptionellen Regulation, d. h. einer Aktivierung oder Repression, entsprechend den unterschiedlichen physiologischen Erfordernissen einer Zelle.

Das dynamische Aktivitätsprofil der Pol II wird durch zahlreiche generelle Transkriptionsfaktoren auf der Ebene der basalen Aktivität vermittelt. Gefördert und auf die physiologischen Bedingungen fein abgestimmt wird die Transkriptionsaktivität jedoch durch regulatorische Transkriptionsfaktoren wie Aktivatoren, Coaktivatoren, Repressoren, Corepressoren, Mediatoren und Chromatinmodulatoren. Die Vielfalt an unterschiedlichen Transkriptionsfaktoren, die mit der Pol II assoziiert sind, ist enorm. Das inzwischen sehr weit fortgeschrittene Verständnis der Wirkungsweise der Pol II in Kooperation mit ihren Transkriptionsfaktoren basiert auf einer Vielzahl detaillierter kristallografischer Strukturanalysen. Sie haben in nahezu atomarer Auflösung einen Einblick in die molekularen Interaktionen innerhalb eines einzelnen Proteins, eines Protein-Protein- oder eines Protein-Nucleinsäure-Komplexes gewährt.

13.4.1 Generelle Transkriptionsfaktoren der Pol II

Zahlreiche kooperierende Proteine unterstützen die RNA-Polymerase II, sich am Promotor zu positionieren und exakt am Startnucleotid +1 mit der Transkription zu beginnen. Die **generellen Transkriptionsfaktoren** (GTFs) der Pol II werden mit **TFII** bezeichnet (Transkriptionsfaktor der RNA-Polymerase **II**). Die einzelnen Faktoren werden mit **TFIIA** bis **TFIIS** abgekürzt (▶ Tab. 13.3). Die TFII zeichnen sich durch eine **DNA-Bindungsdomäne** aus, mit der sie die verschiedenen Promotorelemente (BRE, TATA-Box, Inr und DPE; s. Kap. 12.4) erkennen und an sie binden können. Gemeinsam mit der Pol II bauen die GTFs am Promotor den **Präinitiationskomplex** auf.

TFIID

Der erste Schritt zur Bildung eines Präinitiationskomplexes an Promotoren mit einer TATA-Box ist die Anlagerung von TFIID an die Region auf der DNA, in der sich die TATA-Box befindet. TFIID besteht aus dem TATA-Box-bindenden Protein (**TBP**) und bis zu 14 TBP-assoziierten Faktoren (**TAFs**) (▶ Abb. 13.12; ▶ Tab. 13.3). TFIID ist mit einem Molekulargewicht von 770 kDa deutlich größer als Pol II selbst (ca. 520 kDa). Es bietet daher eine beachtliche Plattform für den weiteren Zusammenbau des Präinitiationskomplexes.

Elektronenmikroskopische Untersuchungen von hoch gereinigten TFIID-Präparationen vermitteln einen Eindruck vom Aufbau dieser großen Proteinkomplexe aus TBP und TAFs. TFIID ist leicht gekrümmt, wobei TBP in der Mitte unter der Krümmung liegt (▶ Abb. 13.13a). Die EM-Aufnahmen zeigen auch eine enge Interaktion von TFIID mit zwei anderen GTFs: TFIIA und TFIIB (▶ Abb. 13.13b und ▶ Abb. 13.13c).

▶ **TBP.** TBP (TATA-Box-bindendes Protein) wird nicht nur für die Transkription von Genen mit TATA-Box benötigt, sondern auch für alle anderen Gene, ja selbst für Gene, die von der RNA-Polymerase I und der RNA-Polymerase III transkribiert werden. Ein Vergleich der Strukturen von TBPs aus verschiedenen Organismen lässt **zwei funktionelle Proteinbereiche** erkennen (▶ Abb. 13.14a), den
- **aminoterminalen Abschnitt**, der nicht konserviert ist und in dem sich die TBPs der verschiedenen Spezies in ihrer Aminosäuresequenz und in ihrer Länge unterscheiden, und den
- **carboxyterminalen Abschnitt**, der stark konserviert ist, also in sehr ähnlicher Form in allen bekannten TBPs vorkommt und der die Bindung an die DNA vermittelt.

Die DNA-Bindungsdomäne im carboxyterminalen Abschnitt besteht aus zwei symmetrischen Hälften mit je fünf kurzen, antiparallelen β-Strängen, die insgesamt wie ein Sattel gebogen sind (▶ Abb. 13.14b). Die konkav gebogene Fläche nimmt Kontakt zu den Nucleotiden und zum Ribosephosphatrückgrat der TATA-Box in der kleinen Furche der DNA auf. Folge ist eine Erweiterung der kleinen Furche der DNA-Doppelhelix, sodass die DNA lokal beträchtlich gekrümmt und der Doppelstrang teilweise entwunden wird (▶ Abb. 13.14c).

▶ **TAFs.** Man kennt bis zu 14 unterschiedliche TAFs (TBP-assoziierte Faktoren) mit Molekulargewichten zwischen 15 kDa und 250 kDa. Die TAFs haben verschiedene regulatorische Funktionen beim Aufbau des Präinitiationskomplexes und der Initiation der Transkription. Diese Funktionen beruhen zum Teil auf spezifischen Bindungen an Promotorelemente: **TAF1** und **TAF2** erkennen das **Inr-Element** (auch und gerade in Promotoren ohne TATA-Box), während **TAF1** zusammen mit **TAF6** und **TAF9** an das **DPE-Promotorelement** bindet (▶ Abb. 13.15). Darüber hinaus nehmen mehrere TAFs Kontakt mit weiter stromaufwärts gebundenen regulatorischen Transkriptionsfaktoren (RTFs) auf und wirken damit als Coaktivatoren. Zum Beispiel interagiert **TAF4** mit dem DNA-gebun-

13

Tab. 13.3 Generelle Transkriptionsfaktoren (GTFs) der Pol II.

Transkriptions-faktor	Zahl der Untereinheiten	Molekulargewicht [kDa]	Funktionen
TFIIA	3	12 19 35	• Stabilisierung des TBP-TATA-Komplexes und der TFIID-Bindung • Entfernen/Neutralisieren von negativen Faktoren
TFIIB	1	35	• Bindung an BRE^u- und BRE^d-Promotorelemente • Stabilisierung des TBP-TATA-Komplexes • Rekrutierung von Pol II/TFIIF • Selektion der +1-Startstelle • Unterstützung der DNA-Entwindung

TFIID:
• TBP
• TAFs
	insgesamt bis zu 15:
	• 1
	• bis zu 14
		insgesamt 775:
		• 38
		• 15–250
			• Initiation des Zusammenbaus des Präinitiationskomplexes:
			  ○ bindet mit den TAFs an mehrere verschiedene Promotorelemente
			  ○ wirkt als Coaktivator für RTFs
			  ○ moduliert die lokale Chromatinstruktur über Histonmodifikation
			• Erkennen von Pol-II-Promotoren und der TATA-Box
			• verschiedene regulatorische Funktionen und enzymatische Aktivitäten wie HAT, H2B-Kinase, H1-Ubiquitin-Ligase, Coaktivator

TFIIE	2	34 57	• Rekrutierung von TFIIH • Regulation enzymatischer Aktivitäten von TFIIH • Stabilisierung des offenen Komplexes • Unterstützung der Promotor Clearance
TFIIF	2	30 74	• Bindung und Rekrutierung der Pol II • Rekrutierung von TFIIE und TFIIH • Festlegung der Startstelle (zusammen mit TFIIB) • Unterstützung der Promotor Clearance

TFIIH	insgesamt 10	insgesamt 525	• DNA-abhängige ATPase
			• Proteinkinase (CDK7, Phosphorylierung der CTD)
			• Kopplung von Transkription und NER
			• 3′-5′-DNA-Helikase (XPB/ERCC 3)
			• 5′-3′-DNA-Helikase (XPD/ERCC 2)
			  ○ Entwindung der DNA am Promotor
			  ○ Bildung des offenen Komplexes
			  ○ Nucleotid-Exzisionsreparatur (NER)
			• Cyclin H

TFIIS	1	unbekannt	• RNA-Spaltung (Proof Reading)

Die aufgeführten Faktoren kommen in allen Eukaryoten, von Hefe bis zu Tieren und Pflanzen, vor. Die angegebenen Molekulargewichte beziehen sich auf die menschlichen Proteine (nach [1], [2]).

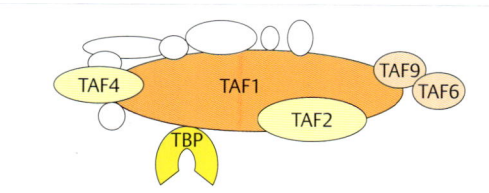

Abb. 13.12 TFIID, ein Proteinkomplex des TATA-Box-bindenden Proteins (TBP) mit verschiedenen TBP-assoziierten Faktoren (TAFs). TBP hat die Form eines Sattels. Mit TBP assoziiert sind bis zu 14 TAFs, von denen hier nur 12 dargestellt sind.

denen Faktor **Sp1** (S. 332), dessen Bindungsstelle auf der DNA (die **GC-Box**) in proximalen und distalen regulatorischen Elementen vorkommen (▶ Abb. 13.15). TAFs sind auch in der Lage, mit einem anderen Typ von Cofaktor, dem **Mediator** (S. 324), zu interagieren.

Der größte TAF, **TAF1**, besitzt mehrere enzymatische Aktivitäten, die selektiv (wenngleich nicht ausschließlich) an Histonen angreifen. Es handelt sich um

• eine **Proteinkinase** für die Phosphorylierung von Histon H2B,
• **Histon-Acetyltransferasen** (S. 151) für die Anheftung von Acetylgruppen an Lysinseitenketten von Histon H3 und H4
• und eine **Ubiquitin-Ligase** zum Abbau von Histon H1.

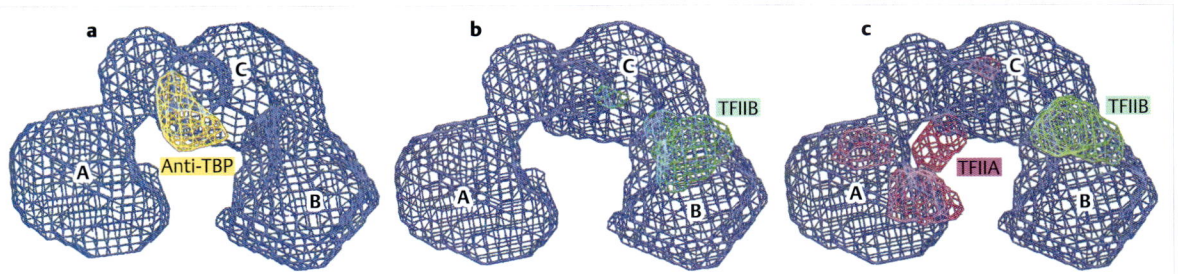

Abb. 13.13 EM-Aufnahme von TFIID. Aus Tausenden von elektronenmikroskopischen Bildern großer Proteinkomplexe, die übereinandergelegt werden, berechnen spezielle Computerprogramme die strukturellen Merkmale und wandeln sie in eine grafische Darstellung um. (aus Andel F, Ladurner AG, Inouye C et al (1999) Three-dimensional structure of the human TFIID-IIA-IIB complex. Science 286: 2153–2156)

a TBP liegt unterhalb der Krümmung, die von den übrigen TAFs gebildet wird. Um TBP im Komplex zu lokalisieren, wurde ein TPB-spezifischer Antikörper verwendet, dessen Lage im EM-Bild sichtbar ist.

b TFIID mit den Strukturdomänen A, B und C sowie dem gebundenen Protein TFIIB.

c Wie **b**, nur dass jetzt auch die Lage von TFIIA dargestellt ist.

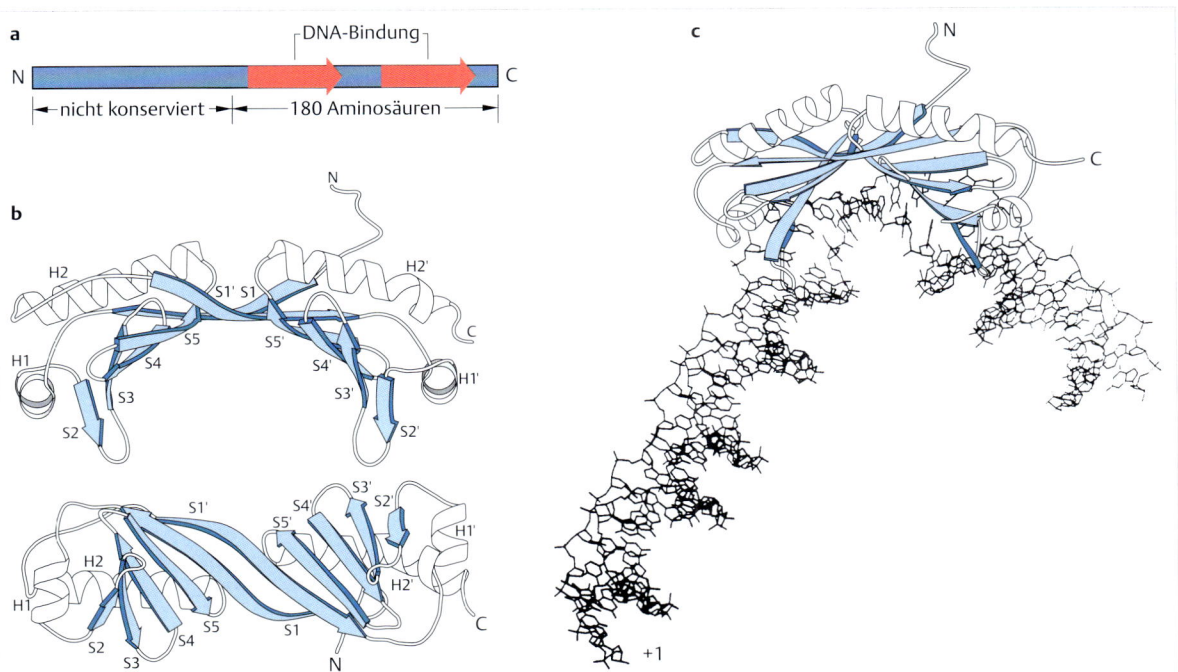

Abb. 13.14 Das TATA-Box bindende Protein (TBP). (nach Burley SK, Roeder RG (1996) Biochemistry and structural biology of transcription factor IID (TFIID). Annu Rev Biochem 65: 769–799; Nikolov DB, Hu SH, Lin J et al (1992) Crystal structure of TFIID TATA-box binding protein. Nature 360: 40–46)

a Überblick: Rote Pfeile deuten die Bereiche an, die für die DNA-Bindung verantwortlich sind und in den anderen Teilabbildungen genauer gezeigt werden.

b Die symmetrische Struktur hat die Form eines Sattels: Auf der Unterseite befinden sich beiderseits je fünf β-Stränge (S 1–S 5 und S 1'–S 5'), auf der Oberseite je zwei α-Helices (H1, H2 und H1', H2'). Die nach außen gebogene Oberfläche vermittelt Wechselwirkungen mit den TAFs.

c TBP nimmt über eine Reihe von hydrophoben Bindungen und Wasserstoffbrücken Kontakt mit der kleinen Furche der DNA auf. Außerdem zwängen sich zwei Phenylalaninseitenketten zwischen AT-Basenpaare (Interkalation). Dadurch wird die DNA gebeugt. Die kleine Furche wird erweitert und die DNA teilweise entwunden.

13

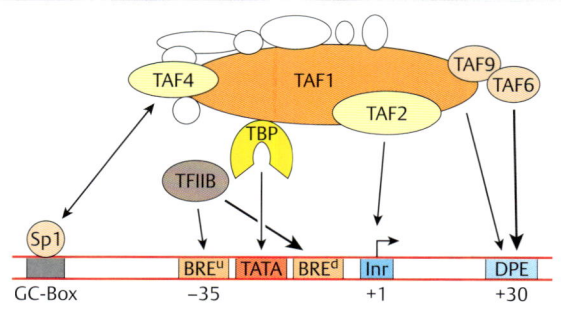

Abb. 13.15 Bindung der TFIID-Untereinheiten an spezifische DNA-Elemente des Promotors eines Pol II Gens. Die gezeigten Promotorelemente (TATA-Box, Inr und DPE) wurden in Kap. 12 näher besprochen. Die Interaktion von TFIID mit diesen Promotorelementen wird durch die Bindung von TFIIB an die DNA-Sequenzen BRE^u und BRE^d unterstützt. (nach Thomas MC, Chiang C-M (2006) The general transcription machinery and general cofactors. Crit Rev Biochem Mol Biol 41: 105–178)

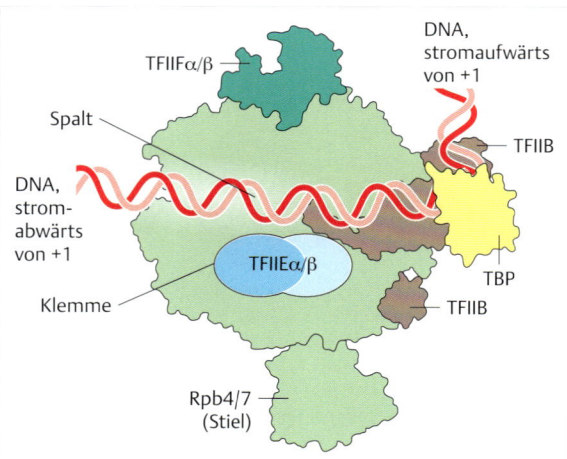

Abb. 13.16 Ein von der Kristallstruktur abgeleitetes Modell der RNA-Polymerase II im Komplex mit TFIIB, TFIIF und TBP. Die verschiedenen Untereinheiten der Pol II kooperieren – unter starker Krümmung der DNA – eng mit den gezeigten Transkriptionsfaktoren, um einen funktionellen Präinitiationskomplex aufzubauen. Die Lage von TFIIE ist zusätzlich eingezeichnet. (nach Vannini A, Cramer P (2012) Conservation between the RNA polymerases I, II, and III transcription initiation machineries. Mol Cell 45: 439–446)

Ein für zumindest neun der 14 TAFs charakteristisches Strukturmotiv ist die Histonfalte (*histone fold*), die enge Protein-Protein-Kontakte ermöglicht, ähnlich wie zwischen den Histonen im Nucleosom (S. 148).

Die kombinatorische Zusammensetzung von TAFs ist alles andere als starr. So gibt es TAF-Komplexe ohne TBP und eine Reihe anderer Varianten.

Merke

Drei übergeordnete **funktionelle Aktivitäten**, die von den vielen Komponenten von **TFIID** vermittelt werden, sind
- die **Bindung an Promotoren**, mit oder ohne TATA-Box, zur Ausbildung des Präinitiationskomplexes,
- die **Funktion als Coaktivator** und die Vermittlung von Interaktionen zwischen RTFs und der generellen Transkriptionsmaschinerie und
- die **Durchführung enzymatischer, posttranslationaler Modifikationen** (Phosphorylierung, Acetylierung, Ubiquitinierung) von Chromatinmodulatoren und anderen regulatorischen Proteinen.

TFIIA und TFIIB

Die Bindung von TFIID an den Promotor wird durch zwei weitere GTFs stabilisiert: **TFIIA** und **TFIIB**. Diese beiden Proteine treten mit entgegengesetzten Randbereichen des DNA-gebundenen TFIID in Kontakt, wie biochemische Untersuchungen, die Auswertung elektronenmikroskopischer Bilder (s. ▶ Abb. 13.13b, ▶ Abb. 13.13c) und Röntgenstrukturanalysen (▶ Abb. 13.16) zeigen. TFIIB bindet mithilfe seines Helix-Turn-Helix-Motivs (S. 329) direkt an das Promotorelement BRE (*TFIIB recognition element*),

das die TATA-Box als zweigeteiltes Element stromaufwärts (BRE^u) und stromabwärts (BRE^d) flankiert (s. ▶ Abb. 13.15). TFIIB interagiert dabei mit TFIID, stabilisiert so den Komplex und verleiht dem sich aufbauenden Präinitiationskomplex eine Orientierung. TFIIA und TFIIB vervollständigen die Plattform, auf der sich die RNA-Polymerase II niederlassen kann, und entfernen möglicherweise vorhandene negativ wirkende Faktoren.

TFIIE und TFIIF

Diese beiden GTFs sind in der zweiten Phase der Ausbildung des Präinitiationskomplexes von Bedeutung. TFIIE und TFIIF sind Heterodimere, die beide jeweils aus einer α- und einer β-Untereinheit bestehen. TFIIF dirigiert die Pol II zur Anlagerung an den Promotor, indem er fest an das Enzym bindet und mit TFIIB in Kontakt tritt, sodass die Pol II nicht unspezifisch an die DNA bindet. TFIIE bindet an den Komplex und rekrutiert TFIIH. Zudem verändern TFIIE und TFIIF die Konformation der Pol II als Voraussetzung für eine effiziente Initiation und Elongation.

TFIIH

Der Faktor TFIIH hat eine zentrale Bedeutung für die Transkription, denn er gibt die entscheidende Starthilfe zur Initiation. Darüber hinaus ist TFIIH in die **Nucleotid-Exzisionsreparatur** (NER) (S. 272) involviert und verknüpft dadurch die Transkription mit der DNA-Reparatur. TFIIH ist als Multiproteinkomplex aus zehn Untereinhei-

13

ten aufgebaut (s. ▶ Tab. 13.3), die in die Subkomplexe **Core** und **CAK** sowie die **XPD**-Untereinheit unterteilt werden können (▶ Abb. 13.17).

Diese Subkomplexe vermitteln unterschiedliche enzymatische Aktivitäten:

- DNA-abhängige **ATPase-Aktivität** des Core-Subkomplexes: Sie dient der kurzzeitigen, lokalen Freisetzung von Energie, die z. B. für die Entwindung der DNA-Doppelhelix und auch für das Knüpfen der ersten Phosphodiesterbindung bei der Transkription gebraucht wird.
- **DNA-Helikaseaktivität in 3'-5'-Richtung** (XPB-Untereinheit des Core-Subkomplexes): Sie entwindet den DNA-Doppelstrang am Transkriptionsstart und ermöglicht den Übergang vom geschlossenen zum offenen Promotorkomplex. Darüber hinaus übt die XPD-Untereinheit eine **DNA-Helikaseaktivität in 5'-3'-Richtung** aus. Für die Stimulation der Transkription ist nur die 3′-5′-Aktivität der Helikase XPB erforderlich.
- **Proteinkinaseaktivität**: Die Kinase CDK7 überträgt Phosphatgruppen auf Aminosäuren in den Heptamer-Repeats (S. 309) in der carboxyterminalen Domäne (CTD) der RNA-Polymerase II und leitet damit deren Ablösen von der Promotorplattform ein (▶ Abb. 13.14). Auch in der nachfolgenden Elongation der Transkription (S. 321) ist die CDK7-Aktivität wichtig. Die CDK7-Aktivität wird durch Cyclin H, Teil des Core-Subkomplexes, reguliert.

TFIIH kann darüber hinaus auch mit regulatorischen Transkriptionsfaktoren wie E2F, p53 und Rb sowie den nucleären Rezeptoren ERα (Östrogenrezeptor), RARα und RARγ (Retinsäurerezeptoren) und AR (Androgenrezeptor) in Wechselwirkung treten und somit als Cofaktor wirken (Kap. 14).

Die Beteiligung von TFIIH an der Nucleotid-Exzisionsreparatur (NER) ist von großer Bedeutung, da dadurch eine funktionelle Verknüpfung von Transkription und DNA-Reparatur gegeben ist (S. 274). Beide Helikasen, XPB und XPD, sind für diese Verknüpfung wichtig und leisten so einen wertvollen Beitrag für die Aufrechterhaltung der

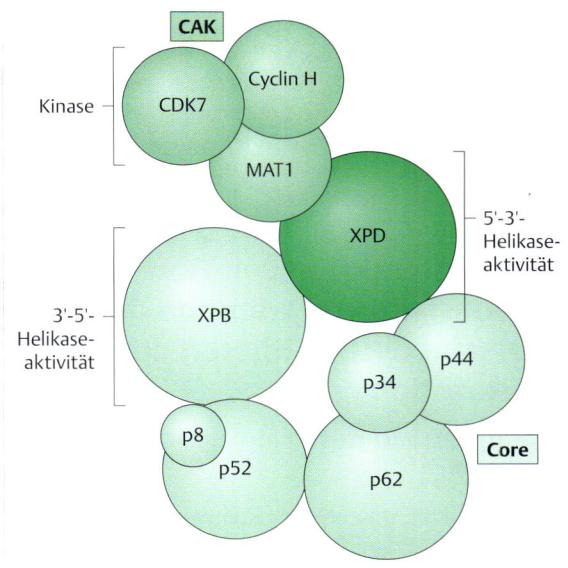

Abb. 13.17 Struktur von TFIIH. Die zehn Untereinheiten des Multiproteinkomplexes TFIIH lassen sich in zwei funktionelle Subkomplexe untergliedern: Core und CAK, die durch die XPD-Untereinheit verbunden werden. Der Core-Subkomplex besteht aus sechs Komponenten (XPB, p8, p34, p44, p52 und p62), der CAK-Subkomplex besteht aus drei Komponenten (CDK7, Cyclin H und MAT 1). Core vermittelt über die XPB-Untereinheit die 3'-5'-gerichtete Helikaseaktivität, die die Transkription stimuliert. CAK besitzt eine cyklinabhängige Kinaseaktivität. Die verbindende XPD-Untereinheit besitzt eine 5'-3'-gerichtete Helikaseaktivität. Sowohl Core-XPB wie auch XPD sind an der Nucleotid-Exzisionsreparatur (NER) beteiligt. (nach Compe E, Egly J-M (2012) TFIIH: when transcription met DNA repair. Nat Rev Mol Cell Biol 13: 343–354)

Integrität des Genoms. Fehlfunktionen von TFIIH in der NER führen zu schwerwiegenden gesundheitlichen Störungen, z. B. zur Krebserkrankung oder dem Cockayne-Syndrom (Pathologie 13.1) (S. 319).

Pathologie 13.1

TFIIH-Fehlfunktion und die Ätiologie menschlicher Erkrankungen

Die Fähigkeit der TFIIH-Helikase-Untereinheiten XPB und XPD zur Verknüpfung von Transkription und Nucleotid-Exzisionsreparatur (NER) ist von großer Bedeutung für die **Erhaltung der Integrität des Genoms**. Fehlfunktionen der XPB- und XPD-Untereinheit führen beim Menschen zu schwerwiegenden Erkrankungen, die durch eine erhöhte Mutationsrate ausgelöst werden. Diese werden unter dem Begriff **DNA-Reparatur-Syndrome** zusammengefasst. Zu den durch die Fehlfunktion von XPB und XPD verursachten Krankheiten gehören Krebserkrankungen (z. B. das Mammacarcinom, Hautkrebs, Lungenkrebs) sowie die autosomal-rezessiven Erkrankungen **Xeroderma pigmentosum**

und **Cockayne-Syndrom**. Patienten mit Xeroderma pigmentosum zeigen ein tausendfach erhöhtes Risiko für eine Krebserkrankung, eine Neurodegeneration und Zwergwuchs. Patienten mit dem Cockayne-Syndrom leiden unter Zwergwuchs, geistiger Unterentwicklung und Mikrocephalie.

Nicht alle Erkrankungen, die auf gestörter Aktivität des Transkriptionsfaktors TFIIH beruhen, sind mit dessen veränderter NER-Aktivität erklärbar. So sind Fehlfunktionen der transkriptionellen TFIIH-Aktivität ebenfalls pathogen. Es zeichnet sich somit ein neues Konzept von Humanpathologien ab, die auf fehlerhafte Transkription zurückgehen und als **Transkriptionserkrankungen** bezeichnet werden (S. 274).

13

TFIIS

Der generelle Transkriptionsfaktor TFIIS stimuliert den Transkriptionsprozess der Pol II sowohl in der Initiationsphase wie auch der Elongationsphase. TFIIS interagiert dabei mit TFIIB und TFIIE sowie mit der Pol II. Zusätzliche Interaktionen von TFIIS mit Komponenten des Mediatorkomplexes wurden beschrieben.

13.4.2 Interaktion von Transkriptionsfaktoren während der unterschiedlichen Phasen der Transkription

Zusammenbau des Präinitiationskomplexes (PIC)

Die GTFs sind die wesentlichen Komponenten, die an der Ausbildung des Präinitiationskomplexes der Transkription beteiligt sind (▶ Abb. 13.18).

Als Erstes bindet TFIID über TBP an die TATA-Box. TFIIA tritt hinzu, gefolgt von TFIIB, das TBP auf beiden Seiten flankiert. Sie stabilisieren den Komplex, wobei die Bindung von TFIIA nicht essenziell ist. Nun dirigiert TFIIF, das an die RNA-Polymerase II gebunden hat, diese zum Komplex, indem er mit TFIIB in Kontakt tritt. TFIIE bindet und rekrutiert TFIIH zum Promotor. Die Bildung des geschlossenen **Präinitiationskomplexes** (PIC) ist beendet (▶ Abb. 13.18).

Während des Zusammenbaus des Präinitiationskomplexes ist die carboxyterminale Domäne (CTD) der Polymerase an ihren Serinseitenketten nicht phosphoryliert.

> **Merke**
>
> Der **Phosphorylierungszustand der CTD** ändert sich im Verlauf der Transkription. Das beeinflusst die Interaktionen zwischen dem Transkriptionskomplex und anderen Proteinen.

▶ Abb. 13.18 vermittelt eine Vorstellung vom schrittweisen Aufbau des Komplexes, wie er sich aus biochemischen Untersuchungen mit isolierten Zellkernproteinen ableiten ließ. Diese Darstellung gibt jedoch den tatsächlichen Ablauf in der lebenden Zelle nur unvollkommen wieder, denn in der Zelle liegt die aktive RNA-Polymerase II oft als ein großes **Holoenzym** vor, beladen mit TFIIB, TFIIE, TFIIF, TFIIH und dem **Mediatorkomplex** (S. 311). Man geht daher davon aus, dass *in vivo* bereits eine Plattform aus TFIID und TFIIA am Promotor existiert, auf der sich das Holoenzym niederlässt.

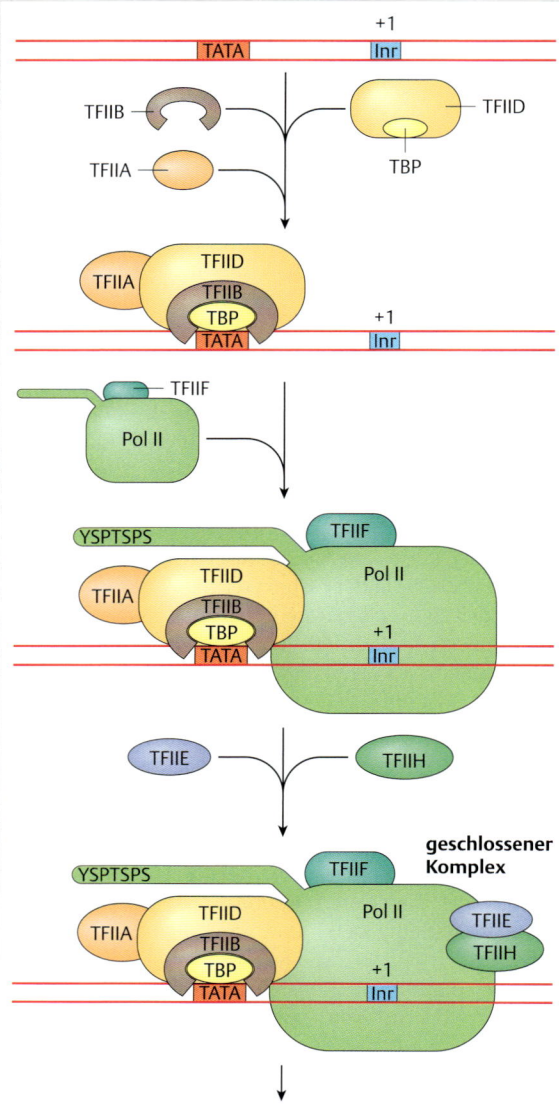

Abb. 13.18 Zusammenbau des Präinitiationskomplexes (PIC). Die einzelnen Komponenten sind nicht maßstabsgetreu gezeichnet. Das Molekulargewicht von TFIID und von TFIIH ist mit 775 kDa bzw. 525 kDa größer als das der Pol II (520 kDa), die jedoch von zentraler Bedeutung ist und daher relativ vergrößert abgebildet wird. Weitere Erläuterungen s. Text.

Initiation der Transkription

Ist der Präinitiationskomplex vollständig, treten drei enzymatische Funktionen des Faktors **TFIIH** (S. 318) in Aktion: die ATPase, die Helikase und die Proteinkinase (mit CDK7 als katalytischer Untereinheit). Ihre Aktivität leitet den Übergang von geschlossenen zum offenen Komplex ein.

ATPase und **Helikase** initiieren die Entwindung der Doppelhelix um den Transkriptionsstartpunkt, sodass der **offene Komplex** (▶ Abb. 13.19) entsteht. Die **CDK7-Proteinkinase** von TFIIH phosphoryliert, aktiviert durch den

Mediator, das Serin an Position 5 (Ser5) in den Heptapeptidfolgen (YSPTSPS) der CTD der Pol II (S. 309). An der jetzt offenen, d. h. lokal entwundenen DNA verknüpft die Pol II am Startpunkt der Transkription (+ 1) die ersten beiden Ribonucleosidtriphosphate (▶ Abb. 13.19). Damit ist die Transkription initiiert. Die Phosphorylierung der CTD durch TFIIH führt zur Trennung des Kontakts zwischen der Pol II und dem Mediatorkomplex wie auch der Plattform aus TFIIA, TFIIB und TFIID, sodass sich die Pol II vom Promotor lösen kann (▶ Abb. 13.19).

Elongationsphase der Transkription

Mit dem Übergang von der Initiation der Transkription in die Elongationsphase werden kaskadenartig zahlreiche Faktoren rekrutiert, die die Prozesse regulieren, welche mit der Elongation einhergehen. Zu den Prozessen zählen

- die **mRNA-Synthese** entsprechend der vom Matrizenstrang codierten Nucleotidsequenz,
- die **mRNA-Prozessierung** (s. Kap. 15) mit Bildung der 5′-Cap-Struktur, Spleißen, Editing und 3′-Polyadenylierung,
- **Chromatinmodifikation und -modellierung** durch Modifikation von Histonen und
- die **DNA-Reparatur**, genauer die Nucleotid-Exzisionsreparatur (NER), unter Beteiligung von TFIIH.

Da die CTD der Pol II am Austrittskanal der wachsenden mRNA liegt, hat sie eine große Bedeutung für die mRNA-Reifung und die anderen transkriptionsgekoppelten Prozesse.

Die **Transkriptionsrate** der Pol II beträgt 3 800 Nucleotide pro Minute. Die transkribierten Sequenzen können über zwei Millionen Basenpaare lang sein.

▶ **Frühe Phase der Elongation.** Direkt nach der Initiation der Transkription bewegt sich die Pol II ca. 20 Nucleotide am Matrizenstrang entlang und synthetisiert RNA (▶ Abb. 13.19, unten). TFIIA, TFIIB und TFIID bleiben am Promotor zurück. Danach können Faktoren ein vorübergehendes Anhalten (**Pausieren**) der Pol II hervorrufen, das die Effizienz des Transkriptionsvorgangs allerdings insgesamt positiv beeinflusst (▶ Abb. 13.20, oben): Das Innehalten trägt zur Erhaltung einer offenen, transkriptionsfähigen Chromatinstruktur bei und fördert die Effizienz nachfolgender Initiationen. Eine Rolle spielen der Faktor **NELF** (*negative elongation factor*) und der Elongationsfaktor **Spt4/5**, ein Heterodimer aus Spt4 und Spt5. Beide Faktoren binden in nicht phosphoryliertem Zustand an die Pol II. Ihre Wirkung wird durch die GTFs TFIIF und TFIIS sowie die Kinase **pTEFb** (*positive transcription elongation factor b*; mit CDK9 als katalytischer Untereinheit), die NELF und auch Spt4/5 phosphoryliert, wiederaufgehoben, sodass die Elongation fortgesetzt werden kann (▶ Abb. 13.20, unten).

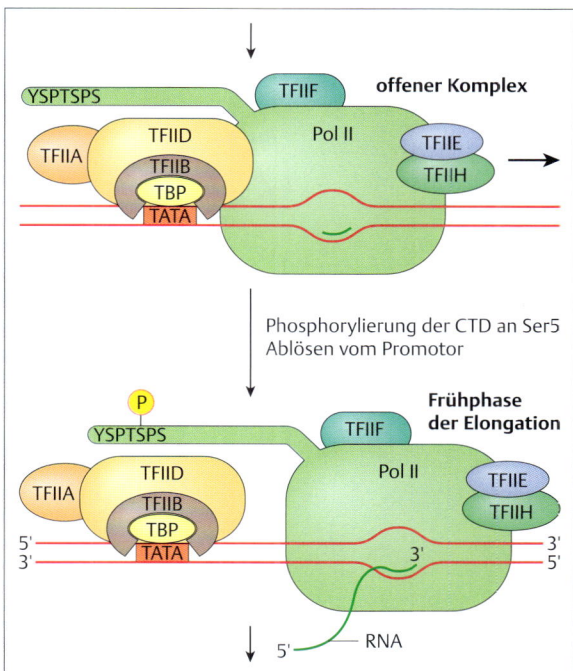

Abb. 13.19 Struktur des offenen Präinitiationskomplexes (PIC) und Initiation der Transkription. Oben: Das Bild zeigt den offenen Transkriptionskomplex mit der lokalen Aufschmelzung der DNA-Doppelhelix an der Transkriptionsstartstelle. Unten: Die nachfolgende Phosphorylierung der CTD der Pol II an Ser5 (gelb eingezeichneter Phosphatrest) durch TFIIH erlaubt die Ablösung der Pol II vom Promotor. Zurück bleiben TBP, TFIIA, TFIIB und TFIID und die ersten Ribonucleotidverknüpfungen der entstehenden prä-mRNA werden synthetisiert.

Spt4/5 wurde aufgrund seiner biochemischen Funktion als **DSIF** (**D**RB-**s**ensitivity **i**nducing **f**actor) bezeichnet, da er in Säugetieren eine Sensitivität für den Kinaseinhibitor DRB verleiht.

Nachdem die Pol II ihre Transkriptionsaktivität – nach Überwindung einer möglicherweise eingetretenen Pause – wiederaufgenommen hat, lösen sich TFIIE und TFIIH nach der Verknüpfung von etwa 70 Nucleotiden vom Transkriptionskomplex (TFIIF bleibt dagegen während der gesamten Elongation mit dem Komplex verbunden).

▶ **Mittlere Phase der Elongation.** Anschließend werden weitere Enzyme und Proteinfaktoren aktiv: das mittlerweile hinzugetretene Capping-Enzym, der jetzt phosphorylierte Elongationsfaktor Spt4/5 und der PAF-Komplex (▶ Abb. 13.21). Und noch weitere Elongationsfaktoren erhöhen die Aktivität des Transkriptionskomplexes, indem sie die Interaktionen zwischen den Proteinen der mRNA-Prozessierung koordinieren und ein Innehalten des Komplexes im Verlauf der weiteren Elongation unterbinden.

Während die Pol II die ersten Hunderte Basen transkribiert, bleibt die initiale Phosphorylierung an Ser5 (P-Ser5) des CTD-Heptapeptids zunächst erhalten. Das **Capping-**

13

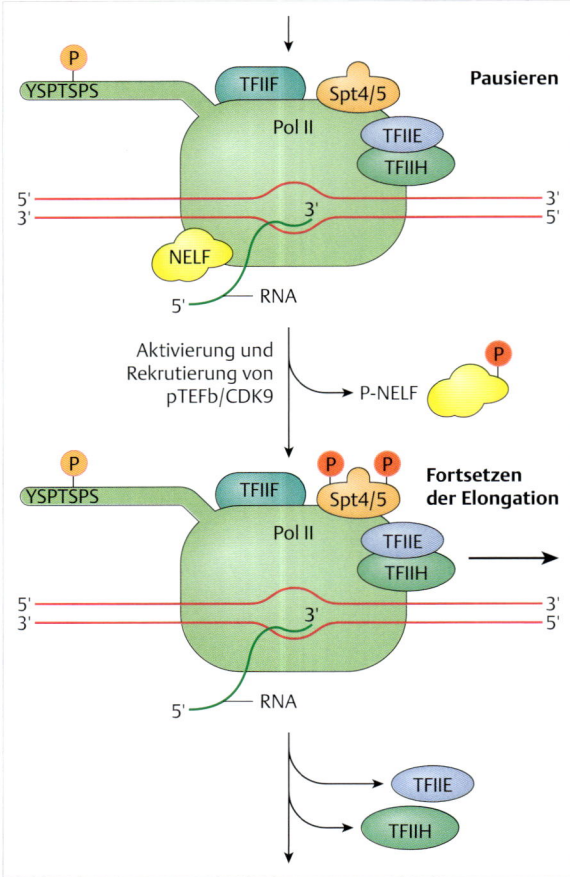

Abb. 13.20 Innehalten (Pausieren) der RNA-Polymerase II und Fortsetzen der Elongation. Oben: Das vorübergehende Pausieren der Pol II wird unter anderem unterstützt von den Faktoren NELF und Spt4/5. Unten: Die Phosphorylierung von NELF und Spt4/5 durch die pTEFb/CDK9-Kinase führt zur Fortsetzung der Elongation. Der orangefarbene Phosphatrest an Ser5 der CTD deutet an, dass zunehmend mehr Serinseitenketten phosphoryliert sind (zusätzlich auch an Ser7). Fährt die Pol II mit der Transkription fort, lösen sich TFIIE und TFIIH vom Transkriptionskomplex.

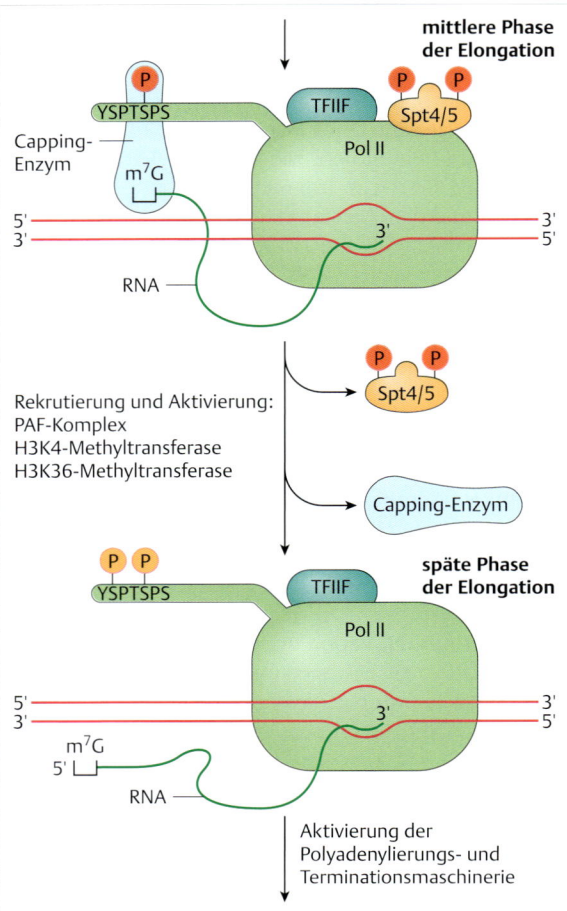

Abb. 13.21 Mittlere und späte Phase der Elongation. Oben: Am Übergang der frühen zur mittleren Phase der Elongation bewirkt die umfassende Phosphorylierung der CTD an Ser5 neben der pTEFb/CDK9-Kinase auch die Rekrutierung des Capping-Enzyms, das die Cap-Struktur am 5'-Ende der mRNA ausbildet. Außerdem wird der PAF-Komplex rekrutiert, der die H3K4-Methyltransferase zur Modifikation von Histon H3 an Lys4 stimuliert. Unten: In der späten Phase der Elongation wird der PAF-Komplex die H3K36-Methyltransferase aktivieren. Die pTEFb/CDK9-Kinase phosphoryliert die CTD zusätzlich an Ser2, wodurch die H3K36-Methyltransferase zusätzlich stimuliert wird und die nachfolgende Aktivierung von Terminationsproteinen sowie Polyadenylierungsfaktoren ermöglicht. Die Hervorhebung des roten Phosphatrests deutet darauf hin, dass in diesem Stadium viele CTDs am Ser5 phosphoryliert sind.

13

Enzym bindet an P-Ser5. Das Enzym kondensiert an das 5'-Ende der entstehenden mRNA zunächst ein GTP-Molekül und methyliert das Guanin anschließend an N-7 zu 7-Methylguanosin (m7G; ► Abb. 13.21, oben, s. auch Kap. 15.3.1). Der phosphorylierte Elongationsfaktor **Spt4/5** interagiert mit einer Reihe von weiteren Faktoren, die an der Elongation beteiligt sind. P-Spt4/5 rekrutiert den **PAF-Komplex** (► Abb. 13.21, unten). Dieser rekrutiert seinerseits Enzyme, die an der Chromatinmodifikation beteiligt sind, darunter ein Enzym zur Ubiquitinierung von Histon H2B und die H3K4-Methyltransferase, die Histon 3 (H3) am Lys4 (K4) methyliert (H3K4). Auf Veränderungen der Chromatinstruktur und ihre die Bedeutung für die Regulation der Transkription während der transkriptio-

nellen Initiation und Elongation wird weiter unten (S. 326) näher eingegangen.

Im Verlauf der weiteren Elongation nimmt der Anteil an P-Ser5 ab, doch beginnt pTEFb/CDK9 das Ser2 der CTD-Heptapeptidfolgen zu phosphorylieren (► Abb. 13.21, unten). Durch die während der Progression der Elongation stattfindenden CTD-Modifikationen können histonmodifizierende Enzyme zwischen einer promotornahen und einer promotorfernen Position der Tran-

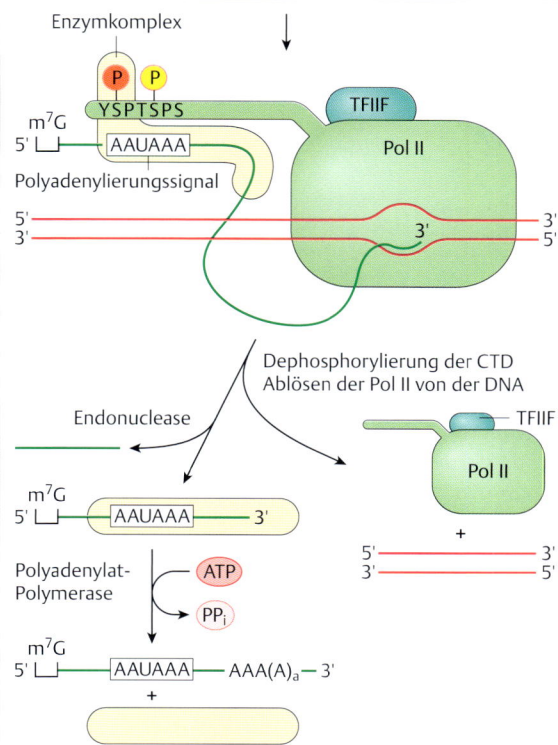

Abb. 13.22 Termination. Die Pol II verlängert die mRNA bis über das letzte Exon hinaus und läuft am Ende des Gens vom DNA-Template ab. Der letzte Sequenzabschnitt der RNA enthält das Signal für die Spaltung der mRNA und für die Polyadenylierung (AAUAAA). Ein Enzymkomplex erkennt das Signal und bindet daran. Eine zum Komplex gehörige Endonuclease spaltet die mRNA einige Nucleotide stromabwärts des Signals und eine Polyadenylat-Polymerase synthetisiert den Poly(A)-Schwanz. Anschließend wird das Primärtranskript vom Enzymkomplex freigesetzt.

skriptionsmaschinerie unterscheiden. Eine Trimethylierung von H3K4 erfolgt daher nur bei Nucleosomen in der Nähe des Promotors, während im Verlauf der Elongation, wenn sich der Transkriptionskomplex weiter stromabwärts befindet, zunehmend H3K36 methyliert wird.

▶ **Späte Phase der Elongation.** Immer mehr Ser2 in den CTD-Heptapeptiden werden durch pTEFb/CDK9 phosphoryliert (▶ Abb. 13.21, unten; ▶ Abb. 13.22, oben), wodurch die H3K36-Methyltransferase maximal stimuliert wird. Darüber hinaus interagiert P-Ser2 letztendlich mit der Polyadenylierungs- und Terminationsmaschinerie.

Terminierung der Transkription

Terminierung der Pol II Transkription erfolgt über ein Auslaufen der RNA-Synthese am Ende des Gens. Die RNA-Polymerase II kommt erst viele Hundert Basenpaare stromabwärts des letzten Exons zum Stillstand, sodass das Transkript die Signalsequenz für die Polyadenylierung des 3'-OH-Endes der mRNA trägt. Die Polyadenylierung der mRNA erfolgt meist bereits während der auslaufenden Bewegung der Pol II und geschieht in einer konzertierten enzymatischen Aktion von mehreren, in einem Komplex assoziierten Enzymen. Für die Rekrutierung des beteiligten Enzymkomplexes ist die **Ser2-Phosphorylierung** der CTD wichtig. Der Komplex interagiert mit der CTD, bindet an die Signalsequenz, spaltet die mRNA wenige Nucleotide stromabwärts von der Polyadenylierungs-Signalsequenz und synthetisiert das Poly(A)-Ende (S. 377) (▶ Abb. 13.22).

13.4.3 Regulation der Pol-II-vermittelten Transkription

Das menschliche Genom enthält ca. 21 000 proteincodierende Gene. Diese werden mit hoher Spezifität sehr selektiv in ausgewählten Geweben oder Zelltypen, in entwicklungsbiologisch definierten Stadien, zu bestimmten Zeitpunkten, während definierter physiologischer Bedingungen oder als Folge unterschiedlicher extra- und intrazellulärer Signale transkribiert. Dieses komplexe Muster der Transkriptionsaktivität trägt zur **differenziellen Genexpression** in vielzelligen Organismen bei.

Die regulatorischen Transkriptionsfaktoren (RTFs) tragen dazu bei, dass am Promotor ein DNA-Protein-Komplex entsteht, der die regulierte Initiation der Transkription entsprechend der physiologischen Bedürftigkeiten ermöglicht (▶ Abb. 13.23).

Merke

Ein aus **generellen Transkriptionsfaktoren** und der **RNA-Polymerase II** aufgebauter **Präinitiationskomplex**, wie er als Teil von ▶ Abb. 13.23 zu sehen ist, vermittelt alleine nur eine niedrige **basale Transkriptionsrate**, die nicht reguliert ist. Um die Transkriptionsrate den physiologischen Erfordernissen anzupassen und zu regulieren, d. h. zu aktivieren oder zu reprimieren, bedarf es der Wirkung von **regulatorischen Transkriptionsfaktoren** und deren **Cofaktoren**. Diese wirken oft von entfernt gelegenen distalen DNA-Elementen, wie sie ebenfalls in ▶ Abb. 13.23 eingezeichnet sind.

RTFs sind meist modular aufgebaut, d. h. sie besitzen klar definierte **Strukturdomänen** für verschiedene Funktionen, wie eine spezifische DNA-Bindung, Dimerisierung, Aktivierung bzw. Repression der Transkription, Lokalisierung im Zellkern und spezifische Protein-Protein-Interaktionen mit GTFs oder mit Coaktivatoren. Die Wechselwirkungen zwischen RTFs und ihren **Coaktivatoren** bzw. den beteiligten GTFs werden oft durch enzymkatalysierte posttranslationale Modifikationen der RTFs stimuliert. Dabei sind Phosphorylierungen von besonderer Bedeu-

13

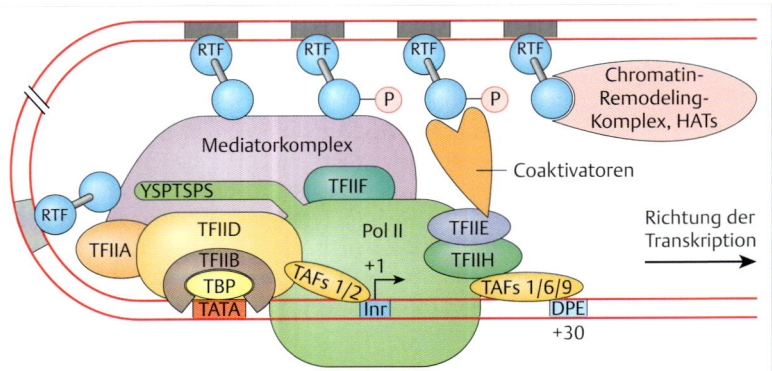

Abb. 13.23 Interaktion von GTFs und RTFs bei der Ausbildung eines Präinitiationskomplexes (PIC). Das Bild zeigt eine grafische Darstellung eines voll ausgebildeten, regulierten Präinitiationskomplexes, der durch regulatorische Transkriptionsfaktoren (RTFs), unter Vermittlung durch den Mediatorkomplex, etabliert wurde. Die erforderliche offene Chromatinstruktur (nicht gezeigt) wurde durch die aktivierten Chromatin-Remodeling-Komplexe hergestellt. Die Phosphorylierung von RTFs unterstützt die Ausbildung des PIC und leitet oft den Beginn des Transkriptionsprozesses ein.

tung, wobei Proteinkinasen sehr selektiv Phosphatgruppen an die Aminosäuren Serin, Threonin oder Tyrosin eines Substrats anheften.

Beispiele für RTFs sind **Sp1** (*specificity protein 1*), das mithilfe seiner drei Zinkfinger an GC-Boxen bindet, und das **Myc/Max-Heterodimer**, das ein bHLH-Motiv und einen Leucin-Zipper besitzt (Plus 13.4) (S. 330). Weitere wichtige RTFs werden weiter unten im Zusammenhang mit der Signalregulation der Transkription beschrieben (Kap. 14).

RTFs können an Enhancer binden, die mehr oder weniger weit vom Promotor entfernt liegen, und beeinflussen trotz entfernter Positionierung die Ereignisse am Promotor. Vermittelt wird dieser Einfluss durch **Cofaktoren**, die entweder die transkriptionsaktivierende Funktion der RTFs unterstützen (Coaktivatoren) oder ihr entgegenwirken (Corepressoren). Cofaktoren vermitteln die Interaktion der entfernt lokalisierten RTFs mit den GTFs am Promotor. Zu den Coaktivatoren gehören **Chromatin-Remodeling-Komplexe** (S. 152), darunter vor allem histonmodifizierende Enzyme wie Histon-Acetyltransferasen (HATs) und Histon-Methylasen. Zu den Corepressoren gehören Histon-Deacetylasen (HDACs) (dazu mehr in Kap. 13.6 und 20).

Definition

Aktivatoren binden an eine spezifische DNA-Sequenz (distal liegende Promotorelemente oder Enhancer) und interagieren direkt oder über weitere Proteine mit dem Präinitiationskomplex.

Cofaktoren arbeiten zusammen mit den Aktivatoren und wirken über eine unspezifische Bindung an die DNA (wie Chromatin-Remodeling-Komplexe) oder über Protein-Protein-Wechselwirkungen (wie Chromatin-Modifizierungskomplexe) auf die Transkriptionsrate.

Coaktivatoren sind Cofaktoren, die die Wirkung der Aktivatoren unterstützen. **Corepressoren** sind Cofaktoren, die der Funktion von Aktivatoren entgegenwirken.

Ein weiterer Cofaktor ist der **Mediatorkomplex**, der ein wichtiges Ziel für die RTFs darstellt. Er ist aus etwa 25 Einzelproteinen aufgebaut (gesamtes Molekulargewicht ca. 1000 kDa), die mit dem GTF/Pol-II-Komplex in Kontakt treten (▶ Abb. 13.23). Der Mediatorkomplex trägt als zentrales Bindeglied zwischen RTFs und GTFs zur induzierten, schrittweisen Ausbildung des Präinitiationskomplexes bei und fördert die Anlagerung der Pol II an den Promotor. Über den Mediatorkomplex wirken so wichtige RTFs wie nucleäre Hormonrezeptoren, das Tumorsuppressorprotein p53 (S. 211) und Ets-Proteine.

13.5 Das Transkriptionssystem der RNA-Polymerase III

Die dritte DNA-abhängige RNA-Polymerase der Eukaryoten, die RNA-Polymerase III (Pol III), ist spezialisiert auf die Transkription von Genen, die die genetische Information für kleine, nicht-proteincodierende RNA-Moleküle tragen (s. ▶ Tab. 13.2). Dadurch unterscheidet sich die Pol III sehr von der Pol I und der Pol II.

Die genomweite Suche nach Bindungsstellen der Pol III im Humangenom mithilfe von ChIP-Seq-Untersuchungen erbrachte die sehr überraschende Erkenntnis, dass Pol III an **SINE-Elemente** bindet. SINE-Elemente sind Produkte von Retrotranspositionen (s. ▶ Tab. 12.1, ▶ Abb. 10.28); sie sind hoch repetitiv und kommen in millionenfacher Kopienzahl vor. Wie die Transkription von SINE abläuft und welche Funktion die Transkripte haben, ist derzeit noch nicht völlig geklärt.

Viele Zielgene der Pol III weisen eine Besonderheit unter den eukaryotischen Genen auf: Sie besitzen regulatorische Elemente, die stromabwärts des Startnucleotids der Transkription liegen (s. ▶ Abb. 12.9, ▶ Abb. 13.24a, ▶ Abb. 13.24b). Diese regulatorischen *cis*-Elemente von je ca. 10 bp Länge, A-Box, B-Box oder C-Box genannt, liegen also innerhalb des transkribierten Gens. Zu den Zielgenen der Pol III mit internen regulatorischen Elementen gehören die 5S-rRNA- und die tRNA-Gene, die als Typ 1 bzw. Typ 2 klassifiziert werden. Typ-1-Gene besitzen intern eine A-Box und eine C-Box, während Typ-2-Gene eine A-

13

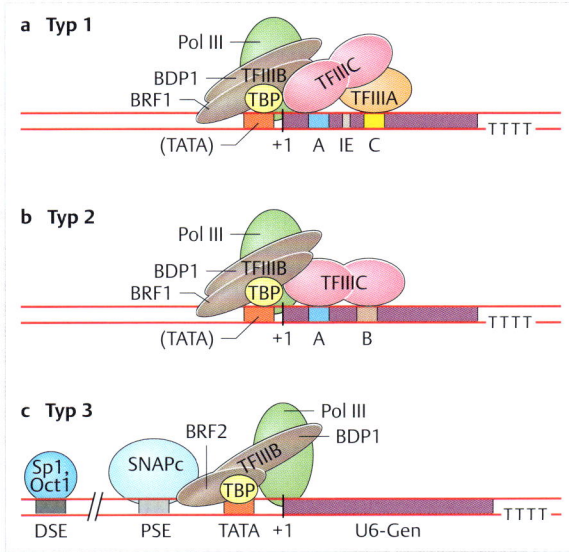

Abb. 13.24 Initiation der Transkription an Promotoren der Pol III. Bei den drei Typen von Genen, die von der Pol III transkribiert werden, tragen zwei (Typ 1 und Typ 2) die relevanten Bindungsstellen für GTFs innerhalb des Gens, während Typ-3-Gene diese Bindungsstellen oberhalb der Transkriptionsstartstelle aufweisen. Entsprechend positionieren sich die GTFs. Die regulatorischen Elemente werden als Box A, Box B oder Box C bezeichnet. Weitere Erläuterungen s. Text. IE = Intermediärelement, DSE = distales Sequenzelement, PSE = proximales Sequenzelement, TATA = TATA-Box, (TATA) = TATA-Box-ähnliche Sequenz, TTTT = Terminationssignal. (nach White RJ (2011) Transcription by RNA polymerase III: more than we thought. Nat Rev Genet 12: 459–463)
a Typ-1-Gen für die 5S-rRNA.
b Typ-2-Gen für tRNAs.
c Typ-3-Gen für die U6-snRNA, die 7SL-RNA usw.

Box und eine B-Box tragen. Bei Typ-3-Zielgenen der Pol III, z. B. dem U6-snRNA-Gen, sind regulatorische *cis*-Elemente (PSE, DSE) stromaufwärts positioniert (also extern; s. ▶ Abb. 12.9, ▶ Abb. 13.24c).

13.5.1 Zusammenbau des Präinitiationskomplexes

Pol-III-Gene enthalten entweder Promotorelemente innerhalb des Gens (Typ-1- und Typ-2-Gene; ▶ Abb. 12.9, ▶ Abb. 13.24a, ▶ Abb. 13.24b) oder vollständig außerhalb des Gens (Typ-3-Gene). Für jede ihrer Transkriptionsaktivitäten (▶ Tab. 13.4), unabhängig von den drei verschiedenen Pol-III-Gentypen, benötigt die Pol III den TFIIIB-Komplex mit seinen drei Untereinheiten TBP, BRF1/2 und BDP1 (▶ Abb. 13.24). Die Untereinheit **TBP** ist das TATA-Box-bindende Protein, das auch an der Bildung des Präinitiationskomplexes von Pol-I- und Pol-II-transkribierten Genen beteiligt ist. TBP dirigiert TFIIIB zur TATA-Box oder TATA-Box-ähnlichen Sequenzen um die Promotorposition –30. **BRF1** (bei Typ-1- und Typ-2-Genen) und **BRF2** (bei Typ-3-Genen) binden an Sequenzen des Promotors. Mithilfe der **BDP1**-Untereinheit rekrutiert TFIIIB letztendlich die Pol III zu ihrem Zielpromotor.

An die C-Box der **Typ-1-Gene** bindet der wichtige GTF **TFIIIA**, ein Zinkfingerprotein (▶ Abb. 13.24a). TFIIIA interagiert mit **TFIIIC**, der aus sechs Untereinheiten besteht und an die interne A-Box bindet. Bei **Typ-2-Genen**, denen die interne C-Box fehlt, bindet TFIIIC ohne Unterstützung von TFIIIA, indem er direkt sowohl an die interne A- als auch an die interne B-Box bindet (▶ Abb. 13.24b). TFIIIC hat bei beiden Gentypen die Aufgabe, **TFIIIB** zur Startregion des Promotors (um –30) zu rekrutieren. Bei **Typ-3-Genen** liegen die Promotorelemente ausnahmslos außerhalb des transkribierten Bereichs. Hier beeinflussen ein distales Sequenzelement (DSE) und ein proximales Sequenzelement (PSE) die Initiation der Transkription durch die Pol III. Es binden unterschiedliche RTFs wie das Zinkfingerprotein Sp1 (S. 332) oder das Homöodomänenprotein Oct1 bzw. das SNAPc-Protein (▶ Abb. 13.24c).

Wie bei den bereits besprochenen RNA-Polymerasen ist auch der Zusammenbau des Präinitiationskomplexes der Pol III bestimmt von einer eindeutigen Abfolge von molekularen Ereignissen (▶ Tab. 13.4). Die Expression der drei verschiedenen Gentypen, die von der RNA-Polymerase III transkribiert werden, wird durch die Kombination von wenigen, aber essenziellen GTFs der Pol III gesteuert.

Tab. 13.4 Zusammenbau des Präinitiationskomplexes an den Promotoren der RNA-Polymerase III.

Promotortyp	Ereignisse
Typ 1	Bindung von TFIIIA an die C-Box Rekrutierung von TFIIIC durch TFIIIA Rekrutierung von TFIIIB durch TFIIIC Rekrutierung des Pol-III-Komplexes an den Promotor durch TFIIIB
Typ 2	Bindung von TFIIIC an B- und C-Box Rekrutierung von TFIIIB durch TFIIIC Rekrutierung des Pol-III-Komplexes an den Promotor durch TFIIIB
Typ 3	Bindung von SNAPc an die PSE Rekrutierung von TFIIIB durch SNAPc Rekrutierung des Pol-III-Komplexes an den Promotor durch TFIIIB Modulierung der Pol-III-Aktivität durch DSE-gebundene RTFs

DSE = distales Sequenzelement, PSE = proximales Sequenzelement

13

13.5.2 Regulation der Pol-III-vermittelten Transkription

Nach dem Aufbau des Präinitiationskomplexes kann die Pol III mit der Initiation der Transkription beginnen und schließlich in die **Elongation** eintreten.

Hinsichtlich der **Termination** gibt es bei Pol-III-transkribierten Genen eine Besonderheit. Der DNA-Matrizenstrang weist eine Sequenz von mehr als vier Thyminnucleotiden auf, das Terminationssignal, an dem das Enzym von der Matrize abfällt. Das Terminationssignal findet sich ca. 20 bp (oder mehr) stromabwärts der Struktursequenz des betreffenden Gens. So entsteht ein Primärtranskript mit angehängter **Oligo(U)-Sequenz**. Dieser Oligo(U)-Schwanz wird nachfolgend von exo- oder endonucleolytisch aktiven RNAsen entfernt.

Der Einfluss der Chromatinstruktur auf die Genexpression ist sehr wichtig und stellt einen wichtigen Forschungsbereich der Molekulargenetik dar. Sie wird nachfolgend ausführlich besprochen, wie auch in Kap. 20 und 21.

13.6 Regulation eukaryotischer Transkription durch die Struktur des Chromatins

Wie in Kap. 7 dargestellt, ist die chromosomale DNA in Form des **Chromatins** organisiert, dessen Struktur die Transkription eines Gens sehr wesentlich beeinflusst. Die in Nucleosomen (und übergeordneten kompakten Strukturen) verpackte DNA des Chromatins kann von den verschiedenen RNA-Polymerasen nicht ungehindert abgelesen werden. Jedoch ist die Struktur der Nucleosomen und der Verpackungszustand des Chromatins veränderbar, und zwar unter dem Einfluss verschiedener posttranslationaler Modifikationen der nucleosomalen Histonproteine, z. B. Phosphorylierung, Acetylierung, Methylierung, Ubiquitinierung usw. (S. 151). Stabile Veränderungen der Chromatinstruktur bilden die Grundlage der epigenetischen Prozesse, die in Kap. 20 und 21 ausführlich beschrieben werden.

Hinsichtlich der Regulation der Transkription können epigenetische Prozesse die Chromatinstruktur über drei grundlegende Mechanismen beeinflussen:

- die lokale Positionierung von Nucleosomen entlang der DNA und die dynamische Veränderung dieser Positionen,
- die Modulation der Nucleosomenstruktur mithilfe posttranslationaler Histonmodifikationen (S. 444). Die beteiligten Enzyme (Kinasen, Acetylasen, Deacetylasen, Methylasen) werden als Histon-Modifikationsenzyme bezeichnet. Diese Modifikationen führen entweder zu einer Auflockerung der Nucleosomen (z. B. durch Histon-Acetylasen oder Histon-Methylasen) oder zu einer Verdichtung der Nucleosomen (z. B. durch Histon-Deacetylasen und ebenfalls Histon-Methylasen).
- die Modellierung der lokalen Architektur des Chromatins und deren ATP-abhängige Veränderung durch Chromatin-Remodeling-Komplexe. Zu diesen Komplexen gehört u. a. die inhibitorisch wirkenden **Polycomb-Gruppen-Komplexe** (PcG-Komplexe), die im genetischen System von *Drosophila melanogaster* erstmalig identifiziert und inzwischen in allen eukaryotischen Systemen gefunden wurden.

▶ Abb. 13.25 fasst die Chromatinstrukturen und die beteiligten epigenetischen Mechanismen zusammen, die die Transkription einzelner Gene innerhalb von euchromatischen Genomregionen beeinflussen. Ein großer Teil chromosomaler DNA ist in Form von Heterochromatin strukturiert, das einen sehr dicht verpackten Chromatinzustand aufweist, der in der Regel keine Transkription er-

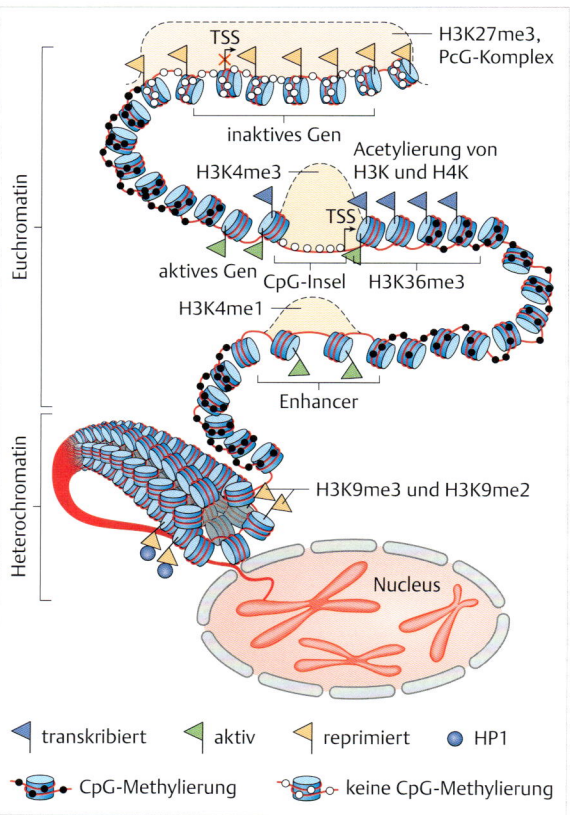

Abb. 13.25 Struktur- und Aktivitätszustände des Chromatins von Chromosomen, unter Hervorhebung epigenetischer Einflüsse. Der aktive Promotor ist mit grünen Dreiecken hervorgehoben, blaue Dreiecke markieren transkribierte Sequenzen und rote Dreiecke deuten auf inaktive Gene. Weitere Erläuterungen s. Text. HP1 = Heterochromatinprotein 1, PcG = Polycomb-Gruppen-Komplex, TSS = Transkriptionsstartstelle. (nach Baylin SB, Jones PA (2011) A decade of exploring the cancer epigenome – biological and translational implications. Nat Rev Cancer 11: 726–734)

13

laubt (unterer Teil der ▶ Abb. 13.25). Die DNA ist umfänglich CpG-methyliert (nicht eingezeichnet). Hier findet sich Histon H3 am Lys9 in di- oder trimethylierter Form, gebunden vom Heterochromatinprotein HP1. Euchromatin hingegen (oberer Teil der ▶ Abb. 13.25) ist locker verpackt und kann Transkription erlauben, vorausgesetzt, die lokale Chromatinstruktur gestattet dies. Das **inaktive Gen** (oberster Teil der ▶ Abb. 13.25) weist in seiner DNA keine CpG-Methylierung auf und ist durchgehend um Histonoktamere gewunden, deren Histon H3 am Lys27 dreifach methyliert ist (H3K27me3). Über diesem inaktiven Genlocus ist der reprimierende Polycomb-Gruppen-Komplex positioniert. Oberhalb des Gens ist die DNA umfänglich CpG-methyliert. Das **aktive Gen** zeigt am Promotor – und der TSS – eine kurze nucleosomenfreie Region mit direkt benachbarten Nucleosomen, deren Histon H3 am Lys4 trimethyliert ist. Zusätzlich sind die Histone

H3 und H4 an Lysin acetyliert. Es findet sich auch die Histonvariante H2AZ (S. 148) in vorhandenen Nucleosomen (nicht gezeigt). In der transkribierten Region des Gens findet sich Histon H3 am Lys36 trimethyliert. Die letztgenannten Eigenschaften erleichtern die transkriptionelle Elongation. Der zu dem aktiven Gen gehörige aktive Enhancer zeigt eine lockere Nucleosomenstruktur, deren Histone H3 die typische Signatur aktiver Enhancer tragen: eine einfache Methylierung am Lys4 (H3K4me1).

Zur Initiation der Transkription eines Gens ist es generell wichtig, dass die Bindung von Transkriptionsfaktoren an den Promotor nicht durch Nucleosomen behindert ist. So besteht ein erster Aktivierungsschritt der Transkription von Genen in der Entfernung von nucleosomalen Strukturen im direkten Bereich des Core-Promotors durch Nucleosom-Remodellierungskomplexe (▶ Abb. 13.26). Bevor ein Gen transkribiert werden kann, muss es in einer offenen Chromatinstruktur vorliegen, die die Bindung von GTFs und proximalen RTFs (Aktivatoren) im Promotorbereich erlaubt. Die Überführung von geschlossenen zu offenen Chromatinstrukturen wird durch Histon-Modifikationskomplexe (z. B. Acetylasen) und Chromatin-Remodeling-Komplexe (z. B. SWI/SNF) herbeigeführt.

Um effiziente Transkription über die gesamte Länge eines Gens zu ermöglichen, werden die vorhandenen Nucleosomen an ihren Histonproteinen, speziell dem Histon H3, modifiziert. Im Histon H3 werden die Lysinbausteine (abgekürzt mit dem Buchstaben K) an den Positionen 4, 9, 14, 27, 36 und 79 unterschiedlich methyliert oder acetyliert, wie in ▶ Abb. 13.27 schematisch gezeigt ist. Dadurch werden die vorhandenen Nucleosomen aufgelockert und erlauben die Passage der RNA-Polymerase entlang der DNA-Matrize (S. 450).

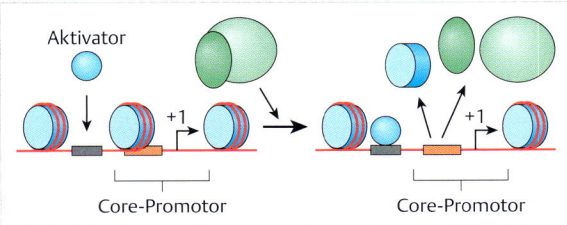

Abb. 13.26 Modellierung der Chromatinstruktur vor der Initiation der Transkription. Im Promotorbereich werden die Nucleosomen durch Remodellierungskomplexe (grün) entfernt, sodass GTFs und RTS (Aktivatoren) binden können. (nach Coulon A, Chow CC, Singer RH et al (2013) Eucaryotic transcriptional dynamics: from single molecules to cell populations. Nat Rev Genet 14: 572–584)

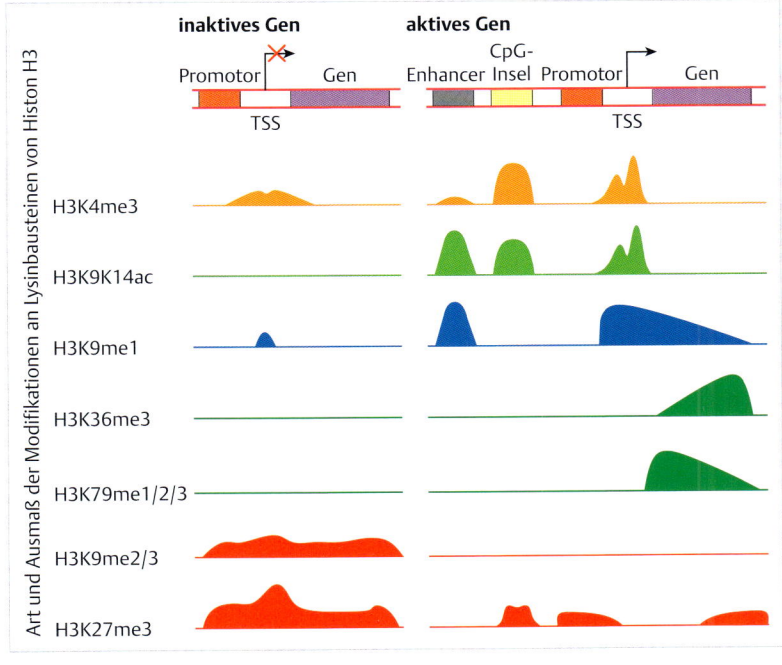

Abb. 13.27 Methylierung und Acetylierung von Lysinbausteinen von Histon H3 bei einem inaktiven bzw. aktiven Gen. Die Methylierung von Histon H3 an den Nucleosomen wird verändert. Der Modifikationszustand des nucleosomalen Histon H3 durchläuft dynamische Veränderungen bei der Aktivierung und während der Elongation der Gentranskription. Lysine (abgekürzt mit dem Buchstaben K) werden an den Histon H3 Positionen K4, K9, K14, K27, K36 und K79 unterschiedlich methyliert (me) oder acetyliert (ac). Methylierungen (S. 152) können einfach (me1) oder mehrfach (me2 bzw. me3) angebracht werden, s. auch Kap. 20.3 (S. 444). (nach Lim PS, Shannon MF, Hardy K (2010) Epigenetic control of inducible gene expression in the immune system. Epigenomics 2: 775–795)

13

13.7 Strukturmotive von DNA-bindenden Proteinen

Viele Gene werden differenziell exprimiert, d. h. ihre Transkription unterliegt einer exakten Regulation entsprechend dem physiologischen Zustand der Zelle. Die Regulation der Genexpression wird wesentlich durch die Aktivität von regulatorischen Transkriptionsfaktoren (RTFs) bestimmt, die an unterschiedliche DNA-Elemente binden. Ein Schlüssel zur Regulation der Transkription sind daher die spezifische Erkennung von DNA-Sequenzen durch regulatorische Transkriptionsfaktoren und die nachfolgende Ausbildung stabiler DNA-Protein-Komplexe. Inzwischen kennt man ein breites Spektrum an unterschiedlichen Strukturmotiven von DNA-bindenden Proteinen. Nachfolgend werden fünf der wichtigsten Strukturmotive von Proteinen vorgestellt, durch die eukaryotische Transkriptionsfaktoren sequenzspezifisch an die DNA binden können.

Das Prinzip sequenzspezifischer DNA-Bindung findet man auch bei der Regulation der **Expression bakterieller Gene**, die anhand von Beispielen wie dem Lac-Repressor und Lambda-Repressor bereits besprochen wurde (Kap. 5). α-helikale Domänen prokaryotischer Proteine lagern sich an die große Furche der DNA-Doppelhelix und erkennen darüber spezifische Nucleotidsequenzen in der Nähe von Genen (▶ Abb. 6.47).

13.7.1 Homöodomäne

Während der Embryonalentwicklung, speziell der Zelldifferenzierung im Verlauf der Morphogenese, treten regulatorische Proteine auf, die als **homöotische Proteine** bezeichnet werden und von **homöotischen Genen** (HOX-Genen) codiert werden.

Definition

Homöodomänen sind die DNA-bindenden Proteindomänen der homöotischen Proteine, die von HOX-Genen codiert werden und zu einer spezifischen DNA-Erkennung in der Lage sind.

Als **Homöobox** bezeichnet man das homologe DNA-Segment aller HOX-Gene, das die **Homöodomäne** codiert.

Homöodomänen kommen in homöotischen Proteinen der Eukaryoten vor, die vor allem während der Entwicklung bei der Differenzierung und Morphogenese als regu-

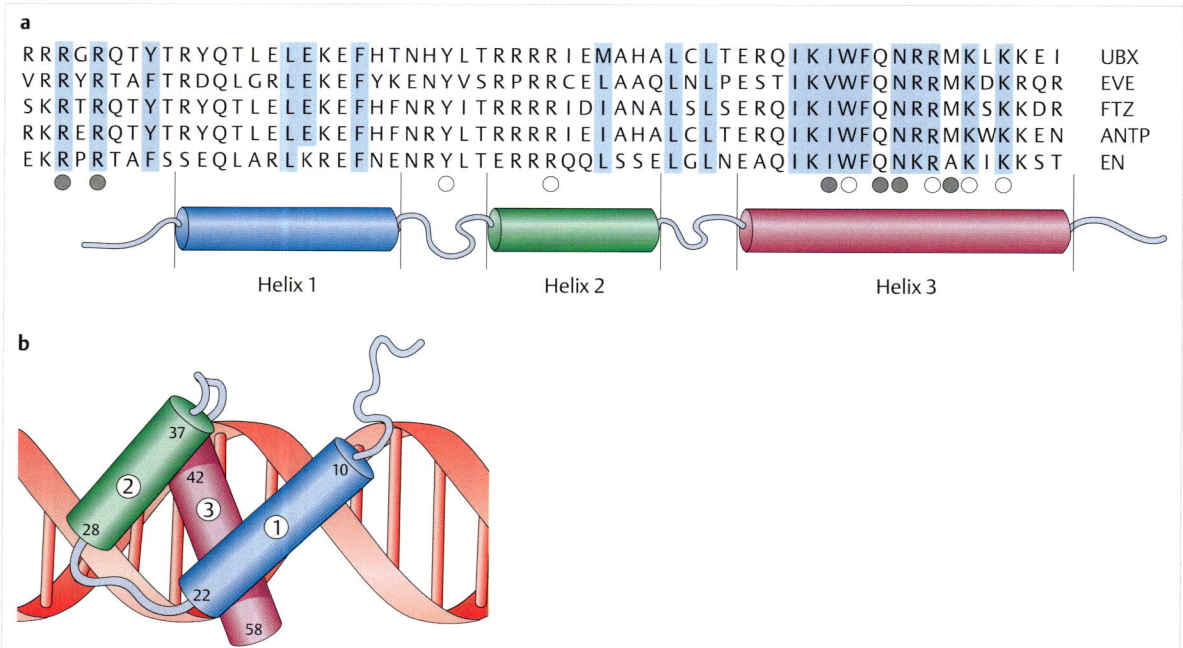

Abb. 13.28 Homöodomäne. (nach Burke AC (2000) Hox genes and the global patterning of the somitic mesoderm. Curr Top Dev Biol 47: 166–161; Gehring W, Affolter M, Bürglin T (1998) Homeodomain proteins. Annu Rev Biochem 63: 487–526)

a Vergleich der Aminosäuresequenz in Homöodomänen unterschiedlicher homöotischer Proteine (UBX, EVE, FTZ, ANTP, EN). Für die Struktur wichtige Aminosäuren sind blau hinterlegt, mit dunklen Kreisen markierte Aminosäuren nehmen Kontakt zu den DNA-Basen auf, mit weißen Kreisen definierte Aminosäuren zum Zucker-Phosphat-Rückgrat der DNA. Die Homöodomänen kommen in den Proteinen von *Drosophila* (und anderen Eukaryoten) vor.

b Die α-Helices 1 und 2 verlaufen antiparallel. Helix 3 liegt in der großen Furche der DNA-Doppelhelix und geht spezifische Bindungen ein.

latorische Transkriptionsfaktoren wirken. Homöodomänen ähneln in ihrer Struktur und im Mechanismus der DNA-Erkennung sehr stark dem **Helix-Turn-Helix-Motiv (HTH-Motiv)** von prokaryotischen regulatorischen Proteinen, wie dem bakteriellen Lac- oder Lambda-Repressor, das jedoch nur etwa 20 Aminosäuren umfasst.

Homöodomänen bestehen aus etwa 60 Aminosäuren, die drei hintereinandergeschaltete α-Helices bilden (▶ Abb. 13.28a). Die beiden ersten α-Helices liegen antiparallel zueinander und sind von der dritten α-Helix durch eine Kehre (*turn*) getrennt, sodass die dritte α-Helix etwa im rechten Winkel zu den beiden anderen Helices zu liegen kommt (das Helix-Turn-Helix- oder kurz HTH-Motiv). Helix 3 ist die **Erkennungshelix**: Sie liegt in der großen Furche der DNA, wo definierte Aminosäureseitengruppen spezifische Bindungen mit den Basen und dem Zucker-Phosphat-Rückgrat der DNA-Doppelhelix eingehen (▶ Abb. 13.28b).

Beispiele für Proteine mit Homöodomäne sind:
- UBX, EVE, FTZ, ANTP und EN aus *Drosophila* sowie
- Oct-Faktoren (z. B. Oct1, Oct4), bei denen es sich um weitverbreitete Transkriptionsfaktoren in embryonalen Stammzellen oder auch den Zellen erwachsener Organismen handelt (vgl. ▶ Abb. 13.24c).

13.7.2 Basische Helix-Loop-Helix-Domäne (bHLH-Domäne)

Eine strukturelle Variante des Helix-Turn-Helix-Motivs ist das von basischen Aminosäuren geprägte **Helix-Loop-Helix-Motiv (bHLH-Motiv)**, das bei einer Vielzahl von regulatorischen Proteinen vorkommt, die an Enhancer binden. Charakteristisch für das bHLH-Motiv ist, dass die Erkennung einer spezifischen Nucleotidsequenz der DNA mit-

hilfe von **basischen Aminosäuren** (z. B. den positiv geladenen Aminosäuren Lysin und Arginin) einer α-Helix erfolgt, die sich in die große Furche der DNA-Doppelhelix legt. Diese **DNA-Erkennungshelix** ist über eine Schleife (*loop*) mit einer zweiten α-Helix verbunden. Beide Helices zusammen bilden eine **Dimerisierungsdomäne** zur Homo- oder Heterodimerisierung mit einem Partnerprotein derselben Proteinfamilie (▶ Abb. 13.29). Solche Dimere aus bHLH-Motiven binden an symmetrische (palindromische) DNA-Bereiche mit der Nucleotidsequenz 5′-CACGTG-3′, die als **Enhancer-Box** oder auch E-Boxen bezeichnet werden.

Zu den regulatorischen Transkriptionsfaktoren mit bHLH-Domäne gehören:
- die E12/E47-Proteine, die die Expression von Immunglobulingenen aktivieren,

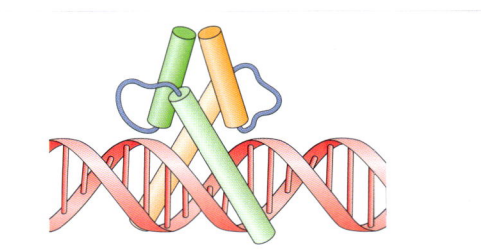

Abb. 13.29 Dimerisierung von zwei bHLH-Domänen und DNA-Erkennung. Helix-Loop-Helix-Domänen mit einer basischen Komponente, insgesamt bHLH-Domänen genannt, legen sich mit einer langen α-Helix mit basischen Aminosäuren in die große Furche der DNA. Diese α-Helix ist über eine Schleife (*loop*) mit einer zweiten, kürzeren α-Helix verbunden. Beide α-Helices bilden eine Dimerisierungsdomäne zu Ausbildung eines Homodimers.

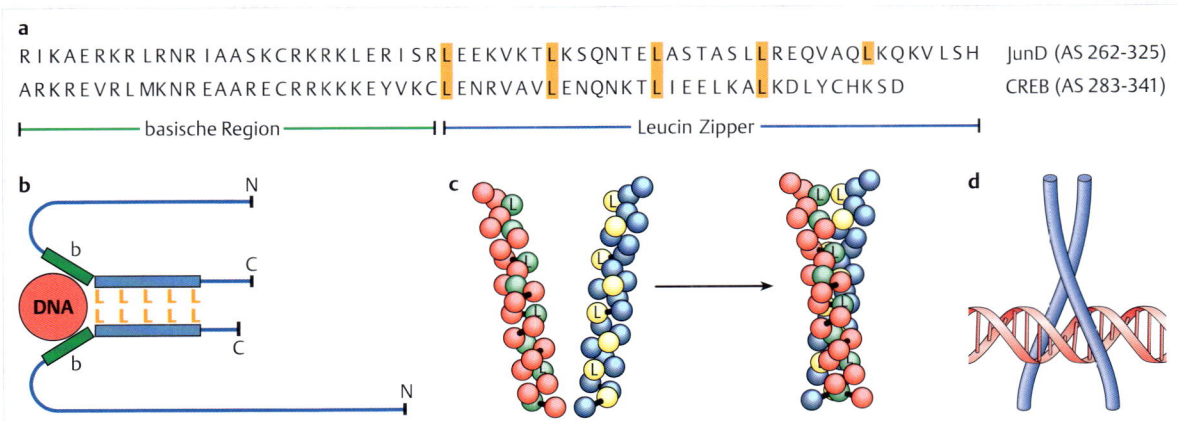

a

| R I K A E R K R L R N R I A A S K C R K R K L E R I S R L E E K V K T L K S Q N T E L A S T A S L L R E Q V A Q L K Q K V L S H | JunD (AS 262-325) |

| A R K R E V R L M K N R E A A R E C R R K K K E Y V K C L E N R V A V L E N Q N K T L I E E L K A L K D L Y C H K S D | CREB (AS 283-341) |

|◄──── basische Region ────►| |◄──── Leucin Zipper ────►|

b   **c**   **d**

Abb. 13.30 DNA-Bindungs- und Dimerisierungsdomänen in bZip-Proteinen.
a Vergleich der Aminosäuresequenz der beiden bZip-Proteine CREB (s. ▶ Abb. 13.4) und JunD, ein Transkriptionsfaktor, der im Zuge anderer Signalwege aktiviert wird.
b Anordnung der Leucinseitenketten und der basischen Region im aktiven, dimeren Protein. (Die DNA ist in der Aufsicht von oben dargestellt.) b = basische Region.
c Superspiralisierte, umeinandergewundene α-Helices (*coiled coils*).
d Seitenansicht eines dimerisierten bZip-Proteins im Kontakt mit der DNA.

13

- die MyoD/Myf5/Myogenin-Faktoren, die Regulatoren von muskelspezifischen Genen sind, und
- die Twist-Proteine, eine Familie von Regulatoren entwicklungsbiologischer Prozesse.

13.7.3 Basische Leucin-Zipper-Domäne (bZip-Domäne)

Der **basische Leucin-Zipper** bindet mithilfe von zwei langen α-Helices in Form einer Gabel oder Zange an die DNA (▸ Abb. 13.30a). Die Helices zeichnen sich durch unterschiedliche Bereiche aus: Ein Teil ist durch **basische Aminosäuren** gekennzeichnet, der andere durch **hydrophobe Aminosäuren**. Diese hydrophoben Anteile der Helices zeigen ein interessantes Strukturmotiv: Im Abstand von exakt sieben Aminosäuren tauchen **Leucinseitenketten** im Molekül auf (▸ Abb. 13.30a). In der gewundenen Helix liegen diese Leucinseitenketten auf einer Art hydrophoben Plattform in einer Reihe nebeneinander. Diese Leucinbausteine können mit entsprechenden α-Helices von Partnerproteinen superspiralisierte Strukturen und so Dimere bilden (▸ Abb. 13.30b). Diese leucinvermittelte Dimerisierung wurde mit dem Schließen eines Reißver-schlusses verglichen und als Leucin-„Zipper" bezeichnet (▸ Abb. 13.30c). Wichtig ist: Durch die leucinvermittelte Dimerisierung werden basische Aminosäuren an den Enden der α-Helices passgenau in die große Furche der DNA eingeführt (▸ Abb. 13.30d). Während der basische Bereich spezifische Nucleotidsequenzen erkennt, dient der hydrophobe Bereich der Bildung eines Dimers über eine superspiralisierte Struktur.

Beispiele für Transkriptionsfaktoren mit bZip-Domäne sind:

- Vertreter der Familie der **CREB-Proteine** (CREB, **CRE**-bindend), die an die palindromische Nucleotidsequenz TGACGTCA binden. Diese Sequenz heißt CRE (**c**AMP **res**ponse **e**lement), da die nachgeschalteten Gene durch Erhöhung der cAMP-Konzentration (oder auch der Ca^{2+}-Konzentration) aktiviert werden (s. Kap. 14.4),
- Vertreter der **Fos- und der Jun-Familie**, die miteinander Heterodimere bilden können, welche als AP1-Faktoren die Proliferation von Zellen beeinflussen,
- der Transkriptionsfaktor **Myc**, der mit Max (*Myc* a*ssociated factor X*) über einen Leucin-Zipper dimerisiert (Plus 13.4) (S. 330).

Plus 13.4

Zusammengesetzte Motive: das bHLH-Zip-Motiv des Myc/Max-Dimers

Ein wichtiger regulatorischer Transkriptionsfaktor ist das c-Myc-Protein, das Dimere mit unterschiedlichen Partnern bildet. **Myc** wurde in den frühen 1980er-Jahren als Onkogen eines Retrovirus (des **My**elo**c**ytomatosevirus, daher die Bezeichnung Myc) entdeckt. Der Faktor ist bis heute Gegenstand intensiver Forschung, denn die zellulären Myc-Formen, c-Myc sowie L-Myc und N-Myc, werden durch zahlreiche Signale, die von der Zelloberfläche stammen, aktiviert, was eine verstärkte Zellteilung und -vermehrung zur Folge hat. Myc-Proteine werden in vielen verschiedenen menschlichen Tumorarten vermehrt exprimiert und stimulieren das Wachstum von Tumorzellen.

Man schätzt, dass insgesamt 15 % aller menschlichen Gene unter der Kontrolle der Myc-Proteine mit ihren verschiedenen Dimerpartnern stehen.

Myc hat mehrere Dimerpartner; der bekannteste ist Max (*Myc* a*ssociated factor X*). Das Myc/Max-Dimer erkennt mit hoher Affinität eine Nucleotidsequenz vom Typ 5'-CACGTG-3', die sogenannte Enhancer- oder E-Box (S. 329).

Myc und auch Max besitzen ein **bHLH-Zip-Motiv** (bHLH-Zip für **b**asic **h**elix-**l**oop-**h**elix-**zip**per), das grob betrachtet aus zwei α-Helices besteht, die durch eine Schleife voneinander getrennt werden. Bei genauerer Betrachtung weisen die Helices Bereiche auf, deren Aminosäurezusammensetzung charakteristisch ist und ihnen besondere Eigenschaften verleiht. In der aminoterminalen Region von Helix 1 befinden sich etwa 15 basische Aminosäuren. Dieser Bereich dient der spezifischen Erkennung und Bindung der E-Box. Die sich anschließende Dimerisierungsdomäne besteht aus der carboxyterminalen Region von Helix 1, der Schleife (*loop*), der Helix 2 (dem HLH-Motiv) und schließlich dem Leucin-Zipper. (▸ Abb. 13.31).

E-Boxen für die Bindung des Myc/Max-Dimers befinden sich vor Genen, die Proliferationsproteine wie Cycline codieren, oder auch vor dem Gen für die Proteinphosphatase CDC 25. (Zum Einfluss von c-Myc/Max auf die Proliferation von Tumorzellen und die Rolle von CDC 25 im Zellzyklus s. ▸ Abb. 9.14.)

Max reagiert mit allen drei Formen von Myc-Proteinen im Zellkern von Säugetieren und bildet Myc/Max-Heterodimere. Max kann auch mit einem weiteren Max-Protein dimerisieren und als **Max/Max-Dimer** fest und spezifisch an die DNA binden, aber dadurch blockiert es die E-Boxen und wirkt wie ein Repressor der Genaktivität. Nur das Myc-Protein ist, als Heterodimer mit Max, zur **Transaktivierung** in der Lage.

13

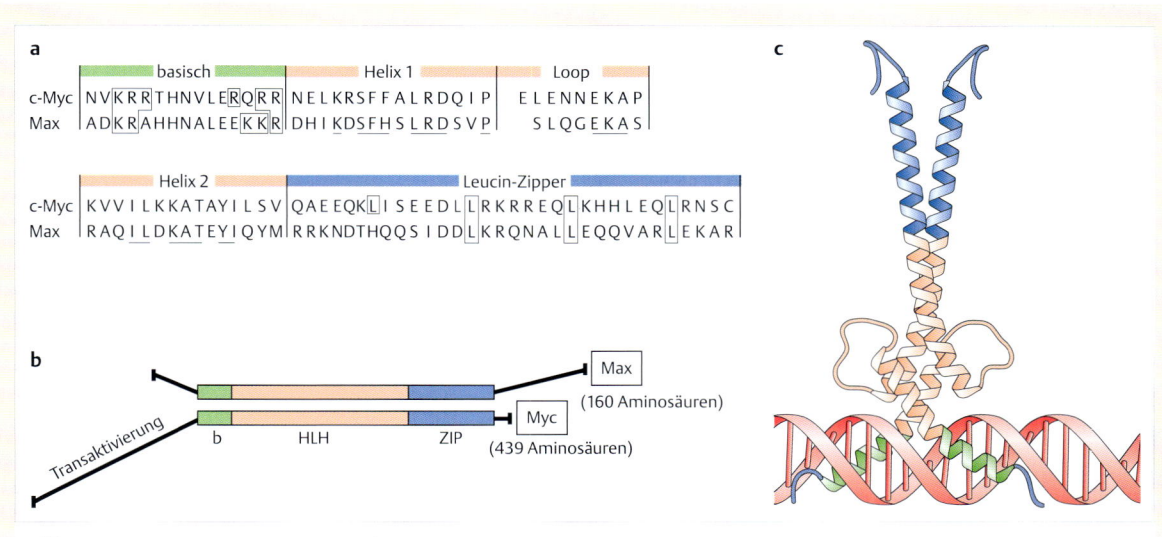

Abb. 13.31 Die Domänen von Myc und Max.

a Aminosäuresequenzen von bHLH-Zip-Motiven. Im basischen Bereich sind die Aminosäuren Lys (K) und Arg (R) eingerahmt, ebenso die Leucinseitenketten im Zipper. Konservierte Aminosäuren sind unterstrichen.

b Sowohl Myc als auch Max besitzen eine α-Helix mit basischen Aminosäuren im aminoterminalen Bereich, eine Helix-Loop-Helix-Domäne (HLH-Domäne) aus dem carboxyterminalen Bereich von Helix 1 und einer weiteren α-Helix, die von einer Schleife getrennt sind, und einen Leucin-Zipper. Die Proteine lagern sich mit der basischen Region von Helix 1 an die DNA und interagieren über die HLH-Domäne und den Leucin-Zipper miteinander. (nach Blackwood EM, Eisenmann RN (1991) Max: a helix-loop-helix zipper protein that forms a sequence-specific DNA binding complex with Myc. Science 251: 44–49)

c Bindung des Myc/Max-Dimers an die DNA. Die Darstellung beschränkt sich auf die bHLH-Zip-Domäne. Die aminoterminalen Regionen der α-Helices mit den basischen Aminosäuren legen sich in die große Furche der DNA, wo sich spezifische Wechselwirkungen zwischen Aminosäureseitenketten und DNA-Basen ausbilden. An der Dimerisierung sind das HLH-Motiv und der Leucin-Zipper beteiligt. (nach Ferré-D'Amaré AR, Pendergast GC, Ziff EB et al (1993) Recognition by Max of its cognate DNA through a dimeric b/HLH/Z domain. Nature 363: 38–45)

13.7.4 Zinkfingermotiv

In vielen DNA-bindenden Proteinen finden sich wiederholende Sequenzen aus je 30 mehr oder weniger ähnlichen Aminosäuren, die eine Schleife bilden, welche von einem Zink-Ion zusammengehalten wird (▶ Abb. 13.32a). Fixiert wird das Zink-Ion von konservierten **Cystein- und Histidinseitenketten**, die sich am Anfang bzw. am Ende jeder dieser tandemartig angeordneten Sequenzen befinden. Der längere Sequenzbereich zwischen den an der Zinkbindung beteiligten Aminosäureseitenketten, die Schleife, ragt aus dem gesamten Protein heraus und bildet den sogenannten **Zinkfinger**.

Die Untersuchung der dreidimensionalen Struktur des Zinkfingers zeigt den Aufbau aus einem gebogenen β-Faltblatt und einer kurzen α-Helix (▶ Abb. 13.32b). Die α-Helix legt sich im Bereich der GC-Box in die große Furche der DNA, wo die Aminosäureseitenketten spezifisch mit den Basen der DNA interagieren. Das β-Faltblatt tritt dagegen mit dem Zucker-Phosphat-Rückgrat der DNA in Wechselwirkung und sorgt zusammen mit dem stabilisierenden Zink-Ion für eine korrekte Position der α-Helix in der Furche.

Es gibt unterschiedliche Zinkfingerproteine. Bei **Cys$_2$His$_2$-Zinkfingern** wird das Zink-Ion von je zwei Cystein- und Histidinseitenketten gebunden. Bei einer anderen Variante, den **Cys$_4$-Zinkfingern**, wird das Zink-Ion von vier Cysteinen gehalten. Beispiele für regulatorische Transkriptionsfaktoren mit Zinkfingermotiv sind

- Sp1, der mit seinen drei Fingern an GC-Boxen bindet (Plus 13.5) (S. 332),
- der Transkriptionsfaktor IIIA (TFIIIA) (S. 325), der für die Funktion der RNA-Polymerase III notwendig ist und neun hintereinandergeschaltete Zinkfinger besitzt,
- Zfy, ein menschliches Protein mit 13 Zinkfingern,
- Xfin aus *Xenopus* mit 37 hintereinandergeschalteten Zinkfingern und
- die Proteine Krüppel, Snail und Hunchback aus *Drosophila* mit fünf bis sechs Zinkfingern.

Krüppel, Snail und Hunchback aktivieren spezifische Gene während entscheidender Phasen in der frühen Embryonalentwicklung. Ihre merkwürdigen Namen haben sie vom Aussehen der *Drosophila*-Embryonen, bei denen die genannten Faktoren durch Mutation verloren gegangen sind.

13

Plus 13.5

Das Zinkfingermotiv im Transkriptionsfaktor Sp1

Sp1 (*specificity protein 1*) ist ein Glykoprotein, das in allen Zellen eines Tieres oder einer Pflanze vorkommt, allerdings in unterschiedlichen Konzentrationen. Sp1 bindet mithilfe seiner drei Zinkfingermotive spezifisch an die als **GC-Boxen** bezeichneten Nucleotidsequenzen 5'-GGGCGG-3' in proximalen und distalen regulatorischen Elementen, die die Funktion von Enhancern haben. Genomanalysen haben ergeben, dass es im Genom des Menschen mindestens 12 000 Bindungsstellen für Sp1 gibt, und zwar bei Genen mit und auch solchen ohne TATA-Box. GC-Boxen sind allerdings besonders häufig in TATA-freien Promotoren anzutreffen, wie etwa bei Haushaltsgenen. So beeinflusst Sp1 einerseits die Transkription der kontinuierlich exprimierten Haushaltsgene, andererseits fördert Sp1 aber die Transkription von spezifisch induzierten und regulierten Genen. Zur zweiten Gruppe gehören u. a. Regulatoren des proliferativen Zellzyklus, des programmierten Zelltods (Apoptose) oder der zellulären Motilität.

Das Sp1-Protein des Menschen besteht aus 778 Aminosäuren mit mehreren funktionell wichtigen Domänen, nämlich der **DNA-Bindungsdomäne** sowie zwei **Aktivierungsdomänen** (▶ Abb. 13.32).

Die **DNA-Bindungsdomäne** liegt im carboxyterminalen Bereich des Proteins und trägt als wichtigsten Teil die drei erwähnten Zinkfinger. Die beiden **Aktivierungsdomänen** von Sp1 zeichnen sich durch das häufige Vorkommen der Aminosäure Glutamin aus. Wie es für nahezu alle aktivierbaren RTFs zutrifft, so wird auch die Aktivität von Sp1 wesentlich durch posttranslationale Modifikationen moduliert. Zu diesen Modifikationen gehören Glykosylierung, Ubiquitinierung, Sumoylierung und Phosphorylierung. Mehrere Kinasen vermögen Sp1 zu phosphorylieren, dazu gehören: MAP-Kinasen, die DNA-abhängige Proteinkinase sowie die Proteinkinasen A und C (PKA, PKC), ATM (*ataxia-telangiectasia mutated*) und CDK2/Cyclin A.

Die Phosphorylierung von Sp1 fördert den Zusammenbau des Präinitiationskomplexes, vermittelt über Kontakte zwischen Sp1 und den TAF-Proteinen (TAF4, TAF110) von TFIID. Darüber hinaus modulieren Phosphorylierungen die Fähigkeit von Sp1 zur Wechselwirkung mit anderen RTFs für eine gemeinsame (synergistische) Regulation der jeweiligen Zielgene. Zu den Kooperationspartnern gehören u. a. die RTFs p53, c-Myc, AP1 oder NF-κB. Als Enhancer-bindendes Protein kann Sp1 auch mit den Mediatorproteinen des Promotorkomplexes interagieren und so die Initiation der Pol-II-vermittelten Transkription von Zielgenen stimulieren.

13.7.5 Schleifenmotiv

Ein weiteres Strukturmotiv in Proteinen zur Bindung an die DNA ist das Schleifenmotiv, das jedoch von allen bisher vorgestellten Prinzipien der DNA-Sequenzerkennung abweicht. Die Interaktion zwischen Protein und DNA wird durch **Schleifenstrukturen** (*loops*) hergestellt, die durch die Dimerisierung von Untereinheiten des Proteins ausgebildet werden und in die große Furche der DNA hineinreichen (▶ Abb. 13.33). Dort binden Aminosäuren spezifisch an sieben Basenpaare.

Ein Beispiel für einen Transkriptionsfaktor mit Schleifenmotiv ist **NF-κB**, das als Dimer aktiv ist und später im Zusammenhang mit der Signalaktivierung von immunregulatorischen Genen ausführlicher besprochen wird (s. Kap. 14.6). Nur wenige andere bekannte Transkriptionsfaktoren binden die DNA über ein derartiges Motiv.

13.8 Das Transkriptom der eukaryotischen Zelle

Mit dem Begriff **Transkriptom** wird die Gesamtheit aller RNA-Transkripte einer Zelle bezeichnet. Die Bezeichnung Transkriptom wurde in Analogie zum Begriff Genom gewählt, der die Gesamtheit der genetischen Information einer Zelle (oder eines Organismus) bezeichnet. Man beachte den Unterschied: Das Genom ist statisch, bei den Zellen eines Organismus nahezu identisch, während das

Transkriptom extrem **dynamisch** ist, kontinuierlich wechselnd entsprechend den Funktions- und Aktivitätszuständen einer Zelle. Die Vielfalt der verschiedenen RNA-Moleküle einer Zelle, d. h. die Komplexität des Transkriptoms, wird nicht nur durch die hohe Unterschiedlichkeit der primären RNA-Transkripte bestimmt, sondern auch durch deren unterschiedliche Reifungsprozesse (s. Kap. 15) und die variierende Stabilität einzelner RNA-Moleküle.

Definition

Die Gesamtheit aller RNA-Transkripte einer Zelle wird als das **Transkriptom** bezeichnet.

Die Menge einzelner RNA-Moleküle eines Transkriptoms kann experimentell recht leicht bestimmt werden. Dazu wurden anfänglich Northern-Blot-Methoden eingesetzt. Aktuell findet stattdessen die quantitative RT-PCR-Analytik häufigere Verwendung zur Quantifizierung einzelner Transkripte (RT-PCR steht für *Real Time* Datenerfassung, gekoppelt an eine Polymerasekettenreaktion).

Im Gegensatz zur Analytik einzelner RNAs stellt die experimentelle Bestimmung der Gesamtheit aller RNAs einer Zelle (d. h. des Transkriptoms) eine methodische Herausforderung dar. Für diese Aufgabe wurde die **Expressionarray-Technologie** (auch Chip-Technologie genannt) (S. 495) entwickelt, die in parallelisierter Hybri-

13

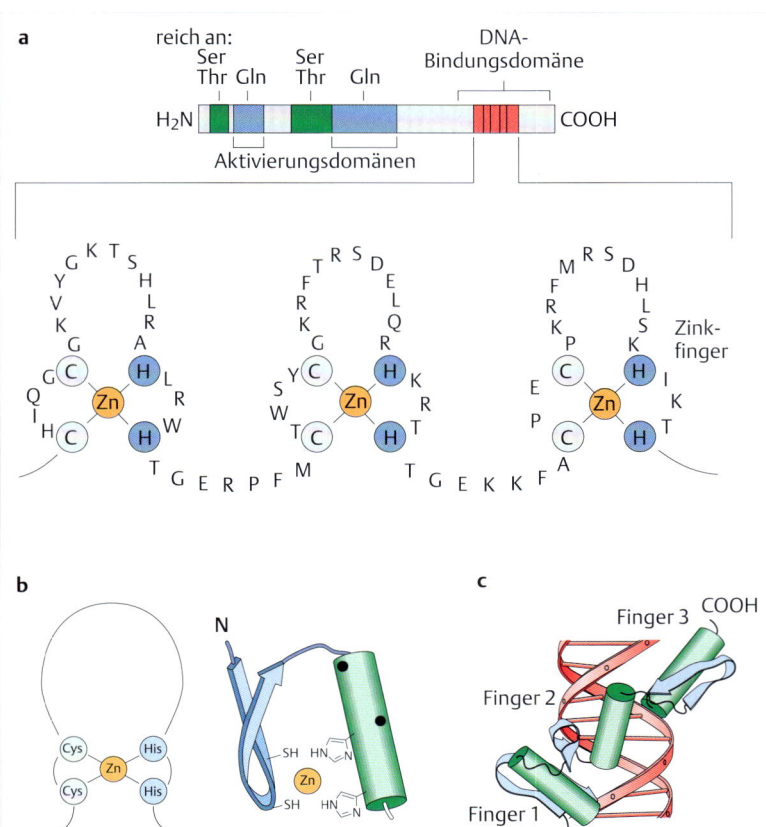

a

reich an:
Ser Thr Gln
Ser Thr Gln

DNA-Bindungsdomäne

Aktivierungsdomänen

Zinkfinger

b

c

Finger 3 COOH
Finger 2
Finger 1
NH₂

Abb. 13.32 Der Faktor Sp1 und das Zinkfingermotiv DNA-bindender Proteine.

a Primärstruktur von Sp1. Die Aktivierungsdomäne ist reich an Glutamin, Serin und Threonin, die DNA-Bindungsdomäne enthält drei aufeinanderfolgende Zinkfinger. Es handelt sich um Cys$_2$-His$_2$-Zinkfinger.

b Struktur eines Zinkfingers. Links ein allgemeines Schema, rechts die dreidimensionale Struktur. Zink-Ion (orange), β-Strang (blauer Pfeil), SH-Seitenketten, α-Helix (grüner Zylinder), Seitenketten von Arginin (schwarze Punkte), Seitenketten von Histidin. (nach Kadonaga JT, Carner KC, Marziaz FR et al (1987) Isolation of cDNA encoding transcription factor Sp1 and functional analysis of the DNA binding domain. Cell 51: 1079–1090)

c Zinkfinger an der DNA. Die α-helikalen Anteile der drei Zinkfinger liegen in der großen Furche der DNA. Das Bild stammt aus Untersuchungen an einem Komplex von DNA und dem Mausprotein Zif268. (nach Suske G (1999) The Sp-family of transcription factors. Gene 238: 291–300)

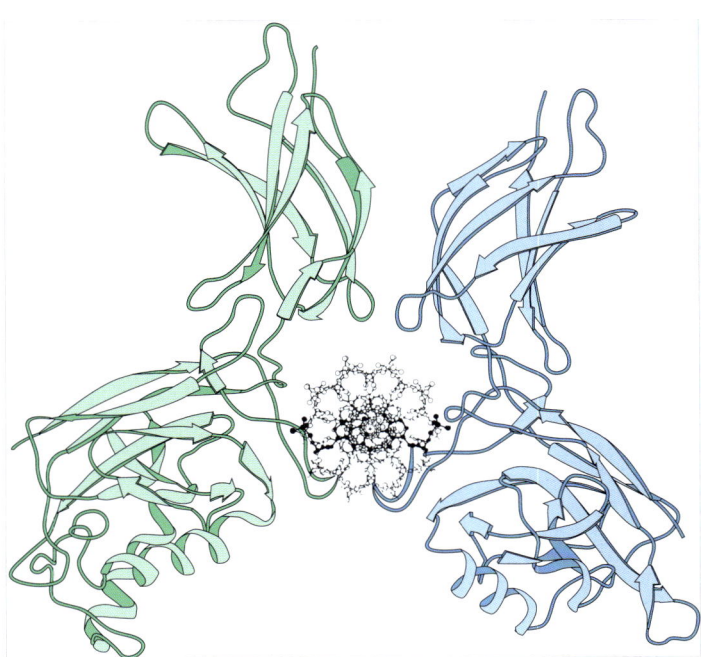

Abb. 13.33 Struktur der DNA-Bindungsdomäne von NF-κB und verwandten Proteinen. Die Dimerisierungsdomäne besteht aus einem System von β-Strängen (im oberen Bereich der abgebildeten Moleküle), die für den Kontakt zwischen den Monomeren sorgen. Die DNA wird über eine Schleife im mittleren Teil der Struktur gebunden. (nach Conaway RC, Brower CS, Conaway JW (2002) Emerging roles of ubiquitin in transcription regulation. Science 296: 1254–1258)

13

disierungsanalytik die Anwesenheit von RNA-Molekülen quantitativ erfasst. Die seit den 2000er-Jahren entwickelten Hochdurchsatzmethoden des *next generation sequencing* (NGS) können inzwischen sehr gewinnbringend für die RNA-Analytik genutzt werden, und zwar mit der als **RNA-Seq** (*next generation RNA sequencing*) bezeichneten Methode (S. 498). Der Einsatz von Chip-Arrays und RNA-Seq, gepaart mit Sequenzierungen des Gesamtgenoms, hat zu der unerwarteten Erkenntnis geführt, dass über 70 % des menschlichen Genoms in RNA transkribiert wird.

13.8.1 Literatur

▶ **Zitierte Literatur**

[1] Roeder RG (1996) The role of general transcription factors in transcription by RNA polymerase II. Trends Biochem Sci 21: 327–335

[2] Zurita M, Merino C (2003) The transcriptional complexity of the TFIIH complex. Trends Genet 19: 578–584

▶ **Weiterführende Literatur**

[3] Buratowski S (2009) Progression through the RNA polymerase II CTD cycle. Mol Cell 36: 541–546

[4] Compe E, Egly J-M (2012) TFIIH: when transcription met DNA repair. Nat Rev Mol Cell Biol 13: 343–354

[5] Cramer P, Armache K-J, Baumli S et al (2008) Structure of eukaryotic RNA polymerases. Annu Rev Biophys 37: 337–352

[6] Engel C, Sainsbury S, Cheung AC et al (2013) RNA polymerase I structure and transcription regulation. Nature 502: 650–655

[7] Fuda NJ, Ardehali MB, Lis JT (2009) Defining mechanisms that regulate RNA polymerase II transcription *in vivo*. Nature 461: 186–192

[8] Vannini A, Cramer P (2012) Conservation between the RNA polymerases I, II, and III transcription initiation machineries. Mol Cell 45: 439–446

[9] Venters BJ, Pugh BF (2009) How eukaryotic genes are transcribed. Crit Rev Biochem Mol Biol 44: 117–141

[10] Zhou G, Li T, Price DH (2012) RNA polymerase II elongation control. Annu Rev Biochem 81: 119–143

13

Kapitel 14

Signalgesteuerte Genregulation

14 Signalgesteuerte Genregulation

Alfred Nordheim

14.1 Einleitung

In diesem Kapitel beschäftigen wir uns mit den zellulären Prozessen der Signalübertragung, den Signalkaskaden. Es geht um die Mechanismen, durch die die Aktivität der Gene auf den physiologischen Zustand und auf die Bedürfnisse der Zelle eingestellt wird. Die dabei wirksamen physiologischen Signale beeinflussen letztendlich auch die Aktivität von Transkriptionsfaktoren. Die Zelle besitzt eine große Vielfalt unterschiedlicher, aber hoch spezifischer Signalübertragungsmechanismen. Im nachfolgenden Kapitel präsentieren wir eine selektive Auswahl aus dem breiten Spektrum von Mechanismen zur signalgesteuerten Genregulation.

14.2 Prinzipien der intrazellulären Signalübertragung

Die Zellen eines multizellulären Organismus sind von der Cytoplasmamembran umgeben, auf der eine Vielzahl von **Rezeptoren** positioniert ist. Diese nehmen lebenswichtige Signale aus der Umgebung auf und überführen sie in spezifische zelluläre Antworten. Derartige Signale können in Form löslicher Liganden an Rezeptoren binden oder werden über Zell-Zell-Kontakte weitergegeben. In beiden Fällen werden die beteiligten Rezeptoren der Empfängerzelle mit hoher Spezifität aktiviert und lösen nachfolgend ebenso spezifische zelluläre Antworten aus, die veränderte Genexpressionsmuster hervorbringen. Die Mechanismen der zellulären Signalübertragung gewährleisten dabei, dass extrazelluläre Signale von der Empfängerzelle korrekt aufgenommen und anschließend intrazellulär übertragen werden, um in direkter Folge die transkriptionelle Expression individueller Gene oder Gengruppen präzise zu regulieren. Obwohl die beteiligten Signalübertragungsschritte sehr komplex sind, zeigen sich einige wichtige Prinzipien der Signalprozessierung, die immer wieder von der Zelle genutzt werden, wie nachfolgend beschrieben (▶ Abb. 14.1).

▶ **Spezifische Ligand-Rezeptor-Wechselwirkungen.** Rezeptoren der Cytoplasmamembran sind Transmembranproteine, die die Plasmamembran einfach oder in mehrfachen Schleifen durchdringen (▶ Abb. 14.1a). Als Folge der hoch spezifischen Interaktion mit einem Liganden tritt häufig eine Di- oder Trimerisierung der Rezeptormoleküle ein, wodurch funktionelle Eigenschaften der cytoplasmatischen Domäne des Rezeptors verändert werden. So kommt es z. B. zur Stimulation der eingebauten Proteinkinasefunktion.

▶ **Translokation von Transkriptionsfaktoren vom Cytoplasma in den Zellkern.** Da die Aktivierung vieler Signaltransduktionskaskaden zu veränderter Genaktivität führt, ist es verständlich, dass der induzierte Transport von Transkriptionsfaktoren vom Cytoplasma in den Zellkern ein häufig genutzter Mechanismus der Signaltransduktion ist (▶ Abb. 14.1b).

▶ **Aktivierung von Proteinkinasen.** Die Phosphorylierung von Zielproteinen, ausgeführt von der Enzymklasse der Proteinkinasen, stellt die häufigste posttranslationale Modifikation im Verlauf der zellulären Signalübertragung dar (▶ Abb. 14.1c). Entsprechend den von einer Kinase phosphorylierten Aminosäuren wird zwischen Ser/Thr-Kinasen und Tyr-Kinasen unterschieden. Neben der Kinaseaktivität von membranständigen Rezeptoren können Kinasen sowohl im Cytoplasma wie auch im Zellkern als freie Enzyme vorkommen. Die Phosphorylierung von Substratproteinen verändert die funktionellen Eigenschaften vieler Proteine, wobei eine nachfolgende Dephosphorylierung durch Proteinphosphatasen den nicht phosphorylierten Zustand wiederherstellt.

▶ **Aktivierung von G-Proteinen.** Als G-Proteine bezeichnet man Enzyme, die GTP binden und zu GDP hydrolysieren können (▶ Abb. 14.1d). Es gibt kleine, monomere G-Proteine (z. B. Ras, Rho, Rac, Cdc42) oder trimere G-Proteine, die aus je einer α-, β- und γ-Untereinheit bestehen, wobei die α-Untereinheit GTP bindet. Im GTP-gebundenen Zustand sind G-Proteine aktiv, im GDP-gebundenen Zustand sind G-Proteine inaktiv. Aktive G-Proteine interagieren mit anderen Proteinen (Effektorproteine) und stimulieren diese (z. B. die Adenylatcyclase oder die Proteinkinase Raf). Da der Aktivitätszustand der G-Proteine vom Beladungsstatus bezüglich GTP bzw. GDP abhängt, gibt es Hilfsproteine, die diese Zustände beeinflussen. So verhelfen die aktivierenden GEF-Proteine (GEF, *guanine nucleotide exchange factor*) den Austausch von GDP gegen GTP und führen dadurch zur Aktivierung des G-Proteins. Im Gegensatz dazu gibt es die inaktivierenden GAP-Proteine (*GTPase activating proteins*), die die Hydrolyse von GTP zu GDP stimulieren und somit das G-Protein abschalten (s. Kap. 14.3).

▶ **Bildung von Second-Messenger-Molekülen.** Zu den Second Messengern gehören cAMP (aus ATP gebildet) (▶ Abb. 14.1e), cGMP (aus GTP gebildet), Ca^{2+} (aus Ca^{2+}-Lagerstätten freigesetzt) und das Inositoltrisphosphat IP_3 (als Spaltprodukt des Phospholipids PIP_2, katalysiert durch die Phospholipase). Second Messenger können die Aktivität verschiedener Signalwege beeinflussen, wie z. B.

14

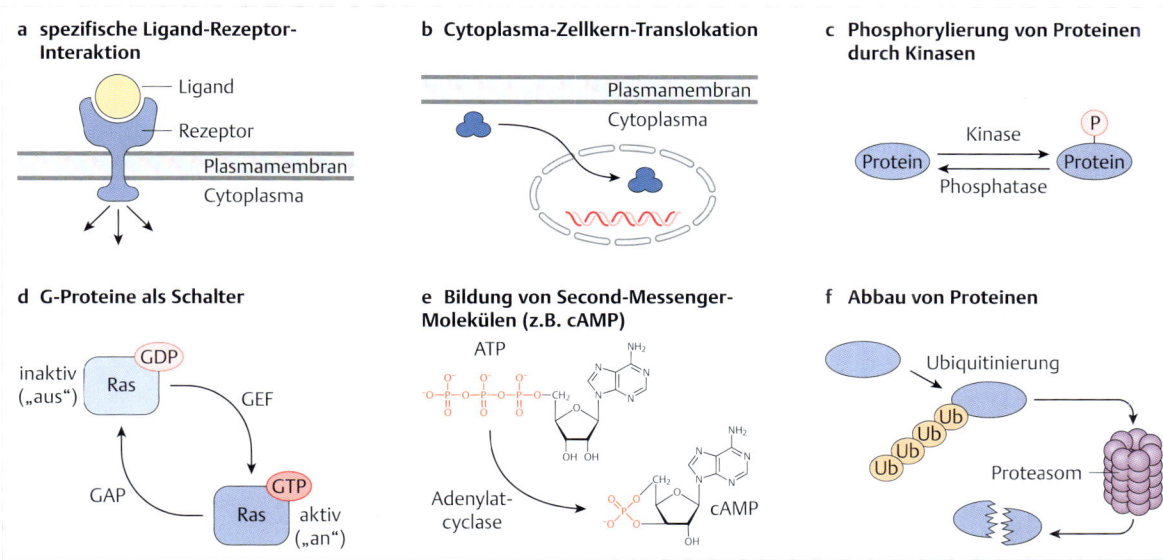

Abb. 14.1 Prinzipien der Signalübertragung. Erläuterungen s. Text.
a Erkennung extrazellulärer Signalmoleküle (Liganden) durch spezifische Rezeptoren.
b Translokation eines Proteins vom Cytoplasma in den Zellkern.
c Posttranslationale Modifikation eines Proteins (z. B. durch reversible Phosphorylierung).
d Reversible Aktivierung eines Schalterproteins (z. B. eines kleinen G-Proteins wie Ras).
e Bildung bzw. Erhöhung der intrazellulären Konzentration eines Second Messengers (z. B. cAMP).
f Veränderung der Halbwertzeit von Proteinen durch ubiquitinvermittelten Abbau im Proteasom.

die Signalgebung durch die Proteinkinase PKA (s. Kap. 14.4).

Definition

First Messenger sind extrazelluläre Signalmoleküle (z. B. Liganden eines Rezeptors), die als primäre Signalgeber wirken.

Second Messenger sind zelluläre Metaboliten, die als Folge der primären Signalgebung gebildet werden.

▶ **Modulation der Proteinstabilität.** Durch Signaltransduktion kann der gezielte proteolytische Abbau eines Proteins mithilfe des Proteasoms ausgelöst bzw. gesteuert werden (▶ Abb. 14.1f). In diesem Prozess wird ein Protein oft durch Phosphorylierung für eine nachfolgende weitere posttranslationale Modifikation, speziell die multiple Ubiquitinierung, markiert. Dabei werden Ketten des Polypeptids Ubiquitin enzymatisch an das Protein geknüpft. Die Ubiquitinierung eröffnet den Weg zum Abbau durch das Proteasom. Gut charakterisierte Beispiele dieses Mechanismus finden sich beim Abbau des Inhibitorproteins IκB und der damit einhergehenden Aktivierung des Transkriptionsfaktors NF-κB (s. Kap. 14.6) sowie beim Abbau des Proteins β-Catenin im Wnt-Signalweg (s. Kap. 14.8).

14.3 MAPK-Signalkaskade: Genaktivierung innerhalb von Sekunden

Der MAPK-Signalweg (MAPK, *mitogen activated protein kinase*) wird u. a. durch die Bindung von Wachstumsfaktoren an ihre spezifischen Rezeptoren und deren nachfolgende Dimerisierung ausgelöst (▶ Abb. 14.2). Diese Rezeptoren sind sogenannte **Rezeptor-Tyrosinkinasen** (RTKs, *receptor tyrosine kinases*), da sie in ihrer cytoplasmatischen Domäne eine intrinsische Enzymaktivität als Tyrosinkinase tragen. Mit dieser Aktivität phosphorylieren sich die cytoplasmatischen Domänen des Rezeptors gegenseitig an Tyrosinbausteinen und erzeugen damit eine Bindungsstelle für das **Adapterprotein** Grb2. Für das Erkennen von P-Tyr besitzt Grb2 eine spezielle Proteindomäne, die als SH2-Domäne bezeichnet wird. Das an den Rezeptor gebundene Grb2 rekrutiert das Protein SOS, das als GEF (*guanine nucleotide exchange factor*) ein Aktivator des G-Proteins Ras ist. Das **aktive Ras-GTP** setzt eine Kaskade der Aktivierung von drei hierarchisch angeordneten Kinasen (Raf, MEK und Erk) in Gang. Ras-GTP aktiviert die Ser/Thr-Kinase Raf, die nachfolgend die nächste Kinase, MEK, phosphoryliert und aktiviert. Im nächsten Schritt phosphoryliert und aktiviert MEK die dritte Kinase, Erk (*extracellular signal-regulated kinase*). Erk ist eine Ser/Thr-Kinase, die sowohl cytoplasmatische Substrate

14

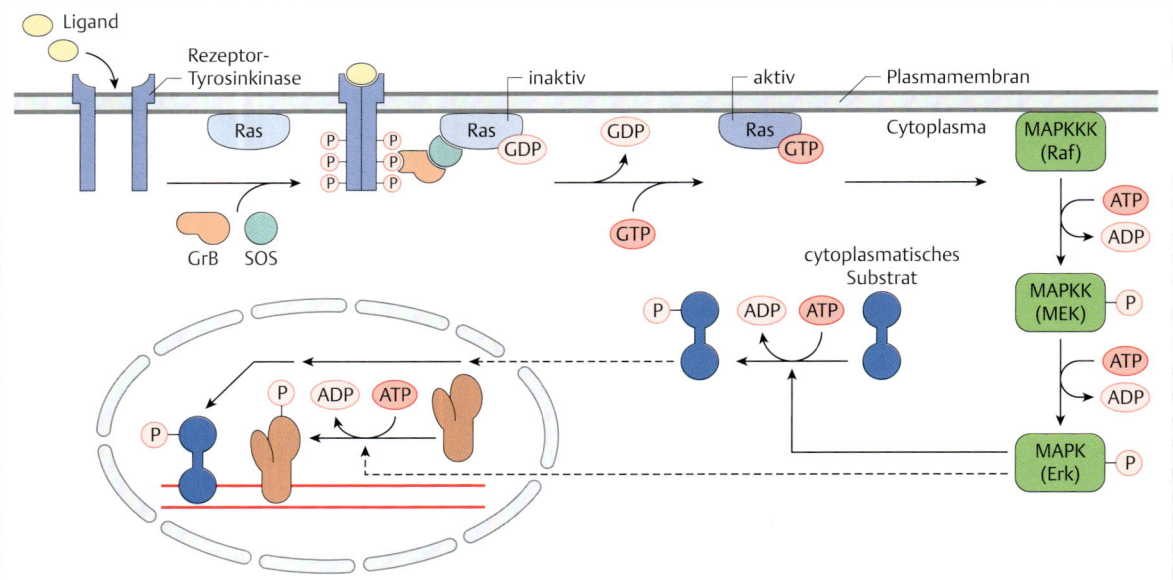

Abb. 14.2 MAPK-Signalkaskade. Durch die Bindung des extrazellulären Liganden an seinen Rezeptor (eine Rezeptor-Tyrosinkinase) sowie nachfolgende Dimerisierung und Transphosphorylierung des Rezeptors bildet sich ein Komplex aus den Proteinen Grb, SOS und Ras-GDP, der zur Überführung von Ras in die aktivierte Ras-GTP-Form beiträgt. Ras-GTP stimuliert die Kinase Raf, die nachfolgend ihr Substrat, die Kinase MEK, phosphoryliert und aktiviert. Im nächsten Schritt phosphoryliert und aktiviert MEK ihr Substrat, die MAP-Kinase (MAPK) namens Erk. Nachfolgend phosphoryliert die MAPK entweder cytoplasmatische Substrate oder wird selbst in den Kern transloziert und phosphoryliert dort nucleäre Substrate. Substrate der MAPK sind oft Transkriptionsfaktoren. Das „blaue" Protein, ebenfalls ein Transkriptionsfaktor, wurde durch die Phosphrorylierung zur Translokation vom Cytoplasma in den Zellkern angeregt. MAPKKK = MAP-Kinase-Kinase-Kinase, z. B. Raf), MAPKK = MAP-Kinase-Kinase, z. B. MEK), MAPK = MAP-Kinase, z. B. Erk).

phosphorylieren und aktivieren kann, wie auch – nach eigener Translokation in den Zellkern – nucleäre Substrate.

Im Zellkern aktiviert Erk verschiedene Transkriptionsfaktoren. Dazu gehören u. a. die heterodimeren bZip-Proteine AP1 mit ihren unterschiedlichen Komponenten wie Jun-Fos, Fra-JunD u. a., wie auch Ets-Proteine, z. B. Elk1 (▸ Abb. 14.2).

Die MAPK-Kaskade reguliert Gene, deren Produkte die Zellproliferation stimulieren. So stimuliert die unkontrollierte Aktivierung der Kaskade die Zellproliferation in unangemessener Weise. Die resultierende Hyperproliferation ist häufig Ursache der Krebserkrankung. Das Schalterprotein Ras wirkt in mutierter Form als Onkoprotein (Pathologie 14.1) (S. 339).

14

Pathologie 14.1

Der MAPK-Signalweg, das Onkoprotein Ras und Krebserkrankungen

Das Ras-Protein (*Rat sarcoma*) ist ein monomeres G-Protein (s. ▶ Abb. 14.1d), das im GTP-gebundenen Zustand aktiv ist und im MAPK-Signalweg die Stimulation der nachfolgenden Kinasen Raf, MEK und MAPK einleitet (s. ▶ Abb. 14.2). Dadurch wird u. a. die Proliferation von Zellen stimuliert. Punktmutationen im Gen *Ha-Ras* finden sich sehr häufig in menschlichen Tumoren (▶ Abb. 14.3). Dadurch wird das Protoonkogen *Ha-Ras* in die mutierte Version von *Ha-Ras* (das Onkogen) überführt. Das *Ha-Ras*-Onkogen stimuliert den MAPK-Signalweg auch in Abwesenheit eines extrazellulären Signals, sodass eine unerwünschte Zellteilung (Zellproliferation) eintritt und die zelluläre Grundlage für Tumorwachstum gegeben ist. Im Genom des Menschen gibt es drei homologe *Ras*-Gene – *HRAS*, *KRAS* und *NRAS* –, die auf unterschiedlichen Chromosomen lokalisiert sind und drei sich leicht unterscheidende Proteine codieren. Die Beteiligung von *Ras*-Mutationen an verschiedenen menschlichen Krebserkrankungen ist sehr hoch und kann – bei fortgeschrittenen Tumorstadien – zwischen 10 und 80 % betragen.

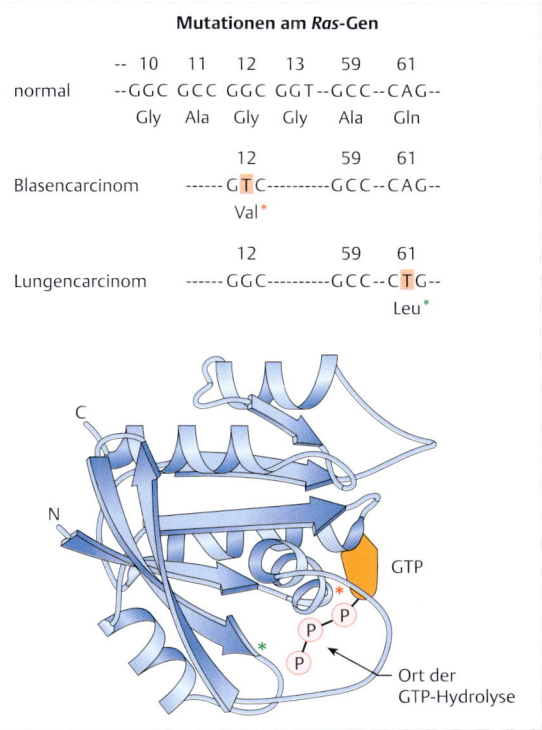

Mutationen am *Ras*-Gen

	--	10	11	12	13	59	61
normal	--GGC	GCC	GGC	GGT--	-GCC--	-CAG--
		Gly	Ala	Gly	Gly	Ala	Gln

Blasencarcinom: ------GT**C**---------GCC--CAG--   (12, Val*); 59, 61

Lungencarcinom: ------GGC---------GCC--C**T**G--   (12; 59; 61, Leu*)

Abb. 14.3 Das Onkoprotein Ras. Codon 12 oder 61 des *Ha-Ras*-Onkogens ist mutiert (im Protein sind die veränderten Aminosäurepositionen mit einem roten und einem blauen Stern gekennzeichnet). Die Aminosäuren befinden sich in der dreidimensionalen Struktur des Ras-Proteins in direkter Nachbarschaft des gebundenen GTP. Die im mutierten Ras veränderten Aminosäuren reduzieren die GTPase-Aktivität von Ras und erhöhen somit die Verweilzeit von Ras in der aktiven, GTP-gebundenen Form. Dadurch wird der MAPK-Signalweg übermäßig aktiviert und – in Folge – die Zellproliferation übermäßig stimuliert. Tumorwachstum ist die Folge. (nach Pai EF, Kabsch W, Krengel U et al (1989) Structure of the guanine-nucleotide-binding domain of the Ha-ras oncogene product p21 in the triphosphate conformation. Nature 341: 209–214)

14.4 cAMP-Signalgebung: CREB als Effektor des sekundären Botenstoffs cAMP

Cyclisches AMP (cAMP) ist ein sekundärer Botenstoff (Second Messenger). Die Erhöhung der intrazellulären cAMP-Konzentration geht mit der transkriptionellen Aktivierung von mehreren Hundert Genen einher (▶ Abb. 14.4). Dazu gehören Gene für die Differenzierung so verschiedener Zelltypen wie T-Lymphocyten, Spermatocyten und Leberzellen. Besonders interessant und wichtig sind die vom CREB-Protein in Abhängigkeit von cAMP regulierten Gene in den Neuronen des zentralen Nervensystems, mit Konsequenzen für das Langzeitgedächtnis, für Suchtverhalten und den Schlaf-Wach-Rhythmus.

Cyclisches AMP wird von dem Enzym **Adenylatcyclase** aus ATP durch Ausbildung einer 3'-5'-Phosphodiesterbindung hergestellt (▶ Abb. 14.1e). Die Adenylatcyclase ist ein Transmembranprotein der Plasmamembran, das durch eine spezifische Ligand-Rezeptor-Wechselwirkung aktiviert wird. Dies kann z. B. die Bindung des Hormons Glukagon an den Glukagonrezeptor von Leberzellen sein, bei der Bereitstellung von Glucose aus der Speicherform Glykogen. Der Glukagonrezeptor ist ein G-Protein-gekoppelter Rezeptor (GPCR) und die Aktivierung eines derartigen trimeren G-Proteins (s. Kap. 14.2) stimuliert das Effektorprotein Adenylatcyclase zur Überführung von ATP in die zyklische Form des cAMP. Das cAMP aktiviert die **Proteinkinase A** (kurz PKA), die in inaktiver Form im Cytoplasma als tetramerer Komplex aus zwei regulatorischen (R) und zwei katalytischen (C) Untereinheiten vor-

14

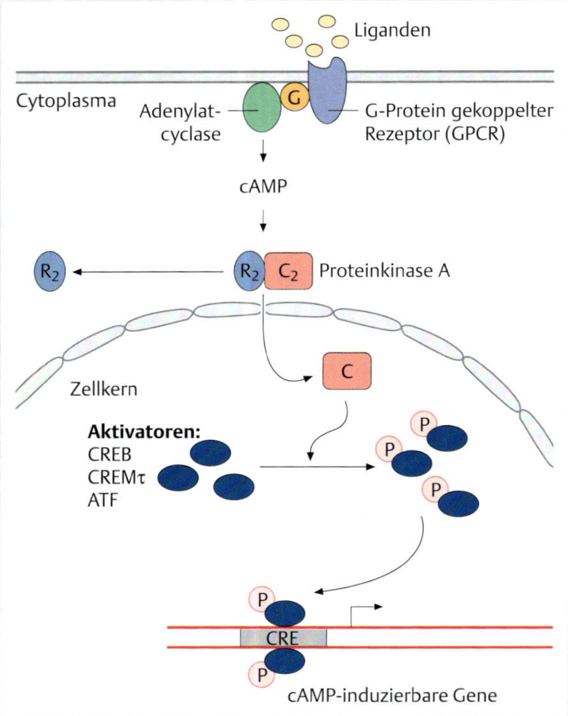

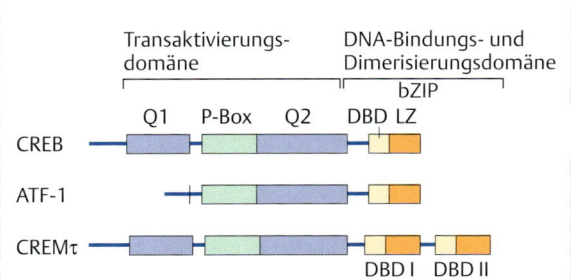

Abb. 14.5 **Struktur des CREB-Proteins und seiner Verwandten ATF-1 und CREMτ.** Q 1 = glutaminreiche Region 1, Q 2 = glutaminreiche Region 2, P-Box = Phosphorylierungsdomäne, DBD = basische DNA-Bindungsdomäne, bZIP = basischer Leucin-Zipper, LZ = Leucin-Zipper.

liegt. Durch Bindung von cAMP werden die inhibitorischen R-Untereinheiten abgelöst. Die freigesetzten katalytischen C-Untereinheiten der PKA gelangen in den Zellkern und übertragen eine Phosphatgruppe auf den nucleären Transkriptionsfaktor **CREB** (*CRE-binding protein*) (▶ Abb. 14.4). CREB ist ein bZip-Protein (S. 330) (▶ Abb. 14.5) und bindet an **CRE** (*cAMP response element*) genannte regulatorische DNA-Elemente, proximal von den Core-Promotoren von Zielgenen gelegen. CREs enthalten die Sequenz 5-TGACGTCA-3′ und finden sich bei allen Zielgenen, die nach Erhöhung der cAMP-Konzentration durch Beteiligung von CREB transkriptionell stimuliert werden. Dabei rekrutiert CREB zusätzlich das **CBP**-Enzym (*CREB binding protein*), das Histone und andere Proteine acetylieren kann (▶ Abb. 14.6 ▶ Abb. 14.7) und verhilft so der Ausbildung des transkriptionellen Präinitiationskomplexes an Promotoren von Zielgenen.

▶ **CBP, ein Aktivator der Transkription.** Das Protein CBP ist ein regulatorischer Transkriptionsfaktor (RTF), der oft in einem Atemzug mit dem eng verwandten Protein p300

Abb. 14.4 **Die cAMP-Signalkaskade.** Die Bindung eines Liganden an einen G-Protein-gekoppelten Rezeptor führt nachfolgend zur Aktivierung des Effektorproteins Adenylatcyclase, das ATP zu cAMP zyklisiert. cAMP aktiviert die Proteinkinase A, die in den Zellkern transloziert wird und dort den Transkriptionsfaktor CREB phosphoryliert. Phosphoryliertes CREB bindet an die CRE genannte DNA-Sequenz und stimuliert dadurch die Transkription von cAMP-induzierbaren Genen. CREMτ und ATF-1 sind Transkriptionsfaktoren, die dem CREB-Protein verwandt sind. G = trimeres G-Protein, R₂ = regulatorische Untereinheiten der PKA, C₂ = katalytische Untereinheiten der PKA. (nach Shaywitz AJ, Greenberg ME (1999) CREB: a stimulus-induced transcription factor activated by a diverse array of extracellular signals. Annu Rev Biochem 68: 821–861)

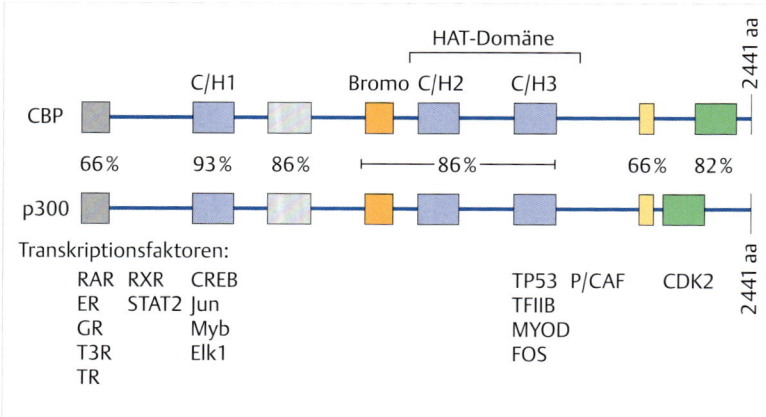

Abb. 14.6 **Coaktivatoren von CREB: die Histon-Acetyltransferasen CBP und p300.** Um Ähnlichkeiten zwischen den Proteinen deutlich zu machen, haben Domänen gleicher Funktion auch dieselbe Farbe. Die Prozentzahlen geben die Häufigkeiten übereinstimmender Aminosäuren an. Unten sind Transkriptionsfaktoren aufgeführt, die mit CBP und p300 interagieren können. C/H1, C/H2, C/H3 = Cys-His-Zinkfinger (S. 331); Bromo = Proteindomäne für die Bindung an Proteinen mit Acetyllysingruppen (S. 152). (nach Giles RH, Peters DJM, Brenning MH (1998) Conjunction dysfunction: CBP/p300 in human disease. Trends Genet 14: 178–183)

genannt wird. Beide Proteine bestehen aus mehr als 2400 Aminosäuren und besitzen sehr ähnliche Strukturen und Funktionen. Zum Beispiel haben die Stellen, die an phosphoryliertes CREB binden, zu 93 % identische Aminosäuresequenzen (▶ Abb. 14.6). Das bedeutet allerdings nicht, dass die beiden Proteine sich gegenseitig ersetzen könnten, denn eine Deletion des CBP-codierenen Gens ist genauso tödlich für die Zelle wie eine Deletion des Gens für p300. CBP und p300 sind Coaktivatoren, weil sie die Verbindung zwischen dem Aktivator CREB und den generellen Transkriptionsfaktoren (GTFs) am Transkriptionsstart herstellen. Auch hier spielen Kontakte zu regulatorischen Transkriptionsfaktoren eine Rolle, aber wichtiger ist, dass CBP und p300 die Funktion einer Histon-Acetyltransferase haben und dadurch die Konformation des Chromatins beeinflussen. Mehr noch, CBP und p300 können einen weiteren Faktor heranziehen, das Protein P/CAF (*p300/CBP associated factor*), das seinerseits ebenfalls als Histon-Acetyltransferase wirken kann (▶ Abb. 14.7). CREB kann weiterhin durch mehrere andere Signaltransduktionswege aktiviert werden (Plus 14.1) (S. 341).

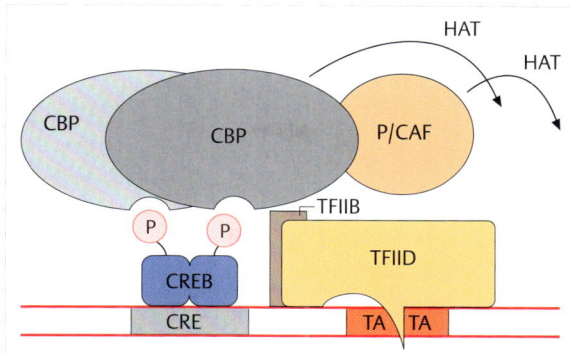

Abb. 14.7 CREB, CBP und andere Proteine an CRE-haltigen Promotoren. CREB hat mindestens zwei Funktionen: Es stellt Kontakt zu den generellen Transkriptionsfaktoren TFIIB/TFIID her und rekrutiert ein oder zwei CBP-Moleküle. HAT = Histon-Acetyltransferase (die trotz ihres Namens außer Histonen auch andere Proteine acetylieren kann). (nach Shaywitz AJ, Greenberg ME (1999) CREB: a stimulus-induced transcription factor activated by a diverse array of extracellular signals. Annu Rev Biochem 68: 821–861)

Plus 14.1

Aktivierung von CREB durch unterschiedliche Kinasen: *Crosstalk* verschiedener Signalwege

Die Nomenklatur von CREB ist durch die Entdeckungsgeschichte geprägt: Man spricht vom cAMP-Response-Element (CRE) und leitet daraus die Namen für die beteiligten Proteine ab – CREB (*CRE-binding protein*) und CBP (*CREB binding protein*). Diese Nomenklatur legt zwar nahe, dass CREB ausschließlich durch cAMP reguliert wird; dies entspricht jedoch nur teilweise der Wirklichkeit.

CREB kann durch mehrere andere Signaltransduktionswege aktiviert werden. Die ▶ Abb. 14.8a zeigt Beispiele. ▶ Abb. 14.8a ①: Weg nach der Aktivierung von Transmembranrezeptoren, die die Membran siebenmal passieren. ▶ Abb. 14.8a ②: Ionenströme durch die Synapsen von Nervenzellen. Die Konzentration von Calcium-Ionen wird als Voraussetzung für die Aktivierung einer calmodulinabhängigen Kinase (CaMK IV) erhöht. Dies ist für die Funktion von CREB in Nervenzellen wichtig. ▶ Abb. 14.8a ③ und ④: Wachstumsfaktoren oder Cytokine, die im Zuge von Entzündungsreaktionen gebildet werden, leiten andere Signalwege mit anderen Proteinkinasen ein.

Die unterschiedlichen beteiligten Kinasen sind: PKA, PKB/Akt, PKC, MSK-1, pp90RSK, die calmodulinabhängige Kinase IV (CaMK IV) und Caseinkinase II (CKII). Am Ende jedes Weges steht jedenfalls eine jeweils andere Proteinkinase (PK), die CREB phosphoryliert, und zwar nicht unbedingt am Ser133, das Ziel der Proteinkinase A (PKA), sondern auch an anderen Stellen in der P-Box (Pfeile in ▶ Abb. 14.8b). In jedem Fall folgt die Rekrutierung von CBP.

Die verschiedenen Möglichkeiten der Aktivierung von CREB durch unterschiedliche Signalwege offenbart ein Phänomen, das in der molekularen Zellbiologie als *crosstalk* zwischen Signalkaskaden bezeichnet wird. Damit ist gemeint, dass sich verschiedene Signalwege gegenseitig beeinflussen können – ein sehr häufiges Phänomen im komplexen Geschehen der zellulären Signalsteuerung.

Man mag sich fragen, ob die verschiedenen Signalwege zur CREB-Aktivierung immer denselben Satz von Genen regulieren. Das ist unwahrscheinlich, denn es kann doch nicht sein, dass eine Erregung von Nervenzellen oder eine Entzündungsreaktion identische genetische Reaktionen hervorruft. Ein Blick auf die Organisation der stromaufwärts liegenden Bereiche (5'-Regionen) von Genen hilft weiter. Dort kommen meist benachbarte Bindungsstellen für mehrere Aktivatoren vor. Diese bilden das sogenannte **Enhanceosom** (s. auch ▶ Abb. 14.13). CRE ist also eine Bindungsstelle unter mehreren anderen, und jede Bindungsstelle muss mit dem spezifischen, individuell regulierten

Aktivator besetzt sein, damit die Transkription beginnen kann. So ist CRE vor Genen, die in Nervenzellen aktiviert werden, mit anderen Bindungsstellen kombiniert als CRE vor Genen, die spezifisch in Lymphocyten oder Makrophagen aktiviert werden.

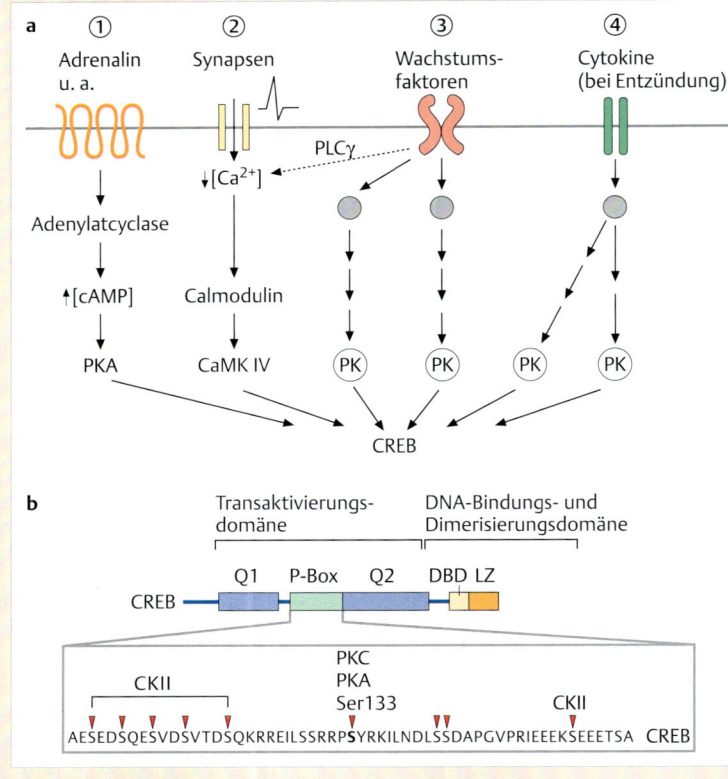

Abb. 14.8 Verschiedene Signalwege führen zur CREB-Phosphorylierung.

a Die Aktivierung von CREB durch Phosphorylierung kann durch unterschiedliche Proteinkinasen (PK) herbeigeführt werden, die durch verschiedene Stimuli aktiviert werden. Dadurch werden unterschiedliche Serinreste im CREB-Protein phosphoryliert. Die Tatsache, dass CREB durch verschiedene Kinasen und somit unterschiedliche Signalwege aktiviert werden kann, ist ein Beispiel für häufig vorzufindenden *Crosstalk* zwischen verschiedenen Signalkaskaden der Zelle.

b Phosphorylierungsstellen in der P-Box des CREB-Proteins. Abkürzungen oben s. ▶ Abb. 14.5, Abkürzungen unten: CKII = Caseinkinase, PKA = Proteinkinase A, PKC = Proteinkinase C, rote Pfeilspitzen = Phosphorylierungsstellen.

CBP ist (trotz seiner Bezeichnung) ein RTF allgemeinerer Bedeutung, ebenso wie p300 (und andere verwandte Proteine). Das wird in der ▶ Abb. 14.6 angedeutet: Die Proteindomäne, die mit CREB in Kontakt tritt, kann auch mit den DNA-gebundenen Transkriptionsfaktoren Jun, Myb und Elk1 interagieren. Andere Domänen von CBP binden an andere Transkriptionsfaktoren, z. B. an die Hormonrezeptoren RAR, ER, GR u. a. (S. 352) oder an NF-κB. Überdies bestehen Verbindungen zu den cyclinabhängigen Kinasen (CDK2 in der ▶ Abb. 14.6), wodurch die Expression der Genen mit Phasen des Zellzyklus (S. 204) koordiniert werden kann.

Wie oben erwähnt, spielt CREB in Zellen des Gehirns, insbesondere bei der Einrichtung des Langzeitgedächtnisses wie auch bei anderen Gehirnfunktionen eine zentrale Rolle. Das wird dramatisch unterstrichen durch eine menschliche Krankheit, das **Rubinstein-Tabin-Syndrom**, charakterisiert durch Skelettanomalien, hauptsächlich aber durch geistige Behinderung. Die Ursache ist eine **Mutation im Gen für CBP**.

14.5 Aktindynamik: Kommunikation zwischen Cytoskelett und Genom durch MRTF/SRF

Das Aktincytosklelett verleiht der Zelle die Fähigkeit, ihre Form (Morphologie) bei mechanischen Belastungen stabil zu halten, aber auch morphologische Veränderungen zu vollziehen, z. B. beim Ausstülpen von Membranabschnitten (Lamellipodia, Filopodia usw.) im Verlauf der zellulären Migration. Entsprechend durchläuft das Aktincytoskelett einen kontinuierlichen Umbau, bei dem globuläres (monomeres) Aktin (G-Aktin) in die polymeren Aktinfasern (F-Aktin) eingebaut oder auch wieder abgetrennt wird. Diesen kontinuierlichen Umbau des Cytoskletts nennt man **Aktindynamik**. Es existiert eine Vielzahl von aktinbindenden Proteinen (z. B. Profilin, Gelsolin, Cofilin), die die dynamischen Veränderung des F-Aktins regulieren.

14

Häufig wird die Aktivität der aktinbindenden Proteine durch extrazelluläre Signale gesteuert. Dabei werden die kleinen GTP-bindenden Proteine Rho (*Ras homologue*), Rac und Cdc42 (gemeinsam als Rho-GTPasen bezeichnet) durch Rho-GEF-Proteine aktiviert (▶ Abb. 14.9). Veränderungen der Zellmorphologie benötigen eine gezielte Proteinbiosynthese, basierend auf veränderten Mustern der Genaktivität. Woher weiß die RNA-Polymerase II, dass sie bestimmte Zielgene in direkter zeitlicher Abstimmung mit der Aktindynamik transkriptionell aktivieren soll? Hier übernimmt der **Transkriptionsfaktor SRF** (*serum response factor*) eine zentrale Aufgabe. Seine Bindungsstelle auf der DNA (die CArG-Box) findet sich als regulatorisches Element sowohl vor Genen mit Funktionen in der Zellproliferation als auch vor Genen, deren Proteinprodukte Aufgaben beim Aufbau des Cytoskeletts übernehmen (z. B. Aktin oder Gelsolin).

SRF ist sehr häufig bereits an die CArG-Box des Zielgens gebunden, doch für die Stimulation der Transkription benötigt der Faktor ein Partnerprotein (Coaktivator). Im Zusammenhang mit der Aktindynamik übernimmt das MRTF-Protein (*myocardin-related transcription factor*, auch MKL oder MAL genannt) die Funktion des Coaktivators (▶ Abb. 14.9). MRTF wird im nicht stimulierten Zustand im Cytoplasma von G-Aktin gebunden, dort zurückgehalten und dadurch inaktiviert. Bei Stimulation der Aktindynamik löst sich das G-Aktin von MRTF und wird in das Polymer des F-Aktins eingebaut. Das dabei freigesetzte MRTF-Protein translozert vom Cytoplasma in den Zellkern und bindet zur Transkription der Zielgene an SRF. Zu den vielen Zielgenen gehört auch das Aktin-Gen selbst. Dieser Induktionsmechanismus fördert die Aktindynamik, enthält aber auch eine autoregulatorische Rückkopplungsschleife, da eine induzierte Erhöhung der Menge an G-Aktin einerseits die Bildung von F-Aktin fördert, andererseits MRTF aber im Cytoplasma zurückhält, sodass MRTF dem SRF nicht als Coaktivator zur Verfügung steht.

14.6 Cytokinsignalgebung

Cytokine sind essenzielle Wachstumsfaktoren und Stimulatoren von Zellen des Immunsystems und des blutbildenden Systems. Dazu gehören die Interleukine IL-1β und IL-6, das Interferon γ, die koloniestimulierenden Faktoren G-CSF und GM-CSF, Tumornekrosefaktoren (z. B. TNFα) und Chemokine (z. B. CC- und CXC-Proteine).

14.6.1 JAK/STAT-Signalkaskade

Dutzende von Cytokinen lösen nach Bindung an ihre jeweiligen membranständigen Rezeptoren die Aktivierung der cytoplasmatischen Kinasen namens JAK (**J**anus-**K**inasen) aus (▶ Abb. 14.10). Dadurch wird ein sehr direkter

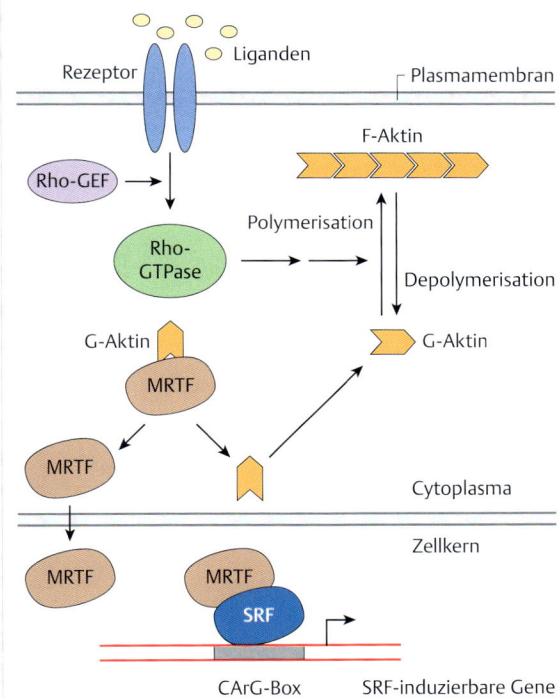

Abb. 14.9 Aktindynamik und MRTF/SRF. Das Aktincytoskelett besteht aus dem filamentösen F-Aktin, das durch Polymerisation des globulären G-Aktins gebildet wird. Die Aktindynamik im Cytoplasma wird durch extrazelluläre Signale reguliert, die das G-Protein Rho (eine GTPase) mithilfe von Rho-GEF-Proteinen aktivieren. Der Einbau von G-Aktin in das F-Aktinpolymer führt zur Freisetzung des cytoplasmatischen Transkriptionsfaktors MRTF, der nachfolgend in den Zellkern transloziert wird und dort – zusammen mit dem Transkriptionsfaktor SRF – die Transkription von Zielgenen reguliert. So ist eine Kommunikation zwischen der cytoplasmatischen Aktindynamik und nucleären Transkriptionsprozessen möglich. CArG-Box = Bindungsstelle von SRF auf der DNA. (nach Olson EN, Nordheim A (2010) Linking actin dynamics and gene transcription to drive cellular motile functions. Nat Rev Mol Cell Biol 11: 353–365)

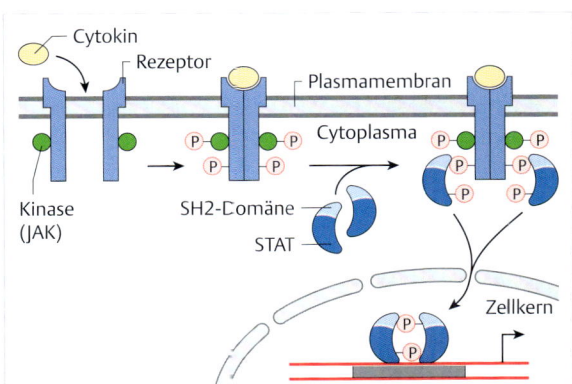

Abb. 14.10 Die JAK/STAT-Signalkaskade. Die Regulation von Genen als Folge der Signalgebung durch Cytokine erfolgt über die Aktivierung der rezeptorassoziierten JAK-Kinasen, die nachfolgend STAT-Proteine phosphorylieren und zur Translokation in den Zellkern veranlassen. Die Zielgene enthalten Bindungselemente für die dimerisierten STAT-Faktoren.

14

Signalweg durch das Cytoplasma aktiviert, der im Zellkern zu Veränderungen in der Genaktivität führt. Die **JAKs sind Tyrosinkinasen**, die an die cytoplasmatischen Domänen der beteiligten Rezeptoren gebunden sind. Durch die Ligand-Rezeptor-Interaktion werden die JAKs aktiviert: Sie phosphorylieren sich selbst und steigern damit zusätzlich ihre eigene Aktivität, wie auch in Folge das Ausmaß der Rezeptorphosphorylierung. Nachfolgend werden die Phosphotyrosine des Rezeptors von den cytoplasmatischen **STAT-Proteinen** (STAT, **S**ignal**t**ransduktoren und **A**ktivatoren der **T**ranskription) erkannt und stabil gebunden. So gelangen die STAT-Proteine in die direkte Nachbarschaft der JAKs, von denen sie phosphoryliert werden. Die Phosphorylierung führt zur Abtrennung der STAT-Proteine von den Rezeptoren und zur nachfolgenden Dimerisierung. Die STAT-Dimere gelangen direkt in den Zellkern.

STAT-Proteine sind Transkriptionsfaktoren, die als Dimere an DNA-Elemente ihrer Zielgene binden. Die Elemente enthalten die Sequenz 5'-TTN$_{5-6}$AA-3', deren Erkennung über Schleifen (S. 332) im STAT-Protein erfolgt, wie wir sie bereits als Strukturprinzip am Beispiel des NF-κB-Proteins kennengelernt haben (Kap. 13.7.5). Zu den Zielgenen der STAT-Proteine gehören u. a. das Mcl-1-Gen (das das Überleben von Zellen fördert und eine Apoptose verhindert), das MMP-9-Gen (das eine Matrix-Metalloprotease codiert) und die Gene, die IL-4 und seine Rezeptoren codieren.

Im menschlichen Genom existieren sieben verschiedene Gene für unterschiedliche STAT-Proteine (STAT 1 bis STAT 7). Der JAK/STAT-Signalweg beeinflusst die Proliferation, Differenzierung, Migration, das Überleben und die Apoptose von Zellen des Immunsystems. Mutationen in Genen des JAK/STAT-Signalwegs finden sich bei Patienten mit Immundefizienzsyndromen, Lymphomen oder Leukämien.

14.6.2 Aktivierung von NF-κB

Der Transkriptionsfaktor NK-κB wurde im Jahr 1986 in den Zellkernen von B-Lymphocyten als Aktivator der Gene für Immunglobuline vom κ-Typ entdeckt, daher die Bezeichnung als NF-κB (*nuclear factor kappa B*). Bald stellte sich doch heraus, dass das Protein auch in vielen anderen Zellarten vorkommt, meist aber in einer latent inaktiven Form im Cytoplasma.

>
> **Merke**
>
> NK-κB und verwandte Proteine bezeichnet man oft als **Rel-Proteine**, weil sie die Rel-Homologiedomäne (RH) enthalten.

Zahlreiche äußere Einwirkungen auf Zellen führen zur Aktivierung von NF-κB: u. a. Cytokine wie Interleukin-1 (IL-1) oder TNF (Tumornekrosefaktor), die Lipopolysaccharide pathogener Bakterien, Virusinfektionen,

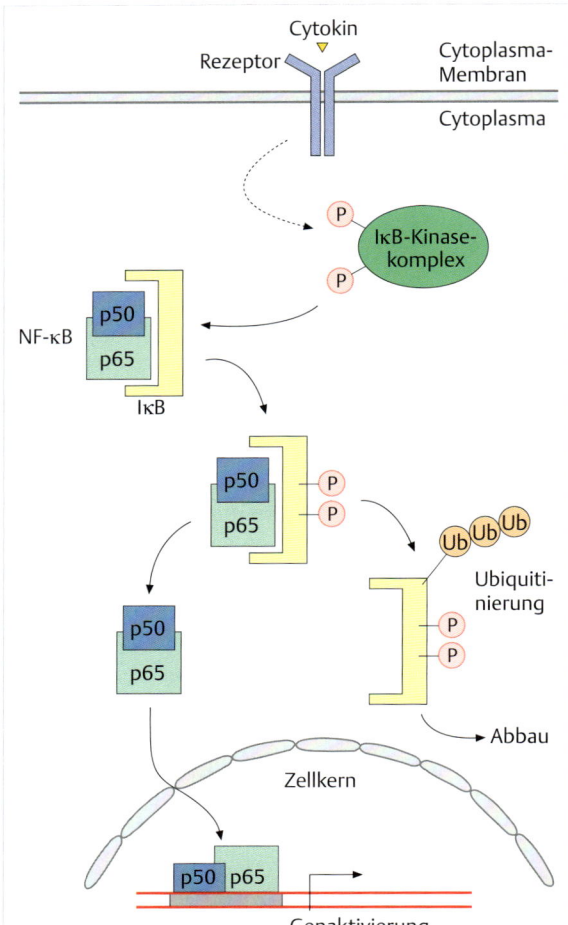

Abb. 14.11 Aktivierung von NF-κB. Diese Skizze ist eine erhebliche Vereinfachung der Verhältnisse, denn es gibt zahlreiche verschiedene Rezeptoren (meist aus mehreren Untereinheiten) für eine große Zahl unterschiedlicher Liganden wie Cytokine, Wachstumsfaktoren oder bakterielle und virale Produkte (einschließlich von Viren wie HIV, dem Erreger von AIDS). Der IκB-Kinasekomplex (IKK) besteht aus zwei Untereinheiten mit Proteinkinasefunktion (IKKα und IKKβ), dazu ein Strukturprotein (IKKγ oder NEMO, *NF-κB essential modulator*) sowie weitere regulatorische Proteine. Überdies wird auch die NF-κB-Untereinheit p65/RelA durch verschiedene Kinasen phosphoryliert. Die Phosphorylierung erhöht die DNA-Bindungsaktivität von NF-κB. Weitere Erläuterungen s. Text. (nach Viator P, Merville MP, Bours V et al (2005) Phosphorylation of NF-κB and IκB proteins: implications in cancer and inflammation. Trend Biochem Sci 30: 43–52; Yamamoto Y, Gaynor RB (2004) IkB kinases: key regulators of the NF-κB pathway. Trends Biochem Sci 29: 72–79)

Calciumionophoren, Schädigung durch ultraviolette Strahlen oder die Erhöhung der Konzentration an intrazellulären Sauerstoffradikalen im Verlauf einer Entzündung. Offensichtlich übernimmt NF-κB eine zentrale Funktion bei der Anpassung von Genexpressionsprofilen im Verlauf einer Vielzahl physiologischer Situationen.

NF-κB ist ein Heterodimer aus den Untereinheiten p50 und p65 (oder deren Verwandten) (▶ Abb. 14.11, ▶ Abb. 14.12). Die dreidimensionale Struktur der Dimerisierungs- und DNA-Bindungsdomäne von NF-κB haben wir bereits (S. 332) kennengelernt und dabei den speziellen Mechanismus der Insertion von Proteinschleifen besprochen, der NF-κB die Fähigkeit zur sequenzspezifischen Erkennung von DNA-Bindungsstellen verleiht (▶ Abb. 13.33).

Von NF-κB erkannte regulatorische *cis*-Elemente finden sich vor Genen, die Immunglobuline, T-Zell-Rezeptoren, MHC-Klasse-I-Proteine, Interferon β und viele andere Proteine codieren.

In der cytoplasmatischen, inaktiven Form ist das p50/p65-Dimer an ein Protein mit der Bezeichnung IκB (*inhibitor of NF-κB*) gebunden (▶ Abb. 14.11). Wenn Cytokine wie IL-1 auf die entsprechenden Rezeptoren an der Zelloberfläche treffen oder eines der anderen Signale ausgelöst wird, erfolgt die Aktivierung des **IκB-Kinasekomplexes**, der Phosphatgruppen auf IκB überträgt. Phosphoryliertes IκB ist ein Substrat für die Ubiquitinierung und letztlich für den Abbau von IκB durch Proteasomen (S. 355). Dadurch wird NF-κB im Cytoplasma für den Transport in den Zellkern freigesetzt, wo es an die regulatorischen *cis*-Elemente von Zielgenen bindet.

Die unterschiedlichen NF-κB-aktivierenden Signale wie Cytokine, Virusinfektion, Lipopolysaccharide u. a. induzieren die Transkription vieler unterschiedlicher Zielgene. Eine solche Vielfalt transkriptioneller Antworten basiert auf

- **unterschiedlichen Rezeptoren, Signalwegen und einer Familie ähnlicher, aber verschiedener IκB-Proteine.** Tatsächlich kennt man mehrere verschiedene IκB-Proteine, wobei jedes eine spezifische Variante eines NF-κB-Dimers inhibieren kann (s. u.). Daraus folgt, dass unterschiedliche Signalwege die jeweils passenden IκB-Komplexe beeinflussen.

- **anderen Dimerpartnern.** Sowohl die NF-κB-Untereinheit p50 als auch die Untereinheit p65 sind Mitglieder von Proteinfamilien (▶ Abb. 14.12). Jedes Mitglied der einen Familie kann mit einem Mitglied der anderen Familie ein Heterodimer bilden. Das klassische NF-κB mit dem p50/p65-Dimer ist nur ein Beispiel für mögliche Kombinationen. Der Vorteil verschiedener heterodimerer Kombinationen ist offensichtlich: Faktoren mit verschiedenen Untereinheiten können DNA-Bindungsstellen mit leicht unterschiedlicher Sequenz erkennen und deswegen jeweils andere Gene aktivieren. Zudem kennt man Homodimere, etwa das p50/p50-Dimer, die als Repressoren wirken, denn p50 besitzt keine Transaktivierungsdomäne (▶ Abb. 14.12).

- **dem Spektrum an verschiedenen DNA-Bindungsstellen.** NF-κB und verwandte Faktoren binden an Konsensussequenzen vom allgemeinen Typ 5′-GGGRNNYYCC-3′ (R, Purinnucleotid; Y, Pyrimidinnucleotid; N, beliebiges Nucleotid). Entsprechend der jeweilig speziellen Version dieses DNA-Sequenzthemas wird die Bindung durch eine spezifische dimere NF-κB-Variante vorgegeben.

- **dem individuellen Aufbau von Promotoren unterschiedlicher Zielgene.** Wie bereits dargelegt, besitzt jedes Gen seine eigenen, passenden Regulationselemente mit Bindungsstellen für meist mehrere regulatorische Transkriptionsfaktoren (RTFs). Auch die NF-κB-Zielgene stehen unter der Kontrolle mehrerer RTFs. Um diese Aussage zu verdeutlichen, zeigt die ▶ Abb. 14.13 als Beispiel das distale regulatorische Element (zwischen den Basenpaaren −37 und −110) stromaufwärts vom Gen für das Protein Interferon β. In diesem Bereich finden sich Bindungsstellen für drei Transkriptionsfaktoren, nämlich für NF-κB, für das dimere bZip-Protein ATF-2/c-Jun und für das Regulatorprotein IRF-1 (*interferon response factor*). Überdies bindet an die gezeigten Stellen das allgemeine Chromatinprotein HMGA1, das eine starke Krümmung der DNA verursacht und so die ge-

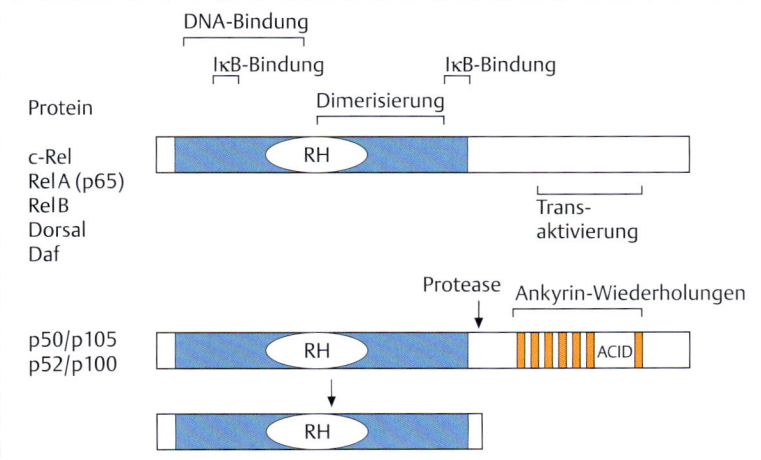

Abb. 14.12 Zwei Arten von NF-κB-(Rel-) Proteinen. Man unterscheidet zwei Typen von NF-κB-Proteinen. Ein Typ (oben) enthält neben anderen Proteinen die p65-Untereinheit (RelA) des klassischen NF-κB. Die Proteine besitzen große Transaktivierungsdomänen. Die Proteine des zweiten Typs (unten) werden als Vorläufer (p105 oder p100) gebildet und dann durch Proteasen in die reifen Produkte (p52 oder p50) überführt. Die Protease spaltet einen carboxyterminalen Abschnitt mit mehreren Ankyrin-Wiederholungen ab. Diese Sequenzmotive kommen in dem Cytoskelettprotein Ankyrin vor. RH = Rel-Homologiedomäne. (nach Liou H, Baltimore D (1993) Regulation of the NF-kB/Rel transcription factor and IkB inhibitor system. Curr Opin Cell Biol 5: 477–478)

14

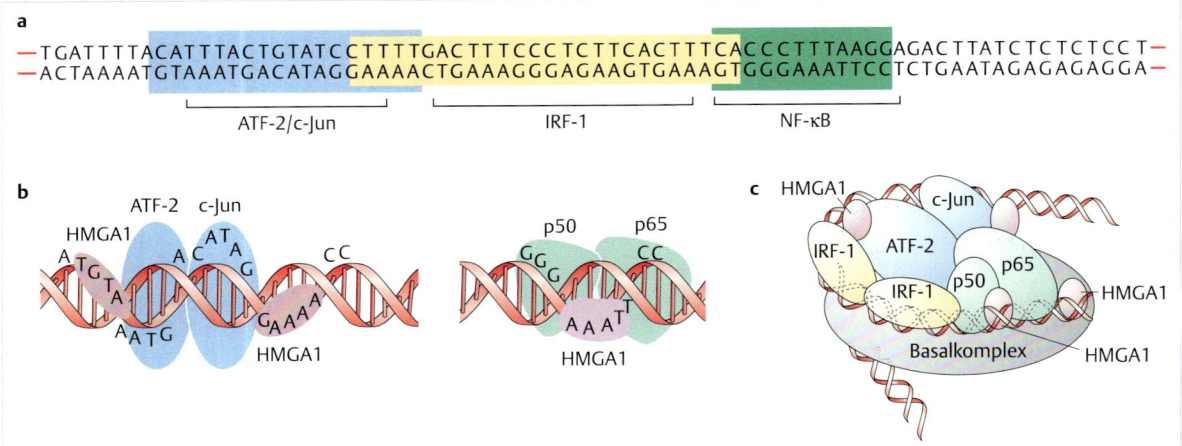

Abb. 14.13 Bindung mehrerer Faktoren am Enhancer des Interferon-β-Gens. Das Interferon-β-Gen im Humangenom steht unter der Kontrolle von NF-κB, aber zugleich von zusätzlichen anderen Transkriptionsfaktoren (ATF-2/c-Jun, IRF-1). Jeder Faktor wird über einen eigenen Signaltransduktionsweg aktiviert. Überdies kommt das weitverbreitete Chromatinprotein HMGA1 ins Spiel, das eine Beugung der DNA verursacht. (nach Thanos D, Maniatis T (1995) Virus induction of human IFNβ gene expression requires the assembly of an enhanceosome. Cell 83: 1091–1100)

a Bindungsstellen für die drei Transkriptionsfaktoren im stromaufwärts vom Gen für Interferon β.
b Bindung der beteiligten Faktoren an die DNA.
c Der stromaufwärts liegende Bereich könnte um den kompakten Komplex aus Transkriptionsfaktoren gewunden sein (Enhanceosom). Selbstverständlich ist dies eine sehr starke Vereinfachung der Verhältnisse, denn die DNA liegt im Zellkern nicht frei vor, sondern ist um Histonoktamere gewunden, der Komplex aus den generellen Transkriptionsfaktoren müsste berücksichtigt werden und es kommen Coaktivatoren dazu (s. ▶ Abb. 14.6).

trennt bindenden Proteine in engen Kontakt bringt. Die vier Proteine wirken zusammen, um die Transkription effizient zu steigern (**Synergie**), müssen aber durch ihre jeweilig spezifischen Signalwege aktiviert werden.

Ein regulatorischer Protein-DNA-Komplex entsprechend ▶ Abb. 14.13 wird oft als **Enhanceosom** bezeichnet. Das Enhanceosom rekrutiert weiterhin eine Histon-Acetyltransferase (HAT) und darüber hinaus einen Chromatin-Remodeling-Komplex (S. 152), der die DNA im Bereich des Enhanceosoms von Nucleosomen freihält. Schließlich kommt später noch CBP, das CREB-bindende Protein, dazu. Wie besprochen, besitzt CBP zwar die Aktivität einer Acetyltransferase, aber hier tritt die Acetylierung von Histonen zurück. CBP acetyliert vor allem zwei Proteine, erstens die NF-κB-Untereinheit p65, was zur Aktivierung beiträgt, und zweitens das HMGA1-Protein, was zur Inaktivierung führt, da acetyliertes HMGA1 nicht mehr gut an DNA binden kann.

In einem solchen Fall kollabiert das Enhanceosom und die Transkription des Zielgens wird unterbrochen. Auch das Abschalten der Transkription ist von physiologischer Bedeutung, denn die Reaktion einer Zelle auf Infektions- und Cytokinstress darf nicht beliebig lang dauern.

Im Übrigen gibt es zusätzlich noch eine interessante Zusatzinformation: Zu den vielen Genen, die NF-κB aktiviert, gehört auch das IκBα-Gen selbst. Das garantiert Nachschub an inhibitorischem Protein, das in den Zell-

kern gelangt, NF-κB von der DNA verdrängt und ins Cytoplasma verlagert. Dadurch wird die NF-κB-Funktion stillgelegt, jedenfalls so lange, bis der nächste Ligand an den passenden Rezeptor bindet, IκB wieder abgebaut wird und eine erneute Aktivierung von cytoplasmatischem NF-κB eintritt.

14.7 TGFβ-Signalgebung: SMADs als regulatorische Transkriptionsfaktoren

Bei der Regulation von Zellwachstum, Adhäsion, Migration, Differenzierung und Apoptose spielen das **TGFβ/SMAD-Signalsystem** und seine Auswirkung auf die Genaktivität eine wichtige Rolle (▶ Abb. 14.14). Dieses System ist von besonderer Bedeutung für die Spezifizierung von Zellen der Keimbahn und der Embryonalentwicklung, wo die Liganden der TGFβ-Familie als sogenannte **Morphogene** fungieren, die ihre Wirkung in Form von Konzentrationsgradienten ausdrücken. Die Liganden der TGFβ-Gruppe sind Polypeptide, die durch eine vielfältige Supergenfamilie codiert werden und u. a. die Signalmoleküle TGFβ (*transforming growth factor β*), Aktivin, BMP (*bone morphogenetic protein*), GDF (*growth and differentiation factor*) und Nodal erzeugen.

Die Rezeptoren dieser Liganden werden in zwei Typen eingeteilt: Typ I (ALK1–7) (ALK, *activin receptor-like kina-*

14

Liganden

· TGFβ1, TGFβ2, TGFβ3
· Aktivin-βA, -βB, -βC, -βE
· Nodal
· BMP2-7, BMP8A, BMP8B, BMP10, BMP15
· GDF1-3, GDF5-11, GDF15
· AMH (MIS)

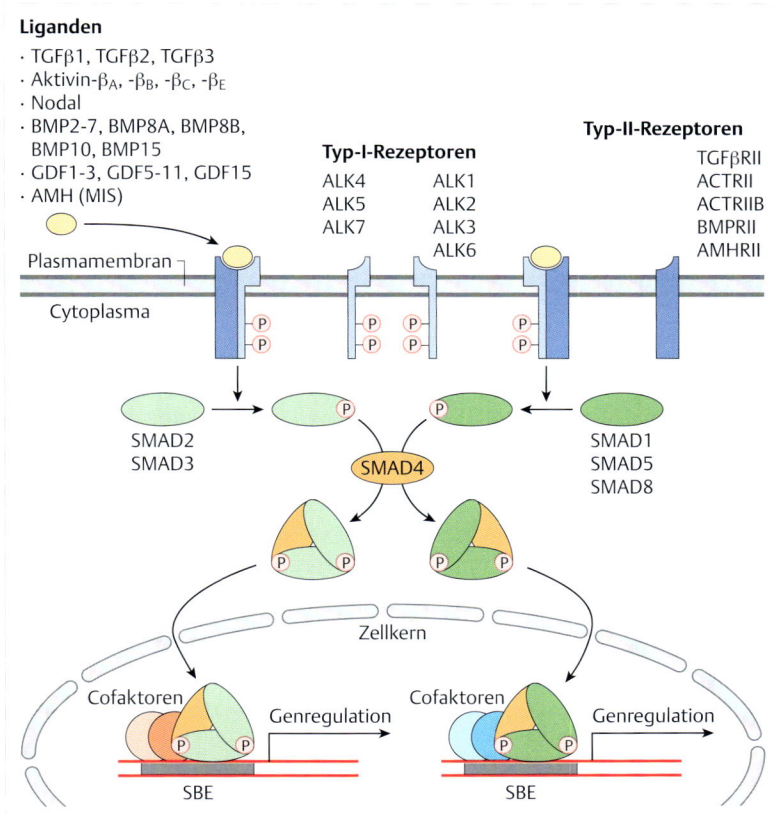

Abb. 14.14 Die TGFβ/SMAD-Signalgebung. Die ligandvermittelte Aktivierung der heterotetrameren Rezeptoren aktiviert die Phosphorylierung von cytoplasmatischen SMAD-Transkriptionsfaktoren. Diese werden nach eingetretener Heterotrimerisierung (immer unter Einbeziehung von SMAD4) in den Zellkern transloziert und erkennen ihre DNA-Bindungsstellen (SBEs, *SMAD binding elements*), eine Voraussetzung für die nachfolgende transkriptionelle Regulation von Zielgenen. Weitere Erläuterungen s. Text. (nach Schmierer B, Hill C (2007) TGFβ-SMAD signal transduction: molecular specificity and functional flexibility. Nat Rev Mol Cell Biol 8: 970–982)

se) und Typ II (z. B. TGFβRII, BMPRII). Diese Rezeptoren sind Transmembranproteine, die die Membran nur einmal passieren und die in ihrer intrazellulären Domäne eine Ser/Thr-Kinaseaktivität tragen. Die Bindung eines Liganden löst eine Heterotetramerisierung und eine Stimulation der Ser/Thr-Kinaseaktivität aus.

Dies führt zur Aktivierung latenter cytoplasmatischer Transkriptionsfaktoren, den SMADs. Es gibt das generelle **SMAD4-Protein** und die regulierbaren SMADs (SMAD1, -2, -3, -5, -8). Durch Ligandenbindung und Ausbildung der Rezeptortetramere an der Zelloberfläche ergibt sich folgende Abfolge an Ereignissen (▶ Abb. 14.14): Ein Typ-II-Rezeptor wird phosphoryliert und aktiviert die Typ-I-Rezeptorkomponente. Dadurch werden regulierbare SMADs zum Rezeptorkomplex rekrutiert und durch den Typ-I-Rezeptor phosphoryliert. Phosphorylierte SMADs bilden nachfolgend Trimere, unter Einbeziehung von SMAD4. Heterotrimere SMAD-Komplexe gelangen in den Kern, binden an regulatorische Elemente auf der DNA (*SMAD binding* elements, SBEs) von Zielgenen und rekrutieren Cofaktoren (z. B. Chromatinmodulatoren wie SWI-SNF/BRG1) oder Histon-Acetyltransferasen (wie p300, CBP). Dies ermöglicht die Rekrutierung von GTFs und die transkriptionelle Stimulation der Zielpromotoren.

SBEs enthalten die Sequenzen 5′-AGAC-3′ oder 5′-GRCGNC-3′, an die SMADs mit relativ geringer Affinität binden, wobei sie durch benachbart gebundene Transkriptionsfaktoren (z. B. FOXH1, ATF3, p53, AML) unterstützt werden. Man kennt Hunderte TGFβ/SMAD-Zielgene, die u. a. Zellzyklusinhibitoren (p16, p21), Faktoren der Zelladhärenz (E-Cadherin) oder Immunglobuline (IgA1, IgA2) codieren. Fehlfunktionen des TGFβ/SMAD-Signalsystems gehen mit Autoimmunerkrankungen, Krebserkrankungen und Wundheilungsdefekten einher.

Ein Satz noch zum Namen der zentralen Komponente dieses Signalwegs, SMAD. Die Bezeichnung spiegelt eine verwickelte Forschungsgeschichte wider. Denn ein Teil des Namens stammt aus Forschungen an dem Fadenwurm *Caenorhabditis elegans* (SMA für *small*, eine Beschreibung der Körpergröße einer Mutante) und der andere Teil aus der Entwicklungsgenetik der Fliege *Drosophila melanogaster* (MAD für *mothers against decapentaplegic*).

14.8 Wnt-Signalkaskade: β-Catenin als Transkriptionsfaktor

Für Entwicklungsbiologen ist ein spezielles Signalübertragungssystem von großer Wichtigkeit: der **Wnt-Signalweg**. Der Begriff Wnt leitet sich von zwei homologen Genen von *Drosophila* und der Maus ab, *Wingless* und *Int-1*.

14

Wnt-Proteine sind Lipoproteine, die als Liganden einer Rezeptorfamilie, den Frizzled-Proteinen (Fz-Proteine), zur rechten Zeit und in den passenden Zellen des Embryos exprimiert werden. Sie leiten über die Regulation von Genexpression wichtige Entscheidungen zu Musterbildung, Zellvermehrung und -differenzierung im Verlauf der Embryonalentwicklung ein.

Wnt-Proteine sind darüber hinaus auch bei Erwachsenen aktiv und sind essenziell für die Gesundheit eines Organismus. Mensch und Maus haben je 19 verschiedene Gene für Wnt-Faktoren. Deren Fz-Rezeptoren sind 7TM-Proteine, die die Plasmamembran in siebenfacher Windung durchziehen (7-fach transmembran oder 7TM) und kommen beim Menschen als große Proteinfamilie mit zehn Varianten vor. Für eine funktionelle Wnt-Signalgebung ist zusätzlich ein Corezeptor erforderlich, ein membranständiges Protein mit der Bezeichnung LRP (*low-density lipoprotein receptor-related protein*) (▶ Abb. 14.15).

Über den Wnt-Signalweg wird das zelluläre Schicksal des wichtigen Proteins β-Catenin reguliert. β-Catenin kann im Cytoplasma schnell proteolytisch mithilfe des Proteasoms (S. 355) abgebaut werden, wie es der Fall ist, wenn der Wnt-Signalweg nicht aktiviert ist. Wenn demzufolge der Fz-Rezeptor frei ist und kein gebundenes Wnt trägt (▶ Abb. 14.15, links), wird β-Catenin, das sich in einem Komplex mit zwei weiteren Protein befindet (Axin,

APC) phosphoryliert – hauptsächlich durch eine Proteinkinase mit der Bezeichnung GSK3β (für Glykogen-Synthase-Kinase 3β), aber auch durch andere Kinasen. Phosphoryliertes β-Catenin wird mit Ubiquitinresten beladen und dem Abbau in Proteasomen preisgegeben. Die Menge an freiem β-Catenin in der Zelle bleibt niedrig.

Anders nach der Bindung eines Wnt-Proteins an den Fz-Rezeptor (▶ Abb. 14.15, rechts). Der Dreierkomplex von β-Catenin/Axin/APC zerfällt und β-Catenin steht nicht mehr für eine Phosphorylierung zur Verfügung. Nicht phosphoryliertes β-Catenin bleibt stabil und häuft sich in der Zelle an. Es gelangt in den Zellkern und bindet spezifisch an Transkriptionsfaktoren mit der Bezeichnung **TCF/LEF** (*T cell factor/lymphoid enhancer factor*). TCF/LEFs binden über eine HMG-Box-Domäne (S. 152) sequenzspezifisch an die DNA regulatorischer Elemente von Zielgenen. In Abwesenheit von β-Catenin wirken sie wie Repressoren. Aber β-Catenin verwandelt sie in Aktivatoren, u. a. durch Rekrutierung von CBP/p300, der viel verwendeten Acetyltransferase von Histonen und von Faktoren zur Chromatinmodellierung.

Es gibt eine Vielzahl von β-Catenin-Zielgenen, denn das Ausschalten von Komponenten des Wnt-Signalwegs, gerade auch der TCF/LEF-Faktoren, hat dramatische Konsequenzen für viele verschiedene Prozesse der Embryonalentwicklung. Zu den Wnt-kontrollierten Genen gehört u. a. das Gen für c-Myc (S. 330), selbst ein Transkriptions-

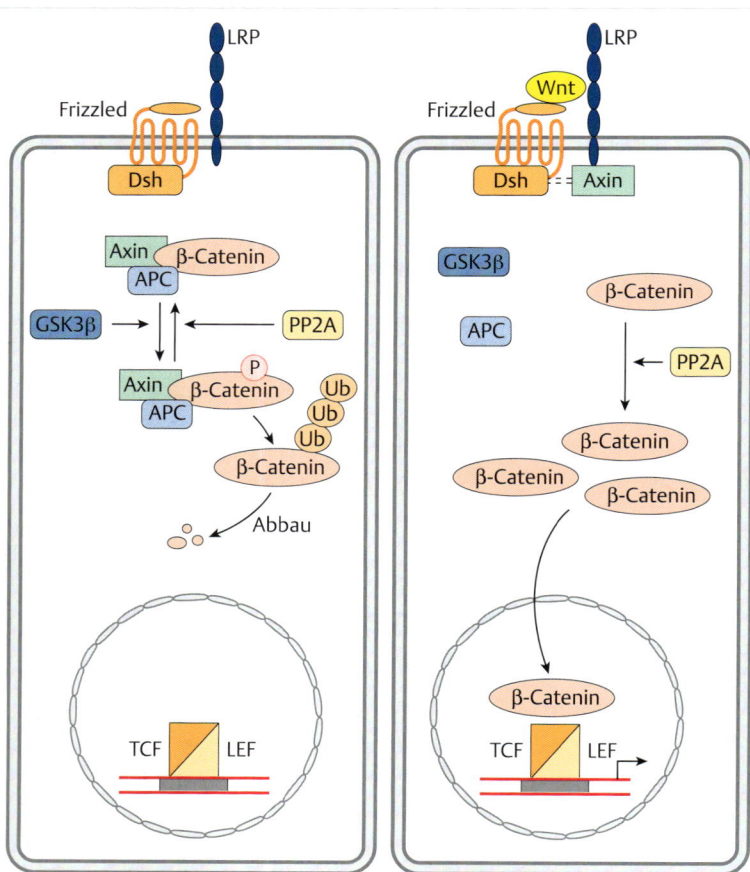

Abb. 14.15 Der Wnt-Signalweg. Im Zentrum steht des Aktivatorprotein β-Catenin, dessen Halbwertzeit über den Wnt-Signalweg reguliert wird. β-Catenin interagiert mit den beiden Gerüstproteinen Axin und APC, die – in nicht stimulierten Zellen – die Phosphorylierung von β-Catenin durch die Proteinkinase GSK3β fördern. Diese Phosphorylierung zieht eine Ubiquitinierung von β-Catenin nach sich, gefolgt von dessen Abbau im Proteasom. Die Aktivierung des Signalwegs durch den Wnt-Liganden separiert Axin, sodass die Aktivierung der Kinase GSK3β nicht erfolgt und sich die cytoplasmatische Konzentration von β-Catenin letztlich erhöht. Dies ermöglicht die Translokation von β-Catenin in den Zellkern, mit nachfolgender transkriptioneller Aktivierung von Zielgenen unter Einbeziehung des Transkriptionsfaktors TCF/LEF. Es ist darüber hinaus bekannt, dass TCF/LEF-Faktoren außer β-Catenin noch andere Coaktivatoren benötigen. Die sind hier nicht dargestellt, ebenso wenig wie die Tatsache, dass TCF/LEF noch zusätzlich durch Modifikationen verändert werden kann. (nach Logan CY, Nusse R (2004) The Wnt signaling pathway in development and disease. Annu Rev Cell Dev Biol 20: 781–810; Reya T, Clevers H (2005) Wnt signalling in stem cells and cancer. Nature 434: 843–850)

14

faktor mit wichtigen Aufgaben bei der Zellproliferation, und das Gen für Cyclin D, ein Kontrolleur des Zellzyklus (S. 204). Außerdem spielen Mutationen von Komponenten des Wnt-Signalwegs eine große Rolle bei der Krebsentstehung (Pathologie 14.2) (S. 349).

Pathologie 14.2

Coloncarcinom und Mutationen im Wnt-Signalweg

Etwa 10 % aller Fälle von Coloncarcinomen kommen gehäuft in Familien vor und entwickeln sich aus zunächst gutartigen Wucherungen (Polypen) des Dickdarmepithels. Einige Polypen können sich in bösartige Krebszellen umwandeln – man spricht von einer Familiären Adenomatösen Polyposis (FAP). Über Kopplungsanalysen (S. 479) konnte ein Gen identifiziert werden, dessen Ausfall die polypöse Zellwucherung verursacht – das Gen **APC** (*adenomatous polyposis coli*), das ein Tumorsuppressorprotein codiert. In gesunden Zellen unterstützt das APC-Protein die Kinase GSK3β das β-Catenin zu phosphorylieren. Bei der familiären Polyposis liegt eine **Keimbahnmutation** vor. Deswegen besitzen alle Zellen der betroffenen Personen das mutierte *APC*-Gen. Anders verhält es sich bei allen anderen Patienten mit Coloncarcinom. Bei ihnen ist das *APC*-Gen durch eine **somatische Mutation** beschädigt, zunächst in vielleicht nur einer Zelle des Dickdarmepithels. Diese Zelle erwirbt damit einen Wachstumsvorteil, sodass sie schneller proliferiert als ihre Nachbarzellen. Es entstehen Polypen, die das mutierte *APC* besitzen. Ungefähr 85 % aller Coloncarcinome gehen auf eine solche *APC*-Mutation zurück.

Wie man erwarten würde, ist das APC-Protein nicht die einzige Komponente des Wnt-Signalwegs, die in Krebszellen verändert ist. Häufig und verbreitet bei vielen der bekannten menschlichen Tumor- und Krebsarten findet man **Mutationen im Gen für β-Catenin**. Solche Mutationen verhindern eine Phosphorylierung oder behindern auf andere Art und Weise den Abbau und erhöhen damit die Konzentration an β-Catenin in der Zelle.

Auch **Mutationen im Axin-Gen**, wie sie zum Beispiel bei 5–10 % von hepatozellulären Carcinomen vorkommen, sowie Punktmutationen und Überexpression von TCF sind bekannt. Am häufigsten sind aber *APC*-Mutationen.

Zwar regt eine Mutation im *APC*-Gen eine vermehrte Proliferation an, aber sie reicht nicht aus, um normale Epithelzellen in Carcinomzellen zu überführen. Dazu sind Mutationen in anderen Genen erforderlich, wobei jede Mutation die Fähigkeit der Zelle zur autonomen Proliferation fördert.

- Die erste Mutation liegt im Fall der familiären Polyposis bereits seit Geburt vor und betrifft eines der beiden **APC-Allele**. Später kann dann eine Mutation im zweiten *APC*-Allel erfolgen. Die Konsequenz ist, dass β-Catenin nicht mehr phosphoryliert und damit nicht abgebaut wird, was eine unkontrollierte Proliferation von Epithelzellen bedeutet, eben die Bildung von Polypen.
- Weitere Mutationen betreffen das **Onkogen K-Ras**, jedenfalls in mehr als 50 % aller Coloncarcinome. K-Ras ist ein G-Protein (S. 336) und steht am Anfang einer eigenen Signaltransduktionskette, der MAPK-Signalkette (s. Kap. 14.3), die schließlich zur Aktivierung von Genen für die Zellproliferation führt.
- In den Coloncarcinomzellen, aber auch in den Zellen vieler, wenn nicht der meisten anderen Arten von Carcinomen sind Veränderungen in der DNA-Methylierung von stromaufwärts liegenden Bereichen mancher Gene nachweisbar. Zum Beispiel findet man in 30–40 % aller Tumoren, auch von Coloncarcinomen, eine Hypermethylierung im Promotor des Gens **CDKN2A**. Dieses Gen codiert den Cyclinkinaseinhibitor p16[INK4A]. Die Hypermethylierung bedeutet das Abschalten eines Gens. Und wir können uns die Folgen der *CDKN2A*-Abschaltung leicht ausmalen: Die Synthese eines wichtigen Regulators des Zellzyklus fällt aus und eine ungeordnete Zellproliferation ist die Folge.
- Schließlich ist in Coloncarcinomzellen, wie in mehr als der Hälfte aller anderen menschlichen Tumoren, das ***TP53*-Gen** durch Mutation ausgefallen. Dieses Gen codiert das **Protein p53** (S. 211), das eine zentrale Rolle bei der DNA-Schadensüberwachung spielt. Ein Ausfall von p53 wird also zur Anhäufung weiterer Mutationen führen, nicht nur von Proliferationsgenen, sondern auch von Genen für Zelloberflächenproteine, was das Entlassen von Zellen aus dem Gewebeverband und eine nachfolgende Metastasierung erleichtert.

14.9 Sauerstoff: HIF als Sensor und Transkriptionsfaktor

Alle vielzelligen Organismen sind auf Sauerstoff (O_2) zur Energiegewinnung angewiesen. Wenn die normale Sauerstoffkonzentration (Normoxie) in eine unzureichende Versorgung (Hypoxie) umschlägt, dann wird eine Stressantwort mit veränderten Genaktivitätsmustern auslöst. An dieser Genregulation ist der regulatorische Transkriptionsfaktor **HIF** (Hypoxie induzierbarer Faktor) beteiligt.

HIF ist ein Heterodimer aus HIFα und HIFβ mit je einer bHLH-Domäne zur DNA-Erkennung. Die DNA-Bindungsstelle ist HRE (Hypoxie-Response-Element) und enthält die Nucleotidsequenz 5'-A/GCGTG-3'. Sie findet sich als proximales regulatorisches Element im 5'-Bereich aller Zielgene von HIF, mit einem Abstand von 50–1000 Nucleotiden zum Startpunkt der Transkription. Die α-Untereinheit von HIF ist instabil (sauerstoffabhängig), während die β-Untereinheit konstitutiv exprimiert ist.

14

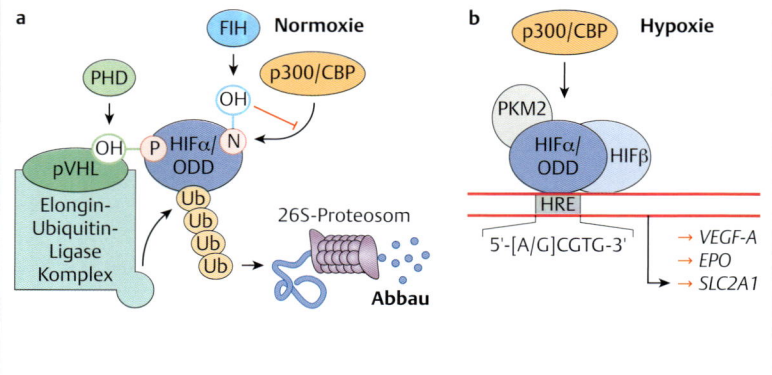

Abb. 14.16 Aktivierung des Transkriptionsfaktors HIF. (nach Greer SN, Metcalf JL, Wang Y et al (2012) The updated biology of hypoxia-inducible factor, EMBO J 31: 2448–2460)

a Unter normaler Sauerstoffversorgung (Normoxie) wird HIFα von den Proteinen FIH und PHD hydroxyliert und von dem Protein pVHL ubiquitiniert, mit nachfolgendem Abbau im Proteasom.

b Bei Sauerstoffmangel (Hypoxie) ist HIFα stabil, bildet ein Heterodimer mit HIFβ und aktiviert Zielgene. PKM2 ist ein Cofaktor von HIFα. Weitere Erläuterungen s. Text.

HIFα wird in mindestens drei Isoformen hergestellt: HIF1α, HIF2α oder HIF3α. Die α-Untereinheit trägt eine Domäne, die als ODD (*oxygen-dependent degradation domain*) bezeichnet wird. Unter **Normoxie** (▶ Abb. 14.16a) findet sich HIFα in hydroxylierter Form, d. h. zwei konservierte Prolinbausteine der ODD tragen je eine Hydroxylgruppe, die enzymatisch von einem PHD-tragenden Enzym posttranslational angebracht wird (PHD, Prolylhydroxylasedomäne). PHD-Enzyme benötigen O_2 für ihre enzymatische Aktivität. Hydroxy-HIFα wird durch den pVHL-Komplex ubiquitiniert und nachfolgend im Proteasom abgebaut. Somit ist unter normoxischen Bedingungen der Transkriptionsfaktors HIF instabil.

Anders bei einer **Hypoxie** (▶ Abb. 14.16b). Dann ist HIFα weder hydroxyliert noch ubiquitiniert und wird deswegen nicht abgebaut. In Folge bildet sich das HIFα/β-Heterodimer, das die Transkription von Zielgenen aktivieren kann. HIF-Zielgene codieren u. a. die Proteine SLC 2A1 (für die Glykolyse), VEGF-A (für die Angiogenese) und EPO (für die Erythropoese).

Das DNA-gebundene HIFα/β-Protein rekrutiert den transkriptionellen Coaktivator CBP/p300 zum Präinitiationskomplex seiner Zielgene. Hier greift ein weiterer Regulationsmechanismus ein. Bei Normoxie führt das Protein FIH (*factor inhibiting HIF*) eine Hydroxylierung an Asp803 von HIF1α durch. Die Konsequenz ist, dass die Bindung des Coaktivators p300/CBP ausbleibt.

Über Sauerstoff wird der Stoffwechsel reguliert und das wirkt sich direkt auch auf die Zellproliferation aus. Somit ist verständlich, dass Störungen der HIF-gesteuerten Genregulation für pathologische Zustände wie Krebserkrankung und Metastasierung, auch Herz- und Kreislauferkrankungen verantwortlich sind.

14.10 Steroide: nucleäre Hormonrezeptoren regulieren die Genexpression

Eine besondere Klasse von Transkriptionsfaktoren bilden die nucleären Hormonrezeptoren, da bei diesen Faktoren die Fähigkeit, ein physiologisches Signal zu erkennen (d. h. ein Hormon zu binden) und die Transkription zu regulieren, in einem Protein vereinigt ist. Die Bindung des Hormons an den Rezeptor aktiviert dessen latente Fähigkeit zur direkten Regulation der Transkription. Nucleäre Rezeptoren sind an zahlreichen physiologischen Vorgängen beteiligt: der Differenzierung während der Embryonalentwicklung, der hormonellen Signalvermittlung bei der Reproduktion, der Regulation des Stoffwechsels von Aminosäuren und Fettsäuren, usw. Einen vertieften Einblick bietet der Nuclear Receptor Signaling Atlas (NURSA).

Merke

Nucleäre Hormonrezeptoren können ein physiologisches Signal erkennen (Bindung des Hormons) und die Transkription regulieren (Bindung an die DNA).

Im Genom von Mensch und Säugetieren finden sich ungefähr 50 Gene für verschiedene nucleäre Hormonrezeptoren, Insekten codieren etwa doppelt so viele Mitglieder dieser Genfamilie, während der Nematode *Caenorhabditis elegans* die erstaunliche Zahl von 270 nucleären Hormonrezeptoren exprimieren kann.

Die Liganden der nucleären Rezeptoren sind fettlösliche Moleküle wie Steroidhormone, Retinsäure, Vitamin D u. a. (▶ Abb. 14.17), die durch die Cytoplasmamembran ins Zellinnere, ja oft bis in den Zellkern gelangen und dort an ihre Rezeptoren binden. Anders verhält es sich übrigens bei den Steroidhormonrezeptoren von Pflanzen: Sie sitzen in der Cytoplasmamembran und aktivieren von dort genregulatorische Signaltransduktionsketten. Bei

14

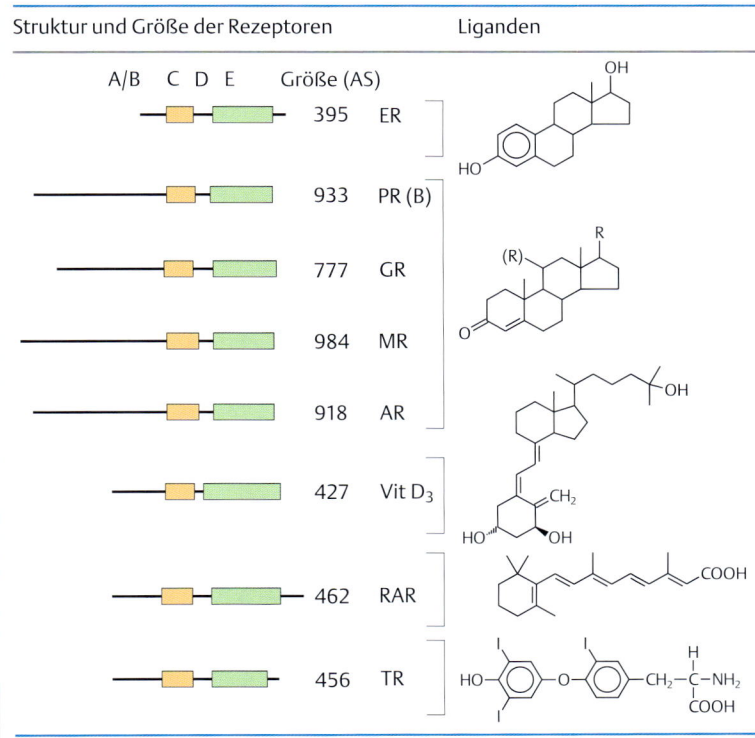

Struktur und Größe der Rezeptoren					Liganden
A/B	C	D	E	Größe (AS)	
				395	ER
				933	PR (B)
				777	GR
				984	MR
				918	AR
				427	Vit D₃
				462	RAR
				456	TR

Abb. 14.17 Einige nucleäre Hormonrezeptoren und ihre Liganden. Die Liganden für PR, GR, MR und AR unterscheiden sich durch die Seitengruppen an den Stellen R und (R) des Grundgerüsts. Abkürzungen: ER = Östrogenrezeptor, PR = Progesteronrezeptor, GR = Glucocorticoidrezeptor, MR = Mineralocorticoidrezeptor, AR = Androgenrezeptor, VitD$_3$ = Vitamin-D$_3$-Rezeptor, RAR = Retinsäurerezeptor, TR = Thyroidhormonrezeptor, A/B = Aktivierungsdomäne, C = DNA-Bindungsdomäne, D = Verbindungsdomäne, E = Ligandenbindungsdomäne, AS = Aminosäure. (aus Mangelsdorf DJ, Thummel C, Beato M et al (1995) The nuclear receptor superfamily: the second decade. Cell 83: 835–839)

Tieren waren zuerst die Steroidhormonrezeptoren bekannt, später kamen die Rezeptoren für Thyroidhormone, Vitamin D und Retinsäuren dazu. Viele Rezeptoren wurden zunächst nur aufgrund ihrer Struktur erkannt, und da zunächst kein Ligand bekannt war, sprach man von *orphan receptors* („verwaisten Rezeptoren"). Aber die Zahl dieser Rezeptoren mit unbekannten Liganden nimmt ab. Kontinuierlich werden neue Liganden für spezifische Rezeptoren entdeckt, z. B. ungesättigte Fettsäuren, Gallensäuren, Fremdstoffe (Xenobiotika) wie Taxol oder Rifampicin.

Was alle Rezeptoren verbindet, ist die gemeinsame allgemeine Struktur: Eine hoch konservierte DNA-Bindungsdomäne (C in ▶ Abb. 14.17) und eine gering konservierte Ligandenbindungsdomäne (E in ▶ Abb. 14.17) sind durch ein flexibles Zwischenstück verbunden (D). Die Ligandenbindungsdomäne trägt wesentlich zur Dimerisierung bei. Es gibt zwei Aktivierungsdomänen: eine erste im aminoterminalen Bereich (A/B), die auch in Abwesenheit eines Liganden das Geschehen am Promotor beeinflussen kann, und eine zweite im carboxyterminalen Bereich, die mehr oder weniger stark mit der Ligandenbindungsdomäne überlappt und erst nach Eintreffen des Liganden aktiv wird.

▶ **Die DNA-Bindungsdomäne der nucleären Hormonrezeptoren: ein besonderes Zinkfingermotiv.** Die Aminosäuresequenzen in den DNA-Bindungsdomänen falten sich zu einer Folge von zwei hintereinandergeschalteten Zinkfingern (▶ Abb. 14.18a). Aber anders als die Zinkfinger in den Proteinen Sp1 und TFIIIA (S. 331) wird hier ein Zinkfinger durch vier entsprechend angeordnete Cysteinreste (Cys$_4$-Typ) gebildet (und nicht durch zwei Cystein- und zwei Histidinreste: Cys2His2-Typ) (S. 331). In der dreidimensionalen Struktur (▶ Abb. 14.19) erkennt man, dass sich die beiden Zinkfinger der nucleären Rezeptoren zu einer kompakten Domäne falten, in der sich zwei, im rechten Winkel zueinander liegende α-Helices ausbilden. In diesem Bereich befinden sich die Aminosäuren, die sich bei der Erkennung der spezifischen DNA-Bindungsregion in die große DNA-Furche legen. Als Beispiel für das allgemeine Bauprinzip zeigt ▶ Abb. 14.19 die DNA-Bindungsdomäne des Glucocorticoidrezeptors.

▶ **Dimerisierung.** Alle nucleären Rezeptoren sind als **Dimere** aktiv. Deshalb bestehen die spezifischen **DNA-Bindungsstellen** aus zwei gegenläufigen (palindromen) Sequenzmotiven, wie in ▶ Abb. 14.20a für Steroidrezeptoren (den Glucocorticoidrezeptor und den Östrogenrezeptor) angedeutet, oder aus zwei direkten Sequenzwiederholungen, wie bei den Retinsäurerezeptoren (s. u.; ▶ Abb. 14.20b).

▶ **Ligandenbindungsdomäne.** Die Domäne besteht aus etwa einem Dutzend α-Helices, die zusammen eine hydrophobe Tasche zur Aufnahme des Liganden bilden. Nach der Bindung eines Liganden verändert eine α-Helix ihre Position und dreht sich so, dass Kontakte mit Coaktivatoren (s. u.) aufgenommen werden können.

14

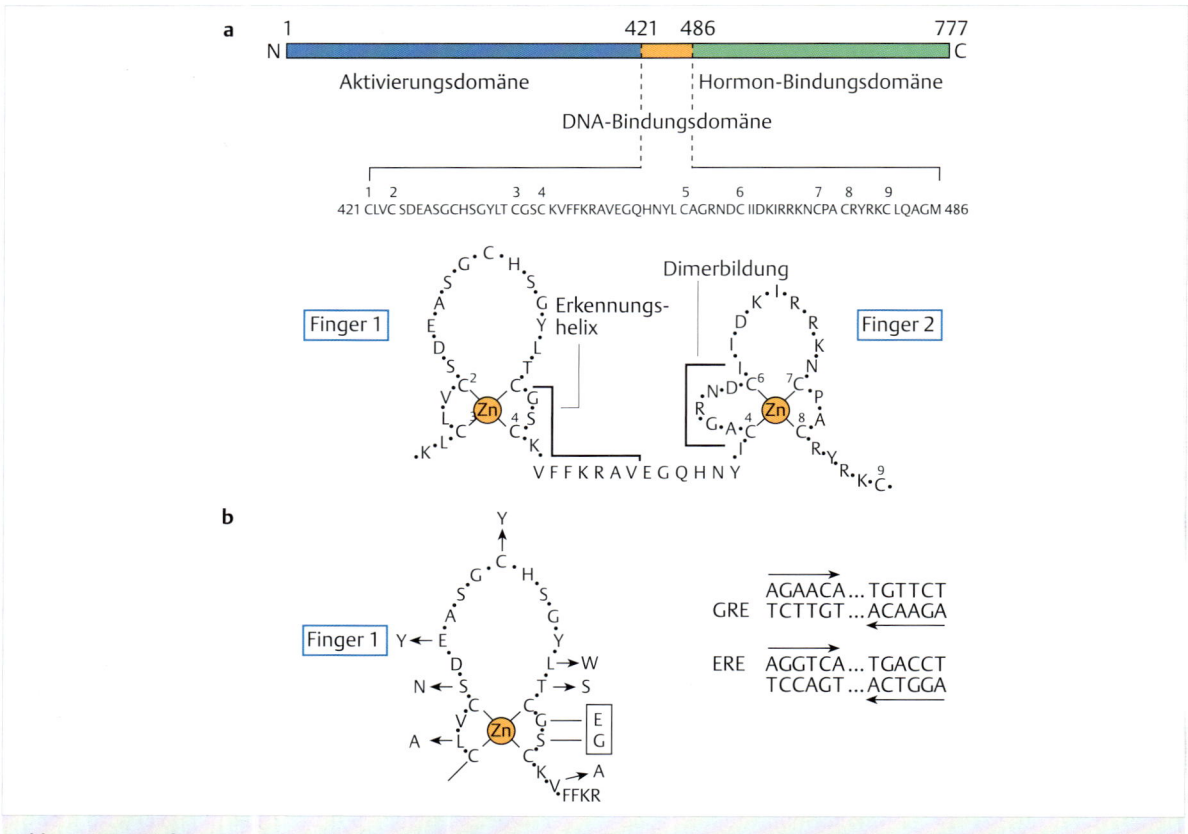

Abb. 14.18 Der Glucocorticoidrezeptor. (nach Danielson M, Hinck L, Ringold GM (1989) Two amino acids within the knuckle of the first zinc finger specify DNA response element activation by glucocorticoid receptor. Cell 57: 1131–1138; Schwabe JWR, Rhodes D (1991) Beyond zinc fingers: steroid hormone receptors have novel structural motif for DNA recognition. Trends Biochem Sci 16: 291–296)

a Das GR-Protein besteht aus 777 Aminosäuren. Drei Domänenbereiche sind hervorgehoben: die Aktivierungsdomäne (N-terminaler Abschnitt, für die Transaktivierung verantwortlich), die DNA-Bindungsdomäne und die Hormonbindungsdomäne (C-terminale Domäne). Im C-terminalen Bereich erfolgt auch die Bindung an das Hsp90-Protein. Die Cysteinreste, die in der DNA-Bindungsdomäne von diesem und anderen Hormonrezeptoren der ▶ Abb. 14.17 vorkommen, können in einer tetrahedralen Konfiguration Zink-Ionen binden und damit zwei Zinkfinger bilden. Beachte, dass die Zinkfinger in den Hormonrezeptoren anders aussehen als die Zinkfinger in den früher besprochenen DNA-bindenden Proteinen wie Sp1 (S.332).

b Links: Der erste Finger im GR. Seine Struktur entspricht der des Östrogenrezeptors, mit Ausnahme der Stellen, die durch Pfeile (Aminosäureaustausch) gekennzeichnet sind. Die DNA-Bindungsspezifität des Glucocorticoidrezeptors beruht allein auf den eingerahmten Aminosäuren im ersten Zinkfinger. Rechts: Der Austausch von GS (Gly-Ser) gegen EG (Glu-Gly) ändert die Spezifität. Aus einem Rezeptor, der an GRE in der DNA bindet, wird ein Rezeptor, der zwar nach wie Glucocorticoide bindet, aber jetzt Gene aktiviert, die ein ERE besitzen. GRE = Glucocorticoid-Response-Element, ERE = Östrogen-Response-Element (*estrogen response element*).

Die nucleären Hormonrezeptoren können in **zwei Gruppen** eingeteilt werden (▶ Tab. 14.1).

Gruppe A sind die Steroidhormonrezeptoren. In Abwesenheit von Liganden bewegen sie sich frei im Zellkern oder im Cytoplasma, wo einer, nämlich der Glucocorticoidrezeptor (GR), sogar im Komplex mit Chaperonproteinen (Hsp70, Hsp90) (S.112) vorliegt. Die Bindung des Steroidhormons an den Rezeptor induziert die Freisetzung vom Chaperon, die Dimerisierung und schließlich die Interaktion mit der DNA. Wie in der ▶ Abb. 14.18b gezeigt, sind die Erkennungsstellen kurze palindrome DNA-Sequenzen, meist getrennt von 3 bp als Spacer.

Zu den Rezeptoren der **Gruppe B** gehören die Thyroidhormonrezeptoren, die Vitamin-D-Rezeptoren, die Retinsäurerezeptoren (RAR, RXR) (▶ Abb. 14.20b) und eine physiologisch wichtige Rezeptorfamilie mit der Bezeichnung PPAR (*peroxisome proliferator-activated receptors*).

▶ **Retinsäurerezeptoren RAR und RXR.** Retinsäure (RA, *retinoic acid*) und ihre Derivate binden an die Rezeptoren RAR und RXR, die in vielen Varianten vorkommen. (▶ Abb. 14.20b). Retinsäuren haben entscheidend wichtige Funktionen bei der Embryonalentwicklung und Zelldifferenzierung. Im Genom von Säugetieren finden sich mindestens je drei verschiedene *RAR*- und *RXR*-Gene, de-

14

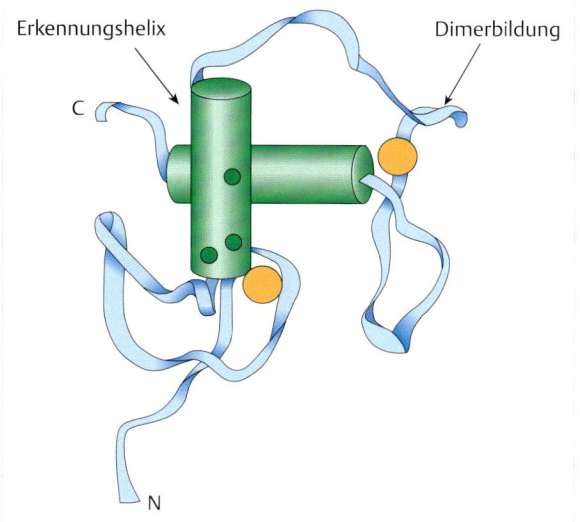

Erkennungshelix   Dimerbildung

C

N

Abb. 14.19 Die dreidimensionale Struktur der DNA-Bindungsdomäne des Glucocorticoidrezeptors. Beide Zinkfinger-motive bilden eine kompakte Strukturdomäne. Die Punkte auf der Erkennungshelix zeigen die wichtigsten Kontakte mit der DNA: Gly, Ser und Val im Glucocorticoidrezeptor; Glu, Gly und Ala im Östrogenrezeptor. Die Skizze zeigt nur eine Hälfte des DNA-Bindungsmotivs, die andere Hälfte wird durch den Dimerpartner gebildet. (nach Danielson M, Hinck L, Ringold GM (1989) Two amino acids within the knuckle of the first zinc finger specify DNA response element activation by glucocorticoid receptor. Cell 57: 1131–1138; Schwabe JWR, Rhodes D (1991) Beyond zinc fingers: steroid hormone receptors have novel structural motif for DNA recognition. Trends Biochem Sci 16: 291–296)

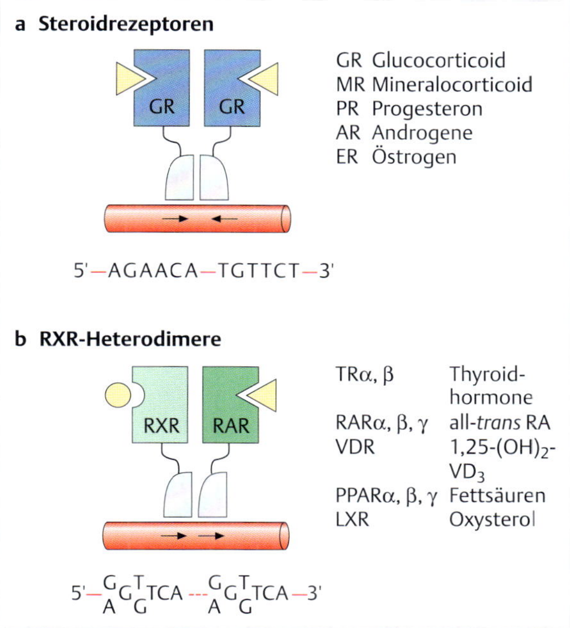

a Steroidrezeptoren

GR | GR

5'—AGAACA—TGTTCT—3'

GR Glucocorticoid
MR Mineralocorticoid
PR Progesteron
AR Androgene
ER Östrogen

b RXR-Heterodimere

RXR | RAR

$5'—\begin{smallmatrix}G\\A\end{smallmatrix}G\begin{smallmatrix}T\\G\end{smallmatrix}TCA---\begin{smallmatrix}G\\A\end{smallmatrix}G\begin{smallmatrix}T\\G\end{smallmatrix}TCA—3'$

TRα, β   Thyroid-
                hormone
RARα, β, γ   all-*trans* RA
VDR   1,25-(OH)$_2$-
                VD$_3$
PPARα, β, γ   Fettsäuren
LXR   Oxysterol

Abb. 14.20 Gruppen von nucleären Rezeptoren. (nach Kliewer SA, Lehmann JM, Willson TM (1999) Orphan nuclear receptors: shifting endocrinology into reverse. Science 284: 757–760)
a Rezeptoren der Gruppe A sind Homodimere, die an palindrome DNA-Elemente binden.
b Die Rezeptoren der Gruppe B sind Heterodimere und binden an direkte Sequenzwiederholungen.

ren Transkripte zudem durch alternatives Spleißen (S. 371) verändert werden können, was die Rezeptorvielfalt erhöht. RAR-Proteine können verschiedene Retinsäurederivate binden, aber RXR-Proteine haben als typischen Liganden 9-*cis*-Retinsäure. Diese Verhältnisse sind in der ▶ Abb. 14.21 illustriert. RXR spielt für alle Rezeptoren der Gruppe B eine wichtige Rolle. Er ist nämlich der **obligate Dimerpartner.** Anders gesagt, die funktionellen Formen der Rezeptoren der Gruppe B sind Heterodimere vom Typ VDR/RXR oder PPAR/RXR oder RAR/RXR usw. (▶ Abb. 14.20b). Sie binden in dieser Form an ihre DNA-Erkennungssequenzen, meist kurze direkte Sequenzwiederholungen, deren Spezifität durch den Spacer dazwi-

schen bestimmt wird (mit einer Länge zwischen 0 und 6 bp).

Schließlich noch ein wichtiger Punkt: Anders als die Steroidhormonrezeptoren der Gruppe A, die in Abwesenheit ihrer Liganden meist frei und ungebunden in der Zelle vorkommen, sitzen die heterodimeren nucleären Hormonrezeptoren der Gruppe B immer fest auf ihren DNA-Bindungsstellen, auch in Abwesenheit der Liganden. Das hat genetische Konsequenzen: nucleäre Rezeptoren ohne Liganden wirken als Repressoren.

▶ **Coaktivatoren und Corepressoren der nucleären Hormonrezeptoren.** DNA-gebundene Rezeptoren können

Tab. 14.1 Nucleäre Hormonrezeptoren.

Gruppe	Vorkommen	funktionelle Form	DNA-Bindungsstelle
Gruppe A Steroidhormonrezeptoren (GR, ER, PR, MR, AR)	frei im Cytoplasma und/oder Zellkern	Dimere aus zwei identischen Untereinheiten (Homodimere)	gegenläufige (palindrome) Sequenzmotive
Gruppe B TR, RAR, VDR, PPAR u. a.	auch in Abwesenheit des Liganden an Chromatin gebunden	Heterodimere (meist mit RXR)	direkte Sequenzwiederholungen mit verschieden langen Abständen (Spacer)

Abkürzungen s. ▶ Abb. 14.17.

14

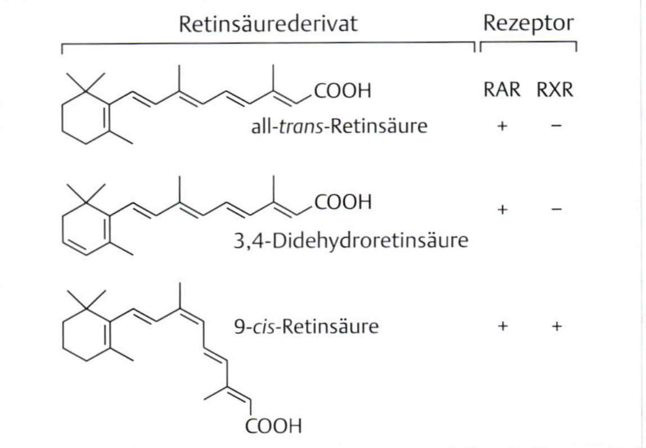

Abb. 14.21

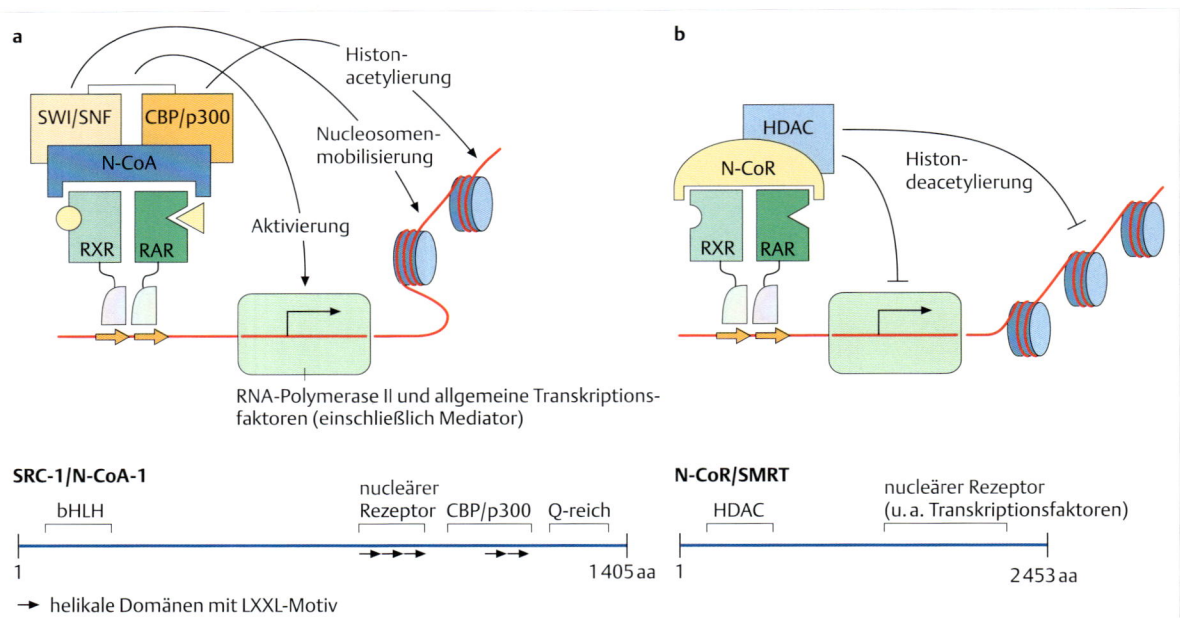

Abb. 14.21 Liganden von RAR und RXR. Die drei Formen der Retinsäure: all-*trans*-Retinsäure, 3,4-Didehydroretinsäure und 9-*cis*-Retinsäure binden an den Rezeptor RAR, aber nur die 9-*cis*-Retinsäure bindet an den Rezeptor RXR.

mit Hilfsproteinen interagieren, die die Expression der gebundenen Zielgene beeinflussen (▶ Abb. 14.22a). Im ligandengebundenen Zustand können Rezeptoren der Gruppen A und B das Hilfsprotein N-CoA (*nuclear co-activator A*), auch SRC genannt (SRC, *steroid receptor co-activator*) binden. N-CoA dient als Adapter, um Aktivatoren der lokalen Chromatinstruktur zu rekrutieren (z. B. die Histon-Acetyltransferasen CBP und p300 oder den SWI/SNF-Komplex; s. Kap. 13.6).

An DNA-gebundene Rezeptoren der Gruppe B im ligandenfreien Zustand lagert sich das Hilfsprotein N-CoR an (*nuclear receptor co-repressor*), eng verwandt mit dem SMRT-Protein (SMRT, *silencing mediator of retinoic and thyroid hormone receptor*). Dadurch werden Histon-Deacetylasen (HDACs) rekrutiert, die die Acetylgruppen von Histonen entfernen und zur Verdichtung der Chromatinstruktur beitragen (▶ Abb. 14.22b).

Abb. 14.22 Aktivierung und Repression. (nach Leo C, Chen JD (2000) The SRC family of nuclear receptor coactivators. Gene 245: 1–11)
a Oben: Der DNA-gebundene Rezeptor ist aktiviert, d. h. er trägt Liganden und zieht den nucleären Coaktivator (N-CoA) heran, der seinerseits eine Reihe von Faktoren bindet. Unten: Schema eines N-CoA. Das Protein aus 1405 Aminosäuren hat mehrere funktionelle Domänen, von denen hier ein bHLH-Motiv (S. 329) im aminoterminalen Teil und mehrere Interaktionsdomänen im carboxyterminalen Teil gezeigt sind. Die Interaktionsdomänen sind durch α-helikale Bereiche mit LXXL-Motiven ausgezeichnet (L = Leucin, X = beliebige Aminosäure). Es gibt mehrere Arten von N-CoA mit ähnlicher allgemeiner Struktur.
b Oben: Der Rezeptor trägt keine Liganden. Seine Konformation hat sich geändert. Er rekrutiert jetzt eines von mehreren N-CoR-Proteinen. N-CoR wiederum bindet Histon-Deacetylasen (HDAC), die eine Verdichtung der Chromatinstruktur verursachen. Das Gen ist stillgelegt. Unten: N-CoR ist ein großes Protein aus 2453 Aminosäuren mit mehreren funktionellen Domänen. Eine Domäne für Kontakte mit HDACs, eine andere für nucleäre Rezeptoren. N-CoR ist nicht auf nucleäre Rezeptoren spezialisiert, sondern kann auch mit anderen DNA-gebundenen Transkriptionsfaktoren reagieren und deren Repressorwirkung fördern. aa = Aminosäure.

14

14.11 Signalgebung durch Abbau von Proteinen im Proteasom

Die Ubiquitinierung von Proteinen und der nachfolgende Abbau des ubiquitinierten Proteins im Proteasom wurden bereits in ▸ Abb. 14.1f als wichtiger Schritt im Verlauf von Signalübertragungskaskaden beschrieben. So ist der kontrollierte Abbau von IκB eine entscheidende Station im NF-κB-Signalweg (S. 344), ebenso wie es der Abbau von β-Catenin im Wnt-Signalweg (S. 347) ist. Beide Proteine werden mit Ubiquitin markiert und dann durch Proteasomen abgebaut. Ähnliches kann man in früheren Kapiteln lesen: Der regelmäßige Abbau von Cyclinen im Zellzyklus (S. 204), die Funktion des APC/C (*anaphase promoting complex/cyclosome*) bei der Mitose (S. 202), die Stabilisierung von p53 nach DNA-Schäden (S. 211). Kurz, der ubiquitinvermittelte Abbau von Proteinen, ist ein großes und bedeutendes Kapitel der molekularen Zellbiologie.

Im Prinzip geht es um die **kovalente Bindung** des hoch konservierten und weitverbreiteten kleinen Proteins Ubiquitin (aus 76 Aminosäuren) an ein Zielprotein. Dabei kommt es zur Verknüpfung der Carboxylgruppe von Ubiquitin mit der ε-Aminogruppe (in der Seitenkette) eines Lysinbausteins des Zielproteins. Dieses erste Ubiquitin dient dann als Akzeptor für weitere Ubiquitinbausteine, und zwar über sein Lysin an der 48. Position, dessen ε-Aminogruppe mit der Carboxylgruppe eines neuen Ubiquitins verbunden wird. Das Zielprotein kann Ketten von bis zu zehn Ubiquitinbausteinen erhalten (▸ Abb. 14.23).

Die Ubiquitinkette an einem abzubauenden Protein ist das Erkennungsmerkmal für einen großen Proteinkomplex, **26S-Proteasom** genannt. Das Proteasom hat eine aus vielen Untereinheiten aufgebaute zylinderförmige Struktur, in die das ubiquitinierte Protein eingeschleust und abgebaut wird. Die Ubiquitinbausteine werden vorher abgetrennt und können wieder benutzt werden.

Ubiquitinierung von Proteinen erfolgt mit hoher Spezifität und zum exakten Zeitpunkt, jeweils unter Beteiligung spezifischer Signalübertragungskaskaden. Wie kommt diese Spezifität zustande? Um dies zu verstehen, muss die **Ubiquitinierungsreaktion** – zumindest in Umrissen – beschrieben werden (▸ Abb. 14.23b), die in drei Stufen erfolgt. An der ersten Stufe steht das **ubiquitinaktivierende Enzym**, UBA1 oder meist als E1 bezeichnet. Unter Verbrauch von ATP wird eine Thiolesterbindung zwischen einer Cysteingruppe von E1 und Ubiquitin gebildet. Die zweite Stufe ist die Übertragung des Ubiquitins

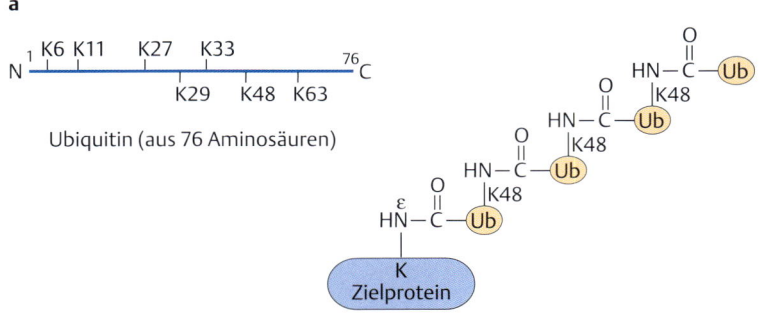
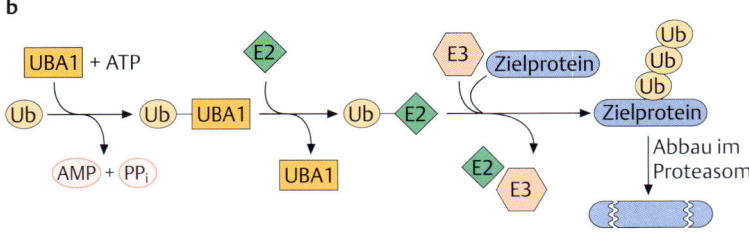
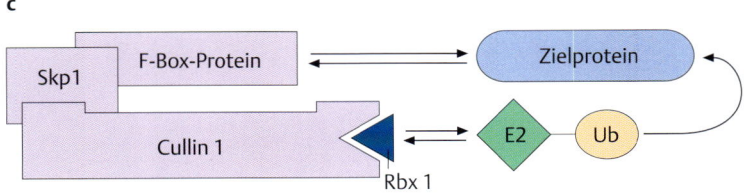

Abb. 14.23 Ubiquitinierung von Proteinen. (nach Conaway RC, Brower CS, Conaway JW (2002) Emerging roles of ubiquitin in transcription regulation. Science 296: 1254–1258; Pichart CM (2001) Mechanisms underlying ubiquitination. Annu Rev Biochem 70: 503–533)
a Das Polypeptid Ubiquitin mit der Position von Lysinbausteinen (K). Ubiquitinketten am Zielprotein.
b Drei Stufen der Ubiquitinierung eines Zielproteins. UBA1 = ubiquitinaktivierendes Enzym (auch E1 genannt), E2 = ubiquitinkonjugierendes Enzym, E3 = Ubiquitin-Ligase.
c Ein Typ einer Ubiquitin-Ligase. SCF geht zwei Wechselwirkungen ein: eine mit dem Zielprotein und eine mit dem ubiquitinbeladenen E2-Protein.

14

von E1 auf das **ubiquitinkonjugierende Enzym** (E2). Es gibt ein Dutzend oder mehr E2-Enzyme und ihre Aufgabe sind die Wechselwirkung mit den **Ubiquitin-Ligasen** (E3) sowie die kontrollierte Weitergabe des Ubiquitins. Damit ist die dritte Stufe erreicht – und damit wird eine Antwort auf die Frage nach der Spezifität möglich, denn die Ubiquitin-Ligasen treten in direkten Kontakt mit dem Zielprotein.

Säugetierzellen können zahlreiche, sicher mehr als 50 verschiedene E3-Formen ausbilden. Diese lassen sich in zwei große Gruppen einordnen: HECT-Domänen-E3 (HECT, *homologous to E6-AP carboxyl terminus*) und RING-Domänen-E3. In unserem Zusammenhang sind **RING-Domänen-E3-Proteine** von Interesse.

RING ist ein Phantasiename (*really interesting new gene*) und bezeichnet eine Proteindomäne mit Anordnungen von Cystein- und Histidinresten für die Bindung von Zink-Ionen, also entfernt verwandt den Zinkfingermotiven (S. 331). RING-Domänen sind aber (anders als Zinkfinger) für Protein-Protein-Kontakte zuständig.

Einige E3-Ubiquitin-Ligasen bestehen aus mehreren Untereinheiten. Dazu gehört die Ubiquitin-Ligase, die eine Rolle im NF-κB- und im Wnt-Signalweg spielt, der **SCF-Proteinkomplex** (*Skp1-Cullin-F box protein*) (▶ Abb. 14.23c).

SCF besteht aus dem großen Gerüstprotein Cullin 1 (776 Aminosäuren), das an einem Ende das RING-Protein Rbx 1 (Rbx, *ring box*; 108 Aminosäuren) zur Bindung von ubiquitinbeladenem E2-Enzym und am anderen Ende ein Adapterprotein trägt (mit der Bezeichnung Skp1; *S-phase kinase associated protein*).

Wir bezeichnen die Skp1-Untereinheit als Adapter, weil sie das entscheidende **F-Box-Protein** heranbringt. Denn F-Box-Proteine, etwa 40 Formen in menschlichen Zellen, stellen den Kontakt zu den Zielproteinen her. Man hat sich angewöhnt, die einzelnen SCF-E3-Ubiquitin-Ligasen durch Nennung des betreffenden F-Box-Proteins zu kennzeichnen. Das SCF-Protein, das den Abbau des phosphorylierten IκB und des phosphorylierten β-Catenins steuert, trägt das F-Box-Protein β-TRCP (*β-transducing repeat containing protein*).

Weitere Beispiele, die das Prinzip der Kennzeichnung von E3-Ubiquitin-Ligasen vom SCF-Typ durch ein F-Box-Protein illustrieren sollen: die SCF^{SKP-2} für die Ubiquitinierung und den gezielten Abbau des CDK-Inhibitors p27 und SCF^{hCdc4} für Cyclin E.

Wir müssen ergänzend erwähnen, dass es andere Typen der Ubiquitinierung gibt, und zwar solche, die nicht zum Abbau im Proteasom führen: erstens Ubiquitinketten, deren Verzweigung nicht vom Lysin an Position 48 im Ubiquitin ausgehen, sondern vom Lys29 oder Lys63. Diese Modifikationen erfolgen an DNA-Reparaturenzymen, aber auch im Zuge der Aktivierung von Transkriptionsfaktoren. Zweitens die Anheftung eines einzigen Ubiquitinbausteins (Mono-Ubiquitinierung) an einem oder auch mehreren Lysinresten eines Zielproteins. Dies dient der Endocytose oder der Passage von Proteinen durch Membranen. Die am längsten bekannten mono-ubiquitinierten Proteine sind die Histone H2A und H2B (S. 147). Die H2A- und H2B-Ubiquitinierung beeinflusst die Auflockerung von Chromatin, die Bindung von Transkriptionsfaktoren und die Regulation anderer Histonmodifikationen wie Acetylierung und Methylierung. Die Anheftung eines Ubiquitinbausteins an Histon H2B ist somit das Signal für die Methylierung von Histon H3.

Ein weiteres großes Thema der Modifikation von Proteinen durch Proteine betrifft die ubiquitinähnlichen Proteine. Das zurzeit prominenteste ist **SUMO-1** (*small ubiquitin-like modifier*), ein Protein aus 97 Aminosäuren mit einer 3D-Struktur, die der von Ubiquitin entspricht und das auch über ganz ähnliche enzymatische Reaktionen an Zielproteine gebunden wird. Davon gibt es mehrere Dutzend, meist im Zellkern, darunter Reparaturenzyme, Transkriptionsfaktoren, Coaktivatoren, Transportproteine, einschließlich Kernporenproteinen und andere. Die Funktionen von SUMO sind:

- **Unterdrückung von Ubiquitinierungen:** Zum Beispiel ist die Stelle in IκB, an die SUMO geknüpft wird, identisch mit der Ubiquitinierungsstelle. SUMO verhindert also die Anheftung von Ubiquitin und den nachfolgenden Abbau im Proteasom.
- **Modifikation der Proteinfunktion:** Der Prozessivitätsfaktor PCNA (S. 174) funktioniert bei der Reparatursynthese von DNA, wenn es einen (Mono-)Ubiquitinbaustein trägt. Ist es durch SUMO modifiziert, wirkt es stattdessen bei der DNA-Replikation.
- **Beeinflussung der Beweglichkeit** von Kernproteinen, des Transports durch die Kernporen, der Mobilität innerhalb des Zellkerns u. a.

14.11.1 Literatur

[1] Bos JL, Rehmann H, Wittinghofer A (2007) GEFs and GAPs: Critical elements in the control of small G proteins. Cell 129: 865–877

[2] Esnault C, Stewart A, Gualdrini F et al (2014) Rho-actin signaling to the MRTF coactivators dominates the immediate transcriptional response to serum in fibroblasts. Genes & Dev 28: 943–958

[3] Olson EN, Nordheim A (2010) Linking actin dynamics and gene transcription to drive cellular motile functions. Nat Rev Mol Cell Biol 11: 353–365

[4] Reya T, Clevers H (2005) Wnt signaling in stem cells and cancer. Nature 434: 843–850

[5] Stark GR, Darnell JE (2012) The JAK-STAT pathway at twenty. Immunity 36: 503–514

[6] Varshavsky A (2012) The ubiquitin system, an immense realm. Ann Rev Biochem 81: 167–176

[7] Yang S-H, Sharrocks AD, Whitmarsh A (2013) MAP kinase signalling cascades and transcriptional regulation. Gene 513: 1–13

14

Kapitel 15

RNA-Prozessierung

15 RNA-Prozessierung

Alfred Nordheim

15.1 Einleitung

Genexpression beginnt mit der Transkription, d. h. dem Ablesen der in einem Gen codierten Information und deren Übertragung in ein neu synthetisiertes RNA Molekül (Kap. 5 und Kap. 13). Nachfolgend durchlaufen alle RNAs spezifische Reifungs- oder Prozessierungsschritte, wie in diesem Kapitel näher beschrieben wird. Nur die prozessierte RNA kann ihre Funktion uneingeschränkt erfüllen. RNA-Prozessierung erfolgt entweder bereits während des laufenden Transkriptionsprozesses (d. h. cotranskriptionell) oder nach Abschluss der Transkription (posttranskriptionell). Nach erfolgter Synthese werden die Funktionen der verschiedenen RNA-Moleküle ganz wesentlich über ihre Stabilität geregelt, die wir über die Halbwertszeit definieren. Abbau von RNA durch Nucleasen, wie auch Schutz vor diesem Abbau, kann somit als Aspekt der RNA-Prozessierung angesehen werden.

In diesem Kapitel werden die Reifungsschritte für die wichtigsten RNA-Moleküle der eukaryotischen Zelle beschrieben. Die interessanten Aspekte der Prozessierung von mikroRNAs werden stattdessen später (S. 411) separat dargestellt.

15.2 Prozessierung von prä-rRNA

Wie wir bereits (S. 288) ausführlich dargestellt haben (▶ Abb. 12.2), codiert das rRNA-Gen gemeinsam die ribosomalen RNAs der Größen 5,8S, 18S und 28S. Die RNA-Polymerase I transkribiert das Gen in Form eines langen Vorläufermoleküls, der prä-rRNA (Größe: 47S). Deswegen muss ein RNA-Reifungsprozess erfolgen, bei dem die einzelnen rRNAs aus dem primären Transkriptionsprodukt herausgeschnitten werden (▶ Abb. 15.1a). Zur Prozessierung der rRNAs gehören noch weitere Reaktionen: die Methylierung von Riboseresten (▶ Abb. 15.1b) und die Überführung von Uracil- in Pseudouracilbasen (▶ Abb. 15.1c). Zum Beispiel enthalten die rRNAs von Wirbeltieren etwa hundert Nucleotide mit methylierten Riboseresten und etwa 90 Pseudouridinbasen, jeweils an definierten Stellen ihrer Sequenzen. Diese Modifikationen haben Auswirkungen auf die Faltung der rRNA, auf die Anlagerung von ribosomalen Proteinen und auf Vorgänge bei der Proteinsynthese.

Sowohl die Spaltungen als auch die Nucleotidmodifikationen brauchen spezielle „Maschinen", **snoRNPs** (*small nucleolar ribonucleoprotein particles*) genannt. Wie die Bezeichnung andeutet, kommen diese Partikel in den Nucleoli vor, den Orten im Zellkern, wo die rRNA-Synthese und rRNA-Prozessierung erfolgt. Sie heißen Ribonucleoproteinpartikel, weil sie aus RNA-Molekülen und einem Satz von Proteinen bestehen. In jedem Nucleolus kommen Hunderte verschiedener, kleiner snoRNAs mit einer Länge von 70 bis etwa 300 Nucleotiden vor.

Die **MRP-snoRNPs** (MRP, *mitochondrial RNA processing*) katalysieren das Schneiden der einzelnen rRNAs aus der Vorläufer-rRNA (▶ Abb. 15.1a). MRP-RNPs kommen in hohen Konzentrationen im Nucleolus vor, aber auch in Mitochondrien, wo sie entdeckt wurden (daher ihr Name). Ein MRP-RNP besteht aus neun verschiedenen Proteinuntereinheiten und einer RNA aus etwa 350 Nucleotiden, die sich zu einer wohldefinierten Sekundärstruktur falten. Beide Komponenten, Proteine und RNA, sind gemeinsam für die enzymatische Funktion zuständig, nämlich für die sequenzspezifische Endoribonucleaseaktivität.

Andere snoRNPs sind für die Modifikationen von Nucleotiden zuständig. Sie bilden zwei große Familien, die aufgrund von Sequenzmotiven in die **C/D-Box**- und in die **ACA-Box-snoRNP**-Familie eingeteilt werden. Die **C/D-Box-snoRNAs** sind durch kurze Sequenzmotive gekennzeichnet: C-Boxen und D-Boxen sowie Abschnitte von 12–20 Nucleotiden mit Komplementarität zu Abschnitten auf den rRNAs (▶ Abb. 15.1b). Mitglieder dieser snoRNA-Familie unterscheiden sich durch die komplementären Sequenzen, über die sie mit verschiedenen rRNA-Abschnitten in den noch nicht oder erst unvollständig geschnittenen prä-rRNAs Basenpaarungen eingehen. Damit leiten sie die (rRNA-spezifischen) **Methyltransferasen** zu den passenden Stellen, wo Methylreste an die 2'-OH-Gruppe von Ribosebausteinen angefügt werden sollen (▶ Abb. 15.1b).

ACA-Box-snoRNAs besitzen die Nucleotidfolge ACA in der Nähe ihres 3'-Endes und ein weiteres charakteristisches Sequenzmotiv, die H-Box (▶ Abb. 15.1c). Die ACA-Box-snoRNAs bilden Sekundärstrukturschleifen mit Bereichen, wo snoRNA und Abschnitte in der prä-rRNA komplementär sind. Hier erfolgt dann gezielt die Überführung von Uracil- in Pseudouracilreste durch entsprechende Enzyme (▶ Abb. 15.1c).

Mit diesen Informationen können wir uns folgendes Bild ausmalen: Die langen prä-rRNA-Moleküle werden vermutlich schon während ihrer Synthese mit snoRNPs beladen. Jeweils werden etwa hundert Methylgruppen und Pseudouridinreste eingeführt. Da die Komplementärbereiche zwischen snoRNAs und rRNAs zwischen 12 und 20 Nucleotide lang sind, können wir abschätzen, dass 2400–4000 Nucleotide, also etwa die Hälfte der rRNA-Abschnitte in den prä-rRNAs, dicht von snoRNPs bedeckt ist. Daraus folgt auch, dass rRNAs ihre charakteristische Faltung erst annehmen können, wenn alle Modifikationen eingeführt, alle Schnitte gesetzt und die snoRNPs wieder abgefallen sind.

15

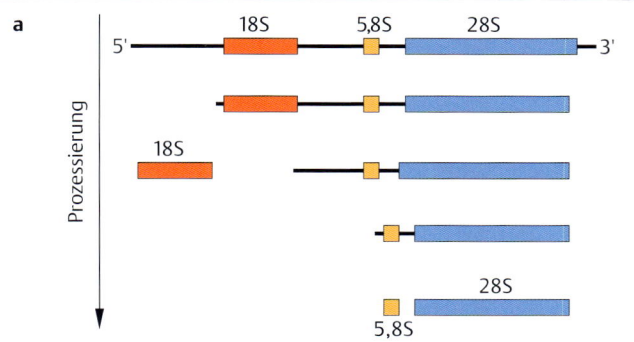

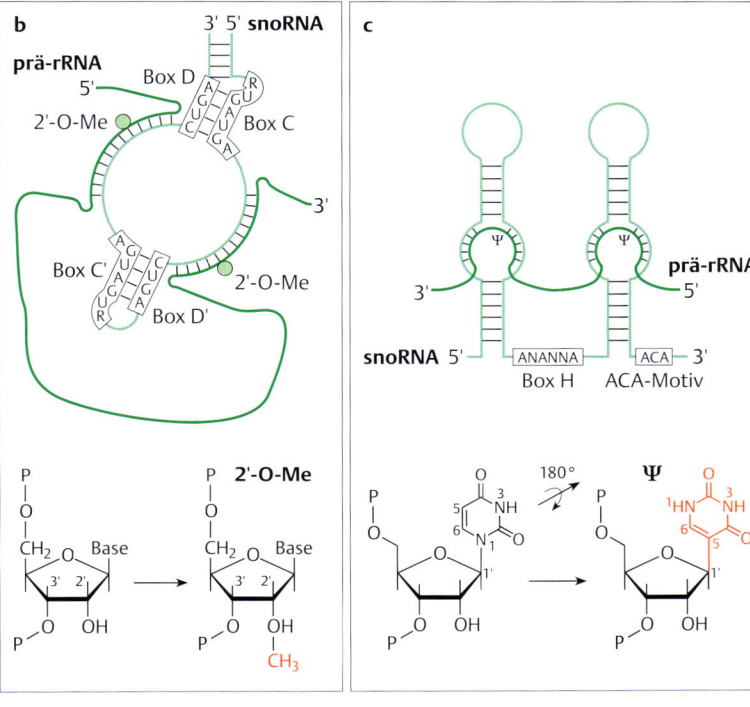

Abb. 15.1 Prozessierung von prä-rRNA: Ausschneiden und Modifizieren. Die Prozessierung wird hier sehr stark vereinfacht dargestellt, denn viele snoRNPs sind an der Prozessierung der prä-rRNA beteiligt. Dabei werden die richtigen Stellen zwischen prä-rRNA- und sno-RNA-Sequenzen über gegenseitige Basenpaarungen gefunden. Ψ = Pseudouridin. (nach Lafontaine D, Tollervey D (1998) Birth of the snoRNPs: the evolution of the modification-guide snoRNAs. Trends Biochem Sci 23: 383–388)

a Ausschneiden. MRP-snoRNP schneidet die rRNA-Sequenzen aus der prä-rRNA.

b Ribo-2'-O-Methylierung. Verschiedene Versionen von C/D-Box-snoRNPs führen Methylgruppen ein.

c Pseudouridylierung. Verschiedene Versionen von ACA-Box-snoRNPs überführen Uridin- in Pseudouridinreste.

15.3 Prozessierung von prä-mRNA

Die RNAs der proteincodierenden Gene, d. h. die mRNAs, durchlaufen mehrere Reifungsschritte (▶ Abb. 15.2), bevor sie im cytoplasmatischen Prozess der Translation die Proteinbiosynthese anleiten können. Jeder Schritt hat Auswirkungen auf die Translation. Deswegen wenden wir uns nachfolgend den wichtigsten Ereignissen der mRNA-Prozessierung zu. Beide Enden der mRNA werden modifiziert, und zwar durch das Capping am 5'-Ende und die Polyadenylierung am 3'-Ende. Zugleich werden die Introns durch Spleißen ausgeschnitten. Das Endprodukt der prozessierten mRNA ist schematisch in ▶ Abb. 15.3 dargestellt.

15.3.1 Capping am 5'-Ende

Sehr schnell nach Initiation der Transkription durch die RNA-Polymerase II (Pol II), d. h. wenn das frühe Transkript erst 25–30 Nucleotide lang und die CTD der Pol II noch am Ser5 phosphoryliert ist (s. ▶ Abb. 13.21), binden mehrere Enzyme an die CTD und modifizieren das 5'-Ende der mRNA durch Anbringen der sogenannten **7-Methylguanosinkappe** (m^7G) (▶ Abb. 15.4). Diese Kappe (*cap*) ist über eine 5'-5'-Triphosphatbrücke an das erste transkribierte Nucleotid gebunden. Dieses und das dann folgende Nucleotid sind oft mit einer Methylgruppe an der 2'-OH-Gruppe der Ribose modifiziert. Zu den am Capping beteiligten Enzymen gehören eine **RNA-Triphosphatase**, die die endständige γ-Phosphatgruppe abtrennt, eine **Guanylyltransferase**, die einen GMP-Rest an das Ende heftet, und ein **methylgruppenübertragendes Enzym**, das für die Methylgruppen am Guanosin und an den

15

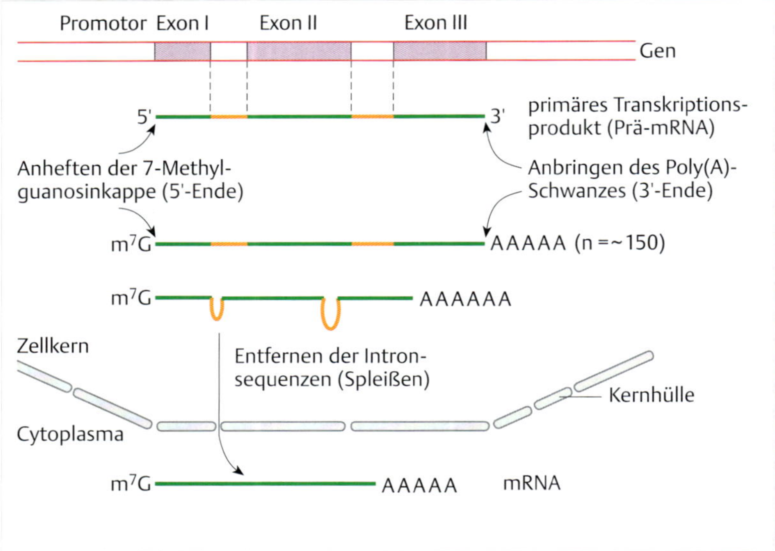

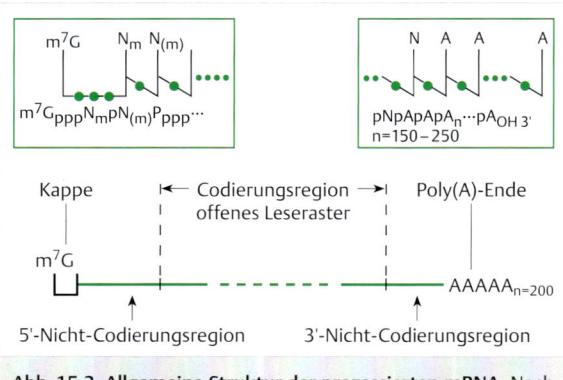

Abb. 15.2 Schritte der Prozessierung, die eine prä-mRNA zur reifen mRNA entwickeln. Diese Abbildung soll nur einen ersten Einblick in das Geschehen zwischen Transkription im Kern und dem Auftauchen der reifen mRNA im Cytoplasma geben. Alle Teilschritte werden in den folgenden Abschnitten genauer besprochen. Am wichtigsten ist hier: Das gesamte proteincodierende Gen, Exons und Introns, wird transkribiert, sodass ein langes primäres Transkriptionsprodukt entsteht, auch prä-mRNA genannt. Bereits während der Transkription, wie auch nach deren Abschluss, finden Prozessierungsschritte statt: Veränderungen am 5'-Ende (Capping) und am 3'-Ende (Polyadenylierung) sowie das Herausschneiden der Intronsequenzen (Spleißen). Diese Reaktionen finden im Zellkern statt. Erst die derart prozessierte mRNA erscheint im Cytoplasma.

Abb. 15.3 Allgemeine Struktur der prozessierten mRNA. Nach Durchführung der drei Prozessierungsschritte (5'-Capping, Spleißen und 3'-Polyadenylierung) entsteht aus der prä-mRNA die reife mRNA.

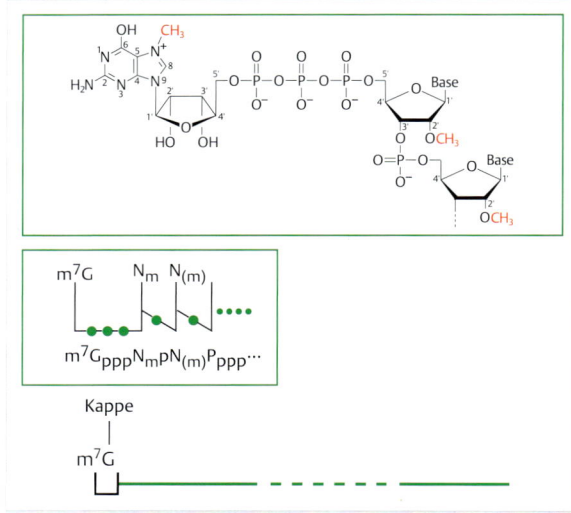

Abb. 15.4 Modifikation der mRNA am 5'-Ende: Capping. Chemische Struktur der 7-Methylguanosinkappe (m7G). Weitere Erläuterungen s. Text.

Riboseresten verantwortlich ist. Am Ende dieser Reaktionsfolge steht die charakteristische 5'-Cap-Struktur eukaryotischer mRNA. Mindestens zwei wichtige Funktionen werden durch diese Cap-Struktur erfüllt: erstens Stabilisierung und Schutz der mRNA vor 5'-Exonucleasen, und zweitens Erhöhung der Translationseffizienz im Verlauf der Proteinbiosynthese.

15.3.2 Spleißen

Die primären Pol-II-Transkriptionsprodukte der proteincodierenden Gene, die prä-mRNAs, tragen codierende Exon- und nicht codierende Intronsequenzen. Bei der Prozessierung der mRNA müssen die Introns aus der RNA entfernt werden. Dieser Prozess wird als Spleißen (spli-

cing) bezeichnet, in Analogie zur Verknüpfung der Enden eines durchtrennten Seils. RNA-Spleißen ist ein grundlegender und bedeutender genetischer Prozess von höchster Präzision, zugleich eine enorme Energieleistung der Zelle.

Das Bemerkenswerte am Spleißprozess ist seine Präzision: Er muss auf das Nucleotid genau erfolgen, sonst würde die Folge der Codons gestört und das Leseraster der mRNA außer Takt geraten (Pathologie 15.1) (S. 361).

15

Pathologie 15.1

β-Thalassämie und Mutationen an Spleißstellen

Nirgendwo wird die Bedeutung der Nucleotide an Spleißstellen deutlicher als bei der Mutation menschlicher Gene. Humangenetiker kennen eine Vielzahl von Genen, bei denen Nucleotidaustauschmutationen den Spleißapparat auf die falsche Fährte bringen.

Zur Illustration zeigen wir in der ▶ Abb. 15.5 eine Zusammenstellung von Mutationen im Gen für die β-Globinkette (S. 295): Störungen der Promotorstruktur, Nonsense-Mutationen, Leserastermutationen, kleine Deletionen und Veränderungen der Spleißstellen (▶ Abb. 15.5a. Ein Beispiel (▶ Abb. 15.5c) verdeutlicht die Auswirkungen: Der Austausch von Guanin nach Adenin führt bei der gezeigten Mutation zur Ausbildung einer neuen 3′-Spleißstelle. In der

entsprechenden mRNA gerät das Leseraster außer Takt und führt bald in ein Stoppcodon, sodass nur ein verkürztes und funktionsloses Protein gebildet werden kann.

Störungen der Expression des β-Globins sind Ursachen für die Krankheit **β-Thalassämie**. Im homozygoten Zustand geht die Krankheit mit schweren Beeinträchtigungen der nachgeburtlichen Entwicklung einher und oft mit einem frühen Tod, wenn nicht durch Bluttransfusionen ständig für Nachschub von intaktem Hämoglobin gesorgt wird. Die Auswirkungen der gezeigten Spleißmutation sind allerdings weniger dramatisch, weil neben der falschen auch noch die korrekte Spleißstelle benutzt wird. Das garantiert die Synthese zumindest einer herabgesetzten Menge an intaktem β-Globin.

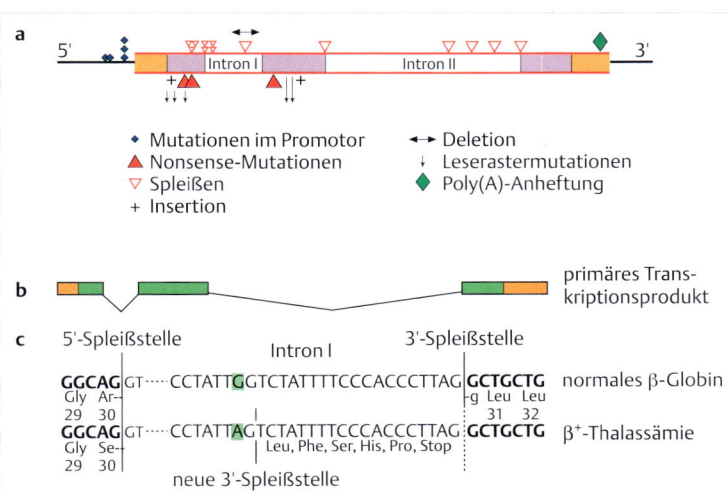

Abb. 15.5 Veränderte Spleißprozesse durch Mutationen im β-Globin-Gen.

a Humanes β-Globin-Gen mit bei Thalassämie-Patienten gefundenen Mutationen. Die verschiedenen Typen von Mutationen sind symbolisch eingezeichnet.

b Primäres Transkript des nicht veränderten β-Globin-Gens.

c Mutationsbedingter G→A-Austausch erzeugt im β-Globin-Gen eine neue 3′-Spleißstelle. Dadurch entsteht ein neues offenes Leseraster, das bereits nach kurzer Distanz ein Stoppcodon enthält. Die Translation bricht daher rasch ab. Dieses mutierte β-Globin-Gen erzeugt eine β-Thalassämie.

Grundlagen zum Spleißmechanismus

Um den komplizierten Spleißmechanismus zu verstehen, müssen wir uns einige wesentliche Grundlagen erarbeiten.

▶ **Spleißsequenzen.** Die Introns in proteincodierenden Genen unterscheiden sich erheblich in ihrer Länge und Sequenz. Aber kurze Bereiche an den Intron-Exon-Grenzen sind in allen Genen identisch (▶ Abb. 15.6). Diese konservierten Bereiche sind wichtig für einen geordneten Spleißprozess.

Wir unterscheiden vier funktionell wichtige Sequenzabschnitte in den **Introns der prä-mRNA**:
• die 5′-Spleißstelle: ein 5′-**GU**-3′ Dinucleotid
• die 3′-Spleißstelle: ein 5′-**AG**-3′ Dinucleotid
• vor der 3′-Spleißstelle eine **Folge von Pyrimidinnucleotiden**

• ein **Adenosinbaustein** als Verzweigungsstelle, gewöhnlich im Abstand von 20–40 Nucleotiden stromaufwärts von der 3′-Spleißstelle

Die Sequenzumgebung des Adenosinbausteins ist in den Introns der prä-mRNA von vielzelligen Eukaryoten wenig konserviert, in den Introns der prä-mRNA von Hefe (*S. cerevisiae*) aber recht konstant (▶ Abb. 15.6). Das mag daran liegen, dass Hefegene, wenn überhaupt, meist nur ein einziges Intron haben. Deswegen kann der Spleißapparat in Hefezellen relativ strikte Sequenzanforderungen erfüllen. Die meisten Gene vielzelliger Eukaryoten tragen dagegen mehrere Introns und deren Zahl und Lokalisation ist von Gen zu Gen verschieden. Hier mag die Flexibilität der Sequenzen Vorteile für die vielfältigen Aufgaben des Spleißapparats bei höheren Eukaryoten bringen.

▶ **Die zweifache Umesterung: der elementare zweistufige Prozess.** Die Spleißreaktion ist durch einen elementaren zweistufigen Prozess charakterisiert, bei dem die

15

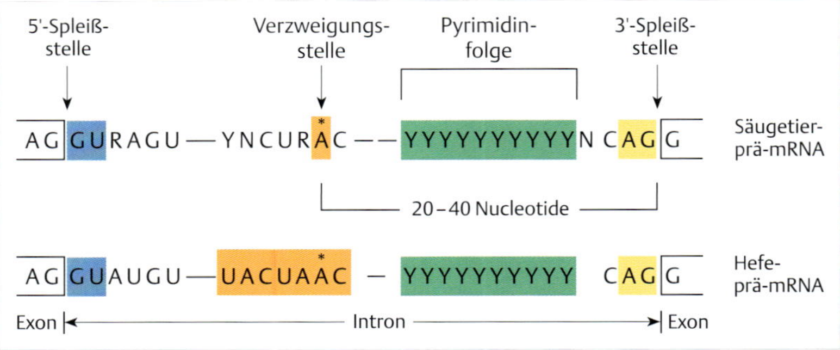

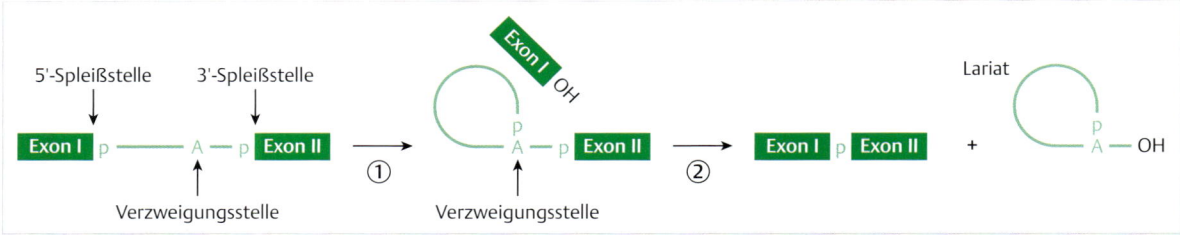

Abb. 15.6 Sequenzmerkmale an Exon-Intron-Grenzen. Von besonderer Bedeutung sind einzelne Dinucleotide an den Enden der Introns (5'-**GU**-3' an der 5'-Spleißstelle und 5'-**AG**-3' an der 3'-Spleißstelle), sowie das Adenosin der Verzweigungsstelle (markiert durch Stern). R = Purinnucleotid (ein A oder G), Y = Pyrimidinnucleotid (ein U oder C); Nucleotide, die in fast allen prä-mRNAs vorkommen, sind farbig hinterlegt.

Abb. 15.7 Der elementare Zwei-Schritt-Prozess des Spleißens (Schema). Introns werden über einen zweistufigen Mechanismus aus der prä-mRNA entfernt. ① Öffnen der 5'-Exon-Intron-Grenze an der 5'-Spleißstelle und gleichzeitige Verknüpfung der entstehenden 5'-Phosphatgruppe mit dem 2'-OH der Ribose des Adenosinbausteins an der Verzweigungsstelle. ② Öffnen der Phosphodiesterbindung an der 3'-Spleißstelle und Vereinigung der beiden Exons. Das Intron fällt in seiner Lassostruktur (Lariat) heraus. (nach Will CL, Lührmann R (2012) Spliceosome Structure and Function. Cold Spring Harb Perspect Biol 3: a003707)

konservierten Intronbereiche notwendig sind. Dieser Prozess beeinhaltet zwei separate Umesterungen, die in der ▶ Abb. 15.7 schematisch dargestellt sind. Eine detaillierte Darstellung ist in ▶ Abb. 15.8 gegeben und nachfolgend beschrieben.

Der erste Schritt (▶ Abb. 15.7 ①) sind die Öffnung der Exon-Intron-Grenze an der 5'-Spleißstelle und die gleichzeitige Verknüpfung der entstehenden 5'-Phosphatgruppe mit dem 2'-OH der Ribose des Adenosinbausteins an der Verzweigungsstelle. Diese Verknüpfung repräsentiert eine Umesterung, die eine neue 5'-2'-Phosphodiesterbindung ausbildet (zur Verdeutlichung s. ▶ Abb. 15.8 ①). Damit entsteht ein freies Exon 1 und eine lassoähnliche Zwischenform (Lariat). Anders gesagt: Durch den nucleophilen Angriff der 2'-OH-Gruppe auf die Verzweigungsstelle wird eine Phosphodiesterbindung an der 5'-Spleißstelle gelöst. Gleichzeitig entstehen wieder eine 3'-OH-Gruppe (am Ende von Exon 1) und eine Phosphodiesterbindung innerhalb der Intronsequenz (die Verzweigung).

Im zweiten Schritt (▶ Abb. 15.7 ②) wird die Phosphodiesterbindung an der 3'-Spleißstelle geöffnet und die beiden Exons vereinigt. Dies entspricht der zweiten Umesterung, bei der jetzt eine klassische 5'-3'-Phosphodiesterbindung ausgebildet wird (zur Verdeutlichung s. ▶ Abb. 15.8 ②). Das Intron fällt in seiner Lassostruktur (Lariat) heraus. Mit anderen Worten, die frei gewordene 3'-Hydroxygruppe am Exonende reagiert mit der Phoshodiesterdindung an der 3'-Spleißstelle. Die Phosphatreste

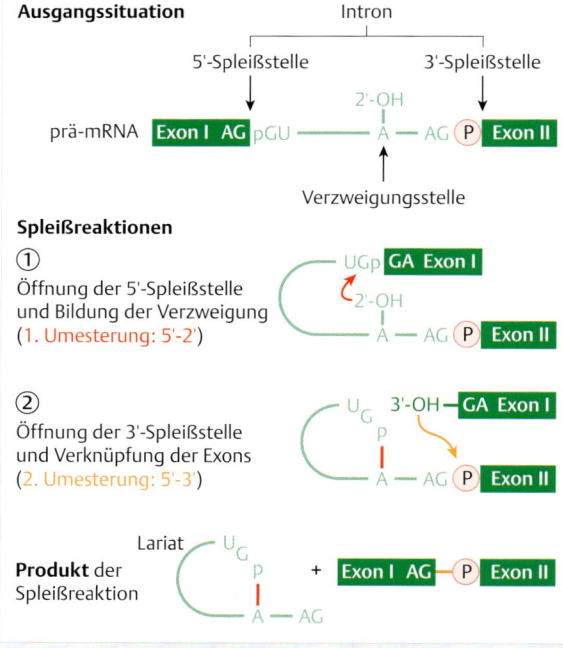

Abb. 15.8 Der elementare Zwei-Schritt-Prozess des Spleißens (Reaktionsverlauf). Während des Spleißens eines Introns treten zwei Umesterungen auf. VS = Verzweigungsstelle, P = Phosphat. Weitere Erläuterungen s. Text.

15

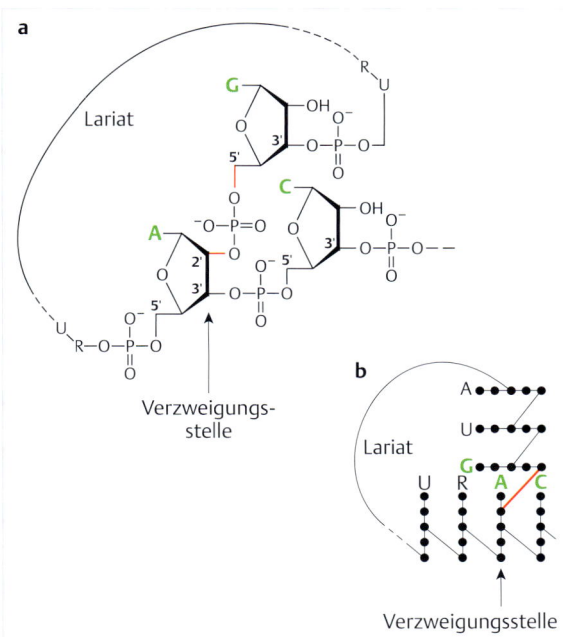

a

b

Abb. 15.9 Verzweigung durch eine 2'-5'-Phosphodiesterbindung und Ausbildung des Lariats.
a Molekülstruktur des Lariats. Die 5'-2'-Phosphodiesterbindung an der Verzweigungsstelle ist rot hervorgehoben.
b Schematische Darstellung der Lariatstruktur. Die 5'-2'-Phosphodiesterbindung an der Verzweigungsstelle ist rot hervorgehoben.

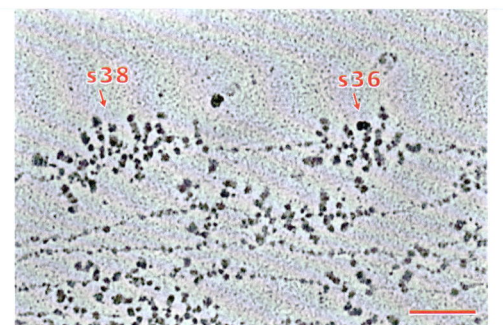

Abb. 15.10 hnRNPs: Zwei transkribierte Gene (s38 und s36) des *Drosophila*-Genoms. In dieser elektronenmikroskopischen Aufnahme laufen die Chromatinfäden waagerecht. In annähernd rechtem Winkel davon gehen die Transkripte aus. Wachsende RNA-Moleküle sind von einer dichten Proteinschicht umgeben und bilden hnRNPs. (aus Guthry C, Pattersen B (1988) Spliceosomal snRNAs. Annu Rev Genet 22: 387–419)

an den beiden Spleißstellen bleiben erhalten und erscheinen in den Reaktionsprodukten (▶ Abb. 15.9).

In der Zelle ist für den korrekten Ablauf des beschriebenen zweistufigen Prozesses eine große Anzahl von Proteinen erforderlich, die teilweise als Ribonucleoproteinkomplexe in Form eines Spleißapparats organisiert sind, der auch als **Spleißosom** bezeichnet wird.

Komponenten des Spleißapparats: das Spleißosom, ein komplexer snRNP

Im Zellkern liegt RNA nie frei vor. Sie wird schon während der Transkription mit Proteinen bedeckt, sodass eine Struktur entsteht, die man **heterogenes nucleäres Ribonucleoprotein (hnRNP)** nennt. Die Bezeichnung hnRNP stammt aus einer Zeit, als man noch nichts von der Exon-Intron-Struktur der Gene und der Existenz der prä-mRNA wusste und sich über die große Heterogenität der RNA im Zellkern wunderte, insbesondere im Vergleich zur mRNA im Cytoplasma.

▶ **hnRNPs.** Elektronenmikroskopische Aufnahmen und biochemische Untersuchungen weisen auf eine dichte Verpackung der nucleären RNA mit Proteinen hin (▶ Abb. 15.10). Diese **hnRNP-Komplexe** haben nach vorsichtiger Isolierung in der Saccharosegradienten-Zentri-

fugation einen Sedimentationskoeffizienten von 60S bis über 200S. Eine kurze Behandlung mit RNase zerlegt sie in Partikel von 30S–40S. Die Partikel bestehen aus prä-mRNA-Stücken mit einer Länge von 500–800 Nucleotiden und mehreren **hnRNP-Proteinen**, mit Bezeichnungen wie hnRNP-Protein A1, A2/B1, B2, C1/C2 usw. Die hnRNP-Proteine kommen in großen Mengen im Zellkern vor. Ihre Funktion wurde durch ihre spezifische Bindung an prä-mRNA bestimmt. Sie verpacken die langen prä-mRNAs und vermitteln ihre Vorbereitung für den Spleißprozess. Man hat die hnRNP-Struktur mit einem Operationstisch verglichen, auf dem das Schneiden und Wiederverknüpfen der RNA-Moleküle beim Spleißen stattfinden können. Andere hnRNP-Proteine helfen bei der Anheftung des Poly(A)-Endes und wieder andere helfen beim Transport der fertigen mRNA vom Kern in das Cytoplasma (S. 144).

Komplexe mit hnRNP-Proteinen sind dynamische Strukturen, deren Zusammensetzung aus Proteinkomponenten und deren allgemeine Struktur sich ändern, je nach Status der prä-mRNA-Prozessierung.

▶ **snRNPs.** Die eigentliche Spleißarbeit übernimmt eine andere Form von Ribonucleoprotein, die sogenannten **snRNP-Partikel.** Diese Partikel binden sich meist schon während der laufenden Transkription an die noch wachsenden RNA-Ketten. snRNP (im Jargon der Molekularbiologen als *snurp* ausgesprochen) bedeutet *small nuclear ribonucleoprotein,* eine Bezeichnung, die die wichtigsten Strukturelemente, wie kleine RNA und Proteine, benennt. Man findet viele verschiedene snRNP-Arten im Zellkern, aber für das Spleißen der meisten prä-mRNAs sind vier snRNPs wichtig. Sie enthalten RNA-Komponenten aus 100–200 Nucleotiden mit relativ vielen Uracilbausteinen. Deswegen spricht man von U1-, U2-snRNA usw. (▶ Tab. 15.1). Andere charakteristische Merkmale sind die 2,2,7-Trimethylguanosinkappe am 5'-Ende von U1-, U2-, U4- und U5-snRNA und das Methyltriphosphat am

15

Tab. 15.1 Einige U-snRNAs in Säugetierzellen.

snRNA	Größe [Zahl der Nucleotide]	2,2,7-Trimethylguanosinkappe	transkribierende RNA-Polymerase	Anmerkungen
U1	164–165	ja	Pol II	mögliche Sekundärstruktur s. ▶ Abb. 15.12
U2	187	ja	Pol II	mögliche Sekundärstruktur s. ▶ Abb. 15.12
U5	116–117	ja	Pol II	
U4	145	ja	Pol II	U4 und U6 kommen gemeinsam in einem snRNP-Partikel vor
U6	106	nein (Methylphosphat)	Pol III	

Die Nucleotidfolgen der snRNAs unterscheiden sich bei den einzelnen Tier- und Pflanzenarten, aber die Faltungen der Sekundärstruktur ist hoch konserviert. U3-snRNA (nicht gelistet) ist Bestandteil eines RNP, das an der rRNA-Prozessierung beteiligt ist.

5′-Ende von U6-snRNA (▶ Abb. 15.11). Alle snRNAs besitzen eine ausgeprägte Sekundärstruktur. Die snRNPs U1, U2, U5 besitzen ein RNA-Molekül pro Partikel. Die Ausnahme ist U4/U6-snRNP mit zwei RNA-Komponenten, die miteinander über ausgedehnte Wasserstoffbrücken verbunden sind. Jedes der snRNPs enthält sieben Proteine, die in allen snRNPs vorkommen – Sm-Proteine oder LSM (*like Sm*)-Proteine –, die zusammen eine Art Ring bilden, vermutlich um den snRNA-Strang herum. Zu diesen allgemeinen snRNP-Proteinen kommen Gruppen von bis zu einem Dutzend Proteine, die jeweils spezifisch für ein gegebenes snRNP sind.

▶ **Spleißosom.** Die snRNPs, je vertreten in bis zu 1 Million Kopien pro Zellkern, treffen sich und wirken gemeinsam im Spleißkörperchen, besser bekannt als **Spleißosom** (*spliceosome*). Das ist eine hoch komplexe Struktur, die, wenn voll ausgebildet, aus vier snRNPs mit fünf verschiedenen snRNAs (▶ Tab. 15.1) und einer Kollektion von über 100 zusätzlichen Proteinen besteht. Spleißosome sind also Multimegadalton-große Ribonucleoproteinkomplexe. Das Spleißosom hat eine dynamische Struktur. Das bedeutet, dass es bei jedem Spleißvorgang und an jedem Intron neu aufgebaut wird und dann erhebliche strukturelle Veränderungen durchläuft, bevor es nach der Verknüpfung der Exons wieder zerfällt.

Merke

Spleißosome sind Komplexe aus RNA und Proteinen mit einer Größe im Bereich von Multimegadalton, die die Spleißreaktion durchführen. Sie bestehen aus snRNPs (*small nuclear ribo-nucleoprotein particles*) mit unterschiedlichen snRNAs. Dazu gehören die snRNAs U1, U2, U4, U5 und U6. Diese snRNAs haben Sequenzhomologien zu kurzen Bereichen von Introns.

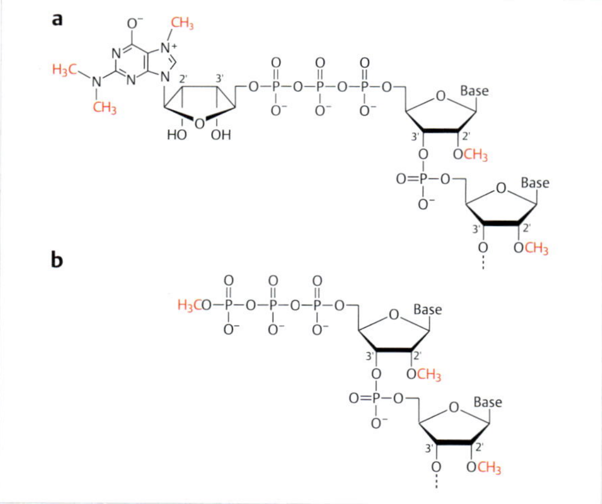

Aufbau des Spleißosoms und Ablauf des Spleißens

Im nachfolgenden werden wir uns genauer mit dem Ablauf des mRNA Spleißprozesses beschäftigen.

Der erste Schritt ist die Bindung von U1-snRNP an die 5′-Spleißstelle. Die Bindung wird durch Basenpaarungen zwischen Nucleotiden an der Intron-Exon-Grenze und Nucleotiden am 5′-Ende der U1-snRNA bestimmt (▶ Abb. 15.12a) und durch passende Spleißfaktoren (▶ Abb. 15.12b) gefördert.

Dann folgt die Bindung von U2-snRNP an den Bereich der Verzweigungsstelle im Intron. Dafür sind ebenfalls Basenpaarungen von Bedeutung, aber das Terrain muss von mindestens zwei RNA-bindenden Proteine vorbereitet worden sein: erstens setzt sich SF1 (*splicing factor 1*) an den Verzweigungspunkt (daher ein zweiter Name für dieses Protein: BBP für *branch point binding protein*); und zweitens bindet U2AF (*U2 snRNP auxiliary factor*) mit seinen beiden Untereinheiten: U2AF65 für die Polypyrimidinfolge zwischen Verzweigung und 3′-Spleißstelle und U2AF35 für die 3′-Spleißstelle selbst. Man bezeichnet die-

Abb. 15.11 Die 5′-Enden von snRNAs.

a 2,2,7-Trimethylguanosinkappe und die 5′-5′-Triphosphatbrücke zum nächsten Nucleotid am 5′-Ende von U1-, U2-, U4- und U5-snRNA. Die beiden ersten Nucleotide nach der Kappe tragen gewöhnlich Methylgruppen an den Ribosebausteinen.

b Monomethyltriphosphat am Ende von U6-snRNA.

15

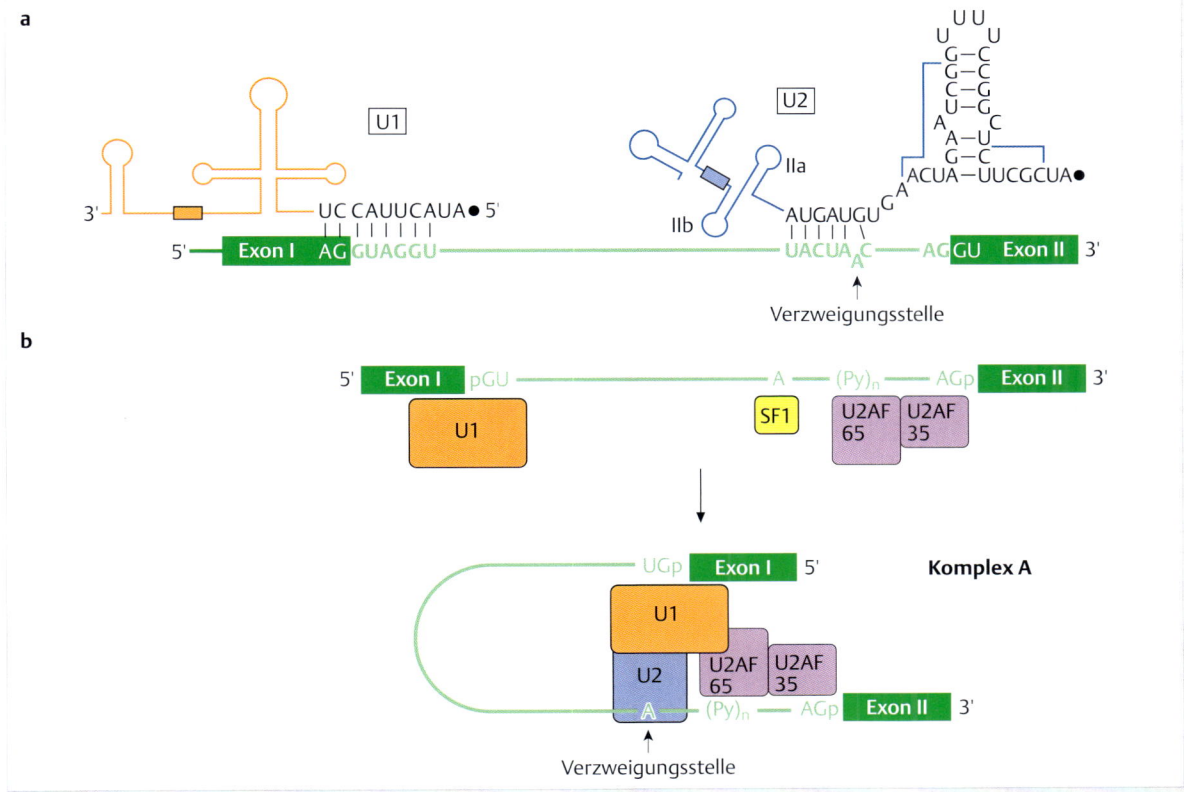

Abb. 15.12 Erste Kontakte zwischen Intron und snRNPs.

a Das 5′-Ende der U1-snRNA (im U1-snRNP) kann Basenpaarungen mit Sequenzen an der 5′-Spleißstelle der prä-mRNA eingehen. Ein Abschnitt der U2-snRNA (im U2-snRNP) paart mit Sequenzen an der Verzweigungsstelle. Beachte, dass der entscheidende Adenosinbaustein aus der kurzen Doppelhelix herausragt. Wir zeigen die Verhältnisse für Introns aus Hefe mit ihrer hoch konservierten Verzweigungsstelle. (nach Guthrie C, Pattersen B (1988) Spliceosomal snRNAs. Annu Rev Genet 22: 387–419; Lamond AI (1993) The spliceosome. BioEssays 15: 595–603; Nilsen TW (1994) RNA-RNA interactions in the spliceosome: unraveling the ties that bind. Cell 78: 1–4)

b Beteiligte Faktoren. SF1 bindet an die Verzweigungsstelle (hervorgehoben ist der kritische Adenosinrest). U2AF bindet teils an die Polypyrimidinfolge (Py)$_n$, teils an die 3′-Spleißstelle (AGp). Die Skizze verdeutlicht zudem, dass die gebundenen snRNPs und Faktoren eine Kontaktaufnahme zwischen 5′-Spleißstelle und Verzweigungspunkt fördern. Der hier dargestellte Komplex wird als Komplex A bezeichnet.

se Struktur aus prä-mRNA, snRNPs und Proteinen oft als **Komplex A** (▶ Abb. 15.12b).

Als nächstes wird ein Dreier-snRNP („tri-snRNP") aus U5-snRNP und U4/U6-snRNP an diese Struktur geleitet (▶ Abb. 15.13 ①): **Komplex B** wird gebildet. Jetzt wird einiges rearrangiert: U1-snRNP, U4-snRNP sowie eine Reihe von Proteinen verlassen die Struktur (▶ Abb. 15.13 ②), andere Proteine werden aufgenommen. Basenpaarungen zwischen den RNA-Komponenten öffnen sich, andere schließen sich neu. Unter anderem gelangen U5-snRNA-Sequenzen an die Spleißstellen auf der prä-mRNA und U2-snRNA geht lange Basenpaarungen mit U6-snRNA ein. Die Bühne ist frei für die Spleißreaktionen: Alle wichtigen Gruppen, Intron-Exon-Grenzen und Verzweigungspunkt, liegen in räumlicher Nähe als notwendige Voraussetzung für die Umesterungen des Spleißvorgangs. Man spricht vom aktivierten Spleißosom oder vom **Komplex B***. Unter

diesen Bedingungen erfolgt die erste Umesterung (▶ Abb. 15.13 ③), was zu **Komplex C** führt, und dann die zweite Umesterung mit dem Freisetzen der gespleißten RNA (▶ Abb. 15.13 ④). Übrig bleibt ein Rest-Spleißosom, das die Intron-RNA mit sich führt, aber bald in seine Komponenten zerfällt (▶ Abb. 15.13).

Der Ablauf der Ereignisse wird wesentlich bestimmt durch Proteine, die als Spleißfaktoren bezeichnet werden und nicht Bestandteile von snRNPs sind. Wie schon erwähnt, geht die Zahl solcher Proteine auf über hundert. Einige davon sind zuerst über spezielle Hefemutanten entdeckt worden und heißen Prp-Proteine (*precursor RNA processing*). Nennen wir als Beispiel den Prp19-Komplex, eine Gruppe von ungefähr sechs Proteinen, die das Spleißosom aktivieren, vermutlich weil sie dessen Struktur so verändern, dass es seine katalytische Funktion ausüben kann. Eine Reihe von Proteinen im Spleißosom be-

15

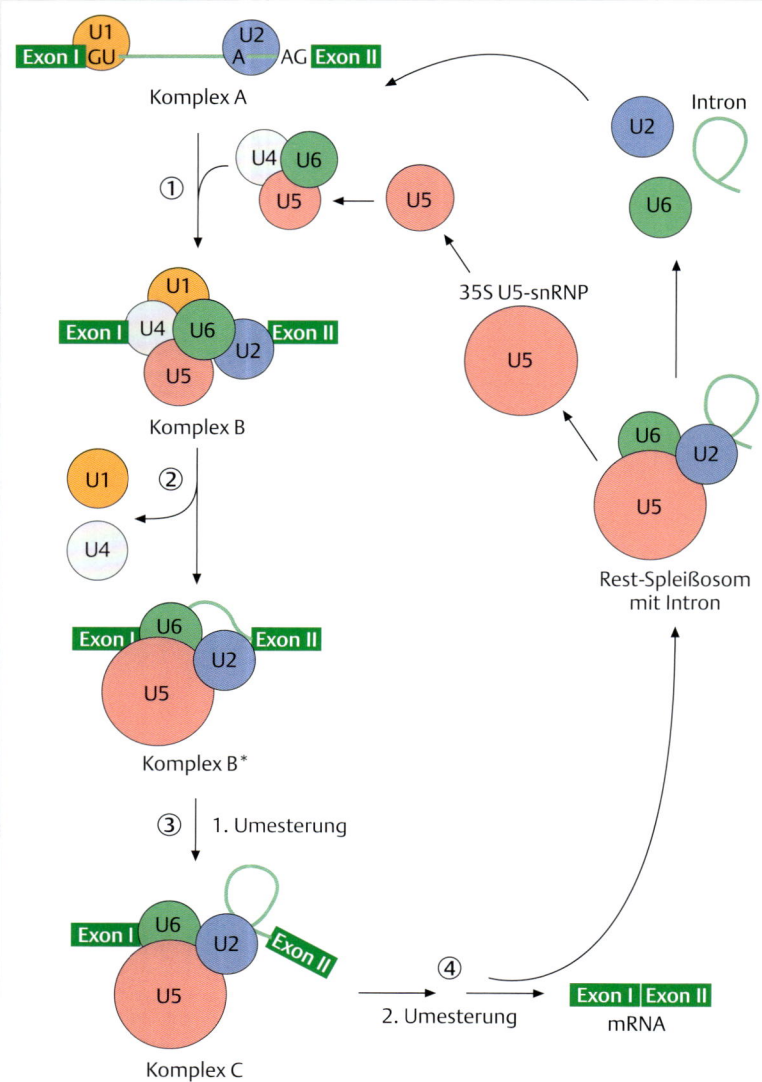

Abb. 15.13 Ablauf des Spleißens: Aufbau und Zerfall des Spleißosoms. Die Einzelschritte sind im Text beschrieben. Hier nur eine Erklärung zu U5-snRNP. Das Partikel wird durch unterschiedliche große Kreise symbolisiert. Der Grund ist, dass mit der Aktivierung des Spleißosoms zusätzliche Proteine an U5-snRNP binden, die dann später wieder abgelöst werden. Auch hier fragt man sich, welche Funktionen all die vielen zusätzlichen Proteine haben mögen, und man stellt fest, dass noch viel biochemische und strukturbiologische Arbeit zu tun bleibt, bevor Spleißen wirklich gut verstanden ist. (nach Will CL, Lührmann R (2012) Spliceosome Structure and Function. Cold Spring Harb Perspect Biol 3: a003707)

sitzt Strukturmerkmale, die man bei **RNA-Helikasen** findet, nämlich Folgen der Aminosäuren DEAD oder DEAH. Daher spricht man von **DEAD-Box-Proteinen**. Eine Beteiligung von RNA-Helikasen beim Spleißen liegt auf der Hand, denn mehrfach müssen im Zuge des Spleißvorgangs Basenpaarungen geöffnet, aber auch wieder geschlossen werden. Viele Spleißfaktoren haben **RS-Domänen** als typisches Kennzeichen. Darüber mehr in der Plus 15.1 (S. 367).

Zum Verständnis der Umesterungen haben separate Untersuchungen, die sich mit dem nachfolgend beschriebenen Prozess des Selbstspleißens beschäftigen, wichtige Erkenntnisse geliefert.

Plus 15.1

Spleißfaktoren: RNA-bindende Proteine

Das im Text erwähnte Protein U2AF, aber auch viele andere Spleißfaktoren zeichnen sich durch zwei Strukturmotive aus: das **RRM-** (*RNA recognition motif*) und das **RS-Motiv**. Diese Sequenzen kommen in wechselnder Zahl und Anordnung in den verschiedenen **SR-Proteinen** vor (▶ Abb. 15.14). Spleißfaktoren werden auch als Spleißregulatoren oder SR-Proteine bezeichnet. SR-Proteine enthalten RS-Domänen mit vielen Arginin(R)-Serin(S)-Dipeptidanhäufungen.

RRM, auch als **RNP-Motiv** bekannt, ist eine Domäne aus etwa 80 Aminosäuren mit zwei Bereichen, RRM1 aus acht und RRM2 aus sechs gut konservierten Bausteinen. Die Domäne faltet sich zu einer dreidimensionalen Struktur aus vier antiparallelen β-Strängen und zwei begrenzenden α-Helices.

Die Kontakte zur RNA finden auf der Oberfläche des β-Faltblattes statt. Die RNA wird damit wie auf einem Tablett dargeboten. RRM-Domänen kommen nicht nur in Spleiß-faktoren vor, sondern auch im U1-snRNP-Protein A, in hnRNP-Proteinen u. a.

Das **RS-Motiv** kennzeichnet Proteinabschnitte mit den Dipeptidfolgen Arginin-Serin oder auch Serin-Arginin. RS-Motive sind kennzeichnend für Spleißfaktoren. Ihre Funktion ist die Bildung von Protein-Protein-Kontakten.

Auf die Serinseitenketten können Phosphatgruppen übertragen werden. Das zeigt, dass die Funktionen dieser Proteine – wie die zahlreicher anderer Proteine – einer übergeordneten Regulation durch Proteinkinasen unterliegen.

Zusätzlich nennen wir noch die **RGG-Boxen**. Das sind Folgen von Arginin-Glycin-Glycin-Bausteinen. Sie kommen in manchen hnRNP-Proteinen vor und vermitteln die sequenzunspezifische Bindung von Protein an RNA. Manche Proteine besitzen RGG-Boxen für eine stabile, aber unspezifische RNA-Bindung und RRM-Domänen für die spezifische Bindung an die RNA.

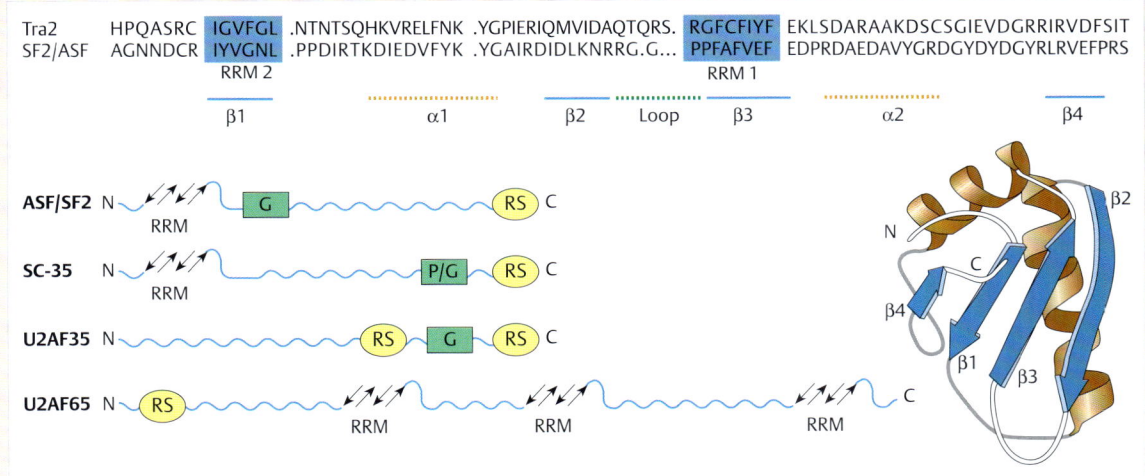

Abb. 15.14 RNA-bindende Proteine als Spleißfaktoren. Der Sequenzvergleich (oben) bezieht sich auf das Spleiß-Enhancer-Bindungsprotein Tra von *D. melanogaster* und den eukaryotischen Spleißfaktor 2 (ASF/SF2). Weitere Erläuterungen s. Text. G = Folgen von Glycinbausteinen, P/G = Abschnitte mit vielen Prolin- und Glycinbausteinen, RS = Abschnitte mit vielen Argininen und Serinen. (nach Krämer A (1996) The structure and function of proteins involved in mammalian pre-mRNA splicing. Annu Rev Biochem 65: 367–409; Lamm GM, Lamond AI (1993) Non-snRNP protein splicing factors. Biochem Biophys Acta 1173: 247–265)

Selbstspleißen

Manche RNA-Moleküle mit definierter Sekundärstruktur spleißen im Reagenzglasversuch ohne Beteiligung von Proteinen. Man spricht von autokatalytischem Spleißen oder **Selbstspleißen** (*self splicing*). Die Entdeckung und Charakterisierung des Mechanismus' des Selbstspleißens hat wichtige Informationen zum Verständnis des Spleiß-prozesses im Allgemeinen geliefert, einschließlich des Mechanismus der doppelten Umesterung (Zwei-Schritt-Prozess).

Thomas. R. Cech und Mitarbeiter (1981) haben als erste eine Selbstspleißreaktion genau analysiert. Sie haben bei ihren Untersuchungen über die Prozessierung der prä-rRNA des Ciliaten *Tetrahymena thermophila* entdeckt, dass der Vorläufer der 26S-rRNA dieses Organismus ein Intron von etwa 400 Nucleotiden enthält, welches in der Zelle durch Spleißen entfernt wird. Die Reaktion lässt sich *in vitro* nachahmen, wobei prozessierte rRNA und eine ringförmig geschlossene Intron-RNA gebildet werden.

15

Zur anfänglichen Überraschung aller Biochemiker benötigt die *in vitro*-Reaktion keine Proteine. Notwendig sind nur die richtigen Salzkonzentrationen, insbesondere eine passende Konzentration an Magnesiumsalzen und Guanosin als Cofaktor. Beachte, dass der notwendige Cofaktor nicht etwa GTP, sondern Guanosin ist. Das zeigt, dass die Reaktion nicht durch Zufuhr zellulärer Energie in Form einer Hydrolyse von GTP vorangetrieben wird. Nach dieser Entdeckung fanden Forscher Selbstspleißreaktionen in vielen anderen Zellen und Organismen.

Nach der Art der beteiligten RNA-Strukturen und dem Prozess des Spleißens unterscheidet man hauptsächlich zwei Typen von Introns, die durch Selbstspleißen entfernt werden:

- **Gruppe-I-Introns** in der prä-rRNA von einfachen Eukaryoten wie dem Ciliaten *Tetrahymena thermophila* und dem Schleimpilz *Physarum polycephalum* sowie in einigen prä-mRNA-Arten von Mitochondrien einzelner Pilze und von Chloroplasten einiger Pflanzen (S. 439). Gruppe-I-Introns kommen auch in einigen Genen des Bakteriophagen T 4 vor.
- **Gruppe-II-Introns** in einigen prä-mRNA-Arten der Mitochondrien von Hefezellen und anderen Pilzen

Auch die Selbstspleißreaktion ist eine Folge von **zwei Umesterungen**, die auf dem gleichen Energieniveau ablaufen, weil für eine geöffnete Phosphodiesterbindung eine andere wieder geschlossen wird. Im Endeffekt bleibt die Zahl der Esterbindungen unverändert.

Die Reaktion bei **Gruppe-I-Introns** läuft in zwei Schritten ab:

1. Die OH-Gruppe des freien, spezifisch an die RNA gebundenen Guanosins (▶ Abb. 15.15) greift als Nucleophil die 5′-Spleißstelle an. Es wird eine Phosphodiesterbindung an der Spleißstelle gelöst, während gleichzeitig eine neue Phosphodiesterbindung zum Guanosin geschlossen wird.
2. Die am Ende des ersten Exons gelegene, neu entstandene 3′-OH-Gruppe greift ihrerseits nun eine Phosphodiesterbindung an der 3′-Spleißstelle an: Eine

Phosphodiesterbindung wird gelöst und im gleichen Reaktionsablauf eine andere geschlossen (▶ Abb. 15.15a). Damit sind die Exons verknüpft und die Intronsequenz ist freigesetzt. Die Position des essenziellen Guanosins für den hier beschriebenen Reaktionsverlauf ist in ▶ Abb. 15.15b gezeigt.

Der Gesamtverlauf der Selbstspleißreaktion von Gruppe-I-Introns ist in ▶ Abb. 15.16 am Beispiel der prä-rRNA von *Tetrahymena* etwas detaillierter dargestellt. Hier ist auch ersichtlich, dass das aus der RNA gespleißte, zunächst lineare Intron eine Sekundärstruktur einnehmen kann, die wieder über eine Umesterung zum Ringschluss führt; dies erfolgt unter Abspaltung eines endständigen RNA-Fragments (▶ Abb. 15.16).

Man muss sich darüber im Klaren sein, dass die Selbstspleißreaktion nur im Kontext der passenden RNA-Sekundärstruktur abläuft. Die Struktur muss die richtige Tasche bilden, um das Guanosin in einer für die Katalyse geeigneten Art binden zu können. Auch die beteiligten Phosphodiesterbindungen müssen an genau passenden Stellen liegen, in Bezug auf die reaktive OH-Gruppe des Guanosins und die OH-Gruppe am gespaltenen Exonende.

Diese Voraussetzungen gelten auch für die Spleißreaktionen der **Gruppe-II-Introns**, mit dem Unterschied, dass hier ein Cofaktor in Form von Guanosin nicht erforderlich ist. Der Grund dafür ist, dass der 5′-Spleißort durch Faltung der RNA funktionell in die Nähe zu einer 2′-OH-Gruppe eines Adenosinbausteins rückt. Von dieser 2′-OH-Gruppe geht der nucleophile Angriff auf die Phosphodiesterbindung der 5′-Spleißstelle aus, sodass die erste Umesterung zu einer verzweigten RNA führt. Die zweite Umesterung führt über eine Verknüpfung der beiden Exons zur Freisetzung der Intronsequenz in Form einer Lassostruktur, vergleichbar der Situation proteincodierender mRNA im Spleißosom.

In der ▶ Abb. 15.17 sind die drei Spleißvorgänge nebeneinander gezeigt. Es wird offensichtlich, dass die Gruppe-II-Spleißreaktion über ähnliche Zwischenformen

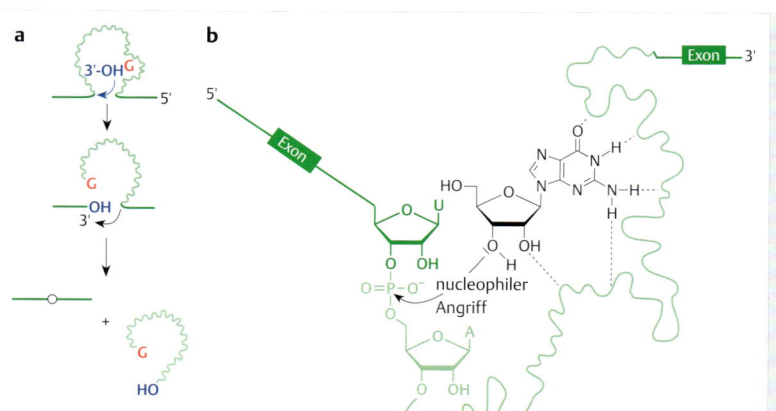

a

b

Abb. 15.15 Selbstspleißen von Gruppe I-Introns. (nach Cech TR, Bass BL (1986) Biological catalysis by RNA. Annu Rev Biochem 55: 599–529)

a Schematischer Verlauf der Selbstspleißreaktion, die von einem Guanosincofaktor ausgeht. Erläuterungen s. Text.

b Das Guanosin muss über Ausbildung geeigneter Wasserstoffbrücken in einer Sekundärstrukturtasche der Intron-RNA gehalten werden. Dann gestattet die stereochemische Positionierung des Guanins einen nucleophilen Angriff zur Spaltung einer Phosphodiesterbindung an der Spleißstelle.

15

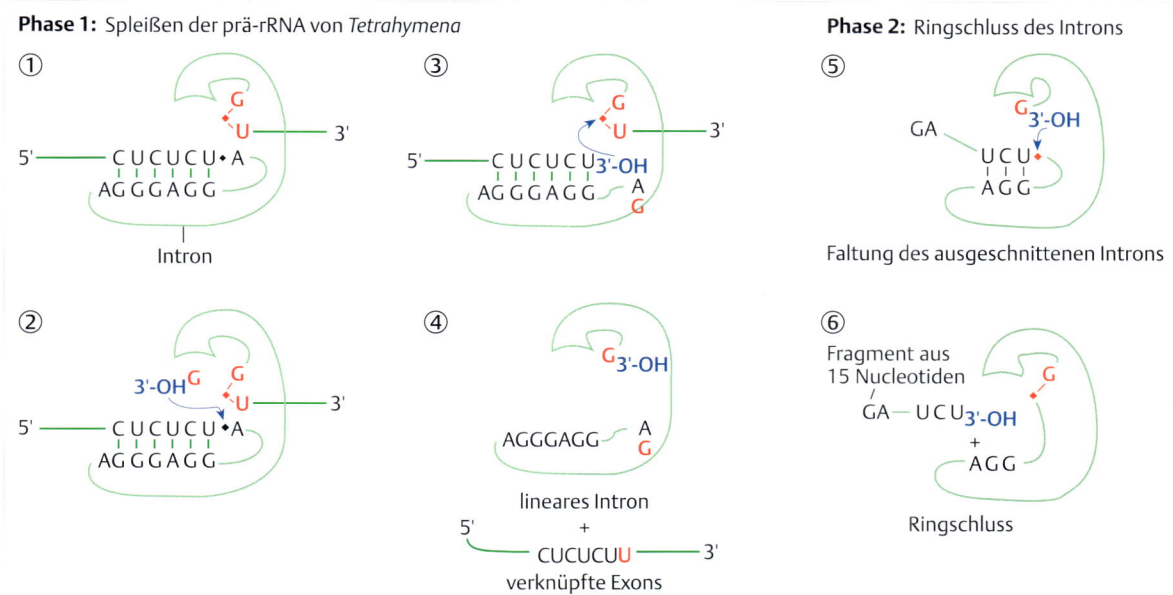

Abb. 15.16 Selbstspleißen von *Tetrahymena*-RNA. Phase 1: Die Reaktionen laufen ähnlich auch bei Selbstspleißreaktionen von anderen Gruppe-I-Introns ab. Phase 2: Der Ringschluss des ausgeschnittenen Introns ist eher eine Spezialität der prä-rRNA von *Tetrahymena*, wo sich die passenden Sekundärstrukturen bilden können. Weitere Erläuterungen s. Text. (nach Cech TR (1986) RNA as an enzyme. Sci Am 255: 76–84)

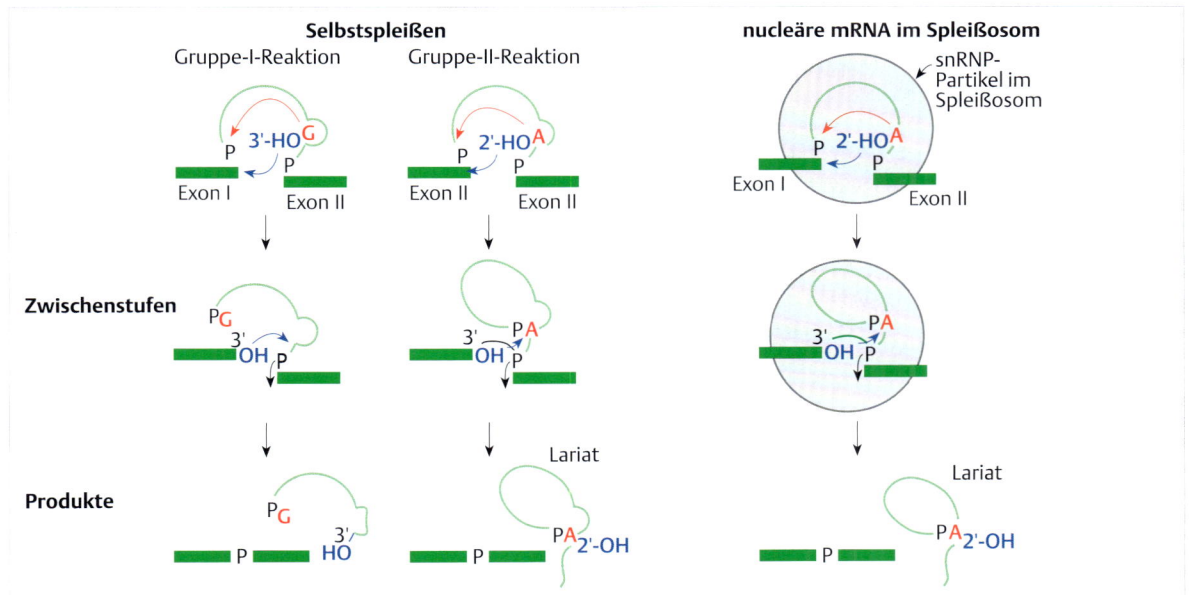

Abb. 15.17 Vergleich von Spleißreaktionen. Die Selbstspleißreaktion bei Gruppe-II-Introns geht von einem nucleophilen Angriff der 2'-OH-Gruppe eines Adenosinrests auf die Phosphodiesterbindung an der 5'-Spleißstelle aus. Damit gleicht diese Selbstspleißreaktion dem Spleißvorgang in Spleißosomen. (nach Cech TR (1986) RNA as an enzyme. Sci Am 255: 76–84; Cech TR, Bass BL (1986) Biological catalysis by RNA. Annu Rev Biochem 55: 599–529)

zu ähnlichen Endprodukten führt wie die Spleißreaktion im Komplex des Spleißosoms. Deswegen nehmen viele Forscher an, dass die prä-mRNA-Sequenzen im Spleißosom eine Struktur einnehmen, die über eine Art Selbst- spleißen das Heraustrennen des Introns ermöglicht. Selbstspleißen ohne Spleißosom findet tatsächlich in ausgewählten Situationen statt (Plus 15.2) (S. 370).

Plus 15.2

Spleißen ohne Spleißosom

Bei der Untersuchung der Reaktion von Zellen auf gehäuftes Auftreten von nicht korrekt gefalteten Proteinen – eine Reaktion, die als **UPR** (*unfolded protein response*) bezeichnet wird – wurde die interessante Beobachtung gemacht, dass die prä-mRNA des an der UPR beteiligten Transkriptionsfaktors XBP1 von einem Intron befreit werden kann, ohne dass ein Spleißosom ausgebildet wird.

Eine Anhäufung von nicht korrekt gefalteten Proteinen im endoplasmatischen Retikulum verursacht tief greifende Störungen. Dagegen schützt sich die Zelle auf verschiedene Weise:

- durch einen vermehrten Abbau der Proteine,
- durch eine Blockade der Proteinsynthese und
- durch die Aktivierung einer großen Gruppe von Genen, unter anderem auch von Genen mit der Information für Chaperonproteine und anderen Faktoren, die eine Rückfaltung von Proteinen (S. 66) erleichtern.

An der Expression der für die UPR erforderlichen Gene ist – in Säugetierzellen – der Transkriptionsfaktor XBP1 (X-Box-bindendes Protein) beteiligt. Das homologe Protein der Hefe wird Hac1 genannt. Hac1 und XBP1 sind Transkriptionsfaktoren vom bZip-Typ, verwandt der Familie der CREB-Proteine (S. 339), und wie diese binden sie als Dimer an spezifische DNA-Sequenzen (X-Boxen) stromaufwärts der Promotoren von Genen, die im Zuge der UPR aktiviert werden.

Am Beginn der Reaktionsfolge zum Spleißen ohne Spleißosom steht ein membrangebundenes Protein mit der Bezeichnung IRE1. Zuerst in Hefe über eine Mutante entdeckt, die Inositol benötigt (IRE, *inositol requiring*), dann als hoch konserviertes Protein in allen Eukaryoten, einschließlich Tier und Mensch, nachgewiesen. Säugetierzellen können zwei Formen exprimieren: IRE1α für viele Zell- und Gewebetypen und IRE1β spezialisiert für Darmepithelzellen.

IRE1 hat drei funktionelle Domänen:

- eine aminoterminale Domäne, die in das Lumen des endoplasmatischen Retikulums hineinreicht und irgendwie die hohen Konzentrationen von falsch gefalteten Proteinen registriert,
- eine cytosolische Proteinkinasedomäne,
- eine carboxyterminale Domäne, die als sequenzspezifische Endoribonuclease wirken kann.

Im Zuge der UPR dimerisieren die membrangebundenen IRE-Moleküle und aktivieren sich durch gegenseitige Phosphorylierungen. Das aktiviert die IRE1-Endoribonuclease, die nun ihr Substrat angreifen kann, nämlich spezielle mRNAs. Die Endoribonuclease schneidet eine Folge von Nucleotiden, quasi ein Intron, heraus und eine RNA-Ligase verknüpft die Enden zu einer prozessierten mRNA (▶ Abb. 15.18).

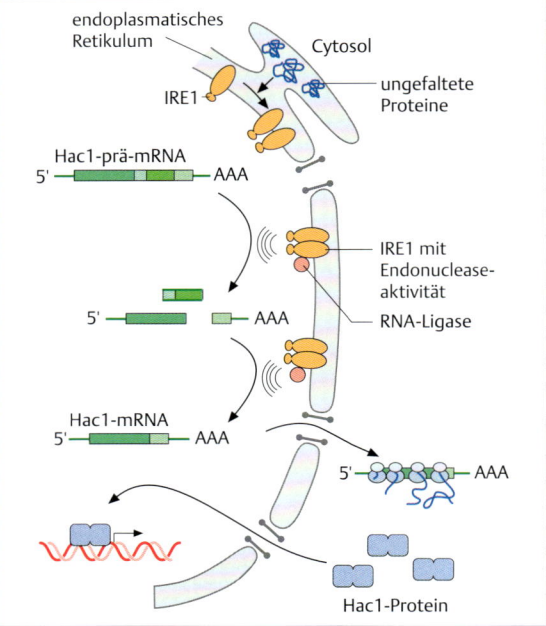

Abb. 15.18 Spleißen ohne Spleißosom. Die Hac1-prä-mRNA enthält ein Intron (ohne die üblichen GU-AG-Grenzen), das als Vorbereitung für die UPR durch die kombinierten Aktionen einer membranständigen Endonuclease und einer RNA-Ligase entfernt wird. Hac1 ist ein Transkriptionsfaktor, der eine Reihe von Genen aktiviert, die wichtig für die UPR sind. (nach Mori K (2000) Tripartite management of unfolded proteins in the endoplasmic reticulum. Cell 101: 451–454; Sidrauski C, Chapman R, Walter P (1998) The unfolded protein response: an intracellular signalling pathway with many surprising features. Trends Cell Biol 8: 245–249)

Dieser unkonventionelle Spleißvorgang liefert die mRNA für den oben genannten Transkriptionsfaktor XBP1 in Säugetierzellen (genannt Hac1 in Hefe).

Wozu diese besondere Form des Spleißens? Ein Argument mit einiger Plausibilität geht davon aus, dass UPR oft ausgelöst wird, wenn bei erhöhter Temperatur die natürliche Faltung von Proteinen gestört ist und sich dementsprechend falsch gefaltete Proteine im endoplasmatischen Retikulum anhäufen. Die erhöhte Temperatur schadet aber auch den Spleißosomen. Deswegen war die Ausbildung einer unkonventionellen Spleißreaktion unausweichlich, damit genug Hac1 oder XBP1 zum Schutz der Zelle gebildet werden kann.

Wir stellen fest, dass es Spleißen ohne Spleißosomen gibt, und zwar bei der Bildung einer speziellen mRNA im Zuge der UPR. Ein ähnlicher Mechanismus wird auch bei der Prozessierung der tRNA (S. 387) benutzt.

Alternatives Spleißen

So wie bisher beschrieben, könnte man annehmen, dass bei der Prozessierung der mRNA ausnahmslos alle Introns aus einer prä-mRNA entfernt werden. Dies trifft in der lebenden Zelle jedoch nur bedingt zu, denn es existiert die wichtige Möglichkeit des **alternativen Spleißens** (▶ Abb. 15.19). Durch alternative Nutzung von 5′- und 3′-Spleißstellen können individuelle Exons in unterschiedlicher Kombination aus der reifenden mRNA entfernt werden. Dadurch erhöht sich die Codierungsmöglichkeit eines Genoms erheblich, denn ein einziges Gen kann somit unterschiedliche, wenngleich verwandte Proteine codieren.

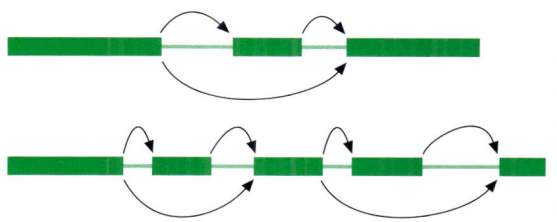

Abb. 15.19 Einige Möglichkeiten alternativen Spleißens. Gezeigt ist das Überspringen eines Exons (oben) und wie aus einer prä-mRNA zahlreiche mRNAs entstehen können (unten). Dies wird im Text an einigen konkreten Beispielen ausgeführt.

Merke

Alternatives Spleißen vermehrt die Codierungsmöglichkeiten eines Gens. Durch alternative Kombinationen des Entfernens von Introns kann die Information für mehrere, wenn auch verwandte Proteine von einem Gen exprimiert werden.

▶ **Häufigkeit des alternativen Spleißens und Zahl der Introns pro Gen.** Die Häufigkeit des alternativen Spleißens nimmt mit der Komplexität eines Organismus zu. So haben nur 5 % der proteincodierenden Gene von *C. elegans* Introns, und zwar im Durchschnitt fünf Introns pro Gen; dagegen haben über 70 % der *A. thaliana*-Gene Introns, durchschnittlich ebenfalls etwa fünf Introns pro Gen.

Demgegenüber das Humangenom: Fast 90 % aller proteincodierenden Gene haben Introns, und zwar im Durchschnitt acht Introns pro Gen. Alternatives Spleißen ist weit verbreitet. ENCODE (Encyclopedia of DNA Elements) annotierte 2012 für die 21 000 proteincodierenden Gene des Humangenoms durchschnittlich vier unterschiedliche Trankskripte pro Gen, sodass durch alternatives Spleißen mRNAs für etwa 84 000 Proteine erzeugt werden. Somit wird offensichtlich, dass alternatives Spleißen die Codierungsmöglichkeiten eines Gens deutlich vermehrt und wesentlich zur Proteinvielfalt beiträgt. Alternatives Spleißen geschieht oft in einer zelltypspezifischen Weise, sodass verschiedene Zelltypen mit unterschiedlich prozessierten Transkripten eines gegebenen Gens ausgestattet sind.

Durch die Betrachtung einiger Beispiele machen wir uns mit dem Konzept des alternativen Spleißens vertraut.

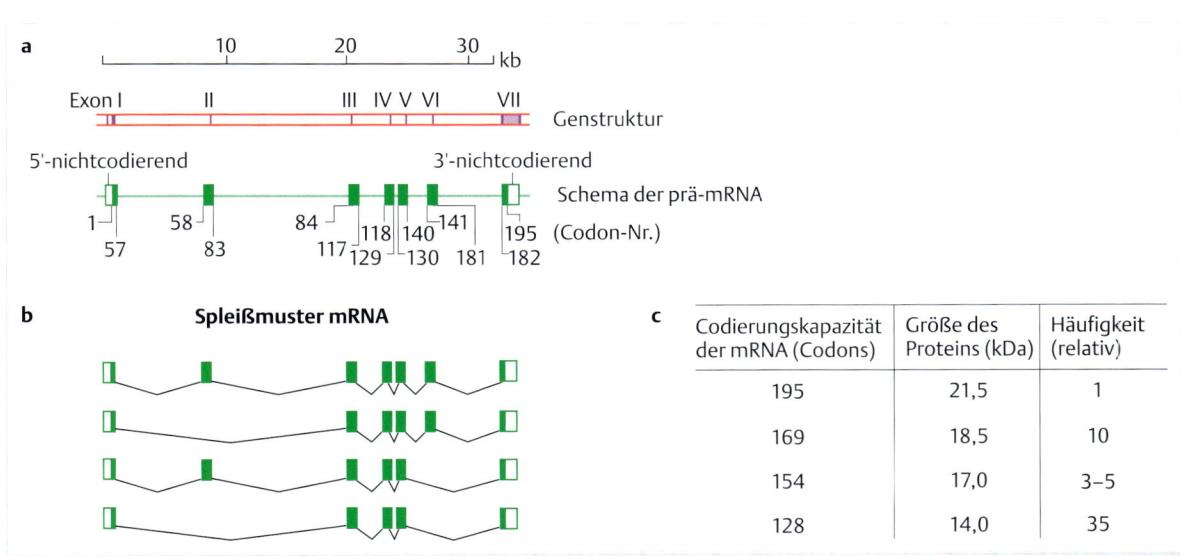

Abb. 15.20 Spleißen der prä-mRNA des basischen Myelinproteins (MBP). (nach DeFerra F, Engh H, Hudson L et al (1985) Alternative splicing accounts for the four forms of myelin basic protein. Cell 43: 721–727)
a Skizze des MBP-Gens. Exon I = 5′-Nicht-Codierungsbereich (hell) und die ersten 57 Codons; Exon VII = endständige 14 Codons plus 3′-Nicht-Codierungsbereich.
b mRNAs als Spleißvarianten mit den jeweils codierten Proteinen.
c Häufigkeit der Proteine im Zentralnervensystem (ZNS) des ausgewachsenen Tieres.

Tabelle c:

Codierungskapazität der mRNA (Codons)	Größe des Proteins (kDa)	Häufigkeit (relativ)
195	21,5	1
169	18,5	10
154	17,0	3–5
128	14,0	35

15

▶ **Erstes Beispiel: Exons können übersprungen werden.** Als Beispiel dient hier das Gen für das basische Myelinprotein (MBP, *myelin basic protein*), ein Baustein der Myelinschicht, die die Axone von zentralen und peripheren Nerven umgibt. Das Säugetiergenom hat ein Gen für MBP, aber im Gehirn ausgewachsener Tiere findet man mindestens vier unterschiedliche Isoformen des Proteins. Diese werden von einer prä-mRNA aus sieben Exons und sechs Introns codiert, bei deren Prozessierung das alternative Spleißen zur Entfernung des zweiten, des sechsten oder beider Exons führen kann (▶ Abb. 15.20). Auf diese Weise entstehen Isoformen des Proteins, die sich durch die An- oder Abwesenheit von Aminosäureblöcken unterscheiden und verschiedene zelluläre Lokalisationen, entweder an der Plasmamembran (zur Ausbildung der Myelinscheide) oder im Zellkern, einnehmen.

▶ **Zweites Beispiel: alternative Spleißereignisse können sich gegenseitig ausschließen.** Für diesen Fall ist ein Muskelprotein gewählt, nämlich Troponin T, ein Protein mit einem Molekulargewicht von 30 kDa, das im Komplex mit anderen Proteinen die Calciumsensitivität der Aktomyosin-ATPase bestimmt. Verschiedene Varianten von Troponin T bilden sich im Verlauf der Entwicklung und werden in verschiedenen Muskelzelltypen exprimiert. Das Troponin-T-Gen besteht aus 18 Exons, von denen die kurzen Exons 4–8 alternativ gespleißt werden können (▶ Abb. 15.21). Prozessierte mRNAs enthalten entweder alle Sequenzen der Exons 4–8 oder weniger, und dann in wechselnden Kombinationen, sodass zahlreiche verschiedene Arten prozessierter Troponin-T-mRNA gebildet werden können. In den prozessierten mRNAs kommt zudem entweder die Sequenz des Exons 16 oder des Exons 17 vor. Das Vorkommen eines dieser beiden Exons schließt das Vorkommen des anderen aus. Wie ▶ Abb. 15.21 zeigt, kann das Troponin-T-Gen über 60 verschiedene Proteine codieren – Proteine, die zwar verwandt sind, aber sich doch durch die An- oder Abwesenheit von Aminosäureblöcken unterscheiden, was natürlich Auswirkungen auf die Funktion hat.

Das ist nicht das Maximum an Genprodukten durch alternatives Spleißen. Zum Beispiel führt alternatives Spleißen dazu, dass die Gene für Neurexin α und Neurexin β je einige Tausend Formen von Proteinen bilden können – Zelloberflächenproteine in Gehirnzellen von Vertebraten. Den Rekord hält zurzeit das Gen *Dscam* von *Drosophila melanogaster*, dessen prä-mRNA zu über 38 000 Spleißvarianten verarbeitet werden kann – die genauso viele Isoformen des Dscam-Proteins codieren. Die Dscam-Proteine haben Funktionen bei der Wanderung von Axonen während der Entwicklung des Nervensystems der Fliege. Zellen exprimieren ihr spezifisches Dscam-Protein mit eigener Bindungsspezifität, die die Identität der Zelle prägt.

▶ **Drittes Beispiel: zelltypspezifisches Spleißen.** Unser Beispiel ist das Gen für das Hormon Calcitonin. Dieses

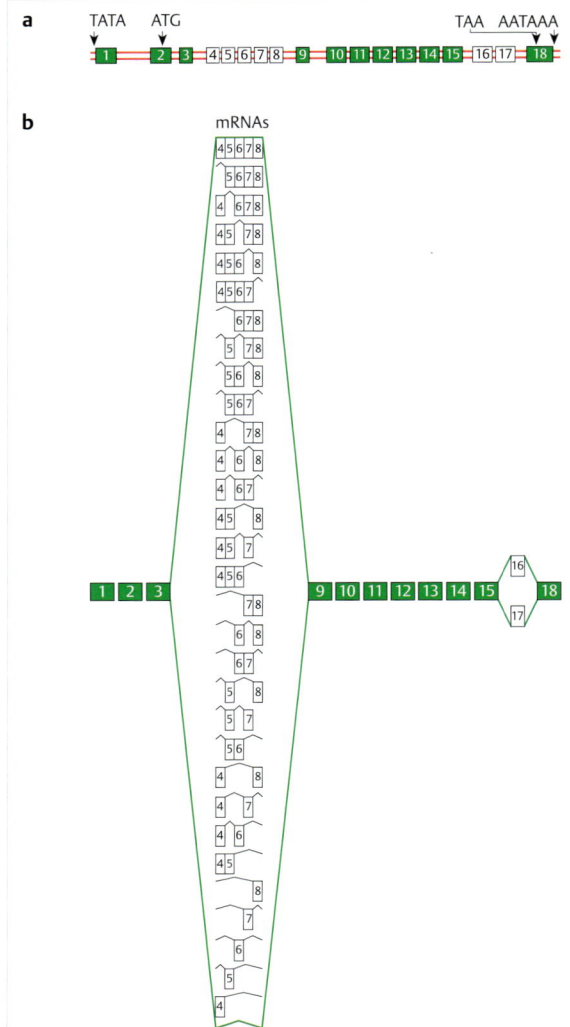

Abb. 15.21 Alternatives Spleißen des primären Troponin-T-Transkripts. (nach Breitbart RE, Nadal-Ginard B (1987) Alternative splicing: an ubiquitous mechanism for the generation of multiple protein isoforms from single genes. Annu Rev Biochem 56: 467–495)
a Ein Schema des Gens: Promotor (TATA), Translationsstart (ATG) und -stopp (TAA) sowie 18 Exons, von denen einige in allen mRNAs erscheinen (grün), während andere durch alternatives Spleißen entfernt werden können. Poly(A)-Signal: AATAAA.
b Mögliche Spleißprodukte.

Gen ist aktiv in den C-Zellen der Schilddrüse und in Nervenzellen, genauer gesagt, in den sensorischen Ganglienzellen des Rückenmarks, in den Zellen des Hypothalamus und in anderen Bereichen des zentralen Nervensystems. Die Genexpression in der Schilddrüse liefert das Hormon Calcitonin, die Genexpression in Nervenzellen das Neuropeptid CGRP (*calcitonin gene related protein*).

15

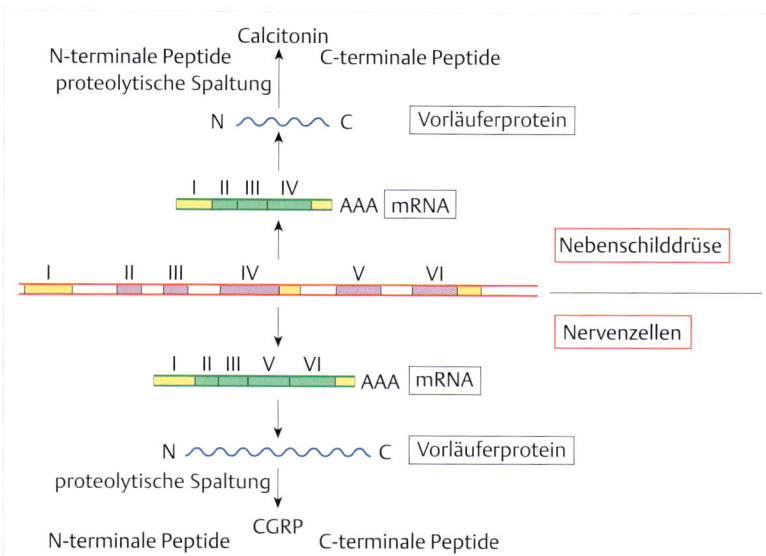

Abb. 15.22 Zelltypspezifisches Spleißen. In Zellen der Nebenschilddrüse wird Calcitonin gebildet, in Nervenzellen stattdessen ein Neuropeptid. (nach Leff SE, Evans RM, Rosenfeld MG (1987) Splice commitment dictates neuronspecific alternative RNA processing in calcitonin/CGRP gene expression. Cell 48: 519–524)

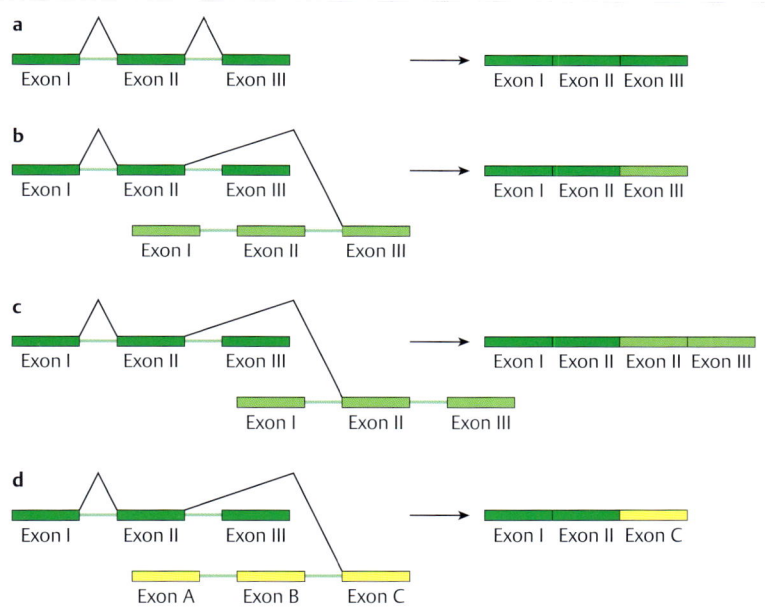

Abb. 15.23 Verschiedene Varianten des Spleißprozesses.
a *cis*-Spleißen bezeichnet das Entfernen von Introns innerhalb einer prä-mRNA.
b *trans*-Spleißen zwischen zwei prä-mRNAs desselben Gens.
c *trans*-Spleißen zwischen zwei prä-mRNAs desselben Gens mit der Duplikation eines Exons.
d *trans*-Spleißen zwischen zwei prä-mRNAs verschiedener Gene.

Die Nebenschilddrüse produziert ein Peptidhormon für die Regulation des Calciumhaushalts: das **Parathormon**. Es reagiert auf Verringerung der Konzentration von Calcium-Ionen im Serum und mobilisiert Calcium aus Knochengewebe. Es reguliert auch die Ausscheidung von Calciumsalzen durch die Niere. **Calcitonin**, gebildet in den C-Zellen der Schilddrüse, ist sein Gegenspieler: Bei erhöhter Konzentration von Calcium-Ionen im Serum hemmt es die Mobilisierung von Calcium aus den Knochen.

Das Calcitoningen besteht aus sechs Exons (▸ Abb. 15.22). In Zellen der Nebenschilddrüse werden die Exons 1–4 durch mRNA-Spleißen verknüpft; dies geht mit einem Verlust der Exons 5 und 6 einher. Dagegen wird in Nervenzellen das Exon 4 durch Spleißen entfernt, während die beiden endständigen Exons 5 und 6 integrale Teile der prozessierten mRNA sind. Die ▸ Abb. 15.22 legt den Schluss nahe, dass zelltypspezifisches Spleißen mit einer regulierten Auswahl von Spleißstellen zusammenhängt. Tatsächlich kennt man spezielle, zelltypspezifisch exprimierte SR-Proteine (Plus 15.1) (S. 367), die an Sequenzen innerhalb von Exons (Exon-Spleiß-Enhancer) oder an die benachbarten Intronbereiche binden und dort den Zusammenbau von Spleißosomen fördern. Diese und andere Formen der Regulation des Spleißens werden weiter unten (S. 375) zusammengefasst.

15

trans-Spleißen

In den Zellen mancher Organismen werden unabhängige, separate Primärtranskripte durch Spleißen miteinander verknüpft. Dies nennt man intermolekulares Spleißen, oder ***trans*-Spleißen** (*trans*, lat. jenseits) (▶ Abb. 15.23). Die zusammengefügten RNAs nennt man oft auch chimäre RNAs.

Definition

cis-Spleißen bezeichnet das Entfernen von Introns innerhalb einer prä-mRNA.

 trans-Spleißen bezeichnet die Nutzung von 5'- und 3'-Spleißstellen separater prä-mRNA-Moleküle.

Die ersten Hinweise für das *trans*-Spleißen wurden bei dem Protozoon *Trypanosoma brucei* in der speziellen Form des **SL-*trans*-Spleißen** entdeckt (▶ Abb. 15.24a), aber chimäre RNAs scheinen weiter verbreitet zu sein als früher angenommen. Das zeigen die vollständigen Sequenzierungen der gesamten Transkripte einer Zelle mithilfe der RNA-Seq-Methode (S. 498). Durch *trans*-Spleißen werden Exons von verschiedenen Genen in neuen Kombinationen verknüpft und dadurch beträchtlich die Vielfalt (Diversität) von mRNAs und Proteinen erhöht (▶ Abb. 15.23, ▶ Abb. 15.24). Beispiele für durch *trans*-Spleißen erzeugte chimäre mRNAs finden sich in *Drosophila melanogaster, Caenorhabditis elegans,* bei Mücken und in Säugetieren, speziell in menschlichen Tumorzellen.

 In der speziellen Form des ***trans*-Spleißens mit Leitsequenzen**, auch SL-*trans*-Spleißen genannt (SL, Spleißleitsequenzen; *spliced leader*), die besonders in Trypanosomen, Nematoden und Protisten vorkommt, wird an unterschiedliche prä-mRNAs eine kurze Leitsequenz (Leitexon) angebracht. Somit entstehen prä-mRNAs, die sich zwar über große Abschnitte ihrer Sequenzen hinweg unterscheiden, aber gemeinsam dasselbe Leitexon am 5'-Ende besitzen (▶ Abb. 15.24a). Eine offensichtlich wichtige Funktion für das SL-*trans*-Spleißen zeigt sich im Nematoden *C. elegans* (Plus 15.3) (S. 375). Dort enthält ein Viertel aller prä-mRNAs die Transkripte von zwei oder mehreren Genen. Sie sind also polygenisch, wie die Transkripte in Bakterien. Hier wird das SL-*trans*-Spleißen eingesetzt, um die polygenische prä-mRNA in prozessierte monogenische mRNAs zu überführen (▶ Abb. 15.25). Beachte, dass somit an vielen prä-mRNAs von Nematoden

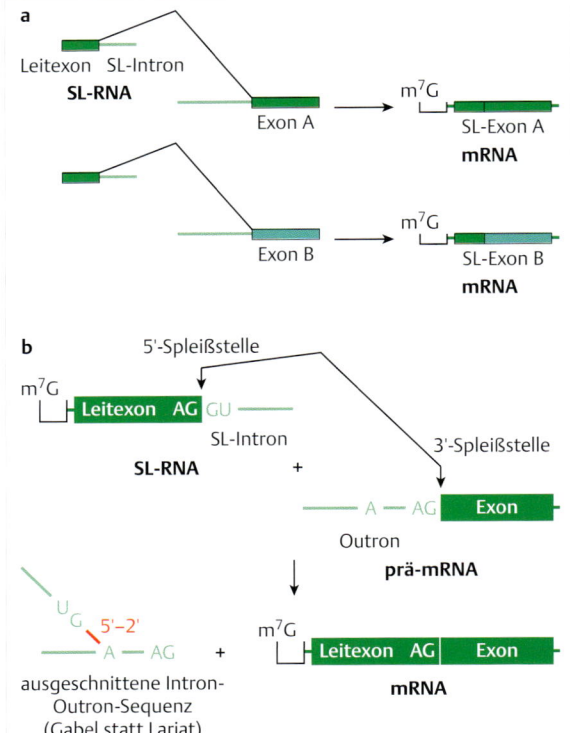

Abb. 15.24 *trans*-Spleißen mit Leitsequenzen. (nach Lasda EL, Blumenthal T (2011) Trans-splicing. WIREs RNA 2: 417–434)
a Prinzip des SL-*trans*-Spleißens. RNAs mit Spleißleitsequenzen (SL) können durch den Prozess des *trans*-Spleißens an die 5'-Region verschiedener separater Exonsequenzen angefügt werden.
b Mechanismus des SL-*trans*-Spleißens. Das SL-*trans*-Spleißen erfolgt immer über Einbeziehung des Spleißosoms. Die in dem fertigen Spleißprodukt nicht enthaltenen RNA-Segmente (SL-Intron und Outron) werden bei der Spleißreaktion über eine Gabelung durch eine 5'-2'-Verknüpfung verbunden.

sowohl *cis*-Spleißen (zur Entfernung der Introns) als auch *trans*-Spleißen (zur Herstellung monogenischer mRNAs) erfolgt.

 Ein wichtiger Punkt ist, dass alle *trans*-Spleißprozesse unter strikter Nutzung des Spleißosoms ablaufen, d. h. entsprechend den Mechanismen und strukturellen Prinzipien, die wir sowohl beim normalen wie auch dem alternativen *cis*-Spleißen kennengelernt haben ▶ Abb. 15.24b.

Plus 15.3

Cis- und trans-Spleißen bei dem Nematoden *Caenorhabditis elegans*

Der Nematode *Caenorhabditis elegans* ist ein günstiges Modellsystem für viele Fragestellungen der Entwicklungsbiologie. Deswegen ist man recht gut über die Molekulargenetik dieses Fadenwurms unterrichtet.

Bei ihren Untersuchungen entdeckten Forscher, dass ein Teil der mRNAs von *C. elegans* durch *trans*-Spleißen von RNA-Vorläufern entsteht. Bei diesem Organismus kommen also normales (*cis*-)Spleißen und *trans*-Spleißen nebeneinander vor.

Eine weitere Besonderheit von *C. elegans* ist, dass etwa ein Viertel der prä-mRNA polygenisch ist (S. 89), also die Transkripte von zwei oder mehreren Genen trägt. Durch *trans*-Spleißen wird die polygenische prä-mRNA in prozessierte monogenische mRNAs überführt.

Man unterscheidet zwei *trans*-Spleißreaktionen:
- Die Spleißleitsequenz SL 1 gelangt an die 5′-Enden der prä-mRNA (wie bei Trypanosomen).
- Die Spleißleitsequenz SL 2 wird beim Austrennen der internen mRNAs aus der polygenischen prä-mRNA verwendet.

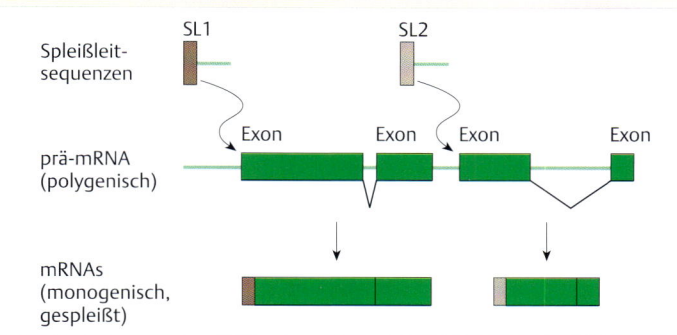

Abb. 15.25 Cis- und trans-Spleißen bei dem Nematoden *Caenorhabditis elegans*. Erläuterungen s. Text. (nach Lasda EL, Blumenthal T (2011) Trans-Splicing. WIREs RNA 2: 417–434)

Regulation des Spleißens

Eine exakte Regulation des Spleißens, z. B. in der Auswahl von 5′- und 3′-Spleißstellen, ist von größter Bedeutung für die korrekte Prozessierung der mRNA und entsprechend für die korrekte Aminosäureabfolge in Proteinen. Dies trifft gleichermaßen für die Prozesse des *cis*-Spleißens, des *trans*-Spleißens und des alternativen Spleißens zu.

▶ **Rekrutierung von Spleißosomen zu den Exon-Intron-Grenzen.** Es stellt sich somit die wichtige Frage: Wie gelangen Spleißosomen an die richtigen Stellen der Exon-Intron-Grenzen einer prä-mRNA, wenn doch Dinucleotidsequenzen von Exon-Intron-Grenzen allein aus statistischen Gründen in den langen Intronanteilen der prä-mRNAs recht häufig und zufällig verteilt vorkommen können? Machen wir uns das Problem einmal an einem extremen Beispiel des *cis*-Spleißens deutlich. Das Dystrophingen im Humangenom erstreckt sich über mehr als 2 Millionen Basenpaare und enthält 78 Introns. Das Spleißen der prä-mRNA erfordert eine korrekte Verknüpfung aller 79 Exons und das Entfernen von über 99 % der RNA unter Bildung einer mRNA von 14 000 Nucleotiden. Allgemein gesagt, der Spleißapparat muss die kurzen Exons (je ca. 200 Nucleotide) in einem gewaltigen Überschuss von langen Intronsequenzen erkennen.

Für die Erkennung und Unterscheidung von Exons und Introns sind neben den U2- und U1-snRNPs vor allem Spleißfaktoren wichtig, die spezifische Sequenzen in der prä-mRNA erkennen und binden (▶ Abb. 15.26, ▶ Abb. 15.27). Die bereits erwähnten U2AF-Proteine (s. ▶ Abb. 15.12) binden innerhalb eines Introns die Poly (Py)-Sequenz sowie die 3′-Spleißstelle. Aber auch Exons enthalten kurze Erkennungssequenzen, **Exon-Spleiß-Enhancer** (ESEs), genannt, die den Spleißapparat an die richtige Stelle dirigieren. ESEs sind Folgen von fünf bis sechs Nucleotiden, bevorzugt, aber nicht ausschließlich, Purinnucleotide. Ihre Funktion besteht in der Bindung von SR-Proteinen. Sie ermöglichen eine geordnete Anlagerung der U1- und U2-snRNPs und den Aufbau des Spleißosoms. Wichtige Information zu SR-Proteinen ist in Plus 15.1 (S. 367) gegeben.

ESEs und daran gebundene SR-Proteine erfüllen eine besonders wichtige Funktion bei der Regulation des alternativen Spleißens (S. 371). Dies möchten wir an einem eindrucksvollen biologischen Prozess darstellen: der **Geschlechtsbestimmung bei Drosophila**. Die Entwicklung zum weiblichen oder männlichen Phänotyp wird bei *Drosophila melanogaster* durch das Verhältnis von X-Chromosomen zu Autosomen eingeleitet: Ein X-Chromosom stellt den Schalter auf männlich, zwei X-Chromosomen auf weiblich. Die Umsetzung dieser frühen Signale hängt von der Funktion weiterer Gene und deren Produkten ab. Das zeigen Mutanten, bei denen die Geschlechtsentwicklung bei einer gegebenen Chromosomenkonstitution in die falsche Richtung läuft. Bei einigen Mutanten sind Gene für bestimmte Spleißfaktoren betroffen. Unser Beispiel betrifft eine der letzten Stufen in einer Kaskade alternati-

15

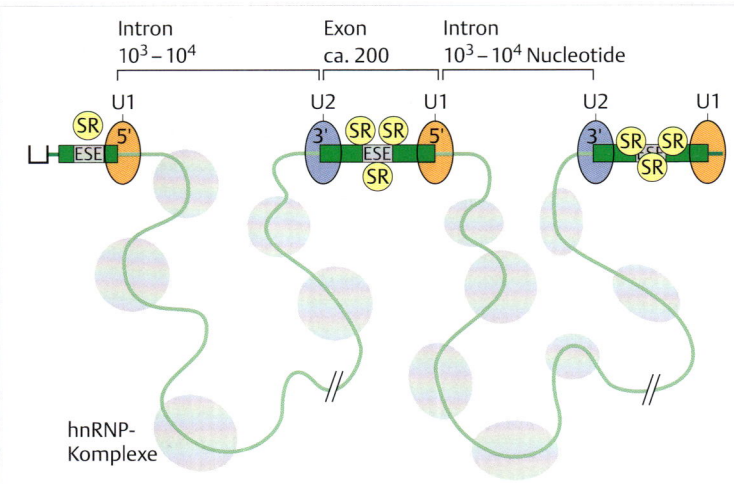

Abb. 15.26 Regulation des Spleißens: Rekrutierung von Spleißosomen zur Bindungsstelle. Introns sind oft lang, Exons meist sehr viel kürzer. Demnach liegen die 3'- und 5'-Spleißstellen in Exons nahe beieinander. Um die Spleißfaktoren zu diesen Spleißstellen zu dirigieren, existieren in den Exons spezielle Elemente, die Exon-Spleiß-Enhancer (ESE). Eine Funktion der Exon-Spleiß-Enhancer ist die Bindung von Spleißfaktoren (SR) in der Nähe der benachbarten 3'- und 5'-Spleißstellen. U1 und U2 steht für U1- und U2-snRNP. (nach Reed R (2000) Mechanisms of fidelty in pre-mRNA splicing. Curr Opin Cell Biol 12: 340–345)

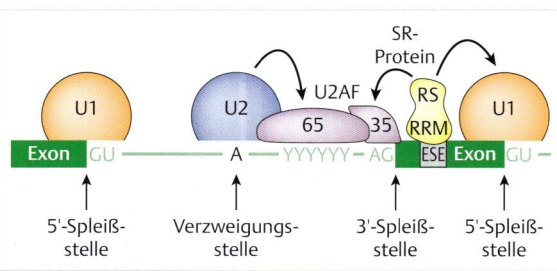

Abb. 15.27 Der Exon-Spleiß-Enhancer (ESE) kontrollieren die korrekte Erkennung von Spleißstellen. RNA-bindende Proteine vom SR-Typ binden mit ihren RRM-Domänen an die ESE-Sequenz und dirigieren mit ihren RS-Domänen die Bindung von U1-snRNPs an 5'-Spleißstelle sowie die Bindung von U2AF an die 3'-Spleißstelle und die Poly(Py)-Sequenz. Dies führt zur Rekrutierung des U2-snRNP an die stromaufwärts gelegene Verzweigungsstelle im Intron. (Quelle: nach Will CL, Lührmann R (2012) Spliceosome structure and function. Cold Spring Harb Perspect Biol 3: a003707)

ver Spleißprozesse. Es geht um die Prozessierung der prä-mRNA des *dsx*-Gens (*dsx, double sex*). Die prä-mRNA enthält sechs Exons, von denen die ersten drei in beiden Geschlechtern konstitutiv gespleißt werden (▶ Abb. 15.28). In männlichen Zellen wird die 3'-Spleißstelle vor Exon 4 durch die Spleißmaschine nicht erkannt. Deswegen wird Exon 4 beim Spleißen übergangen und Exon 3 direkt an Exon 5 (und nachfolgend Exon 6) geknüpft. Anders in weiblichen Zellen, die den Faktor Tra (nach dem Gen *tra*, *transformer*) exprimieren. Er ermöglicht die Bindung der SR-ähnlichen Proteine Rbp1 und Tra2 an einen Exon-Spleiß-Enhancer (ESE) im Exon 4. Dadurch wird der Spleißapparat an die 3'-Spleißstelle von Exon 4 dirigiert und die Exons 1, 2 und 3 werden mit Exon 4 verbunden. Die Exon-4-Sequenz enthält eine Polyadenylierungsstelle (S. 290). Dementsprechend ist die mRNA in weiblichen Zellen kürzer als in männlichen Zellen (▶ Abb. 15.28). Das *Drosophila*-Protein Tra ist der Prototyp dieser Klasse von Spleißfaktoren. Verwandte Spleißfaktoren kommen auch

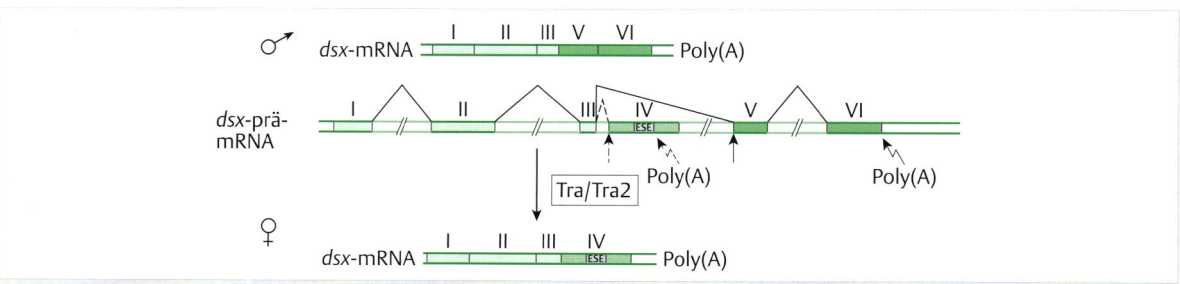

Abb. 15.28 Spleißfaktoren bestimmen die Auswahl von Spleißstellen bei alternativem Spleißen. Die senkrechten schwarzen Pfeile an der prä-mRNA geben die 3'-Spleißstellen an, die in weiblichen (gestrichelter schwarzer Pfeil) oder männlichen (durchgezogener schwarzer Pfeil) *Drosophila*-Zellen benutzt werden. Die Verknüpfungen von 5'- und 3'-Spleißstellen sind mit schwarzen Linien angegeben, die potenziell nutzbaren Polyadenylierungsstellen (Poly(A)) sind eingezeichnet. Die Auswahl der Spleißstellen in weiblichen Zellen wird durch die Spleißfaktoren Tra und Tra2 bestimmt. (nach McKeown M (1992) Alternative mRNA splicing. Annu Rev Cell Biol 8: 133–155; Tian M, Maniatis T (1992) Positive control of pre-mRNA splicing in vitro. Science 256: 237–240)

15

in Säugetierzellen vor und beteiligen sich an der zelltyp-spezifischen Regulation des Spleißens.

Überdies gibt es noch andere regulatorische Sequenzen in prä-mRNAs, nicht nur in den Exon-, sondern auch in den Intronbereichen. Dazu gehören **Exon-Spleiß-Silencer** (ESS), ebenfalls Bindungsstellen für Proteine, diesmal für Proteine, die das Spleißen im Bereich des betreffenden

Exons unterdrücken. Auch Unterdrückung einer Spleiß-reaktion ist ein wichtiger Mechanismus zur Regulation des alternativen Spleißens (S. 371). Mutationen in Exon-Spleiß-Enhancer- oder Exon-Spleiß-Silencer-Elementen können zur Fehlregulation des Spleißprozesses führen, oft verbunden mit schwerwiegenden Störungen der Zell-physiologie (Pathologie 15.2) (S. 377).

Pathologie 15.2

Die Spinale Muskeldystrophie und Mutationen in ESE oder ESS

Die Sequenzen für ESE und ESS mögen von Gen zu Gen, ja von Exon zu Exon eines Gens, verschieden sein. Aber ein Nucleotidaustausch in einem gegebenen regulatorischen Element kann drastische Folgen für die Effizienz der Spleiß-reaktion haben.

Wir illustrieren das an einem Beispiel aus der medizinischen Genetik: der **Spinalen Muskeldystrophie** – eine genetische Krankheit, die meist schon in frühem Lebensalter auftritt und bald zum Tod führt, weil die Motorneuronen im Rückenmark degenerieren, was mit zunehmender Muskelschwäche, auch der Atemmuskulatur, einhergeht. Die Krankheit ist nicht selten. Man schätzt, dass eines unter 6 000 Neugeborenen darunter leidet.

Eine der möglichen Ursachen ist der Ausfall eines Gens mit der Bezeichnung *SMN1* (*survival of motor neuron*). Im Humangenom gibt es ein nah gelegenes zweites, fast identisches Gen, *SMN2*, das aber in ungenügender Menge ex-

primiert wird und den Ausfall von SMN1 nicht kompensieren kann. Dabei unterscheiden sich die Codierungsbereiche der Gene nur an wenigen Stellen. Unter anderem an Position 6 im Exon 7, wo ein Cytosin gegen ein Thymin in der DNA bzw. Uracil in der RNA ausgetauscht ist, und zwar so, dass ein Codon in ein anderes synonymes Codon übergeht, also keine Veränderung der Codierung vorliegt. Forschungen zeigten jedoch, dass Exon 7 beim Spleißen der prä-mRNA verloren geht und Exon 6 direkt an Exon 8 geknüpft wird. Die Folge ist natürlich ein Protein ohne die von Exon 7 codierte Sequenz. Dieses Protein ist nicht aktiv, sondern instabil und geht bald verloren.

C/U-Mutationen können einen Exon-Spleiß-Enhancer zerstören und damit die Bindung eines Spleißfaktors verhindern. Der Austausch von U für C kann jedoch auch die Sequenz eines **Exon-Spleiß-Silencers** schaffen, und zwar als Bindungsstelle für hnRNP A1, was seinerseits die Ausbildung eines Spleißosoms verhindert.

▶ **Regulation des Spleißosoms durch posttranslationale Modifikationen von Spleißfaktoren.** Während die vorgenannte Ausbildung des Spleißosoms an den richtigen Stellen einer prä-mRNA einen wichtigen Regulationsschritt darstellt, unterliegt die Aktivierung der Spleiß-reaktion einem weiteren Regulationsmechanismus: der posttranslationalen Modifikationen von Proteinen des Spleißosoms. Häufige Modifikationen sind Phosphorylierungen (durch die Kinasen Prp4 und SRPK2), Dephosphorylierungen (durch die Phosphatasen PP1 und PP2A), Acetylierungen, Lysylhydroxylierung und Ubiquitinierung. Ein genaues Bild der regulatorischen Wirkungen dieser posttranslationalen Modifikationen bedarf weiterer Forschungsanstrengungen.

15.3.3 Polyadenylierung am 3'-Ende

Die ▶ Abb. 15.3 zeigt die Struktur einer prozessierten eukaryotischen mRNA mit dem typischen 3'-Ende, dem Poly(A)-Schwanz. Das Anbringen dieser Poly(A)-Sequenz erfolgt in enger Koordination mit der Termination der Transkription (S. 290).

In dem späten Stadium der Termination der Transkription sind die Ser2-Bausteine der CTD der Pol II durch Phosphatgruppen modifiziert (s. ▶ Abb. 13.22). Dadurch wird nicht nur das Terminationsprotein Rtt103 an den Transkriptionskomplex gebunden, sondern auch das Pcf11-Protein, das seinerseits verschiedene Komponenten der Polyadenylierungsmaschinerie heranzieht. Dieser Proteinkomplex erkennt das **Polyadenylierungssignal** auf der mRNA, die Hexanucleotidsequenz **AAUAAA** (seltener auch AUUAAA). Eine andere notwendige Sequenz ist eine Folge von GU- und UU-Motiven weiter stromabwärts von dem Polyadenylierungssignal (▶ Abb. 15.29).

Die Herstellung der korrekten Enden von prä-mRNAs kann im biochemischen Test mit geeigneten RNA-Substraten und Proteinen aus *in vitro* kultivierten Zellen untersucht werden:

Das Protein **CPSF** (*cleavage and polyadenylation specificity factor*) mit seinen vier Untereinheiten bindet an die charakteristische Folge AAUAAA und ermöglicht die endonucleolytische Spaltung der RNA mithilfe spezieller Proteine: **CstF** (*cleavage stimulation factor*) und **CFI** und **CFII** (*cleavage factor*) (▶ Abb. 15.29 ①). Daran gekoppelt heftet die **Poly(A)-Polymerase** Adenylatreste an das 3'-Ende der gespaltenen RNA (▶ Abb. 15.29 ②). Die Polyadenylierung verläuft in **zwei Phasen**: eine erste lang-

15

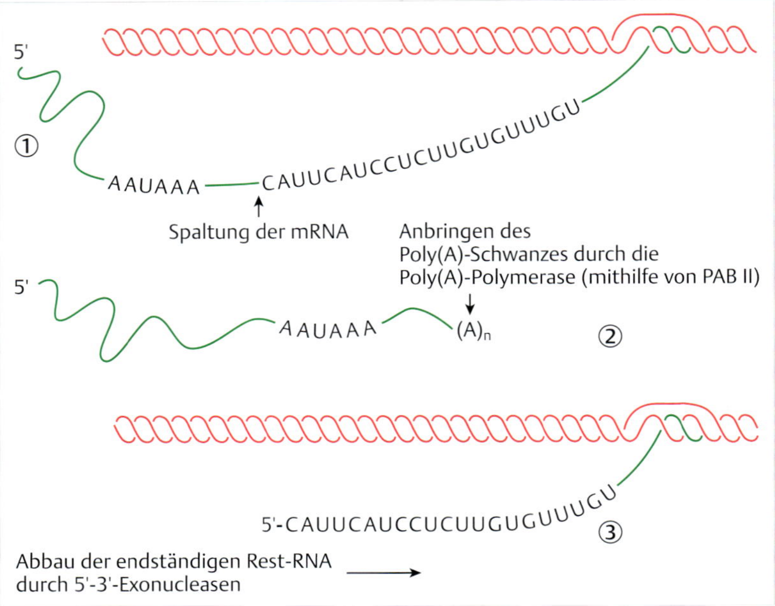

Abb. 15.29 Polyadenylierung des 3′-Endes der mRNA. Die noch wachsende prä-mRNA wird 10–30 Nucleotide stromabwärts von der Polyadenylierungsstelle AAUAAA geschnitten ①. Das ist das Signal für das Anbringen des Poly(A)-Schwanzes ② und den Abbau der RNA durch 5′-3′-Exonucleasen (Rat1 oder Xrn1) ③. (nach Luo W, Bentley D (2004) A ribonucleolytic rat torpedoes RNA polymerase II. Cell 119: 911–914)

① AAUAAA — CAUUCAUCCUCUUGUGUUUGU

Spaltung der mRNA

Anbringen des Poly(A)-Schwanzes durch die Poly(A)-Polymerase (mithilfe von PAB II)

AAUAAA — (A)$_n$ ②

5′-CAUUCAUCCUCUUGUGUUUGU ③

Abbau der endständigen Rest-RNA durch 5′-3′-Exonucleasen ⟶

same Phase, die nach der Polymerisation von etwa zehn Adenylatresten zu Ende geht, und eine zweite Phase, in der relativ schnell die restlichen etwa 200 Adenosinbausteine angefügt werden. Die zweite Phase erfordert das zuvor gebildete kurze Poly(A)-Ende und ein spezielles **Poly(A)-bindendes Protein** (PABII). Nun wird die endständige Rest-RNA vom 5′-Ende her exonucleolytisch abgebaut. Daran sind die 5′-3′-Exonucleasen Rat1 und Xrn2 beteiligt. Dabei wird das 5′-Ende genutzt, das anfangs von CFI bzw. CFII erzeugt wurde (▶ Abb. 15.29 ③).

Der Poly(A)-Schwanz hat erstens die wichtige Funktion, die mRNA zu stabilisieren und vor 3′-Exonucleasen zu schützen. Zweitens lagert er Poly(A)-bindende Proteine an, die den Export der mRNA aus dem Kern in das Cytoplasma regulieren. Und drittens trägt der Poly(A)-Schwanz mit den gebundenen Proteinen sehr wesentlich zur Effizienz der Translation bei (Kap. 16.3.1).

Schließlich ist der Hinweis wichtig, dass nicht alle mRNAs in Eukaryotenzellen mit einem Poly(A)-Schwanz versehen werden. Die bekanntesten Ausnahmen sind die mRNAs für Histone. Sie besitzen kein AAUAAA-Signal und ihre korrekten 3′-Enden werden über andere Mechanismen gebildet.

Die an der Polyadenylierung beteiligten Proteine sind in ▶ Abb. 15.30 zusammengefasst.

15.3.4 mRNA-Editing

Wir hatten gesehen, dass die Codierungsmöglichkeiten eines Gens durch den molekularen Trick des alternativen Spleißens erheblich gesteigert werden. Es gibt noch einen zweiten Mechanismus, der diesen Effekt hat: das RNA-Editing.

Definition

RNA-Editing ist die Veränderung der Nucleotidsequenz einer RNA nach der Transkription.

In diesen Fällen stimmt die Nucleotidsequenz im Gen nicht mit der Nucleotidsequenz im fertigen Transkript überein.

Die Transkripte in den Mitochondrien mancher Organismen werden erheblich durch RNA-Editing (S. 378) verändert. Aber auch die Leseraster einiger prä-mRNAs in den Kernen von Säugetierzellen werden editiert.

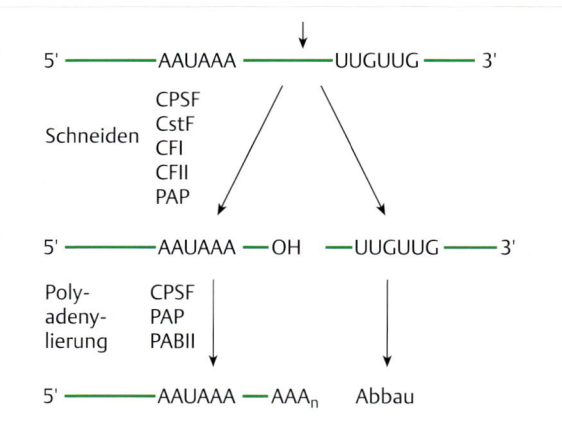

Abb. 15.30 Wie entstehen Poly(A)-Enden? Es handelt sich um ein kompliziertes Zusammenspiel mehrerer Proteine/Enzyme, wie im Text beschrieben. (nach Wahle, E, Keller W (1996) The biochemistry of polyadenylation. Trends Biochem Sci 21: 247–250)

► **C→U-Editing.** Das wurde zuerst bei der Untersuchung der Expression des Proteins **Apolipoprotein B** entdeckt (► Abb. 15.31). Man kennt zwei Isoformen: eine größere, Apo B100, und eine kleinere, Apo B48 (► Abb. 15.31a). Die größere Isoform wird in vielen Zellen gebildet, während die kleinere nur in den Kernen von Dünndarmzellen vorkommt. Beide Proteine werden von einer prä-mRNA codiert, aber in den Kernen von Dünndarmzellen wird in dieser prä-mRNA ein Cytosinbaustein durch **hydrolytische Desaminierung** in einen Uracilbaustein überführt. Die Konsequenz ist, dass ein Sinncodon in ein Stoppcodon verwandelt wird, sodass es zu einem vorzeitigen Kettenabbruch bei der Proteinsynthese kommt. Die prä-mRNA besteht aus etwa 14 000 Nucleotiden, von denen gut 20 % Cytosinbausteine sind, aber die C→U-Umwandlung findet ganz spezifisch an einer einzigen Stelle statt, am Nucleotid 6 666. Was gerade beschrieben wurde, bezeichnet man als **C→U-Editing.** Über die biochemische Grundlage unterrichtet die ► Abb. 15.31b.

Wir stellen die Frage nach der Spezifität. Das menschliche Gen für das Apolipoprotein B (offizielle Bezeichnung: *APOB*) besteht aus 29 Exons, wobei die Stelle, an der die mRNA editiert wird, im Exon 26 liegt – übrigens mit 7 572 Nucleotiden eines der größten Exons im Humangenom. Insgesamt ist die mRNA ca. 14 000 Nucleotide lang, aber das Editing erfolgt exakt beim Cytidin an Position 6 666. Dort bindet eine Cytidin-Desaminase mit der Bezeichnung **APOBEC 1** (*APOB mRNA editing enzyme catalytic polypeptide 1*) zusammen mit mindestens einem Hilfsprotein (ACF, *APOBEC 1 complementing factor*). Dieser Komplex erkennt spezifisch eine RNA-Sequenz auf der 3'-Seite von Cytidin[6 666] (► Abb. 15.31c).

Plus 15.4 ⓘ

APOBEC 3G im Kampf der Zelle gegen HIV

Der Erreger von AIDS, das humane Immundefizienzvirus (HIV), ist ein Retrovirus mit RNA als genetischem Material. Wie alle anderen Retroviren hat HIV drei Hauptgengruppen, nämlich *gag*, *pol* und *env* (S. 243), dazu aber noch sechs Gene mit regulatorischen Funktionen – darunter eines mit der Bezeichnung *vif* (*viral infectivity factor*). Die Funktion von Vif war lange rätselhaft.

Im Jahr 2003 beschrieben dann drei Forschergruppen, dass Vif spezifisch ein Enzym mit der Bezeichnung APOBEC 3G – eine Cytidin-Desaminase – hemmt.

Warum kann die Hemmung einer Cytidin-Desaminase dem Virus nutzen? Die Antwort ist, dass das Enzym die Zelle gegen HIV verteidigt, indem sie das erste Produkt der Reversen Transkriptase angreift, nämlich den DNA-Strang, der komplementär zum viralen Genom ist. Das Enzym überführt massiv Cytidin- in Uridinbausteine und macht damit das virale Genom unbrauchbar. Dagegen wehrt sich HIV mit Vif.

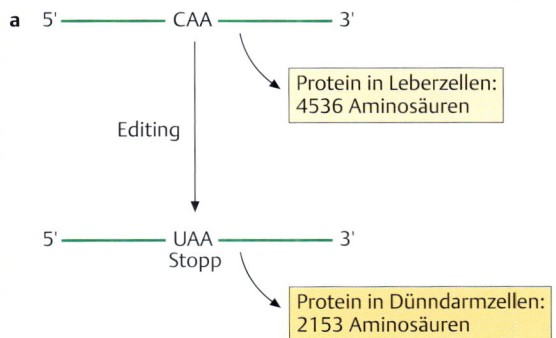

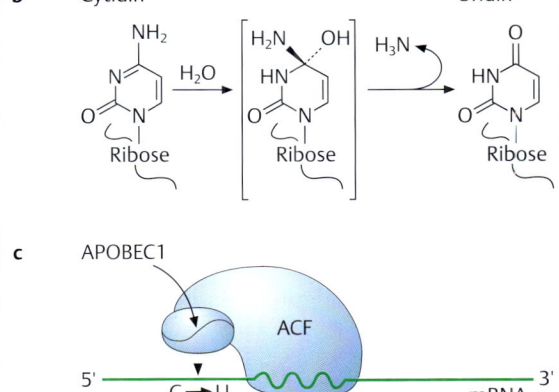

Abb. 15.31 APOBEC und Editing der Apolipoprotein-B-mRNA. (nach Keegan LP, Gallo A, O'Connell MA (2001) The many roles of an RNA editor. Nat Rev Genet 2: 869–878)

a In der mRNA der Leberzelle befindet sich ein langes offenes Leseraster, in der mRNA der Dünndarmzelle ein kürzeres offenes Leseraster.

b Biochemie des C→U-Editings an einem RNA-Strang.

c Der Komplex aus APOBEC 1 und ACF bindet spezifisch an eine Erkennungssequenz und das kritische Cytidin gelangt in das aktive Zentrum des Enzyms.

Die naheliegende Frage ist, ob noch andere mRNAs nach dem Schema der ► Abb. 15.31 editiert werden. Forscher haben die Erkennungssequenz in der APOB-mRNA als Muster genommen und nach dem Vorkommen dieser Sequenz in anderen mRNAs gesucht. Es zeigte sich, dass die Sequenz mehrfach vorkommt, aber gute Hinweise für ein weiteres C→U-Editing gibt es zurzeit erst für eine weitere mRNA, nämlich für die mRNA des NF1-(Neurofibromatose-Typ-1-)Tumorsuppressorproteins.

Im Jahr 2011 haben Forscher mithilfe der RNA-Seq-Methode (S. 498) die Gesamt-mRNA von Säugetierzellen nach möglichen C→U-Editingstellen durchsucht. Natürlich tauchte die APOB-mRNA auf und zusätzlich noch weitere etwa 30 mRNAs. Aber bei all diesen zusätzlichen RNAs liegt die Stellen für das C→U-Editing in den 3'-

15

Nicht-Codierungssequenzen. Welche Funktion sie dort haben könnten, ist völlig unbekannt.

So kommt das C→U-Editing selten vor. Das ist erstaunlich, weil APOBEC 1 Mitglied einer Familie von elf verwandten Enzymen ist, jedenfalls bei Säugetieren. Wozu gibt es diese zusätzlichen Proteine? In einigen Fällen ist die Antwort gefunden. Ein Enzym aus der APOBEC-Familie mit der Bezeichnung AID (*activation induced deaminase*) hat eine Funktion bei der Prozessierung von Immunglobulingenen in B-Lymphocyten (S. 240), ein anderes, APOBEC 3G, ist bei der Verteidigung gegen Virusinfektionen aktiv (Plus 15.4) (S. 379). Aber beide Enzyme desaminieren nicht Cytidin in mRNA, sondern Cytidine in der DNA von Genen. So bleibt das C→U-Editing von mRNA ein relativ seltenes Ereignis, im Gegensatz zu der zweiten Form des Editings von A nach I.

▶ **A→I-Editing von mRNA.** Adenosin (A) wird zu Inosin (I) desaminiert (▶ Abb. 15.32a), wobei Inosin bei der Translation wie Guanosin gelesen wird. Das ist eine Form des mRNA-Editings, die zumindest bei Tieren – von Insekten bis zu Primaten – weit verbreitet ist, besonders in Zellen des zentralen Nervensystems. Biochemische Analysen ergaben, dass Inosin mit einer Häufigkeit von 1 zu 17 000 RNA-Nucleotiden in der Gehirn-mRNA vorkommt, aber in anderen Geweben nur mit einer Häufigkeit von 1 zu 33 000 mRNA-Nucleotiden. Inosin kommt sowohl in den Codierungsregionen als auch, und zwar häufiger, in den nicht translatierten Abschnitten der mRNA vor (mit möglichen Auswirkungen auf die Translation und die Stabilität von mRNA).

Die Enzyme, die Adenosin zu Inosin desaminieren, heißen **ADAR** (*adenosine deaminase that act on RNA*). Menschliche Zellen besitzen drei Versionen – ADAR1, ADAR2 und ADAR3, mit ähnlichem Reaktionsmechanismus – exprimiert in jeweils verschiedenen Zelltypen.

Ein ADAR-Enzym hat zwei oder drei Domänen für die Bindung an doppelsträngige RNA sowie eine Domäne mit der katalytischen Desaminase. Das natürliche Substrat sind doppelsträngige Bereiche in mRNA. Und wenn es um das Editing des codierenden Abschnitts geht, liegt speziell ein Doppelstrang aus Sequenzen in der Umgebung der Stelle für das Editing im Exon und einer komplementären Sequenz im darauffolgenden Intron vor (▶ Abb. 15.32b) – was übrigens bedeutet, dass das Editing vor dem Spleißen erfolgt.

Wie schon angedeutet, kommt das mRNA-Editing am häufigsten im zentralen Nervensystem vor, bei Mensch und Säugetier, aber auch bei der Fliege *Drosophila*. Editiert werden mRNAs, die Untereinheiten von Ionenkanälen codieren, etwa die Rezeptoren für den Neurotransmitter Glutamat, nämlich GluR-B, GluR-C und GluR-D oder Subtypen (5-HT$_{2C}$R) von Rezeptoren für den Neurotransmitter Serotonin und andere.

Um die Verhältnisse zu illustrieren, nehmen wir das Transkript des Gens für die Untereinheit B des Glutamatrezeptors (GluR-B) in Gehirnzellen. An entsprechender Stelle in der prä-mRNA findet sich das Codon CAG (für Glutamat), während in der prozessierten mRNA das

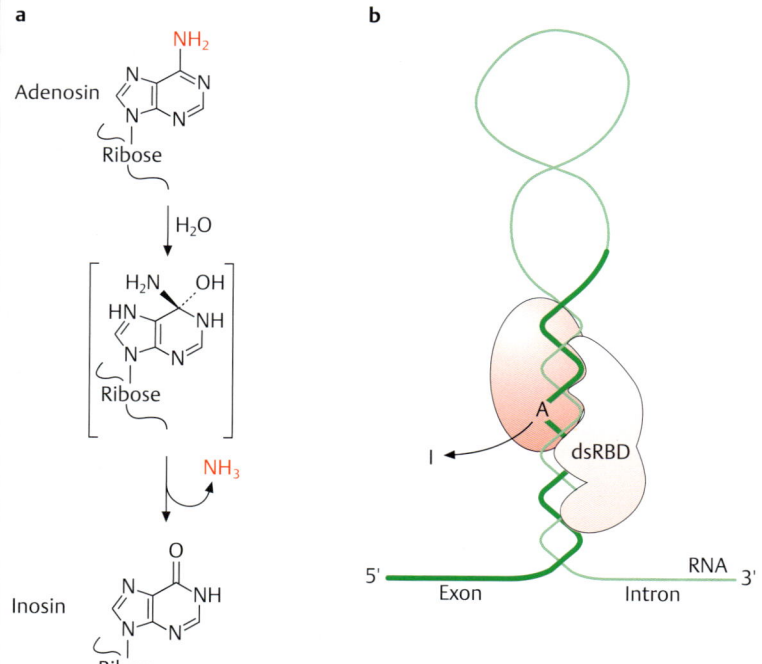

Abb. 15.32 Editing: Überführen von Adenosin nach Inosin durch ADAR. (nach Gerber AP, Keller W (2001) RNA editing by base deamination: more enzymes, more targets, new mysteries. Trends Biochem Sci 26: 376–384; Reenan RA (2001) The RNA world meets behavior: A→I pre-mRNA editing in animals. Trends Genet 17: 53–56)
a Desaminierung von Adenosin zu Inosin.
b Das Enzym ADAR hat zwei funktionelle Domänen: eine Domäne für die Bindung von doppelsträngiger RNA (dsRBD, dsRNA-bindende Domäne) und eine katalytische Domäne für die Desaminierung von Adenosin.

15

Tab. 15.2 Auswirkungen des mRNA-Editings auf den Aminosäureaustausch in den Komponenten einiger Ionenkanäle (nach [1]).

Protein	Auswirkung des mRNA-Editings
GluR-B	Q-R, und zusätzlich R-G
GluR-C	R-G
GluR-D	R-G
GluR-5	Q-R
GluR-6	Q-R, sowie I-V und Y-C
5-HT$_{2C}$R	I-V sowie N-S, I-M, N-D und N-G

GluR = Glutamatrezeptor von Ionenkanälen, 5-HT$_{2C}$R = 5-Hydroxytryptamin-(Serotonin)-Rezeptor 2C, Aminosäuren im Ein-Buchstaben-Code.

Codon CIG vorkommt. Wie schon erwähnt, geht Inosin (I) dieselbe Basenpaarung ein wie Guanosin. Demnach codiert CIG Arginin.

Das ist ein wichtiger Prozess. Mäuse mit Glutamin (Q) statt Arginin (R) im Protein GluR-B weisen schwere Störungen von Gehirnfunktionen auf, unter anderem epileptische Anfälle, gefolgt von einem frühen Tod in den ersten Wochen nach der Geburt.

Das Editing der Q-R-Stelle in GluR-B erfolgt vollständig, aber das Ausmaß des Editings anderer Stellen wechselt, abhängig vom speziellen Zelltyp im Zentralnervensystem. Zum Beispiel können durch mRNA-Editing zwölf verschiedene Isoformen von Serotoninrezeptoren gebildet werden, jeweils andere an verschiedenen Stellen des Gehirns, auch abhängig vom Entwicklungszustand.

Die ▶ Tab. 15.2 gibt einen Eindruck von möglichen Veränderungen der Aminosäuresequenzen. Und wenn man berücksichtigt, dass glutamatgesteuerte Ionenkanäle aus vier Untereinheiten aufgebaut sind und jede Untereinheit in unterschiedlichem Ausmaß durch den Prozess des mRNA-Editings geprägt sein kann, dann kommt eine erhebliche Variabilität im Endprodukt zustande, deren neurophysiologische Konsequenzen noch längst nicht erforscht sind.

Zum Schluss noch eine Kuriosität: Die ADAR2 von Säugetieren wirkt auf die eigene mRNA. Die Nucleotidfolge AA wird in AI überführt, ein Dinucleotid, das der üblichen AG-Folge an 3'-Spleißstellen (▶ Abb. 15.6) entspricht. Tatsächlich kommt es zu einer veränderten Spleißreaktion. Die Konsequenz ist eine Insertion von 47 Nucleotiden in die Standard-mRNA, und zwar um den Preis einer Leserasterverschiebung, welche ein funktionsloses Polypeptid mit einer Länge von 88 Aminosäuren codiert.

Wozu? Eine naheliegende Erklärung wäre, es könne sich um eine Regulation durch Rückkopplung handeln: Wenn zu viel ADAR vorhanden ist, greift sie die eigene mRNA an und unterdrückt eine Überschussproduktion.

15.3.5 Koordination von Transkription und mRNA-Prozessierung

Wie in den vorangegangenen Kapiteln ausführlich dargestellt, überführen drei Reaktionen das primäre Transkriptionsprodukt der Pol II, also die prä-mRNA, in die fertige mRNA:
- Capping: die Anheftung der 7-Methylguaninkappe an das 5'-Ende
- Spleißen: das Entfernen der Introns
- Polyadenylierung: die Anheftung des Poly(A)-Schwanzes an das 3'-Ende

Alle drei Reaktionen finden noch während der Transkription, also cotranskriptionell, statt. Die Koordination dieser Prozesse erfolgt durch die **carboxyterminale Domäne** (CTD) der größten Untereinheit der RNA-Polymerase II. Wie an anderer Stelle (S. 309) beschrieben, ist die carboxyterminale Domäne ein interessanter regulatorischer Proteinabschnitt, der bei Säugetieren aus einer 52-fachen Wiederholung einer Folge von sieben Aminosäuren besteht. Die drei Serinbausteine der CTD (Ser2, Ser5 und Ser7) werden im Verlauf des Transkriptionsprozesses unterschiedlich phosphoryliert (▶ Abb. 13.19, ▶ Abb. 13.20, ▶ Abb. 13.21), wodurch – in der Progression des Transkriptionsprozesses – unterschiedliche Hilfsproteine für die Prozessierung der prä-mRNA rekrutiert werden.

Gleich nach Beginn der Transkription binden die Enzyme für das Capping an die CTD (▶ Abb. 15.33), die in diesem Stadium primär an Ser5 phosphoryliert ist. Die Capping-Enzyme katalysieren die Anheftung der 7-Methylguaninkappe, noch bevor die neu synthetisierte RNA eine Länge von etwa 30 Nucleotiden überschritten hat.

In der Zeit zwischen Beginn und Ende der Transkription befinden sich SR-Proteine an der CTD (▶ Abb. 15.33), die jetzt sowohl an Ser5 wie auch an Ser7 phosphoryliert ist. SR-Proteine, eine große Proteinfamilie (Plus 15.1) (S. 367), sind in hoher Konzentration an 20–50 Orten des Zellkerns gespeichert. Diese speziellen Orte sind von Zellbiologen mit speziellen Methoden sichtbar gemacht und als *speckles* („kleine Flecken") bezeichnet worden. Aus diesen Vorratsorten gelangen die SR-Proteine zur transkribierenden RNA-Polymerase II und leiten den Zusammenbau von Spleißosomen ein. Nach jeder Spleißreaktion bindet an die Exon-Exon-Übergängen der Exon-Junction-Komplex (EJC, *exon junction complex*), der aus mehreren Proteinen besteht und sich 24 Nucleotide oberhalb der Exon-Exon-Verknüpfung positioniert. Der EJC ist für das Ausschleusen der mRNA aus dem Zellkern wichtig, wie auch – vor allem – für die Qualitätskontrolle des NMD (*nonsense-mediated mRNA decay*) (S. 405). Der NMD wird im Cytoplasma aktiviert, wenn die translatierenden Ribosomen ein fälschliches Stoppcodon oberhalb der EJC-Position vorfinden.

Am Ende der Transkription sind zahlreiche CTD-Repeats an Ser2 phosphoryliert, sodass die Rekrutierung

15

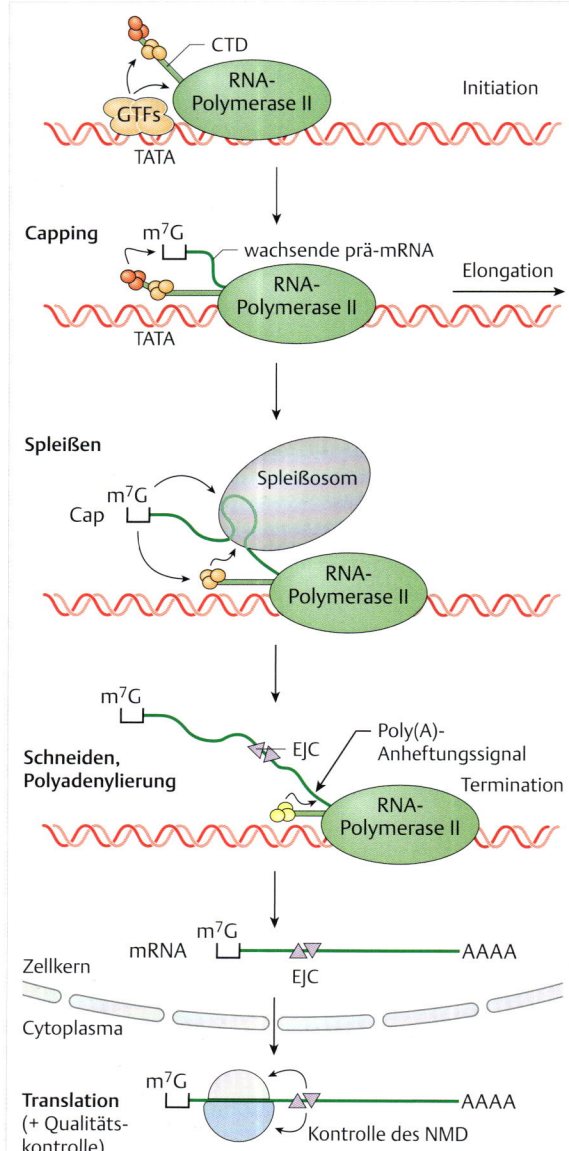

Abb. 15.33 Cotranskriptionelle mRNA-Prozessierung. Die strukturellen Veränderungen, die die prä-mRNA bei ihrer Entwicklung zur fertigen mRNA erfährt – Capping, Spleißen und Poly(A)-Anhettung – erfolgen schon während der Transkription. Diese Prozesse sind sehr wesentlich durch die C-terminale Domäne (CTD) der RNA-Polymerase II koordiniert. Sie vermittelt die Rekrutierung jeweils erforderlicher Enzyme und Hilfsproteine, z.B. für das Capping (Faktoren rot, wie die RNA-Triphosphatase), das Spleißen (Faktoren orange, wie SR-Proteine) und die Polyadenylierung und Termination (Faktoren gelb gekennzeichnet, wie CPSE, Rtt103 und Rat1Xm2). Direkt nach einer Spleißreaktion werden die Exon-Exon-Übergänge durch den Exon-Junction-Komplex (EJC) gebunden, der den Export der mRNA aus dem Kern stimuliert und später, bei der Translation im Cytoplasma, an der Qualitätskontrolle durch den Nonsense-vermittelten mRNA-Abbau (NMD) beteiligt ist. Mithilfe des EJC ist somit eine funktionelle Verknüpfung der Transkription mit der Translation hergestellt. CTD = carboxyterminale Domäne der Pol II, GTF = generelle Transkriptionsfaktoren, EJC = Exon-Junction-Komplex, NMD = Nonsense-vermittelter mRNA-Abbau (*nonsense mediated decay*). (nach Sharp PA (2005) The discovery of split genes and RNA splicing. Trends Biochem Sci 30: 279–281)

des Pcf11-Proteins und des CPSF-Faktors (*cleavage polyadenylation stimulatory factor*) (S. 377) ermöglicht wird (► Abb. 15.33). Dadurch wird die 3′-Prozessierung mit der Bildung des Poly(A)-Schwanzes eingeleitet. Zusätzlich wird das Terminationsprotein Rtt103 an die CTD gebunden, sodass die Exonucleasen Rat1/Xrn2 die Termination vollenden können (s. auch ► Abb. 15.29).

15.3.6 mRNA-Stabilität und Abbau

Die Verfügbarkeit von mRNA-Molekülen ist ein wesentlicher Aspekt der Regulation von Genexpression. Deshalb stehen die Mechanismen, die die Stabilität und den regulierten Abbau von mRNAs bestimmen, seit vielen Jahren im Zentrum molekulargenetischer Forschung; relevante Resultate stellen wir nachfolgend dar. Zusätzlich wird im Kap. 17 über aktuelle, weiterführende Erkenntnisse des geregelten Abbaus von RNA unter Beteiligung von mikroRNAs berichtet.

mRNA-Abbau durch destabilisierende Sequenzen

Einmal im Cytoplasma angekommen, bleiben einige mRNAs über viele Stunden lang erhalten, während andere innerhalb von Minuten abgebaut werden. Als Beispiele nennen wir die mRNAs der Globin-Gene, die in erythroiden Zellen mehr als 20 Stunden stabil bleiben, und die c-Fos- oder c-Myc-mRNAs, die oft schon 20 Minuten nach ihrer Synthese wieder verschwunden sind.

Die Halbwertszeit wird durch Sequenzelemente der betreffenden mRNAs bestimmt. Kurzlebige mRNAs zeichnen sich durch Abschnitte mit vielen Adenin- und Uracil-nucleotiden in den 3′-Nicht-Codierungsregionen aus, meist Folgen von AUUUA. Man spricht von AU-reichen Elementen (AREs) oder auch von Destabilisierungssequenzen (► Abb. 15.34). Sequenzen, die die Stabilität der mRNA beeinflussen, kommen nicht nur im 3′-Nicht-Codierungsbereich vor, sondern auch in internen Regionen der mRNA. AREs sind Bindungsstellen für eine Vielzahl unterschiedlicher Proteine, die noch immer nicht vollständig charakterisiert sind. Von einigen ist bekannt, dass sie einen **Abbau des Poly(A)-Endes** von mRNA bewirken, darunter eine Polyadenylat-Ribonuclease (PARN).

Das ist die Voraussetzung für den weiteren Abbau – und zwar über einen von zwei Wegen (► Abb. 15.35). Der erste Weg ist ein **exonucleolytischer Abbau in 3′-5′-Richtung**. Dabei tritt ein Proteinkomplex in Aktion, **Exosom** genannt, der – am 3′-Ende ansetzend – den Poly(A)-Schwanz und anschließende Sequenzen abbaut. Durch das Entfernen des Poly(A)-Schwanzes verliert das Poly(A)-bindende Protein (PABP) seinen Kontakt mit der mRNA. Da mRNA-gebundenes PABP normalerweise auch am 5′-Ende mit Proteinen interagiert, die an die 7-Methylguanosinkappe gebunden sind (darüber später mehr; s. ► Abb. 16.3), führt der Abbau des Poly(A)-Schwanzes

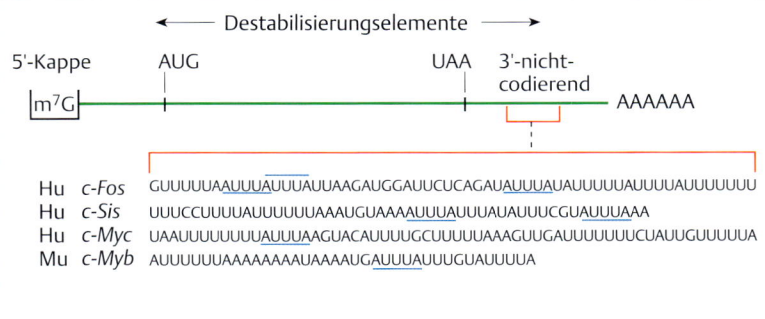

Destabilisierungselemente

5'-Kappe   AUG   UAA   3'-nicht-
                                          codierend

m⁷G   AAAAAA

Hu *c-Fos*   GUUUUUA<u>AUUUA</u>UUUAUUAAGAUGGAUUCUCAGAU<u>AUUUA</u>UAUUUUUAUUUUAUUUUUU
Hu *c-Sis*   UUUCCUUUUAUUUUUUAAAUGUAAA<u>AUUUA</u>UUUAUAUUUCGU<u>AUUUA</u>AAA
Hu *c-Myc*   UAAUUUUUUUU<u>AUUUA</u>AGUACAUUUUGCUUUUUAAAGUUGAUUUUUUUCUAUUGUUUUUA
Mu *c-Myb*   AUUUUUUAAAAAAAAUAAAAUG<u>AUUUA</u>UUUGUAUUUUA

Abb. 15.34 Instabilität von mRNAs durch Destabilisierungselemente. Die Halbwertszeit einer mRNA wird maßgeblich durch AUUUA-Motive im 3'-Nicht-Codierungsbereich bestimmt. Etwa 5–10 % der mRNAs einer Säugetierzelle enthalten solche AU-reichen Elemente (AREs), meist mRNAs, die regulatorische Proteine wie Fos, Myc, Myb u. a. codieren. Aber nicht nur AREs bestimmen die Stabilität, sondern auch andere Sequenzbereiche, einschließlich Sequenzen aus dem offenen Leseraster. Hu = Mensch, Mu = Maus.

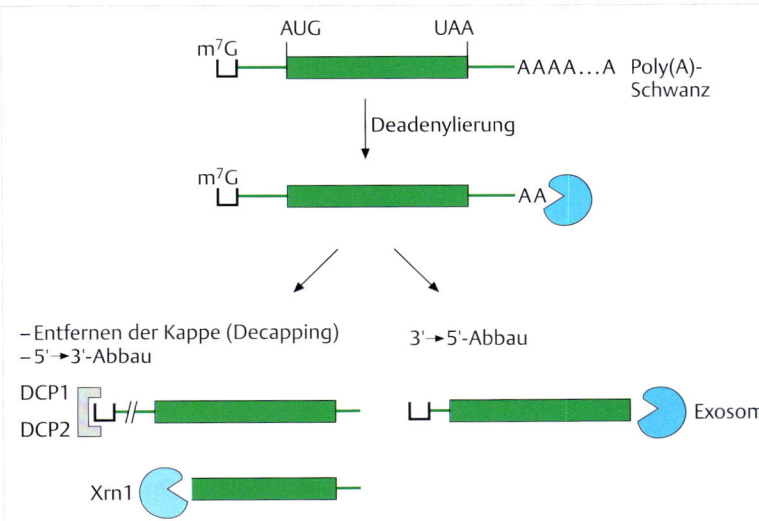

Abb. 15.35 Abbauwege der mRNA. Nicht alle, aber die meisten Abbauwege beginnen, wie hier gezeigt, mit dem Entfernen des Poly(A)-Endes. Dann kann der weitere Abbau in 5'-3'- oder in 3'-5'-Richtung erfolgen, abhängig vom Zelltyp und von den physiologischen Bedingungen.

gleichzeitig zu einer Destabilisierung der Proteinkomplexe am gegenüberliegenden 5'-Ende. In Folge wird den Decapping-Proteinen DCP1 und DCP2 Zugang zum 5'-Ende gewährt, wodurch im Anschluss die kappenlose RNA auch vom 5'-Ende her durch **5'-3'-Exonucleasen** (z. B. Xrn1) abgebaut wird. Ob bevorzugt oder sogar ausschließlich der 3'-5'- oder der 5'-3'-Weg benutzt wird, hängt von der Art der mRNA ab, aber auch vom Organismus und vom Zelltyp. In manchen Zellen gibt es spezielle cytoplasmatische Orte für den Abbau von mRNA: die P-Körper (*P bodies*).

Qualitätskontrolle und Eliminierung geschädigter mRNA

Gelegentlich kommen mRNA-Moleküle mit fehlerhafter Nucleotidsequenz vor. Das Erkennen und Eliminieren derartig geschädigter mRNAs, ein Prozess der als RNA-Überwachung (*RNA surveillance*) bezeichnet wird, ist notwendig, um die Synthese fehlerhafter Proteine zu verhindern. Nachfolgend werden drei Mechanismen der RNA-Überwachung vorgestellt.

▶ **Nonsense-vermittelter mRNA-Abbau** (NMD, *nonsense-mediated mRNA decay*). Diese Reaktion, die im Detail in Kap. 17.5 beschrieben ist, setzt ein, wenn in fehlerhaften mRNAs Stoppcodons vorkommen, wo Sinncodons stehen sollten. Ein solches Stoppcodon verursacht eine vorzeitige Termination der Translation, daher seine Bezeichnung als **PTC** für *premature termination codon* (Codon für einen vorzeitigen Translationsstopp). PTCs können in Intronresten enthalten sein, die durch fehlerhaftes Spleißen in der mRNA verblieben sind, oder auch durch Mutation der DNA in codierenden Sequenzen offener Leseraster erzeugt werden.

Der zielgenaue Abbau solch fehlerhafter mRNAs erfolgt in Säugetierzellen unter Einbeziehung der Exon-Junction-Komplexe (EJCs, *exon junction complexes*), also der Proteine, die cytoplasmatische mRNA an Exon-Exon-Grenzen besetzen (S. 405). Das erste Ribosom, das sich nach Einleitung der Proteinsynthese entlang der mRNA bewegt, verdrängt normalerweise die EJCs (▶ Abb. 15.36). An einem vorzeitigen Stoppcodon hält das Ribosom jedoch inne, sodass stromabwärts gelegene EJCs nicht abgelöst werden. Das aktiviert RNA-abbauende Proteine, zu denen eine Polyadenylat-Ribonuclease, Decapping Enzyme (u. a. Xrn1)

15

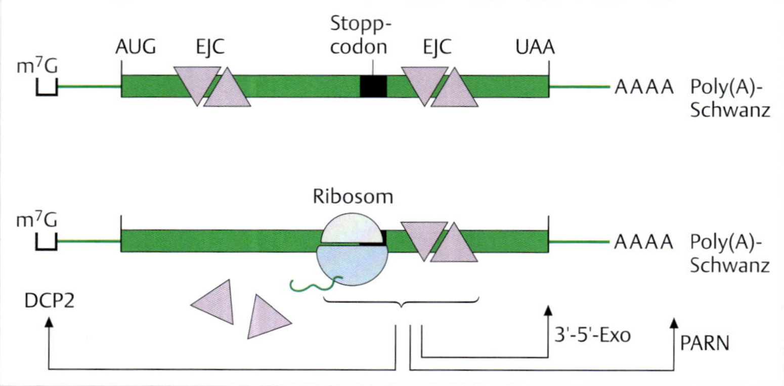

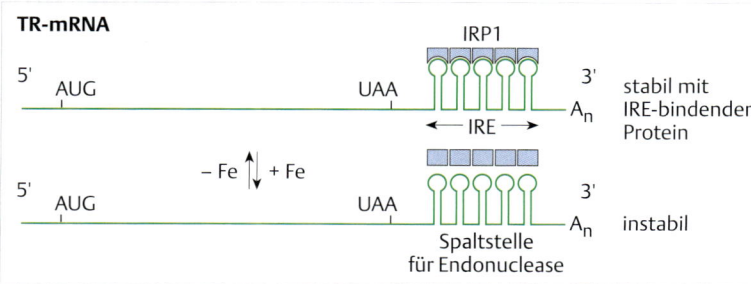

Abb. 15.36 Vorzeitiger Translationsstopp und NMD. Ribosomen verdrängen die Komponenten des EJC (Exon-Junction-Komplex). Das unterbleibt, wenn Ribosomen durch ein vorzeitiges Stoppcodon blockiert sind. Das blockierte Ribosom rekrutiert zusammen mit verbleibenden EJCs. Abbauenzyme: DCP2 (Decapping-Protein), PARN (Polyadenylat-Ribonuclease), eine 3'-5'-Exonuclease u. a. (nach Holbrook JA, Neu-Yilik G, Hentze MW et al (2004) Nonsense-mediated decay approaches the clinic. Nat Genet 36: 801–808)

Abb. 15.37 Regulation der Stabilität von TR-mRNA durch gebundenes Protein. Weitere Erläuterungen s. Text. (nach Melefors Ö, Hentze MW (1993) Translational regulation by mRNA/protein interactions in eukaryotic cells. Ferritin and beyond. BioEssays 15: 85–90)

und Bestandteile des Exosoms mit 3'-5'-Exonucleaseaktivität gehören.

▶ **Abbau von Non-Stopp-mRNA** (NSD, *non-stop mRNA decay*). Durch abortive Transkription oder durch fehlerhafte Polyadenylierung der mRNA können mRNAs ohne jedes Stoppcodon entstehen. Derartige Transkripte werden durch den Prozess des NSD abgebaut. Dadurch wird zum einen die Synthese fehlerhafter Proteine verhindert, zum anderen auch eine gestörte Freisetzung von Ribosomen vermieden. Der Abbau von Non-Stopp-mRNAs erfolgt unter Beteiligung der 3'-5'-Exonucleaseaktivität des Exosoms.

▶ **Abbau von No-go-mRNA** (NGD, *no-go mRNA decay*). Sollte eine fehlerhafte Sequenzfolge der mRNA die Bewegung des translatierenden Ribosoms behindern und zum Anhalten der Translation führen, ohne dass das Ribosom von der mRNA abfällt (eine *no go*-Situation), so kommt es zur Spaltung und zu einem nachfolgendem exonucleolytischen Abbau solcher mRNAs. Die beteiligten Enzyme sind derzeit nicht eindeutig identifiziert.

Beispiele regulierter mRNA-Stabilität

Über die Regulation der Halbwertszeit von mRNAs werden viele physiologische Prozesse gesteuert. Dafür nennen wir nachfolgend zwei Beispiele.

▶ **mRNA-Stabilität und Eisenstoffwechsel.** Mit schöner Klarheit kann man die Bedeutung der mRNA-Stabilität für wichtige zelluläre Funktionen am Beispiel von Proteinen des Eisenstoffwechsels erkennen. Nahezu alle Zellen eines Säugetiers tragen auf ihrer Oberfläche den **Transferrinrezeptor** (TR). An diesen Rezeptor bindet das Eisentransportprotein im Blutserum, das Transferrin. Dies ist ein erster Schritt bei der Aufnahme von Eisen in die Zelle. In Zeiten von Eisenmangel bildet die Zelle große Mengen von TR-Molekülen, aber bei Eisenüberschuss kann sie weitgehend auf TR verzichten und seine Synthese absenken. Dieser Regulation liegt eine Zu- oder Abnahme von TR-mRNA zugrunde. Mit anderen Worten, TR-mRNA ist bei Eisenmangel stabil, aber wird bei Eisenüberschuss rasch abgebaut. Die Regulation wird durch fünf hintereinanderliegende Schleifen doppelsträngiger RNA in der 3'-Nicht-Codierungsregion der TR-mRNA vermittelt (▶ Abb. 15.37). Diese RNA-Sekundärstruktur wird in der Fachsprache als **IRE** (*iron response element*) bezeichnet. Ein IRE ist eine Stelle auf der RNA, die als Bindungsstelle für das IRE-bindende Protein dient (Plus 15.5) (S. 385). Das IRE-bindende Protein blockiert den Zugang zu Destabilisierungssequenzen und verhindert dadurch einen Abbau der TR-mRNA. Das Ergebnis sind mehr TR-mRNA und eine vermehrte Synthese von Transferrinrezeptoren.

15

Plus 15.5

Regulation des zellulären Eisenstoffwechsels: mRNA-Stabilität

Säugetierzellen erwerben Eisen durch das Transportprotein **Transferrin**, ein 80-kDa-Glykoprotein mit der Fähigkeit zur Bindung von zwei Eisenatomen. Transferrin bindet an den **Transferrinrezeptor** (TR) auf der Zelloberfläche und gelangt durch Endocytose in die Zelle. Das aufgenommene Eisen kann direkt für seine Aufgaben im Zellstoffwechsel eingesetzt werden. Bei Überschuss wird es im Komplex mit **Ferritin** gespeichert.

Aus dieser einfachen Beschreibung folgt, dass Zellen einen Bedarf für Transferrinrezeptoren bei Eisenmangel und einen Bedarf für Ferritin bei Eisenüberschuss haben. Die Regulation erfolgt über IRE-bindende Proteine, bekannt als IRP1 und IRP2 (*iron regulatory protein*). Unser Beispiel für die exquisite Regulation ist **IRP1**. Das ist ein Protein mit zwei Funktionen. In Gegenwart von Eisen bildet sich eine Eisen-Schwefel-Gruppierung ([4Fe-4S]) und das Protein funktioniert als (cytoplasmatische) **Aconitase**, ein Enzym, das Citrat in Isocitrat überführt.

Bei Eisenmangel ändert sich die Konformation. Jetzt wirkt IRP1 als IRE-bindendes Protein, das mit hoher Spezifität an RNA-Schleifen binden kann.

RNA-Schleifen kommen in der 3′-Nicht-Codierungsregion der mRNA des Transferrinrezeptors vor. Sie bewirken im Endeffekt eine Zunahme der Zahl von Transferrinrezeptoren auf der Zelloberfläche (► Abb. 15.37).

Eine weitere Stelle für das IRE-bindende Protein befindet sich in der 5′-Nicht-Codierungsregion der Ferritin-mRNA (s. ► Abb. 15.38). Die Konsequenz ist hier eine Hemmung des Eintritts von Ribosomen und eine Blockade der Translation. Anders gesagt, bei Eisenmangel nimmt die Synthese von Ferritin ab.

Ein IRE gibt es u. a. auch in der 5′-Nicht-Codierungsregion einer mRNA für das erste Enzym (5-Aminolävulinat-Synthase) in der Kette der Reaktionen bei der Hämsynthese. Auch hier blockiert ein IRE-bindendes Protein die Translation.

Als Zusammenfassung notieren wir, dass wichtige Reaktionen des zellulären Eisenstoffwechsels durch die Regulation der Translation und Stabilität geeigneter mRNAs bestimmt werden.

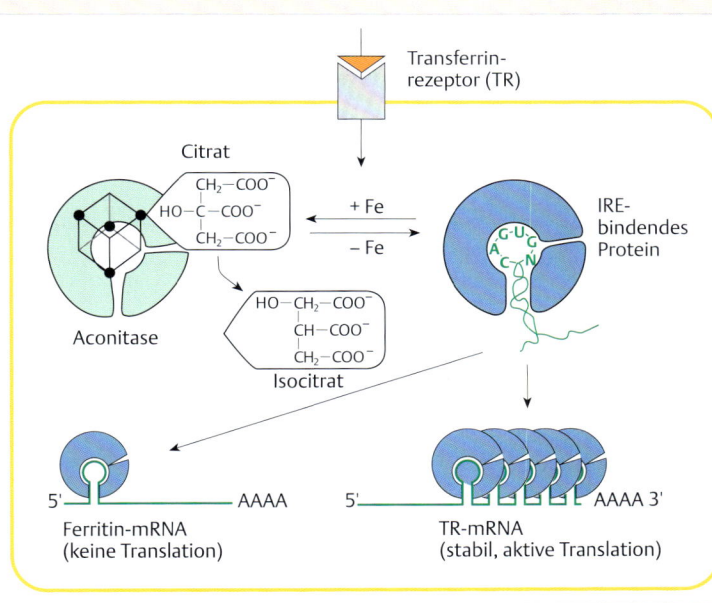

Abb. 15.38 Regulation des Eisenstoffwechsels: Translationsinhibition. Im Zustand intrazellulären Eisenmangels wird die mRNA des Transferrinrezeptors (TR) stabilisiert, während die Translation der Ferritin-mRNA blockiert wird. Beide Effekte werden durch IRE-bindende Proteine vermittelt, die an IRE-Sequenzen dieser mRNAs binden. Weitere Erläuterungen s. Text. (nach Melefors Ö, Hentze MW (1993) Translational regulation by mRNA/protein interactions in eukaryotic cells. Ferritin and beyond. BioEssays 15: 85–90)

(Bildbeschriftungen:)
Transferrin-rezeptor (TR)
Citrat
CH₂—COO⁻
HO—C—COO⁻
CH₂—COO⁻
+ Fe
− Fe
IRE-bindendes Protein
Aconitase
HO—CH₂—COO⁻
CH—COO⁻
CH₂—COO⁻
Isocitrat
5′ — AAAA
Ferritin-mRNA (keine Translation)
5′ — AAAA 3′
TR-mRNA (stabil, aktive Translation)

► **mRNA-Stabilität und Zellzyklus.** Ein bekanntes Beispiel für Veränderungen der Stabilität von mRNA in verschiedenen Phasen des Zellzyklus ist die unterschiedliche Stabilität der Histon-mRNA. Die Menge an Histon-mRNA-Molekülen nimmt mit dem Eintritt in die S-Phase des Zellzyklus um den Faktor 30–50 zu und sinkt rasch nach dem Ende der DNA-Replikation wieder ab (► Abb. 15.39). Die Ursache dafür ist nur zum geringeren Teil eine gesteigerte Transkription, sondern hauptsächlich ein Wechsel in der Stabilität der mRNA. Die Halbwertszeit der Histon-mRNA nimmt mit dem Eintritt in die S-Phase von etwa 10 Minuten auf über eine Stunde zu.

Wie das zustande kommt, ist noch nicht vollständig geklärt. Aber es scheint, dass dies etwas mit der besonderen Form der 3′-Region der Histon-mRNA zu tun hat. Histon-mRNAs gehören zu den seltenen Ausnahmen von mRNAs ohne Poly(A)-Ende. Dafür besitzen sie eine ausgeprägte Sekundärstrukturschleife im 3′-Bereich. Daran bindet ein

15

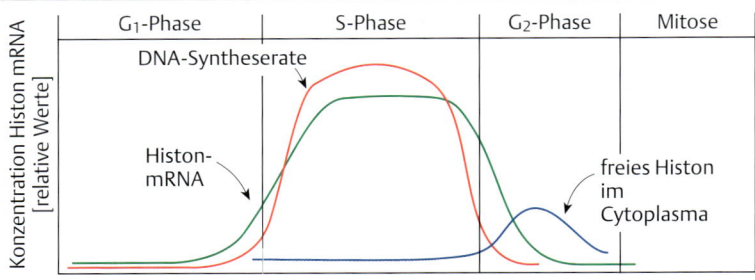

Abb. 15.39 Fluktuation von Histon-mRNA während des Zellzyklus. Die Konzentration von Histon-mRNA nimmt während der S-Phase, parallel zur Rate der DNA-Synthese, dramatisch zu. Der nachfolgende schnelle Abbau der Histon-mRNA zum Ende der S-Phase reflektiert die Sättigung der chromosomalen DNA mit Histonen.

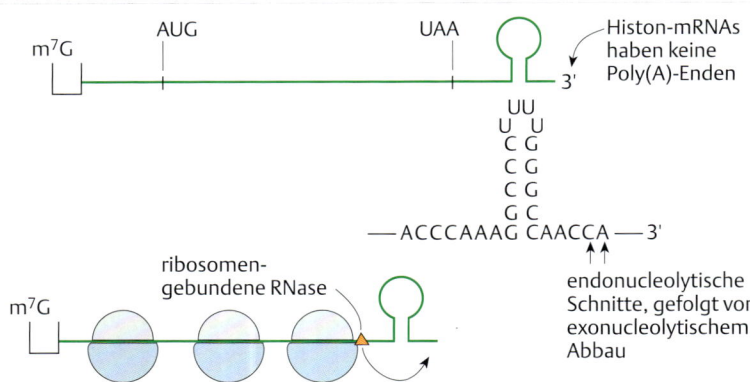

Abb. 15.40 Regulation der Menge an Histon-mRNA. Nach der S-Phase wird das 3'-Ende der Histon-mRNA von der Bindung durch das Protein SLBP befreit. In Folge können Endo- und Exonucleasen die mRNA vom 3'-Ende her abbauen. (nach Schümperli D (1988) Multilevel regulation of replication-dependent histone gene. Trends Genet 4: 187–191)

Protein, das nur in der S-Phase vorkommt, **SLBP** (*stem loop binding protein*). Es stabilisiert die Histon-mRNA und begünstigt ihre effiziente Translation. Nach Beendigung der S-Phase wird SLBP durch cyclinabhängige Kinasen phosphoryliert. Das schafft Bindungsstellen für Exonucleasen, die die Histon-mRNA spalten (▶ Abb. 15.40).

15.3.7 mRNA-Export aus dem Zellkern

RNAs werden im Zellkern gebildet und dann durch die Kernpore (S. 143) in das Cytoplasma exportiert (▶ Abb. 15.41). Die verschiedenen Arten von RNA, also tRNA, rRNA (mit gebundenen ribosomalen Proteinen), mRNA und die anderen besprochenen RNA-Arten werden jeweils über eigene Transportwege in das Cytoplasma überführt, und zwar in keinem Fall als freie RNA, sondern jeweils im Verbund mit Proteinen, als **Ribonucleoproteinkomplexe (RNPs)**. Für den nucleären Export von mRNA gilt überdies die Regel, dass nur prozessierte mRNAs für den Transport geeignet sind, d. h. nach 5'-Capping, 3'-Polyadenylierung und Spleißen. mRNAs, die noch Introns enthalten, gelangen normalerweise nicht auf die Exportschiene.

Mindestens 20 verschiedene Proteine lagern sich an mRNAs als notwendige Voraussetzung für den Export, dazu gehören:

- der Rezeptor für Kernexport, NXF1/TAP, der beim Durchtritt durch die Kernpore (S. 144) transiente Interaktionen mit Proteinen des Kernporenkomplexes ausführt,
- Proteine des TREX-Komplexes (TREX, *transcript export*),
- lang bekannte hnRNP-Proteine mit typischen RRM-Domänen (z. B. das hnRNP-A1-Protein) (S. 363)
- spezielle Proteine für die Bindung an die 7-Methylguanosinkappe (CBC, *cap binding complex*),
- Proteine, die an den Poly(A)-Schwanz gebunden sind (PABPs, *poly(A) binding proteins*),
- andere spezialisierte Proteine, darunter SR-Proteine (S. 367) und DEAD-Box-haltige RNA-Helikasen (S. 366), die RNA-Faltungen strecken und Bindungen von Proteinen an RNA nach dem Durchtritt durch die Kernpore lösen.

Spleißen und der Export von mRNA aus dem Zellkern sind miteinander verbundene Prozesse. Das macht die Sache interessant, aber auch kompliziert, weswegen die Verhältnisse bisher noch längst nicht vollständig erforscht sind. Jedenfalls bleibt die mRNA nach dem Spleißen nicht nur mit einer ganzen Kollektion von hnRNP-Proteinen in Kontakt, sondern auch mit den Proteinen des Exon-Junction-Komplexes (S. 405).

An den Exon-Exon-Grenzen der mRNAs bindet auch das UAP56-Protein, das eine ganze Kaskade von Protein-Protein-Wechselwirkungen auslöst. Zuerst lagert sich der **TREX-Komplex** an. TREX wiederum verhilft der Bindung des wichtigen nucleären Exportrezeptors für mRNA, genannt **NXF1** (*nuclear RNA export factor*) oder **TAP** (*TIP-as-*

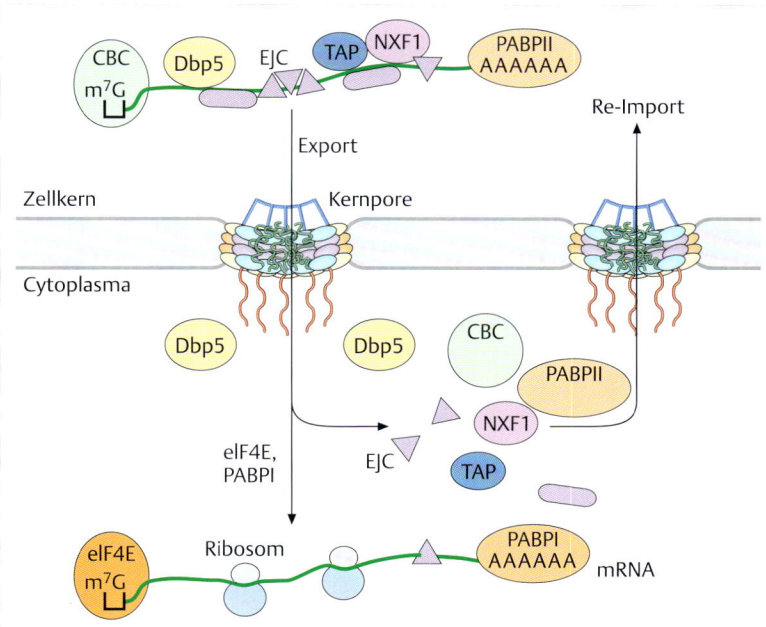

Abb. 15.41 **Export der mRNA aus dem Kern.** Die mRNA im Zellkern ist dicht mit Proteinen bedeckt, insbesondere Proteine, die noch vom Spleißen übrig geblieben sind und an den Stellen sitzen, wo zwei ehemalige Exons aufeinandertreffen (EJC). Daran binden die Exportproteine TAP, NXF1 und Dbp5. Nach dem Transport durch die Kernhülle, also im Cytoplasma, fallen die Exportproteine ab und gelangen wieder in den Zellkern zurück (Re-Import). Im Cytoplasma zurück bleibt ein mRNA-Protein-Komplex, der für die Proteinsynthese zur Verfügung steht. CBC = Cap-bindender Komplex. (nach Dreyfuss G, Kim VN, Kataoka N (2002) Messenger-RNA-binding proteins and the messages they carry. Nat Rev Mol Cell Biol 3: 195–205)

sociated protein; dabei steht TIP für *tyrosine-kinase interacting protein*). NXF1/TAP bindet nicht nur über den EJC und UAP56 an die mRNA, sondern kann auch mit Komponenten der Kernpore interagieren und ermöglicht so die Passage durch die Kernpore und den Übertritt in das Cytoplasma. Dort tritt eine **DEAD-Box-haltige RNA-Helikase** mit der Bezeichnung **Dbp5** in Aktion und trennt NXF1/TAP vom mRNA-Komplex. Dbp5 leitet auch wohl noch andere Umorganisationen am mRNA-Protein-Komplex ein. Diese haben zur Folge, dass am 5′-Ende der mRNA der Cap-bindende Komplex (CBC, *cap binding complex*) durch den Initiationsfaktor eIF4E ausgetauscht wird und am 3′-Ende PABPII durch PABPI ersetzt wird. Diese Veränderungen aktivieren die mRNA zur Translation am Ribosom.

15.4 Prozessierung von prä-tRNA

Die primären Transkriptionsprodukte der tRNA-Gene (prä-tRNAs) entsprechen nicht den prozessierten tRNAs. Sie enthalten nicht selten Introns und sind an beiden Enden länger als fertige tRNAs (▸ Abb. 15.42). Weiter fehlen das Akzeptorende mit der Nucleotidfolge CCA sowie alle Nucleotidmodifikationen, die eine tRNA charakterisieren (S. 76). Diese Modifikationen einzelner Basen entlang der Nucleotidkette von tRNAs werden posttranskriptionell eingebracht. Als Beispiel sei die Beteiligung von Enzymen genannt, die Uridin entweder in Pseudouridin isomerisieren oder zum Dihydrouridin reduzieren. Mit anderen Worten, zahlreiche Reaktionen sind notwendig, um die prä-tRNA in eine funktionsfähige, prozessierte tRNA zu überführen.

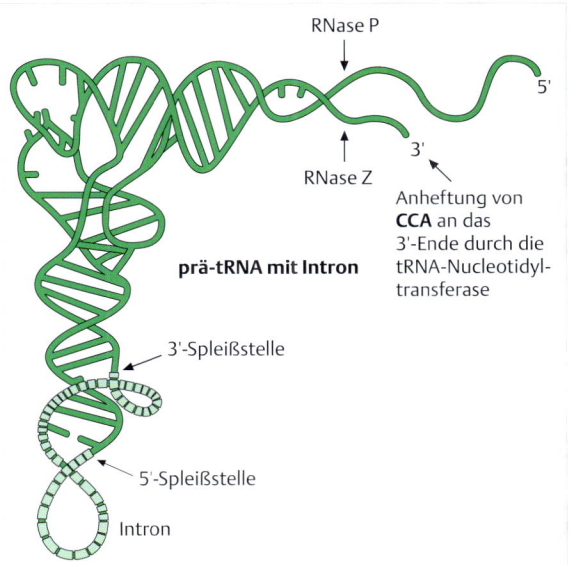

Abb. 15.42 **Prozessierung von tRNA.** An der prä-tRNA wirken verschiedene Reifungsprozesse, die – in Abwesenheit von Spleißosomen – Introns entfernen, am 3′-Ende das CCA-Triplet anheften und Modifikationen an einzelnen Basen anbringen (z. B. Isomerisierung von Uridin in Pseudouridin). (nach Abelson J, Trotta CR, Li H (1998) tRNA splicing. J Biol Chem 273: 12685–12688)

Eine Endonuclease mit der Bezeichnung **RNase Z** entfernt überschüssige Sequenzen am 3′-Ende. Ein Enzym mit der Bezeichnung **tRNA-Nucleotidyltransferase** bildet ein neues 3′-Ende, und zwar durch Anheften der Folge

CCA (S. 115), das charakteristische und essenzielle Ende aller tRNAs.

Die **RNase P** ist für die Herstellung der 5′-Enden verantwortlich. Der Name stammt von der vergleichbaren Aktivität in Bakterien, ein Komplex aus Protein und RNA, wo die RNA als **Ribozym** (S. 51) die enzymatische Spaltung durchführt. Aber die RNase P von Eukaryoten ist komplizierter aufgebaut: aus einem RNA-Molekül (bei Säugetieren 340 Nucleotide lang) und mehreren Proteinuntereinheiten, ähnlich dem MRP-RNP (S. 358). Anders als beim bakteriellen Enzym ist die RNA in der eukaryotischen RNase P allein nicht in der Lage, die geeignete Stelle auf der prä-tRNA zu erkennen und zu schneiden. Die zugehörigen Proteinuntereinheiten sind ebenfalls notwendig.

Intronsequenzen werden durch Spleißen entfernt. Der Spleißvorgang besteht – sehr vereinfacht formuliert – aus zwei Schritten:

• Eine spezielle Endonuclease schneidet an der 5′- und an der 3′-Spleißstelle und teilt damit die prä-tRNA in zwei Teile.
• Danach verknüpft eine RNA-Ligase die beiden Teile und stellt eine RNA-Kette ohne Intron her.

Dieser Spleißprozess entspricht dem Spleißen ohne Spleißosom (Plus 15.2) (S. 370), unterscheidet sich aber grundlegend von dem spleißosomalen Prozess (S. 360), der aus den primären prä-mRNAs der proteincodierenden Gene die prozessierten mRNAs herstellt.

15.4.1 Literatur

▶ **Zitierte Literatur**

[1] Keegan LP, Gallo A, O'Connell MA (2001) The many roles of an RNA editor. Nat Rev Genet 2: 869–878

▶ **Weiterführende Literatur**

[2] Boisvert FM, van Koningsbruggen S, Navascues J et al (2007) The multifunctional nucleolus. Nat Rev Mol CellBiol. 8: 574–585
[3] Cech TR (2009) Evolution of biological catalysis: ribozyme to RNP enzyme. Cold Spring Harb Symp Quant Biol 74: 11–16
[4] Isken O, Maquat LE (2007) Quality control of eukaryotic mRNA: safeguarding cells from abnormal mRNA function. Genes Dev 21: 1833–1856
[5] Montes M, Becerra S, Sanchez-Alvarez M et al (2012) Functional coupling of transcription and splicing. Gene 501: 104–117
[6] Roy SW, Irimia M (2012) Genome evolution: where do new introns come from? Curr Biol 22: R529–R531
[7] Shatkin AJ, Manley JL (2000) The ends of the Affair: capping and polyadenylation. Nat Struct Biol 7: 838–842
[8] Siddiqui N, Borden KBB (2012) mRNA export and cancer. WIREs RNA 3: 13–25
[9] Will CL, Lührmann R (2012) Spliceosome structure and function. Cold Spring Harb Perspect Biol 3: a003 707

15

Kapitel 16

Translation: Proteinsynthese in Eukaryoten

16 Translation: Proteinsynthese in Eukaryoten

Gunter Meister

16.1 Einleitung

Im Kap. 5 wurden die Mechanismen der prokaryotischen Translation beschrieben. Obwohl die zentralen Mechanismen der Knüpfung der Peptidbindung zwischen Prokaryoten und Eukaryoten gleich sind, gibt es zwischen den beiden Systemen doch große Unterschiede im Aufbau von Ribosomen sowie bei der Funktion und der Regulation der Translation. Generell sind der Aufbau des eukaryotischen Ribosoms sowie die Initiation der Translation deutlich komplexer. In Eukaryoten werden die ribosomalen Untereinheiten bereits im Zellkern zusammengebaut und müssen dann durch die Kernpore in das Cytoplasma der Zelle transportiert werden. Alleine für die Biogenese der ribosomalen Untereinheiten scheinen Hunderte Hilfsfaktoren notwendig zu sein. Ein weiteres Beispiel für die Komplexität der eukaryotischen Translation ist die Einleitung (Initiation) der Translation. In Eukaryoten werden hierfür mehr als ein Dutzend Proteine benötigt, die wiederum Ansatzpunkte für Regulationsmechanismen darstellen. Einige Beispiele der Translationsregulation werden im Kap. 17 vorgestellt.

Im Folgenden lernen wir die Architektur des eukaryotischen Ribosoms sowie dessen komplexe Biogenese genauer kennen. Im zweiten Teil des Kapitels wird der genaue Ablauf der eukaryotischen Translation beschrieben.

Im Kap. 16.2 werden der Aufbau und die Biogenese des eukaryotischen Ribosoms behandelt. Das Ribosom ist eines der komplexesten RNA-Protein-Gebilde der eukaryotischen Zelle. Es ist daher nicht verwunderlich, dass eine große Menge an Hilfsfaktoren benötigt wird, um die 40S- und die 60S-Untereinheit des Ribosoms korrekt zusammenzusetzen. Die ribosomalen RNAs (rRNAs) werden als prä-rRNAs synthetisiert und während der Ribosomenreifung in die einzelnen rRNAs zerlegt. Hier spielen snoRNAs (*small nucleolar RNAs*) eine wichtige Rolle, die darüber hinaus auch die rRNAs modifizieren. Die ribosomalen Proteine lagern sich während der Ribosomenreifung sukzessive an die entstehenden Untereinheiten an.

Thema von Kap. 16.3 ist der Ablauf der eukaryotischen Translation. Ähnlich wie bei Prokaryoten kann die eukaryotische Translation in Initiation, Elongation und Termination unterteilt werden. Die einzelnen Schritte speziell der Initiation sind dabei aber weitaus komplexer. Eine große Zahl von eukaryotischen Initiationsfaktoren (eIFs) ist nötig, um die beiden ribosomalen Untereinheiten an das Startcodon zu bringen. Es spielen dabei sowohl die 5′-Cap-Struktur also auch der Poly(A)-Schwanz der mRNA eine wichtige Rolle.

16.2 Das eukaryotische Ribosom

Das eukaryotische Ribosom ist wie das in Prokaryoten (S. 80) aus einer **kleinen und einer großen Untereinheit** aufgebaut. Beide Untereinheiten werden während der Initiation der Translation schrittweise an die mRNA angelagert. Das vollständige Ribosom ist also nur an der mRNA zu finden. Nach der Termination der Translation trennen sich die beiden Untereinheiten wieder und werden an einem neuen mRNA-Molekül wieder zum vollständigen Ribosom zusammengebaut.

> **Merke**
>
> Vollständige Ribosomen befinden sich nur im Komplex mit der mRNA, im Cytoplasma liegen die Untereinheiten getrennt voneinander vor.

16.2.1 Aufbau des eukaryotischen Ribosoms

Aufgrund ihres unterschiedlichen Sedimentationsverhaltens in der Gradienten-Zentrifugation wird die kleine Untereinheit des Ribosoms als 40S- und die große als 60S-Untereinheit bezeichnet. Beide zusammen bilden das 80S-Ribosom der Eukaryoten.

Die **40S-Untereinheit** enthält die 18S-rRNA, die neben ihrer bedeutenden katalytischen Eigenschaften auch eine wichtige strukturelle Komponente des Ribosoms ist. Die 18S-rRNA bildet das Grundgerüst, um das sich assoziierte Proteine anlagern und so die ribosomale Untereinheit bilden. An die 18S-rRNA lagern sich 33 ribosomale Proteine und bilden die kleine ribosomale Untereinheit. Diese Proteine, die zur festen Struktur des Ribosoms gehören, werden in Eukaryoten mit S 1, S 2 oder auch RPS 1, RPS 2 usw. bezeichnet. Hierbei steht „RP" für *ribosomal protein*, „S" für *small ribosomal subunit* und die Zahl für die entsprechende Nummer des Proteins.

Die **60S-Untereinheit** besteht aus der 28S-, der 5,8S- und der 5S-rRNA. Ähnlich wie bei der kleinen ribosomalen Untereinheit bilden die rRNAs Teile des katalytischen Zentrums des Ribosoms sowie das Gerüst für ribosomale Proteine. Die Proteine der eukaryotischen 60S-Untereinheit werden mit L 1, L 2 oder auch RPL 1, RPL 2 usw. bezeichnet, wobei hier „L" für *large ribosomal subunit* steht. Insgesamt lagern sich 49 ribosomale Proteine mit den rRNAs zur großen ribosomalen Untereinheit zusammen. Die einzelnen Komponenten des eukaryotischen Ribosoms sind in ► Tab. 16.1 zusammengefasst.

Tab. 16.1 Architektur des eukaryotischen Ribosoms.

Unterein-heit	Komponenten	Funktion
60S	28S-, 5,8S- und 5S-rRNA 49 Proteine	Proteinsynthese
40S	18S-rRNA 33 Proteine	Proteinsynthese mRNA-Bindung

16.2.2 Biogenese des eukaryotischen Ribosoms

Die Biogenese der beiden eukaryotischen Ribosomenuntereinheiten ist ein komplexer Prozess, der sowohl im Zellkern als auch im Cytoplasma der Zelle abläuft und an dem eine große Zahl von nicht ribosomalen Proteinen beteiligt ist. Hierbei geht das Reifen der ribosomalen RNAs mit schrittweisen Anlagerungen der ribosomalen Proteine einher.

Wie in Kap. 13.3 beschrieben, wird die 28S-, 5,8S- und die 18S-rRNA von der RNA-Polymerase I synthetisiert. Die 5S-rRNA bildet eine Ausnahme und wird von der RNA-Polymerase III transkribiert. Die 18S-, 5,8S- und 18S-rRNA wird zunächst als **35S-prä-rRNA** hergestellt, die im Laufe der Reifung der Untereinheiten zu den fertigen rRNA-Molekülen prozessiert wird. Bei der Prozessierung der prä-rRNA spielen neben zahlreichen Exo- und Endoribonucleasen auch sogenannte snoRNAs (*small nucleolar RNAs*) (S. 358) eine wichtige Rolle.

Die Zusammenlagerung der Untereinheiten beginnt bereits im Zellkern, und zwar in der Nähe der rRNA-Gene. Diese nucleäre Region ist mit Proteinen und RNAs dicht gepackt und im Lichtmikroskop als **Nucleolus** zu sehen (s. hierzu auch Kap. 7.2). Im Nucleolus assoziieren die prä-rRNA, die 5S-rRNA und eine Vielzahl von Biogenesefaktoren sowie ribosomale Proteine zum sogenannten **90S-prä-Ribosom**. Die prä-rRNA wird in den folgenden Schritten in die 18S- und die 5,8S-rRNA gespalten. Um die 18S-rRNA bildet sich nun das **40S-prä-Ribosom** und um die verbleibenden 5,8S-, 5S- und 28S-rRNA das **60S-prä-Ribosom**. Die 5,8S- und die 28S-rRNA werden in weiteren Prozessierungsschritten gespalten, weitere ribosomale Proteine lagern sich an und das 60S-prä-Ribosom wird ins Cytoplasma transportiert, wo die 60S-Untereinheit schließlich fertiggestellt wird. Auch das 40S-prä-Ribosom wird ins Cytoplasma der Zelle transportiert, wo es die letzten Prozessierungs- und Zusammenlagerungsschritte durchläuft (▶ Abb. 16.1). Beide Untereinheiten können nun für die Translation im Cytoplasma zum vollständigen Ribosom assoziieren.

Das 40S- und vor allem das 60S-prä-Ribosom gehören zu den größten RNA-Protein-Komplexen, die durch die Kernpore ins Cytoplasma der Zelle transportiert werden. Tatsächlich entsprechen die Ausmaße des 60S-prä-Ribosoms in etwa dem Durchmesser der Kernpore, der ca.

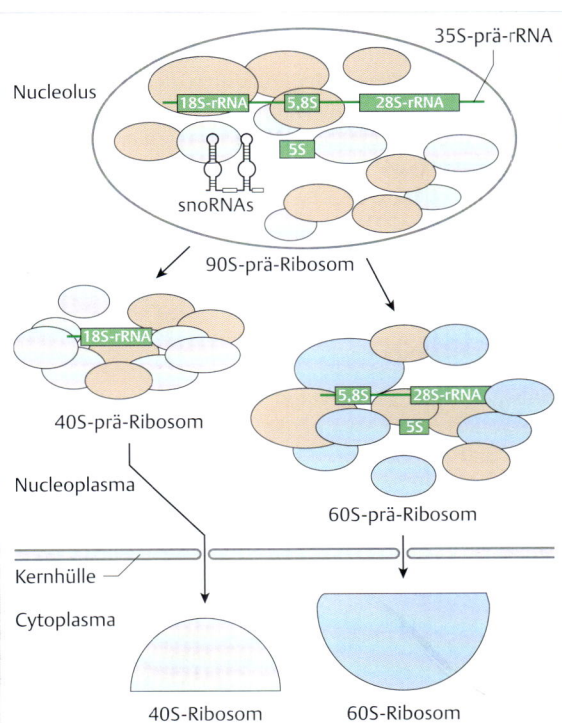

Abb. 16.1 Reifung und Zusammenbau der 40S- und 60S-Untereinheiten. Die 18S-, 5,8S- und die 28S-rRNA wird als eine große 35S-prä-rRNA im Nucleolus synthetisiert. Zusammen mit ribosomalen Proteinen, der 5S-rRNA, zahlreichen Hilfsfaktoren sowie snoRNAs bildet sich das 90S-prä-Ribosom. In den folgenden Schritten wird die 35S-prä-rRNA zu den einzelnen reifen rRNAs prozessiert. An die 18S-rRNA lagern sich Komponenten der 40S-Untereinheit und an die 5S-, 5,8S- und 28S-rRNAs die Komponenten der 60S-Untereinheit. Die braunen Ovale symbolisieren Biogenesefaktoren, die während der Biogenese mit den Untereinheiten assoziieren, aber sie dann auch wieder verlassen.

26 nm beträgt. Der Transport der Vorläufer der ribosomalen Untereinheiten ist noch nicht im Detail verstanden und es scheinen verschiedene Faktoren daran beteiligt zu sein. Das Protein Nmd3 z. B. interagiert mit dem 60S-prä-Ribosom und verbindet es mittels seines Kernexportsignals (NES, *nuclear export signal*) mit den nucleären Exportrouten. Crm1 ist der Exportrezeptor, der das 60S-prä-Ribosom RanGTP-abhängig ins Cytoplasma transportiert (s. dazu auch Plus 7.1) (S.144). Daneben sind vermutlich auch andere Exportrouten am Transport der ribosomalen Untereinheiten beteiligt.

16.2.3 snoRNAs (*small nucleolar RNAs*)

Wie im Kap. 15.2 (S.358) beschrieben, spielen snoRNAs bei der **Ribosomenreifung** eine wichtige Rolle. Einige dieser nicht-codierenden RNAs sind für die Spaltung der prä-rRNA wichtig. Die weitaus meisten sind jedoch für spezielle Ribose- oder Basenmodifikationen an der rRNA zuständig. Die rRNA erhält dadurch chemische Eigenschaften, die für die Translation wichtig sind.

Neben der Modifikation von rRNAs spielen snoRNAs auch eine wichtige Rolle bei der Reifung der rRNAs. Die snoRNAs U3 oder U14 z. B. sind für die ersten Spaltungsschritte der prä-rRNA wichtig.

16.3 Ablauf der eukaryotischen Translation

Ähnlich wie bei Prokaryoten kann auch die Translation eukaryotischer mRNA in Polypeptide in Initiation, Elongation und Termination unterteilt werden. Die einzelnen Schritte werden im Folgenden genauer beschrieben.

16.3.1 Initiation der Translation in Eukaryoten

Während die Knüpfung der Peptidbindung sowie die Termination der Translation in ähnlicher Weise wie bei Prokaryoten ablaufen, gibt es bei der Initiation signifikante Unterschiede. Bakterien brauchen bei der Steuerung der Initiation drei, Eukaryoten dagegen mehr als ein Dutzend Proteine, die eukaryotischen Initiationsfaktoren (eIF) (▶ Tab. 16.2).

Das Zusammenspiel der Initiationsfaktoren ist in ▶ Abb. 16.2 skizziert. Beginnen wir mit dem oberen Teil der Abbildung, wo drei vorbereitende Synthesewege gezeigt sind, die schließlich zum fertigen Ribosom am Initiationscodon führen.

- Den ersten vorbereitenden Syntheseweg zeigt ▶ Abb. 16.2 ①. Das kleine Protein eIF1A sitzt zusammen mit dem großen Proteinkomplex eIF3 (er besteht aus 13 Untereinheiten, die mit eIF3$_a$–eIF3$_m$ bezeichnet werden) auf der 40S-Untereinheit, um die Anlagerung der 60S-ribosomalen Untereinheit zu blockieren und das Terrain für weitere Initiationsfaktoren zu schaffen.
- Der zweite vorbereitende Syntheseweg ist die Bildung eines ternären Komplexes aus der methioninbeladenen Initiator-tRNA (Initiations-tRNA oder Met-tRNA$_i$), dem Protein eIF2 und GTP (▶ Abb. 16.2 ②). Anders als bei Prokaryoten trägt das Methionin an der Initiator-tRNA keine Formylgruppe. Das Protein eIF1 vermittelt die Anlagerung des ternären Komplexes an die 40S-Untereinheit (▶ Abb. 16.2 ③). Damit ist eine charakteristische Zwischenstufe erreicht, die als 43S-Präinitiationskomplex bezeichnet wird.
- Als Drittes muss die mRNA vorbereitet werden (▶ Abb. 16.2 ④): Das Protein eIF4E bindet spezifisch an die 7-Methylguanosinkappe (5'-Cap-Struktur) der mRNA. eIF4A hat die Aktivität einer RNA-Helikase und ist wahrscheinlich für die Auflösung von Sekundärstrukturen im 5'-Nicht-Codierungsbereich (UTR, *untranslated region*) verantwortlich. Das große Protein eIF4G dient als Gerüst, das Bindungen mit verschiedenen Proteinen eingeht und deren Funktion koordiniert. Zu diesen drei Proteinen kommen noch eIF4B und eIF4 H hinzu – beides sind RNA-bindende Proteine und ihre wichtigste Funktion scheint die Unterstützung der Helikasefunktion von eIF4A zu sein.
- In ▶ Abb. 16.2 ⑤ treffen sich die Produkte der drei Fertigungswege an der Cap-Struktur der mRNA. Das Protein eIF4G nimmt dazu Kontakt zu eIF3 auf und zieht damit die 40S-Ribosomenuntereinheit heran. Der entstehende Komplex wird als 48S-Präinitiationskomplex bezeichnet.

Tab. 16.2 Wichtige eukaryotische Initiationsfaktoren (nach [1]).

Bezeichnung	Untereinheiten	Molekulargewicht [kDa]	Funktion (s. ▶ Abb. 16.2)
eIF1	1	12,6	erkennt AUG
eIF1A	1	16–17	bindet an 40S-Untereinheit
eIF2	α β γ	36 39 52	GTP-abhängige Bindung von Met-tRNA$_i$ (Bildung des ternären Komplexes)
eIF2B	5	ca. 270	Regeneration von eIF2-GDP (Guaninnucleotidaustausch)
eIF3	13	600–700	Vorbereitung der 40S-Untereinheit
eIF4A	1	44–46	RNA-Helikase
eIF4B	2 (Homodimer)	2 × 68	RNA-Bindung, stimuliert eIF4A
eIF4E	1	25	bindet an die 7-Methylguanosinkappe (5'-Cap-Struktur)
eIF4G (p220) (zwei verwandte Isoformen)	1	171/176	koordiniert die Ereignisse am 5'-Ende
eIF5	1	49	vermittelt die Überführung von GTP in GDP am ternären Komplex
eIF5B	1	139	Anlagerung der 60S-Untereinheit (GTPase-Aktivität)

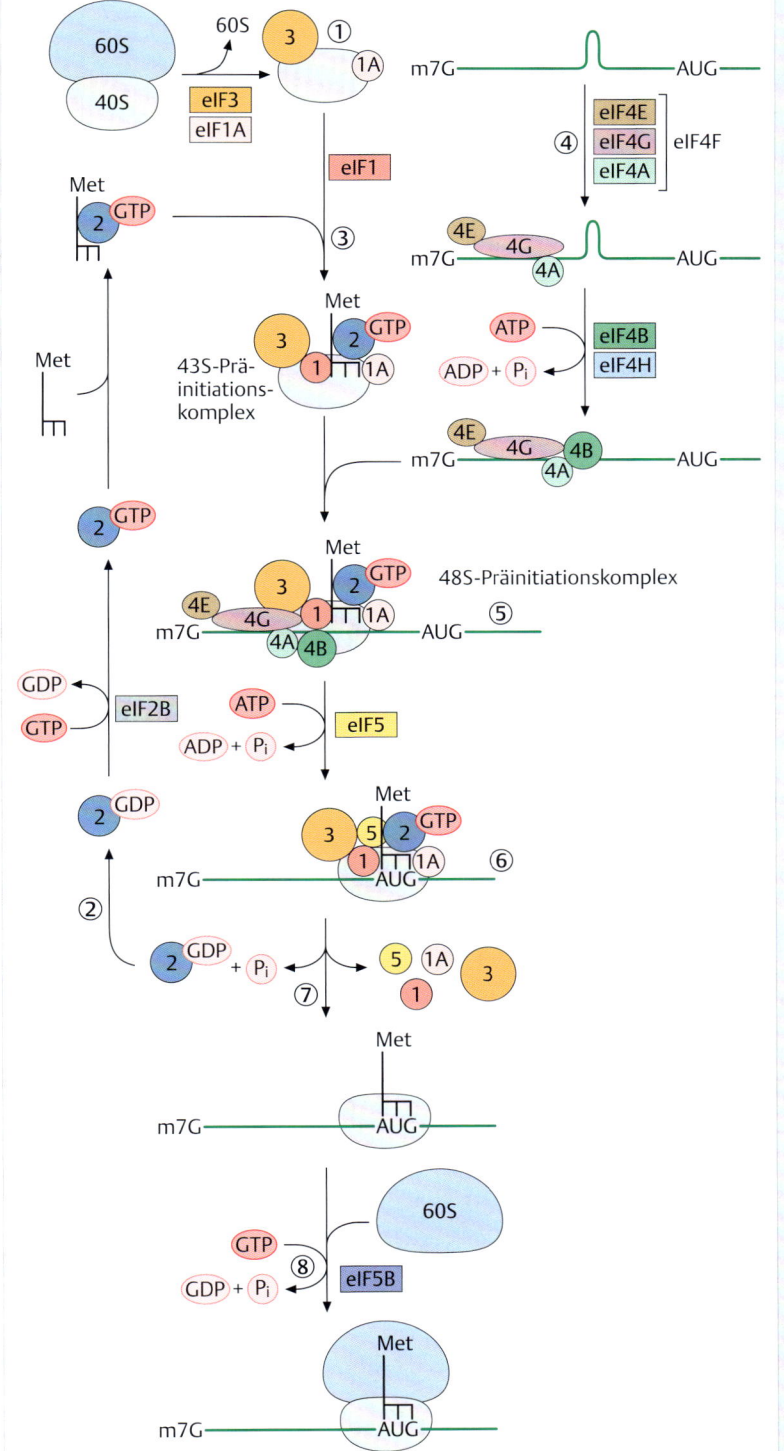

Abb. 16.2 Einleitung der Proteinsynthese bei Eukaryoten. Weitere Einzelheiten sind dem Text zu entnehmen.
① Vorbereitung der kleinen ribosomalen Untereinheit (40S)
② Vorbereitung der Initiations-tRNA zum ternären Komplex
③ Anlagerung des Initiations-tRNA-Komplexes an die kleine 40S ribosomale Untereinheit
④ Vorbereitung der mRNA
⑤ Ausbildung des 48S-Präinitiationskomplexes
⑥ Bewegung entlang der mRNA zum AUG-Startcodon (*ribosome scanning*)
⑦ Erste Codon-Anticodon-Erkennung
⑧ Anlagerung der großen ribosomalen Untereinheit (60S). (nach Gray NK, Wickens M (1998) Control of translation initiation in animals. Annu Rev Cell Dev Biol 14: 399–458; Kapp LD, Lorsch JR (2004) The molecular mechanics of eukaryotic translation. Annu Rev Biochem 73: 657–704; Pain VM (1996) Initiation of protein synthesis in eukaryotic cells. Eur J Biochem 236: 747–771)

- In den folgenden Schritten bewegt sich die vorbereitete 40S-Untereinheit entlang dem 5′-Nicht-Codierungsbereich, bis sie auf ein passendes AUG-Startcodon trifft (▶ Abb. 16.2 ⑥). Diese Reaktion wird als *ribosome scanning* bezeichnet – ein Absuchen der RNA-Sequenz nach dem Startcodon. Das Scanning benötigt die Hydrolyse von ATP, vermutlich für die RNA-Helikaseaktivität von eIF4A, vielleicht auch für die Bewegung der ribosomalen Untereinheit. Am Ende des Scanningprozesses liegt die 40S-Untereinheit an der richtigen Stelle, nämlich dort, wo das Startcodon der mRNA mit dem Anticodon der Met-tRNA$_i$ Basenpaarungen eingeht.
- Die Codon-Anticodon-Paarung bewirkt, dass GTP im ternären Komplex zu GDP gespalten wird. Diese Reaktion wird durch eIF5 stimuliert. Als Konsequenz verlässt eIF2-GDP zusammen mit den anderen Initiationsfaktoren den Initiationskomplex (▶ Abb. 16.2 ⑦).
- Schließlich dann die letzte Reaktion: die Anlagerung der 60S-Untereinheit. Hierzu assoziiert eIF5B-GTP mit dem Präinitiationskomplex und vermittelt die Anlagerung der großen ribosomalen Untereinheit (▶ Abb. 16.2 ⑧). Nach korrekter 60S-Rekrutierung wird GTP zu GDP gespalten, was die Dissoziation von eIF5B-GDP bewirkt. Das Ribosom ist nun fertig und kann mit der Elongation der Polypetidkette beginnen.
- Nach erfolgreicher Initiation liegt eIF2 in der GDP-gebundenen Form vor (s. ▶ Abb. 16.2 ②), in der das Protein aber keine neue Met-tRNA$_i$ binden kann. Das Protein eIF2B wirkt als Guaninnucleotidaustauschfaktor und ersetzt GDP durch GTP. eIF2 kann nun wieder einen neuen ternären Komplex formen und an der Initiation teilnehmen.

Das Vorhandensein des Poly(A)-bindenden Proteins (PABP) am Poly(A)-Ende der mRNA ist für den Aufbau des Initiationskomplexes und damit für eine effiziente Initiation sehr wichtig. Das Poly(A)-bindende Protein interagiert mit eIF4G, das am 5′-Ende der mRNA fixiert ist, und es kommt folglich zu einer Zirkularisierung der

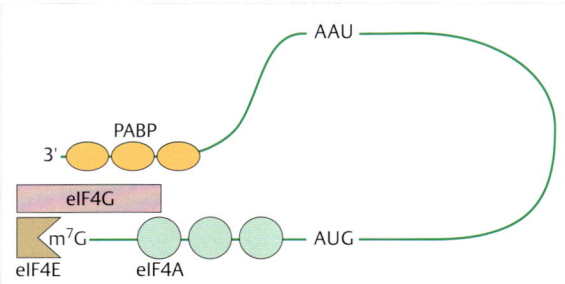

Abb. 16.3 Wechselwirkungen zwischen dem Poly(A)-bindenden Protein (PABP) und eIF4G. Erläuterungen s. Text.

mRNA während der Translationsinitiation (▶ Abb. 16.3). Dieser Ringschluss scheint zum einen die Bindung folgender Ribosomen zu unterstützen und zum anderen ist er ein wichtiger Ansatzpunkt für Regulationsmechanismen (s. Kap. 17 und 18). Überdies ergibt sich eine wirksame Qualitätskontrolle: Initiationen an mRNAs mit fehlerhaften 3′-Enden finden gar nicht erst statt, sodass keine Energie für die Synthese carboxyterminal verkrüppelter Proteine verschwendet wird.

16.3.2 Elongation, Termination und Ribosomenrecycling

Mit der Bindung des Ribosoms am Startcodon AUG kann die Phase der Elongation oder Kettenverlängerung beginnen. Im Großen und Ganzen verläuft die **Elongation** der eukaryotischen Proteinsynthese ähnlich ab wie die Elongation der bakteriellen Proteinsynthese (S. 87). Über die Bezeichnung der beteiligten eukaryotischen Elongationsfaktoren unterrichtet die ▶ Tab. 16.3.

Das Toxin des Diphtherieerregers (*Corynebacterium diphtheriae*) greift eEF2 an und kann dadurch die Elongation spezifisch hemmen (Plus 16.1) (S. 395).

Tab. 16.3 Eukaryotische Elongationsfaktoren (aus [2]).

Bezeichnung	Molekulargewicht [kDa]	Funktion	vergleichbare Funktion in Bakterien
eEF1α	51	Bildung ternärer Komplexe aus tRNA und GTP GTP-Spaltung (GTPase)	EF-Tu
eEF1β eEF1γ	23 49	Austausch von GDP gegen GTP an eEF1α-GDP	EF-Ts
eEF2	100	Translokation unter GTP-Spaltung	EF-G
eRF	54	Termination: Erkennen von Stoppcodons Ablösen der Peptidkette von Peptidyl-tRNA	RF

Plus 16.1

Das Diphtherietoxin

Der Elongationsfaktor eEF2 hat als eine strukturelle Besonderheit die modifizierte histidinähnliche Aminosäure Diphthamid. An dieser Stelle ist eine menschliche Zelle verwundbar: Das Toxin des Diphtherieerregers *Corynebacterium diphtheriae* katalysiert die Übertragung eines ADP-Riboserests von NAD^+ auf Diphthamid. Der ADP-ribosylierte Faktor eEF2 wird inaktiv. Die Konsequenz kann das Absterben der Zelle sein. Das bakterielle Gegenstück, der Faktor EF-G, enthält die modifizierte Aminosäure nicht. *E. coli* kann daher durch das Diphtherietoxin nicht angegriffen werden.

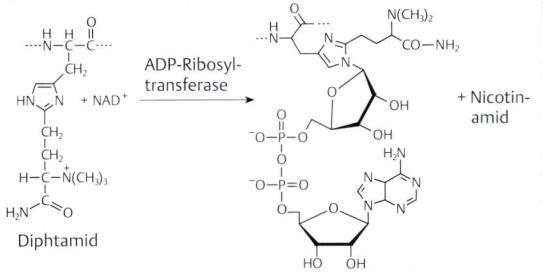

Abb. 16.4 Übertragung eines ADP-Riboserests von NAD^+ auf Diphthamid durch die ADP-Ribosyltransferase.

Auch die **Termination** funktioniert ähnlich wie bei Prokaryoten. Allerdings gibt es bei Eukaryoten mit eRF1 (*eukaryotic release factor 1*) nur einen Terminationsfaktor, der alle drei Stoppcodons erkennt. Das Protein eRF1 rekrutiert dann eRF3 um die Translation zu terminieren. Die molekularen Mechanismen sind hierbei denen der Prokaryoten sehr ähnlich.

Für die vollständige Termination und dem **Ribosomenrecycling** ist in Prokaryoten der Ribosomenrecyclingfaktor RRF (*ribosome release factor*) zuständig. In Eukaryoten ist dieser Faktor nicht zu finden. Die genauen Mechanismen des Ribosomenrecyclings sind in Eukaryoten nicht klar. Vermutlich spielen hier die Initiationsfaktoren eIF2 und eIF3 eine wichtige Rolle.

16.3.3 Peptidsynthese

Die Peptidsynthese im Cytoplasma beginnt aufgrund der Met-tRNA_i immer mit Methionin. Aber längst nicht alle Proteine tragen Methionin als aminoterminalen Baustein. In vielen Fällen wird das endständige Methionin bereits entfernt, wenn die wachsende Polypeptidkette aus erst etwa 30 Bausteinen besteht. Dafür verantwortlich ist das Enzym **Methionin-Aminopeptidase**, dessen Wirksamkeit durch die Natur der vorletzten Aminosäure bestimmt wird: Das aminoterminal endständige Methionin wird bevorzugt entfernt, wenn ihm die Aminosäuren Serin, Alanin, Glycin oder Valin folgen. Dagegen verhindern Aminosäuren mit geladenen Seitenketten, also Glutaminsäure, Asparaginsäure, Lysin und Arginin, meist, aber nicht immer, die Entfernung des aminoterminalen Methionins (▶ Tab. 16.4). Auch ein Methionin an vorletzter Stelle blockiert die Entfernung des Startmethionins.

Oft wird die aminoterminale Aminosäure, also entweder das originale Methionin oder die freigesetzte vorletzte Aminosäure, durch Übertragung einer Acetylgruppe auf die endständige Aminogruppe modifiziert. Diese Acetylierung ist ein irreversibler Prozess, ganz anders als die Acetylierung der Seitengruppe (Nε-Acetylierung) von internen Lysinresten, wo Acetylierung oder Deacetylierung

erfolgen, je nach den physiologischen oder genetischen Bedingungen.

Nach der Synthese am Ribosom sind viele Proteine noch nicht fertig, sondern werden abhängig von ihrer Bestimmung noch weiter bearbeitet. Sie können sehr unterschiedliche Schicksale haben:

- Markierung von Proteinen für den Abbau oder zur Modifikation der Proteinfunktion: Verschiedene Proteine haben unterschiedliche Halbwertszeiten. Um den Proteinabbau zu induzieren, wird das kleine Protein Ubiquitin kovalent an Lysinreste des Proteins angeheftet, was als Markierung für die Abbaumaschinerie dient. Ubiquitinähnliche Proteine wie SUMO (*small **ubi**quitinlike **mo**difier*) dienen dagegen eher der Modifikation der Proteinfunktion und führen in der Regel nicht zum Abbau (s. Kap. 14.11).
- Zurechtschneiden (Reifen) von Vorläuferproteinen, sogenannten Pro-Proteinen (ein Beispiel ist Pro-Insulin), zu den funktionellen Proteinen: Eine besondere Form des Zurechtschneidens ist das Abtrennen eines hydrophoben aminoterminalen Bereichs (Signalpeptid; (S. 403)) beim Durchtritt von Proteinen durch zelluläre Membranen.
- Modifikationen, vor allem Phosphorylierung, Acetylierung und Methylierung sowie das Anheften von Zuckerresten (Bildung von Glykoproteinen).

Tab. 16.4 N-terminale Aminosäuren.

Aminosäure	Häufigkeit absolut	N-terminale Acetylgruppe (Anzahl der Proteine)
Methionin	25 (30 %)	13
Serin	25 (30 %)	16
Alanin	21 (25 %)	15
Glycin	9 (1 %)	4
Valin	6 (7 %)	0
andere	2	1

Die Werte stammen aus Untersuchungen einer Kollektion von 84 Wirbeltierproteinen [3].

16

Diese Reaktionen werden ausführlich in den Lehrbüchern der Biochemie und der Zellbiologie beschrieben. Eine dem weit entwickelten Forschungsgebiet angemessene Darstellung passt nicht in den Rahmen, den wir für dieses Buch gesetzt haben.

Literatur

▶ Zitierte Literatur

[1] Pain VM (1996) Initiation of protein synthesis in eukaryotic cells. Eur J Biochem 236: 747–771

[2] Sonenberg N, Hinnebusch AG (2009) Regulation of translation initiation in eukaryotes: mechanisms and biological targets. Cell 136: 731–745

[3] Boissel JP, Kasper TJ, Shah SC et al (1985) Amino-terminal processing of proteins: hemoglobin South Florida, a variant with retention of initiator methionine and N alpha-acetylation. Proc Natl Acad Sci USA 82: 8 448–8 452

▶ Weiterführende Literatur

[4] Gebauer F, Hentze MW (2004) Molecular mechanisms of translational control. Nat Rev Mol Cell Biol 5: 827–835

[5] Kapp LD, Lorsch JR (2004) The molecular mechanics of eukaryotic translation. Annu Rev Biochem 73: 657–704

[6] Spahn CM, Beckmann R, Eswar N et al (2001) Structure of the 80S ribosome from *Saccharomyces cerevisiae*-tRNA-ribosome and subunit-subunit interactions. Cell 107: 373–386

[7] Parsyan A, Svitkin Y, Shahbazian D et al (2011) mRNA helicases: the tacticians of translational control. Nat Rev Mol Cell Biol 12: 235–245

[8] Venema J, Tollervey D (1999) Ribosome synthesis in *Saccharomyces cerevisiae*. Annu Rev Genet 33: 261–311

[9] Tschochner H, Hurt E (2003) Pre-ribosomes on the road from the nucleolus to the cytoplasm. Trends Cell Biol. 13: 255–263

[10] Wilson DN, Doudna Cate JH (2012) The Structure and Function of the Eukaryotic Ribosome. Cold Spring Harbor Perspect. Biol. doi: 10.1101

Kapitel 17

Regulation der eukaryotischen Translation

17

17 Regulation der eukaryotischen Translation

Gunter Meister

17.1 Einleitung

Im Kap. 5 wurden die generellen Grundprinzipien der Translation beschrieben. In Kap. 16 wurden die Prinzipien der eukaryotischen Translation beschrieben. Nicht nur Prokaryoten, die meist als einzelne Zellen in der Natur leben, müssen sich ständig ändernden Umweltbedingungen anpassen. Auch im Körper eines Menschen, zum Beispiel, werden ständig zelluläre Prozesse wie die Translation durch extrazelluläre Signale beeinflusst. Es ist daher nicht verwunderlich, dass die eukaryotische Translation auf vielen Ebenen reguliert wird.

Im Folgenden stellen wir einige Beispiele der Regulation der eukaryotischen Translation vor. Darüber hinaus gibt es eine Vielzahl von Mechanismen, die oft ganz spezifisch die Translation einzelner mRNAs steuern. Eine genaue Beschreibung all dieser Prinzipien würde allerdings den Rahmen dieses Lehrbuchs sprengen, daher wird hier darauf verzichtet. Im Kap. 18 werden kleine regulatorische RNAs beschrieben, die zum Teil auch die Translation regulieren können.

Im Kap. 17.2 wird die Regulation der eukaryotischen Translationsinitiation besprochen. Die eukaryotische Translation ist ein zentraler zellulärer Prozess und wird daher an vielen Stellen reguliert. Es werden Beispiele erläutert, wie eukaryotische Zellen die Initiation der Translation beeinflussen können. Die Sequenzumgebung des Startcodons ist für den Translationsstart sehr wichtig. Nicht jedes Start-AUG wird gleichermaßen gut vom Ribosom genutzt. Die optimale Sequenz, in die ein AUG eingebettet sein muss, nennt man Kozak-Sequenz. Darüber hinaus werden Initiationsfaktoren wie eIF2 oder eIF4E über verschiedene Mechanismen reguliert.

Im Kap. 17.3 werden interne ribosomale Eintrittsstellen (IRES, *internal ribosomal entry site*) besprochen. Die eukaryotische Translationsinitation funktioniert normalerweise nur, wenn eine intakte 5′-Cap-Struktur der mRNA vorhanden ist. Man spricht auch von Cap-abhängiger Translationsinitiation. Daneben gibt es aber mRNAs, vor allem virale, die keine Kappe besitzen und dennoch sehr effizient in eukaryotischen Zellen translatiert werden können (Cap-unabhängige Translationsinitiation). Solche mRNAs benutzen IRES, um das Ribosom zum Startcodon zu rekrutieren.

Thema von Kap. 17.4 ist die Synthese von sezernierten bzw. membranständigen Proteinen. Proteine, die über Membranen nach außen gebracht (sezerniert) oder in die Membran eingebaut werden sollen, werden in das Lumen des endoplasmatischen Retikulums (ER) synthetisiert. Hierzu muss die Translation nach der Initiation gestoppt werden. Dabei spielen Faktoren wie das Signalerkennungspartikel (SRP, *signal recognition particle*), die SRP-Rezeptoren (SR) sowie eine als Translokon bezeichnete Membranpore eine wichtige Rolle. Sobald das Ribosom zum Translokon rekrutiert ist, nimmt es die Translation wieder auf und synthetisiert das Peptid ins ER.

Im Kap. 17.5 wird der Nonsense-vermittelte mRNA-Abbau (NMD, *nonsense-mediated decay*) besprochen. Eukaryotische Zellen besitzen Mechanismen, mit denen ein falsches Stoppcodon in einer mRNA erkannt und diese schließlich eliminiert werden kann. Würden diese mRNAs nicht beseitigt, entstünden verkürzte Proteine, die die Zelle stark schädigen können. Die Erkennung eines falschen Stoppcodons erfolgt während der Translation. Dabei spielen die Proteine UPF1, der Exon-Junction-Komplex (EJC, *exon junction complex*) (S. 384) und die Maschinerie der Translationstermination eine wichtige Rolle.

17.2 Regulation der eukaryotischen Translationsinitiation

Die Proteinsynthese ist ein Prozess, der sehr viel zelluläre Energie erfordert. Deswegen haben sich bedeutende Regulations- und Kontrollmechanismen entwickelt, die Ausmaß und Geschwindigkeit der Proteinsynthese dem Bedarf anpassen. Der komplexe Vorgang benötigt mehr als 150 unterschiedliche Proteine sowie zahlreiche verschiedene RNAs. Bisher kennt man allerdings nur eine überschaubare Zahl von Proteinen, die für die Regulation relevant sind. Neben speziellen Sequenzen auf der mRNA gehören die Initiationsfaktoren eIF2, eIF4E und eIF4G dazu.

> **Merke**
>
> Die **Translationsinitiation** bei Eukaryoten wird auf verschiedenen Ebenen reguliert.

17.2.1 Regulation auf der Ebene der mRNA-Sequenz

In den meisten eukaryotischen mRNAs eröffnet das erste AUG (vom 5′-Ende her) die Codierungsregion mit dem offenen Leseraster. Für eine effiziente Initiation der Translation muss allerdings die Sequenzumgebung des Startcodons stimmen.

Marilyn Kozak hat um 1985 beim Vergleich zahlreicher mRNAs eine Art Konsensussequenz für die Umgebung des Startcodons AUG identifiziert (▶ Abb. 17.1). Die eingerahmten Bereiche vor und hinter dem AUG sind besonders wichtig. Abweichungen von dieser Sequenz verhindern zwar nicht, dass ein Ribosom an dieser Stelle binden kann, doch wird die Effizienz der Initiation deutlich ver-

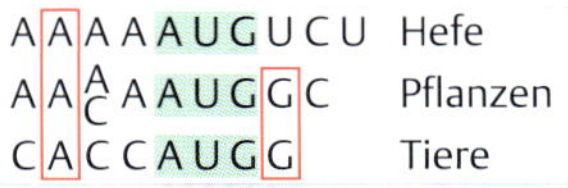

```
A A A A A U G U C U   Hefe
A A C A A U G G C     Pflanzen
      A
C A C C A U G G       Tiere
```

Abb. 17.1 Konservierter Sequenzbereich (Kozak-Sequenz) im Umfeld des Start-AUG. Die mRNA-Sequenz um das Startcodon beeinflusst die Translationseffizienz.

ringert. Nach ihrer Entdeckerin wird dieser konservierte Sequenzabschnitt auch als **Kozak-Sequenz** bezeichnet.

Weitere Besonderheiten im 5′-Nicht-Codierungsbereich (5′-UTR, *5′-untranslated region*) können die Translation der mRNA beeinflussen. Sekundärstrukturen der RNA reduzieren, besonders wenn sie sich in der Nähe des 5′-Endes befinden, die Effizienz der Translation. Manchmal kommen im Bereich des 5′-UTRs kurze offene Leseraster (ORFs, *open reading frames*) mit eigenem Start- und Stoppcodon vor. Stromaufwärts gelegene offene Leseraster können die Translation einer mRNA ebenfalls stark beeinflussen.

Manchmal folgen zwei Startcodons aufeinander, die in mehr oder weniger optimaler Sequenzumgebung liegen. Das AUG, dessen Umgebung der Kozak-Sequenz am besten entspricht, wird hier bevorzugt. Man beobachtet aber, wenngleich auch seltener, eine Initiation am anderen AUG. Es können somit Proteine entstehen, die sich am N-Terminus unterscheiden und möglicherweise dadurch auch unterschiedliche Funktionen wahrnehmen können.

17.2.2 Regulation von eIF4E

Als Protein, das während der Translationsinitiation an die Cap-Struktur bindet, bildet eIF4E einen zentralen Baustein bei der Proteinsynthese und deren Regulation. Über die Interaktion mit eIF4G, das wiederum mit dem Poly (A)-bindenden Protein (PABP) interagiert, erfolgt die **Zirkularisierung der mRNA** (s. ▶ Abb. 16.3). An dieser Stelle greifen verschiedenen Regulatoren an.

eIF4E wird in allen Zellen, die aktiv mit der Synthese von Proteinen beschäftigt sind, etwa nach dem Eintritt aus der Ruhephase in den Zellzyklus phosphoryliert. **Phosphoryliertes eIF4E** ist aktiv und die Proteinsynthese kann effizient ablaufen. Umgekehrt kommt es in Mangelsituationen zu einer Dephosphorylierung von eIF4E und somit zu einer Repression der Translation.

Aber interessanter und vermutlich auch von größerer physiologischer Bedeutung ist die Regulation durch **eIF4E-bindende Proteine** (4E-BPs, *eIF4E-binding proteins*). eIF4G interagiert über ein kurzes Sequenzmotiv mit eIF4E. Eine Vielzahl von 4E-BPs trägt genau dieses Sequenzmotiv und kann darüber ebenfalls eIF4E binden. Dies führt dazu, dass die Bindungsstelle von eIF4E besetzt ist, eIF4G nicht binden und somit keine Initiation der Translation stattfinden kann. Auch diese Reaktion wird durch Phosphorylierung gesteuert: Zahlreiche äußere Signale wie Wachstumsfaktoren, Cytokine u. a. führen zu

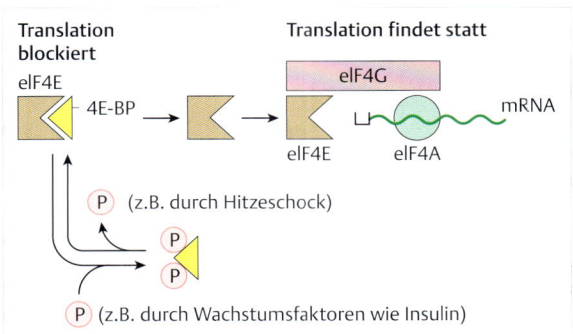

Abb. 17.2 Regulation an der 5′-Cap-Struktur. Die Funktion von eIF4E, das an die 5′-Cap-Struktur bindet, wird durch 4E-BP gesteuert. Signale von außen wie Wachstumsfaktoren (z. B. Insulin) u. a. vermitteln die Phosphorylierung von 4E-BP (hyperphosphoryliert) und damit die Freisetzung von eIF4E, das dann zusammen mit eIF4G und eIF4A den Kappenbindungskomplex bilden kann (rechts). Umgekehrt fördern Bedingungen, die zur Herabsetzung der Proteinsynthese führen (z. B. Hitzeschock) eine Dephosphorylierung von 4E-BP (hypophosphoryliert). Die Folge ist, dass 4E-BP an eIF4B bindet und die Translation blockiert wird. (nach Gingras AC, Raught B, Sonenberg N (1999) eIF4 initiation factors: effectors of mRNA recruitments to ribosomes and regulators of translation. Annu Rev Biochem 68: 913–963)

einer Übertragung von Phosphatgruppen auf Serin- und Threoninreste in 4E-BPs. Dadurch verlieren 4E-BPs den Kontakt zu eIF4E, das damit freigesetzt wird und für die Einleitung der Translation zu Verfügung steht (▶ Abb. 17.2).

Ein wichtiger und viel untersuchter Signalweg, der zur Phosphorylierung von 4E-BPs führt, geht über eine hoch konservierte serin- und threoninspezifische Proteinkinase mit der Bezeichnung **mTOR**. Das Enzym wurde bei Forschungen über das Medikament Rapamycin entdeckt.

Rapamycin wird als Mittel gegen Pilzinfektionen und bei der Suppression von Immunreaktionen, etwa nach Nierentransplantationen eingesetzt. Studien an Hefe zeigten, dass Rapamycin erst an ein Zielprotein und schließlich an eine Proteinkinase bindet, die den Namen **TOR** erhielt – für *target of rapamycin*. Es stellte sich schnell heraus, dass TOR strukturelle Ähnlichkeiten mit Proteinkinasen vom Typ ATM, ATR und DNA-PK (S. 210) hat und bei allen Eukaryoten zu finden ist. Die in Säugetieren vorkommende Variante heißt mTOR (m, *mammalian*).

Das Enzym mTOR steht im Mittelpunkt von Signalketten, die von äußeren Signalen wie Wachstumsfaktoren, Hormonen und Cytokinen ausgehen, aber auch von inneren Signalen oder physiologischen Zuständen, die besonders die Verfügbarkeit von Nährstoffen wie Aminosäuren und Glucose betreffen. In Gegenwart eines Verbindungsproteins (Raptor, *regulatory associated protein of mTOR*) phosphoryliert mTOR direkt 4E-BP und fördert damit die Einleitung der Translation (s. ▶ Abb. 17.2).

mTOR hat noch ein zweites wichtiges Substrat, die S 6-Proteinkinase. Das Zielprotein der S 6-Kinase ist das ribosomale Protein S6 der 40S-Ribosomenuntereinheit. Die Phosphorylierung von S6 fördert die Translation von mRNA, und zwar insbesondere von mRNAs, die ribosomale Proteine codieren. Daraus folgt, dass eine mTOR-vermittelte Aktivierung der S6-Proteinkinase die Synthese ribosomaler Proteine fördert, was der Translationskapazität einer Zelle zugutekommt. Mit anderen Worten: mTOR ist eine Signalstation, die den Bedarf der Zelle oder des Organismus an gesteigerter Proteinsynthese registriert und darauf reagiert, und zwar

- durch die Synthese von mehr ribosomalen Proteinen und damit mehr Ribosomen und
- durch eine effiziente Einleitung der Translationsinitiation über eIF4E.

Übrigens, die Behandlung von Zellen mit Rapamycin inaktiviert mTOR und reduziert die Proteinbiosynthese. Es ist daher ein probates Mittel, um Zellen mit einem hohen Bedarf an Translationsaktivität (z. B. Immunzellen) zu hemmen.

17.2.3 Regulation von eIF2

Zusammen mit der Initiator-tRNA Met-tRNA$_i$ und GTP bildet eIF2 den ternären Komplex bei der Initiation der Translation. Bei der Ablieferung der ersten tRNA am Ribosom wird GTP zu GDP hydrolysiert und eIF2-GDP wird freigesetzt. Zur Regeneration von eIF2-GDP ist der Austausch von GDP gegen GTP notwendig, ein Prozess, der durch den Guaninnucleotidaustauschfaktor (GEF, *guanine nucleotide exchange factor*) eIF2B vermittelt wird.

EIF2 besteht aus den drei Untereinheiten eIF2α, eIF2β und eIF2γ (▶ Abb. 17.3). Ein Serin in der α-Untereinheit kann phosphoryliert werden. Phosphoryliertes eIF2-GDP interagiert so stark mit eIF2B, dass es nicht mehr freigesetzt werden kann. Es bleibt also in einem Komplex aus Phospho-eIF2-GDP-eIF2B stabil gebunden. Unter bestimmten Umständen sind große Mengen von eIF2 in diesem Komplex gebunden und der Mangel an eIF2 bei der Initiation führt schließlich dazu, dass die Proteinsynthese zum Stillstand kommt.

Einige Kinasen, die eIF2 phosphorylieren, sollen im Folgenden etwas genauer betrachtet werden (▶ Abb. 17.3).

- **HRI-Kinase** (HRI, *heme regulated inhibitor*): Das Enzym wurde zuerst in Erythroblasten entdeckt als ein Protein, das die Translation der Globin-mRNA bei Mangel an Häm unterdrückt. Da die Globine nur bei Anwesenheit von genügend Häm zur Bildung von Hämoglobin benutzt werden können, macht dies durchaus Sinn. In nicht erythroiden Zellen hat die HRI-Kinase vermutlich die Funktion, die generelle Proteinsynthese im Verlauf einer Hitzeschockreaktion zu hemmen.
- **RNA-abhängige Proteinkinase (PKR):** Das Enzym wird durch Bindung an lange doppelsträngige RNA aktiviert. Dabei erfolgt zunächst eine Phosphorylierung des Enzyms selbst (Autophosphorylierung), was eine Konfor-

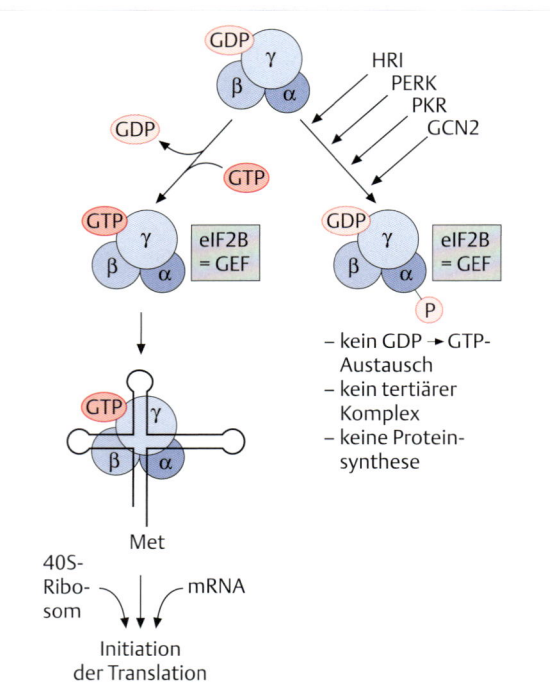

Abb. 17.3 Regulationen über das Protein eIF2. Mehrere Proteinkinasen (HRI, PERK, PKR, GCN2; s. Text) können die α-Untereinheit von eIF2B phosphorylieren. Die Konsequenz ist, dass eIF2B zwar binden, aber GDP nicht gegen GTP austauschen kann. (nach Gray NK, Wickens M (1998) Control of translation initiation in animals. Annu Rev Cell Dev Biol 14: 399–458)

mationsänderung induziert, einhergehend mit einer Aktivierung. Die PKR tritt im Verlauf einer Virusinfektion in Erscheinung, denn im Vermehrungsweg vieler Viren kommt es zur Ausbildung teilweise doppelsträngiger RNA. Die Hemmung der Proteinsynthese führt zum kontrollierten Zelltod (Apoptose) (S. 281). Damit ist der Infektionsherd eingegrenzt: Die bereits infizierten Zellen gehen zugrunde und die Virusproduktion wird dadurch unterdrückt. Interferon fördert die Expression der PKR. Das zeigt, dass die PKR im Zentrum der zelleigenen Abwehr viraler Infektionen steht. Interferonantwort und PKR-Aktivierung sind die Konsequenz des Auftretens langer doppelsträngiger RNA. Kurze doppelsträngige RNAs wie siRNAs bei der RNA-Interferenz lösen diese Antwort nicht aus (s. Kap. 18.2).
- **PERK (PRK-ähnliche ER-Kinase):** ER steht dabei für endoplasmatisches Retikulum. Die PERK wird während der sogenannten UPR (*unfolded protein response*) aktiviert. Die UPR ist ein zellulärer Prozess, der als Reaktion auf ER-Stress ausgelöst wird. Unter Bedingungen, die ER-Stress auslösen, liegen viele Proteine im ER ungefaltet vor. Die PERK ist ein Transmembranprotein, das die ER-Membran durchspannt und somit den Status im ER-Lumen überwachen kann. Nimmt die Menge an ungefaltetem Protein zu, wird durch Phosphorylierung von eIF2

die generelle Proteinsynthese blockiert. Die Zelle gewinnt dadurch Zeit und die ungefalteten Proteine können durch Chaperone gefaltet werden.

- **GCN2-Kinase** (GCN, *general control nondepressible*): Die Proteinkinase wurde ursprünglich in Hefe entdeckt, ist aber im Eukaryotenreich weit verbreitet und reagiert auf einen Mangel an Aminosäuren oder genauer auf das Vorkommen unbeladener tRNAs in der Zelle – eine natürliche Folge des Aminosäuremangels. Die GCN2-Kinase hat eine carboxyterminale Domäne mit Ähnlichkeit zur Histidyl-tRNA-Synthetase. An die Domäne binden freie tRNAs und aktivieren das Enzym. Dessen Funktion ist es, die Translationsinitiation zu blockieren, und zwar in Zeiten, in denen es nicht viel zu translatieren gibt – mangels Aminosäuren.

17.3 IRES – Initiation ohne Cap-Struktur

Bakterielle mRNAs sind meist polycistronisch mit mehreren offenen Leserastern, denen je eine Ribosomenbindungsstelle vorgeschaltet ist. Über diese internen Stellen können Ribosomen an die mRNA binden und mit der Synthese von Proteinen beginnen. Kennzeichen einer typischen eukaryotischen mRNA ist dagegen die Initiation der Translation über die 7-Methylguanin-Cap-Struktur am 5′-Ende der mRNA. Die Translation beginnt mit der Besetzung der Cap-Struktur durch die Initiationsfaktoren. Man spricht daher auch von **Cap-abhängiger Initiation**.

Neben der Cap-abhängigen Initiation gibt es in Eukaryoten allerdings auch die **Cap-unabhängige Initiation**, wie man bei Untersuchungen über den Verlauf der Infektion mit dem Poliovirus und anderen Viren dieser Art (Picornaviren) gefunden hat (Plus 17.1). Diese Viren besitzen RNA als genetisches Material, und zwar RNA, die gleich nach ihrer Freisetzung in der infizierten Zelle als mRNA für die Synthese von Virusproteinen herangezogen wird. Die Virus-RNA ist zellulären mRNAs sehr ähnlich, besitzt allerdings keine 5′-Cap-Struktur. Im Übrigen wird der Initiationsfaktor eIF4G bald nach der Infektion durch eine virale Protease abgebaut, sodass die Synthese zellulärer Proteine zum Erliegen kommt. Alle zellulären Ribosomen können nun zur Synthese der viralen Proteine verwendet werden.

Plus 17.1

Das Poliovirus
Das Poliovirus gehört zu der großen Gruppe der menschlichen Picornaviren. Die Viren dieser Gruppe ähneln sich in ihrer Partikelstruktur und im Aufbau ihrer Genome.

Genome von Picornaviren
Die Genome von Picornaviren sind **Einzelstrang-RNA-Moleküle** von etwa 7 500 Nucleotiden mit einem langen offenen Leseraster und einem **Poly(A)-Ende** (▶ Abb. 17.4). Aber anders als eukaryotische mRNA beginnen die viralen RNA-Moleküle nicht mit einer Cap-Struktur, sondern mit einem **kovalent gebundenen Peptid (VPg)**, das beim Poliovirus aus 22 Aminosäuren besteht. Überdies ist die 5′-Nicht-Codierungsregion mit mehr als 740 Nucleotiden viel länger als der entsprechende Abschnitt in einer typischen eukaryotischen mRNA.

Infektion
Die Infektion beginnt mit der Anheftung von Viruspartikeln an spezifische Rezeptoren auf der Zelloberfläche. Die Viruspartikel werden dann in die Zelle eingeschleust (▶ Abb. 17.5). Dort wird die RNA freigesetzt (*uncoating*). Nach Entfernen des endständigen Peptids dient die aufgenommene RNA als mRNA für die Synthese eines langen Proteins (Polyprotein), das dann in mehreren Teilschritten in die fertigen Proteine zerlegt wird. Das sind erstens die Virushüllproteine (VP1–VP4) und zweitens die Nicht-Strukturproteine, einschließlich einer RNA-abhängigen RNA-Polymerase. Dieses Enzym wird auch Replikase genannt, weil es für die Synthese von Virus-RNA-Molekülen verantwortlich ist.

Die Replikation erfolgt in zwei Schritten: Zuerst wird ein Komplementär- oder Minusstrang gebildet, der dann als Matrize für die Synthese von Virus-RNA (Plussträngen) benutzt wird, wobei mehrere Polymerasemoleküle gleichzeitig an der Minusstrangmatrize aktiv sind. Die neu gebildeten Plusstränge können unterschiedlich verwendet werden, als mRNA für die weitere Proteinsynthese, als Matrize zur Herstellung von Minussträngen oder als Nachkommen-RNA für den Zusammenbau von Viruspartikeln, die dann die Zelle verlassen.

Wie im Text beschrieben, verursacht eine Infektion mit Polioviren den Zelltod durch Abschalten der zelleigenen Proteinsynthese. Die Infektion des Menschen beginnt mit der oralen Aufnahme des Virus und der Vermehrung in den Zellen von Lymphknoten. Meist verläuft die Erkrankung milde und nur selten kommt es zur Infektion von Nervenzellen mit Lähmungserscheinungen (Kinderlähmung, Poliomyelitis).

17

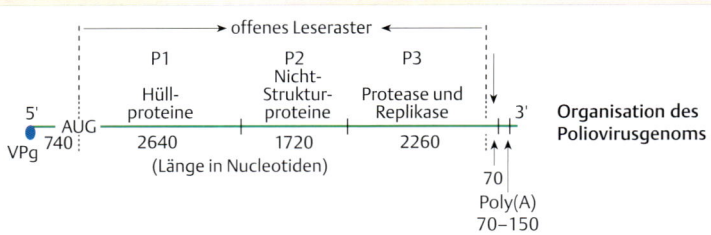

Abb. 17.4 Organisation des Poliovirus-genoms. Am 5′-Ende ist das Peptid VPg kovalent gebunden, am 3′-Ende findet sich ein Poly(A)-Abschnitt und dazwischen das offene Leseraster, von dem verschiedene Proteine abgelesen werden.

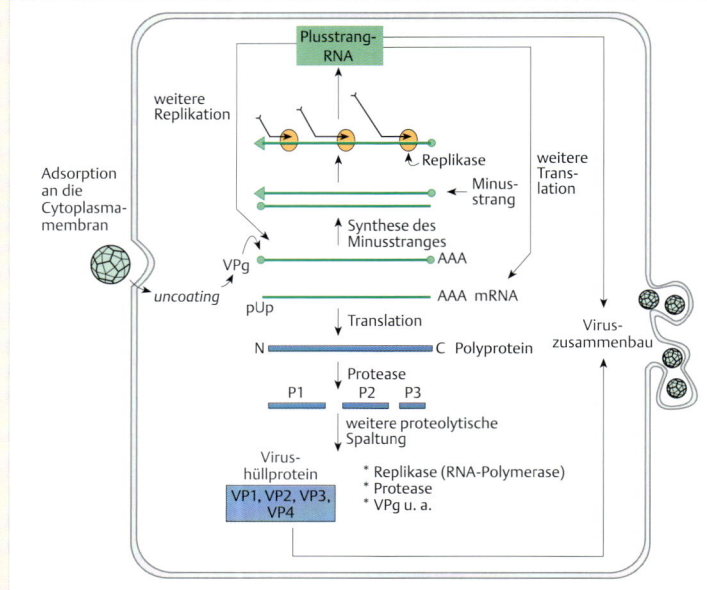

Abb. 17.5 Mechanismen der Poliovirus-infektion. Viruspartikel heften sich an spezifische Oberflächenrezeptoren und gelangen dadurch in die Zelle. In der Zelle wird die RNA freigesetzt (*uncoating*) und das Peptid am 5′-Ende entfernt. Das offene Leseraster kann nun durch die zelluläre Translationsmaschinerie in ein langes Polyprotein übersetzt werden, das schließlich durch Proteasen in kleinere Proteine (z. B. Hüllproteine) zerlegt wird. Bei der Replikation wird zunächst ein Minusstrang gebildet, der dann zur Synthese von neuer Poliovirus-RNA (Plusstrang) genutzt werden kann. Der Plusstrang wird zusammen mit den einzelnen Hüllproteinen in neue Viruspartikel verpackt und aus der Zelle geschleust.

Ribosomen gelangen über **interne ribosomale Eintritts-stellen** (**IRES**, *internal ribosomal entry sites*), die sich in der langen 5′-Nicht-Codierungsregion (UTR, *untranslated region*) befinden, an die virale RNA. Diese Region umfasst einige Hundert Nucleotide und ist durch eine ausgeprägte Sekundärstruktur gekennzeichnet (▶ Abb. 17.6). An diesen strukturierten Bereich der RNA können zelluläre Faktoren binden, was dazu führt, dass das Ribosom am richtigen Startcodon initiieren kann. Die charakteristische **Sekundärstruktur der IRES** scheint bei der Cap-unabhängigen Initiation entscheidender als die eigentliche Sequenz zu sein. Die meisten Initiationsfaktoren, die für die Cap-abhängige Initiation gebraucht werden, sind für die Cap-unabhängige Initiation nicht notwendig. Die Sekundärstruktur der IRES sorgt dafür, dass das Startcodon nahe der P-Stelle der 40S-Ribosomenuntereinheit zu liegen kommt. Für das Abliefern der Initiator-tRNA ist eIF2 allerdings auch bei der Cap-unabhängigen Initiation essenziell. eIF3 scheint darüber hinaus die Effizienz der Initiation zu steigern.

Neben viralen RNAs gibt es auch zelluläre mRNAs, die über eine IRES Cap-unabhängig initiiert werden, aber die Zahl der Beispiele ist sehr begrenzt und die Erforschung

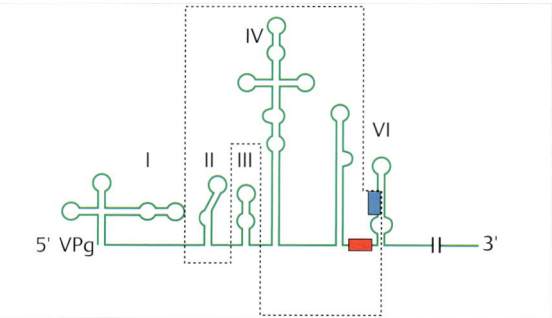

Abb. 17.6 Ausschnitt aus dem 5′-Nicht-Codierungsbereich der Poliovirus-RNA. Für den internen Ribosomeneintritt ist der eingerahmte Bereich notwendig. VPg = kovalent gebundenes terminales Peptid; I–VI = aufeinanderfolgende RNA-Schleifen; rote Box = Folge von Pyrimidinnucleotiden; blaue Box = AUG-Startcodon. (nach Sachs AB, Sarnow P, Hentze MW (1997) Starting at the beginning, middle, and end: translation initiation in eukaryotes. Cell 89: 831–838; Wimmer E, Hellen CUT, Cao X (1993) Genetics of poliovirus. Annu Rev Genet 27: 353–436)

solcher Strukturen steht noch am Anfang. Einige Beispiele sind die mRNAs für das Bindungsprotein der schweren Kette von Immunglobulinen, für FGF-2 (*fibroblast growth factor 2*) oder das Myc-Protein. Diese mRNAs besitzen oft ungewöhnliche 5′-UTRs. Nicht selten haben solche mRNAs auch eine Cap-Struktur, sodass unter bestimmten Bedingungen eine Cap-abhängige Initiation stattfinden kann. Ein Grund für die Entwicklung von mRNAs mit IRES könnte sein, dass ein Rest von Proteinsynthese unter Bedingungen möglich ist, unter denen sonst die Synthese von Proteinen herabreguliert wird (z. B. bei zellulärem Stress).

17.4 Translation von sezernierten oder membranständigen Proteinen

Proteine, die in Membranen eingebaut oder durch sie hindurchgeschleust und nach außen abgegeben (sezerniert) werden sollen, werden vom Ribosom direkt an entsprechenden Membranen synthetisiert. Man spricht von **Proteintranslokation**. Dabei muss die Translation zunächst unterbrochen und das Ribosom mit dem entstehenden Peptid sowie der mRNA zur Membran gebracht werden. Solche Systeme finden sich sowohl in Prokaryoten als auch in Eukaryoten. Während prokaryotische Ribosomen zur Zellmembran gebracht werden und das Peptid ins Periplasma synthetisiert wird, werden in Eukaryoten Proteine erst durch die Membran des endoplasmatischen Retikulums (ER) ins ER-Lumen synthetisiert. Vor dort werden die Proteine dann weiter zum Golgi-Apparat und von da aus zur Zellmembran gebracht.

17.4.1 Komponenten der Proteintranslokationsmaschinerie

Merke

An der Translokation sind folgende **Komponenten** beteiligt:
- das am Ribosom wachsende (naszierende) Peptid
- das Ribosom
- das Signalerkennungspartikel (SRP, *signal recognition particle*)
- die SRP-Rezeptoren
- das Translokon

All diese Komponenten werden im Folgenden kurz vorgestellt.

▶ **Ribosom und wachsendes Peptid.** Alle Proteine, die durch Membranen geschleust werden sollen, besitzen am N-Terminus ein sogenanntes Signalpeptid, das später meistens durch spezifische Proteasen (Signalpeptidasen) abgespalten wird und nicht zur eigentlichen Funktion des Proteins beiträgt (in manchen Fällen kann es aber auch am fertigen Protein verbleiben). Das Signalpeptid besteht aus neun bis zwölf Aminosäuren mit hydrophoben Seitenketten. Sobald es am Exit- oder Ausgangsort (S. 87) des Ribosoms erscheint, wird es vom SRP erkannt und gebunden. Die Translation wird dadurch auf der Ebene der Elongation angehalten.

▶ **Signalerkennungspartikel** (SRP, *signal recognition particle*). Das SRP besteht aus einer **nicht-codierenden RNA** sowie zahlreichen Proteinen, die daran binden. In Eukaryoten wird diese RNA als 7SL-RNA bezeichnet.

In Prokaryoten gibt es mehrere Bezeichnungen. Die bekanntesten sind 7S-RNA in *Bacillus subtilis* oder 4,5S-RNA in *Escherichia coli*.

Die 7SL-RNA ist durch eine ausgeprägte Sekundärstruktur gekennzeichnet (▶ Abb. 17.7). Die wichtigste Funktion dieser RNA ist die Bereitstellung eines Gerüstes für die Bindung von Proteinen. Darüber hinaus verleiht die 7SL-RNA dem SRP eine gewisse Flexibilität, sodass sich das SRP eng an das Ribosom anlagern kann.

Die Proteinkomponenten des SRPs werden SRP-Proteine genannt. Die bekannten SRP-Proteine sind in ▶ Tab. 17.1 zusammengefasst. Das für die Funktion von SRP wichtigste Protein ist **SRP54**. SRP54 bindet das Signalpeptid, sobald es auf der Oberfläche des Ribosoms erscheint. Das gesamte SRP legt sich nun eng an das Ribosom und inhibiert die weitere Translation. Zusätzlich interagiert SRP54 mit einem SRP-Rezeptor (SR). Die Wichtigkeit von SRP54 wird dadurch unterstrichen, dass manche Bakterien nur ein SRP-Protein besitzen, das homolog zu SRP54 ist. In *Escherichia coli* wird dieses Protein Ffh (*fifty-four homolog*) genannt.

▶ **SRP-Rezeptoren** (SRs). In Eukaryoten gibt es den löslichen SRP-Rezeptor SRα und den an die cytoplasmatische Seite des ER gebundenen SRβ. Die Funktion der SRP-Rezeptoren besteht darin, den Ribosom-SRP-Komplex zum Translokon zu rekrutieren. SRP54 interagiert dabei direkt mit SRα.

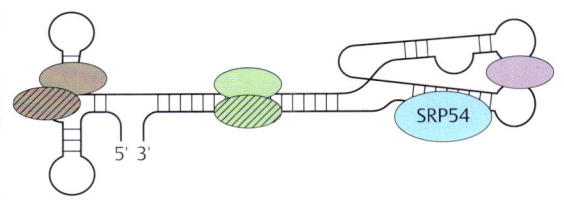

Abb. 17.7 Struktur der eukaryotischen 7SL-RNA. Die verschiedenen Haarnadelstrukturen bieten eine Interaktionsplattform für zahlreiche SRP-Proteine (verschiedene Farben). Das funktionell wichtigste Protein ist SRP54 (blau).

Tab. 17.1 Komponenten der Proteintranslokation.

Komponenten der Proteintranslokation			Funktion
Eukarya	Archaea	Bacteria	
RNA-Komponente des SRPs			
7SL-RNA	7SL-RNA	4,5S-RNA (*E. coli*) oder 7S-RNA (*B. subtilis*)	flexible Strukturkomponente des SRPs stellt eine Plattform für die Bindung der SRP-Proteine zur Verfügung
Proteinkomponente des SRPs			
SRP54	SRP54	Ffh	Interagiert mit dem Signalpeptid und dem Ribosom GTPase
SRP19	SRP19	–	bindet die SRP RNA und unterstützt SRP54
SRP9	–	HBsu	interagiert mit dem Ribosom
SRP14	–	–	interagiert mit dem Ribosom
SRP68	–	–	interagiert mit dem SR
SRP72	–	–	interagiert mit dem SR
SRP-Rezeptoren (SRs)			
SRα	FtsY	FtsY	GTPase interagiert mit SRP54 und verbindet das Ribosom mit SRβ
SRβ	–	–	GTPase, membranassoziiert
Translokon			
Sec61α	SecY	SecY	Transmembrankanal
Sec61β	SecE	SecE	Transmembrankanal
Sec61γ	Sec61γ	SecG	Transmembrankanal
–	–	SecA	Motorprotein, schiebt Peptid durch das Translokon

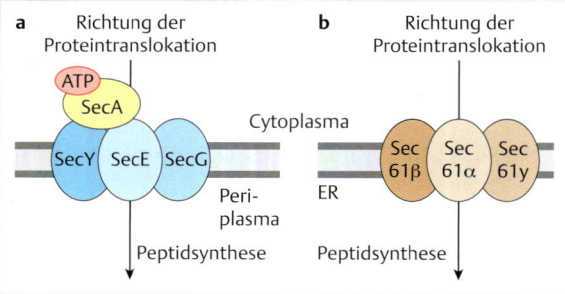

Abb. 17.8 Struktur und Organisation des Translokons.
a Prokaryotisches Translokon. Das Translokon wird von den Transmembranproteinen SecY, SecE und SecG gebildet. Die ATPase SecA assoziiert auf der cytoplasmatischen Seite und hilft, das Peptid durch das Translokon zu schleusen. Dieser Prozess wird durch die Hydrolyse von ATP getrieben.
b Eukaryotisches Translokon. Das Translokon besteht aus den Proteinen Sec61α, Sec61β und Sec61γ.

▶ **Translokon.** Das prokaryotische Translokon besteht aus den Proteinen SecY, SecE, SecG und SecA. SecY, SecE und SecG bilden eine Membranpore, durch die das Peptid ins Periplasma synthetisiert wird. Auf der cytoplasmatischen Seite assoziiert die ATPase SecA, die durch ATP-Hydrolyse die Synthese durch das Translokon antreibt (▶ Abb. 17.8a). In Eukaryoten bilden die Proteine Sec61α, Sec61β und Sec61γ das Translokon. Eine ATPase wie SecA ist in Eukaryoten nicht bekannt (▶ Abb. 17.8b).

17.4.2 Proteintranslokation

Das Andocken des Ribosoms an das Translokon und die anschließende Proteintranslokation werden durch die Hydrolyse von GTP zu GDP angetrieben (▶ Abb. 17.9). Die Proteinfaktoren SRP54, SRα und SRβ sind GTPasen, sie binden also GTP und hydrolysieren es zu GDP. In der GTP-gebundenen Form erkennt und bindet SRP54 das Signalpeptid am Ribosom. In dieser Form kann SRP54 auch mit SRα, das wiederum selbst in der GTP-gebundenen Form vorliegt, interagieren. Der Komplex aus Ribosom, SRP-GTP und SRα-GTP hat nun eine hohe Affinität für SRβ-GTP, das an der ER-Membran verankert ist. In diesem Komplex spalten SRP54 und SRα ihre gebundenes GTP zu GDP, was dazu führt, dass SRP-GDP und SRα-GDP vom Ribosom dissoziieren. SRβ-GTP ist jetzt mit dem Ribosom assoziiert und sucht nach einem Translokon auf der ER-Membran. Ist dieses gefunden, so spaltet SRβ GTP zu GDP und verlässt ebenfalls den Komplex. Zurück bleibt das Ribosom am Translokon. Das Ribosom führt jetzt die Translation weiter und das entstehende Peptid wird durch das Translokon hindurch ins ER synthetisiert (▶ Abb. 17.9).

Bakterien kommen mit nur einem SR-Protein aus. Es wird als FtsY bezeichnet und kann sowohl mit dem Ribosom, der Plasmamembran sowie dem Translokon interagieren.

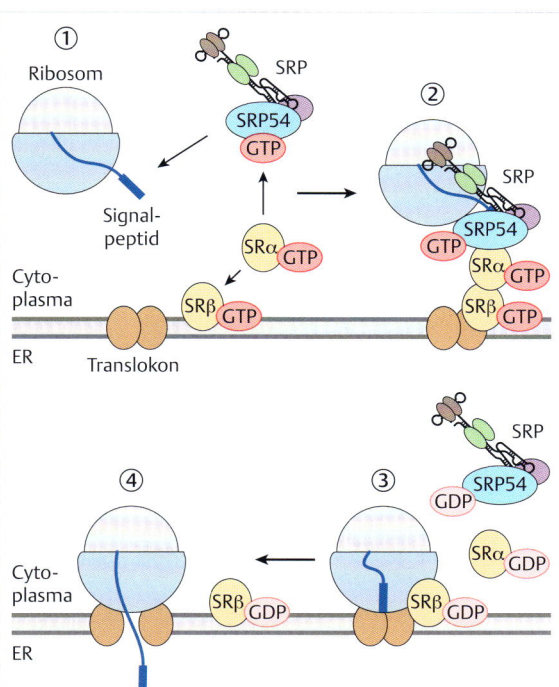

Abb. 17.9 Eukaryotische Proteintranslokation durch die Membran des rauen ER in das endoplasmatische Retikulum (ER). Sobald das N-terminale Signalpeptid aus dem Ribosom hervortritt, wird es durch SRP mittels SRP54 gebunden ①. Die Proteinsynthese wird dadurch angehalten und der SRP-Rezeptor SRα wird herangezogen. Dieser wiederum interagiert mit dem membrangebundenen SRP-Rezeptor SRβ ②. All die genannten Proteine sind GTPasen und die GTP-Hydrolyse führt zur Freisetzung von SRP und SRα ③. SRβ steuert nun das Ribosom zum Translokon, wo das Ribosom die Synthese fortsetzt ④.

17.5 Nonsense-vermittelter mRNA-Abbau (NMD)

Auf allen Stufen der eukaryotischen mRNA-Reifung sind Mechanismen zur Qualitätskontrolle eingebaut. So kann z. B. nur dann transkribiert, gespleißt und polyadenyliert werden, wenn die korrekte 5′-Cap-Struktur eingebaut wurde. Die Struktur ist auch für den Export sowie die Translation von großer Bedeutung (s. Kap. 16.3). Die Zelle besitzt aber noch weitaus ausgefeiltere Methoden, um die Qualität einer mRNA festzustellen. So erkennt sie, ob Fehler bei der Synthese oder der Prozessierung dazu geführt haben, dass die mRNA ein falsches Stoppcodon enthält. Man spricht von einem **PTC** (*premature termination codon*; Codon für einen vorzeitigen Translationsstopp). Solche mRNAs stellen eine potenzielle Gefahr dar, da verkürzte Proteine unvorhersehbare Funktionen ausüben und die Zelle dadurch schädigen können. Der zelluläre Prozess, der zur Erkennung eines PTCs führt, heißt **Nonsense-vermittelter mRNA-Abbau** (NMD, *nonsense-mediated nRNA decay*). Immunzellen z. B. produzieren bei der zufälligen Rekombination von Genen für den T-Zell-Rezeptor oder Antikörper eine große Anzahl von mRNAs mit PTCs, die dann über das NMD-System entsorgt werden müssen.

17.5.1 NMD-Komponenten

Eine Reihe von Proteinen ist notwendig, um in höheren Eukaryoten ein PTC zu erkennen und die mRNA anschließend zu eliminieren. Allen voran spielen die **UPF-Proteine** (UPF, *up frame shift*) UPF1, UPF2 und UPF3 eine zentrale Rolle. Diese Proteine wurden ursprünglich in einem genetischen Screening in *C. elegans* gefunden und SMG2, SMG3 und SMG4 genannt (SMG, *suppressors with morphological effects on genitalia*). Neben den genannten gibt es noch weitere SMG-Proteine. SMG1, SMG5, SMG6 und SMG7 sind vor allem wichtig, um die Aktivität von UPF1 über einen Phosphorylierungszyklus zu regulieren. Die Proteine UPF2 und UPF3 sind in einen größeren Proteinverbund eingebaut, der als Exon-Exon-Junction-Komplex oder **Exon-Junction-Komplex** (**EJC**, *exon junction complex*) bezeichnet wird. Diesem Proteinkomplex kommt bei der Identifizierung eines PTC eine besondere Rolle zu.

Der EJC ist ein Multiproteinkomplex aus zahlreichen Proteinen, die man im Detail noch gar nicht genau kennt. Die Proteine Y14, Magoh, eIF4AIII und Barentz (auch unter dem Namen MLN51 bekannt) bilden den Kern des EJC. Um diese Proteine herum lagern sich noch weitere Faktoren, u. a. auch UPF2 und UPF3.

Der EJC bindet bereits im Zellkern an die mRNA. Während des Spleißprozesses deponiert das **Spleißosom** (S. 364) den EJC 20–24 Nucleotide stromaufwärts einer Exon-Exon-Verbindung (*junction*), d. h. dort wo sich in der prä-mRNA ein Intron befand, das durch den Spleißprozess entfernt wurde. Diese Markierung ermöglich der Zelle, auch nach dem Spleißen die ehemalige Position eines Introns zu erkennen. Die wichtigsten am NMD beteiligten Proteinkomponenten sind in ► Tab. 17.2 zusammengefasst.

17.5.2 Identifizierung eines PTCs und der Mechanismus des NMDs

Dem EJC kommt eine wichtige Rolle bei der Erkennung eines PTC durch die cytoplasmatische Translationsmaschinerie zu. Der entscheidende Sachverhalt ist hier, dass das tatsächliche Stoppcodon in der Regel im letzten Exon einer prä-mRNA zu finden ist. Das heißt nun, dass nach dem tatsächlichen Stoppcodon kein Spleißen mehr stattfindet, somit auch keine Exon-Junction mehr zu finden ist und schließlich auch kein EJC nach dem tatsächlichen Stoppcodon auf der mRNA deponiert ist. Folglich sind alle Stoppcodons, denen ein EJC nachfolgt, mit hoher Wahrscheinlichkeit PTCs, die erkannt werden müssen. Schließlich führt diese Erkennung zur Zerstörung der gesamten mRNA.

17

Tab. 17.2 Am NMD beteiligte Proteine.

Proteine	Funktion
UP-Proteine	
UPF1 (SMG2)	hydrolysiert ATP (ATPase) 5′-3′-Helikase durch SMG1 phosphoryliert durch Terminationsfaktoren (eRFs, *release factors*) zum Stoppcodon rekrutiert
UPF2 (SMG3)	verbindet UPF1 mit dem EJC auf der mRNA
UPF3 (SMG4)	direkte Interaktion mit UPF2
SMG-Proteine	
SMG1	Proteinkinase, die UPF1 phosphoryliert
SMG5	Heterodimer mit SMG7 interagiert mit phosphoryliertem UPF1 unterstützt die UPF1-Dephosphorylierung
SMG6	interagiert mit phosphoryliertem UPF1 unterstützt die UPF1-Dephosphorylierung
SMG7	Heterodimer mit SMG7 interagiert mit phosphoryliertem UPF1 unterstützt die UPF1-Dephosphorylierung
PP2A	dephosphoryliert UPF1 interagiert mit dem SMG5/7-Heterodimer und SMG6
andere Proteine und Proteinkomplexe	
SURF-Komplex	besteht aus UPF1, SMG1, eRF1 und eRF3
Hrp1p	interagiert mit DSEs in der Hefe

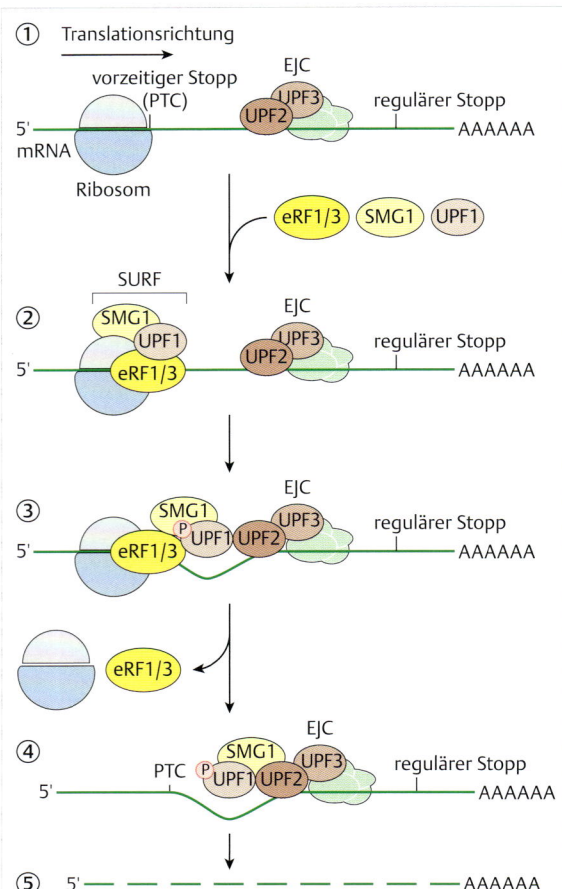

Abb. 17.10 Erkennung eines PTCs durch die NMD-Maschinerie. ① Der Exon-Junction-Komplex (EJC) bindet an die mRNA, und zwar einige Nucleotide stromaufwärts einer Exon-Junction. Im Cytoplasma beginnt das erste Ribosom mit einer ersten Translationsrunde. ② und ③ Erreicht das Ribosom ein Stoppcodon, werden die Terminationsfaktoren eRF1/3 zusammen mit SMG1 und UPF1 (SURF-Komplex) rekrutiert. Findet sich stromabwärts ein Exon-Junction-Komplex, so interagiert UPF1 mit UPF2, was zur Phosphorylierung von UPF1 durch SMG1 führt. ④ und ⑤ Als Folge wird das Ribosom von der mRNA gelöst und die mRNA anschließend abgebaut.

Die gereifte mRNA verlässt den Zellkern und erreicht das Cytoplasma, wo sie translatiert wird. In einer ersten Translationsrunde initiiert das Ribosom und translatiert in einer wenig produktiven Art und Weise die mRNA. Dabei werden alle EJCs, die sich auf der mRNA befinden, sukzessive entfernt. Man nennt diese erste Translationsrunde auch *pioneer round of translation*. Wird ein Stoppcodon erreicht, werden die Terminationsfaktoren eRF1 und eRF3 zusammen mit UPF1 und SMG1 zum Ribosom rekrutiert. Der entstehende Proteinkomplex wird als SURF-Komplex bezeichnet (SURF: **S**MG1, **U**PF1 und *translational **r**elease **f**actors*). UPF1 kann nun mit UPF2 an einem der folgenden EJC wechselwirken. Findet sich stromabwärts kein EJC, so ist das richtige Stoppcodon erreicht, die Translation wird terminiert und es kann neu initiiert werden. Erfolgt allerdings eine Interaktion mit UPF2 in einem EJC, so phosphoryliert SMG1 UPF1, was zur Folge hat, dass die ribosomalen Untereinheiten sowie die Terminationsfaktoren die mRNA verlassen (► Abb. 17.10). Die mRNA wird nun durch Exoribonucleasen abgebaut. In *Drosophila* scheint allerdings eine Endoribonuclease an der Stelle des PTCs zu spalten.

Das phosphorylierte UPF1 muss durch Dephosphorylierung wieder regeneriert werden. Hier kommen nun die Proteine SMG5, SMG6 und SMG7 ins Spiel. Sie steuern durch die Rekrutierung der Proteinphosphatase 2A (PP2A) die Dephosphorylierung von UPF1, das anschließend für eine weitere Runde von NMD zu Verfügung steht.

17.5.3 NMD in der Hefe

In der Bäckerhefe *Saccharomyces cerevisiae*, einem klassischen Modellorganismus zur Untersuchung von grundlegenden zellulären Prozessen, besitzen nur wenige mRNAs Introns und werden gespleißt. Zudem ist der EJC nicht konserviert. Es muss also andere Mechanismen der PTC-Erkennung geben. In der Hefe ist im offenen Leseraster (ORF) der mRNA ein wenig definiertes **stromabwärts liegendes Sequenzelement** (**DSE**, *downstream sequence*

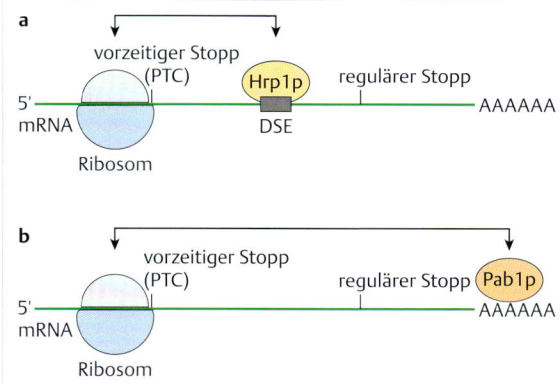

Abb. 17.11 Erkennung eines Codons für einen vorzeitigen Translationsstopp (PTC) durch die NMD-Maschinerie in *Saccharomyces cerevisiae*.
a In der codierenden Sequenz liegt ein stromabwärts liegendes Sequenzelement (DSE), das als Plattform für Hrp1p fungiert. Nach dem tatsächlichen Stoppcodon ist kein solches Element mehr zu finden.
b Alternativ kann in *Saccharomyces cerevisiae* auch die Distanz zu dem am 3'-Ende gebundenen Poly(A)-bindenden Protein (Pab1p) zur Erkennung des richtigen Stoppcodons herangezogen werden.

element) zu finden (▶ Abb. 17.11a). Das DSE ist eine Plattform für das Protein Hrp1p und scheint eine ähnliche Funktion wie der EJC in höheren Eukaryoten auszuüben. Ein DSE findet sich nur in einem ORF, d. h. nach dem tatsächlichen Stoppcodon ist so ein Element nicht zu finden. Wird ein Codon für einen vorzeitigen Translationsstopp (PTC) erreicht, kann Hrp1p mit dem Ribosom interagieren und die Translation anhalten. Auch hier wird die mRNA anschließend abgebaut (▶ Abb. 17.11a).

Hefezellen können auch die Distanz zwischen einem Stoppcodon und dem am 3'-Ende gebundenen Poly(A)-bindenden Protein (PABP) bestimmen (▶ Abb. 17.11b). Ein PTC verursacht oft eine unnormal lange Distanz zwischen dem Stoppcodon und dem PABP, was zur Erkennung durch die NMD-Faktoren UPF1, UPF2 und UPF3 führt.

Literatur

▶ **Weiterführende Literatur**

[1] Driessen AJ, Nouwen N (2008) Protein translocation across the bacterial cytoplasmic membrane. Annu Rev Biochem 77: 643–667
[2] Egea PF, Stroud RM, Walter P (2005) Targeting proteins to membranes: structure of the signal recognition particle. Curr Opin Struct Biol 15: 213–220
[3] Fraser CS, Doudna JA (2007) Structural and mechanistic insights into hepatitis C viral translation initiation. Nat Rev Microbiol 5: 29–38
[4] Gebauer F, Hentze MW (2004) Molecular mechanisms of translational control. Nat Rev Mol Cell Biol 5: 827–835
[5] Halic M, Gartmann M, Schlenker O et al (2006) Signal recognition particle receptor exposes the ribosomal translocon binding site. Science 312: 745–747
[6] Hetz C (2012) The unfolded protein response: controlling cell fate decisions under ER stress and beyond. Nat Rev Mol Cell Biol 13: 89–102
[7] Isken O, Maquat LE (2007) Quality control of eukaryotic mRNA: safeguarding cells from abnormal mRNA function. Genes Dev 21: 1833–1856
[8] Komar, A. A., Hatzoglou, M. (2005) Internal ribosome entry sites in cellular mRNAs: mystery of their existence. J. Biol. Chem. 280: 23 425–23 428
[9] Maquat LE (2004) Nonsense-mediated mRNA decay: splicing, translation and mRNP dynamics. Nat Rev Mol Cell Biol 5: 89–99
[10] Maquat LE. Tarn WY, Isken O (2010) The pioneer round of translation: features and functions. Cell 142: 368–374
[11] Meister G (2011) RNA Biology – An Introduction. Wiley-VCH, Weinheim
[12] Parsyan A, Svitkin Y, Shahbazian D, Gkogkas C, Lasko P, Merrick WC, Sonenberg N (2011) mRNA helicases: the tacticians of translational control. Nat Rev Mol Cell Biol 12: 235–245
[13] Pfingsten JS, Kieft JS (2008) RNA structure-based ribosome recruitment: lessons from the Dicistroviridae intergenic region IRESes. RNA 14: 1255–1263
[14] Rapoport TA (2007) Protein translocation across the eukaryotic endoplasmic reticulum and bacterial plasma membranes. Nature 450: 663–669
[15] Richter JD, Sonenberg N (2005) Regulation of cap-dependent translation by eIF4E inhibitory proteins. Nature 433: 477–480
[16] Sonenberg N, Hinnebusch AG (2009) Regulation of translation initiation in eukaryotes: mechanisms and biological targets. Cell 136: 731–745

Kapitel 18

Regulatorische RNAs

18 Regulatorische RNAs

Gunter Meister

18.1 Einleitung

Die Entdeckung der regulatorischen RNAs in einer Vielzahl von Organismen hat die RNA-Forschung seit dem Ende der 1990er Jahre enorm belebt. Regulatorische RNAs werden entsprechend ihrer Länge oder ihrer Funktion in verschiedene Klassen eingeteilt, die in diesem Kapitel genauer dargestellt werden. Zusätzliche Relevanz erhalten regulatorische RNAs durch ihre Beteiligung an der Ausprägung von Krankheiten, einschließlich der Krebserkrankung (Pathologie 18.1) (S. 415). Darüber hinaus nehmen sie auch in der Diagnostik eine zunehmend wichtige Rolle ein.

Überdies haben sich kleine RNAs auch zu wichtigen Werkzeugen der Zell- und Molekularbiologie entwickelt. Mittels RNA-Interferenz (RNAi) können Gene spezifisch inaktiviert und somit funktionell untersucht werden, ohne dass aufwendige genetische Inaktivierungsstudien durchgeführt werden müssen. Nicht wenige Forscher sprechen deshalb von einer Revolution der molekulargenetischen Laborarbeit.

In diesem Kapitel werden die Grundlagen der Funktion von regulatorischen RNAs näher beleuchtet. Dabei werden Klassen von kleinen regulatorischen RNAs, die in Eukaryoten vorkommen, wie siRNAs, mikroRNAs oder piRNAs vorgestellt. Darüber hinaus werden auch lange nicht-codierende RNAs (lncRNAs) besprochen, sowie eine Art prokaryotisches „Immunsystem", das auf regulatorischen RNAs beruht.

Im Kap. 12.2 werden siRNAs und die RNA-Interferenz (RNAi) besprochen. Das zentrale Molekül im Prozess der RNAi ist lange doppelsträngige RNA, die in der Zelle enzymatisch zu kurzen siRNAs (*short interfering RNAs*) prozessiert wird. Diese siRNAs werden entwunden und ein Strang wird in einen Proteinkomplex eingebaut, der als RNA-induzierter Silencing-Komplex (RISC, *RNA-induced silencing complex*) bekannt ist. Die siRNA steuert den RISC-Komplex zu komplementären Bereichen auf anderen RNAs, deren Spaltung und Abbau dadurch eingeleitet werden.

Im Kap. 18.3 werden mikroRNAs (miRNAs) behandelt. Während siRNAs in höheren Organismen hauptsächlich als Werkzeug zur Inaktivierung von Genen benutzt werden, kommen miRNAs in der Zelle vor und werden von eigenen miRNA-Genen transkribiert. In einem mehrstufigen Reifungsprozess entstehen einzelsträngige miRNAs, die ähnlich wie siRNAs in einen Proteinkomplex eingebaut werden. Im Gegensatz zu siRNAs binden miRNAs auch an nur teilweise komplementäre Zielsequenzen, die hauptsächlich im 3'-Nicht-Codierungsbereich (3'-UTR, *3'-untranslated region*) von mRNAs zu finden sind. Die Interaktion der miRNA mit der mRNA bewirkt entweder eine Blockade der Translation oder, wie es meistens der Fall

ist, einen Abbau der mRNA über Exoribonucleasen. MikroRNAs spielen bei fast allen zellulären Prozessen eine wichtige Rolle. Es ist daher nicht verwunderlich, dass ihre Aktivität genau reguliert wird.

Thema von Kap. 18.4 sind die piRNAs (*Piwi-interacting RNAs*). Sie sind bei der Reifung männlicher Keimzellen sehr wichtig. Auch diese regulatorischen RNAs werden in RNA-Protein-Komplexe eingebaut. Die Funktion von piRNAs ist aber im Vergleich zu der von siRNAs oder miRNAs sehr unterschiedlich: piRNAs sind oft komplementär zu mobilen genetischen Elementen und unterdrücken deren Expression. piRNAs dienen also dem Schutz der Keimzellen vor der Transposition dieser Elemente, die, wenn an der falschen Seite integriert, großen Schaden anrichten könnten.

Auch Prokaryoten besitzen regulatorische RNAs. Im Kap. 18.5 wird das CRISPR-System (CRISPR, *clustered regularly interspaced short palindromic repeats*) besprochen. CRISPR nutzt kleine RNAs, auch als prokaryotische siRNAs (psiRNAs) bekannt, die komplementär zu Abschnitten in der DNA von Phagen sind. Man kann hier von einem adaptiven Immunsystem von Prokaryoten sprechen. Dessen Grundlage ist der Einbau von Phagen-DNA in den CRISPR-Bereich des infizierten Wirtsbakteriums. Dieser Genbereich dient der Generation von psiRNAs.

Im Kap. 18.6 geht es um lange nicht-codierende RNAs (lncRNAs, *long non-coding RNAs*). Aufgrund intensiver Forschung wird immer klarer, dass in vielen Organismen neben kurzen auch zahlreiche lange nicht-codierende RNAs existieren. Man kennt z. B. die XIST-RNA (S. 464), die zur Inaktivierung eines der beiden X-Chromosomen in den Zellen weiblicher Säugetiere beiträgt, oder andere lncRNAs, die an Prozessen wie der genomischen Prägung (Imprinting) (S. 419) oder auch der Expression von HOX-Genen während der Embryonalentwicklung beteiligt sind.

18.2 RNA-Interferenz (RNAi)

RNA-Interferenz (RNAi) wurde von den beiden Forschern Andrew Fire und Craig Mello erstmals im Jahre 1998 in Tieren beschrieben. Experimente mit dem Fadenwurm *Caenorhabditis elegans* zeigten, dass lange doppelsträngige RNA die Genexpression besser inhibiert als einzelsträngige RNA, die komplementär zur entsprechenden mRNA ist. Dies konnte nur durch einen neuen Mechanismus erklärt werden, der doppelsträngige RNA als Schalter zur Inaktivierung eines Gens benutzt. Dieser Prozess wurde von Fire und Mello als RNA-Interferenz oder RNAi bezeichnet. Fire und Mello wurden im Jahr 2006 für ihre Entdeckungen mit dem Nobelpreis ausgezeichnet.

Definition

Unter der **RNA-Interferenz (RNAi)** versteht man die Inaktivierung von Genen durch doppelsträngige RNA-Moleküle, die komplementär zur entsprechenden mRNA sind.

18.2.1 siRNAs (*short interfering RNAs*)

Nach der Entdeckung von RNAi im Fadenwurm wurde allerdings schnell klar, dass doppelsträngige RNA als Schaltermolekül für Säugerzellen wenig geeignet ist: Das Auftreten von langer doppelsträngiger RNA löst eine **Interferonantwort** (S. 400) aus, die u. a. über eine **RNA-abhängige Proteinkinase (PKR)** die Translation inaktiviert und die Zelle in den programmierten Zelltod (Apoptose) steuert. RNAi fristete daher anfangs nur ein randständiges Dasein, da man davon ausgegangen war, dass dieser Mechanismus nur für einige Modellorganismen, nicht aber für Forschungen an Säugetierzellen genutzt werden kann.

Es wurde schnell klar, dass lange doppelsträngige RNA (dsRNA) zwar der Auslöser, nicht aber der eigentliche Effektor der RNAi ist. Lange dsRNA wird nämlich in der Zelle durch das **RNase-III-Enzym Dicer** zu kurzen dsRNA-Molekülen aus ca. 21 bp abgebaut. Hierbei greifen Dicer-Enzyme die Enden der langen dsRNA an und spalten nacheinander kurze RNAs ab. Diese kurzen dsRNAs werden als **siRNAs** (*short interfering RNAs*) bezeichnet.

Definition

siRNAs (*short interfering RNAs*) sind kurze doppelsträngige RNA-Moleküle mit einer Länge von ca. 21 bp, die eine wichtige Rolle bei der RNA-Interferenz spielen.

Wie sich zeigte, lösen kurze siRNAs keine Interferonantwort aus. Dies war eine bedeutende Entdeckung, denn nun ließ sich mittels kurzen siRNAs auch in Säugetierzellen die RNA-Interferenz experimentell zur Untersuchung von Genen einsetzen.

Merke

siRNAs werden synthetisch hergestellt und werden als experimentelles Werkzeug zur sequenzspezifischen Inaktivierung von Genen verwendet. In manchen Zellen kommen allerdings endo-siRNAs vor (s. u.).

Dabei ist doppelsträngige siRNA nicht das eigentliche Molekül, das die RNA-Interferenz vermittelt (▶ Abb. 18.1), denn der Doppelstrang muss zuerst entwunden und die Einzelstränge voneinander getrennt werden. Einer der

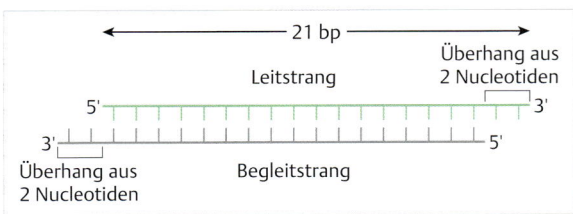

Abb. 18.1 Doppelsträngige siRNA. Eine solche Duplex-RNA ist 21 bp lang und besteht aus dem Leitstrang, der komplementär zur Ziel-mRNA ist, sowie dem Begleitstrang, der nach der Entwindung der beiden Stränge abgebaut wird. Weiterhin sind siRNAs durch 5'-Phosphatgruppen und einen aus zwei Nucleotiden bestehenden Überhang am 3'-Ende gekennzeichnet.

beiden Stränge – der **Leitstrang** (*guide strand*) – wird in einen Proteinkomplex – **RISC** (*RNA-induced silencing complex*) genannt – eingebaut. Der nicht ausgewählte siRNA-Strang wird als **Begleitstrang** (*passenger strand*) bezeichnet und nach der Beladung des RISC-Komplexes durch zelluläre RNA-Abbauwege zerstört (▶ Abb. 18.1).

Welcher Strang ausgewählt wird, entscheidet sich nach der Bindungsstärke der komplementären Basen an den Enden der siRNA. Die sogenannte Asymmetrieregel besagt, dass der Strang, dessen 5'-Ende schwächer gepaart ist – also eher A-U- anstatt G-C-Paarungen enthält – bevorzugt als Leitstrang ausgewählt wird. Experimentell macht man sich diese Tatsache beim Design von synthetischen siRNAs zunutze.

18.2.2 Mechanismen der RNA-Interferenz

Innerhalb des RISC-Komplexes bindet der Leitstrang der siRNA direkt an das **Argonaut-Protein** (▶ Abb. 18.2). Dieses Protein gehört zu einer größeren Proteinfamilie, die beim Menschen aus acht Mitgliedern besteht. Argonaut-Proteine werden in die Ago- und in die Piwi-Unterfamilien unterteilt. Während Ago-Proteine in allen Zellen zu finden sind und in erster Linie mit siRNAs oder mikroRNAs (s. u.) in Wechselwirkung treten, werden die Piwi-Proteine hauptsächlich in der Keimbahn exprimiert, wo sie mit den sogenannten piRNAs (S. 416) interagieren.

Argonaut-Proteine kann man als spezielle Bindungsmodule für kleine RNAs betrachten. Sie sind durch die PAZ-, die MID- und die PIWI-Domänen gekennzeichnet. Die **PAZ-Domäne** interagiert mit dem 3'-Ende der gebundenen kleinen RNA, während die **MID-Domäne** das 5'-Ende fest verankert. Die RNA geht hauptsächlich über ihr Zucker-Phosphat-Rückgrat eine Verbindung mit dem Argonaut-Protein ein. Dementsprechend weisen die Basen nach außen und können Basenpaarungen mit komplementären RNAs eingehen, und das ist die eigentliche Funktion der siRNA: Sie nutzt ihre Sequenzinformation, um den RISC-Komplex zu komplementären Bereichen in Ziel-RNAs zu dirigieren. Die dritte Domäne in einem Argonaut-Protein, die **PIWI-Domäne**, hat Ähnlichkeiten mit

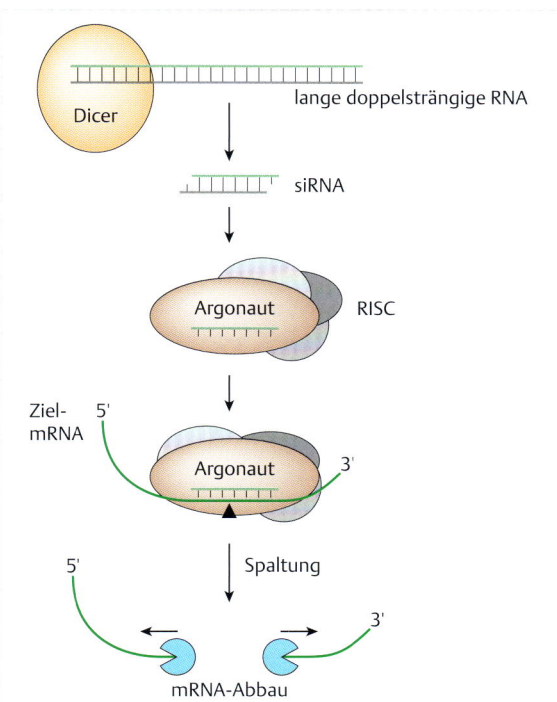

Abb. 18.2 Grundlegender Mechanismus der RNA-Interferenz (RNAi). In manchen Organismen wird die lange doppelsträngige RNA durch die Endonuclease Dicer zu 21 bp langen siRNAs abgebaut. In den folgenden Schritten werden die beiden Stränge voneinander getrennt und der Leitstrang wird in den RISC-Komplex (*RNA-induced silencing complex*) eingebaut. Der siRNA-Strang bindet dabei direkt an ein Mitglied der Argonaut-Proteinfamilie. Die siRNA steuert den RISC-Komplex zu komplementären Bereichen in Ziel-mRNAs. Nach der Bindung der Ziel-mRNA spaltet der RISC-Komplex die Ziel-mRNA endonucleolytisch. Die Spaltprodukte werden von endogenen Exonucleasen abgebaut. (nach Meister G (2011) RNA Biology, Wiley-VCH)

der RNase H (S. 179). Tatsächlich spaltet das Argonaut-Protein den Ziel-RNA-Strang im Komplex mit einer siRNA. Mit anderen Worten, der RISC-Komplex ist eine Endoribonuclease, die eine Ziel-RNA sequenzspezifisch spaltet, wenn sie vollständig komplementär zur gebundenen siRNA ist. In menschlichen Zellen ist nur das Protein Ago2 endonucleolytisch aktiv und wird gelegentlich auch als Slicer bezeichnet (▶ Abb. 18.2).

siRNAs werden synthetisch hergestellt und zur sequenzspezifischen Inaktivierung von Genen verwendet. Aber sie kommen auch in den Zellen mancher Organismen vor und werden dann als **endo-siRNAs** bezeichnet.

Zum Beispiel werden in den Zellen von *Drosophila melanogaster* siRNAs als Antwort auf Virusinfektionen hergestellt. Diese endo-siRNAs steuern nach der Infektion den Abbau viraler RNAs mittels RNAi. Solche Mechanismen sind auch aus der Pflanzenwelt bekannt. Auch beim Menschen gibt es endo-siRNAs. Allerdings ist deren Expression auf wenige Zelltypen begrenzt. endo-siRNAs sind in Oocyten zu finden, wo sie die Expression von mobilen genetischen Elementen unterdrücken (S. 417).

Die Anwendung von RNAi zur Inaktivierung von Genen hat natürlich auch die Hoffnung auf neuartige, RNAi-basierte Therapien geweckt (Plus.18.1) (S. 411).

Plus 18.1

RNAi als Therapie
Bei vielen Krankheiten werden ein oder auch mehrere Gene zu stark exprimiert. Ein Beispiel hierfür sind **Onkogene**, die, wenn zu stark exprimiert, zur Entstehung von Krebs führen. Obwohl es noch viele Hürden zu nehmen gilt, wurden in den letzten Jahren signifikante Fortschritte bei der Erforschung von RNAi-Medikamenten gemacht. Eines der Hauptprobleme bleibt aber das Einschleusen der siRNAs in die gewünschten Zellen des Körpers. Hierzu werden siRNAs in Vesikel verpackt, die dann mit der Zellmembran verschmelzen können. siRNAs können auch mit einem Cholesterinrest versehen werden, um so ihre spezifische Aufnahme in Leberzellen zu ermöglichen. Daneben gibt es noch zahlreiche weitere Ansätze, um siRNAs an den gewünschten Ort im Körper zu bringen.

Solange diese Verteilungsprobleme nicht gelöst sind, werden siRNAs vermutlich nur an leicht zugänglichen Körperbereichen eingesetzt werden. In der Entwicklung sind Augentropfen, Inhalate oder Salben, letztere zur Aufbringung auf die Haut.

18.3 Genregulation durch mikroRNAs

18.3.1 MikroRNA-Gene

Definition

MikroRNAs (miRNAs) sind kleine, ca. 21 Nucleotide lange, regulatorische, nicht-codierende RNA-Moleküle, die an mRNA-Abschnitte binden und deren Translation beeinflussen können. Bislang sind in Vertebraten, Insekten, Würmern, Pflanzen und Viren ca. 11 000 verschiedene mikroRNAs identifiziert worden (s. miRBase-Datenbank).

MikroRNA-codierende Gene können sehr unterschiedlich strukturiert sein (▶ Abb. 18.3). MikroRNAs können von eigenständigen Genen codiert werden, die auf dem Chromosom zwischen anderen, von der RNA-Polymerase II transkribierten Genen lokalisiert sind (**intergenisches mikroRNA-Gen**). Intergenische mikroRNA-Gene codieren entweder nur eine einzige mikroRNA (**monocistronisch**) oder mehrere unterschiedliche mikroRNAs (**polycistronisch** oder *clustered*; ▶ Abb. 18.3a). Die codierende Sequenz für eine mikroRNA kann sich als Teil eines Pol-II-

18

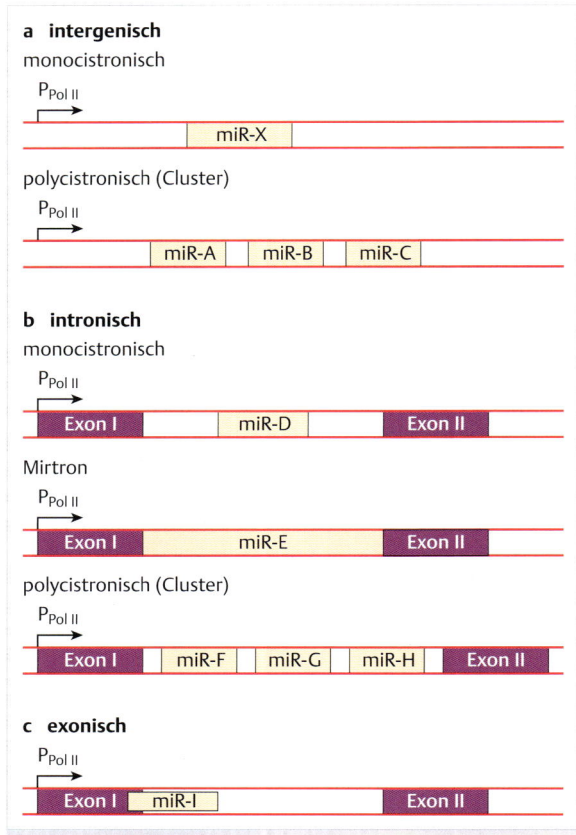

a intergenisch

monocistronisch

$P_{Pol\ II}$

miR-X

polycistronisch (Cluster)

$P_{Pol\ II}$

miR-A | miR-B | miR-C

b intronisch

monocistronisch

$P_{Pol\ II}$

Exon I | miR-D | Exon II

Mirtron

$P_{Pol\ II}$

Exon I | miR-E | Exon II

polycistronisch (Cluster)

$P_{Pol\ II}$

Exon I | miR-F | miR-G | miR-H | Exon II

c exonisch

$P_{Pol\ II}$

Exon I | miR-I | Exon II

Abb. 18.3 Strukturen mikroRNA-codierender Gene. (nach Olena AF and Patton JG (2010) Genomic Organization of microRNAs, J. Cell. Physiol. 222: 540–545)
a Intergenisches mikroRNA-Gen. Die mikroRNA wird von einem einzelnen Gen codiert, das zwischen anderen, von der Pol II transkribierten Genen lokalisiert ist.
b Intronisches mikroRNA-Gen. Die codierende Sequenz für die mikroRNA befindet sich innerhalb eines Introns.
c Exonisches mikroRNA-Gen. Die mikroRNA wird von einem Exon innerhalb eines proteincodierenden Gens und einem Teil des angrenzenden Introns codiert.

transkribierten Gens, das mehrere Exons und Introns besitzt, auch innerhalb eines Introns befinden (**intronisches mikroRNA-Gen**; ▶ Abb. 18.3b). Mindestens 50 % aller mikroRNAs sind Teile von Introns. In selteneren Fällen wird eine mikroRNA von einem Exon innerhalb eines proteincodierenden Gens und einem Teil des angrenzenden Introns codiert (**exonisches** mikroRNA-Gen; ▶ Abb. 18.3c). Eine derartige Konstellation kann nur dann zu einer funktionellen mikroRNA führen, wenn das Spleißen der mRNA an der von dem mikroRNA-Gen überspannten Spleißstelle verhindert wird, sodass eine funktionelle mikroRNA entstehen kann (s. Kap. 15). Die meisten intergenischen sowie die intronischen und exonischen miRNA-Gene werden von der RNA-Polymerase II transkribiert. Einige wenige intergenische miRNAs werden aber auch von RNA-Polymerase III synthetisiert.

Merke

Während siRNAs hauptsächlich als experimentelle Werkzeuge zur spezifischen Inaktivierung von Genen genutzt werden, kommen miRNAs natürlicherweise und weitverbreitet in Zellen vor. Alle höheren Eukaryoten exprimieren miRNAs.

18.3.2 Biogenese von mikroRNAs

MikroRNAs entstehen zunächst als **primäres miRNA-Transkript** (pri-miRNA, *primary miRNA*) mit einer klassischen 5′-Cap-Struktur und einem Poly(A)-Schwanz – beides Markenzeichen der Transkription, die von RNA-Polymerase II durchgeführt wird.

Die pri-miRNAs sind durch eine Haarnadelstruktur (*hairpin*) mit 5′- und 3′-flankierenden einzelsträngigen Bereichen gekennzeichnet (▶ Abb. 18.4). Aus dem doppelsträngigen Stamm der Haarnadel wird schließlich die reife miRNA entstehen. Noch im Zellkern erkennt das **RNa-**

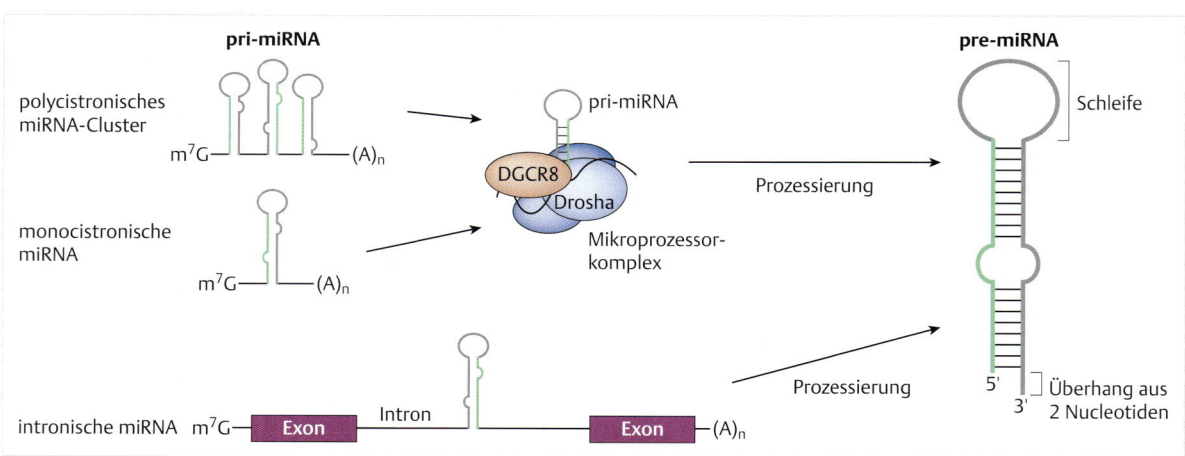

Abb. 18.4 Reifung der pre-miRNA. Im Zellkern prozessiert der Mikroprozessorkomplex, der die Endonuclease Drosha sowie den essenziellen Cofaktor DGCR8 enthält, das primäre miRNA-Transkript (pri-miRNA) zum miRNA-Vorläufer (pre-miRNA). (nach Meister G (2011) RNA Biology, Wiley-VCH)

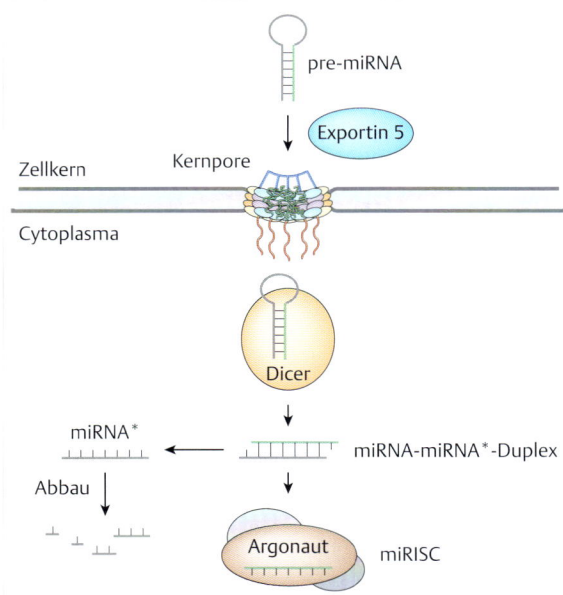

Abb. 18.5 Biogenese des miRISC-Komplexes. Die pre-miRNA wird mithilfe des Exportrezeptors Exportin 5 ins Cytoplasma der Zelle transportiert. Dort spaltet das Enzym Dicer den Stammbereich der pre-miRNA, sodass eine 20–22 bp lange, doppelsträngige RNA, die miRNA-miRNA*-Duplex, entsteht. Einer der beiden Stränge interagiert mit einem Mitglied der Argonaut-Proteinfamilie und wird zur reifen miRNA. Der andere Strang (miRNA*) wird abgebaut.

se-III-Enzym **Drosha** (als Komponente eines größeren Proteinkomplexes) diese charakteristische Struktur und spaltet sie im doppelsträngigen Bereich, sodass die flankierenden Sequenzen verloren gehen. Das entstehende Produkt wird als Vorläufer-miRNA oder **pre-miRNA** (*precursor miRNA*) bezeichnet (▶ Abb. 18.4 und ▶ Abb. 18.5).

Die pre-miRNA wird mithilfe des Exportrezeptors Exportin 5 durch den Kernporenkomplex aus dem Zellkern in das Cytoplasma der Zelle transportiert, wo das RNase-III-Enzym **Dicer** (S. 410) ins Spiel kommt, das ja, wie wir gesehen haben, auch lange doppelsträngige RNAs zu siRNAs prozessiert. Dicer spaltet die pre-miRNA, sodass eine doppelsträngige RNA aus 21 bp entsteht.

Die doppelsträngige miRNA wird nun entwunden und, wie bei der RNA-Interferenz, wird auch hier entsprechend der Asymmetrieregel ein Strang ausgewählt, der dann zur reifen **miRNA** wird. Der andere Strang wird abgebaut.

Es gibt Ausnahmen wie die miR-9, bei der aus beiden Stränge reife miRNAs (miR-9 und miR-9*) werden.

Ähnlich wie bei siRNAs (S. 410) werden auch miRNAs in einen Proteinkomplex eingebaut, der oft als RISC-Komplex, aber auch als miRNA-Protein-Komplex oder miRNP bezeichnet wird. Zur Unterscheidung von siRNA-tragenden RISC-Komplexen hat sich die Bezeichnung **miRISC** für den miRNA-beladenen RISC-Komplex und siRISC für

siRNA-beladenen RISC-Komplex durchgesetzt. Auch die miRNA interagiert im RISC-Komplex mit einem Ago-Protein (▶ Abb. 18.5).

Regulation der miRNA-Biogenese

Die Biogenese von miRNAs wird sehr sorgfältig reguliert. Dies ist nicht verwunderlich, denn miRNAs steuern wichtige Zellfunktionen, wie wir später sehen werden. Die Regulation erfolgt auf mehreren Stufen:

- **Transkription:** Wie bei jedem anderen Gen sind auch an der Transkription der miRNA-Gene spezifische Transkriptionsfaktoren beteiligt. Ein Beispiel dafür ist der Tumorsuppressor und Transkriptionsfaktor p53 (S. 211), der u. a. die Expression von miR-34 stimuliert.
- **Prozessierung im Zellkern:** Nach der Transkription werden pri-miRNAs zu pre-miRNAs gespalten. Auch hier können regulatorische Mechanismen angreifen. So binden z. B. Smad-Proteine (S. 346) an bestimmte pri-miRNAs und verhindern ihre Weiterverarbeitung. Daneben gibt es zahlreiche RNA-bindende Proteine (KHSRP, hnRNPA1 u. a.), die sequenzspezifisch an pri-miRNAs binden und deren Prozessierung blockieren, aber auch stimulieren können.
- **Prozessierung im Cytoplasma:** Die Spaltung von pre-miRNAs zu reifen miRNAs im Cytoplasma kann über die Aktivität von Dicer reguliert werden. Zudem gibt es auf dieser Ebene eine ganz spezielle Form der Regulation, die nur eine einzige miRNA-Familie betrifft, die let-7-Familie. Das Protein Lin28a interagiert mit dieser pre-miRNA und rekrutiert ein Enzym namens TUT 4. TUT 4 gehört zur Enzymfamilie der TUTasen (S. 433), die Oligo (U)-Abschnitte an die 3′-Enden von RNA-Molekülen anheften. So verlängert TUT 4 das 3′-Ende von let-7-pre-miRNAs durch einen kurzen Poly(U)-Schwanz. Dies führt dazu, dass Dicer die pre-miRNA nicht mehr erkennen und binden kann. Somit wird sie auch nicht weiter prozessiert und schließlich abgebaut. Der Abbau erfolgt durch die Exoribonuclease DIS 3L 2.

Die Prinzipien der Regulation der miRNA-Biogenese werden zurzeit intensiv erforscht. Vermutlich kennen wir bisher nur einen kleinen Teil der Regulatoren. Speziell RNA-bindende Proteine könnten an der sequenzspezifischen Regulation der miRNA-Biogenese beteiligt sein.

18.3.3 Funktion von miRNAs

Wie die siRNAs nutzen auch miRNAs ihre Sequenzinformationen und steuern **RISC-Komplexe** zu komplementären Zielbereichen auf anderen RNAs. Allerdings sind zumindest im Tierreich die meisten Zielbereiche nicht vollständig, sondern nur partiell komplementär zur miRNA. Hier spielen die Nucleotide 2–8 der miRNA, die sogenannte *seed*-Sequenz, eine wichtige Rolle. Die *seed*-Sequenz geht in den meisten Fällen eine vollständige Basenpaarung mit der Ziel-RNA ein, während die restlichen Bereiche nur mehr oder weniger stark gepaart sein müssen. Im Tierreich sind die miRNAs meist nur partiell komplementär zu den Ziel-RNAs.

Die weitaus meisten Zielstellen für miRNAs befinden sich in der 3'-Nicht-Codierungsregion (*untranslated region*, UTR) von proteincodierenden mRNAs.

Die miRNA steuert nun **miRISC** zu diesen Zielstellen und die Assoziation mit der mRNA kann folgende Konsequenzen haben (▶ Abb. 18.6):

- Ist die Zielsequenz vollständig oder nahezu vollständig komplementär zur miRNA, dann funktioniert die miRNA wie eine siRNA und die Zielsequenz wird durch ein katalytisch aktives Ago-Protein spezifisch gespalten (▶ Abb. 18.6 ①). Dies findet man im Tierreich eher selten. In Pflanzen herrscht dieser Weg allerdings vor und viele pflanzliche miRNAs verursachen eine Spaltung ihrer Ziel-mRNAs.
- Sobald die Zielstelle auf der mRNA gefunden und durch miRISC besetzt ist, nimmt das Ago-Protein Kontakt zu einem sogenannten **GW-Protein** auf (▶ Abb. 18.6 ②), das durch sich wiederholende Glycin(G)-Tryptophan (W)-Abfolgen gekennzeichnet ist und zur Familie der GW182-Proteine gehört (die Zahl steht für das Molekulargewicht in kDa und GW182 ist das GW-Protein in Drosophila, nach dem die gesamte Familie benannt ist). Zellen von Säugetieren, einschließlich des Menschen, besitzen drei Mitglieder dieser wichtigen Proteinfamilie, die dort als TNRC 6A-C (*trinucleotide repeat-containing gene 6A-C proteins*) bezeichnet werden. Das GW-Protein interagiert nun direkt mit den Poly(A)-bindenden Proteinen (PABP) auf dem Poly(A)-Schwanz der mRNAs und rekrutiert den CCR4-NOT-Komplex mit seiner **Deadenylaseaktivität**, der den Poly(A)-Schwanz abbaut (▶ Abb. 18.6 ③). Die mRNA trägt nun einen verkürzten Poly(A)-Schwanz und kann daher nicht translatiert werden. In diesem Fall inhibieren miRNAs also die Translation auf der Stufe der Initiation ((▶ Abb. 18.6 ④); zum Einfluss des Poly(A)-Schwanzes auf die Inititation der Translation s. Kap. 16.3). Dieser Mechanismus herrscht zu einem frühen Zeitpunkt der Regulation vor.
- miRNAs aus Tieren können auch den Abbau der mRNA induzieren, wenn die Zielsequenz nicht vollständig komplementär zur miRNA ist. Der Vorgang verläuft wie oben beschrieben, wobei noch anzumerken ist, dass ein verkürzter Poly(A)-Schwanz oft ein Enzymsystem heranzieht, das die 5'-Cap-Struktur der mRNA entfernt (▶ Abb. 18.6 ⑤). Damit wird der Weg frei für 5'-3'-Exoribonucleasen, die die mRNAs vom 5'-Ende her abbauen. Dies wird hauptsächlich zu einem späten Zeitpunkt der miRNA-Regulation beobachtet.

Es sind mittlerweile mehrere Tausend miRNAs in menschlichen Zellen identifiziert worden und es stellte sich heraus, dass einzelne miRNAs nicht nur eine einzige,

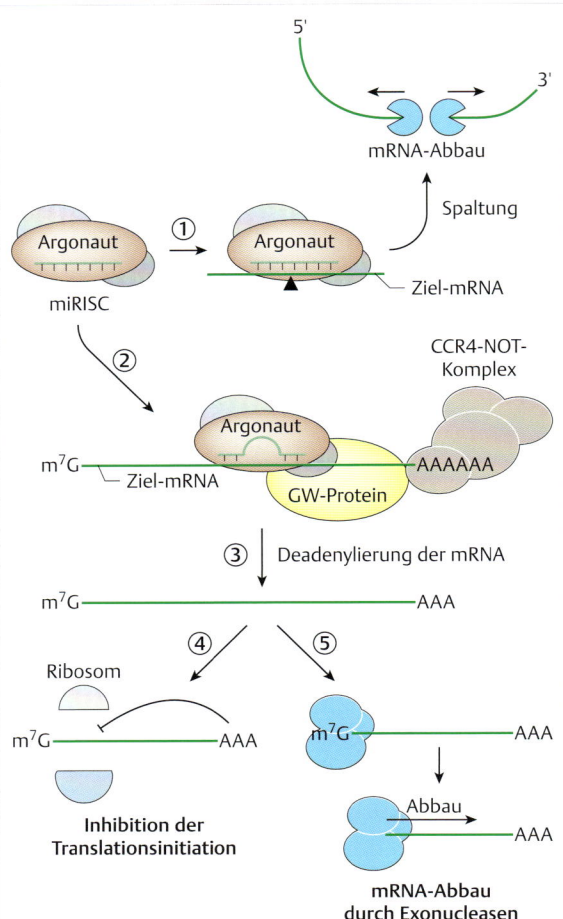

Abb. 18.6 Genregulation durch miRNAs. Welches Schicksal die gebundene Ziel-mRNA ereilt, ist zunächst vom Grad der Komplementarität zwischen miRNA und der Ziel-mRNA abhängig. Hohe Komplementarität führt dazu, dass sich die miRNA wie eine siRNA verhält und die mRNA wie bei der RNA-Interferenz gespalten wird ①. Die Schritte ② bis ⑤ finden oft in Pflanzen statt und sind bei Tieren eher selten. Eine nur partielle Komplementarität führt entweder zur Inhibition der Translation, ohne dass dabei die mRNA zerstört wird ④. Alternativ dazu wird durch die Interaktion mit einem GW-Protein die Deadenylierung der mRNA induziert. Dies führt schließlich zum exonucleolytischen Abbau der mRNA ⑤. Dreieck = Schnittstelle.

sondern mehrere mRNAs gleichzeitig regulieren können. Man kann davon ausgehen, dass die meisten mRNAs unter bestimmten Bedingungen mit miRNAs in Kontakt treten. So bilden miRNAs ausgedehnte Regulationsnetzwerke. Und weil miRNAs die mRNA-Expressionsprofile einzelner Zellen beeinflussen, tragen sie entscheidend zur Etablierung einer Zellidentität bei. Wenn man z.B. eine neuronenspezifische miRNA in eine andere Zelle einbringt, dann ändert sich deren mRNA-Expressionsprofil in Richtung neuronaler Zellen.

Pathologie 18.1

miRNAs und Krebs

Schon ganz zu Anfang der miRNA-Forschung wurde vermutet, dass miRNAs auch an der Ausprägung der Krebserkrankung beteiligt sein könnten. In einer ersten Studie wurde gefunden, dass die beiden miRNAs miR-15 und miR-16 bei einer bestimmten Form der **Leukämie** (B-CLL) stark reduziert sind. Seitdem gibt es einige Tausend Berichte über die Rolle von miRNAs bei der Entstehung von Krebs. Hier sind vor allem let-7 (**Lungenkrebs**) oder der miR-17–92-Cluster (verschiedene Formen von **Lymphomen**) zu nennen. Heute weiß man, dass miRNAs als Onkogene oder als Tumorsuppressoren wirken können (▶ Abb. 18.7). Darüber hinaus können miRNAs auch an der Wanderung von Zellen (miR-10, miR-200c usw.) und somit an der **Metastasierung** von Tumoren beteiligt sein.

Es ist ein naheliegendes Ziel, miRNAs für Therapien zu verwenden und ihre Expression in Krebszellen zu modulieren. Eine Möglichkeit ist, miRNAs durch die geeigneten Antisense-Moleküle zu hemmen. Allerdings ist es auch hier das große ungelöste Problem, solche Inhibitoren gezielt in die Zellen des Krebsgewebes zu schleusen (Plus 18.1) (S. 411).

Die Untersuchung von miRNAs könnte bald auch für die Diagnose von Krankheiten wichtig werden. So wurde gefunden, dass sich im Serum eines Patienten oft genau das gleiche Spektrum an miRNAs nachweisen lässt wie im Tumorgewebe desselben Patienten. Wie diese miRNAs ins Serum gelangen und ob sie eine Funktion ausüben, ist noch unbekannt.

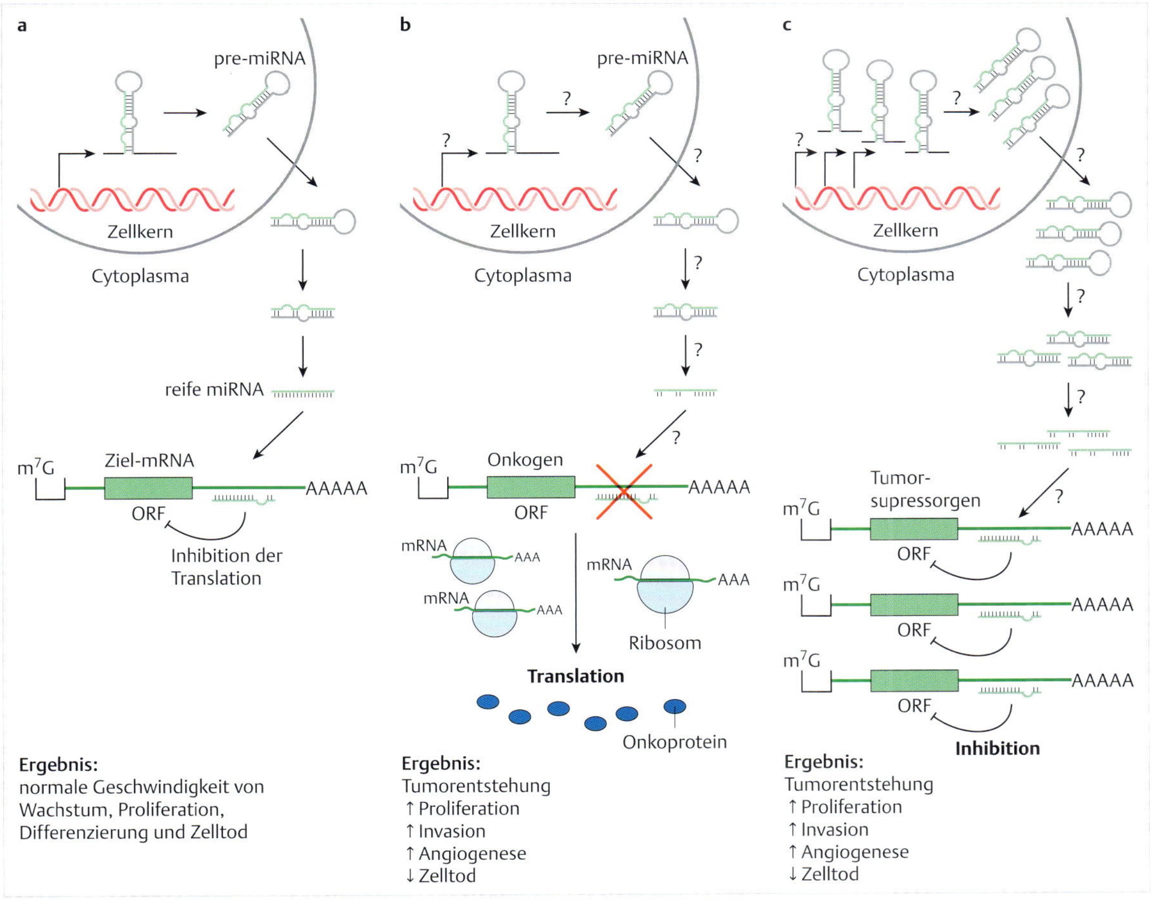

Abb. 18.7 Die Rolle von miRNAs bei der Entstehung von Krebs. (nach Esquela-Kerscher A, Slack FJ (2006) Oncomirs – microRNAs with a role in cancer. Nat Rev Cancer 6: 259–269)

a Regulation der Genexpression durch miRNAs im gesunden Gewebe.

b miRNA mit einer Funktion als Tumorsuppressor. Ist ein Onkogen durch miRNAs reguliert, kann eine verminderte miRNA-Aktivität zu einer Erhöhung der Onkogenproduktion und somit zur Krebsentstehung führen.

c miRNA mit einer Funktion als Onkogen. Ist ein Tumorsuppressor durch miRNAs reguliert, kann eine erhöhte miRNA-Expression zur verstärkten Repression des Tumorsuppressors und somit auch zur Entstehung von Krebs führen.

18

18.3.4 Virale miRNAs

Gene für miRNAs finden sich nicht nur in den Genomen höherer Eukaryoten, sondern auch in den Genomen mancher Viren, speziell bei Mitgliedern der Herpesvirusfamilie. Dazu gehören das Herpes-Simplex-Virus, das unangenehme Infektionen hervorrufen kann, sowie Viren wie das Epstein-Barr-Virus (EBV) oder das Karposi-Sarkom-assoziierte Herpesvirus (KSHV), die Zellen unter Umständen transformieren und somit zur Entstehung bestimmter Formen von Krebs beitragen können.

Virale miRNAs funktionieren wie ihre Verwandten in der Wirtszelle. Sie interagieren mit Ago-Proteinen und steuern die Repression bestimmter Ziel-mRNAs. Darunter sind besonders zelluläre mRNAs, deren Proteinprodukte die Virusinfektion hemmen können. Aber virale miRNAs greifen auch direkt in den Lebenszyklus der Viren ein, indem sie die Infektion in Richtung Lyse oder Lysogenie (S. 132) lenken.

Umgekehrt können zelluläre miRNAs gegen Viren schützen. Dabei binden sie an virale mRNAs und verhindern deren Expression. Freilich gibt es auch Beispiele, die zeigen, dass Viren zelluläre miRNAs in ihren eigenen Dienst stellen. So braucht das Hepatitis-C-Virus (HCV) die leberspezifische miR-122 für die eigene Replikation. Möglicherweise ist dies die Achillesferse des Virus und es gibt Ansätze, über die Hemmung von miR-122 eine neuartige Therapie gegen HCV zu entwickeln. miRNAs können auch mit der Krebsentstehung in Verbindung gebracht werden und sind möglicherweise auch ein Ziel für neue Krebstherapien bzw. unterstützen die Diagnostik (Pathologie 18.1) (S. 415).

18.4 piRNAs

Mobile genetische Elemente wie Transposons oder deren Relikte machen einen großen Teil der Genome vielzelliger Eukaryoten aus. Transposons können aus dem Genom ausscheren und an anderen Stellen wieder integrieren. Eine bestimmte Klasse von Transposons, die Retrotransposons (S. 246), funktionieren dabei über ein RNA-Intermediat, das durch eine Reverse Transkriptase in DNA umgeschrieben und schließlich wieder an einer anderen Stelle ins Genom integriert wird (▶ Abb. 18.8). Dabei können Gene beschädigt oder zerstört werden.

Die Transposition mobiler genetischer Elemente stellt insbesondere für Keimzellen eine Gefahr dar, denn diese Zellen geben ja die genetische Information an die nächste Generation weiter. Daher besitzen die Keimzellen vieler Organismen Mechanismen zur Unterdrückung von Transpositionen. Eine Klasse von kleinen RNAs, die **piRNAs** (*Piwi interacting RNAs*) spielt dabei eine wichtige Rolle. Die piRNAs finden sich in Zellen der männlichen Keimbahn und sind während der Spermatogenese stark exprimiert. Sie interagieren mit der Piwi-Unterfamilie der Argonaut-Proteine, daher ihr Name, und sind mit einer Länge von

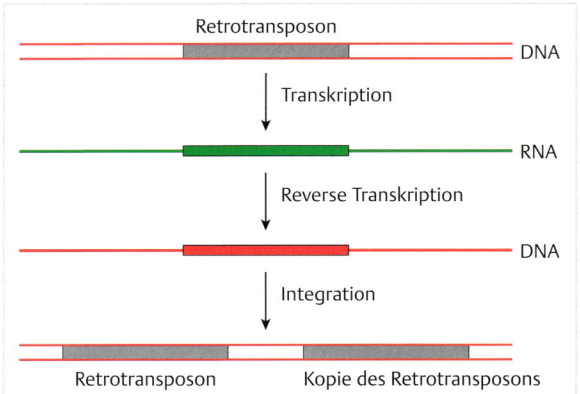

Abb. 18.8 Retrotransposons: eine Klasse von mobilen genetischen Elementen. Die RNA-Polymerase stellt zunächst eine RNA-Abschrift des Transposons her. Eine Reverse Transkriptase wandelt diese RNA wiederum in DNA um, die dann durch eine Integrase an einer anderen Stelle des Genoms integriert werden kann.

26–35 Nucleotiden etwas größer als siRNAs oder miRNAs.

Piwi-Proteine sowie piRNAs sind bisher am besten in der Fliege *Drosophila melanogaster* sowie in der Maus untersucht worden. Die Piwi-Proteine in *Drosophila* sind Ago3, Piwi und Aubergine (aub), die der Maus MIWI1, MIWI2 und MILI. Es stellte sich heraus, dass die verschiedenen Mitglieder der Piwi-Proteinfamilie auch unterschiedliche piRNA-Klassen binden. Dabei kann die Länge der piRNAs zwischen den einzelnen Klassen variieren.

Die Sequenzierung der einzelnen piRNA-Klassen ergab, dass piRNAs komplementär zu Sequenzen der Transposons sind. Daraus kann man schließen, dass piRNAs die Aufgabe haben, Piwi-Proteine zu Genombereichen mit Transposons zu geleiten. Dort rekrutieren die gebundenen Piwi-Proteine Enzyme, die die DNA der Transposons methylieren und somit inaktivieren. Es scheint aber auch die direkte Spaltung der Transposon-Transkripte durch piRNA-Piwi-Protein-Komplexe ein wichtiger Bestandteil der Reprimierung zu sein.

In der Tat weisen Transposons in Mäusen, bei denen MILI oder MIWI2 genetisch inaktiviert wurden, eine vermehrte Mobilität auf. Die männlichen Mäuse sind darüber hinaus steril. Die genetische Inaktivierung der Piwi-Proteine MIWI und MILI führt zu Fehlern in der Spermatogenese. MILI wird bis in das Pachytän exprimiert und interagiert mit den 26–28 Nucleotide langen piRNAs. Folglich hält die Spermatogenese bei Mäusen, denen MILI fehlt, in dieser Phase an. MIWI ist, assoziiert mit den 29–31 Nucleotide langen piRNAs, bis zur Phase der runden Spermatiden zu finden. Eine Inaktivierung von MIWI führt dazu, dass die Spermienreifung auf dieser Ebene anhält.

Warum findet man piRNAs und Piwi-Proteine nur in männlichen Keimzellen? Sollte nicht auch bei der Reifung der Eizelle die Expression mobiler genetischer Elemente unterdrückt werden? Die Antwort auf diese Fragen wurde durch die Entdeckung von endogenen siRNAs (*endo*-siRNAs) in Oocyten der Maus gegeben. Diese *endo*-siRNAs weisen, ähnlich wie piRNAs, Komplementarität zu mobilen genetischen Elementen auf. Man kann also davon ausgehen, dass auch in der weiblichen Keimbahn ein RNA-basiertes System existiert, das die Expression von mobilen genetischen Elementen unterdrückt.

18.5 Das CRISPR-System: eine Verteidigungslinie von Bakterien gegen Phagen

Höhere Organismen haben zum Teil ein ausgefeiltes Immunsystem zur Abwehr von Viren entwickelt. Aber auch Prokaryoten sind der Infektion durch bakterieninfizierende Viren (Phagen) (S. 127) nicht hilflos ausgeliefert. Im Kap. 2 (S. 46) hatten wir das Restriktions-Modifikations-System vorgestellt, das artfremde DNA an ihrem Methylierungsmuster erkennt und abbaut.

Hier geht es um ein zweites Abwehrsystem, das erst in den späten 1980er-Jahren entdeckt wurde – eine Art zelluläres Immunsystem, das gegen Phagen-DNA und auch gegen fremde Plasmid-DNA gerichtet ist. Aufgrund seiner genetischen Organisation wird dieses System als CRISPR-System (CRISPR, **c**lustered **r**egularly **i**nterspaced **s**hort **pa**lindromic **r**epeats) bezeichnet. Das CRISPR-System ist adaptiv, d. h. es kann sich verändern und an neue Bedingungen anpassen, und es ist von einer Bakteriengeneration zur nächsten vererbbar.

18.5.1 Genomische Organisation eines CRISPR-Locus

Etwa 90 % der Archaeen und ca. 40 % der Bakterien besitzen CRISPR-Loci. Wie die Bezeichnung andeutet, ist ein CRISPR-Locus durch kurze, sich wiederholende Sequenzen (Repeats) von ca. 32 bp gekennzeichnet. Diese Sequenzwiederholungen sind durch sogenannte Spacer aus 20–72 bp voneinander getrennt. Dem vorgeschaltet ist eine Leitsequenz, die als Promotor für die Expression des Locus notwendig ist. Unmittelbar vor der Leitsequenz befindet sich die Reihe der funktionell zum Locus gehörenden *Cas*-Gene (*Cas, CRISPR-associated genes*) (▶ Abb. 18.9).

18.5.2 CRISPR-Aktivität und Phagenabwehr

Der erste Schritt bei der Abwehr von Phagen unter Beteiligung des CRISPR-Locus ist, dass Stücke der Phagen-DNA als neue Spacer in den CRISPR-Locus inkorporiert werden, und zwar immer hinter der Leitsequenz

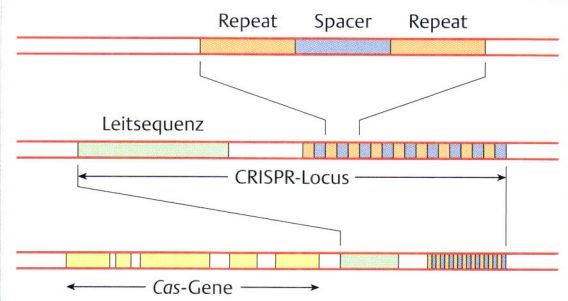

Abb. 18.9 Aufbau des CRISPR-Locus. Charakteristisch für einen solchen Bereich ist eine Leitsequenz, die von einem Abschnitt sich wiederholender Sequenzbereiche (Repeats) gefolgt wird. Die einzelnen Repeats sind durch Spacer (Abstandshalter) voneinander getrennt, die Sequenzen von parasitierender DNA, z. B. von Phagen, enthalten. Stromaufwärts der Leitsequenz finden sich die *Cas*-Gene, die eine wichtige Rolle bei der CRISPR-vermittelten Phagenabwehr spielen.

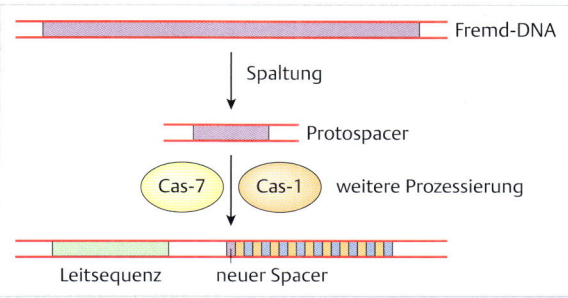

Abb. 18.10 Aufnahme von Fremd-DNA in den CRISPR-Locus. Fremd-DNA wird durch zelluläre Nucleasen zunächst in Protospacer gespalten. Nach weiterer Prozessierung werden diese Fragmente als neue Spacer in den CRISPR-Locus integriert. Dies geschieht auf der Seite, die der Leitsequenz zugewandt ist. Bei diesem Prozess spielen u. a. die beiden Proteine Cas-7 und Cas-1 eine wichtige Rolle.

(▶ Abb. 18.10). Die frisch eingebaute DNA wird bald von einem Repeat eingerahmt. Die Einzelschritte dieser Reaktion sind noch nicht genau bekannt.

Als zweiter Schritt wird vom Promotor in der Leitsequenz ausgehend der gesamte CRISPR-Bereich transkribiert (▶ Abb. 18.11). Es entsteht eine lange pre-crRNA, die in kleinere RNAs zerlegt wird. Diese RNAs werden als **crRNAs** (*CRISPR-derived RNAs*) oder auch psiRNAs (*prokaryotic siRNAs*) bezeichnet.

Die crRNAs bilden zusammen mit Cas-Proteinen große Ribonucleoproteinkomplexe (Effektorkomplexe), die zu komplementären Sequenzen in der Fremd-DNA gelangen. Dort, wo crRNA und Fremd-DNA Basenpaarungen eingehen, werden beide Stränge der Fremd-DNA durchtrennt. Das gilt zumindest für mehrere gut untersuchte Fälle und ist zweifellos ein sehr effizienter Mechanismus, um fremde DNA unschädlich zu machen.

18

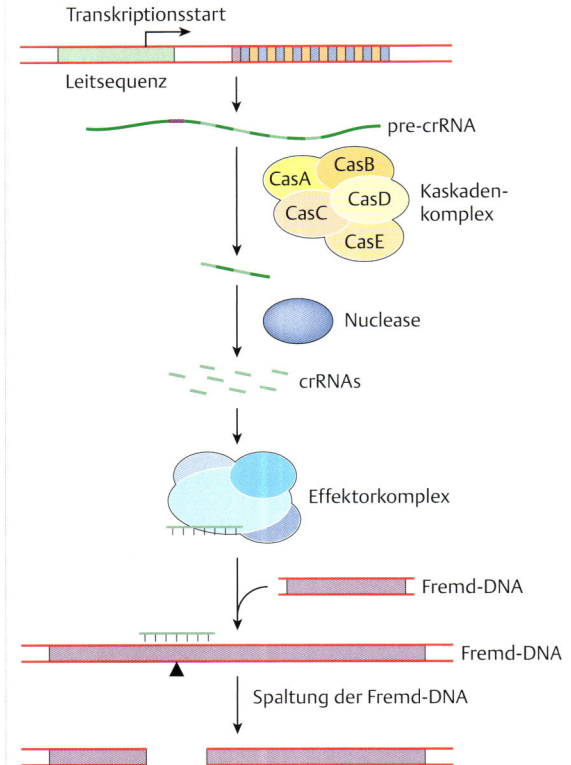

Abb. 18.11 Modell zum Mechanismus der CRISPR-vermittelten Immunität gegen Phagen. Der gesamte CRISPR-Locus wird im Bakterium transkribiert und es entsteht eine lange RNA (pre-crRNA) von diesem Bereich. Zahlreiche Enzyme (u. a. der Kaskadenkomplex und weitere bislang nicht im Detail untersuchte Proteine) prozessieren dieses primäre Transkript nun zu kleinen crRNAs. Diese crRNAs werden nun vermutlich in Effektorkomplexe eingebaut, binden an komplementäre Sequenzen einer in die Zelle eingedrungenen Fremd-DNA und vermitteln die Spaltung der Fremd-DNA.

Eine einmal infizierte Bakterienzelle ist „immun" geworden. Denn wenn eine verwandte Phagen-Art in die Bakterienzelle gelangt, treten die vorhandenen crRNAs in Aktion und blockieren die Vermehrung der Phagen-DNA.

Das Funktionsprinzip des CRISPR/Cas-Mechanismus wird zunehmend in der experimentellen Gentechnologie eingesetzt, um gezielt Schnitte in die DNA von definierten Genloci einzubringen. Dies führt zu Mutationen in diesen Genloci. Das Verfahren eignet sich zur effizienten Knock-out-Mutagenese von Zellen und Modellorganismen. Sogar Anwendungen in der somatischen Gentherapie des Menschen werden diskutiert.

18.6 Lange, nicht-codierende RNAs (lncRNAs)

Neben kleinen regulatorischen RNAs werden in letzter Zeit auch immer mehr lange nicht-codierende RNAs (lncRNAs, *long non-coding RNAs*) in vielen Genomen gefunden. Insbesondere das groß angelegte ENCODE-Projekt (Encyclopedia of DNA Elements) (S. 286) hat gezeigt, dass mindestens zwei Drittel des gesamten Humangenoms transkribiert werden, also weit mehr als die wenigen Prozent des Genoms, die für die Codierung von proteincodierenden Genen reserviert sind. Und ein Großteil der Transkriptionsprodukte außerhalb der Gene gehört zur Klasse der **lncRNAs**. Die Funktion der meisten lncRNAs ist noch unbekannt, aber einige wenige Funktionen kennt man seit längerer Zeit.

Von ENCODE 2012 wurden im menschlichen Genom 9 649 verschiedene lncRNA-Gene annotiert.

Definition

lncRNAs sind längere, mehr als 200 Nucleotide lange, nicht-codierende RNA-Moleküle. Gene, die lncRNAs codieren, verteilen sich über das gesamte Genom des Menschen.

18.6.1 lncRNA-Gene

lncRNA-Gene sind im Genom der Vertebraten an unterschiedlichen Stellen lokalisiert (▶ Abb. 18.12) und finden sich häufig in enger Nachbarschaft zu proteincodierenden Genen. lncRNAs können von eigenständigen Genen codiert werden, die zwischen anderen Pol-II-transkribierten Genen liegen (**intergenisches** lncRNA-Gen oder auch **lincRNA-Gen**; ▶ Abb. 18.12a). Promotoren von lncRNA-Genen können aber auch in Introns von proteincodierenden Genen liegen (**intronisches** lncRNA-Gen;

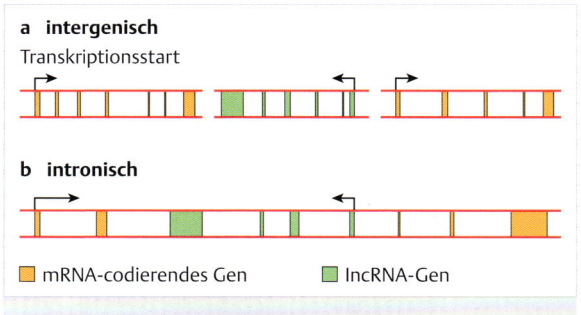

Abb. 18.12 Struktur von lncRNA-Genen.
a Intergenisches lncRNA-Gen. Das eigenständige Gen ist zwischen anderen Pol-II-transkribierten Genen lokalisiert.
b Ein intronisches lncRNA-Gen befindet sich im Intron eines proteincodierenden Gens.

▶ Abb. 18.12b). Insgesamt zeigt sich eine enorme Vielfalt der genomischen Loci, die in lncRNAs transkribiert werden.

18.6.2 Dosiskompensation und lncRNAs

Zellen von weiblichen Säugetieren, einschließlich des Menschen, besitzen zwei X-Chromosomen, Zellen von männlichen Säugetieren dagegen ein X- und ein Y-Chromosom. Somit haben weibliche Tiere die doppelte Anzahl von X-chromosomalen Genen. Damit Zellen beider Geschlechter in etwa die gleiche Anzahl an Genen exprimieren, wird in Zellen von weiblichen Tieren ein X-Chromosom weitgehend stillgelegt, inaktiviert. Diese Zellen besitzen also ein inaktives (X_i) und ein aktives X-Chromosom (X_a).

Definition

Die Angleichung der Unterschiede in der Zahl der Gene zwischen den Geschlechtern bezeichnet man als **Dosiskompensation**.

Die Inaktivierung wird von einem **X-Inaktivierungszentrum** (XIC, *X inactivation center*) gesteuert (s. auch Kap. 21.3 und ▶ Abb. 21.4). Im inaktiven X-Chromosom wird von XIC eine lncRNA mit der Bezeichnung **XIST** (*X_i-specific transcript*) hergestellt. Ca. 300 Kopien dieser RNA bedecken das gesamte inaktivierte X-Chromosom und halten den inaktiven Zustand aufrecht. XIST greift dabei direkt in die Chromatinstruktur ein: Es rekrutiert Enzyme, die Histone (H3K27) oder auch direkt die DNA methylieren. Diese Modifikationen führen zur Ausbildung von Heterochromatin (S. 449), einer Form des Chromatins, die transkriptionell inaktiv ist.

Weitere Untersuchungen haben gezeigt, dass von XIC nicht nur XIST, sondern eine Vielzahl weiterer lncRNAs ausgeht, die wiederum die Aktivität von XIST positiv oder auch negativ beeinflussen können. So wird z. B. die lncRNA **TSIX** (XIST rückwärts geschrieben) in Gegenrichtung zu XIST transkribiert. TSIX kann mit XIST hybridisieren und es dadurch inhibieren. Weitere Informationen zur X-Inaktivierung s. Kap. 21 (S. 464).

▶ **Dosiskompensation bei *Drosophila melanogaster*.** Die Dosiskompensation wurde auch bei *Drosophila melanogaster* ausführlich untersucht, denn auch bei den Fliegen tragen weibliche Tiere zwei X-Chromosomen und männliche dagegen nur eines. So ist eine Kompensation notwendig und auch hier spielen lncRNAs eine wichtige Rolle – der Wirkmechanismus ist allerdings ein ganz anderer. Bei *Drosophila* wird nicht eines der beiden X-Chro-

mosomen abgeschaltet, sondern das einzige X-Chromosom in Zellen von männlichen Tieren wird vermehrt transkribiert. So wird der Unterschied zu weiblichen Zellen durch die doppelte Menge an Genprodukten kompensiert. Die beiden lncRNAs roX1 und roX2 sind Teil eines Proteinkomplexes, der DCC (*dosage compensation complex*) genannt wird. Die roX-RNAs bilden eine Interaktionsplattform für chromatinmodifizierende Enzyme. Dazu gehört MOF (*male absent on the first*), welches Histon H4 am Lysin16 (H4K16) methyliert. Dies führt zur Aktivierung der Transkription und zur erhöhten Expression der Gene.

18.6.3 Genomische Prägung (*Imprinting*) und lncRNAs

In diploiden Organismen stammt ein Chromosomensatz von der Mutter und einer vom Vater. Die meisten der elterlichen Gene werden gleichermaßen in den Nachkommen exprimiert. Aber in Säugetierzellen (auch in den Zellen von Insekten und von Blütenpflanzen) werden einige Hundert Gene entweder nur vom väterlichen oder nur vom mütterlichen Chromosom exprimiert. Man spricht von genomischer Prägung (*genomic imprinting*) (S. 467).

Genomisch geprägte Gene sind oft hintereinander auf bestimmten Abschnitten der Chromosomen angeordnet. Diese Genfolgen haben ein Kontrollzentrum (ICE, *imprint control element*), wo viele lncRNAs entstehen, ganz ähnlich wie beim XIC auf dem inaktiven X-Chromosom (s. o.). Diese RNAs steuern über die Rekrutierung von Enzymen die Repression genomisch geprägter Gene (s. Kap. 21).

18.6.4 HOTAIR und lncRNAs

Die Embryonalentwicklung vielzelliger Eukaryoten erfordert die Funktion sogenannter **HOX-Gene**. Sie bestimmen die Musterbildung und die Ausprägung der Körperachsen. Im menschlichen Genom gibt es 39 HOX-Gene, die in vier HOX-Genfolgen angeordnet sind. Auch HOX-Genfolgen produzieren eine Reihe verschiedener lncRNAs. Diese RNAs können die Expression der eigenen, aber auch anderer HOX-Genfolgen positiv oder negativ beeinflussen. Ein bekanntes Beispiel einer solchen lncRNA ist HOTAIR. Auch diese lncRNA leitet Enzyme zur Modifikation von Histonen zum Chromatin, was schließlich zur Inaktivierung auf der Ebene der Transkription führt.

Im Rahmen des ENCODE-Projekts (S. 286) und auch in anderen großen genomweiten Studien wird die Expression von lncRNAs unter vielen verschiedenen zellulären Bedingungen untersucht. Die Ergebnisse sind interessant, aber sie zeigen auch, dass die Forschung noch am Anfang steht. Man kann in den nächsten Jahren viele neue und interessante Erkenntnisse in diesem Bereich erwarten.

Literatur

▶ Weiterführende Literatur

[1] Bartel DP (2009) MicroRNAs: target recognition and regulatory functions. Cell 136: 215–233

[2] Carthew RW, Sontheimer EJ (2009) Origins and Mechanisms of miRNAs and siRNAs. Cell 136: 642–655

[3] Chen K, Rajewsky N (2007) The evolution of gene regulation by transcription factors and microRNAs. Nat Rev Genet 8: 93–103

[4] Chow JC, Yen Z, Ziesche SM, Brown CJ (2005) Silencing of the mammalian X chromosome. Annu Rev Genomics Hum Genet 6, 69–92

[5] Fabian MR, Sonenberg N, Filipowicz W (2010) Regulation of mRNA translation and stability by microRNAs. Annu Rev Biochem 79: 351–379

[6] Filipowicz W, Bhattacharyya SN, Sonenberg N (2008) Mechanisms of post-transcriptional regulation by microRNAs: are the answers in sight? Nat Rev Genet 9: 102–114

[7] Gupta RA, Shah N, Wang KC et al. (2010) Long non-coding RNA HOTAIR reprograms chromatin state to promote cancer metastasis. Nature 464: 1071–1076

[8] Hartig JV, Tomari Y, Forstemann K (2007) piRNAs–the ancient hunters of genome invaders. Genes Dev 21: 1707–1713

[9] Huntzinger E, Izaurralde E (2011) Gene silencing by microRNAs: contributions of translational repression and mRNA decay. Nat Rev Genetics 12: 99–110

[10] Hutvagner G, Simard MJ (2008) Argonaute proteins: key players in RNA silencing. Nat Rev Mol Cell Biol 9: 22–32

[11] Ilik I, Akhtar A (2009) roX RNAs: non-coding regulators of the male X chromosome in flies. RNA Biol 6: 113–121

[12] Karginov FV, Hannon GJ (2010) The CRISPR system: small RNA-guided defense in bacteria and archaea. Mol Cell 37: 7–19

[13] Kim VN, Han J, Siomi MC (2009) Biogenesis of small RNAs in animals. Nat Rev Mol Cell Biol 10: 126–139

[14] Krol J, Loedige I, Filipowicz W (2010) The widespread regulation of microRNA biogenesis, function and decay. Nat Rev Genet 11: 597–610

[15] Malone CD, Hannon GJ (2009) Small RNAs as guardians of the genome. Cell 136: 656–668

[16] Meister G (2011) RNA Biology – An Introduction. Wiley-VCH, Weinheim

[17] Meister G, Tuschl T (2004) Mechanisms of gene silencing by double-stranded RNA. Nature 431: 343–349

[18] Peters L, Meister G (2007) Argonaute proteins: mediators of RNA silencing. Mol Cell 26: 611–623

[19] Rinn JL, Kertesz M, Wang JK et al. (2007) Functional demarcation of active and silent chromatin domains in human HOX loci by noncoding RNAs. Cell 129: 1311–1323

[20] Rinn JL, Chang HY (2012) Genome Regulation by Long Noncoding RNAs. Annu Rev Biochem 81: 145–166

[21] Siomi MC, Kuramochi-Miyagawa S (2009) RNA silencing in germ-lines–exquisite collaboration of Argonaute proteins with small RNAs for germline survival. Curr Opin Cell Biol 21: 426–434

[22] Siomi H, Siomi MC (2009) On the road to reading the RNA-interference code. Nature 457: 396–404

[23] Skalsky RL, Cullen BR (2010) Viruses, microRNAs, and host interactions. Annu Rev Microbiol 64: 123–141

[24] Sorek R, Lawrence CM, Wiedenheft B (2013) CRISPR-mediated adaptive immune systems in bacteria and archaea. Annu Rev Biochem 82: 237–266

[25] Van der Oost J, Jore MM, Westra ER et al. (2009) CRISPR-based adaptive and heritable immunity in prokaryotes. Trends Biochem Sci 34: 401–407

18

Kapitel 19

Gene in Mitochondrien und Chloroplasten

19 Gene in Mitochondrien und Chloroplasten

Rolf Knippers

19.1 Einleitung

Der weitaus größte Teil der genetischen Information einer Eukaryotenzelle ist in der DNA des Zellkerns gespeichert, doch ein kleiner, aber für das Leben der Zelle wichtiger Teil befindet sich in der DNA der Mitochondrien und – bei Pflanzenzellen – zusätzlich in der DNA der Chloroplasten.

In diesem Kapitel ist die Rede von der genetischen Organisation der DNA in Mitochondrien (Kap. 19.2) und Chloroplasten (Kap. 19.3). Nur soweit es zur Erklärung genetischer Einzelheiten notwendig ist, werden Struktur und Funktion dieser Organellen zur Sprache kommen. Leser werden Lehrbücher der Zellbiologie oder der Pflanzenphysiologie zurate ziehen müssen, wenn sie mehr über die im Folgenden nur angedeuteten biochemischen Reaktionen in Mitochondrien oder Chloroplasten wissen möchten.

Beide Zellorganellen, Mitochondrien und Chloroplasten, vermehren sich während der Zellproliferation zunächst durch Größenzunahme, dann durch Teilung. Im Allgemeinen teilt sich jedes Organell nur einmal pro Zellzyklus, sodass die Zahl der Mitochondrien und Chloroplasten pro Zelle gleich bleibt. Eine Ausnahme von dieser Regel ist, dass während der Reifung der Eizelle eine enorme Vermehrung der Mitochondrien erfolgt. So besitzt z. B. eine Leberzelle einige Tausend, eine Eizelle aber einige Hunderttausend Mitochondrien.

19.2 DNA in Mitochondrien

Mitochondrien sind kugelige, längliche bis wurmförmige oder verzweigte, auch vernetzte Strukturen. Wichtige Bauelemente sind die äußere Membran und die innere Membran, die den funktionell wichtigen Zwischenmembranraum umschließen. Die innere Membran stülpt sich aus und ragt mit zahlreichen Schläuchen oder Falten (Cristae) in das Innere hinein (▶ Abb. 1.3, ▶ Abb. 7.1 und ▶ Abb. 19.1a). Im Innenraum (Matrix) erfolgt der Abbau von Nährstoffen, insbesondere von Fettsäuren und Endprodukten des Zuckerstoffwechsels. Mitochondrien sind auch an der Produktion von Pyrimidinen, Nucleotiden, Phospholipiden, Aminosäuren u. a. beteiligt. Die Hauptaufgabe der Mitochondrien ist die oxidative Phosphorylierung: Elektronen bewegen sich entlang der Komponenten der Atmungskette, die in der Innenmembran verankert sind (▶ Abb. 19.1c) und werden schließlich auf Sauerstoff übertragen. Mithilfe der entstehenden Oxidationsenergie werden zunächst Protonen (H^+) aus der Matrix in den Zwischenmembranraum transportiert. Dabei entsteht ein Protonengradient, der den ATP-Synthasekomplex – ebenfalls ein Bestandteil der inneren Membran – antreibt. Dabei erfolgt die Phosphorylierung von ADP zu ATP, dem universellen Energieträger der Zelle, und daher auch die gängige Bezeichnung für Mitochondrium: Kraftwerke der Zelle.

Plus 19.1

Mitochondriale DNA und Altern
Mutationen ereignen sich in der DNA von Mitochondrien mindestens 10-mal häufiger als in der DNA des Zellkerns. Die Ursachen sind eine weniger effiziente Reparatur und eine höhere Mutationsrate. Tatsächlich sind Mitochondrien die Orte, wo ständig viele Sauerstoffradikale (▶ Abb. 19.1c) produziert werden, die die DNA angreifen und Mutationen auslösen können. Das hinterlässt Spuren in der mtDNA: Deletionen, kleine Duplikationen und alle Arten von Punktmutationen. Mutationen dieser Art nehmen mit dem Alter zu und der Schluss liegt nahe, dass dies zumindest eine der Ursachen für das Altern sein könnte. Das ist plausibel, denn mutationsgeschädigte Mitochondrien können ihre Aufgaben nicht mehr ordentlich erfüllen, wodurch Zellen und Gewebe beschädigt werden, was ja bekanntlich das Älterwerden begleitet.

Doch Plausibilität und Korrelationen sind die eine Sache, die andere sind handfeste Beweise. Ein eindrucksvoller Beweis existiert – die **Mutator-Maus**. Dabei ist Forschern das biotechnische Kunststück gelungen, mithilfe der **Knock-in-Methode** das normale Gen für die DNA-Polymerase γ durch ein Gen zu ersetzen, bei dem zwar die Polymerasefunktion intakt, aber die korrekturlesende 3'-5'-Exonucleasefunktion ausgefallen ist. Prompt steigt bei diesen Mäusen die Rate der mitochondrialen Mutationen um das Drei- bis Fünffache. Die betreffenden Mäuse haben eine verkürzte Lebensspanne mit allen Zeichen des vorzeitigen Alterns – Gewichtsverlust, Haarausfall, Osteoporose, eingeschränktes Hörvermögen, Herzschwäche usw.

Diese eindrucksvolle Beobachtung zeigt, dass Einschränkungen der Mitochondrienfunktionen tatsächlich für das Älterwerden verantwortlich sein können. Aber sicher gibt es noch weitere Gründe. So kennt man viele Mutationen in nucleären Genen, die das Altern beschleunigen.

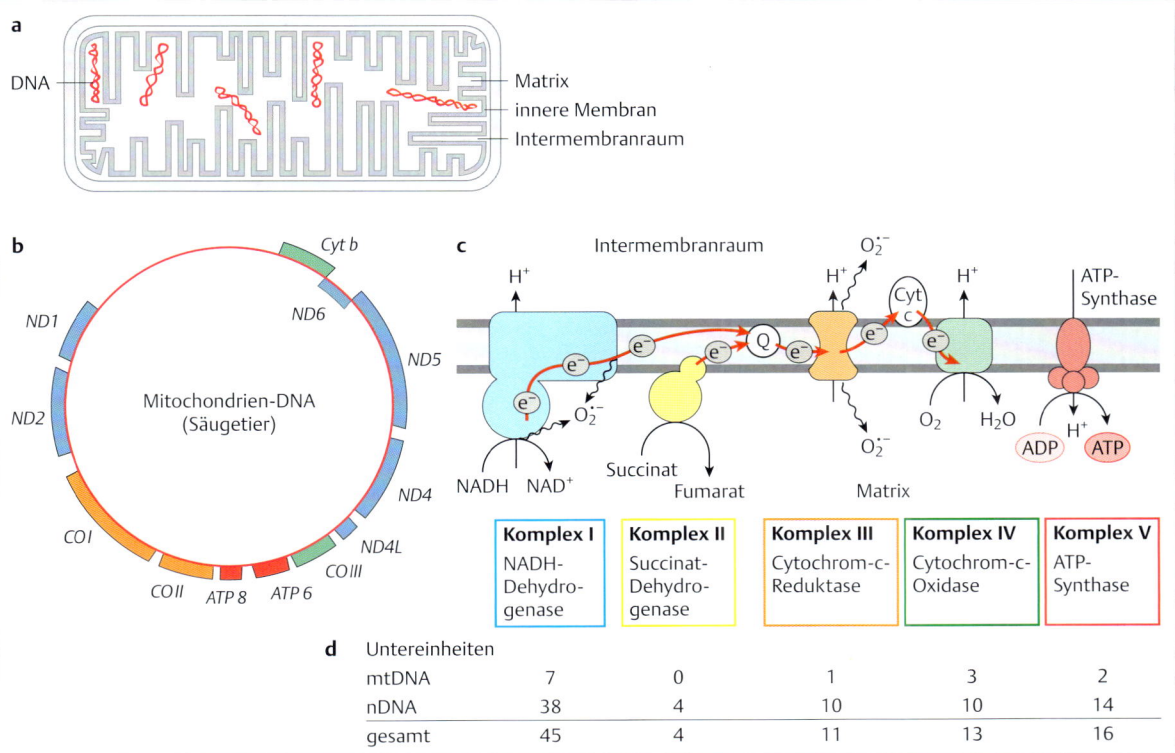

Abb. 19.1 Mitochondrien und mitochondriale DNA. (nach Andersen S, Bankier AT, Barrell RG et al (1981) Sequence and organization of the human mitochondrial genome. Nature 290: 457–465; Wallace DC (1999) Mitochondrial diseases in man and mouse. Science 283: 1482–1488)

a Schematische Struktur eines Mitochondriums mit der Lage der ringförmigen, superhelikalen mtDNA im Innenraum.

b Gene auf der mtDNA von Säugetierzellen.

c Die wichtigsten Enzymkomplexe in der inneren Membran. Beachte, dass jeder Komplex aus mehreren Untereinheiten besteht. Komplex I und II erhalten Elektronen (e⁻) aus dem Stoffwechsel und leiten sie zum Coenzym Q (Q) (Ubichinon). Von dort werden die Elektronen über die Cytochrom-c-Reduktase und Cytochrom c (Cyt c) zum Komplex IV geleitet, wo Sauerstoff aus der Atmung zu Wasser reduziert wird („Atmungskette"). Der Elektronentransport bei den Komplexen I, III und IV geht mit einer Übertragung von Protonen (H⁺) in den Intermembranraum einher. So entsteht ein Protonengradient, der die ATP-Synthase im Komplex V antreibt und die Synthese von ATP ermöglicht. Elektronen können aus der Atmungskette ausscheren. Dabei entstehen dann reaktive Sauerstoffradikale wie das Superoxidanion ($O_2^{\cdot-}$)..

d Die einzelnen Komplexe bestehen aus mehreren Untereinheiten. Davon werden die meisten vom Genom im Zellkern (nDNA) codiert, die restlichen vom mitochondrialen Genom (mtDNA).

Mitochondrien sind auch aus mancherlei anderen Gründen für die Biomedizin von Interesse. Erstens können Mutationen im mitochondrialen Genom die Ursachen für schwere Krankheiten des Menschen sein und zum Prozess des Alterns beitragen. Beide Punkte werden auf den folgenden Seiten zur Sprache kommen. Zweitens stehen Mitochondrien im Zentrum der Apoptose, also des Geschehens, das zum gezielten Absterben der Zelle führt. Das ist wichtig für die embryonale Entwicklung und für die Kontrolle der Zellvermehrung. Aber die Apoptose kann auch aus dem Ruder laufen und zur Ursache für degenerative Krankheiten werden. Einen kurzen Einblick in das apoptotische Geschehen findet man in Plus 11.3 (S. 281).

In dem Matrixraum von Mitochondrien der meisten Zellarten befinden sich 10–15 DNA-Moleküle. Die **mitochondriale DNA (mtDNA)** liegt als Nucleoid (S. 101) vor. Einige mtDNA-Moleküle bilden einen Komplex mit mehr als 20 verschiedenen Proteinen, darunter am häufigsten das Protein mtTFA (*mitochondrial transcription factor A*), das auch eine wichtige Funktion bei der Transkription der mtDNA (S. 426) hat, wie wir gleich sehen werden.

Die mtDNA von Wirbeltieren besteht aus weniger als 20 000 bp (20 kb), aber die mtDNA von Pflanzen und eukaryotischen Einzellern ist größer und in den einzelnen Zweigen des phylogenetischen Stammbaums bemerkenswert unterschiedlich. Die ▸ Tab. 19.1 gibt davon einen Eindruck. Auf Einzelheiten werden wir später im Laufe des Kapitels zurückkommen.

Tab. 19.1 Formen von mitochondrialer DNA* (mtDNA).

Herkunft	Größe [bp]	Struktur	Anmerkungen
tierische Zellen	16 000–20 000	ringförmig	jede Tierart besitzt einen einheitlichen Typ mtDNA
Zellen höherer Pflanzen	200 000–>1 Million	ringförmig	beträchtliche Unterschiede in Größe, Struktur und genetischer Organisation (zwischen Arten, innerhalb eines Organismus und auch in einer Zelle)
Protozoen	30 000–60 000	ringförmig oder linear	Unterschiede von Art zu Art
Hefearten	20 000–100 000	ringförmig	meist einheitlich innerhalb einer Art, aber Unterschiede von Art zu Art

* Die **mtDNA** ist meist ringförmig. Aber auch lineare mtDNA kommt vor, und zwar u. a. bei Quallen, Ciliaten, manchen Protozoen und bei einigen Pilz- und Hefearten. Bemerkenswert ist die mtDNA von Trypanosomen: Maxiringe von 20 000–38 000 bp sind im Netzwerk mit oft Tausenden von Miniringen (0,5–1 kb) verknüpft. Viele Miniringe hängen wie Glieder einer Kette am Maxiring. Die Maxiringe eines Netzwerks entsprechen in ihrer genetischen Funktion einer konventionellen mtDNA. Die Miniringe sind heterogen in bezug auf ihre Nucleotidsequenzen.

Inzwischen sind die mtDNA-Sequenzen von mehr als 3 000 Tier-, Pflanzen- und Hefearten bekannt. Wer sich einen Überblick über die Vielfalt der genetischen Strukturen verschaffen möchte, mag im Internet die folgende Anschrift aufsuchen: NCBI Organelle Genome Resources (NCBI, National Center for Biotechnology Information).

Die Angaben in der ▸ Tab. 19.1 zeigen, dass die mtDNA in den Zellen von Tieren relativ klein ist. Wie wir gleich sehen werden, besteht auf der Säugetier-mtDNA tatsächlich Raum für nur gerade einmal 13 proteincodierende Gene. Jedoch weisen die komplexe Struktur und die verwickelten biochemischen Reaktionen darauf hin, dass sehr viel mehr Proteinarten in Mitochondrien vorkommen müssen. Man schätzt, dass ein Mitochondrium mindestens 1000, vermutlich sogar 1500 verschiedene Proteine enthält. Dementsprechend wird die größte Menge der mitochondrialen Proteine vom Genom des Zellkerns codiert, im Cytoplasma hergestellt und schließlich über einen eigenen, komplexen Apparat in die Mitochondrien transportiert.

Merke

Allgemein gilt: Nicht nur in tierischen Zellen, sondern auch in Pflanzenzellen (mit ihren viel größeren mtDNA-Molekülen) wird der überwiegende Teil der mitochondrialen Proteine vom Genom des Zellkerns codiert. Nur ein kleiner, aber essenzieller Teil wird vom Mitochondrien-Genom codiert.

19.2.1 Mütterliche Vererbung

Die Eizellen der meisten Tierarten enthalten über 100 000 Mitochondrien, die Spermien aber nur etwa 100. Wenn dann bei der Befruchtung tatsächlich noch einige Mitochondrien aus den Spermien in die Zygote gelangen, werden sie bei vielen Tierarten aktiv ausgeschaltet – durch Ubiquitinierung gefolgt von ihrem Abbau durch Autophagie. So kommt es, dass die Nachkommen ihre mitochondrialen Genome nahezu vollständig den Müttern verdanken.

Merke

Mitochondriale DNA wird über weibliche Linien vererbt.

Eine Untersuchung aus dem Jahre 1974 mag dies illustrieren. Bekanntlich können Pferd und Esel miteinander gekreuzt werden: Maultiere sind die Nachkommen von Eselhengsten und Pferdestuten, Maulesel die Nachkommen von Pferdehengsten und Eselstuten. Restriktionskarten der mtDNA von Pferd und Esel unterscheiden sich. So kann man leicht zeigen, dass die Mitochondrien von Maultieren Pferde-mtDNA und die Mitochondrien von Mauleseln Esel-mtDNA enthalten.

19.2.2 mtDNA des Menschen

Die ▸ Abb. 19.2 zeigt schematisch das ringförmige mitochondriale Genom menschlicher Zellen. Die mtDNA anderer Säugetiere, und vermutlich die der meisten Wirbeltiere, ist sehr ähnlich aufgebaut.

Die Sequenz der 16 569 bp der menschlichen mtDNA wurde 1981 im Labor von Frederick Sanger im englischen Cambridge bestimmt. Diese Sequenz dient bis heute als Referenzsequenz (rCRS, *revised* Cambridge Reference Sequence). Seit 1981 wurden die mtDNAs von vielen Tausend Menschen sequenziert und in der Datenbank Mitomap archiviert. Die individuellen mtDNAs weichen an wenigen, aber charakteristischen Stellen von der Standardsequenz ab, was interessante Einblicke in die Grundlagen menschlicher Vielfalt erlaubt, wie wir später sehen werden.

Um sich auf der Genkarte der ▸ Abb. 19.2 besser orientieren zu können, ist eine Unterscheidung der beiden komplementären DNA-Stränge notwendig: H-Strang und L-Strang. Die Bezeichnungen leiten sich aus den unter-

19

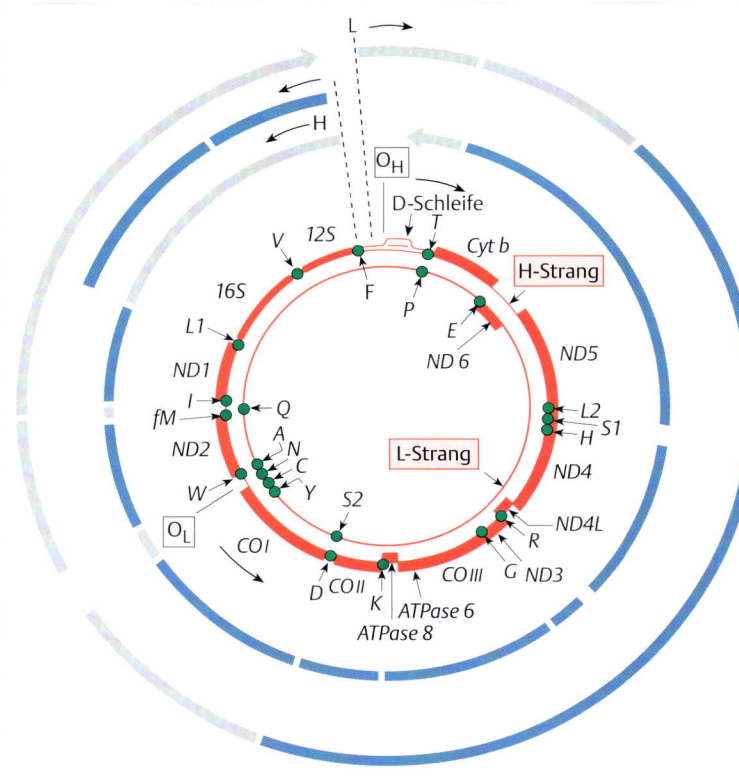

Abb. 19.2 Mitochondriale DNA des Menschen. Die inneren roten Ringe stellen den H-Strang und den L-Strang des mitochondrialen Genoms dar. Grüne Punkte = Gene für tRNA (Spezifität für Aminosäuren im Ein-Buchstaben-Code); mitteldicke rote Linie = Gene für die 12S- und die 16S-rRNA; dicke rote Linien: proteincodierende Gene. O_H und O_L = Startpunkte der Replikation; äußere dicke Linien (grau und blau) = Transkripte (Pfeilspitzen zeigen in Transkriptionsrichtung). Die grauen Bereiche der Transkripte sind ohne genetische Funktion und werden bald abgebaut. Der blaue Abschnitt im Transkript des L-Stranges entspricht einem nachweisbaren Zwischenprodukt bei der RNA-Reifung. Die Basenpaare werden nummeriert (nicht gezeigt). Seit der Erstbeschreibung der Sequenz durch Andersen et al (1981) [1] beginnt die Nummerierung mit Basenpaar Nr. 1 und endet mit Basenpaar Nr. 16 569 an der Schnittstelle der Restriktionsendonuclease Mbo I im Bereich der D-Schleife. Die Nummerierung verläuft gegen den Uhrzeigersinn. (nach Andersen S, Bankier AT, Barrell RG et al (1981) Sequence and organization of the human mitochondrial genome. Nature 290: 457–465; Attardi G, Schatz G (1988) Biogenesis of mitochondria. Annu Rev Cell Biol 4: 289–333)

19

schiedlichen Auftriebsdichten im CsCl-Gleichgewichtsgradienten (S. 44) ab, mit dessen Hilfe den man den schweren (H, *heavy*) vom leichten (L, *light*) Strang trennen kann.

Die meisten Gene liegen auf dem **H-Strang**:
- je ein Gen für die 12S- und die 16S-rRNA,
- 14 Gene für tRNAs und
- 12 proteincodierende Gene.

Auf dem **L-Strang** befinden sich:
- 8 tRNA-Gene und
- nur ein proteincodierendes Gen mit der Bezeichnung ND6.

Das Gen *ND6* und die proteincodierenden Gene *ND1, ND2, ND3, ND4, ND4L* und *ND5* sind verantwortlich für die Komponenten des NADH-Dehydrogenasekomplexes (s. ▶ Abb. 19.1), der insgesamt aus etwa 40 Bausteinen besteht. Das mitochondriale Gen *Cyt b* codiert einen Baustein eines Komplexes (die Cytochrom-c-Reduktase), der insgesamt aus ungefähr zehn Komponenten besteht. Die Gene *COI, COII* und *COIII* codieren Bestandteile der Cytocrom-c-Oxidase und die Gene *ATPase 6* und *ATPase 8* codieren zwei von 14 Untereinheiten der ATP-Synthase (s. ▶ Abb. 19.1).

Diese Aufzählung vermittelt einen Eindruck von dem Zusammenwirken nucleärer und mitochondrialer Gene:

Wichtige Komplexe der Atmungskette sind aufgebaut aus Proteinbausteinen, die im Mitochondrium gebildet werden, und solchen, die im Zellkern codiert, im Cytoplasma hergestellt und dann in das Organell eingeschleust werden.

Das Vorhandensein von Genen für **tRNAs** und für **rRNAs** zeigt, dass Mitochondrien ein eigenes Translationssystem besitzen. Allerdings stammen die dazugehörenden ribosomalen Proteine von Genen des Zellkerns ab, ebenso die Aminoacyl-tRNA-Synthetasen, die die mitochondrialen tRNAs mit Aminosäuren beladen, sowie die RNA-Polymerase und ihre Transkriptionsfaktoren.

Wir erkennen eine merkwürdige genetische Symbiose:
- Das Genom des Mitochondriums codiert die RNA-Elemente seines Translationsapparats, aber für dessen Proteinbestandteile sorgen Gene des Zellkerns.
- Funktionell zusammengehörende Proteine werden teils von der mtDNA, teils von der Kern-DNA codiert.

Merke

Ein Mitochondrium besteht aus über 1000 verschiedenen Proteinarten, von denen gerade einmal 13 durch die mtDNA (von Säugetieren) codiert werden.

19

Dieses Nebeneinander ist für die Zelle aufwendig. Sie hat die Kosten für zwei unabhängige genetische Systeme zu tragen, für zwei volle Sätze von ribosomalen RNAs, ribosomalen Proteinen usw. Warum? Können die mitochondrialen Proteine nur innerhalb des Organells hergestellt werden, etwa weil sie im Cytoplasma unlöslich sind oder Struktureigentümlichkeiten aufweisen, durch die sie sich drastisch von den übrigen Proteinen der Zelle unterscheiden? Das trifft nach den Erfahrungen der Biochemiker nicht unbedingt zu. Als Erklärung für das Nebeneinander der genetischen Systeme bieten sich evolutionäre Argumente an, auf die wir später im Laufe des Kapitels zurückkommen werden.

19.2.3 Expression mitochondrialer Gene

Die gestrichelten Linien im oberen Teil der ▶ Abb. 19.2 geben die **Lage der Promotoren** an. Für die Transkription des H-Stranges sind zwei Promotoren zuständig, H1 und H2. Der **H-Strang-Promotor H1** liegt knapp vor dem tRNA^F^-Gen. Von dort erfolgt eine Transkription, die bis zum Ende des 16S-rRNA-Gens reicht, wo ein gebundener Terminationsfaktor die RNA-Polymerase anhält. Der zweite Promotor, **H2**, liegt zwischen dem tRNA^F^-Gen und dem Beginn des 12S-rRNA-Gens. Von diesem Promotor ausgehend wird eine polygenische RNA hergestellt, die fast den ganzen H-Strang umfasst. Der gesamte L-Strang wird von einem dritten Promotor aus transkribiert, dem **L-Strang-Promotor**.

Verantwortlich für die Transkription ist die **mitochondriale RNA-Polymerase**, die anders als die nucleären RNA-Polymerasen (S. 285) und auch anders als bakterielle RNA-Polymerasen (S. 69) nur aus einer einzigen Untereinheit besteht. Die mitochondriale RNA-Polymerase ist eines der sehr wenigen Beispiele für Ein-Untereinheit-RNA-Polymerasen. Ein anderes Beispiel ist die RNA-Polymerase des Bakteriophagen T7 (und verwandter Bakteriophagen) (S. 71). Tatsächlich haben die mitochondriale RNA-Polymerase und die T7-RNA-Polymerase teilweise ähnliche Aminosäuresequenzen. Das lässt auf (entfernte) evolutionäre Verwandtschaft schließen, aber wie die Verwandtschaft zustande kommen könnte, bleibt noch offen.

Die RNA-Polymerase in Mitochondrien braucht **Transkriptionsfaktoren** für ihre Funktion. Einer der Faktoren hat die Bezeichnung **mtTFA** (*transcription factor A*) und enthält Domänen, die denen des HMG-Proteins (S. 152) entsprechen. Der Faktor bindet DNA mit einer Präferenz für die Bereiche vor den eigentlichen Startpunkten der Transkription. Der gebundene mtTFA beugt und entwindet teilweise die DNA, was die Anlagerung der RNA-Polymerase und den Start der Transkription erleichtert. Ein zweiter Faktor, **mtTFB2**, lagert sich an die RNA-Polymerase und trägt zur Entwindung der DNA bei.

Beide Stränge der mtDNA werden vollständig transkribiert, oft als **symmetrische Transkription** bezeichnet wird. Die langen Transkripte werden bereits während ihrer Synthese durch Nucleasen zurechtgeschnitten. Wie ▶ Abb. 19.2 andeutet, sind einzelne Genabschnitte durch tRNAs-Gene voneinander getrennt. Diese bilden also eine Art Interpunktionszeichen in den primären Transkriptionsprodukten. Eine Endonuclease schneidet die tRNA-Sequenzen aus der langen Vorläufer-RNA und setzt damit auch die anderen mitochondrialen RNAs frei. So entstehen aus dem Transkript des H-Stranges die beiden rRNAs, die verschiedenen tRNAs und die einzelnen mRNAs. Von dem Transkript des L-Stranges geht das meiste verloren. Nur eine kurze mRNA und acht tRNAs bleiben übrig.

Mitochondriale RNAs in Vertebratenzellen zeigen Besonderheiten: Sie tragen keine 7-Methylguanosin-Kappe (S. 359) und haben nicht einmal die sonst übliche 5′-Nicht-Codierungssequenz, sondern beginnen direkt mit dem AUG-Startcodon. Ebenso kurz ist das 3′-Ende: Das Stoppcodon UAA entsteht oft erst durch Anheften des Poly(A)-Schwanzes (▶ Abb. 19.3).

Der genetische Apparat in Mitochondrien von Vertebraten muss mit 22 tRNA-Arten auskommen. Damit stehen den etwa 60 Sinncodons nur 22 Anticodons gegenüber. Wir erinnern an die **Wobble-Hypothese** (S. 94). In Bakterien und im Cytoplasma von Eukaryoten erkennt jedes Codon ein Anticodon in der passenden tRNA. Das Anticodon bildet Standardbasenpaarungen mit den ersten beiden Positionen des Codons, aber in der dritten Position sind bestimmte Nicht-Standardbasenpaarungen erlaubt (s. ▶ Tab. 5.6). Wenn man diese Regel anwendet, ergibt sich, dass für eine korrekte Translation mindestens 32 tRNA-Arten notwendig sind, um alle möglichen Code-

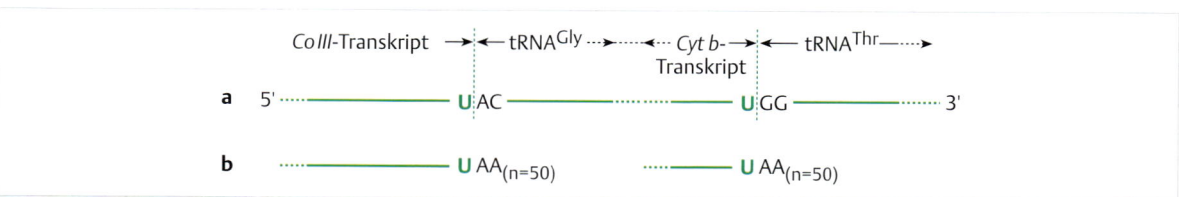

Abb. 19.3 Stoppcodons entstehen durch Anheften des Poly(A)-Schwanzes.

a Primäres Transkriptionsprodukt: Das 3′-Ende des *CO III*-Transkripts geht direkt in die Sequenz der folgenden tRNA über, ebenso wie das Ende des *Cyt-b*-Transkripts.

b Nach dem Herausschneiden der tRNA-Sequenzen erfolgt die Polyadenylierung und damit die Herstellung eines Stoppcodons.

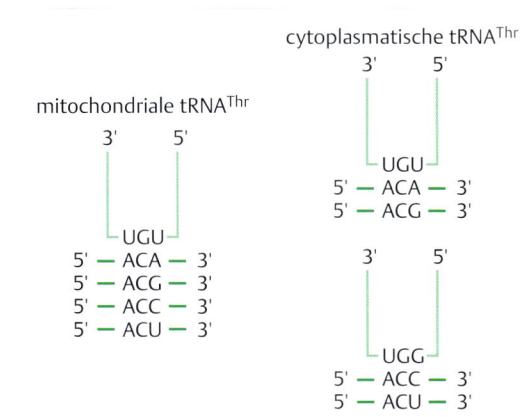

Abb. 19.4 Superwobble im mitochondrialen Code. Das Anti-codon in der mitochondrialen tRNA^{Thr} kann mit allen vier Codons für Threonin Basenpaarungen eingehen, weil das Uracil auf der 5′-Seite des Anticodons zu einem beliebigem Wobble fähig ist. Dagegen werden im Cytoplasma mindestens zwei verschiedene threoninspezifische tRNAs (S. 92) benötigt.

wörter zu lesen. Da aber in Mitochondrien nur 22 tRNA-Arten vorkommen, muss es eine Art **Superwobble** geben, eine noch höhere Flexibilität in der Codon-Anticodon-Erkennung. Die ▶ Abb. 19.4 zeigt ein Beispiel. Der Grund für den Superwobble liegt in der Struktur der mitochondrialen tRNA, die in mehreren Punkten von der Struktur cytoplasmatischer tRNA abweicht.

19.2.4 Der genetische Code in Mitochondrien

Seit 1979 weiß man, dass einer der Glaubenssätze der Genetik, die Universalität des genetischen Codes, nicht hundertprozentig gültig ist. Zum Beispiel gibt es in den Mitochondrien **Abweichungen vom Standardcode**. Das Stoppcodon UGA des universellen Codes gilt in den Mitochondrien vieler Arten nicht als Signal für das Kettenende, sondern als Sinncodon für die Aminosäure Tryptophan. Umgekehrt dienen die Tripletts AGA und AGG in den Mitochondrien von Wirbeltieren und Insekten als Stoppsignale, während sie im universellen Code für Arginin stehen.

Wir fassen diese und einige andere Besonderheiten in der ▶ Tab. 19.2 zusammen. Dabei vermerken wir, dass bei Mitochondrien in den verschiedenen Zweigen der Euka-ryotenwelt keineswegs dieselben Abweichungen vom universellen Code anzutreffen sind. Insbesondere gilt, dass der genetische Code der Mitochondrien von höheren Pflanzen im Allgemeinen dem Standardcode entspricht.

19.2.5 Replikation mitochondrialer DNA

Im oberen Teil der Genkarte der ▶ Abb. 19.2 sind Bereiche als **Origin** (O$_H$) und **D-Schleife** eingetragen. D steht für *displacement* (Verdrängung) und bedeutet, dass ein Stück des H-Stranges vom komplementären L-Strang ersetzt wird. Die Verdrängung entsteht dadurch, dass am Promotor des L-Stranges die Synthese einer RNA beginnt, die dann von der **mitochondrialen DNA-Polymerase γ** als Primer genutzt und verlängert wird. So entsteht in vielen mtDNA-Molekülen von Wirbeltieren über eine Länge von ca. 700 Nucleotiden ein dreisträngiger DNA-Abschnitt (s. ▶ Abb. 19.5). Wenn die Replikation der mtDNA eingeleitet wird, wird der RNA-DNA-Strang verlängert, und zwar entlang der gesamten mtDNA. So wird der H-Strang allmählich vollständig verdrängt. Wenn dieser Prozess die Stelle erreicht hat, die in der Genkarte der ▶ Abb. 19.2 als O$_L$, L-Strang-Origin, bezeichnet wird, kommt es zur Bildung eines RNA-Primers an dem verdrängten Strang und zur Synthese des dazu passenden Nachkommen-DNA-Stranges.

Dieses Schema wird als asymmetrisches **Replikationsmodell** seit Mitte der 1970er-Jahre in allen Lehrbüchern beschrieben. Aber seit 2002 steht noch ein zweites Modell zur Diskussion. Danach beginnt die Replikation in der Nähe des Origins O$_H$ und schreitet von da aus bidirektional und diskontinuierlich fort, bei gleichzeitiger Synthese beider Stränge wie bei der Standardreplikation der Bakterien- und Eukaryotengenome (S. 163). Zurzeit sprechen die meisten Daten für das alte asymmetrische Modell. Aber das letzte Wort ist noch nicht gesprochen.

Wie auch immer, die mitochondriale Replikation hat einen eigenen enzymatischen Apparat:
- eine **replikative DNA-Polymerase γ** mit einer katalytischen Untereinheit (Molekulargewicht 140 kDa), auf der sich die Polymerasefunktion und eine 3′-5′-Exonuclease als Korrekturlesefunktion befinden; dazu kommen zwei identische kleinere Untereinheiten (55 kDa) als Prozessivitätsfaktoren (S. 170);
- eine **Helikase** aus sechs identischen Untereinheiten (die ebenso wie die oben erwähnte mtRNA-Polymerase Se-

Tab. 19.2 Besonderheiten des genetischen Codes in Mitochondrien (aus [2]).

Codon	Standardcode	mitochondrialer Code			
		Vertebraten	Insekten	Hefe	höhere Pflanzen
UGA	Stopp	Trp	Trp	Trp	Stopp
AUA	Ile	Met	Met	Met	Ile
AGA/G	Arg	Stopp	Stopp	Arg	Arg
CUN	Leu	Leu	Leu	Thr	Leu

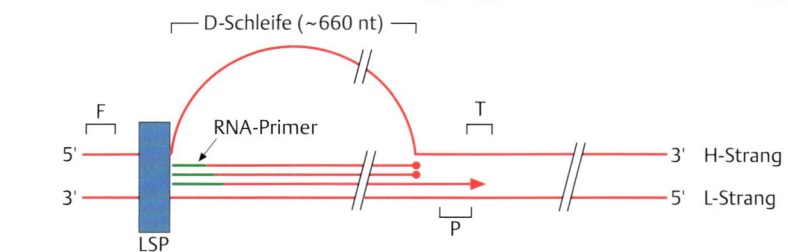

Abb. 19.5 **Die D-Schleife: ein markanter Abschnitt in der mtDNA.** Als D-Schleife beschreibt man eine dreisträngige Struktur stromabwärts des L-Strang-Promotors (LSP). Dort stellt die mtRNA-Polymerase RNA-Primer her, die durch DNA-Synthese verlängert werden. In nicht replizierenden mtDNA-Molekülen enden die RNA-DNA-Stränge am Ende der D-Schleife. Bei der Replikation wird ein RNA-DNA-Strang verlängert. Dieser Strang kann dann die Rolle des Vorwärtsstrangs (S. 177) bei der Ausbildung von Replikationsgabeln übernehmen. F, P und T = Gene für die tRNA^{Phe}, tRNA^{Pro} bzw. tRNA^{Thr} (s. Genkarte in ▶ Abb. 19.2). Der ca. 1100 bp lange Abschnitt zwischen den Genen für tRNA^{Phe} und tRNA^{Pro} wird oft als Kontrollregion bezeichnet. In diesem Abschnitt gibt es zwei Bereiche, wo sich die Sequenzen einzelner Menschen unterscheiden können: die hypervariablen Segmente (Plus 19.2) (S. 430).

quenzähnlichkeiten mit den entsprechenden Enzymen aus dem T7-Phagen hat);
- eine **Topoisomerase**,
- ene mitochondriale **Ligase** und
- ein speziell mitochondriales **einzelstrangbindendes Protein** u. a.

Anders als die Replikation der nucleären DNA (S. 163) ist die Replikation der mtDNA nicht an die Phasen des Zellzyklus gekoppelt. Eine Runde der mtDNA-Replikation dauert 1–2 Stunden. In der gleichen Zeit wird ein 200-mal längeres Stück Bakterien-DNA und ein 20-mal längeres Stück Kern-DNA repliziert.

19.2.6 Mitochondriale Krankheiten

Wie in der Box Plus 19.1 (S. 422) beschrieben, nimmt die Zahl der mtDNA-Mutationen mit dem Alter zu. Das sind somatische und somit nicht vererbbare Mutationen, anders verhält es sich jedoch mit Mutationen der mtDNAs in Eizellen. Sie werden an die Nachkommen weitergegeben und können Krankheiten verursachen. Man kennt einige Hundert solcher Mutationen: Deletionen, kleine Insertionen und vor allem Punktmutationen in den Protein- und RNA-codierenden Genen. Die Schäden äußern sich in erster Linie im Gehirn und im Herzen, auch in Muskeln, Leber, Drüsen, d. h. in allen Geweben, die in besonderem Maße auf Energiezufuhr und damit auf eine oxidative Phosphorylierung angewiesen sind.

Pathologie 19.1

Mitochondriale Krankheiten
LHON (Lebersche hereditäre Optikusneuropathie): Diese Krankheit, 1871 erstmals beschrieben vom Augenarzt Theodor Leber, ist charakterisiert durch einen plötzlich beginnenden und rasch fortschreitenden Verlust des Sehvermögens meist bei jungen Erwachsenen. Ursache ist das Absterben der Sehnerven. In 50–70 % aller Fälle findet man eine GC→AT-Transition am Nucleotid 11 778 der mtDNA-Sequenz. Die Folge ist eine Missense-Mutation im *ND4*-Gen (s. ▶ Abb. 19.2). Die ATP-Synthese ist gestört und die Zelle geht an Energiemangel zugrunde. Darüber hinaus kennt man verschiedene andere Mutationen, die zur LHON führen können, meist sind proteincodierende Gene betroffen.
   MERRF (*myoclonic epilepsy and ragged-red fibers*): Die Krankheit kann sehr unterschiedliche Symptome haben (Störung der Muskelfunktion, Demenz, Taubheit, epileptische Anfällen u. a.), je nach dem Anteil mutierter mtDNA an der gesamten mtDNA. Ursache ist meist eine Mutation im Gen für tRNA^{Lys} mit einer veränderten TΨC-Schleife (S. 76).
   MELAS (*mitochondrial encephalopathy, lactic acidosis and stroke-like episodes*; mitochondriale Encephalomyopathie):

Die betroffenen Patienten leiden unter häufig wiederkehrenden schlaganfallähnlichen Episoden. In vielen Fällen ist das Gen für die tRNA^{Leu} betroffen, aber man kennt auch Mutationen in den proteincodierenden Genen *ND1* und *ND5*.
   Leigh-Syndrom (auch nekrotisierende Enzephalopathie genannt) zuerst beschrieben vom Neuropathologen Archibald D. Leigh (1951): Die Krankheit beginnt oft in den ersten Lebensjahren und äußert sich in einer Reihe von neurologischen Symptomen mit dem Verlust von mehr oder weniger großen Gehirnarealen, was zu epileptischen Anfällen, Sehstörungen, Atmungsschwierigkeiten usw. führt.
   An diesem Beispiel kann man zeigen, dass die Ursache für mitochondriale Krankheiten nicht nur in Mutationen der mtDNA zu suchen ist, sondern auch in Mutationen von Genen der Kern-DNA, die Komponenten der Atmungskette codieren. So kennt man Mutationen in der mtDNA, u. a. die Gene tRNA^{Val}, *ND3*, *ND4* betreffend, aber auch Mutationen in etwa 16 Genen der nucleären DNA, die Komponenten der Atmungskette codieren (z. B. das Gen *NDUFS 3*), die den klinischen Phänotyp der Encephalopathie auslösen.

19

19

Definition

Heteroplasie: In einem Mitochondrium kommt intakte und mutierte mtDNA nebeneinander vor.

Mitochondriale Krankheiten werden über die weibliche Linie vererbt, was eine einfache Folge der Tatsache ist, dass nur die Mitochondrien in Eizellen an die nachfolgende Generation weitergegeben werden. Ein anderes Merkmal mitochondrialer Krankheiten ist, dass sie höchst variabel ausgeprägt sind. Die Variabilität hängt hauptsächlich damit zusammen, dass jedes Mitochondrium mehrere mtDNAs enthält. So können in einem Mitochondrium intakte mtDNA und mutierte mtDNA nebeneinander vorkommen (was als Heteroplasie bezeichnet wird). Wenn die intakte mtDNA deutlich überwiegt, bleibt das Mitochondrium weitgehend funktionstüchtig. Und umgekehrt, wenn viel mutierte mtDNA vorhanden ist, werden defekte Komponenten der Atmungskette gebildet und das Mitochondrium kann die Funktion als Energieproduzent nicht mehr richtig ausüben. Und zwar in einem Ausmaß, das vom Verhältnis der mutierten zu den intakten mtDNAs abhängt.

19.2.7 Sequenzunterschiede mitochondrialer Genome

Ein Vergleich der Nucleotidsequenzen von mtDNAs verschiedener Personen zeigt Unterschiede, vor allem in der **D-Schleifen-Region**, in dem ca. 1100 bp langen Abschnitt zwischen den Genen für tRNA^{Pro} und tRNA^{Phe} (s. ▶ Abb. 19.5) und dort bevorzugt in den sogenannten hypervariablen Segmenten I (zwischen Basenpaar 57 und 372) und II (zwischen Basenpaar 16 024 und 16 383). Nehmen wir als Beispiel das Basenpaar 195. Bei der einen Person steht dort ein T (wie in der Referenzsequenz CRS (S. 424)), aber bei anderen ein A oder ein C. Ein weiteres Beispiel liefert Basenpaar 16 111: Statt eines C kann dort ein A, G oder T stehen. Man kennt viele Hundert solcher **Polymorphismen**, wie man die Abweichungen von der Referenzsequenz nennt (aufgelistet in der Datenbank Mitomap). Eine Person kann über die spezifische Kombination von Polymorphismen identifiziert werden.

Das wird in der **Gerichtsmedizin** genutzt. Zwar besteht der typische DNA-Test zur Identifizierung einer Person aus der Analyse von hoch polymorphen Minisatelliten (S. 515) im nucleären Genom. Doch in Spezialfällen ist eine Untersuchung der hypervariablen Segmente der mtDNA nützlich, z. B. wenn menschliche Überreste lange nach dem Tod untersucht werden müssen, denn dann ist die nucleäre DNA oft bis zur Unkenntlichkeit verändert oder ganz zerfallen. Es besteht allerdings immer noch die Chance, dass Reste von mtDNA im Skelett erhalten geblieben sind, einfach weil mtDNA in vielen einheitlichen Ko-

pien im Gewebe vorkommt. Ein Beispiel ist in der Plus 19.2 (S. 430) beschrieben.

Anthropologen, die sich für die **Evolution des Menschen** und die menschliche Vielfalt interessieren, bestimmen und vergleichen die mtDNA-Sequenzen in vielen ethnischen Gruppen weltweit. Aus den Sequenzen lässt sich eine Art Stammbaum mit mehreren Hauptzweigen ableiten. Einige Zweige leiten zu verschiedenen ethnischen Gruppen in Afrika, aber ein weiterer Zweig schließt die Sequenzen aus allen nicht afrikanischen ethnischen Gruppen ein. Die Deutung ist, dass der Ursprung aller heute lebenden Menschen (*Homo sapiens*) in Afrika liegt, von wo aus vor weniger als 100 000 Jahren eine relativ kleine Gruppe aufgebrochen ist. Deren Nachkommen sind dann allmählich im Laufe der Jahrtausende in die verschiedenen Regionen der Erde gewandert, wo sie sich unabhängig voneinander zu den heute bestehenden Populationen entwickeln konnten. Jede Population besitzt eine jeweils spezifische Kombination von Polymorphismen in der mtDNA.

Ein spektakulärer Beitrag zu diesem Forschungsgebiet ist der Nachweis von mtDNA-Sequenzen in den Knochen von Neandertalern. Der wichtige Punkt ist, dass diese Sequenzen sich signifikant von den entsprechenden Sequenzen heute lebender Menschen unterscheiden. Demnach können Neandertaler nicht die direkten und ausschließlichen Vorfahren der heutigen Europäer sein.

Weitere Informationen über die Erforschung und Entwicklung menschlicher mtDNA findet man unter http://www.mitomap.org.

19.2.8 Formen mitochondrialer DNA

Wir haben die Struktur und Funktion der menschlichen mtDNA besprochen. Sie gleicht der mtDNA anderer Wirbeltiere, aber sie kann trotzdem nicht als der Prototyp mitochondrialer Genome gelten, weil sie sich von den mtDNAs anderer Tier- und Pflanzenarten deutlich unterscheidet (s. ▶ Tab. 19.1).

Als ein erstes Beispiel zur Illustration dieser Aussage mag die **mtDNA von Insekten**, genauer von *Drosophila melanogaster,* gelten. Die DNA besteht aus etwa 20 000 bp und ist damit länger als die mtDNA von Wirbeltieren, obwohl Zahl und Anordnung der Gene in beiden Genomtypen sehr ähnlich sind. Der Größenunterschied kommt durch längere AT-reiche Abschnitte unbekannter Funktion zustande.

Plus 19.2

Mitochondriale DNA in der Gerichtsmedizin

Wie sich der Vergleich von mtDNA-Sequenzen für die Identifizierung von Personen nutzen lässt, kann gut an einem historisch interessanten Beispiel illustriert werden. Bei diesem Beispiel geht es um die Überreste des letzten russischen Zaren und seiner Familie. Die geschichtlichen Verhältnisse sind relativ gut dokumentiert. Im Jahr 1917 hat die bolschewistische Revolutionsregierung den Zaren Nikolaus II., seine Frau, seine vier Töchter und den einzigen Sohn, zusammen mit drei Dienern und dem Leibarzt, verhaftet und später in die am Ural gelegene Stadt Jekatarinenburg verschleppt. Dort wurden sie am 18. Juli 1918 ermordet und in der Umgebung der Stadt an einem geheimen Ort verscharrt. Nach dem Zerfall der Sowjetunion entdeckten Amateurhistoriker ein Massengrab mit Skelettüberresten, die gut zur Beschreibung der Zarenfamilie mit ihrer Begleitung passten.

Aber erhebliche Zweifel blieben bestehen – bis im Jahr 1994 eine englisch-russische Forschergruppe eine Analyse von mtDNA-Proben durchführte. Der wichtige Punkt dabei war der Vergleich der identifizierten Sequenzen mit denen von lebenden Nachfahren aus den Familien des Zaren und seiner Frau unter Berücksichtigung der Tatsache, dass mtDNA nur über weibliche Linien weitergegeben wird.

Die ▸ Abb. 19.6 zeigt die Familienstammbäume und die Ergebnisse der Sequenzanalysen. Jeder vernünftige Zweifel an der Identität der Überreste im Massengrab von Jekatarinenburg ist seitdem ausgeschlossen.

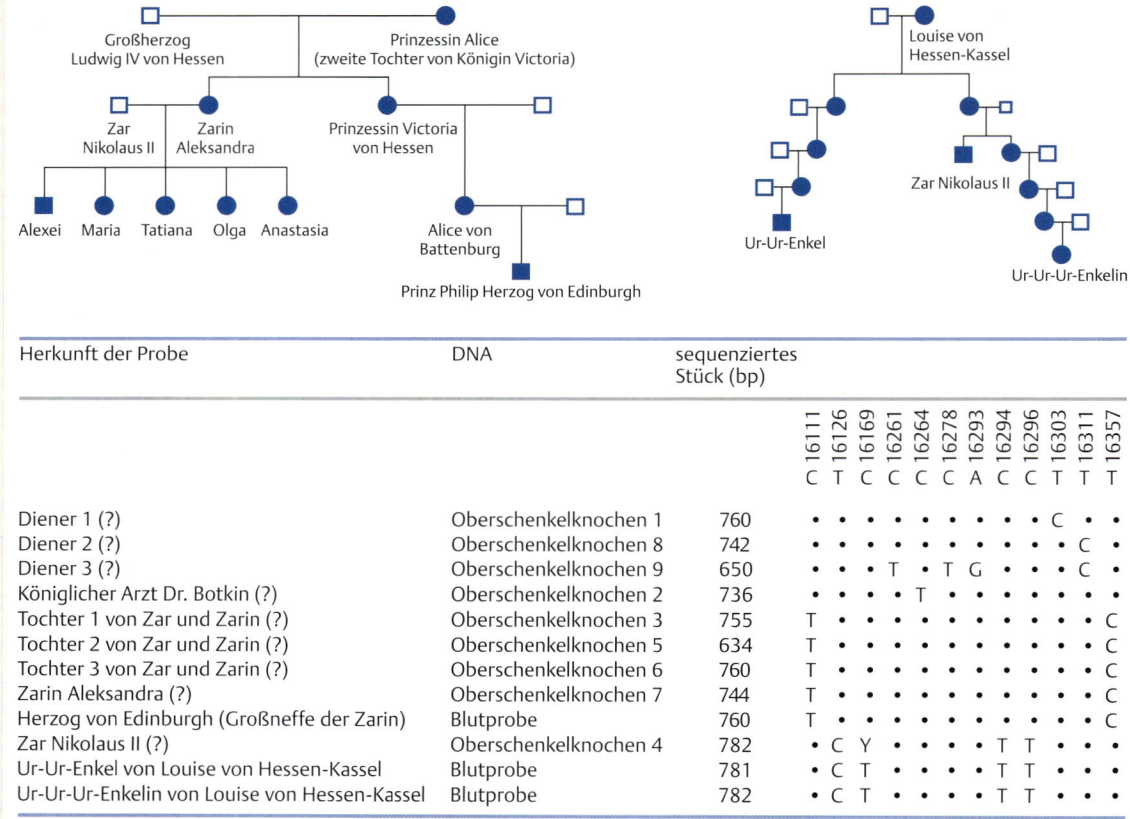

Herkunft der Probe	DNA	sequenziertes Stück (bp)	16111 C	16126 T	16169 C	16261 C	16264 C	16278 A	16293 C	16294 C	16296 T	16303 T	16311 T	16357 T
Diener 1 (?)	Oberschenkelknochen 1	760	•	•	•	•	•	•	•	•	•	C	•	•
Diener 2 (?)	Oberschenkelknochen 8	742	•	•	•	•	•	•	•	•	•	C	•	•
Diener 3 (?)	Oberschenkelknochen 9	650	•	•	T	•	•	T	G	•	•	C	•	•
Königlicher Arzt Dr. Botkin (?)	Oberschenkelknochen 2	736	•	•	•	•	T	•	•	•	•	•	•	•
Tochter 1 von Zar und Zarin (?)	Oberschenkelknochen 3	755	T	•	•	•	•	•	•	•	•	•	•	C
Tochter 2 von Zar und Zarin (?)	Oberschenkelknochen 5	634	T	•	•	•	•	•	•	•	•	•	•	C
Tochter 3 von Zar und Zarin (?)	Oberschenkelknochen 6	760	T	•	•	•	•	•	•	•	•	•	•	C
Zarin Aleksandra (?)	Oberschenkelknochen 7	744	T	•	•	•	•	•	•	•	•	•	•	C
Herzog von Edinburgh (Großneffe der Zarin)	Blutprobe	760	T	•	•	•	•	•	•	•	•	•	•	C
Zar Nikolaus II (?)	Oberschenkelknochen 4	782	•	C	Y	•	•	•	•	T	T	•	•	•
Ur-Ur-Enkel von Louise von Hessen-Kassel	Blutprobe	781	•	C	T	•	•	•	•	T	T	•	•	•
Ur-Ur-Ur-Enkelin von Louise von Hessen-Kassel	Blutprobe	782	•	C	T	•	•	•	•	T	T	•	•	•

Abb. 19.6 Identifikation der Überreste der russischen Zarenfamilie durch Analyse der mtDNA.
Oben: Stammbäume der Generationen zweier Familien. Der linke Stammbaum führt zu der Zarin mit ihren fünf Kindern und weiter zum Prinzen Philip, dem Herzog von Edinburgh. Der rechte Stammbaum führt zum Zaren und weiter zu den Nachkommen seiner Tante und seiner Schwester (Ur-Ur-Enkel und Ur-Ur-Ur-Enkelinnen, die Blutproben zur Verfügung stellten, aber anonym bleiben wollten). Quadrate symbolisieren männliche Mitglieder und Kreise weibliche Mitglieder der Familien. Die ausgefüllten Symbole zeigen die Weitergabe der mitochondrialen DNA über die weiblichen Linien an. Die Frage stellt sich, ob die mtDNAs der Nachkommen mit den mtDNAs in den Knochenproben übereinstimmen.
Unten: Obere Zeile rechts: Ausgewählte Nucleotide aus dem Sequenzbereich zwischen den Basenpaaren 16 111 und 16 357 der Cambridge Reference Sequence (s. ▸ Abb. 19.2). Darunter Sequenzen der untersuchten mtDNAs. Punkte bedeuten keine Abweichungen von der Referenzsequenz. Beachte, dass in der Sequenz, die aus einem Knochen von Zar Nikolaus II. stammt, an Position 16 169 ein Y (Pyrimidin) steht. Anders gesagt, dort kann ein Thymin- oder ein Cytosinnucleotid vorkommen. Demnach besitzt diese Person zwei mitochondriale Genome in einer Zelle (Heteroplasie), was recht häufig vorkommt. (nach Gill P, Ivanov PL et al (1994) Identification of the remains of the Romanov family by DNA analysis. Nat Genet 6: 130–136)

Das zweite Beispiel ist die **mtDNA von Hefezellen**. Bei *Saccharomyces cerevisiae* liegt die Größe der mitochondrialen Genome je nach Art zwischen etwa 74 000 und 82 000 bp. Auch diese mtDNA enthält AT-reiche Abschnitte ohne bekannte Funktion. Überdies trägt das Genom einige Gene, die bei mtDNA von Wirbeltieren fehlen. Zum Beispiel sind drei (und nicht nur zwei) Komponenten des ATP-Synthasekomplexes und mindestens ein ribosomales Protein codiert. Schließlich sind manche Gene der mtDNA von Hefezellen viel länger als die entsprechenden Gene der mtDNA von Vertebraten. Dies gilt insbesondere für die 10-mal längeren Gene *COI* und *Cyt b*. Der Grund dafür ist das Vorkommen von teilweise langen Intronsequenzen in diesen Genen.

Besonders drastisch unterscheiden sich die **mitochondrialen Genome der Pflanzen** von den tierischen mtDNAs:

- Sie sind viel größer und weisen erhebliche erhebliche Längenunterschiede auf (200–2000 kb), was nicht nur für den Vergleich zwischen Pflanzenarten, sondern oft auch innerhalb einer Art, sogar in einer Pflanze und vermutlich auch in einer Zelle, gilt.
- Die Genome sind viel komplexer aufgebaut.
- Mitochondriale Genome mancher Pflanzenarten können ihre Struktur verändern.

Da eine einzelne Zelle oder vermutlich sogar ein einziges Mitochondrium mtDNAs unterschiedlicher Struktur enthalten kann, ist es praktisch unmöglich, das allgemeingültige Mitochondrien-Genom höherer Pflanzen zu isolieren und durch Sequenzuntersuchungen zu charakterisieren. Stattdessen bestimmen Molekularbiologen die Restriktionsfragmente der mtDNA einer Pflanzenart und setzen sie zu einer Art idealer Restriktionskarte zusammen, die man als **Standardring (*master circle*)** bezeichnet.

Die ▶ Abb. 19.7 zeigt den Standardring der Inzucht-Maissorte NB. Er besteht aus 569 630 bp. Mehrere Wiederholungssequenzen sind Hot Spots der intramolekularen Rekombination und führen zu mannigfaltigen Rekombinationsprodukten, wie man sich anhand ▶ Abb. 19.7 verdeutlichen kann.

Wie die mtDNAs anderer höherer Pflanzen enthält das mitochondriale Genom von Mais Gene für Komponenten der oxidativen Phosphorylierung (insgesamt 22) und zusätzlich noch Gene für ribosomale Proteine. Viele Gene enthalten Introns, sodass Spleißvorgänge beim Herstellen reifer mRNAs notwendig sind. Dazu kommen Gene für tRNAs (abgekürzt als *trn* in ▶ Abb. 19.7) und drei (und nicht wie in tierischer mtDNA nur zwei) rRNA-Gene (*rrn5*, *rrn18* und *rrn26* in ▶ Abb. 19.7). Die mitochondrial codierten tRNAs reichen nicht für die Proteinsynthese aus und müssen durch tRNAs ergänzt werden, die aus dem Cytoplasma stammen. Zu den genannten Genen kommen noch zahlreiche offene Leseraster, die vermutlich Proteine codieren. Die Funktion der meisten dieser Proteine ist noch unbekannt.

Typische Elemente in den mtDNAs höherer Pflanzen sind Abschnitte, die große Ähnlichkeit mit der DNA von Chloroplasten haben. Sie machen etwa 4,4% der in der ▶ Abb. 19.7 dargestellten Gesamtsequenz aus. Man kann davon ausgehen, dass diese Gene im Laufe der Evolution von dem einen pflanzlichen Organell auf das andere übertragen wurden.

Die Sequenzen aller Gene (plus Introns), aller offenen Leseraster (unbekannter Funktion) und der Chloroplasten-DNA zusammen machen nur etwa ein Viertel der etwa 570 000 bp der mtDNA in Mais aus. Die Bedeutung des großen Restes ist unbekannt.

19.2.9 RNA-Editing in Mitochondrien

C→U-Austausch in mitochondrialer RNA

Bei Vergleichen zwischen den Nucleotidsequenzen der mtDNA-Gene höherer Pflanzen und ihren mRNA-Transkripten fallen Unterschiede auf. Häufig findet sich ein Cytosinbaustein im nicht transkribierten Strang des Genoms und ein Uracilbaustein in der fertigen mRNA. Viel seltener findet man umgekehrt Thymin im nicht transkribierten Strang des Genoms und Cytosin in der RNA. Forschungen zeigen, dass die DNA-Sequenz „wortgetreu" als prä-mRNA transkribiert wird, und dass das Transkript dann nachträglich bei der Reifung der mRNA editiert (verändert) wird (▶ Abb. 19.8).

Solch ein C→U-Austausch (und viel seltener U→C-Austausch) kann an mehr als Tausend Stellen in den Transkripten der mtDNA vieler höherer Pflanzen, wie z. B. Weizen, vorkommen. Er ist notwendig für die Synthese funktioneller Proteine, denn häufig entsteht erst durch RNA-Editing ein Codon für eine wichtige Aminosäure. Aber auch Start- oder Stoppcodons können durch RNA-Editing zustande kommen.

Was die biochemischen Mechanismen betrifft, die dem C→U-Austausch (und umgekehrt) zugrunde liegen, ist das letzte Wort noch nicht gesprochen. Aber offensichtlich sind **Proteine der PPR-Familie** (PPR, *pentatricopeptide repeat*) beteiligt. Die Genome von Reis oder von Mais enthalten mehr als 600 Gene für PPR-Proteine. Diese Proteine können bis zu 30 Variationen eines Motivs aus 35 Aminosäuren enthalten. Möglicherweise bilden sie eine Art Plattform, auf der die RNA zu liegen kommt, bevor Cytosinbausteine durch Desaminierung in Uracilbausteine überführt werden.

Als Ergänzung fügen wir hinzu, dass ein RNA-Editing in den Mitochondrien von Moosen und Grünalgen nicht vorkommt. Hier stimmen die Sequenzen von prä-mRNA und mRNA überein – ein weiteres Zeichen für die Variabilität mitochondrialer Genome im Pflanzenreich.

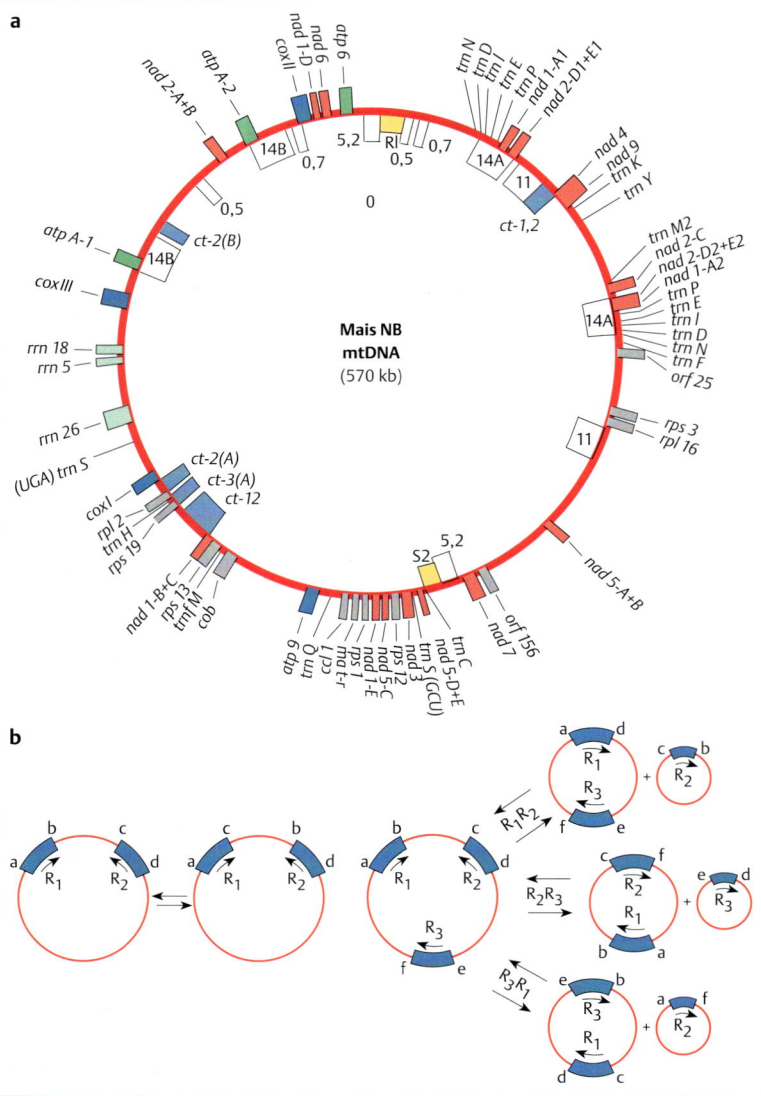

a

nad 2-A+B
atp A-2
nad 1-D
coxII
nad6
atp 9
trn N
trn D
trn I
trn E
trn P
nad 1-A1
nad 2-D1+E1
nad 4
nad 9
trn K
trn Y
trn M2
nad 2-C
nad 2-D2+E2
nad 1-A2
trn P
trn E
trn I
trn D
trn N
trn F
orf 25
rps 3
rpl 16
nad 5-A+B
orf 156
nad7
trn C
nad 5-D+E
trn S(GCU)
nad3
nad5-C
rps 1
ma t-r
rps 12
L(?)
Q trn
atp 6
cob
trn M
rps 13
nad 1-B+C
rps I9
trn H
rpl 2
coxI
(UGA) trn S
rrn 26
rrn 18
rrn 5
cox III
atp A-1
ct-2(B)

14B
14B
0,5
0,7
5,2
Rl
0,7
0,5
0
14A
11
ct-1,2
14A
11
5,2
S2

ct-2(A)
ct-3(A)
ct-12

**Mais NB
mtDNA
(570 kb)**

Abb. 19.7 Ein Standardring (*master circle*) mitochondrialer DNA von Mais. (nach Fauron C, Casper M, Gao Y et al (1995) The maize mitochondrial genome: dynamic, yet functional. Trends Genet 11: 228–235)

a Außen sind die mitochondrialen Gene eingetragen. Im Inneren des Ringes werden die Gene gezeigt, die vom Chloroplasten-Genom stammen (blau), sowie die offenen Kästen der Wiederholungssequenzen.

b Hier ist skizziert, wie aus einem Standardring durch intramolekulare Rekombinationen zahlreiche verschiedene Produkte entstehen können. R = Repeats oder Sequenzwiederholungen (Stellen, wo sich die intramolekularen Rekombinationen ereignen).

b

Merke

In der mtRNA höherer Pflanzen wird häufig ein Cytosinbaustein gegen einen Uracilbaustein ausgetauscht (RNA-Editing).

				(Ser-)		(Arg-)	
nicht editierte RNA	AGG	GGU	GCU	UCG	GAU	CGG	GAG
edierte RNA	AGG	GGU	GCU	UUG	GAU	UGG	GAG
	Arg–	Gly–	Ala–	Leu–	Asp–	Trp–	Glu–

Abb. 19.8 Editing eines Transkripts in pflanzlichen Mitochondrien. (nach Schuster W, Brennicke A (1994) The plant mitochondrial genome: physical structure, information content, RNA editing, and gene migration to the nucleus. Annu Rev Plant Physiol Plant Mol Biol 45: 61–78)

Einfügen von Nucleotiden: RNA-Editing in Mitochondrien von Trypanosomen

Die bizarrsten Formen mitochondrialer DNA besitzen manche Protozoenarten wie Trypanosomen und andere Kinetoplastiden: Mehrere Mitochondrien-Genome, genannt Maxiringe (22–36 kb), hängen in einem dichten

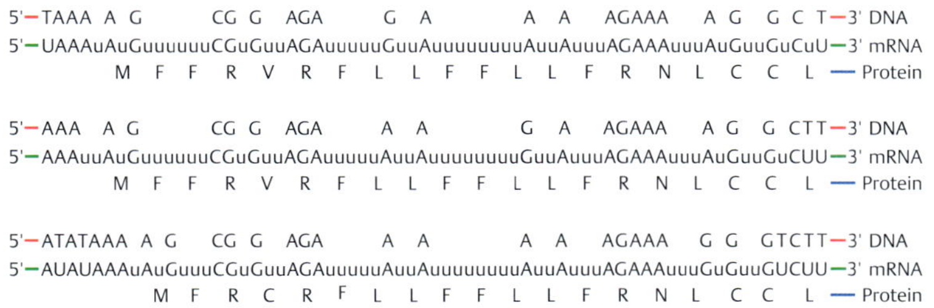

```
5'—TAAA A G      CG G  AGA      G A      A A   AGAAA    A G  G C T—3' DNA
5'—UAAAuAuGuuuuuuCGuGuuAGAuuuuuGuuAuuuuuuuuAuuAuuuAGAAAuuuAuGuuGuCuU—3' mRNA
          M  F  F  R  V  R   F    L   L   F  F   L  L    F  R  N   L   C  C   L — Protein

5'—AAA  A G      CG G  AGA      A A          G A  AGAAA    A G  G CTT—3' DNA
5'—AAAuAuGuuuuuuCGuGuuAGAuuuuuAuuAuuuuuuuuGuuGuuuuAGAAAuuuAuGuuGuCUU—3' mRNA
          M  F  F  R  V  R   F    L   L   F  F   L  L    F  R  N   L   C  C   L — Protein

5'—ATATAAA A G      CG G  AGA      A A      A A   AGAAA   G G  GTCTT—3' DNA
5'—AUAUAAAuAuGuuuCGuGuuAGAuuuuuAuuAuuuuuuuuAuuAuuuAGAAAuuuAuGuuGuGUCUU—3' mRNA
          M  F  R  C  R   F    L   L   F  F   L  L    F  R  N   L   C  C   L — Protein
```

Abb. 19.9 Editing durch das Einführen von Uracilbausteinen. Gezeigt ist der Anfang eines *Cyt-b*-Gens, wie es in den mtDNAs (Maxiringe) verschiedener Arten von Kinetoplastiden vorkommt. Die Nucleotidsequenz der DNA wird genau transkribiert (Großbuchstaben). Die primären Transkripte werden durch das Einfügen von Uracilbausteinen (Kleinbuchstaben) verändert. Durch diese Reaktionen entstehen die offenen Leseraster der fertigen mRNA (hier angedeutet durch die Codonbedeutung in der Ein-Buchstaben-Abkürzung für Aminosäuren). (nach Simpson L, Shaw J (1989): RNA editing and the mitochondrial cryptogenes of kinetoplast protozea. Cell 57: 355–366)

19

Netzwerk mit Tausenden von Miniringen (0,5–1 kb) zusammen.

In den Nucleotidsequenzen der mtDNA (Maxiring) fehlen zahlreiche Stellen, wo in der mRNA Uracilbausteine vorkommen (▶ Abb. 19.9). Eine prä-mRNA muss durch Einfügen von Uracilnucleotiden in die entsprechende reife mRNA überführt werden. Seltener ist der umgekehrte Vorgang, nämlich die Entfernung eines Uracilbausteins aus dem primären Transkript. Das Ausmaß des Editings unterscheidet sich von Gen zu Gen und, bei gegebenem Gen, von Art zu Art. Nehmen wir die Mitochondrien von *Trypanosoma brucei* (dem Erreger der Schlafkrankheit) als Beispiel: Alle edierten, fertigen mRNAs zusammen enthalten eine Gesamtmenge von 3 583 eingebauten, gegenüber 322 entfernten Uracilresten.

Der Vorgang des RNA-Editings bei Trypanosomen wird durch kleine RNAs gesteuert, die *guide*-RNAs (gRNAs) genannt werden. Die Mitochondrien enthalten mehrere Hundert verschiedene gRNAs. Einige wenige gRNAs sind auf Maxiringen, die meisten auf Miniringen codiert. Ein typischer Miniring trägt die Gene für drei gRNAs.

Sequenzen der gRNAs sind sehr unterschiedlich, haben aber drei funktionelle Abschnitte:
- Kurze Strecken am 5'-Ende sind komplementär zu Abschnitten in den primären Transkripten.
- Darauf folgt ein Abschnitt von bis zu 40 Nucleotiden, der komplementär zur edierten RNA ist (Führungsstrecke).
- Am 3'-Ende befindet sich eine Folge von 5–24 Uracilbausteinen, der Poly(U)-Schwanz.

Zusammen mit einigen Proteinen sind gRNAs Bestandteile eines größeren Komplexes, der manchmal als **Editosom** bezeichnet wird. Die gRNAs gehen Basenpaarungen mit den prä-mRNAs ein und bilden eine Art Gerüst, an dem spezielle Enzyme in Aktion treten (▶ Abb. 19.10):
- Eine gRNA-geleitete **Endonuclease** schneidet die nicht editierte prä-mRNA in Richtung 5'-Ende sehr nahe neben dem doppelsträngigen Abschnitt.

- Wenn ein Uracilrest eingeführt werden soll, heftet das Enzym **Terminale Uracil-Transferase** (TUTase) ein Nucleotid an das freie 3'-Ende der prä-mRNA. Wenn die Deletion eines Uracilrests erforderlich ist, kommt eine **3'-Uracil-Exonuclease** zum Zuge. Die Reaktionen werden durch Ab- oder Anwesenheit des Cofaktors ADP gesteuert.
- Schließlich fügt eine **RNA-Ligase** die RNA-Enden wieder zusammen und stellt die reife mRNA her.

Offen bleibt die Frage, wie sich dieser bizarre Prozess des Editings entwickelt hat und welchen physiologischen oder selektiven Vorteil Trypanosomen daraus ziehen.

19.2.10 Evolution von Eukaryoten und Endosymbiosen

Mitochondriale DNA hat bei allen Eukaryoten dieselbe Funktion, nämlich letztlich die Ausstattung von Mitochondrien mit essenziellen Proteinen für die oxidative Phosphorylierung. Vor diesem Hintergrund überraschen die enormen Unterschiede in der Größe der mtDNAs und der Zahl der codierten Gene.

Einige Zahlen zur Erinnerung: Die mtDNA von Vertebraten enthält 37 Gene, davon sind 13 proteincodierend; die mtDNA vieler Pflanzen (Mais) hat 58 Gene, davon sind 34 proteincodierend (wenn man die offenen Leseraster unbekannter Funktion nicht berücksichtigt). Extreme sind die mtDNA des Malariaerregers *Plasmodium falciparum* mit nur fünf Genen (davon zwei rRNA-Gene) und die mtDNA eines Flagellaten (*Reclinomonas americana*) mit 92 Genen, darunter 29 nicht-proteincodierende Gene (davon drei rRNA-Gene und 26 tRNA-Gene).

Das mitochondriale Genom von **Reclinomonas** weist eine interessante Besonderheit auf, denn es codiert nicht nur die Proteine für die oxidative Phosphorylierung und die ribosomalen Proteine (wie pflanzliche mtDNA), sondern auch vier Untereinheiten der RNA-Polymerase, die in verblüffender Weise den Untereinheiten bakterieller RNA-

19

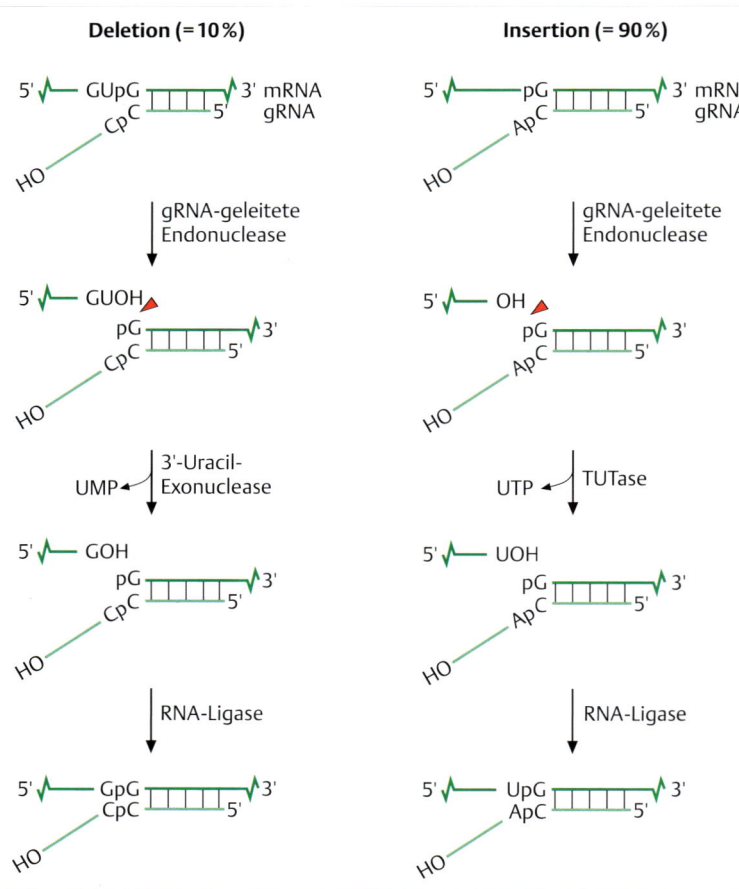

Deletion (= 10 %) Insertion (= 90 %)

Abb. 19.10 Editing durch Entfernen oder Einführen von Uracilbausteinen. Durch die passende gRNA wird eine Endonuclease zur Schnittstelle geleitet. Dann kann es zu Deletionen oder Insertionen kommen. Deletionen sind seltener (10 %) als Insertionen (90 %). Im Falle einer Insertion kommt es zur Anheftung eines Uracilnucleotids. Die RNA-Ligase verknüpft in beiden Fällen die mRNA-Stücke. Weitere Erläuterungen s. Text. (nach Cruz-Reyes J, Rusche LN, Piller KJ et al (1998) T. brucei RNA editing: adenosine nucleotides inversely affect U-deletion and U-insertion reactions at mRNA cleavage. Mol Cell 1: 401–409)

Polymerasen (S. 69) gleichen. Wie oben (S. 426) beschrieben, besteht die mitochondriale RNA-Polymerase sonst nur aus einer Untereinheit, die von einem nucleären Gen codiert wird.

Die Besonderheit bei *Reclinomonas* beleuchtet Ereignisse der frühen Evolution bei der Entstehung von Eukaryoten. Das zurzeit bevorzugte Modell besagt, kurz zusammengefasst, dass vor vielleicht 1,5 Milliarden Jahren eine archaeonähnliche Zelle ein Bakterium (Alphaproteobakterium) aufgenommen hat und dass sich danach allmählich die typisch eukaryotischen Strukturen (Kern, cytoplasmatisches Membransystem, Cytoskelett) entwickelten. Ein alternatives Modell ist, dass die ersten eukaryotischen Zellen durch die Aufnahme eines Bakteriums in eine bereits kernhaltige Urzelle entstanden sind, wie es die ▶ Abb. 19.11 nahelegt.

Auf jeden Fall änderte sich das bakterielle Genom im Laufe des symbiotischen Zusammenlebens. Viele Gene gingen verloren, andere gelangten in das Genom des Zellkerns. Als Spuren dieses Prozesses findet man in vielen nucleären Genomen teils lange Abschnitte mit Ähnlichkeiten zu mitochondrialer DNA.

Genverluste und -transfers führten in den verschiedenen Zweigen der eukaryotischen Evolution zu den unterschiedlichen Ergebnissen, die wir genannt haben. Und die Frage drängt sich auf, warum nicht die gesamte DNA des Symbionten in den Zellkern aufgenommen wurde, oder, anders gefragt, warum es überhaupt mtDNA mit ihren Genen gibt.

Es wurde diskutiert, ob ein Grund dafür der eigentümliche mitochondriale genetische Code sein könnte, der vom nucleären genetischen Apparat nicht gelesen werden kann. Aber diese Erklärung kann nicht allgemein gelten, denn die pflanzliche mtDNA besitzt den genetischen Standardcode. Eine andere Erklärung ist, dass manche mitochondrialen Proteine aufgrund struktureller Besonderheiten nicht durch die Doppelmembran transportiert werden können und deswegen im Mitochondrium an Ort und Stelle gebildet werden müssen. Es könnte auch sein, dass es gefährlich für die Zelle wäre, wenn die Komplexe der Atmungskette im Cytoplasma zusammengebaut würden. Immerhin liefern sie große Mengen an toxischen Sauerstoffradikalen (▶ Abb. 19.1c). Eine weitere Erklärung ist, dass eine eigene mitochondrienbasierte Synthese von Proteinen eine Vermehrung der Mitochondrien unabhängig vom Kerngenom gewährleistet.

Welche Erklärungen am wahrscheinlichsten sind, muss sich noch zeigen. Und es lässt sich nicht ganz ausschlie-

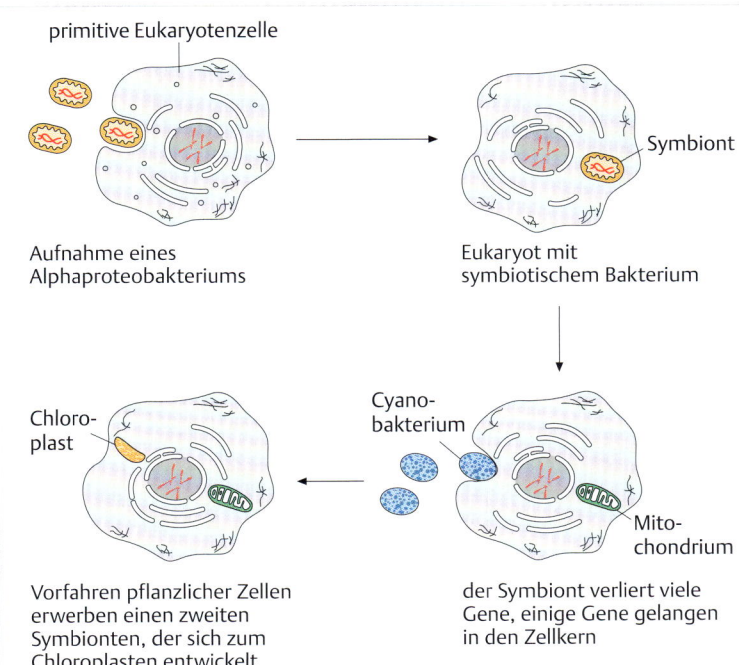

Abb. 19.11 Endosymbiontentheorie. Eine Vorläuferzelle, von der hier angenommen wird, dass sie mit Zellkern, Chromosomen, internem Membransystem und Cytoskelett ausgestattet war, nimmt ein Bakterium auf, das allmählich Gene verliert, somit seine Struktur verändert und die Fähigkeit zur eigenen Vermehrung aufgibt. Urpflanzen erwerben zusätzlich ein zweites Organell, den Chloroplasten, über die Aufnahme eines photosynthetisierenden Cyanobakteriums. Es versteht sich, dass dies nur eine vereinfachende Darstellung eines komplexen Forschungsfeldes der theoretischen Biologie ist. (nach Gray MW (1989) The evolutionary origins of organelles. Trends Genet 5: 294–299; Gray MW, Burger G, Lang BF (1999) Mitochondrial evolution. Science 283: 1476–1481; Martin W, Hoffmeister M, Rotte C et al (2001) An overview of endosymbiotic models for the origin of eukaryotes, their ATP-producing organelles (mitochondria and hydrogenosomes), and their heterotrophic lifestyle. Biol Chem 382: 1521–1539)

19

primitive Eukaryotenzelle

Symbiont

Aufnahme eines Alphaproteobakteriums

Eukaryot mit symbiotischem Bakterium

Chloroplast

Cyanobakterium

Mitochondrium

Vorfahren pflanzlicher Zellen erwerben einen zweiten Symbionten, der sich zum Chloroplasten entwickelt

der Symbiont verliert viele Gene, einige Gene gelangen in den Zellkern

ßen, dass die existierenden mtDNA-Formen zufällige Endprodukte evolutionärer Prozesse sind, sozusagen eingefroren während der Genübertragung vom Organell in den Zellkern. Diese Übertragung war wohl mit der Entwicklung der Vielzelligkeit abgeschlossen, wobei dann pflanzliche mtDNAs mehr Gene zurückbehielten als tierische mtDNAs.

In einer allgemeinen Form können diese Argumente auch auf das zweite wichtige Symbioseereignis in der Geschichte des Lebens übertragen werden, nämlich auf die Ausbildung von Chloroplasten während der Evolution der Urpflanzenzelle (▶ Abb. 19.11). Sequenzvergleiche kommen zu dem Ergebnis, dass Chloroplasten von einem photosynthetisierenden Cyanobakterium abstammen, aus dem dann durch Genverlust und Genübertragung der heutige Chloroplast wurde.

Das Ergebnis dieses Schrittes der Evolution wird der Gegenstand des nächsten Abschnitts in diesem Kapitel sein.

Meristemzelle, etwa von *Phaseolus,* einer Bohnenart, werden 10–20 und in den Zellen des ausgewachsenen Blattes bis zu 200 Chloroplasten gezählt.

Hier müssen wir die Leser um Nachsicht bitten, wenn wir die vielfältigen und lebenswichtigen biochemischen Reaktionen in Chloroplasten nicht darstellen, sondern uns auf die molekulare Struktur der Chloroplasten-DNA beschränken. Einige Bemerkungen zum Aufbau eines Chloroplasten sind allerdings notwendig, um die Zusammenhänge verständlich zu machen.

Wie Mitochondrien sind auch Chloroplasten durch ein **ausgeprägtes Membransystem** gekennzeichnet. Man unterscheidet eine relativ durchlässige äußere von einer inneren Membran, in die zahlreiche Transportproteine eingelagert sind. Im Inneren des Organells befindet sich ein System von gestapelten, flachen Säcken: das Thylakoid. Die **Thylakoidmembran** trägt die zentralen Elemente des Chloroplasten: die lichtabsorbierenden Photosysteme, die Elektronentransportkette, die ATP-Synthase.

19.3 DNA in Chloroplasten

Merke

Eine typische Pflanzenzelle besitzt drei genetische Systeme, je eines im Zellkern, in den Mitochondrien und den Chloroplasten (▶ Abb. 1.4, ▶ Abb. 19.12).

Chloroplasten sind die Orte der **Photosynthese**, wo die Fixierung (Reduktion) des atmosphärischen CO_2 und die Synthese von Kohlenhydraten erfolgt. In einer jungen

Definition

Photosynthese ist die Umwandlung der Energie des Sonnenlichtes in chemische Energie durch Pflanzen, grüne Algen und Cyanobakterien.

Photosynthese ermöglicht das Leben aller Formen höheren vielzelligen Lebens. Sauerstoff wird produziert und Kohlendioxid assimiliert, ein Vorgang, der zu einem großen Teil die Zusammensetzung der Erdatmosphäre bestimmt. Diese Prozesse beruhen auf den Aktivitäten von

19

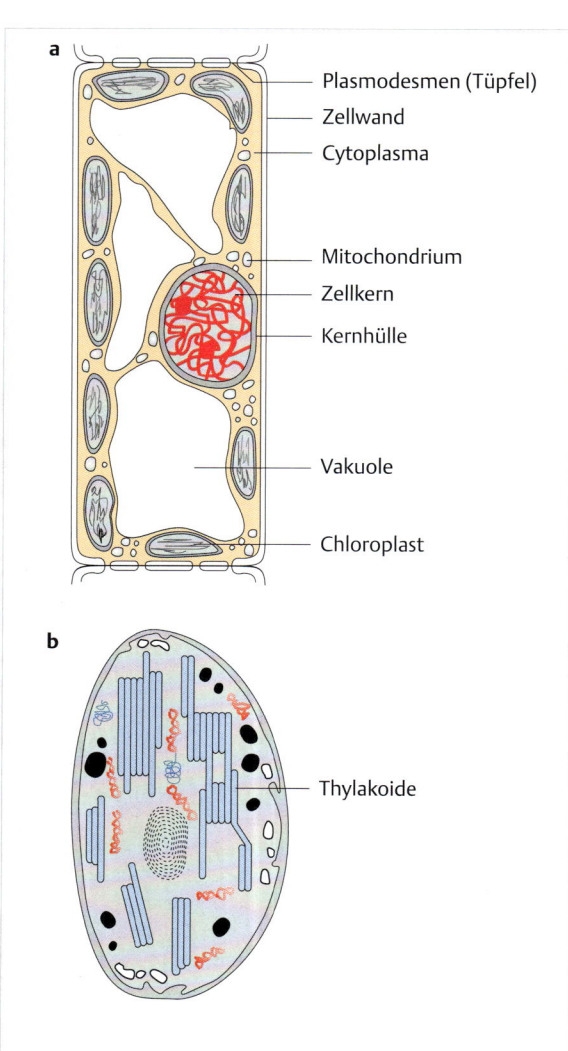

a
- Plasmodesmen (Tüpfel)
- Zellwand
- Cytoplasma

- Mitochondrium
- Zellkern
- Kernhülle

- Vakuole

- Chloroplast

b
- Thylakoide

c

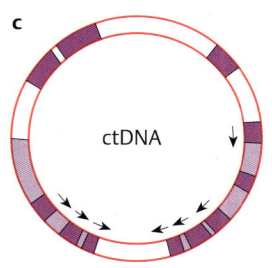

ctDNA

Abb. 19.12 Chloroplasten in der Pflanzenzelle.
a Zelle aus dem Assimilationsparenchym eines Blattes. Eine flüssigkeitsgefüllte Vakuole nimmt den größten Teil des Innenraums ein. Chloroplasten und Mitochondrien sind angedeutet. Chloroplasten sind etwa hundertmal größer als Mitochondrien.
b Chloroplast: innere und äußere Membran und der Thylakoidstapel, in dessen Membranen der grüne Farbstoff Chlorophyll liegt. Dort erfolgt die Absorption von Licht und die Produktion von ATP. Die ctDNA (rot) liegt im Zwischenraum.
c Schema einer ctDNA. Pfeile deuten die gegenläufigen Sequenzwiederholungen an (Inverted Repeats).

Photosystem I und **Photosystem II** – große Komplexe aus vielen Proteinen in der Thylakoidmembran.

Im Innenraum des Organells liegen zwischen den Thylakoidstrukturen die doppelsträngigen, oft ringförmig geschlossenen **DNA-Moleküle**. In den Zellen kleiner Blätter von *Phaseolus* findet man etwa 100 DNA-Moleküle pro Chloroplast. Die Zahl nimmt mit dem Wachstum des Blattes ab, sodass in großen Blättern nur noch durchschnittlich etwa 30 DNA-Moleküle pro Chloroplast vorkommen. Jedoch unterscheiden sich die Zahlenwerte von Pflanzenart zu Pflanzenart: Man hat in Weizenblättern bis zu 1000 DNA-Moleküle pro Chloroplast gezählt.

19.3.1 Allgemeine Merkmale der Chloroplasten-DNA

Wir hatten auf den vorigen Seiten notiert, dass extreme Variabilität ein Merkmal der DNA in Mitochondrien von Pflanzen ist. Dagegen sind Struktur und genetische Organisation der Chloroplasten-DNA (ctDNA) recht einheitlich. Dies gilt für die ctDNA einer Pflanze oder einer Pflanzenart, wo man in allen Zellen die gleiche ctDNA findet, und auch für ctDNA-Strukturen von mehreren Hundert Landpflanzen: Die Größe der ctDNA liegen zwischen 115 und 165 kb. Ausnahmen kommen bei Algen oder photosynthetischen Einzellern vor.

Die allgemeine Struktur wird durch zwei Regionen mit **umgekehrten Sequenzwiederholungen** (IR, Inverted Repeats) bestimmt. Dazwischen liegen ein kleiner Einzelkopiebereich (SSC, *small single copy*) und ein großer Einzelkopiebereich (LSC, *large single copy*). Von diesem Schema gibt es Ausnahmen, z. B. bei einigen Leguminosenarten, wo im Zuge der Evolution eine der beiden Regionen mit IRs verloren gegangen ist (▶ Abb. 19.13).

Die Größenunterschiede zwischen den ctDNAs höherer Pflanzen kommen vor allem durch eine unterschiedliche Länge der Wiederholungsregionen zustande (sie beträgt zwischen 10 und 80 kb). Aber auch die Einzelkopieelemente sind bei den einzelnen Pflanzenarten verschieden lang (▶ Tab. 19.3).

19.3.2 Anordnung und Funktion der Gene auf der ctDNA

Die Nucleotidsequenzen einiger Hundert ctDNAs sind bekannt (s. ▶ Tab. 19.3). Wir orientieren uns an der ctDNA-Karte der Tabakpflanze (▶ Abb. 19.14).

Die DNA trägt in den IR-Regionen **Gene für ribosomale RNA:** *16S-rRNA, 23S-rRNA, 4,5S-rRNA* und *5S-rRNA*, wobei die Gene für die beiden größeren rRNA-Arten durch einen Spacer getrennt sind, in denen sich zwei tRNA-Gene befinden (*trnI* und *trnA*). Diese Anordnung von rRNA- und tRNA-Genen erinnert an die Folgen von rRNA-Genen im *E. coli*-Genom (▶ Abb. 6.4). Darüber hinaus sind auch die Sequenzen dieser Gene auffällig verwandt mit den

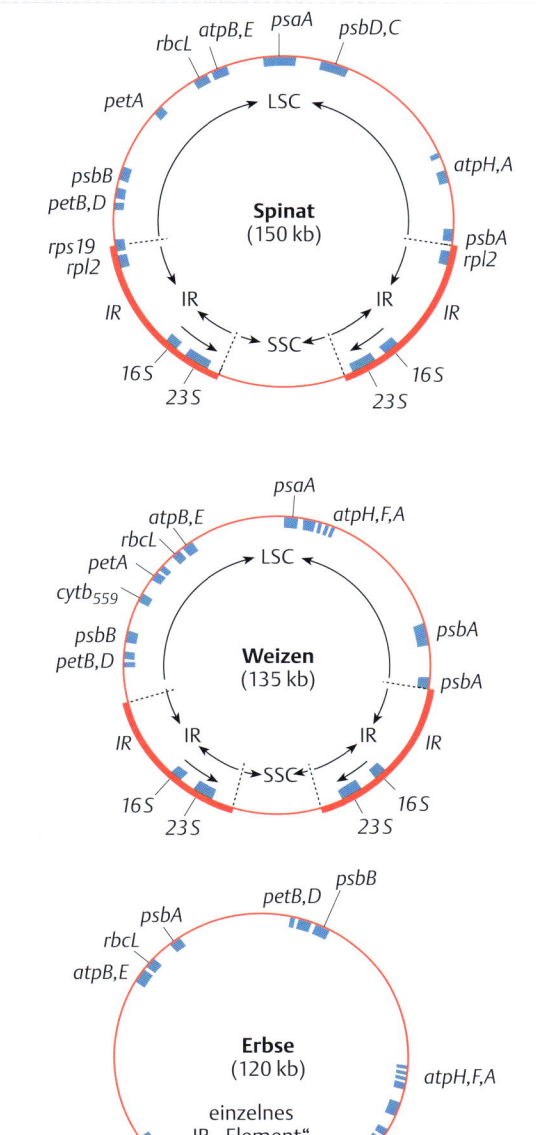

Abb. 19.13 ctDNA: Allgemeine Strukturmerkmale. Als Beispiele sind die ctDNAs von Spinat, Weizen und Erbse gezeigt. Die blauen Kästen zeigen die Position einiger ausgesuchter Gene an (s. dazu: ▶ Abb. 19.14). IR = Inverted Repeat, umgekehrte Sequenzwiederholung; LSC = großer Einzelkopiebereich; SSC = kleiner Einzelkopiebereich. (nach Hagemann R (1993) Neuere molekulare und cytologische Aspekte der Plastiden-Genetik. Eine Übersicht. Biol ZBL 112: 244–287)

rRNA-Genen von *E. coli*, ein starkes Argument für die Symbiontentheorie gilt (▶ Abb. 19.11). Die 16S-rRNA ist Bestandteil der kleinen Ribosomenuntereinheit, die anderen rRNA-Arten kommen in der großen Ribosomenuntereinheit vor, wobei die 4,5S-rRNA eine Besonderheit der Chloroplastenribosomen ist. Sie entspricht dem 3'-Ende der bakteriellen 23S-rRNA.

Das Chloroplasten-Genom enthält außerdem auch 21 Gene für **Proteine der kleinen ribosomalen Untereinheit** (*rps*) und Gene für **Proteine der großen Untereinheit** (*rpl*) (▶ Abb. 19.14). Die auf der ctDNA codierten ribosomalen Proteine reichen nicht für den Zusammenbau eines Ribosoms aus. So werden die restlichen ribosomalen Proteine von Genen der Kern-DNA codiert, im Cytoplasma hergestellt und über einen komplizierten Transportweg in das Innere des Chloroplasten befördert.

Die ctDNA besitzt **30 tRNA-Gene** (*trn*) (▶ Abb. 19.14). Unter Berücksichtigung des Wobble bei der Erkennung der dritten Base des Codons reichen die 30 verschiedenen tRNA-Arten vermutlich für die Translation der ct-mRNAs aus.

Das Chloroplasten-Genom enthält außerdem etwa **100 proteincodierende Gene**, aber diese Gene codieren nur einen kleinen Teil der Proteine für die Strukturen des Chloroplasten. Man schätzt, dass ein Chloroplast aus mindestens 1000 verschiedenen Proteinarten aufgebaut ist. Damit wird der größte Teil der Chloroplastenproteine von der Kern-DNA codiert, im Cytoplasma hergestellt und dann in das Organell transportiert.

Wie schon erwähnt, sind allein 21 der 100 proteincodierenden Gene für ribosomale Proteine reserviert. Vier Gene (*rpoA, rpoB, rpoC 1* und *rpoC 2*, ▶ Abb. 19.14) tragen die Information für Untereinheiten der chloroplasteneigenen RNA-Polymerase, die eine interessante Ähnlichkeit mit der RNA-Polymerase von *E. coli* hat, genauer mit dem Minimalenzym aus den Untereinheiten α, β und β' (S. 71).

Die meisten Chloroplastengene codieren Bestandteile des Photosynthesesystems (s. ▶ Tab. 19.4). Aber selbst diese für Chloroplasten so typischen Proteinkomplexe werden nur teilweise durch Gene der ctDNA bestimmt. Als ein Beispiel für das **Zusammenspiel von Chloroplasten- und Kern-Genen** nehmen wir das Enzym Ribulose-1,5-bisphosphat-Carboxylase (Rubisco), das eine Schlüsselreaktion bei der Fixierung des CO_2 ausübt. Das Enzym besteht aus acht identischen großen und acht identischen kleinen Untereinheiten. Das Gen für die große Untereinheit (*rbcL*, ▶ Abb. 19.14) befindet sich auf der ctDNA, während das Gen für die kleine Untereinheit im Zellkern liegt. Dies gilt zumindest für höhere Landpflanzen; bei manchen Algenarten liegt auch dieses Gen auf der ctDNA (Plus 19.3) (S. 439).

Tab. 19.3 Größe einiger ctDNAs*.

Art	Gesamt-DNA [bp]	IR-Element [bp]	LSC [bp]	SSC [bp]
Moos (*Marchantia polymorpha*)	121 024	10 058	81 095	19 813
Tabak (*Nicotiana tabacum*)	155 844	25 339	86 684	18 482
Reis (*Oryza sativa*)	134 525	20 799	80 592	12 335
Mais (*Zea mays*)	140 354	22 739	82 338	12 538

* Eine Zusammenstellung aller sequenzierter Chloroplasten-Genome findet man u. a. in der Datenbank des National Center for Biotechnology Information (NCBI Organelle Genome Resources). Allgemeine Struktur und Organisation der ctDNAs sind ähnlich, aber im Detail können die Unterschiede beträchtlich sein, was schon die Zahl der proteincodierenden Gene zeigt: 98 bei Tabak, 108 bei Reis und 111 bei Mais.

19

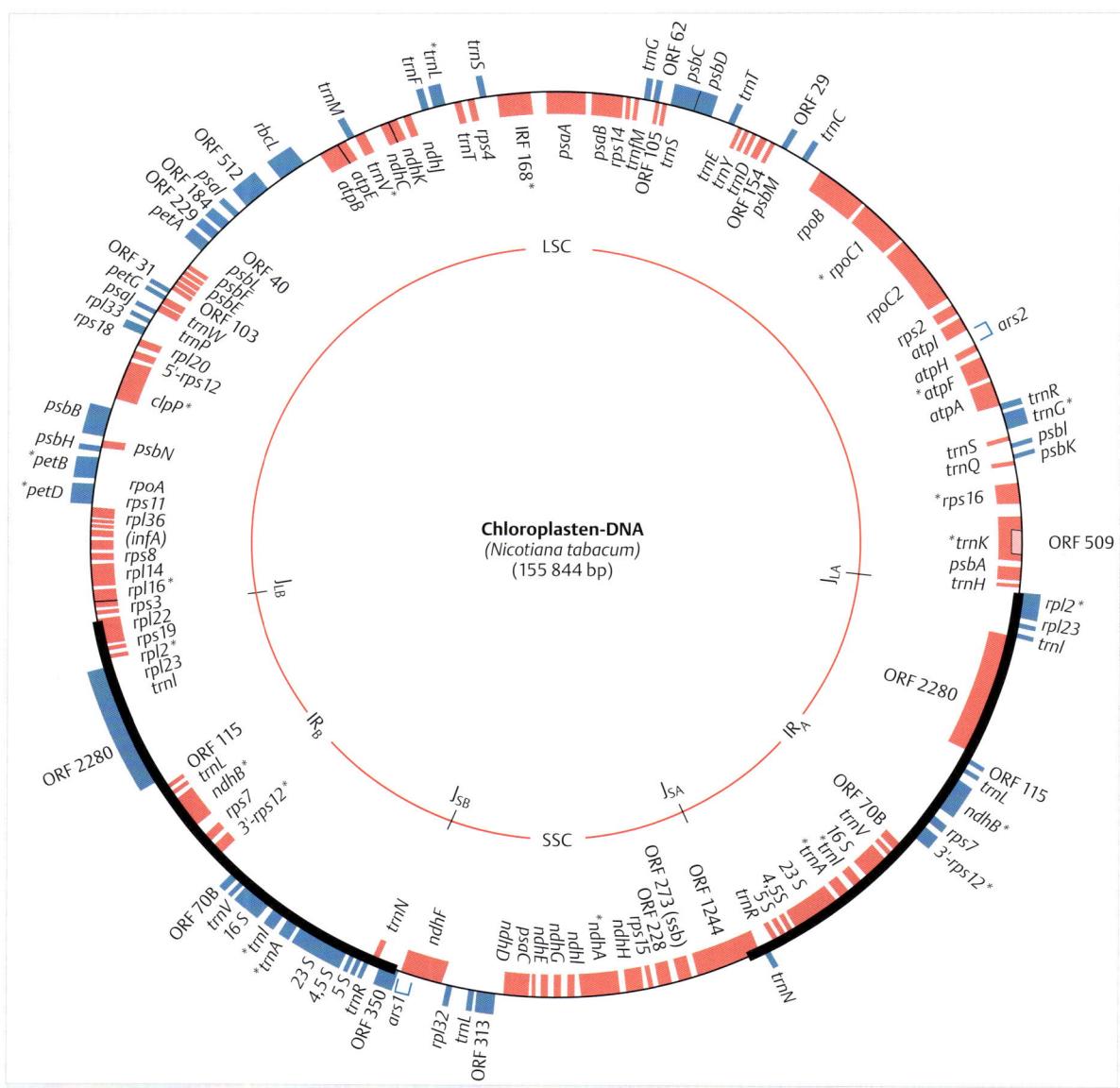

Abb. 19.14 Die Chloroplasten-DNA der Tabakpflanze. (nach Sugiura M (1992) The chloroplast genome. Plant Mol Biol 19: 149–168)

Tab. 19.4 Einige proteincodierende Gene im Chloroplasten-Genom (nach [2], [4]).

Funktion	proteincodierende Gene
Komponenten von Photosystem I	*psaA, B, C, I, J*
Komponenten von Photosystem II	*psbA–psbN*
Elektronentransfer (Cytochrom-b/f-Komplex)	*petA, B, D, G*
H⁺-ATPase	*atpA, B, E, F, H, I*
NADH-Dehydrogenase	*ndhA–ndhG, ndhI, ndhH, frxB*

Die Angaben beziehen sich auf die Genorte der ▶ Abb. 19.14. Noch sind die Funktionen einiger Gene nicht bekannt. Sie sind in der Genkarte als ORF (*open reading frame*) notiert.

Plus 19.3

Gentransfer ins nucleäre Genom

Wenn man existierende Bakteriengenome als Maß nimmt, dann kann man ohne Weiteres annehmen, dass das ursprüngliche **endosymbiotische Cyanobakteriengenom** etwa 3 000 Gene hatte. Davon sind gerade einmal 100–120 Gene in der ctDNA geblieben. Die anderen sind im Laufe der Evolution verloren gegangen oder in das nucleäre Genom integriert. Tatsächlich stellte sich beim Sequenzieren des nucleären Genoms von *Arabidopsis thaliana* heraus, dass mehrere Hundert Gene von Cyanobakterien abstammen könnten. Womöglich handelt es sich um Überbleibsel des Transfers von Genen aus dem Organellengenom in das Kerngenom. Spuren davon findet man auch in den Genomen anderer Pflanzen.

Vermutlich war der Transfer kein Ereignis in grauer Vorzeit. Vielmehr scheint es, als wenn der Prozess zurzeit sozusagen unter unseren Augen weitergeht: Huang et al (2003) [3] haben bei ihren Experimenten beobachtet, dass immerhin eines unter etwa 16 000 Pollenkörnern ein Markergen für Kanamycin im Kerngenom enthält. Das Markergen kann nur aus der ctDNA stammen, denn dort hatten es die Forscher im Zuge experimenteller Arbeit gentechnisch eingebaut.

19.3.3 Expression von Genen auf der ctDNA

Die meisten Promotoren der proteincodierenden Gene haben die typischen Strukturelemente eines Bakterienpromotors, nämlich eine **–10- und eine –35-Region** (▶ Abb. 19.15).

Ebenfalls als Analogie zum Bakteriengenom sind einige, aber nicht alle Gene als **Operons** organisiert und werden in Form langer polygenischer mRNAs transkribiert. Aber die polygenischen Transkripte werden nach der Synthese in kleinere RNAs aufgeteilt, wobei spezielle RNasen eingreifen und die 5'- und 3'-Enden der reifen mRNAs herstellen.

Untersuchungen von Genstruktur und Genexpression zeigen jedoch eine merkwürdige Mischung von prokaryotischen und eukaryotischen Merkmalen. Die euka-

ryotischen Merkmale werden nirgendwo deutlicher als bei der nicht unbeträchtlichen Zahl von Chloroplastengenen, die ein (oder seltener mehrere) **Intron(s)** enthalten. Zum Beispiel haben etwa zehn proteincodierende Gene im Chloroplasten-Genom der Tabakpflanze ein Intron und einige weitere Gene zwei Introns. Auch sechs tRNA-Gene besitzen Introns, einschließlich der Gene für tRNA^Ala und tRNA^Ile in der rRNA-Gengruppe, die wir oben erwähnt hatten. Das Entfernen der Introns und das Spleißen der RNA wird durch Spleißfaktoren ermöglicht, die im Zellkern codiert werden.

Wir nennen noch die Sonderrolle, die das Gen *rps12* und ein paar andere proteincodierende Gene im Chloroplasten-Genom der Tabakpflanze einnehmen. Das Gen *rps12,* das ein Protein der kleinen ribosomalen Untereinheit codiert, besteht aus zwei Teilen und drei Exons: Der erste Teil trägt ein Exon, das den Anfang der reifen mRNA

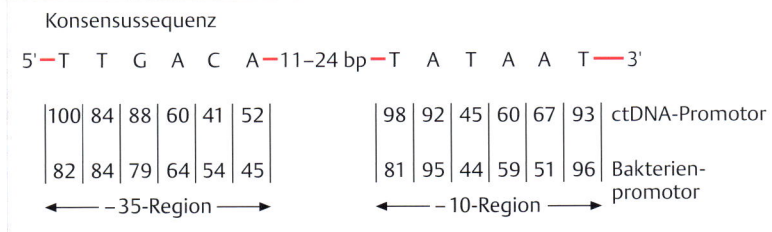

Konsensussequenz

5'—T T G A C A—11–24 bp—T A T A A T—3'

| 100 | 84 | 88 | 60 | 41 | 52 | | 98 | 92 | 45 | 60 | 67 | 93 | ctDNA-Promotor |
| 82 | 84 | 79 | 64 | 54 | 45 | | 81 | 95 | 44 | 59 | 51 | 96 | Bakterienpromotor |

◄— –35-Region —►   ◄— –10-Region —►

Abb. 19.15 Promotorsequenzen im Bakterien- und Chloroplasten-Genom. Konsensussequenz der –10- und der –35-Region. Die Zahlen geben die Häufigkeiten an, mit denen die betreffenden Nucleotide in den Promotoren der ctDNA bzw. der Bakterien-DNA gefunden wurden. (nach Hanley-Bowdoin L, Chua NH (1987) Chloroplast promoters. Trends Biochem Sci 12: 67–70)

ausmacht. Der zweite Teil liegt einige 10 000 Basenpaare entfernt und enthält die beiden übrigen Exons. Beide Genteile werden unabhängig voneinander transkribiert. Die beiden prä-mRNAs werden dann durch *trans*-Spleißen (S. 374) miteinander verbunden (wobei die Exons im zweiten Teil auf übliche Weise gespleißt werden).

Zu den eukaryotischen Merkmalen zählen wir auch das Vorkommen eines **RNA-Editings**. Dies ist weitverbreitet in Chloroplasten, wenn auch längst nicht so häufig wie bei pflanzlichen Mitochondrien (S. 431): Die primären Transkripte in Chloroplasten werden an durchschnittlich 30–40 Stellen durch einen C→U-Austausch verändert, die Transkripte in pflanzlichen Mitochondrien an 500 oder mehr Stellen. Aber das Editing ist wichtig. Ein Beispiel ist das Transkript des *rpl2*-Gens im Chloroplasten von Mais: Das offene Leseraster im primären Transkript beginnt mit ACG, das dann erst durch RNA-Editing in das universelle Startcodon AUG überführt wird. Das Gleiche gilt für die Startcodons einiger anderer Transkripte, auch interne Codons können gelegentlich ediert werden.

19

Zusammenfassung

- Mitochondrien besitzen ein eigenes genetisches System: das mitochondriale Genom oder die mitochondriale DNA (mtDNA). Es ist in der Frühzeit der Evolution bei der Entstehung von Eukaryotenzellen aus symbiotischen Prokaryoten hervorgegangen.
- Bei Tieren besteht die mtDNA meist aus 16–20 kb und trägt, wie hier exemplarisch an der menschlichen mtDNA gezeigt, 13 proteincodierende Gene, 22 tRNA-Gene und 2 rRNA-Gene. Da Mitochondrien aus über 1000 verschiedenen Proteinen aufgebaut sind, muss der weitaus größte Teil der mitochondrialen Proteine vom Genom des Zellkerns codiert werden. Was die Genexpression betrifft, codiert die mtDNA nur die notwendigen RNA-Bestandteile. Die entsprechenden Proteine wie RNA-Polymerase, Aminoacyl-tRNA-Synthetasen, die ribosomalen Proteine usw. stammen von Genen des Zellkerns. Einige Codons des genetischen Codes in Mitochondrien von Tieren und eukaryotischen Einzellern unterscheiden sich vom Standardcode.
- Mutationen in mitochondrialen Genen haben medizinische Bedeutung. Sie können eine Reihe von Krankheiten verursachen und Alterungsprozesse beschleunigen. Darüber hinaus werden Mutationen in den hypervariablen Bereichen der Kontrollregion zur Identifizierung von Personen und Zuordnung zu ethnischen Gruppen herangezogen.
- Die mtDNA von Pflanzen ist variabel in ihrer Struktur und mit mehr als einigen Hundert Kilobasen viel größer als die mtDNA von Tieren. Dementsprechend trägt sie mehr Gene, die aber auch nicht ausreichen, um das pflanzliche Mitochondrium zu versorgen. Pflanzliche Mitochondrien haben eine Besonderheit: das RNA-Editing. Das bedeutet, dass die Nucleotidsequenzen der mtDNA und der primären Transkriptionsprodukte anders aussehen als die Sequenzen der reifen mRNAs. Bei der Reifung der mRNAs erfolgen C→U-Transitionen, seltener U→C-Transitionen.
- Pflanzen haben zusätzlich zu den Genomen im Zellkern und in den Mitochondrien noch ein drittes Genom, nämlich in Chloroplasten. Chloroplasten-DNA (ctDNA) bestehen aus 115–165 kb (je nach Pflanzenart) und tragen etwa 100 Gene. Die meisten proteincodierenden Gene der ctDNA sind für Bestandteile des Photosynthesesystems verantwortlich. Aber das reicht nicht aus, sodass die weitaus meisten Chloroplastenproteine von Genen des Zellkerns stammen. Die ctDNA besitzt Gene für tRNAs, für rRNA und zusätzlich für ribosomale Proteine. Überdies codiert die ctDNA die Untereinheiten einer eigenen RNA-Polymerase. Die RNA-Polymerase in Chloroplasten hat bemerkenswerte Ähnlichkeit mit dem entsprechenden Enzym von Bakterien. Dieses und zahlreiche andere Merkmale weisen darauf hin, dass das Chloroplasten-Genom ursprünglich von dem Genom eines photosynthetisierenden Cyanobakteriums abstammt, das in der frühen pflanzlichen Evolution von Vorläuferzellen eingefangen wurde.

Literatur

▶ **Zitierte Literatur**

[1] Andersen S, Bankier AT, Barrell RG et al (1981) Sequence and organization of the human mitochondrial genome. Nature 290: 457–465
[2] Sugiura M (1992) The chloroplast genome. Plant Mol Biol 19: 149–168
[3] Huang CY, Ayliffe MA, Timmis JN (2003) Direct measurement of the transfer of chloroplast DNA into the nucleus. Nature 422: 72–76
[4] Hagemann R (1993) Neuere molekulare und cytologische Aspekte der Plastiden-Genetik. Eine Übersicht. Biolog Zentralblatt 112: 244–287

▶ **Weiterführende Literatur**

[5] Cann RL, Stoneking M, Wilson AC (1987) Mitochondrial DNA and human evolution. Nature 325: 31–36
[6] Green BR (2011) Chloroplast genomes of photosynthetic eukaryotes. Plant J 66: 34–44

[7] Hagemann R (2010) The foundation of extranuclear inheritance: plastid and mitochondrial genetics. Mol Genet Genomics 283: 199–209
[8] Knoop V (2011) When you can't trust the DNA: RNA editing changes transcript sequences. Cell Mol Life Sci 68: 567–586
[9] Lane N (2005) Power, Sex, Suicide. Mitochondria and the Meaning of Life. Oxford University Press
[10] Larrson NG (2010) Somatic Mitochondrial DNA Mutations in Mammalian Aging. Annu Rev Biochem 79: 683–706
[11] Schapira AHV (2012) Mitochondrial Diseases. The Lancet 379: 1825–1834
[12] Scheffler IE (2008) Mitochondria. 2nd Edition. John Wiley and Sons, Hoboken, NJ
[13] Stern DB, Goldschmidt-Clermont M, Hanson MR (2010) Chloroplast RNA Metabolism. Annu Rev Plant Biol 61: 125–155

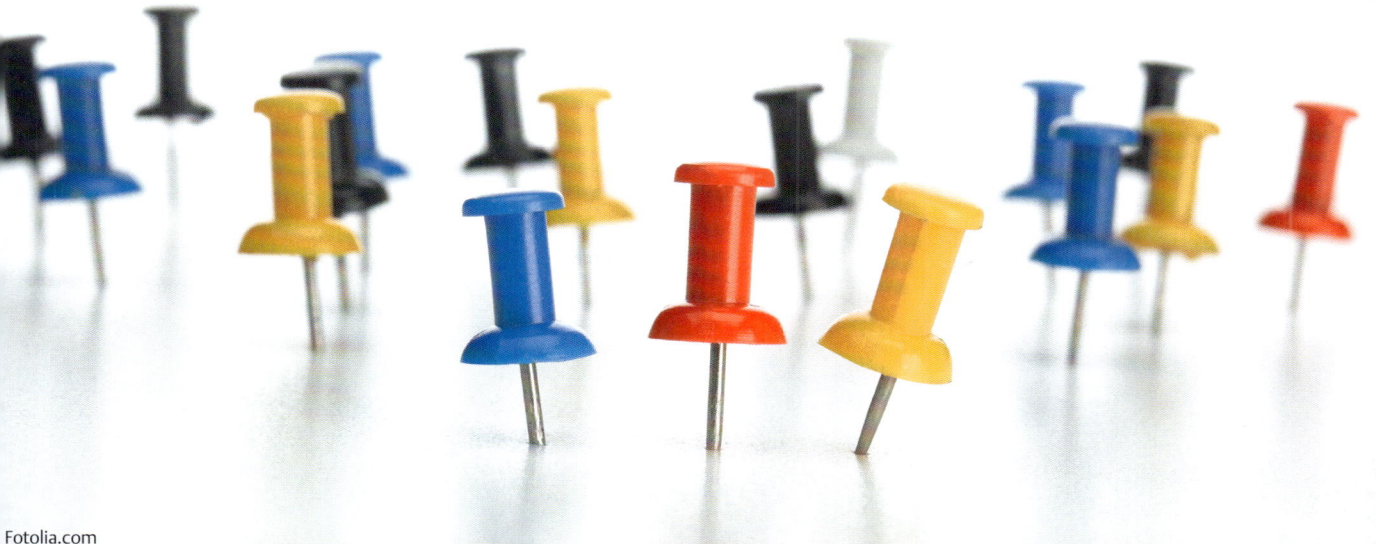
Fotolia.com

Teil 4:
Epigenetik

Kapitel 20

Epigenetische Mechanismen

20 Epigenetische Mechanismen

Jörn Walter

20.1 Einleitung

Seit den späten 1990er-Jahren hat sich die Epigenetik zu einem der bedeutendsten Forschungsgebiete der Genetik entwickelt. Bereits in den 1940er- und 1950er-Jahren prägte Conrad Waddington den Begriff „Epigenetik", um die differenzielle Nutzung des genetischen Materials für die Steuerung von Entwicklungprozessen zu benennen. Nach bahnbrechenden Entdeckungen der Inaktivierung des X-Chromosoms von Mary Lyon im Jahr 1961 kam es Ende der 1980er-Jahre zu ersten Aufklärungen der molekularen Mechanismen epigenetischer Phänomene, wie der Prägung von Genaktivität (*genomic imprinting*) im elterlichen Genom. Die parallel schnell fortschreitende Entschlüsselung von Möglichkeiten der DNA- und Histonmodifikation und die Entdeckung der Enzyme, die diese Modifikationen durchführen bzw. sie beseitigen, ebneten den Weg für ein breites Verständnis epigenetischer Prinzipien in vielen Organismen und verdeutlichten die breite biologische und biomedizinische Bedeutung der Epigenetik. Die Entdeckung von kleinen nicht-codierenden RNAs und von den Mechanismen der RNA-Interferenz (vor allem in Pflanzen) führte im ersten Jahrzehnt dieses Jahrhunderts zu einer bedeutenden Erweiterung epigenetischer Prinzipien. In jüngster Zeit rückt die Epigenetik zunehmend ins Zentrum der Erforschung von Umwelt-Gen-Interaktionen. Mit neuen technologischen Ansätzen zur systematischen genomweiten Kartierung epigenetischer Modifikationen, der **Epigenomik**, wurde ein weiteres neues Kapitel epigenetischer Forschung geöffnet. Die Epigenomik wird wesentlich zum Verständnis und einer personenbezogenen Diagnose von Erkrankungen beitragen – auf ihre Bedeutung wird am Ende dieses Kapitels kurz und in Kap. 22 und Kap. 24 ausführlicher eingegangen.

Definition

Epigenetik bedeutet so viel wie „oberhalb der Genetik" mit dem Unterton „zusätzlich zum Genom". Sie beschreibt Mechanismen, die zu veränderten, vererbbaren Struktur- und Aktivitätszuständen des Chromatins führen ohne die primäre Nucleotidsequenz zu verändern.

Merke

Epigenetische Mechanismen basieren auf reversiblen Modifikationen von Histonen (z. B. Methylierungen, Acetylierung usw.) und DNA-Basen (primär die Methylierung von Cytosin), die die lokale Aktivität von Chromosomen (Transkription, Replikation, Rekombination) beeinflussen, dabei aber nicht die Nucleotidsequenz verändern.

Diese operationale Definition umschreibt Grundprinzipien epigenetischer Regulation, die zu einer Vielzahl von teilweise sehr unterschiedlichen molekularbiologischen Prozessen beitragen. So nehmen epigenetische Mechanismen wesentlich Einfluss auf die Prozesse der DNA-Replikation, der DNA-Reparatur und der Transkription. Die Übergänge zwischen vererbten und nicht vererbten epigenetischen Regulationsmechanismen sind dabei oft fließend. Eine klare Abgrenzung zu genetisch oder cytoplasmatisch bestimmten Mechanismen ist oft schwierig.

In diesem Kapitel werden wir Prinzipien epigenetischer Regulation erörtern und den gegenwärtigen Wissensstand über die Interaktion von Mechanismen auf verschiedenen epigenetischen Ebenen skizzieren. Einige grundlegende Aspekte des Chromatinaufbaus, der Histone und Histonmodifikationen sind bereits in Kap. 7 und Kap. 13 behandelt worden, die regulatorische Bedeutung von RNA wurde in Kap. 18 angesprochen. Hier werden wir auf diesem Vorwissen aufbauen und zudem die DNA-Methylierung ein wenig eingehender betrachten. Im nachfolgenden Kap. 21 werden wir dann einige klassische Beispiele epigenetischer Vererbung vorstellen, die die biologische und biomedizinische Bedeutung der Epigenetik veranschaulichen.

20.2 Molekulare Grundlagen: Modifikation chromosomaler DNA und Proteine

Epigenetische Mechanismen findet man in vielen Prokaryoten und allen Eukaryoten. In Prokaryoten werden Mechanismen der Fremdabwehr (Stichwort: Restriktions-Modifikations-Systeme) sowie Reparatur und Replikationsprozesse über DNA-Methylierung gesteuert. In Eukaryoten sind epigenetische Mechanismen essenziell für die Regulation komplexer molekularer Entwicklungs- und Vererbungsprozesse. Aus Platzgründen werden wir in diesem Kapitel ausschließlich eukaryotische Mechanismen diskutieren.

Neben reversiblen chemischen Modifikationen einzelner DNA-Basen (DNA-Methylierung) dienen Modifikationen einzelner Aminosäuren von Histonen und nicht-codierende kurze oder längere RNAs als **epigenetische Informationsträger**. Das Grundprinzip epigenetischer Regulation basiert auf vererbbaren lokalen Veränderungen des Chromatins und damit der Zugänglichkeit der chromosomalen DNA. Dies geschieht durch gerichtetes Verpacken zu **Heterochromatin** (S. 146) oder Öffnen bzw. Entpacken zu **Euchromatin**. Die im Folgenden beschriebenen Prozesse basieren auf diesem Grundprinzip. Im Säugetier basieren sie auf einer engen strukturellen und

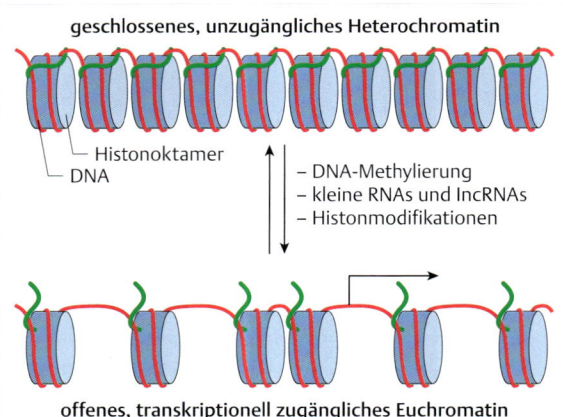

geschlossenes, unzugängliches Heterochromatin

— Histonoktamer
— DNA

– DNA-Methylierung
– kleine RNAs und lncRNAs
– Histonmodifikationen

offenes, transkriptionell zugängliches Euchromatin

Abb. 20.1 Molekulare Ebenen der epigenetischen Regulation bei Säugetieren. Enzyme katalysieren gezielt die DNA-Methylierung und Histonmodifikationen, um geschlossenes, unzugängliches Chromatin in offenes, transkriptionell aktives Chromatin zu überführen. Kleine RNAs und lncRNAs sind an den Prozessen als Zielgeber oder strukturelle Partner beteiligt. Der geknickte Pfeil deutet die Startstelle und die Richtung der Transkription eines fiktiven Gens im offenen Chromatin an.

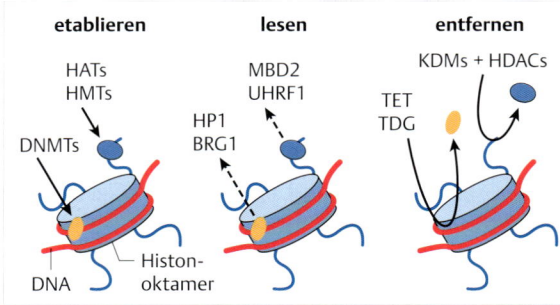

etablieren lesen entfernen

HATs
HMTs

MBD2
UHRF1

KDMs + HDACs

HP1
BRG1

TET
TDG

DNMTs

DNA

Histon-oktamer

Abb. 20.2 Die Grundfunktionen der Nutzung epigenetischer Modifikationen auf DNA und Histonebene: Etablieren, Lesen/Interpretieren und Entfernen von Modifikationen der DNA-Basen und Histonproteine. Dargestellt ist ein Histonoktamer mit darum gewundener DNA und den herausragenden N-terminalen Bereichen der Histonproteine. BRG1 ist repräsentativ aufgeführt als Beispiel für eine Vielzahl von transkriptionellen Coaktivatoren, die Histonmodifikationen binden und funktionell lesen. BRG1 = *Brahma-related gene* 1; DNMTs = DNA-Methyltransferasen; HATs = Histon-Acetyltransferasen; HDACs = Histon-Deacetylasen; HMTs = Histon-Methyltransferase; HP1 = Heterochromatinprotein 1; KDMs = Lysin-(K-)Demethylasen; MBD2 = Protein mit Methyl-CpG-bindender Domäne; TDG = Thymin-DNA-Glykosylase; TET = *ten eleven translocation*-Dioxygenase; UHRF1 = Protein für die Erhaltungsmethylierung.

funktionellen Verknüpfung von Histonmodifikationen, DNA-Methylierung sowie Einflüssen regulatorischer RNAs. ▶ Abb. 20.1 veranschaulicht schematisch das Zusammenspiel dieser Ebenen.

Die an den Modifikationstypen beteiligten Enzyme etablieren (schreiben) Modifikationen als vererbbare epigenetische Signaturen, sie interpretieren (lesen) diese oder entfernen (löschen) sie (▶ Abb. 20.2). Wir beginnen mit einer Zusammenfassung von Fakten zu Histonmodifikationen (s. auch Kap. 7), der Bedeutung kleiner und großer nicht-codierender RNAs für die Regulation epigenetischer Prozesse (s. auch Kap. 18), um dann etwas ausführlicher auf DNA-Methylierung einzugehen. Wir werden molekulare Modelle vorstellen, die beschreiben, wie es im Verlauf der Zellteilung zu einer Vererbung epigenetischer Markierungen kommt, und wir beschreiben an einigen Beispielen, wie die verschiedenen Ebenen epigenetischer Regulation miteinander zusammenwirken.

20.3 Histonmodifikationen und epigenetische Prozesse

Bislang wurden ca. 140 verschiedene posttranslationale Modifikationen von Histonen im Chromatin der Eukaryoten entdeckt. Eine Vielzahl davon kommt in allen Organismen vor. Histonmodifikationen bilden in ihrer Vielfalt die molekulare Grundlage für alle epigenetischen Prozesse. Die Grundprinzipien des Chromatinaufbaus, die Typen der Histonmodifikationen und generelle Aspekte der

Transkriptionsregulation wurden bereits in Kap. 7, 9 und 13 erörtert. An dieser Stelle möchten wir uns auf die Beschreibung einiger grundlegender Mechanismen, der Verbreitung in Genomen und der Effekte von Histonmodifikationen beschränken. Folgende Kernpunkte der molekularen Kontrolle von Histonmodifikationen möchten wir zur Übersicht hier noch einmal zusammenfassen:

- Histone werden an vielen Aminosäurepositionen vor allem in den N-terminalen Bereichen modifiziert (s. ▶ Abb. 7.12).
- Methylierung, Acetylierung, Phosphorylierung und Ubiquitinierung sind die häufigsten Modifikationen.
- Spezifische Enzyme katalysieren diese aminosäure- und sequenzspezifischen Reaktionen.
- Die Modifikation und ihre Entfernung erfolgen vornehmlich *in situ*, d. h. an Histonen im Nucleosom.
- Die histonmodifizierenden Enzyme werden über andere Proteine zu den Zielnucleosomen im Chromatin herangeführt.

Die **differenzielle Expression** von Genen in mehrzelligen Organismen geht einher mit einer zelltypspezifischen Regulation der Chromatinstruktur. Abhängig vom Genort (Locus) und vom Entwicklungszustand der Zellen werden spezifische Kombinationen von Histonmodifikationen etabliert. Die Modifikationen werden gezielt an bestimmten Aminosäuren der Histone innerhalb des Zielnucleosoms gesetzt. Das Setzen bzw. Löschen bestimmter Modifikationstypen erfolgt zumeist sequenziell, d. h. aufeinander aufbauend. Untersuchungen der genomweiten Verteilung von Histonmodifikationen bei Modellorganismen und beim Menschen zeigen, dass eine überschaubare Anzahl von Histonmodifikationen (s. ▶ Tab. 20.1) die wesentlichen strukturellen und funktionellen Unterschiede im Chromatin beschreiben. Einige dieser Modifikationen und die damit verbundenen Chromatinstrukturen können über Zellteilungen stabil vererbt werden (S. 447). Sie sind aber durch demodifizierende Enzyme auch wieder umkehrbar.

▶ Tab. 20.1 fasst jene Modifikationen der Histone H2A, H3 und H4 zusammen, über deren Verbreitung und Auswirkung in Säugetieren und im Menschen am meisten bekannt ist. Dies lässt aber nicht den Schluss zu, dass es einen einheitlichen „epigenetischen Strukturcode" für alle Organismen gibt. Sowohl das Vorkommen als auch das Lesen oder die Interpretation bestimmter Histonmodifikationen ist bei verschiedenen Arten mehr oder weniger unterschiedlich (Ähnliches gilt auch für die DNA-Methylierung, s. u.).

Übertragen werden die in ▶ Tab. 20.1 dargestellten Modifikationsmuster durch **Histon-Methyltransferasen (HMTs)**, die für Arginin (R) und Lysin (K) spezifisch sind, sowie durch lysinspezifische **Histon-Acetyltransferasen (HATs)** und durch **Ubiquitin-Ligasen**. Diese Enzyme erkennen und modifizieren die Aminosäure in einem ganz spezifischen Sequenzkontext. Entfernt werden Methylierung und Acetylierung ebenfalls aminosäure- und modifikationsspezifisch durch **Histon-Demethylasen (HDMs)** und **Histon-Deacetylasen (HDACs)**. Für beide Vorgänge gibt es eine Reihe von Enzymen mit teilweise überlappenden Spezifitäten, aber vermutlich unterschiedlichen Interaktionspartnern und Zielorten. ▶ Tab. 20.2 fasst die wichtigsten Enzyme zusammen.

20

Tab. 20.1 Prominente Modifikationstypen der Histone H2A, H3 und H4 in Säugetieren.

Histon	modifizierte Aminosäure	Wirkung auf das Chromatin	vornehmliche Lokalisation
H2A	K119Ub	Verschließen des Chromatins	genreiche Domänen
H3	K4me1	aktive regulatorische Elemente	Enhancer/Silencer
	K4me3	lokale Öffnung und Aktivierung der Transkription	Promotor
	K9ac	lokale Öffnung und Aktivierung der Transkription	Promotoren und Enhancer
	K9me2	Kompaktierung des Chromatins und Blockade der Transkription	stillgelegte Gene
		genspezifisches (fakultatives) Heterochromatin	stillgelegte Gene
	K9me3	genarmes (konstitutives) Heterochromatin	intergenische Regionen und Telomere
	K36me3	Elongation/Progression der Transkription	Genkörper
	K27me3	lokale Blockade der Transkription	Promotor
	K27ac	lokale Aktivierung der Transkription	Promotor und Enhancer
	R3me1/2	Aktivierung der Transkription	Umgebung des Promotors
H4	K20me1	Blockade der Transkription und Reparatur	Genkörper
	K20me3	Blockade der Transkription und Reparatur	Genkörper

Ort und Art der Methylierung sind entsprechend der Nomenklatur, die im Rahmen einer Epigenetikkonferenz im tschechischen Brno festgelegt wurde [1], wie folgt angegeben: Histon – Aminosäure (K oder R) – Position in der Aminosäuresequenz – Modifikation und Anzahl der Modifikationen (me1 = monomethyliert, me2 = dimethyliert usw.). Brno war der Wirkungsort Gregor Mendels, des Gründungsvaters der wissenschaftlichen Genetik (1865).

Tab. 20.2 Enzyme, die den Acetylierungs- und Methylierungsgrad von Histonen bestimmen.

Enzymtyp	Kategorie	modifizierte Aminosäure	Enzym (Name/Variante)
HMT	Histonmethyltransferase	H3K4me H3K9me H3K27me H3K36me	SETD1A, SETD1B, MLL 2, MLL 3, MLL 4 SUVAR39H1, SUVAR39H2, SETDB1, G9a EZH1, EZH2 SETD2, NSD1, NSD2
HDM	Histondemethylase	H3K4me H3K9me H3K36me H3K9ac, H3K14ac	KDM1B, KDM5A, KDM5C JHDM1D, KDM3A, KDM3B, KDM4A JHDM1D, KDM6A, KDM6B HDAC 1, HDAC 2, HDAC 3, HDAC 8
HAT	Histonacetyltransferase	H3K4ac, H3K9ac, H3K27ac	EP300 KAT 2A, KAT 2B, KAT 3, KAT 4 und weitere TAF1, HAT 1
HDAC	Histondeacetylase	H3K4, H3K9, H3K27	KDM1A, LSD1

SUVAR39 wird gelegentlich auch als KMT 1 bezeichnet.

20.3.1 Histonmodifikationen als epigenetisches Gedächtnis

Wie bereits besprochen spielen Histonmodifikationen eine zentrale Rolle für die Steuerung epigenetischer Prozesse. Im engen Zusammenspiel mit Chromatin-assoziierten Proteinen (z. B. Transkriptionsfaktoren) bilden Histonmodifikationen die Grundlage für zell- und genspezifische Ausbildung von eu- und heterochromatischen Abschnitten entlang des Genoms (s. ▶ Abb. 20.3). Histonmodifikationen dienen daher einerseits als Basis für das konstante, epigenetisch vererbbare Chromatingedächtnis im Zellkern, andererseits sind sie dynamisch veränderbar, wie z. B. im Verlauf der Zellteilung (Mitose), aber auch im Verlauf der Entwicklung, des Alterns und der Differenzierung. Fest steht, dass Histonmodifikationsprofile in einzelnen Zelltypen (Epigenomik, s. Kap. 20.6) sehr genau festgelegt sind und über lange Zeiträume und viele Zellteilungen hinweg „vererbt" werden können. In den folgenden Abschnitten werden wir Mechanismen betrachten, die zur Etablierung zellspezifischer (differenzieller) Chromatinzustände beitragen und Modellvorstellungen zu deren Vererbbarkeit diskutieren.

20.3.2 Histonmodifikationen und Genomstruktur

Im Verlauf der Entwicklung werden in Zellen mit unterschiedlichen Funktionen jeweils andere Genomabschnitte in eine fakultativ offene bzw. geschlossene Chromatinstruktur überführt. Gleichzeitig werden andere Abschnitte konstitutiv geschlossen oder offen gehalten. Dieser Prozess geht mit zwei Ereignissen einher:

- der **Bildung eu- und heterochromatischer Abschnitte**, die sich durch eine lokale Anhäufung bestimmter Histonmodifikationen auszeichnen, und
- der **Trennung der funktionell unterschiedlichen Chromatindomänen** durch **Isolatorelemente**. Diese Isolatoren werden durch die Bindung von Strukturproteinen wie CTCF (*CCCTC-binding factor*) stabilisiert.

An bestimmten Abschnitten im Genom scheinen diese klaren Abgrenzungen zu verschwimmen und positionsabhängige Variationen, sogenannte **Positionseffektvariegationen** (PEVs), tragen dazu bei, dass je nach Zusammensetzung des Chromatins Übergangszustände von Eu- zu Heterochromatin möglich sind. Diese Effekte beobachtet man häufig in centromer- und telomernahen Bereichen. Durch genetische Analysen von PEV-modifizierenden Mutanten wurden erste Gene identifiziert, die für die Ausprägung von Eu- und Heterochromatin essenziell sind. In *Drosophila* und in Säugetieren konnte man so Verstärker der Chromatinvariation, **EVARs** (*enhancer of variegation*), bzw. Unterdrücker der Variation, **SUVARs** (*suppressor of variegation*), identifizieren. Unter den SUVARs fand man auf diese Weise erstmalig Enzyme,

die heterochromatische Histonmodifikationen wie H3K9me2/3 bzw. H4K20me3 katalysieren. Unter EVARs entdeckte man u. a. Enzyme, die die Bildung offener, transkriptionell aktiver Strukturen begünstigen. Hier sind neben H3K4-spezifischen Histon-Methyltransferasen (MLL 1, MLL 2, TRX), Histon-Acetyltransferasen aber auch Histonvarianten wie H2AZ oder Varianten des Linker-Histons H1 bzw. Histon-Demethylasen wie KDM1A/LSD1 zu finden. Nachfolgende Analysen zeigten, dass einige der PEV-modifizierenden Enzyme für die generelle Etablierung und Ausbreitung von Histonmodifkationen im Genom verantwortlich sind.

▶ **Modellvorstellung zur genomweiten Organisation von Chromatin durch Histonmodifikationen.** Aus einer ganzen Reihe von Befunden ergibt sich folgende Modellvorstellung zur genomweiten Organisation von Chromatin durch Histonmodifikationen: DNA-erkennende und -bindende Proteinkomplexe wie Transkriptionsfaktoren und Chromatin-Remodeling-Komplexe rekrutieren – teilweise in Verbindung mit langen nicht-codierenden RNAs (*long non-coding RNAs*, lncRNAs) – histonmodifizierende Enzyme. Im Anschluss an diese erste Bindung breitet sich die Modifikation entlang benachbarter Nucleosomen aus und wird durch die Rekrutierung weiterer Enzyme und durch zusätzliche Modifikationen stabilisiert. Gleichzeitig werden umgekehrt verlaufende Prozesse unterdrückt. Einmal etablierte Chromatinstrukturen sind dann über längere Zeiträume und Zellteilungen stabil. Chromatinveränderungen werden durch die Rekrutierung von Enzymen wie Histon-Demethylasen und Histon-Deacetylasen initiiert, die diese Modifikationen wieder *in situ* am Nucleosom entfernen. Alternativ können **Histonchaperone**, die einen aktiven Austausch von Histonen im Nucleosom ermöglichen, ebenfalls eine zentrale Rolle übernehmen.

Bereits in Kap. 13 haben wir die Gensteuerung transkriptionell aktiver, euchromatischer Regionen bzw. Domänen durch histonmodifizierende Enzyme diskutiert. ▶ Abb. 20.3 zeigt beispielhaft die Verteilung einiger Histonmodifikationen in Verbindung mit der DNA-Methylierung im Bereich von Genen. Die sehr verallgemeinernde Darstellung zeigt die unterschiedliche Markierung transkriptionell aktiver und inaktiver Bereiche.

Definition

Das **Epigenom** ist die Summe der epigenetischen Modifikationen des Genoms in einzelnen Zelltypen eines Organismus.

▶ Tab. 20.2 listet einige der Enzyme auf, die für die lokale und regionale Etablierung solcher Modifikationen verantwortlich sind. Offenes, transkriptionell aktives Chromatin findet man fast an allen Promotoren, die mit nicht methylierten CpG-reichen Regionen, den **CpG-Inseln**, überlappen (▶ Abb. 20.3). Eine Reihe unterschiedlich regulierter Enzyme (wie MLL2, MLL3, SetD1a und SetD1b) sind für die region- und stadienspezifische lokale Anreicherung von **H3K4me3** an diesen Promotoren verantwortlich. Weite Bereiche intronischer und intergenischer Sequenzen weisen dagegen eine **heterochromatische Chromatinstruktur** auf, die durch eine starke Anreicherung von **H3K9me3** gekennzeichnet ist. Generell beobachtet man in frühen Entwicklungsphasen (Stammzellen) einen genomweit niedrigeren Anteil an Heterochromatin, der mit der Zelldifferenzierung stark zunimmt (s. Kap. 21). Vor allem an Promotoren und regulatorischen Elementen gewebespezifisch regulierter Gene kommt es im Verlauf der Entwicklung zur Ausbildung komplexer flächendeckender und lokaler Veränderungen der Histonmodifikation, durch die transkriptionell aktive oder transkriptionell stillgelegte Chromatinstrukturen ausgebildet werden. Das kontrollierte Abschalten zell- und entwicklungsspezifischer Gene erfolgt dabei durch Enzyme der PRC-Komplexe EzH2 (PRC, *polycomb repressive complex*) (S. 449), die an Promotoren und regulatorischen Elementen die Ausbildung von Heterochromatin durch Anreicherung der H3K27me3-Modifikation einleiten (▶ Abb. 20.3). Hingegen wird konstitutives Heterochromatin in Regionen mit nur wenigen Genen vornehmlich durch das SUVAR39-Enzym erzeugt, indem die Histone H3 an der Position K9 methyliert werden (H3K9me3, ▶ Abb. 20.3) und nachfolgend diese Modifikation die Bindung des Heterochromatinproteins 1 (HP1) auslöst. Wir werden die gezielte Etablierung und die unterschiedlichen Varianten von Heterochromatin später noch einmal kurz diskutieren. Zunächst aber möchten wir uns der Frage zuwenden, wie einmal etablierte, zellspezifische Chromatinstrukturen stabil vererbt werden.

20.3.3 Modelle der Vererbbarkeit von Histonmodifikationen

Eine der zentralen Fragen der Chromatinforschung ist nach wie vor, wie Histonmodifikationen über längere Zeiträume und über Zellteilungen hinweg erhalten bleiben. Nach jeder Zellteilung muss eine Hälfte der Nucleosomen neu aufgebaut werden, d. h. neue, nicht modifizierte Histone werden in das Chromatin eingebaut. Es stellt sich daher die Frage, wie und ob die Modifikations-

20

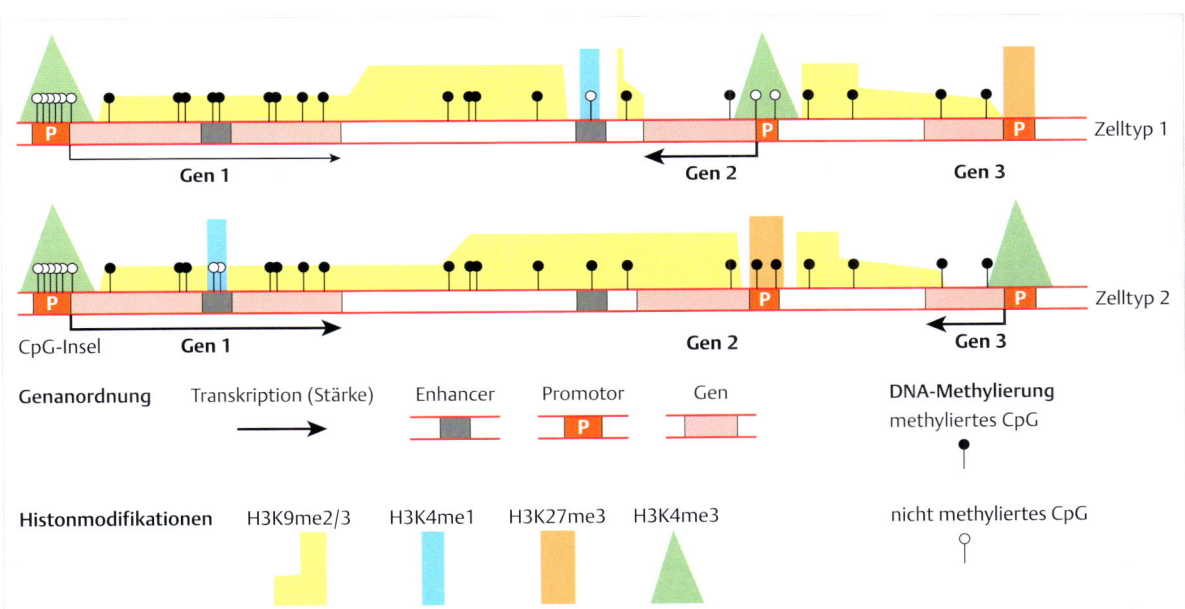

Abb. 20.3 Die Verteilung epigenetischer Modifikationen an einem Genort im Genom. Jeder Zelltyp besitzt ein zelltypspezifisches Epigenom. Transkriptionell aktive und inaktive Gene haben charakteristische epigenetische Modifikationsmuster. Die Abbildung zeigt schematisch Unterschiede des Modifikationsmusters von drei Genen aus zwei Zelltypen und deren Korrelation mit der Genexpression (transkriptionell aktiv oder inaktiv). Der Promotor von Gen 1 umfasst eine CpG-Insel, ist unmethyliert und weist eine starke Anreicherung von H3K4me3 auf. Gene mit solchen Promotoren sind in (fast) allen Zellen aktiv. Die geringe Transkription von Gen 1 in Zelltyp 1 kann durch zusätzliches „Öffnen" (H3K4me1) eines Enhancers in Zelltyp 2 verstärkt werden. Die Gene 2 und 3 sind nur in bestimmten Zelltypen transkribiert. Ihre Promotoren weisen daher entweder einen aktiven, offenen Chromatinzustand (H3K4me3) auf (siehe Gen 2 in Zelltyp 1 und Gen 3 in Zelltyp 2) oder sie befinden sich in einem inaktiven unzugänglichen Chromatinzustand (siehe Gen 2 in Zelltyp 2 bzw. Gen 3 in Zelltyp 1). Die Bildung von zelltypspezifischen heterochromatischen Modifikationen an Promotoren (H3K27me3) wird durch PRC 1/2-Komplexe gesteuert (s. ▶ Abb. 20.5). Weite Abschnitte innerhalb großer Gene und zwischen Genen (intergenische Bereiche) sind durch ausgebreitete DNA-Methylierung und heterochromatische Modifikationen (H3K9me2/3) gekennzeichnet und transkriptionell stillgelegt. In diesen intergenischen Regionen liegen oft zelltypspezifisch aktivierte Enhancer (s. Beispiel für Gen 2 in Zelltyp 1). Die Höhe und Breite der jeweiligen Modifikationsfläche deuten (sehr schematisch) deren Ausbreitung im Chromatin sowie ihre unterschiedliche Anreicherung an.

muster der bereits vorhandenen Histone auf die neuen Histone übertragen werden. In ▶ Abb. 20.4 werden zwei mögliche Modelle – das **semikonservative Modell** und das **Nachbarschaftsmodell** – dargestellt, die sich aus experimentellen Beobachtungen ableiten lassen.

Grundannahme für beide Modelle ist, dass nach der DNA-Replikation die alten modifizierten Nucleosomen auf beide Schwesterchromatiden verteilt und zusätzlich neue, nicht modifizierte Histone bzw. ganze Nucleosomen hinzugefügt werden. In Modell I werden nach der Replikation jeweils neue Nucleosomen aus einem halben alten Nucleosom (vermutlich der halben Core-Histone H3 und H4) und neuen Histonen (H2A, H2B) gebildet. So bleibt in jedem Nucleosom die alte epigenetische Information teilweise erhalten (s. ▶ Abb. 8.37). In Modell II

bleiben die alten Nucleosomen vollständig erhalten und werden zur Hälfte auf die Schwesterchromatiden verteilt. Jedes zweite Nucleosom des neuen Chromatids muss entsprechend komplett neu gebildet werden und enthält nicht modifizierte Histone. Nach der Replikation werden die Modifikationsmuster der benachbarten alten Nucleosomen auf die neuen übertragen.

Für beide Modelle gibt es experimentelle Hinweise. Sie ähneln sich konzeptionell, da beide davon ausgehen, dass vorhandene Modifikationen histonmodifizierende Enzyme (HMTs oder HDACs, HATs) heranziehen, die dann die Modifikationsmuster auf benachbarte nicht modifizierte Histone übertragen. In Organismen mit **DNA-Methylierung** könnte diese zudem als Kopierhilfe dienen. Die Methylierung der DNA wird während der DNA-Replikation

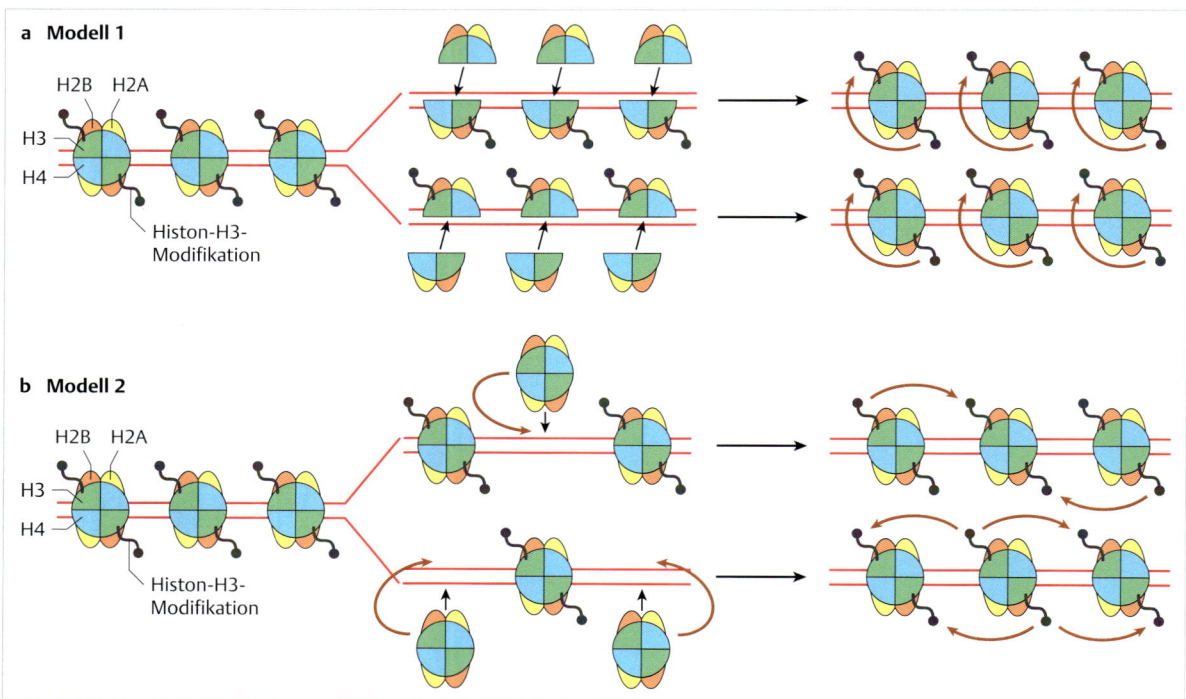

Abb. 20.4 Zwei Modelle für die Vererbung von Histonmarkierungen nach der DNA-Replikation. Exemplarisch gezeigt ist die Vererbung einer Histonmodifikation des Histons H3. Die Histone und Histontetramere sind farbig gezeichnet. Für beide Modelle gilt, dass vorhandene Modifikationsmuster der „alten" Histone kopiert und nach der Replikation auf neu eingefügte Histone übertragen werden. Leseproteine nutzen die an den alten Histonen verbliebenen Modifikationen als Andockstellen und rekrutieren dann die entsprechenden Modifikationsenzyme. (nach Greer EL, Shi Y (2012) Histone methylation: a dynamic mark in health, disease and inheritance. Nat Rev Genet: 13 343–357)

a Modell 1 (semikonservatives Modell): Die Nucleosomen werden im Verlauf der Replikation „geteilt" und Dimere auf die beiden Tochterstränge als Nucleosomhälften aufgeteilt (*split*). Je ein Dimer der Core-Histone H3/H4 (und der Histone H2A/H2B) verbleibt als Restnucleosom auf je einem der beiden Tochterstränge. Nach der Replikation werden neue Histondimere integriert, um wieder vollständige Oktamere auszubilden. Die auf den verbliebenen Histondimeren noch vorhandenen epigenetischen Modifikationen (hier exemplarisch für das Histone H3 gezeigt) dienen als „Anker" für die Übertragung des Musters auf die nicht modifizierten, neu eingebauten H3-Histone.

b Modell 2 (Nachbarschaftsmodell)): Die alten Nucleosomen werden nicht zerlegt, sondern als intakte Oktamere zufällig auf beide Tochterstränge (Schwesterchromatide) verteilt. Nach der Replikation werden die dadurch entstandenen Lücken durch Einfügen komplett neuer Nucleosomen geschlossen. Die noch vorhandene epigenetische Information der alten Nucleosomen wird auf die benachbarten, neu eingebauten und nicht modifizierten Nucleosomen übertragen. Auch hier geschieht dies wieder über eine Kombination von Leseproteinen und Modifikationsenzymen.

kopiert. Die methylierten DNA-Basen dienen dann als Andockstelle für Proteine wie MBD2 oder MeCP2, die bestimmte HMTs wie G9A oder SUVAR39 rekrutieren und damit eine Neuausbildung von Heterochromatin nach jeder Zellteilung ermöglichen.

20.3.4 Epigenetische Steuerung der Entwicklung durch PRC-Komplexe

▶ **Proteine der Polycomb-Gruppe (PcG).** Die stabile Vererbbarkeit von Histonmodifikationen und ihr funktionelles Zusammenwirken mit anderen regulatorischen Kontrollmechanismen wie der Bindung von Transkriptionsfaktoren ist ein Kernstück epigenetischer Steuerung. Für die nachhaltige Etablierung genregulierender Prozesse im Verlauf der Entwicklung und zellulären Differenzierung sind Histonmodifikationen essenziell. Eine besondere Bedeutung kommt hierbei den Proteinen der **Polycomb-Gruppe (PcG)** zu. Ihre Aufgabe ist ein effektives und dauerhaftes Abschalten von entwicklungsgesteuerten Genen in entsprechenden Zelltypen. Dieses Abschalten erfolgt durch das lokale Binden von PcG-Proteinkomplexen und die Induktion einer lokalen Ausbreitung von Heterochromatin im Bereich von Promotoren und regulatorischen Elementen.

> **Merke**
>
> Proteine der **Polycomb-Gruppe** (PcG) schalten Gene dauerhaft ab.

Das **Prinzip der PcG-Funktion** lässt sich gut an der Entdeckungsgeschichte klarmachen: Normale *Drosophila*-Männchen haben borstenähnliche Strukturen, die Geschlechtskämme (*sex combs*), am vorderen Beinpaar. Seit etwa 1930 kennt man Mutanten, die zusätzlich Kämme am mittleren und hinteren Beinpaar tragen – daher die Bezeichnung für die erste namengebende Mutante: Polycomb. Offensichtlich ist es die normale Aufgabe des Gens, die Ausbildung von Geschlechtskämmen dort zu verhindern, wo sie nicht vorgesehen sind, nämlich an den hinteren Beinpaaren.

Die Zahl der bekannten Gene der Polycomb-Gruppe ist über die Jahre stetig gewachsen. **PcG-Proteine** bilden vielgestaltige Komplexe mit anderen Proteinen. *Drosophila* allein hat insgesamt etwa 15 verschiedene Typen an PcG-Proteinen. Sie beteiligen sich an der Kontrolle von über 100 verschiedenen Genen (die prominentesten sind die HOX-Gene) (S. 419).

PcG-Proteine sind evolutionär konserviert und kommen in nahezu allen vielzelligen Organismen vor. Im Menschen spielen sie eine entscheidende Rolle bei der Steuerung von Entwicklungsprozessen wie der X-Inaktivierung (s. Kap. 19 und 21). Man unterscheidet aufgrund der in den Komplexen vorkommenden enzymatischen

Aktivität von Histonmodifikationen zwei hauptsächliche Komplextypen: den PRC 1- und den PRC 2-Komplex (PRC, *polycomb repressive complex*). ▶ Abb. 20.5 beschreibt beispielhaft die Chromatinveränderungen, die infolge der Stilllegung eines Gens durch PRC 1- und PRC 2-Komplexe etabliert werden.

PRC 2 enthält mit EzH2 (*enhancer of zeste homolog 2*) u. a. eine H3K27me3-spezifische Histon-Methyltransferase. H3K27me3 dient als Bindungsstelle für Proteine, die **Chromodomänen** (S. 152) enthalten, wie das PcG-Protein, ein Bestandteil des PRC 1-Komplexes. Andere Komponenten von PRC 1 sind RING1b, eine H2A-spezifische Ubiquitin-Ligase (s. ▶ Abb. 20.5).

Gemeinsam beeinflussen die über PRC 2 induzierten und sich über PRC 1 ausbreitenden Modifikationen die Chromatinstruktur an Promotoren und anderen Regulationselementen der benachbarten Gene. Die primären Bindungsstellen für PRC 2-Komplexe im Genom lassen sich mittels ChIP (s. Kap. 23.2.1) kartieren. Sie weisen gewisse strukturelle Ähnlichkeiten aber keine Sequenzhomologien auf. Die Frage, wie die PRC 2-Komplexe dort spezifisch binden, ist daher noch offen. Klar ist jedoch, dass Histon-Demethylasen dabei eine Rolle spielen (s. u.).

Die über H3K27me3 und teilweise nachfolgend über H2AK119ub bzw. H3K9me2 gebildeten heterochromatischen Strukturen werden durch Bindung von Proteinen wie PcG oder HP1 von Zellgeneration zu Zellgeneration weitergegeben. Die Frage bleibt, welche molekularen Mechanismen dafür sorgen, dass diese Strukturen bei den aufeinanderfolgenden Runden von Genomreplikation und Mitose erhalten bleiben. Es gibt erste Hinweise, dass einige Komponenten der Komplexe während der Replikation mit bereits vorhandenen Nucleosomen verbunden bleiben und so dazu beitragen, Information auf Schwesterchromatiden zu kopieren. Analog zu UHRF1 (**u**biquitin-like containing **PHD** and **R**ING finger domains), das für die Erhaltungsmethylierung (S. 455) der DNA von Bedeutung ist, spielen möglicherweise PcG-Proteine eine instruktive Rolle, indem sie während der Replikation an den Modifikationsort gebunden bleiben.

20.3.5 Etablierung von ortsspezifischem Heterochromatin durch histonmodifizierende Enzyme

Histonmethylierung und Histonacetylierung spielen gemeinsam eine zentrale Rolle in der Ausbildung von Chromatinstrukturen. Diese Modifikationen sind, wie wir gesehen haben (▶ Tab. 20.2), umkehrbar (S. 151). Neben **Histon-Deacetylasen** (HDACs) gibt es eine ganze Reihe von **Lysin-(K-)Demethylasen** (KDMs).

Hier stellt sich die Frage, wie die Enzyme ihre Zielregion finden. In der Regel sind sie Teile von Proteinkomplexen, die diese Enzyme an bestimmte Stellen des Chromatins heranführen. Ein Beispiel hierfür ist KDM1A, eine ly-

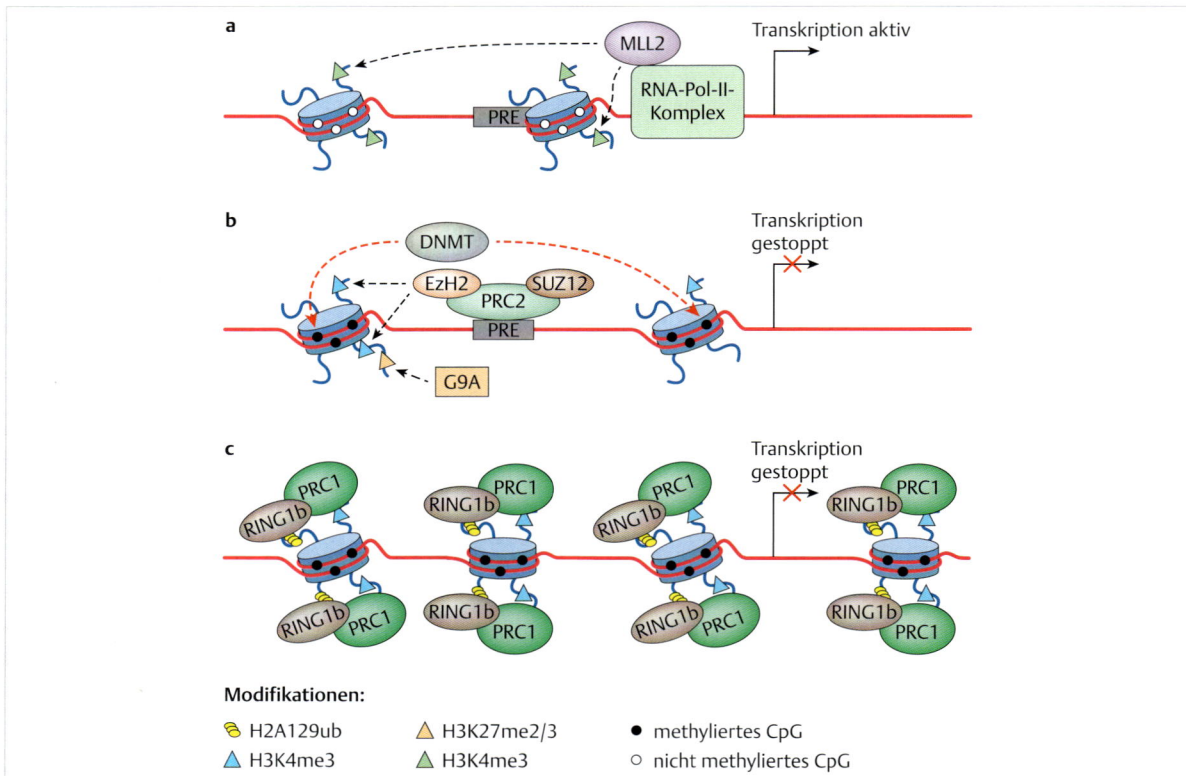

Abb. 20.5 Stilllegung eines Promotors durch Histonmodifikationen, die vom PRC-Komplex vermittelt werden.

a Aktiver Zustand eines transkribierten Gens (Pfeil) mit einem von der RNA-Polymerase II besetzten Promotor. Histon-H3-Methylierung (H3K4me3, grüne Dreiecke), von MLL 2 durchgeführt, markiert das Chromatin im Promotorbereich.

b Initiation der Stilllegung des Promotors. Der PRC2-Komplex bindet zusammen mit den Enzymen EzH2 und SUZ12 an ein Polycomb-Response-Element (PRE) in der Nähe des Promotors. EzH2 sorgt für eine Dreifachmethylierung von Histon H3 (H3K27me3, blaue Dreiecke). In einigen Fällen kommt es zudem zu einer Zwei- oder Dreifachmethylierung durch G9A (H3K9me3/2, oranges Dreieck). In Säugern wird die Heterochromatinbildung zudem durch DNA-Methylierung durch die DNMT gefördert. Die DNMT wird von PRC2 rekrutiert und so eine Methylierung von CpGs in Nachbarschaft (gestrichelter roter Pfeil) erreicht.

c Dauerhafte Stilllegung des Promotors durch PRC1. PRC1 bindet nach einer initialen Markierung durch PRC2. Das Enzym RING1 vermittelt eine Ubiquitinierung des Histons H2A an Position 129 (H2A129ub, gelbe Ovale). In Eukaryoten, die keine DNA-Methylierung besitzen, ist dieser Prozess obligatorisch für eine dauerhafte Stilllegung. In Säugern wird eine zeitweilige Heterochromatinbildung vermutlich allein durch die DNA-Methylierung (durch DNMT) und Methylierung an H3K27me3 (durch PRC2) erreicht.

sinspezifische Histon-Demethylase. Als lokaler Bindungspartner von PRC 2-Komplexen und lncRNAs wie HOTAIR (S. 419) wird das Enzym spezifisch zu initialen Sequenzen im HOX-Gen-Cluster rekrutiert. Hier vermittelt KDM1A dann eine gezielte Demethylierung von H3-Histonen an der Aminosäureposition 27 und ermöglicht so ein geregeltes, entwicklungsgesteuertes Öffnen des Chromatins von Promotoren bestimmter HOX-Gene bzw. regulatorischer Regionen. Ein weiteres Beispiel ist KDM1B. Diese Histon-Demethylase ist für die Etablierung von Prägungen durch DNA-Methylierung in der Keimbahn von Säugetieren essenziell: Durch KDM1B wird zunächst die H3K4me3-Methylierung im Bereich der Prägungskontrollregion (ICR, *imprinting control region*) (S. 467) entfernt. Dieser Prozess erlaubt die lokale Bindung von DNMT 3 L an das nicht methylierte Histon. DNMT 3 L rekrutiert dann DNMT 3a/3b zu diesem Bereich und induziert so die lokale *de novo*-Methylierung.

20.4 Regulatorische RNAs und epigenetische Prozesse

Für die epigenetische Kontrolle leisten regulatorische RNA-Moleküle einen wichtigen Beitrag. mikroRNAs und lncRNAs beeinflussen die Ausbildung und Stabilisierung von Chromatinstrukturen durch Regulation von Histonmodifikationen und DNA-Methylierung. Die Beispiele regulatorischer Prozesse, bei denen RNAs lokale Histon- und DNA-Methylierungsvorgänge steuern, nehmen stetig zu. So sind an der **RNA-Interferenz** (**RNAi**) beteiligte Enzyme (MIWI, MILI, Ago, DICER, DCR2; s. Kap. 18) und die von ihnen gebildeten und prozessierten kurzen 21–25 Nucleotide langen RNAs (z. B. miRNAs, piRNAs und siRNAs) häufig als zielführende oder strukturelle Komponenten epigenetischer Prozesse und Maschinerien zu finden. Neuere Befunde zeigen, dass die Ausbildung heterochromatischer Strukturen in centromernahen, genarmen Regionen, wie auch in anderen Regionen mit einem hohen Anteil bestimmter Klassen repetitiver Elemente, durch die lokale Bildung kurzer doppelsträngiger RNAs initiiert wird (▶ Abb. 20.6).

Erste Entdeckungen Mitte der 1990er-Jahre zeigten, dass in Zellkernen der Tabakpflanze doppelsträngige RNAs und RNAi-gesteuerte Prozesse für die nachhaltige DNA-Methylierung und damit die transkriptionelle **Stilllegung von viralen Elementen** verantwortlich sind. Pflanzen besitzen sogar eine eigene Klasse von DNA-Methyltransferasen, die mithilfe von dsRNAs gezielt lokal neue DNA-Methylierungen etablieren. Ein sehr wichtiges Beispiel für einen RNAi-abhängigen Prozess in Pflanzen ist die zeitliche Kontrolle von Entwicklungsprogrammen wie die Regulation der Blühphasen (**Vernalisierung**). Hierbei werden durch kleine RNAs ausgelöste epigenetische Prozesse über Monate beibehalten.

In Säugetieren werden epigenetische Veränderungen während der Keimzellbildung durch kleine RNAs gesteuert. In der Keimbahn von Säugetieren einschließlich des Menschen wird eine ganz bestimmte Art von kleinen RNAs, die piRNAs (S. 416), exprimiert. Diese piRNAs sorgen für eine gerichtete epigenetische Stilllegung von Transposons durch DNA-Methylierung. Die Gemeinsamkeit all dieser Prozesse ist, dass die kleinen RNAs offensichtlich als Zielgeber für eine DNA-Methylierung, die Heterochromatinbildung und somit für die Stilllegung von Genomabschnitten wirken.

Neben den kleinen RNAs spielen aber auch lange nichtproteincodierende (gespleißte und nicht gespleißte) RNAs (**lncRNAs**) ein wichtige Rolle als Vermittler. Diese lncRNAs haben eine zentrale Funktion für die gen- und ortsspezifische Ausbildung von Heterochromatin. Beobachtungen am Säugetier zeigen, dass einige lncRNAs direkt an der Ausbildung von größeren heterochromatischen Strukturen beteiligt sind. Beispiele hierfür sind die lncRNAs der genomisch geprägten Gen-Cluster (AIR und KCNQ1OT1, s. Kap. 21), die XIST/TSIX-RNAs des X-Inaktivierungszentrums (S. 419) sowie HOTAIR (S. 419), eine für die Kontrolle der Stilllegung von HOX-Genen wichtige lncRNA. Es ist sehr zu vermuten, dass die Anzahl und Bedeutung solcher nicht-codierenden lncRNAs für die epigenetische Kontrolle in Zukunft noch steigen werden, zumal neuere Daten zeigen, dass weite Teile des Genoms in nicht-proteincodierende RNAs transkribiert werden.

20.5 DNA-Methylierung

20.5.1 Vorkommen und allgemeine Prinzipien

Neben Histonmodifikationen spielt die DNA-Methylierung eine bedeutende Rolle als direkte, mit der Nucleotidsequenz verknüpfte, vererbbare epigenetische Modifikation. Die DNA-Methylierung findet man weit verbreitet von Bakterien bis zum Menschen. Sie erfolgt in allen Organismen postreplikativ an bestimmten Basen in doppelsträngiger DNA. Die Reaktion wird basen- und sequenzspezifisch von DNA-Methyltransferasen (DNMTs) kataly-

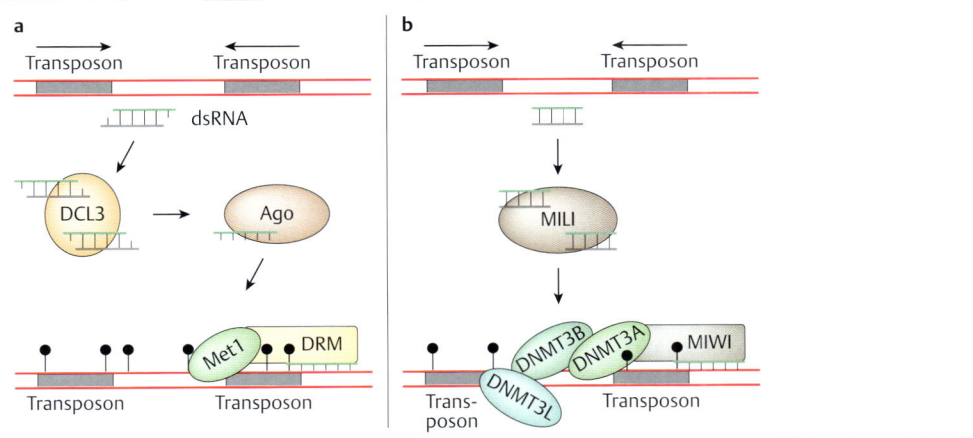

Abb. 20.6 RNA-vermittelte DNA-Methylierung.
Die Reaktionsfolge für beide Vorgänge beginnt mit der Bildung von doppelsträngiger RNA (dsRNA) aus gegenläufigen Transkripten beider DNA-Stränge. Die Transkripte entstehen meist an gegenläufigen repetitiven Elementen im Genom (Retrotransposons); nur bei Pflanzen werden alternativ ssRNA-Transkripte durch eine RNA-abhängige RNA-Polymerase vervollständigt (nicht gezeigt).
a RNAi-abhängige DNA-Methylierung (RdDM) in Pflanzen. Ein Dicer-ähnliches Enzym (DCL3) zerlegt die dsRNA in kurze einzelsträngige RNAs (ssRNAs), die in den Ago-Komplex integriert werden. Mithilfe von Ago werden dann die DNA-Methyltransferasen (DRM und Met1) rekrutiert, die eine lokale Methylierung (schwarze Punkte) induzieren. In Pflanzen ist zunächst DRM aktiv und methyliert alle Cytosine einer Region (nicht gezeigt) – danach wird die Methylierung durch Met1 lediglich an CpG-Positionen erhalten.
b RNA-abhängige *de novo*-Methylierung in der Keimbahn von Säugetieren. Das Dicer-ähnliche Enzym ist MILI. Es spaltet die dsRNA in kurze ssRNAs. Diese werden in den MIWI-Komplex integriert, der dann die DNA-Methyltransferasen DNMT 3A/DNMT 3B/DNMT 3 L rekrutiert. Resultat ist eine lokale *de novo*-Methylierung der DNA (schwarze Punkte).

20

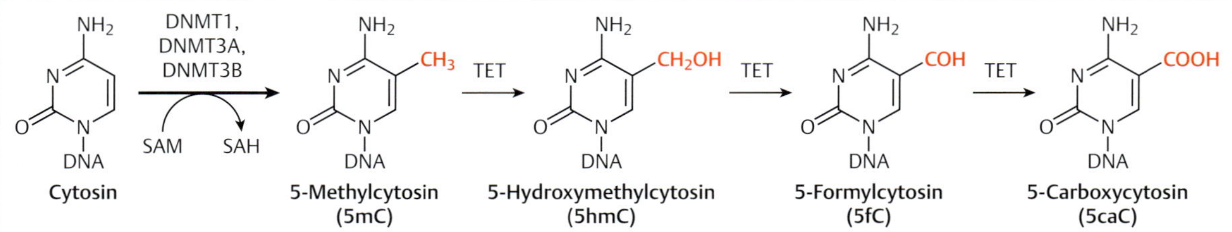

Abb. 20.7 Modifikation von Cytosin zu 5-Methylcytosin (5mC) und dessen oxidative Derivate. Die DNA-Methylierung erfolgt durch DNA-Methyltransferasen (DNMTs). Die weiteren Oxidationen zu 5-Hydroxymethylcytosin, 5-Formylcytosin und 5-Carboxycytosin werden von TET-Enzymen katalysiert. Alle Reaktionen erfolgen ausschließlich am Cytosin im DNA-Doppelstrang. Alle DNMTs benötigen den Cofaktor S-Adenosylmethionin (SAM) als Methylgruppen-Donor.

20

siert. In Eukaryoten ist DNA-Methylierung auf die C 5-Position von Cytosin (**5-Methylcytosin**, 5mC) meist in der **Sequenzabfolge 5′-CpG-3′** beschränkt (▸ Abb. 20.7).

▸ **DNA-Methylierung in Pflanzen.** Aus Platzgründen werden wir in diesem Kapitel vornehmlich auf die Bedeutung der DNA-Methylierung in Säugetieren eingehen. Es soll an dieser Stelle jedoch erwähnt werden, dass die DNA-Methylierung in Pflanzen eine sehr wichtige Bedeutung für die Steuerung von Entwicklungs- und Anpassungsprozessen hat. Pflanzen besitzen zudem die größte Anzahl und Vielfalt von DNA-Methyltransferasen. Zudem gibt es klare Hinweise, dass Veränderungen der DNA-Methylierung über Generationen hinweg vererbt werden.

▸ **DNA-Methylierung in Säugetieren.** Mehrere Beobachtungen zeigen, wie wichtig die DNA-Methylierung für die Entwicklung von Säugetieren ist. Der Verlust von DNA-Methyltransferasen (DNMT1 oder einer Kombination von DNMT3A und DNMT 3B, s. u.) führt bei der Maus und vermutlich auch beim Menschen zu letalen Entwicklungsstörungen. Menschen mit einem fehlerhaften DNMT 3B-Gen erkranken am **ICF-Syndrom**, einer Kombination von Immundefizienz, Centromerinstabilität und Anomalien der Gesichtsentwicklung.

Im Genom von Säugetieren einschließlich des Menschen sind ca. **3–4 % aller Cytosine** (d. h. ca. 2×10^7 Basen) methyliert. Die Methylierung erfolgt (fast ausschließlich) in der **Zielsequenz 5′-CpG-3′**. Die Verteilung von 5mC im Genom folgt bestimmten Regelmäßigkeiten: Neben zelltypspezifischer DNA-Methylierung an regulatorischen Elementen wie Promotoren, Enhancern und Silencern sind weite Teile der Genome, die aus sich wiederholenden DNA-Elementen (retrovirale und retroviral abgeleitete Elemente) oder nicht proteincodierenden Sequenzen bestehen, fast durchgehend und in allen Zellen methyliert (s. ▸ Abb. 20.3). **CpG-Inseln** bleiben in normalen somatischen Zellen oft nicht methyliert, sind aber im Verlauf krankhafter Veränderungen wie Krebs häufig methyliert. Gene mit einem mittleren CpG-Gehalt zeigen häufig eine von der DNA-Methylierung abhängige Regulation. Wie an anderer Stelle (S. 300) erwähnt kommen CpG-Dinucleoti-

de in den Genomen von Säugetieren seltener vor als statistisch erwartet und fehlen daher in einer Reihe regulatorischer Elemente und Promotoren. Somit werden die entsprechenden Gene nicht über Veränderungen der DNA-Methylierung gesteuert (s. ▸ Abb. 20.3).

Merke

- Die DNA-Methylierung erfolgt postreplikativ durch DNA-Methyltransferasen.
- DNA-Methylierungsmuster können nach erfolgter Replikation durch eine DNA-Methyltransferase auf den neuen DNA-Strang übertragen und damit erhalten werden.
- In allen Wirbeltieren sind Cytosine fast ausschließlich in der Dinucleotidfolge 5′-CpG-3′ methyliert. In Pflanzen (und einigen Insekten) werden Cytosinreste auch in anderen Sequenzabfolgen methyliert.
- Kurze CpG-reiche Regionen in Promotoren, sogenannte CpG-Inseln, sind oft dauerhaft nicht methyliert.
- Die Desaminierung von 5mC und weiteren oxidativen Formen von 5mC erzeugt Thymin, was eine Ursache von Mutationen (S. 258) ist. Als Folge sind CpG-Folgen im Laufe der Evolution in den Genomen von Mensch und Maus deutlich unterrepräsentiert.
- Die DNA-Methylierung wirkt generell als repressives epigenetisches Signal. Die lokale Interpretation der DNA-Methylierung durch DNA-bindende Proteine erfolgt jedoch kontextabhängig (s. u.) und im engen Wechselspiel mit Chromatinmodifikationen.

▸ **DNA-Methylierung bei anderen Tieren und Hefen.** Bei Menschen, der Maus, aber auch anderen Vertebraten wie Zebrafisch oder dem Frosch *Xenopus* ist eine geordnete Verteilung der DNA-Methylierung für die Entwicklung essenziell. Ganz anders ist die Situation in den Modellorganismen *Saccharomyces cerevisiae, Schizosaccharomyces pombe, Caenorhabditis elegans* und *Drosophila melanogaster*. In den Genomen dieser Organismen fehlt die DNA-Methylierung entweder komplett oder sie spielt nur eine noch nicht klar definierte, temporäre Rolle in der frühesten Entwicklung (z. B. bei *Drosophila*). Warum DNA-Methylierung in einzelnen (Modell-)Organismen verloren gegangen ist und warum das möglicherweise gewinnbringend war, wird später kurz diskutiert.

20.5.2 Oxidierte Modifikations-formen von 5-Methylcytosin

Jüngste Befunde zeigen, dass 5-Methylcytosin (5mC) enzymatisch weiter oxidiert werden kann. Die entstehenden oxidierten Modifikationsformen kommen in deutlich geringerer Anzahl als 5mC im Genom von Säugetieren vor, wobei ihre Menge jedoch zelltypspezifisch ist. Von den Modifikationsformen findet man im Säugetiergenom am häufigsten **5-Hydroxymethylcytosin** (5hmC; s. ▶ Abb. 20.7) (immerhin fast 1–10 % aller modifizierten Cytosine, je nach Zelltyp), gefolgt von **5-Formylcytosin** (5fC) (0,1–1 %) und **5-Carboxycytosin** (5caC), die beide nur in verschwindend geringer Menge vorzukommen scheinen (5caC nur bei ca. 0,001 % aller modifizierten Cytosine in embryonalen Stammzellen).

Nach neueren Arbeiten werden die Modifikationstypen durch stufenweise Oxidation aus 5mC gebildet. Verantwortlich hierfür sind die sogenannten **TET-Enzyme** (s. ▶ Abb. 20.7). Das sind Fe(II)-abhängige Dioxygenasen, die α-Ketoglutarat als Cosubstrat nutzen. TET ist die Abkürzung für *ten eleven translocation*, denn die entsprechenden Gene wurden erstmalig bei der Untersuchung einer Translokation zwischen den Chromosomen 10 und 11 bei leukämischen Tumorerkrankungen des Menschen beschrieben.

Die drei TET-Dioxygenasen TET 1, TET 2 und TET 3 benötigen 5mC als Substrat. Sie können *in vitro* alle drei Oxidationsstufen katalysieren.

Die Funktion der oxidierten Formen ist noch unklar. Es gibt jedoch erste Hinweise, dass 5hmC die Erkennung der DNA moduliert und eher mit transkriptionell aktiven Bereichen assoziiert ist. Die Oxidation von 5mC zu 5hmC kann als eine Art funktionelles Überschreiben der repressiven 5mC-Modifikation angesehen werden. 5hmC inhibiert z. B. die Bindung von repressiven MeCP2/MBD2-Komplexen an modifizierte DNA (s. u.). Man vermutet, dass 5fC und 5caC nur kurzzeitig vorhandene oxidierte Zwischenprodukte auf dem Weg zur enzymatischen Demethylierung von 5mC und 5hmC sind. DNA-Glykosylasen (S.270) wie TDG (s. ▶ Abb. 20.9) erkennen sowohl desaminiertes 5hmC (= 5-Hydroxymethyluracil, 5hmU), oder aber direkt 5caC, und können die modifizierten Basen über eine Basenexzisionsreparatur herausschneiden und durch Cytosin ersetzen.

20.5.3 Auswirkung der DNA-Methylierung im Genom

Die am häufigsten vorkommende Modifikation der DNA, **5-Methylcytosin** (5mC), trägt zur transkriptionellen **Stilllegung** genetischer Information bei. Eine Reihe von Methoden gibt Aufschluss über das Ausmaß und die Verteilung der DNA-Methylierung im Genom (Methode 20.1) (S.454). Kartierungen der DNA-Methylierung im Genom hat gezeigt, dass fast alle transponierbaren Elemente, telomernahen Regionen, CpG-reichen Promotoren auf dem inaktiven X-Chromosom weiblicher Säugetiere und regulatorischen Regionen genomisch geprägter Gene konstant methyliert und transkriptionell stillgelegt sind (s. Kap. 21). Die Entfernung der DNA-Methylierung führt zu einer (Re-)Aktivierung der Transkription solcher stummgeschalteter Elemente.

Anders ist die Situation in den zahlreichen Genen, die in Einzelkopie vorliegen. So enthalten die Promotoren von ca. 50 % aller proteincodierenden Gene CpG-reiche Motive, sogenannte **CpG-Inseln** (s. Kap. 12.7), die fast nie methyliert sind (▶ Abb. 20.3). Die entsprechenden Gene sind häufig konstitutiv transkribiert oder es sind Gene, die zur Expression bereit sind. Dagegen folgen viele regulatorische Bereiche gewebespezifisch exprimierter Gene (Promotoren, Enhancer) dem inversen Korrelationsschema: Die regulatorischen Elemente sind in Zellen, in denen diese Gene herunterreguliert sind, stärker methyliert. Für viele Gene ist eine solche inverse Korrelation nicht immer eindeutig definierbar – andere epigenetische Mechanismen wie Histonmodifikationen scheinen hier eine von der DNA-Methylierung unabhängige Kontrolle zu ermöglichen. Dies trifft vor allem auf Gene zu, in deren Promotoren keine oder nur sehr wenige CpGs enthalten sind (s. ▶ Abb. 20.3). Hier führt eine Zu- oder Abnahme der DNA-Methylierung nicht direkt zu einer Änderung der transkriptionellen Aktivität der Gene. Jüngste Befunde deuten aber an, dass entfernte regulatorische Elemente dieser Gene häufig eine modifizierte DNA-Methylierung aufweisen, die mit einer Veränderung der Genexpression einhergehen.

20

Methode 20.1

Die Bisulfitsequenzierung zur Kartierung der DNA-Methylierung

Neben Immunpräzipitation unter Benutzung von Proteinen und Antikörpern, die an modifizierte Basen (MeDIP, hMe-DIP oder mCIP) binden, ist vor allem die Bisulfitsequenziermethode geläufig. Diese Methode erlaubt eine basengenaue Bestimmung der DNA-Methylierung. Durch eine chemische Umwandlungsreaktion werden alle Cytosinbausteine der genomischen DNA modifiziert und in Uracil umgewandelt (▶ Abb. 20.8a). Durch eine nachgeschaltete

Vervielfältigung (PCR) (S. 532) wird aus einer DNA, die die vier Basen enthält, eine DNA, die nur noch die drei Basen A, G, und T wie auch C an den vormals modifizierten Basen 5mC und 5hmC enthält (▶ Abb. 20.8b). 5mC und 5hmC reagieren nicht mit dem Bisulfitsalz und bleiben damit als C erhalten. Sequenziert man die DNA, dann sind Positionen, an denen Cytosine in der Sequenz vorkommen, ein direktes Indiz für das Vorhandensein der Modifikation an dieser Position in dem DNA-Strang.

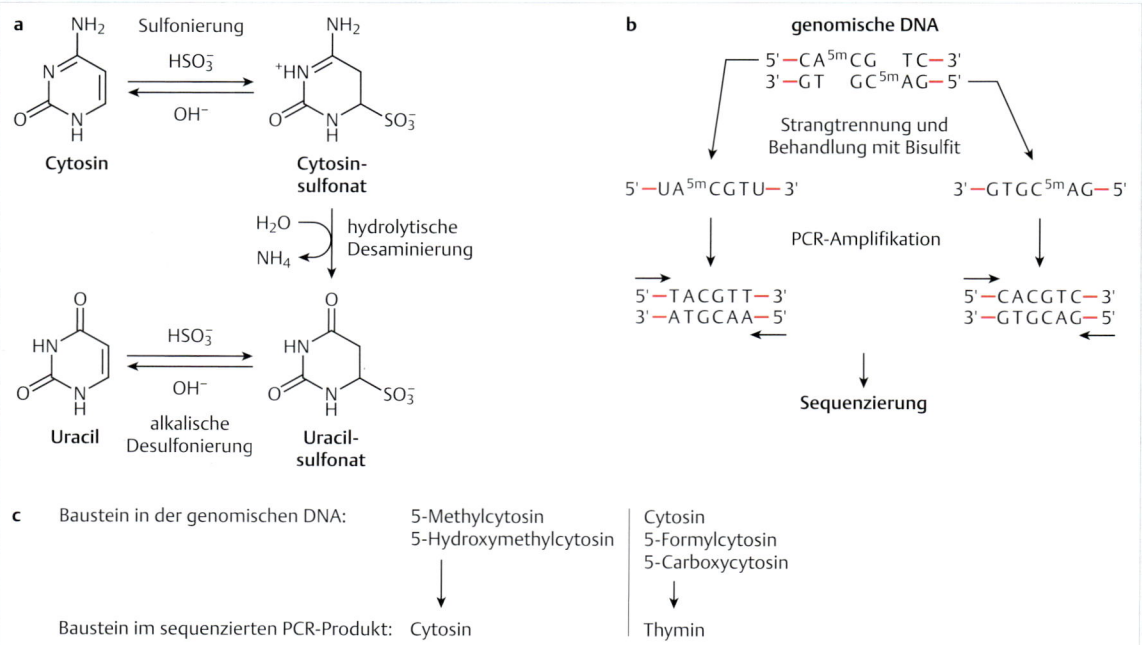

Abb. 20.8 Molekulare Analyse der DNA-Methylierung durch Bisulfitsequenzierung.

a Reaktionen am Cytosin nach Inkubation von DNA mit Natriumbisulfit. Die erste Reaktion verläuft im leicht sauren Millieu und erzeugt eine Sulfonierung des C6-Atoms des Cytosins. Nachfolgend kommt es zu einer Desaminierung am C4-Atom und es entsteht Uracilsulfonat. Durch eine anschließende Umpufferung in ein alkalisches Milieu wird die SO_3-Gruppe abgespalten (Desulfonierung) und es entsteht Uracil.

b Durch Bisulfit verursachte Veränderungen der Nucleotidsequenz. Gezeigt ist exemplarisch die Umwandlung der DNA um ein methyliertes CpG herum. Nach Strangtrennung, Bisulfitbehandlung und PCR erhält man für den oberen Strang (links) und unteren Strang (rechts) zwei unterschiedliche Produkte. Durch die Natriumbisulfitbehandlung entsteht aus Cytosin Uracil, während 5-Methylcytosin (5mC) nicht reagiert und daher erhalten bleibt. In der nachfolgenden PCR-Amplifikation werden die uracilhaltigen Matrizen in thyminhaltige Amplifikationsprodukte umkopiert und vervielfältigt. In einer Sequenzierung dieser amplifizierten DNA findet man Cytosin (und entsprechend im Gegenstrang Guanin) ausschließlich an Positionen, an denen vorher 5mC (oder 5hmC, s. u.) vorhanden war.

c Reaktivität der unterschiedlichen modifizierten Cytosinbausteine mit Bisulfit. 5-Methylcytosin und 5-Hydroxymethylcytosin werden von Bisulfit nicht umgewandelt und bleiben nach der Behandlung erhalten. 5-Formylcytosin und 5-Carboxycytosin reagieren dagegen wie Cytosin mit Na-Bisulfit und sind entsprechend nicht von nicht methyliertem Cytosin zu unterscheiden.

20.5.4 Welche Enzyme kontrollieren die DNA-Methylierung?

Die DNA-Methylierung wird von DNA-Methyltransferasen (DNMTs) katalysiert. DNA-Methyltransferasen haben von Bakterien bis zu Säugetieren eine konservierte Grundstruktur und katalysieren die Reaktion mithilfe einer strukturell und funktionell verwandten katalytischen Domäne. Sie nutzen als Cofaktor S-Adenosylmethionin (SAM, s. ▶ Abb. 20.7). Die DNA-Methyltransferasen von Eukaryoten besitzen zusätzliche regulatorische Domänen unterschiedlicher Größe. Diese vermitteln die Interaktion mit weiteren Proteinen und bestimmen so eine geregelte Nutzung der DNA-Methylierungsfunktion.

In Pflanzen findet man bis zu zehn verschiedene DNA-Methyltransferasen, die in unterschiedliche funktionelle Klassen gruppiert werden. Einige Enzyme wie Met1 sind funktionell verwandt mit den CpG-spezifischen DNMT-Enzymen aus Vertebraten, aber andere wie DRM2 weisen pflanzliche Spezifitäten auf und können in weiteren Sequenzzusammenhängen methylieren (s. ▶ Abb. 20.6).

Bei Vertebraten, insbesondere bei Maus und Mensch, kennen wir fünf DNA-Methyltransferasen und deren Hilfsfaktoren, die im Folgenden kurz beschrieben werden. Drei dieser Enzyme sind für die Etablierung und Vererbung der DNA-Methylierung verantwortlich. ▶ Abb. 20.9 zeigt schematisch die Funktionen und Interaktionen einiger der im Folgenden beschriebenen Enzyme.

▶ **DNA-Methyltransferase 1 (DNMT1).** Die DNMT1 folgt dem Replikationskomplex auf dem Fuß und führt Methylgruppen auf dem neu synthetisierten DNA-Strang ein (▶ Abb. 20.9). Für die Funktion förderlich ist das Vorkommen von 5-Methylcytosin im parentalen DNA-Strang. Mit anderen Worten, DNMT1 überführt die neu gebildete „hemi"-methylierte („halb"-methylierte) DNA in vollständig (auf beiden Strängen) methylierte DNA. DNMT1 ist für die Erhaltung des Methylierungsmusters verantwortlich und wird als Erhaltungsmethyltransferase (*maintenance methyltransferase*) bezeichnet. DNMT1 wird in dieser Funktion von NP95/UHRF1 unterstützt, einem Faktor der für die Kopierfunktion essenziell ist.

▶ **UHRF1-Protein.** Das UHRF1-Protein (**u**biquitin-like containing **P**HD and **r**ing **f**inger domains) ist an den DNA-Replikationskomplex gekoppelt. Es erkennt nach erfolgter Replikation hemimethylierte CpGs. URHF1 rekrutiert dann DNMT1, das die Methylierung auf dem neu synthetisierten Strang durchführt. URHF1 ist ein essenzieller Faktor für die Erhaltungsmethylierung (▶ Abb. 20.9).

▶ **DNA-Methyltransferasen 3a und 3b (DNMT3A, DNMT3B).** DNMT3A und DNMT3B methylieren Cytosin in CpG-Sequenzabfolgen, ohne auf eine bereits bestehende Methylierung im anderen Strang angewiesen zu sein (▶ Abb. 20.9). Sie werden daher auch als de novo-Methyltransferasen bezeichnet und sind für Neumethylierungen im Verlauf der Entwicklung zuständig. Beide Enzyme haben eine leicht unterschiedliche Präferenz für bestimmte Genomabschnitte. Sie sind für die sporadische DNA-Methylierung außerhalb von CpG-Dinucleotiden verantwortlich. Methylierungsaktivität, Genomspezifität und Sequenzerkennung der beiden Enzyme werden durch DNMT3 L moduliert.

20

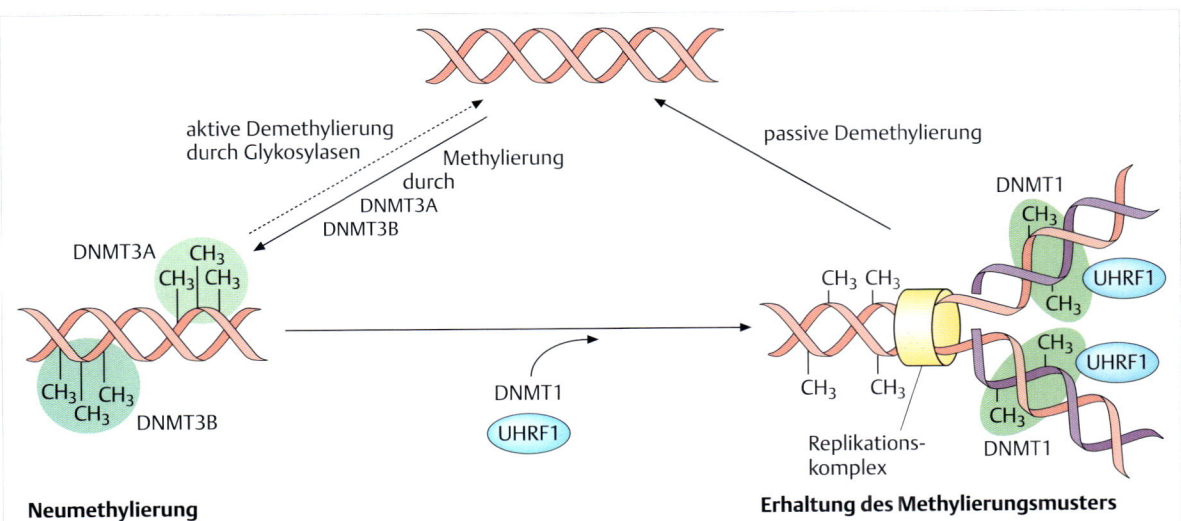

Neumethylierung

Erhaltung des Methylierungsmusters

Abb. 20.9 Methylierung und Demethylierung der DNA. Links: DNMT3A und DNMT3B übertragen Methylgruppen auf die Cytosine in CpG-Dinucleotidfolgen. Eine aktive Demethylierung erfolgt – sehr wahrscheinlich – durch DNA-Glykosylasen (S. 270), nachgewiesen in Pflanzen und Säugetieren. Rechts: Das Enzym DNMT1 überträgt das Methylierungsmuster mithilfe von UHRF1 auf neu replizierte DNA-Stränge. Für diese Erhaltung der Methylierung ist UHRF1 essenziell. Es erkennt das hemimethylierte CpG und rekrutiert DNMT1, das die Methylierungsreaktion am neu synthetisierten, komplementären DNA-Strang vollzieht. Unterbleibt der Prozess der Erhaltungsmethylierung, spricht man von einer passiven Demethylierung.

▶ **DNA-Methyltransferase 2** (**DNMT 2**). Die DNMT 2 besitzt die evolutionär am höchsten konservierte DNA-Methyltransferasestruktur. Paradoxerweise methyliert dieses Enzym (das auch in *Drosophila* und *Saccharomyces pombe* vorkommt) DNA nur sehr schlecht und bevorzugt tRNAs als Substrat. Jüngste Befunde zeigen, dass die Stabilität der tRNA^{Asp} durch die DNMT 2-vermittelte Methylierung beeinflusst wird.

▶ **DNA-Methyltransferase 3 L** (**DNMT 3L**). Die DNMT 3 L kommt nur in Säugetieren vor. Das Protein besitzt keine eigene DNA-Methyltransferaseaktivität, ist jedoch für die *de novo*-Methylierungsaktivität von DNMT3A und 3B essenziell. Ohne DNMT 3 L ist die Bildung von Prägungen in der Keimbahn (S. 467) gestört und die Steuerung der DNA-Methylierung in frühen Embryonalstadien ist fehlerhaft. Diese regulierende Funktion übt DNMT 3 L aus, indem es mithilfe einer PHD-Domäne (S. 350) direkt an das Histon H3 bindet. Diese Bindung wird über den H3K4-Methylierungszustand moduliert. DNMT 3 L ist also ein wichtiges direktes Bindeglied zwischen DNA-Methylierung und Histonmodifikation.

▶ **TET-Dioxygenasen.** Die Fe(II)-abhängigen Dioxygenasen, die α-Ketoglutarat als Cosubstrat nutzen, TET 1, TET 2 und TET 3, katalysieren die Oxidation von 5mC zu 5hmC, 5fC und 5caC (▶ Abb. 20.7). Die teilweise redundant wirkenden Enzyme werden im Verlauf der Entwicklung zu unterschiedlichen Zeiten exprimiert. Es ist bekannt, dass die Enzyme ihre modifizierende Funktion an bestimmten Stellen im Genom ausüben – sie werden vermutlich über die Bindung an regulatorische Proteinkomplexe zu diesen Stellen dirigiert.

20.5.5 Einfluss der DNA-Methylierung auf die genetische Information

Die Anheftung einer Methylgruppe und die weiteren oxidativen Veränderungen am Cytosin beeinflussen nicht die Basenpaarung. Die Modifikationen ragen jedoch in die große Furche der DNA-Doppelhelix hinein und beeinflussen daher direkt die Erkennung durch DNA-bindende Proteine. Liegt die methylierte Position z. B. in einer Bindungsstelle für einen Transkriptionsfaktor wie Sp1 (S. 332) oder einem Isolatorprotein wie CTCF (S. 467), so wird deren Bindung an diese spezifischen DNA-Stellen inhibiert. Alternativ kann die chemische Veränderung der DNA einen positiven Beitrag zur Erkennung bzw. Bindung von Proteinen leisten, d. h. nur die modifizierten Base 5-Methylcytosin (5mC) oder die oxidativen Formen 5hmC, 5fC und 5caC werden von Proteinen spezifisch erkannt und funktionell interpretiert. Bislang kennt man eine Reihe von 5mC-bindenden Proteinen wie URHF1 sowie Vertreter der MBD-Proteinfamilie (MBD1, MBD2, MBD3), die eine **M**ethyl-CpG-**b**indende **D**omäne (MBD) enthalten. Allen Proteinen gemein ist die Funktion, durch Bindung an methyliertes Cytosin weitere chromatinassoziierte, inaktivierende Effekte zu induzieren, meist über direkte Interaktionen mit weiteren chromatinmodifizierenden Proteinen. Am besten bekannt ist das prototypische methylcytosinbindende Protein **MeCP2** (s. auch ▶ Abb. 20.10 und Pathologie 20.1) (S. 457).

MeCP2 bindet an methylierte DNA und initiiert die Bildung eines **chromatinmodifizierenden Komplexes** (▶ Abb. 20.10). Zu den an MeCP2 gebundenen Proteinen gehören:

- eine Histon-Deacetylase (HDAC) (S. 151), ein Enzym, das Acetylgruppen von Histonen entfernt und damit die Verdichtung von Chromatin einleitet,
- eine Histon-Methyltransferase (HMT) (S. 152), ein Enzym, das mit der Methylierung von geeigneten Lysin-

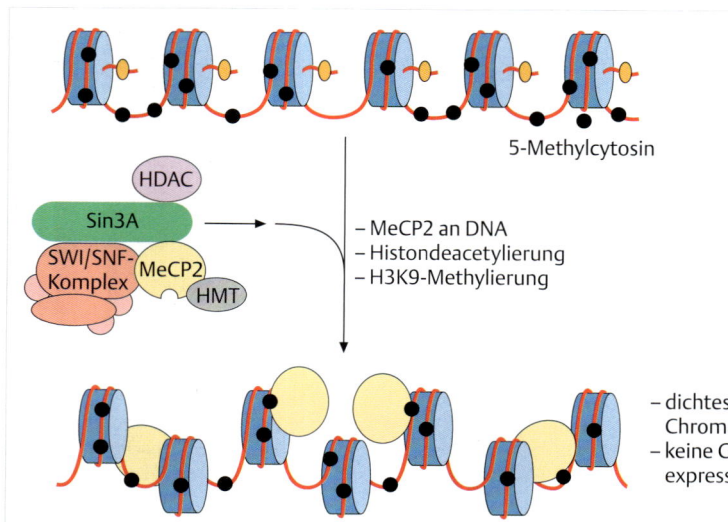

Abb. 20.10 Lesen der DNA-Methylierung. Das Protein MeCP2 bindet an methylierte DNA (schwarze Punkte) und rekrutiert eine Reihe von Proteinen, die durch ihre enzymatische Aktivität zur Verdichtung des Chromatins (Histon-Deacetylierung und Histon-Methylierung) beitragen. Die DNA-Methylierung dient als Initiator für die Ausbildung einer geschlossenen heterochromatischen Struktur und damit einer transkriptionellen Stilllegung. (nach Robertson KD (2005) DNA methylation and human disease. Nat Rev Genet 6: 597–610)

5-Methylcytosin

HDAC
Sin3A
SWI/SNF-Komplex
MeCP2
HMT

– MeCP2 an DNA
– Histondeacetylierung
– H3K9-Methylierung

– dichtes Chromatin
– keine Genexpression

resten ebenfalls zur Verdichtung des Chromatins beiträgt,

- das Protein Sin3A, ursprünglich in Hefe entdeckt (sin, *switch* **in***dependent*), wo es an der Repression vieler Gene beteiligt ist, und das wohl eine ähnliche Funktion auch bei anderen Organismen ausübt, und
- eine Untereinheit des SWI/SNF-Chromatin-Remodeling-Komplexes (S. 152) zur Verschiebung von Nucleosomen.

Pathologie 20.1

Rett-Syndrom und MeCP2

Andreas Rett, ein österreichischer Kinderarzt, beschrieb im Jahr 1966 erstmals eine Krankheit, die inzwischen seinen Namen trägt. Die Krankheit betrifft hauptsächlich Mädchen und kommt in einer Häufigkeit von einem unter 10 000–20 000 Neugeborenen vor. Die ersten Anzeichen – Störungen bei der Koordination von Bewegungen, dann Probleme der Sprachentwicklung und geistige Behinderung – treten meist erst im zweiten Jahr nach der Geburt auf. Bei etwa 80 % der vom Rett-Syndrom Betroffenen wird die Erkrankung durch eine Mutation im **MeCP2-Gen** verursacht, ein Gen im **q28-Bereich des X-Chromosoms**. Tatsächlich wird besonders viel MeCP2 im Gehirn exprimiert und vor allem in Neuronen, deutlich weniger dagegen in Gliazellen.

MeCP2 bewirkt eine Umstrukturierung des Chromatins, speziell eine Verdichtung von Chromatin (Bildung von Heterochromatin). MBD2 und MBD3 haben ähnliche Effekte durch Rekrutierung des NuRD-Komplexes. Unklar ist noch, ob MeCP2 nur an 5mC bindet oder auch weitere oxidative Formen der DNA-Methylierung wie 5hmC erkennt, das vor allem speziell in Neuronen vorkommt.

20.5.6 Methylierung der „richtigen" DNA-Sequenzen

Wenn ein DNA-Methylierungsmuster einmal etabliert ist, bleibt es über den Mechanismus der semikonservativen Erhaltungsmethylierung bestehen (s. ▶ Abb. 20.9). Wie oben ausgeführt, ist DNMT1 zusammen mit UHRF1 für diese Erhaltungsmethylierung zuständig. Jüngste Befunde deuten allerdings an, dass eine strikte Trennung der DNA-Methyltransferasen in *de novo*-Methyltransferasen und in Enzyme, die für Erhaltung zuständig sind, nicht in jedem Fall möglich ist.

Ungeklärt ist die Frage, wie die *de novo*-Methyltransferasen an die richtigen Stellen gelangen, um im Verlauf eines Differenzierungsprogramms bestimmte Genregionen neu zu methylieren. Wie werden diese Muster stabilisiert? Auch ist offen, wie bestimmte Regionen frei von Methylierung gehalten werden, z. B. an CpG-Inseln.

Zentrale Prozesse für die differenzielle Ausbildung von DNA-Methylierung sind:

- **die gerichtete *de novo*-Methylierung:** Histonmodifizierende Enzyme wie HDACs und bestimmte Histon-Demethylasen rekrutieren DNMT1 und DNMT3A/B zu Stellen, wo Heterochromatin gebildet wird.
- **die gerichtete Demethylierung:** Die DNA-Methylierung breitet sich über unterschiedliche Mechanismen weitgehend komplett entlang des gesamten Genoms aus (dafür spricht, dass ca. 80 % der CpGs eines Genoms permanent methyliert sind). Eine Musterbildung entsteht ergänzend durch enzymatische Mechanismen, die aktiv zu einer lokalen Demethylierung (z. B. in CpG-Inseln) führen, gefolgt von Proteinen, die den lokalen demethylierten Zustand aufrechterhalten.

Es gibt experimentelle Hinweise sowohl für eine gerichtete Neumethylierung als auch für eine gerichtete Demethylierung.

In der Regel scheint es so zu sein, dass die Modifikation von Histonen instruktiv für die Musterbildung der DNA-Methylierung ist. So bindet MLL 1, eine H3K4-spezifische Histon-Methyltransferase, an nicht methylierte DNA. Das Enzym induziert eine H3K4me3-Methylierung und hilft somit, den nicht methylierten, transkriptionell aktiven Zustand zu stabilisieren.

Analoges gilt auch für die Etablierung und den Erhalt der DNA-Methylierung im Heterochromatin. Befunde aus dem niederen Eukaryoten *Neurospora crassa* zeigen, dass H3K9me2 eine notwendige Voraussetzung für die Ausbildung einer DNA-Methylierung in Bereichen ist, die permanent transkriptionell stillgelegt sind. In Säugetieren werden in centromernahen Satellitensequenzen Histon-Methyltransferasen über spezifische DNA-bindende Proteine – vermutlich mithilfe lokal gebildeter kleiner doppelsträngiger RNAs – zu bestimmten Stellen im Chromatin dirigiert.

Das von diesen Enzymen erzeugte H3K9me3 wird von Proteinkomplexen (u. a. HP1) erkannt, die wiederum DNA-Methyltransferasen rekrutieren. Ähnliches gilt auch für Vorgänge die zur Stilllegung eines X-Chromosoms (S. 464) in weiblichen Säugetieren führt. Hier ist eine Abfolge gerichteter Histonmodifkationen, die zur Heterochromatinbildung führen, notwendig, um zusammen mit der XIST-RNA eine *de novo*-Methylierung von CpG-reichen Promotoren zu induzieren. Die DNA-Methylierung ist abschließend für eine dauerhafte Inaktivierung des X-Chromosoms unabdingbar.

Nun ist H3K9me2/3 selbst schon ein entscheidendes Signal für die Chromatinverdichtung. Zusammen mit der DNA-Methylierung erfolgt die Heterochromatinbildung somit über zwei alternative bzw. komplementäre Wege. Das mag der Grund dafür sein, dass, wie oben berichtet, einige Hefen, Nematoden und *Drosophila* ohne die DNA-Methylierung zur Stilllegung von Genen auskommen. Der Verzicht auf die DNA-Methylierung geht mit einer kom-

20

pakteren Struktur und Größe der Genome (es gibt nur wenige und lokalisierte transponierbare Elemente) der genannten Modellorganismen einher. Überraschend ist allerdings, dass nahe verwandte Arten von *D. melanogaster* sowie Nematoden (*C. elegans*) einen durchaus messbaren Grad an DNA-Methylierung aufweisen.

20.5.7 RNA-abhängige DNA-Methylierung

Wie oben bereits kurz angesprochen, gibt es in Pflanzen, die über sehr ausgeklügelte DNA-Methylierungssysteme verfügen, einen weiteren gerichteten Mechanismus: die **RNA-abhängige DNA-Methylierung** (kurz: RdDM, *RNA-directed DNA methylation*). Hierbei werden mittels RNA-Interferenz (S. 409) kleine RNAs erzeugt, die über Sequenzhomologie die Ausbildung von Heterochromatin und einer neuen DNA-Methylierung ermöglichen. Für die Bildung dieser kleinen RNAs und die darauf folgenden enzymatischen Umsetzungen sind pflanzenspezifische Besonderheiten erforderlich. Spezialisierte **RNA-abhängige RNA-Polymerasen** oder aber die pflanzenspezifischen RNA-Polymerasen IV und V sind an diesen Prozessen beteiligt. Im Gegensatz zu Pflanzen sind in Säugetieren die Hinweise auf die Existenz einer solchen direkten RNA-abhängigen DNA-Methylierung nicht eindeutig.

Jedoch konnte in Hefe und in Säugetierzellen gezeigt werden, dass die Bildung kleiner doppelsträngiger RNAs in centromernahen Satelliten direkt für den Aufbau von dicht gepacktem Heterochromatin (H3K9me3 zusammen mit HP1) verantwortlich ist. Die Transkription der doppelsträngigen Vorläufer-RNAs (dsRNAs) erfolgt in einem kleinen Zeitfenster während der S-Phase, d. h. zu einem Zeitpunkt, wenn das Heterochromatin kurzzeitig aufgelöst wird.

20.6 Epigenomforschung: ein Ausblick

Die Mechanismen der Epigenetik sind vielgestaltig, wie allein schon die Wechselbeziehungen zwischen DNA-Modifikation und Histon-Modifikationen zeigen.

Definition

Der Forschungszweig der **Epigenomik** beschäftigt sich mit der systematischen Kartierung epigenetischer Information im Genom.

Es zeigt sich, dass die Zellen vielzelliger Eukaryonten zelltyp- und entwicklungsspezifische Formen sich überschneidender epigenetischer Muster aufweisen (s. ▶ Abb. 20.3). Das individuelle Genom eines vielzelligen Organismus wird über epigenetische Modifikationen in zelltypspezifische multiple Epigenome übersetzt. Die Vermessung (Kartierung) dieser Modifikationen erfolgt mithilfe von Methoden der Hochdurchsatzsequenzierung in Verbindung mit Chromatin-Immunopräzipitation (unter Nutzung von anti-Histon-Antikörpern) (s. Kap. 23.3.2) bzw. chemischer Modifikation (z. B. der Bisulfitsequenzierung, s. Methode 20.1) (S. 454). Im direkten Vergleich mit Transkriptomdatensätzen (RNA-Seq) ermöglichen diese Kartierungen Rückschlüsse auf die zellspezifische transkriptionelle Steuerung der Gene und geben neue Einblicke in die Regulation der Embryonalentwicklung oder die Entstehung von Krankheiten.

Die Epigenomik leistet einen wesentlichen Beitrag zur **funktionellen Genomik**, d. h. der funktionellen Interpretation des Genoms (Kap. 23). Hier stehen gegenwärtig (neben kleinen RNAs) vor allem DNA-Methylierungsanalysen als funktionelle Marker für die molekulare Diagnostik im Fokus, denn DNA kann nahezu aus jeder Zelle in ausreichender Menge gewonnen werden. Systematische Untersuchungen dazu sind das Ziel des **Internationalen Human-Epigenomprojekts** (IHEC). Das ist ein Zusammenschluss von Forschergruppen, die Epigenommuster in den Genomen verschiedener Zelltypen analysieren.

20.6.1 Literatur

▶ **Zitierte Literatur**

[1] Turner BM (2005) Reading signals on the nucleosome with a new nomenclature for modified histones. Nat Struct Mol Biol 12: 110–112

▶ **Weiterführende Literatur**

[2] Dawson MA, Kouzarides T (2012) Cancer epigenetics: from mechanism to therapy. Cell 150: 12–27

[3] Greer EL, Shi Y (2012) Histone methylation: a dynamic mark in health, disease and inheritance. Nat Rev Genet 13: 343–357

[4] Jones PA (2012) Functions of DNA methylation: islands, start sites, gene bodies and beyond. Nat Rev Genet 13: 484–492

[5] Pastor WA, Aravind L, Rao A (2013) TETonic shift: biological roles of TET proteins in DNA demethylation and transcription. Nat Rev Mol Cell Biol 14: 341–356

[6] Zhou VW, Goren A, Bernstein BE (2011) Charting histone modifications and the functional organization of mammalian genomes. Nat Rev Genet 1: 7–18

Kapitel 21

Epigenetische Kontrolle biologischer Prozesse

21 Epigenetische Kontrolle biologischer Prozesse

Jörn Walter

21.1 Einleitung

In diesem Kapitel werden wir uns mit konkreten Beispielen epigenetischer Prozesse auseinandersetzen, die im Verlauf der Entwicklung des Menschen (bzw. von Säugetieren) eine bedeutende Rolle spielen und dabei im Zusammenhang mit menschlichen Erkrankungen stehen.

Im Verlauf der embryonalen Entwicklung des Menschen kommt es zu einer definierten zelltypspezifischen epigenetischen Prägung von Zellen. Die Grundlagen für diese epigenetische Determination werden in Stammzellen zu bestimmten Entwicklungsphasen gelegt. So finden in frühen Keimzellen und im Verlauf der frühesten Embryogenese umfassende epigenetische Umbauprozesse statt, die mit einem weitgehenden Löschen epigenetischer Modifikationen bzw. mit einem Umbau des Chromatins einhergehen. Wir werden uns in Kap. 21.2 zunächst mit diesen grundlegenden Prozessen der epigenetischen Reprogrammierung beschäftigen, um im Folgenden deren Bedeutung und Auswirkung auf die epigenetische Kompensation der Gendosis auf dem X-Chromosom in Säugetieren (Kap. 21.3) und die Prozesse der elterlichen Prägung von Genaktivitäten (Kap. 21.4) zu diskutieren. Schließlich werden wir uns der Frage zuwenden, inwieweit epigenetische Mechanismen zur Entstehung komplexer Erkrankungen des Menschen beitragen.

21.2 Genomweite epigenetische Reprogrammierung und Entwicklungsprozesse in Säugetieren

In Zellen von Säugetieren (einschließlich des Menschen) werden zelltypspezifische Histon- und DNA-Modifikationen im Verlauf der Entwicklung mehrfach genomweit entfernt oder zumindest weitgehend umgestaltet. Diese umfassende epigenetische Reprogrammierung beobachten wir im Verlauf früher Entwicklungsphasen und in bestimmten Zelltypen. Sie bilden eine Grundvoraussetzung für die Ausbildung von **Stammzellen** mit totipotentem und pluripotentem Differenzierungspotenzial.

Epigenetische **Reprogrammierungsprozesse** haben vermutlich zwei wesentliche Auswirkungen: Sie ermöglichen die Etablierung einer weitgehend offenen, „plastischen" Chromatinstruktur, um eine pluripotente Funktionalität zu etablieren, und sie sind wichtig, um bereits vorhandene epigenetische Information zu löschen. Letzteres erlaubt es, dass nachgeschaltete Entwicklungsprogramme geordnet ablaufen. Im Folgenden skizzieren wir kurz die wesentlichen molekularen Ereignisse während dieser Reprogrammierungsvorgänge.

21.2.1 Epigenetische Reprogrammierung im frühen Embryo

Die vermutlich umfassendste Umgestaltung von Chromatinstrukturen findet unmittelbar nach der Befruchtung und im Verlauf der ersten Zellteilungen statt. Hier werden **DNA-Methylierungsmuster** und **Chromatinmodifikationen** der in der Zygote vereinten Chromosomen von Spermien und Eizellen genomweit neu programmiert (▸ Abb. 21.1). In den väterlichen Chromosomen (des Spermiums) wird die Chromatinstruktur vollständig neu gestaltet, indem kurz nach der Befruchtung die histonähnlichen Protamine der Spermien durch Histone der Eizelle ersetzt werden. Die DNA der Spermien verändert zudem in den ersten Stunden nach der Befruchtung ihre DNA-Methylierung. Neueste Befunde zeigen, dass die DNA-Methylierung dabei nicht entfernt wird, sondern durch die **Dioxygenase TET 3** (TET, *ten eleven translocation*) vornehmlich 5-Methylcytosin (5mC) zu 5-Hydroxymethylcytosin (5hmC) und in der späteren Phasen der Zygote teilweise auch zu 5-Formylcytosin (5fC) und 5-Carboxycytosin (5caC) oxidiert wird (s. ▸ Abb. 20.7 und ▸ Abb. 21.2).

Während in väterlichen (paternalen) Chromosomen die **Oxidation von 5mC zu 5hmC** noch vor der Replikation sehr ausgeprägt stattfindet, ist dieser Prozess im mütterlichen (maternalen) Genom (der Eizelle) deutlich schwächer und startet mit Verzögerung erst im Verlauf der ersten DNA-Replikation. Die Enzyme, die 5mC zu 5hmC oxidieren (TET 3) und Veränderungen in der Histonmodifikation (z. B. die Zunahme von H3K4me3 im väterlichen Vorkern) verursachen, werden von der Eizelle bereitgestellt (▸ Abb. 21.3.

Als Konsequenz der Umwandlung von 5mC in 5hmC in den paternalen Chromosomen der Zygote wird vermutlich die Kopierfähigkeit der DNA-Methylierung durch die Erhaltungsmethyltransferase DNMT1 während der Replikation beeinträchtigt. Dies führt zu einem passiven Verlust der DNA-Methylierung über die ersten Zellteilungen hinweg (▸ Abb. 21.3).

Infolge der **passiven Demethylierung** kommt es zu einer Ausdünnung der DNA-Methylierung. Das Ausbleiben der replikationsgebundenen Erhaltungsmethylierung in der ersten Zellteilung scheint wesentlich zur DNA-Demethylierung beizutragen. Neben der passiven Demethylierung gibt es Hinweise, dass an einigen CpGs eine weitergehende **oxidative Umwandlung von 5mC bzw. 5hmC** zu 5fC und 5caC stattfindet. Dies scheint **DNA-Reparaturprozesse** anzuschalten (s. ▸ Abb. 21.3a). So wird 5caC als unübliche Base von DNA-Glykosylasen erkannt und aus der DNA über Basenexzisionsreparatur (S. 274) entfernt (s. ▸ Abb. 20.9). Im Zuge der nachfolgenden Reparatursynthese werden nicht modifizierte Cytosinbausteine in

a Expression von DNA-Methyltransferasen und TET-Dioxygenasen

Entwicklungsstadium Enzym	Zygote	früher Embryo/ Stammzellen	Soma	frühe Keimzellen	reifende Keimzellen: Spermien	Eizellen
DNMT3A	+	±	++	±	++	++
DNMT3B	+	±	++	±	–	+
DNMT3L	+	±	±	–	++	++
DNMT1	++	++	++	–	–	+
TET1-3	++ (TET3)	++ (TET1, TET2)	+ (TET1, TET2)	++ (TET1, TET2)	?	++ (TET3)

b

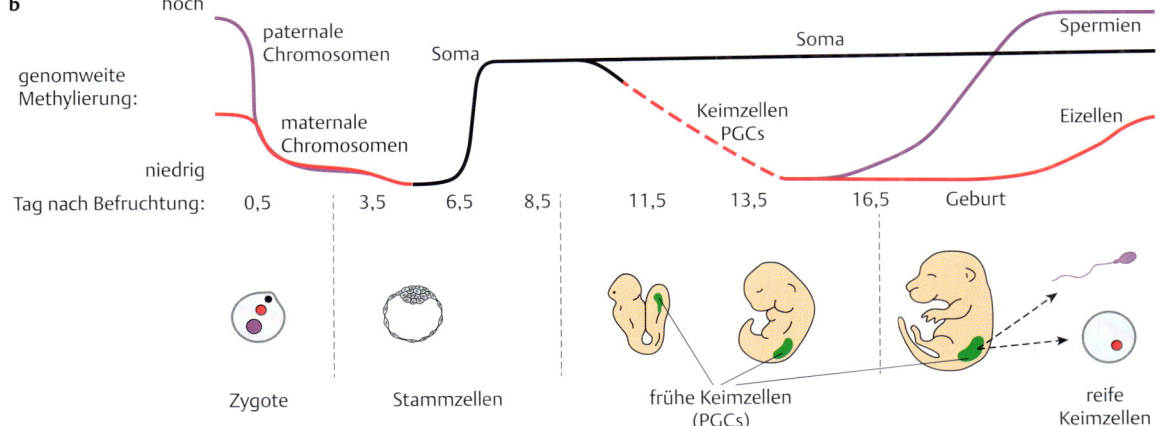

c Ausprägung von Histonmodifikationen

Entwicklungsstadium Modifikation	Zygote: maternal	paternal	früher Embryo/ Stammzellen	Soma	frühe Keimzellen	späte Keimzellen: Spermien	Eizellen
H3K4me3	+	+	++	+	++	–*	++
H3K27me3	–	+	++	+	±	–*	+
K3K9me3	–	+	+	++	–	–*	++
H3Ac (K9, K12, K14)	+	+	++	++	++	–	++

Abb. 21.1 Genomweite epigenetische Veränderungen im Genom von Säugetieren im Verlauf der frühen Embryogenese und in Keimzellen. In dem Beispiel sind Ergebnisse aus Experimenten an der Maus gezeigt.

a Die Tabelle führt die veränderte Expression der DNA-Methyltransferasen und der TET-Enzyme auf. + + = sehr stark, + = moderat, ± = schwach, – = abwesend.

b Die Grafik veranschaulicht die Dynamik der DNA-Methylierung. Die Genome von reifen Spermien und Eizellen sind unterschiedlich stark methyliert. Nach Verschmelzen der Chromosomen in der Zygote nimmt die genomweite DNA-Methylierung beider elterlichen Chromosomensätze in den ersten Zellteilungen (ab Tag 0,5) stark ab. Dies geschieht durch Umwandlung von 5-Methylcytosin (5mC) in 5-Hydroxymethylcytosin (5hmC) (s. auch ▶ Abb. 21.2) und nachfolgende passive und aktive Demethylierungsprozesse (s. ▶ Abb. 21.3). Am Tag 3,5 (d. h. nach vier bis sechs Zellteilungen) ist vornehmlich in den (embryonalen) Stammzellen der inneren Zellmasse das niedrigste DNA-Methylierungsniveau (nur noch 25 % des somatischen Niveaus) erreicht. Im Verlauf der nachfolgenden Differenzierungen steigt die Methylierung zunächst in allen Zellen (Soma) wieder auf ein hohes Niveau an. In frühen (primordialen) Keimzellen (= PGCs) nimmt die Methylierung graduell über die Zellteilungen hinweg (passive DNA-Demethylierung, s. ▶ Abb. 21.3) genomweit ab. Die Methylierung von Prägungskontrollregionen (ICRs) wird erst relativ spät, vermutlich durch aktive (über TET-Oxidation induzierte) Demethylierungsmechanismen entfernt. Im Verlauf der folgenden Keimzellreifung im späten Embryo werden geschlechtsspezifisch neue DNA-Methylierungsmuster (Imprints) gesetzt. Die reifen Eizellen sind dabei deutlich geringer methyliert als die Spermien. Im Verlauf der frühen Entwicklung und der Keimzellbildung kommt es auch zu umfassenden Veränderungen der Histonmodifikationen im gesamten Genom.

c Die Tabelle fasst die in **b** beschriebenen Veränderungen der Histonmodifikationen zusammen. In der Zygote ist zwischen mütterlichen (maternalen) und väterlichen (paternalen) Chromosomen unterschieden. In Spermien sind Histone fast komplett durch Protamine (spermienspezifische, histonähnliche Proteine) ersetzt und sind daher nicht modifiziert – dies ist durch ein * gekennzeichnet. + + = sehr stark, + = moderat, ± = schwach, – = abwesend.

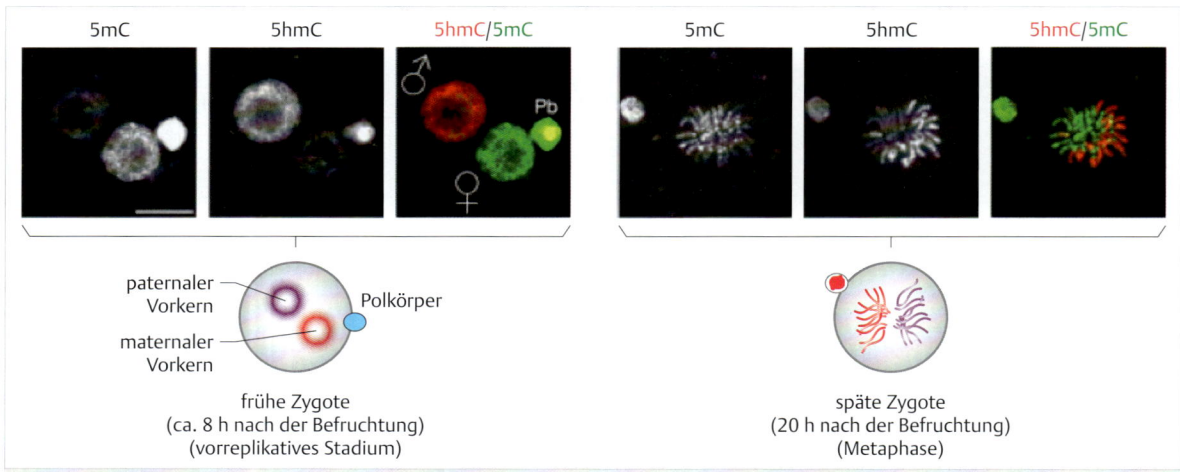

Abb. 21.2 Immunfärbung der beiden parentalen Vorkerne in der Mauszygote mit Antikörpern gegen 5-Methylcytosin bzw. 5-Hydroxymethylcytosin. Die Immunfluoreszenzaufnahmen zeigen die Verteilung von 5hmC und 5mC in beiden elterlichen Vorkernen (Pronuclei) in Stadien vor und nach der der ersten DNA-Replikation. Die linken, schwarz-weißen Aufnahmen zeigen die Ergebnisse der einzelnen Färbungen, die jeweils rechte farbige Aufnahme eine Überlagerung der Einzelbilder. Die Grafiken illustrieren jeweils die relative Lage der beiden elterlichen Vorkerne in der Zygote und deren morphologische Veränderung im Verlauf der ersten Zellteilung, d. h. zu Beginn der ersten Replikation (ca. 8 h nach der Befruchtung, links) und während der ersten Metaphase (ca. 20 h nach der Befruchtung, rechts). Nach der Befruchtung wird der zweite maternale Chromosomensatz in dem zweiten Polkörper aus der Zygote geschleust. Die Chromosomen des Polkörpers werden epigenetisch zwar nicht verändert, doch der Polkörper reagiert mit (fast) jedem Antikörper und wird so unspezifisch angefärbt. Pk = Polkörper, 5mC = 5-Methylcytosin, 5hmC = 5-Hydroxymethylcytosin.

die DNA eingebaut und die DNA damit lokal demethyliert. Wie umfangreich diese reparaturgesteuerten Demethylierungsprozesse sind und wie sie gesteuert werden, ist noch nicht bekannt. Sie eröffnen aber einen völlig neuen Blick auf die Dynamik und damit das vererbbare, nachhaltig genregulierende Potenzial der DNA-Methylierung (s. auch Kap. 13 und 20).

Parallel zu den komplexen Umbauvorgängen auf der Ebene der DNA-Methylierung kommt es zu einer umfassenden **Reprogrammierung des Chromatins**. Reprogrammierungen der DNA-Methylierung und Histonmodifikationen sind eng miteinander verbunden und bedingen einander sogar funktionell. Auch Umbauprozesse der Histonmodifikationen sind in den paternalen und maternalen Vorkernen der Zygote zunächst asynchron. Im **väterlichen Vorkern** kommt es zu einer Anreicherung der Histonvariante H3.3 (S. 148) und aktiver Histonmodifikationen wie H3K4me3 und H3K36me3. Promotorassoziierte, heterochromatische Modifikationen wie H3K27me3 werden erst spät im Verlauf des ersten Zellzyklus im väterlichen Vorkern sichtbar, während die klassische heterochromatische Markierung H3K9me2/3 im väterlichen Chromatin nahezu abwesend bleibt. Das Fehlen von H3K9me2/3 scheint die verstärkte Zugänglichkeit von 5mC für TET 3 zwecks Oxidation im väterlichen Vorkern zu ermöglichen. Im **mütterlichen Vorkern** hingegen ist diese heterochromatische Methylierung vorhanden und es kommt zu einer deutlich geringeren Oxidation von 5mC zu 5hmC.

Viele Hinweise sprechen dafür, dass die oben beschriebene Reprogrammierung der DNA und des Chromatins in der Zygote eine essenzielle Voraussetzung für die Ausbildung der totipotenten Entwicklungsfähigkeit des Säugetiers sind. So sind die epigenetischen Umbauprozesse wichtig, um **Pluripotenz-Gene** wie das Oct4-codierende Gen zu aktivieren. Zudem wird eine weitgehend **offene Chromatinstruktur** etabliert, die ein Merkmal pluripotenter Stammzellen ist. In **pluripotenten embryonalen Stammzellen (ES-Zellen)** des frühen Mausembryos findet man das geringste Ausmaß an DNA-Methylierung aller Zellen, gepaart mit einem niedrigen Anteil an H3K9me3. Gleichzeitig findet man an vielen Promotoren und regulatorischen Elementen bivalent markierte Nucleosomen, d. h. Nucleosomen, die gleichzeitig euchromatische (H3K4me3) und heterochromatische (H3K27me3) Markierungen aufweisen (s. ▶ Abb. 21.1 und Kap. 20). Aufbauend auf dieser offenen Gesamtkonfiguration des Chromatins in Stammzellen werden im Verlauf einer beginnenden Differenzierung sehr schnell umfassende zell- und gewebespezifische epigenetische Markierungen auf den Chromosomen etabliert. Das niedrige DNA-Methylierungsniveau von frühembryonalen Stammzellen steigt im Verlauf der ersten Zelldifferenzierungen genomweit sehr stark an, einhergehend mit einer deutlichen Zunahme genspezifischer (H3K27me3) und genomweiter heterochromatischer (H3K9me3) Histonmodifikationen (s. ▶ Abb. 21.1).

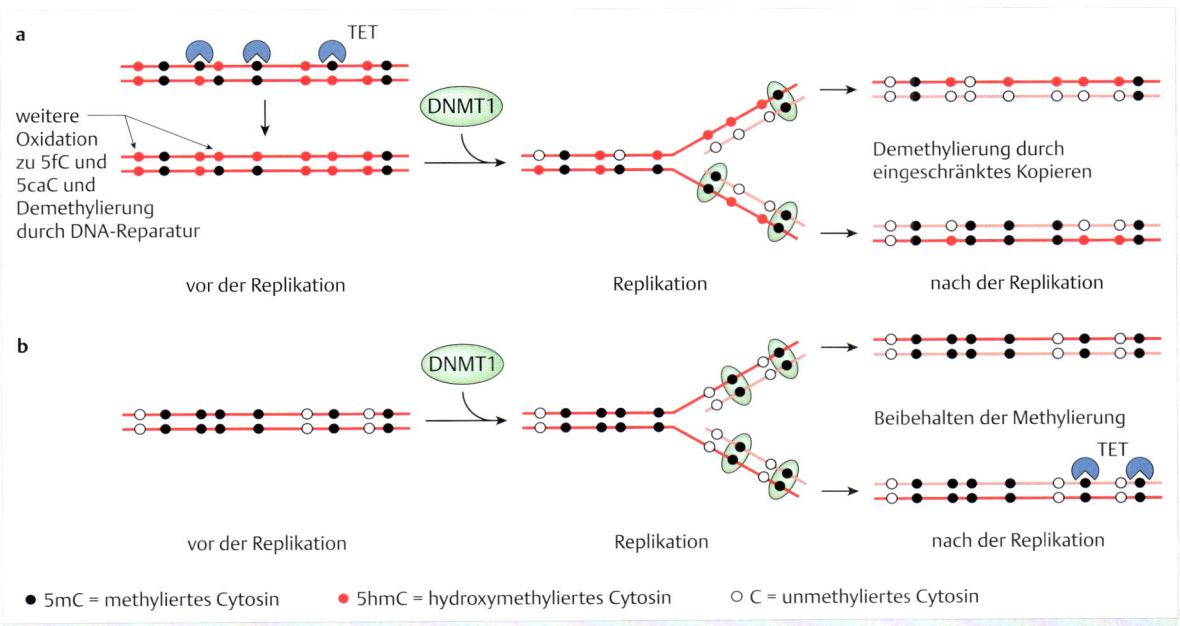

Abb. 21.3 Modell zur DNA-Demethylierung. Die Darstellung zeigt schematisch die molekularen Veränderungen der CpG-Methylierung und deren Folgen am Beispiel der Mauszygote.

a Veränderungen im Zusammenhang mit Oxidationsereignissen, wie sie im väterlichen Vorkern stattfinden. Vor der Replikation werden viele 5-Methylcytosinbausteine in CpGs (schwarze Punkte) durch TET-Enzyme (vornehmlich TET 3) zu 5-Hydroxymethylcytosin (5hmC, rote Punkte) oxidiert. 5hmC kann dann weiter zu 5fC und 5caC oxidiert werden. Reparaturereignisse sorgen in der Folge für eine lokales Herausschneiden einiger (aber nicht aller) oxidierter Cytosinbausteine und den Austausch gegen nicht methyliertes Cytosin. Während der Replikation schränkt die Gegenwart von oxidierten Formen wie 5-Hydroxymethylcytosin die Kopiermöglichkeit (Erhaltung) der DNA-Methylierung durch DNMT 1 ein. In der ersten Replikationsrunde entstehen so zwei epigenetisch unterschiedliche Tochterstränge mit weitgehend hemimethylierten CpG-Positionen. 5fC = 5-Formylcytosin, 5caC = 5-Carboxycytosin.

b DNA-Methylierung an mütterlichen Chromosomen. Vor der Replikation findet keine Umwandlung von 5-Methylcytosin in 5-Hydroxymethylcytosin und keine reparaturabhängige Demethylierung statt. In der ersten Replikationsrunde kann DNMT 1 das DNA-Methylierungsmuster vollständig übertragen. Erst nach der ersten Replikation kommt es zu einer stärkeren Oxidation von 5mC zu 5hmC, die die Übertragung des Musters in nachfolgenden Replikationen möglicherweise beeinträchtigt. Analoge Ereignisse der Oxidation und der DNA-Demethylierung findet man auch in frühen Keimzellen, oft in Verbindung mit veränderter DNA-Methyltransferaseaktivität (s. auch ▶ Abb. 21.1).

21.2.2 Reprogrammierung in der Keimbahn

Ähnlich umfassende Reprogrammierungsvorgänge wie im frühen Präimplantationsembryo findet man auch in **frühen primordialen Keimzellen (PGCs)** (s. ▶ Abb. 21.1), die bereits im sich entwickelnden Embryo gebildet werden. Diese ursprünglich vom differenzierenden Soma abgeleiteten Zellen entstehen früh als eine kleine Zellpopulation des primitiven Ektoderms. Sie werden abgesondert und wandern in die Gonadenanlagen.

Im Verlauf ihrer Zellteilungen kommt es kurz vor der Einlagerung in die Gonadenanlagen zu weiteren epigenetischen Umbauten. Man beobachtet eine gleichmäßige Abnahme von 5mC über mehrere Zellteilungen hinweg (s. ▶ Abb. 21.1b). Diese **passive Demethylierung** der frühen Keimzellen geht – wie in der Zygote – mit einem Anstieg von 5hmC einher. Auf der Ebene der Histone kommt es zu einem weitgehenden Löschen heterochromatischer Histonmarkierungen, u. a. einem weitgehenden Verlust von H3K9me3 (und H3K27me3) und einem Anstieg euchromatischer Markierungen (H3K4me3, H3Ac, s. ▶ Abb. 21.1c). Diese umfassende Entfernung epigenetischer Modifikationen in frühen primordialen Keimzellen hat vermutlich zwei wesentliche Gründe:

- Alte epigenetische Markierungen, vor allem die DNA-Methylierung der elterlich geprägten Gene und des inaktiven X-Chromosoms, werden gelöscht und damit funktionell neutralisiert.
- Die epigenetischen Voraussetzungen für eine keimzellspezifische Differenzierung werden gebildet.

PGCs zeichnen sich wie **ES-Zellen** durch ein weitgehend offenes differenzierungskompetentes Chromatin mit einem niedrigen Niveau an heterochromatischen Markierungen und an DNA-Methylierung aus. Sie sind daher in viele Zelltypen differenzierbar. Im Verlauf der fötalen Keimzelldifferenzierung steigt die Menge an 5mC und heterochromatischen Markierungen wieder stark an.

21

piRNAs (s. Kap. 18.4) spielen bei diesen epigenetischen Vorgängen eine wichtige regulierende Rolle. Sie sind in Spermien für die Etablierung von Heterochromatin in repetitiven DNA-Elementen unerlässlich.

Die beiden reifen Keimzelltypen, Spermien und Eizellen, unterscheiden sich deutlich im Ausmaß und in der Verteilung der DNA-Methylierung (5mC), aber auch in ihren heterochromatischen und euchromatischen Chromatinstrukturen. **Eizellen** haben ein durch Nucleosomen geprägtes Chromatin – in **Spermien** sind Histone in weiten Genombereichen durch **Protamine**, kleine histonähnliche Proteine, ersetzt – Histonmodifikationen fehlen also ganz. Auch die Verteilung der DNA-Methylierung ist extrem geschlechtsspezifisch. Es kommt zur Bildung keimzellspezifischer elterlicher epigenetischer Markierungen, den **genomischen Prägungen** (s. u.). Diese Prägungen bleiben nach dem Verschmelzen von Spermium (in den Spermienchromosomen werden die Protamine abgebaut und durch Histone ersetzt) und Eizelle trotz der umfassenden Chromatinveränderungen in der Zygote und der epigenetischen Reprogrammierung (s. o.) in vielen Zellen der Körpers stabil erhalten. Wo diese elternspezifischen Prägungen in den Keimzellen entstehen und wie viele von ihnen stabil erhalten bleiben, ist ein Gegenstand gegenwärtiger Forschung. Bislang kennt man eine überschaubare Zahl dieser stabilen Prägungen, deren Bedeutung wir im Nachfolgenden darstellen werden.

21.3 Epigenetische Kontrolle der X-chromosomalen Gendosis

Im Verlauf der Differenzierung des frühen Säugetier-Embryos kommt es insbesondere auf den X-Chromosomen zur Ausbildung spezifischer, geschlechtsabhängiger, epigenetischer Veränderungen. Männliche Säugetiere haben nur ein X-Chromosom, weibliche dagegen zwei. Weibliche Säugetiere haben entsprechend die doppelte Gendosis der auf diesem Geschlechtschromosom dicht nebeneinanderliegenden Gene. Für die wenigen auf dem Y-Chromosom liegenden Gene gibt es häufig komplementäre Kopien am Ende des X-Chromosoms, die man daher auch als **pseudoautosomale Region** (PAR, s. u.) bezeichnet. Wie zuerst von Mary Lyon 1961 erkannt, wird zur Angleichung der Unterschiede in den Genzahlen (**Dosiskompensation**) (S. 419) eines der beiden X-Chromosomen in weiblichen Zellen während der frühen embryonalen Entwicklung stillgelegt, d. h. transkriptionell inaktiviert. Diese Inaktivierung führt also zu einer angepassten Gendosis, die der in männlichen Säugetieren mit nur einem X-Chromosom ähnelt. Die **Inaktivierung des X-Chromosoms** wird zu einem frühen Zeitpunkt der Entwicklung in mehrstufigen epigenetischen Prozessen festgelegt. Anders als bei den Genen, die der Prägung (*imprinting*) unterliegen, erfolgt diese Stilllegung zufällig; d. h. entweder wird das vom Vater ererbte (paternale) oder das von der Mutter ererbte (maternale) X-Chromosom inaktiviert. Wenn diese Entscheidung einmal getroffen ist, sind die Gene auf dem betreffenden X-Chromosom (weitgehend) transkriptionell inaktiv, unbeeinflusst von allen folgenden Zellteilungen im Verlauf der weiteren Entwicklung und im Erwachsenenleben.

Definition

Die Angleichung der Expression von Genen der Geschlechtschromosomen in männlichen und weiblichen Nachkommen bezeichnet man als **Dosiskompensation**.

Die transkriptionelle Inaktivierung eines der beiden X-Chromosomen ist charakteristisch für weibliche **Säugetiere** und in diesen Organismen ein essenzieller Vorgang. Die Analyse von Inaktivierungsmutanten in der Maus zeigen, dass die Entwicklungs- und Lebensfähigkeit nicht gegeben ist, wenn eine geordnete Inaktivierung unterbleibt. Andere Tierarten mit Geschlechtschromosomen haben unterschiedliche Mechanismen für die Regelung des X-chromosomalen Gleichgewichts in männlichen und weiblichen Organismen entwickelt. Am besten untersucht ist dies bei *Drosophila melanogaster* und dem Nematoden *Caenorhabditis elegans*. *D. melanogaster* gleicht die Gendosis in männlichen Organismen an. Hier wird die Expression des alleinigen X-Chromosoms verdoppelt. In *C. elegans* wird die Stärke der Expression der beiden X-Chromosomen in Zellen von Zwittern (Hermaphroditen) auf die Hälfte gegenüber dem einzigen X-Chromosom in männlichen Zellen reduziert. Analog zu den Säugetieren sind diese Vorgänge aber auch an epigenetische Veränderungen des Chromatins gekoppelt. Anders als bei Säugetieren und Menschen wird die Dosiskompensation in *C. elegans* und *D. melanogaster* ohne Beteiligung einer DNA-Methylierung reguliert.

Die Inaktivierung eines X-Chromosoms bei weiblichen Säugetieren ist ein aktiver Vorgang, der an einer bestimmten Stelle dem **X-Inaktivierungszentrum** (**XIC**, *X inactivation center*) (S. 419) mitten auf dem X-Chromosom beginnt und sich unter Kontrolle von X-chromosomalen Genen ausbreitet (▸ Abb. 21.4). Ein wichtiger Abschnitt in XIC ist ein Gen, das speziell (und paradoxerweise) auf dem inaktiven X-Chromosom transkribiert wird und deswegen **XIST** (X_i-*specific transcript*) heißt. Das *XIST*-Gen wird in allen weiblichen Zellen als lange, nichtcodierende RNA (**lncRNA**; Länge ca. 17 kb) exprimiert. Die *XIST*-RNA lagert sich an das aktive X-Chromosom. Man vermutet, dass die *XIST*-RNA strukturelle Aufgaben bei der epigenetischen Inaktivierung des gesamten Chromosoms erfüllt; die genaue molekulare Funktion ist aber noch nicht bekannt.

Die transkriptionelle Stilllegung der Gene auf dem inaktiven X-Chromosom vollzieht sich in mehreren Stufen:

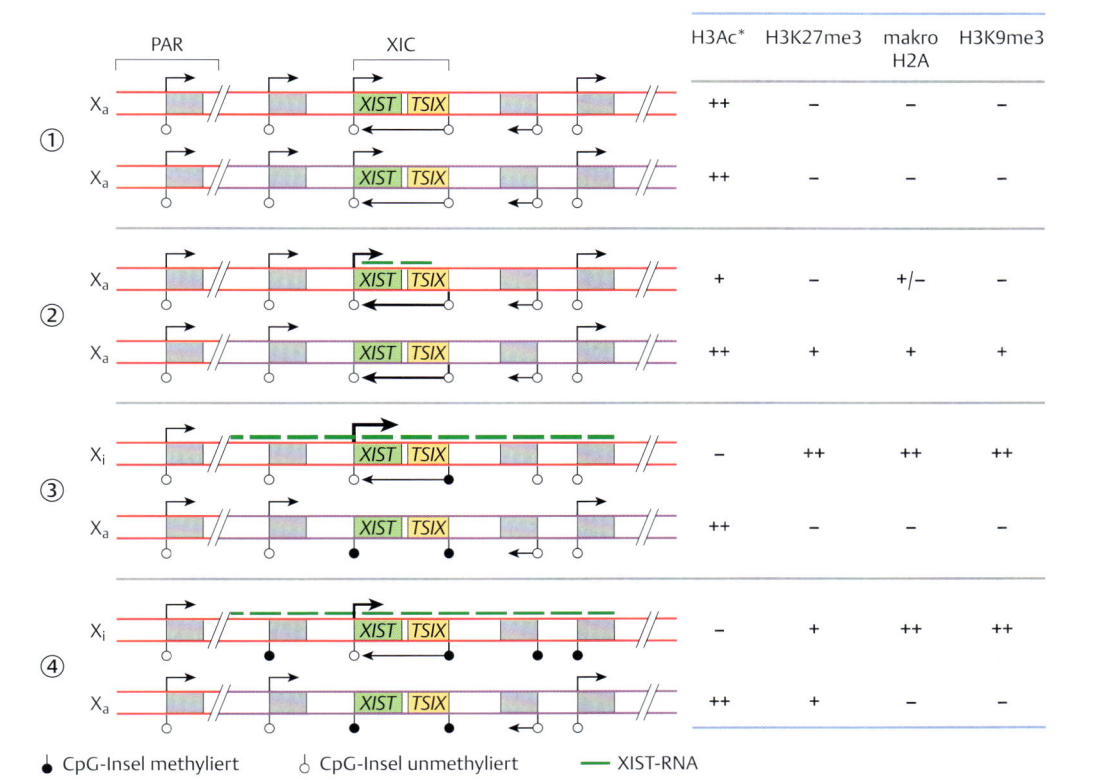

● CpG-Insel methyliert   ○ CpG-Insel unmethyliert   — XIST-RNA

Abb. 21.4 Molekulare Mechanismen der Inaktivierung eines der beiden X-Chromosomen. X_a bezeichnet das aktive X-Chromosom, X_i das inaktivierte X-Chromosom. Gezeigt sind exemplarisch die Phasen der frühen Inaktivierung. Anfangspunkt der sich über das Chromosom ausbreitenden Ereignisse ist das X-Inaktivierungszentrum (XIC) mit den beiden entscheidenden Genen *XIST* und *TSIX*. Beide codieren lange nicht-codierende RNAs (lncRNAs). Das *TSIX*-Gen liefert ein Antisense-Transkript zu *XIST*, das für die frühe epigenetische Kontrolle von *XIST* verantwortlich ist. ① Zunächst sind beide Chromosomen aktiv. ② Zu Beginn der Inaktivierung akkumulieren XIST-Transkripte (grüne Striche) auf einem der beiden Chromosomen, während die Zahl der TSIX-Transkripte abnimmt. Die XIST-RNA lagert sich lokal an dasselbe Chromosom (*in cis*). ③ Die XIST-RNA rekrutiert Enzyme, die Histone oder auch direkt die DNA methylieren, zur DNA. Einhergehend mit der Inaktivierung kommt es an den Promotoren von *XIST* und *TSIX* zu Veränderungen der DNA-Methylierung sowie auf den ganzen Chromosomen zu Veränderungen der Histonmodifikationen. Die Inaktivierung breitet sich nahezu über das gesamte Chromosom aus. Die meisten Gene werden inaktiviert, mit Ausnahme der Gene der pseudoautosomalen Region PAR. ④ Die Inaktivierung wird durch eine DNA-Methylierung fixiert.
Die Tabelle rechts führt die charakteristischen, am aktiven und am inaktiven X-Chromosom stattfindenden Histonmodifikationen in ihrer relativen Ausprägung im Verlauf der Inaktivierungsphasen auf. Der Verlust der Acetylgruppen von Histon H3 (Deacetylierung) betrifft verschiedene Positionen. Weitere Erläuterungen s. Text. * = Acetylierung an Lys9, Lys14 und Lys27, + + = sehr häufig, + = häufig, ± = selten, − = weitgehend nicht vorhanden.

1. eine starke **Deacetylierung** von mehreren Lysinen in den Histonen H3 und H4
2. ein **Verlust der H3K4me3-Methylierung** an den Nucleosomen von Promotoren und eine gleichzeitige PRC 2-vermittelte *de novo*-**H3K27me3-Methylierung**
3. eine durch PRC 1 (S. 449) vermittelte Ausbreitung von H2AUb129 (die durch PRC 1 vermittelte Ubiquitinierung von Lysin an Position 129 des Histons H2A) und **H3K9me2/3-Methylierung** mit nachfolgender Bindung von HP1
4. ein chromosomenweiter Austausch des kanonischen Histons H2A durch **Makro-H2A** (S. 147) in Nucleosomen; diese Histonvariante besitzt im Gegensatz zu H2A eine längere carboxyterminale Sequenz, deren genaue Funktion für die Struktur der Nucleosomen und

für die Bildung von Heterochromatin noch unbekannt ist
5. eine Bedeckung (*coating*) des Chromosoms bzw. des Chromosomenabschnitts mit nicht-codierender ***XIST*-RNA**
6. **Methylierung der DNA** an allen CpG-Inseln des Chromosoms mit Ausnahme der relativ kurzen pseudoautosomalen Region (PAR) am Ende des X-Chromosoms sowie etwa 15 % auf dem übrigen Chromosom gelegenen Gene; diese Gene entgehen der Heterochromatinbildung und damit der Inaktivierung. Die DNA-Methylierung ist als vermutlich abschließender Mechanismus absolut essenziell für eine nachhaltige Stilllegung der Transkription.

Als Folge der chromosomenweiten Heterochromatinbildung repliziert das gesamte X-Chromosom spät in der S-Phase des Zellzyklus und ist in der Interphase in weiblichen Zellen als heterochromatischer **Barr-Körper** zu beobachten.

▶ **Steuerung der stufenweisen Inaktivierung eines weiblichen X-Chromosoms.** Zunächst sind in undifferenzierten weiblichen embryonalen Stammzellen beide X-Chromosomen aktiv. Neuere Befunde deuten an, dass die nachfolgende Inaktivierung im Verlauf der Differenzierung an das **Abschalten der Pluripotenzgene Sox2** und **Oct4** gekoppelt ist. Diese Gene der Pluripotenz steuern auch die Aktivität von Genen des XIC, sie sind wichtig für die Beibehaltung einer niedrigen Transkriptionsrate des *XIST*-Gens auf beiden Chromosomen und die Aufrechterhaltung bestimmter epigenetischer Markierungen im *XIST*-Gen. Ihr Abschalten leitet die Schritte zur X-Inaktivierung ein.

Die X-Inaktivierung erfolgt immer nach dem Prinzip, dass entsprechend des diploiden (autosomalen) Chromosomensatzes in einer differenzierten Zelle nur ein X-Chromosom aktiv gehalten wird und demnach alle weiteren (auch fehlerhaft überzählige) X-Chromosomen inaktiviert werden (▶ Abb. 21.4). Man spricht daher auch von einem Zählmechanismus (*counting*). Die Autosomen stellen offensichtlich einen oder mehrere (noch unbekannte) Zählfaktoren bereit, die dieses Zählen vermitteln.

Die Auswahl (*choice*), welches X-Chromosom inaktiviert wird, geschieht nach dem Zufallsprinzip. Das ***XIST*-Gen** wird früh während der Entwicklung (und zwar bereits in Stammzellen) auf beiden X-Chromosomen auf geringem Niveau exprimiert. Im Verlauf der Differenzierung wird die Expression eines der beiden *XIST*-Gene stabilisiert und das Gen des anderen X-Chromosoms wird abgeschaltet. Die Steuerung der Stabilisierung auf dem einen Chromosom bzw. des Abschaltens von *XIST* auf dem anderen ist an eine Reihe von komplexen Wechselwirkungen zwischen Sense- und Antisense-Transkripten sowie an lokale epigenetische Veränderungen gekoppelt. Eine wichtige Rolle spielt dabei das ebenfalls nicht-proteincodierende Transkript des ***TSIX*-Gens**, das in Gegenrichtung zu *XIST* transkribiert wird.

Bei Säugetieren (auch dem Menschen) kommt es vor, dass die Wahl des X-Chromosoms zur Inaktivierung nicht ganz zufällig erfolgt. Genetische Variation im hoch polymorphen XIC-Locus beeinflusst den Prozess der Inaktivierung, sodass eines der beiden X-Chromosomen präferenziell inaktiviert bzw. aktiv gehalten wird. Als Folge kommt es zu einer Verschiebung (*skewing*) der normal verteilten Inaktivierung und der paternal bzw. maternal ererbten X-Chromosomen. Diese nicht zufällige Inaktivierung (*non-random inactivation*) kann einen wesentlichen Einfluss auf die Manifestation von Phänotypen X-chromosomaler Mutationen in weiblichen Individuen haben, die von einem Elternteil vererbt wurden.

Die Inaktivierung betrifft nicht alle Gene des X-Chromosoms. Ausgenommen sind die Gene in dem pseudoautosomalen PAR-Bereich der X-Chromosomen (s. ▶ Abb. 21.4). Ein Teil der Gene dieser Regionen haben zusätzliche Kopien auf dem Y-Chromosom, sind demzufolge bei Frauen und Männern in der gleichen Gendosis vorhanden. Zur Bedeutung dieser Gene siehe auch Pathologie 21.1 (S. 466).

Merke

Die **pseudoautosomale Region** (PAR) ist ein Bereich am Ende des X-Chromosoms, der einige Gene trägt, die paralogen Genen auf dem Y-Chromosom entsprechen.

Pathologie 21.1

Turner-Syndrom und X-chromosomale Gendosis
Wie bereits erwähnt, unterliegen nicht alle Gene des X-Chromosoms der X-Inaktivierung. Das hilft zum Verständnis eines offensichtlichen Paradoxons: Wenn normalerweise nach Zufallsregeln in der einen Zelle das paternale, in der anderen das maternale X-Chromosom stillgelegt wird, dann sollte das Fehlen eines X-Chromosoms keine Konsequenzen haben. Entgegen dieser Vermutung ist eine **X-chromosomale Monosomie** bei Menschen die Ursache des **Turner-Syndroms** (45, X0-Karyotyp) (S. 157). Der klinische Phänotyp kann von Fall zu Fall verschieden sein: Viele Embryonen mit X-chromosomaler Monosomie sterben noch vor der Geburt, bei Überlebenden kommt es zur Ausprägung des Syndroms, das immer durch Kleinwuchs und meist durch eine Reihe zusätzlicher Merkmale gekennzeichnet ist.

Was liegt dem Phänotyp beim Menschen zugrunde? Eine naheliegende Vermutung ist, dass für das Turner-Syndrom der Ausfall von Genen verantwortlich ist, die normalerweise sowohl auf dem X- als auch auf dem Y-Chromosom vorkommen und damit auf beiden Chromosomen aktiv sein müssen. Tatsächlich konnte man in einigen kleinwüchsigen Menschen Deletionen in der PAR1-pseudoautosomalen Region des X- oder des Y-Chromosoms finden. Das im Deletionsbereich gefundene Gen ***SHOX*** ist ein **Transkriptionsfaktor** mit Homöoboxdomäne (S. 328). Die Haploinsuffizienz von *SHOX* beeinflusst das Körperwachstum. Die Bedeutung des *SHOX*-Gens für X0-assoziierte Phänotypen ist aber immer noch nicht eindeutig geklärt. Die Effekte einer Haploinsuffizienz von SHOX (infolge einer X0-Situation oder Y-Deletion ist nur noch eine funktionelle Kopie vorhanden) sind variabel im Phänotyp. Zwar sind die *SHOX*-Gene von Maus und Mensch funktionell analog, jedoch sind X0-Genotypen der Maus komplett lebensfähig und weisen keine morphologischen Veränderungen (z. B. Kleinwuchs) auf.

21

21.4 Genomische Prägung

Definition

Genomische Prägung (*genomic imprinting*) bedeutet, dass eine Genkopie strikt elternabhängig epigenetisch stillgelegt wird. Für einige Gene ist dies immer die väterliche, für andere immer die mütterliche Genkopie.

Während die epigenetischen Mechanismen der Inaktivierung von X-Chromosomen im Verlauf der Differenzierung des Embryos entstehen, ist die **genomische Prägung** (*imprinting*), d.h. die elterliche Prägung von Genen, bereits in der Keimbahn bestimmt. Es handelt sich hier um einen zentralen Prozess vererbter epigenetischer Regulation. Die Prägung von Genen findet vornehmlich (aber nicht ausschließlich) auf den Autosomen (Nicht-Geschlechtschromosomen) statt. In einer Zelle ist nur eine elterliche Kopie der Gene, die einer Prägung unterliegen, transkriptionell aktiv. Die zweite Kopie (d.h. das zweite elterliche Allel) ist durch den Prozess der Prägung epigenetisch stummgeschaltet. Anders als bei der zufälligen X-Inaktivierung wird für geprägte Gene in der Keimbahn genau festgelegt, welche Kopie des Gens exprimiert wird – die väterliche oder die mütterliche. Das Phänomen der genomischen Prägung findet man **bei Säugetieren und bei Blütenpflanzen** (Angiospermen). Während sich der Vorgang bei Pflanzen vornehmlich auf die Bildung des Endosperms (das Nährgewebe der Samen) beschränkt, findet man ihn im Menschen und Säugern nicht nur im Verlauf der Embryogenese, sondern auch in adulten Zellen. Im Menschen ist eine fehlerhafte Prägung mit Fehlentwicklungen und komplexen Erkrankungen verbunden.

Experimente der Arbeitsgruppen von Davor Solter und Azim Surani zeigten Mitte der 1980er-Jahre, dass zumindest einige Gene der väterlichen Chromosomen andere Funktionen haben als die komplementären Kopien auf den mütterlichen Chromosomen. Kurze Zeit später wurden die ersten Gene identifiziert, die einer genomischen Prägung unterliegen. Durch systematische Untersuchungen konnten bis heute ca. 80–100 geprägte Gene identifiziert werden. Diese finden sich in wenigen Gen-Clustern im Genom, verteilt auf nur wenige Chromosomen des Menschen oder der Maus. Im Folgenden skizzieren wir die wichtigsten grundlegenden molekularen Charakteristika der Prägung von Genen.

Einzelne Prägungscluster umfassen eine unterschiedliche Anzahl von Genen. Alle Cluster zeichnen sich durch die Anwesenheit einer oder mehrerer **Prägungskontrollregionen** (**ICRs**, *imprinting control regions*) oder **Prägungskontrollelemente** (**ICEs**, *imprinting control elements*) aus. Diese sind ca. 1 bis maximal 2 kb lange, CpG-reiche, differenziell methylierte Regionen (DMR), die zudem oft mit kurzen Sequenzwiederholungen (Repeats) assoziiert sind.

An den ICRs folgen die Histonmodifikationen des Chromatins der beiden Allele exakt dem DNA-Methylierungsstatus. Das methylierte Allel hat eine starke Anreicherung heterochromatischer Markierungen (H3K9me3), das nicht methylierte Allel hingegen euchromatische Modifikationen (wie H3K4me3, s. Kap. 20). Die elternspezifische Prägung der ICRs in Form einer DNA-Methylierung erfolgt bereits in den reifenden Keimzellen (s.u.). Nach der Befruchtung wird die differenzielle Methylierung stabil über mehrere Zellteilungen hinweg vererbt.

ICRs (bzw. ICEs) kontrollieren die Expression benachbarter geprägter Gene des Gen-Clusters. Die von der ICR kontrollierten regulatorischen Netzwerke basieren fast immer auf der wechselseitigen Nutzung von **Enhancern und Silencern** (s. Kap. 12 und 13) sowie einer Steuerung über nicht-codierende **Sense- und Antisense-Transkripte**. Ein für die Kontrolle von ICRs wichtiger Faktor ist das **CTCF-Protein**. CTCF wird in fast allen Zellen gebildet, bindet an die meisten ICRs und an viele CpG-Inseln, auch von Genen ohne Prägung, aber stets in Verbindung mit epigenetischen Prozessen der Genregulation. CTCF wirkt häufig als eine Art Isolator, der die Ausbreitung von Heterochromatin eingrenzt und zudem die Kontakte zwischen stromauf- oder stromabwärts liegenden Enhancern mit den dazugehörigen Promotoren reguliert.

In verschiedenen geprägten Genen treffen wir auf Variationen dieser Regulation, die wir am Beispiel des ***IGF2*/ *H19*-Genpaars** näher illustrieren möchten. Die chromosomal nahe beieinanderliegenden Gene werden reziprok exprimiert, d.h. *IGF2* wird nur vom väterlichen, *H19* nur vom mütterlichen Chromosom transkribiert. Kontrolliert wird die Expression beider Gene durch ICR1. Diese liegt stromaufwärts des *H19*-Gens und ist auf dem väterlichen Chromosom methyliert, während sie auf dem mütterlichen Chromosom nicht methyliert vorliegt (▶ Abb. 21.5). An das mütterliche nicht methylierte ICR bindet CTCF, nicht aber an die methylierte väterliche. Durch die CTCF-Bindung wird die Interaktion des *H19*-Promotors mit den Enhancern verstärkt. Die Enhancer können dann nicht mehr mit dem stromaufwärts liegenden *IGF2*-Promotor in Kontakt treten. Das *IGF2*-Gen bleibt demzufolge auf dem mütterlichen Chromosom transkriptionell stumm. Auf dem väterlichen Chromosom ist die CTCF-Bindungsstelle durch DNA-Methylierung blockiert und die Enhancer interagieren mit dem *IGF2*-Promotor, d.h. das *IGF2*-Gen ist auf dem väterlichen Chromosom epigenetisch aktiviert (▶ Abb. 21.5).

Die Folge der elterlich festgelegten epigenetischen Prägung ist deren **balancierte Expression** der Gene auf beiden elterlichen Chromosomen. Eine gestörte epigenetische Balance der Allele führt zu einer Fehlexpression geprägter Gene. Dies kann pathophysiologische Folgen haben. Um die molekularen Ursachen und pathophysiologischen Auswirkungen einer fehlerhaften Prägung besser zu verstehen, betrachten wir beispielhaft die komplexe Regulation geprägter Gene am Ende von Chromosom 7

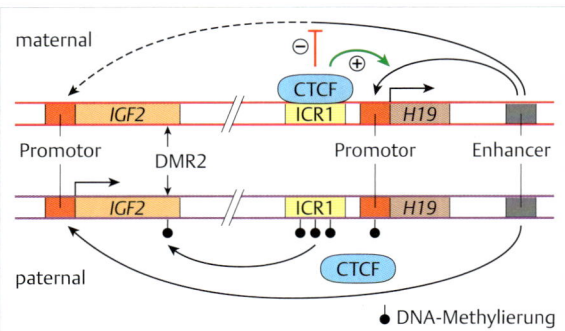

maternal

IGF2

Promotor

DMR2

ICR1

CTCF

Promotor

H19

Enhancer

paternal

IGF2

ICR1

H19

CTCF

● DNA-Methylierung

Abb. 21.5 Kontrolle der Prägung und lokale Regulation der benachbarten Gene *IGF2* und *H19*. Distal vom *H19*-Gen liegende Enhancer können mit den Promotoren (P) der beiden Gene interagieren und die Transkription steuern. Die Bindung von CTCF an die nicht methylierte ICR1 des mütterlichen Chromosoms (oben) unterbindet die Interaktion der Enhancer mit dem *IGF2*-Promotor. Die DNA-Methylierung der ICR1 auf dem väterlichen Chromosom (unten; Prägung) führt dazu, dass CTCF nicht an das Chromosom binden kann. Die Enhancer können ungehindert mit dem nicht methylierten IGF2-Promotorbereich interagieren. Eine weitere methylierte Region (DMR2) im *IGF2*-Gen stabilisiert diese Interaktion auf dem väterlichen Chromosom.

der Maus bzw. auf dem homologen Chromosom 11p15.5 des Menschen, zu denen *IGF2* und *H19* gehören. Die elterlich geprägte Expression einer ganzen Anzahl von Genen in dieser Region wird durch zwei unabhängige ICRs – ICR1 und ICR2 – in zwei separaten Domänen kontrolliert (▶ Abb. 21.6). *IGF2, Insulin* und *H19* werden, wie bereits erwähnt (s. ▶ Abb. 21.5), von ICR1 gesteuert, *CDKN1C*, *KCNQ1OT1*, *MASH2* und eine Reihe weiterer Gene hingegen über eine andere Kontrollregion: ICR2. Wir beschränken uns in unseren Betrachtungen auf *IGF2* und *CDKN1C*, da die beiden proteincodierenden Gene eine Hauptrolle für die Kontrolle des Wachstums und der Zellproliferation während der Embryogenese spielen: Das Gen *IGF2* kodiert einen Wachstumsfaktor (*insulin-like growth factor* 2), der Proliferation und Zellwachstum verstärkt; dagegen kodiert *CDKN1C* einen Inhibitor der Cyclin-abhängigen Proteinkinasen (S. 206), der das Zellwachstum negativ reguliert. Die beiden nicht-codierenden RNAs (lncRNA) (S. 418), KCNQ1OT1 und H19, sind darüber hinaus wichtig für die Kontrolle der Expression von *IGF2* und *CDKN1C*.

Beim Menschen führt sowohl eine fehlerhafte Prägung von *IGF2* als auch von *CDKN1C* zu **Entwicklungsstörungen** wie dem Beckwith-Wiedemann-Syndrom (BWS) und dem Silver-Russel-Syndrom (SRS). Andere geprägte Gene des Clusters – *Mash2* (ein Gen für einen Transkriptionsfaktor) und *Insulin* (das Hormon-Gen) – spielen ebenfalls eine wichtige entwicklungsbiologische Rolle, können aber aus Platzgründen hier nicht detailliert beschrieben werden. Nur so viel zur Information: Der Verlust der Prägung des *Mash2*-Gens beeinflusst die Proliferation von Riesenzellen in der Plazenta und fehlerhafte Prägung des *Insulin*-Gens führt zu transientem frühkindlichem Diabetes.

Wie bereits ausgeführt, ist die ICR1 des Prägungsclusters auf dem väterlichen Chromosom methyliert und reguliert die Expression der geprägten Gene *H19* und *IGF2*. Ein Verlust der ICR1 oder ein Verlust der DNA-Methylierung an der ICR1 haben eine fehlerhafte Aktivierung der Transkription des benachbarten *IGF2*-Gens zur Folge (s. u.). Im Menschen beobachten wir zwei gegensätzliche Effekte, die mit Veränderungen der ICR1 verbunden sind. Eine Zunahme der DNA-Methylierung an der ICR1 auf dem väterlichen Chromosom führt zur Überexpression des *IGF2*-Gens und zum Phänotyp des **Beckwith-Wiedeman-Syndroms** (Hyperproliferation innerer Organe, komplementär und analog zu den Phänotypen, die durch *CDKN1C*-Verlust entstehen, s. o.). Fehlende Methylierung der ICR1 auf beiden elterlichen Chromosomen führt dagegen zu einem kompletten Verlust der *IGF2*-Expression und als Folge zum **Silver-Russel-Syndrom**, das mit Kleinwuchs verbunden ist. ▶ Abb. 21.6 veranschaulicht die wesentlichen molekularen Veränderungen.

ICR2 ist auf dem mütterlichen Chromosom methyliert. Die Prägungskontrollregion überspannt eine ca. 3 kb große CpG-Insel, die den Promotor des *KCNQ1OT1*-Gens beinhaltet. Das **KCNQ1OT1-Transkript** ist ein ca. 80–100 kb langes, auf dem väterlichen Chromosom exprimiertes, nicht gespleißtes Transkript. Analog zum *XIST*-Transkript wird es auf dem väterlichen Chromosom exprimiert und bindet regional an das Heterochromatin des väterlichen Chromosoms. Auf dem mütterlichen Chromosom ist der *KCNQ1OT1*-Promotor methyliert und das *KCNQ1OT1*-Gen wird nicht transkribiert (▶ Abb. 21.6 Mitte). Das mütterliche *CDKN1C*-Gen (und weitere Gene in der Nachbarschaft) sind dadurch transkriptionell aktiv – die genauen Steuerungsmechanismen, z. B. die Lage der Enhancer, die *CDKN1C* anschalten, sind noch Gegenstand der Forschung. Ein Verlust der DNA-Methylierung an ICR2 auf dem mütterlichen Chromosom führt dazu, dass das *KCNQ1OT1*-Gen auch auf dem mütterlichen Chromosom angeschaltet und gleichzeitig das benachbarte stromaufwärts liegende *CDKN1C*-Gen transkriptionell stillgelegt wird. Das Fehlen der *CDKN1C*-Expression auf beiden Chromosomen führt im Menschen zu einer gesteigerten Zellproliferation und einer verstärkten Hypertrophie während der Embryogenese.

▶ **Regulation der Prägung elterlicher Chromosomen an ICRs.** Eine der Kernfragen ist, wie die differenzielle elterliche DNA-Methylierung im Verlauf der Keimzellentwicklung etabliert wird und wie sie dann im Verlauf der Entwicklung beibehalten und richtig interpretiert wird.

Ein paar der an den Vorgängen beteiligten Faktoren und Enzyme haben wir bereits in diesem Kapitel und in Kap. 20 besprochen. Wir werden daher einige Aspekte hier nur kurz behandeln. Der Kreislauf von Prägungen beginnt simultan in männlichen und weiblichen Keimzellen. In den frühen Keimzellen beiderlei Geschlechts, den primordialen Keimzellen, werden die bestehenden elterlichen Prägungen synchron gelöscht (s. o.). Im Verlauf der weiteren Keimzellreifung werden dann neue Prägungen

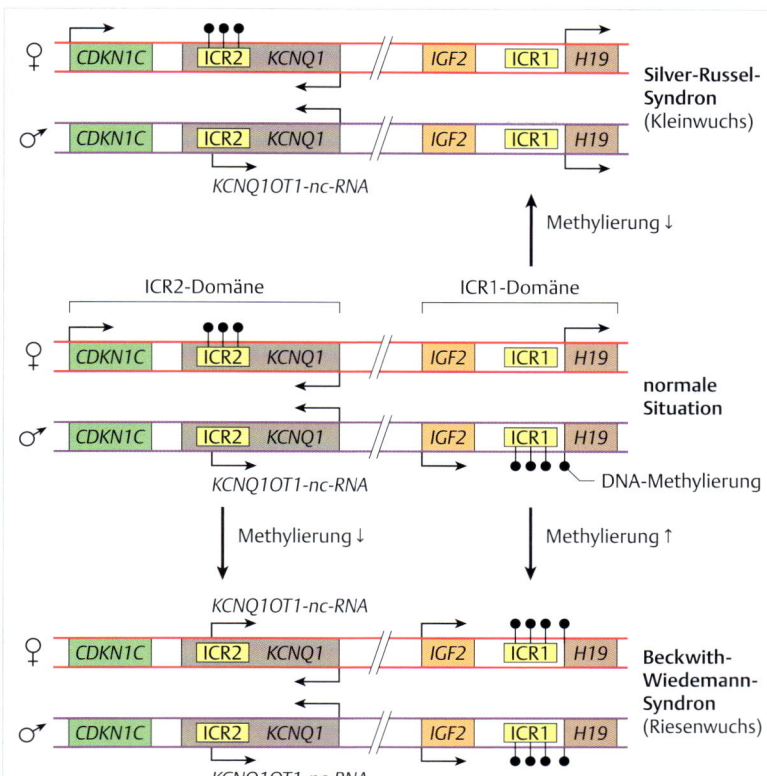

Abb. 21.6 Aufbau und Regulationsdomänen des Beckwith-Wiedemann-Prägungsclusters auf Chromosom 11p15.5 des Menschen. Gezeigt sind die zentralen geprägten Gene und die zwei ICRs, von denen die Regulation der Subdomänen gesteuert wird. Die allelspezifische DNA-Methylierung ist durch gefüllte, schwarze Kreise angedeutet. Die Transkription der Gene auf den elterlichen Chromosomen (mütterlich jeweils oben, väterlich unten) ist durch geknickte Pfeile markiert. Als Folge einer allelspezifischen Zu- oder Abnahme der DNA-Methylierung kommt es zu Veränderungen der Genexpression: Das Ausmaß der Methylierung der ICR1-Domäne moduliert die Expression des *IGF2*-Gens, das Ausmaß der Methylierung der ICR2-Domäne verändert die Expression des *CDKN1C*-Gens und des *KCNQ1*-Gens. Folgen sind unterschiedliche Erkrankungen: der Riesenwuchs (Beckwith-Wiedemann-Syndrom = BWS) oder der Kleinwuchs (Silver-Russel-Syndrom = SRS). Weitere Erläuterungen s. Text. (nach Hirasawa R, Feil R (2010) Genomic imprinting and human disease. Essays Biochem 48: 197–200)

geschlechtsspezifisch etabliert. Wichtig ist hierbei zu erwähnen, dass die weitgehende Mehrzahl von primären Prägungen (ICRs) in der weiblichen Keimbahn entstehen. Bekannt sind bislang nur drei Prägungen, die über die männliche Keimbahn transmittiert werden. Es gilt als gesichert, dass der **DNA-Methylierungsstatus** der ICRs eine Schlüsselstellung einnimmt. Histonmodifkationen spielen aber daneben eine entscheidende instruierende Rolle. Zu den bislang bekannten Faktoren, die für die Etablierung einer Prägung durch DNA-Methylierung verantwortlich sind, gehören

- die *de novo*-Methyltransferase DNMT3A in Verbindung mit DNMT 3 L und
- bestimmte Veränderungen der Histonmodifikationen an den ICRs, die durch Histon-Demethylasen und Arginin-Methyltransferasen vermittelt werden.

Für die Bildung des DNA-Methylierungsmusters muss jedoch erst eine molekulare Erkennung vorbereitet werden: Die lysinspezifische Demethylase KDM1B sorgt zunächst für eine Demethylierung von Histon H3 am Lysin4 in Nucleosomen, die in den reifenden Keimzellen im Bereich der ICRs vorhanden sind. An das nicht methylierte Histon bindet dann DNMT 3 L und rekrutiert DNMT3A. DNMT3A methyliert die CpGs der ICR-DNA dann *de novo* auf beiden DNA-Strängen. In der weiblichen Keimzelle vollzieht sich dieser Vorgang erst sehr spät während der

Eizellreifung und ohne nachfolgende Zellteilung. Gemeinsam mit der DNA-Methylierung wird dann auch eine H3K9me3-Methylierung durch die Histon-Methyltransferase G9A etabliert. In der männlichen Keimbahn finden vermutlich ähnliche Vorgänge allerdings kontinuierlich im Verlauf der Spermiogenese statt. In reifen Spermien sind die Prägungen bereits etabliert. Hier werden Histone dann weitgehend durch Protamine ersetzt – an den Prägungen scheinen allerdings alte Histone zu verbleiben. Der Verbleib von Histonen im Bereich der Prägungen trägt möglicherweise zur Stabilisierung der väterlichen Prägungen in der Phase der Reprogrammierung kurz nach der Befruchtung bei.

So müssen nach dem Verschmelzen der Keimzellen zur Zygote beide maternale und paternale Prägungen einer genomweiten Welle der DNA-Demethylierung entgehen. Die Proteine DPP3 (PGC 7/Stella), NALP2 und Zfp57, die auch in der Keimzellentwicklung bei der Etablierung von Prägungen eine Rolle spielen, tragen auch dazu bei, die Prägungen gegen oxidative DNA-Demethylierung zu schützen. DPP3 erreicht dies anscheinend u. a. durch Unterbinden der TET 3-vermittelten Oxidation von 5-Methylcytosin an den maternalen Prägungen, sodass diese über die ersten Replikationen hinweg erhalten bleiben. Später übernehmen vermutlich methylbindende Proteine diese Funktion. Darüber hinaus wissen wir, dass Proteine wie CTCF oder MLL2/MLL3 an nicht methylierte, CpG-reiche ICRs binden und diese vor einer *de novo*-Methylierung schützen. Trotz dieser ersten Erkenntnisse gibt es hier noch eine Reihe offener Fragen, die das Entstehen und die Stabilität genomischer Prägungen betreffen und darüber hinaus Aufschlüsse über allgemeine Fragen epigenetischer Vererbung geben können. Hier sind vermutlich die Fehlerquellen zu suchen, die zu spontaner fehlerhafter epigenetischer Programmstabilität führen.

Eindrucksvolle Beispiele solcher fehlerhafter epigenetischer Programmstabilität sind **eineiige Zwillinge** mit einem unterschiedlichen DNA-Methylierungsmuster an der maternalen ICR2 des BWS-Prägungsclusters. Während einer der Zwillinge die von der Mutter stammende DNA-Methylierung unverändert geerbt hat, ist im anderen Zwilling genau diese Methylierung an der ICR2 verloren gegangen. Dies kann nur die Folge einer fehlerhaften Übertragung des DNA-Methylierungsmusters in frühen Entwicklungsphasen kurz nach der Trennung der Zwillinge sein. Als Folge dieses epigenetischen Unfalls hat einer der beiden Zwillinge das Beckwith-Wiedemann-Syndrom (BWS), der andere nicht.

21.4.1 Genomische Prägung in der medizinischen Genetik

Das menschliche Genom enthält noch andere medizinisch wichtige Regionen mit geprägten Genen. Während das hierarchische Grundprinzip mit ICRs als zentralen keimbahngeprägten Schaltern durchgehend für alle bislang bekannten Prägungscluster gilt, sind die Ursachen für das Entstehen geprägter Fehlregulation und die genspezifische Regulation in den verschiedenen geprägten Regionen sehr unterschiedlich. Sehr interessante Beispiele für die komplexen Ursachen geprägter Fehlregulation sind die **Albright-Hereditary-Osteodystrophie** (AHO), das **Prader-Willi-Syndrom** (PWS), und das **Angelman-Syndrom** (AS). Bei PWS und AS sind Gene auf dem Chromosom 15 des Menschen betroffen (Pathologie 21.2).

Pathologie 21.2

Fehlregulation genomischer Prägung: Prader-Willi- und Angelman-Syndrom

Prader-Willi-Syndrom
Die Symptome beginnen im frühen Lebensalter mit Störungen in der kindlichen Entwicklung, schlaffe Muskulatur und Atembeschwerden. Es folgt eine schwer zu behandelnde Fresssucht (Hyperphagie), die erhebliches Übergewicht zur Folge hat, nicht selten begleitet von leichter geistiger Behinderung und anderen Symptomen. Die Mehrzahl der PWS-Fälle hat – anders als wir das für die BWS-Fälle gesehen haben – genetische Ursachen. Es kommt zum Verlust von Genen auf dem väterlichen Chromosom 15.

Bei etwa einem Viertel der PWS-Fälle kann man keine Deletion nachweisen. Dann besitzen PWS-Patienten meist zwei maternale Chromosomen. Man spricht von uniparentaler Disomie, d. h. beide Chromosomen stammen von einem („uni-") Elternteil ab. Zwar tragen beide maternalen Chromosomen die gleichen Gene, aber sie sind stillgelegt.

Die uniparentalen Disomien sind ein interessantes Phänomen. Man geht davon aus, dass ihnen eine Störung der mütterlichen Meiose zugrunde liegt: Eizellen mit zwei Chromosomen 15. Die Konsequenz: Nach der Befruchtung entsteht eine Trisomie 15. Das würde, wie wir wissen, eine normale Embryonalentwicklung verhindern, es sei denn, eines der drei Chromosomen 15 geht im Zuge von frühen Zellteilungen verloren. Wenn dies das paternale Chromosom ist, bleiben zwei maternale Chromosomen 15 zurück.

Obwohl man die genetischen und epigenetischen Veränderungen dieser Prägungsregion gut versteht, sind die genspezifischen Ursachen für PWS noch zu klären. Eine Reihe von nebeneinanderliegenden, paternal exprimierten Genen kommen hier infrage:

- *ZNF127*: ein Zinkfingerprotein (vermutlich ein Transkriptionsfaktor)
- *MAGE-L 2*: codiert ein Oberflächenprotein unbekannter Funktion
- *NDN* (Necdin): ein nucleäres Protein, das hauptsächlich in Nervenzellen exprimiert wird und dort u. a. an der Regulation der Proliferation beteiligt ist
- *SNRPN* (*small nuclear ribonucleoprotein N*): ein spleißosomassoziiertes Protein (S. 364) mit bevorzugter Bedeutung für das Spleißen von prä-mRNAs in Gehirnzellen
- *SNURF*: ein unbekanntes Leseraster stromaufwärts des SNRPN-Leserasters
- mehrere Cluster von snoRNAs unbekannter Funktion

Alle diese Gene gehen durch Deletion beim PWS verloren oder sind als Folge der Deletion fehlreguliert. Es ist nach wie vor offen, welche Genverluste für die einzelnen PWS-Symptome verantwortlich sind.

Angelman-Syndrom
Umgekehrt führen mütterliche Deletionen von (benachbarten) Genen auf Chromosom 15 zu einer anderen Krankheit, dem **Angelman-Syndrom** (AS), das erstmals 1965 von Harry Angelman beschrieben wurde. **AS** ist gekennzeichnet durch geistige Behinderung, Störungen des Spracherwerbs, Krampfanfälle und andere Merkmale.

Beim AS wiederum findet man erstaunlicherweise nur sehr selten eine paternale uniparentale Disomie. Hier sind vermutlich lokale epigenetische Veränderungen oder kleinste genetische Veränderungen für das Auftreten von AS verantwortlich.

Im Fall des AS ist das verursachende Gen bekannt, nicht aber wie seine Prägung genau kontrolliert wird: *UBE3A* codiert eine Ubiquitin-Protein-Ligase. In den meisten Zellen werden beide Allele des Gens exprimiert. Eine Ausnahme sind spezielle Zellen des Gehirns. Dort ist nur das maternale Allel aktiv, während das paternale Allel stillgelegt ist. Warum der Ausfall dieser Ubiquitin-Protein-Ligase zu den schweren neurologischen Symptomen führt, ist zurzeit noch unbekannt wie auch die genspezifische Regulation.

Literatur

▶ **Weiterführende Literatur**

[1] Ferguson-Smith AC (2011) Genomic imprinting: the emergence of an epigenetic paradigm. Nat Rev Genet 12: 565–575

[2] Lee JT, Bartolomei MS (2013) X-inactivation, imprinting, and long noncoding RNAs in health and disease. Cell 152: 1308–1323

[3] Lim DH, Maher ER (2009) Human imprinting syndromes. Epigenomics 1 :347–369

[4] Seisenberger S, Peat JR, Reik W (2013) Conceptual links between DNA methylation reprogramming in the early embryo and primordial germ cells. Curr Opin Cell Biol 25: 281–288

21

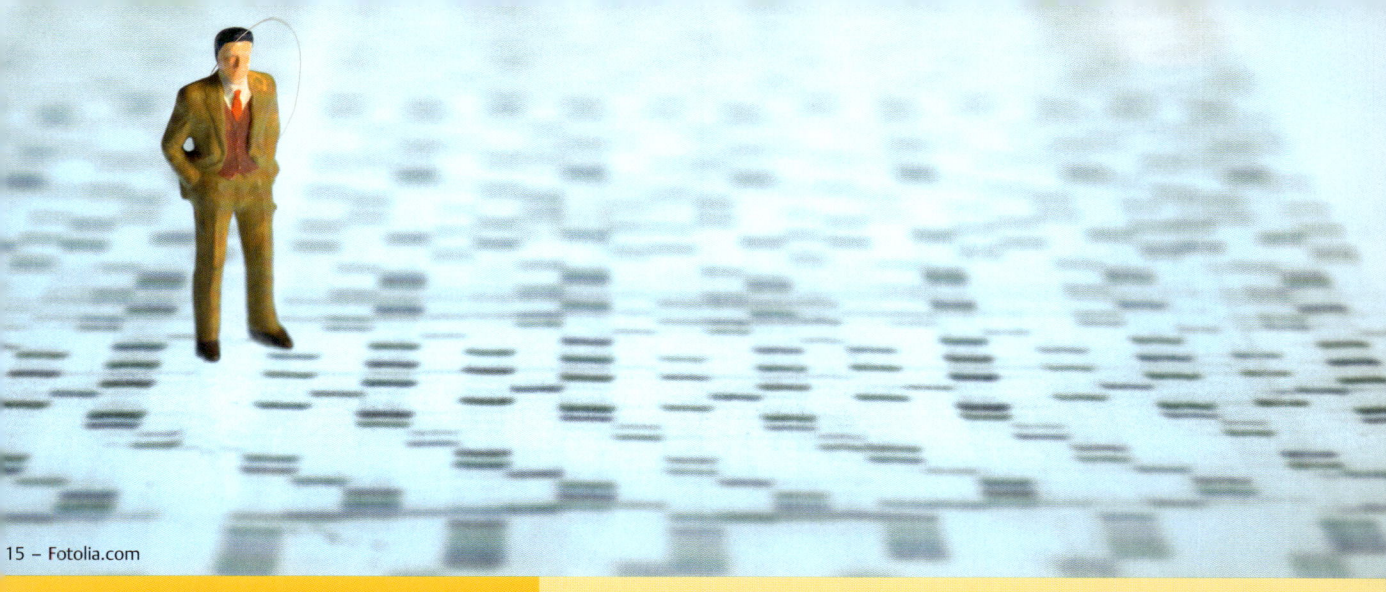

15 – Fotolia.com

**Teil 5:
Genomik**

Kapitel 22

**Von der Genkarte zur
Genomsequenz**

22 Von der Genkarte zur Genomsequenz

Martin Vingron/Rolf Knippers

22.1 Einleitung

In diesem Kapitel wenden wir uns detailliert dem Bereich der Genomik zu. Der Begriff „Genomik" wurde erstmalig als Titel der Zeitschrift *Genomics* genutzt (Gründungsdatum 1987). Die Zeitschrift bringt bevorzugt Aufsätze über die Kartierung, Sequenzierung und Annotierung von Genomen.

Zur Kartierung von Genorten auf einzelnen Chromosomen erarbeiteten Genetiker sogenannte Genkarten. Dabei unterscheidet man biologische von physikalischen Genkarten. Biologische Genkarten beruhen auf der Häufigkeit von Rekombinationsereignissen. Physikalische oder molekulare Genkarten beruhen auf den kompletten Basenpaar-Sequenzen eines Genoms.

Definition

Kartierung bedeutet die Bestimmung der Lage von Genen und ihren regulatorischen Elementen (Promotor, Enhancer usw.) im Genom (s. Kap. 22.2).

Durch **Genomsequenzierung** wird die exakte Abfolge aller Nucleotide eines Genoms ermittelt (s. Kap. 22.2).

Annotierung bedeutet die Zuordnung von Sequenzabschnitten zur genetischen Funktion, z. B. fragt man, ob eine bestimmte Sequenz das Exon eines Gens ist (s. Kap. 22.4).

Dieses Kapitel gibt einen Eindruck von der Geschichte, den Arbeitsmethoden und Fragestellungen der Genomik eukaryotischer Organismen, hauptsächlich dargestellt am Beispiel des Humangenoms. Das stand zwar nicht am Anfang der Genomik, denn vorher waren die Genome der Hefe *Saccharomyces cerevisiae* und der Fliege *Drosophila melanogaster* sequenziert worden, aber im Rahmen des Humangenomprojekts wurden viele Methoden angewandt und optimiert, die allen späteren Genomprojekten zugutekamen.

Dazu muss notiert werden, dass zuerst der **euchromatische Abschnitt der Genome** sequenziert wurde, also der Teil, wo sich die meisten Gene befinden; die heterochromatischen Abschnitte in den Centromeren und Telomeren wurden meist ausgelassen. Das ist verständlich, denn die Centromere bestehen aus langen, monotonen Folgen von α-Satelliten-DNA (S. 213) und die Telomere aus zahlreichen Wiederholungen von einfachen Hexamerfolgen (S. 193). Eine genaue Sequenzierung dieser Bereiche würde wenig neue Informationen bringen. Im Fall des Humangenoms gilt das auch für den heterochromatischen Abschnitt am Ende des langen Arms des Y-Chromosoms und für die kurzen Arme in den akrozentrischen

Chromosomen 13p, 14p, 15p, 21p und 22p. Dort liegen hintereinander je etwa 50 Kopien von rRNA-Genen. Jede Kopie ist ca. 43 kb lang und trägt sich immer wiederholende Folgen von Genen für die 5,8S-rRNA, die 18S-rRNA und die 28S-rRNA (s. Kap. 12.3.1).

22.2 Organisation von Genomen

22.2.1 Biologische Genkarten

Wir hatten im Kap. 10 die molekularen Grundlagen für eine besondere genetische Reaktion kennengelernt – die **homologe Rekombination**. Dabei hatten uns zunächst einmal die molekularen Abläufe und die beteiligten Enzyme interessiert. Diese Verhältnisse wurden zuerst bei Bakterien erforscht (S. 220). Weiterhin hatten wir gesehen, dass die Rekombination bei Eukaryoten ein Teil des Programms der Meiose (S. 217) ist.

Doch die Geschichte der Rekombinationsforschung begann schon in der frühen Zeit der wissenschaftlichen Genetik, lange bevor man wusste, dass Gene Abschnitte von DNA-Molekülen sind. Für die frühen genetischen Analysen war es notwendig, dass sich eine vererbbare Eigenschaft in zwei alternativen Phänotypen äußert, wobei jeder Phänotyp einem Allel eines gegebenen Gens zugeordnet werden kann. In der Anfangsphase der Genetik waren das Phänotypen, die man ohne großen Aufwand einfach mit der Lupe oder dem bloßen Auge feststellen konnte, z. B. bei der Fliege *Drosophila melanogaster* die Gene für Augenfarbe, für Körperfarbe, für Flügel- und Borstenform usw.

Nehmen wir als Beispiel die ▶ Abb. 22.1. Die Abbildung zeigt oben eine Kreuzung zweier homozygoter *Drosophila*-Individuen: ein Männchen (links) mit den Mutantenallelen *a* (für den Phänotyp „schwarze Körperfarbe") und *f* (für „Stummelflügel") und ein Weibchen (rechts) mit den entsprechenden normalen oder **Wildtypallelen** *a⁺* und *f⁺*. Die Nachkommen dieser Kreuzung zeigen den Wildtypphänotyp. Demnach sind die mütterlichen Wildtypallele dominant (S. 255).

Allele, wie die hier gezeigten Allele *a* und *f*, werden oft als **Genmarker** bezeichnet, weil sie die Gene „markieren", deren Gang durch die Generationen man untersuchen möchte.

Im Experiment der ▶ Abb. 22.1 werden die Nachkommen (die F1-Generation) mit den Mutantentieren gekreuzt (eine **Rückkreuzung**). Was kann man erwarten? Aus dem Experiment geht hervor, dass die beiden Allelpaare auf einem Chromosom lokalisiert sind. Das schließt eine freie Kombinierbarkeit der Allele aus. Wir erwarten

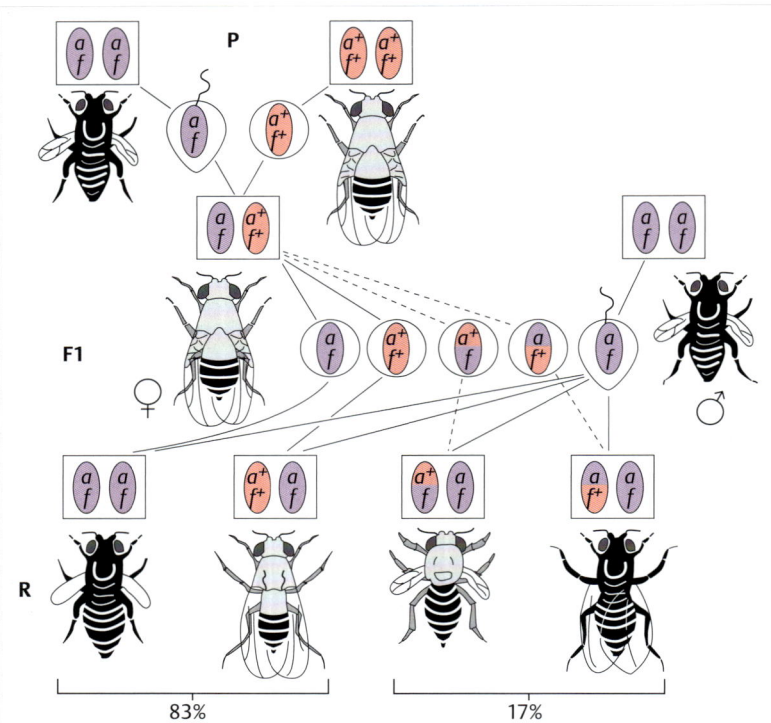

Abb. 22.1 Ein klassisches Kreuzungsexperiment. Die Bezeichnung der Allele ist die der Originalabbildung. Heute benutzt man Drei- oder Vier-Buchstaben-Abkürzungen, kursiv geschrieben und beginnend mit einem Großbuchstaben, wenn es sich um ein dominantes Allel handelt. Weitere Erläuterungen s. Text. P = Parental-(Eltern-) Generation; F1 = erste Filial-(Nachkommen-) Generation; R = Ergebnis der Rückkreuzung; Kleinbuchstaben mit + = Wildtypallele; Kleinbuchstaben = Mutantenallele. (nach Kühn A (1950) Grundriss der Vererbungslehre. Quelle und Meyer, Heidelberg)

stattdessen, dass sie gemeinsam (gekoppelt) an die nächste Generation weitergegeben werden, als **Kopplungsgruppe** (*linkage group*). Deshalb sollte eine Hälfte der Nachkommen vom Wildtyp-Phänotyp, die andere Hälfte vom Mutanten-Phänotyp sein (wie man sich mit einfachen Strichskizzen klarmachen kann). Aber die Analyse einiger Hundert Nachkommen ergab ein anderes Bild: Nur 83 % davon hatten den Phänotyp der Elterntiere, während 17 % der Nachkommen anders aussahen, weil die Markerallele in neuen Kombinationen auftraten. Die Ursache war ein Strangaustausch zwischen den homologen Chromosomen während der Meiose (im synaptonemalen Komplex) (s. Kap. 9.3). Dies passiert während der Reifung von Eizellen; bei der Spermiogenese findet keine Rekombination statt, was allerdings eine Besonderheit von *Drosophila* ist, wie ausdrücklich vermerkt werden soll.

In den Jahren nach 1920 haben Thomas H. Morgan, Alfred H. Sturtevant und andere Pioniere aus der Frühzeit der Genetik viele Kreuzungen dieser Art analysiert. Sie zogen den wichtigen Schluss, dass die Häufigkeit, mit der sich eine Rekombination zwischen zwei Genen auf einem Chromosom ereignet, als ein Maß für den Abstand zwischen diesen Genen gelten kann, einfach weil die Wahrscheinlichkeit für ein Rekombinationsereignis zunimmt, je größer der Abstand zwischen den Genen ist (mit Grenzen, über die gleich gesprochen wird). Die ▶ Abb. 22.2 soll das Prinzip des Vorgehens bei der Aufstellung biologischer Genkarten verdeutlichen.

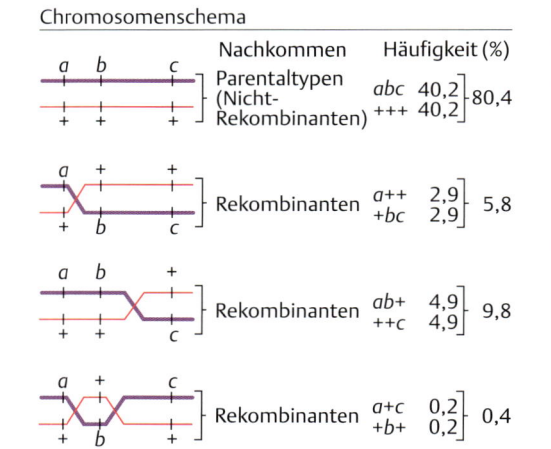

Abb. 22.2 Analyse von Rekombinationsfrequenzen mithilfe einer Drei-Faktoren-Kreuzung. Bei einer Drei-Faktoren-Kreuzung erwarten wir $2^3 = 8$ Kombinationen. Darunter sind die beiden Parentaltypen und die Ergebnisse von Cross-over-Ereignissen zwischen jedem einzelnen Genmarker. Wir können davon ausgehen, dass zwei Typen von Rekombinanten seltener vorkommen als andere, nämlich die, zu deren Entstehung zwei Rekombinationsvorgänge notwendig sind (Doppel-Cross-over). Der am Doppel-Cross-over beteiligte Genmarker liegt zwischen den beiden anderen und definiert sozusagen die Reihenfolge der Marker. Die Rekombinationshäufigkeiten geben die relativen Abstände der Marker an.

Wir nehmen ein homozygotes Tier mit den Genmarkern *a* und *b* und *c* (auf einem Chromosom) und kreuzen es mit einem ebenfalls homozygoten Wildtyptier, ganz nach dem Schema der ▶ Abb. 22.1 mit dem Unterschied, dass hier jetzt drei statt zwei Genmarker berücksichtigt werden (**Drei-Faktoren-Kreuzung**). Während der Meiose in der heterozygoten Nachkommengeneration erfolgen Rekombinationen, die sich an den Phänotypen einer Rückkreuzung ablesen lassen.

Das Verfahren gelingt nur bei relativ dicht beieinanderliegenden Markern, denn je weiter zwei Marker voneinander entfernt sind, desto größer ist die Wahrscheinlichkeit, dass zwischen ihnen zwei Rekombinationen stattfinden, mit dem Ergebnis, dass die Marker nicht getrennt werden, sondern gemeinsam auf einem Chromosom bleiben. Für das Erstellen biologischer Genkarten am verlässlichsten sind Rekombinationsfrequenzen bis zu 15 oder 20 %. Größere Abstände sind weniger genau, weil Doppel- und Mehrfach-Cross-over die Beziehung zwischen Rekombinationsfrequenz und Genabstand verzerren. Und bei Werten von 50 % und mehr lässt sich nicht mehr entscheiden, ob zwei Genmarker gekoppelt auf einem Chromosom vorkommen oder nicht.

Um Genkarten langer Chromosomen zu erstellen, müssen die Ergebnisse der Einzelkreuzungen benachbarter Marker zusammengefasst und aneinandergefügt werden. So wird in der ▶ Abb. 22.3 angenommen, dass zuerst die Rekombinationshäufigkeit zwischen den Markern *m* und *n*, dann die zwischen *n* und *o*, zwischen *o* und *p* usw. bestimmt wird. Anhand der Daten aus den Einzelkreuzungen gewonnenen Daten wird die Genabfolge ausgehend vom Marker *m* und endend beim Marker *x* ermittelt.

Auf diese Weise erhält man **Genkarten** mit vielen Hundert Eintragungen. Die Gene sind auf diesen Karten **lokalisiert**. Deswegen spricht man von **Genloci** (Singular: Genlocus).

Merke

Die Einheit der biologischen Genkarte ist die **Rekombinationshäufigkeit** (-frequenz) in Prozent, meist als **Centimorgan** (cM) ausgedrückt.

Zur Illustration zeigt die ▶ Abb. 22.4 eine vereinfachte Version einer frühen biologischen Genkarte von *Drosophila melanogaster*. Ein erster Blick auf die Karte vermittelt den Eindruck, als wenn Gene besonders eng gepackt

in der Nähe von Centromeren liegen würden. Aber dies stimmt nicht mit der molekularen Genkarte überein. ▶ Abb. 22.4 zeigt nicht mehr, aber auch nicht weniger, als dass in der Nähe der Centromere seltener Rekombinationen stattfinden als sonstwo entlang der Chromosomen.

Merke

Biologische Genkarten werden mithilfe von biologischen Verfahren (über Rekombinationen) aufgestellt. Ihr Maß ist die Rekombinationsfrequenz oder das Centimorgan.

    Physikalische (oder molekulare) Genkarten (s. Kap. 22.2.3) werden mit den Methoden der Molekularbiologie erstellt, am besten durch Bestimmung der Basensequenz. Ihr Maß ist das Basenpaar (bp), das Kilobasenpaar (kb; 10^3 bp) oder das Megabasenpaar (Mb; 10^6 bp).

Überhaupt wird die **Häufigkeit von Rekombinationen**, und damit auch die Form einer biologischen Genkarte, bestimmt von der Chromosomenstruktur, der Verfügbarkeit von Enzymen, aber auch durch mancherlei andere Einflüsse wie Geschlecht, Alter, auch Temperatur und Nahrung.

Die ▶ Abb. 22.2 und ▶ Abb. 22.3 verdeutlichen Grundlagen und stellen deswegen die Verhältnisse stark vereinfacht dar. Schwieriger wird die Erstellung einer Genkarte, wenn nichts über die Lage der Genmarker bekannt ist. Die frühen Genetiker haben methodisch höchst elegante Verfahren entwickelt, um die Lokalisation von Genmarkern in tierischen und pflanzlichen Genomen zu bestimmen. Aber seit die Sequenzierung der Genome einzelner Individuen Routine geworden ist, sind komplizierte Kreuzungsversuche ein Thema für Spezialisten geworden und sollen hier nicht erläutert werden.

22.2.2 Biologische Genkarte des Menschen

Klassische Untersuchungen wie jene, die der ▶ Abb. 22.4 zugrunde liegen, erfordern zahlreiche Kreuzungen und die Untersuchung vieler Hundert Nachkommen. Wenn eine biologische Genkarte des Menschen aufgestellt werden soll, müssen daher andere Wege beschritten werden.

Der erste und wichtigste Punkt ist die Frage, was anstelle des klassischen Genmarkers eingesetzt werden kann. Die Antwort lautet: **DNA-Marker**, und zwar in Form von:

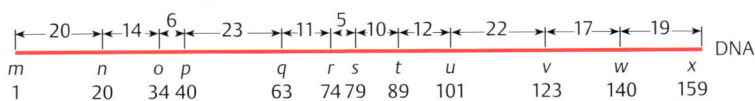

Abb. 22.3 Erstellen einer biologischen Genkarte. Die Zahlen oberhalb der Linie geben die Rekombinationsfrequenzen zwischen benachbarten Markern an. Unterhalb der Linie sind Genkarteneinheiten notiert, wie sie sich aus der Addition der Einzelwerte ergeben.

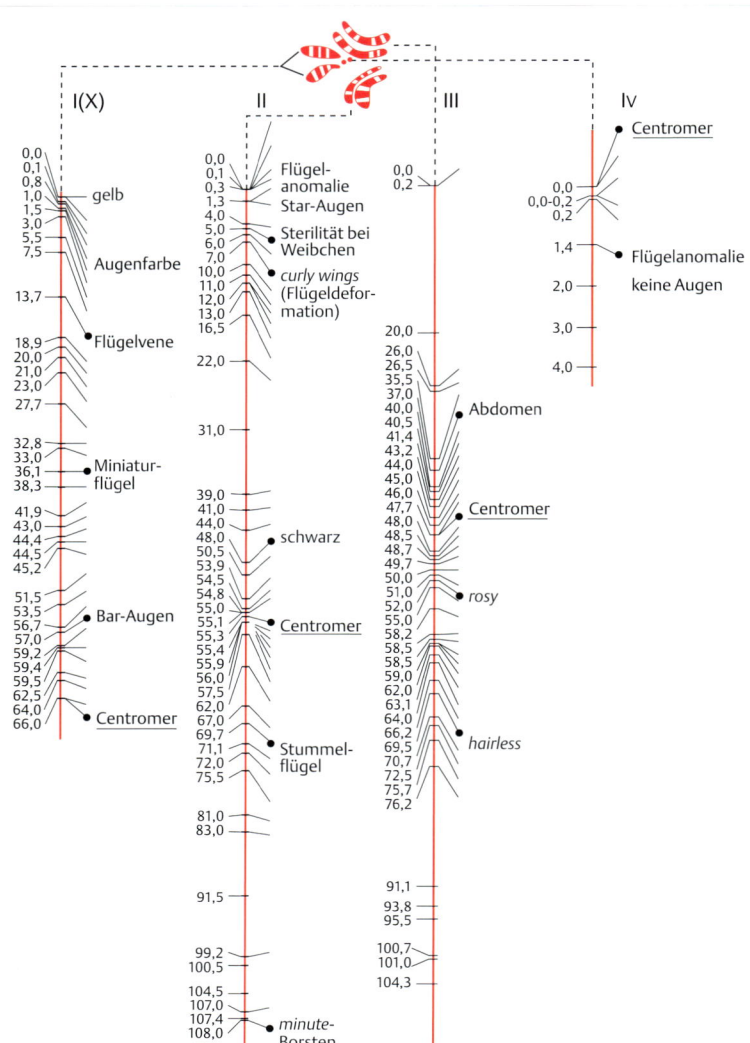

Abb. 22.4 Eine vereinfachte biologische Genkarte von *Drosophila melanogaster*. Der Vergleich mit den Idiogrammen der *Drosophila*-Chromosomen (oben) zeigt, dass große Chromosomen lange und kleine Chromosomen kurze Genkarten haben. Diese Feststellung war in den ersten Jahrzehnten der wissenschaftlichen Genetik alles andere als selbstverständlich. Damals galt dieser Befund als ein wichtiges Argument dafür, dass Gene auf Chromosomen lokalisiert sein müssen. Querstriche zeigen Genloci an, aber nur bei einigen ist der am Phänotyp ablesbare Genmarker angegeben. Zahlen bedeuten Genkarten-Einheiten in Centimorgan. (nach Kühn A (1950) Grundriss der Vererbungslehre. Quelle und Meyer, Heidelberg)

- **Einzelnucleotid-Polymorphismen** (SNP, *single nucleotide polymorphisms*) mit dem Sonderfall des Restriktionsfragment-Längenpolymorphismus (RFLP) und
- **Mikrosatelliten-Polymorphismen**.

Definition

Mikrosatelliten sind Wiederholungen einfacher Sequenzmotive wie A, AC, AAT oder AAC und andere (Kap. 24).

Polymorphismus ist ein Begriff aus dem Gebiet der Populationsgenetik und bezeichnet das Vorkommen mehrerer unterschiedlicher Allele eines Gens in einer Population.

Die Grundlage für solche Variationen ist, dass sich die Nucleotidsequenzen einzelner Humangenome an jeder 500.–1000. Stelle voneinander unterscheiden. Bei einer

Person könnte an einer gegebenen Stelle des Genoms ein Guaninnucleotid stehen, bei anderen Personen ein Adenin-, ein Cytosin- oder ein Thyminbaustein. Die Untersuchung von SNPs spielt in der heutigen Humangenetik eine wichtige Rolle. Darüber mehr im Kap. 24.

Individuelle Unterschiede in der Nucleotidsequenz können **Schnittstellen von Restriktionsendonucleasen** betreffen. Die Konsequenz ist, dass Genombereiche durch ein- und dieselbe Restriktionsendonuclease in unterschiedlich lange Fragmente zerlegt werden. Um diese Unterschiede entdecken zu können, setzt man eine Hybridisierungssonde ein, die Basenpaarungen mit der DNA-Region in der Nähe der polymorphen Schnittstelle eingeht. Die ▸ Abb. 22.5 informiert über das experimentelle Prinzip beim Umgang mit **Restriktionsfragment-Längenpolymorphismen** (**RFLPs**) als DNA-Marker.

Eine systematische Anwendung von RFLP-Markern lag den ersten biologischen Genkarten des Menschen zu-

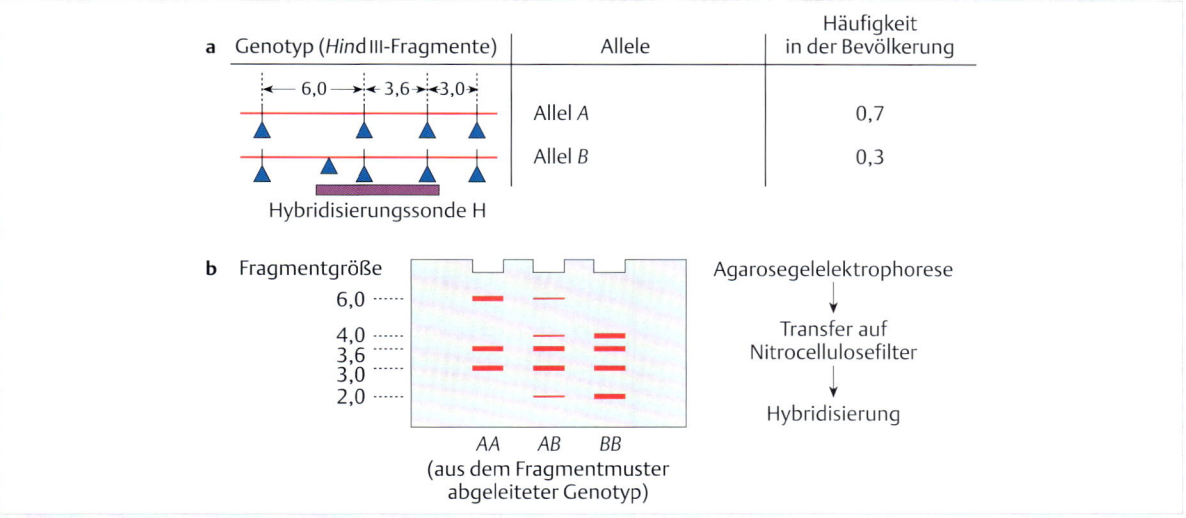

Abb. 22.5 DNA-Marker: Restriktionsfragment-Längenpolymorphismus (RFLP).
a Polymorphismus durch eine zusätzliche Schnittstelle. Unser Beispiel zeigt DNA von drei Personen, von denen zwei entweder homozygot für das Allel A oder das Allel B sind (AA, BB) sind, und eine heterozygot ist (AB). DNA mit dem Allel A wird durch die Restriktionsendonuclease *Hind*III in drei Fragmente zerlegt (Dreiecke). DNA mit dem Allel B hat eine zusätzliche Schnittstelle, sodass vier Fragmente entstehen.
b Durchführung eines Southern-Blots (nach E. M. Southern, 1975, [1]): Menschliche DNA (aus wenigen Millilitern Blut) wird mit *Hind*III behandelt. Es entstehen mehrere Millionen verschiedene DNA-Fragmente. Diese Fragmente werden mithilfe der Agarosegelelektrophorese (S. 41) aufgetrennt. Die vielen Fragmente bilden ein kontinuierliches Spektrum (einen „Schmier"; nicht gezeigt), darunter sind auch die Fragmente mit den Allelen A und B. Um sie zu identifizieren, werden die DNA-Fragmente vom Agarosegel auf einen Nitrocellulosefilter übertragen (geblottet). Zum Nachweis benutzt man eine Hybridisierungssonde. Das ist ein DNA-Stück, welches komplementär zur DNA der Allele A und B ist und das z. B. radioaktiv markiert wird. Es bindet bei der Hybridisierung an komplementäre, auf dem Filter fixierte DNA-Abschnitte. Die Bindung lässt sich nachher mittels Autoradiografie nachweisen.

grunde. In einer Pionierarbeit aus dem Jahr 1987 [2] wurden etwa 400 RFLP-Marker für die Analyse der Genome von 21 Familien mit je drei Generationen eingesetzt.

Die Entscheidung, ob eine Kopplung von DNA-Markern vorliegt oder nicht, ist bei der großen Menge an Daten kein leichtes Unternehmen. Eine Hilfe ist ein statistisches Verfahren, bei dem die Wahrscheinlichkeit bestimmt wird, mit der die vorliegenden Daten von einer zufälligen Verteilung abweichen. Oder etwas genauer: Man berechnet den Quotienten aus der Wahrscheinlichkeit, dass die beobachteten Werte durch Kopplung (*linkage*) entstanden sein könnten, und der Wahrscheinlichkeit, dass sie auf freier Kombination beruhen (*odds ratio*). Wenn der Quotient 1000/1 beträgt, geht man von einer Kopplung aus. Der Wert wird als Logarithmus angegeben, ausgedrückt als **LOD-Wert** (LOD, *log of the odds*). Wenn der LOD-Wert größer oder gleich drei ist, gilt eine Kopplung als wahrscheinlich.

Die etwa 400 RFLP-Marker der Pionierarbeit des Jahres 1987 konnten in Kopplungsgruppen zusammengefasst und somit einzelnen Chromosomen zugeordnet werden. Vor allem konnte die Reihenfolge der DNA-Marker bestimmt und ihre Abstände in Centimorgan (cM) angegeben werden. Die **Auflösung der Genkarte betrug 10 cM.**

Ein nächster Schritt erfolgte im Jahr 1994, als mehrere große Forschergruppen das gemeinsame Ergebnis ihrer Kartierungsarbeiten veröffentlichten: die Lokalisation von 5 840 DNA-Markern (▶ Abb. 22.6). Die **Auflösung betrug 0,7 cM.** Die Addition aller Einheiten ergab eine Länge von 4 000 cM. Das bedeutet, dass bei einer Genomgröße von 3 000 Mb eine cM-Einheit durchschnittlich etwa 750 Mb einschließt. Allerdings muss hier angemerkt werden, dass die Genkarte der ▶ Abb. 22.7 nicht mittels RFLPs erstellt wurde, was viel zu umständlich und aufwendig gewesen wäre, sondern über Mikrosatelliten-Polymorphismen mithilfe des einfacheren PCR-Verfahrens (S. 531).

Es ist auf den ersten Blick verblüffend, dass Genkarten von weiblichen Individuen, gemessen in cM-Einheiten, größer sind als die von männlichen. Nehmen wir als Beispiel das Chromosom 7 (▶ Abb. 22.6). Die Gesamt-DNA dieses Chromosoms besteht aus ungefähr 171 Mb, aber die Länge der biologischen Karte beträgt etwa 217 cM (männlich) bzw. 350 cM (weiblich). Durchschnittlich sind Gen-Karten von weiblichen Individuen ca. 60 % größer als die von männlichen. Der Grund ist die größere Zahl von Rekombinationen bei der Reifung von Eizellen (Oogenese).

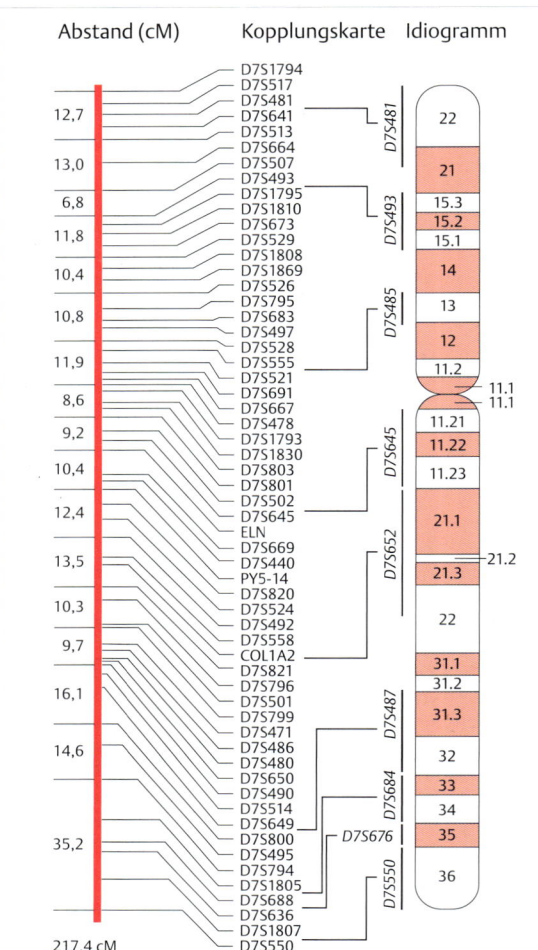

Abb. 22.6 **Biologische Genkarte: Auflösung von einem Centimorgan (cM).** In dieser Abbildung dient das menschliche Chromosom 7 als Beispiel. Für die Aufstellung der Genkarte waren Kopplungsanalysen von mehr als 5 000 DNA-Markern, hauptsächlich Mikrosatelliten, notwendig. Eine Addition der Einzelabstände (in cM) ergibt die Gesamtlänge der Genkarte eines Chromosoms: 217,4 cM für das Chromosom 7. Die cytogenetische Position einiger DNA-Marker (senkrechte Linien am Chromosom) wurde durch *in situ*-Hybridisierung bestimmt (s. u.). (nach Murray JC et al (1994) A comprehensive human linkage map with centimorgan density. Science 265: 2049–2054)

Rekombinationen erfolgen nicht gleichmäßig verteilt entlang der Chromosomen. Sie sind seltener in der Nähe der Centromere und häufiger in weiter davon entfernten (distalen) Bereichen. Ja, es gibt **Hot Spots von Rekombinationen.** Das sind Abschnitte von 1–2 kb Länge, die im Abstand von 50–200 kb im Humangenom vorkommen. Warum Rekombinationen an diesen Stellen mindestens 10-mal, meist sogar 100-mal häufiger sind als woanders, ist zurzeit noch nicht sicher bekannt. Es kann nicht allein die DNA-Sequenz sein, denn die Hot Spots liegen im

Schimpansen-Genom an anderen Stellen, obwohl die Sequenz des Schimpansen-Genoms der des Human-Genoms sehr ähnlich ist. Das spricht eher dafür, dass die Hot Spots der Rekombination durch die Chromatinstruktur bestimmt werden. Die DNA-Abschnitte zwischen den Hot Spots der Rekombination sind Haplotypen.

Definition

Haplotypen: eine Reihe von Allelen oder von DNA-Markern, die gemeinsam vererbt werden, weil sie eng gekoppelt auf einem DNA-Molekül vorkommen und nur selten durch Rekombination getrennt werden

Wie gerade beschrieben, waren Kopplungsanalysen für die Vermessung des Humangenoms von Bedeutung. Aber ihre wichtigsten und meistbeachteten Erfolge hatten sie bei der Aufklärung einer Reihe von genetischen Krankheiten. Die Methode, die dabei angewendet wurde, heißt **positionelles Klonieren** (*positional cloning*) und wird genauer im Kap. 24 beschrieben.

22.2.3 Von der biologischen zur physikalischen Genkarte

Wie bereits (S. 141) beschrieben, sind die etwa 3 000 × 10^6 bp (oder 3 000 Mb) des Humangenoms auf 23 Chromosomen verschiedener Länge verteilt, wobei das Chromosom 21 mit etwa 50 Mb das kürzeste ist und Chromosom 1 mit über 260 Mb DNA das längste. Die Lage des Centromers und das charakteristische Bandenmuster ermöglichen erste und wichtige Orientierungen auf den Chromosomen. Zur besseren Verständigung haben sich die Genetiker auf eine Art Idealdarstellung von Chromosomen (Idiogramm) geeinigt (▶ Abb. 22.7).

Merke

Der kurze Arm eines Chromosoms wird mit p bezeichnet, der lange mit q.

Bei **metazentrischen Chromosomen** liegt das Centromer in der Mitte, bei **akrozentrischen Chromosomen** eher an einem Ende.

Zur Ortung gewisser Sequenzen auf einem Chromosom dient die ***in situ*-Hybridisierung.** Die Grundlage dieses Verfahrens ist die Hybridisierung komplementärer DNA-Stränge (S. 34). Bei der Anwendung in der Cytogenetik liegt einer der beiden Stränge in seiner natürlichen Umgebung, also im Chromosom (*in situ*) vor. Der komplementäre Partnerstrang ist eine DNA-Sonde mit der zu untersuchenden Sequenz. In früheren Jahren hat man radioaktiv markierte DNA für die Hybridisierung verwendet und die Lage auf dem Chromosom durch Autoradiografie nachgewiesen. Inzwischen kommt nur noch die **Fluores-**

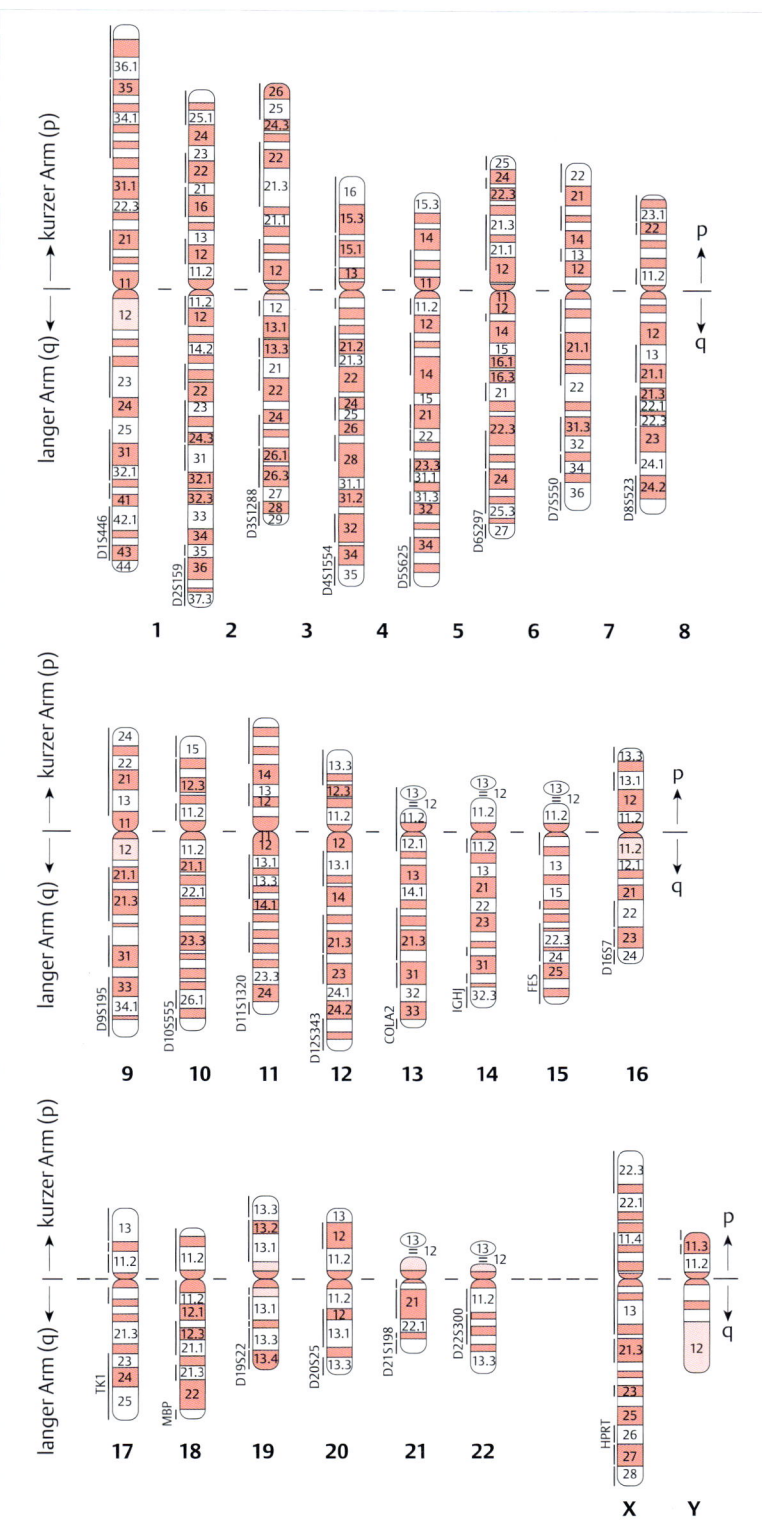

Abb. 22.7 Idiogramm. Cytogenetiker haben sich auf diese idealisierte Darstellung der Bandenmuster menschlicher Chromosomen geeinigt. Die Lage des Centromers dient oft als Merkmal: Metazentrische Chromosomen haben das Centromer in einem zentralen Abschnitt, akrozentrische Chromosomen eher an einem Ende. Vergleiche dazu die ▸ Abb. 6.17. Die kurzen Arme der Chromosomen werden mit p, die langen Arme mit q notiert. Beispielsweise wird ein Genort mit 8p23.1 angegeben, wenn er auf dem kleinen Arm des Chromosoms 8 im Bereich der Bande 23.1 liegt, oder mit 7q31.3, wenn er auf dem großen Arm des Chromosoms 7 im Bereich der Bande 31.3 liegt. Die Striche und Angaben am linken Rand der Chromosomensymbole beziehen sich auf die Lokalisation von DNA-Markern, bestimmt mithilfe einer *in situ*-Hybridisierung.

22

22

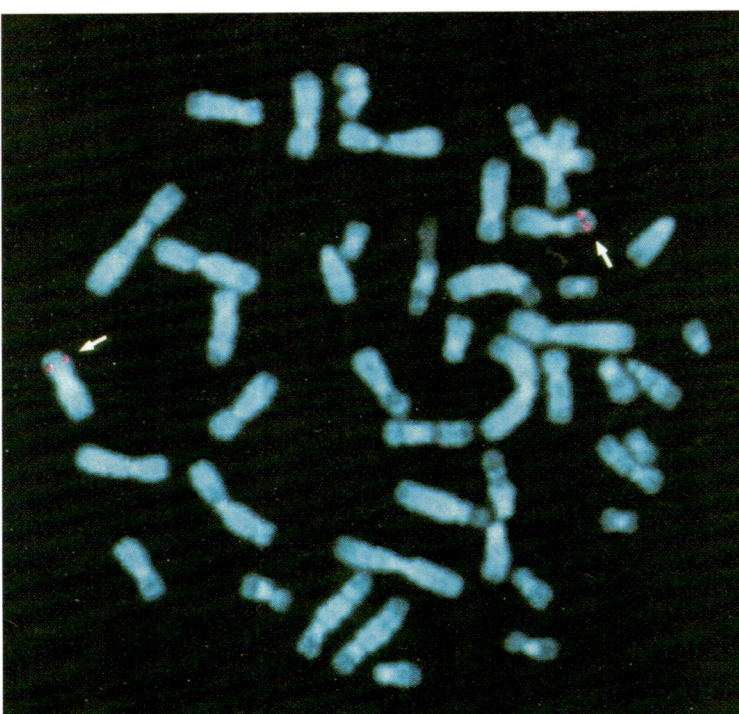

Abb. 22.8 Fluoreszenz-*in-situ*-Hybridisierung (FISH). Die Abbildung zeigt die Lokalisation eines Gens auf dem kurzen Arm von Chromosom 9, Bande 9p21 (Pfeile). Die roten Signale sind je zweimal zu sehen, weil jedes der beiden Chromatiden eine Genkopie trägt. Die DNA-Sonde ist mit Biotin markiert und bindet an komplementäre Abschnitte auf der DNA. Der Nachweis der gebundenen Sonde erfolgt mit dem Protein Avidin, das mit hoher Affinität an Biotin bindet und an das der Fluoreszenzfarbstoff Rhodamin gekoppelt ist. Die Chromosomen werden mit dem Farbstoff DAPI (4,6-Diamidino-2-phenylindol-dihydrochlorid) gegengefärbt. DAPI liefert ein Bandenmuster, das wir von der Quinacrinfärbung (S. 155) kennen. Das hier nachgewiesene Gen codiert das Protein p16 (auch INK4A genannt), ein Inhibitor von cyclinabhängigen Proteinkinasen (S. 206). Dieses Gen ist bei manchen menschlichen Tumorarten verändert. Die offizielle Bezeichnung für das Gen ist *CDKN2A*. (Aufnahme: A. Mincheva und P. Lichter, Heidelberg)

zenz-*in-situ*-Hybridisierung (FISH) zum Einsatz. Dabei enthält die DNA-Sonde modifizierte Nucleotide, insbesondere Nucleotide mit fluoreszierenden Seitengruppen wie 2,4-Dinitrophenol, Rhodamin u. a. Die chromosomale DNA wird mit interkalierenden Verbindungen (Propidiumiodid) (S. 201) gegengefärbt. Der Nachweis erfolgt mithilfe des Fluoreszenzmikroskops und bildverstärkender Verfahren (▶ Abb. 22.8).

Wie leicht einzusehen ist, lassen sich bei Verwendung unterschiedlich markierter DNA-Sonden in ein und demselben Experiment verschiedene Genorte anfärben, auch solche, die auf demselben Chromosom liegen, doch haben Genkarten, die auf FISH aufbauen, nur eine sehr geringe Auflösung. Deshalb sind andere Verfahren notwendig.

Bei der Analyse kleiner Genome spielten **Restriktionsendonucleasen** eine große Rolle. Zur Erstellung einer **Restriktionskarte** zerlegt man Genome mit verschiedenen Enzymen in Fragmente unterschiedlicher Länge, deren Reihenfolge dann rekonstruiert werden muss. Dies geschieht, indem man zuerst nebeneinander zwei Enzyme getrennt für den Abbau eines Genoms einsetzt und dann die Größen der Fragmente mithilfe der Agarosegelelektrophorese bestimmt. Als Nächstes bestimmt man dann die Fragmentgrößen, die durch gleichzeitigen Abbau mit beiden Enzymen entstehen. So kann man – mit viel Mühe und Computerunterstützung – schließen, welche kleineren Fragmente in welchen größeren enthalten sind und wie diese einander überlappen. Auch in der Analyse eukaryotischer Genome wurden Restriktionsendonucleasen eingesetzt. Ein Beispiel ist das selten

schneidende Restriktionsenzym *Not*I (▶ Tab. 22.1), mit dessen Hilfe die DNA des langen Arms von Chromosom 21 in 42 Stücke von zusammen 35 Mb zerlegt wurde (▶ Abb. 22.9).

Es ist sehr schwierig, allein aus den Größen der Restriktionsfragmente eine Reihung der Fragmente abzuleiten. Deswegen beschritt man bald ganz andere Wege. Der wichtigste: **Charakterisierung und Ordnung der Inserts in Genombibliotheken**, etwa in BACs (*bacterial artificial chromosomes*) (S. 535). BACs sind bestimmte Vektoren für die Klonierung und Sequenzierung von Genom-Fragmenten. Die Methoden werden in Kap. 25.6 beschrieben.

▶ **Contigs und Contig-Karten.** Im Rahmen der Sequenzierung der Genome von *C. elegans*, *Drosophila*, Maus und Mensch erfolgte die Kartierung mittels sogenannter STS (*sequence tagged sites*). Das sind Sequenzen, die nur einmal im Genom vorkommen (*tags*). Wenn zwei BAC-Klone die gleiche STS enthalten, so ist das ein ziemlich sicheres Indiz dafür, dass die Inserts der beiden Klone überlappen oder dass das eine Insert im anderen enthalten ist. Die Existenz einer STS in einem Klon lässt sich durch PCR-Amplifikation (S. 531) nachweisen, was weitgehend automatisierbar ist und deswegen die Arbeit erheblich er-

Tab. 22.1 Selten schneidende Restriktionsendonucleasen.

Enzym	Erkennungssequenz
*Not*I	GCGGCCGC
*Sfi*I	GGCCNNNNNGGCC
*Mlu*I	ACGCGT

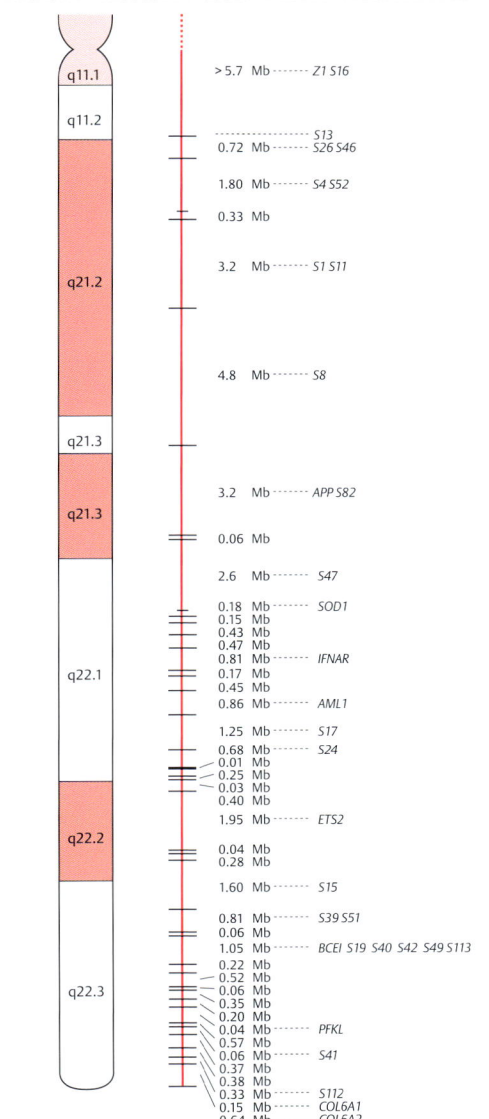

Abb. 22.9 Physikalische Genkarte. Links: Bandenmuster des langen Arms von Chromosom 21. Rechts: Restriktionskarte. Die Restriktionskarte (senkrechte Linie) gibt die Abstände zwischen *Not*I-Restriktionsstellen in Mb an. Viele *Not*I-Fragmente sind durch DNA-Marker (S 16, S 13 usw.) oder durch Gene gekennzeichnet. APP = Amyloidvorläuferprotein (verändert bei manchen Formen der Alzheimer-Krankheit); *COL 6A1* und *COL 6A2* = kollagencodierende Gene; *ETS* = Transkriptionsfaktor; *IFNAR* = Interferonrezeptor; *PFKL* = Phosphofructokinase, leberspezifisch; *SOD1* = Superoxid-Dismutase. (nach Ichikawa H, Hosoda F, Arai Y et al (1993) A Not I restriction map of the entire long arm of human chromosome 21. Nat Genet 4: 361–365)

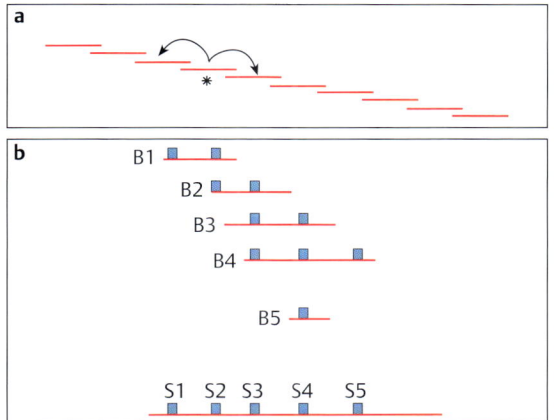

Abb. 22.10 Contig-Karten.
a Am Anfang steht ein beliebiger DNA-Klon. STS-Marker auf dem Startklon (Stern) werden verwendet, um mit dem Startklon überlappende Klone aus der Genombibliothek zu isolieren, die dann ihrerseits für die Suche nach Nachbarklonen eingesetzt werden.
b STS-Marker (S 1 und S 2) werden auf dem BAC-Klon B1 identifiziert. Man sucht einen anderen BAC-Klon, auf dem S 1 und/oder S 2 vorkommen. So gelangt man zu BAC-Klon B2, der S 2 und überdies S 3 besitzt. Das Stück S 3 wird zur Suche nach dem nächsten überlappenden Klon eingesetzt usw. Die Anordnung der STS-Stücke ergibt einen Contig (unten).

leichtert. Das Prinzip des Vorgehens zeigt ▸ Abb. 22.10. Das Verfahren liefert letztlich eine Matrix, die beschreibt, welche BACs welche STSs enthalten. Mithilfe von Computerprogrammen lässt sich aus einer solchen Matrix eine lineare Reihenfolge der Inserts mit ihren jeweiligen Überlappungen berechnen und ein sogenanntes Contig erstellen.

Merke

Man bezeichnet eine geordnete und überlappende Reihenfolge von DNA-Stücken als **Contig**, abgeleitet vom Wort *contiguous* (für „zusammenhängend und angrenzend"). Contig-Karten sind lange Contigs. Das letzte und endgültige Contig ist der gesamte DNA-Faden eines Chromosoms.

Die ▸ Abb. 22.11 zeigt ein experimentelles Ergebnis, das historische Bedeutung besitzt. Genetiker betrachten diese genetische Analyse als eine wichtige Station in der Geschichte des Humangenomprojekts, denn zum ersten Mal konnte eine komplette physikalische Genkarte mithilfe überlappender klonierter DNA-Fragmente hergestellt werden. Dies sollte die Sequenzierarbeit erleichtern, denn man konnte einen BAC-Klon nach dem anderen sequenzieren und vermied unnötige Arbeit, die man z. B. für die Bestimmung der Reihenfolge sequenzierter Abschnitte hätte aufwenden müssen.

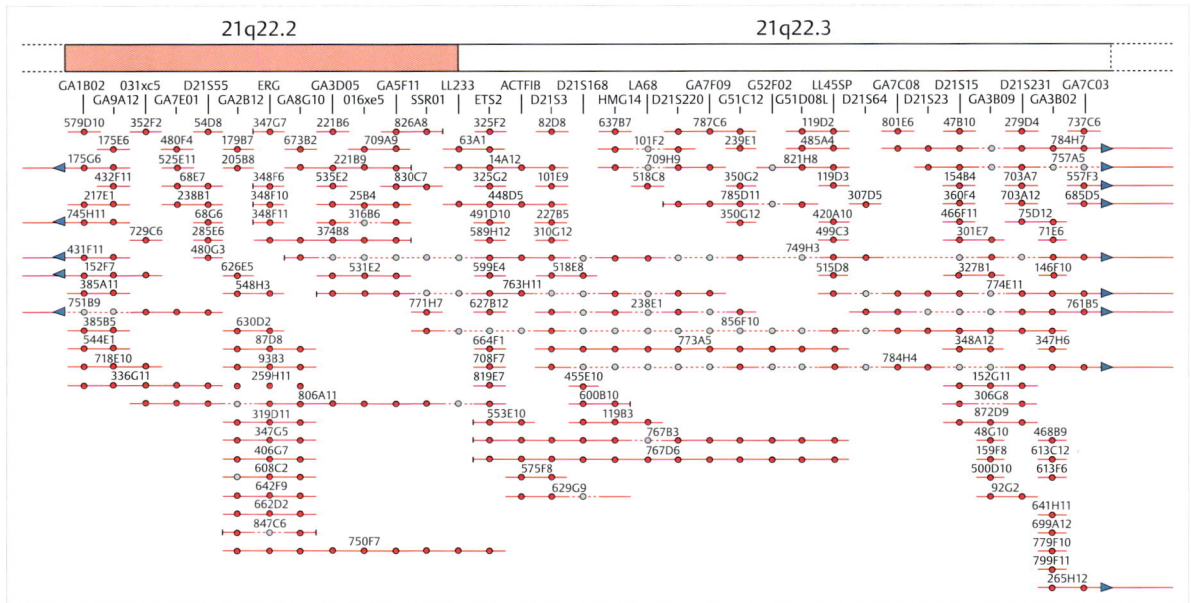

Abb. 22.11 Physikalische Genkarte: überlappende DNA-Klone. Die Abbildung zeigt ein Stück vom Ende des langen Arms vom Chromosom 21. Wie in der ▶ Abb. 22.7 wird auch hier die Genkarte in Beziehung zum chromosomalen Bandenmuster gesetzt. Die zur Identifizierung der Klone benutzten STS sind direkt unter dem Idiogramm angegeben. Jeder Klon, dargestellt durch die roten Linien, hat eine Katalognummer. (nach Chumakov I, Rigault P, Guillou S et al (1992) Continuum of overlapping clones spanning the entire human chromosome 21. Nature 359: 380–387)

22.3 Sequenzierung von Genomen

Der Begriff „Sequenzierung" wird in zwei verschiedenen Bedeutungen benutzt. Zum einen meint man damit den biochemischen, meist von Sequenzierautomaten ausgeführten Prozess der Bestimmung der Basensequenz eines DNA-Abschnitts. Aber häufig denkt man bei dem Wort Sequenzierung an das gesamte Unterfangen, also an die Bestimmung der Basenabfolge eines ganzen Genoms, z. B. an die Sequenzierung des Humangenoms.

In der Praxis bedeutet der biochemische Prozess der Sequenzierung, dass die Folge einer gewissen Anzahl von Basen vom Ende eines DNA-Moleküls bestimmt (gelesen) wird. Bei der klassischen Methode der Sequenzierung nach **Frederick Sanger** (1977) sind das ca. 500 bp lange Lesestrecken (*reads*). Demnach kann man also nicht einmal die komplette Sequenz eines sehr kleinen Genoms, etwa eines bakteriellen Plasmids, in einem Ansatz bestimmen und schon gar nicht die eines eukaryotischen Chromosoms. In jedem Fall muss man erst die DNA in kleinere Stücke zerlegen, deren Nucleotidsequenzen dann nacheinander bestimmt werden. Eine Möglichkeit des Unterteilens ist die **physikalische Kartierung**, wie oben besprochen.

22.3.1 Schrotschuss-Sequenzierung

Das eigentliche Sequenzieren erfolgt dann mit der Schrotschussmethode (*shotgun sequencing*). Aktuell werden immer größere Genome direkt über Schrotschuss-Sequenzierung bestimmt, wodurch die Kartierung an Bedeutung verliert.

„Schrotschuss" (*shotgun*) steht für ein breit gestreutes und ungenaues Schießen. Tatsächlich werden mechanische Scherkräfte eingesetzt, die die zu sequenzierende DNA in viele kürzere und zufällig verteilte, überlappende Fragmente zerlegen. Das hat zur Folge, dass ein gegebener Genomabschnitt in mehreren Fragmenten vorkommen kann. Kürzere Fragmente können die Grundsequenz mehrfach abdecken und diese Redundanz ermöglicht letztlich eine Rekonstruktion von längeren Sequenzen bis hin zum ganzen Chromosom.

Im klassischen Verfahren werden die einzelnen Stücke in Plasmid- oder M13-Phagen-Vektoren kloniert. Aus solchen Genombibliotheken wird ein Insert nach dem anderen von beiden Seiten her sequenziert, sodass eine große Anzahl kurzer Sequenzen entsteht, welche manche Teile der Grundsequenz mehrfach, aber andere womöglich auch gar nicht abdecken.

Um aus der großen Anzahl kurzer Bruchstücke die gesuchte Grundsequenz zu rekonstruieren, verwendet man **Assembly-Programme** (S.527). Der Computer erkennt Überlappungen zwischen Fragmenten und nutzt die Informationen für ihre Reihung. Auf diese Weise entstehen

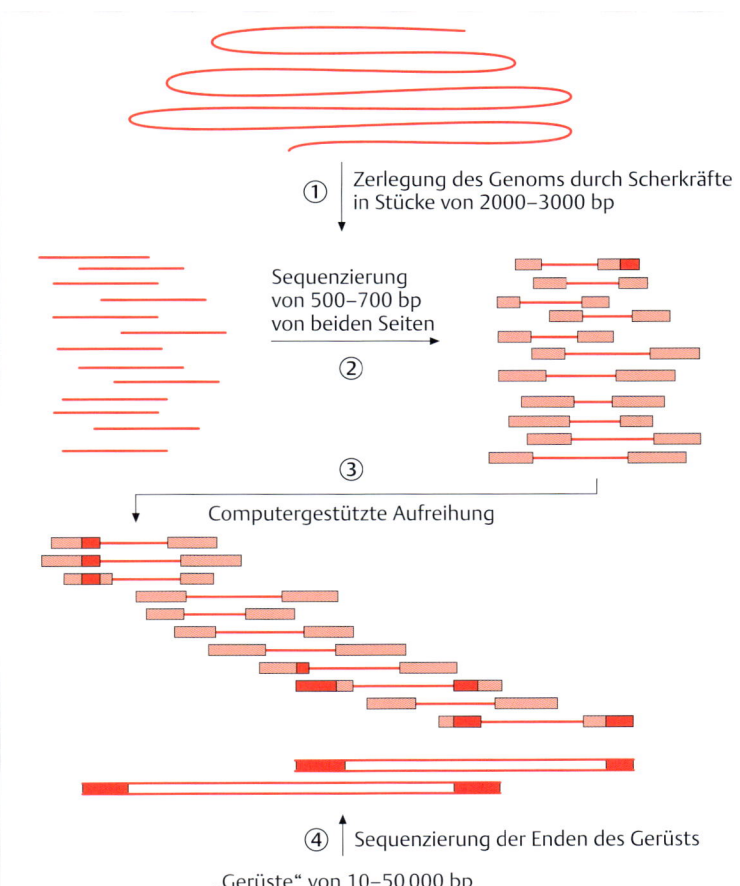

① Zerlegung des Genoms durch Scherkräfte in Stücke von 2000–3000 bp

Sequenzierung von 500–700 bp von beiden Seiten

②

③ Computergestützte Aufreihung

④ Sequenzierung der Enden des Gerüsts

„Gerüste" von 10–50 000 bp

Abb. 22.12 Schrotschuss-Sequenzierung.
① Genomabschnitte werden durch Scherkräfte in kleinere Stücke zerlegt, sodass eine statistisch verteilte und überlappende Mischung von Fragmenten entsteht. ② Die Fragmente werden in BAC-Vektoren kloniert und dann einzeln und ohne vorherige Auswahl von beiden Seiten her sequenziert. ③ Computergestützt können identische Sequenzen in verschiedenen Klonen identifiziert werden. Das ermöglicht die Aufstellung von Contigs aus überlappenden Sequenzen. ④ Wegen der enormen Mengen an repetitiven Elementen in den Genomen von Tieren und Pflanzen bleiben bei der Aufstellung der Contigs oft Unsicherheiten. Dann können „Gerüste" (*scaffolds*) weiterhelfen. Das sind längere Genomfragmente, die ebenfalls von beiden Seiten sequenziert werden. Man untersucht, ob deren Endsequenzen im Contig vorhanden sind. In einem korrekt zusammengesetzten Contig sollten die Endsequenzen im richtigen Abstand zueinander vorkommen. (nach Adams MD, Celniker SE, Holt RA et al (2000) The genome sequence of Drosophila melanogaster. Science 287: 2185–2195)

22

wachsende Strecken zusammenhängend sequenzierter DNA: **Contigs** (S. 528) (▶ Abb. 22.12).

Sowohl Erfahrung als auch eine mathematische Analyse der Schrotschuss-Sequenzierung zeigen einen Zusammenhang zwischen der Häufigkeit, mit der ein gegebenes DNA-Stück sequenziert wird (Abdeckung, *coverage*), und den Chancen für lange Contigs. Je häufiger, desto länger die Contigs. Trotzdem ist es oft sehr schwierig, noch die letzten Sequenzlücken zu schließen. Aus diesem Grund wird zum Schließen der letzten Lücken eine andere Strategie eingesetzt. So kann man eine Sequenz vom Ende eines Contigs verwenden, um aus der Genombibliothek das dem Contig benachbarte Fragment zu isolieren. Dieser Vorgang wird wiederholt, bis ein anderes Contig erreicht ist.

Das einfache Schrotschussverfahren ist bei vielen Bakterien- und Archaeengenomprojekten mit besten Erfolgen eingesetzt worden, auch bei einfachen Eukaryoten, selbst bei *Drosophila* mit einem (euchromatischen) Genom von 120 Mb, verteilt auf vier Chromosomen. Allerdings sind bei eukaryotischen Genomen die Anforderungen an die Computersoftware sehr viel größer, zum einen weil aufgrund der längeren Genome und der größeren

DNA-Mengen eine viel höhere Zahl von unterschiedlichen Fragmenten anfällt, aber vor allem auch wegen der vielen Fragmente mit repetitiven Sequenzen.

Für die Sequenzierung des Humangenoms (Plus 22.1) (S. 486) benutzten die konkurrierenden Forschergruppen unterschiedliche Ansätze. Einer Denkweise folgend, welche über viele Jahre das Humangenomprojekt prägte, erstellte man zuerst genetische und dann physikalische Karten des Humangenoms, aus denen die relative Positionierung der einzelnen Abschnitte ersichtlich wurde. Die alternative, von der Firma Celera verfolgte Strategie ging von einer Gesamtgenom-Schrotschuss-Sequenzierung (*whole genome shotgun*) aus, deren Realisierbarkeit lange Zeit angezweifelt worden war. Als Haupthindernisse galten die enormen Anforderungen an die Computeralgorithmen und die hohe Dichte an Sequenzwiederholungen im Humangenom (S. 302). In der Firma Celera löste man das Problem durch eine Längenselektion der zu sequenzierenden Klone. Es wurden Klassen von Insertlängen verschiedener Größe zugelassen. Dies lieferte die fehlende Information, sodass man trotz der zahlreichen repetitiven Regionen aus den Einzelsequenzen das gesamte Genom zusammensetzen konnte (s. ▶ Abb. 22.12).

Plus 22.1

Entdeckungsgeschichte: die menschliche Genomsequenz

Ende Juni 2000 machte die Nachricht von der weitgehenden, aber noch recht ungenauen Entzifferung der kompletten Nucleotidsequenz des menschlichen Genoms Schlagzeilen. Journalisten beschrieben dieses Ereignis als die „wichtigste wissenschaftliche Entdeckung dieser Jahrzehnte, vielleicht überhaupt in der Geschichte der Menschheit", vergleichbar der Erfindung des Rades, jedenfalls wichtiger als die Landung auf dem Mond. Ja, sogar von „der zweiten Schöpfung" war die Rede (Spiegel-Titel am 26.6.2000).

Die Sache hatte ihren besonderen Reiz für die Journalisten, denn der öffentlichen Verkündigung des Ereignisses ging eine heftige Fehde konkurrierender Unternehmen voraus, ein regelrechtes Wettrennen zweier wissenschaftlicher Kulturen. Was war geschehen?

Auf der einen Seite stand Francis Collins, der Leiter und Sprecher des amerikanischen National Human Genome Research Institute (eine Einrichtung der National Institutes of Health, NIH, Bethesda, Maryland). Er vertrat nicht nur die durch staatliche Mittel geförderten amerikanischen Forschungszentren, sondern auch die vielen Forscher, die weltweit im Rahmen des **Humangenomprojekts** arbeiteten.

Auf der anderen Seite befand sich J. Craig Venter, Leiter der privaten Firma Celera Genomics.

Während das Humangenomprojekt den geplanten Verlauf nahm, verkündete im Mai 1998 Venter überraschend, dass seine Privatfirma das mit umfangreichen staatlichen Mitteln geförderte Humangenomprojekt überholen will. Er würde, so verkündete Venter, die Sequenz des menschlichen Genoms bereits Jahre vor dem offiziell geplanten Abschluss des Humangenomprojekts vorlegen, zudem zu viel geringeren Kosten.

Im Jahr 1998 war Venter längst eine Größe, mit der in der Genomforschung gerechnet werden musste. Arbeiten in seinem Institut (TIGR, The Institute of Genome Research) hatten das erste bakterielle Genom überhaupt entziffert, gefolgt von zahlreichen anderen, vor allem auch medizinisch wichtigen Bakteriengenomen. Die Erfolge wurden ausschließlich durch den Einsatz von **Schrotschussverfahren** erreicht, ohne Umweg über YAC-, BAC oder sonstige Klone mit langen Inserts.

Lässt sich dieses Verfahren von Bakterien auf die um ein Vielfaches komplexeren Eukaryotengenome übertragen? Venters Antwort war eine neue Generation von DNA-Sequenziermaschinen, die mithilfe einer Kapillarelektrophorese, kürzeren Elektrophoresezeiten bei weitgehender Automatisierung und höherer Genauigkeit arbeiteten.

Technik ist ein wichtiger Punkt. Auch heute können die besten Sequenziermaschinen pro Elektrophoreselauf meist keine längeren Sequenzen als 700, 800 oder höchstens 1000 bp liefern. Dazu kommen unvermeidliche Sequenzierfehler in einer Häufigkeit von 0,1–1 %, insbesondere an Stellen, wo mehrere gleiche Nucleotide hintereinander in Folge auftreten. Deswegen muss ein und dieselbe Sequenz mehrmals, oft bis zu 10-mal, sequenziert werden, um den gesetzten Standard von maximal einem Fehler pro 10 000 bp erreichen zu können. Jede Erhöhung der Verlässlichkeit einer Sequenziermaschine spart Zeit. Überdies hatte Venters Firma ein sehr wirkungsvolles Computerprogramm zur Aneinanderreihung der DNA-Sequenzen entwickelt.

Venter gründete die Firma Celera Genomics für die vorgesehenen Megasequenzierarbeiten. Dort waren einige Hundert der neuen Sequenziergeräte Tag und Nacht im Einsatz. Sie lieferten in weniger als zwei Jahren die vielen Millionen Einzelsequenzen, die zusammengenommen das Humangenom repräsentieren.

Die Ergebnisse der Bemühungen beider Seiten wurden Mitte Februar 2001 in zwei monumentalen Publikationen vorgestellt:

- International Human Genome Sequencing Consortium (2001) [3]
- J. C. Venter et al (2001) [4]

Aber dies waren nur vorläufige Ergebnisse: Die Sequenzen des Jahres 2001 waren unvollständig, hatten über Hunderttausend Lücken und unzählige Fehler. Im Laufe der folgenden Jahre wurden dann nach und nach, Chromosom für Chromosom, die genauen Sequenzen erarbeitet, analysiert und publiziert.

Eine Art von abschließendem Überblick gibt das International Human Genome Sequencing Consortium im Jahr 2004 [5].

22.3.2 Hochdurchsatz-Sequenzierung

Aktuelle Sequenziermaschinen verfügen über eine dramatisch höhere Leistung als jene Automaten, die seinerzeit, basierend auf der Sanger-Methode, für die Sequenzierung des Humangenoms eingesetzt wurden. Im Jahr 2012 produzierte das Modell Illumina Hiseq 2000 innerhalb eines mehrtägigen Sequenzierlaufs mithilfe einer Flusszelle mehrere 100 Millionen *Reads* (Lesestrecken) mit einer Länge von je 100 Basen. Diese Leistungsfähigkeit hat nicht nur die Strategie der Sequenzierung verändert, sondern auch die Einsatzbereiche erweitert.

Zum einen ermöglicht die höhere Sequenzierkapazität das Sequenzieren mit hoher Abdeckung (*coverage*) und damit die Anwendung der Schrotschuss-Sequenzierung auf große Genome. Dies wird heute routinemäßig eingesetzt. Die Resultate der Genomsequenzierung sind für eine große Anzahl von Organismen in den bekannten Datenzentren abrufbar (s. EBI, European Bioinformatics Institute; s. NCBI, National Center for Biotechnology Information).

Durch die Vereinfachung und Effizienzverbesserung der Sequenzierung wendet man sich auch zunehmend dem Studium der Sequenzen innerhalb von Populationen einer Spezies zu. So werden die Sequenzen der Genome einer immer größeren Zahl einzelner Menschen bestimmt und mit der etablierten Humangenomsequenz verglichen, die ihren großen Wert als **humane Referenzsequenz** (S. 506) behält.

Für die laufenden Sequenzierungsaktivitäten bedeutet dies, dass es sich oft nicht mehr um neu angelegte Projekte (de novo-Sequenzierung) handelt, sondern vielmehr um vergleichende Sequenzierungen. In den meisten Fällen ist es nicht mehr unbedingt notwendig, die einzelnen reads neu aneinanderzureihen, sondern sie werden einfach nach Maßgabe des Referenzgenoms geordnet. Im Fall der Sequenzierung eines individuellen menschlichen Genoms bedeutet das, dass viele Millionen reads bestimmt und diese dann mit der menschlichen Referenzsequenz verglichen werden. Da es innerhalb einer Population Unterschiede in den Genomen einzelner Individuen gibt, wird nicht jeder read exakt passen, aber im Wesentlichen werden sehr viele perfekt oder beinahe perfekt mit einer Position des Referenzgenoms übereinstimmen (read-Kartierung).

22.4 Annotierung sequenzierter Genome

Die vollständige Kenntnis des Genoms eines Organismus ermöglicht uns einen ganz neuen Blick auf die im Genom codierte Information. Zwar konnte man auch schon ohne Genomsequenz viele Gene klonieren und sequenzieren, aber heute – mit lückenloser Kenntnis der Nucleotidsequenzen gesamter Genome – kann eine beinahe vollständige „Inventarliste" eines Genoms erstellt werden. Diese Liste enthält die proteincodierenden und nicht-proteincodierenden Gene, regulatorische Elemente, Wiederholungssequenzen (Repeats) und mehr. Experimentelle Daten, Information aus evolutionär nahe verwandten Organismen und Computervorhersagen werden zu einer sogenannten **Genomannotierung** vereinigt.

22.4.1 Beispiele für Genomannotierungen

Wir wollen anhand einiger Beispiele zeigen, welche Schlüsse man aus kompletten Genomsequenzen ziehen kann.

▶ **Genome von Bakterien.** Bakterielle Genome sind einfacher zu sequenzieren als die meisten eukaryotischen Genome. Das liegt an der geringeren Größe und an dem geringen Gehalt an repetitiven Sequenzen. Eines der ersten bakteriellen Genome, welches komplett sequenziert wurde, war das von *Mycoplasma pneumoniae*. Dieses Projekt wurde 1996 von Richard Herrmann und seiner Arbeitsgruppe in Heidelberg durchgeführt. Das Genom enthält 677 offene Leseraster, die in der Genkarte der ▶ Abb. 22.13 dargestellt sind. Die Gene sind in Funktionsklassen wie Replikation, Translation, Energiestoffwechsel usw. eingeteilt und farbig dargestellt. Im Vergleich zu einem Standardbakterium wie *E. coli* mit einem Genom von 4,6 Mb und über 4 500 Genen (s. Kap. 6) ist das Genom von *M. pneumoniae* mit etwa 583 kb außerordentlich klein. Dies spiegelt seine parasitäre Lebensweise wider, denn *M. pneumoniae* lebt und vermehrt sich in Abhängigkeit von den Epithelzellen der Atemwege. So braucht es viele Funktionen wie die Synthesen von Aminosäuren nicht selbst zu erfüllen.

Auf der Webseite des NCBI fand man im August 2014 die Anzahl von 27 570 vollständig sequenzierten prokaryotischen Genomen. Die Bezeichnung „vollständig sequenziert" muss allerdings oft eingeschränkt werden, denn zu den bakteriellen Genomen gehören häufig noch kleinere Plasmide, die möglicherweise nicht sequenziert wurden.

Angesichts der großen Anzahl sequenzierter bakterieller Genome lassen sich z. B. umfassende Aussagen über Genflüsse zwischen den einzelnen Arten machen. So fällt auf, dass viele Gene über verschiedene Arten hinweg weit verbreitet sind, aber andere Gene ganz speziell nur in je einer Bakterienart vorkommen. Welche Rollen spielen die allgemeinen und die spezifischen Gene? Das ist eine Frage, die über den engeren Bereich der Bakteriologie hinaus von Interesse ist, aber zurzeit noch erforscht werden muss.

▶ **Genom von *Saccharomyces cerevisiae*.** Ein weiterer Meilenstein der Genomik war die Sequenzierung des Genoms der Bäckerhefe *Saccharomyces cerevisiae* als des ersten vollständig sequenzierten Eukaryotengenoms im Jahre 1997. Hefe verfügt über 16 Chromosomen mit etwa 6 000 proteincodierenden Genen, welche eng gepackt auf den Chromosomen vorkommen. Die Sequenz wirft zahlreiche interessante zell- und evolutionsbiologische Fragen auf. Einer der überraschendsten Befunde war, dass das Genom sozusagen doppelt vorkommt – eine Duplikation eines gesamten Genoms. Die internen Wiederholungen sind über das Hefegenom verteilt (▶ Abb. 22.14). Die Interpretation ist, dass eine Verdopplung des Genoms irgendwann auf dem evolutionären Weg zur Bäckerhefe stattgefunden hat und dass die beiden Genome durch nachfolgende Rekombinationen durcheinandergewürfelt wurden.

Genomische Information zu Hefe findet man in der Saccharomyces Genome Database (SGD).

▶ **Humangenom.** Weitere große Sequenzierprojekte betrafen die Genome von *Drosophila melanogaster, Caeno-*

Abb. 22.13 Annotierung des Genoms von *Mycoplasma genitalium*. Eingetragen sind die Gene bzw. offenen Leseraster (ORFs). Die Farben geben die Kategorie der Gene wieder. Die Pfeile zeigen die Transkriptionsrichtung an. E07, C09 usw. bezeichnen Cosmide, die für die Erstellung der Karte sequenziert wurden. (nach Himmelreich R, Hilbert H, Plagens H, Pirkl E, Li BC, Herrmann R (1996) Complete Sequence analysis of the genome of the bacterium Mycoplasma pneumoniae. Nucl Acids Res 16: 3531–3536)

22

Abb. 22.14 Duplikationen im Hefegenom. Die horizontalen Linien symbolisieren die Chromosomen, gemäß Konvention nummeriert mit römischen Ziffern. Die verbindenden Balken zeigen, welcher Abschnitt eines Chromosoms in einem anderen Chromosom enthalten ist. Dabei handelt es sich um ähnliche (nicht etwa identische) Sequenzblöcke. Diese Blöcke sind sehr wahrscheinlich Reste einer Genomverdopplung, die sich früh in der Evolution von *S. cerevisiae* ereignet hat. (mit freundlicher Genehmigung von Macmillan Publishers Ltd: H.W. Mewes, et al, The yeast genome directory, Nature, 387, 6632S, ©1997)

rhabditis elegans und natürlich *Homo sapiens*. Wie in Plus 22.1 (S. 486) dargestellt, wurde das Humangenom 2001 parallel von einem öffentlich finanzierten Konsortium und von der Firma Celera Genomics publiziert (damals noch als vorläufige Sequenz oder *draft sequence* bezeichnet). Eine erste große Überraschung war die Zahl der (proteincodierenden) Gene. Während im Vorfeld meist eine Zahl von 40 000–100 000 proteincodierenden Genen geschätzt wurde, musste die Zahl nach der Sequenzierung drastisch nach unten korrigiert werden. Zuerst war die Rede von ca. 25 000 Genen und auch diese Zahl wurde später weiter reduziert. Sie liegt bei etwas weniger als 21 000 proteincodierenden Genen. Die Schwankungen kommen zum Teil daher, dass Reihen von Exons zuerst irrtümlich zwei Genen zugeordnet wurden, während sie in Wirklichkeit zu einem einzigen Gen gehören.

Außer den proteincodierenden Genen enthält das Humangenom noch 22 000 nicht-proteincodierende Gene, die häufig für regulatorische RNAs codieren. Dazu kommen etwa 12 000 annotierte Pseudogene (S. 300), also nicht funktionelle Kopien von proteincodierenden Genen.

Auch diese Schätzungen könnten sich aber in der Zukunft wieder ändern.

Ob offen ausgesprochen oder nicht, so hatten viele Forscher doch erwartet, in der Art und Anzahl der humanen proteincodierenden Gene einen Schlüssel zur Komplexität des menschlichen Organismus zu finden. Entsprechend groß war die Ernüchterung, als man erkannte, dass die Anzahl der menschlichen proteincodierenden Gene

Tab. 22.2 Größe der Genome und ungefähre Anzahl proteincodierender Gene (aus der Ensembl Genome Database).

Art	Genom [Mb]	Zahl proteincodierender Gene
Escherichia coli K12	4,5	4 200
Saccharomyces cerevisiae	12,5	6 700
Drosophila melanogaster	163	14 000
Caenorhabditis elegans	103	20 500
Mus musculus	2800	23 000
Homo sapiens	3 300	21 000
Arabidopsis thaliana	135	27 000

nicht viel größer war als die des simplen Fadenwurms *C. elegans* (s. ▸ Tab. 22.2). So lernte man, dass die Zahl der proteincodierenden Gene als Maß für Komplexität des Organismus nicht ausreicht, auch wenn die Anzahl der Transkripte aufgrund des alternativen Spleißens bei Menschen wesentlich höher liegen mag als beim Wurm oder bei der Fliege.

Die offensichtlich größere biologische Komplexität des Menschen gegenüber Tieren und Pflanzen muss Gründe haben, die etwas mit der Regulation und Verschaltung genetischer Aktivität zu tun haben, aber darüber kann man zurzeit nur spekulieren. Das Thema ist ein Forschungsprogramm für die Zukunft. Womöglich wird dabei von Bedeutung sein, dass sich das humane Genom u. a. durch lange intergenische Bereiche und eine hohe Dichte an repetitiven Sequenzen (S. 302) auszeichnet. In diesen Bereichen liegen allem Anschein nach viele regulatorische Elemente wie Enhancer und Silencer. Diese sind aus der Sequenz allein schwer zu erkennen und ihre Annotierung daher schwierig. Im nächsten Kapitel zur funktionellen Genomik wird darauf noch eingegangen.

22.4.2 Evolution von Genomen

Für einen Vergleich der Evolution von Genomen ist die Kenntnis der gesamten Genomsequenzen von fundamentaler Bedeutung. Wir nehmen als Beispiel einen Vergleich der Genome von Maus und Mensch. Ihre evolutionären Wege trennten sich vor 80–100 Millionen Jahre. Das ist eine genügend weite evolutionäre Distanz, um beim Vergleich der beiden Genome die Struktur orthologer Gene und vieler regulatorischer Elemente zu erkennen. Wenn solche Gene oder Elemente wichtige und grundlegende biologische Funktionen erfüllen, sollten sie **hoch konserviert** in beiden Sequenzen vorkommen. Beispiele dafür sind die Gene, die Histone und Aktin codieren. Ganz extrem ist die Konservierung im Bereich der sogenannten **ultrakonservierten Elemente**, deren Funktion noch unbekannt ist.

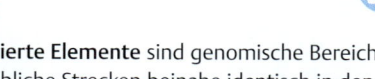

Definition

Ultrakonservierte Elemente sind genomische Bereiche, die über erhebliche Strecken beinahe identisch in den Genomen von Mensch und Maus vorkommen, meist in den intergenischen Regionen.

Durch einen Vergleich der Genome von Mensch und Maus lassen sich Ähnlichkeiten im Aufbau der Chromosomen erkennen. So taucht die gesamte Sequenz des (kleinen) humanen Chromosoms 20 im (großen) Maus-Chromosom 2 auf, und die Sequenz des humanen Chromosoms 17 im Maus-Chromosom 11, hier allerdings nicht an einem Stück, sondern aufgeteilt in 16 Einzelsegmente. Und das ist die gewöhnliche Situation: Stücke eines

menschlichen Chromosoms sind über mehrere Maus-Chromosomen verteilt oder umgekehrt, je nach Blickpunkt. Das zeigt beispielhaft die ▸ Abb. 22.15: Sequenzen, die dem humanen Chromosom 21 entsprechen, kommen im Mausgenom an drei Stellen vor, hauptsächlich auf Chromosom 16 und kleinere Abschnitte auf den Chromosomen 10 und 17.

Definition

Man spricht von **Syntänie** (*synteny*; wörtlich etwa: gleicher Faden), wenn entsprechende Gene in gleicher Reihenfolge in verschiedenen Genomen vorkommen.

So können die Genome von Maus und Mensch in fast 350 **Syntäniesegmente** eingeteilt werden mit einer Länge zwischen etwa 300 kb und 65 Mb (Mittelwert: 6,9 Mb). Das bedeutet, dass die Genome von Maus und Mensch je einige Hundert chromosomale Umgruppierungen durchgemacht haben, seit sich ihre Wege in der Evolution getrennt haben.

Interessante Einblicke vermittelt ein Vergleich der **Sequenzen von Mensch und Schimpanse**, deren Entwicklungswege sich erst vor etwa 7 Millionen Jahren getrennt haben. Schimpansen haben ein Chromosom mehr als Menschen, weil das Humanchromosom 2 auf die beiden Schimpansenchromosomen 12 und 13 aufgeteilt ist.

Wir sehen uns als Beispiel die Sequenz des Schimpansenchromosoms 22 an. Diese Sequenz entspricht der des Humanchromosoms 21 mit einem ähnlichen Satz von Genen, angeordnet in gleicher Reihenfolge, sozusagen in perfekter Syntänie. Ja, es besteht auch eine funktionelle Ähnlichkeit, denn eine Trisomie des Schimpansenchromosoms 22 geht mit einem Phänotyp einher, der dem Down-Syndrom (S. 156) bei der Trisomie 21 des Menschen entspricht.

Insgesamt unterscheiden sich das humane Chromosom und das Schimpansenchromosom an durchschnittlich etwa jeder 70. Position der Sequenz (1,23 %) und durch Zehntausende von kleinen Indels (Insertionen und Deletionen). Die Unterschiede sind nicht gleichmäßig verteilt, wie ein Vergleich von proteincodierenden Genen zeigt. Viele Gene haben die gleiche Länge, die gleiche Exon-Intron-Anordnung und zu über 99 % die gleiche Nucleotidsequenz. Aber etwa ein Fünftel aller verglichenen Gene unterscheidet sich viel deutlicher in ihrer Struktur, hauptsächlich durch Indels, aber auch durch den Austausch von Basen. Möglicherweise sind es diese Gene, die die Phänotypen prägen. Überhaupt müssen wir uns klarmachen, dass ein Unterschied von etwa 1 % in der DNA-Sequenz einen substanziellen Unterschied in der Aminosäuresequenz bedeuten kann. Vergleiche zeigen, dass sich mindestens 60 % der Proteine von Mensch und Schimpanse an durchschnittlich zwei Stellen voneinander unterscheiden. Irgendwo im Genom müssen ja die Gründe für die

22

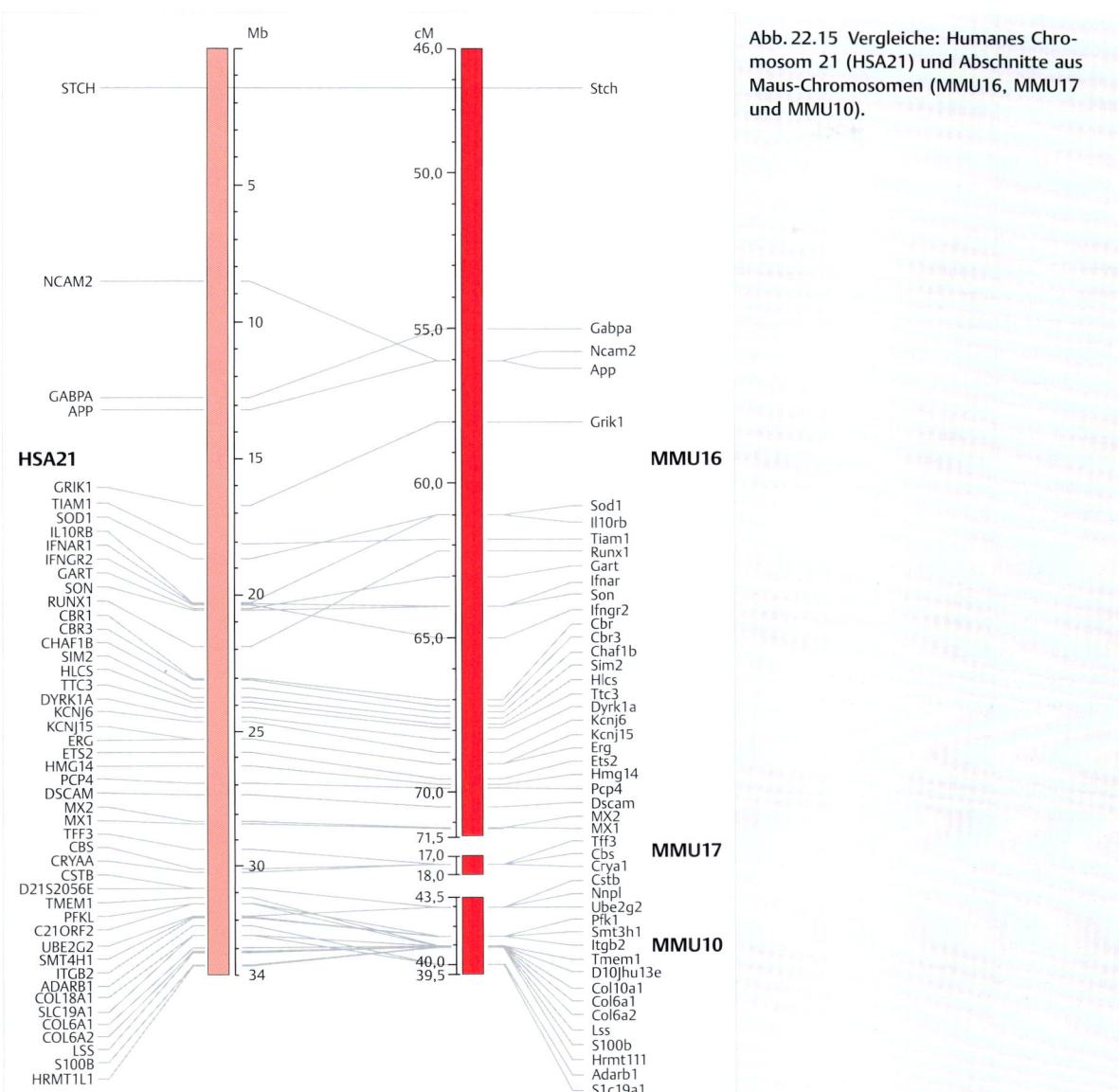

Abb. 22.15 Vergleiche: Humanes Chromosom 21 (HSA21) und Abschnitte aus Maus-Chromosomen (MMU16, MMU17 und MMU10).

22

drastischen Unterschiede in den Erscheinungsbildern (Phänotypen) von Schimpanse und Mensch zu finden sein. Wo liegen sie? Bioinformatiker bemühen sich noch um die geeigneten Methoden, um das herauszufinden. Einige Hundert Gene zeigen Zeichen einer positiven Selektion während der Evolution von einem gemeinsamen Vorfahren zum Menschen. Dazu gehören Gene, die eine Resistenz gegen Parasiten vermitteln und das Immunsystem betreffen und für den Ablauf von Entzündungen verantwortlich sind. Dazu gehören auch Gene, die Zelloberflächen prägen und damit die Zell-Zell-Kontakte in Geweben beeinflussen, Gene für Transkriptionsfaktoren und schließlich – und am interessantesten – Gene für die Entwicklung des Zentralnervensystems und zur Ausbildung von Synapsen. Was die Gene im Einzelnen machen, werden zukünftige Forschungen zeigen.

22.4.3 Ausblick

Durch die Hochdurchsatz-Sequenzierung (*next generation sequencing*, NGS) wurde es in den letzten Jahre erheblich leichter, vollständige Genome zu sequenzieren. Analyse und Annotierung wurden zu einem gewissen Grad automatisiert, hinken aber der reinen Sequenzierung weit hinterher. Projekte wie ENSEMBL des EBI (European Bioinformatics Institute) und des Sanger Instituts oder der UCSC Genome Browser wie auch das NCBI (National Center for Biotechnology Information) geben einen Überblick über verfügbare Genomsequenzen und den Stand der jeweiligen Annotierung.

Nach den genannten Modellorganismen hat man vermehrt die Genome mehrerer Arten (Spezies) einer Gattung (Genus) sequenziert. So kennt man heute die Genomsequenzen von verschiedenen Hefen, Drosophiliden und auch etlichen Primaten. Der Vergleich innerhalb solcher Gruppen ist wiederum ausgesprochen informativ. So werden Intron-Exon-Grenzen anhand der Konservierung sehr deutlich und eine isolierte, kurze Sequenzkonservierung kann auf regulatorische Elemente hindeuten. Sogar nicht-proteincodierende Gene lassen sich in den Alignments leichter erkennen, als aus einer einzelnen Sequenz oder aus dem Vergleich zweier weit entfernter Sequenzen.

Die Genomsequenz einer Spezies ist in gewisser Weise eine Fiktion. Schließlich besteht eine Spezies aus vielen Individuen, deren individuelle Genome sich unterscheiden, wie oben bei der Besprechung der Genmarker erwähnt. Die gegenwärtigen Forschungsprogramme der Genomik berücksichtigen das. Denn nachdem man in den letzten Jahren im Rahmen des internationalen HapMap-Projekts humane SNPs, also die variablen Positionen des Humangenoms zusammengetragen hat, gibt es inzwischen das „1000 Genomes Project", in dem die Genomsequenzen von mehr als 1000 Menschen bestimmt werden. Das Ziel ist ein besseres Verständnis der Beziehung der individuellen Genotypen zu dem offensichtlich unterschiedlichen Aussehen und Verhalten, kurz Phänotyp, einzelner Personen (mehr darüber im Kap. 24).

Schließlich noch die eigentlich selbstverständliche Anmerkung, dass vielfältige Variationen nicht nur die Genome einzelner Menschen prägen, sondern auch die Genome von Tier- und Pflanzenindividuen. Und das wird zurzeit im Rahmen von Forschungsprogrammen über die Acker-Schmalwand *Arabidopsis thaliana*, die Fliege *Drosophila melanogaster* und andere untersucht.

Literatur

▶ **Zitierte Literatur**

[1] Southern EM (1975) Detection of specific sequences among DNA fragments separated by gel electrophoresis. J Mol Biol 98: 503–517
[2] Donis-Keller H et al. (1987) A genetic linkage map of the human genome. Cell 51: 319–337
[3] International Human Genome Sequencing Consortium (2001): Initial sequencing and analysis of the human genome. Nature 409: 860–921
[4] Venter JC, Adams MD, Meyers EW et al (2001) The sequence of the human genome. Science: 291: 1304–1351
[5] International Human Genome Sequencing Consortium (2004) Finishing the euchromatic sequence of the human genome. Nature 431: 931–945

▶ **Weiterführende Literatur**

[6] Mewes HW, Albermann K, Bähr M et al (1997) Overview of the yeast genome. Nature 387: 7–65
[7] Lander ES (2011) Initial impact of the sequencing of the human genome. Nature 470: 187–197
[8] Knippers R (2012) Eine kurze Geschichte der Genetik, Springer Verlag
[9] The Chimpanzee Sequencing and Analysis Consortium (2005) Initial sequence of the chimpanzee genome and comparison with the human genome. Nature 437: 69–87
[10] 1000 Genomes Project Consortium (2012) An integrated map of genetic variation from 1092 human genomes. Nature 491: 56–65

22

Kapitel 23

Funktionelle Genomik

23 Funktionelle Genomik

Martin Vingron

23.1 Einleitung

Teils in der Folge, teils parallel zur Entwicklung der Sequenziertechnologie entstand in den 1990er-Jahren die Fachdisziplin der **funktionellen Genomik**. Damit versuchen Genetiker die vielen Informationen in den Genomsequenzen zu nutzen und für das Studium von Genfunktionen einzusetzen. Praktisch bedeutet das im Wesentlichen:

- Bestimmung der Art und Menge von mRNAs und anderen Transkripten in der Zelle (Transkriptomik; s. Kap. 23.2.1)
- Bestimmung der Art, Menge und posttranslationalen Modifikationen von Proteinen in der Zelle sowie der Protein-Protein-Wechselwirkungen (Proteomik; s. Kap. 23.2.2 und 23.3.1)
- Bestimmung der Bindungsstellen von DNA-bindenden Proteinen im Genom (s. Kap. 23.3.2)
- Kartierung epigenetischer Veränderungen in Genomen (Epigenomik, s. Kap. 20)
- systematischer Einsatz von Knock-out- oder Knockdown-Technologien bei verschiedenen genetischen Modellorganismen (s. Kap. 23.3.3)

Die Betonung liegt dabei jeweils auf dem systematischen, gesamtgenomischen Ansatz.

23.2 Expressionsanalytik

23.2.1 Transkriptomik

Definition

Das **Transkriptom** ist die Gesamtheit aller Transkripte in einer Zelle zu einem gegebenen Zeitpunkt.

Das Genom enthält Informationen, die in den verschiedenen Zelltypen eines vielzelligen Organismus in unterschiedlicher Weise abgerufen und ausgenutzt werden, auch als Antwort auf Signale von außen. Wenn es um die Dynamik der Genexpression geht, sind Untersuchungen über Art und Menge aller Transkripte einer Zelle oder eines Gewebes von zentraler Bedeutung. Die Gesamtheit aller Transkripte einer Zelle wird als **Transkriptom** bezeichnet – in Analogie zum Genom, was ja die Gesamtheit der Gene bedeutet.

> **Merke**
>
> Das Genom ist statisch, d. h. die Genomsequenz ist in allen Zellen eines Organismus (nahezu) gleich, aber das Transkriptom ist dynamisch, es ändert sich mit der Art und Funktion einer Zelle.

Heute benutzt man für die Bestimmung der Transkripte von einer großen Anzahl von Genen im Wesentlichen zwei methodische Ansätze. Der eine ist die Hybridisierung der zu messenden RNAs bzw. der entsprechenden cDNAs mit bekannten DNA-Stücken, die auf einer Oberfläche immobilisiert sind. Diese Methodik wird als Expressionsarray- oder auch **Chip-Technologie** bezeichnet. Der zweite ist die quantitative Sequenzierung von RNAs, auch **RNA-Seq-Technologie** genannt.

Das älteste Verfahren zur Bestimmung der Menge von einigen wenigen mRNAs ist der Northern-Blot in Analogie zum Southern-Blot, der von Edwin M. Southern zum Nachweis spezifischer DNA-Fragmente entwickelt wurde (Methode 23.1). „Northern" ist also die quasi scherzhafte Bezeichnung für eine Methode, die ähnliche Handgriffe verlangt wie der Southern-Blot.

Methode 23.1

Northern-Blots zur Bestimmung von mRNA-Mengen

Die isolierte RNA wird in Gegenwart von Formaldehyd (zur Auflösung intramolekularer Doppelstrangbereiche) über Agarosegelelektrophorese aufgetrennt und auf eine Nitrocellulose- oder Nylonmembranen übertragen. Zum Nachweis einer speziellen RNA-Art benutzt man geeignet markierte DNA (z. B. ^{32}P-markierte DNA), mit der die RNA hybridisiert wird. Die Bindung der verwendeten DNA-Sonde wird mithilfe einer Autoradiografie detektiert. Die Intensi-

tät der Autoradiografiebande kann als Maß für die Menge der betreffenden mRNA genommen werden.

Das Beispiel der ▸ Abb. 23.1 zeigt Veränderungen in der Menge zweier mRNA-Arten nach Behandlung von Lymphocyten mit bakteriellen Lipopolysacchariden.

Die Nachteile des Northern-Blot-Verfahrens sind, dass es aufwendig und langwierig ist und die Ergebnisse schwer zu quantifizieren sind. Zudem müssen die RNA-Sequenzen bekannt sein und es ist unmöglich, die vielen Tausend mRNAs einer Zelle gleichzeitig zu untersuchen.

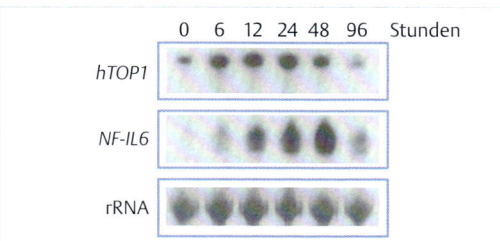

	0	6	12	24	48	96	Stunden
hTOP1							
NF-IL6							
rRNA							

Abb. 23.1 Beispiel eines Northern-Blots. hTOP1 = mRNA für das Enzym Topoisomerase I; NF-IL 6 = mRNA für einen Transkriptionsfaktor vom bZip-Typ (S. 330). Die rRNA dient als Kontrolle und zeigt an, dass auf jede der sechs Elektrophoresebahnen gleich viel RNA geladen wurde. Weitere Erläuterungen s. Text. (S. Heiland, 1995, Konstanz)

Chip-Technologie

Sehr vereinfacht gesagt ist die Chip-Technologie eine miniaturisierte und hoch parallele Variante des Northern-Blots (Methode 23.1) (S. 494). Das Chip-Verfahren wurde in den 1990er-Jahren entwickelt und leitete eine fundamentale Umwälzung in der biologischen Forschung ein, weil dies das erste Verfahren der funktionellen Genomik war, mit dem man die Expression von vielen Tausend Genen gleichzeitig bestimmen konnte. Das Prinzip ist die Fixierung möglichst vieler Gensequenzen auf einem Träger aus Glas, Silikon, Kunststoff oder anderen Materialien. Diese Sequenzen dienen als Sonden (*probes*) für die Hybridisierung mit markierten cDNAs, die das Transkriptom einer Zelle oder eines Gewebes repräsentieren, vgl. Methode zur cDNA-Herstellung (S. 535). Die Sonden werden in einem regelmäßigen Gitter angeordnet, weshalb man auch von DNA-Arrays spricht. An jedem Punkt des Gitters befinden sich auf kleinster Fläche viele der Moleküle, welche die Sonden für ein gegebenes Gen darstellen. Über die Signalintensität der Markierung zusammen mit der Kenntnis, wo sich welche Sonde befindet, kann der Array ausgelesen werden.

Die Fixierung von Gensequenzen auf den Trägern kann über unterschiedliche Technologien erfolgen:

1. es werden cDNA-Proben (mit einer Länge von 100–1000 Nucleotiden) auf einen Träger in Tropfen von 1–10 nl (Nanoliter, 10^{-12} Liter) in regelmäßigen Reihen durch eigens konstruierte Roboter aufgetragen. Damit lassen sich einige Tausend Spots in geordneten Folgen auf einem Quadratzentimeter eines Glasobjektträgers unterbringen.

2. durch eine gezielte Synthese von DNA-Oligonucleotiden aus 25–60 Nucleotiden, die das Spektrum der möglichen mRNAs oder gar das gesamte Genom eines Organismus abdecken. Das ist eine Festphasensynthese nach dem Muster der Fotolithografie und der kombinatorischen Chemie.

3. mit Oligonucleotiden, die an winzige Kügelchen (*beads*) gebunden werden, welche auf einem Träger gitterförmig immobilisiert werden.

▶ **Beispiel: Vergleich der Transkriptome von gesunden Zellen und Tumorzellen.** Eine Anwendung der Chips (Punkt 1, oben) ist in der ▶ Abb. 23.2 skizziert. In diesem Beispiel werden mRNAs aus gesundem Gewebe und aus Tumorzellen isoliert und mithilfe einer Reversen Transkriptase in cDNA überführt (S. 535). Dabei kommen fluoreszenzmarkierte Nucleotide zum Einsatz: Nucleotide für die Synthese der Vergleichs-cDNA sind mit dem Farbstoff Cy3 und Nucleotide für die Synthese der Tumorzell-cDNA mit Cy5 markiert.

Die cDNA-Präparationen werden gemischt und mit den fixierten DNA-Proben auf dem Chip hybridisiert. Ein Laser-Scanner regt die Fluoreszenzfarbstoffe mit der jeweils passenden Wellenlänge an und Geräte mit hoher Empfindlichkeit und Genauigkeit registrieren die Lichtsignale. Das ausgelesene Signal ist das Ergebnis einer Konkurrenz um die Bindungsplätze und zeigt dadurch die Mengenverhältnisse zwischen den beiden Proben an. Gene, die in Vergleichszellen exprimiert werden, geben ein grünes Signal, Gene, die in Tumorzellen exprimiert werden, ein rotes Signal. Erst ein Übereinanderlagern beider Farbmuster macht das Ergebnis deutlich: Grün bedeutet eine vermehrte Expression in Normalzellen oder eine herabgesetzte Expression in Tumorzellen, Rot zeigt eine vermehrte Expression in Tumorzellen, Gelb, also die Mischung von Rot und Grün, steht für gleich hohe Expression in den beiden Zelltypen, farblos heißt, dass die betreffenden Gene in den beiden Zellarten nicht exprimiert werden. Die Quantifizierung erfolgt also über einen Vergleich der Expressionsstärke in zwei Zelltypen (also relativ).

Bei den oben unter Punkt 2 und 3 erwähnten Verfahren werden sehr viele gleich lange Sonden immobilisiert. So kann jede Probe für sich alleine quantifiziert werden (also absolut).

Kurz, Northern-Blots eignen sich nicht für die Erforschung des Transkriptoms, aber das Verfahren behält seinen Wert bei vielen speziellen Fragestellungen in molekularbiologischen Labors. Heutzutage werden jedoch Northern-Blots fast immer durch quantitative RT-PCR-Verfahren (S. 498) ersetzt.

23

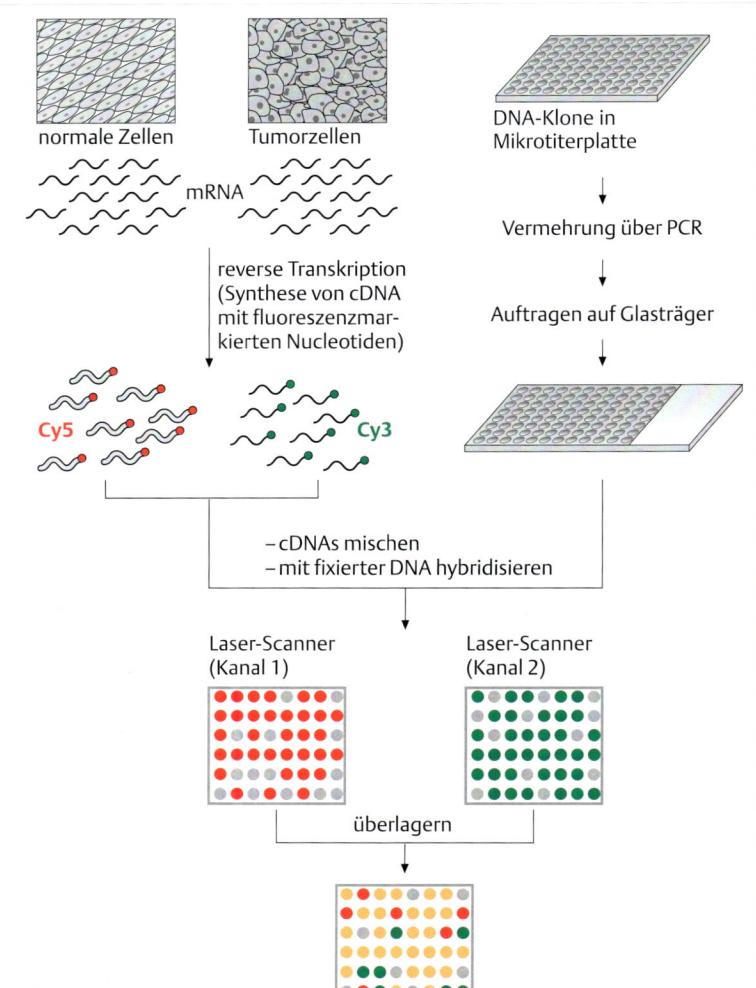

normale Zellen   Tumorzellen

mRNA

DNA-Klone in
Mikrotiterplatte

reverse Transkription
(Synthese von cDNA
mit fluoreszenzmar-
kierten Nucleotiden)

Vermehrung über PCR

Auftragen auf Glasträger

Cy5   Cy3

– cDNAs mischen
– mit fixierter DNA hybridisieren

Laser-Scanner
(Kanal 1)

Laser-Scanner
(Kanal 2)

überlagern

Abb. 23.2 Grundlagen der Chip-Technologie. Viele Hundert oder Tausend Gensequenzen werden in geordneter Reihung auf Trägern fixiert und für die Hybridisierung mit fluoreszenzmarkierter cDNA eingesetzt. Dabei vergleicht man die mRNAs bzw. cDNAs von Zellen in verschiedenen physiologischen und pathologischen Zuständen. In diesem Beispiel werden die Transkriptome von gesunden Zellen und Tumorzellen aus dem gleichen Gewebe untersucht. Weitere Erläuterungen s. Text. Zur Synthese von cDNA und zu PCR (*polymerase chain reaction*) s. Kap. Polymerasekettenreaktion (S. 531) und Herstellen von cDNA (S. 535).

Biotechnologiefirmen vertreiben standardisierte Chips für die Untersuchung von Transkriptomen einzelner Organismen. Und wenn von den Nutzern gewünscht, werden auch spezialisierte Chips geliefert, was natürlich teurer ist als ein Chip aus der Serienproduktion.

Chips tragen die Sonden für die Transkripte vieler Tausend Gene. Daraus folgt, dass schon ein einziges Experiment eine große Menge an Daten liefert, die nur mithilfe von Computern bewältigt werden können. Das grundlegende mathematische Verfahren ist eine Clusteranalyse: Interessierende Daten werden zu möglichst überschaubaren, relativ homogenen Gruppen (Clustern) geordnet (▶ Abb. 23.3).

Untersuchungen der Expressionsmuster haben schon kurz nach Verfügbarkeit der DNA-Chip-Technologie nicht nur die experimentelle Zellbiologie, sondern auch die klinisch orientierte Krebsforschung bereichert, denn es zeigte sich, dass jeder Tumor sein eigenes Profil transkriptioneller Aktivität entwickelt, wobei dann Clusteranalysen gemeinsame Merkmale aufdecken.

In vielen Fällen erweitert diese Technologie die herkömmliche pathologische Diagnostik. Pathologen diagnostizieren mit ihren histologischen Verfahren Leukämien, Brustkrebs oder andere Tumorarten, aber molekulargenetische Untersuchungen ergeben, dass die histologische Diagnose oft zu kurz greift, denn ein ähnliches histologisches Bild kann mit verschiedenen Genexpressionsmustern einhergehen. Das hat nicht selten Konsequenzen für die Prognose des Krankheitsverlaufs und die Behandlung.

▶ **Beispiel: Übergang von Zellen vom Ruhezustand in die Proliferation.** Um den Einsatz der DNA-Chip-Technologie zu illustrieren, nehmen wir ein Beispiel aus einem anderen Bereich der molekularbiologischen Forschung: die Untersuchung genetischer Veränderungen in Zellen beim Übergang vom Ruhezustand in die Proliferation. Das Interesse an Untersuchungen dieser Art liegt auf der Hand, denn sie berühren so wichtige Bereiche wie die Zellvermehrung bei der Embryonalentwicklung, bei der Wundheilung und auch bei Wucherung von Krebszellen.

23

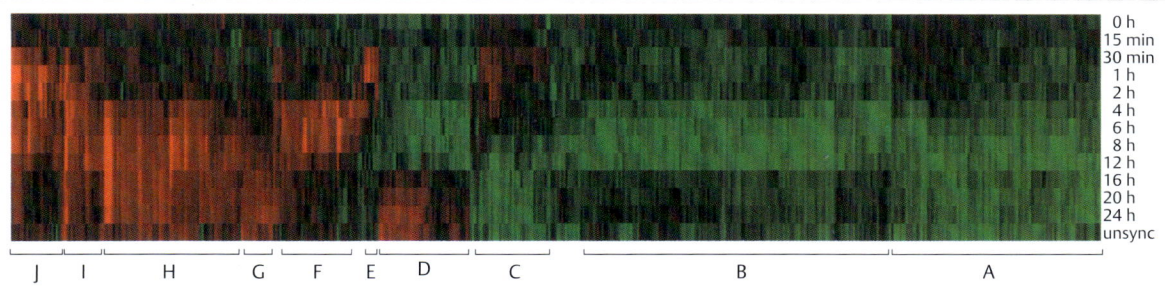

Abb. 23.3 DNA-Chips in der Anwendung. Etwa 500 aus über 8 000 untersuchten menschlichen Genen verändern ihre Expression im Verlauf von 24 Stunden (h) nach Zusatz von frischem Serum zu ruhenden Fibroblastenzellen. Diese 500 Gene werden nach Art ihrer Reaktion in den Gruppen (Clustern) A–J zusammengefasst. Jeder senkrechte Strich stellt ein Gen dar bzw. dessen Expression. Manche Gene werden früh nach Serumzusatz exprimiert, dann aber wieder abgeschaltet (Cluster C und E). Andere werden erst spät aktiviert, bleiben dann aber für die restliche Zeit des Experiments aktiv (Cluster H). Die Expression anderer Gene wird nach Serumzusatz unterdrückt (Cluster A). Auf jeden Fall geben Experimente dieser Art eine Menge an neuer Information und damit Anregungen für weiterführende Untersuchungen. rot = erhöhte Expression; grün = verringerte Expression im Vergleich zur Expression zu Beginn des Experiments; unsync (*unsynchronous*) = Kontrollzellen, die unter günstigen Vermehrungsbedingungen proliferieren. (aus Iyer VR, Eisen MB, Ross DT et al (1999) Transcription program in the response of human fibroblasts to serum. Science 283: 83–87)

Das experimentelle System ist einfach: Unter den Bedingungen der Zellkultur und in Gegenwart von Blutserum vermehren sich Fibroblasten aus Säugetiergeweben über viele Generationen. Die Proliferation endet erst, wenn die Fläche der Kulturschale mit Zellen bedeckt ist und die einzelnen Zellen aufeinandertreffen (**Kontaktinhibition**) oder wenn die wachstumsfördernden Verbindungen im Serum verbraucht sind (**Serummangel**). Die Zellen verharren dann für längere Zeit in einer Art Ruhephase. Erst der Zusatz von frischem Serum löst wieder neue Zellteilungen aus.

Für das Experiment, dessen Ergebnis in der ▶ Abb. 23.3 dargestellt ist, wurde das Transkriptom von Fibroblasten zu verschiedenen Zeiten nach dem Zusatz von Serum untersucht. Auf dem DNA-Chip befanden sich Sequenzen von mehr als 8 600 wohlgeordneten menschlichen Genen: Verglichen wird die jeweilige Expressionsstärke mit der Stärke zu Beginn des Experiments an. Grüne Signale zeigen vermehrte mRNA-Mengen in ruhenden Zellen und rote Signale vermehrte mRNA-Arten in proliferierenden Zellen an. Um Ordnung in die Menge der Daten zu bringen, wurden Clusteranalysen auf der Grundlage von Maxima und Minima der Expression im Verhältnis zur Zeit nach Serumzusatz durchgeführt. Die ▶ Abb. 23.3 zeigt die Expressionsprofile von nur etwas mehr als 500 Genen an.

Wir erkennen an der Färbung einiger Reihen (Cluster C), dass manche mRNA-Arten bereits innerhalb einer Stunde nach Serumzusatz gebildet werden, aber dann wieder verschwinden. Was liegt dem zugrunde? Wachstumsfaktoren im Serum binden an Rezeptoren auf der Zelloberfläche und aktivieren eine Kaskade von Proteinkinasen, die schließlich Phosphatgruppen auf DNA-gebundene Transkriptionsfaktoren übertragen. Damit werden Gene angeschaltet, die ihrerseits Transkriptionsfaktoren wie Fos und Jun codieren. Fos und Jun werden aber nur kurzzeitig benötigt, um nachgeschaltete Gene, etwa für Proteine der DNA-Replikation, zu aktivieren. Wenn das gelungen ist, werden *Fos*, *Jun* und verwandte Gene wieder inaktiviert.

Der Wert solcher Experimente liegt darin, dass Zellbiologen auf Dinge aufmerksam gemacht werden, die sie in früheren Versuchen nicht beachtet oder nicht bedacht haben. So gehört zum Programm der Genexpression in angeregten Fibroblastenzellen nicht nur die Aktivierung von Genen für die Replikation und die Proliferation, sondern auch für Proteine der extrazellulären Matrix, für die Bildung von Blutgefäßen und anderes, was bei der Wundheilung im intakten Organismus notwendig ist. Und am wichtigsten: Gene werden aktiviert, deren Funktion vorher völlig unbekannt war. So eröffnen DNA-Chips ganz neue Fragestellungen für die zell- und molekularbiologische Forschung.

Tiling-Arrays

Wir kehren für einen Moment zur Genomannotierung (S. 487) zurück. Dort war u. a. die Rede von nicht proteincodierenden Genen. Was führte auf ihre Spur? Einer der ersten Hinweise, dass in der Zelle neben mRNA, rRNA, tRNA, snRNA und miRNA noch wesentlich mehr RNA-Typen synthetisiert werden, kam aus einer Variante von Chips, welche sich nicht nur auf Sonden für bekannte Gene beschränkte, sondern auch andere Bereiche des Genoms einschloss. Dazu wählte man systematisch entlang eines Genoms in möglichst engen Abständen (oder gar überlappend) Oligonucleotide als Sonden aus. Solche Arrays heißen Tiling-Arrays (*tile*, Dachziegel), um anschaulich das überlappende Abdecken des Genoms mit Sonden zu beschreiben. Bei der Hybridisierung eines Tiling-Arrays mit Gesamt-RNA fand man heraus, dass ein wesentlich größerer Anteil des Genoms transkribiert wird als bis dahin vermutet. In Verbindung mit der Sequenzierung erschloss sich nun nach und nach eine ganz neue Welt der nicht-proteincodierenden RNAs, deren Funktion ein interessantes Thema aktueller Forschung ist.

23

Analyse der Genexpression durch RNA-Sequenzierung

Eine wichtige Methode zur Bestimmung des Transkriptoms ist eine direkte Sequenzierung der RNA-Moleküle. Im Prinzip ist diese Methode so etwas wie ein Abzählen von Molekülen. Deshalb spricht man auch von digitalen Verfahren. Die Zuverlässigkeit hängt von der Menge an RNA-Molekülen in der Probe ab. Ist sie verhältnismäßig klein ist, dann lässt sich im Wesentlichen nur das Vorhandensein einer RNA feststellen. Aber je größer die Menge wird, desto genauer werden quantitative Aussagen über die Anteile spezifischer Transkripte in einer Probe.

In der Praxis hatte dieser Ansatz viele Schwierigkeiten zu überwinden. In den meisten Fällen kann man eine RNA (oder genauer: die zugehörige cDNA) nicht in ihrer vollen Länge in einer Reaktion sequenzieren. Doch auch ein begrenztes Sequenzieren von ESTs (*expressed sequence tags*) liefert umfangreiche Information über eine cDNA-Bibliothek (Plus 23.1) (S. 498). Computergestützt lassen sich die **EST-Sequenzen** bekannten Genen zuordnen. Sie werden als Cluster (S. 496) sortiert, sodass man die Häufigkeit des Moleküls abschätzen kann.

Plus 23.1

EST („expressed sequence tag")

Ein EST ist ein Bruchstück aus einer längeren cDNA-Sequenz, aber das Stück reicht aus, um die zugehörige cDNA zu identifizieren. cDNAs sind die Transkripte von mRNAs, hergestellt mithilfe der Reversen Transkriptase und eingebaut in geeignete Klonierungsvektoren (S. 532). Craig Venter, einer der Pioniere der Humangenomsequenzierung, führte die EST-Sequenzierung 1991 ein, um exprimierte Gene in verschiedenen Geweben zu finden. Anfangs wurde das scheinbar ziel- und planlose Sequenzieren skeptisch betrachtet. Rasch erwies sich die Technik aber als extrem hilfreich und lieferte wertvolle Informationen über das Spektrum der exprimierten Gene in verschiedenen Geweben.

Die Methoden des **Hochdurchsatzsequenzierens** (*next generation sequencing* oder *massively parallel sequencing*, Kap. 22.3.2) ermöglichen das gleichzeitige Sequenzieren sehr vieler Moleküle (wenn auch nur teilweise). So kommt man in einem einzigen Sequenzierlauf zu einem realistischen Bild der Zusammensetzung einer komplexen Probe.

Das Verfahren der kompletten RNA-Sequenzierung wird als **RNA-Seq** bezeichnet (s. Kap. 26.5). Hierzu muss die isolierte RNA in cDNA umgeschrieben werden. Wenn man eine Anreicherung von mRNAs wünscht, dann erfolgt eine Amplifikation von Molekülen mit einem Poly-(A)-Schwanz (S. 290). Letztlich liefert die Sequenzierung Millionen von Fragmenten einzelner RNAs. Diese Frag-

mente werden mit den bekannten mRNA-Sequenzen verglichen und man registriert („zählt"), wie häufig welche mRNA vorkommt. Das Vorgehen bei RNA-Seq zeichnet sich insbesondere dadurch aus, dass man beinahe für jedes einzelne RNA-Molekül in einer Probe ein sequenziertes Stück (*read*) erhält. Dadurch wird die Quantifizierung der RNA-Spezies verlässlich und genau. Zur Illustration siehe Plus 23.2 (S. 498).

Plus 23.2

RNA-Sequenzierung: RNA-Seq

Eine menschliche Zelle besitzt einige Hunderttausend mRNAs, die je nach Zelltyp 10 000 bis über 20 000 Gruppen von gleichen mRNA-Molekülen bilden. Ungefähr 1000 mRNAs kommen in allen Zellen vor, hauptsächlich Transkripte gut bekannter Haushaltsgene mit Informationen für Enzyme des Stoffwechsels und für allgemeine Strukturelemente der Zelle. Die 600 meist exprimierten Gene stellen etwa die Hälfte der gesamten mRNA: Sie liefern 500 bis mehrere Tausend Kopien ein und derselben mRNA. Doch die weitaus meisten Gene werden nur selten exprimiert und liefern ein oder nur wenige Transkripte pro Zelle. Dazu gehören gerade auch besonders interessante Gene, nämlich die, die für die spezifische Differenzierung eines Gewebes verantwortlich sind.

RNA-Analytik über quantitative RT-PCR

Häufig werden die umfassenden RNA-Expressionsdaten, die mit DNA-Chips oder RNA-Seq ermittelt wurden, noch einmal – an ausgewählten einzelnen Transkripten – mit der Methode der quantitativen PCR (S. 531) überprüft (validiert). Quantitative PCR (qPCR oder auch *real time*-PCR) erfolgt in mehreren Amplifikationsrunden mit Primern, die spezifisch für ein gegebenes Transkript bzw. dessen cDNA sind. Die Menge der jeweiligen Amplifikationsprodukte wird nach jeder PCR-Syntheserunde, meist basierend auf einem fluoreszierenden Farbstoff, gemessen. Anhand der anfänglichen exponentiellen Phase der Zunahme an PCR-Produkten kann die Menge an Ausgangsmaterial der jeweiligen RNAs berechnet werden.

Computergestützte Analyse von Genexpressionsdaten

Die Verfügbarkeit vollständiger Expressionsdaten erforderte neue Methoden der Datenanalyse. Wenn man z. B. im Zellzyklus von Hefe die Expression der 6 000 proteincodierenden Gene an zehn aufeinanderfolgenden Zeitpunkten, jeweils mit drei Replikaten, untersucht, erhält man immerhin $3 \times 10 \times 6\,000$ Werte. Die Analyse der Genexpressionsdaten lässt sich grob gliedern – in die basale Normalisierung und Qualitätskontrolle der Daten und in die weiterführende, mehr vom Design des Experiments abhängige, interpretierende Analyse.

Die Normalisierung der Daten ist deshalb notwendig, weil die Stärke des beobachteten Signals häufig von technischen Bedingungen beeinflusst wird und deshalb nicht ohne Weiteres zwischen verschiedenen Proben übereinstimmt. Um hier voranzukommen, hat die Bioinformatik einige Methoden entwickelt, die inzwischen auch in kommerziellen Programmpaketen enthalten sind.

Beispiele wie die Genexpression in Fibroblasten nach Zugabe von Serum (▶ Abb. 23.3) sind typisch für die Anwendungen der Genexpressionsanalyse. Eine Grundfrage in der Interpretation der Daten ist dann, welche Gene sich ähnlich verhalten, was datenanalytisch einer Clusterbildung der Expressionsverläufe gleichkommt. Aus diesem Grund sind Methoden für das Clustern von Daten essenzieller Bestandteil der einschlägigen Programmpakete für Expressionsanalysen.

23.2.2 Proteomik

Definition

Das **Proteom** ist die Gesamtheit aller Proteine einer Zelle oder eines Organismus.

Das **Proteom** gibt ein direktes Bild der genetischen Aktivität einer Zelle, besser noch als das Transkriptom. Das hat hauptsächlich zwei Gründe:

- Die Translation von mRNAs kann auf verschiedenste Weise reguliert werden (s. Kap. 17). Das hat zur Folge, dass eine mRNA häufig, eine andere aber selten translatiert wird, und auch, dass die Effizienz der Translation einer gegebenen mRNA vom physiologischen Zustand der Zelle abhängt.
- Viele, wenn nicht die meisten Proteine werden nach ihrer Synthese verändert (s. Kap. 4). Man spricht von posttranslationalen Modifikationen. Dazu gehören das gezielte Zerschneiden der unmittelbaren Syntheseprodukte zur Herstellung funktioneller Proteine, aber viel weiter verbreitet sind Veränderungen durch Phosphorylierung, Acetylierung, Methylierung, ADP-Ribosylierung, Glykosylierung u. a., wie wir in früheren Kapiteln an vielen Beispielen gesehen hatten.

Parallel zu den rasanten Entwicklungen der Sequenzierung sah man in den letzten Jahren auch eine rapide Verbesserung der massenspektrometrischen Verfahren zur Analyse von Proteinen. Dies beginnt mit Techniken zur direkten Bestimmung von Aminosäuresequenzen und reicht heute bis zur kompletten Inventarisierung des Proteingehalts einer Zelle. In der Proteomik werden neben der Anwendung von massenspektrometrischen Verfahren heute aber auch die physikalisch miteinander wechselwirkenden Proteine bestimmt. Hierfür ist das *yeast two hybrid*-System die Leittechnologie (s. Kap. 23.3.1).

Massenspektrometrie

Mithilfe der Massenspektrometrie kann man die Masse (genauer: das Verhältnis von Masse zu Ladung) von Proteinbruchstücken bestimmen.

Eine massenspektrometrische Analyse beginnt mit dem Verdau eines Proteins durch Proteasen, meist Trypsin. Da Trypsin die Aminosäurekette nach Arginin und Lysin schneidet, erhält man definierte Proteinfragmente. Nun sind die Sequenzen aller Proteine aufgrund der Genomprojekte bekannt. Daher lässt sich die Masse aller möglichen Proteinfragmente berechnen. Das ergibt einen Katalog für den Vergleich mit einer experimentell bestimmten Fragmentmasse.

Die Messung mit dem Massenspektrometer ist so genau, dass sich mit großer Sicherheit einzelne gemessene Proteinfragmente den vorher berechneten Massen zuordnen lassen Durch Zwei-Schritt-Analytik (MS-MS) lassen sich Aminosäure-Abfolgen einzelner Peptide direkt bestimmen. Das ergibt eine eindeutige Identifizierung. Ja, die Genauigkeit dieser Messungen ist so groß, dass sich auch posttranslationale Modifikationen wie Acetylierung und Phosphorylierung nachweisen lassen.

Das Verfahren gelingt nicht nur bei hoch gereinigten Proteinen, sondern auch bei Proteingemischen, allerdings nur, wenn diese nicht zu komplex sind. Eine wirkliche Herausforderung sind komplexe Mischungen, wie man sie erhält, wenn man Zellen aufbricht. Es ist technisch sehr schwierig, die Masse der Proteinfragmente in einer komplexen Mischung aufzulösen. Daher müssen ein oder mehrere Auftrennungsschritte vorangeschaltet werden. Für lange Zeit wurde dazu die zweidimensionale Gelelektrophorese genutzt. Zurzeit kommen bevorzugt HPLC-Säulen zum Einsatz (HPLC, *high pressure liquid chromatography*). Einzelne Fraktionen der Chromatografie werden nacheinander analysiert. Und jede Fraktion enthält ein Proteingemisch von sehr viel geringerer Komplexität als der nicht fraktionierte Zellextrakt. Weiterführende Informationen zur Proteomanalyse finden sich in Kap. 27.5.

23.3 Funktionelle Analytik
23.3.1 *Yeast two hybrid*-System

Ein wichtiger Fokus funktioneller Proteomanalysen liegt auf der Bestimmung von **Protein-Protein-Wechselwirkungen** (PPI, *protein-protein interactions*). Hier ergibt sich mit der Technik des *yeast two hybrid*-Systems (Y2H) die Möglichkeit, Proteine zu identifizieren, die mit einem oder mehreren anderen Proteinen in Wechselwirkung treten. Obwohl das Wort *yeast* (Hefe) in der Bezeichnung der Methode auftaucht, ist ihre Anwendung nicht auf Hefeproteine beschränkt.

In seiner einfachen Form (Methode 23.2) (S. 500), auch in den verschiedensten Weiterentwicklungen, war und bleibt das Y2H-Verfahren bei der Suche nach Wechselwirkungspartnern sehr nützlich, auch wenn es oft falsch positive und falsch negative Ergebnisse liefert, was eine

Überprüfung der Daten mit anderen Methoden nötig macht.

Wichtig für viele gegenwärtige Forschungsarbeiten ist vor allem, dass sich mit dem Y2H-Verfahren Netzwerke von Wechselbeziehungen zwischen zahlreichen Proteinen einer Zelle aufdecken lassen. Dabei werden die Beziehungen zwischen Tausenden von Proteinen in automatisierten Hochdurchsatzverfahren überprüft.

Methode 23.2

Protein-Protein-Wechselwirkungen: das *yeast two hybrid*-System (Y2H)

Um Wechselwirkungen zwischen Proteinen festzustellen, nutzt man das *yeast two hybrid*-System (S. Fields, 1989). Grundlage ist der Transkriptionsfaktor Gal4, der in Gegenwart von Galactose einige Gene des Galactosestoffwechsels von *Saccharomyces cerevisiae* anschaltet. Das Gal4-Protein besitzt eine DNA-Bindungsdomäne (DBD), mit der es an eine Promotorsequenz bindet, und eine Transaktivierungsdomäne (TAD), mit der es die RNA-Polymerase II aktiviert (▶ Abb. 23.4a). Beide Domänen können auch als einzelne Proteine exprimiert werden und vermögen, wenn sie miteinander in Wechselwirkung treten, wieder als Transkriptionsfaktor zu wirken. Man führt in die Hefe ein Reporterkonstrukt ein, das aus dem Gen für die β-Galactosidase besteht, das unter der Regulation eines Gal4-induzierbaren Promotors steht. Das Genprodukt, die β-Galactosidase, lässt sich leicht im Farbtest nachweisen.

Um Protein-Protein-Wechselwirkungen festzustellen, werden die vorgenannten Hefezellen gleichzeitig mit zwei Vektoren transformiert, die jeweils ein Fusionsprotein codieren (▶ Abb. 23.4b). Das eine Fusionsprotein ist das **Köderprotein** (*bait*) – es besteht aus der DBD und einem Protein, dessen Wechselwirkung man untersuchen möchte. Das andere ist das **Beuteprotein** (*prey*) – es besteht aus der TAD und Proteinen, die auf eine Interaktion mit dem Köderprotein untersucht werden sollen. Findet keine Interaktion zwischen den beiden Proteinen statt, wird das Reportergen β-Galactosidase nicht exprimiert und die Hefekolonie bleibt weiß. Interagieren Köder- und Beuteprotein, so kommen DBD und TAD in räumliche Nähe und das nachgeschaltete Reportergen kann exprimiert werden, was man an der Blaufärbung der Hefekolonie erkennen kann.

23

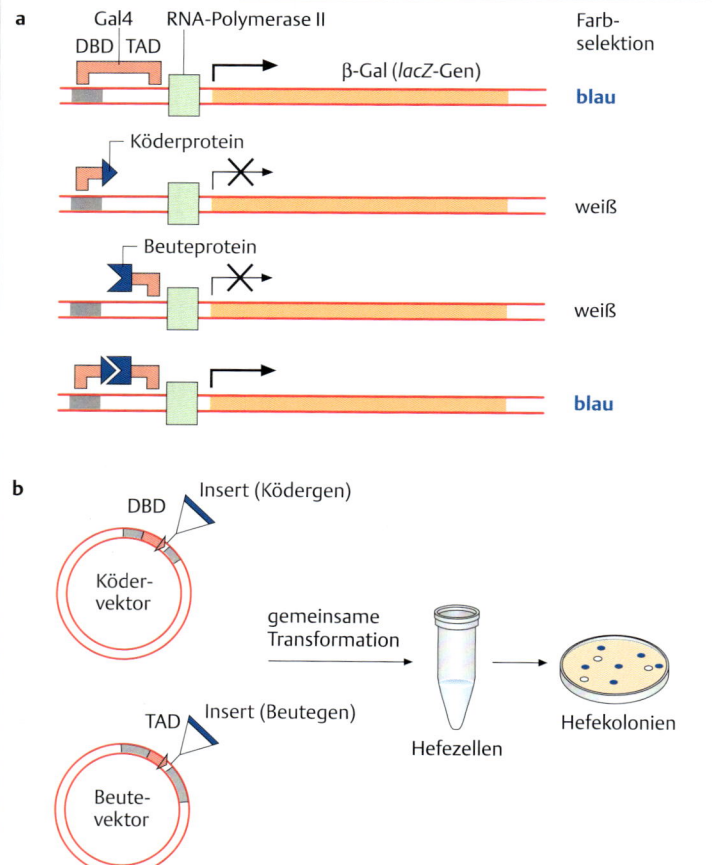

a

Gal4
RNA-Polymerase II
DBD | TAD
β-Gal (*lacZ*-Gen)

Köderprotein

Beuteprotein

Farb-selektion

blau

weiß

weiß

blau

b

Insert (Ködergen)
DBD
Ködervektor

gemeinsame Transformation

Hefezellen

Hefekolonien

TAD
Insert (Beutegen)
Beutevektor

Abb. 23.4 Das *yeast two hybrid*-System.
a Im experimentellen System liegen ein Promotor und eine notwendige Bindungsstelle für das Gal4-Protein vor einem Reportergen (β-Galactosidase), das leicht im Farbtest (S. 534) nachweisbar ist.
b Der Ködervektor enthält die Codierungssequenz für die DBD von Gal4, der Beutevektor enthält codierende Abschnitte für die TAD. In das Leseraster für die DBD fügt man die cDNA eines Proteins, dessen Wechselwirkungen man untersuchen möchte, den Köder. In das Leseraster für die TAD fügt man die cDNA-Sequenz von Beuteproteinen, die potenziell mit dem Köderprotein in Wechselwirkung treten. Dabei handelt es sich nicht selten um die gesamte cDNA-Bibliothek einer Zelle.

23.3.2 Bestimmung der Bindungsstellen von Proteinen im Chromatin

Die umfänglichen Listen des quantitativen Vorkommens von RNAs und Proteinen in einer Zelle stellen einen wichtigen Schritt von der statischen Genomsequenz hin zu einer Beschreibung der dynamischen Verhältnisse in einer Zelle dar.

Diese Dynamik ist das Produkt der Regulation genetischer Aktivität, insbesondere der Regulation der Transkription (s. Kap. 13). Nun beruht die transkriptionelle Regulation zu einem wesentlichen Teil auf DNA-bindenden Proteinen, speziell Transkriptionsfaktoren. Sie binden an Promotoren oder Enhancer und regulieren dadurch die Expression ihrer Zielgene. Während viele solcher Reaktionen seit Jahrzehnten an einzelnen Genloci im Detail studiert wurden, mussten erst Techniken für genomweite Analysen entwickelt werden, um ein systematisches Bild der Wechselwirkungen von Transkriptionsfaktoren und anderen Chromatinproteinen mit der DNA zu erhalten. Zu Techniken wie Microarrays und Sequenzierung kam vor allem die **Chromatin-Immunpräzipitation** (ChIP, *chromatin immunoprecipitation*; Methode 23.3) (S. 501).

Methode 23.3

Chromatin-Immunpräzipitation (ChIP)

Mithilfe dieser Methode wird die Besetzung von regulatorischen DNA-Elementen mit den bindenden Proteinen untersucht. Im ersten Schritt müssen die Proteine fest (kovalent) an die DNA in der Zelle gekoppelt werden (Cross-Linking; ▶ Abb. 23.5). Das erreicht man einfach durch die Behandlung von intakten Zellen mit Formaldehyd. Dann wird Chromatin aus den Zellkernen isoliert und mit geeigneten Maßnahmen (z. B. durch Scherkräfte oder DNasen) in kleinere Stücke zerlegt. Danach kommen als notwendiges Werkzeug spezifische und wirkungsvolle Antikörper gegen die zu untersuchenden Transkriptionsfaktoren zum Einsatz. Solche Antikörper können gegen jeden Transkriptionsfaktor oder gegen jedes andere chromatingebundene Protein gerichtet sein. Besonders interessant sind Antikörper, die spezielle Histonmodifikationen erkennen, z. B. Antikörper gegen H3K4me1 oder H3K9ac, also gegen Histon H3, das spezifisch am Lysin 4 methyliert oder am Lysin 9 acetyliert ist.

Die proteingebundenen Chromatinfragmente werden mithilfe der Antikörper spezifisch gefällt (präzipitiert), während der große Überschuss an anderen, nicht gebundenen Chromatinfragmenten im Überstand verbleibt. Nun untersucht man, welche DNA-Fragmente sich im spezifisch gefällten Chromatin befinden. Das kann im Einzelfall durch die PCR-Methode geschehen, aber wenn es um einen systematischen Überblick geht, sind genomweite Techniken notwendig.

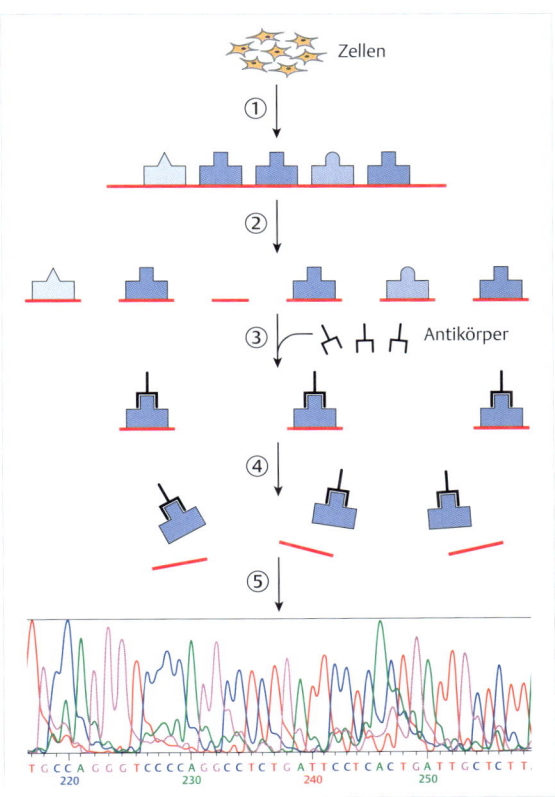

Abb. 23.5 Chromatin-Immunpräzipitation (ChIP). Die ChIP-Analytik ist in fünf Teilschritte zu unterteilen. ① Cross-Linking: Zellen in Kultur werden mit Formaldehyd behandelt. Chromatingebundene Proteine werden dadurch in den Zellkernen kovalent mit der DNA verbunden. ② Isolierung der DNA und Herstellung von Genomfragmenten: Die Protein-DNA-Komplexe werden aus den Zellen isoliert und mithilfe von Nucleasen oder durch Scherkräfte in kurze Stücke zerlegt. ③ Immunpräzipitation: Spezifische Antikörper reagieren mit den an die DNA gebundenen Proteinen und fällen diese DNA-Protein-Komplexe aus (Präzipitation). ④ Aufhebung des Cross-Linkings: Die präzipitierten Chromatinfragmente werden so behandelt, dass die DNA aus den DNA-Protein-Komplexen freigesetzt wird. ⑤ Die freien DNA-Fragmente können durch PCR vermehrt und dann sequenziert werden.

Solche genomweiten Untersuchungen führte man zunächst mit speziellen **Microarrays** (**DNA-Chips**) durch, auf denen z. B. Promotorsequenzen immobilisiert waren. Wenn man die Chromatinfragmente aus dem ChIP-Experiment mit einem solchen Microarray hybridisiert, erkennt man all jene Promotoren, an die der Transkriptionsfaktor im Startmaterial des ChIP-Experiments gebunden hatte. Wegen der Verbindung von ChIP mit DNA-Chips, wird diese Technik auch **ChIP-Chip** genannt.

Angewendet wurde die ChIP-Chip-Methode zum Studium des regulatorischen Netzwerks der Bäckerhefe. Insgesamt wurden dort die Bindungen von etwa 200 Transkriptionsfaktoren untersucht, und zwar unter unterschiedlichen Wachstumsbedingungen. So konnte man erkennen, wie verschiedene Faktoren ihre Zielpromotoren in Abhängigkeit vom jeweiligen physiologischen Zustand besetzen.

Heute setzt man die modernen **Hochdurchsatz-DNA-Sequenziertechniken** ein, um die Nucleotidsequenzen in den Chromatin-Immunpräzipitaten zu bestimmen. Passenderweise heißt dieses Verfahren **ChIP-Seq**. Ein typisches Experiment ergibt Millionen kurzer DNA-Sequenzen, die im Genom des betreffenden Organismus lokalisiert werden. Die Bedeutung dieses Verfahrens liegt hauptsächlich darin, dass man auch vorher unbekannte intergenische regulatorische Elemente, im Allgemeinen also Enhancer, entdecken kann.

Das Ergebnis eines ChIP-Seq-Experiments ist in der ▶ Abb. 23.6 gezeigt. Analysiert wurde die Bindung des Transkriptionsfaktors Fos an das *EGR1*-Gen des Menschen. Das Gen gehört zu dem Gen-Cluster, das früh nach Beginn der Proliferation aktiv ist (s. ▶ Abb. 23.2), daher die Bezeichnung EGR (*early growth response*). Das Gen hat eine Funktion bei der Regulation der Zellvermehrung.

Die genannten Techniken sind wichtige Methoden des **ENCODE-Projekts**. ENCODE (Encyclopedia of DNA Elements) wird seit 2003 vom National Human Genome Research Institute, Bethesda, USA, organisiert. An dem Projekt sind mehrere Hundert Wissenschaftler aus Dutzenden von Labors, hauptsächlich in den USA, aber auch anderen Ländern, beteiligt.

Das Ziel ist, möglichst alle funktionellen genetische Elemente im Humangenom zu lokalisieren und mit den Genomen anderer Organismen zu vergleichen. Zu den Elementen gehören natürlich alle proteincodierenden und auch die nicht-proteincodierenden Gene mit den dazugehörenden Promotoren, Enhancern und Silencern, ergänzt durch Bereiche, in denen die Cytosinbausteine in der DNA methyliert sind. Dazu kommen Startstellen für die Replikation, auch andere Besonderheiten der Chromatinstruktur wie Stellen ohne Nucleosomen (DNase-I-hypersensitive Stellen) oder Bereiche, wo Histone durch Acetyl- oder Methylgruppen (S. 151) modifiziert sind.

Im Jahr 2012 erschien eine monumentale Publikation des internationalen ENCODE-Konsortiums mit fast 600 Autoren aus drei Dutzend Labors. In der Arbeit wurden die Daten von etwa 80 % des Humangenoms vorgelegt, mit etwa 70 000 Promotoren, 400 000 Enhancern usw. Das sind viele Daten, doch die Arbeit ist damit noch nicht abgeschlossen, weil noch längst nicht alle Details berücksichtigt worden sind. Zum Beispiel wurden bis 2012 nur 120 der bekannten 1800 Transkriptionsfaktoren untersucht und nur 13 der 60 bekannten Histonmodifikationen. Dazu kommt, dass genetische Aktivität in verschiedenen Zelltypen auf unterschiedliche Weise abgerufen wird, in Abhängigkeit von der Funktion und dem physiologischen Zustand der Zelle. So gehört zum ENCODE-Projekt auch die vergleichende Untersuchung verschiedener Zelltypen – und damit werden die Wissenschaftler noch recht lange beschäftigt sein.

23.3.3 Systematischer Knock-down von Genen

Die wichtige **Knock-out-Technik** zum gezielten Ausschalten einzelner Gene von Modellorganismen ist in Kap. 27.3 beschrieben.

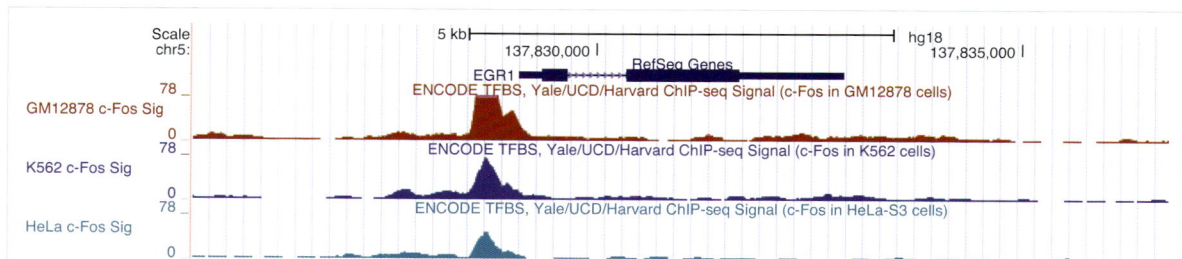

Abb. 23.6 Bindung des Transkriptionsfaktors Fos am Promotor des menschlichen Gens *EGR1*. Die Abbildung zeigt das Ergebnis von ChIP-Seq-Experimenten an drei verschiedenen Zelllinien (GM 12 878; K562 und HeLa). Das Gen *EGR1* ist durch dicke Linien für codierende Exons, weniger dicke Linien für nicht-codierende 5'- und 3'-Exonbereiche und einer dünnen Linie für ein Intron dargestellt. *EGR1* liegt auf Chromosom 5 (Chr5) und hat die Basenpaarkoordinaten 137 830 000–137 835 000. In Immunpräzipitaten mit einem Fos-spezifischen Antikörper kommen DNA-Fragmente vom Anfang des Gens häufig vor, während DNA-Fragmente aus dem Innern des Gens weitgehend fehlen. Die Zahlen links verweisen auf die Anzahl der sequenzierten Fragmente, die der Sequenz an einer Position entsprechen. Das Bild zeigt, dass Fos tatsächlich in allen drei Zelllinien an den *EGR1*-Promotor bindet. Das Signal ist in der ersten Zelllinie (GM12 878) stärker als in den beiden anderen, was man daraus ersehen kann, dass das Signal aus Platzmangel in der Darstellung oben abgeschnitten wurde. Die Abbildung wurde mit dem UCSC Genome Browser erstellt.

Im Unterschied dazu geht es hier um das systematische, genomweite Ausschalten einzelner Genprodukte eines Organismus. Diese Methodik wird als **Knockdown-Technik** bezeichnet. Eine viel verwendete Methode beruht auf **RNA-Interferenz** (RNAi) (S. 409). RNAi besteht aus zwei Schritten:

- der Hybridisierung eines komplementären RNA-Fragments an eine mRNA und
- dem gezielten Abbau dieser mRNA durch einen RNase-Komplex.

Das Ergebnis ist ein effektives Abschalten genetischer Aktivität in sequenzspezifischer Weise. In der experimentellen Praxis ist das Vorgehen einfach. Man verwendet doppelsträngige (ds) RNAs mit den Sequenzen für das auszuschaltende Gen (siRNA) (S. 410). dsRNA wird unter geeigneten Bedingungen bereitwillig von den Zellen einer Zellkultur aufgenommen. In der Zelle wird die dsRNA in Einzelstränge zerlegt, sodass der komplementäre Strang für Basenpaarungen mit der passenden mRNA zur Verfügung steht.

Zur genomweiten Anwendung kommt wieder die Array-Technologie unter Gebrauch von **Microarrays** zum Einsatz. Dabei handelt es sich um Plastik- oder Glasträger mit Vertiefungen. Jede dieser Vertiefungen enthält dsRNA, die homolog ist zu jeweils einem Gen. Ein Microarray deckt dabei im Idealfall alle Gene eines Organismus ab.

In einer der ersten Arbeiten, in denen im Jahr 2004 RNAi systematisch zum Einsatz kam, war das Repertoire an Sequenzen allerdings noch recht begrenzt. Forscher hatten dsRNAs mit Homologie zu den mRNAs aller 228 Proteinkinasegene des *Drosophila*-Genoms eingesetzt. Drei Tage nach der Transfektion von Zellkulturzellen mit der dsRNA wurde gemessen, ob die Proliferation der Zellen unterbrochen wird und, wenn ja, in welcher Phase des Zellzyklus dieses geschieht – ob etwa die Mitose gestört war und ob dabei Aufbau und Funktion des Spindelapparats betroffen waren oder sonstige Auffälligkeiten vorlagen. Das Ergebnis: Etwa 80 Proteinkinasen, also mehr als ein Drittel aller Kinasen, haben etwas mit Zellproliferation und Zellteilung zu tun. Darunter auch Proteinkinasen, deren Funktion man vorher nicht kannte. Das war ein interessantes Ergebnis, weil es weitergehende Forschungen anregte.

Bald nach den Pionierarbeiten dieser Art war die Technik so weit, dass man alle Gene eines Organismus gleichzeitig funktionell analysieren konnte. In sogenannten **Zellarrays** werden siRNAs, die zu allen mRNAs einer Zelle passen, zusammen mit den Reagenzien, die für die Transfektion notwendig sind, auf Trägern (Chips) fixiert (▶ Abb. 23.7). Die Träger werden in Kulturmedium mit Zellen inkubiert. Die Zellen adhärieren auf dem Träger, vermehren sich und nehmen dort, wo sie über einem Spot mit siRNAs wachsen, die jeweilige siRNA auf. Die Auswirkungen dieser Transfektionen werden nach eini-

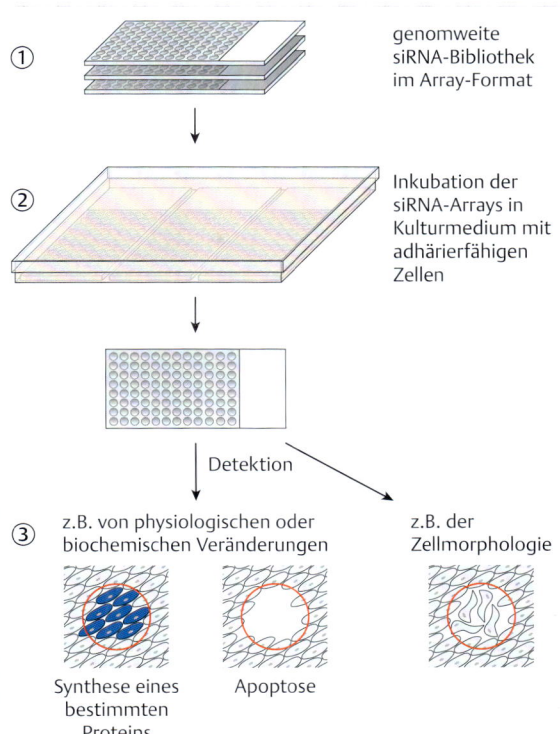

Abb. 23.7 RNAi auf Chips. ① Microarrays mit verschiedenen dsRNAs (siRNA-Biobliotheken). ②Inkubation der Microarrays in Kulturmedium mit adhärierfähigen Zellen. Die Zellen über den Spots nehmen die dsRNA auf (Transfektion) und starten Zellzyklen mit Mitosen und Zellteilungen. ③ Detektion von physiologische, biochemischen oder morphologischen Veränderungen (nachgewiesen durch geeignete Immunfärbungen). Funktionelle Assays: links: Synthese bestimmter Proteine; Mitte: Apoptose; rechts: Veränderung der Zellmorphologie. (nach Wheeler DB, Carpenter AE, Sabatini DM (2005) Cell microarrays and RNA interference chip away at gene function. Nat Genet 37: S25–S30)

gen Tagen gemessen. Je nach Fragestellung lässt sich möglicherweise ein bestimmtes Protein mit einem spezifischen Antikörper nicht mehr detektieren oder man weist ein verändertes Proliferationsverhalten bis hin zum Zelltod nach, indem man Antikörper für bestimmte zelluläre Prozesse einsetzt oder eine veränderte Morphologie beobachtet.

Eine Weiterentwicklung des Verfahrens ist die Beobachtung der proliferierenden Zellen mithilfe von **Zeitraffer-Fluoreszenzmikroskopie**. Um das zu illustrieren, erwähnen wir die höchst eindrucksvollen Arbeiten des europäischen Forscherverbundes **MitoCheck** [2]. Im Rahmen dieses Projekts wurde jedes einzelne der 21 000 proteincodierenden Gene des Humangenoms mithilfe der Hochdurchsatz-RNAi-Technik ausgeschaltet. Man fragte, ob durch das Ausschalten eines gegebenen Gens die Mitose gestört wird.

Das Besondere am MitoCheck-Projekt war die Automatisierung eines jeden Teils der Arbeit:

- Die einzelnen synthetisierten siRNAs wurden an definierten Stellen auf den Microarrayträgern fixiert. Zellen wurden auf den Microarrays verteilt und unter den Bedingungen der Zellkultur zur Proliferation gebracht.
- Als besonders eindrucksvoller Teil des Projekts kam ein automatisches Mikroskopierverfahren zum Einsatz. Dabei wurde jede mitotische Zelle im Zeitrafferverfahren gefilmt. Dies ergab insgesamt knapp 190 000 Filmsequenzen von etwas mehr als 19 Millionen Mitosen und Zellteilungen.
- Die gewaltigen Datenmengen wurden durch eigens entwickelte Computerprogramme ausgewertet. Dazu hat man die Erscheinungsbilder der Zellen in 16 morphologische Klassen aufgeteilt, darunter Prometaphase, Metaphase, Anaphase und vor allem auch pathologische Formen bis hin zur Apoptose.

Die Ausbeute dieses aufwendigen, aber zugleich technisch eleganten Verfahrens war, dass sich die Zell- und Molekularbiologen nun ein realistisches Bild von der Komplexität der Mitose und der Zellteilung machen konnten. Man weiß nun, dass dafür die Produkte von etwa 600 Genen für deren ordnungsgemäßen Ablauf des Zellzyklus zuständig sind. Darunter sind einige gute Bekannte (S. 204), aber vor allem auch viele neue Gene, was

natürlich wichtige Anstöße für weitere Forschungsarbeiten gibt. Schon bald haben Folgearbeiten gezeigt, dass viele der bekannten und der neu entdeckten Proteine zahlreiche Wechselwirkungen miteinander eingehen und sich zu Komplexen zusammenlagern. Nun gilt es, die molekularen Funktionen der Proteine im Detail zu erforschen.

Eine ergänzende methodische Beschreibung eines siRNA-vermittelten Knock-down-Screens findet sich in Kap. 27.2

Literatur

▶ Zitierte Literatur

[1] Velculescu VE, Madden SL, Zhang L et al (1999) Analysis of human transcriptomes. Nat Genet 23: 387–388

[2] Neumann B, Held M, Liebel U, Erfle H, Rogers P, Pepperkok R and Ellenberg J (2006) High-throughput RNAi screening by time-lapse imaging of live human cells. Nature Methods 3: 385–390

▶ Weiterführende Literatur

[3] Iyer VR, Eisen MB, Ross DT et al (1999) Transcription program in the response of human fibroblasts to serum. Science 283: 83–87

[4] Harbison CT, Gordon DB, Lee TII et al (2004) Transcriptional regulatory code of a eukaryotic genome. Nature 431: 99–104

[5] Neumann B, Walter T, Hériché JK et al (2010) Phenotypic profiling of the human genome by time-lapse microscopy reveals cell division genes. Nature 464: 721–727

[6] The ENCODE Project Consortium (2012) An integrated encyclopedia of DNA elements in the human genome. Nature 489: 57–74

23

Kapitel 24

Variabilität des Genoms

24 Variabilität des Genoms

Rolf Knippers

24.1 Einleitung

Es geht in diesem Kapitel um Unterschiede zwischen den Genomen von Individuen einer Art oder, auf die Humangenetik bezogen, um die Unterschiede zwischen den Genomen einzelner Personen. Wie an vielen anderen Stellen in diesem Buch werden wir auch hier das menschliche Genom in den Vordergrund stellen, weil darüber am meisten bekannt ist und weil es wichtige praktische Konsequenzen für die medizinische Forschung hat. Aber es sollte von vornherein klar sein, dass die Prinzipien, die wir kennenlernen werden, auch für die Genome anderer Arten gelten, und zwar sowohl im Tier- als auch im Pflanzenreich.

Wie wir gehört haben (Kap. 22), wurden im Rahmen des Humangenomprojekts alle Gene und die langen dazwischenliegenden DNA-Strecken sequenziert. Das Ergebnis dient bis heute als Muster oder Referenz für alle späteren Sequenzierarbeiten. Jedoch muss man berücksichtigen, dass die **Referenzsequenz** in wichtigen Punkten vom typischen Genom eines einzelnen Menschen abweicht:

- Die Referenzsequenz ist aus den Genomen mehrerer Personen zusammengesetzt und
- sie ist haploid, während jeder Mensch ein diploides Genom hat, also je ein ursprünglich väterliches Genom und ein ursprünglich mütterliches Genom.

Wenn ein beliebiges Genom mit der Referenzsequenz oder mit dem Genom eines anderen Menschen verglichen wird, fallen Unterschiede auf. Zum Beispiel stimmen die Zahlen von LINEs, SINEs und von anderen repetitiven Elementen (S. 302) nicht vollständig überein. Darüber hinaus gibt es zahlreiche weitere Unterschiede, die wir gleich nennen und später genauer betrachten werden.

Definition

Man bezeichnet die Unterschiede zwischen den individuellen Genomen einer Art nach alter genetischer Tradition als **Polymorphismen**.

Zu den umfassend untersuchten Polymorphismen gehören:

Einzelnucleotid-Polymorphismen (**SNPs**, *single nucleotide polymorphisms*; ausgesprochen „Snips") (s. Kap. 24.2) bezeichnen den Befund, dass in der Genomsequenz des einen Menschen ein bestimmtes Nucleotid steht, wo bei einem anderen Menschen ein anderes Nucleotid stehen mag. Darüber hinaus kann ein Nucleotid ausgefallen (Deletion) oder ein Extranucleotid kann eingesetzt (Inser-

tion) sein. Um solche Fälle mit einzuschließen, spricht man – allgemeiner und umfassender – von **Einzelnucleotidvarianten** (SNVs, *single nucleotide variants*).

Kap. 24.3 handelt von **Kopienzahl-Varianten** (CNVs, *copy number variants*). DNA-Segmente mit einer Länge von etwa 50 bis zu weit über einer Million Basenpaaren können in dem einen Genom vorhanden sein, in dem anderen fehlen oder in wieder anderen Genomen doppelt oder gar drei- oder mehrfach vorkommen.

Im Kap. 24.4 geht es um **Mikrosatelliten-Polymorphismen**. Mikrosatelliten sind einfache Sequenzwiederholungen von Einzelnucleotiden (z. B. AAAAA), von Dinucleotiden (z. B. CACACA) oder Trinucleotiden (z. B. CAGCAGCAG) usw. Viele Mikrosatelliten sind über das gesamte Genom verteilt und sind, wie man sagt, hoch polymorph: Es gibt erhebliche Unterschiede in Länge und Position im Genomvergleich von Person zu Person.

Im Kap. 24.5 werden **Retrotransposon-Insertionspolymorphismen** (RIPs) besprochen. Retrotransposons (S. 246) können in seltenen Fällen und nur unter bestimmten Bedingungen von einer Stelle im Genom an eine andere Stelle versetzt werden. Deswegen können sich die Genome einzelner Personen durch Zahl und Position von Retrotransposons unterscheiden.

24.2 Einzelnucleotid-Polymorphismen (SNPs)

Die Nucleotidsequenzen der Genome einzelner Personen unterscheiden sich an durchschnittlich ungefähr jeder tausendsten Stelle durch SNPs. Zum Beispiel steht im Genom der einen Person an einer bestimmten Stelle der Sequenz ein A, bei einer anderen Person kann dort ein G stehen. Unter Verwendung des alten genetischen Begriffs bezeichnet man dann den betreffenden DNA-Abschnitt als A-Allel bzw. G-Allel usw (▶ Abb. 24.1).

Beim Vergleich eines gegebenen Genoms mit der Referenzsequenz oder beim Vergleich der Genome zweier nicht verwandter Menschen findet man ca. 3 Millionen SNPs. Insgesamt kommen in der menschlichen Population schätzungsweise weit über 50 Millionen SNPs vor. Viele SNPs treten bei über 5 % aller Menschen auf. Man spricht dann von **allgemeinen** (***common***) **SNPs** und unterscheidet sie von den **selteneren** (***rare***) **SNPs** (Vorkommen: < 5 %).

SNPs entstehen durch die Mechanismen, die wir im Kap. 11 kennengelernt haben, oder auch durch Fehler bei DNA-Reparatur und Rekombination. Falls die entstandenen SNPs schädliche Auswirkungen haben, gehen sie im Laufe der folgenden Generationen verloren, falls sie nützlich sind und Vorteile bringen, werden sie sich in den be-

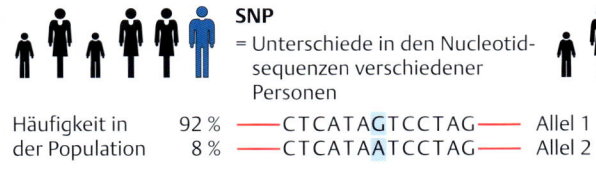

SNP
= Unterschiede in den Nucleotid-
sequenzen verschiedener
Personen

| Häufigkeit in der Population | 92 % | —CTCATA**G**TCCTAG— | Allel 1 |
| | 8 % | —CTCATA**A**TCCTAG— | Allel 2 |

Abb. 24.1 SNPs in einer Population. Die meisten Personen haben Allel 1 mit dem Nucleotid G in ihrem Genom und nur 8 % haben Allel 2 mit einem A an der entsprechenden Stelle. In dieser Population beträgt die Häufigkeit des selteneren Allels (MAF, *minor allele frequency*) 8 % (oder 0,08).

treffenden Populationen ausbreiten. Aber viele SNPs sind neutral. Wenn sie früh in der Evolution der Menschheit entstanden sind, dann haben sie sich weit verbreitet und kommen bei vielen oder gar bei allen Menschen vor. Im Gegensatz dazu stehen die seltenen SNPs (< 5 %). Sie sind relativ spät im Lauf der Evolution entstanden. Man findet sie deshalb oft nur in einzelnen ethnischen Gruppen. So gibt die weltweite Verteilung von SNPs interessante Einblicke in die Grundlagen der menschlichen Vielfalt.

Eine Zusammenstellung aller bekannten SNPs findet sich in Datenbanken, z. B. dbSNP des NCBI (National Center for Biotechnology Information).

Die ► Abb. 24.2 dient zur Illustration der Verhältnisse. Sie zeigt einige der über Tausend bekannten SNPs in und um das Gen *MC 1R* herum.

Dieses Gen ist eines der ungefähr 20 Gene, die für die Färbung (Pigmentierung) von Haut und Haaren zuständig sind. *MC 1R* codiert einen Melanocortinrezeptor und besondere Varianten des Gens gehen mit roten Haaren und sehr heller Hautfarbe einher.

Die erste **individuelle Sequenz eines menschlichen Genoms** ist bezeichnenderweise die von J. Craig Venter selbst (veröffentlicht im Jahr 2007), der mit seiner Firma Celera Genomics energisch die Sequenzierung des Hu-

mangenoms vorangebracht hatte (S. 485). Die zweite individuelle Sequenz eines menschlichen Genoms ist von James D. Watson (2008), dem charismatischen Mitentdecker der DNA-Struktur (S. 30). Bei Vergleichen mit der Referenzsequenz findet man sowohl im Genom von Venter als auch in dem von Watson etwa 3,2 Millionen SNPs. Jeweils etwa die Hälfte davon kommt sowohl beim einen als auch beim anderen vor, was nicht verwundert, denn beide sind US-Amerikaner mit Vorfahren aus Großbritannien.

Neben den gemeinsamen SNPs besitzen beide Genome etwa 1,5 Millionen individuelle SNPs. Diese SNPs müssen den vererbbaren Eigenschaften der beiden recht unterschiedlichen Menschen zugrunde liegen: Körpergröße und Körperformen, Anfälligkeit für Krankheiten, manche Verhaltensformen u. a.

Allgemein gesprochen ist das ja auch der Grund dafür, warum SNPs so interessant sind, und in manchen Fällen kennt man auch schon die Beziehung zwischen einem gegebenen SNP und dem Phänotyp (s. ► Abb. 24.2). Aber insgesamt ist es noch nicht möglich, von den individuellen SNPs auf das Erscheinungsbild einer Person zu schließen.

24

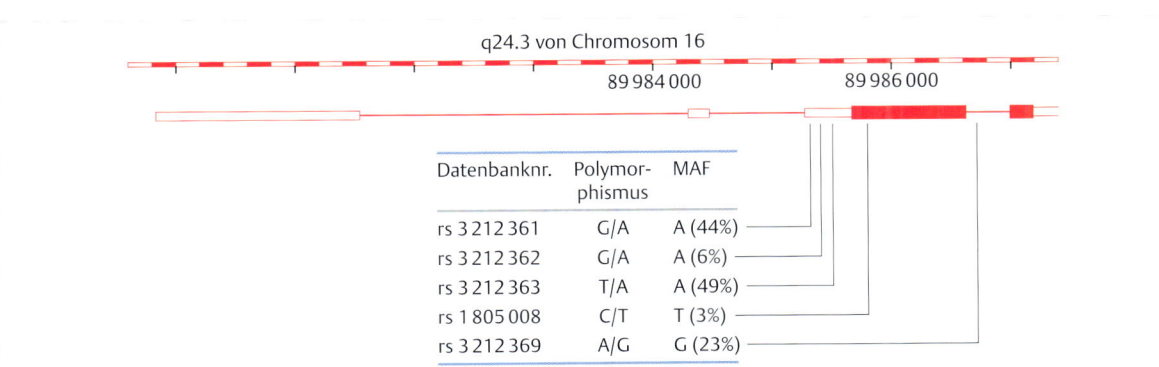

Datenbanknr.	Polymorphismus	MAF
rs 3 212 361	G/A	A (44%)
rs 3 212 362	G/A	A (6%)
rs 3 212 363	T/A	A (49%)
rs 1 805 008	C/T	T (3%)
rs 3 212 369	A/G	G (23%)

Abb. 24.2 SNPs in einem Gen. Unser Beispiel ist das Gen *MC 1R*, das einen Melanocortinrezeptor codiert. Oben: Abschnitt des Chromosoms 16 (Bande q24.3) mit den Basenpaarnummern des Referenzgenoms (aus dem Ensembl Genome Browser). Mitte: Rote horizontale Striche stehen für Introns, rote offene Kästen symbolisieren nicht-codierende Abschnitte des Gens, die ausgefüllten Kästen stehen für proteincodierende Abschnitte (offene Leseraster). Im hier abgebildeten Ausschnitt sind etwa 1600 SNPs identifiziert worden, außerhalb und innerhalb der proteincodierenden Abschnitte. Unten: Die Tabelle zeigt einen kleinen Teil dieser SNPs mit der offiziellen Nummer aus der dbSNP-Datenbank (rs, *reference SNP*) und der Art des Polymorphismus. Die MAF (*minor allele frequency*) gibt an, welches der beiden Allele seltener ist (in Klammern die Häufigkeit in Prozent). Beachte, dass der SNP mit der Bezeichnung 1 805 008 im offenen Leseraster vorkommt. Wenn dort das seltenere Thymin steht (T-Allel), ist aus dem normalen (häufigeren) Codon für Arginin das Codon für Tryptophan geworden. Das T-Allel kommt in nordeuropäischen Populationen relativ oft vor und geht mit heller Haar- und Hautfarbe einher.

24.2.1 SNPs als DNA-Marker

In den frühen Zeiten der Genetik verfolgte man den Gang der Gene durch die Generationen anhand besonders auffälliger phänotypischer Merkmale. Wir erinnern an die veränderten Flügelformen und die schwarze Körperfarbe der *Drosophila*-Mutanten im klassischen Kreuzungsexperiment der ▸ Abb. 22.1. Diese gut sichtbaren Merkmale markieren die zugehörigen Gene – es sind **Genmarker**. Viele Kreuzungen sind nötig, um die Vererbung von Genmarkern zu untersuchen. Deswegen kann das Konzept der Genmarker nicht auf die Humangenetik übertragen werden.

In den 1980er-Jahren kam dann die Idee auf, die Sequenzvariationen im Humangenom für die Genetik zu nutzen, als **DNA-Marker**. Anhand von SNPs lässt sich die Weitergabe von Genen und Genomabschnitten über die Generationen verfolgen. Um 1985 gab es die modernen Methoden zum Nachweis von SNPs noch nicht. Man verließ sich auf einen Nucleotidaustausch an den Schnittstellen von Restriktionsendonucleasen. Damit lassen sich **Restriktionsfragment-Längenpolymorphismen** (RFLPs) (S.477) identifizieren, die, wie schon erläutert, von Bedeutung für die Anfangsphase des Humangenomprojekts waren. Zur Erinnerung verweisen wir auf die ▸ Abb. 22.5, die noch einmal klarmachen soll, dass RFLPs nach den Regeln von Mendel vererbt werden, denn Nachkommen erwerben je ein Allel vom Vater und eines von der Mutter.

Diese einfache Tatsache wurde in den Jahren zwischen 1980 und 2000 bei der Erforschung von Erbkrankheiten eingesetzt. Man untersuchte, ob eine Krankheit gekoppelt mit einem RFLP vererbt wird. Dieses Verfahren nannte man „**positionelles Klonieren**" (Plus 24.1) (S.508). Es lief in vier Schritten ab:

- Das gesuchte Gen wird mithilfe von Kopplungsanalysen zuerst auf einem Chromosom und dann auf der Genkarte lokalisiert.
- DNA-Marker, die möglichst eng beiderseits des Gens liegen, werden gesucht.
- Die DNA zwischen diesen Markern muss das Gen enthalten und wird mithilfe einer geeigneten Sonde aus einer Genombibliothek (S.532) isoliert.
- Wenn ein mögliches **Kandidatengen** identifiziert worden ist, werden die Genome gesunder und kranker Personen verglichen. Wenn im Kandidatengen eine auffällige Mutation vorkommt, kann man davon ausgehen, dass es für die Krankheit verantwortlich ist.

Für Arbeiten dieser Art sind sehr viele Untersuchungen von der Art der ▸ Abb. 22.5 nötig. Man konnte einige Schritte automatisieren, aber es blieb doch noch sehr viel Handarbeit übrig. So sind die Laborarbeiten jener Jahre bewundernswerte Anstrengungen, die freilich in einigen Fällen auch zu beachtlichen Erfolgen geführt haben. Zum Beispiel gilt die Aufklärung einer der häufigsten Erbkrankheiten in Europa, der **Cystischen Fibrose** (Mukoviszidose), als Meilenstein in der Medizingeschichte (▸ Abb. 24.3). Vor Beginn der Arbeiten wusste man sehr wenig über die Ursache der Krankheit und hatte keinerlei Informationen über das betroffene Protein. Aber seit der grundlegenden Publikation im Jahr 1989 gehört die Cystische Fibrose zu einer der am besten untersuchten Erbkrankheiten des Menschen.

Plus 24.1

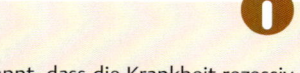

Positionelles Klonieren

Positionelles Klonieren ist ein Verfahren, das zur Aufklärung der genetischen Grundlage von Erbkrankheiten eingesetzt wurde, und zwar von Erbkrankheiten, von denen nichts weiter bekannt war als der medizinische Phänotyp.

Als Beispiel nennen wir die Erforschung der Krankheit **Cystische Fibrose** (CF, Mukoviszidose), an der in Deutschland 6 000–8 000 Menschen leiden. Die Krankheit geht mit einer Störung des Wasser- und Salzhaushalts in allen exokrinen Drüsen einher. Zähes und verdicktes Sekret verstopft die Ausgangswege der Drüsen, die allmählich durch Cysten und Bindegewebe ersetzt werden und zugrunde gehen. Besonders dramatisch ist der Verschluss der Bronchien, wo sich Bakterien (*Pseudomonas aeruginosa*) auf der zähen Sekretschicht niederlassen und chronische Entzündungen verursachen. Die Konsequenzen sind oft Störungen der kindlichen Entwicklung und reduzierte körperliche Leistungsfähigkeit.

Seit vielen Jahren ist bekannt, dass die Krankheit rezessiv und gekoppelt an ein Autosom vererbt wird. Aber an welches? Kanadische Genetiker begannen ihre Untersuchungen an mehr als 40 Familien mit einem oder mehreren kranken Kindern. In umfangreichen Versuchen konnte nachgewiesen werden, dass das verantwortliche **CFTR-Gen** (**c**ystic **f**ibrosis **t**ransmembrane **r**egulator) gekoppelt mit einem bestimmten RFLP, gekennzeichnet durch den **DNA-Marker D7S15**, vererbt wird. Eltern waren heterozygot und die CF-kranken Kinder homozygot für diesen DNA-Marker. *In situ*-Hybridisierungen zeigten, dass der DNA-Marker auf dem langen Arm von Chromosom 7 an der Stelle 7q31.3 vorkommt. Damit war eine Lokalisation des Gens gelungen.

Weitere Untersuchungen ergaben, dass das *CFTR*-Gen und der D7S15-Marker in etwa 13 % der Familien durch Rekombination voneinander getrennt werden. Anders gesagt, auf der Genkarte liegen 13 cM zwischen dem *CFTR*-Gen und dem D7S15-Marker. Die Genkarte von Chromo-

24

som 7 besteht aus etwa 220 cM und die Gesamt-DNA von Chromosom 7 ist 170×10^6 bp lang. Deshalb lässt sich schätzen, dass zwischen Marker und *CFTR*-Gen 10×10^6 bp liegen müssen. Weil zurzeit dieser Arbeiten (um 1985) keinerlei Nucleotidsequenzen in diesem Bereich bekannt waren, blieb nichts anderes übrig, als nach weiteren DNA-Markern zu fahnden, die enger mit dem *CFTR*-Gen gekoppelt vererbt werden, also nicht durch Rekombination vom *CFTR*-Gen getrennt werden. Solche Marker wurden gefunden. Die dabei verwendeten DNA-Sonden konnten dann bei der Isolierung von Klonen aus einer Genombibliothek eingesetzt werden. Nach einigen weiteren experimentellen Anstrengungen gelang dann schließlich die Identifizierung des *CFTR*-Gens.

Das **CFTR-Gen** ist etwa 230 kb lang und besteht aus 27 Exons. Es codiert ein Protein aus 1480 Aminosäuren mit zwölf hydrophoben Bereichen, die in der Cytoplasmamembran liegen. Überdies enthält es zwei Nucleotidbindungsstellen. Damit gleicht das Protein bekannten Ionentransportproteinen, und Experimente zeigen, dass es Chlorid-Ionen durch die Zellmembran befördert – daher die Bezeichnung von Gen und Protein als CFTR (*cystic fibrosis transmembrane regulator*) (▶ Abb. 24.3).

Forschergruppen haben die *CFTR*-Gene von mehreren Tausend CF-Patienten untersucht. Das Ergebnis ist, dass bei zwei Drittel aller Patienten eine Deletion von drei Basenpaaren vorliegt. Dies führt zu einem Verlust eines Phenylalaninbausteins an der Stelle 508 der Aminosäuresequenz im Protein (ΔF508-Mutation). Die Mutationen bei anderen Patienten bestehen aus einem Austausch von Nucleotiden an vielen anderen Stellen des Gens.

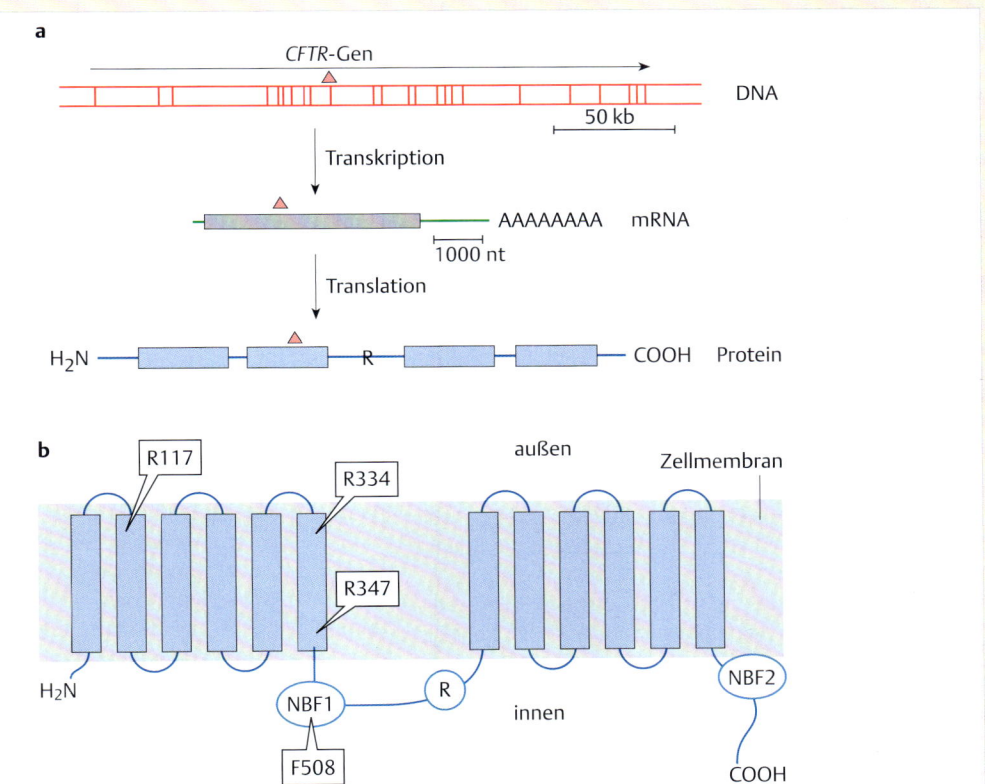

Abb. 24.3 Das *CFTR*-Gen und seine Expression. Mutationen in dem Gen verursachen die weit verbreitete Erbkrankheit Cystische Fibrose, auch Mukoviszidose genannt. (nach Collins FS (1992) Cystic fibrosis: molecular biology and therapeutic implications. Science: 256: 774–779)

a Oben ist das Gen mit den 27 Exons (vertikale rote Striche) und der prä-mRNA (Pfeil) dargestellt. Im Exon Nr. 10 liegt die Deletion der drei Basenpaare (Dreieck), die für die häufigste Form der Krankheit in Europa verantwortlich ist. Bei der mRNA sind codierende Bereiche (ORF, grau) und nicht-codierende Bereiche (grün) dargestellt. Dreieck = Deletion des Phenylalanin-Codons. Protein: Die blau ausgefüllten Bereiche kennzeichnen die hydrophoben Abschnitte für die Einlagerung des Proteins in die Zellmembran und die Nucleotidbindungsfalten. Dreieck = Deletion des Phenylalanin-Bausteins.

b Topologie des Proteins mit dem aminoterminalen Ende (N) links und dem carboxyterminalen Ende (C) rechts. Die blauen Abschnitte kennzeichnen hydrophobe Bereiche für den Einbau in die Zellmembran. Die Mutation ΔF508 liegt in einer der beiden Nucleotidbindungsfalten. Andere Mutationen wie R117, R334 und R347 betreffen membranständige Bereiche. Auch sie verursachen die Cystische Fibrose. R = regulatorische Domäne, NBF = Nucleotidbindungsfalte.

Über den weiten Weg des positionellen Klonierens sind einige Dutzend weit verbreitete Erbkrankheiten aufgeklärt worden. Dazu gehören die erbliche Duchenne-Muskeldystrophie, die Huntington-Krankheit (S. 517) und die Neurofibromatose.

24.2.2 Haplotypen

Man findet bei vielen Menschen in unterschiedlichen Populationen dieselbe **Reihenfolge von SNPs**. Das ist auf den ersten Blick erstaunlich, denn die allgemeinen SNPs sind durch Mutationen früh in der Evolution des Menschen entstanden und man könnte annehmen, dass ihre Reihenfolge durch Rekombinationen in den vielen Meiosen aufeinanderfolgender Generationen kräftig durcheinander gebracht worden sind. Aber das ist offensichtlich nicht der Fall. Der Grund dafür ist, dass sich Rekombinationen an bevorzugten Stellen, sogenannten **Hot Spots**, ereignen. So werden Genomabschnitte zwischen den Hot Spots von bis zu 100 kb und mehr weitgehend intakt von Generation zu Generation weitergegeben und damit auch Blöcke von SNP-markierten Allelen. Man nennt solche Blöcke **Haplotypen** (▶ Abb. 24.4).

Definition

Haplotypen sind Gruppen oder Kombinationen von Allelen auf begrenzten Abschnitten eines Chromosoms.

Für die Vererbung solcher Allelblöcke wird der Fachausdruck **Kopplungsungleichgewicht** (LD, *linkage disequilibrium*) verwendet. Der Wert von LD ist eine statistische Größe (die wir hier nicht ableiten wollen) und gibt die Wahrscheinlichkeit an, mit der die gemessenen Daten von einer zufälligen Allelverteilung abweichen. Je höher diese Wahrscheinlichkeit ist, desto enger liegen die Allele beieinander.

SNPs und ihre Anordnung in Haplotypen werden mit erheblichem Aufwand von internationalen Forschungsverbünden untersucht, etwa vom International HapMap Project. Der Aufwand betrifft die Suche nach den Genen für Merkmale wie Körpergröße, Gewicht, Pigmentierung von Haut und Haaren u. a., aber im Vordergrund steht die Erforschung der genetischen Grundlagen für die häufigen Krankheiten des Menschen. Erfahrungen aus dem klinischen Bereich und Bevölkerungsstudien zeigen, dass genetische Einflüsse oft eine mindestens ebenso große

Bedeutung für die Entstehung und den Verlauf von Asthma, Herz-Kreislauf-Erkrankungen, Rheumatismus, Diabetes, den großen Psychosen u. a. haben wie Einflüsse aus der natürlichen und sozialen Umwelt. Aber diese Krankheiten werden nicht wie die klassischen Erbkrankheiten über einzelne Gene und in einfachen Erbgängen von den Eltern an die Nachkommen weitergegeben (**monogenische Vererbung**), sondern über viele Gene (**polygenische Vererbung**) (▶ Abb. 24.5).

Neben der Cystischen Fibrose sind auch die Sichelzellenanämie oder eine der verschiedenen Formen von Hämophilie (Bluterkrankheit) monogenisch vererbte Erkrankungen. Asthma wird dagegen polygenisch vererbt.

Ein Modell der polygenischen Vererbung ist, dass jedes einzelne Gen (Allel) keine oder vielleicht nur eine kleine Auswirkung hat und erst eine Kombination vieler Gene dieser Art die Krankheit auslöst (▶ Abb. 24.5).

Die Erforschung der Verhältnisse ist nicht einfach. Um hier voranzukommen, prüft man in groß angelegten Studien, welche SNPs gekoppelt mit der Krankheit vorkommen. Wie aus der ▶ Abb. 24.4 hervorgeht, ist es dabei nicht unbedingt nötig, alle SNPs zu erfassen, sondern nur solche, die charakteristisch für einen gegebenen Haplotyp sind.

24.2.3 DNA-Chips

Als DNA-Marker haben RFLPs offensichtlich ihre Grenzen, denn man kann nur einen kleinen Teil der SNPs nachweisen, weshalb viel Information verloren geht. Aber noch wichtiger ist, dass der Nachweis von RFLPs mit einem enormen Aufwand an Laborarbeit verbunden ist. Eine methodische Weiterentwicklung war notwendig, wenn man die große Zahl von Personen untersuchen will, wie es für die Erforschung polygenischer Erbgänge notwendig ist. Die neuen Methoden sind mit den Begriffen **DNA-Chips** oder **DNA-Microarrays** verbunden. Firmen wie Affymetrix, Agilent und Illumina u. a. haben verschiedene technische Lösungen entwickelt, aber die Prinzipien sind ähnlich. Sie werden durch zwei Stichwörter gekennzeichnet: Miniaturisierung und DNA-Hybridisierung.

Die **Miniaturisierung** erfolgt mithilfe von Verfahren, die ursprünglich aus der Halbleiterfertigung stammen. Es werden Zehntausende von DNA-Stücken mit bekannten Sequenzen (meist 50–70 bp lang) auf briefmarkengroßen Trägern aus Plastik oder Glas fixiert (DNA-Chips). Bei der

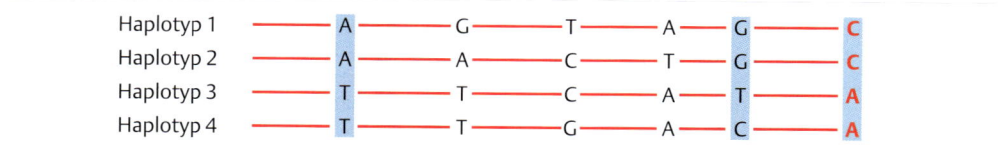

Abb. 24.4 SNPs und Haplotypen. Ein Haplotyp besteht aus einer Reihe von SNP-Allelen. Die waagrechten Linien entsprechen DNA-Abschnitten von 2000–3 000 bp, nur die variablen Nucleotide sind gezeigt. Zur Bestimmung eines Haplotyps müssen nicht unbedingt alle SNPs ermittelt werden. Einige wenige SNPs reichen aus, wie etwa die, die hier hervorgehoben sind.

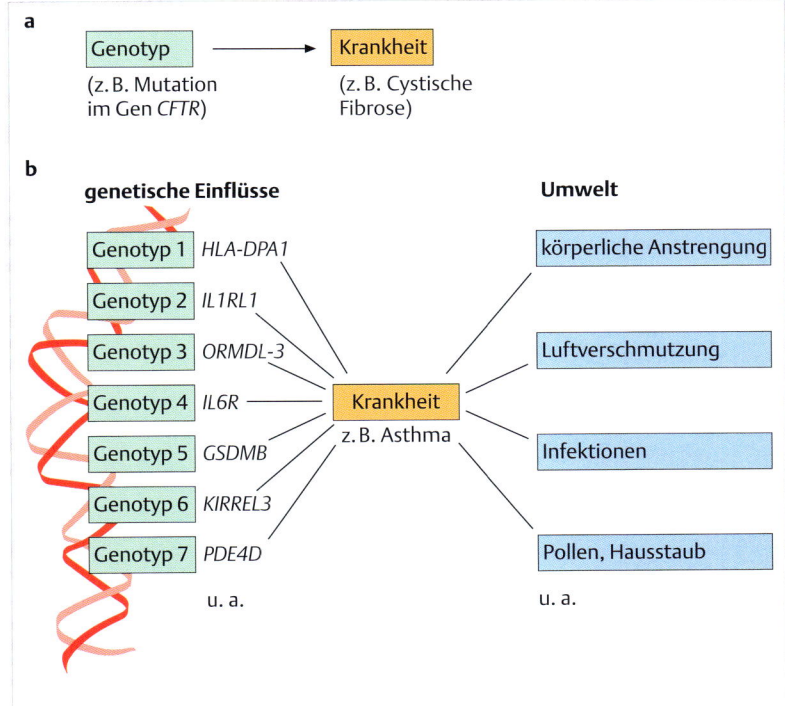

a

Genotyp → Krankheit
(z. B. Mutation im Gen *CFTR*) (z. B. Cystische Fibrose)

b

genetische Einflüsse   Umwelt

Genotyp 1 *HLA-DPA1*   körperliche Anstrengung

Genotyp 2 *IL1RL1*

Genotyp 3 *ORMDL-3*   Luftverschmutzung

Genotyp 4 *IL6R* — Krankheit

Genotyp 5 *GSDMB* z. B. Asthma   Infektionen

Genotyp 6 *KIRREL3*

Genotyp 7 *PDE4D*   Pollen, Hausstaub

u. a.   u. a.

Abb. 24.5 Monogenische und polygenische Krankheiten.

a Wir nehmen die Cystische Fibrose als Beispiel für eine monogenische Krankheit. Eine häufige Ursache für die Cystische Fibrose ist die Deletion von drei Basenpaaren im *CFTR*-Gen, die zu einem Verlust des Phenylalaninbausteins an Position 508 der Aminosäuresequenz führt. Aber trotz identischer Mutation kann die Krankheit bei einzelnen Patienten ganz unterschiedlich verlaufen. Man muss schließen, dass andere Gene die Ausprägung des klinischen Phänotyps beeinflussen. Das Wort „monogenisch" ist also eine Vereinfachung.

b Beispiel für eine polygenische Erkrankung ist Asthma. Mehrere Gene können in unterschiedlichem Ausmaß beteiligt sein und es ist typisch für polygenische Krankheiten, dass sie stark von Umwelteinflüssen geprägt sind. (nach Daten aus dem Catalog of Published Genome-Wide Association Studies ("http://www.genome.gov/26 525 384" NHGRI GWAS Catalog) des National Human Genome Research Institute, Bethesda, Maryland, USA)

Hybridisierung werden Fragmente der zu untersuchenden DNA-Probe auf die Chips gegeben und die komplementären Sequenzen hybridisieren. Volle Komplementarität zwischen den fixierten und den zugegebenen Fragmenten ergibt eine starke Bindung, sodass sich nicht oder nur wenig komplementäre und daher nur schwach gebundene Fragmente durch Abwaschen entfernen lassen. Eine Fluoreszenzmarkierung der Probe zeigt erfolgreiche und komplette Basenpaarungen an. Das Ergebnis wird mit Laserfotografie registriert und gespeichert. Wir verweisen auf die ▶ Abb. 23.3, wo DNA-Chips in einem anderen Zusammenhang beschrieben werden.

24.2.4 Genotypisierung

Mithilfe von DNA-Chips oder Microarrays lassen sich in einem Experiment einige Hunderttausend SNPs einer Person bestimmen. Man bezeichnet dieses Vorgehen als **Genotypisierung**. Das war die Grundlage für eine der wichtigsten Vorhaben der medizinischen Grundlagenforschung in den vergangenen Jahrzehnten: **genomweite Assoziationsstudien** (GWAS, *genome wide association studies*). Dabei geht es um die genetischen Grundlagen der häufigen Krankheiten des Menschen. Etwa seit dem Jahr 2005 werden weit verbreitete Krankheiten mithilfe der DNA-Chip-Technologie erforscht. Das Ziel ist, eine Kopplung von SNPs mit einer (polygenischen) Krankheit oder mit einem Körpermerkmal wie Größe, Gewicht oder Haut- und Haarfarbe nachzuweisen und als statistisch signifikant zu sichern. Der gekoppelte SNP muss nicht in einem Exon liegen, ja, nicht einmal in einem Intron des Gens. Wichtig ist die enge genomische Nachbarschaft zu dem interessierenden Gen.

Eine typische genomweite Assoziationsstudie durchläuft vier Phasen:

1. **Zusammenstellung der Probanden:** Zuerst werden eine möglichst große Gruppe von Patienten oder von Trägern eines Merkmals und eine ebenso große Gruppe von Kontrollpersonen, die möglichst aus derselben ethnischen Population stammen sollen, zusammengestellt.

2. **Isolierung der DNA:** Anschließend wird die DNA, etwa aus einigen Millilitern Blut, isoliert, gefolgt von der Genotypisierung.

3. **Statistische Auswertung:** Es ist offensichtlich, dass die Statistik das Herzstück des Verfahrens ist. Jede Person liefert einige Hunderttausend Datenpunkte in Form von SNPs. So fallen bei jeder Studie viele Millionen, ja einige Milliarden einzelner Datenpunkte an. Nur mithilfe komplexer statistischer Verfahren lässt sich entscheiden, ob eine bestimmte Nucleotidvariante bei der Gruppe der Patienten oder Merkmalträger häufiger an einer gegebenen Stelle des Genoms vorkommt als bei den Kontrollpersonen. Um Zufälligkeiten so weit wie möglich auszuschließen, legt man die Messlatte sehr hoch, meist bei p-Werten von 10^{-7}–10^{-8}. Der p-Wert (p, *probability*) gibt die Wahrscheinlichkeit an, mit der die beobachtete Assoziation durch Zufall entstanden sein könnte.

4. **Unabhängige Bestätigung:** Eine vierte Station wurde notwendig, nachdem als sich herausgestellt hatte, dass sich in vielen Fällen die Ergebnisse von GWA-Studien nicht oder nicht überzeugend reproduzieren ließen. So

24

suchte man nach unabhängigen Bestätigungen. Eine Möglichkeit ist eine schlichte Wiederholung der Arbeit, jedoch mit neuen Kollektiven von Patienten und Kontrollpersonen. Eine zweite Möglichkeit besteht dann, die Funktion des identifizierten Gens bzw. Genprodukts in Tierversuchen oder mit anderen Methoden zu analysieren. Ist das Ergebnis plausibel, kann man schließen, dass das SNP-gekoppelte Gen etwas mit dem Merkmal oder der Krankheit zu tun hat.

Über GWA-Studien sind mehrere Hundert interessante Gene identifiziert worden. Zum Beispiel zwei Dutzend Gene für den weit verbreiteten Typ-2-Diabetes, mehrere Dutzend für Morbus Crohn (eine chronisch entzündliche Darmerkrankung), ein Dutzend für Anfälligkeit für Herzinfarkt usw. Bis Ende 2012 sind etwa 1600 GWA-Studien publiziert worden. Einen Überblick über frühere und neueste Arbeiten bietet der Catalog of Published Genome-Wide Association Studies des National Human Genome Research Institute, USA. Dies ist eine recht eindrucksvolle Zusammenstellung von Genen, besonders wenn man berücksichtigt, dass vorher die Bedeutung vieler Gene für die betreffenden Krankheiten völlig unbekannt war. Zur Illustration werfen wir einen kurzen Blick auf eine GWA-Studie zur Entstehung von Asthma (Plus 24.2) (S. 512).

Plus 24.2

Entstehung von Asthma: eine GWA-Studie

Die GWA-Studie zur genetischen Grundlage von Asthma wurde von europäischen Forschergruppen durchgeführt [1]. Die Forscher untersuchten insgesamt 10 365 Asthma-Patienten und 16 110 Kontrollpersonen aus neun europäischen Ländern sowie aus Australien und Kanada. Bei jeder einzelnen Person wurden fast 600 000 SNPs überprüft, was zusammen ungefähr 15 Milliarden Datenpunkte ergibt. Die wichtigen Ergebnisse sind in der ▶ Abb. 24.6 zusammengefasst.

Wenn ein p-Wert von $p = 7,2 \times 10^{-8}$ als Schwelle vorgegeben wird, zeigt sich, dass an sechs Stellen (Loci) bestimmte SNP-Allele häufiger in den Genomen von Patienten vorkommen und mit der Krankheit assoziiert sind als in den Genomen von Kontrollpersonen. Liegt die Messlatte mit $p = 5 \times 10^{-7}$ noch einmal niedriger, treten noch einige zusätzliche Assoziationen und somit einige zusätzliche Gene in Erscheinung.

Es führte zu weit, wenn wir die Funktionen der Gene in der ▶ Abb. 24.6 im einzelnen besprechen und kommentieren würden. Eine Anmerkung mag genügen. Zu den Genen, die mit Asthma assoziiert sind, gehören einige, die die Aktivität von T-Helfer-Lymphocyten bei Entzündungen steuern, insbesondere auch bei Entzündungen der Atemwege. Andere Gene sind im Zusammenhang mit Asthma vorher nicht in Erscheinung getreten. Aber gerade solche Gene sind von Interesse, weil sich neue Perspektiven für das Verständnis der Asthma-Erkrankung und womöglich auch für neue Therapien bieten. Weitere Informationen finden sich auf der Internetseite OMIM (Online Mendelian Inheritance of Man), wo alle menschlichen Gene von medizinischem Interesse aufgelistet sind.

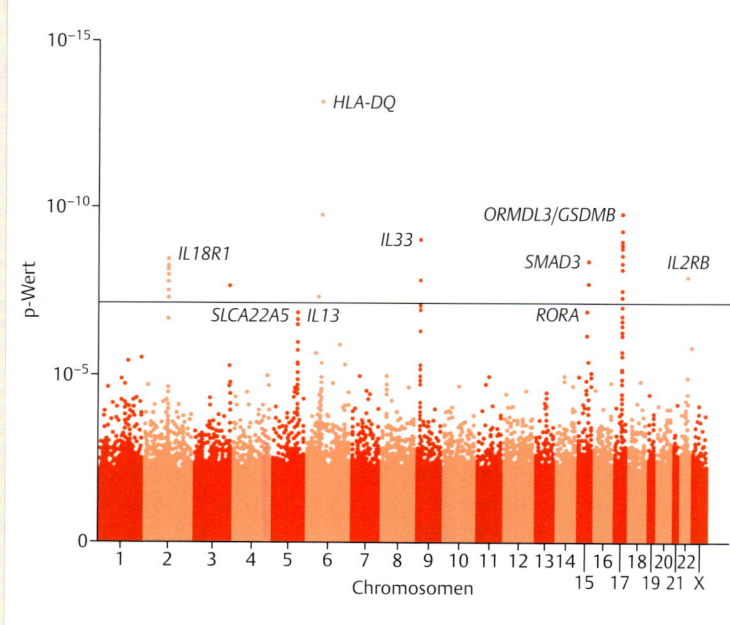

Abb. 24.6 Eine genomweite Assoziationsstudie (GWA) zur genetischen Grundlage von Asthma. Auf der x-Achse sind die menschlichen Chromosomen notiert und auf der y-Achse die Wahrscheinlichkeit (p-Wert), mit der ein gegebener SNP mit Asthma assoziiert ist. Die querlaufende horizontale Linie gibt als selbst gesetzte Schwelle den p-Wert von $7,2 \times 10^{-8}$ an. Gene, die mit statistischer Sicherheit identifiziert wurden, sind eigens bezeichnet. An der Spitze steht das Gen *HLA-DQ*, das ein Protein des Haupthistokompatibilitätskomplexes codiert und somit für die Steuerung der Immunantwort wichtig ist. Die Abbildung enthält alle Messpunkte, von denen aber nur wenige aus dem allgemeinen Gedränge herausragen, so wie Wolkenkratzer über eine Dachlandschaft. Deswegen heißen Darstellungen dieser Art Manhattan Plots. (nach Moffatt MF, Gut IG, Demenais F et al (2010) A large-scale, consortium-based genomewide association study of asthma. N Engl J Med 363: 1211–1221)

Die Liste der Gene, die mithilfe von GWA-Studien identifiziert worden ist, ist sicher eindrucksvoll. Aber sie ist sicher nicht vollständig. Genetiker haben darüber debattiert, ob die Zahl der Teilnehmer an den Untersuchungen weiter erhöht werden muss, damit die Wahrscheinlichkeit, auch noch die letzten SNP-Allele zu finden, größer wird, oder ob das Konzept, wonach weit verbreitete Varianten auch für weit verbreitete Krankheiten verantwortlich sind (*common variant – common disease*), unzutreffend ist. Vielleicht kommen zusätzlich zu den jeweils schwach wirkenden häufigen SNP-Allelen noch seltene SNPs hinzu, die ein krankheitsrelevantes Gen direkt treffen, aber von Patient zu Patient verschieden sind und deswegen durch das Netz der GWA-Studien fallen.

24.3 Kopienzahl-Varianten (CNVs)

Wie frühe Untersuchungen der Cytogenetiker gezeigt haben, kommen Deletionen von Chromosomenabschnitten (S. 250) immer einmal wieder vor und gehen dann mit schweren Störungen der Entwicklung einher. Solche mikroskopisch sichtbaren Deletionen umfassen Genomabschnitte von über fünf Millionen Basenpaaren, die oft viele Gene enthalten. Deletionen dieser Größe sind sehr selten.

Anders verhält es sich mit Deletionen von Genombereichen zwischen etwa 50 bis zu einer Million Basenpaare. Sie kommen oft vor. Das weiß man seit dem Jahr 2004, als das Konzept der Genotypisierung in Form **vergleichender genomischer Hybridisierung** (CGH, *comparative genomic hybridization*) etabliert wurde. Man entdeckte nicht nur Deletionen, sondern auch andere strukturelle Veränderungen wie Duplikationen und Inversionen. Die allgemeine Bezeichnung dafür ist **Kopienzahl-Varianten** (CNVs, *copy number variants*).

Es war eine zunächst überraschende Entdeckung, dass Kopienzahl-Varianten, meist Deletionen, recht häufig sind, es gibt pro Genom ca. 1500 und mehr. CNVs können bis zu 10 % und mehr eines Genoms umfassen und somit mehr Nucleotide betreffen als alle SNPs zusammen. Man muss somit schließen, dass CNVs eine wichtige, wenn nicht die wichtigste Grundlage für genetische Vielfalt sind. Die meisten CNVs liegen natürlich in den langen genomischen Bereichen zwischen den Genen. Aber viele CNVs reichen in protein- oder RNA-codierende Gene hinein und verändern deren Funktion, oft mit gesundheitlichen Konsequenzen für die betroffenen Personen.

▶ **Entstehung von CNVs.** Die molekularen Ursachen für CNVs sind von Fall zu Fall verschieden. Es können Fehler bei der DNA-Reparatur (NHEJ) (S. 278) oder der Replikation sein. Aber meist sind es wohl fehlgeleitete Rekombinationen. Man bedenke, dass sich Rekombinationen in der Meiose (S. 217) normalerweise zwischen homologen Chromosomen ereignen, genauer zwischen Bereichen mit

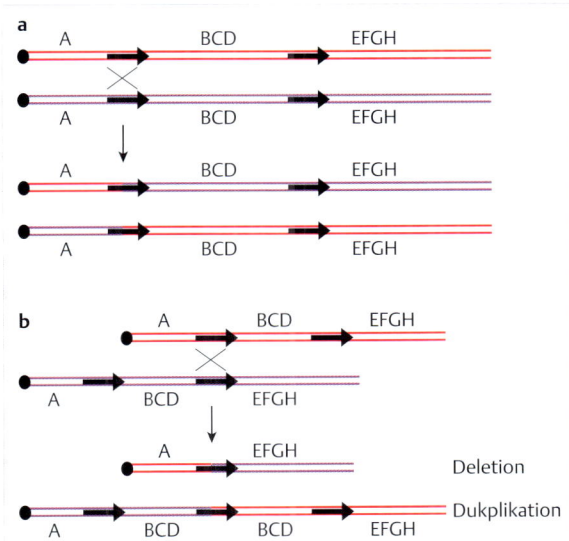

Abb. 24.7 Entstehung von CNVs durch nicht allelische homologe Rekombination.
a Allelische homologe Rekombination. Normale Rekombination („Brechen und Wiederverknüpfen") an Stellen mit gleichen Sequenzen in den beteiligten Chromosomen.
b Nicht allelische homologe Rekombination. Fehlgeleitete Rekombination. Das Geschehen spielt sich versetzt zwischen repetitiven Elementen an verschiedenen Stellen auf beiden homologen Chromosomen ab.

gleichen Basenpaarsequenzen. Fehlgeleitet ist eine Rekombination, wenn sie versetzt zwischen repetitiven Elementen entlang der DNA-Stränge erfolgt: Man spricht von einer **nicht allelischen homologen Rekombination.** In der ▶ Abb. 24.7 sind die Folgen – Deletion und Duplikation – skizziert.

Das gerade beschriebene Szenario hat weiterführende Konsequenzen, denn es zeigt, dass CNVs während der Reifung von Ei- und Spermienzellen jedesmal neu entstehen können (***de novo***, wie es in der Sprache der Humangenetik heißt). So gilt hier das übliche Konzept einer Erbkrankheit nicht, bei dem man ja davon ausgeht, dass schädliche Allele über unzählige Generationen weitergegeben werden und nur dann zum Ausdruck kommen, wenn sich zwei davon bei einer Person treffen.

▶ **Folgen von CNVs.** Die Entdeckung der CNVs hat die genetische Grundlagenforschung, besonders die medizinische Genetik, enorm bereichert. Man findet spezifische CNVs assoziiert mit häufigen Krankheiten wie chronischen Darmentzündungen, der Hautkrankheit Psoriasis und Osteoporose. Aber besonders interessant ist, dass CNVs wohl in besonderem Maß an der Entstehung der Psychosen wie Schizophrenie, Autismus und Formen mentaler Behinderung beteiligt sind.

Als Beispiel sehen wir uns Forschungen über die genetischen Grundlagen von **Autismus** an.

Definition

Als **Autismus** bezeichnet man eine Störung, die durch mangelnde soziale Kommunikation, vermindertes Einfühlungsvermögen und Neigung zu stereotypen Handlungen gekennzeichnet ist.

Autismus kommt in **sehr vielen Varianten** vor. Zum Beispiel sind viele Personen mit autistischen Symptomen mental stark beeinträchtigt, andere aber überdurchschnittlich intelligent. Um der Vielfalt gerecht zu werden, spricht man von einer **Autismus-Spektrum-Störung** (**ASD**, *autism spectrum disorder*).

Viele Untersuchungen wurden in den Jahren zwischen 1975 und 2000 an Familien und besonders an Zwillingspaaren durchgeführt. Sie hatten zu dem Schluss geführt, dass genetische Ursachen bedeutender sein müssen als Einflüsse aus der sozialen und natürlichen Umwelt. Dazu kommt, dass die ASD bei einem unter ein- oder zweihundert Kindern vorkommt, also recht häufig ist. Deswegen wurde die ASD ein bevorzugtes Ziel molekulargenetischer Studien. Es gab einige frühe spektakuläre Erfolge, als man fand, dass Gene für bestimmte Synapsenproteine (Neurexin, Neuroligine u. a.) geschädigt sein können, aber dann stellte es sich bald heraus, dass dies nur für eine winzige Minderheit unter den Personen mit ASD gilt. So wurden groß angelegte GWA-Studien an vielen Hundert Personen unternommen. Aber die Ergebnisse waren kaum reproduzierbar und deswegen wenig überzeugend.

So kamen CNVs ins Spiel. Schon die erste Untersuchung zeigte (2007), dass umfassende CNVs bei Kindern mit ASD häufiger zu finden sind als bei ihren unauffälligen Geschwistern. Dieser Befund bestätigte sich in mehreren nachfolgenden Studien mit oft über tausend Familien. Wenn nach neu (*de novo*) entstandenen CNVs gesucht wird, ist es sinnvoll, sich auf Familien zu konzentrieren, die aus unauffälligen Eltern, einem Kind mit ASD und, wenn möglich, einem unauffälligen Geschwister bestehen. Das Ergebnis einiger großer Untersuchungen dieser Art war eindrucksvoll. Zunächst zeigte sich, dass zwischen 7 % und 10 % aller ASD-Fälle auf CNVs zurückgeführt werden können und dass viele verschiedene Gene durch CNVs beschädigt sein können. Darunter sind Gene, die für den Aufbau von Synapsen im Gehirn verantwortlich sind, und Gene mit Aufgaben bei den höchst dynamischen Prozessen von Auf- und Abbau der Dornfortsätze an Dendriten (*dendritic spines*), was als eine Voraussetzung für Lernen und Gedächtnis gilt. Aber auch Gene mit Funktionen in der Signaltransduktion, der Genexpression und im Stoffwechsel wurden entdeckt. Von solchen Studien ausgehend wurde geschätzt, dass es mindestens 250–300 Gene gibt, die für eine ASD verantwortlich sein können. Von diesen Genen können bei einer Person mit ASD ein, zwei oder auch mehr beschädigt sein.

Man kann davon ausgehen, dass die meisten CNVs bei der Meiose der elterlichen Keimzellen neu entstehen. Das kann also nicht die angeblich so hohe Erblichkeit von ASD erklären, denn bei Vererbungen über Generationen müssten Genvarianten bei Eltern vorkommen, die dann womöglich in neuen Kombinationen bei den ASD-betroffenen Kindern auftauchen (s. ▶ Abb. 24.5).

Zum Nachweis solcher Genvarianten werden neue Verfahren der Hochdurchsatzsequenzierung (S. 525) eingesetzt. Erste Ergebnisse liegen vor: Veränderungen von Genen, die Proteine codieren, welche an der Bildung von Synapsen und Nervenbahnen beteiligt sind.

Überhaupt wird die Hochdurchsatzsequenzierung zu einem festen Bestandteil der medizinischen Grundlagenforschung werden. Denn nur so wird man die genetischen Grundlagen für die Unterschiede zwischen den menschlichen Phänotypen verstehen lernen.

24.4 Mikrosatelliten-Polymorphismen

Einer besonderen Form von CNVs widmen wir eine eigene Überschrift, weil sie für die Praxis der Humangenetik wichtig ist. Es geht um Mikrosatelliten-DNA – kurze, sich tandemartig wiederholende Sequenzen oder **STRs** (*short tandem repeats*) genannt.

Mikrosatelliten-DNA (S. 303) besteht aus 5–50 oder mehr Kopien von 2–6 bp, die direkt hintereinander vorkommen. Beispiele sind Dinucleotidfolgen (z. B. AC), Trinucleotidfolgen (z. B. AAT oder CAG), Tetranucleotidfolgen (z. B. CATC) u. a. Besonders häufig kommen AC-Dinucleotidfolgen im Genom verteilt vor, durchschnittlich einmal in einem Genomabschnitt von 30 kb, vor oder hinter Genen, auch in den Introns. Spezifische Tri- oder Tetranucleotidwiederholungen sind mit einmal unter einigen Hunderttausend Basenpaaren seltener, aber auch diese Mikrosatelliten sind mehr oder weniger statistisch im Genom verteilt.

Für genetische Arbeiten ist wichtig, dass die **Zahl der Wiederholungen hoch polymorph** ist. Mit anderen Worten, zwei Allele unterscheiden sich mit großer Wahrscheinlichkeit in der Zahl der Wiederholungen eines gegebenen Mikrosatelliten. Die Ursache für den Mikrosatelliten-Polymorphismus ist ein Verrutschen im Bereich der Replikationsgabel (S. 263).

Mikrosatelliten dienen als DNA-Marker. Ihre Vorteile sind die gleichmäßige Verteilung im Genom, der ausgeprägte Polymorphismus und der einfache Nachweis mithilfe von PCR-Verfahren (S. 531). Dazu müssen allerdings die DNA-Sequenzen beiderseits des Mikrosatelliten bekannt sein, um entsprechende Bindungsstellen für die PCR-Primer generieren zu können (▶ Abb. 24.8).

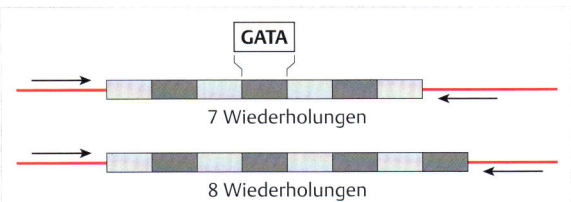

Abb. 24.8 STR oder Mikrosatelliten-DNA. Der mittlere DNA-Abschnitt kann mehr oder weniger viele Repeats enthalten. Er ist variabel, während die benachbarten Regionen konstant sind. Dort binden die Primer für die PCR-Analyse (Pfeile). Das Tetranucleotid GATA gehört zum DNA-Marker D 16S 539. Es kommt zwischen 5- und 15-mal vor, s. ▶ Abb. 24.9).

24.4.1 Mikrosatelliten-DNA zur Identifizierung von Personen

Historisch ist es von Interesse, dass die erste hoch auflösende biologische Genkarte von 1994 (S. 479) vor allem auf der Verwendung von Mikrosatelliten als DNA-Marker beruht. Aber wichtiger ist, dass Mikrosatelliten, oder wie man in diesem Zusammenhang meistens sagt, **STRs**, viele Tausend Mal tagtäglich in den Labors der Humangenetik, der Gerichtsmedizin und der Kriminalistik untersucht werden. Dabei geht es um die Identifizierung von Personen bei Vaterschaftsnachweisen, im Zusammenhang mit der Aufklärung von Verbrechen und bei der Identifizierung von Opfern nach Unfällen und dergleichen. Natürlich könnte man Personen eindeutig durch Genotypisierung (S. 511) identifizieren, aber STR-Analysen werden schon seit Ende der 1980er-Jahre durchgeführt, also lange vor Abschluss des Humangenomprojekts. Außerdem sind die Ergebnisse der STR-Analysen in den Datenbanken nationaler und internationaler Kriminalämter gespeichert und werden ständig zur Identifizierung von Personen herangezogen. Deswegen werden auch heute noch STR-Polymorphismen bestimmt (Plus 24.3) (S. 515).

Plus 24.3

Analyse von STRs in der Kriminalistik

Der Nachweis von Mikrosatelliten- oder STR-Polymorphismen mithilfe von PCR-Methoden gehört zu den geläufigen Maßnahmen in forensischen Labors. Sehr geringe DNA-Mengen aus kleinsten Blut- oder Spermaflecken, aus Zellresten im Speichel an Zigarettenkippen, an Trinkgefäßen, Wollmasken, Taschentüchern, Briefmarken usw. reichen für die Untersuchung aus.

In hoch automatisierten Verfahren untersucht man gleichzeitig bis zu 13 oder mehr polymorphe Mikrosatelliten (weitere Informationen gibt es im Internet in der Datenbank STRBase); dazu kommt routinemäßig ein XY-Marker zur Bestimmung des Geschlechts. Die Statistik zeigt, dass es höchst unwahrscheinlich ist, dass zwei Personen auf der Erde dasselbe Muster von STR-Polymorphismen aufweisen, wenn man von eineiigen Zwillingen absieht.

Was die methodische Seite betrifft, nehmen wir als Illustration eine Abbildung aus dem Aufsatz von M. A. Jobling und P. Gill (2004) [2].

Die ▶ Abb. 24.9 zeigt die Bahnen mit PCR-Produkten nach einem Lauf in einem Mehrkanal-Kapillargelelektrophoresesystem. Der Maßstab oben gibt die Länge der PCR-Produkte an (in bp). Wir zeigen die Ergebnisse von drei der vier verwendeten Fluoreszenzfarbstoffe (grün, blau, gelb). Die Bezeichnungen der verwendeten DNA-Marker (D8S1179, D21S11 usw.) sind an den Peaks angegeben und die Zahl der Sequenzwiederholungen steht in den Kästchen darunter. So kommt im untersuchten Genom die Tetranucleotidwiederholung AGAA am Marker D18S51 auf dem einen Chromosom 16-mal und auf dem homologen Chromosom 18-mal vor. Andere Personen könnten hier Wiederholungen zwischen 7- und 27-mal haben. Die Wahrscheinlichkeit, dass jemand ebenfalls 16 und 18 Wiederholungen hat, wie in unserem Beispiel, beträgt 0,028. Das Produkt der Wahrscheinlichkeiten aller gemessenen Polymorphismen ergibt den Wert, mit dem sich eine Person mit großer Sicherheit identifizieren lässt.

Der XY-Marker (Amelogenin, links oben in der Abbildung) betrifft das Gen *AMEL*, das Amelogenin, ein extrazelluläres Matrixprotein im Zahnschmelz, codiert. Identische Gene kommen auf dem X- und auf dem Y-Chromosom vor, jedoch ist eine Sequenz im ersten Intron des X-chromosomalen Gens um 6 bp kürzer als die entsprechende Sequenz auf dem Y-Chromosom. Wie man sieht, lässt sich dieser Polymorphismus gut und bequem zusammen mit den Markern in einem Elektrophoreselauf nachweisen.

Das Genom in der ▶ Abb. 24.9 gehört also zu einer männlichen Person. Aber sonst lassen die STRs keine Rückschlüsse auf äußere Merkmale oder Krankheitsrisiken zu, denn sie haben keine bekannte genetischen Funktion. Immer wieder wird erwogen, SNP-Genotypisierungen in der Forensik zu verwenden. Aus den entsprechenden Daten könnte man dann durchaus auf phänotypische Eigenschaften schließen. Kayser und de Knijff (2011) [3] erörtern die technischen, kriminalistischen und ethischen Probleme im Zusammenhang mit der Identifizierung von Personen.

Wir danken Professor P. Wiegand, Institut für Gerichtsmedizin, Universität Ulm, für wichtige Hinweise.

24

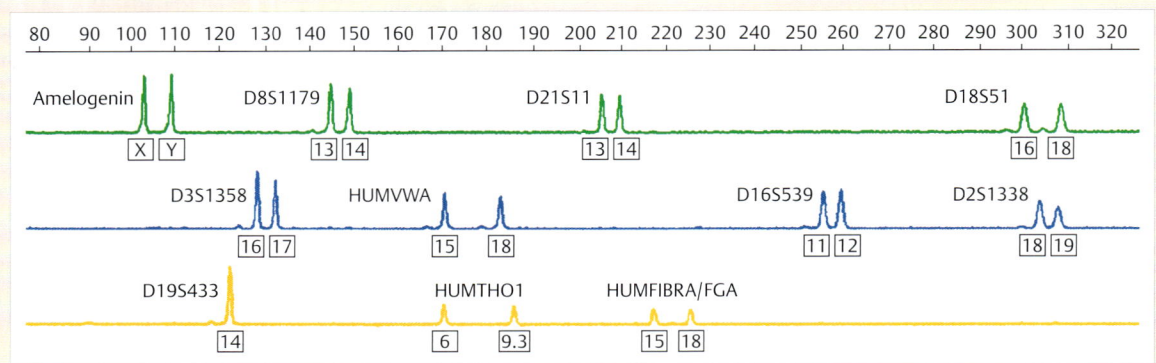

Abb. 24.9 Ein STR-Profil als Beispiel. Wir sehen das Ergebnis einer Kapillargelelektrophorese nach standardisierter und parallel laufender (multiplex) PCR-Analyse. Oben ist ein Längenmaßstab (in bp) eingezeichnet. Bei den PCR-Synthesen wurden Deoxynucleotide mit jeweils anderen Fluoreszenzmarkierungen eingesetzt (grün, blau, gelb). Die DNA-Marker Amelogenin, D8S1179, D21S11 usw. sind gekennzeichnet. Amelogenin ist der Marker für das X- bzw. das Y-Chromosom. Nach den Daten handelt es sich hier um das STR-Profil einer männlichen Person (S. 515). In den Kästen unter den Peaks steht die Anzahl der jeweiligen Sequenzwiederholungen. Sie zeigt, dass die betreffende Person für die meisten Marker heterozygot ist. Mit einer Ausnahme: Der Marker D19S433 ist homozygot – er erscheint nur in einem Peak mit 14 Wiederholungen. (nach Jobling A, Gill P (2004) Encoded evidence: DNA in forensic analysis. Nat Rev Genet 5: 739–751)

24.4.2 Mikrosatelliten in Genen: Trinucleotidfolgen

Eine Klasse von polymorpher Mikrosatelliten-DNA verursacht schwere Krankheiten: Bei den Mikrosatelliten handelt es sich um Wiederholungen von Trinucleotiden (*trinucleotide repeats* oder *triplett repeats*) im Bereich von proteincodierenden Genen (▶ Tab. 24.1). Die etwa 20 bekannten Trinucleotid- oder Triplettkrankheiten teilt man in zwei Gruppen ein.

▶ **Trinucleotidwiederholungen in nicht-codierenden Bereichen.** Es handelt sich um Folgen von Trinucleotiden wie CTG, GCC oder GAA, deren Zahl von Person zu Person verschieden ist. Bei gesunden Menschen liegen die Zah-

len zwischen 6 und 50 Wiederholungen, aber bei Patienten steigen sie auf Werte weit über 50, ja auf bis zu 1000 und mehr Wiederholungen. Zum Beispiel gibt es im 5'-Nicht-Codierungsbereich des **FRM1**-Gens (auf dem X-Chromosom) von gesunden Personen 6–50 Kopien des Trinucleotids CGG, aber bei Patienten, die unter dem Fragilen X-Syndrom leiden, erreicht die Zahl der CGG-Trinucleotids 200–4 000 Kopien. Die Abkürzung *FRM* steht für *fragile X and mental retardation* – *fragile* (zerbrechlich), weil die CGG-Wiederholungen eine Hürde bei der DNA-Replikation sind und unter Umständen einen Bruch im Chromosom verursachen, *mental retardation*, weil eine Konsequenz der vielen CGG-Trinucleotide die Methylierung der Cytosinbausteine und damit das Abschalten des Gens ist (S. 453). So kann das codierte Protein nicht her-

Tab. 24.1 Trinucleotidwiederholungen als Ursache menschlicher Krankheiten. Die Zusammenstellung enthält nur einen Teil der bekannten Trinucleotidkrankheiten. Die Gene sind, wie in der Humangenetik üblich, mit kursiv geschriebenen Großbuchstaben bezeichnet. Einzelheiten zu jedem Gen können auf der Internetseite OMIM (Online Mendelian Inheritance of Man) nachgeschlagen werden.

Gen	Position	Trinucleotid	Zahl der Wiederholungen [für gesunde Personen/für Patienten]	Krankheit
Trinucleotidwiederholungen in nicht codierenden Bereichen				
FMR1	5'-NTR	CGG	6–50/200–4 000	Fragiles X-Syndrom (FXS, s. Text)
DMPK	3'-NTR	CTG	5–37/ > 50	Myotone Dystrophie Typ 1 (DM)
FXN	Intron 1	GAA	5–30/70–1000	Friedreich-Ataxie (FRDA)
Trinucleotidwiederholungen in codierenden Bereichen				
HTT	Exon 1	CAG	6–29/38–180	Chorea Huntington (HD, s. Pathologie 24.1) (S. 517)
ATXN1	Exon 8	CAG	6–39/41–83	Spinozerebelläre Ataxie (SCA 1)
AR	Exon 1	CAG	13–31/40	Spinobulbäre Muskelatrophie (SMBA, *spinomuscular bulbar atrophy*)
CACNA1A	Exon 47	CAG	< 18/20–33	Spinozerebelläre Ataxie (SCA 6)

NTR = nicht translatierte Region (Nicht-Codierungsregion) im 5'- bzw. 3'-Bereich der mRNA.

gestellt werden, was sich besonders im Gehirn auswirkt und geistige Behinderung, Autismus und andere neurologische Symptome zur Folge hat.

▶ **Wiederholungen des Codons CAG innerhalb des Leserasters.** Hier liegt die Zahl der Wiederholungen normalerweise im Bereich von 6–30 Trinucleotiden und steigt bei Patienten auf Werte über 30 bis über 100 Kopien. Das Trinucleotid CAG codiert die Aminosäure Glutamin, sodass die Proteine von Patienten längere Glutaminfolgen besitzen, als es normal wäre.

Diese besonders langen Folgen der Aminosäure Glutamin führen zu Verklumpungen (Aggregationen) der betreffenden Proteine. Die Proteinaggregate sind in manchen Nervenzellen toxisch und verursachen eine Degeneration der Zellen vor allem im Kleinhirn und Hirnstamm. Die Konsequenzen sind Störungen der Bewegungskoordination (**Ataxien**) und andere Symptome, die oft relativ früh im Leben beginnen und mehr oder weniger rasch fortschreiten.

Auch Patienten mit der Krankheit **Chorea Huntington** weisen Trinucleotidwiederholungen im offenen Leseraster des *HTT*-Gens auf (Pathologie 24.1).

Pathologie 24.1

Chorea Huntington

Besondere Aufmerksamkeit hat die Krankheit **Chorea Huntington** (HD, *Huntington's Disease*) erregt. Das liegt daran, dass sie relativ häufig ist und bei einer von etwa 10 000 Personen vorkommt. Die HD beginnt meist nach dem 40. Lebensjahr mit Bewegungsstörungen („Chorea"), begleitet von psychischen Veränderungen wie quälenden Unruhezuständen, Aggressivität, chronischen Depressionen und anderem. Die Krankheit schreitet über etwa 15 Jahren fort und endet mit einem vollständigen Verlust der motorischen und mentalen Fähigkeiten.

Neuropathologen registrieren zuerst den **Verlust von Neuronen im Nucleus caudatus**, ein Bestandteil der Basalganglien, und dann ein Übergreifen auf andere Bereiche des Gehirns. Im Nucleus caudatus erfolgt neben anderen wichtigen Funktionen auch die Koordination der willkürlichen Bewegungen. Das erklärt, warum das erste Symptom der Krankheit meist eine eigentümliche Veränderung des Bewegungsablaufs ist.

Die HD wird **dominant vererbt**. Anders gesagt: Ein mutiertes Allel genügt (Heterozygotie), damit die Krankheit entsteht und ihren Lauf nimmt. Diese Tatsache, verbunden mit dem relativ späten Auftreten der Symptome, hat dramatische Konsequenzen für die betroffenen Familien, denn Kinder von HD-Patienten wachsen mit dem Wissen auf, dass sie mit einer Wahrscheinlichkeit von 50 % ein Opfer derselben Krankheit werden, an der sie ihren Vater oder ihre Mutter zugrunde gehen sehen. Oft wünschen diese Personen eine Analyse ihres Genotyps. Medizinische Genetiker sehen es als notwendig und selbstverständlich an, dass dem relativ einfachen molekulargenetischen Test eine eingehende genetische Beratung vorausgehen muss.

Zu den genetische Besonderheiten von HD, aber auch von anderen Trinucleotidwiederholungen, gehört das als **Antizipation** bezeichnete Phänomen, nämlich dass in aufeinanderfolgenden Generationen die Krankheit früher im Leben und mit größerer Heftigkeit auftritt. Eine Folge der Tatsache, dass die Zahl der Trinucleotidwiederholungen von Generation zu Generation größer werden kann.

Wir können weder die psychologische noch die medizinische Seite der Krankheit im Einzelnen nachzeichnen, aber möchten einige Sätze zur Forschungsgeschichte hinzufügen. Mithilfe des positionellen Klonierens (S. 508) konnte das Gen für HD schon 1983 auf dem Ende des kurzen Arms des Chromosoms 4 lokalisiert werden. Das wurde damals als ein entscheidender Beitrag zur Erforschung des Humangenoms gefeiert. Aber dann dauerte es noch einmal zehn Jahre, bis es endlich einer großen internationalen Forschergruppe gelang, das Gen zu isolieren, das inzwischen die offizielle Bezeichnung *HTT* erhalten hat.

Das ***HTT*-Gen** erstreckt sich über eine Länge von etwa 200 kb und besteht aus 67 Exons mit einer Gesamtlänge von über 10 000 bp. Im ersten Exon befinden sich bei gesunden Personen meist zwischen 8 und 25, bei Kranken bis zu 100 und mehr CAG-Trinucleotide. Das codierte Protein besteht aus 3 144 Aminosäuren mit der auffälligen monotonen Folge der Aminosäure Glutamin im aminoterminalen Bereich. Das Protein hat keinerlei Ähnlichkeit mit bekannten Proteinen und wurde deswegen schlicht **Huntingtin** genannt. Es kommt vermehrt im Gehirn vor und ist für das Funktionieren von Nervenzellen unentbehrlich. Aber man weiß immer noch nicht genau, welche molekularen Funktionen es im einzelnen ausübt, außer dass es mit zahlreichen anderen Proteinen in Wechselwirkung treten kann.

Jedenfalls reicht die Anwesenheit von Huntingtin mit überzähligen Glutaminwiederholungen aus, damit Huntingtin-Aggregationen entstehen und toxisch wirken, selbst wenn es daneben noch normales Huntingtin in der Zelle gibt. Und das erklärt, warum die Krankheit Chorea Huntington auch auftritt, wenn die betroffenen Personen heterozygot sind.

24

24.5 Retrotransposon-Insertionspolymorphismen (RIPs)

Auch in diesem Abschnitt geht es um Unterschiede zwischen den Genomen einzelner Personen, genauer um unterschiedliche Positionen von mobilen genetischen Elementen im Genom. Mobile DNA-Elemente gehören zu den repetitiven Sequenzen in den Genomen vielzelliger Organismen. Darüber wurde an mehreren Stellen des Buches berichtet (s. ▶ Tab. 12.1 und ▶ Abb. 12.18).

Hier eine kurze Wiederholung der **repetitiven genetischen Elemente** des Humangenoms:

- Etwa die Hälfte des menschlichen Genoms besteht aus repetitiven genetischen Elementen. Die wichtigsten Gruppen sind:
  - DNA-Transposons (ca. 3 % des Genoms),
  - retrovirusähnliche oder LTR-haltige Transposons (ca. 8 %)
  - LTR-freie Retrotransposons (ca. 32 %) (S. 246): Nur sie haben im Humangenom die Fähigkeit zur Transposition. Die drei wichtigen Arten von LTR-freien Retrotransposons sind:
    - LINEs (*long interspersed repetitive elements*): Das Humangenom enthält ca. 850 000 Kopien von LINE-ähnlichen Elementen. Nur 80–100 haben die vollständige Größe von 6 kb und können Transpositionsproteine codieren. Die meisten LINEs sind verkürzte und verkrüppelte Versionen, meist mit einer Länge von nur ca. 0,9 kb.
    - SINEs (*short interspersed repetitive elements*): Sie werden auch Alu-Elemente genannt, weil sie eine Schnittstelle für die Restriktionsendonuclease AluI besitzen. SINEs kommen in mehr als 1 Million Kopien vor und bestehen je aus ca. 0,3 kb.
    - SVAs (*SINE-variant number of tandem repeats-Alu*): SVAs sind seltener – einige Tausend Exemplare pro Genom; sie sind zwischen 1 kb und 4 kb lang.
- Transposition erfordert Transkription, also die Synthese von RNA. Die Transkripte von LINEs, SINEs und SVAs werden durch die LINE-codierten Transpositionsproteine in DNA überführt und in das Genom eingebaut (S. 246) (▶ Abb. 10.29).

Die meisten **Retrotransposons** im Humangenom bleiben still. Sie sind **evolutionäre Fossilien** – im Laufe von vielen Millionen Jahren verstümmelt durch Mutationen, Deletionen und andere Strukturveränderungen. Es sind Überbleibsel von Amplifikationsereignissen im Laufe der gesamten Evolution des Tierreichs. Wie man an Sequenzunterschieden ablesen kann, fanden allein während der 40 Millionen Jahre der Evolution von Primaten mehrere Runden von LINE-Amplifikationen statt: Eine aktiv amplifizierende Subfamilie der LINEs wurde von einer anderen abgelöst. Die Produkte einzelner Amplifikationsrunden lassen sich durch Zahl, Lage und Art der Mutationen identifizieren.

Die zurzeit **aktive LINE-Subfamilie** heißt L 1HS und hat zwei oder drei Untergruppen. Zusammen haben sie einige Hundert Mitglieder, vielleicht auch weniger. Die aktive **SINE-Subfamilie** heißt AluY und hat schätzungsweise 1000 Mitglieder.

„Aktiv" heißt, dass die Elemente transkribiert werden und damit für die Herstellung von DNA-Kopien mit nachfolgender Integration zur Verfügung stehen. Dass dieser Prozess die Integrität des Genoms gefährden kann, liegt auf der Hand. Deshalb steht die Transkription der Retrotransposons unter strikter Überwachung. Der wichtigste Mechanismus ist die ausgeprägte **Methylierung der Promotorsequenzen** (S. 453) von Retrotransposons. Dazu kommt in männlichen Keimzellen eine **Hemmung der L 1-Aktivität** durch einen aufwendigen Mechanismus unter Beteiligung einer Art von kleinen nicht-codierenden piRNAs (*piwi-interacting RNA*) (S. 416).

Aber gelegentlich entgehen Retrotransposons der Überwachung. So kommt es zur Transkription, zur Bildung von DNA-Kopien und zur Insertion in neue Stellen des Genoms. Deswegen sind die Genome verschiedener Populationen oder auch einzelner Personen polymorph im Hinblick auf die Positionen von Retrotransposons im Genom.

▶ **Häufigkeit von Transpositionen.** Einen Eindruck der Häufigkeit von Transpositionen vermittelt ein Vergleich beliebiger individueller Genome oder der Vergleich der Sequenz eines beliebigen Humangenoms mit dem Referenzgenom. Unterschiede kommen an über 600 verschiedenen Stellen vor: Bei der einen Person befindet sich an einer gegebenen Stelle des Genoms ein LINE oder SINE, bei einer anderen aber nicht. Aus den Daten des 1000-Genom-Projekts ergeben sich insgesamt etwa 8 000 unterschiedliche Positionen von Retrotransposons. Davon fallen etwa 1000 auf **L 1-Elemente** und etwa 6 500 auf **Alu-Elemente**. Eine Zusammenstellung findet man in der dbRIP-Datenbank.

Man schätzt, dass insgesamt zwischen 3 000–10 000 L 1-Polymorphismen in der menschlichen Population von ca. 7 Milliarden Individuen vorkommen. Entsprechend häufiger sind die Alu-Polymorphismen.

▶ **Folgen der Insertion von Retrotransposons.** Weil Transpositionen weitgehend ungerichtet verlaufen, kommt es vor, dass Retrotransposons in funktionell wichtige Gene oder zumindest in ihre Nähe geraten. Die Folgen sind Blockaden der Expression, Veränderungen der Spleißvorgänge durch die Schaffung neuer Spleißstellen und Ähnliches, aber besonders auffällig sind Unterbrechungen des Leserasters mit Störungen der Proteinsynthese.

Der erste Bericht über die Konsequenzen einer Insertion erschien schon im Jahre 1988. Er betraf zwei nicht verwandte Personen mit der Bluterkrankheit Hämophilie A. Als Ursachen konnten Insertionen von L 1-Elementen in

24

ein Exon des Gens identifiziert werden, das den Faktor VIII des Blutgerinnungssystems codiert. Seither sind viele andere Insertionen in den Exons verschiedener Gene als Ursache für Mutationen entdeckt worden. Darunter sind das Gen für Dystrophin (S. 247), dessen Mutation die Duchenne-Muskeldystrophie verursacht, und das *CFTR*-Gen, wo Alu-Insertionen für Cystische Fibrose (S. 508) verantwortlich sind.

Die genannten Insertionen sind Folgen von Transpositionen in Keimzellen. Aber Transpositionen kommen nicht nur in Keimzellen vor, wie lange gedacht, sondern auch in Körperzellen, besonders während der frühen Entwicklung. Ein sehr rätselhafter Befund ist die große Häufigkeit von Transpositionen in den Neuronen bestimmter Bereiche des Gehirns wie dem Hippocampus. Dies ist in mehrfacher Hinsicht rätselhaft, denn man weiß noch nicht, warum gerade in diesen Zellen die Kontrolle über die Transposition verloren geht, und man weiß nicht, ob die Transpositionen für die Funktion der Zellen wichtig sind.

Viel Beachtung findet die Transposition von Alu- und L 1-Elementen in Tumorzellen. Hier könnte der Auslöser ein Verlust der DNA-Methylierung im Bereich der Retrotransposons sein. Wir hatten ja erwähnt, dass die Methylierung von Cytosinbausteinen in den Promotorregionen zu den molekularen Schutzmechanismen gegen überbordende Transpositionen gehört und die DNA-Methylierung gerät besonders in fortgeschrittenen Krebszellen außer Kontrolle. So findet man vermehrte Transpositionen u. a. in Lungen-, Colon-, Brustcarcinomzellen, mit jeweils zellspezifischen Konsequenzen für die Entwicklung und Proliferation des Krebsgewebes.

24.5.1 Literatur

▶ **Zitierte Literatur**

[1] Moffatt MF, Gut IG, Demenais F et al (2010) A large-scale, consortium-based genomewide association study of asthma. N Engl J Med 363: 1211–1221

[2] Jobling A, Gill P (2004) Encoded evidence: DNA in forensic analysis. Nat Rev Genet 5: 739–751

[3] Kayser M, de Knijff P (2011) Improving human forensics through advances in genetics, genomics and molecular biology. Nat Rev Genet 12: 179–192

▶ **Weiterführende Literatur**

[4] Hancks DC, Kazazian HH (2012) Active human retrotransposons: variation and disease. Curr Opin Genet Develop 22: 191–203

[5] Levy D, Ronemus M, Yamrom B et al (2011) Rare de novo and transmitted copy number variation in autism spectrum disorder. Neuron 70: 886–897

[6] Mills RE, Walter K, Stewart C et al (2011) Mapping copy number variation by population-scale genome sequencing. Nature 470: 59–65

[7] Murray CT (2010) Mechanisms of trinucleotide repeat instability during human development. Nat Rev Genet 11: 786–799

[8] Pearson TA, Manolio TA (2009) How to interpret a genome-wide association study. J Am Med Ass 299: 1335–1345

[9] Schaaf CP, Wiszniewska J, Beaudet AL (2011) Copy number and SNP arrays in clinical diagnosis. Annu Rev Genomics Hum Genet 12: 25–51

[10] Stewart C, Kural O, 1000 Genomes Project (2011) A comprehensive map of mobile element insertion polymorphism in human. PLoS Genet E1 002 236

[11] The International HapMap Consortium (2010) Integrating common and rare variations in diverse human populations. Nature 467: 52–58

[12] The 1000 Genomes Project Consortium (2012) An integrated map of genetic variation from 1092 human genomes. Nature 491: 56–65

24

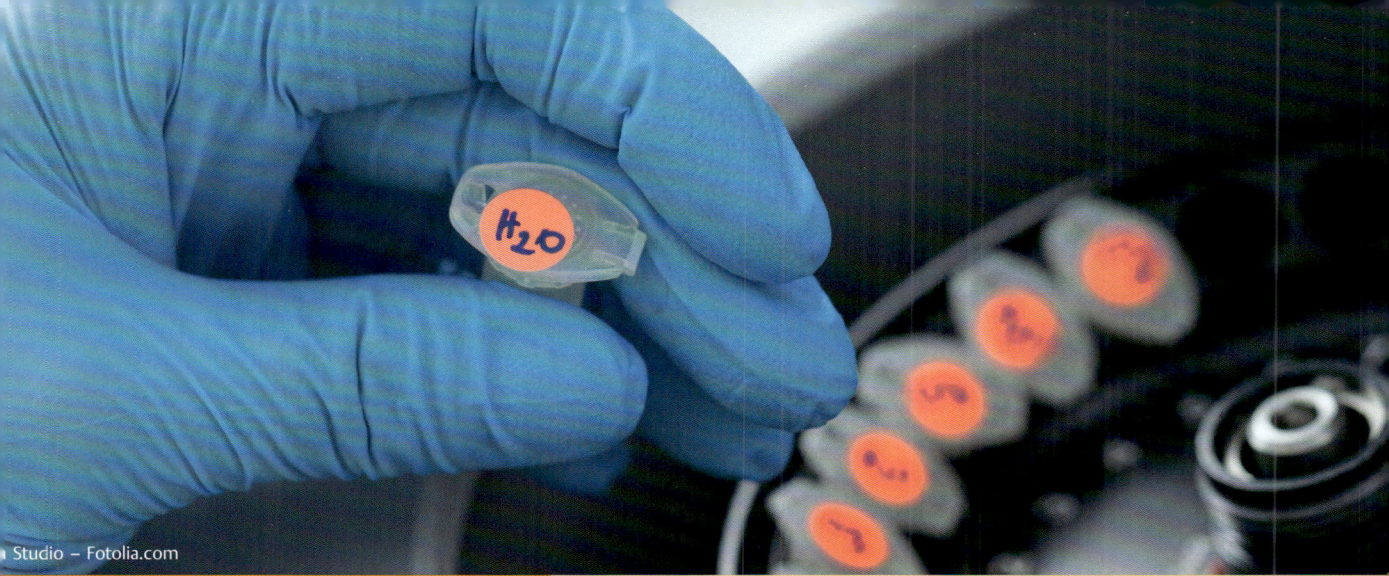

Studio – Fotolia.com

Teil 6:
Schlüsseltechnologien

Kapitel 25

Bioinformatik

25 Bioinformatik

Martin Vingron

25.1 Einleitung

Die Bioinformatik hat ihre Wurzeln in den 1960er- und 1970er-Jahren, als man erkannte, wie viel Information allein in den damals schon vorliegenden Sequenzen der Proteine und Gene enthalten war. Die Arbeiten von Margret Dayhoff, die damals den „Atlas of Protein Sequences" herausgab, und jene von Zuckerkandl und Pauling [1] demonstrierten, dass z. B. Cytochrom oder die Hämoglobine verschiedener Spezies in ihrer Aminosäuresequenz große Ähnlichkeiten aufweisen und sich sogar der Gang der Evolution aus Analysen dieser Sequenzinformationen ableiten lässt. Dies führte zur Entwicklung der ersten Computerprogramme zum Vergleich von Sequenzen und zur Konstruktion von molekularen Stammbäumen. Mit der Aufklärung der ersten Proteinstrukturen durch Analysen von Kristallen mittels Röntgenstrahlung und dem berühmten Experiment von Anfinsen (S. 67), welches zeigte, dass die Information zur Faltung eines Proteins in dessen Aminosäuresequenz enthalten ist, wurde auch das „Proteinfaltungsproblem" eingeführt: die Berechnung der dreidimensionalen Struktur eines Proteins aus seiner Aminosäuresequenz. In den 1990er-Jahren startete das Humangenomprojekt, welches ganz neue Anforderungen an die Rechnerunterstützung stellte. In diesem Kapitel werden wir, fokussiert auf die Genomanalyse, in die wesentlichsten Methoden und Einsatzbereiche der Bioinformatik einführen.

Die meisten Datenbanken und Computerprogramme der Bioinformatik sind heute öffentlich auf Web-Servern verfügbar. Für manche – meist speziellere – Anwendungen werden die Programme zur Installation auf dem lokalen Computer angeboten. Natürlich gibt es auch viele kommerzielle Programme auf dem Markt, die hier aber nicht behandelt werden. Wichtige Zentren der Bioinformatik, welche auch umfangreiche Dienste zur Verfügung stellen, sind das European Bioinformatics Institute (EBI) als Teil der European Molecular Biology Laboratories (EMBL), das Swiss Institute of Bioinformatics (SIB) und das National Center for Biotechnology Information (NCBI). Auf Genomdaten spezialisiert sind der Genombrowser der University of Santa Cruz sowie Ensembl des EBI und des Wellcome Trust Sanger Institute (Cambridge, England).

25.2 Sequenzvergleich

25.2.1 Dotplot und Alignment

Die Ähnlichkeiten zwischen den Nucleotidsequenzen zweier Gene oder den Aminosäuresequenzen zweier Proteine können anschaulich in Form eines **Dotplots** dargestellt werden.

Merke

Ein **Dotplot** ist eine Matrix, an deren beiden Achsen man sich jeweils eine der beiden zu vergleichenden Sequenzen vorstellt, sodass gleiche oder ähnliche Sequenzabschnitte als diagonale Linienzüge erscheinen.

In der Matrix wird ein Punkt eingefügt, wenn die entsprechenden Bereiche der beiden Sequenzen ähnlich sind, sodass gleiche oder ähnliche Sequenzabschnitte diagonale Linienzüge ergeben.

Eine Ähnlichkeit zwischen zwei Sequenzen kann auch durch ein **Alignment** dargestellt werden.

Merke

Bei einem **Alignment** zweier Sequenzen werden die beiden Sequenzen so untereinander geschrieben und aneinander ausgerichtet, dass jeweils einander entsprechende Basen (oder Aminosäuren) übereinander zu liegen kommen.

▶ Abb. 25.1 zeigt oben das Alignment der beiden Sequenzen, die in dem darunter dargestellten Dotplot verglichen werden. Die ähnlichen Bereiche im Alignment zeigen sich als ununterbrochene Diagonalen im Dotplot. Im Dotplot sind die jeweiligen Bereiche annotiert. Die Abweichungen von der Hauptdiagonale, also die Verschiebungen, stammen von Insertionen oder Deletionen. Im Alignment werden sie mit einem „–", dem Zeichen für eine Lücke (*gap*), dargestellt. Grafisch entspricht ein Alignment einem Pfad von der einen Ecke der Vergleichsmatrix zur anderen. Ein gutes Alignment zeichnet weite Teile der sichtbaren Diagonalen des Dotplots nach. Der Dotplot enthält insofern mehr Informationen als das Alignment, da z. B. auch Wiederholungen in Sequenzen sichtbar werden. Im konkreten Beispiel reflektieren sich die Wiederholungen in den übereinanderliegenden kurzen Diagonalen (▶ Abb. 25.1).

Die physikochemischen Eigenschaften der Aminosäuren sind für Struktur und Funktion der Proteine wichtig. So ist für ein Protein der Austausch von Leucin gegen Isoleucin relativ neutral, wohingegen ein Austausch eines (positiv geladenen) Arginins gegen ein (großes, hydrophobes) Tryptophan die Proteinstruktur (und/oder Funktion) recht dramatisch verändern kann. Die Ähnlichkeiten zwischen den Aminosäuren werden mit Zahlenwerten beschrieben und in Form einer symmetrischen 20 × 20-Matrix notiert. Gebräuchlich hierfür sind z. B. die sogenannte **Dayhoff-Matrix**, welche auf Margret Dayhoff zurückgeht, oder die **BLOSUM-Matrix**. Für den Dotplot bedeutet das, dass man als punktuelles Ähnlichkeitskriteri-

25

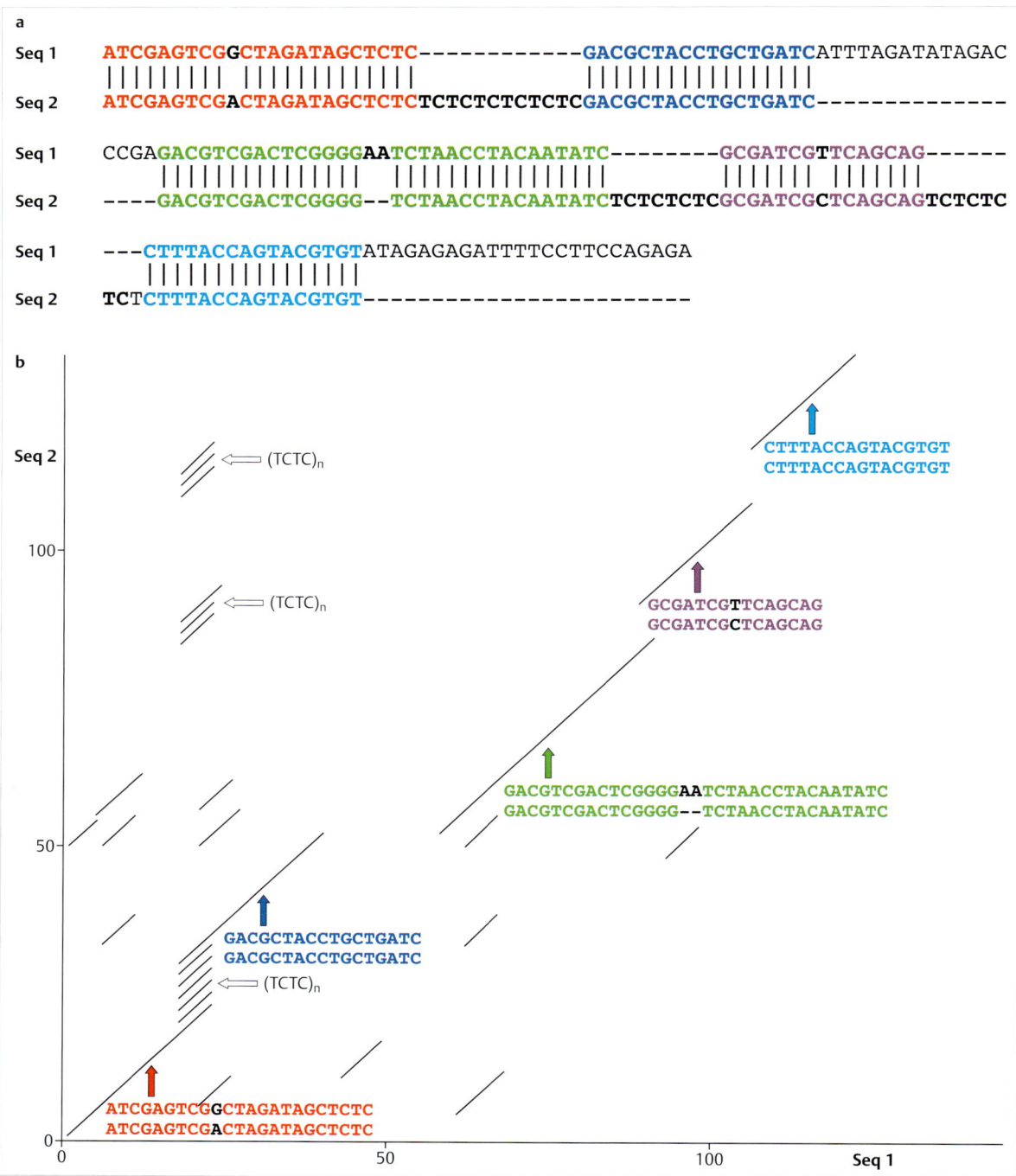

a

Seq 1 ATCGAGTCGGCTAGATAGCTCTC------------GACGCTACCTGCTGATCATTTAGATATAGAC
        | | | | | | | | | | | | | | | | | | | | | | | | | | | | | | | | | | | | | | | |
Seq 2 ATCGAGTCGACTAGATAGCTCTCTCTCTCTCTCTCGACGCTACCTGCTGATC--------------

Seq 1 CCGAGACGTCGACTCGGGGAATCTAACCTACAATATC--------GCGATCGTTCAGCAG------
        | | | | | | | | | | | | | | | | | | | | | | | | | | | | | | | | | | | | | | | | | | | | | | |
Seq 2 ----GACGTCGACTCGGGG--TCTAACCTACAATATCTCTCTCTCGCGATCGCTCAGCAGTCTCTC

Seq 1 ---CTTTACCAGTACGTGTATAGAGAGATTTTCCTTCCAGAGA
        | | | | | | | | | | | | | | | | | |
Seq 2 TCTCTTTACCAGTACGTGT------------------------

Abb. 25.1 Vergleich von zwei Nucleotidsequenzen. Die großen ähnlichen Bereiche sind sowohl im Alignment als auch im Dotplot hervorgehoben.

a Alignment von zwei Nucleotidsequenzen. Im Alignment werden die Nucleotide von Sequenz 1 und 2 eindeutig zugeordnet.

b Dotplot-Vergleich der beiden Sequenzen. Die horizontale Koordinatenachse repräsentiert Sequenz 1, die vertikale Achse Sequenz 2. Der Dotplot macht weitere Ähnlichkeiten der beiden Sequenzen sichtbar. Im konkreten Beispiel erkennt man das Auftreten des Tetranucleotids TCTC aus Sequenz 1 an mehreren Stellen von Sequenz 2 anhand der übereinander liegenden kurzen Diagonalen.

um z. B. die Summe der BLOSUM-Werte entlang eines diagonalen Abschnitts nutzen kann.

Ein Alignment wird in der Praxis ohne Zuhilfenahme eines Dotplots berechnet. „Das Alignment" ist dann jenes (optimale) Alignment, in dem Insertionen und Deletionen so eingefügt werden, dass zusammen mit den dadurch einander zugeordneten Basen oder Aminosäuren ein Qualitätsmaß optimiert wird. In dieses Qualitätsmaß fließen Ähnlichkeiten positiv ein und Lücken tragen dagegen negativ dazu bei. Zum Beispiel kann man für das Alignment einer Aminosäuresequenz die Werte aus der Dayhoff-Matrix benutzen, um die Ähnlichkeiten zu messen, und jede Lücke z. B. mit drei Minuspunkten bewerten. Das führt dann zu einem Austarieren der Gewichtung von Insertionen und Deletionen gegenüber den Paarungen der einzelnen Aminosäuren im Sequenzvergleich. Häufig wird auch die Existenz einer Lücke höher bestraft als deren Erweiterung, was sich dann in *gap open*- und *gap extension*-Strafpunkten widerspiegelt. Computerprogramme können rasch ein in diesem Sinne optimales Alignment finden.

Man unterscheidet dann weiter, ob jeweils die gesamten Sequenzen aneinander ausgerichtet werden sollen (**globales Alignment**, Needleman-Wunsch-Algorithmus) oder ob man die Abschnitte bester Ähnlichkeit sucht (**lokales Alignment**, Smith-Waterman-Algorithmus). Auch dies lässt sich im Dotplot leicht visualisieren: Geht die diagonale Linie nicht von einer Ecke der Vergleichsmatrix zur anderen, sondern deckt sie nur einen Teilbereich innerhalb der Sequenzen ab, dann liegt eine lokale Ähnlichkeit vor, die man mit dem Smith-Waterman-Algorithmus in die Form eines Alignments gießen kann.

25.2.2 Datenbank-Recherche

Eine andere häufig wiederkehrende bioinformatische Aufgabe besteht darin, in einer Sequenzdatenbank nach jenen Sequenzen zu suchen, die einer gegebenen Sequenz – der sogenannten *query*-Sequenz – ähneln. Obwohl der Standardalgorithmus für das Alignment von zwei Sequenzen wenig Zeit benötigt, ist er im Allgemeinen doch zu langsam, als dass man diese Operation einige Tausend Mal mit allen Sequenzen einer Datenbank wiederholen könnte. Dies hat zur Entwicklung spezieller Verfahren für die Datenbank-Recherche geführt, die schneller arbeiten und solche Aufgaben in der Größenordnung von Sekunden erledigen.

Der Prototyp eines solchen Programms zum Durchsuchen von Sequenzdatenbanken ist **BLAST** (Basic Local Alignment Search Tool). Der Trick zur Beschleunigung besteht darin, dass gewisse Schlüsselinformationen über die Suchsequenz vorberechnet werden, sodass über alle Einträge der Datenbank hinweg weniger Rechenoperationen wiederholt werden müssen. Dieses Prinzip der Vorbearbeitung ist generell der Schlüssel zu jenen Effizienzsteigerungen, welche die Verarbeitung der riesigen Datenmengen – besonders resultierend aus der Hochdurchsatz-Sequenzierung von Genomen – erst möglich machen.

Das Durchsuchen von Datenbanken rückt auch den statistischen Charakter der Sequenzähnlichkeit in den Fokus. Schon bei einem einzelnen Alignment ist es schwierig zu entscheiden, ob dessen Sequenzähnlichkeit eine biologische Verwandtschaft der verglichenen Sequenzen anzeigt oder ob die Ähnlichkeit ein Zufallsprodukt ist. Um dies zu entscheiden, berechnet man die Signifikanz einer Beobachtung, welche als **p-Wert** dargestellt wird. Der p-Wert gibt an, welcher Anteil zufälliger Alignments (von Sequenzen mit gleicher Nucleotid- oder Aminosäurezusammensetzung) eine bessere Alignmentqualität erzielt. Damit ist der p-Wert ein Maß für die Überraschung, welche in einer Beobachtung steckt: Je kleiner der p-Wert, desto überraschender ist die Beobachtung.

Wenn man im Rahmen einer Datenbank-Recherche Tausende von Vergleichen macht und das Augenmerk auf die besten Resultate legt, so werden diese sicher alle passend erscheinen und es wird schwierig, die Spreu vom Weizen zu trennen. Während für einen einzelnen Vergleich ein p-Wert von 1/100 schon auf eine interessante Ähnlichkeit hinweisen mag, so erwarten wir, dass in einer großen Datenbank 1 % der Sequenzen zu einer *query*-Sequenz eine Alignmentqualität mit einem p-Wert besser als 1/100 aufweist. Dies liegt an der Bedeutung des p-Werts, der anzeigt, wie häufig man ein besseres Resultat schon allein durch Zufall erhält.

Aufgrund dieser Beobachtung wird die Signifikanz der Ergebnisse im BLAST-Programm nicht durch p-Werte dargestellt, sondern in Form des sogenannten **E-Wertes** angegeben. Wählt man z. B. einen E-Wert von 3 als Schwellenwert, so werden nur Sequenzen ausgegeben, deren p-Wert so gut ist, dass man nur drei davon in der durchsuchten Datenbank zufällig erwarten würde. Hätte man also mit diesem E-Wert 100 Sequenzen identifiziert, so kann man hoffen, dass der überwiegende Teil der gefundenen Sequenzen biologisch interessant ist. Findet man dagegen nur zwei Sequenzen mit einem E-Wert von 3, so ist das völlig im Rahmen des zufällig zu Erwartenden und impliziert wohl keine biologisch relevante Ähnlichkeit.

25.3 Hochdurchsatz-Sequenzierung und die Kartierung der Teilsequenzen

Für die Beschleunigung einer Datenbank-Recherche zahlt man meist einen Preis, nämlich den Verlust an Sensitivität. Will man jede noch so entfernte Ähnlichkeit finden, dann muss man Rechenarbeit und somit Zeit investieren. Genügt es für eine Anwendung, nur die sehr ähnlichen oder gar stückweise identischen Sequenzen zu identifizieren, so kann man sich verschiedener Tricks bedienen, um die Rechnung zu beschleunigen. Dieses Prinzip wird zur Verarbeitung der Resultate der Hochdurchsatz-Sequenzierung von Genomen ausgenutzt. Wenn man etwa für 100 Millionen *reads* und die darin enthaltene Sequenzinformation deren Position im Humangenom kartieren will, so kann man es sich nicht leisten, für jeden dieser Vergleiche auch nur eine Sekunde zu investieren. Um die Vergleiche entsprechend schnell im Computer durchführen zu können, wird die Vorverarbeitung auf der Ebene der Sequenzinformation des Humangenoms durchgeführt. Man erstellt praktisch einen Index aller DNA-Worte mit ihren Positionen im Humangenom (oder einem anderen Genom). Der Preis hierfür ist aber der Verlust an Sensitivität, welche bei dieser Art der *read*-Kartierung meist auch nicht gefragt ist.

25.4 Information in Genfamilien

Gene kommen häufig in Genfamilien vor. Dementsprechend möchte man viele Gene oder Proteine (oder sogar Genome!) miteinander vergleichen können. Hierzu wurden die Methoden des **multiplen Alignments** entwickelt. Da auch diese Aufgabe rechnerisch besonders anspruchsvoll ist, versucht man meist die Berechnung eines multiplen Alignments auf den wiederholten Einsatz des bereits oben besprochenen paarweisen Alignments zurückzuführen. Entscheidend für den Erfolg ist die Ordnung, in der Untergruppen paarweise miteinander verglichen werden. Man versucht zuerst die ähnlichen Sequenzen aneinander auszurichten, um sich sukzessive zu den weniger ähnlichen vorzuarbeiten. Der Prototyp eines solchen Verfahrens ist das Programm Clustal (*Cluster Algorithm*). Andere Programme nutzen wiederum eine Vielzahl rechnerischer Tricks, um ein Alignment genomischer Bereiche oder selbst ganzer Genome zu erstellen.

Das multiple Alignment einer Genfamilie (oder Proteinfamilie) lässt das Konservierungsmuster (oder Ähnlichkeitsmuster) entlang der Sequenz erkennen. Manche Positionen werden über ein weites Spektrum von Spezies konserviert sein, während andere variabel sind. In diesem Sinne liefert ein multiples Alignment einen höheren Informationsgewinn, als würde man nur Einzelsequenzen miteinander vergleichen. Ein multiples Alignment erlaubt es darüber hinaus, genau abzugrenzen, welche Sequenzen eine Familie bilden. Daher wurden spezielle Verfahren entwickelt, um ein multiples Alignment für die Datenbank-Recherche zu nutzen. Die zwei hierfür eingesetzten Verfahren sind die **Profilsuche** und die **Hidden-Markov-Modelle**. Ein Profil beschreibt im Wesentlichen eine Sequenz, die nicht aus Buchstaben, sondern aus Verteilungen von Buchstaben besteht. Zum Beispiel könnte man durch ein multiples Alignment erfahren, dass statt eines Arginins an einer bestimmten Stelle einer einzelnen Sequenz nur zu 70 % Arginin, zu 20 % aber Lysin und zu 10 % Histidin in der Proteinfamilie möglich sind. Daher werden die klassischen Alignmentverfahren für Profile angepasst und für das Durchsuchen einer Datenbank nach Sequenzen mit einem derartigen Muster verwendet. Die Hidden-Markov-Modelle verfahren ähnlich, wobei die Vergleichsalgorithmen direkt für die Nutzung und Bestimmung von Wahrscheinlichkeiten ausgelegt sind.

25.5 Regulatorische DNA-Elemente

Sequenzspezifisch bindende Transkriptionsfaktoren erkennen kurze Nucleotidfolgen in der DNA als Bindungsstellen (s. Kap. 13.2). Spezifische Bindungsstellen von Transkriptionsfaktoren haben typischerweise eine Länge zwischen fünf und zwölf Basen, wobei Bindungsstellen eukaryotischer Transkriptionsfaktoren im Allgemeinen kürzer sind als die von Prokaryoten. Die Betrachtung des Spektrums möglicher Bindungsstellen eines Proteins auf der DNA zeigt, dass es Sequenzähnlichkeiten zwischen diesen Stellen gibt.

Aus einem Alignment von ähnlichen Bindungsstellen kann man – wie bei den oben besprochenen Alignmentprofilen – die statistische Verteilung der Basen an den jeweiligen Positionen der verglichenen Bindungsstellen ablesen. Hierbei geht man davon aus, dass Bindungsstellen immer dieselbe Länge haben und deren Alignment daher keine Lücken enthält. Anstatt von einem Profil spricht man bei Bindungsstellen von einer **Gewichtsmatrix** (*positional weight matrix*, PWM). Grafisch kann man die PWM in der Form eines sogenannten Logos darstellen, wie es in ▶ Abb. 25.2 gezeigt ist. Das Logo hat so viele Positionen wie das Alignment der Bindungsstellen.

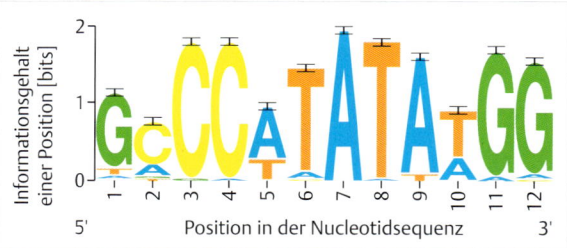

Abb. 25.2 Logo-Darstellung der Bindungsstelle des Transkriptionsfaktors SRF. Die Information wurde der Datenbank JASPAR entnommen. Die in den Bindungsstellen an einer Position beobachteten Nucleotide werden übereinandergedruckt, wobei die Häufigkeit eines Nucleotids an einer Position in der Höhe des Buchstabens codiert ist. Die Gesamthöhe des Stapels von Nucleotiden an einer Position ist der Informationsgehalt der Position. Bei einer Position mit einer starken Präferenz für ein gewisses Nucleotid wird der Buchstabe also groß dargestellt, bei einer Position ohne bevorzugtes Nucleotid wird der dargestellte Buchstabe klein sein. Die Höhe wird in „bits" angegeben, der Einheit des mathematischen Informationsgehalts.

In Datenbanken wie JASPAR werden diese PWMs für viele Transkriptionsfaktoren gesammelt. Einfache Programme nehmen dann eine PWM und durchsuchen eine genomische Sequenz, z. B. den Promotorbereich eines Gens, nach Mustern, die gut den Vorgaben der PWM entsprechen. Allerdings sind viele PWMs zu kurz oder zu unspezifisch, als dass man damit zuverlässig Bindungsstellen identifizieren könnte. Vielmehr findet man meist eine große Anzahl von Kandidaten für Bindungsstellen, die nicht alle biologisch relevant sein müssen.

Umgekehrt steht der Molekularbiologe häufig vor dem Problem, dass er in mehreren Promotoren experimentell die Bindung eines gewissen Transkriptionsfaktors gefunden hat, die genaue Nucleotidsequenz der Bindungsstelle jedoch nicht bekannt ist. Heute beruht eine solche Beobachtung typischerweise auf einem ChIP-Seq-Experiment (S. 501). Somit liegt es nahe, die Sequenzen dieser Promotoren nach gemeinsamen kurzen DNA-Mustern zu durchsuchen, weil solche eine potenzielle Bindungstelle darstellen könnten. Da zu diesem Zeitpunkt das Muster noch unbekannt ist, wird diese Aufgabe als (*de novo*-) **Musterfindung** (*pattern finding*) bezeichnet. Eine Webseite für diesen Zweck ist z. B. http://meme.sdsc.edu/.

Neben der Aufgabe, eine Stelle in einem Promotor zu finden, die einer gegebenen PWM entspricht, und der Musterfindung gibt es noch eine weitere Fragestellung. Angenommen eine Gruppe von Genen zeigt – z. B. in einem Genexpressionsexperiment – desselbe Expressionsverhalten. Dann wäre eine naheliegende, einfache Hypothese, dass es einen Transkriptionsfaktor gibt, welcher an die Promotoren dieser Gene bindet und sie steuert. Um dies zu überprüfen, durchsucht man mit den zur Verfügung stehenden PWMs die Promotoren der Gene. Eine PWM, die passende Sequenzen in vielen dieser Promotoren aufzeigt, wäre ein Indiz, dass der zugehörige Transkriptionsfaktor ein Kandidat für den Verursacher der Coregulation ist. Diese Methode bezeichnet man als *motif enrichment analysis*.

25.6 Sequenzierung und Genom-Assemblierung

Wie bereits im Kap. 22 dargestellt, liefert die Schrotschuss-Sequenzierung (*shotgun sequencing*) überlappende Bruchstücke einer Grundsequenz. Um diese durchgängig zu bestimmen, müssen die Bruchstücke erst computergestützt anhand ihrer Sequenzähnlichkeit zusammengefügt werden. Dies bezeichnet man als Sequenzassemblierung. Schon die Sequenzierung des Humangenoms stellte enorme Herausforderungen an die Entwicklung von Algorithmen für diese Aufgabe. Damals wurden die ersten Programme entwickelt, welche in der Lage waren, ein Säugergenom zu assemblieren. Auch diese Verfahren wurden aber unter dem Druck der immer

größeren Datenmengen, die mit den Hochdurchsatzverfahren entstehen, weiter verbessert.

Grundsätzlich verfahren Algorithmen zur Sequenzassemblierung so, dass zuerst die Überlappungen zwischen Fragmenten bestimmt werden. Hier kommen wiederum alle algorithmischen Tricks zum Einsatz, weil unter Umständen Millionen von Fragmenten miteinander verglichen werden müssen. Anschließend versuchen die Programme, eine lineare Anordnung der Fragmente vorzunehmen. Größtes Hindernis hierbei sind meist die Sequenzwiederholungen (Repeats), die die Gefahr bergen, dass Fragmente, die in der Grundsequenz nicht benachbart sind, fälschlicherweise verbunden werden. Dieses Problem kann nur zum Teil rechnerisch gelöst werden. Man begegnet ihm auch durch Verlängerung der Leselängen oder durch *paired end*-Sequenzierung, unter Umständen mit einer Selektion der Insertgröße (S. 485). Diese Informationen fließen dann optional in die Algorithmen ein. Eine weitere Herausforderung liegt in der Assemblierung eines Transkriptoms, weil die Existenz von Spleißvarianten verhindert, dass man eine lineare Anordnung der *reads* einfach voraussetzen kann.

Die ▶ Abb. 25.3 zeigt, wie eine Assemblierung einer genomischen Region aussehen könnte. Es fällt auf, dass manche Bereiche der Grundsequenz durch mehrere *reads* abgedeckt sind, während andere selten oder gar nicht abgedeckt sind. Die **lokale Abdeckung** (*coverage*) variiert also entlang der Grundsequenz.

Definition

Als **Abdeckung** (*coverage*) bezeichnet man die durchschnittliche Anzahl der *Reads*, die einen Sequenzbereich abdecken. Als „Read" oder Lesestrecke bezeichnet man die Sequenz, die man bei einem Sequenzierungsvorgang erhält. Die Abdeckung berechnet sich aus der Summe der Längen aller *Reads* geteilt durch die Länge der Grundsequenz.

Die **Abdeckung** der Grundsequenz mit *Reads* ist ein Maß für die Sequenzierarbeit, die investiert wurde.

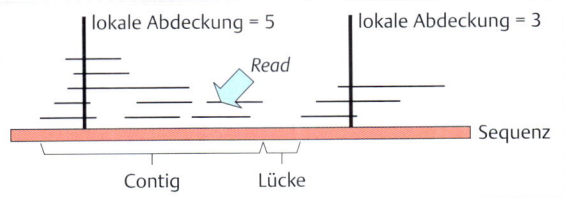

Abb. 25.3 Abdeckung einer Grundsequenz durch *Reads* bei einer Assemblierung. Die schwarzen, horizontalen Linien stellen die *Reads* dar, die den entsprechenden Abschnitt der Grundsequenz abdecken. Während man in der Abbildung die lokale Abdeckung sehen kann, muss die (durchschnittliche) Abdeckung berechnet werden.

Ein zusammenhängender Teil einer Grundsequenz, der durch die *Reads* rekonstruiert werden kann, ist ein **Contig**. Zwischen den Contigs liegen offenbar Lücken, weil die Information der *Reads* nicht ausreicht, um die Contigs zu verbinden. Unglücklicherweise liegt es in der Natur der Schrotschuss-Sequenzierung, dass man zwar schnell Contigs erhält, aber immer mehr Sequenzierdaten benötigt werden, um die Lücken zu schließen. Der Grund hierfür besteht darin, dass man – wie beim Würfeln um eine 6 – unter Umständen lange darauf warten muss, endlich jenen einen *Read* zu erhalten, der zwei Contigs verbindet. Die mathematische Theorie hinter diesem Problem wird durch die sogenannte **Lander-Waterman-Formel** beschrieben.

25.7 Genvorhersage

Aus der genomischen Sequenz eines Organismus herauszulesen, wo die Gene liegen und wie deren genaue Struktur aussieht, stellt eines der ältesten Probleme der Bioinformatik dar. Selbst in Prokaryoten oder einzelligen Eukaryoten, bei denen proteincodierende Gene selten Introns besitzen, ist die Aufgabe der Identifizierung von Genen keineswegs trivial. Ein **langes offenes Leseraster** (s. Kap. 5) ist natürlich ein starker Hinweis auf die Existenz eines proteincodierenden Gens. Ein weiteres Hilfsmittel für die Identifizierung von prokaryotischen Genen ergibt sich aus der **Bevorzugung von bestimmten Codons** (*codon preference*). Hierunter versteht man das Phänomen, dass die synonymen Codons nicht gleichmäßig zum Codieren einer Aminosäure herangezogen werden, sondern dass verschiedene Organismen – unter Nutzung der Tatsache, dass der genetische Code degeneriert ist (S. 96) – verschiedenen Codons jeweils den Vorzug geben. Dies stellt eine wichtige zusätzliche Information dar, um die Lage eines Gens innerhalb einer Genomsequenz zu erkennen.

In Eukaryoten wird die Durchsuchung von Genomsequenzen zur Identifizierung von Genen sehr wesentlich durch die **Exon-Intron-Struktur** proteincodierender Gene erschwert, da häufig kleine Exons durch große intronische Sequenzen (S. 298) getrennt und so statistische Methoden nur eingeschränkt einsetzbar sind. Zusätzlich können nicht translatierte Abschnitte von Genen nur schwer allein auf der Basis der Sequenz vorhergesagt werden. Bei Fehlen der Nucleotidsequenz eines mRNA-Transkripts versucht man daher anhand von vorhergesagten Promotoren, möglichen Spleißstellen, Leserastern und statistischen Eigenschaften codierender Sequenzen zu einer kohärenten Vorhersage eines Gens zu kommen. Die hierzu eingesetzten Algorithmen beruhen auf den schon erwähnten Hidden-Markov-Modellen. Leichter wird es, wenn Transkriptsequenzen zur Verfügung stehen, da durch einen Vergleich mit der genomischen Sequenz die Exons markiert werden können.

In Kap. 12 wurde bereits aufgezeigt, dass ein Gen schwer zu definieren ist und die Definition des Genbegriffs Veränderungen erfahren hat. Die derzeitigen Algorithmen zur Erkennung von Genen in genomischer DNA gehen meist noch davon aus, dass ein Gen ein Protein codiert. Dies ist der Grund dafür, dass derzeit der Großteil der statistischen Präferenzen von proteincodierender, exonischer DNA abgeleitet ist. Nicht proteincodierende Gene, die die Information für eine nicht-codierende RNA statt für ein Protein tragen, sind ohne Verfügbarkeit von Transkriptsequenzen nur sehr schwer innerhalb einer Genomsequenz zu erkennen, da sowohl die Leserasterinformation als auch die statistischen Präferenzen fehlen.

Die aktuell häufig gestellte Frage nach der Anzahl der Gene des Menschen kann also ziemlich genau für proteincodierende Gene beantwortet werden (nämlich ca. 21 000), nicht jedoch für die Zahl aller existierenden Gene.

25.8 Proteinstrukturvorhersage und Homologiemodellierung

Wie eingangs bereits gesagt, bildeten sich die Ursprünge der Bioinformatik aus den Bemühungen, die Struktur eines Proteins aus der Aminosäuresequenz vorherzusagen. Trotz der Verbesserungen der Methoden in der Molekulardynamik, also der Simulation von atomaren Kräften und von resultierenden Bewegungen zur Ermittlung energetisch bevorzugter Konformationen, ist es immer noch nahezu unmöglich, die räumliche Faltung und dreidimensionale Struktur eines beliebigen Proteins korrekt zu berechnen. Dennoch können computergestützte Berechnungen der Molekulardynamik bereits sehr erfolgreich zum besseren Verständnis molekularer Prozesse genutzt werden. Räumliche Strukturen unbekannter Proteine kann man im Allgemeinen nur dann vorhersagen, wenn eine der gegebenen Aminosäuresequenz ähnliche Sequenz mit bekannter Struktur verfügbar ist. Dies wird als Homologiemodellierung bezeichnet. Basierend auf den beschriebenen Verfahren für einen Sequenzvergleich lässt sich diese Logik auch anwenden, wenn der Grad der Ähnlichkeit gering ist. So kann es ausreichend sein, wenn zwei homologe Proteine ähnlicher Faltung und Struktur nur 20 % identische Aminosäuren in ihrem Alignment aufweisen. Umgekehrt kann man mit großer Sicherheit davon ausgehen, dass zwei natürlich vorkommende Proteine, die mehr als 50 % Ähnlichkeit zeigen, sich auch gleich falten. Ein Hinweis auf gebotene Vorsicht: Die reine Sequenzähnlichkeit kann auch irreführend sein, weil zwei beliebige Proteine, die im Alignment 20 % identische Positionen besitzen, nicht notwendigerweise derselben Faltungsklasse angehören müssen.

25.9 Molekulare Evolution und phylogenetische Stammbäume

Ein Sequenzvergleich über Spezies hinweg funktioniert natürlich deshalb, weil sich die Sequenzen einer Genfamilie im Laufe der Evolution aus jeweils gemeinsamen Vorfahren entwickelt haben. Wenn zwei Sequenzen einander ähnlicher sind als beide mit einer dritten, so schließen wir daraus umgekehrt, dass die beiden ähnlichen eine gemeinsame Vorfahrensequenz haben, welche wiederum einen gemeinsamen Vorfahren mit einer dritten Sequenz haben kann. Die Sequenzähnlichkeit führt also ganz automatisch zu evolutionären Bäumen zur Beschreibung der phylogenetischen Entwicklung. Da die Geschichte einer Genfamilie (ohne Duplikationen, also für orthologe Gene) die Speziesbildung wiedergibt, beschreibt ein solcher Genbaum gleichzeitig die Phylogenie und man spricht kurz von einem phylogenetischen Baum.

Verfahren zur Berechnung phylogenetischer Stammbäume aus vorhandenen Gensequenzen werden seit den 1960er-Jahren entwickelt; die bekanntesten sind die Parsimony-, Neighbor-Joining- und Maximum-Likelihood-Methode. Diese Verfahren beruhen auf einem multiplen Alignment (s. o.) der gegebenen Sequenzfamilie, wobei die **Neighbor-Joining-Methode** daraus zuerst eine Matrix mit Abständen zwischen den Sequenzen berechnet. Die beiden anderen Verfahren modellieren direkt die Mutationsabfolgen zwischen den Basen oder Aminosäuren der gegebenen Sequenzen. Die **Parsimony-Methode** nimmt an, dass entlang einer Kante des Stammbaums, die eine Vorfahrensequenz mit einer abgeleiteten Sequenz verbindet, in einer Position maximal eine Mutation stattgefunden hat. Eine solche Vereinfachung ist bestenfalls für sehr nahe verwandte Sequenzen zulässig. Deshalb wird diese Bedingung im **Maximum-Likelihood-Verfahren** fallen gelassen, indem man stattdessen Mutationen mit Wahrscheinlichkeiten belegt. Da Maximum-Likelihood-Verfahren sehr rechenaufwendig sind, werden sie nur dann als Methode der Wahl eingesetzt, wenn der zu untersuchende Datensatz nicht allzu groß ist. Andernfalls greift man auf eher heuristisch motivierte Methoden wie Neighbor-Joining zurück.

25.9.1 Literatur

▶ **Zitierte Literatur**

[1] Zuckerkandl E, Pauling L (1962) Molecular disease, evolution and genetic heterogeneity. In: Marsha M, Pullman B (Hrsg) Horizons in Biochemistry. Academic Press; 189–225

[2] Anfinsen CB, Haber E, Sela M et al (1961) The kinetics of formation of native ribonuclease during oxidation of the reduced polypeptide chain. Proc Natl Acad Sci USA 47: 1309–1314

▶ **Weiterführende Literatur**

[3] Merkl R, Waack S (2009) Bioinformatik Interaktiv: Algorithmen und Praxis. Wiley-VCH, Weinheim

[4] Zvelebil M, Baum JO (2007) Understanding Bioinformatics. Taylor und Francis, NY

25

Kapitel 26
DNA-Analysen

26 DNA-Analysen

Rolf Knippers

26.1 Einleitung

Die Struktur der DNA, einschließlich der Nucleotidsequenzen, wird mit mehreren verschiedenen Methoden untersucht. Welche Methode eingesetzt wird, hängt von der Fragestellung ab, auch von der Erfahrung und der Ausrüstung des betreffenden Labors. Es versteht sich, dass wir hier nicht alle Methoden beschreiben können. Wir beschränken uns auf drei Verfahren, die für alle Bereiche der modernen Genetik unentbehrlich sind – PCR (Kap. 26.2), DNA-Klonieren (Kap. 26.3) und Sequenzieren (Kap. 26.4). Dabei möchten wir jetzt schon anmerken, dass es hier nur um die Grundlagen gehen kann. Jedes der drei Verfahren wird für die speziellen Aufgaben der experimentellen und analytischen Praxis vielfach verändert, erweitert und fortentwickelt – Verändern und Erweitern gelten besonders für das Klonieren und Fortentwickeln für das Sequenzieren.

26.2 Polymerasekettenreaktion (PCR)

Die Polymerasekettenreaktion oder, wie man sagt, die **PCR** (*polymerase chain reaction*) ermöglicht den Nachweis und die Vermehrung kleinster Mengen spezifischer DNA-Sequenzen mithilfe relativ einfacher technischer Verfahren. Die PCR wird für viele Fragestellungen der modernen Biologie eingesetzt, z. B. in der Anthropologie (S. 429), für die Identifizierung von Einzelpersonen (S. 430), für die Bestimmung von biologischen Arten und bei der Diagnose genetisch bedingter Krankheiten sowie – in ganz gewöhnlichen molekularbiologischen Labors – für die Isolierung von Genen und anderen Genomabschnitten (S. 536).

Merke

Das **Prinzip der PCR** ist die enzymatische Vermehrung eines DNA-Abschnitts mithilfe von zwei Oligonucleotidprimern, die auf beiden Seiten des Abschnitts in gegenläufiger Orientierung an komplementäre Bereiche der DNA binden (▶ Abb. 26.1a).

Voraussetzung für die PCR ist, dass die Nucleotidsequenzen beiderseits des DNA-Abschnitts, den man vermehren möchte, bekannt sind, sodass man entsprechende Oligonucleotidprimer herstellen kann.

Manche Großforschungseinrichtungen besitzen die Geräte für die chemische Synthese, aber die meisten Labors beziehen die Primer von einer der Firmen, die sich auf die Synthese von Oligonucleotiden spezialisiert haben.

Die Primer werden im Überschuss zu einem Reaktionsgemisch gegeben, das die zu vermehrende DNA, freie Nucleotide und eine hitzestabile DNA-Polymerase enthält. Das Gemisch wird auf 94 °C erhitzt, um die DNA zu denaturieren. Danach wird die Temperatur auf 50–60 °C gesenkt, damit die Primer mit den komplementären Bereichen der denaturierten DNA hybridisieren können. Die DNA-Polymerase nutzt die 3'-OH-Enden der Primer und synthetisiert die zum jeweiligen DNA-Strang komplementären Sequenzen. Die doppelsträngigen Syntheseprodukte werden bei 94 °C denaturiert. Dann folgen wieder die Hybridisierung der Primer und die DNA-Strang-Synthese. Die Zyklen von Denaturierung, Hybridisierung und DNA-Synthese werden 25-mal oder, wenn nötig, auch häufiger wiederholt. Es handelt sich um eine exponentielle Reaktion, bei der winzige Mengen einer DNA-Sequenz um das Millionenfache amplifiziert werden (▶ Abb. 26.1b).

Als die PCR-Methode eingeführt wurde (Kary B. Mullis, 1986), verwendete man das Klenow-Fragment der bakteriellen DNA-Polymerase (S. 166) zur DNA-Amplifikation. Aber dieses Enzym ist nicht hitzestabil und war deshalb umständlich in der Anwendung, weil es bei jedem Zyklus neu zugegeben werden musste. Deshalb kommen heute nur noch DNA-Polymerasen aus thermophilen (wärmeliebenden) Bakterien oder Archaeen zum Einsatz. Der Prototyp ist die **Taq-DNA-Polymerase** des thermophilen, gramnegativen Bakteriums *Thermus aquaticus*.

Das PCR-Verfahren wird mithilfe von **Thermocycler**-Geräten durchgeführt. Anzahl der Zyklen, Dauer und Temperatur der Einzelschritte lassen sich bei diesen Geräten programmieren.

26.3 Gentechnik oder das Klonieren von DNA-Fragmenten

In den ersten Jahrzehnten der Geschichte der molekularen Genetik bis etwa zum Jahr 1975 blieben die Genome von Tieren und Pflanzen weitgehend unerforschte Gebiete, weil sie so viel größer als Bakteriengenome sind, aber vor allem weil sie zum großen Teil aus sich vielfach wiederholenden Elementen zusammengesetzt sind – und in diesem Überschuss von DNA liegen weit verstreut die einzelnen Gene. Ihre Untersuchung wurde erst nach Einführen der gentechnischen Verfahren möglich.

Die Grundlage der Verfahren ist eine geschickte Kombination von Methoden, die im Zuge der Arbeiten mit Bak-

26

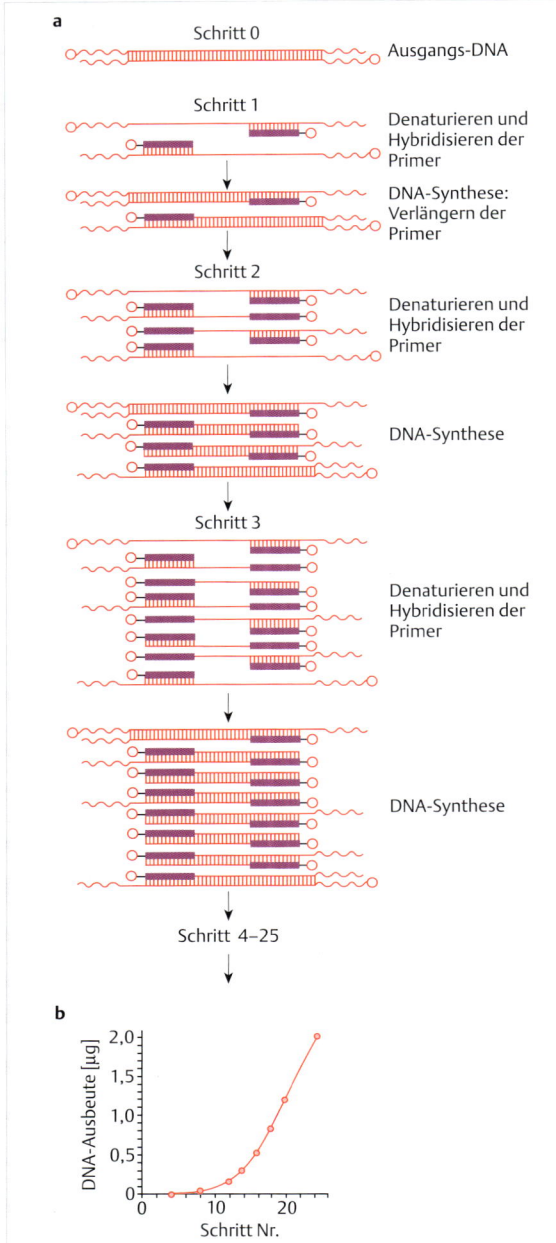

a

Schritt 0 — Ausgangs-DNA

Schritt 1 — Denaturieren und Hybridisieren der Primer

DNA-Synthese: Verlängern der Primer

Schritt 2 — Denaturieren und Hybridisieren der Primer

DNA-Synthese

Schritt 3 — Denaturieren und Hybridisieren der Primer

DNA-Synthese

Schritt 4–25

b

DNA-Ausbeute [µg] — Schritt Nr.

Abb. 26.1 Polymerasekettenreaktion (PCR). (nach White TJ, Arnheim N, Ehrlich HA (1989) The polymerase chain reaction. Trends Genet 5: 185–189)

a Schritt 1: Oligonucleotide hybridisieren als Vorwärts- und Rückwärts-Primer (*forward* und *reverse primers*) an komplementäre Sequenzen in der denaturierten DNA. Schritt 2: Die Taq-DNA-Polymerase heftet Deoxynucleotide an die 3′-OH-Enden der Primer und synthetisiert komplementäre DNA-Stränge. Schritt 3: Denaturierung der Syntheseprodukte, erneute Hybridisierung der Primer und Synthese von Komplementärsträngen usw.

b Exponentielle Zunahme der DNA-Menge.

terien und Phagen entwickelt worden waren. Im Prinzip sind die Methoden einfach, aber viele der heute gebräuchlichen Verfahren sind im Detail kompliziert, weil sie für spezielle experimentelle Aufgaben weiterentwickelt wurden.

26.3.1 Traditionelles Klonieren und Herstellung von Genombibliotheken

Das traditionelle Klonieren umfasst drei Schritte:
- Zerlegen der langen natürlichen DNA-Moleküle in definierte Abschnitte (Fragmente)
- Trennung der einzelnen DNA-Fragmente voneinander
- Isolieren und Vermehren des interessierenden DNA-Fragments mit nachfolgender Analyse, z. B. durch Bestimmung der Nucleotidsequenz

▶ **Zerlegen der natürlichen DNA.** Die Spaltung der natürlichen DNA in definierte Fragmente erfolgt mithilfe von **Restriktionsendonucleasen** (S. 46). Nehmen wir als Beispiel das Enzym *Bam*HI aus der ▶ Tab. 2.6. *Bam*HI schneidet eine DNA, gleich welchen Ursprungs, nur an Stellen mit der Nucleotidfolge GGATCC. So wird ein Säugetiergenom mit 3×10^9 bp in mehrere Hunderttausend Fragmente zerlegt. Die Größenverteilung dieser Fragmentkollektion hängt von der Lage der *Bam*HI-Schnittstellen im betreffenden Genom ab, aber in jedem Fall entsteht ein komplexes Gemisch von DNA-Fragmenten sehr unterschiedlicher Längen und Sequenzen.

Nun geht es darum, die einzelnen Fragmente voneinander zu trennen. Dazu erfolgt der **Einbau in Vektoren**. Im Allgemeinen ist ein Vektor entweder Plasmid-DNA oder die DNA von Phagen, hauptsächlich Lambda-DNA, die große Abschnitte ohne lebenswichtige Funktionen enthält. An deren Stelle kann Fremd-DNA eingebaut werden.

Wir sehen uns **Plasmidvektoren** an. Zum Verständnis zeigt ▶ Abb. 26.2a die Skizze eines natürlichen R-Plasmids von ca. 100 kb Größe mit mehreren Resistenzgenen (*AmpR*, *KanR*, *TetR*) und der Folge von Transfergenen sowie zwei Replikationsursprünge (S. 107), *oriV* (für die normale Vermehrung während des bakteriellen Zellzyklus) und *oriT* (für den Transfer von der einen Bakterienzelle in eine andere). In dieser Form ist die Plasmid-DNA nicht als Vektor geeignet, vor allem wegen ihrer Fähigkeit zum Transfer von einem Bakterium in ein anderes. Das ist unerwünscht, denn ein Vektor soll in der Bakterienzelle bleiben, in die er eingeführt wurde.

Aus diesem Grund sind Vektoren im Vergleich zum natürlichen Plasmid stark verändert. Als Beispiel zeigt ▶ Abb. 26.2b das Plasmid pUC 19. Es ist mit 2,7 kb wesentlich kleiner als das natürliche R-Plasmid und deswegen leichter zu handhaben. Aber wichtiger ist, dass es von den ursprünglichen DNA-Abschnitten nur noch den OriV und ein Resistenzgen (*AmpR*) besitzt. Weiter hat das Plasmid zwei gesondert eingefügte Abschnitte, einer mit

26

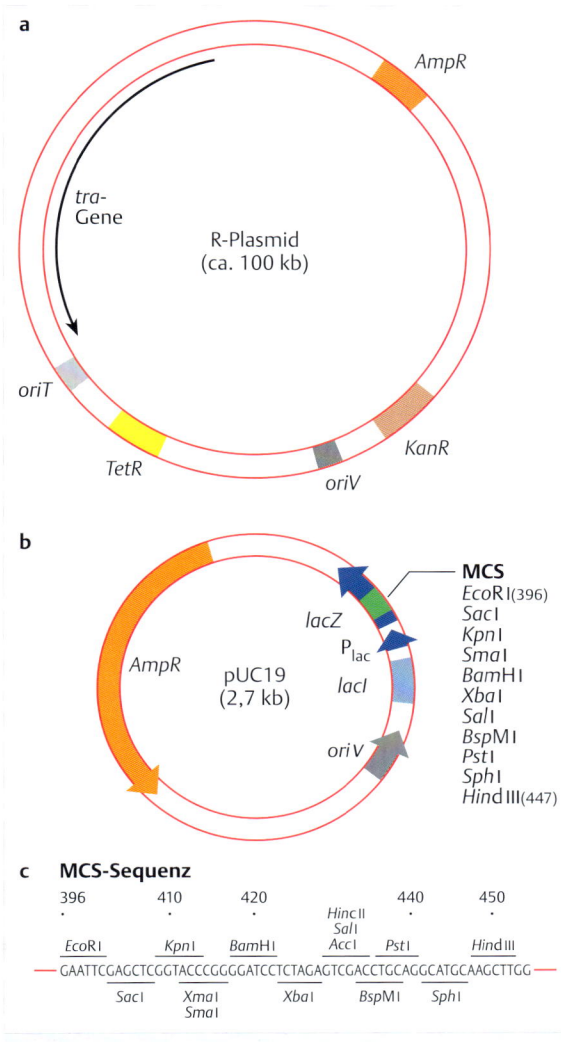

a

tra-Gene

R-Plasmid (ca. 100 kb)

AmpR

oriT

TetR

oriV

KanR

b

AmpR

pUC19 (2,7 kb)

lacZ

Plac

lacI

oriV

MCS
EcoRI(396)
SacI
KpnI
SmaI
BamHI
XbaI
SalI
BspMI
PstI
SphI
HindIII(447)

c **MCS-Sequenz**

396	410	420		440	450

EcoRI — KpnI — BamHI — HincII/SalI/AccI — PstI — HindIII

— GAATTCGAGCTCGGTACCCGGGGATCCTCTAGAGTCGACCTGCAGGCATGCAAGCTTGG —

SacI — XmaI/SmaI — XbaI — BspMI — SphI

Abb. 26.2 Plasmidvektoren.
a Schema eines natürlichen Resistenzplasmids.
b Abgeleitetes Plasmid als Vektor. Als ein Beispiel von sehr vielen Vektoren dieser Art zeigen wir einen der ersten, das Plasmid pUC 19. (nach Messing J (1983) New M13 vectors for cloning. Methods Enzymol 101: 20–78)
c Sequenz der MCS (*multiple coning site*) mit Schnittstellen für ein gutes Dutzend Restriktionsendonucleasen. (nach Messing J (1983) New M13 vectors for cloning. Methods Enzymol 101: 20–78)

vielen Restriktionsschnittstellen (MCS, *multiple cloning site*) und einer mit Teilen des *lac*-Operons (S. 118).

Die **MCS** (*multiple cloning site*) ist ein Stück DNA (▶ Abb. 26.2c) mit Schnittstellen für eine ganze Reihe von Restriktionsendonucleasen. Solche Schnittstellen kommen sonst an keiner anderen Stelle im Plasmid pUC 19 vor. So überführt z. B. eine Behandlung von pUC 19 mit *Bam*HI die ringförmige in eine lineare DNA (Linearisierung); Entsprechendes gilt natürlich für jede der anderen zehn Restriktionsendonucleasen. Wenn die Fremd-DNA ebenfalls mit der betreffenden Restriktionsendonuclease

geschnitten wird, sind die Enden der Vektor-DNA komplementär zu den Enden der Fremd-DNA. Vektor und Fremd-DNA können problemlos mithilfe des Enzyms **DNA-Ligase** (S. 172) kovalent verknüpft werden (▶ Abb. 26.3). Die Fremd-DNA ist dann ein Teil des Plasmids geworden und wird als **Insert** („Einbaustück") bezeichnet.

▶ **Trennung der einzelnen DNA-Moleküle voneinander.** Um die einzelnen DNA-Moleküle voneinander zu trennen, bedient man sich eines einfachen Tricks aus der Mikrobiologie: Vektoren mit Inserts werden in Bakterien (*E. coli*) übertragen, die einzelnen Bakterien werden auf Agarplatten verteilt und vermehren sich zu Kolonien, die je ein einziges Vektor-Insert-Konstrukt enthalten.

Einige Punkte müssen beachtet werden. *E. coli*-Bakterien müssen für die Aufnahme von DNA vorbehandelt („kompetent gemacht") werden. Darunter versteht man eine vorübergehende Durchlässigkeit der Zellwände. Das erreicht man z. B. durch Behandlung mit hoch konzentrierten Calciumsalzen oder durch **Elektroporation**.

Merke

Bei der **Elektroporation** werden durch einen kurzen elektrischen Puls vorübergehende Öffnungen oder Poren in der Cytoplasmamembran erzeugt.

Kompetente Bakterien werden im Überschuss zu dem Ansatz mit den Insert-Vektor-Konstrukten gegeben. Der Überschuss ist notwendig, damit eine Bakterienzelle möglichst nur ein einziges DNA-Molekül aufnimmt. Danach werden die Bakterien auf Agarplatten verteilt (▶ Abb. 26.3). Jede Bakterienzelle entwickelt sich zu einer Kolonie aus vielen Millionen Nachkommenbakterien, die alle das gleiche Konstrukt enthalten.

Wenn nichts besonders unternommen wird, liegen Kolonien mit Vektor und Kolonien ohne Vektor nebeneinander, wobei Letztere in Überzahl sind. Von Interesse sind aber nur Kolonien mit Vektor. Deswegen ist eine **Selektion** notwendig. Dabei nutzt man aus, dass Vektoren vom Typ pUC 19 das Gen **AmpR** enthalten, wodurch sie resistent gegen das Antibiotikum Ampicillin sind. So lässt sich die Vermehrung der Bakterien ohne Vektor einfach durch Zugabe von Ampicillin zum Kulturmedium hemmen.

Noch eine zweite Selektion ist erforderlich, denn bei der Behandlung mit dem Enzym DNA-Ligase kommt es nicht nur, wie gewünscht, zu der Verknüpfung eines Inserts mit dem Vektor, sondern oft auch zu einer Wiederverknüpfung der Vektorenden miteinander und zur Wiederherstellung des Plasmidrings. Man kann diese Reaktion unterdrücken, indem man den geschnittenen Vektor mit Phosphatase behandelt, um endständige Phosphatreste zu entfernen (Phosphatgruppen an wenigstens einem der beteiligten DNA-Moleküle (hier den Inserts) sind für die Ligasereaktion allerdings notwendig.) Aber meist funktioniert die Phosphatasebehandlung nicht

26

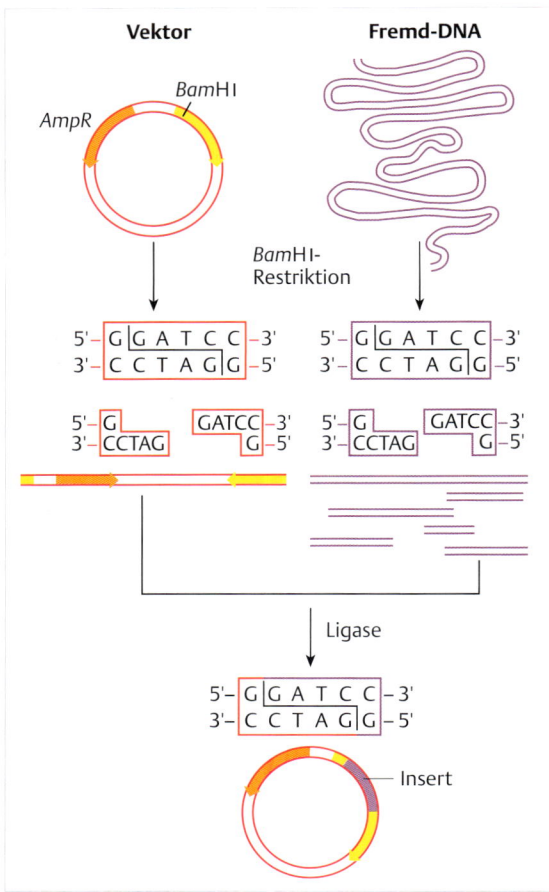

Abb. 26.3 Traditionelles Klonieren. Einbau eines Fremd-DNA-Fragments in einen Plasmidvektor. Fremd-DNA und Vektor werden mit der gleichen Restriktionsendonuclease geschnitten, vermischt und durch die Ligase wieder zu einem DNA-Ring verknüpft.

26

hundertprozentig, sodass sich Ringschlüsse nicht ganz vermeiden lassen und Bakterien mit Vektoren aber ohne Insert vorkommen.

Bakterien mit den solchen Plasmiden bilden selbstverständlich ebenfalls Kolonien auf den Agarplatten mit Ampicillin. Aber von Interesse sind natürlich nur Kolonien, die Vektoren mit Inserts enthalten. Um solche Kolonien zu erkennen, kann man die **Blau-Weiß-Selektion** (oder Ähnliches) einsetzen. Zu diesem Zweck besitzen Plasmide vom Typ pUC 19 den Promotor des *lac*-Operons (P$_{lac}$ in ▶ Abb. 26.2) und den 5'-Abschnitt des *lacZ*-Gens (S. 119), in den die MCS integriert ist. Geeignete Empfängerbakterien besitzen den 3'-Teil des *lacZ*-Gens. Jeder Abschnitt für sich allein ist nicht aktiv, aber wenn der Vektor pUC 19 in diesen Bakterien vorkommt, können der aminoterminale Teil der vom *lacZ*-Gen codierten β-Galactosidase (vom Vektor) und ihr carboxyterminaler Teil (vom Bakterium) aufeinandertreffen und ein funktionsfähiges Enzym bilden, das den Farbstoff X-Gal spaltet und die betreffende Kolonie blau färbt. Anders wenn sich ein Insert

in der MCS befindet (▶ Abb. 26.2). Denn dann ist der 5'-Teil des *lacZ*-Gens zerstört. Eine funktionsfähige β-Galactosidase kann nicht entstehen und die betreffenden Kolonien bleiben weiß, auch in Gegenwart von X-Gal. Eine Agarplatte enthält also blaue Kolonien aus Bakterien mit unverändertem Vektor und weiße Kolonien von Bakterien, die den Vektor mit eingebauter Fremd-DNA (Insert) enthalten.

Die Bakterien einer Kolonie sind genetisch identisch: Alle besitzen dasselbe Vektor-Insert-Konstrukt. Nach alter biologischer Tradition bezeichnet man eine genetisch einheitliche Gruppe von Individuen als Klon. Das gentechnische Verfahren führt also zu einer Kollektion von Klonen. Deswegen bezeichnet man das Verfahren oft als **Klonieren** (genauer als DNA-Klonieren; *DNA cloning*) und den Vektor mit dem eingebauten Insert als **DNA-Klon**.

So wie hier beschrieben, steht am Anfang des Experiments irgendein Genom, das durch eine Restriktionsendonuclease in viele Hunderttausend verschiedene Fragmente zerlegt wurde, und am Ende steht eine Kollektion von Bakterienklonen, von denen jeder einen anderen Abschnitt des Genoms als Insert enthält. Wenn das technisch gut gemacht wird, dann entsprechen alle Inserts zusammengenommen dem Genom des zu untersuchenden Organismus, sei es ein Eukaryot oder ein Prokaryot.

Definition

Man bezeichnet eine Kollektion von Klonen, deren Inserts einem gesamten Genom entsprechen, als **Genombibliothek** oder Genbank.

Wie man ein interessantes Buch aus einer Bücherei heraussucht, so lässt sich aus der Genombibliothek jedes interessierende Genomstück herausnehmen und genauer analysieren. Weil sich Bakterien problemlos in beliebigen Mengen kultivieren lassen, stehen die Genomstücke in quasi beliebigen Mengen zur Verfügung. Freilich erfordert die Auswahl eines „Buches" aus der Genombibliothek besondere Bemühungen. Dafür sind die verschiedensten Methoden entwickelt worden, je nach den speziellen Erfordernissen.

Das Herstellen von Genombibliotheken stand oft am Beginn der großen Genomprojekte, wie in den Kap. 22 bis Kap. 24 beschrieben. Allerdings waren Plasmidvektoren dafür wenig geeignet, weil sie eine begrenzte Kapazität haben: Die Inserts sind nur einige Tausend Basenpaare groß. Ein Säugetiergenom wäre somit auf einigen Millionen DNA-Klone verteilt, die einzeln untersucht und geordnet werden müssten, was äußerst umständlich, wenn nicht gar unmöglich wäre.

Deswegen verwendete man Vektoren mit höherer Kapazität. Eine Art von Vektor ging von der DNA des Phagen Lambda aus und führte zum **Cosmidvektor**, der Elemente von Lambda und Plasmiden verbindet und Inserts von 40–50 kb aufnehmen kann.

Schließlich haben sich jedoch Konstrukte durchgesetzt, die Inserts von einigen Hunderttausend Basen aufnehmen können. Davon sind am wichtigsten die **künstlichen Bakterien-Chromosomen** (**BACs**, *bacterial artificial chromosomes*). Es handelt sich um Derivate des bakteriellen F-Plasmids (S. 105). Die Vektoren enthalten den *oriV* und einige andere Originalabschnitte des F-Plasmids und zusätzlich ein Resistenzgen zur Selektion, den *lacZ*-Genabschnitt für die Blau-Weiß-Selektion sowie eine Art MCS (*multiple cloning site*). BAC-Vektoren nehmen Inserts von 150–350 kb auf und werden stabil von einer Bakteriengeneration zur nächsten weitergegeben.

26.3.2 cDNA-Klonieren

Eine typische Säugetierzelle enthält Zehntausende verschiedener mRNA-Moleküle, von denen viele selten sind und in nur ein bis zehn Kopien pro Zelle vorkommen. Eine Untersuchung der Menge und Art von mRNA ist für viele genetische Fragestellungen von Interesse. Dazu können gentechnische Verfahren herangezogen werden.

Der erste Schritt ist die Überführung der RNA-Sequenz in eine DNA-Sequenz mithilfe des Enzyms **Reverse Transkriptase** (S. 244) (▸ Abb. 26.4). Dieses Enzym ist eine DNA-Polymerase, die ursprünglich von Retroviren stammt und anders als die üblichen zellulären DNA-Polymerasen nicht DNA als Matrize benötigt, sondern einen RNA-Strang. Sie dreht also den normalen Fluss der genetischen Information um: nicht von DNA nach RNA, sondern von RNA nach DNA – deswegen „Reverse" Transkriptase. Wie jede andere DNA-Polymerase braucht die Reverse Transkriptase einen Primer für den Start der Synthese.

Jedes kurze Stück DNA (Oligonucleotid) ist als Primer geeignet. Bei der Untersuchung von eukaryotischen mRNAs wird oft ein Oligo(dT)-Primer bevorzugt, denn er hybridisiert mit den Poly(A)-Schwänzen (S. 290) der mRNAs und leitet somit die Überführung von mRNA-Sequenzen in DNA-Kopien ein. Man spricht von copyDNA, oder auch complementary DNA, oder kurz **cDNA**.

Die cDNAs werden mithilfe von PCR-Verfahren zu DNA-Doppelsträngen ergänzt und vermehrt. Sie können dann direkt in Microarrays (S. 503) untersucht oder zur Bestimmung der Nucleotidsequenz (S. 536) weiterverarbeitet werden. Oder sie können in Vektoren kloniert werden. Dazu müssen die Enden der cDNAs modifiziert werden, zum Beispiel durch das Anfügen von kurzen DNA-Stücken, den sogenannten Linker (durch die DNA-Ligase). Die Linker-DNA enthält Schnittstellen für geeignete Restriktionsendonucleasen und nach der Restriktion können die cDNAs in Vektoren eingebaut werden.

Definition

Kollektionen von Vektoren mit cDNA-Inserts nennt man **cDNA-Bibliotheken**.

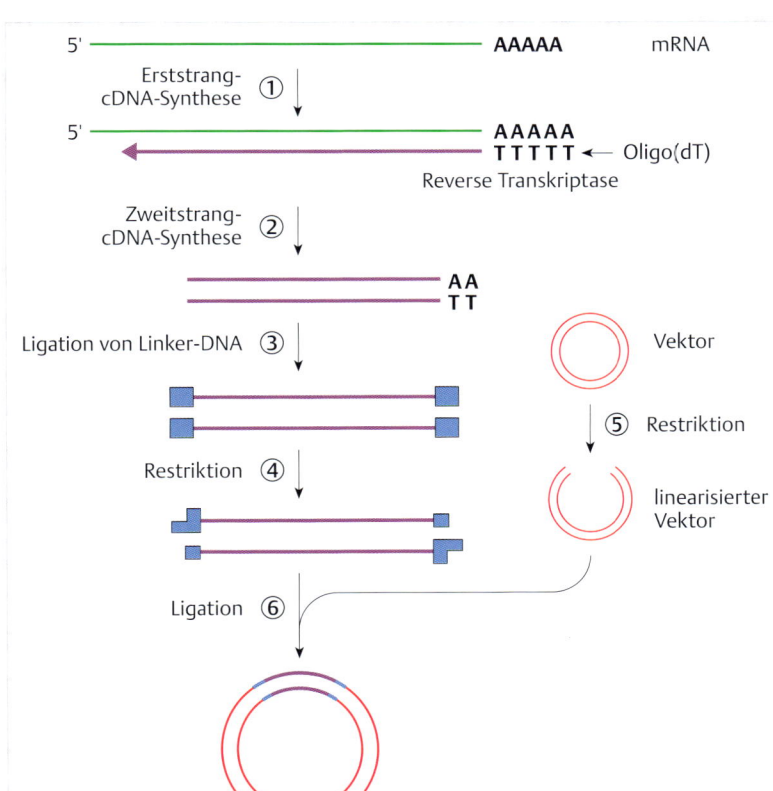

Abb. 26.4 Herstellen von cDNA. ① Der erste Schritt ist am wichtigsten: Überführen der RNA-Sequenz in eine DNA-Sequenz mithilfe des Enzyms Reverse Transkriptase. ② Für die Synthese des zweiten DNA-Stranges stehen mehrere Methoden zur Verfügung. ③ Um den Einbau in Vektoren zu erleichtern, werden kurze DNA-Stücke (Linker) an die Enden ligiert. Die Linker enthalten Restriktionsschnittstellen. ④ und ⑤ Das Konstrukt und der Vektor werden mit dem gleichen Restriktionsenzym gespalten, sodass kohäsive Enden entstehen. ⑥ Das cDNA-Molekül wird mit dem Vektor ligiert. (nach Gubler U, Hoffmann BJ (1983) A simple and efficient method for generating cDNA libraries. Gene 25: 263–269)

26

Oft sind die Vektoren für cDNA-Inserts so konstruiert, dass die cDNA hinter einem starken Promotor zu liegen kommt. Ein Vektor dieser Art heißt **Expressionsvektor**, weil er eine Expression der cDNA und schließlich die Produktion des codierten Proteins ermöglicht.

Molekularbiologen streben oft eine Expression eukaryotischer cDNAs in *E. coli* an. Dann muss der vorgeschaltete Promotor in Bakterien erkannt werden. So besitzen viele Expressionsvektoren den *lac*-Promotor mit nachfolgender Ribosomenbindungsstelle (RBS) und passend gelegenem ATG-Startcodon vor einer MCS. Andere viel verwendete Expressionsvektoren tragen den starken Promotor des Bakteriophagen T7 vor der MCS, den RBS-Elementen und der cDNA. In diesen Fällen müssen *E. coli*-Wirtszellen die T7-spezifische RNA-Polymerase bereitstellen.

Bakterien produzieren oft große Mengen des codierten Proteins. Allerdings ist öfter als erwünscht das exprimierte Protein unlöslich und fällt schon in den Bakterien als Präzipitat in Einschlusskörpern (*inclusion bodies*) aus. Um die Reinigung der cDNA-codierten Proteine zu erleichtern, tragen die Vektoren hinter der MCS oft eine Folge von Histidincodons. Somit besitzt das exprimierte Protein im aminoterminalen Bereich mehrere Histidinreste hintereinander. Enge Folgen von Histidin binden Nickelsalze und können durch Säulen mit nickelspezifischen Chelatbildnern von den vielen anderen Proteinen eines Extrakts aus Bakterien getrennt werden.

Vektoren werden auch für die Expression von cDNA in Säugetier-, Insekten- und Pflanzenzellen eingesetzt. Dann ist es natürlich erforderlich, dass Promotoren und die anderen Kontrollelemente in den Zellen der betreffenden Arten aktiv sind. Forscher können den Vektor, den sie speziell für ihre Arbeiten benötigen, von entsprechenden Firmen beziehen.

Expressionsvektoren haben eine Bedeutung, die weit über die Forschungslabors in Universitäten und Instituten hinausgeht, denn sie sind das Basiswerkzeug in vielen Biotechnologiefirmen. Schon 1982 wurde mithilfe geeigneter Expressionsvektoren das menschliche Insulin gentechnisch hergestellt. Andere Produkte wie gentechnisch hergestelltes Wachstumshormon, Interferon, Erythropoetin und mehrere andere folgten.

26.3.3 PCR-Klonieren

Die Nucleotidsequenzen der Genome vieler Tiere, Pflanzen und eukaryotischer Einzeller sowie zahlreicher Bakterien- und Archaeenarten sind in den Datenbanken frei zugänglich. Wenn man ein Gen oder irgendeinen anderen Abschnitt dieser Genome untersuchen möchte, dann benötigt man nur die DNA des betreffenden Organismus und die richtigen Primer, um mithilfe der PCR-Methode den interessierenden Genomabschnitt vielfach zu vermehren und damit für die Arbeit im Labor zugänglich zu machen.

Für viele Fragestellungen ist der Einbau des Gens oder Genomstücks in einen geeigneten Klonierungsvektor von Interesse, z. B. für Untersuchungen seiner genetischen Aktivität oder zur Erzeugung transgener Tiere und Pflanzen.

Zu diesem Zweck verwendet man Primer, deren 3'-Abschnitt aus 20–30 Nucleotiden komplementär zu Sequenzen beiderseits des interessierenden Genomabschnittes ist, und deren 5'-Abschnitt Sequenzen für Schnittstellen von Restriktionsendonucleasen enthält. Eine Vermehrung im PCR-Verfahren liefert dann DNA-Stränge, die Restriktionsschnittstellen an den Enden tragen. Solche DNA-Stränge lassen sich gut als Inserts in geeignete Vektoren einbauen, ganz so wie beim traditionellen Klonieren (▶ Abb. 26.5).

26.4 DNA-Sequenzierung

26.4.1 DNA-Sequenzierung nach der Kettenabbruch- oder Dideoxymethode

Die Kettenabbruch- oder Dideoxymethode der DNA-Sequenzierung wurde von **Fred Sanger** (1977) entwickelt und ist die klassische Art zur Bestimmung der Folgen von Basenpaaren in der DNA. Es ist die Methode, die bei den großen Genomprojekten zwischen 1990 und 2010 eingesetzt wurde. Wegen ihrer Verlässlichkeit und Genauigkeit ist die Sanger-Methode auch heute noch für besondere Fragestellungen im Gebrauch.

Zur Routineprozedur gehört das Klonieren von DNA-Fragmenten in die RF-DNA des Bakteriophagen M13. Die Replikation von RF-DNA liefert einzelsträngige DNA-Ringe, die beim Sanger-Verfahren direkt als Matrize verwendet werden (Plus 26.1) (S. 537).

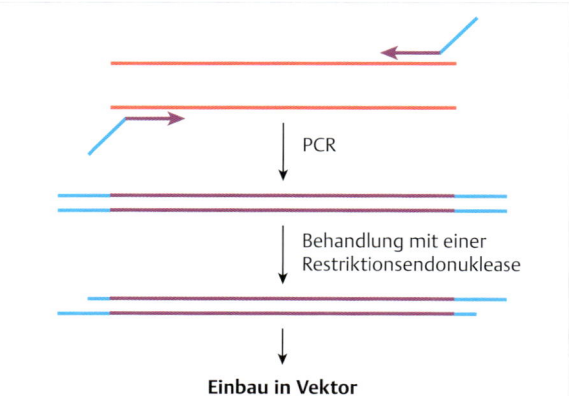

PCR

Behandlung mit einer Restriktionsendonuklease

Einbau in Vektor

Abb. 26.5 PCR-Klonieren. Der wesentliche Punkt ist, dass die Primer aus zwei Teilen bestehen: der Teil mit dem 3'-OH-Ende ist komplementär zu Sequenzen, die den interessierenden Genomabschnitt flankieren; der Teil mit dem 5'-Ende (blau) enthält Sequenzen mit den Schnittstellen für Restriktionsendonucleasen. Eine Amplifikation liefert DNA-Doppelstränge, die nach der Restriktion ohne Weiteres in Vektoren eingebaut werden können.

26

Plus 26.1

Der filamentöse Phage M13 und seine Verwandten

Der Bakteriophage M13 und seine Verwandten, die Phagen fd, f1 und andere, sind fast 900 nm lang mit einem Durchmesser von nur 6 nm. Die DNA, ein ringförmiger Einzelstrang aus etwa 6 400 Nucleotiden, ist von einer Röhre aus 2800 Kopien des Haupthüllproteins gp8 eingeschlossen mit Extrahüllproteinen an den Enden.

Phagenpartikel binden an die Spitzen der F-Pili von F⁺- oder Hfr-Bakterien (S. 106) und schleusen ihre DNA durch den Pilus in die Zelle. Dort wird der infizierende Einzelstrang in eine doppelsträngige Form überführt, die als **replikative Form** oder **RF-DNA** bezeichnet wird. Doppelsträngige RF-DNA ist das eigentliche Virusgenom und wird für die Expression der Gene transkribiert. Die RF-DNA wird mehrfach repliziert, bevor sie später als Matrize zur Herstellung von Einzelsträngen für die Nachkommenphagen dient.

Die Einzelstrangsynthese erfolgt nach dem Modell des rollenden Ringes (S. 138). An den Einzelstrang lagern sich die Hüllproteine. Die fertigen Nachkommenphagen verlassen den infizierten Wirt **ohne Lyse**. Mit anderen Worten, M13-infizierte Bakterien sind lebensfähig und teilen sich bei gleichzeitiger Produktion von Nachkommenphagen.

Das Phagengenom trägt zehn Gene mit Funktionen für die Replikation, die Phagenhülle und den Zusammenbau des Partikels (Morphogenese; ▶ Abb. 26.6). In unserem Zusammenhang ist die intergenische Region wichtig, ein Abschnitt von etwa 500 Nucleotiden zwischen dem Gen *2* und dem Gen *4*. Die intergenische Region kann viel größer als normalerweise sein, ohne dass die Vermehrung beeinflusst wird. Dabei wird das Phagenpartikel durch Aufnahme einer größeren Zahl von gp8-Molekülen in die Proteinhülle länger. Aufgrund dieser Tatsache sind M13-Phagen für die Gentechnik geeignet.

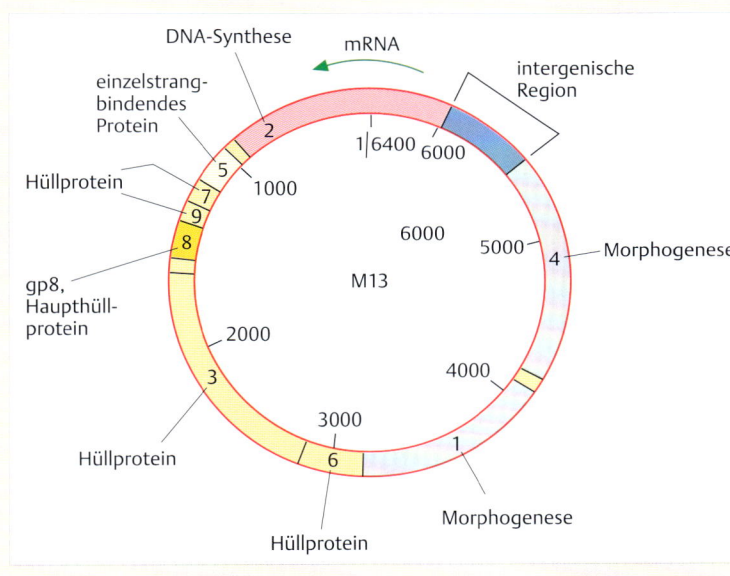

Abb. 26.6 Die doppelsträngige Form (RF) des M13-Genoms. Neun der zehn Gene sind gekennzeichnet. Das Gen 8 codiert das Haupthüllprotein. Etwa 3 000 Exemplare davon bilden den Schaft des lang gestreckten Phagen. Die Gene 3, 6, 7 und 9 codieren Proteine für die Enden des Phagen. Das Gen 10 liegt zwischen Gen 2 und Gen 5. Es codiert ein Protein, das zusammen mit den Produkten der Gene 2 und 5 an der RF-Replikation beteiligt ist.

Geeignete Derivate des natürlichen M13-Phagen besitzen eine **MCS** und Teile des *lacZ*-Gens für die **Blau-Weiß-Selektion** (S. 534). Hier werden Fremd-DNA-Stücke als Inserts eingebaut. Die RF-Insert-Konstrukte werden in die Wirtsbakterien übertragen und im Zuge des Infektionsprozesses entstehen Nachkommenphagen mit einzelsträngigen DNA-Ringen aus M13-Genom mit Insert.

Die einzelsträngigen DNA-Ringe sind Substrate für die DNA-Synthese nach dem Schema der ▶ Abb. 26.7. Die ▶ Abb. 26.7 zeigt das Prinzip der Methode, wie sie in den 1980er- und auch noch in den 1990er-Jahren eingesetzt wurde. Damals arbeitete man mit radioaktiv markierten Nucleotiden. In den Jahren danach wurden fluoreszenzmarkierte Dideoxynucleotide eingesetzt, je eine eigene

Fluoreszenzfarbe für ein gegebenes Dideoxynucleotid. So lassen sich die vier Reaktionen in einem Ansatz durchführen. Ihre Produkte werden in Kapillargelen aufgetrennt.

Dazu benötigt man einen **DNA-Primer** und eine **DNA-Polymerase** (ohne 5'-3'-Exonuclease) (S. 166). Ein viel verwendetes Enzym ist die DNA-Polymerase des Bakteriophagen T 7 (T 7-Polymerase).

Der Trick der Kettenabbruchsequenzierung ist die gezielte, aber statistisch verteilte Unterbrechung der DNA-Synthese. Das erreicht man durch Zusatz von **Dideoxynucleotiden** (ddNTPs) zu dem Gemisch von normalen dNTPs. Dideoxynucleotide haben keine 3'-OH-Gruppe, sodass die DNA-Synthese unterbrochen wird, wo immer

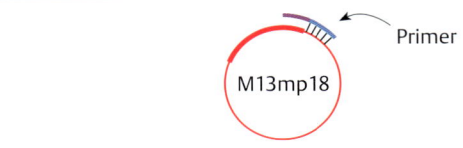

Nucleotidgemisch in den einzelnen Ansätzen

dATP	dATP	dATP	dATP dd**A**TP
dGTP	dGTP	dGTP dd**G**TP	dGTP
dCTP	dCTP dd**C**TP	dCTP	dCTP
dTTP dd**T**TP	dTTP	dTTP	dTTP

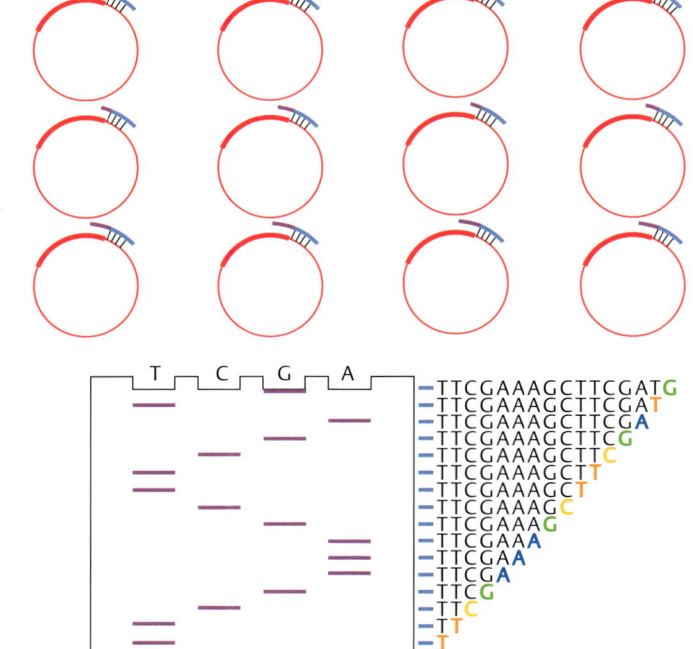

Abb. 26.7 Prinzip der Sanger-Sequenzier-reaktion nach der Dideoxy- oder Ketten-abbruchmethode. Vier Ansätze werden parallel vorbereitet. Jeder Ansatz enthält ein radioaktiv markiertes Nucleotid (hier α-[^{32}P]-dATP) und die drei anderen, nicht markierten Deoxynucleotide. Jeder Ansatz enthält zudem eine geringe Menge eines der vier Dideoxynucleotide, ddTTP, ddCTP, ddGTP oder ddATP. Je nach experimenteller Situation wird ein Verhältnis von 1/50, 1/100 oder 1/200 von ddNTP zu dNTP gewählt.
Mit dem Zusatz der DNA-Polymerase beginnt die Synthese des komplementären Stranges. Sie kommt zum Halt, wenn zufällig ein Dideoxynucleotid statt des normalen Deoxynucleotids in die DNA eingebaut wird. Im ersten Ansatz wird das der Fall sein, wenn die Sequenz des Matrizenstrangs den Einbau eines Thyminnucleotids verlangt. Mit anderen Worten, im ersten Ansatz erhält man eine Kollektion von DNA-Fragmenten, deren Länge die Positionen von Adeninresten im Matrizenstrang wiedergeben. Entsprechendes gilt für die Länge der Syntheseprodukte in den anderen Ansätzen. Der kritische Teil der Methode ist die nucleotidgenaue Auftrennung der Syntheseprodukte. Dazu werden zuerst Matrize und synthetisierte Komplementärstränge durch Denaturierung voneinander gelöst. Dann erfolgt eine Elektrophorese, früher mit dünnen Polyacrylamidgelen, heute in Kapillaren. Durch das kleinste, am weitesten gewanderte Fragment wird das erste Nucleotid in der Sequenz angezeigt, durch das nächstgrößte Fragment das zweite usw. (nach Sanger F, Nicklen S, Coulson AR (1977) DNA sequencing with chain termination inhibitors. Proc Nat Acad Sci USA 74: 5463–5467)

ein Dideoxynucleotid in die wachsende DNA-Kette eingebaut wird. Die ▸ Abb. 26.7 zeigt das Prinzip.

Am Ende ihrer Wanderung durch ein Kapillargel werden die Syntheseprodukte von geeigneten Laserstrahlen angeregt. Ein Computer registriert die Fluoreszenzsignale und übersetzt sie sogleich in Nucleotidsequenzen (▸ Abb. 26.8).

Geräte mit vielen parallel laufenden gelgefüllten Kapillaren ermöglichen Hunderte, ja Tausende Sequenzreaktionen am Tag. Dabei liefert jede Reaktion eine DNA-Sequenz (*Read*) von ca. 600–700 bp. In den großen Sequenzierzentren waren zur Zeit der großen Genomprojekte (s. Kap. 22) 100 und mehr Geräte Tag und Nacht im Einsatz. Heute sind an ihrer Stelle meist die Geräte der nächsten Generation getreten.

26.4.2 Sequenziermethoden der nächsten Generation

Sequenzieren von Genomen einzelner Individuen, Genotypisierung (S. 511), Sequenzieren uralter DNA aus fossilen Resten, Sequenzieren der vielen verschiedenen Bakterienarten in Umweltproben (Metagenomik), Exom-Sequenzierungen, Expressionsanalysen (Transkriptombestimmungen, RNA-Seq) (S. 498), Protein-DNA-Wechselwirkungen (ChIP-Seq) (S. 501) und andere Kapitel der aktuellen Genetik können sinnvoll nur mit den Methoden der **Hochdurchsatzsequenzierung** bearbeitet werden, die auch als „Sequenziermethoden der nächsten Generation" (**NGS**, *next generation sequencing*) bezeichnet werden. Methoden des NGS haben das Sequenzieren der „ersten Generation", also das altbewährte Sanger-System,

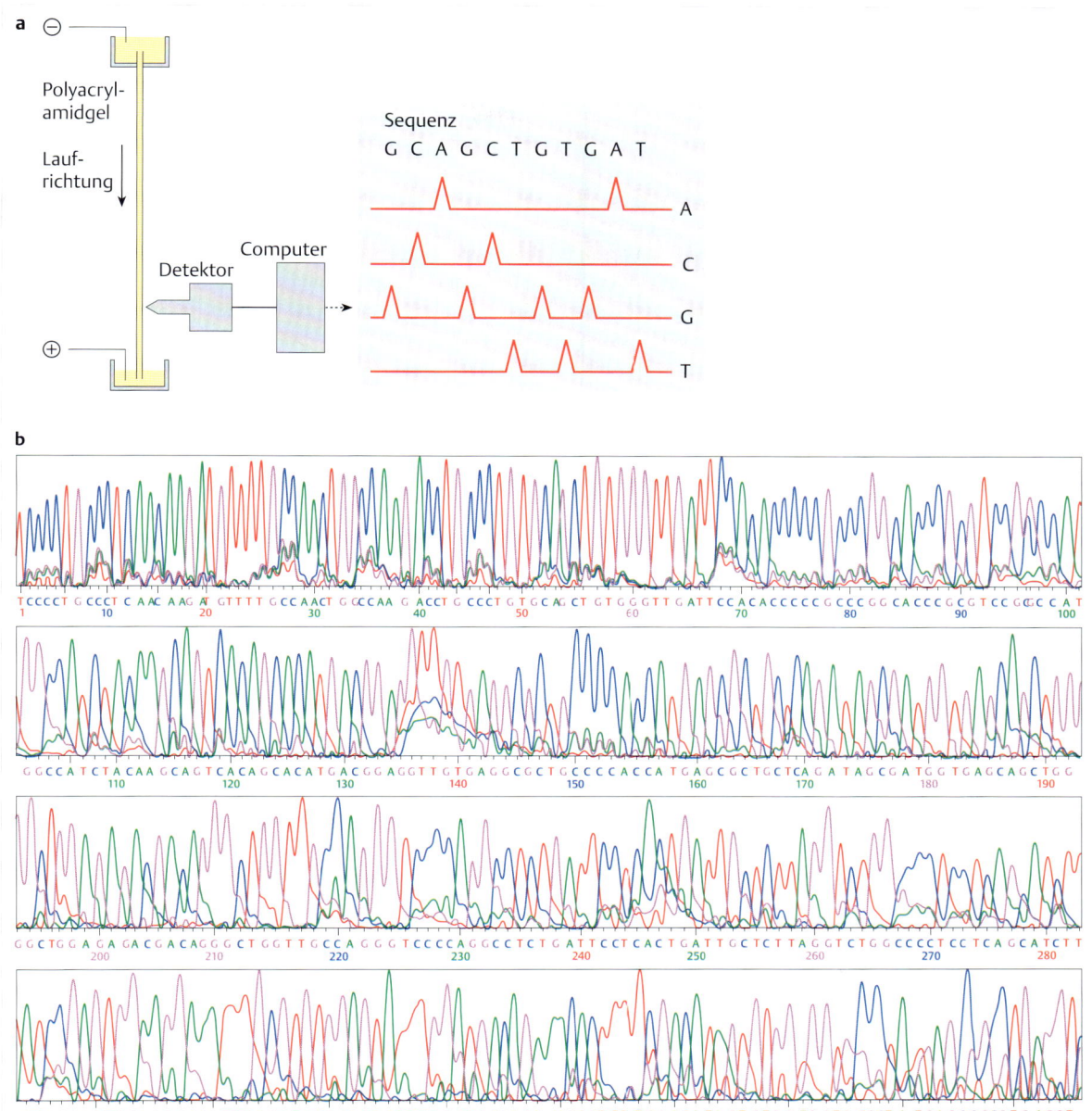

Abb. 26.8 Sanger-DNA-Sequenzieren mit fluoreszenzmarkierten Dideoxynucleotiden.

a Die Produkte der DNA-Synthese wandern im elektrischen Feld durch das Kapillargel an einem Lasergerät vorbei. Dort wird die Fluoreszenz angeregt und von einem Detektor registriert.

b Das Ergebnis ist eine Folge von Fluoreszenzpeaks, die in die Nucleotidsequenz umgesetzt wird. Falls an einigen Stellen Unsicherheiten bleiben (wie bei den Nucleotiden 135–140), muss die Reaktion wiederholt werden.

nicht ganz ersetzt. Wie gesagt, setzt es in vielen Fällen immer noch den Standard, was Genauigkeit und Verlässlichkeit betrifft. Aber es ist zu langsam für die Aufgaben der aktuellen Genetik. Bei den neuen Geräten laufen Millionen bis Milliarden Sequenzreaktionen nebeneinander ab und das bei einer starken Reduktion des Reaktionsvolumens. Dadurch fallen wesentlich geringere Kosten an

als bei der klassischen Kettenabbruchsequenzierung nach Sanger. So hatte das erste individuelle Genom, das im Jahr 2007 mithilfe der Kettenabbruchsequenzierung im Kapillargelverfahren sequenziert wurde angeblich einen Preis von 100 Millionen US $. Dagegen kostete im Juni 2014 die Sequenzierung eines Humangenoms ungefähr 1500 US $, Tendenz: weiter fallend.

26

Tausende der neuen Sequenziermaschinen sind weltweit im Einsatz (s. omicsmaps.com). Davon allein ungefähr 1000 in den USA, gefolgt von China, dort hauptsächlich im mächtigen Sequenzierzentrum BGI (Beijing Genomics Institute) in Shenzhen mit Ablegern in Hongkong und an anderen Orten, auch in Europa.

Ein erster Vorteil des NGS ist, dass das langwierige und störanfällige Klonieren der DNA entfällt, und der zweite Vorteil besteht darin, dass das Sequenzieren von zahlreichen DNA-Proben gleichzeitig erfolgen kann. Dabei sind die Proben entweder auf einem flachen Träger oder an winzigen Körnern (*beads*) fixiert, wo sie mittels PCR vervielfältigt werden. Dann erfolgt die eigentliche Sequenzierreaktion. Viele Geräte funktionieren nach dem Prinzip des **Sequenzierens durch Synthese**. Andere Geräten nutzen die Tatsache, dass zwei DNA-Enden durch eine Ligase nur dann miteinander verknüpft werden, wenn beide komplementär zu einem Matrizenstrang sind. Zur Illustration sehen wir uns ein verbreitetes Verfahren etwas näher an.

▶ **Vorbereitung der Proben.** An die Enden von DNA-Fragmenten werden mithilfe des Enzyms Ligase Linker- oder Adapter-DNA-Stücke geknüpft. Die so modifizierten Fragmente werden denaturiert, auf Trägern verteilt und dort fest verankert (immobilisiert). Danach erfolgt die Vermehrung der DNA-Stränge durch PCR auf etwa das Tausendfache. Das Ergebnis sind Millionen von dicht nebeneinanderliegenden DNA-Clustern.

▶ **Sequenzieren durch Synthese.** Als Erstes erfolgt die Zugabe des Primers, der komplementär zur Adaptersequenz ist und von der DNA-Polymerase benötigt wird. Substrate sind die vier Deoxynucleosidtriphosphate mit Modifikationen: Sie tragen je einen eigenen Fluoreszenzfarbstoff mit einer Blockade der 3'-OH-Gruppe. Die Folge ist, dass die DNA-Polymerase immer nur ein Nucleotid anheften kann, nämlich das, welches komplementär zur Base im Matrizenstrang ist. So entsteht ein Muster von Fluoreszenzsignalen wie Sterne am Nachthimmel, das von einer höchst auflösenden CCD-Kamera registriert wird. Danach wird der Fluoreszenzfarbstoff am eingebauten Nucleotid entfernt, sodass die 3'-OH–Gruppe frei wird und der nächste Syntheseschritt erfolgen kann. Im Verlauf der Reaktion entstehen so Serien von Aufnahmen, aus denen sich die Nucleotidsequenzen in den DNA-Strängen der einzelnen Cluster ergeben. Die Länge der Sequenzen liegt bei 35–200 Basen bei Laufzeiten von einigen Stunden bis zu zehn Tagen. Das Besondere ist, dass gleichzeitig bis zu einer Milliarde Reaktionen und mehr laufen können. Technische Innovationen sind die Chemie der Nucleotide und die Art, wie jeder einzelne Reaktionsschritt über hoch empfindliche Verfahren registriert und analysiert wird.

▶ **Bioinformatik.** Ein Sequenzierlauf liefert 300 Milliarden Basenpaare und mehr. Mit anderen Worten, jedes Stück DNA wird mehrmals sequenziert – man spricht von

Abdeckung (coverage) (S. 527). Eine hohe Abdeckung ist erwünscht, weil sie die Genauigkeit erhöht und die Reihung der Einzelsequenzen erleichtert, ja erst ermöglicht. Das ist relativ wenig problematisch, wenn eine Referenzsequenz vorliegt, wie etwa die Sequenz, die im Zuge des Humangenomprojekts ermittelt wurde. Wir beschreiben im Kap. 24, wie sich auf diese Weise Einzelnucleotid- und Kopienzahl-Varianten identifizieren und einordnen lassen. Aber mithilfe des NGS lassen sich auch ganze Genome neu sequenzieren. Das erfordert längere DNA-Fragmente und die Sequenzierung von beiden Enden her, wie wir an anderer Stelle (S. 484) erklärt haben.

Was wir hier geschildert haben, ist die methodische Grundlage, auf der Geräte der Firma Illumina arbeiten, die zurzeit den Markt auf dem hoch kompetitiven NGS-Gebiet anführt.

Andere Firmen, die auf das Prinzip des Sequenzierens durch Synthese setzen, registrieren den Einbau von Nucleotiden in den wachsenden DNA-Strang über den Nachweis des bei jedem Schritt freigesetzten Pyrophosphats (S. 165) (Pyrosequenzierung) oder über den veränderten pH-Wert, der bei jedem Syntheseschritt durch das Freisetzen von Wasserstoffionen entsteht (Halbleitersequenzierung, *ion semiconductor sequencing*). Was immer im einzelnen die methodische Grundlage ist, die technischen Lösungen hängen von höchstauflösender moderner Elektronik ab und sind in jedem Fall bewundernswert.

Das verhindert nicht das allmähliche Aufkommen der dritten Generation von Sequenzierverfahren (*next-next generation sequencing*). Das Ziel sind noch preisgünstigere und noch leistungsfähigere Geräte, aber diese sind technisch zurzeit noch nicht sehr weit entwickelt.

26.5 Expressionsanalytik durch RNA-Seq

Wie in den Kap. Kap. 13.8 und 23 ausgeführt, wird die Gesamtheit aller RNA-Transkripte einer Zelle als **Transkriptom** bezeichnet. Das Genom enthält Informationen, die in den verschiedenen Zelltypen eines vielzelligen Organismus in unterschiedlicher Weise durch den Prozess der Transkription abgerufen werden, auch als Antwort auf Signale von außen (s. Kap. 13 und 14). Wenn es um die Dynamik der Genexpression geht, sind genomweite Untersuchungen zur Art und Menge aller individueller Transkripte einer Zelle (in ihrer Gesamtheit) von zentraler Bedeutung.

Die Technologie der Hochdurchsatzsequenzierung (NGS, *next generation sequencing*) (S. 538) kann sehr gewinnbringend für Transkriptomanalysen eingesetzt werden. Diese Anwendung nennt man **RNA-Seq-Technologie**. Hier wird die Gesamt-RNA (oder die Subfraktionen der mRNAs oder mikroRNAs) eines Zellsystems extrahiert, in kleine Stücke fragmentiert, in kurze cDNA-Stücke überschrieben und nachfolgend im Hochdurchsatzverfahren sequenziert. In einer Analyse werden Milliarden solcher cDNA-Stücke analysiert, um für jedes Nucleo-

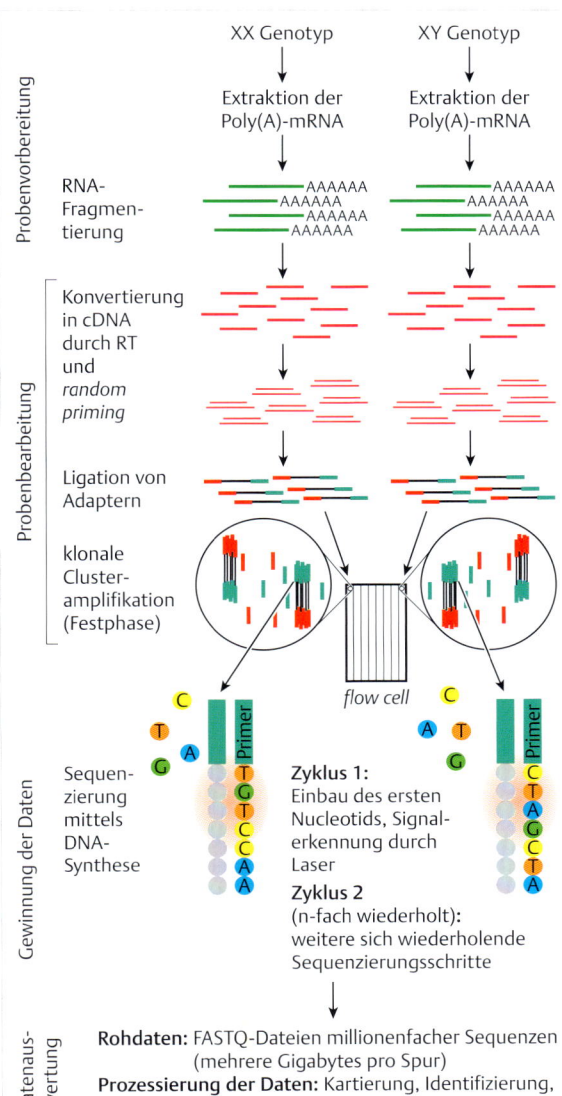

Probenvorbereitung

XX Genotyp XY Genotyp

Extraktion der
Poly(A)-mRNA

Extraktion der
Poly(A)-mRNA

RNA-
Fragmen-
tierung

AAAAAA
AAAAAA
AAAAAA
AAAAAA

AAAAAA
AAAAAA
AAAAAA
AAAAAA

Probenbearbeitung

Konvertierung
in cDNA
durch RT
und
*random
priming*

Ligation von
Adaptern

klonale
Cluster-
amplifikation
(Festphase)

flow cell

Gewinnung der Daten

Sequen-
zierung
mittels
DNA-
Synthese

Zyklus 1:
Einbau des ersten
Nucleotids, Signal-
erkennung durch
Laser

Zyklus 2
(n-fach wiederholt):
weitere sich wiederholende
Sequenzierungsschritte

Datenaus-
wertung

Rohdaten: FASTQ-Dateien millionenfacher Sequenzen
(mehrere Gigabytes pro Spur)
Prozessierung der Daten: Kartierung, Identifizierung,
Quantifizierung

Abb. 26.9 Das Prinzip der RNA-Seq-Technologie. Hier ist eine Analyse von *Drosophila* dargestellt, in der das Genexpressionsmuster in den Köpfen weiblicher Tiere mit dem in den Köpfen männlicher Tiere miteinander verglichen wurde. Die einzelnen experimentellen Schritte sind im Bild beschrieben. Die Poly(A)-haltige Gesamt-mRNA wird extrahiert, fragmentiert und in kleine cDNA-Stücke revers transkribiert. Diese werden mit Adaptern ligiert, die auf einem Glasträger, der sogenannten *flow cell*, mit dort positionierten und zu den Adaptern komplementären Oligonucleotiden hybridisieren. Nachfolgend werden die cDNA-Stücke in der *flow cell* amplifiziert und dementsprechend gruppiert (klonale Clusteramplifikation). In den sich dann anschließenden Zyklen der Sequenzierung-durch-Synthese-Reaktionen werden die Nucleotidsequenzen der cDNA-Stücke ermittelt. Die gewonnenen Rohdaten werden gespeichert und bioinformatisch analysiert, um die ursprünglichen RNA-Moleküle zu identifizieren und deren Expressionshöhe zu quantifizieren. (nach Malone JH, Oliver B (2011) Microarrays, deep sequencing and the true measure of the transcriptome. BMC Biol 9: 34)

tid eine mindestens zehnfach wiederholte Erfassung zu gewährleisten. Die generelle Vorgehensweise ist in ▶ Abb. 26.9 skizziert.

Die RNA-Seq-Methodik erfasst die Gesamtheit der RNA-Moleküle eines Zellsystems. Dies trifft auch für die DNA-Microarray-Technologie (S. 503) zu. Da die RNA-Seq-Technologie direkte Sequenzinformationen eines jeden analysierten RNA-Moleküls liefert, bieten sich hier einige sehr wesentliche Vorteile gegenüber der DNA-Microarray-Analytik. Durch RNA-Seq können allelspezifische Expressionsmuster leichter identifiziert werden, wie auch genomische Polymorphismen. Generell können durch RNA-Seq jegliche genomische Mutationen aufgedeckt werden, die zu veränderten RNAs führen: z. B. Punktmutationen oder Genfusionen. Weiterhin können durch RNA-Seq speziell auch solche Veränderungen erkannt werden, die auf der Ebene der RNA posttranskriptionell eingebracht wurden. Dazu gehören variabel gespleißte Exon-Exon-Verbindungen (S. 360) oder das Editing von RNAs (S. 378). Letztendlich sei darauf hingewiesen, dass RNA-Seq auch an Organismen eingesetzt werden kann, für die eine vollständige Genomsequenz nicht verfügbar oder deren Annotierung von Genen unvollständig ist.

RNA-Seq eignet sich auch hervorragend für die Quantifizierung der Expression einzelner RNAs. Diese Quantifizierung leitet sich direkt aus der Häufigkeit ab, mit der ein RNA-Stück in einer Sequenzierungsreaktion analysiert wurde. Dies bezeichnet man im Jargon als Anzahl der *reads*.

Die größte methodische Herausforderung der RNA-Seq-Technologie stellt sich in der Bewältigung der riesigen Datenmengen dar. Hier erbringt die Bioinformatik (Kap. 25) essenzielle Leistungen in der Archivierung, Auswertung und Interpretation der gewonnenen Sequenzdaten.

26.5.1 Literatur

▶ **Weiterführende Literatur**

[1] Ansorge WJ (2009) Next-generation DNA sequencing techniques. New Biotechnol 25: 195–203

[2] Brown TA (2011) Gentechnologie für Einsteiger. 6. Aufl. Spektrum Akadem. Verlag, Heidelberg

[3] Jansohn M, Rothhämel S (Hrgs) (2012) Gentechnische Methoden. Eine Sammlung von Arbeitsanleitungen für das molekularbiologische Labor. 5. Aufl. Spektrum Akadem. Verlag, Heidelberg

[4] Malone JH, Oliver B (2011) Microarrays, deep sequencing and the true measure of the transcriptome. BMC Biol 9: 34

[5] Martin JA, Wang Z (2011) Next-generation transcriptome assembly. Nat Rev Genet 12: 671–682

[6] McGettigan PA (2013) Transcriptomics in the RNA-seq era. Curr Opin Chem Biol 17: 4–11

[7] Ozsolak F, Milos PM (2011) RNA sequencing: advances, challenges and opportunities. Nat Rev Genet 12: 87–98

[8] Shizuya H, Birren B, Kim UJ et al (1992) Cloning and stable maintenance of 300-kilobase-pair fragments of human DNA in *Escherichia coli* using an F-factor-based vector. Proc Natl Acad Sci USA 89: 8 794–8 797

26

Kapitel 27
Funktionelle Genomanalysen

27 Funktionelle Genomanalysen

27.1 Einleitung

Das Forschungsgebiet der **funktionellen Genomik** sucht ein Verständnis der Wirkungsweise einzelner Gene (bzw. ihrer Genprodukte) im Zusammenspiel aller Gene eines Organismus. Dies ist im Kap. 23 ausführlich dargestellt. Ergänzend sollen in diesem Kapitel ausgewählte experimentelle Analysesysteme detaillierter erläutert werden.

Die molekulare Genetik hat ihre Untersuchungen von Anbeginn auf ausgewählte **Modellorganismen** fokussiert (u. a. das Bakterium *Escherichia coli*, die Hefen *Saccharomyces cerevisiae* und *Schizosaccharomyces pombe*, den Fadenwurm *Caenorhabditis elegans*, die Fruchtfliege *Drosophila melanogaster*, den Zebrafisch *Danio rerio*, den Nager *Mus musculus* und den Kreuzblütler *Arabidopsis thaliana*, (dt. Acker-Schmalwand), weil deren Haltungsbedingungen oder Zuchteigenschaften (z. B. kurze Generationszeiten) die experimentelle Analyse sehr erleichtern. Das ist von Interesse, denn viele Genfunktionen lassen sich an Hefesystemen oft besser untersuchen als an menschlichen Zellen.

Als Beispiel mag das Produkt des *ATM*-Gens gelten, dessen Mutation eine Krankheit bei Menschen verursacht, die unter anderem durch ein gehäuftes Auftreten von Tumoren charakterisiert ist. Untersuchungen an dem Hefehomologen haben zuerst darauf hingewiesen, dass das Produkt des *ATM*-Gens an der Checkpointkontrolle beschädigter DNA beteiligt ist (S. 210).

Zusätzlich zur Hefe erlangen jedoch *C. elegans, D. melanogaster* und *D. rerio* zunehmende Bedeutung für die Erforschung menschlicher Krankheiten.

Wir nennen nur einige Beispiele: Gene im *C. elegans*-Genom codieren Proteine mit Homologie zu menschlichen Enzymen, die bei manchen Formen der Alzheimer-Krankheit ausgefallen sind. Ebenso profitiert das medizinisch wichtige Gebiet der Apoptoseforschung von den Analysen homologer Gene bei *C. elegans*.

Gesamtgenomische Mutagenese-Screens an den Modellorganismen *D. melanogaster* und *D. rerio,* unter Gebrauch der mutagenen chemischen Substanz ENU (Ethylnitrosoharnstoff), erlaubten umfassende genetische Analysen von Genfunktionen in der Entwicklung multizellulärer Organismen. **Christiane Nüsslein-Volhard** (Tübingen) initiierte derartige Analysen an beiden Modellorganismen und erhielt für die Arbeiten an *D. melanogaster* im Jahr 1995 den Nobelpreis für Physiologie/Medizin, zusammen mit ihrem Kooperationspartner **Eric Wieschaus**.

Genomweite chemische Mutagenese-Screens erlauben die Gewinnung interessanter Phänotypen der gewählten Modellorganismen, verlangen aber nachfolgend einen hohen experimentellen Aufwand, um das betroffene Gen zu identifizieren. Diese Problematik ist erleichtert durch die alternative Nutzung von mutagenen Insertionselementen oder anderen mutagenen Nucleinsäuren, deren Positio-

nen im Genom über Hybridisierungsverfahren leichter lokalisiert werden können.

Wir begnügen uns hier mit diesen Hinweisen und sehen uns nachfolgend vier molekulare Verfahren an, die aktuell sehr gewinnbringend in der funktionellen Genomforschung eingesetzt werden. Es handelt sich hierbei um das systematische Ausschalten der Genexpression durch RNA-Interferenz (Kap. 27.2), Verfahren der homologen Rekombination zum Knock-out bzw. Knock-in von Genen bei der Maus (Kap. 27.3), die neue Technologie zur Induktion pluripotenter Stammzellen aus adulten Somazellen (Kap. 27.4), sowie die Proteomik (Kap. 27.5).

27.2 RNA-Interferenz: siRNA/shRNA-Screens

Gunter Meister

Wie im Kap. 18 beschrieben, können kurze einzelsträngige RNA-Moleküle – sogenannte siRNAs (*short interfering RNAs*) – den Abbau von komplementären RNAs steuern, ein Prozess der als **RNA-Interferenz**, kurz RNAi, bekannt ist. RNAi wird in vielen Labors zur Untersuchung der Funktion einzelner Gene eingesetzt. Man bezeichnet diese Methodik als Knock-down-Technik (s. Kap. 23.3.3). Man kann aber nicht nur gezielt einzelne, sondern auch alle Gene einer Zelle untersuchen und **genomweite RNAi-Screens** durchführen. Das ist von Interesse, um neue Komponenten bestimmter zellulärer Prozesse zu identifizieren. Wenn man zum Beispiel herausfinden will, welche Proteine in einem Signalweg zusammenwirken, so kann man alle Gene eines Organismus unabhängig voneinander einzeln inaktivieren und die daraus resultierenden Veränderungen des Signalwegs untersuchen. Solche Screens sind vor allem ein wichtiges Werkzeug bei der Untersuchung menschlicher Zellen geworden.

▶ **Genomweite siRNA-Bibliotheken.** Es gibt mehrere Möglichkeiten, siRNAs für Screening-Zwecke herzustellen. Die drei am weitesten verbreiteten Herstellungsverfahren werden im Folgenden genauer beschrieben.

Die ersten RNAi-Screens wurden im Fadenwurm *C. elegans* und später in der Fruchtfliege *D. melanogaster* durchgeführt. Hierzu wurden Bibliotheken aus **langer doppelsträngiger RNA** verwendet (▶ Abb. 27.1a). Dazu werden Teilsequenzen aller Gene dieser Organismen mittels PCR amplifiziert. Ausgehend von den DNA-Fragmenten kann nun direkt im Reaktionsgefäß doppelsträngige RNA synthetisiert werden, die dann wiederum in die Tiere injiziert wird. Alternativ werden die DNA-Fragmente in Vektoren kloniert und in Bakterien (*E. coli*) übertragen. Dort werden beide Stränge der DNA transkribiert, sodass doppelsträngige RNA entsteht.

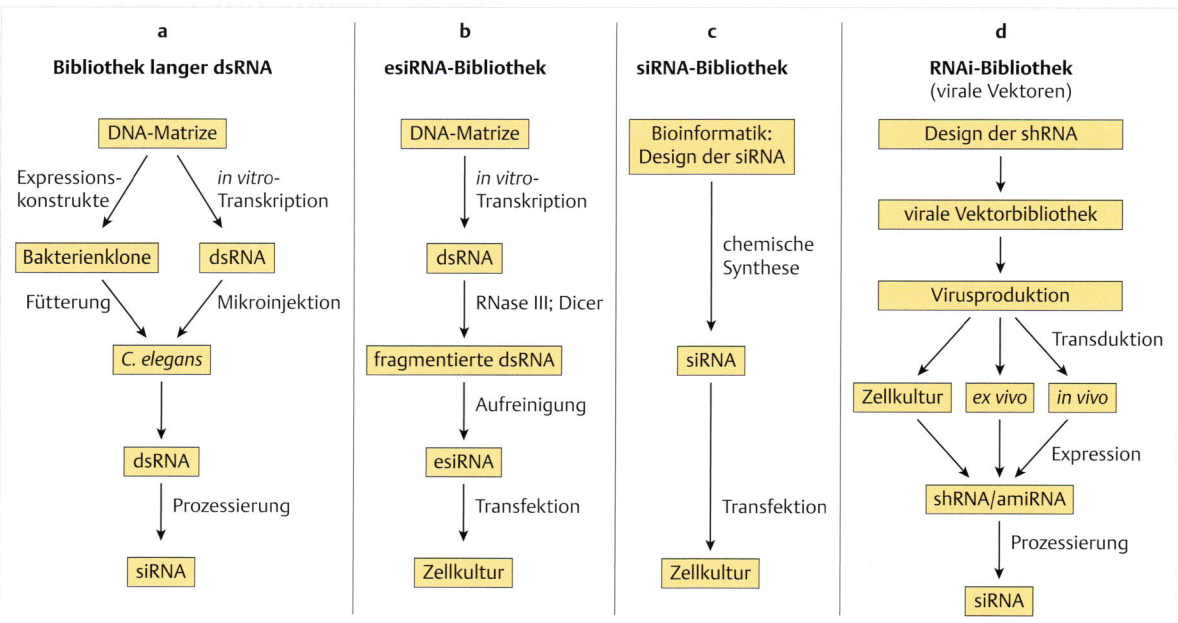

Abb. 27.1 Herstellung und Anwendung von verschiedenen siRNA-Bibliotheken. Herstellungs-, Reinigungs- und Anwendungsmöglichkeiten der einzelnen Bibliotheken sind im unteren Bereich der Abbildung dargestellt. (nach Boutros M, Ahringer J (2008) The art and design of genetic screens: RNA interference. Nat Rev Genet 9: 554–566)

a Bibliothek aus langen doppelsträngigen RNAs.
b esiRNA-Bibliothek. esi = enzymatisch fragmentierte siRNA.
c Bibliothek aus synthetischen siRNAs.
d RNAi-Bibliothek. Sie beruht auf vektorvermittelten shRNAs.

Die RNA kann nun isoliert und anschließend in die Tiere injiziert werden. Bei *C. elegans* reicht es allerdings schon, die entsprechenden *E. coli*-Stämme zu verfüttern, um einen Knock-down von Genen des Tieres zu erreichen. Kommerzielle Firmen bieten siRNA-Bibliotheken an, die derzeit mehr als 90 % der Gene von *C. elegans* oder *D. melanogaster* treffen.

Lange doppelsträngige RNA ist für Säugetierzellen toxisch und kann somit nicht für Screening-Zwecke eingesetzt werden, kurze **siRNAs** aus 21 Nucleotiden sind dagegen nicht toxisch (s. Kap. 18; ▶ Abb. 27.1c). Deswegen setzt man einen einfachen Trick ein: Lange doppelsträngige RNA wird noch im Reaktionsgefäß durch Behandlung mit RNase III (oder Dicer, das Enzym, das auch in der Zelle siRNAs aus langer doppelsträngiger RNA generiert) in siRNAs aus 15–30 Nucleotiden überführt (esiRNAs: enzymatic siRNAs). Die zerstückelte RNA kann direkt für Screenings eingesetzt werden. Daneben lassen sich natürlich einzelne siRNAs auch chemisch synthetisieren. Solche Bibliotheken können von verschiedenen Herstellern bezogen werden. Die chemische Synthese und daher auch die entsprechenden Bibliotheken sind allerdings noch sehr teuer.

Ein anderes Konzept zur Herstellung von siRNAs ist die Verwendung von **shRNAs** (*short hairpin RNAs*). Die Basis dieser shRNAs sind mikroRNAs, die von haarnadelförmigen Vorläufer-RNAs in der Zelle generiert werden (s. Kap. 18). Ein großer Vorteil von shRNAs ist, dass sie in vielen Organismen zum Einsatz kommen können und von einem Vektor abgelesen werden. Dies ermöglicht beispielsweise die Verwendung von Viren wie etwa Lentiviren, Adenoviren oder adenoassoziierte Viren, die DNA sehr effizient in alle Zellen schleusen können (▶ Abb. 27.1d). Zahlreiche shRNA-Bibliotheken, die einen großen Teil der humanen Gene abdecken, sind kommerziell erhältlich. Die verschiedenen Möglichkeiten zur Herstellung von siRNA-Bibliotheken sind in ▶ Abb. 27.1 zusammengefasst.

▶ **Grundlagen und Durchführung eines RNAi-Screens.** Generelle Strategien zur Durchführung eines RNAi-Screens sind in ▶ Abb. 27.1 dargelegt. Wie gesagt, muss ein RNAi-Screen nicht immer genomweit durchgeführt werden. Es sind z. B. **siRNA-Teilbibliotheken** erhältlich, die Gene abdecken, welche bestimmte Proteinfamilien codieren. Diese lassen sich in kleiner angelegten Screens einsetzen. Ein Beispiel hierfür ist das Ausschalten aller Proteinkinasen, wenn man herausfinden möchte, wie ein bestimmtes Protein durch Phosphorylierung modifiziert wird (S. 503).

Wenn die Screens größer werden und mehr und mehr Gene umfassen, müssen sie weitgehend automatisiert werden. Ein Beispiel ist die automatisierte Mikroskopie, die eine spezifische Zellmorphologie während des Zellzyklus erkennen kann (S. 504).

Beim Design eines RNAi-Screeningexperiments sind zwei Aspekte von besonderer Bedeutung. Zum einen muss man sich im Vorfeld überlegen, wie man einen Treffer möglichst genau und unter Ausschluss von sekundären Effekten erkennen kann. Man braucht also einen gut **messbaren Endpunkt** (*read-out*). Zum anderen müssen Veränderungen durch den Knock-down deutlich hervortreten, um die Signale gut vom allfälligen Hintergrundrauschen zu unterscheiden. Man spricht hier vom **dynamic window** eines Screeningexperiments.

Aus einem ersten RNAi-Screen erhält man in der Regel eine lange Liste von Kandidatengenen, die im zu untersuchenden Prozess eine Rolle spielen könnten. Durch die Verwendung von mindestens drei verschiedenen siRNAs oder shRNAs gegen ein bestimmtes Gen kann das Hintergrundrauschen einzelner siRNA-Sequenzen oft ausgeschlossen oder zumindest reduziert werden. Eine Wiederholung des Screens engt zudem die Kandidatenliste weiter ein. Schließlich können die neu entdeckten Kandidatengene mittels unabhängiger Experimente weiter untersucht werden, um weitere Informationen über die genaue Funktion dieser Genprodukte zu erhalten.

▶ **Anwendungen in Organismen.** Wie bereits erwähnt, kann *C. elegans* doppelsträngige RNAs direkt aufnehmen, was zu einem effizienten Knock-down von Genen führt. In anderen Organismen ist dies weitaus komplizierter. In *Drosophila*-Embryonen wird doppelsträngige RNA injiziert, was ebenfalls mühsam ist. Um dies zu erleichtern und Gene in ausgewachsenen Fliegen untersuchen zu können, wurden ca. 22 000 Fliegenstämme hergestellt, die jeweils ein shRNA-Konstrukt gegen eines der *Drosophila*-Gene tragen. Damit die Tiere leben können, wird das shRNA-Konstrukt unter Kontrolle eines entscheidenden Transkriptionsfaktors gestellt: das GAL 4-UAS-System, das den betreffenden Fliegen fehlt. Um die shRNA zu exprimieren und einen gewebespezifischen Knock-down eines bestimmten Gens zu erzielen, kreuzt man diese Fliegen mit Fliegen, die den Transkriptionsfaktor GAL 4 in einem bestimmten Gewebe exprimieren.

Auch in der Maus können Gene durch shRNA-Konstrukte inaktiviert werden. Eine Möglichkeit ist die Infektion früher Embryonen mit Lentiviren als Vektoren, die Gene mit spezifischen shRNAs tragen. Die virale DNA mit eingebautem shRNA-Gen wird in das Mausgenom integriert und kann einen stabilen Knock-down eines Gens verursachen.

27.3 Knock-out-Technologie: homologe Rekombination im Genom der Maus

Alfred Nordheim

In der experimentellen Humangenomforschung nimmt das Mausmodell einen besonderen Platz ein, weil über 90 % der Gene von Maus und Mensch ähnliche Strukturen haben und ähnliche Funktionen ausüben. Deswegen können Erkenntnisse aus Untersuchungen an der Maus sehr wesentlich zum Verständnis der menschlichen Physiologie oder Pathologie beitragen. Dazu kommen experimentelle Vorteile, die Mäuse vor allen anderen Säugetieren interessant machen: eine kurze Generationszeit von zehn Wochen zwischen Befruchtung der Eizelle über Geburt bis zur Geschlechtsreife sowie eine hohe Zahl von Nachkommen mit fünf bis zehn Neugeborenen pro Wurf. Überdies sind im Laufe der Jahrzehnte viele Mutanten entdeckt und viele Inzuchtstämme mit einem hohen Grad von Homozygotie gezüchtet worden.

Eine Beschreibung der langen Forschungsgeschichte mit den wichtigen Beiträgen der Mausgenetik für Immunologie, Entwicklungsbiologie und andere Zweige der medizinisch-biologischen Grundlagenforschung ist zu umfangreich für unsere Zwecke. Deshalb wenden wir uns gleich einem Verfahren zu, das eine große Bedeutung für die heutige Genomforschung erlangt hat: die **Knock-out-Technologie**.

Merke

Prinzip der Knock-out-Technologie: Ein Gen wird gezielt ausgeschaltet und die resultierenden phänotypischen Auswirkungen auf Verhalten und Physiologie des Tieres werden untersucht.

Merke

Mit der **Knock-out-Technik** wird das Zielgen durch partielle oder vollständige Deletion zerstört.

Mit der **Knock-in-Technik** werden mithilfe der homologen Rekombination definierte Mutationen oder anderweitig gewünschte Veränderungen in einen chromosomalen Locus eingebracht.

In der Praxis ist das Verfahren langwierig und aufwendig. Es zieht sich über Monate hin, verlangt Geschicklichkeit und Erfahrung im Umgang mit Genen, Zellen und Tieren und gelingt überhaupt nur bei optimalen Tierzucht- und Tierpflegebedingungen. Grundlage ist die **homologe Rekombination** in embryonalen Stammzellen (ES-Zellen),

27

also die Verknüpfung von DNA-Segmenten mit ähnlichen Nucleotidsequenzen.

Das experimentelle Vorgehen verlangt folgende Schritte, die zuerst von Mario Capecchi (1986) entworfen und ausgeführt wurden (▸ Abb. 27.2): Ein Abschnitt des zu untersuchenden Gens liegt in klonierter Form vor. Dieser Genabschnitt wird gentechnisch verändert (z. B. durch Einbringen einer Deletion, im Knock-out-Verfahren) sowie durch zusätzlichen Einbau von zwei Selektionsgenen – dem Gen für **Neomycinresistenz** (*Neo^R*) und dem **Thymidinkinase**-Gen aus dem Herpes-simplex-Virus (HSV-*tk*). Wie wir gleich sehen werden, sind dies zwei Selektionsmarker, mit denen sich der Rekombinationsprozess kontrollieren lässt. Es ist jetzt die Aufgabe, den modifizierten Genabschnitt (das „Transgen") an der Stelle des normalen Zielgens im Genom zu platzieren.

Das Transgen (das übertragene, transferierte Gen) wird über Elektroporation in ES-Zellen der Maus eingebracht. Nur ein Teil der ES-Zellen nimmt das Transgen auf. Das neomycinähnliche Antibiotikum G418 bringt Zellen ohne Transgen zum Absterben, während ES-Zellen mit eingebauter DNA überleben (**positive Selektion**), weil sie das Gen *Neo^R* exprimieren.

Aber das Transgen ist nur in einem kleinen Prozentsatz der ES-Zellen durch homologe Rekombination an die Stelle des Zielgens eingebaut worden. In der Mehrzahl der Zellen befindet es sich an anderen Stellen im Genom. Deswegen wird eine zweite Selektion vorgenommen. Das Argument ist hier, dass bei homologem und ortsgenauem Einbau des Transgens, das HSV-*tk*-Gen, zu dem keine homologe Sequenz im Mausgenom existiert, verloren gegangen sein sollte. Zur Selektion wird die Verbindung **Ganciclovir** (ein Basenanalogon) eingesetzt: Alle Zellen mit intaktem *tk*-Gen überführen das Basenanalogon in ein Nucleotid, das die DNA-Replikation hemmt und damit die Zellen tötet (**negative Selektion**). Dagegen überleben Zellen ohne das Gen die Behandlung mit Ganciclovir. Diese Zellen sollten das korrekt, d. h. am homologen Ort platzierte Transgen enthalten. Das Ergebnis wird durch Southern-Blot-Analyse oder PCR-Verfahren überprüft. Beachte, dass das Transgen normalerweise nur in eines der beiden allelischen Genorte eines Zielgens eingebaut wird. Die Zellen sind also heterozygot in Bezug auf das Transgen.

Die transgenen ES-Zellen werden per Injektion in Mausembryonen im Blastocystenstadium übertragen. Sie ordnen sich in die embryonale Zellmasse ein und nehmen später an der weiteren Entwicklung teil. Die Blastocysten werden in den Uterus pseudoschwangerer Mäuse gebracht. Unter guten Bedingungen läuft die Embryonalentwicklung weiter, bis schließlich Nachkommentiere geboren werden, deren Gewebe aus zwei Zelltypen unterschiedlicher Herkunft zusammen gesetzt sind (**Chimäre**). Um hier den Überblick zu behalten, verwendet man einen einfachen Trick: Die ES-Zellen stammen von Embryonen einer Inzuchtmaus mit brauner Fellfarbe (Stamm 129/Sv),

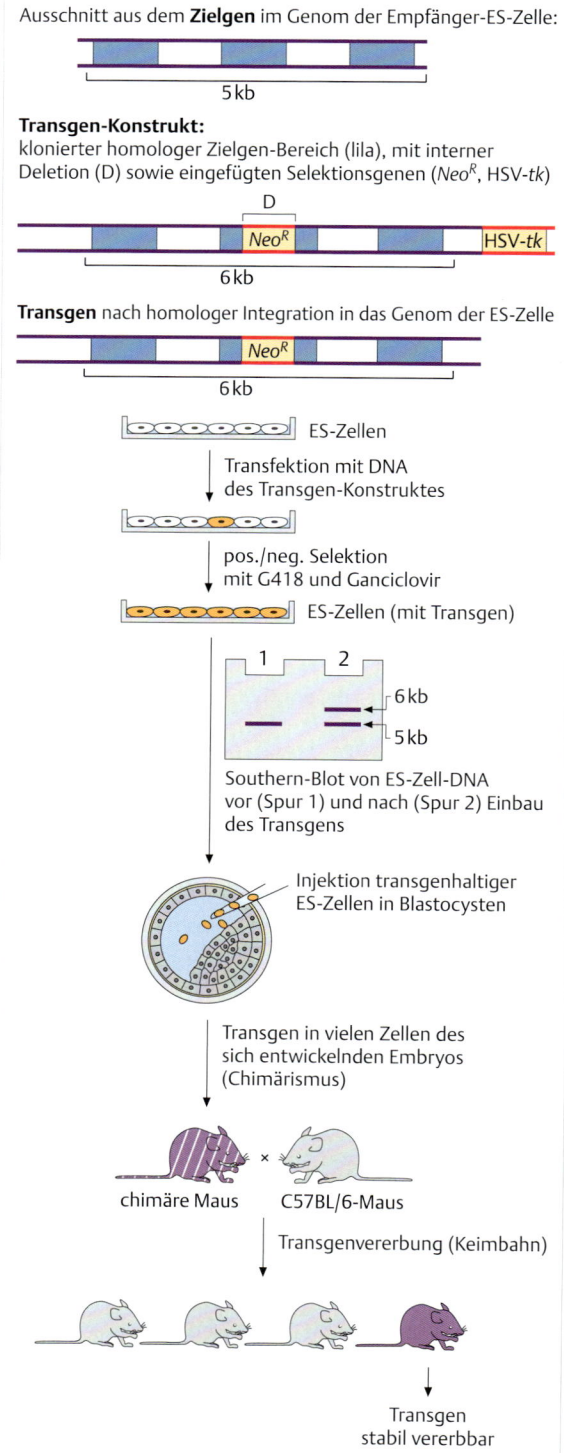

Abb. 27.2 Knock-out: das gezielte Ausschalten von Genen im Genom der Maus. Erläuterungen s. Text. (nach Capecchi MR (2005) Gene targeting in mice: functional analysis of the mammalian genome for the twenty-first century. Nat Rev Genet 6: 507–512)

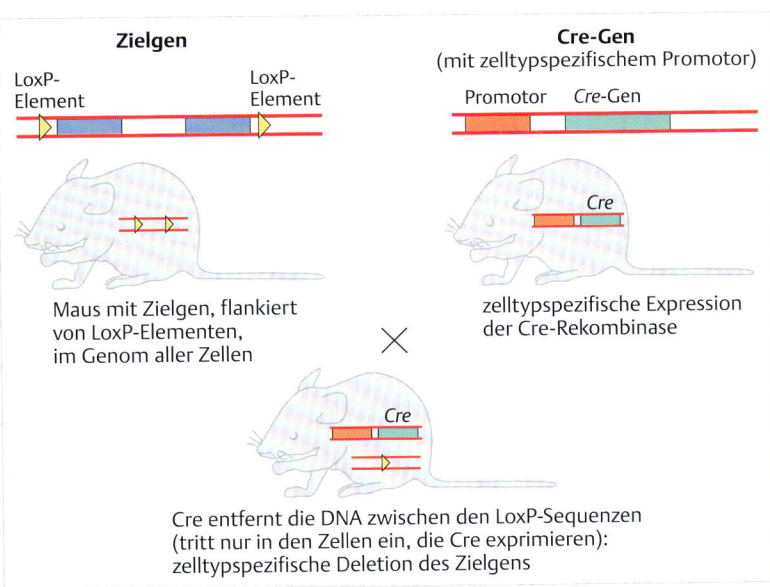

Zielgen

LoxP-Element   LoxP-Element

Maus mit Zielgen, flankiert
von LoxP-Elementen,
im Genom aller Zellen

Cre-Gen
(mit zelltypspezifischem Promotor)

Promotor   Cre-Gen

Cre

zelltypspezifische Expression
der Cre-Rekombinase

Cre

Cre entfernt die DNA zwischen den LoxP-Sequenzen
(tritt nur in den Zellen ein, die Cre exprimieren):
zelltypspezifische Deletion des Zielgens

Abb. 27.3 Konditionaler Knock-out: das zelltypspezifische Ausschalten von Genen. Erläuterungen s. Text. (nach Rajewsky K, Gu H, Kühn R et al (1996) Conditional gene targeting. J Clin Invest 98: 600–603)

die Blastocysten dagegen von einer Inzuchtmaus mit schwarzer Fellfarbe (C 57BL/6). Dementsprechend zeichnen sich chimäre Mäuse durch eine fleckige braunschwarze Fellfarbe aus.

Nun wird das chimäre Tier mit einer Maus aus der schwarzen Linie gekreuzt. Befinden sich auch in den Zellen der Keimbahn (Eizelle, Spermium) des chimären Tieres Abkömmlinge der transgenen ES-Zellen, so kann das Transgen genetisch stabil vererbt werden. Die erste Mausgeneration hat meist keinen Phänotyp, der durch das Knock-out-Transgen verursacht wird, denn das unveränderte zweite Allel des Zielgens versorgt den Organismus mit dem Produkt des Wildtypgens. Schließlich werden heterozygote Mäuse miteinander gekreuzt. Unter den Nachkommen sind Mäuse mit ausschließlich brauner Fellfarbe – falls das Ausschalten des Gens nicht letale Folgen hatte und das Absterben der Embryonen verursachte.

Auf jeden Fall ist das Verfahren erst dann abgeschlossen, wenn eindeutig gezeigt ist, dass das Zielgen tatsächlich durch die Insertion des Transgens verändert ist. Bis heute sind Tausende Mausgene durch das Knock-out-Verfahren ausgeschaltet worden, mit teilweise höchst interessanten Einblicken in die Funktion und die Regulation von Genen. Die Wissenschaftler Mario Capecci, Martin J. Evans und Oliver Smithies wurden im Jahr 2007 für die Entwicklung dieses Verfahrens mit dem Nobelpreis für Physiologie/Medizin ausgezeichnet.

Die Knock-out-Technik der ▶ Abb. 27.2 hat einen entscheidenden Nachteil: Das Zielgen ist in **allen** Zellen eines Tieres deletiert. Für viele Fragestellungen ist es aber von Interesse, gezielt ein Gen **in spezifischen Zelltypen** auszuschalten, etwa nur in Gehirnzellen oder nur in Zellen des Immunsystems. Zu diesem Zweck wird eine Variante des Verfahrens eingesetzt, die als **konditionaler Knock-out** bezeichnet wird (▶ Abb. 27.3).

Merke

Beim **konditionalen Knock-out** werden Gene zelltypspezifisch ausgeschaltet.

Dazu benutzt man das biochemisch gut charakterisierte Rekombinationssystem des Bakteriophagen P1, mit der **Cre-Rekombinase** und deren Zielsequenz **LoxP** (S. 231). In einem Knock-in-Verfahren wird zunächst ein Transgen in das Genom eingebracht, in dem das Zielgen – oder Teile davon – beiderseits von LoxP-Sequenzen flankiert wird (im Jargon: das Zielgen ist „gefloxt"). Parallel dazu wird eine transgene Maus hergestellt, die das Cre-Enzym unter der Kontrolle eines zelltypspezifischen Promotors exprimiert (z. B. leberzellspezifischer Promotor). Die beiden Tiere (die Maus mit den LoxP-Sequenzen und die Cre-Maus) werden miteinander gekreuzt. Die Nachkommen exprimieren das *Cre*-Gen spezifisch in Leberzellen (oder in Immunzellen, je nach Art des vorgeschalteten Promotors) und entfernen dort durch intragenische Rekombination den LoxP-flankierten DNA-Abschnitt (▶ Abb. 27.3).

27

27.4 Induzierte pluripotente Stammzellen (iPS-Zellen)

Jörn Walter

Definition

Pluripotente Stammzellen, auch **embryonale Stammzellen (ES-Zellen)** genannt, können sich in alle drei Keimblätter – Endo-, Ekto- und Mesoderm – differenzieren und sind immortal.

Embryonale Stammzellen (ES-Zellen) sind als zelluläre „Alleskönner" eine wichtige Quelle für die zelluläre und entwicklungsbiologische Forschung. Pluripotente Stammzellen sind undifferenziert unendlich vermehrbar (und damit immortal).

In der Maus werden ES-Zellen schon seit Mitte der 1980er-Jahre genutzt, um genetische Veränderungen (Knock-outs) (S. 545) zu erzeugen. Sie dienen aber auch als Modelle, um grundlegende Prozesse der Zelldifferenzierung *ex vivo* zu studieren. Auch vom Menschen wurden immortale ES-Zelllinien isoliert. Wie ES-Zellen der Maus differenzieren sie sich in verschiedenste Zelltypen. Die Gewinnung und praktische Nutzung menschlicher embryonaler Stammzellen ist jedoch schwierig und zudem ethisch problematisch, u. a., da hierfür Embryonen eingesetzt werden müssen. In Deutschland ist ihre Herstellung durch das Embryonenschutzgesetz verboten, ihre Nutzung durch das Stammzellgesetz stark eingeschränkt.

Eine von **Shinya Yamanaka** und Kollegen im Jahr 2006 [1] vorgestellte Methode brachte hier einen großen Durchbruch. Die Gruppe konnte zeigen, dass man somatische Zellen (z. B. Fibroblasten) direkt in pluripotente Stammzellen umprogrammieren kann. Dies geschieht, indem man vier lentivirale Vektoren (Genfähren) in die somatischen Zellen einschleust und so eine Expression von vier verschiedenen Transkriptionsfaktoren – Oct3/4, Sox2, Klf4 und c-Myc – gleichzeitig induziert.

Definition

Induzierte pluripotente Stammzellen (iPS-Zellen) sind adulte somatische Zellen, die durch Einschleusen und Expression von vier verschiedenen Transkriptionsfaktoren stammzellähnliche Eigenschaften haben. Sie besitzen ein vollständiges Entwicklungspotenzial.

Eine zunächst stattfindende starke Überexpression dieser Transkriptionsfaktoren verursacht ein Umschalten der zellulären Genexpression von einem somatischen Programm in ein stammzellähnliches Programm – es entstehen **induzierte pluripotente Stammzellen** (**iPS**). Wesentlich verantwortlich für das Umschalten auf die stammzellähnlichen Programme sind dabei die Transkriptionsfaktoren Oct3/4 und Sox2. Die Stammzelleigenschaften der iPS-Zellen entstehen jedoch nicht gleich nach der Expression der Transkriptionsfaktoren. Die lentiviral exprimierten Transkriptionsfaktoren schieben nur eine Fähigkeit zur Umprogrammierung an. Die gewünschten Stammzellen entstehen erst, nachdem die eigenen, endogenen Stammzellgene stabil angeschaltet wurden, d. h. nach einer längeren Kultivierung (ca. 2–3 Wochen) und einer Selektion in bestimmten Stammzellmedien (die unter anderem eine Redifferenzierung verhindern). Nur wenige Prozent der behandelten Zellen werden also zu pluripotenten Stammzellen umprogrammiert. Die wenigen Kolonien können dann aber isoliert, expandiert und passagiert werden, ohne dass sie ihr pluripotentes Potenzial verlieren. Während der Umprogrammierungsphase finden umfangreiche epigenetische Umbauprozesse statt (s. Kap. 20 und 21). Diese epigenetische Umprogrammierung ist für die Ausprägung und den Erhalt des Stammzellcharakters essenziell. In Versuchen mit iPS-Zellen der Maus konnte gezeigt werden, dass diese Zellen analog zu ES-Zellen ein vollständiges Entwicklungspotenzial besitzen, d. h. wenn man sie in eine Blastozyste injiziert (analog zu isolierten ES-Zellen) (S. 545) tragen sie uneingeschränkt zur Embryonalentwicklung und Entstehung einer lebenden Maus bei.

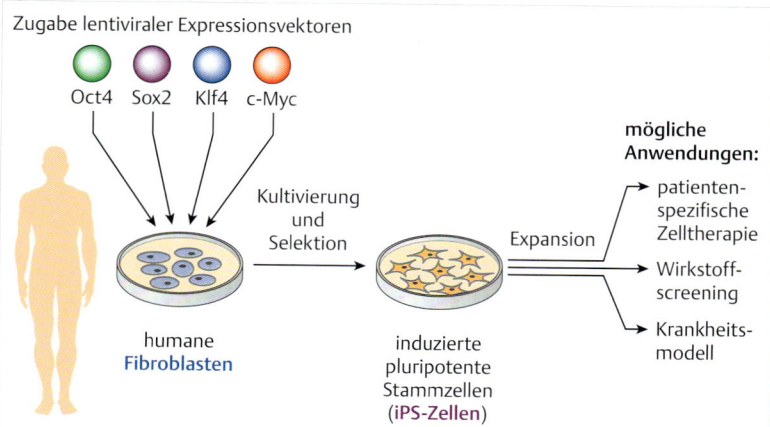

Zugabe lentiviraler Expressionsvektoren

Oct4   Sox2   Klf4   c-Myc

Kultivierung und Selektion

humane **Fibroblasten**

induzierte pluripotente Stammzellen (**iPS-Zellen**)

Expansion

mögliche Anwendungen:
- patientenspezifische Zelltherapie
- Wirkstoffscreening
- Krankheitsmodell

Abb. 27.4 Induktion von iPS-Zellen durch Reprogrammierung adulter Zellen. Adulte Zellen, z. B. Fibroblasten, können durch induzierte Expression der Faktoren Oct4, Sox2, Klf4 und c-Myc rückdifferenziert (reprogrammiert) werden, sodass sie Eigenschaften von pluripotenten Stammzellen aufweisen. Diese iPS-Zellen versprechen sehr weitreichende Anwendungsmöglichkeiten in der Humanmedizin. Grafik überlassen von: H. Schöler (MPI Münster). (nach Yamanaka S, Blau HM (2010) Nuclear reprogramming to a pluripotent state by three approaches. Nature 446: 704–712)

27

Die Entwicklung der Methode zur Gewinnung von iPS-Zellen aus beliebigen Zellen der Körpers stellt einen historischen Meilenstein in der biomedizinischen Forschung dar. Dafür erhielt Shinya Yamanaka, gemeinsam mit dem britischen Embryologen John Gurdon, im Jahr 2012 den Nobelpreis für Physiologie/Medizin. In der Humanmedizin bieten iPS-Zellen eine Vielzahl neuer Möglichkeiten im Bereich der regenerativen Medizin. Sie können zudem als Quelle für die Erforschung menschlicher Erkrankungen dienen und die Entwicklung und Testung neuer pharmakologischer Wirkstoffe voranbringen.

27.5 Proteomanalyse

Alfred Nordheim

Definition

Das **Proteom** ist die Gesamtheit aller Proteine eines biologischen Systems (Zelle, Organ oder Organismus). Die Forschungsrichtung, die sich mit der Erfassung von Proteomen beschäftigt, heißt **Proteomik**.

Auf der Ebene der Proteine zeigt sich, dass ein einzelnes proteincodierendes Gen eine Vielfalt unterschiedlicher Proteinvarianten hervorbringen kann. Folgende Mechanismen tragen zu dieser Vielfalt bei:

- Die von einem Gen transkribierte prä-mRNA kann durch Spleißen, alternatives Spleißen oder Editing zur Synthese unterschiedlicher Proteine führen. Der Transport der prä-RNAs aus dem Zellkern in das Cytoplasma definiert, ob – und wann – eine mRNA für die Proteinsynthese verfügbar ist.
- Die Proteinbiosynthese (Translation) wird auf vielfältige Weise reguliert (s. Kap. 16). Von unterschiedlichen mRNAs werden verschiedene Mengen an Protein erzeugt. Dabei hängt die Effizienz der Translation einer gegebenen mRNA vom jeweiligen physiologischen Zustand der Zelle ab.
- In der Zelle werden posttranslational chemische Modifikationen an der Polypeptidkette angebracht, die die dreidimensionale Struktur und die Funktion von Proteinen beeinflussen. Diese Veränderungen werden durch Enzyme katalysiert. In der Zelle sind mehr als 150 solcher Modifikationen bekannt, unter ihnen Glykosylierung, Phosphorylierung, Acetylierung, Methylierung, Ribosylierung, Ubiquitinierung usw. Diese Modifikationen sind oft reversibel, d. h. sie können in Folge gegebener physiologischer Bedingungen wieder enzymatisch entfernt werden.
- Die Überlebensdauer von Proteinen innerhalb der Zelle, d. h. die Halbwertszeit eines Proteins, ist ebenfalls vom physiologischen Zustand der Zelle bestimmt. So kann der Proteinabbau durch viele extrazelluläre Einflüsse geregelt werden.

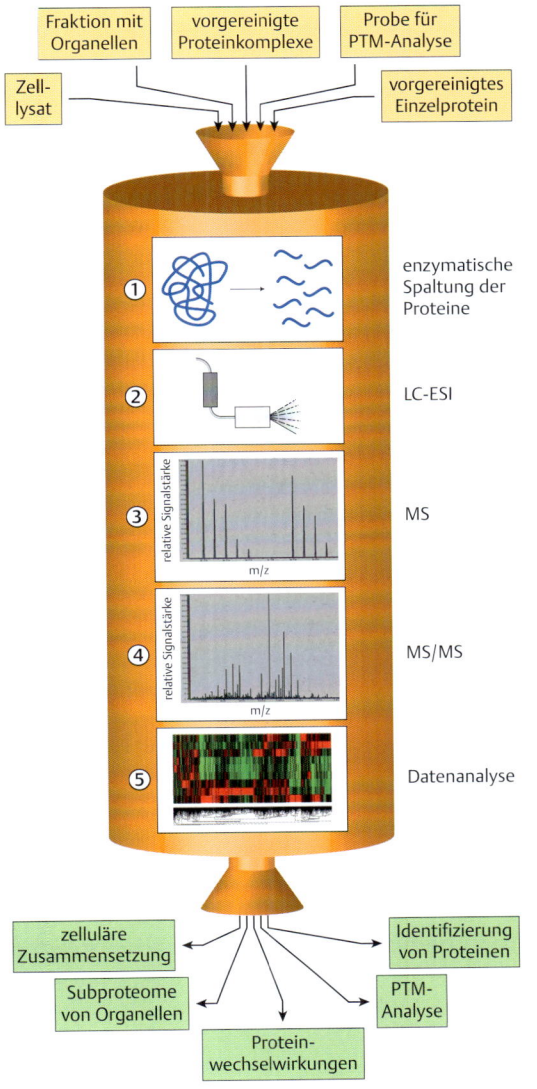

Abb. 27.5 Schritte einer Proteomanalyse. Durch Einspeisen unterschiedlicher Präparationen (z. B. Gesamtzelllysate, Lysate einzelner vorgereinigter Organelle, aufgereinigte Proteinkomplexe, Einzelproteine usw.) kann durch nachfolgende massenspektrometrische Analytik eine breite Palette biochemischer Informationen gewonnen werden. Der Prozess der Proteomanalyse erfolgt in fünf Arbeitsschritten: ① Proteolytische Spaltung des Proteingemischs der Ausgangspräparation und dadurch Erzeugung spezifischer Peptide als Spaltprodukte; ② flüssigchromatografische (LC) Auftrennung und gekoppelte Elektrospray-Ionisierung (ESI) der Peptide; ③ Massenbestimmung der Peptide im Massenspektrometer (MS); ④ Fragmentierung ausgewählter Peptide mit nachfolgender erneuter Massenanalyse (MS/MS) zur Ermittlung der Aminosäuresequenz eines Peptids; ⑤ computergestützte Datenanalyse. Diese Vorgehensweise erlaubt die Identifizierung einzelner Peptide des Gemischs, wie auch – unter speziellen experimentellen Bedingungen – die quantitative Bestimmung relativer und absoluter Peptidkonzentrationen. PTM = posttranslationale Modifikation, LC = Flüssigchromatografie (LC, *liquid chromatography*), ESI = Elektrospray-Ionisierung, MS = Massenspektrometrie, MS/MS = zweifache Massenspektrometrie. (nach Walther TC, Mann M (2010) Mass spectrometry-based proteomics in cell biology. J Cell Biol 190: 491–500)

Aus dem Vorgenannten ergeben sich zwei wichtige Erkenntnisse:

Das **Proteom** einer Zelle ist sehr komplex. Es zeigt sich, dass in der Zelle von einem proteincodierenden Gen Hunderte unterschiedlicher Proteinvarianten erzeugt werden können.

Das Proteom einer Zelle ist darüber hinaus sehr dynamisch. Im Zeitverlauf und über Veränderungen der physiologischen Zustände hinweg ist die Zusammensetzung des Proteoms einer Zelle ständigen Veränderungen unterworfen. Diese Dynamik des Proteoms spiegelt die kontinuierlichen Veränderungen des zellulären Stoffwechsels (Metabolismus) wider.

Die **Proteomanalytik** befasst sich mit drei primären Aufgaben:

- **Identifizierung** von Proteinen: Diese Analytik beginnt meist mit der Auftrennung eines gegebenen Proteingemischs, traditionell durchgeführt durch eine zweidimensionale Gelelektrophorese. Aktuell bevorzugt man stattdessen die Spaltung aller Proteine in Peptidfragmente (mithilfe von Proteasen) und nachfolgende Auftrennung des komplexen Peptidgemischs durch Hochleistungsflüssigkeitschromatografie (HPLC). Daran schließt sich die Bestimmung der Aminosäuresequenz einzelner Peptide mithilfe der hoch empfindlichen und genauen **Massenspektroskopie** (S. 499) an. Die Zuordnung der ermittelten Peptidmassen und Peptidsequenzen zu vollständigen Proteinen erfolgt über einen computergestützten Abgleich mit dem bekannten Codierungspotenzial vorhandener Genomsequenzen des jeweilig untersuchten Organismus (▶ Abb. 27.5). Diese Methode ermöglicht auch den Nachweis posttranslationaler Modifikationen von Proteinen bzw. Peptiden.
- **Quantifizierung** der Mengen vorhandener Proteine: Die Sensitivität und Messgenauigkeit der modernen Massenspektrometer ermöglicht auch die Bestimmung der Mengen einzelner Peptide in einem komplexen Peptidgemisch.
- **Charakterisierung der Funktion** von Proteinen: Dies schließt u. a. ein: die Lokalisierung eines Proteins in der Zelle, die Messung von Enzymaktivitäten oder den Nachweis von Wechselwirkungen mit anderen Proteinen (S. 499).

Abschließend sei ein besonderer Wert der Proteomanalytik genannt: Durch vorgeschaltete subzelluläre Fraktionierung der verschiedenen Organellen einer Zelle können die Proteinzusammensetzungen von Organellen ermittelt werden. Die Beschreibung der Dynamik der Subproteome von Organellen liefert außerordentlich wichtige Einblicke in zelluläre Funktionen.

27.5.1 Literatur

▶ **Zitierte Literatur**

[1] Yamanaka S, Blau HM (2010) Nuclear reprogramming to a pluripotent state by three approaches. Nature 446: 704–712

▶ **Weiterführende Literatur**

[2] Boutros M, Ahringer J (2008) The art and design of genetic screens: RNA interference. Nat Rev Genet 9: 554–566
[3] Haffter P, Granato M, Brand M et al (1996) The identification of genes with unique and essential functions in the development of the zebrafish, *Danio rerio*. Development 123: 1–36
[4] Dietzl G, Chen D, Schnorrer F et al (2007) A genome-wide transgenic RNAi library for conditional gene inactivation in *Drosophila*. Nature 448: 151–156
[5] Lewandoski M (2001) Conditional control of gene expression in the mouse. Nat Rev Genet 2: 743–755
[6] Mohr SE, Perrimon N (2012) RNAi screening: new approaches, understandings, and organisms. Wiley Interdiscip Rev RNA 3: 145–158
[7] Nüsslein-Volhard C, Wieschaus E (1980) Mutations affecting segment number and polarity in *Drosophila*. Nature 28: 795–801
[8] Pan Q, van der Laan LJ, Janssen HL, et al (2012) A dynamic perspective of RNAi library development. Trends Biotechnol 30: 206–215
[9] Walther TC, Mann M (2010) Mass spectrometry-based proteomics in cell biology. J Cell Biol 190: 491–500
[10] Wu S, Ying G, Wu Q et al (2007) Toward simpler and faster genome-wide mutagenesis in mice. Nat Genet 39: 922–930

27

Anhang

Glossar einiger Begriffe aus der klassischen Genetik

Allel. Variante (Zustandsform) eines Gens. Diploide Genome enthalten für jedes Gen zwei Allele (das Allelpaar). Zwei Allele eines Gens können entweder identisch sein oder unterschiedliche Sequenzvarianten repräsentieren. Beispiel: in der menschlichen Population kennt man über hundert verschiedene (variante) Allele des menschlichen Gens *HBB*, das die β-Globin-Kette des Hämoglobins (S. 295) codiert. Die Allele unterscheiden sich voneinander durch Nucleotidaustausche an verschiedenen Stellen der Sequenz. Am bekanntesten ist der Austausch einer Adenin- gegen eine Thyminbase im Codon Nr. 7, was den Wechsel des normalen Glutaminsäurecodons gegen ein Valincodon zur Folge hat. Als Konsequenz wird eine funktionell veränderte β-Globin-Kette codiert, das Sichelzellglobin.

Diploidie. Adjektiv: diploid, abgeleitet vom griech. Wort für zweifach. In der Genetik bezeichnet Diploidie das zweifache Vorkommen eines Gens, d. h. vom Gen existieren zwei Allele. Diploidie bezeichnet auch das zweifache Vorkommen eines Chromosoms oder auch eines ganzen Genoms, je nach Zusammenhang.

Dominanz. Adjektiv: dominant, abgeleitet vom lat. Wort für vorherrschend. Bei zwei verschiedenen Allelen prägt das dominante Gen das Erscheinungsbild (den Phänotyp).

Gameten. Allgemeine Bezeichnung der Geschlechtszellen, also sowohl Eizellen als auch Spermien.

Gen. Nucleinsäuresequenz, die die Information zur Synthese einer RNA (Genprodukt) trägt. Spezifische Varianten eines Gens werden als Allele des Gens (s. o.) bezeichnet.

Gendosiseffekt. Dieser Effekt tritt ein, wenn die Menge eines Genproduktes (z. B. RNA oder Protein) von der Zahl der Gene in einer Zelle abhängig ist.

Genpool. Der Gesamtbestand eines Gens in existierenden verschiedenen Allelen (d. h. allelischen Varianten). Der Begriff Genpool bezieht sich auf Populationen von Zellen oder Organismen.

Genotyp. Die spezielle genetische Ausstattung eines Organismus mit spezifischen Allelen eines Gens. Das kann sich auf ein Allelenpaar beziehen, aber auch auf mehrere Allelpaare oder gar auf die Gesamtzahl der Gene eines Organismus, wie aus dem Zusammenhang hervorgehen sollte.

Homologie von Genen. Gene eines Organismus werden dann als homolog zu den Genen eines anderen Organismus bezeichnet, wenn Sequenzvergleiche der Nucleotidabfolgen auf einen gemeinsamen evolutionären Vorläufer der Gene hindeuten.

Haploidie. Adjektiv: haploid, abgeleitet vom griech. Wort für einfach. Das einfache Vorkommen eines Gens oder eines Chromosoms oder auch eines ganzen Genoms wie in reifen Geschlechtszellen.

Haploinsuffizienz. Dieser Begriff deutet darauf hin, dass ein einzelnes Allel nicht ausreicht, den Phänotyp einer Zelle zu etablieren. Stattdessen ist die Existenz des Allels in zweifacher (diploider) Anordnung zur Ausprägung des Phänotyps erforderlich. Beispiel: manche diploide Tumorsuppressorgene zeigen Haploinsuffizienz in Folge von Deletion oder Mutation eines Allels.

Hemizygotie. Adjektiv: hemizygot; griech. aus den Wortteilen hemi- für halb und -zygot für vereinigt. Das Wort bezeichnet eine Situation, wenn statt der normalerweise zwei Allele nur eines vorkommt. Das bekannteste Beispiel ist das X-Chromosom von Säugetieren: zweifach bei weiblichen Organismen und einfach bei männlichen Organismen: jedes X-gekoppelte Allel ist hemizygot bei männlichen Säugetieren.

Heterozygotie. Adjektiv: heterozygot mit den griech. Wortteilen hetero- für verschieden und -zygot für vereinigt. Heterozygotie liegt vor, wenn sich im diploiden Genom die beiden Allele eines Gens unterscheiden.

Homozygotie. Adjektiv: homozygot mit den griech. Wortteilen homo- für gleich, und -zygot für vereinigt. Homozygotie liegt vor, wenn im diploiden Genom die beiden Allele eines Gens identisch sind.

Locus. Plural: Loci. Lat. für Lage oder Ort. Das Wort bezeichnet die Position eines Gens auf einem Chromosom.

Mendelsche Vererbung. Nach Gregor Mendel (1822–1884), der als erster im Jahr 1865 die grundlegenden Regeln der Genetik beschrieben hat. Seine wichtigste Erkenntnis (in heutigem Sprachgebrauch): (1) Allele trennen sich bei der Bildung von Gameten; und (2) Allele werden in nachfolgenden Generationen neu kombiniert. Beispiel ist ein Elternpaar, das heterozygot für Normal-β-Globin-Allel (A) und ein Sichelzellglobin-Allel (a) ist (Genotyp: Aa). Die Gameten dieser Eltern haben entweder das Allel A oder das Allel a. Die Nachkommen erwerben je ein Allel von jedem Elternteil und zwar nach Zufallsregeln. So können die Allele der Nachkommen folgendermaßen kombiniert sein: AA, Aa, aa und zwar im Verhältnis 1 : 2 : 1. Nachkommen mit dem Allelenpaar AA sind *homozygot* und gesund; Nachkommen mit dem Allelenpaar Aa sind *heterozygot* und klinisch gesund (aber zeigen das Sichelzell-„Phänomen": Ausfallen des Hämoglobins in den roten Blutzellen bei niedrigem Sauerstoffpartialdruck); Nachkommen mit den zwei Sichelzellallelen aa sind *homozygot* und schwer krank (Sichelzellanämie), weil verklumpte rote Blutzellen die kleineren Blutgefäße verstopfen.

Mutation. Veränderung der Nucleotidsequenz eines Gens.

Nullmutation. Veränderung der Nucleotidsequenz eines Gens, die zum vollständigen Funktionsverlust eines Gens (oder Genproduktes) führt.

Onkogen. Gen, das einen Beitrag zur Ausbildung der Tumorkrankheit (Krebskrankheit) leistet. Onkogene entstehen durch Mutation ihres normalen Allels (genannt Proto-Onkogen) im Genom einer Zelle. Onkogene zeigen dominante Wirkung bezüglich des Tumorphänotyps einer Zelle.

Penetranz. Lat. für Durchdringen. Ein anschauliches deutsches Wort für Penetranz ist Ausprägungsgrad. Damit wird das Ausmaß bezeichnet, mit dem sich ein gegebener Genotyp in äußeren Merkmalen ausdrückt. Ein Beispiel ist die Schwere einer gegebenen Erbkrankheit, die von Person zu Person verschieden sein kann, weil sich die Umwelten unterscheiden, oder weil andere Gene positiv oder negativ eingreifen.

Phänotyp. Die ersten Silben entsprechen dem griech. Wort für zeigen, zur Schau stellen. Der Begriff bezeichnet das Erscheinungsbild eines Organismus, das teils vom Genotyp und teils von der Umwelt geprägt ist, und zwar in wechselndem Ausmaß.

Polymorphismus. Griech. für Vielgestaltigkeit. Genetischer Polymorphismus bezeichnet die Vielfalt von Allelen oder anderen Abschnitten des Genoms in einer gegebenen Population (s. Kap. 24).

Rezessivität. Adjektiv: rezessiv, abgeleitet vom lat. Wort für zurückweichen. Bei zwei verschiedenen Allelen tritt das rezessive Allel phänotypisch nicht in Erscheinung.

Somazelle, somatische Zelle. Vom griech. Wort für Körper. Gemeint sind alle Zellen eines Organismus mit Ausnahme der Geschlechtszellen.

Tumorsuppressorgen. Gen, das durch seine normale Funktion die Entstehung des Tumorzellphänotyps verhindert. Im menschlichen Genom sind mehr als 200 Tumorsuppressorgene bekannt. Mutationen in Tumorsuppressorgenen tragen zur Entstehung von Tumorzellen bei. Da in den meisten Fällen ein funktionsfähiges Allel eines jeweiligen Tumorsuppressorgens die normale Zellfunktion aufrecht erhält, zeigen Tumorsuppressorgene rezessive Wirkung bezüglich des Tumorphänotyps einer Zelle.

Wildtyp. Der häufigste Geno- oder Phänotyp in einer Population von Organismen. Es ist meist der Genotyp, der unter den gegebenen Umweltbedingungen am besten gedeiht.

Zygote. Vom griech. Wort für vereinigt. Eine Zygote ist das Produkt der Vereinigung einer weiblichen und einer männlichen Geschlechtszelle. Sie ist der Startpunkt von Zellteilungen und steht damit am Beginn der embryonalen Entwicklung.

Sachverzeichnis